现代声学科学与技术丛书

陕西师范大学优秀学术著作出版资助

功率超声振动系统的原理及应用

林书玉　林基艳　著

科学出版社

北　京

内 容 简 介

本书是一部关于功率超声换能器振动系统的理论设计及工程应用的专著,几乎涉及功率超声换能器振动系统的所有内容,其中的大部分章节是作者多年来从事功率超声换能器相关研究成果的总结。全书紧紧围绕功率超声换能器振动系统这一内容,对各种类型的超声换能器,从基础理论知识分析及数值模拟、工程设计到实际应用,以及该领域的最新研究成果进行了详细的分析及阐述。全书共16章,第1章是绪论,对功率超声换能器的基本概况进行了简要的介绍;第2~5章介绍了功率超声振动系统的基础理论,即弹性体的振动及传播等;第6章对功率超声技术中特有的固体超声变幅杆进行了分析;第7~12章对各种不同类型的功率超声换能器进行了探讨,绝大部分内容是作者近年来的相关研究成果总结;第13和第14章分别介绍了功率超声换能器的电声匹配和测量;第15和第16章对超声技术的原理及其应用以及超声波空化进行了阐述。最后,给出了相关的参考文献,以供读者查阅。

本书内容逻辑清晰、条理分明、深入浅出,可供从事功率超声理论研究及技术应用工作的科技工作者、专业技术人员以及高等院校师生参考。

图书在版编目(CIP)数据

功率超声振动系统的原理及应用 / 林书玉, 林基艳著. -- 北京 : 科学出版社, 2025.3. -- (现代声学科学与技术丛书). -- ISBN 978-7-03-079893-0

Ⅰ. O426.1

中国国家版本馆 CIP 数据核字第 202493RG32 号

责任编辑:刘凤娟 田轶静 / 责任校对:彭珍珍
责任印制:张 伟 / 封面设计:陈 敬

科学出版社 出版

北京东黄城根北街 16 号
邮政编码:100717
http://www.sciencep.com

北京中科印刷有限公司印刷
科学出版社发行 各地新华书店经销

*

2025 年 3 月第 一 版 开本:720×1000 1/16
2025 年 3 月第一次印刷 印张:49 1/2
字数:955 000
定价:388.00 元

(如有印装质量问题,我社负责调换)

前　言

超声学是声学中一个重要的分支学科，其历史可追溯到 20 世纪初。一个多世纪的发展历史已经充分证明，超声学是声学所有学科中发展最为迅速且交叉性最强的一个充满活力的年轻学科。尤其是进入 21 世纪以来，超声学及其相关的各种超声应用技术发展极为迅速，其应用日益广泛，已经深入农业、国防、电子、能源、材料、生物技术、机械制造、航空航天、医药卫生和环境保护等诸多行业部门，并迅速扩大渗透到新的应用领域，如超声马达、超声诊疗、超声化学以及超声悬浮等。目前超声学这一门年轻而又充满活力的学科已经成为国际上公认的高新技术领域。

超声波是一种机械波，可以在气体、液体、固体及其混合介质中传播，并产生各种不同的效应，如反射、折射、散射、聚焦、吸收、空化等物理、化学、生物效应。与此对应的各种超声波应用技术可以分为两大类：第一，超声波作为一种信息载体，可以应用于海洋探测与开发、无损检测与评价、医学诊断以及微电子学等领域；第二，超声波作为一种能量形式，通过与传输介质之间相互作用而产生的各种非线性效应，如超声波空化以及高的冲击加速度等，可以广泛应用于超声波清洗、超声波焊接、超声机械加工、超声提取以及超声治疗等领域。

超声换能器振动系统是超声技术的核心内容和关键技术之一，它涉及众多学科，如物理学、力学、振动学、材料学、电子学、机械学、自动控制、电子计算机、数字信息处理以及人工智能等。在众多的超声应用技术中，超声换能器是决定系统性能的关键因素之一。研发新的超声换能器材料、研究新型的超声换能器、改善传统超声换能器的性能以及提高换能器的制造工艺，是科技工作者十分重视的研究课题。超声技术的发展史实际上就是超声换能器材料、超声换能器的研制工艺和设计理论以及超声电子技术的发展史。

本书主要内容基于作者长期以来所取得的有关功率超声换能器振动系统方面的研究成果。全书共 16 章，第 1 章绪论；第 2 章质点振动学基础；第 3 章弹性体的振动；第 4 章固体中的弹性波；第 5 章弹性波的传播；第 6 章固体超声变幅杆；第 7 章纵向夹心式压电陶瓷换能器；第 8 章扭转振动功率超声换能器；第 9 章弯曲振动超声换能器；第 10 章径向夹心式压电陶瓷换能器；第 11 章级联式压电陶瓷复合换能器；第 12 章基于声子晶体周期结构的功率超声振动系统；第 13 章功率超声压电陶瓷换能器的电学及声学匹配；第 14 章超声换能器的测量；第 15 章超声技术的原理及其应用；第 16 章空化。其中第 12 章由榆林学院的林基艳老师撰写。作者希望，通过本书的学习，能使读者基本掌握有关功率超声换能器的基础理论、设计方法和生产工艺，以便为从事功率超声技术的研究和开发奠定基础。

由于作者的学识和水平有限，书中难免存在不足之处，恳请广大读者给予批评指正。

林书玉

2023 年 12 月

目　　录

第1章 绪 论

1.1 超声换能器简介

声学是一门古老而又充满活力的学科,有关声学以及与其相关的物理学科的研究总是处在物理学研究的前列。同时,声学也是一门延展性和渗透性极强的交叉学科,随着科学技术的发展,声学已经渗透到其他许多自然科学及人文科学领域,推动了许多边缘学科的产生和发展[1-4]。现在,近代声学已成为近代物理学中非常活跃的一个分支学科。

经典声学的发展主要和有关乐器振动的研究有关,并促使许多数理学家对物体振动进行研究,而以物体振动的研究为理论基础的换能器的研究和发展,又为近代声学的发展提供了极为重要的手段。在19世纪后期经典声学的发展达到顶峰的时候,正是电子学和电声换能器的应用把声学的研究方法提高到一个崭新的阶段,从而导致了近代声学各个分支领域的出现和迅速发展。

超声技术出现于20世纪初期。超声学是以经典声学理论为基础,同时结合无线电电子学、机械学、材料学、数字信号处理技术、雷达技术、固体物理、流体物理、生物技术及计算技术等其他领域的成就而发展起来的一门综合性高技术学科[5-13]。一个多世纪的发展历史表明,超声学是声学发展中最为活跃的一部分,它不仅在一些传统的工农业技术中获得广泛应用,而且已经渗透到国防、生物、医学及航空航天等高技术领域。

超声学主要研究超声波在不同介质中的产生、传播、接收、信息处理及有关的效应等问题。超声物理和超声工程是超声学的两个主要方面。超声物理是超声工程的基础,它为各种各样的超声工程应用技术提供必需的理论依据及实验数据。超声工程的研究内容主要包括各种超声应用技术中超声波产生、传输和接收系统的工程设计及工艺研究。超声换能器是超声工程技术中极其重要的部分,是声学换能器中发展最快的一个分支领域。

顾名思义,换能器就是进行能量转换的器件,是将一种形式的能量转换为另一种形式的能量的装置。在声学研究领域,换能器主要是指电声换能器,它能实现电能和声能之间的相互转换[14-21]。值得指出的是,这里所说的电声换能器的含义比电声学领域中的扬声器和传声器等所谓的"电声换能器"的含义要广泛得多。目前,从大到像整幢楼房的水声换能器基阵,至小到可以深入血管的小探针式换能器等各式各样声学换能器的应用已经使声学技术深入科学研究和工程技术的各个领域。

用来发射声波的换能器称为发射器，当换能器处于发射状态时，将电能转换成机械能，再转换成声能。用来接收声波的换能器称为接收器，当换能器处于接收状态时，将声能变成机械能，再转换成电能。在有些情况下换能器既可以用作发射器，又可以用作接收器，即所谓的收发两用型换能器。换能器的工作原理大体是相同的。通常换能器都有一个电的储能元件和一个机械振动系统。当换能器用作发射器时，从激励电源的输出级送来的电振荡信号将引起换能器中电储能元件中电场或磁场的变化，这种电场或磁场的变化通过某种效应对换能器的机械振动系统产生一个推动力，使其进入振动状态，从而推动与换能器机械振动系统相接触的介质发生振动，向介质中辐射声波。接收声波的过程正好与此相反，在接收声波的情况下，外来声波作用在换能器的振动面上，从而使换能器的机械振动系统发生振动，借助于某种物理效应，引起换能器储能元件中的电场或磁场发生相应的变化，从而引起换能器的电输出端产生一个相应于声信号的电压和电流。

超声换能器是在超声频率范围内将交变的电信号转换成声信号或者将外界声场中的声信号转换为电信号的能量转换器件[22-26]。由于超声在介质中传播时会产生许多物理、化学及生物等效应，同时其超声穿透力强，集束性好，信息携带量大，易于实现快速准确的在线检测和诊断而无损伤，因而在工业、农业、国防、生物医药和科学研究等方面得到广泛的应用。

超声换能器的种类很多。按照能量转换的机理和利用的换能材料，可分为压电换能器、磁致伸缩换能器、静电换能器 (电容型换能器)、机械型换能器等。按照换能器的振动模式，可分为纵向 (厚度) 振动换能器，剪切振动换能器、扭转振动换能器、弯曲振动换能器、纵-扭复合振动模式换能器以及纵-弯复合振动模式换能器等。按照换能器的工作介质，可分为气介换能器、液体换能器以及固体换能器等。按照换能器的工作状态，可分为发射型换能器、接收型换能器和收发两用型换能器。按照换能器的输入功率和工作信号，可分为功率换能器、检测换能器、脉冲信号换能器、调制信号换能器和连续波信号换能器等。按照换能器的形状，可分为棒状换能器、圆盘型换能器、圆柱型换能器、球型换能器等。另外，不同的应用需要不同形式的超声换能器，如平面波超声换能器、球面波超声换能器、柱面波超声换能器、聚焦超声换能器以及阵列超声换能器等。

超声换能器是一种能量转换器件，其性能描述与评价需要许多参数。超声换能器的特性参数包括共振频率、频带宽度、机电耦合系数、电声效率、机械品质因数、阻抗特性、频率特性、指向性、分辨率、发射及接收灵敏度等。不同用途的换能器对性能参数的要求不同，例如，对于发射型超声换能器，要求换能器有大的输出功率和高的能量转换效率；而对于接收型超声换能器，则要求宽的频带和高的灵敏度等。因此，在换能器的具体设计过程中，必须根据具体的应用，对换能器的有关参数进行合理的设计。

按照实现超声换能器机电转换的物理效应的不同，可将换能器分为电动式、电磁式、磁致伸缩式、压电式和电致伸缩式等。目前压电式换能器的理论研究和实际应用最为广泛。

压电换能器的发展和应用是以压电效应的发现和压电材料的发展为前提条件的。1880 年，居里兄弟发现了晶体的压电效应，但直到电子管放大器的发明，压电材料的压电效应才真正用于电声转换。在第一次世界大战期间，法国物理学家朗之万于 1916 年研制成功了第一个真正实用的压电换能器，并将其应用于对潜艇的探测中。在朗之万发明的换能器中，压电石英片被夹在两块厚钢板中，因此这种换能器也被人们称为夹心式换能器。后来这种换能器被广泛地应用于各种超声技术中。直到现在，朗之万型换能器仍广泛地应用于功率超声、医学超声和水声中。

基于材料学科的快速发展，各种新型压电材料相继得到了业界的重视和推广，极大地推动了压电换能器的研究及其广泛应用。压电换能器作为高频声源的出现，使得高频声的研究成为现实，而声学的应用也迅速地扩展，一个重要的声学分支——超声学，包括功率超声学、医学超声学以及检测超声学也迅速发展起来，并得到了越来越多的重视。

超声技术的迅速发展导致对压电材料的需求急剧增长，于是人们着手寻求新的压电材料。压电陶瓷是一种新的压电材料，它成为另一种换能材料——磁致伸缩材料的有力竞争对手，并逐渐处于超声换能材料的统治地位。目前，除了压电陶瓷材料，压电单晶、压电高分子聚合物以及压电复合材料也在不断发展，它们的出现对于换能器的发展具有重要的作用。

如上所述，在众多的超声换能器类型中，压电换能器是应用最广的一种。压电超声换能器是通过各种具有压电效应的电介质，如石英、压电陶瓷、压电复合材料以及压电薄膜等，将电信号转换成声信号，或将声信号转换成电信号，从而实现能量的转换。压电陶瓷材料是目前超声研究及应用中极为常用的材料。其优点包括：

(1) 机电转换效率高，一般可达到 80% 左右；

(2) 容易成型，可以加工成各种形状，如圆盘形、圆环形、圆筒形、圆柱形、矩形以及球形等；

(3) 通过改变成分可以得到具有各种不同性能的超声换能器，如发射型、接收型以及收发两用型等；

(4) 造价低廉，性能较稳定，易于大规模推广应用。

压电陶瓷材料的不足之处是脆性大、抗张强度低、大面积元件成型较难，以及超薄高频换能器不易加工等。在这一方面，压电薄膜，如聚偏二氟乙烯 (PVDF) 等，具有压电陶瓷所难以比拟的优点。

磁致伸缩材料是传统的超声换能器材料，由于其性能稳定，至今在一些特殊领域仍在继续应用。磁致伸缩换能器的优点是性能稳定、功率容量大及机械强度好等。其不足之处在于换能器的能量转换效率较低、激发电路复杂以及材料的机械加工较困难等。随着压电陶瓷材料的大规模推广应用，在一个时期内磁致伸缩材料有被压电材料替代的迹象。然而，随着一些新型的磁致伸缩材料的出现，如铁氧体、稀土超磁致伸缩材料以及铁磁流体换能器材料等，磁致伸缩换能器又受到了人们的重视。可以预见，随着材料加工工艺的提高以及成本的降低，一些新型的磁致伸缩材料将在水声以及超声等领域中获得广泛的应用。

随着超声技术的发展，气体中的超声技术应用越来越广泛。气介超声换能器也受到了人们的普遍重视。除了传统的气介超声换能器以外，静电式气介超声换能器由于具有频率高、振动位移大、机械阻抗低、声波的辐射和接收面积大以及灵敏度高等独特优点，在气体中的超声检测等技术中也获得了广泛的应用。另外，随着材料加工技术以及电子技术的飞速发展，微机电系统 (MEMS) 在超声领域也得到了快速的发展，与此对应的微阵列换能器，如电容式微加工超声换能器 (CMUT) 以及压电式微加工超声换能器 (PMUT) 也逐渐进入商用，在超声检测以及医学超声领域获得了比较广泛的应用。

1.2　功率超声振动系统简介

超声学作为声学的一个分支学科，尽管只有一个世纪左右的发展历史，但其学术性、延展性、交叉性以及应用性毋庸置疑，因而受到了各行各业的普遍关注和重视，成为一门名副其实的高技术学科。超声学包括功率超声学、医学超声学以及检测超声学三个主要的分支学科，与其对应的超声技术在工业、医学、航空航天、海洋以及国防等国民经济的各行各业中得到越来越多的关注与重视，其应用范围也越来越广。功率超声技术是超声技术中一个独特的分支，与其相关的众多应用技术的物理机理在于功率超声的大功率和高强度，以及与此相关的各种物理效应、化学效应、生物效应、机械效应、热效应等众多复杂的非线性效应。在功率超声技术中，除了超声清洗、超声焊接、超声分散、超声乳化、超声硬脆材料加工以及超声提取等传统的功率超声技术，一些新型的功率超声应用技术，如超声精准治疗、超声手术刀及药物导入、超声溶血栓、超声化学、超声石油开采、超声消除材料的残余应力、超声悬浮、超声食品加工及处理、超声废水处理、超声金属粉末制备等[27-31]，也受到了人们的普遍重视，并得到了快速的发展和应用。

众所周知，按照超声波的作用介质来分，功率超声技术的主要应用大概可以分为两大类，即液体和固体中的应用技术。对于液体中的功率超声应用技术，其作用机理主要归功于超声空化。影响其作用效果的主要因素包括超声波频率、超声波功率、超声波强度、超声波的功率密度以及超声波的声场分布等。而对于固体中的功率超声应用技术, 其作用机理主要归功于超声振动的加速度冲击效果。影响其作用效果的主要因素包括超声波频率、超声振动系统的位移振幅以及辐射面位移振幅的均匀程度。很显然, 所有这些力学及声学参数都是由超声换能器振动系统决定的, 因此功率超声换能器振动系统是功率超声应用技术中的关键部分, 它决定了所有功率超声应用技术的作用效果, 是功率超声基础研究以及应用研究中一个极为重要的研究领域, 始终受到相关研究人员的重视和关注。

功率超声振动系统主要由四部分组成, 即功率超声换能器、超声变幅杆、超声传振杆以及超声工具头。其中功率超声换能器是超声振动系统的核心部件。目前, 纵向夹心式压电陶瓷换能器 (又称朗之万换能器) 在功率超声、医学超声手术治疗以及水声工程等领域获得了广泛的应用, 原因在于此类换能器的结构简单、机械强度大、电声效率高、频率易于调整、环境适应性好且易于优化设计等。然而, 基于系统的理论分析以及长期的实践经验, 人们发现传统的纵向夹心式压电陶瓷换能器也存在一些固有的且亟待解决的问题。①截至目前, 传统的纵向夹心式压电陶瓷换能器的分析和设计理论都是一维的。基于这一假设, 按照传统的一维设计理论, 要求纵向夹心式压电陶瓷换能器的横向尺寸或径向尺寸不能超过换能器共振频率所对应的声波波长的四分之一, 这就限制了此类纵向振动换能器的横向几何尺寸, 因而也制约了换能器的功率容量、声波辐射面积以及辐射功率的增大。②由于一维理论的限制, 传统的纵向夹心式压电陶瓷换能器的振动沿着换能器的纵轴方向, 因而其声波辐射方向是一维的, 不能实现超声能量的二维及三维全方位超声辐射, 这也制约了现有的纵向夹心式压电陶瓷换能器的声波作用范围。

然而, 随着功率超声技术在工业、国防、生物医学、化学化工、环境保护、油气田开发、生物制药、食品工业以及金属加工及冶炼等领域中的广泛应用, 对功率超声换能器振动系统的功率容量、辐射功率、超声辐射的空间作用范围提出了越来越高的要求。为了满足这些超声应用新技术的需要、克服传统的纵向夹心式压电陶瓷换能器的上述不足, 研究者们进行了大量的工作, 取得了具有一定应用前景的研究成果。

在提高换能器的功率容量和辐射功率方面, 国内外学者分别从声学换能材料、换能器的结构以及换能器的振动模态等方面进行了一些研究。在换能材料方面, 先后采用了稀土超磁致伸缩材料, 以及铌镁酸铅-钛酸铅和铌锌酸铅-钛酸铅等压电单晶材料[32-35], 并将其应用于水声和超声技术中。然而由于材料本身的原因 (如性能稳定性、温度特性及一致性等问题) 和加工工艺等方面的限制, 此类材料未能在大功率超声领域获得广泛的应用。在换能器的结构设计方面, 人们曾利用功率合成技术、多个换能器级联技术, 以及通过改变传统的超声处理设备的结构形状等方法进行过一些探讨[36-41], 也取得了一定的理论研究成果, 并在一些功率超声技术中得到了一定的应用。然而, 尽管这些技术可以在一定程度上增大换能器振动系统的功率容量和声波强度，但仍然未能克服传统的纵向夹心式压电陶瓷换能器的一维振动声波辐射问题。

在增大功率超声振动系统的声波作用范围方面，人们也做了大量的研究工作，并提出了基于振动模式转换的全方位超声振动系统以及径向夹心式压电陶瓷换能器[42-46]。在振动模式转换的全方位超声振动系统中，利用纵径以及纵弯振动模式的转换，可以形成一个三维声波辐射的全方位超声波辐射场；利用径向夹心式压电陶瓷管式换能器，通过分别采用弹性力学中的平面应力和平面应变理论，可以形成一个短圆柱或者长圆管的径向发散或聚焦的径向二维声场，从而实现换能器的二维柱面声波辐射。这两类新型的大功率超声振动系统都可以增大超声振动系统的声波作用范围，在一定程度上克服了传统的纵向夹心式压电陶瓷换能器存在的单纯的一维声波辐射的问题。然而，由于相关的技术工艺问题未能得到彻底解决，例如，如何有效施加径向预应力，以便增大径向夹心式压电陶瓷换能器的功率容量，所以此类功率超声振动系统未能在生产实际中得到广泛的应用。

除此以外，在克服现有的夹心式压电陶瓷换能器的一维声波辐射问题以及改进换能器的声波作用范围方面，国内外学者也从不同的方面和角度开展了一些相关的研究工作。美国和德国的研究者分别提出了棒式和管式超声换能器，采用单端或者双端激发的方式，可以形成一种径向的二维辐射器，对其辐射性能等进行了理论和实验研究分析[47-52]，并将其应用于超声清洗、超声管道处理以及超声中草药提取中。但从此类换能器的几何设计尺寸和声波辐射特性来看，现有的管式或棒式超声换能器的振动模式基本上仍然属于传统的纵向振动，其设计及分析理论还是基于传统的一维纵向振动理论，其径向的声波辐射，仅是利用泊松效应来实现的。由于材料的泊松比较小，由此而产生的径向振动是比较弱的。另外，经过对此类系统的理论分析以及实验探索，我们可以看出，此类超声换能器振动系统的功率增加是依靠其纵向几何尺寸的增大来实现的。一般来说，此类大功率超声振动系统的纵向总长度约为半波长的整数倍，换能器的功率越大，对应的换能器振动系统的纵向长度越长。

另外，除了上述措施，增大换能器的横向几何尺寸 (换能器的直径) 也是提高传统的纵向夹心式压电陶瓷换能器振动系统功率容量的一种比较简单的方法。目前，大尺寸纵向夹心式压电陶瓷换能器振动系统已经在超声塑料焊接、超声金属成型以及超声污水处理等技术中获得了一定的应用。对于此类应用，换能器的横向几何尺寸不满足一维理论所要求的小于四分之一波长的条件。在一些特殊情况下，换能器的横向几何尺寸接近或超过换能器的纵向几何尺寸。因此，对于大尺寸纵向夹心式压电陶瓷换能器振动系统的理论分析，不能采用传统的一维分析理论，必须采用复杂的耦合振动理论。对于大尺寸纵向夹心式压电陶瓷换能器的耦合振动分析，研究者也进行了一些理论和实验探讨，但由于问题本身的复杂性，其严格的解析解很难得到，因此大部分研究工作是基于数值模拟方法，或者采用近似的解析方法，借助于电子计算机对大尺寸纵向夹心式压电陶瓷换能器的耦合振动进行数值模拟，给出系统的振动模态、振动分布以及频率特性等参数[53-56]。

对于大尺寸纵向夹心式压电陶瓷换能器振动系统，尽管可以通过增大换能器的横向几何尺寸来提高其功率容量，但由于换能器的横向振动随着横向几何尺寸的增大而增大，所以换能器本身出现了复杂的多模态耦合振动。大尺寸纵向夹心式压电陶瓷换能器振动系统中的耦合振动主要包括两种，一种是换能器中的纵向振动和横向振动 (径向振动) 之间的耦合，另外一种是振动系统中的纵向振动和横向振动的基频模态和高次模态之间的相互耦合。这两种复杂的耦合振动导致振动系统辐射面的纵向振动位移分布的均匀程度变差，换能器有效工作能量降低，因而，严重影响了此类大尺寸功率超声振动系统的工作效率。为了改善大尺寸压电陶瓷复合超声换能器振动系统辐射面纵向振动位移分布的均匀程度，技术人员利用开槽的方式来抑制换能器的横向振动[57-59]，但如何合理有效地正确开槽，包括如何选择开槽的几何尺寸、位置以及数量等都是凭经验，缺乏系统的分析理论及指导。

声子晶体是指弹性常数及密度周期分布的人工材料或结构，大部分是由弹性固体周期排列在另一种固体或流体介质中形成的一种新型功能材料。弹性波在声子晶体中传播时，受其内部结构的作用，在一定频率范围内被阻止传播，这一频率范围称为声子晶体材料或结构的带隙；而在其他频率范围内，弹性波可以无损耗地传播，与此对应的频率范围称为声子晶体材料或结构的通带[60-62]。

基于声子晶体的这一特点及其分析和设计理论，作者所在团队对基于声子晶体周期结构的大功率超声换能器振动系统进行了分析和研究[63-70]，利用声子晶体的带隙理论来研究此类振动系统的分析理论、横向振动抑制及其优化设计，目的在于为此类振动系统的纵向振动加强及横向振动抑制提供比较系统的设计理论和实验指导数据。利用声子晶体的带隙理论来抑制功率超声振动系统中的横向振动，此方法是一种理论及研究方法上的创新，对于抑制横向振动、改善换能器振动系统辐射面纵向振动位移分布的均匀性、提高传统的大尺寸功率超声换能器振动系统的辐射功率及作用范围、扩大其在水声和超声技术中的应用范围、改善传统的超声应用技术的作用效果等具有重要的理论指导意义和实际应用价值。此类具有声子晶体周期结构的大尺寸压电陶瓷复合超声换能器振动系统可以广泛应用于大功率高强度超声的各个领域，如超声塑料焊接、医学超声精准治疗、超声降解、超声采油、超声化学、超声金属成型以及超声提取等超声处理技术中。

综上所述，在功率超声技术领域，纵向夹心式压电陶瓷换能器 (纵向朗之万换能器) 获得了广泛的应用，但存在一些不足，例如，一维理论的限制导致换能器的辐射面积受限、换能器的辐射功率和强度难以提高，以及存在多模态耦合而导致换能器的辐射面振动位移不均匀等。针对这些情况，一些新型的功率超声换能器应运而生，如耦合振动功率超声换能器、径向夹心式压电陶瓷换能器、级联式功率超声高强度功率超声换能器、基于声子晶体周期结构的功率超声换能器、振动模态耦合及转换功率超声换能器、复频功率超声换能器以及频率可调功率超声换能器等。在本书的后面章节，我们将对这些新型的功率超声换能器进行较为详细的介绍和分析。

1.3 超声换能器的性能参数

描述超声换能器的性能参数有：工作频率、机电耦合系数、机电转换系数、品质因数、方向特性、发射功率、效率、分辨率、灵敏度等。根据换能器的实际应用，以及使用场合的不同，对换能器性能提出不同的要求，例如对军用的换能器和超声测量仪器用的换能器，所提出的要求不一样；对发射用和接收用的换能器所提出的要求也不一样。

1.3.1 发射换能器和接收换能器共同要求的性能指标

1. 工作频率

超声换能器的工作频率的选择是很重要的，它不仅直接关系到换能器的频率特性和方向特性，也影响到换能器的发射功率、效率和灵敏度等重要性能指标，换能器的工作频率应该与整个超声设备的工作频率相一致。一般情况下，换能器的工作频率是根据对整个超声设备的技术论证针对一定的应用来确定的。

通常，发射换能器的工作频率就等于它本身的共振基频，这样可以获得最佳工作状态，取得最大的发射功率和效率。主动式超声换能器处在接收状态下的工作频率与发射状态下的工作频率是近似相等的；而对被动式接收换能器而言，它的工作频率是一个较宽的频带，同时要求换能器自身的共振基频要比频带的最高频率还要高，以保证换能器有平坦的接收响应。

2. 换能器的机电转换系数 n 和机电耦合系数 K

换能器的机电转换系数是指在机电转换过程中转换后的力学量 (或电学量) 与转换前的电学量 (或力学量) 之比。

对于发射换能器：

$$机电转换系数 n = \frac{力或振速}{电压或电流}$$

对于接收换能器：

$$机电转换系数 n = \frac{应电势或应电流}{力或振速}$$

换能器的机电耦合系数是描述它在能量转换过程中，能量相互耦合程度的一个物理量，其定义如下。

对于发射换能器：

$$K^2 = \frac{\text{机械振动系统因力效应获得的交变机械能}}{\text{电磁系统所储藏的交变电磁能}}$$

对于接收换能器：

$$K^2 = \frac{\text{电磁系统因电效应获得的交变电磁能}}{\text{机械系统因声场信号作用而储藏的交变机械能}}$$

对各种形式的换能器，其机电转换系数和机电耦合系数均有具体的表达式，将在有关章节里具体给出。

3. 换能器的阻抗特性

换能器作为一机电系统，可以用机电等效电路加以描述，因此具有一定的特性阻抗和传输常数。由于换能器在电路上要与发射机的末级回路和接收机的输入电路相匹配，所以在换能器设计时计算和测出换能器的等效输入电阻抗是十分重要的。

同时，还要分析它的各种阻抗特性，如等效电阻抗、等效机械阻抗、静态和动态的阻抗、辐射阻抗等。

4. 换能器的品质因数 Q

我们在电子学与声学课程里已经学过电路系统的电品质因数 Q_e 和机械系统的机械品质因数 Q_m。由于换能器本身是由机械系统和电路系统两大部分组成，所以人们也常用 Q_e 和 Q_m 来共同描述换能器的品质因数。通常利用换能器的等效电路图和等效机械图分别求出换能器的等效 Q_e 和 Q_m。

换能器的 Q 值与其工作频带宽度和传输能量的效率有密切的关系，Q 值的大小不仅与换能器的材料、结构、机械损耗的大小有关，还与辐射声阻抗有关。所以同一个换能器处于不同介质中的 Q 值是不相同的。

5. 方向特性

超声换能器不论是用作发射还是接收，本身都具有一定的方向特性。不同应用的换能器对方向特性的要求也不相同。对于一个发射换能器，其方向特性曲线的尖锐程度决定了其发射声能的集中程度。而对于一个接收换能器，其方向特性曲线的尖锐程度决定了其探索空间方向角的范围。所以超声换能器的方向特性的好坏直接关系到超声设备的作用距离。

6. 换能器的频率特性

换能器的频率特性是指换能器的一些重要参数指标随工作频率变化的特性，如接收换能器的接收灵敏度随工作频率变化的特性，以及发射换能器的发射功率和效率随工作频率变化的特性。对不同的换能器我们对它的频率特性也提出了不同的要求，例如，对被动式的换能器，要求它的接收灵敏度频率特性曲线尽量平滑，从而不论是低频噪声，还是高频噪声，只要是其幅度差不多，则产生的输出电压的大小是近似相等的。

1.3.2　对发射换能器特别要求的性能指标

1. 发射声功率

它是描述一个发射器在单位时间里向介质辐射声能多少的物理量，其大小直接影响到超声处理的作用效果。换能器的发射声功率一般是随着工作频率而变化的，处于共振频率时可以获得最大的发射声功率。此外，我们还经常遇到另外两个功率概念：一是换能器所消耗的总的电功率 P_e，二是换能器的机械振动系统所消耗的机械功率 P_m。

2. 发射效率

换能器作为能量传输网络，其传输效率通常采用三个不同的效率概念来描述：机电效率 η_{me}、机声效率 η_{ma} 和电声效率 η_{ea}，其定义如下所述。

机电效率 η_{me}：换能器本身将电能转换为机械能的效率，即机械系统所获得的全部有功功率 P_m 与输入换能器的总的信号电功率之比

$$\eta_{me} = P_m / P_e \tag{1.1}$$

式中，$P_e = P_{en} + P_m$，这里 P_{en} 是换能器电路系统的有功电损耗功率。换能器的机电效率越高，其电损耗功率越小。

机声效率 η_{ma}：换能器的机械振动系统将机械能转换成声能的效率，即发射声功率 P_a 与机械振动系统所获得的有功功率 P_m 之比

$$\eta_{ma} = P_a / P_m \tag{1.2}$$

式中，$P_m = P_{mn} + P_a$，这里 P_{mn} 是机械振动系统的摩擦损耗功率。所以换能器的机声效率越高，表明它的机械损耗越小。

电声效率 η_{ea}：换能器将电能转换成声能的总效率，即发射声功率 P_a 与输入换能器的总信号电功率 P_e 之比：

$$\eta_{ea} = P_a / P_e = \eta_{me}\eta_{ma} \tag{1.3}$$

显而易见，换能器的电声效率等于其机电效率与机声效率的乘积。

换能器的诸效率不仅与其工作频率有关，也与换能器的类型、材料、结构以及振动模态等方面的因素有关。对于发射换能器，有时也用发射响应 (发射灵敏度) 和非线性失真系数这两种性能指标。

3. 发射灵敏度 (发射响应)

发射灵敏度是描述发射换能器发射特性的物理量,其定义为:换能器在指定方向上,离其有效声中心 1m 处所产生的某个声学量 (如声或声强) 与加到换能器输入端的某个电学量 (如电压或电流) 之比,包括发射电压响应、发射电流响应、发射功率响应等。

发射电流响应是指发射换能器在指定方向上离其有效声中心 1m 处产生的自由声场声压 P_f 有效值 (即均方根值) 与加到换能器输入端的电流之比值,即

$$S_I = \frac{P_f}{I} \tag{1.4}$$

式中,P_f 的单位是 $\mu Pa (1Pa=1N/m^2=10^6 \mu Pa=10 \mu bar)$;电流 I 的单位是 A;S_I 的单位是 $\mu Pa/A$。当用分贝表示发射电流响应时,

$$S_I = 20 \lg \left(\frac{S_I}{S_{I0}} \right) = 20 \lg \left(\frac{P_f}{I} \right) \ (dB) \tag{1.5}$$

其中,S_{I0} 为发射电流响应的参考级 $(\mu Pa/A)$。发射电压响应 S_V 和发射功率响应 S_W 与发射电流响应的定义是类似的。

4. 发射换能器表面的位移振幅分布

发射换能器表面的位移振幅分布情况直接关系到换能器的发射效率、发射功率以及指向性等,目前其测量常采用激光全息技术或激光多普勒技术,这些方法可以较全面地描述振幅的分布情况,对换能器设计以及对结构、材料、振动形式的分析非常有帮助。另外,利用振幅的分布可以得到换能器的辐射功率。

1.3.3 对接收换能器特别要求的性能指标

1. 分辨率

超声换能器系统的分辨率是指辨别两种物体、两种组织或两个目标的能力,定义为在仪器显示器上刚好能区分开的两点之间的实际距离。距离越小,分辨率越高。分辨率包括两种,分别是纵向分辨率 (又称距离分辨率或者轴向分辨率) 和横向分辨率 (又称径向分辨率或方位分辨率)。

纵向分辨率是指沿着换能器发射波束轴线方向上的分辨率。在数学上,纵向分辨率等于换能器发射的空间脉冲长度的一半。空间脉冲长度是超声脉冲的周期数和波长的乘积。因此,为了提高换能器的纵向分辨率,可以采取两种措施:①减少超声波脉冲的周期数,为此可以采用增加换能器阻尼的措施,高的阻尼减少了脉冲中的周期数,从而缩短了空间脉冲长度;②减小超声波的波长,可以采取提高换能器共振频率的方法。

　　横向分辨率是指垂直于超声波束方向的两个反射体之间可以区分的最小距离，它取决于超声换能器的波束宽度。当超声波束宽度较窄时，横向分辨率较高。对于传统的超声换能器，在近场区，波束宽度大致等于换能器的直径；在远场区，波束是扩散的，因此超声换能器的横向分辨率是随着声波传播距离的变化而变化的。一般来说，随着超声波传播距离的增大，换能器的横向分辨率随深度增加而逐渐下降。为了提高换能器的横向分辨率，可以采用聚焦换能器。超声聚焦可以使脉冲波束变窄，因而提高横向分辨率。

　　2. 接收换能器的灵敏度 (接收声场的响应)

　　灵敏度是接收换能器最重要的一个指标，包括电压灵敏度和电流灵敏度。

　　所谓接收换能器的自由场电压灵敏度，就是指接收换能器的输出电压与在声场中引入换能器之前该点的自由声场声压的比值：

$$M_u(\omega) = U(\omega) / P_f(\omega) \quad (\text{V}/\mu\text{Pa}) \tag{1.6}$$

式中，$U(\omega)$ 表示接收换能器电负载上所产生的电压 (V)；$P_f(\omega)$ 表示接收换能器接收面处自由声场的声压 (μPa)。自由场电压灵敏度有时也用分贝表示

$$N_u(\omega) = 20\lg\frac{M_u(\omega)}{M_{u0}(\omega)} \quad (\text{dB}) \tag{1.7}$$

其基准灵敏度取为 $M_{u0}(\omega) = 1\text{V}/\mu\text{Pa}$。

　　所谓接收换能器的自由场电流灵敏度 $M_i(\omega)$ (自由场电流响应)，是指接收换能器的输出电流与在声场中引入接收器之前的自由声场声压的比值，即

$$M_i(\omega) = i(\omega) / P_f(\omega) \quad (\text{A}/\mu\text{Pa}) \tag{1.8}$$

式中，$i(\omega)$ 的单位是 A；P_f 的单位是 μPa。

　　在实际中，我们一般都采用电压灵敏度。

　　3. 等效噪声压

　　当换能器用于接收器时，接收器中电声转换器件内部分子的热运动所产生的噪声称为自噪声或固有噪声。这种自噪声的大小决定了接收器所能测量的有用信号的最小可能值，它包含许多频率成分，可取在 1Hz 频带宽度上的均方根电压来度量其大小。

　　设有一个正弦声波入射到接收器上 (如果接收器尺寸不比声波小很多，则应当沿正入射方向投射到振动面上)，当此电压输出的有效值等于接收器自噪声在 1Hz 带宽上的均方根电压值时，入射声压的有效值称为等效噪声压，其在数值上等于自噪声在 1Hz 带宽上的均方根电压值与接收器灵敏度的比值。等效噪声压对 1μbar 基准声压所取的分贝数称为接收换能器的等效噪声声压级。

以上我们只对超声换能器的一些最基本最重要的性能指标进行了简单的介绍，在今后研究各种具体的换能器时，需要根据实际的应用进行具体的讨论和分析。

1.4 超声换能器的研究方法

超声换能器属于一种机电转换器件，因此对其分析涉及两种系统，即电路系统和机械振动系统。换能器的电路系统通常包含一个电容 C_0 或一个电感 L_0 的储能元件，当换能器工作在发射状态时，从发射机的输出级送来一个电振荡信号，使其储能元件的电场或磁场发生变化，而借助电场或磁场的某种"力效应"，产生了一个对换能器的机械振动系统的推动力，使之进入振动状态，从而向负载介质中辐射出声波信号，这就是发射声信号的全部过程。当换能器处在接收状态时，其能量的转换过程与此相反，首先是声场的信号-声压作用在换能器的振动面上，使其机械振动系统进入振动状态，此时就引起换能器的电路储能元件的电场或磁场相应的变化，借助于系统的某种"电效应"，就在其电路系统中产生一个相应于声信号的应电动势或应电流，这就是接收声信号的全部过程。

由上述可知，超声换能器包含电路系统、机械振动系统和声学系统，并且三者在换能器工作时，有机地结合在一起成为一个统一的整体。这样就决定了对超声换能器的研究是融合了电子学、力学、声学诸方面的研究方法，并且通过电-力-声类比，使三者能够用统一的等效机电图和等效方程式，方便地对其进行深入的研究。

对应电子学的研究方法，例如电的耦合网络、传输线、等效图和等效方程式，在超声换能器中就有机电耦合网络、机械传输线、机电等效图和机电等效方程式等。实际上超声换能器就是一个机电耦合网络。

超声换能器中的电声能量互换均是借助于电场或磁场的物理效应来实现的，而且不论是哪种类型的换能器，这种效应都包括两个方面：一个是力效应，把作用在换能器电路系统中的电流或电压转换为作用在机械振动系统上的推动力的物理效应，即实现把电学量(电流、电压)转换为力学量(振速或力)的效应，例如电动力效应；另一个是电效应，把作用在换能器机械振动系统上的力或振速转换为电路系统中的应电势或应电流的物理效应，即实现把力学量(或声学量)转换为电学量的效应，如电磁感应定律等。所以根据各种换能器的"力效应"和"电效应"，我们就能得到它们的机电参量转换关系式(也叫机电方程式)，这是分析研究换能器应首先建立的一组关系式。

为了确定换能器的工作状态，还须求出它的机械振动系统的状态方程式和电路系统状态方程式。当这些关系式都确立之后，换能器的工作状态也就完全确定了。换能器机械系统的状态方程式(简称机械振动方程)是指换能器处于工作状态时，描述它的机械振动系统的力与振速的关系式, 也就是说该方程式是描述机械系统振动特性的, 而电路系统的状态方程式 (简称电路状态方程式) 是描述电路系统的振动特性的, 即具体描述电路系统中的信号电压与信号电流间的关系。由于换能器的机械系统和电路系统是互相耦合的, 所以机械系统的振动会影响到电路的平衡, 而电路的变化也会影响到机械系统的振动, 因此我们总是利用这些方程组分析、讨论换能器的工作特性。

由上述换能器的三组基本关系式, 可以对应地作出换能器三种形式的等效图。第一种是等效机械图, 将换能器等效为一个纯机械系统的等效图; 第二种是把机械部分的元件和参量, 通过机电转换化为电路部分的元件和参量, 即把一个换能器等效为一个纯电路系统, 称此为等效电路图; 第三种称为等效机电图, 同时包含电路部分和机械部分的等效图。利用这些等效图可以简便地求出换能器的若干重要的性能指标。

上面只简略介绍了对换能器的分析研究方法, 至于如何推导三组基本方程、建立等效图和计算换能器的一系列的工作特性, 将在以后详细讨论。

前面已经提到换能器本身是一个机电耦合网络, 为了更好地了解它, 我们可把它同变压器作一简要的比较。

一般说来总是要求换能器在相同频率下进行能量互换的, 变压器也是在同一频率下实现低压电振荡能与高压电振荡能之间互换的, 两者不同之处在于, 变压器是通过磁耦合来实现电振荡能的互换的, 而换能器是通过机电耦合系统来实现机电声能量互换的。

当变压器的初级电压通过磁路使次级有一电压时, 相当于换能器中, 机械端通过机电耦合给电路端一电压或电流, 或电路端通过机电耦合给机械端一个推动力或振速。所以变压器的次级与初级有一电压 (或电流) 的转换关系式, 而换能器中电路端与机械端也有一转换关系式。

描述变压器能量传输时, 有三个关系式: ①初级电路关系式; ②次级电路关系式; ③初级与次级间的转换关系式。如前面所讲, 在研究换能器的能量转换与传输时也需要三组基本方程式: ①机械振动方程式; ②电路状态方程式; ③机电转换关系式。另外, 在研究变压器时, 常把初级元件反映到次级而建立次级等效电路图, 或把次级元件反映到初级而建立初级的等效电路图, 这与超声换能器的 "等效机械图"、"等效电路图" 也是相对应的。

利用换能器的机电等效电路来研究换能器的机电特性属于一种解析方法, 其本质是借助于换能器的力学方程、电学方程以及压电方程, 通过求解换能器的波动方程, 借助于边界条件得出换能器的位移、振速、加速度、应力以及电压和电流分布, 进而对换能器的振动模态、阻抗特性以及辐射声场等性能进行分析和计算。换能器的解析分析方法具有计算简单、物理意义清晰等优点, 特别适合于对结构简单、振动模态单一的换能器振动系统的分析和计算。对于结构复杂、具有多模态及振动模态耦合的换能器，解析方法很烦琐且复杂，有时甚至是不可能的。对于解析法难以分析的超声换能器，可以采用有限元法 (FEM)、有限差分法以及边界元法等数值模拟方法。

有限元法是基于对结构力学分析而发展起来的一种现代计算方法。有限元法是 19 世纪 50 年代首先在连续体力学领域——飞机结构静、动态特性分析中应用的一种有效的数值分析方法，随后广泛地应用于求解热传导、电磁场、流体力学等问题。有限元法已经应用于水力、土建、桥梁、机械、电机、冶金、造船、飞机、导弹、宇航、核能、地震、物探、气象、渗流、力学、物理学等几乎所有的科学研究和工程技术领域。基于有限元法编制的软件，即所谓的有限元分析软件，根据其适用范围，可以分为专业有限元软件和大型通用有限元软件。经过几十年的发展和完善，各种专用的和通用的有限元软件已经使有限元法转化为社会生产力。常见的通用有限元软件包括 LUSAS、MSC、Nastran、ANSYS、Abaqus、LMS-Samtech、Algor、Femap/NX Nastran、Hypermesh、COMSOL Multiphysics 以及 FEPG 等。有限元软件能对有限尺寸的实际换能器结构进行精确建模，借助于计算机强大的数据处理能力来计算换能器的位移分布、应力分布、振动模态以及阻抗特性等。另外，结合有限元法以及边界元法可以对超声换能器的辐射声场进行模拟和仿真。目前，在超声换能器领域，基于有限元法等数据处理及仿真技术的换能器仿真软件有很多，包括 ANSYS、COMSOL Multiphysics 以及 PZflex 等。

超声换能器的解析分析方法和有限元法几乎都是基于线性理论，没有考虑换能器的非线性效应。实际的超声换能器 (尤其是处于发射状态的大功率超声换能器) 几乎都工作在大信号状态下，因此，基于解析分析方法以及有限元法得出的分析结果与实际换能器的性能参数是有一定的差异的。为了科学地描述换能器的实际工作状态，必须对换能器的性能参数进行实验测试，这将在本书的有关章节进行详细探讨。

1.5 超声换能器的电声四端网络

超声换能器的研究方法主要有三种。①机电类比法，运用机电类比构成机电 (或电声) 四端网络法，或称等效电路法；②瑞利法，利用保守系统能量守恒定律，得出换能器等效参数，再建立等效网络的方法；③有限元法，它是瑞利法的一种改进，对无法按常规解析法分析的复杂结构换能器，可以利用计算机，借助于数值模拟的方法进行求解。但是后两种方法是建立在第一种方法的基础上的，第一种是最基本的方法。

1.5.1　电声四端网络研究方法

任何一个电声换能器，它本身就包含电路系统、机械振动系统和声振动辐射系统，而且三者之间有机地结合在一起成为一个统一体，它们的核心问题是机电转换问题。

在物理学中，曾研究过机电能量互换，一般是借助于某种物理效应，如电场或磁场。它们在互换过程中存在着两重性："力"效应和"电"效应。

"力"效应：当换能器受电作用 (电流或电压) 时，机械系统就会有推动力。由电的作用而产生的推动力可表示为

$$F = T_{\mathrm{me}} I \tag{1.9}$$

其中，T_{me} 为电学量转换为机械量的机电转换系数。

"电"效应：当换能器机械振动系统受到外力或者接收到声波时，其机械振动系统会产生振速 v_{m}，电路中就会产生感应电动势，其电场强度可表示为

$$E = T_{\mathrm{em}} v_{\mathrm{m}} \tag{1.10}$$

其中，T_{em} 为机械量转换为电学量的机电转换系数。对线性互易换能器，$T_{\mathrm{em}} = T_{\mathrm{me}}$。

1.5.2　电声四端网络的一般关系式

在换能器的电端，如果一个电动势 (电流 I 或电压 V) 作用在换能器电路端，电路系统本身存在电阻抗 Z_{e}，因此有电压降 IZ_{e}；当电路中出现电流 I 时必伴随产生"力"效应，即 $F_{\mathrm{I}} = T_{\mathrm{me}} I$，$F_{\mathrm{I}}$ 推动机械系统振动产生振速 v_{m}，而 v_{m} 又因"电"效应，产生感应电动势 $E = T_{\mathrm{em}} v_{\mathrm{m}}$。因此，当系统电端达到动态平衡时，根据电路闭合回路定律，应满足以下关系：

$$V = IZ_{\mathrm{e}} + T_{\mathrm{em}} v_{\mathrm{m}} \tag{1.11}$$

换能器由"力"效应产生的力 $F_{\mathrm{I}} = T_{\mathrm{me}} I$，应该与机械振动系统的反作用力相平衡以达到机械端动态平衡，这个反作用力可以表示为 $v_{\mathrm{m}}(Z_{\mathrm{m}} + Z_{\mathrm{s}})$，其中 Z_{m} 为机械系统本身的力阻抗 (由机械内摩擦力产生的)；Z_{s} 为辐射阻抗 (耦合到其他某种介质中去，由辐射声功率等效而来的)，因此，

$$F_{\mathrm{I}} = T_{\mathrm{me}} I = -v_{\mathrm{m}}(Z_{\mathrm{m}} + Z_{\mathrm{s}}) \tag{1.12}$$

很明显，$-v_{\mathrm{m}} Z_{\mathrm{s}}$ 这一部分代表某种介质对振动系统的反作用力，用 F 表示，则式 (1.12) 可表示为如下形式：

$$F = T_{\mathrm{me}} I + v_{\mathrm{m}} Z_{\mathrm{m}} \tag{1.13}$$

根据式 (1.11) 和式 (1.13)，可得出电声换能器的四端网络等效图 (或称为机电四端网络等效图)，如图 1.1 所示。

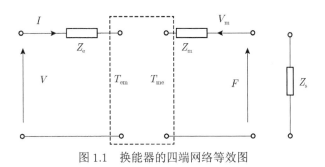

图 1.1　换能器的四端网络等效图

换能器的电声四端网络方程一旦建立,可以从数学上以及物理定义上给出图1.1 中各个量的物理意义,例如,$Z_{\mathrm{e}} = \left. \dfrac{V}{I} \right|_{V_{\mathrm{m}}=0}$ 为换能器振子处于夹紧状态时,其电端的 输入电阻抗;$T_{\mathrm{em}} = \left. \dfrac{V}{v_{\mathrm{m}}} \right|_{I=0}$ 为换能器在电端开路时,单位振速产生的电压,即机电转 换系数;$T_{\mathrm{me}} = \left. \dfrac{F}{I} \right|_{v_{\mathrm{m}}=0}$ 为换能器机械端夹紧时单位驱动电流产生的力,即电机转换系 数;$Z_{\mathrm{m}} = \left. \dfrac{F}{v_{\mathrm{m}}} \right|_{I=0}$ 为电端开路时换能器的机械阻抗。

根据上述公式以及换能器的四端网络等效图,还可以求出换能器的驱动电阻 抗,即换能器的输入电阻抗 Z_{i}。由式 (1.12) 可得

$$v_{\mathrm{m}} = -\frac{T_{\mathrm{me}}I}{Z_{\mathrm{m}} + Z_{\mathrm{s}}} \tag{1.14}$$

将式 (1.14) 代入式 (1.11) 可得 $V = IZ_{\mathrm{e}} - \dfrac{T_{\mathrm{me}}T_{\mathrm{em}}}{Z_{\mathrm{m}} + Z_{\mathrm{s}}}I = I\left(Z_{\mathrm{e}} - \dfrac{T_{\mathrm{me}}T_{\mathrm{em}}}{Z_{\mathrm{m}} + Z_{\mathrm{s}}}\right)$,由此可得换 能器的输入电阻抗为

$$Z_{\mathrm{i}} = \frac{V}{I} = Z_{\mathrm{e}} - \frac{T_{\mathrm{me}}T_{\mathrm{em}}}{Z_{\mathrm{m}} + Z_{\mathrm{s}}} \tag{1.15}$$

1.5.3　发射型压电换能器的四端网络

上面分析的电声四端网络是广义的。由于压电型 (电性) 换能器往往是恒压源 供电,因此对压电型换能器用 V 和 v_{m} 作自变量的电声四端网络比较方便,仿照前 述方法可建立压电型换能器的如下方程组:

$$\begin{cases} I = Y_{\mathrm{b}}V - \boldsymbol{\Phi} v_{\mathrm{m}} \\ F = \boldsymbol{\Phi} V + Z_{\mathrm{m}} v_{\mathrm{m}} \end{cases} \tag{1.16}$$

式中，$Y_\mathrm{b} = \dfrac{1}{Z_\mathrm{e}} = \left.\dfrac{I}{V}\right|_{v_\mathrm{m}=0}$ 是换能器处于机械夹持状态时 $(v_\mathrm{m}=0)$ 的输入电导纳或称静

态导纳；$\varPhi = \left.\dfrac{I}{v_\mathrm{m}}\right|_{V=0} = \left.\dfrac{F}{V}\right|_{v_\mathrm{m}=0}$ 是换能器电端短路时的机电转换系数，或换能器机械端

夹紧时的电机转换系数，对线性压电式换能器来说这两者是等价的；$Z_\mathrm{m} = \left.\dfrac{F}{v_\mathrm{m}}\right|_{V=0}$ 是

电端短路时换能器的力阻抗，如果换能器机械端的外力用负载 Z_r 表示，则 $F = -Z_\mathrm{r} v_\mathrm{m}$
(图 1.2)。从方程组 (1.16) 可得出换能器的输入电导纳为

$$Y_\mathrm{i} = Y_\mathrm{b} + \frac{\varPhi^2}{Z_\mathrm{m} + Z_\mathrm{r}} = Y_\mathrm{b} + Y_\mathrm{m} \tag{1.17}$$

式中，$Y_\mathrm{m} = \dfrac{\varPhi^2}{Z_\mathrm{m} + Z_\mathrm{r}}$ 称为换能器的动生导纳，它的物理意义是：由于换能器发生振
动，从机械端反映到电端的导纳附加项，所以电端的总输入导纳等于静态导纳与动
生导纳之和。图 1.2 还可简化成图 1.3 的集中参数等效机电图。

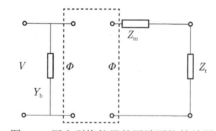

图 1.2   压电型换能器的四端网络等效图

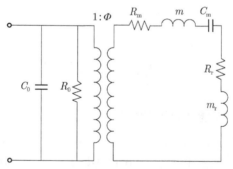

图 1.3   压电换能器的集中参数等效机电图

静态导纳 $Y_\mathrm{b} = \dfrac{1}{R_0} + \mathrm{j}\omega C_0$，这里 R_0 为压电换能器的介电损耗电阻，也称为漏电

阻。由于压电换能器中压电陶瓷材料的绝缘性很高,因此介电损耗电阻的量值很高,一般在 $M\Omega$ 级以上。C_0 为静态电容,由于压电材料的介电常数 ε 很高,所以 C_0 也很高。换能器内部的机械阻抗一般是复数,$Z_{\mathrm{m}} = R_{\mathrm{m}} + \mathrm{j}x_{\mathrm{m}} = R_{\mathrm{m}} + \mathrm{j}\left(\omega m - \dfrac{1}{\omega c_{\mathrm{m}}}\right)$,其中 R_{m} 为换能器的内部机械力阻,表示换能器的内部机械损耗,m 为换能器等效质量,c_{m} 为等效顺性。换能器的负载阻抗为 $Z_{\mathrm{r}} = R_{\mathrm{r}} + \mathrm{j}\omega m_{\mathrm{r}}$,其中,$R_{\mathrm{r}}$ 为声辐射阻,高频时近似为 $(\rho c)_{\text{水}} A$,这里 A 为换能器的辐射面积;m_{r} 为共振质量,在高频率时往往忽略不计。

根据变压器的阻抗转换原理,把图 1.3 中机械端的量转换到电端,可得图 1.4,其中,

$$R_{\mathrm{R}} = \frac{R_{\mathrm{r}}}{\varPhi^2}, \quad R_{\mathrm{M}} = \frac{R_{\mathrm{m}}}{\varPhi^2}, \quad M = \frac{m + m_{\mathrm{r}}}{\varPhi^2}, \quad C_{\mathrm{M}} = \varPhi^2 c_{\mathrm{m}} \tag{1.18}$$

由图 1.4 可以得出压电换能器的输入电导纳为

$$Y_{\mathrm{i}} = \frac{1}{R_0} + \mathrm{j}\omega C_0 + \frac{1}{R_{\mathrm{M}} + R_{\mathrm{R}} + \mathrm{j}\left(\omega M - \dfrac{1}{\omega C_{\mathrm{M}}}\right)} \tag{1.19}$$

图 1.4 中,R_0、R_{M}、R_{R} 为功率消耗元件,其中,R_0 是介电损耗,R_{M} 为机械损耗,最后也转化为热,R_{R} 是声辐射功率部分,对于理想的换能器,希望 $R_0 \to \infty, R_{\mathrm{M}} \to 0$,则机电效率 η_{me} 和机声效率 η_{ma} 就高,整个电声效率 η_{ea} 也高。M、C_{M} 是储存能量元件,当 $\omega M - \dfrac{1}{\omega C_{\mathrm{M}}} = 0$ 时,换能器处于机械共振,功率全部用作声辐射。所以,为得到高的声辐射功率,通常希望换能器工作在机械系统共振频率处。实际上 R_0 不能趋于 ∞,R_{M} 也不能为零,故存在一个效率问题。换能器的共振频率往往不能恰好处在机械共振频率处,所以为使频段覆盖宽些,要求换能器的机械品质因数 $\dfrac{\omega M}{R_{\mathrm{R}} + R_{\mathrm{M}}}$ 低些。

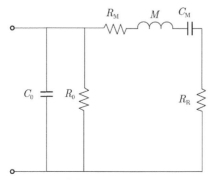

图 1.4 压电换能器的集中参数等效电路图

第 2 章　质点振动学基础

　　质点以及机械振动系统的振动、超声波在固体介质中的传播原理是超声换能器及其振动系统设计的理论基础。机械振动系统可分为两类，一类是有限自由度振动系统，另一类是无限自由度振动系统。有限自由度振动系统又可称为集中参数振动系统，而无限自由度振动系统又可称为分布参数振动系统[71-73]。单自由度质点振动系统是一种最简单的振动系统，其机械振动是指质点围绕其平衡位置进行的往复运动。任何一种机械振动系统都是一种机械装置，都包含弹性和质量元件，可以利用一定的方式激发并产生机械振动。

　　一般来说，在声频范围，尤其是在超声频范围内，绝大部分的机械振动系统都是分布参数振动系统，组成振动系统的任何元件都同时具有惯性、弹性以及消耗能量的性质。例如振动着的鼓膜、超声换能器等，在这类系统中，鼓膜以及换能器的每一部分都有质量，同时又具有弹性，不能将它们分成单独的质量或弹性元件来处理。尽管大部分振动系统都是分布参数振动系统，但在一定条件下以及一定的近似情况下，可以将分布参数振动系统近似看成集中参数振动系统。例如对于振动着的扬声器的鼓膜，如果频率比较低，而且模的尺寸不是很大，就可以将鼓膜的振动看作是简单的集中参数振动系统。

　　为了便于后面章节的学习和理解，本章首先对比较简单的单质点振动系统以及在超声换能器的设计和计算中经常用到的一些常用的振动系统，如棒的振动等进行介绍。

2.1　单自由度质点振动系统的自由振动

　　在弹簧下挂一个钢球，弹簧是弹性元件，钢球是质量元件，两者组成一个简单的机械振动系统 (图 2.1)。如果将钢球沿 x 方向位移后，钢球便在其平衡位置附近沿着 x 方向做机械振动。取平衡位置为坐标系的原点，可以用钢球离开平衡位置的位移 ξ 随时间而变化的函数 $\xi = \xi(t)$ 来描述。根据胡克定律，钢球受到的弹性恢复力可以表示成下面的形式：

$$f = -k\xi \tag{2.1}$$

式中，f 是弹性恢复力；k 是弹簧的弹性系数 (刚度系数)；负号表示弹性恢复力的方向与钢球的位移方向相反。根据牛顿第二定律，可以列出质量为 m 的钢球的运动

微分方程为

$$m\frac{\mathrm{d}^2\xi}{\mathrm{d}t^2} = -k\xi \quad \text{或} \quad \frac{\mathrm{d}^2\xi}{\mathrm{d}t^2} + \omega_0^2\xi = 0 \tag{2.2}$$

式中，$\omega_0 = \sqrt{\dfrac{k}{m}} = 2\pi f_0 = \dfrac{2\pi}{T_0}$，$\omega_0$ 及 f_0 分别称为系统的固有振动角频率和固有频率，

$f_0 = \dfrac{1}{T_0}$，这里 T_0 称为振动的周期，单位是 s，而频率的单位是 Hz。它们是由系统本身的参数决定的，与外界的激发方式等因素无关。式 (2.2) 的普遍形式解为

$$\xi = \xi_{\mathrm{m}}\cos(\omega_0 t + \varphi) \tag{2.3}$$

可见钢球的位移随时间的变化规律是简单的余弦函数，因而称为简谐振动，其振动的位移振幅是 ξ_{m}，振动的初始相位为 φ，可以由系统的初始条件决定。将位移对时间求一次和二次导数，就可以得出简谐振动的速度及加速度为

$$v = -\omega_0\xi_{\mathrm{m}}\sin(\omega_0 t + \varphi) \tag{2.4}$$

$$a = -\omega_0^2\xi_{\mathrm{m}}\cos(\omega_0 t + \varphi) \tag{2.5}$$

振动速度的最大值 $\omega_0\xi_{\mathrm{m}}$ 称为速度振幅，加速度振幅为 $\omega_0^2\xi_{\mathrm{m}}$。从式 (2.4) 和式 (2.5) 可以看出，振动速度与位移的相位相差 90°，而加速度与位移的相位相差 180°。另外，由于加速度的振幅与频率的平方成正比，因此在超声频率范围内，即使位移振幅不大，其加速度振幅却可以很大。

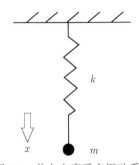

图 2.1　单自由度质点振动系统

　　根据传统的分析方法，在研究系统的机械振动过程中，通常采用与研究交变电流和电磁波相似的分析方法，即用复数形式表示简谐振动。因此，质点简谐振动的位移、速度和加速度还可以表示成下面的形式：

$$\xi = \xi_{\mathrm{m}}\mathrm{e}^{\mathrm{j}(\omega_0 t + \varphi)}, \quad v = \mathrm{j}\omega_0\xi_{\mathrm{m}}\mathrm{e}^{\mathrm{j}(\omega_0 t + \varphi)} = \mathrm{j}\omega_0\xi, \quad a = -\omega_0^2\xi \tag{2.6}$$

　　在上面描述的质点振动系统中，由于假设系统不受外力作用 (即自由振动)，因

而系统属于一个能量守恒系统，其振动的能量是一定的，取决于系统在初始激发时得到的能量。然而在系统的内部，能量的形式会转换。在机械振动系统中，这种能量的转换就表现为系统的动能和势能之间的转换。当质点的位移最大时，其速度为零，因而动能也等于零，而此时的势能最大；当位移等于零时，速度达到最大值，动能也达到最大值，而此时的势能则等于零。除了这两种极端的情况，系统中都同时具有动能和势能。在任意时刻，系统的动能可表示为

$$E_{k} = \frac{1}{2}mv^2 = \frac{1}{2}m\xi_{m}^2\omega_0^2\sin^2(\omega_0 t + \varphi) \tag{2.7}$$

系统的势能决定于弹簧在形变过程中所得到的形变能，也等于钢球在振动过程中因克服弹簧的弹性恢复力而做的功。由于在弹簧的形变过程中弹性力是不断变化的，所以势能的计算应为以下的积分形式：

$$E_{p} = \int_0^{\xi} k\xi(t)\mathrm{d}\xi = \frac{1}{2}k\xi^2 = \frac{1}{2}k\xi_{m}^2\cos^2(\omega_0 t + \varphi) \tag{2.8}$$

由式 (2.7) 和式 (2.8) 可以看出，在振动过程中，动能和势能是随时间变化的。系统的总动能为

$$E = E_{p} + E_{k} = \frac{1}{2}mv^2 + \frac{1}{2}k\xi^2 \tag{2.9}$$

把式 (2.7) 和式 (2.8) 代入式 (2.9)，并利用 $k = m\omega_0^2$ 的关系式，可得系统的总能量为

$$E = \frac{1}{2}k\xi_{m}^2 = \frac{1}{2}m\omega_0^2\xi_{m}^2 = \frac{1}{2}mv_{m}^2 \tag{2.10}$$

根据上述各式可以看出，系统的动能、势能和总能量随时间的变化规律是脉冲式的。实际上，当质点向系统的平衡位置附近运动时，其振速是不断增加的，相应的动能也逐渐增大；而弹簧的形变逐渐减少，势能减少。反过来说，当质点离开系统的平衡位置时，它要不断克服弹性力而做功，因而造成动能不断减少，结果是弹簧的位移增大，势能增加。但在任何瞬间两者之和保持为常数。

2.2　单自由度质点振动系统的阻尼振动

在机械系统振动中，由于受到摩擦力以及其他阻力的影响，系统的能量会不断损耗，质点的位移振幅逐渐减少，以至于振动最终停止。在声学振动系统中，阻力可能是由振动物体之间的摩擦引起的，也可能是由振动物体的内部摩擦损耗引起的，也有可能是由振动物体向周围介质辐射声波而引起的。下面的分析中仅限于第一种情况，即阻力是由振动着的物体与周围介质的摩擦而引起的。假设振动体的振速不是很大，可以认为阻力与振动体的振动速度成正比，因此作用于振动物体上的

阻力可表示为

$$f_R = -R_m \frac{\mathrm{d}\xi}{\mathrm{d}t} \tag{2.11}$$

式中，R_m 称为力阻，负号表示阻力的方向与振速的方向相反。振动系统的运动方程可写成

$$m\frac{\mathrm{d}^2\xi}{\mathrm{d}t^2} = -k\xi - R_m\frac{\mathrm{d}\xi}{\mathrm{d}t} \quad 或 \quad \frac{\mathrm{d}^2\xi}{\mathrm{d}t^2} + 2\delta\frac{\mathrm{d}\xi}{\mathrm{d}t} + \omega_0^2\xi = 0 \tag{2.12}$$

式中，$\delta = R_m/2m$ 称为阻尼系数。式 (2.12) 是一个常系数线性微分方程，其一般解为

$$\xi = C_1\mathrm{e}^{r_1 t} + C_2\mathrm{e}^{r_2 t} \tag{2.13}$$

其中，r_1 和 r_2 是特征方程 $r^2 + 2\delta r + \omega_0^2 = 0$ 的两个根。由此可得

$$r_1, r_2 = -\delta \pm \sqrt{\delta^2 - \omega_0^2} \tag{2.14}$$

当 $\delta^2 > \omega_0^2$，即 $R_m^2 > 4mk$（阻力很大）时，特征方程的两个根都是实数，且都小于零。此时，运动微分方程的解不是简谐函数的形式，而是按照指数的规律衰减。如将质点移开其平衡位置，任其自由振动，则质点的位移将逐渐减少而趋于零，不会产生振动现象。当 $\delta^2 < \omega_0^2$，即 $R_m^2 < 4mk$（阻力不大）时，特征方程的两个根可以写成以下形式

$$r_1, r_2 = -\delta \pm \mathrm{j}\sqrt{\omega_0^2 - \delta_0^2}$$

令 $\Omega = \sqrt{\omega_0^2 - \delta^2}$，则 $r_1, r_2 = -\delta \pm \mathrm{j}\Omega$。由此可得质点运动微分方程的解为

$$\xi(t) = \xi_m\mathrm{e}^{-\delta t}\cos(\Omega t + \varphi) \tag{2.15}$$

其中，ξ_m 和 φ 取决于振动的初始条件。式 (2.15) 表示一个振幅随时间衰减的阻尼振动，振动的角频率等于 Ω。与系统的固有角频率 ω_0 一样，阻尼振动的角频率 Ω 仍然取决于系统本身的参数，因而仍然可以称为系统阻尼振动的固有角频率。值得指出的是，具有阻尼系统的固有角频率低于无阻尼系统的固有角频率。然而，如果系统的阻力比较小，如 $\delta \ll \omega_0$，可以忽略阻力对系统固有频率的影响。但阻力对系统振动位移振幅的影响是不能忽略的，即此时系统的位移振幅仍是一个按照指数规律衰减的函数。

阻尼系数 δ 是一个反映系统所受到阻力大小的量。阻尼系数越大，阻力越大，系统的位移振幅衰减得越快。令时间 $t = 0$，振幅等于 ξ_m，经过时间 t 以后，振幅变为 ξ_{m1}，由此可以得出确定系统阻尼系数的关系式为

$$\delta t = \ln(\xi_m/\xi_{m1}) \tag{2.16}$$

令时间 $t = T_0$（T_0 是系统的振动周期），则 $\delta T_0 = \ln(\xi_m/\xi_{m1})$ 称为在一个周期内系统振幅的对数衰减量，用 ϑ 表示。由此可得

$$\vartheta = T_0 R_m / 2m = R_m / 2\pi f_0 \tag{2.17}$$

描述一个系统所受到的阻尼大小，还可以利用机械品质因数 Q_m，有时也称为力学品质因数。系统的机械品质因数定义为系统的振幅衰减到初始值的 $1/e^\pi$ 时所经过的周期数，即

$$\xi_m e^{-\delta Q_m T_0} = \xi_m / e^\pi \tag{2.18}$$

由式 (2.18) 可得机械品质因数的表达式为

$$\pi = \delta Q_m T_0, \quad Q_m = \pi / \delta T_0 = \omega_0 m / R_m \tag{2.19}$$

很显然，振动系统的机械品质因数与电路中的电学品质因数是类似的。在电路中，电学品质因数定义为 $Q_e = \omega_0 L / R$，其中 L、R 分别是电路中的电感和电阻。从机械品质因数的定义式可以看出，阻力越大，机械品质因数越低，振动的衰减越快。

2.3　单自由度质点振动系统的强迫振动

根据前面的分析我们知道，任何机械振动系统都要受到各种阻力的作用，能量会逐渐损耗。由初始激发而产生的振动，将会因为能量逐渐损耗而逐渐减弱，直至最终停止。为了维持系统的持续振动，就必须有另外一个系统不断给以激发，即不断地补充能量。这种由外加作用而产生的持续振动，就称为强迫振动。为简化分析，假设振动系统受到的外力为一个周期性的简谐振动力，即 $F = F_m \cos \omega t$，其中 F_m 是外力的振幅，ω 是外力的角频率。为了方便，将外力表示成复数的形式，即 $F = F_m e^{j\omega t}$。此时，振动系统的运动方程可写成

$$m \frac{d^2 \xi}{dt^2} = F_m e^{j\omega t} - k\xi - R_m \frac{d\xi}{dt} \quad \text{或} \quad \frac{d^2 \xi}{dt^2} + 2\delta \frac{d\xi}{dt} + \omega_0^2 \xi = \frac{F_m}{m} e^{j\omega t} \tag{2.20}$$

式 (2.20) 是一个常系数非齐次线性常微分方程，其一般解包括两部分，一部分是方程对应的齐次线性微分方程的通解，另一部分是非齐次方程的一个特解。研究表明，对应于齐次线性微分方程的通解是一个随着时间而衰减的振动。当时间足够长时，这一项趋于零。而方程的第二个解是不随时间而变化的，即系统的稳态解。对于大部分应用技术中的超声换能器来说，稳态解是人们比较重视的。令式 (2.20) 的稳态解为 $\xi_m e^{j\omega t}$，可得系统稳态振动的位移振幅 ξ_m 为

$$\xi_m = \frac{F_m}{j\omega [R_m + j(m\omega - k/\omega)]} \tag{2.21}$$

令 $Z_m = R_m + j\left(\omega m - \dfrac{k}{\omega}\right) = |Z_m| e^{j\varphi}$ 称为力阻抗，也称为机械阻抗，它是力和振速的比值，其单位是 N·s/m。利用力阻抗的表达式，可将系统的稳态振动位移振幅写

成另外一种形式：

$$\xi_{\mathrm{m}} = \frac{F_{\mathrm{m}}}{\mathrm{j}\omega Z_{\mathrm{m}}} = \frac{F_{\mathrm{m}}}{\mathrm{j}\omega \left| Z_{\mathrm{m}} \right| \mathrm{e}^{\mathrm{j}\varphi}} = \frac{F_{\mathrm{m}}}{\omega \left| Z_{\mathrm{m}} \right|} \mathrm{e}^{-\mathrm{j}\left(\frac{\pi}{2}+\varphi\right)} \tag{2.22}$$

式中，$\left| Z_{\mathrm{m}} \right| = \sqrt{R_{\mathrm{m}}^2 + \left(\omega m - \dfrac{k}{m}\right)^2}$，$\tan\varphi = \left(\omega m - \dfrac{k}{m}\right) / R_{\mathrm{m}}$。可以看出，在周期性外力的作用下，当达到稳态振动以后，振动系统将按照外力的角频率产生简谐振动。我们称其为强制性的稳态振动。系统稳态振动的位移振幅不但与系统本身的参数有关，而且与外力的振幅以及外力的振动频率有关；稳态振动的频率与外加作用力的频率相同，因此系统的稳态振动也就是由外力所产生的系统的强制振动分量，它是一个等幅的振动。

根据位移、振速以及加速度三者之间的关系，可以得出系统稳态振动的振速及加速度振幅分别为

$$v_{\mathrm{m}} = \frac{F_{\mathrm{m}}}{Z_{\mathrm{m}}} = \frac{F_{\mathrm{m}}}{\left| Z_{\mathrm{m}} \right| \mathrm{e}^{\mathrm{j}\varphi}} = \frac{F_{\mathrm{m}}}{\left| Z_{\mathrm{m}} \right|} \mathrm{e}^{-\mathrm{j}\varphi} \tag{2.23}$$

$$a_{\mathrm{m}} = \frac{\mathrm{j}\omega F_{\mathrm{m}}}{Z_{\mathrm{m}}} = \frac{\mathrm{j}\omega F_{\mathrm{m}}}{\left| Z_{\mathrm{m}} \right| \mathrm{e}^{\mathrm{j}\varphi}} = \frac{\omega F_{\mathrm{m}}}{\left| Z_{\mathrm{m}} \right|} \mathrm{e}^{\mathrm{j}\left(\frac{\pi}{2}-\varphi\right)} \tag{2.24}$$

由上述各式可以看出，系统的位移、振速以及加速度幅值不仅与外力的振幅有关，而且与频率有关。也就是说，当系统在简谐振动外力的作用下，即使外力振幅不变，但当外力的频率变化时，系统的位移、振速和加速度的幅值和相位都会发生变化。下面将对这三个振动参数的频率特性进行分析。

2.3.1 振动速度振幅的频率特性及机械谐振

由式 (2.23)，可以得出归一化的系统振速振幅的表达式为

$$\frac{v_{\mathrm{m}}}{v_{\mathrm{m0}}} = \frac{Q_{\mathrm{m}}}{\sqrt{1 + Q_{\mathrm{m}}^2 \left[1 - \left(\dfrac{f_0}{f}\right)^2\right]^2}} \tag{2.25}$$

式中，$v_{\mathrm{m0}} = \dfrac{F_{\mathrm{m}}}{\omega_0 m}$ 是一个常数。当外力的角频率 $\omega = \omega_0 = \sqrt{k/m}$ 时，$\omega m = \dfrac{k}{\omega}$，$\left| Z_{\mathrm{m}} \right|$ 的绝对值达到最小，且 $\varphi = 0$，于是系统的振动速度达到最大值，并且力与振速的相位相同，这种现象称为机械谐振，也称为振速共振。即当外力的频率等于系统的固有频率时，系统达到机械谐振，振速最大。很显然，系统的速度共振频率恒等于系统的固有频率，与系统的机械品质因数无关。如果系统的阻力比较小，即便外力

的振幅比较小，谐振时的振速幅值仍然可以很大。如果外力的频率不等于系统的共振频率，系统的速度振幅便会减小，并且频率偏离固有频率越大，振速振幅的减小越大。保持外力的振幅值不变，即保持 F_m 等于常数，改变外力的频率，可以得到系统的振速幅值 v_m 随外力的频率变化的关系曲线，如图 2.2 所示，称之为系统振速振幅的频率特性曲线。

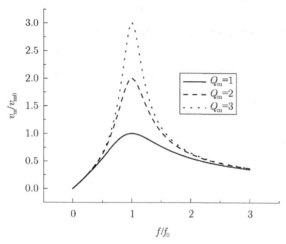

图 2.2　振动系统振速振幅的频率特性曲线

从图 2.2 可以看出，对应于不同的阻尼系统，曲线的变化趋势不同。阻力越大，谐振时系统的振速振幅越小，曲线越平坦。同时也可以得出系统振速共振时的振速振幅为

$$v_{mr} = Q_m v_{m0}$$

即系统达到振速共振时，其振速幅值正比于系统的机械品质因数。

　　振动系统的位移振速频率特性曲线对于超声换能器的收发工作状态影响很大。一般来说，发射换能器都希望工作于谐振状态，因为谐振工作时换能器的效率高、发射功率大。而对于接收型换能器，则主要工作于失谐状态，因为此时可以得到比较平坦的频率曲线，从而避免接收信号失真。然而并不是所有的情况都希望有一个比较平坦的频率特性曲线。对于有些谐振式接收换能器，尤其是对于一些接收单频声波的接收型换能器来说，为了能够在给定的声波强度情况下，得到更大的振速振幅，从而获得较大的接收灵敏度以及提高接收的抗干扰能力，应使接收换能器的固有频率等于声波的频率，实现谐振式接收，提高接收换能器的输出电压。另外，谐振式接收换能器还有一个特点，它具有滤波的作用，即对于有用的信号，输出较大的电压信号，而对于有用信号频带以外的信号，起到一个抑制的作用。从这一点来说，希望接收型换能器的阻尼越小越好，即谐振曲线越尖锐越好。然而实际情况并不是这样，而且要复杂得多。例如，如果系统的阻尼过小，则系统的余振时间比较

长，对于接收脉冲信号是不利的。

上面提到的谐振式接收换能器的滤波作用主要是针对接收信号的杂波而言的。即需要从许多的频率分量中挑选一个有用信号。然而，在实际问题中，许多情况往往与此相反，其目的是保证不失真地接收到原始的信号。在这种情况下，要求换能器的接收频率特性曲线越平坦越好。例如，如果接收换能器接收的是一个多频率的复合信号，即使信号中各个频率分量的幅值相等，经过接收器以后，产生的各个频率分量的振速幅值和相位也不相同，这就造成了信号的波形失真。当系统的阻尼比较小时，谐振曲线很尖锐，信号的失真程度将更严重。通常将由接收系统的频率响应而引起的信号失真称为频率失真。由于声学中遇到的大部分信号都是脉冲或多频信号，通过接收系统时都会产生信号失真，因此为了避免此现象，应保证在接收信号的频带内，接收换能器具有比较平坦的频率特性曲线。

2.3.2 振动系统的功率频率特性曲线

任何机械振动系统都要受到阻力的影响，如果不及时补充能量，则其振动能量将逐渐减小，直至最终振动停止。为了维持系统的稳态振动，在系统的振动过程中必须不断地供给能量，这个能量主要来自于外力对系统所做的功。令外力所做的功为 W，则系统的瞬时功率可表示为

$$P = \frac{\mathrm{d}W}{\mathrm{d}t} = F\frac{\mathrm{d}\xi}{\mathrm{d}t} = Fv \tag{2.26}$$

利用式 (2.23) 可得

$$P = \frac{1}{2} \cdot \frac{F_{\mathrm{m}}^2}{|Z_{\mathrm{m}}|} \cdot \cos\varphi = \frac{1}{2}R_{\mathrm{m}}v_{\mathrm{m}}^2 \tag{2.27}$$

式 (2.27) 表明，振动系统的瞬时功率与系统的振速幅值平方成正比，与系统的力阻成正比。当振动系统的振速保持恒定而增大系统的阻力时，系统所需的功率将增大。把机械阻抗的表达式代入式 (2.27)，可以得出系统瞬时功率的另一表达式：

$$P = \frac{1}{2} \cdot \frac{F_{\mathrm{m}}^2}{R_{\mathrm{m}}} \cdot \frac{1}{1 + \left(\frac{\omega_0 m}{R_{\mathrm{m}}}\right)^2 \left(\frac{\omega}{\omega_0} - \frac{k}{\omega\omega_0 m}\right)^2} \tag{2.28}$$

当 $\omega = \omega_0$ 时，瞬时功率 P 达到最大值 $P_{\mathrm{M}} = \frac{1}{2} \cdot \frac{F_{\mathrm{m}}^2}{R_{\mathrm{m}}}$。于是，系统的瞬时功率可以进一步表示为

$$\frac{P}{P_{\mathrm{M}}} = \frac{1}{1 + Q_{\mathrm{m}}^2 \left(\frac{f}{f_0} - \frac{f_0}{f}\right)^2} \tag{2.29}$$

利用式 (2.29) 可以作出振动系统归一化的功率频率特性曲线图 2.3。定义功率降低到最大值的一半时对应的两个频率之差为系统的频带宽度 Δf。令 $\dfrac{P}{P_{\mathrm{M}}} = \dfrac{1}{2}$，由式 (2.29) 可得两个频率 f_1 和 f_2（$f_1 < f_2$），并且满足以下关系

$$\frac{f_0}{f_1} - \frac{f_1}{f_0} = \frac{1}{Q_{\mathrm{m}}} \tag{2.30}$$

$$\frac{f_2}{f_0} - \frac{f_0}{f_2} = \frac{1}{Q_{\mathrm{m}}} \tag{2.31}$$

由式 (2.30) 和式 (2.31) 可得

$$f_0^2 = f_1 f_2 \tag{2.32}$$

$$\Delta f = \frac{f_0}{Q_{\mathrm{m}}} \tag{2.33}$$

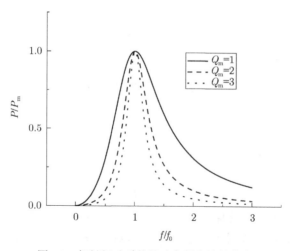

图 2.3　机械振动系统的功率频率特性曲线

　　由此可见，系统的机械品质因数越大，频带宽度越小，频率特性曲线越尖锐。由此不难看出，当这一系统作为单频声波的发射器，并且系统的激励频率等于系统的共振频率时，可以在给定的推动力作用下，获得最大的机械振动速度，从而得到最大的机械功率和发射功率。而对于多频声波发射器，为了减少发射波形的失真，其机械品质因数不能太高。

2.3.3　振动系统位移振幅的频率特性曲线

　　如前所述，系统发生稳态振动时，其位移振幅也与外力的振幅和频率有关。根

据上面分析, 可得系统位移振幅的表达式为

$$\xi_m = \frac{F_m}{\omega\sqrt{R_m^2 + \left(\frac{k}{\omega}\right)^2 \left(\frac{\omega^2 m}{k} - 1\right)^2}} = \xi_{m0} \frac{1}{\sqrt{\frac{1}{Q_m^2}\left(\frac{f}{f_0}\right)^2 + \left[\left(\frac{f}{f_0}\right)^2 - 1\right]^2}} \tag{2.34}$$

其中, $\xi_{m0} = F_m/k$, 表示当外力的频率等于 0 时系统的静态位移。由式 (2.34) 可见, 当外力的激励频率趋于零时, 系统的振动位移振幅趋于静态位移; 当外力的频率趋于无限大时, 系统的位移振幅趋于零; 当外力的频率等于系统的固有频率时, 系统的位移振幅 $\xi_m = Q_m\xi_{m0}$。即机械谐振时, 系统的位移振幅等于静态位移振幅的 Q_m 倍。由此可以看出, 当机械振动系统的阻尼比较小, 而机械品质因数比较大时, 机械谐振时系统的位移振幅也会比较大。但是系统的机械共振频率并不是系统位移振幅达到最大时的频率。把式 (2.34) 对频率求导数并令其等于零, 求出位移振幅的极大值, 就可以得出系统的位移振幅最大时的频率, 即位移共振频率, 其表达式为

$$f_0' = f_0\sqrt{1 - \frac{1}{2Q_m^2}} \tag{2.35}$$

由此可见系统位移最大时的频率比系统的机械共振频率低。但是如果系统的阻尼较小, 机械品质因数较大, 则位移最大时的频率可以近似看成等于系统的共振频率。图 2.4 是系统的位移频率特性曲线。从图中可以看出, 当外力的频率比较低, 即 $f \ll f_0$ 时, 位移频率特性曲线呈现一个平坦区, 其值约等于系统的静态位移, 与频率无关。当系统的机械品质因数 $Q_m > \frac{1}{\sqrt{2}}$ 时, 曲线在位移共振频率附近出现峰值, 在此频率, 位移振幅将超过系统的静态位移。从图中还可以看出, 系统的机械品质因数越大, 共振位移振幅也越大, 也就是说位移共振现象越显著。如果一个机械系统的阻尼很小, 则其位移将非常大, 有时甚至带有破坏性的作用。

由式 (2.35) 可以看出, 只有当 $Q_m > \frac{1}{\sqrt{2}}$ 时, 系统才会出现位移共振。当 $Q_m \leqslant \frac{1}{\sqrt{2}}$ 时, 系统的位移共振现象消失, 此时, 系统的位移振幅随频率单调下降。

由式 (2.34), 可以得出位移共振时系统的位移振幅为

$$\xi_{mr} = \xi_{m0} \frac{2Q_m^2}{\sqrt{4Q_m^2 - 1}} \tag{2.36}$$

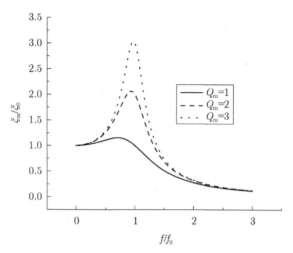

图 2.4　振动系统的位移频率特性曲线

　　从图 2.3 和图 2.4 可见，系统的机械品质因数越大，曲线越陡峭；机械品质因数越小，曲线越平坦。由于电容式或者压电式超声换能器的输出电压决定于系统振动位移的大小，因此，当把此类换能器用作单频声波接收器时，应使系统的最大位移频率等于信号的频率。而对于多频信号接收器，应当选择机械品质因数比较小的振动系统，并使其固有频率高于信号的上限频率，以免信号失真。

　　对于接收型超声换能器，系统的振速或者位移的相位频率特性曲线也是比较重要的。图 2.5 表示某一个振动系统的位移与其驱动力之间的相位频率曲线图。由图 2.5 可以看出，当系统的机械品质因数比较小时，在谐振点附近相位的变化比较缓慢，并且相位与频率之间的关系接近于直线的变化规律。当系统的机械品质因数增大时，偏离谐振点处的相位与频率之间的关系不再满足直线的关系。对于多频复合信号，不同频率的信号将引起不同的相位，因此信号波形可能失真，发生畸变。经验表明，相位引起的失真对于听觉影响不大，但对于某些机械振动系统的影响不可忽略。例如在水声工程中，当用多个换能器组成一个相控式基阵时，其相位的一致性具有重要的意义。若阵元的相位特性不一致，就不可能形成最佳的波束。

　　当振速或位移的相位随频率的变化呈线性关系时，多频信号不会变形，否则会引起相位失真。当窄带信号通过振速响应的接收系统时，信号的中心频率与系统的共振频率吻合就不致产生相位失真和畸变。然而如果系统的机械品质因数较大，幅度失真仍将引起畸变，而且相位失真也会增大。对于接收信号的频带远低于系统的共振频率的情况，幅度的频率失真较小，但相位的频率失真仍不可忽略。

　　总之，在设计各类发射及接收系统时，应对振动系统的频率特性作综合考虑。一般来说，发射和接收的灵敏度与信号的失真总是一对矛盾，应根据实际情况加以折中考虑。

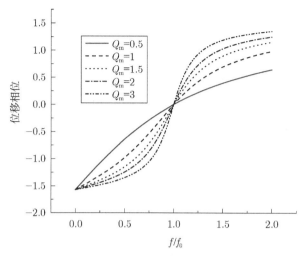

图 2.5　振动系统位移的相位频率曲线图

2.3.4　振动系统加速度振幅的频率特性曲线

由式 (2.24)，可以得出系统加速度振幅的另一个表达式为

$$\frac{a_{\mathrm{m}}}{a_{\mathrm{m0}}} = \frac{Q_{\mathrm{m}}^2}{\sqrt{1 + Q_{\mathrm{m}}^2 \left[1 - \left(\frac{f_0}{f} \right)^2 \right]^2}} \tag{2.37}$$

式中，$a_{\mathrm{m0}} = F_{\mathrm{m}}/m$，表示频率趋于无限大时，系统的加速度幅值极限。由式 (2.37)，可以得出系统的加速度频率特性曲线图 2.6。从图中可以看出，当外力的频率远大于共振频率，即 $f \gg f_0$ 时，加速度频率特性曲线呈现一个平坦区，其极限值接近于频率无限大时的加速度幅值。与上面的分析相似，可以得出系统的加速度共振频率为

$$f_0' = f_0 \sqrt{\frac{1}{1 - \frac{1}{2Q_{\mathrm{m}}^2}}} \tag{2.38}$$

对应系统的加速度共振频率，其加速度幅值达到最大。系统的加速度峰值为

$$\frac{a_{\mathrm{mr}}}{a_{\mathrm{m0}}} = \frac{2Q_{\mathrm{m}}^2}{\sqrt{4Q_{\mathrm{m}}^2 - 1}} \tag{2.39}$$

从式 (2.39) 可以看出，仅当 $Q_{\mathrm{m}} > \frac{1}{\sqrt{2}}$ 时，加速度共振频率才为实数；当 $Q_{\mathrm{m}} \leqslant \frac{1}{\sqrt{2}}$ 时，加速度共振消失，其值随频率单调上升，直至极限值 a_{m0}。

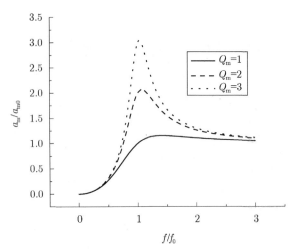

图 2.6　机械振动系统加速度振幅的频率特性曲线

从上面的分析可以看出，描述单自由度质点振动系统的参量可以有位移、振速以及加速度。它们都是频率的函数，可以利用各自的频率特性曲线来加以描述。系统的位移共振频率特性曲线在低频段呈现一个平坦区 ($f \ll f_0$)；振速共振频率特性曲线在共振频率附近出现一个平坦区 ($f \approx f_0$)；而加速度共振频率特性曲线则在高频段出现一平坦区 ($f \gg f_0$)。同时系统的位移、振速及加速度都具有各自的共振频率，并且互不相同。其中系统的位移共振频率和加速度共振频率都与系统的机械品质因数有关。当 $Q_m \leqslant \dfrac{1}{\sqrt{2}}$ 时，共振消失。系统的振速共振频率恒等于系统的共振频率，并且与系统的机械品质因数无关。三种曲线的共振峰高度都与系统的机械品质因数有关，机械品质因数越大，曲线越尖锐，共振峰越高；否则，共振峰及共振曲线低而平坦。因此在机械振动系统中，机械品质因数是一个表示系统共振特性的重要参数。

2.3.5　振动控制原理

在上面的分析中讨论了系统做强迫振动时，稳态振动与强迫力之间的关系。进一步的分析指出，系统的振动参数对频率的依赖关系大致可以分为三个具有一定特征的区域。通过对分析结果进行合理的技术控制，就可以对有关振动器件的设计及计算提供一定的理论指导及参考价值。

1. 质量控制区 (惯性控制区)

当 $f \gg f_0$，即强迫力的频率远高于系统的固有频率时，系统的位移、振速及加速度振幅可分别近似为

$$\xi_{\mathrm{m}} \approx \frac{F_{\mathrm{m}}}{\omega^2 m}, \quad v_{\mathrm{m}} \approx \frac{F_{\mathrm{m}}}{\omega m}, \quad a_{\mathrm{m}} \approx \frac{F_{\mathrm{m}}}{m}$$

通过观察这几个式子可以看出, 在强迫力的频率远大于系统固有频率的区域, 振动系统的质量对系统的振动起着主要作用。系统的质量越大, 则振幅越小。因此通常将这一区域称为质量控制区或惯性控制区。在这一区域内, 系统位移振幅与频率的平方成反比, 振速振幅与频率的一次方成反比, 而加速度振幅与频率无关。

2. 弹性控制区

当 $f \ll f_0$, 即强迫力的频率远低于系统的固有频率时, 位移振幅、振速振幅以及加速度振幅可以近似为

$$\xi_{\mathrm{m}} \approx \frac{F_{\mathrm{m}}}{k}, \quad v_{\mathrm{m}} \approx \frac{\omega F_{\mathrm{m}}}{k}, \quad a_{\mathrm{m}} \approx \frac{F_{\mathrm{m}} \omega^2}{k}$$

由这几个式子可以看出, 在强迫力的频率远低于系统固有频率的区域, 系统的弹性对振动起主要作用。弹性系数越大, 或力顺系数越小 (力顺系数等于弹性系数的倒数), 则系统的各种振幅越小。因此这一振动区称为弹性控制区或劲度控制区, 也称为力顺控制区。在这一控制区内, 系统的位移振幅与频率无关, 振速振幅与频率的一次方成正比, 加速度振幅与频率的平方成正比。

3. 力阻控制区 (阻尼控制区)

当 $R_{\mathrm{m}} \gg \omega m - \dfrac{k}{\omega}$ 时, 即系统机械阻抗的阻性部分远大于其抗性部分时, 系统的位移振幅、振速振幅以及加速度振幅可近似为

$$\xi_{\mathrm{m}} \approx \frac{F_{\mathrm{m}}}{\omega R_{\mathrm{m}}}, \quad v_{\mathrm{m}} \approx \frac{F_{\mathrm{m}}}{R_{\mathrm{m}}}, \quad a_{\mathrm{m}} \approx \frac{F_{\mathrm{m}} \omega}{R_{\mathrm{m}}}$$

由此可见, 当系统的力阻很大, 以至于在系统固有频率两边较宽的频率范围内, 都能满足上述条件时, 系统的振动主要受系统力阻的控制, 所以这一区域称为力阻控制区。力阻越大, 则力阻控制的频率范围越宽。在力阻控制区域内, 位移振幅与频率的一次方成反比, 振速振幅与频率无关, 加速度振幅与频率的一次方成正比。

2.4 机械系统的力电类比

由前面的分析可以看出, 描写单自由度质点振动系统的许多公式与描写电振荡回路的公式极为相似。这反映了机械振动和电振荡这两种运动规律的相似性, 称为机电相似性。利用这种相似性可把有关机械振动和电振荡回路的问题用统一的方法

来研究，并可把某一方面导出的结果类比推广到另一方面，这种方法称为机电类比方法。例如，对于单质点的机械振动系统，如果以振动速度作为变量，其强迫振动的运动方程可写成下面的形式：

$$m\frac{\mathrm{d}v}{\mathrm{d}t} + R_{\mathrm{m}}v + k\int v\mathrm{d}t = F = F_{\mathrm{m}}\mathrm{e}^{\mathrm{j}\omega t} \tag{2.40}$$

在一个由电感 L、电容 C 和电阻 R 构成的串联电路 (图 2.7) 上加上交变电压 $V = V_{\mathrm{m}}\mathrm{e}^{\mathrm{j}\omega t}$，则这一交流电路的电路微分方程为

$$L\frac{\mathrm{d}i}{\mathrm{d}t} + Ri + \frac{1}{C}\int i\mathrm{d}t = V = V_{\mathrm{m}}\mathrm{e}^{\mathrm{j}\omega t} \tag{2.41}$$

其中，i 是流过电路的电流强度。这一电路方程的稳态解是

$$i = \frac{V}{Z} = \frac{V_{\mathrm{m}}\mathrm{e}^{\mathrm{j}\omega t}}{R + \mathrm{j}\left(L\omega - \dfrac{1}{\omega C}\right)} = \frac{V_{\mathrm{m}}\mathrm{e}^{\mathrm{j}\omega t}}{|Z|\mathrm{e}^{\mathrm{j}\varphi}} = \frac{V_{\mathrm{m}}}{|Z|}\mathrm{e}^{\mathrm{j}(\omega t - \varphi)} = I_{\mathrm{m}}\mathrm{e}^{\mathrm{j}(\omega t - \varphi)} \tag{2.42}$$

其中，$Z = R + \mathrm{j}\left(\omega L - \dfrac{1}{\omega C}\right)$，称为电阻抗，其幅值为 $|Z| = \sqrt{R^2 + \left(\omega L - \dfrac{1}{\omega C}\right)^2}$，而

相位角为 $\tan\varphi = \dfrac{\omega L - \dfrac{1}{\omega C}}{R}$。把上述各式与机械振动系统的振速表达式加以对比，就可以看出两者的类比关系。在这里，力类比于电压，振速类比于电流，力阻抗类比于电阻抗，质量类比于电感，弹性系数的倒数 (即力顺) 类比于电容，力阻类比于电阻。由于力阻抗类比于电学中的电阻抗，因此这种类比方法称为阻抗型类比。

对于一个由电阻 R_{p}、电感 L_{p} 以及电容 C_{p} 并联组成的交流电路，如图 2.8 所示，当施以交变电压 V_{p} 时，其电路微分方程为

$$C_{\mathrm{p}}\frac{\mathrm{d}V_{\mathrm{p}}}{\mathrm{d}t} + \frac{V_{\mathrm{p}}}{R_{\mathrm{p}}} + \frac{1}{L_{\mathrm{p}}}\int V_{\mathrm{p}}\mathrm{d}t = I_{\mathrm{p}} \tag{2.43}$$

由此可得以下公式：

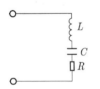

图 2.7   电阻、电感以及电容组成的
串联交流电路

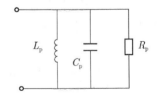

图 2.8   电阻、电感以及电容所组成的
并联交流电路

$$V_{\mathrm{p}} = \frac{I_{\mathrm{p}}}{\dfrac{1}{R_{\mathrm{p}}} + \mathrm{j}\omega C_{\mathrm{p}} + \dfrac{1}{\mathrm{j}\omega L_{\mathrm{p}}}} \tag{2.44}$$

或把式 (2.44) 写成

$$I_{\mathrm{p}} = V_{\mathrm{p}} Y \tag{2.45}$$

式中， $Y = \dfrac{1}{R_{\mathrm{p}}} + \mathrm{j}\omega C_{\mathrm{p}} + \dfrac{1}{\mathrm{j}\omega L_{\mathrm{p}}}$ 称为电导纳。很显然，电阻抗和电导纳互为倒数。把式 (2.43) 与式 (2.40) 加以比较，可以看出这两个微分方程也具有相似性。但此时，力类比于电流，振速类比于电压，力阻抗类比于电导纳，质量类比于电容，力顺 (弹性系数的倒数) 类比于电感，力阻类比于电阻的倒数。这种力电类比方法称为导纳型力电类比。由上述分析可以看出，对于同一个力学系统，既可以采用阻抗型类比，也可以采用导纳型类比。

利用力电类比方法，可以把一些复杂的机械振动系统以及固体中的弹性波传播问题用人们比较熟悉的交流电路或电磁波的方法来解决。由于力电类比方法简便而实用，它在超声振动系统的研究中得到了较为广泛的应用。

上面讨论的机械振动系统仅包含一个力阻、一个力顺和一个质量元件，其相应的类比电路也是一个由电阻、电感和电容组成的简单电路。对于实际的机械振动系统，结构比较复杂，其类比电路需要多个元件并以各种不同的串并联电路组合而成。然而，不管是简单的还是复杂的机械振动系统，只要这个系统是由分立的力学元件组成，都可以称为集中参数振动系统，其类比电路可化成电路元件的串并联组合。对于另外一些振动系统，其振动元件属于某一种连续分布的弹性体，如细棒的纵向以及弯曲振动等，由于棒的每一微元都具有质量、弹性和阻尼，因此不能将棒视为独立的质量及弹性元件，这样的振动系统称为分布参数振动系统。在电学上，电传输线一类的设备也是分布参数系统，因为传输线的每一微元也同时具有电感、电容及电阻。可以证明，分布参数振动系统可以类比于电路中的电传输线。大部分超声换能器的振动特性都可以采用电学中的传输线理论加以分析。值得指出的是，分布参数振动系统与集中参数振动系统的区分并不是绝对的，例如在分布参数振动系统的共振频率附近，可以用一个等效的集中参数的电路形式来近似处理分布参数系统。这种处理方法在超声振动系统的理论分析及工程设计中是经常被采用的。

第 3 章　弹性体的振动

在第 2 章的讨论中，假定振动系统的质量是集中于一点的，弹簧的伸长与压缩是均匀的，因此描述系统振动特性的参量 (如质量、弹性系数、力阻、位移、振速以及加速度等) 都与空间位置无关，而仅与时间有关。我们把这种振动系统称为集中参数振动系统。对于此类振动系统，只用一个时间变量就可以完全描述。然而在实际问题中，各种各样的振动系统是相当复杂的，振动体不仅具有一定的大小与空间分布，而且振动体的几何线度与其中振动的传播波长常常是可以相互比拟的。在这种情况下，振动体每一部分的振动位移以及其他振动参数都不相同，因此质点的假设不再适用。此类振动系统称为分布参数振动系统，其质量在空间上有一定的分布，并且每一部分的质量中还包含着弹性和阻尼的性质。在超声领域，超声换能器以及振动变幅杆等振动体都是分布参数振动系统。对于分布参数振动系统，仅用一个时间变量来描述其振动特性是不够的，必须引入空间位置的变量。由于实际的弹性振动体多种多样，而且结构非常复杂，因而其振动分析也是相当复杂的。随着电子计算机以及数值计算技术的发展，一些功能强大的计算方法以及与此相应的工具软件相继问世，如有限元法、有限差分法、边界元法，以及其相互结合而形成的复合分析方法等，在弹性体的振动分析中获得了广泛的应用。限于篇幅问题，本书对此内容不作介绍，有兴趣者可查阅相关的文献及书籍。本章将对一些形状比较简单，但在声学及超声学领域具有实际意义的弹性体，如棒和板等，作一简要介绍，以便为后面有关超声换能器相关章节的学习提供一些基本的概念和基础知识。

棒、板以及壳等本身都是弹性体，它们被激发以后会产生自由振动。从力学的性质看，振动系统中必须具有惯性和弹性才能产生振动。弹性体形变后在其内部产生形变和应力，这种力就表现为振动系统的恢复力，这样就使得弹性体产生振动。弹性体不同于集中参数振动系统，它是一种连续介质 (即所谓的分布参数振动系统)，因此振动是以波动的形式在介质中传播的。描述弹性体振动的运动方程式应当采用波动方程式。由于弹性体的边界所限，弹性体的振动实质上是有限介质的驻波振动，有限介质弹性体中质点的振动表现为驻波的分布形式。

由于棒和板是弹性体中两种典型的振动系统，常常应用于许多实际的声波辐射以及振动系统中，因此是下面分析的重点。通过对棒的纵振动、弯曲振动、扭转振动以及板的弯曲振动的分析，可以了解弹性体振动的基本规律及其分析和计算的基本方法。关于弹性体振动的分析方法，与前面的分析基本相似。首先由运动方程 (波动方程) 得出系统振动的一般解，然后代入边界条件和初始条件得出问题的具体解[74-76]。但不同的是，对于集中参数振动系统，只有初始条件；而对于弹性体的振动，不仅需要初始条件，还要有确定的边界条件才能得出系统完全确定的解。最后对于系统的自由振动，主要是求出系统的简正振动方式、固有频率，以及在给定的初始激发后，各次简谐振动的振幅之间的比例关系。而对于强迫振动，主要是计算在强迫力的作用下，系统的稳态振幅分布以及系统的谐振条件等。

3.1 均匀截面细棒的纵向振动

棒与柔顺弦不同，在棒的振动过程中，其恢复平衡的力主要是由棒本身的劲度产生的，而张力与之相比可以忽略。棒的振动在超声技术中占有重要的地位，例如水声和超声换能器等大多呈棒状结构，电声器件也有呈棒状的。研究棒的振动规律，其意义并不仅仅在于处理这样或那样的换能器的设计问题，由于棒的振动规律可以作为以后要研究的声波在弹性介质中传播的一种简单模型，因此它是超声波的传播研究和超声振动系统的设计所必备的基础知识。

我们下面要讨论的棒是截面积均匀的细棒。所谓细棒是指直径远比波长小的棒，而均匀细棒是指除棒的截面积不变以外，还包括棒的材料的密度和弹性常数均匀。细棒的另一层意思是指在同一截面上各点的运动是均匀的，这样我们就可以用棒的中心轴的坐标来表示棒的纵向位置。棒一般可以进行三种方式的振动，即棒的纵振动、扭转振动及棒的横振动，而棒的横振动也就是棒的弯曲振动。下面我们将分别予以讨论，讨论中还仅限于棒的微小振动情况。

3.1.1 均匀截面细棒纵向振动的基本理论

考虑一个截面积保持不变，材料密度以及弹性常数均匀而且没有机械损耗的细棒。当沿着细棒的轴向给以细棒轴对称的激发时 (例如在棒的一端沿着轴向进行敲击，或者加以交变的应力)，在棒中将产生纵波。棒中质点的振动位移方向平行于棒的轴向。由于弹性形变的泊松效应，轴向的形变会同时引起棒横向的形变，因此棒中质点产生纵向位移的同时也产生了垂直于轴向的位移。当棒的横向尺寸与其长度相比甚小，或者说棒的横向尺寸远小于纵波波长时，就成为我们所说的细棒情况，此时其横向位移与纵向位移相比甚小，可以略去不计，棒中的纵波是平面纵波，棒的截面上各质点做等幅同相振动。当棒比较粗时，不可忽略棒中的横向振动，由于横向振动，也就是径向振动的存在，棒中径向应力分布会不均匀，关于这一问题留待以后进行较详细的分析。

取一长为 l、面积为 S 的均匀截面细棒，用 x 坐标表示棒的中心轴的位置。假定在棒的 x 方向施以一力，它将使棒中各个位置的质点发生纵向位移，显然这一位移应是时间和位置坐标的函数，记为 $\xi(x,t)$。在棒中的轴向坐标 x 处取一微元 $\mathrm{d}x$，在 x 处的应力为 T_x，而在 $x+\mathrm{d}x$ 处的应力是 $T_x+\dfrac{\partial T_x}{\partial x}\mathrm{d}x$。微元的运动方程为

$$S\frac{\partial T_x}{\partial x}\mathrm{d}x = \rho S\frac{\partial^2\xi}{\partial t^2}\mathrm{d}x \tag{3.1}$$

根据胡克定律，$T_x = E\dfrac{\partial \xi}{\partial x}$，代入式 (3.1) 可得

$$E\frac{\partial^2\xi}{\partial x^2} = \rho\frac{\partial^2\xi}{\partial t^2} \quad \text{或} \quad c_1^2\frac{\partial^2\xi}{\partial x^2} = \frac{\partial^2\xi}{\partial t^2} \tag{3.2}$$

式 (3.2) 就是均匀细棒中纵振动的波动方程，其中 $c_1 = \sqrt{\dfrac{E}{\rho}}$ 为细棒中纵振动的传播速度，这里 E、ρ 分别是细棒的杨氏模量和密度。由于棒是有边界的，故波将在端面上反射，形成棒中正向波和反向波的叠加，因此式 (3.2) 的解应为驻波解，即

$$\xi(x,t) = (A\cos kx + B\sin kx)(C\cos\omega t + D\sin\omega t) \tag{3.3}$$

而棒中的纵向应力为

$$T(x,t) = SE(-Ak\sin kx + Bk\cos kx)(C\cos\omega t + D\sin\omega t) \tag{3.4}$$

式中，$k = \omega/c_1$ 是纵波的波数；A、B、C、D 是待定常数，其中 A、B 由棒的边界条件决定，而 C、D 则由棒的初始条件决定。由于在超声振动系统的分析及计算中，主要讨论的是系统在强迫力作用下产生的稳态振动，因此这里主要讨论系统的边界条件对系统振动模态的影响。这样，有关纵向位移的表达式可另写为

$$\xi(x,t) = (A\cos kx + B\sin kx)\cos(\omega t - \varphi) \tag{3.5}$$

下面讨论在不同的边界条件下，均匀截面细棒纵向振动的振动模态及本征频率。

1. 两端固定的细棒

在这种边界条件下，棒两端的位移恒等于零，即 $\xi(0,t) = \xi(l,t) = 0$。将此条件代入式 (3.5) 可得

$$k_n l = n\pi \quad (n = 1,2,3,\cdots) \tag{3.6}$$

由此可得边界固定均匀截面细棒的本征频率为

$$f_n = \frac{\omega_n}{2\pi} = \frac{nc_1}{2l} \tag{3.7}$$

当 $n=1$ 时，称为一阶简正振动的固有频率，又称为自由振动的基频。它只决定于棒中纵振动的传播速度和棒的长度，即只决定于振动系统本身的参数。与这一本征

频率对应的本征振动模态的纵向位移分布为

$$\xi_n(x,t) = B_n \sin k_n x \cos(\omega_n t - \varphi_n) \tag{3.8}$$

而边界固定棒自由振动的总位移为

$$\xi(x,t) = \sum_{n=1}^{\infty} B_n \sin k_n x \cos(\omega_n t - \varphi_n) \tag{3.9}$$

式中，B_n、φ_n 由棒的初始条件决定。

2. 两端自由的棒

所谓自由即指在棒的两端不受外力的作用。由此可写出棒的自由边界条件为

$$\frac{\partial \xi(0,t)}{\partial x} = \frac{\partial \xi(l,t)}{\partial x} = 0$$

将此边界条件代入式 (3.5) 可得边界自由棒纵振动的位移分布为

$$\xi(x,t) = \sum_{n=1}^{\infty} A_n \cos k_n x \cos(\omega_n t - \varphi_n) \tag{3.10}$$

棒的简正频率为

$$f_n = \frac{\omega_n}{2\pi} = \frac{n c_1}{2l} \tag{3.11}$$

由此可见，两端自由与两端固定棒的本征频率是相同的，但其位移分布却是不同的。

3. 一端自由一端固定的棒

假定棒在 $x = 0$ 端自由，而在 $x = l$ 处固定。此时可写出棒的边界条件的数学表达式为 $\frac{\partial \xi(0,t)}{\partial x} = 0$，$\xi(l,t) = 0$。由此可以求得棒的简正频率为

$$f_n = \frac{\omega_n}{2\pi} = (2n-1)\frac{c_1}{4l} \quad (n = 1, 2, 3, \cdots) \tag{3.12}$$

根据上面的分析可以看出，弹性体自由振动时，可以产生无穷多以固有频率进行振动的简正振动，其固有频率公式决定于系统的边界条件，其值决定于系统本身的参数。

4. 一端自由一端受简谐外力作用的棒

假定棒在 $x = 0$ 端自由，而在 $x = l$ 处受到一个简谐外力 $F = F_A \cos(\omega t - \varphi)$ 的作用，其中 F_A、ω 分别是外力的振幅和圆频率。此时可写出棒的边界条件的数学表达式为

$$\frac{\partial \xi(0,t)}{\partial x} = 0, \quad \frac{\partial \xi(l,t)}{\partial x} = -\frac{F_A}{ES}\cos(\omega t - \varphi)$$

将上式代入位移的表达式可得

$$\xi(x,t) = A\cos kx \cos(\omega t - \varphi) \tag{3.13}$$

其中，$A = \dfrac{F_{\mathrm{A}}}{ESk \sin kl}$ 是棒稳态振动的位移振幅。可以看出此时棒的位移振幅将随频率变化，当 $kl = n\pi$ 时，棒的振幅趋于无限大。事实上这是不可能的，出现这一现象的原因是没有考虑振动系统阻尼的影响。一般来说，阻尼总是存在的，只是大小不同而已。如果计及阻尼，棒的位移不会达到无限大，只能达到有限的极大值。实际上就是出现了位移达到极大值的共振现象。根据上面的分析可以看出，棒的共振频率恰好等于两端自由棒的固有频率。

3.1.2 均匀截面细棒和电波传输线的类比以及细棒纵向振动的等效电路

由上面的分析可见，细棒中产生的纵振动实际上就是棒中平面纵向波的传播。因此纵振动在均匀细棒中的传播和电波在传输线中的传播过程完全相似。由此可以得出细棒纵向振动的网络方程和等效电路。在上面的分析中，我们讨论了细棒在特定边界条件下的固有振动及其固有频率，现在讨论棒在一般边界条件下的振动情况，如图 3.1 所示。

图 3.1 均匀细棒纵向振动的传输线类比

图中 F_1、F_2 和 v_1、v_2 分别是细棒两端的外力和振速。在稳态振动的情况下，忽略时间因子，棒中的纵向位移、振速以及应变分别为

$$\xi(x,t) = A\cos kx + B\sin kx \tag{3.14}$$

$$v(x,t) = \mathrm{j}\omega(A\cos kx + B\sin kx) \tag{3.15}$$

$$\frac{\partial \xi}{\partial x} = -kA\sin kx + Bk\cos kx \tag{3.16}$$

细棒的边界条件为

$$F_1 = -SE\left.\frac{\partial \xi}{\partial x}\right|_{x=0}, \quad v_1 = \left.\frac{\partial \xi}{\partial t}\right|_{x=0} \tag{3.17}$$

$$F_2 = -SE\left.\frac{\partial \xi}{\partial x}\right|_{x=l}, \quad v_2 = -\left.\frac{\partial \xi}{\partial t}\right|_{x=l} \tag{3.18}$$

利用上述各式可求出待定常数 A、B 的具体表达式，经过一系列变换可得

$$F_1 = \frac{Z}{\mathrm{j}\tan kl}v_1 + \frac{Z}{\mathrm{j}\sin kl}v_2 \tag{3.19}$$

$$F_2 = \frac{Z}{\mathrm{j}\sin kl}v_1 + \frac{Z}{\mathrm{j}\tan kl}v_2 \qquad (3.20)$$

式中，$Z = \rho c_l S$ 是棒的特性力阻抗。很显然式 (3.19) 和式 (3.20) 可用一个 T 形网络来表示，如图 3.2 所示。图中 $Z_1 = \mathrm{j}Z\tan\dfrac{kl}{2}$，$Z_2 = \dfrac{Z}{\mathrm{j}\sin kl}$。由上面各式以及图 3.2，可以得出均匀截面细棒的输入阻抗为

$$Z_i = Z_1 \frac{1 + \mathrm{j}\dfrac{Z}{Z_1}\tan kl}{1 + \mathrm{j}\dfrac{Z_1}{Z}\tan kl} \qquad (3.21)$$

式中，$Z_i = F_1/v_1$，$Z_1 = F_2/v_2$ 分别是细棒输入端和输出端的阻抗。

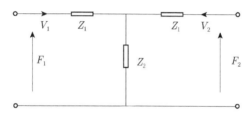

图 3.2 均匀截面细棒纵向振动的传输线等效电路

3.1.3 均匀截面细棒纵向振动的固有频率修正

棒做纵向振动时，棒中质点除了做轴向纵振动以外，由于泊松效应的影响同时还做径向振动。这种径向振动反过来又影响棒的纵向振动，即所谓的纵横耦合振动。严格地求解棒的纵横耦合振动是非常复杂的，其解析解几乎是不可能的。然而当棒的半径不是很大时，可以采用一种比较简单的方法研究棒的径向振动对其固有频率的影响，这也就是所谓的能量修正法。

关于棒的径向振动对纵向振动的影响，最简单的情况是从能量变化的角度来加以分析。在细棒的情况下，计算系统的振动能量时，只考虑了棒中纵向振动的动能和势能。实际上，质点还做横向振动，从而使系统的动能发生了变化；动能的变化，增加了系统的惯性，从而使均匀棒的等效分布参数发生变化，因此其中振动的传播速度发生变化。惯性增大时，振动的传播速度减慢。因此同样长度的棒，截面积增大时其共振频率将降低。瑞利 (Rayleigh) 曾对细棒中的横向振动加以研究，并对棒的固有频率进行了近似修正，也就是通常所说的瑞利修正理论。瑞利近似修正理论的原理及方法是，首先计算质点横向振动的动能，然后求其等效的附加质量，从而可以对细棒的固有频率加以修正。值得指出的是，瑞利修正理论实际上只是对细棒进行近似修正，同时所讨论的细棒必须满足以下条件：①形变以前处于同一截面上

的质点，在振动的过程中仍处在同一截面上，即细棒的纵向位移与半径方向的坐标无关；②细棒中的径向形变是均匀的，径向位移与半径成正比，并且径向位移与纵向位移同相位。根据上述两个假设，可以认为棒的径向形变为

$$\varepsilon_r = -\nu\varepsilon_z = -\nu\frac{\partial\xi_z}{\partial z} \tag{3.22}$$

其中，ν 是材料的泊松比。假设细棒的径向形变均匀，因此 $\varepsilon_r = \dfrac{\xi_r(r,t)}{r}$，由此可得细棒的径向位移和径向振速的分布函数为

$$\xi_r(r,t) = r\varepsilon_r = -r\nu\frac{\partial\xi_z(z,t)}{\partial z} \tag{3.23}$$

$$v_r = \frac{\partial\xi_r(r,t)}{\partial t} = -r\nu\frac{\partial^2\xi_z(z,t)}{\partial z\partial t} = -r\nu\frac{\partial v_z}{\partial z} \tag{3.24}$$

其中，$v_z = \partial\xi_z/\partial t$。由于细棒的径向振动位移对于棒的中心轴是轴对称的，所以半径相等的微元具有相同的径向振速和振动位移，其动能为 $\mathrm{d}E_{kr} = \dfrac{1}{2}\mathrm{d}mv_r^2 = \dfrac{1}{2}(2\pi r\rho\mathrm{d}r\mathrm{d}z)r^2\nu^2\left(\dfrac{\partial v_z}{\partial z}\right)^2 = \pi\rho\nu^2\left(\dfrac{\partial v_z}{\partial z}\right)^2 r^3\mathrm{d}r\mathrm{d}z$，由此可以得出由横向振动引入的系统动能的修正表达式为

$$E_{kr} = \pi\rho\nu^2\int_0^l\left(\frac{\partial v_z}{\partial z}\right)^2\mathrm{d}z\int_0^a r^3\mathrm{d}r = \frac{\pi\rho\nu^2 a^4}{4}\int_0^l\left(\frac{\partial v_z}{\partial z}\right)^2\mathrm{d}z \tag{3.25}$$

而不加径向修正时细棒的动能为

$$E_k = \frac{\pi a^2\rho}{2}\int_0^l v_z^2\mathrm{d}z \tag{3.26}$$

两端自由的细棒做自由振动时，其简正振动方式的纵振动振速分布函数为

$$v_z = v_{zm}\cos\left(\frac{n\pi}{l}z\right)\cos(\omega t - \varphi)$$

将振速的上述表达式代入式 (3.25) 及式 (3.26) 可求得

$$E_k = \frac{\pi a^2 l\rho}{2}\cdot\frac{v_{zm}^2}{2}\cos^2(\omega t - \varphi) \tag{3.27}$$

$$E_{kr} = \frac{a^2\nu^2}{2}\left(\frac{n\pi}{l}\right)^2\cdot\frac{\pi a^2 l\rho}{2}\cdot\frac{v_{zm}^2}{2}\cos^2(\omega t - \varphi) \tag{3.28}$$

因此可得

$$\frac{E_{\mathrm{k}} + E_{\mathrm{kr}}}{E_{\mathrm{k}}} = 1 + \frac{\pi^2 \nu^2 n^2}{2}\left(\frac{a}{l}\right)^2 \tag{3.29}$$

假设系统的纵向振动的等效质量是 m_{e}，考虑到横向位移引起动能增大后其等效质量变为 m_{e}'，则有

$$m_{\mathrm{e}}' = m_{\mathrm{e}}\left[1 + \frac{\pi^2 \nu^2 n^2}{2}\left(\frac{a}{l}\right)^2\right] \tag{3.30}$$

由此可见，细棒中质点的横向振动使振动系统的等效质量增大。质量增大导致自由振动的固有频率降低。因为系统的固有频率与系统的等效质量的平方根成反比，于是经过修正以后细棒纵振动的固有频率变为

$$f_n' = \frac{f_n}{\sqrt{1 + \frac{(\pi n \nu)^2}{2}\left(\frac{a}{l}\right)^2}} \approx f_n\left[1 - \frac{(\pi n \nu)^2}{4}\left(\frac{a}{l}\right)^2\right] \tag{3.31}$$

式中，$f_n = \dfrac{nc_1}{2l}$，$c_1 = \sqrt{\dfrac{E}{\rho}}$，分别是不考虑横向修正时的结果。由上面的分析还可以得出考虑横向修正以后细棒中纵向振动的传播速度为

$$c_1' \approx c_1\left[1 - \frac{(\pi n \nu)^2}{4}\left(\frac{a}{l}\right)^2\right] = c_1\left[1 - \pi^2 \nu^2 \left(\frac{a}{\lambda}\right)^2\right] \tag{3.32}$$

其中，$\lambda = \dfrac{c_1}{f_n} = \dfrac{2l}{n}$ 是波长。根据瑞利近似理论计算的结果表明，细棒中纵向振动的传播速度同棒的半径与波长之比有关。当这一比值增大时，纵向振动的传播速度减小。实验表明，当这一比值比较小时，瑞利近似理论是比较精确的；然而当这一比值比较大时，瑞利近似理论的前提假设不再适合，因而瑞利的近似修正理论不再正确。一般来说，当棒的这一比值小于 0.7 时，瑞利的近似修正理论仍然可用，并且不会带来太大的误差。关于棒中纵横耦合振动的严格分析及计算，可参考有关的书籍。然而由于理论本身的复杂性，所得出的公式极为抽象，物理意义不明显。而且必须采用电子计算机才能得出所需的数值结果。

3.1.4 有限尺寸短圆柱及厚圆盘的纵向与径向耦合振动

在功率超声领域，广泛利用各种各样的弹性振动体作为变幅杆及传振杆等。通常在纵向振动系统的计算中，都假设杆件的横向线度远小于声波的波长，即只考虑杆件的一维振动，忽略了由泊松效应引起的横向振动。一般认为，当截面线度小于四分之一波长时，这种近似计算是允许的。但是随着超声技术的发展，对超声功率

的要求不断提高，为达到一定的效果，需要在被处理对象中引入大功率高声强的超声，这就需要一种大横截面的振动系统，其横向尺寸超过四分之一波长。这时必须考虑横向振动的影响，有时还要利用纵向与横向的耦合振动以达到在特定区域内的大功率超声输出[77-80]。

弹性体的多维耦合振动一直是人们十分重视的研究课题，但由于问题本身的复杂性，精确解很难得到。随着数值计算技术以及电子计算机的发展，数值计算方法 (如有限元法、有限差分法以及边界元法等) 已广泛用于处理弹性体的耦合振动，但数值计算方法工作量大，结果的分析及解释比较烦琐，物理意义不明显。为了能够对弹性体的耦合振动进行研究，同时又克服数值计算方法的不足，日本学者提出了一种分析计算弹性圆柱体耦合振动的表观弹性法 (又称为等效弹性方法)，方法简单，且计算结果与实验结果符合很好。

对于耦合振动的圆柱体，表观弹性法的基本思想可概括如下：圆柱体的耦合振动是由两个互相垂直的纵向波及径向波耦合而成的，当考虑到两种波有不同的表观弹性常数时，这两种波可分别由细棒的纵向振动波及薄圆盘的径向振动波来表示，两者通过应力比率互相耦合合成为圆柱体的耦合振动。

1. 耦合振动圆柱体的应力与应变分析

假设圆柱的高度和半径分别是 l 和 a。在下面的分析中采用圆柱坐标系统，圆柱的高度与极坐标的 Z 轴重合。根据弹性动力学理论，忽略弹性圆柱内的剪切应力和应变，只考虑圆柱的轴对称耦合振动，可以得出以下的应力与应变关系式及运动方程式：

$$\varepsilon_r = \frac{T_r - \nu(T_\theta + T_z)}{E}, \ \ \varepsilon_\theta = \frac{T_\theta - \nu(T_r + T_z)}{E}, \ \ \varepsilon_z = \frac{T_z - \nu(T_\theta + T_r)}{E}$$

$$\rho\frac{\partial^2 u_r}{\partial t^2} = \frac{\partial T_r}{\partial r} + \frac{T_r - T_\theta}{r}, \ \ \rho\frac{\partial^2 u_z}{\partial t^2} = \frac{\partial T_z}{\partial z}$$

$$\varepsilon_r = \partial u_r/\partial r, \ \ \varepsilon_\theta = u_r/r, \ \ \varepsilon_z = \partial u_z/\partial z$$

其中，ε_r、ε_θ、ε_z 和 T_r、T_θ、T_z 分别是圆柱体内的径向、切向和轴向的应变和应力；u_r、u_z 分别是径向和轴向的位移分量；E、ν、ρ 分别是材料的杨氏模量、泊松比和密度。令 $n = \dfrac{T_z}{T_r + T_\theta}$ 称为机械耦合系数。经过一系列变换，上述各式可变换为

$$\varepsilon_r - \varepsilon_\theta = \frac{(1+\nu)(T_r - T_\theta)}{E}$$

$$\varepsilon_r + \varepsilon_\theta = \frac{(1-\nu-2\nu n)(T_r + T_\theta)}{E}$$

$$\varepsilon_z = \frac{(1-\nu/n)T_z}{E}$$

从上述三式可以看出，当引进机械耦合系数以后，可以把圆柱体的耦合振动简化为两个等效的一维振动的耦合。其中一个是等效的细长棒的纵向振动，而另一个则是等效的薄圆盘的平面径向振动。这两个振动通过机械耦合系数相互耦合成圆柱体的纵径耦合振动。

2. 耦合振动圆柱体的一维等效平面径向振动

由上面各式可以得出应力的表达式：

$$T_r - T_\theta = \frac{E(\varepsilon_r - \varepsilon_\theta)}{1+\nu}, \quad T_r + T_\theta = \frac{E(\varepsilon_r + \varepsilon_\theta)}{1-\nu-2\nu n}, \quad T_r = \left[\frac{E(\varepsilon_r - \varepsilon_\theta)}{1+\nu} + \frac{E(\varepsilon_r + \varepsilon_\theta)}{1-\nu-2\nu n}\right]\Big/2$$

把上述三式代入圆柱的径向运动方程式可得

$$\rho \frac{\partial^2 u_r}{\partial t^2} = E_r \left(\frac{\partial^2 u_r}{\partial r^2} + \frac{1}{r} \cdot \frac{\partial u_r}{\partial r} - \frac{u_r}{r^2} \right) \tag{3.33}$$

其中，$E_r = \dfrac{E(1-n\nu)}{(1+\nu)(1-\nu-2n\nu)}$ 称为等效的径向弹性常数。在简谐振动的情况下，令 $u_r = u_{r0}\,\mathrm{e}^{\mathrm{j}\omega t}$，代入式 (3.33) 可得

$$\frac{\mathrm{d}^2 u_{r0}}{\mathrm{d} r^2} + \frac{1}{r} \cdot \frac{\mathrm{d} u_{r0}}{\mathrm{d} r} - \frac{u_{r0}}{r^2} + k_r^2 u_{r0} = 0 \tag{3.34}$$

式中，$k_r = \omega/V_r, V_r = \sqrt{E_r/\rho}$，分别是圆柱体等效平面径向振动的波数和传播速度。很显然式 (3.33) 是一个一阶贝塞尔方程，其解为

$$u_{r0} = A_r \mathrm{J}_1(k_r r) + B_r \mathrm{Y}_1(k_r r) \tag{3.35}$$

其中，A_r、B_r 是待定常数；$\mathrm{J}_1(k_r r)$、$\mathrm{Y}_1(k_r r)$ 分别是一阶的贝塞尔函数和诺依曼函数。由于 $\mathrm{Y}_1(k_r r)$ 在中心处是发散的，因此为了满足边界条件，$B_r = 0$。因此圆柱等效径向振动的位移分布函数为 $u_{r0} = A_r \mathrm{J}_1(k_r r)$。对于自由振动圆柱体，边界处的应力等于零，即 $F_r = -2\pi a l\, T_r \big|_{r=a} = 0$。把上面得出的有关表达式代入式 (3.35) 可以得出耦合振动圆柱体的等效平面径向振动的频率方程：

$$k_r a \mathrm{J}_0(k_r a)(1-n\nu) - (1-\nu-2n\nu)\mathrm{J}_1(k_r a) = 0 \tag{3.36}$$

由此可见，当考虑到圆柱体的纵横耦合振动时，其等效的平面径向振动的频率方程与理想薄圆盘平面径向振动的频率方程是不同的。然而值得指出的是，当圆柱体的机械耦合系数等于零时，频率方程 (3.36) 与理想薄圆盘径向振动的频率方程完全相同。

3. 耦合振动圆柱体的一维等效纵向振动

根据上面得出的应力与应变的关系式，可以得出

$$T_z = E_z \varepsilon_z \tag{3.37}$$

其中，$E_z = \dfrac{E}{1 - \nu/n}$ 称为耦合振动弹性圆柱等效的一维纵向振动的等效弹性常数。

由此可得圆柱体等效纵向振动的运动方程：

$$\rho \frac{\partial^2 u_z}{\partial t^2} = E_z \frac{\partial^2 u_z}{\partial z^2} \tag{3.38}$$

对于简谐振动，把 $u_z = u_{z0}\, \mathrm{e}^{\mathrm{j}\omega t}$ 代入式 (3.38) 可得

$$\frac{\mathrm{d}^2 u_{z0}}{\mathrm{d} z^2} + k_z^2 u_{z0} = 0 \tag{3.39}$$

其中，$k_z = \omega/V_z, V_z = \sqrt{E_z/\rho}$，分别称为耦合振动圆柱体等效的一维纵向振动的等效波数和声速。运动方程 (3.39) 的解为

$$u_{z0} = A_z \sin k_z z + B_z \cos k_z z \tag{3.40}$$

式中，A_z、B_z 是待定常数，由圆柱的端面边界条件决定。如果圆柱的两端不受外力作用，即自由边界，则有 $T_z\big|_{z=0} = 0, T_z\big|_{z=l} = 0$。把这一条件代入式 (3.40) 可得耦合振动圆柱体等效的一维纵向振动的频率方程：

$$\sin k_z l = 0, \quad k_z l = n\pi \quad (n = 1, 2, 3, \cdots) \tag{3.41}$$

式中，n 是正整数，分别对应不同的振动阶次。很显然，式 (3.41) 与根据一维理论得出的细长棒纵向振动的频率方程是相似的，只是纵向振动的传播速度不同。

经过上面的分析，我们分别得出了耦合振动圆柱体等效的平面径向振动和纵向振动的频率方程。尽管在形式上这两个方程与根据传统的薄圆盘的径向振动理论和细长棒的纵向振动理论得出的频率方程极为相似，但由于在耦合振动的圆柱体内存在纵向振动与径向振动的相互耦合，因此传播速度发生了变化。另一方面，对于圆柱体的耦合振动，由于弹性常数、声速以及波速等都依赖于机械耦合系数，因此，在上面得出的关于耦合振动圆柱体的径向振动和纵向振动的频率方程中，都存在两个未知量，即机械耦合系数和共振频率。因此仅由其中的任何一个频率方程是不可能得出系统的共振频率的，必须联立求解这两个方程才能得出对应不同的振动阶次的圆柱体的耦合振动频率。

由于频率方程式 (3.36) 和式 (3.41) 是通过机械耦合系数相互耦合在一起的，因此这两个方程就是耦合振动圆柱体的共振频率方程。由于频率方程 (3.36) 是一个超越方程，其解析解很难得到，必须利用数值法。通过求解这两个频率方程，可以发现，对应于耦合振动圆柱体的基频或高阶次振动，都可以得出两组解，分别记为 (f_r, n_r) 和 (f_z, n_z)。结合圆柱体的实际振动状态，可以看出这两组解分别对应于

耦合振动圆柱体的径向振动和纵向振动。

通过上面的分析我们发现,对于耦合振动圆柱体的每一阶次振动,都存在两个共振频率,它们分别对应耦合振动圆柱体的径向和纵向振动共振频率。同时还可以发现,这两个共振频率不同于根据一维理论得出的同尺寸的圆柱体的径向和纵向共振频率。然而通过进一步的分析我们可以发现,如果圆柱体的几何尺寸满足一定的条件,例如长度远大于半径或半径远大于长度 (这两种极限情况就对应着细长棒或薄圆盘),由频率方程得出的两个共振频率相差非常大,也就是说得出的径向振动共振频率和纵向振动共振频率相去甚远。在这种情况下,径向振动与纵向振动之间的耦合非常弱,可以忽略不计。此时,对于长度远大于半径的细长棒,可以利用传统的一维理论,即细长棒的纵向振动理论。而对于半径远大于长度的薄圆盘,可以看作是纯粹的平面径向振动,而利用薄圆盘的一维振动理论加以分析。

3.1.5 几种特殊振动体的振动分析

上面对有限尺寸圆柱体的耦合振动进行了比较详细的研究,下面将利用上述理论对一些特殊的振动体进行研究。通过研究可以发现,细长棒以及薄圆盘的振动都可以看作是上述理论在一定条件下的极限振动模式。

1. 细长棒的纵向及径向振动

当圆柱体的长度远大于其半径时,圆柱体变成一个细长棒。对于细长棒,存在两种极限振动模式,分别是细长棒的纵向振动模式和细长棒的径向振动模式。

1) 细长棒的纵向振动

在这种情况下,棒中只有纵向的应力和应变,以及径向和切向的应变,而径向和切向的应力等于零。利用机械耦合系数的定义式,可以得出 $n = \infty$ 以及 $E_z = E$, $V_z = \sqrt{E/\rho}$。很显然这正是细长棒的一维纵向理论所得出的结果。

2) 细长棒的径向振动

在这种情况下,细长棒中的纵向应力存在,但棒中的纵向应变等于零,可以得出棒中的等效纵向弹性常数等于无限大,即 $E_z = \infty$。由等效纵向弹性常数的定义式可得 $n = \nu$。把这一机械耦合系数代入圆柱体等效的径向弹性常数的表达式可得

$$E_r = \frac{E(1-\nu)}{(1+\nu)(1-2\nu)}。$$

径向振动的频率方程也可化为

$$k_r a \mathrm{J}_0(k_r a)(1-\nu) - (1-2\nu)\mathrm{J}_1(k_r a) = 0 \tag{3.42}$$

式 (3.42) 也就是细长棒径向振动的频率方程。当材料的泊松系数给定后,就可以求出系统的共振频率。令上述方程的根为 $R(n)$,即 $k_r a = R(n)$,可以得出细长棒径向振动的共振频率

$$f_r = \frac{R(n)}{2\pi a} \cdot \left[\frac{E(1-\nu)}{\rho(1+\nu)(1-2\nu)}\right]^{1/2} \tag{3.43}$$

很显然，式 (3.43) 正是一维理论得出的细长棒径向振动的共振频率表达式。

2. 薄圆盘的径向及厚度振动

当圆柱体的半径远大于其长度时，圆柱变成一个薄圆盘。对应于弹性薄圆盘，也存在两种振动模式，一种是圆盘的厚度伸缩振动，另一种是薄圆盘的平面径向振动。

1) 薄圆盘的平面径向振动

在这种情况下，圆盘中的纵向应力等于零，但是径向和切向应力不等于零。利用机械耦合系数的定义式，可得机械耦合系数等于零，即 $n = 0$。由此可得以下各式：$E_r = \dfrac{E}{1-\nu^2}$，$V_r = \left[\dfrac{E}{\rho(1-\nu^2)}\right]^{1/2}$。而径向振动的频率方程则变成下面的形式：

$$k_r a \mathrm{J}_0(k_r a) - (1-\nu)\mathrm{J}_1(k_r a) = 0 \tag{3.44}$$

很显然上述结果与根据传统的一维理论得出的薄圆盘的平面径向振动理论是完全一致的。

2) 薄圆盘的厚度振动

在这种情况下，圆盘中纵向的应力和应变不等于零，径向和切向的应力也不等于零，但径向和切向的应变等于零。由应力和应变的关系式可得机械耦合系数 $n = \dfrac{1-\nu}{2\nu}$，由此可以得出纵向等效弹性常数及纵向振动的传播速度：

$$E_z = \frac{E(1-\nu)}{(1+\nu)(1-2\nu)}, \quad V_z = \left[\frac{E(1-\nu)}{\rho(1+\nu)(1-2\nu)}\right]^{1/2}$$

而其纵向振动的基频为

$$f_z = \frac{1}{2l} \cdot \left[\frac{E(1-\nu)}{\rho(1+\nu)(1-2\nu)}\right]^{1/2}$$

可以看出当圆柱体的半径远大于其长度时，其振动与薄圆盘的厚度振动完全相同。在这样的极限条件下，耦合振动理论变成传统的薄圆盘的厚度振动理论。

通过上面的分析可以看出，圆柱体 (包括任何实际的振动系统) 的振动是复杂的耦合振动，其分析是比较复杂的。然而当圆柱体的几何尺寸满足一定的条件时，例如长度远大于半径或半径远大于长度，圆柱体中纵向与径向振动的耦合变得非常弱，可以忽略不计。此时可以把圆柱体的振动看作是简单的一维振动，如细长棒的纵向或径向振动，以及薄圆盘的径向或厚度振动。在这样的极限情况下，可以利用传统的一维振动理论。

3.1.6 矩形六面体的三维耦合伸缩振动

在功率超声领域，矩形六面体也是一种经常遇到的振动元件。例如在超声塑料焊接技术中，经常利用矩形六面体作用焊接工具头。由于超声塑料焊接的功率都比较大，因此其振动通常不能被看作是简单的一维振动，而必须采用三维理论加以分析。在下面的分析中，将利用表观弹性法的理论，对矩形六面体的三维耦合振动进行分析及计算。

对于矩形六面体的三维耦合振动[81]，表观弹性法的基本思想同样可归纳为：对简单几何形弹性体在只考虑几何轴向整体的伸缩形变而不计弯曲及剪切形变的情况下，矩形六面体的振动可看作是由三个相互垂直的纵振动耦合而成。对于均匀弹性体，这三个方向振动可看作有不同的表观弹性常数，而各个方向的表观弹性常数则可看作是常数，在此条件下，六面体三个方向的振动可由各个方向上的一维纵向振动来表示，实际上弹性体内垂直于轴的平面内的应力和应变分布是不均匀的，但从整体上看，弹性体的振动可等效为三个轴向振动的耦合振动，从而建立三个方向等效正应力和等效纵应变的关系，六面体的振动通过六面体三个方向上等效的纵向振动的应力之比 (定义为机械耦合系数) 相互耦合构成矩形六面体的三维振动。

1. 矩形六面体的表观弹性常数及机械耦合系数

假设矩形六面体的长度 l_x、宽度 l_y 及厚度 l_z 分别沿直角坐标系的 x 轴、y 轴及 z 轴。根据弹性力学的基本理论，不考虑各面上微分面元的应变不均匀性，从弹性体整体上给出六面体内三个轴向等效纵应变与等效正应力之间的基本关系式

$$\varepsilon_x = [\sigma_x - \nu(\sigma_y + \sigma_z)]/E \tag{3.45}$$

$$\varepsilon_y = [\sigma_y - \nu(\sigma_x + \sigma_z)]/E \tag{3.46}$$

$$\varepsilon_z = [\sigma_z - \nu(\sigma_x + \sigma_y)]/E \tag{3.47}$$

其中，E 和 ν 分别为六面体材料的杨氏模量及泊松比；ε_x、ε_y、ε_z 及 σ_x、σ_y、σ_z 分别表示 x、y、z 方向的表观等效纵应变与正应力。令 $n_1 = \sigma_x/\sigma_y$、$n_2 = \sigma_y/\sigma_z$、$n_3 = \sigma_z/\sigma_x$，分别称为 x 和 y 方向、y 和 z 方向及 z 和 x 方向纵向振动之间的机械耦合系数，根据上述定义可见 n_1、n_2 与 n_3 之间有以下关系：

$$n_1 n_2 n_3 = 1 \tag{3.48}$$

令 $E_x = \sigma_x/\varepsilon_x$、$E_y = \sigma_y/\varepsilon_y$、$E_z = \sigma_z/\varepsilon_z$，分别称为 x、y 和 z 三个方向上纵向振动的等效表观弹性常数，由定义及上述各式可得

$$E_x = E/[1-\nu(n_3+1/n_1)] \tag{3.49}$$

$$E_y = E/[1-\nu(n_1+1/n_2)] \tag{3.50}$$

$$E_z = E/[1-\nu(n_2+1/n_3)] \tag{3.51}$$

从式 (3.49)~式 (3.51) 可以看出，对于矩形理想弹性六面体的三维耦合振动，表观弹性常数 E_x、E_y 及 E_z 必须是大于零的实数，所以 x、y 和 z 三个方向上耦合振动的存在条件为

$$1-\nu(n_3+1/n_1) > 0 \tag{3.52}$$

$$1-\nu(n_1+1/n_2) > 0 \tag{3.53}$$

$$1-\nu(n_2+1/n_3) > 0 \tag{3.54}$$

如果上述三个条件有一个不满足，则在其相应的方向上不会产生类似于一维纵振动的耦合振动。

2. 矩形六面体耦合振动的频率方程

假设六面体的六个表面都是自由的，为满足边界条件，同时根据表观弹性法的基本原理，把六面体的振动看作是三个方向上的一维纵向振动的互相耦合，可得矩形六面体耦合振动的各个方向上的频率方程为

$$k_x l_x = i\pi, \quad i = 1,2,3,\cdots \tag{3.55}$$

$$k_y l_y = j\pi, \quad j = 1,2,3,\cdots \tag{3.56}$$

$$k_z l_z = m\pi, \quad m = 1,2,3,\cdots \tag{3.57}$$

$k_x = \omega/C_x$、$k_y = \omega/C_y$、$k_z = \omega/C_z$ 和 $C_x = (E_x/\rho)^{1/2}$、$C_y = (E_y/\rho)^{1/2}$、$C_z = (E_z/\rho)^{1/2}$ 分别称为 x、y、z 三个轴向的表观波数及表观声速。这里 ρ 为密度，$\omega = 2\pi f$，ω 及 f 分别为圆频率及频率。在频率方程式 (3.55)~式 (3.57) 中，当 i、j、m 取不同的值时，就组成了六面体的基频及高阶谐频振动的频率方程。为简化讨论，本书仅研究当 $i = j = m = 1$ 时，矩形六面体的基频耦合振动。

把表观弹性常数的定义式代入 k_x、k_y 及 k_z 的表达式，然后再代入式 (3.55)~式 (3.57) 中，令 $i = j = m = 1$ 可得

$$[1-\nu(n_3+1/n_1)]l_x^2 = C^2\pi^2/\omega^2 \tag{3.58}$$

$$[1-\nu(n_1+1/n_2)]l_y^2 = C^2\pi^2/\omega^2 \tag{3.59}$$

$$[1-\nu(n_2+1/n_3)]l_z^2 = C^2\pi^2/\omega^2 \tag{3.60}$$

式中，$C^2 = E/\rho$，这里 C 为细长棒中一维纵振动的声速，E 为材料的杨氏模量。

在式 (3.58)~式 (3.60) 中共有四个未知数，即矩形六面体耦合振动的圆频率 ω 以及与此对应的耦合系数 n_1、n_2、n_3。结合式 (3.48) 可得四个方程式，解此方程组可得矩形六面体的耦合振动基频以及各个振动方向之间的耦合系数。

令 $C^2\pi^2/\omega^2 = A$，由式 (3.58)~式 (3.60) 及式 (3.48) 可得一个关于 A 的三次方程：

$$\frac{A^3}{l_x^2 l_y^2 l_z^2} - \left(\frac{1}{l_x^2 l_y^2} + \frac{1}{l_y^2 l_z^2} + \frac{1}{l_x^2 l_z^2}\right)A^2 + A(1-\nu^2)\left(\frac{1}{l_x^2} + \frac{1}{l_y^2} + \frac{1}{l_z^2}\right) + 2\nu^3 + 3\nu^2 - 1 = 0 \quad (3.61)$$

式 (3.61) 就是决定矩形六面体耦合振动基模共振频率的方程式，可称为六面体基模耦合振动的总体频率方程。由频率方程式可见，六面体的基频由其材料及尺寸完全决定，其中材料参数包括泊松系数、杨氏模量及密度，而尺寸则包括六面体各边的长度。

3. 矩形六面体的基模共振频率 f_x、f_y 及 f_z

由式 (3.61) 可解得三个共振频率 f_x、f_y 及 f_z，分别表示在六面体三个不同的轴方向 (即 x、y 及 z 轴) 上的基模共振频率。其中 f_x 表示考虑到六面体的三维耦合振动时 x 轴方向上的基模共振频率，f_y 表示 y 方向的耦合振动基模共振频率，f_z 表示六面体在 z 方向上的耦合振动基频，由于 f_x、f_y 及 f_z 是考虑了六面体三个振动方向之间的相互耦合而得到的，因此它们不同于相同尺寸的棒的一维纵振动基模共振频率。

根据一元三次方程的性质以及矩形六面体的实际振动情况，由频率方程得出的三个共振频率对应于三种不同的振动方式。对于本书的情况，方程所得解的三种形式，分别对应三种形状六面体的基频模式耦合振动。

(1) 共振频率方程式有三个互异的实根，即六面体三个几何轴方向上的耦合振动基模共振频率 f_x、f_y 及 f_z 是互不相等的。根据上述分析可知，一元三次方程解的这种形式对应长、宽、高互不相等的六面体的三维耦合振动。

(2) 共振频率方程式存在三个互异实根，经验证只有两个满足 $n_1 n_2 n_3 = 1$ 的条件，另外一个根对应的振动模式实际上不存在。即六面体的基模耦合振动只存在两个共振频率，这种情况对应横截面为正方形的六面体的三维耦合振动。

(3) 由频率方程式解得的三个实根中只有一个满足 $n_1 n_2 n_3 = 1$ 的条件，即六面体只存在一个耦合振动基频，根据本书分析可知，此种情况对应长、宽、高皆相等的六面体的耦合振动，即立方体的三维耦合振动仅有一个基模共振频率。

4. 讨论

把耦合系数 n_1、n_2 及 n_3 的定义式代入式 (3.52)~式 (3.54) 中可得

$$\sigma_x > \nu(\sigma_y + \sigma_z) \quad (3.62)$$

$$\sigma_y > \nu(\sigma_x + \sigma_z) \quad (3.63)$$

$$\sigma_z > \nu(\sigma_x + \sigma_y) \tag{3.64}$$

由此可以清楚地看出在 x、y、z 三个方向上纵向振动存在的各个条件的物理意义，对于纵横耦合振动方式的低阶模情况，垂直于轴的截面上应力振幅为同相时，横向效应产生的应力之和总是小于轴向的正应力；反之，如果在某一方向上的轴向应力小于由于泊松效应产生的其他两个方向在该方向产生的应力之和，则在该方向将不会存在类似于一维细长棒的纵向振动，这与表观弹性法理论的基本假设是相同的，即耦合振动体的各个方向只存在纵向振动，而不产生弯曲及剪切振动。如果式 (3.62)～式 (3.64) 中有一个不满足，则在相应的方向上将不满足纵向耦合振动的存在条件，有可能产生弯曲或剪切形变，此时表观弹性法的理论将不再适用。

根据上面的分析，可得机械耦合系数 n_1、n_2 及 n_3 的具体表达式：

$$n_1 = \frac{1 + (1 - A/l_y^2)/\nu}{1 + (1 - A/l_x^2)/\nu} \tag{3.65}$$

$$n_2 = \frac{1 + (1 - A/l_z^2)/\nu}{1 + (1 - A/l_y^2)/\nu} \tag{3.66}$$

$$n_3 = \frac{1 + (1 - A/l_x^2)/\nu}{1 + (1 - A/l_z^2)/\nu} \tag{3.67}$$

下面我们从式 (3.65)～式 (3.67) 出发，讨论矩形六面体在几种特殊情况下的三维耦合振动。

1) 立方体

此时令 $l_x = l_y = l_z = l$，根据 n_1、n_2 及 n_3 的表达式可得

$$n_1 = n_2 = n_3 = 1$$

由频率方程式可见，立方体只存在一个谐振基频，即 x、y、z 三个方向上的耦合振动基频相等：

$$f_x = f_y = f_z = f = \frac{C}{2l\sqrt{1 - 2\nu}} \tag{3.68}$$

根据一维理论，长为 l 的细长棒的自由振动基频 f_0 为

$$f_0 = C/2l \tag{3.69}$$

比较式 (3.68) 和式 (3.69) 可见，$f > f_0$，这是由耦合系数 n_1、n_2 及 n_3 大于零，表观弹性常数比杨氏模量 E 大而造成的。

在频率方程式中，当 $l_x = l_y = l_z = l$ 时，存在一个根 $A/l^2 = 1 - 2\nu$，由此根可得式 (3.68) 的结果；除此之外，还存在一个 $A/l^2 = 1 + \nu$ 的二重根，由此根可得频率 $f' = C/(2l\sqrt{1+\nu})$，但是此根使 $n \to 0/0$ 为不定式，因此此根不合要求，频率

$f' = C/(2l\sqrt{1+\nu})$ 对应的固有振动实际上不存在。

2) 横截面为正方形的矩形六面体

(1) $l_x = l_y \neq l_z$。

此时由 n_1、n_2 及 n_3 的表达式可得：$n_1 = 1, n_2 = 1/n_3$。而决定 n_2 或 n_3 的一元二次方程为

$$\nu l_y^2 n_3^2 - (l_y^2 - \nu l_y^2 - l_z^2)n_3 - 2\nu l_z^2 = 0$$

由此可得六面体的两个耦合振动基频，六面体之所以只有两个谐振基频，是因为六面体对称于 z 轴，使 x 与 y 方向的耦合振动基频相等，即 $f_x = f_y$。

另外当 $f_x = f_y$ 时，$A/l_x^2 = 1 + \nu$ 也是频率方程的一个根，但由于此根使 $n_1 = 0/0$ 成不定值，故此根对应的振动模式实际上不存在，应舍去此根。同样，在下面将要讨论的两种情况中也存在类似的现象，本书将不再讨论。

(2) $l_y = l_z \neq l_x$。

在这种情况下有：$n_2 = 1, n_1 = 1/n_3, f_y = f_z$，$2\nu l_x^2 n_3^2 - (l_x^2 - l_y^2 + \nu l_y^2)n_3 - \nu l_y^2 = 0$。

(3) $l_x = l_z \neq l_y$。

对于这种情况，$n_3 = 1, n_1 = 1/n_2, f_x = f_z$，$2\nu l_y^2 n_1^2 + (l_x^2 - l_y^2 - \nu l_z^2)n_1 - \nu l_z^2 = 0$。

通过上述分析及实验验证可以看出，利用表观弹性法计算矩形六面体的耦合振动基频，计算简单，适于工程计算及设计。对于立方体，其耦合振动是同相振动（$n_1 = n_2 = n_3 = 1$），耦合基频只有一个，且高于相同长度细长棒的一维振动基频。对于矩形六面体的耦合振动可分为两种情况，一种是同相振动，对应的耦合系数 n_1、n_2 及 n_3 大于零；另一种是反相振动，对应的耦合系数中有两个是同号的，另外一个与其符号相反。同时，相对于一维细长棒的纵向振动来说，同相耦合振动基频升高，在反相振动的情况下，耦合振动基频是升高还是降低，由六面体的具体尺寸决定。

在上面的分析中，仅讨论了矩形六面体的振动基频，由于正整数 i、j、m 的取值范围非常广，因此六面体的耦合振动共振频率极为丰富，并且相当复杂。然而，由于矩形六面体具有丰富的共振频率，因此可望研制成一种新型的宽带辐射声源，为宽频带及复频超声清洗的研究提供一条可行的途径。限于篇幅，本书仅研究了其耦合振动基频，至于六面体高次谐频的耦合振动，将在以后的工作中进行探讨。

3.2 均匀截面细棒的弯曲振动

弯曲振动现象常见于许多自然现象中，如桥梁的振动等。在扬声器、微音器以及许多超声、水声振动系统中，常常采用弯曲振动模式。弯曲振动模式的特点是在同样的固有频率时，它的结构尺寸比纵向振动模式的尺寸小得多。由于弯曲振动模

式的这一特点，它特别适合于低频换能器的制作，从而使换能器的体积大大减小。

　　在 3.1 节我们谈到，当均匀截面细棒受到一个轴向力作用时，棒将产生纵向振动。同样，当棒在其轴所在的平面里受到一个垂直于棒轴方向的力作用时，棒就会产生弯曲形变，由于棒本身的劲度，棒要恢复其平衡状态，就在垂直于棒轴的方向上发生振动。棒的这种振动方式就称为棒的弯曲振动，也称为棒的横向振动。当棒的弯曲形变不大时，可以近似认为棒中的质点沿着垂直于轴的方向进行振动。

3.2.1　棒的横振动方程

　　考虑截面为规则几何形状的均匀细棒，其长度和横截面积分别为 l、S。取棒轴的方向为 x 轴。棒在静止时处于水平位置，图 3.3 是棒发生弯曲形变以后某一瞬间的形状。

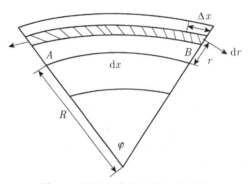

图 3.3　棒的弯曲振动状态分析图

　　我们在棒上取一元段 $\mathrm{d}x$，其两端的坐标分别是 $x, x + \mathrm{d}x$。由于棒的弯曲，就会产生弯矩。下面分析这种弯矩与棒的弯曲程度之间的关系。由于棒的弯曲，棒的横截面的上半部被拉伸，下半部被压缩，中间存在一个既不拉长也不缩短的中性面。在图 3.3 中取中线 AB 在 (x, y) 平面的投影为中性面，因为中线长度不变，所以 $AB = \mathrm{d}x$。在棒的纵截面上距中线 AB 为 r 的距离处取一薄层 $\mathrm{d}r$。设此薄层的伸长为 Δx，因而其相对伸长为 $\Delta x / \mathrm{d}x$。根据图 3.3 中的几何关系，有 $\Delta x = r\varphi, \mathrm{d}x = R\varphi$，这里 R 为中线 AB 的曲率半径，φ 为 AB 的张角。由此可得相对伸长为 $\Delta x / \mathrm{d}x = r / R$。根据胡克定律，作用在 $\mathrm{d}S$ 面上的纵向力 (x 方向的力) 为 $\mathrm{d}F_x = -E(r/R)\mathrm{d}S$。在中线 AB 以上，对该薄层产生拉力，表示为负；在中线 AB 以下，对该薄层产生压力，表示为正。因为中性面的上下半部是对称的，所以作用在该元段上总的纵向力正负抵消，合成的纵向力为零。然而在此纵向力的作用下弯矩不等于零。设在 r 处截面 $\mathrm{d}S$ 上的纵向力 $\mathrm{d}F_x$ 对中线的弯矩为 $\mathrm{d}M_x = r\mathrm{d}F_x = -Er^2\mathrm{d}S/R$，则坐标 x 处棒横截面上的弯矩为以下积分：

$$M_x = -\int_S \frac{E}{R} r^2 \mathrm{d}S = -\frac{E}{R} SK^2 \tag{3.70}$$

其中，$K^2 = \dfrac{1}{S}\int_S r^2 \mathrm{d}S$，这里 K 称为截面回转半径，其对于一定横截面形状的棒是一个常数。例如对于横截面为矩形、厚度为 h 的棒，$K^2 = h^2/12$；对于半径为 a 的圆截面棒，$K^2 = a^2/4$。设 y 是棒上各点离开其平衡位置的距离，也就是棒上各点的弯曲振动位移，有时也称为扰度，按照曲率半径的数学表达式可得

$$R = \left[1 + \left(\frac{\partial y}{\partial x} \right)^2 \right]^{3/2} \Bigg/ \left(\frac{\partial^2 y}{\partial x^2} \right)$$

在棒的弯曲形变比较小时，$\dfrac{\partial y}{\partial x} \ll 1$，可以略去其二阶微量，此时上式可简化为 $R \approx 1 \Big/ \left(\dfrac{\partial^2 y}{\partial x^2} \right)$，把此简化表达式代入弯矩的表达式中可得

$$M_x = -ESK^2 \frac{\partial^2 y}{\partial x^2} \tag{3.71}$$

很显然，弯矩是坐标 x 的函数，设作用于 $\mathrm{d}x$ 元段左侧的弯矩为逆时针方向，记为 M_x，而作用于小元段右侧的弯矩为顺时针方向，记为 $-M_{x+\mathrm{d}x}$，可得作用于该元段上的总弯矩为

$$M_x - M_{x+\mathrm{d}x} = -\frac{\partial M_x}{\partial x} \mathrm{d}x$$

把式 (3.71) 代入上式可得

$$\frac{\partial M_x}{\partial x} = EK^2 \frac{\partial^3 y}{\partial x^3}$$

以上分析了作用于微元段上的纵向力产生的弯矩。由于棒的弯曲，在棒的每一横截面上还会产生切力，即横向力。令作用于 $\mathrm{d}x$ 微元左侧的切向力方向向上，记为 $(F_y)_x$，而作用于其右侧的切向力方向向下，记为 $(F_y)_{x+\mathrm{d}x}$。因为我们考虑的是棒的小位移弯曲振动，可以认为棒不发生转动，根据动量守恒定律，由纵向力引起的弯矩与由切向力引起的弯矩相平衡，即 $F_y \mathrm{d}x = \dfrac{\partial M_x}{\partial x} \mathrm{d}x$。由此可得切向力的表达式为

$$F_y = \frac{\partial M_x}{\partial x} = EK^2 S \frac{\partial^3 y}{\partial x^3} \tag{3.72}$$

由于切向力也是坐标 x 的函数，因此可得作用于小元段 $\mathrm{d}x$ 上的总的切向力或称为

总的横向力为

$$\mathrm{d}F_y = -\frac{\partial F_y}{\partial x}\,\mathrm{d}x = -EK^2 S \frac{\partial^4 y}{\partial x^4}\,\mathrm{d}x$$

在这一切向力的作用下，质量为 $\rho S \mathrm{d}x$ 的这一小元段产生横向加速度 $\partial^2 y/\partial t^2$，根据牛顿第二定律可得

$$\mathrm{d}F_y = \rho S \mathrm{d}x(\partial^2 y/\partial t^2)$$

整理上式可得棒弯曲振动的运动方程为

$$\frac{\partial^2 y}{\partial t^2} = -K^2 c_1^2 \frac{\partial^4 y}{\partial x^4} \tag{3.73}$$

式中，$c_1^2 = E/\rho$，这里 c_1 是细棒中纵向振动的传播速度。棒的弯曲振动方程可利用分离变量的方法来求解，令 $y(x,t) = Y(x)T(t)$，并将其代入式 (3.73)，可得以下两个方程：

$$\frac{\mathrm{d}^2 T(t)}{\mathrm{d}t^2} + \omega^2 T(t) = 0 \tag{3.74}$$

$$\frac{\mathrm{d}^4 Y(x)}{\mathrm{d}x^4} - \frac{\omega^2}{c_1^2 K^2} Y(x) = 0 \tag{3.75}$$

式 (3.74) 的解为

$$T(t) = A_t \cos(\omega t - \varphi) \tag{3.76}$$

对于式 (3.75) 的解，可将其表示为指数函数的形式，令 $Y(x) = \mathrm{e}^{\gamma x}$，代入式 (3.75) 可得 $\gamma^4 = \dfrac{\omega^2}{c_1^2 K^2}$，由此可得式 (3.75) 的解为

$$Y(x) = A\,\mathrm{e}^{\frac{\omega}{\mu}x} + B\,\mathrm{e}^{-\frac{\omega}{\mu}x} + C\,\mathrm{e}^{\mathrm{j}\frac{\omega}{\mu}x} + D\,\mathrm{e}^{-\mathrm{j}\frac{\omega}{\mu}x}$$

利用指数函数与三角函数和双曲函数的关系可得棒的弯曲振动方程的解为

$$y(x,t) = \left[A_x \cosh\left(\frac{\omega}{\mu}x\right) + B_x \sinh\left(\frac{\omega}{\mu}x\right) + C_x \cos\left(\frac{\omega}{\mu}x\right) \right.$$
$$\left. + D_x \sin\left(\frac{\omega}{\mu}x\right) \right] \cos(\omega t - \varphi) \tag{3.77}$$

式中，$\mu = \sqrt{\omega c_1 K}$，为弯曲振动在细棒中的传播速度。经过进一步的变换可以得出弯曲振动速度的表达式为 $\mu = \sqrt{f} \cdot \sqrt[4]{\dfrac{4\pi^2 EK^2}{\rho}}$。很显然，弯曲振动的传播速度除与棒本身的参数有关外，还与频率的平方根成正比，即不同频率的波具有不同的传播速度，这一现象称为频散现象。由于频散现象，弯曲波在传播的过程中发生畸变，而

纵波在细棒中的传播速度是一个与频率无关的常数，但对弯曲波则不同，所以有时也称棒为弯曲波的频散介质。另外，由于方程的解中含有四个待定常数，因此需要四个边界条件才能完全确定棒的弯曲振动状态。由于棒只有两个边界，因此每个边界应当有两个边界条件。对于不同的振动系统有不同的边界条件，因而决定了它们的振动模式，也就是说，由边界条件决定系统简正振动的频率，同时也决定四个常数之间的相互关系。下面对一些常见的边界条件加以分析。

3.2.2 不同边界条件下棒的弯曲振动分析

1. 均匀细棒一端固定、一端自由

假设细棒在 $x = 0$ 处固定，而在 $x = l$ 处自由，可得以下边界条件：

$$y(x,t)\big|_{x=0} = 0, \quad \frac{\partial y(x,t)}{\partial x}\bigg|_{x=0} = 0, \quad \frac{\partial^2 y(x,t)}{\partial x^2}\bigg|_{x=l} = 0, \quad \frac{\partial^3 y(x,t)}{\partial x^3}\bigg|_{x=l} = 0$$

把弯曲振动位移的表达式 (3.77) 代入上述各个边界条件可得棒的频率方程为

$$\cos\left(\frac{\omega}{\mu}l\right)\cosh\left(\frac{\omega}{\mu}l\right) = -1 \tag{3.78}$$

令式 (3.78) 的根为 $R(n)$，利用数值法可以得出式 (3.78) 的前几个根，见表 3.1。

表 3.1　一端固定一端自由弯曲振动细棒的共振频率方程的根

n	1	2	3	4	5	6
$R(n)$	1.875	4.695	7.855	10.996	14.1372	17.2788

可以看出，当 $n > 3$ 时，上述方程的根可近似表示为 $R(n) = \frac{1}{2}(2n-1)\pi$。由方程的根可以得出棒的本征频率为

$$f_n = \frac{c_1 K}{2\pi l^2} R^2(n) \tag{3.79}$$

从式 (3.79) 可以看出，一端固定一端自由细棒弯曲振动的本征频率与棒长的平方成反比，即对于由相同材料制成的棒，如果要求在同一频率上共振，则弯曲振动模式的棒长比纵向振动模式的棒长要短得多。这一点与纵向振动棒的本征频率是不相同的。另外，对于弯曲振动的细棒，其高次本征频率，即泛频，不是基频的整数倍，并且振动阶次越高，比值递增得越快。第 n 次本征振动对应的弯曲位移分布规律为

$$y_n(x,t) = \left\{A_n\left[\cosh\left(\frac{\omega_n}{\mu}x\right) - \cos\left(\frac{\omega_n}{\mu}x\right)\right]\right.$$

$$+B_n\left[\sinh\left(\frac{\omega_n}{\mu}x\right)-\sin\left(\frac{\omega_n}{\mu}x\right)\right]\right\}\cos(\omega_n t-\varphi_n)$$

其中，常数 A_n 与 B_n 之间的关系为 $B_n=A_n\cdot\dfrac{\sin R(n)-\sinh R(n)}{\cos R(n)+\cosh R(n)}$，而棒弯曲振动的

总位移应是各次简正振动方式的叠加，即 $y(x,t)=\sum\limits_{n=1}^{\infty}y_n(x,t)$。

2. 两端支撑的弯曲振动细棒

当棒的两端为刚性支承时，其横向位移等于零，同时由于端面不存在纵向力，因而在支撑端也不存在弯矩，由此可得如下边界条件：

$$y(x,t)\Big|_{x=0}=0,\quad\frac{\partial^2 y(x,t)}{\partial x^2}\bigg|_{x=0}=0,\quad y(x,t)\Big|_{x=l}=0,\quad\frac{\partial^2 y(x,t)}{\partial x^2}\bigg|_{x=l}=0$$

并且可得两端支撑细棒弯曲振动的频率方程为

$$\sin\left(\frac{\omega}{\mu}l\right)=0 \tag{3.80}$$

其共振频率为 $f_n=n^2\dfrac{c_1 K\pi}{2l^2}$。可见在两端支撑的边界条件下，泛频是基频的整数倍，其

比值为 n^2。对应第 n 次本征振动，其简正函数为 $y_n(x,t)=D_n\sin\left(\dfrac{\omega_n}{\mu}x\right)\cos(\omega_n t-\varphi_n)$。

3. 两端自由边界

对于自由边界，其弯矩和切向力都等于零，即在棒的两端有以下边界条件：

$$\frac{\partial^2 y(x,t)}{\partial x^2}\bigg|_{x=0}=0,\quad\frac{\partial^3 y(x,t)}{\partial x^3}\bigg|_{x=0}=0,\quad\frac{\partial^2 y(x,t)}{\partial x^2}\bigg|_{x=l}=0,\quad\frac{\partial^3 y(x,t)}{\partial x^3}\bigg|_{x=l}=0$$

把弯曲振动位移的表达式代入上述边界条件，可得两端自由细棒弯曲振动的频率方程为

$$\cos\left(\frac{\omega}{\mu}l\right)\cosh\left(\frac{\omega}{\mu}l\right)=1 \tag{3.81}$$

式 (3.81) 的根可见表 3.2。

表 3.2　两端自由弯曲振动细棒的频率方程根值

n	1	2	3	4	5
$R(n)$	4.73	7.853	10.996	14.137	17.279

对于细棒的其他边界条件，利用相同的步骤，也可以得出其共振频率方程及本

征位移分布函数，在此不再重复。

3.3 弹性薄板的弯曲振动

本节讨论弹性薄板弯曲振动的固有频率和振幅分布函数。所谓薄板，是指板的厚度与板的横向尺寸相比非常小，同时与棒中的波长相比也很小的板。由于板很薄，可以认为板沿厚度方向的应力是常数，即板的内应力仅仅是平面坐标的函数。此外，仍假定板的振动属于小振幅振动，因此尽管板产生弯曲形变，但仍可以近似认为在中心面内所有质点都进行垂直方向的振动，所以可用中心面内的位移来表示板的横向位移，而这一横向位移仅仅是平面坐标和时间的函数。这样一来，虽然薄板是有一定厚度的，但其振动问题就简化为平面问题了。尽管如此，关于薄板的弯曲振动方程的推导仍然是极为烦琐的，要涉及许多弹性力学方面的知识，鉴于篇幅所限，本书不打算进一步推导，有兴趣的读者可以参考相关的弹性力学书籍。

对于薄板的弯曲振动，如果我们把杨氏模量 E 近似地等效为 $\dfrac{E}{1-\nu^2}$，其中 E、ν 分别是材料的杨氏模量和泊松比，同时把一维振动的棒推广到二维的板的振动，就可以近似地得出板的弯曲振动方程为

$$\frac{EK^2}{\rho(1-\nu^2)}\nabla^4 y(x,y,t) + \frac{\partial^2 y(x,y,t)}{\partial t^2} = 0 \tag{3.82}$$

式中，$y(x,y,t)$ 代表薄板的中心面上任意一点处在垂直方向的位移，即薄板的弯曲振动位移；∇^4 是直角坐标中的一种拉普拉斯算符；对于厚度为 h 的均匀薄板，其截面回转半径为 $K = h/\sqrt{12}$。求解式 (3.82) 仍然可以利用分离变量法。令 $y(x,y,t) = y_{\mathrm{A}}(x,y)\mathrm{e}^{\mathrm{j}\omega t}$，代入式 (3.82) 可得关于 $y_{\mathrm{A}}(x,y)$ 的方程为

$$(\nabla^4 - k^4)y_{\mathrm{A}}(x,y) = 0 \tag{3.83}$$

其中，$k^4 = \dfrac{\omega^2 \rho(1-\nu^2)}{K^4 E}$。利用分解因式方法可把式 (3.83) 进一步化为

$$(\nabla^2 + k^2)y_{\mathrm{A}}^1(x,y) = 0 \tag{3.84}$$

$$(\nabla^2 - k^2)y_{\mathrm{A}}^2(x,y) = 0 \tag{3.85}$$

而式 (3.83) 的解应为 $y_{\mathrm{A}}^1(x,y)$ 与 $y_{\mathrm{A}}^2(x,y)$ 的线性组合。下面将分别对弹性薄圆板以及矩形薄板的弯曲振动进行分析。

3.3.1 薄圆板的弯曲振动[82-85]

随着功率超声技术的发展，气体中的超声应用也得到了人们的普遍重视。对于

气介式大功率超声换能器，由于换能器的声阻抗与气体的声阻抗相差甚远，因而存在严重的阻抗失配问题。为了改善声匹配、提高气介式超声换能器的辐射声功率及效率，人们采用了多层匹配板以及弯曲振动辐射板等。在功率超声领域，由纵向夹心式功率超声换能器及弯曲振动的薄圆盘辐射器组成的大功率气介换能器具有辐射功率大、效率高等优点。在此类换能器中，弯曲振动圆盘作为换能器的能量辐射部分，其设计对于换能器的性能影响很大。这里对弯曲振动的薄圆盘在不同边界条件下的共振特性进行了分析，得出了其共振频率设计方程、等效质量和等效弹性系数，同时给出了其集中参数等效电路。

1. **弯曲振动圆板的频率方程**

令弯曲振动薄圆盘的厚度和半径分别为 h 和 a。在下面的分析中，假定弯曲振动薄圆盘的横向位移很小，并且薄圆盘的厚度远小于其半径。在这种情况下，线性弹性理论以及薄板的弯曲振动理论可以应用，并且薄板中的剪切以及扭转惯性可以忽略。由于我们讨论的是圆形薄板，因此采用极坐标系比较方便。在极坐标下，式 (3.84) 和式 (3.85) 可表示为

$$\frac{\partial^2 y_A^1(r,\varphi)}{\partial r^2} + \frac{1}{r} \cdot \frac{\partial y_A^1(r,\varphi)}{\partial r} + \frac{1}{r^2} \cdot \frac{\partial^2 y_A^1(r,\varphi)}{\partial \varphi^2} + k^2 y_A^1(r,\varphi) = 0$$

$$\frac{\partial^2 y_A^2(r,\varphi)}{\partial r^2} + \frac{1}{r} \cdot \frac{\partial y_A^2(r,\varphi)}{\partial r} + \frac{1}{r^2} \cdot \frac{\partial^2 y_A^2(r,\varphi)}{\partial \varphi^2} - k^2 y_A^2(r,\varphi) = 0$$

通过求解上述两式，可以得出在极坐标下圆形薄板的弯曲振动的位移分布为

$$y_A(r,\varphi) = [A_n J_n(k_n r) + B_n I_n(k_n r)] \cos(n\varphi + \varphi_n)$$

其中，$n = 0,1,2,3,\cdots$ 为正整数。对应于不同的 n 值，棒的弯曲振动就有不同的位移分布，n 的值就是薄圆板上直线节线的数目。当 $n = 0$ 时，对应于以薄圆板的中心为对称的、无直线节线的弯曲振动方式，也就是说，弯曲振动的位移与极角无关，仅由径向坐标决定。为了简化分析，以下仅讨论这一情况。对于薄圆板的小振幅弯曲振动，其轴对称的弯曲振动位移 $y(r,t)$ 为

$$y(r,t) = [A J_0(kr) + B I_0(kr)] e^{j\omega t} \tag{3.86}$$

式中，$J_0(kr)$ 和 $I_0(kr)$ 是零阶贝塞尔函数；$k^4 = \rho h \omega^2 / D$，$D = Eh^3/[12(1-\nu^2)]$，这里 E 是杨氏模量，D 是薄圆板的刚度系数，ρ 是密度，ν 是泊松比；ω 是角频率；A 和 B 是待定常数，可由薄圆盘的边界条件确定。下面针对三种不同的边界条件，即自由、简支以及固定边界，对薄圆盘的振动特性进行了分析。

1) 固定边界

在这种情况下，薄圆盘边界处的横向位移及其导数等于零，由此可得以下关系：

$$-AJ_0(ka) = BI_0(ka), \quad AJ_1(ka) = BI_1(ka)$$

由此可得固定边界条件下，弯曲振动薄圆盘的共振频率方程为

$$J_0(ka)I_1(ka) + I_0(ka)J_1(ka) = 0 \tag{3.87}$$

令式 (3.87) 的解为 $R(m)$，即 $k_m a = R(m)$，我们可以得出薄圆盘弯曲振动的共振频率：

$$f_m = \frac{R^2(m)h}{2\pi a^2}\sqrt{\frac{E}{12\rho(1-\nu^2)}}, \quad m = 1,2,3,\cdots \tag{3.88}$$

式中，正整数 m 对应弯曲振动薄圆盘不同的振动模式，也就是弯曲振动的薄圆板上圆周节线的数目。对应薄圆盘的前四阶振动，方程 (3.87) 的根为 3.1962、6.3064、9.4395 和 12.5771。对应薄圆盘的第 m 阶振动，其位移分布，即本征函数为

$$y_m(r,t) = [A_m J_0(k_m r) + B_m I_0(k_m r)]e^{j\omega_m t} \tag{3.89}$$

由此可得固定边界薄圆盘自由振动的横向位移为

$$y(r,t) = \sum_{m=1}^{\infty}[A_m J_0(k_m r) + B_m I_0(k_m r)]e^{j\omega_m t} \tag{3.90}$$

2) 自由边界

在这种情况下，弯曲振动薄圆盘边界处的弯矩以及横向剪力皆为零，由此可得

$$A[kJ_0(ka) - J_1(ka)/a + \nu J_1(ka)/a] - B[kI_0(ka) - I_1(ka)/a + \nu I_1(ka)/a] = 0$$

$$AJ_1(ka) + BI_1(ka) = 0$$

由此可得边界自由薄圆盘弯曲振动的共振频率方程为

$$ka[J_0(ka)I_1(ka) + I_0(ka)J_1(ka)] = 2(1-\nu)J_1(ka)I_1(ka) \tag{3.91}$$

根据式 (3.91)，当薄圆盘的材料参数给定时，就可以得出其几何尺寸与共振频率的关系式，并由此得出其共振频率。

3) 简支边界

在简支边界的情况下，薄圆盘边界处的横向位移以及弯矩等于零，可得下列关系：

$$AJ_0(ka) + BI_0(ka) = 0$$

$$-A[\nu J_1(ka)/a + kJ_0(ka) - J_1(ka)/a] + B[\nu I_1(ka)/a + kI_0(ka) - I_1(ka)/a] = 0$$

由此可得边界简支薄圆盘弯曲振动的共振频率方程为

$$J_0(ka)I_1(ka) + I_0(ka)J_1(ka) = 2kaJ_0(ka)I_0(ka)/(1-\nu) \tag{3.92}$$

根据上述分析可以看出，对应薄圆盘的弯曲振动，即使薄圆盘的几何尺寸和材料参数皆相同，在不同的边界条件下，圆盘弯曲振动的频率方程也是不同的。表 3.3 列出了在不同的边界条件下，利用数值方法得出的薄圆盘弯曲振动频率方程的根。

其中薄圆盘的材料为 45 号钢，其泊松比为 $\nu = 0.28$。从表中数值可以看出，对应相同的几何尺寸和材料，固定边界弯曲振动薄圆盘的共振频率最高，简支边界薄圆盘的共振频率最低，自由边界薄圆盘的共振频率居中。

表 3.3   弯曲振动薄圆盘不同边界条件下的频率方程根值

模式	1	2	3	4	5	6
固定	3.19622	6.30644	9.43950	12.5771	15.7164	18.85650
自由	2.99306	6.19680	9.36527	12.5211	15.6714	18.81890
简支	2.21482	5.44949	8.61012	11.7600	14.9062	18.05070

2. 弯曲振动薄圆盘的等效质量和弹性系数

从上面的分析可以看出，弯曲振动薄圆盘是一个分布参数系统。根据传统的理论，对于分布参数系统，如果采用集中参数的概念，其分析将大为简化。下面将对弯曲振动薄圆盘的集中参数，即等效质量和等效弹性系数进行分析。从下面的分析我们可以看出，对于中心激发的轴对称弯曲振动薄圆盘，即本书所研究的情况，等效集中参数的概念是非常有利的。

根据式 (3.86)，对于圆盘的第 m 阶弯曲振动，其振动的动能可以由下式给出：

$$E_m = -\pi\rho h\omega_m^2 \exp(2\mathrm{j}\omega_m t)\int_0^a \left[A_m^2 \mathrm{J}_0^2(k_m r) + B_m^2 \mathrm{I}_0^2(k_m r) \right.$$
$$\left. + 2A_m B_m \mathrm{J}_0(k_m r)\mathrm{I}_0(k_m r)\right]r\mathrm{d}r \tag{3.93}$$

利用贝塞尔函数的积分公式以及弯曲振动薄圆盘的共振频率方程，可以得出固定边界条件下弯曲振动薄圆盘第 m 阶弯曲振动的动能为

$$E_m = -\pi a^2\rho h\omega_m^2 \exp(2\mathrm{j}\omega_m t)A_m^2 \mathrm{J}_0^2(k_m a) \tag{3.94}$$

弯曲振动薄圆盘中心处的振动速度为

$$v_m = (A_m + B_m)\mathrm{j}\omega_m\, \mathrm{e}^{\mathrm{j}\omega_m t} \tag{3.95}$$

当把薄圆盘的中心作为参考点时，其第 m 阶弯曲振动的振动动能 E_m' 也可由下式表示：

$$E_m' = -M_m(A_m + B_m)^2 \omega_m^2\, \mathrm{e}^{2\mathrm{j}\omega_m t}/2$$

式中，M_m 是边界固定弯曲振动薄圆盘第 m 阶弯曲振动的等效质量。令 E_m' 等于 E_m，可以得出固定边界薄圆盘等效质量的具体表达式为

$$M_m = 2m_\rho \frac{\mathrm{J}_0^2(k_m a)\mathrm{I}_0^2(k_m a)}{[\mathrm{I}_0(k_{mn}a) - \mathrm{J}_0(k_m a)]^2} \tag{3.96}$$

式中，$m_\rho = \pi a^2 h\rho$ 是薄圆盘的质量。由此可得薄圆盘的等效弹性常数 C_m 为

$$C_m = 1/\omega_m^2 M_m \qquad (3.97)$$

式中，$\omega_m = 2\pi f_m$，f_m 和 ω_m 分别是薄圆盘弯曲振动的第 m 阶本征频率和本征角频率，皆可由薄圆盘的共振频率方程求出。当弯曲振动薄圆盘的等效质量和弹性系数确定以后，就可以利用换能器的等效电路研究弯曲振动薄圆盘对纵向夹心式激发换能器的影响。

在上面的分析中，我们研究了固定边界弯曲振动薄圆盘的等效质量和等效弹性系数。对于边界自由和简支的弯曲振动薄圆盘，可以采用相同的方法进行分析。对于边界自由的薄圆盘，其等效质量为

$$M_m = m_\rho \frac{\mathrm{J}_0^2(k_m a)\mathrm{I}_1^2(k_m a) + \mathrm{J}_1^2(k_m a)\mathrm{I}_0^2(k_m a) - 4\mathrm{J}_1^2(k_m a)\mathrm{I}_1^2(k_m a)(1-\nu)/(k_m a)^2}{[\mathrm{I}_1(k_m a) - \mathrm{J}_1(k_{mm} a)]^2} \qquad (3.98)$$

对于边界简支的弯曲振动薄圆盘，其集中参数的等效质量为

$$M_m = m_\rho \frac{\mathrm{J}_1^2(k_m a)\mathrm{I}_0^2(k_m a) - \mathrm{J}_0^2(k_m a)\mathrm{I}_1^2(k_m a) - 2\mathrm{J}_0^2(k_m a)\mathrm{I}_0^2(k_m a)(1+\nu)/(1-\nu)}{[\mathrm{I}_0(k_m a) - \mathrm{J}_0(k_m a)]^2} \qquad (3.99)$$

结合式 (3.97)，可以非常方便地得出弯曲振动薄圆盘的等效弹性系数。

3.3.2 矩形薄板的弯曲振动

关于矩形薄板的弯曲振动研究，主要是利用经典的分析方法。然而，由于矩形薄板弯曲振动的复杂性，对于具有不同边界条件的弯曲振动矩形薄板，其振动方程的解析解有时很难得到，因而在设计矩形薄板辐射器时，就不能利用传统的频率方程进行解析分析。尽管数值方法可以用于振动系统本征频率的分析及计算，但数据处理量大，物理意义不明显。

这里对在不同边界条件下矩形薄板的弯曲振动进行了分析，得出了三种边界条件下 (边界自由、简支、固定) 矩形薄板的本征频率方程，并对其振动模式进行了研究。理论分析表明，经典的细棒弯曲振动理论以及矩形薄板的条纹振动模式，是弯曲振动矩形薄板的一些极限振动模式，都可由下面的理论导出。

1. 弯曲振动矩形薄板的共振频率方程及位移分布

令弯曲振动矩形薄板的长度、宽度和高度分别为 L、W 和 T。在下面的分析中，假定弯曲振动矩形薄板的横向位移很小，并且板的长度和宽度远大于其厚度。在这种情况下，线性弹性理论以及薄板的弯曲振动理论可以应用，并且薄板中的剪切以及扭转惯性可以忽略。此时矩形薄板的运动方程也可由下式给出：

$$\frac{EK^2}{\rho(1-\nu^2)}\nabla^4 y(x,y,t) + \frac{\partial^2 y(x,y,t)}{\partial t^2} = 0$$

下面对不同边界条件下矩形薄板的弯曲振动加以分析。

1) 边界简支矩形薄板的弯曲振动

这是一种最简单的边界条件。对于边界简支的矩形薄板，可以精确地得到满足边界条件的解析解：

$$y_{ij}(x,y) = A\sin\frac{i\pi x}{L}\sin\frac{j\pi y}{W} \tag{3.100}$$

式中，A 是待定常数；i,j 为弯曲振动的振动阶次。由此可导出边界简支矩形薄板的本征频率方程：

$$\omega_{ij} = \pi^2\left(\frac{i^2}{L^2} + \frac{j^2}{W^2}\right)\sqrt{\frac{D}{\bar{m}}} \tag{3.101}$$

式中，$\omega_{ij} = 2\pi f_{ij}$；$D = \dfrac{ET^3}{12(1-\nu^2)}$ 是薄板的弯曲刚度；$\bar{m} = \rho T$ 是薄板单位面积的质量。在这种情况下，板上共有 $i+1$ 和 $j+1$ 条节线。

2) 边界自由矩形薄板的弯曲振动

对于边界自由的矩形薄板，满足边界条件的解析解得不到。尽管可以应用数值法求解这一情况，但比较复杂，而且结果的解释也比较复杂。在下面的分析中，我们采用一种近似方法即表观弹性法，也称为等效弹性法，对边界自由矩形薄板的弯曲振动加以分析。对于薄板的小振幅弯曲振动，其轴向应力和应变之间存在如下关系：

$$\varepsilon_x = (\sigma_x - \nu\sigma_y)/E \tag{3.102}$$

$$\varepsilon_y = (\sigma_y - \nu\sigma_x)/E \tag{3.103}$$

其中，ε_x、ε_y 和 σ_x、σ_y 分别是薄板中的轴向应变和应力；E 和 ν 分别是材料的杨氏模量和泊松比。令 $n = \sigma_x/\sigma_y$，称为机械耦合系数。根据式 (3.102) 和式 (3.103) 可以得到

$$E_x = E/(1-\nu/n) \tag{3.104}$$

$$E_y = E/(1-\nu n) \tag{3.105}$$

式中，$E_x = \sigma_x/\varepsilon_x$，$E_y = \sigma_y/\varepsilon_y$，分别称为 x 和 y 方向的等效弹性系数。按照薄板的经典弯曲理论，轴向应力 σ_x 和 σ_y 分别使矩形薄板产生沿着 y 和 x 轴方向的弯矩。因此根据式 (3.104) 和式 (3.105)，矩形薄板的弯曲振动可以近似看成两个等效的弯曲振动的相互耦合。这两个等效的弯曲振动分别是长为 L、宽为 W、厚度为 T、等效弹性常数为 E_x 的矩形截面细棒的弯曲振动，以及长为 W、宽为 L、厚度为 T、等效弹性常数为 E_y 的矩形截面细棒的弯曲振动。应该指出，这两个等效的弯曲振动并不是相互独立的，而是通过机械耦合系数相互作用的。

通过上述分析可以看出，当引进矩形薄板的机械耦合系数概念以后，矩形薄板的弯曲振动被分解为两个等效的细棒弯曲振动，而矩形薄板的振动则可以看作这两个等效的弯曲振动的机械耦合。这也正是等效弹性法的基本思路。在下面的分析中，将利用这一方法对边界固定以及边界自由矩形薄板的弯曲振动进行研究，并得出其共振频率方程。而根据矩形薄板弯曲振动的经典分析理论，矩形薄板的弯曲振动在这两种边界条件下是没有解析解的。

根据等效弹性法理论，边界自由的矩形薄板的弯曲振动可以看作是由两个等效的边界自由矩形截面细棒的弯曲振动耦合而成。由传统的细棒弯曲振动理论，对于两端自由，长和宽分别为 L 和 W 的矩形截面细棒，其共振频率方程分别为

$$\cos(k_x L)\mathrm{ch}(k_x L) = 1 \tag{3.106}$$

$$\cos(k_y W)\mathrm{ch}(k_y W) = 1 \tag{3.107}$$

式中，$k_x = \omega/V_x$，$k_y = \omega/V_y$，$V_x = (\omega C_x R_x)^{1/2}$，$V_y = (\omega C_y R_y)^{1/2}$，$C_x = (E_x/\rho)^{1/2}$，$C_y = (E_y/\rho)^{1/2}$，$R_x = R_y = T/\sqrt{12}$。$V_x$、$V_y$ 和 C_x、C_y 分别是细棒中弯曲振动及纵向振动的传播速度；R_x 和 R_y 是矩形截面细棒的回转半径，k_x 和 k_y 是细棒中弯曲振动的波数。根据式 (3.106) 和式 (3.107)，可以得出频率方程的解为

$$\omega L/(2V_x) = P(i), \quad i = 0,1,2,3,\cdots \tag{3.108}$$

$$\omega W/(2V_y) = Q(j), \quad j = 0,1,2,3,\cdots \tag{3.109}$$

式中，$P(i)$ 和 $Q(j)$ 分别是频率方程式 (3.106) 和式 (3.107) 的解，且有 $P(0) = Q(0) = 0$。当正整数 i 和 j 的值不等于零且很大时，$P(i) = \pi(2i+1)/4$，$Q(j) = \pi(2j+1)/4$。每一对 i 和 j 分别对应矩形薄板弯曲振动的不同阶次，相应的振动位移节线数分别为 $i+1$ 和 $j+1$。由上述分析可以看出，对于矩形薄板的自由弯曲振动，正整数 i 和 j 不能同时为零，否则，将不会产生弯曲振动。由上述分析可以得出决定弯曲振动矩形薄板的机械耦合系数及等效共振频率的方程式：

$$\nu P^4(i)W^4 n^2 + [Q^4(j)L^4 - P^4(i)W^4]n - \nu Q^4(j)L^4 = 0 \tag{3.110}$$

$$(1-\nu^2)A^2 - [R_x^2 P^4(i)/L^4 + R_y^2 Q^4(j)/W^4]A + R_x^2 R_y^2 P^4(i)Q^4(j)/(L^4 W^4) = 0 \tag{3.111}$$

式中，$A = \omega^2/(16C^2)$，$\omega = 2\pi f$，$C^2 = E/\rho$，这里，C 是细棒中纵向振动的传播速度。可以看出，当矩形薄板的材料、机械尺寸及振动阶次给定后，利用式 (3.110) 和式 (3.111) 就可以得到弯曲振动薄板的机械耦合系数和两个等效的共振频率。式 (3.111) 的两个解分别为

$$A_1 = \frac{R_x^2 P^4(i)}{(1-\nu^2)L^4}, \quad A_2 = \frac{R_y^2 Q^4(j)}{(1-\nu^2)W^4} \tag{3.112}$$

由此可得出这两个等效的共振频率为

$$f_1 = \frac{2CR_x P^2(i)}{\pi L^2 \sqrt{1-\nu^2}}, \quad f_2 = \frac{2CR_y Q^2(j)}{\pi W^2 \sqrt{1-\nu^2}} \tag{3.113}$$

值得指出的是，式 (3.113) 描述的这两个等效共振频率并没有实际意义。然而，根据这两个等效共振频率，可以得到边界自由矩形薄板弯曲振动的实际共振频率。由于矩形薄板的弯曲振动可以看作是两个相互垂直的弯曲振动耦合而成，因此，矩形薄板弯曲振动的共振频率 f_{ij} 应该表示为上述两个分振动等效共振频率的矢量和，即

$$f_{ij} = (f_1^2 + f_2^2)^{1/2} \tag{3.114}$$

利用等效弹性法，我们也可以近似地得出边界自由弯曲振动矩形薄板的位移分布。根据上述分析，矩形薄板的弯曲振动是由两个等效的弯曲振动耦合而成，因此其弯曲振动位移可表示为这两个等效的弯曲振动位移的乘积：

$$\eta_{ij}(x,y) = \eta_i(x)\eta_j(y) \tag{3.115}$$

$$\eta_i(x) = A_i \mathrm{ch}\, u + B_i \mathrm{sh}\, u + C_i \cos u + D_i \sin u \tag{3.116}$$

$$\eta_j(y) = A_j \mathrm{ch}\, v + B_j \mathrm{sh}\, v + C_j \cos v + D_j \sin v \tag{3.117}$$

式中，$u = \omega x / V_x = 2P(i)x/L$，$v = \omega y / V_y = 2Q(j)y/W$。从表面上看，式 (3.116) 和式 (3.117) 是相互独立的。然而实际上，它们是通过机械耦合系数相互联系的。当矩形薄板的边界自由时，上述三式可简化为

$$\eta_i(x) = A_i[\mathrm{ch}\, u + \cos u - P(\mathrm{sh}\, u + \sin u)] \tag{3.118}$$

$$\eta_j(y) = A_j[\mathrm{ch}\, v + \cos v - Q(\mathrm{sh}\, v + \sin v)] \tag{3.119}$$

$$\eta_{ij}(x,y) = A_i A_j[\mathrm{ch}\, u + \cos u - P(\mathrm{sh}\, u + \sin u)][\mathrm{ch}\, v + \cos v - Q(\mathrm{sh}\, v + \sin v)] \tag{3.120}$$

式中，$P = \dfrac{\mathrm{sh}[2P(i)] - \sin[2P(i)]}{\mathrm{ch}[2P(i)] + \cos[2P(i)]}$；$Q = \dfrac{\mathrm{sh}[2Q(j)] - \sin[2Q(j)]}{\mathrm{ch}[2Q(j)] + \cos[2Q(j)]}$；$A_i$ 和 A_j 是待定常数。给定薄板的弯曲振动阶次，就可得出其位移分布函数。对于 $i \neq 0, j = 0$，其位移分布为

$$\eta_{i0}(x,y) = 2A_i A_j[\mathrm{ch}\, u + \cos u - P(\mathrm{sh}\, u + \sin u)] \tag{3.121}$$

可以看出，由于 $u = 2P(i)x/L$，$\eta_{i0}(x,y)$ 仅依赖于 x，因此，对于这种振动模式，矩形薄板上只有平行于 y 轴的位移节线。

3) 边界固定矩形薄板的弯曲振动

根据细棒的弯曲振动理论，边界固定与边界自由细棒的共振频率方程相同。因此，对于边界固定矩形薄板的共振频率分析，可利用上面得到的有关公式。然而，其弯曲振动位移分布是不同的。由边界固定细棒弯曲振动的位移表达式，可得边界固定矩形薄板的弯曲振动位移为

$$\eta_{ij}(x,y) = A_i A_j [\text{ch}\,u - \cos u - P(\text{sh}\,u - \sin u)]$$
$$[\text{ch}\,v - \cos v - Q(\text{sh}\,v - \sin v)] \tag{3.122}$$

式中，$P = \dfrac{\text{ch}[2P(i)] - \cos[2P(i)]}{\text{sh}[2P(i)] - \sin[2P(i)]}$；$Q = \dfrac{\text{ch}[2Q(j)] - \cos[2Q(j)]}{\text{sh}[2Q(j)] - \sin[2Q(j)]}$；$A_i$ 和 A_j 也是待定常

数。由式 (3.122) 可以看出，边界固定矩形薄板的弯曲振动位移分布与边界自由的
情况相似，其位移节线也是分别平行于坐标轴的，平行于坐标轴的位移节线数为
$i+1$ 和 $j+1$，而且薄板的边界就是位移节线。

2. 矩形薄板的弯曲振动模式分析

从上面的分析可以看出，弯曲振动的矩形薄板存在许多振动模式。在下面的分
析中，将对一些特殊的振动模式进行研究。为节约篇幅，下面的分析仅限于边界自
由的矩形板。至于其他边界条件的矩形薄板，其分析基本相似。

1) $L/W \to 0$

在这种情况下，矩形薄板变成了一个长为 W、宽度 L 很小的矩形截面细棒，根
据上述机械耦合系数和等效弹性常数的定义可以得出

$$n = 0, \; E_x = 0, \; E_y = E \tag{3.123}$$

由此可得其共振频率为

$$f = 2CR_y Q^2(j)/\pi W^2 \tag{3.124}$$

很显然，这正是根据初等弯曲振动理论得出的边界自由矩形截面细棒的共振频率。
因此，矩形截面细棒的弯曲振动理论可由本书理论直接得到，而其振动模式仅是矩
形薄板在一定条件下的一种极限振动模式。

2) $L/W \to \infty$

在这种情况下，矩形薄板变成了一个长为 L、宽度 W 很小的矩形截面细棒，根
据相似的步骤可以得出

$$n = \infty, \; E_x = E, \; E_y = 0 \tag{3.125}$$

$$f = 2CR_x P^2(i)/\pi L^2 \tag{3.126}$$

3) $i \ne 0, j = 0$

对于这种振动模式，弯曲振动矩形薄板仅存在平行于 y 轴的位移节线。根据频
率方程 (3.110) 的解可以得到 $P(i) \ne 0$，$Q(j) = 0$。同时可以得出：$n = 1/\nu$，
$E_x = E/(1-\nu^2)$，$E_y = \infty$。由此可得板的共振频率：

$$f_{i0} = \frac{\pi T}{8L^2} \times \left[\frac{E}{12\rho(1-\nu^2)} \right]^{1/2} \times (2i+1)^2 \tag{3.127}$$

令 $C_{\mathrm{D}} = [E/12\rho(1-\nu^2)]^{1/2}$，$N = i+1$，$N$ 是平行于 y 轴的位移节线数，式 (3.127) 可

简化为

$$f_{i0} = \pi T C_{\mathrm{D}} \left(N - \frac{1}{2} \right)^2 / (2L^2) \tag{3.128}$$

可以看出式 (3.128) 正是矩形薄板条纹振动模式的共振频率方程式，因此，矩形薄板的条纹振动模式是矩形薄板的特殊振动模式之一，可由本书理论直接得出。

4) $i = 0, j \neq 0$

利用相似的程序可得：$P(i) = 0$，$Q(j) \neq 0$，$n = \nu$，$E_x = \infty$，$E_y = E / (1 - \nu^2)$，其共振频率为

$$f_{0j} = \pi T C_{\mathrm{D}} (N - 1/2)^2 / (2W^2) \tag{3.129}$$

式中，$N = j + 1$。对于这种情况，板上仅有平行于 x 轴的位移节线。因此这也是一种条纹模式振动。

5) $i \neq 0, j \neq 0$

结合上述分析，可以看出，这是一种较复杂的振动模式。此时，板上存在相互垂直且平行于板边界的位移节线。由上述分析可得板的共振频率为

$$f_{ij} = \frac{2T}{\pi} \sqrt{\frac{E}{12\rho(1 - \nu^2)}} \times \sqrt{\frac{P^4(i)}{L^4} + \frac{Q^4(j)}{W^4}} \tag{3.130}$$

由于板的振动阶次 i 和 j 可取任意正整数，因此板的振动方式很多，与此对应的本征频率也极为丰富。

3.4 弹性薄圆板的径向振动

在振动学以及超声学研究领域，需要各式各样的弹性元件，其中最为常用的有均匀截面和变截面杆、圆环、圆形或矩形板、圆形壳以及其复合体等。例如在功率超声领域，弹性棒或杆可以用作换能器的前后匹配盖板，而变截面棒则用于超声变幅杆以实现振动位移的放大以及机械阻抗的变换。弹性板或壳则常常用于换能器的辐射器件，以增大换能器的辐射面积，从而改善换能器的阻抗匹配。在传统的有关弹性体振动分析的理论中，均匀截面和变截面棒的纵向、扭转和弯曲振动理论已经成熟。圆形和矩形板的弯曲振动理论也比较成熟。本书对圆形薄板的径向振动进行了研究，推出了其等效电路，利用等效电路，得出了振子的共振频率方程，并对其共振频率与材料参数的关系进行了分析[86, 87]。

3.4.1 各向同性弹性薄圆盘的径向振动

1. 径向振动薄圆盘振子的波动方程及其等效电路

图 3.4 为径向振动的薄圆盘振子的几何示意图，振子的半径为 a，厚度为 l。图

中 v_{ra} 表示振子辐射面处的振动速度；F_{ra} 表示振子辐射面处的外力。在极坐标下，径向振动圆盘振子的运动方程为

$$\rho \frac{\partial^2 \xi_r}{\partial t^2} = \frac{\partial T_r}{\partial r} + \frac{1}{r} \cdot \frac{\partial T_{r\theta}}{\partial \theta} + \frac{\partial T_{rz}}{\partial z} + \frac{T_r - T_\theta}{r} \tag{3.131}$$

$$\rho \frac{\partial^2 \xi_\theta}{\partial t^2} = \frac{\partial T_{r\theta}}{\partial r} + \frac{1}{r} \cdot \frac{\partial T_\theta}{\partial \theta} + \frac{\partial T_{\theta z}}{\partial z} + \frac{2T_{r\theta}}{r} \tag{3.132}$$

$$\rho \frac{\partial^2 \xi_z}{\partial t^2} = \frac{\partial T_{rz}}{\partial r} + \frac{1}{r} \cdot \frac{\partial T_{\theta z}}{\partial \theta} + \frac{\partial T_z}{\partial z} + \frac{T_{rz}}{r} \tag{3.133}$$

式中，ξ_r、ξ_θ、ξ_z 表示振子的三个位移分量；T_r、T_θ、T_z、$T_{r\theta}$、T_{rz}、$T_{\theta z}$ 表示振动体内的各个应力分量。在极坐标下，振子的应变与位移之间的关系可表示为

$$S_r = \frac{\partial \xi_r}{\partial r}, \quad S_\theta = \frac{1}{r} \cdot \frac{\partial \xi_\theta}{\partial \theta} + \frac{\xi_r}{r}, \quad S_z = \frac{\partial \xi_z}{\partial z} \tag{3.134}$$

$$S_{r\theta} = \frac{1}{r} \cdot \frac{\partial \xi_r}{\partial \theta} + \frac{\partial \xi_\theta}{\partial r} - \frac{\xi_\theta}{r}, \quad S_{\theta z} = \frac{1}{r} \cdot \frac{\partial \xi_z}{\partial \theta} + \frac{\partial \xi_\theta}{\partial z}, \quad S_{rz} = \frac{\partial \xi_r}{\partial z} + \frac{\partial \xi_z}{\partial r} \tag{3.135}$$

式中，S_r、S_θ、S_z、$S_{r\theta}$、$S_{\theta z}$、S_{rz} 表示振子的各个轴向应变。根据胡克定律，可得应力与应变之间的关系为

$$S_r = \frac{1}{E}[T_r - \nu(T_\theta + T_z)], \quad S_\theta = \frac{1}{E}[T_\theta - \nu(T_r + T_z)], \quad S_z = \frac{1}{E}[T_z - \nu(T_r + T_\theta)] \tag{3.136}$$

$$S_{r\theta} = \frac{T_{r\theta}}{G}, \quad S_{rz} = \frac{T_{rz}}{G}, \quad S_{\theta z} = \frac{T_{\theta z}}{G} \tag{3.137}$$

式中，$G = \dfrac{E}{2(1+\nu)}$ 称为剪切模量；E 和 ν 分别称为杨氏模量和泊松比。从上面各式可以看出，如果不对振子的几何尺寸加以限制，则振子的振动是一个非常复杂的三维耦合振动，其解析解几乎得不到。为了简化分析，假设振子是一个薄圆盘，其厚度远小于振子的半径，即 $l \ll a$。在这一前提下，可以近似认为 z 方向的应力 T_z 等于零。同时，假设薄圆盘只有径向伸缩应变，所以沿半径和周向的正应力 T_r、T_θ 不等于零，

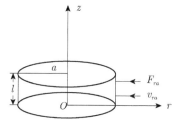

图 3.4　径向振动薄圆盘振子的几何示意图

而切向应力都等于零。另外，由于薄圆盘振子的径向振动是圆对称的，所以有 $\dfrac{\partial \xi_\theta}{\partial \theta}=0$。

在上述假设下，振子的波动方程以及应力与应变的关系可简化为

$$\rho \frac{\partial^2 \xi_r}{\partial t^2}=\frac{\partial T_r}{\partial r}+\frac{T_r-T_\theta}{r} \tag{3.138}$$

$$T_r=\frac{E}{1-\nu^2}(S_r+\nu S_\theta),\quad T_\theta=\frac{E}{1-\nu^2}(S_\theta+\nu S_r) \tag{3.139}$$

$$S_r=\frac{\partial \xi_r}{\partial r},\quad S_\theta=\frac{\xi_r}{r} \tag{3.140}$$

由式 (3.138)～式 (3.140)，可以得出各向同性薄圆盘径向振动的运动方程为

$$\frac{\partial^2 \xi_r}{\partial t^2}=V_r^2\left(\frac{\partial^2 \xi_r}{\partial r^2}+\frac{1}{r}\cdot\frac{\partial \xi_r}{\partial r}-\frac{\xi_r}{r^2}\right) \tag{3.141}$$

式中，$V_r^2=\dfrac{E}{\rho(1-\nu^2)}$，是各向同性薄圆盘径向振动的传播速度。很显然式 (3.141) 是一个贝塞尔方程，其解为

$$\xi_r=[AJ_1(kr)+BY_1(kr)]\mathrm{e}^{\mathrm{j}\omega t} \tag{3.142}$$

式中，$k=\omega/V_r$；ω 是振动角频率；$J_1(kr)$ 和 $Y_1(kr)$ 分别是一阶贝塞尔函数和诺依曼函数。由于 $r=0$ 时，诺依曼函数是发散的，因此，为了保证薄圆盘中心处的位移是有限的，待定系数 B 应为零。所以，实心薄圆盘径向振动的位移分布为

$$\xi_r=AJ_1(kr)\mathrm{e}^{\mathrm{j}\omega t} \tag{3.143}$$

由此可得薄圆盘径向振动的振速分布为

$$v_r=\mathrm{j}\omega AJ_1(kr)\mathrm{e}^{\mathrm{j}\omega t} \tag{3.144}$$

由图 3.4，当 $r=a$ 时，$v_r=-v_{ra}$。由此可得

$$A=-\frac{v_{ra}}{\mathrm{j}\omega J_1(ka)}\mathrm{e}^{-\mathrm{j}\omega t} \tag{3.145}$$

把式 (3.145) 代入薄圆盘中径向力的表达式，并利用边界条件，即 $F_r=T_r\big|_{r=a}\cdot S_{ra}=-F_{ra}$，可得

$$F_{ra}=\frac{ES_{ra}}{1-\nu^2}\cdot\frac{k}{\mathrm{j}\omega J_1(ka)}\left[J_0(ka)-\frac{J_1(ka)}{ka}+\frac{\nu}{ka}J_1(ka)\right]v_{ra} \tag{3.146}$$

式中，$S_{ra}=2\pi al$ 是薄圆盘的径向辐射面积。由此可得径向振动薄圆盘的等效电路 (图 3.5)。

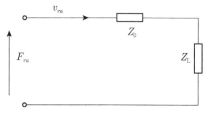

图 3.5 径向振动薄圆盘的等效电路

图中，$Z_0 = \dfrac{\rho V_r S_{ra}}{j}\left[\dfrac{\mathrm{J}_0(ka)}{\mathrm{J}_1(ka)} - \dfrac{1}{ka} + \dfrac{\nu}{ka}\right]$ 是薄圆盘径向振动的固有机械阻抗；Z_L 是径向振动薄圆盘的负载机械阻抗。

2. 弹性薄圆盘径向振动的共振频率方程

在功率超声领域，换能器振动系统都是在有负载的情况下工作的。假设径向振动薄圆盘的负载为 $Z_L = R_L + jX_L$，其中 R_L 和 X_L 分别是负载阻和负载抗。由图 3.5 可得在有负载的情况下，径向振动薄圆盘的共振频率方程为

$$X_L = -\rho V_r S_{ra}\left[\frac{\mathrm{J}_0(ka)}{\mathrm{J}_1(ka)} - \frac{1}{ka} + \frac{\nu}{ka}\right] \tag{3.147}$$

根据式 (3.147) 可以看出，负载薄圆盘径向振动的共振频率与薄圆盘的几何尺寸及材料有关，同时也与周围的负载介质有关。从原则上讲，利用式 (3.147) 就可以对薄圆盘径向振动的共振频率及几何尺寸加以设计。然而从实际的角度来考虑，这一设计过程是非常复杂的，有时甚至是不可能的，原因是振子的负载阻抗极为复杂。这其中包括两方面的因素。①在大功率情况下，振动系统的负载阻抗根本不能用解析法得到。②在换能器的工作过程中，负载阻抗不是一个恒定的数值，而是处于变化状态。例如在超声清洗过程中，空化状态的不同将导致换能器的辐射阻抗不同，也就是负载阻抗不同。另外，在超声金属及塑料焊接过程中，随着材料的逐渐熔化，其阻抗发生相应的变化，从而导致振动系统的负载阻抗不是处于恒定状态。鉴于上述因素，在超声振动系统的实际设计过程中，基本上都忽略负载阻抗的影响，而把系统作为空载加以考虑。在这一情况下，径向振动薄圆盘的共振频率方程可简化为

$$ka\mathrm{J}_0(ka) - (1-\nu)\mathrm{J}_1(ka) = 0 \tag{3.148}$$

令式 (3.148) 的解为 $R(n)$，即 $k_n a = R(n)$，由此可得径向振动薄圆盘的共振频率为

$$f_n = \frac{R(n)}{2\pi a}\sqrt{\frac{E}{\rho(1-\nu^2)}} \tag{3.149}$$

由于式 (3.148) 是一个关于径向振动薄圆盘的材料参数、几何尺寸及共振频率的超

越方程，因此方程的解析解得不到，只能应用数值法求方程的数值解。表 3.4 给出了利用数值法得出的在不同材料 (即不同泊松比) 情况下共振频率方程的前五个根，即对应径向振动薄圆盘的前五阶共振振动的解，可供有关的工程设计人员参考。

表 3.4　径向振动薄圆盘共振频率方程的前五阶振动解

泊松比	$R(1)$	$R(2)$	$R(3)$	$R(4)$	$R(5)$
0.27	2.02997	5.38361	8.56831	11.7292	14.8818
0.31	2.05506	5.39128	8.57304	11.7326	14.8845
0.35	2.07951	5.39893	8.57776	11.7361	14.8872
0.38	2.09743	5.40465	8.5813	11.7386	14.8892
0.42	2.12081	5.41227	8.58601	11.7421	14.8919

根据表 3.4，给定振子的材料参数，即泊松比，就可以查出频率方程的根，然后利用式 (3.149) 就可以得出振子的共振频率，对振子的设计及计算非常方便。然而，由于表中给出的振子的泊松比是离散的，因此不适应于一般的情况。为了能够适用于各种不同的材料，理想的情况是能够得出一个关于径向振动薄圆盘共振频率方程的根值与振子材料的泊松比之间关系的解析表达式。为此，我们利用多项式插值，对表 3.4 中的数据进行了处理，得出了薄圆盘径向振动共振频率方程的前五阶振动的根与材料的泊松比之间的解析关系，其具体的表达式为

$$R(1) = 1.85319 + 0.626664\nu + 0.344134\nu^2 - 1.12338\nu^3 + 0.865801\nu^4$$

$$R(2) = 5.33729 + 0.12262\nu + 0.323101\nu^2 - 0.656926\nu^3 + 0.487013\nu^4$$

$$R(3) = 8.53077 + 0.184312\nu - 0.289326\nu^2 + 0.560065\nu^3 - 0.405844\nu^4$$

$$R(4) = 11.8746 - 1.92765\nu + 8.9385\nu^2 - 17.4838\nu^3 + 12.7165\nu^4$$

$$R(5) = 14.8908 - 0.262751\nu + 1.48615\nu^2 - 2.94372\nu^3 + 2.1645\nu^4$$

从上述表达式可以看出，对应径向振动薄圆盘的不同振动模式，频率方程的根与材料泊松比之间的关系是不同的。但是，只要知道了材料的泊松比，利用上述表达式就可以很方便地得出方程的解，从而大大地简化了径向振动薄圆盘的工程设计。另外，根据薄圆盘频率方程的特性及其根值的变化规律，我们可以看出，当薄圆盘的振动阶次较高时，例如 $n \geqslant 6$ 时，频率方程的解可近似地写成下面的简单形式：

$$R(n) = 3n \quad (n \geqslant 6) \tag{3.150}$$

在上面的分析中，假设径向振动圆盘的半径远大于其厚度，即上述理论是基于

无限薄的圆盘理论得出的。对于有限厚度的圆盘来说，由频率方程式 (3.148) 得出的径向振动薄圆盘的径向共振频率将高于振子的实际共振频率。原因是当振子的厚度增大时，振子的振动不是一个纯粹的平面径向振动，而会出现厚度方向的振动以及厚度与径向振动之间的耦合振动。此时，应利用振子的耦合振动理论加以分析及计算，或进行瑞利修正等。

3.4.2 弹性薄圆环的径向振动

这里对各向同性弹性薄圆环的径向振动进行了研究，得出了其等效电路。在此基础上，推出了其径向振动的频率方程以及振子的共振频率的表达式，利用数值法得出了不同材料弹性薄圆环径向振动频率方程的一系列根。经过拟合，得出了频率方程的根与振子材料的泊松比的拟合关系曲线，从而大大方便了径向振动薄圆环的工程设计及计算。

1. 径向振动薄圆环的波动方程及其等效电路

图 3.6 为产生径向振动的薄圆环振子的几何示意图，振子的外半径为 a，内半径为 b，厚度为 l。图中 v_{ra} 表示振子外辐射面处的振动速度，F_{ra} 表示振子外辐射面处的外力；v_{rb} 表示振子内辐射面处的振动速度，F_{rb} 表示振子内辐射面处的外力。在极坐标下，径向振动圆环振子的运动方程以及应变与位移之间的关系可表示为

$$\rho \frac{\partial^2 \xi_r}{\partial t^2} = \frac{\partial T_r}{\partial r} + \frac{1}{r} \cdot \frac{\partial T_{r\theta}}{\partial \theta} + \frac{\partial T_{rz}}{\partial z} + \frac{T_r - T_\theta}{r} \tag{3.151}$$

$$\rho \frac{\partial^2 \xi_\theta}{\partial t^2} = \frac{\partial T_{r\theta}}{\partial r} + \frac{1}{r} \cdot \frac{\partial T_\theta}{\partial \theta} + \frac{\partial T_{\theta z}}{\partial z} + \frac{2T_{r\theta}}{r} \tag{3.152}$$

$$\rho \frac{\partial^2 \xi_z}{\partial t^2} = \frac{\partial T_{rz}}{\partial r} + \frac{1}{r} \cdot \frac{\partial T_{\theta z}}{\partial \theta} + \frac{\partial T_z}{\partial z} + \frac{T_{rz}}{r} \tag{3.153}$$

$$S_r = \frac{\partial \xi_r}{\partial r}, \ S_\theta = \frac{1}{r} \cdot \frac{\partial \xi_\theta}{\partial \theta} + \frac{\xi_r}{r}, \ S_z = \frac{\partial \xi_z}{\partial z} \tag{3.154}$$

$$S_{r\theta} = \frac{1}{r} \cdot \frac{\partial \xi_r}{\partial \theta} + \frac{\partial \xi_\theta}{\partial r} - \frac{\xi_\theta}{r}, \ S_{\theta z} = \frac{1}{r} \cdot \frac{\partial \xi_z}{\partial \theta} + \frac{\partial \xi_\theta}{\partial z}, \ S_{rz} = \frac{\partial \xi_r}{\partial z} + \frac{\partial \xi_z}{\partial r} \tag{3.155}$$

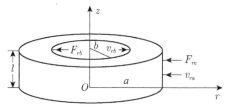

图 3.6 径向振动薄圆环振子的几何示意图

$$S_r = \frac{1}{E}[T_r - \nu(T_\theta + T_z)], \ \ S_\theta = \frac{1}{E}[T_\theta - \nu(T_r + T_z)], \ \ S_z = \frac{1}{E}[T_z - \nu(T_\theta + T_r)] \quad (3.156)$$

$$S_{r\theta} = \frac{T_{r\theta}}{G}, \ \ S_{rz} = \frac{T_{rz}}{G}, \ \ S_{\theta z} = \frac{T_{\theta z}}{G} \quad (3.157)$$

式中，$G = \dfrac{E}{2(1+\nu)}$ 称为剪切模量；E 和 ν 分别称为杨氏模量和泊松比。薄圆环轴对称振动的波动方程及应力与应变的关系可简化为

$$\rho \frac{\partial^2 \xi_r}{\partial t^2} = \frac{\partial T_r}{\partial r} + \frac{T_r - T_\theta}{r} \quad (3.158)$$

$$T_r = \frac{E}{1-\nu^2}(S_r + \nu S_\theta), \ \ T_\theta = \frac{E}{1-\nu^2}(S_\theta + \nu S_r) \quad (3.159)$$

$$S_r = \frac{\partial \xi_r}{\partial r}, \ \ S_\theta = \frac{\xi_r}{r} \quad (3.160)$$

由式 (3.158)～式 (3.160)，可以得出各向同性弹性薄圆环径向振动的运动方程为

$$\frac{\partial^2 \xi_r}{\partial t^2} = V_r^2 \left(\frac{\partial^2 \xi_r}{\partial r^2} + \frac{1}{r} \cdot \frac{\partial \xi_r}{\partial r} - \frac{\xi_r}{r^2} \right) \quad (3.161)$$

式中，$V_r^2 = \dfrac{E}{\rho(1-\nu^2)}$，这里 V_r 是各向同性薄圆环中径向振动的传播速度。很显然式 (3.161) 是一个贝塞尔方程，其解为

$$\xi_r = [A\mathrm{J}_1(kr) + B\mathrm{Y}_1(kr)]\mathrm{e}^{\mathrm{j}\omega t} \quad (3.162)$$

由式 (3.162) 可得薄圆环径向振动的速度分布为

$$v_r = \mathrm{j}\omega[A\mathrm{J}_1(kr) + B\mathrm{Y}_1(kr)]\mathrm{e}^{\mathrm{j}\omega t} \quad (3.163)$$

由图 3.6 可以看出，当 $r = a$ 时，$v_r = -v_{ra}$；当 $r = b$ 时，$v_r = v_{rb}$。由此可得待定常数 A 和 B 的具体表达式为

$$B = \frac{1}{\mathrm{j}\omega} \cdot \frac{v_{ra}\mathrm{J}_1(kb) + v_{rb}\mathrm{J}_1(ka)}{\mathrm{J}_1(ka)\mathrm{Y}_1(kb) - \mathrm{J}_1(kb)\mathrm{Y}_1(ka)} \mathrm{e}^{-\mathrm{j}\omega t} \quad (3.164)$$

$$A = -\frac{1}{\mathrm{j}\omega} \cdot \frac{v_{ra}\mathrm{Y}_1(kb) + v_{rb}\mathrm{Y}_1(ka)}{\mathrm{J}_1(ka)\mathrm{Y}_1(kb) - \mathrm{J}_1(kb)\mathrm{Y}_1(ka)} \mathrm{e}^{-\mathrm{j}\omega t} \quad (3.165)$$

把 A 和 B 的上述表达式代入薄圆环中径向力的表达式，同时把薄圆环径向位移的表达式代入径向力的表达式中，可得弹性薄圆环中径向力的具体表达式为

$$T_r = \frac{Ek}{1-\nu^2} \left\{ A \left[\mathrm{J}_0(kr) - \frac{(1-\nu)\mathrm{J}_1(kr)}{kr} \right] + B \left[\mathrm{Y}_0(kr) - \frac{(1-\nu)\mathrm{Y}_1(kr)}{kr} \right] \right\} \mathrm{e}^{\mathrm{j}\omega t} \quad (3.166)$$

结合边界条件，即 $F_r = T_r \big|_{r=a} \cdot S_{ra} = -F_{ra}$ 以及 $F_r = T_r \big|_{r=b} \cdot S_{rb} = -F_{rb}$ 可得

$$F_{ra} = -\frac{ES_{ra}}{1-\nu^2} \cdot \frac{k}{\mathrm{j}\omega[\mathrm{J}_1(ka)\mathrm{Y}_1(kb) - \mathrm{J}_1(kb)\mathrm{Y}_1(ka)]}\{v_{ra}[\mathrm{Y}(a)\mathrm{J}_1(kb) - \mathrm{J}(a)\mathrm{Y}_1(kb)]$$
$$+ v_{rb}[\mathrm{Y}(a)\mathrm{J}_1(ka) - \mathrm{Y}_1(ka)\mathrm{J}(a)]\} \tag{3.167}$$

$$F_{rb} = -\frac{ES_{rb}}{1-\nu^2} \cdot \frac{k}{\mathrm{j}\omega[\mathrm{J}_1(ka)\mathrm{Y}_1(kb) - \mathrm{J}_1(kb)\mathrm{Y}_1(ka)]}\{v_{ra}[\mathrm{Y}(b)\mathrm{J}_1(kb) - \mathrm{J}(b)\mathrm{Y}_1(kb)]$$
$$+ v_{rb}[\mathrm{Y}(b)\mathrm{J}_1(ka) - \mathrm{Y}_1(ka)\mathrm{J}(b)]\} \tag{3.168}$$

式中，$\mathrm{J}(a) = \mathrm{J}_0(ka) - \dfrac{(1-\nu)\mathrm{J}_1(ka)}{ka}$，$\mathrm{J}(b) = \mathrm{J}_0(kb) - \dfrac{(1-\nu)\mathrm{J}_1(kb)}{kb}$，$\mathrm{Y}(a) = \mathrm{Y}_0(ka) - \dfrac{(1-\nu)\mathrm{Y}_1(ka)}{ka}$，$\mathrm{Y}(b) = \mathrm{Y}_0(kb) - \dfrac{(1-\nu)\mathrm{Y}_1(kb)}{kb}$；$S_{ra} = 2\pi al$，$S_{rb} = 2\pi bl$ 分别是薄圆环内、外表面积。式 (3.167) 和式 (3.168) 可进一步化简为

$$\frac{F_{ra}}{\mathrm{j}Z_a} = v_{ra}\left[\frac{1-\nu}{ka} + \frac{\mathrm{Y}_0(ka)\mathrm{J}_1(kb) - \mathrm{J}_0(ka)\mathrm{Y}_1(kb)}{\mathrm{J}_1(ka)\mathrm{Y}_1(kb) - \mathrm{J}_1(kb)\mathrm{Y}_1(ka)}\right]$$
$$+ v_{rb}\left[\frac{\mathrm{J}_1(ka)\mathrm{Y}_0(ka) - \mathrm{J}_0(ka)\mathrm{Y}_1(ka)}{\mathrm{J}_1(ka)\mathrm{Y}_1(kb) - \mathrm{J}_1(kb)\mathrm{Y}_1(ka)}\right] \tag{3.169}$$

$$\frac{F_{rb}}{\mathrm{j}Z_b} = v_{ra}\left[\frac{\mathrm{Y}_0(kb)\mathrm{J}_1(kb) - \mathrm{J}_0(kb)\mathrm{Y}_1(kb)}{\mathrm{J}_1(ka)\mathrm{Y}_1(kb) - \mathrm{J}_1(kb)\mathrm{Y}_1(ka)}\right]$$
$$+ v_{rb}\left[\frac{\mathrm{J}_1(ka)\mathrm{Y}_0(kb) - \mathrm{J}_0(kb)\mathrm{Y}_1(ka)}{\mathrm{J}_1(ka)\mathrm{Y}_1(kb) - \mathrm{J}_1(kb)\mathrm{Y}_1(ka)} - \frac{1-\nu}{kb}\right] \tag{3.170}$$

式中，$Z_a = \rho V_r S_{ra}$，$Z_b = \rho V_r S_{rb}$。将式 (3.169) 和式 (3.170) 加以整理可得

$$F'_{rb} = (Z_1 + Z_3)v_{rb} + Z_3 v_{ra} \tag{3.171}$$

$$F'_{ra} = (Z_2 + Z_3)v_{ra} + Z_3 v_{rb} \tag{3.172}$$

式中，

$$F'_{rb} = \frac{F_{rb}}{\mathrm{j}Z_b[\mathrm{J}_1(kb)\mathrm{Y}_0(kb) - \mathrm{J}_0(kb)\mathrm{Y}_1(kb)]}, \quad F'_{ra} = \frac{F_{ra}}{\mathrm{j}Z_a[\mathrm{J}_1(ka)\mathrm{Y}_0(ka) - \mathrm{J}_0(ka)\mathrm{Y}_1(ka)]}$$

$$Z_1 = \frac{1}{\mathrm{J}_1(ka)\mathrm{Y}_1(kb) - \mathrm{J}_1(kb)\mathrm{Y}_1(ka)}$$
$$\times \left[\frac{\mathrm{J}_1(ka)\mathrm{Y}_0(kb) - \mathrm{J}_0(kb)\mathrm{Y}_1(ka) - \mathrm{J}_1(kb)\mathrm{Y}_0(kb) + \mathrm{J}_0(kb)\mathrm{Y}_1(kb)}{\mathrm{J}_1(kb)\mathrm{Y}_0(kb) - \mathrm{J}_0(kb)\mathrm{Y}_1(kb)}\right]$$
$$- \frac{1-\nu}{kb[\mathrm{J}_1(kb)\mathrm{Y}_0(kb) - \mathrm{J}_0(kb)\mathrm{Y}_1(kb)]}$$

$$Z_2 = \frac{1}{J_1(ka)Y_1(kb) - J_1(kb)Y_1(ka)}$$

$$\times \left[\frac{J_1(kb)Y_0(ka) - J_0(ka)Y_1(kb) - J_1(ka)Y_0(ka) + J_0(ka)Y_1(ka)}{J_1(ka)Y_0(ka) - J_0(ka)Y_1(ka)}\right]$$

$$+ \frac{1 - \nu}{ka[J_1(ka)Y_0(ka) - J_0(ka)Y_1(ka)]}$$

$$Z_3 = \frac{1}{J_1(ka)Y_1(kb) - J_1(kb)Y_1(ka)}$$

由此可得径向振动薄圆环的等效电路 (图 3.7)。

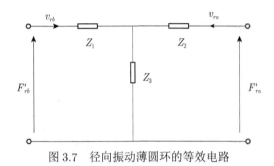

图 3.7　径向振动薄圆环的等效电路

2. 径向振动薄圆环的共振频率方程

由图 3.7 我们可以得出径向振动薄圆环的共振频率方程为

$$\frac{Z_1 Z_2 + Z_1 Z_3 + Z_2 Z_3}{Z_2 + Z_3} = 0 \tag{3.173}$$

把式 (3.173) 加以整理可以得出薄圆环径向振动的共振频率方程为

$$J_0(kb)Y_0(ka) - J_0(ka)Y_0(kb) + (1-\nu)\cdot\left[\frac{J_1(ka)Y_0(kb) - J_0(kb)Y_1(ka)}{ka}\right.$$

$$\left. - \frac{J_1(kb)Y_0(ka) - J_0(ka)Y_1(kb)}{kb}\right] - \frac{(1-\nu)^2}{ka\cdot kb}[J_1(ka)Y_1(kb) - J_1(kb)Y_1(ka)] = 0 \tag{3.174}$$

从式 (3.174) 可以看出，径向振动薄圆环的共振频率方程是一个非常复杂的超越方程。它与振子的材料、几何尺寸以及振动模式有关。为简化分析，假设薄圆环的内外半径比 (以下简称"半径比") 为 r，即 $r = a/b$，把 $kb = ka/r$ 这一表达式代入式 (3.174) 可以看出，经过这一变换后，频率方程中的变量只有 ka、r、ν 三个。对应一定的材料和半径比，可以得出频率方程的根。令式 (3.174) 的解为 $R(n)$，即 $k_n a = R(n)$，可得径向振动薄圆环的共振频率 f_n 为

$$f_n = \frac{R(n)}{2\pi a} \sqrt{\frac{E}{\rho(1-\nu^2)}} \qquad (3.175)$$

式中，n 是正整数，表示薄圆环径向振动的振动模式。可以看出，径向振动薄圆环的共振频率与其材料、几何尺寸及振动模式有关。由于共振频率方程是一个复杂的超越方程，其解析解不可能得出，只能得出数值解。表 3.5 给出了利用数值法得出的在不同材料 (即不同泊松比) 以及不同半径比情况下薄圆环径向振动共振频率方程的第一个根，即对应径向振动薄圆环的一阶共振振动的解，可供有关的工程设计人员参考。

表 3.5　径向振动薄圆环共振频率方程的一阶振动解

ν	$r=1.5$	$r=2$	$r=3$	$r=4$	$r=5$	$r=6$
0.27	1.17139	1.33239	1.56054	1.70501	1.79751	1.85804
0.30	1.16149	1.32325	1.55538	1.70470	1.80147	1.86533
0.33	1.15032	1.31263	1.54853	1.70269	1.80388	1.87127
0.36	1.13782	1.30047	1.53988	1.69889	1.80463	1.87574
0.39	1.12395	1.28670	1.52934	1.69315	1.80358	1.87861

表中 r、ν 分别表示薄圆环的半径比和泊松比。从表 3.5 中的结果可以看出，当振子的材料一定时，其径向振动的共振频率与半径比有关。随着振子半径比 r 的增加，其共振频率也增加。也就是说，薄圆盘的径向振动共振频率大于相同半径的薄圆环的共振频率。另一方面，当半径比 r 比较小时，随着材料泊松比的增大，振子的共振频率是减小的；当半径比 r 比较大时，随着材料泊松比的增加，振子的共振频率则是增大的。

根据表 3.5，给定振子的材料参数及半径比，就可以查出频率方程的根，然后利用式 (3.175) 就可以得出振子的共振频率，这对振子的设计及计算来说非常方便。

为了更加直观地了解振子的材料参数和半径比与其共振频率之间的关系，图 3.8 给出了在不同泊松比情况下，径向振动薄圆环一阶振动的频率方程根值与其半径比之间的关系曲线。图中的实心三角、实心圆以及实心方块分别表示材料的不同泊松比。根据图 3.8 以及上面的分析，可以看出，对于薄圆环的一阶径向振动，共振频率方程的根值相对于其半径比有一个临界值。在这个临界值附近，材料的泊松比对于振子的共振频率的影响是很小的。

以上，我们对径向振动薄圆环的基频振动进行了分析。对于径向振动薄圆环的高次振动模式，其分析是类似的。但有一点值得指出，对于径向振动薄圆环，对应

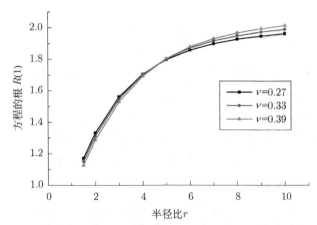

图 3.8　径向振动薄圆环共振频率方程的根与半径比的关系图

不同的半径比, 一些高次振动模式是不存在的。例如, 当振子的半径比小于 2.63 时, 二阶径向振动模式是不存在的。

在本书的理论分析中, 假设径向振动薄圆环的半径远大于其厚度, 即上述理论是基于无限薄的圆环径向振动理论得出的。对于有限厚度的圆环来说, 由频率方程 (3.174) 得出的径向振动薄圆环的径向共振频率将高于振子的实际共振频率。原因是当振子的厚度增大时, 振子的振动不是一个纯粹的平面径向振动, 而会出现厚度方向的振动以及厚度与径向振动之间的耦合振动。此时, 应利用振子的耦合振动理论来加以分析及计算, 或进行瑞利修正等。

第 4 章　固体中的弹性波

4.1　固体弹性介质的基本特性

众所周知，所有弹性固体介质都不是绝对刚体，当其受到外力作用时，将产生形变，与此同时，在弹性介质内部的交界面上将产生相互作用力。通常情况下，作用于弹性介质中的力可分为两种，一种称为体积力，另一种称为面力，通常称为应力。值得指出的是，在谈论固体中的声波传播现象时，应力是比体积力更重要的一个物理量。与流体中的声传播现象不同，固体介质在一般情况下，除了产生体积形变以外，还将产生切形变，因此在无限弹性介质中，弹性形变将产生两种波，即压缩波和切变波。压缩波又称为纵波，而切变波又称为横波。它们以不同的速度在介质中传播，传播速度决定于弹性介质的弹性模量和密度。任何一种波在不同介质的分界面上都会产生反射和折射。对于固体介质而言，固体中弹性波的反射和折射问题更为复杂，除了通常的反射和折射现象以外，还会出现弹性波的模式转换现象。例如对于液固界面，当液体中的纵波 (对于理想流体，由于黏滞系数为零，没有切形变，因此介质只有体积形变，其中只有纵波即疏密波的传播) 入射到液固界面时，在固体介质内部，除了纵波以外，还出现了横波。因此可以说，任何一种波在固体界面上反射时，都会同时出现压缩波和切变波，它们都按照各自的反射及折射定律 (即斯涅尔定律) 进行反射和折射。

对于无限大的介质，弹性形变仅能产生两种波，即纵波和横波。然而在实际的振动问题中，所研究的固体介质都是有限空间中的介质。所谓弹性体的振动问题，实际上就是弹性波在有限介质中的传播问题。与无限大介质中的弹性波传播相比，有限介质中的声传播问题要复杂得多。在有限弹性介质中，由于边界的存在以及边界的复杂性，弹性波在介质中多次反射，结果形成了弹性介质中各种不同的特殊的驻波振动，即不同的本征振动模式。而正是这些特殊的驻波振动模式，形成了超声以及电声换能器机械振动特性的理论基础[88, 89]。例如，如果固体有自由表面，则在固体中的自由表面下面的介质中会产生沿固体的自由表面传播的表面波，又称为瑞利波。对于板状的弹性介质，会产生所谓的板波。而对于细长的弹性棒，则是一种比较简单的一维纵波。

正如流体中的波动引起压强和形变的变化，固体中的弹性波将引起弹性体内部的应力和应变的变化。因此，固体弹性介质中的应力和应变关系是研究固体中的波动现象以及振动现象的基础，也是研究弹性介质运动基本规律的出发点。在以下的分析中,将首先讨论弹性固体介质中的应力、应力分量,以及应变、应变分量。

另外,为了简化分析,突出基本物理概念的阐述,以下讨论仅限于完全理想弹性体的基本振动规律,即认为弹性介质没有损耗。虽然这种近似处理方法具有一定的局限性,然而对于阐明弹性介质中波动传播的基本规律和特性仍有普遍的意义。

4.1.1 固体弹性介质中的应力和应力分量

在发生形变的固体介质中任取一小体积元如图 4.1 所示。它除了受到体积力 (如重力) 作用以外,还受到面力的作用。由于重力只引起静态形变,对于振动以及波动的传播没有影响,因此在讨论波动和振动问题时一般不考虑体积力的影响,仅考虑弹性体中的面力。一般来说,作用在小体积元表面上的应力不但有垂直于表面的应力,还有平行于表面的切应力。也就是说,当弹性固体介质发生形变时,作用在介质中任一点处微元面上的应力是一个矢量,因而在不同的方向上,介质中同一点处的应力是不相同的,并且具有无限多个。然而可以证明,只要知道了过介质中某一点处所作的三个相互垂直正交的微元面上应力向量的九个分量,就可以确定过该点任何方向微元面上的应力分量。在直角坐标系中,在弹性体内任取一点 P,过 P 点作垂直于坐标轴方向的三个元面,作用在这三个面元上共有九个应力分量,即 T_{xx}、T_{xy}、T_{xz},T_{yx}、T_{yy}、T_{yz} 以及 T_{zx}、T_{zy}、T_{zz}。可以证明,作用在过 P 点且方向余弦为 $\cos\alpha$、$\cos\beta$ 及 $\cos\gamma$ 的微元面上的应力分量可表示为

$$T_{Nx} = T_{xx}\cos\alpha + T_{xy}\cos\beta + T_{xz}\cos\gamma \tag{4.1}$$

$$T_{Ny} = T_{yx}\cos\alpha + T_{yy}\cos\beta + T_{yz}\cos\gamma \tag{4.2}$$

$$T_{Nz} = T_{zx}\cos\alpha + T_{zy}\cos\beta + T_{zz}\cos\gamma \tag{4.3}$$

其中,N 表示该微元面的法线方向。因此描述弹性体内部任意一点的应力状态需要而且只需要九个应力分量。在应力分量的下标中,第一个字母表示力所作用的面的法线方向,第二个字母表示力的作用方向,例如,T_{xy} 表示在与 x 轴垂直的面上沿 y 轴方向的切应力;T_{xx} 表示在垂直于 x 轴的面上与 x 轴方向一致的正应力。T_{xx}、T_{yy}、T_{zz} 称为正应力,其余的称为切应力。另外,为了满足平衡条件,作用于微元上的力矩应为零,由此可得

$$T_{xy} = T_{yx}, \ T_{xz} = T_{zx}, \ T_{yz} = T_{zy} \tag{4.4}$$

式 (4.4) 表明,切应力是成对出现的,即上面提到的九个应力分量不是完全独立的,决定弹性体内部任意点处的应力状态只需要六个独立的应力分量。另外,简单起见,通常将正应力的下标用一个字母表示。考虑到这一因素,描述任意点处应力状态的六个应力分量为 T_x、T_y、T_z、T_{xy}、T_{xz}、T_{yz}。

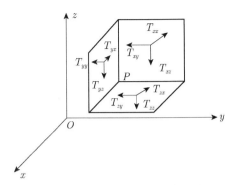

图 4.1 固体中的应力和应力分量

4.1.2 固体弹性介质中的应变和应变分量

固体介质发生形变以后，除长度发生变化以外，介质的形状也会发生变化。因此弹性固体介质的形变包括三种，即长度形变、切形变以及转动。

在直角坐标下，物体内任一点的位移可以沿三个坐标轴分解为相应的三个分量，即沿 x 轴的位移分量 u，沿 y 轴的分量 v 和沿 z 轴的分量 w。假设在弹性介质内任一点 P 处的初始位置坐标为 (x, y, z)，则当介质发生形变以后 P 点的坐标变为 $(x+u, y+v, z+w)$。在 P 点附近取另一点 Q，介质变形以前 Q 点的位置坐标为 $(x+\delta x, y+\delta y, z+\delta z)$。介质发生形变以后，$Q$ 点的位移可以表示为 $(u+\delta u, v+\delta v, w+\delta w)$。如果 P 和 Q 两点相距很近，即 δx、δy、δz 都足够小，可以得出

$$\delta u = \frac{\partial u}{\partial x}\delta x + \frac{\partial u}{\partial y}\delta y + \frac{\partial u}{\partial z}\delta z \tag{4.5}$$

$$\delta v = \frac{\partial v}{\partial x}\delta x + \frac{\partial v}{\partial y}\delta y + \frac{\partial v}{\partial z}\delta z \tag{4.6}$$

$$\delta w = \frac{\partial w}{\partial x}\delta x + \frac{\partial w}{\partial y}\delta y + \frac{\partial w}{\partial z}\delta z \tag{4.7}$$

很显然，如果在某一点处的 $\frac{\partial u}{\partial x}$、$\frac{\partial u}{\partial y}$、$\frac{\partial u}{\partial z}$，$\frac{\partial v}{\partial x}$、$\frac{\partial v}{\partial y}$、$\frac{\partial v}{\partial z}$ 及 $\frac{\partial w}{\partial x}$、$\frac{\partial w}{\partial y}$、$\frac{\partial w}{\partial z}$ 为已知，则所有邻近点的相对位移都可以由此得出。理论及实验都表明，上述九个量以及组合分别表示三种不同的应变分量，即三个线性形变、三个切形变以及三个转动形变。

$$\varepsilon_{xx} = \frac{\partial u}{\partial x}, \ \varepsilon_{yy} = \frac{\partial v}{\partial y}, \ \varepsilon_{zz} = \frac{\partial w}{\partial z} \tag{4.8}$$

$$\varepsilon_{xy} = \frac{\partial u}{\partial y} + \frac{\partial v}{\partial x}, \ \varepsilon_{xz} = \frac{\partial u}{\partial z} + \frac{\partial w}{\partial x}, \ \varepsilon_{yz} = \frac{\partial v}{\partial z} + \frac{\partial w}{\partial y} \tag{4.9}$$

$$2\overline{\omega}_x = \frac{\partial w}{\partial y} - \frac{\partial v}{\partial z}, \quad 2\overline{\omega}_y = \frac{\partial u}{\partial z} - \frac{\partial w}{\partial x}, \quad 2\overline{\omega}_z = \frac{\partial v}{\partial x} - \frac{\partial u}{\partial y} \tag{4.10}$$

其中，ε_{xx}、ε_{yy}、ε_{zz} 分别表示介质内任意点处沿 x、y 以及 z 轴方向的相对伸长，也称为线性形变；ε_{xy}、ε_{yz}、ε_{xz} 表示在相应的平面内的切向应变；而 $\overline{\omega}_x$、$\overline{\omega}_y$、$\overline{\omega}_z$ 则分别表示介质沿 x、y 以及 z 轴的转动。为了比较形象地说明上述各个应变分量的意义，图 4.2 给出一个微元在 yOz 平面内的投影及其形变。$ABCD$ 变形后成为 $EFGH$。θ_1 和 θ_2 分别表示线段 EH 和 y 轴的夹角，以及线段 EF 与 z 轴的夹角。$\tan\theta_1 = \partial w / \partial y, \tan\theta_2 = \partial v / \partial z$，当 θ_1 和 θ_2 足够小时，$\varepsilon_{yz} = \theta_1 + \theta_2$ 就是所讨论的微元在 yOz 平面内的剪切应变。而 $2\overline{\omega}_x = \theta_1 - \theta_2$ 则是对角线 EG 绕 x 轴的转动。

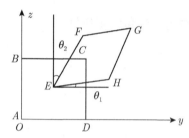

图 4.2　弹性体内线性形变、切形变及转动的几何示意图

从应变分量的表达式可以看出，弹性介质中的应变是由介质的位移分量决定的，因此它们之间不是相互独立的。如果能够确定弹性体的位移分布函数 $u(x,y,z,t)$、$v(x,y,z,t)$ 以及 $w(x,y,z,t)$，就可以完全确定弹性体内各点的形变和转动。

4.1.3　弹性体内应力与应变之间的关系——广义胡克定律

前面分别分析了弹性介质发生形变以后，介质内各点的应力以及在应力的作用下介质内各点的应变。应变是介质位移变化的几何表示，应力是应变后介质内力的变化，两者互为因果关系。

弹性介质内应力与应变之间的关系首先是由胡克发现的。实验表明，当弹性体的形变很小时，作用于它的应力和应变成正比，每个应力函数都是各个应变分量的线性函数，符合这种线性关系的形变称为弹性形变。在弹性形变范围内，应力与应变之间最一般的关系为广义胡克定律，即

$$T_{xx} = c_{11}\varepsilon_{xx} + c_{12}\varepsilon_{yy} + c_{13}\varepsilon_{zz} + c_{14}\varepsilon_{yz} + c_{15}\varepsilon_{zx} + c_{16}\varepsilon_{xy}$$

$$T_{yy} = c_{21}\varepsilon_{xx} + c_{22}\varepsilon_{yy} + c_{23}\varepsilon_{zz} + c_{24}\varepsilon_{yz} + c_{25}\varepsilon_{zx} + c_{26}\varepsilon_{xy}$$

$$T_{zz} = c_{31}\varepsilon_{xx} + c_{32}\varepsilon_{yy} + c_{33}\varepsilon_{zz} + c_{34}\varepsilon_{yz} + c_{35}\varepsilon_{zx} + c_{36}\varepsilon_{xy}$$

$$T_{yz} = c_{41}\varepsilon_{xx} + c_{42}\varepsilon_{yy} + c_{43}\varepsilon_{zz} + c_{44}\varepsilon_{yz} + c_{45}\varepsilon_{zx} + c_{46}\varepsilon_{xy} \tag{4.11}$$

$$T_{zx} = c_{51}\varepsilon_{xx} + c_{52}\varepsilon_{yy} + c_{53}\varepsilon_{zz} + c_{54}\varepsilon_{yz} + c_{55}\varepsilon_{zx} + c_{56}\varepsilon_{xy}$$

$$T_{xy} = c_{61}\varepsilon_{xx} + c_{62}\varepsilon_{yy} + c_{63}\varepsilon_{zz} + c_{64}\varepsilon_{yz} + c_{65}\varepsilon_{zx} + c_{66}\varepsilon_{xy}$$

式中，c_{ij} 为弹性介质的弹性常数，它们决定于介质的弹性性能。在弹性极限内，由于弹性能是应变的单值函数，可以证明，弹性常数具有对称性，即 $c_{ij} = c_{ji}$。因此独立的弹性常数只有 36-15=21 个。

另外，不同性质的材料具有不同数目的对称轴，因此其独立的弹性常数还会随着材料对称性的增加而减少。对于均匀的各向同性材料，其独立的弹性常数只有两个。所谓材料的均匀性，是指宏观上物质的结构均匀，各方向的弹性性质相同。例如金属是由单晶组成的，然而由于组成金属的众多单晶相互排列无序，从而金属材料在宏观上表现为各向同性。对于各向同性介质，利用其弹性性质的各向对称性，可以将广义胡克定律简化为

$$T_{xx} = \lambda(\varepsilon_{xx} + \varepsilon_{yy} + \varepsilon_{zz}) + 2\mu\varepsilon_{xx}$$

$$T_{yy} = \lambda(\varepsilon_{xx} + \varepsilon_{yy} + \varepsilon_{zz}) + 2\mu\varepsilon_{yy}$$

$$T_{zz} = \lambda(\varepsilon_{xx} + \varepsilon_{yy} + \varepsilon_{zz}) + 2\mu\varepsilon_{zz} \tag{4.12}$$

$$T_{yz} = \mu\varepsilon_{yz}$$

$$T_{zx} = \mu\varepsilon_{zx}$$

$$T_{xy} = \mu\varepsilon_{xy}$$

式中，λ、μ 称为拉梅常数。很显然拉梅常数与弹性常数有以下关系：

$$\lambda = c_{12} = c_{13} = c_{23}, \quad \mu = c_{44} = c_{55} = c_{66}, \quad \lambda + 2\mu = c_{11} + c_{22} + c_{33} \tag{4.13}$$

在上面各式中，拉梅常数 μ 就是材料的剪切模量 G。由于在一般的教科书及材料参数手册中给出的是其杨氏模量 E 和泊松比 ν，它们与拉梅常数之间的关系为

$$\lambda = \frac{E\nu}{(1+\nu)(1-2\nu)}, \quad \mu = \frac{E}{2(1+\nu)} \tag{4.14}$$

利用杨氏模量和泊松比描述的各向同性弹性体的胡克定律可进一步表示为

$$T_{xx} = \frac{E\nu}{(1+\nu)(1-2\nu)}(\varepsilon_{xx} + \varepsilon_{yy} + \varepsilon_{zz}) + \frac{E}{1+\nu}\varepsilon_{xx}$$

$$T_{yy} = \frac{E\nu}{(1+\nu)(1-2\nu)}(\varepsilon_{xx} + \varepsilon_{yy} + \varepsilon_{zz}) + \frac{E}{1+\nu}\varepsilon_{yy}$$

$$T_{zz} = \frac{E\nu}{(1+\nu)(1-2\nu)}(\varepsilon_{xx} + \varepsilon_{yy} + \varepsilon_{zz}) + \frac{E}{1+\nu}\varepsilon_{zz}$$

$$T_{yz} = \frac{E}{2(1+\nu)}\varepsilon_{yz}$$

$$T_{zx} = \frac{E}{2(1+\nu)}\varepsilon_{zx}$$

$$T_{xy} = \frac{E}{2(1+\nu)}\varepsilon_{xy}$$

4.2　固体介质中的弹性波

4.2.1　固体弹性介质中的波动方程

根据上面的分析我们知道，当弹性介质在外界的作用下发生形变时，例如介质中有声波传播或外力的冲击等，介质中的各点将产生位移，同时出现形变及应力。由于介质中任意点的应变可由该点的位移来表示，而应力与应变之间的关系又可以用胡克定律加以描述，因此介质中的应力波和应变波都可由位移来描述。另一方面，由于位移仅有三个分量，因此为了简化分析和推导，弹性介质中的弹性波都用位移分量来描述。

在弹性介质中的 $P(x, y, z)$ 点，取一个体积为 $\mathrm{d}x\mathrm{d}y\mathrm{d}z$ 的微小六面体元，作用在六面体各个面上的力是不同的，见图 4.3。忽略重力时，作用在六面体 x 方向的力为

$$\left(T_{xx} + \frac{\partial T_{xx}}{\partial x}\mathrm{d}x\right)\mathrm{d}y\mathrm{d}z - T_{xx}\mathrm{d}y\mathrm{d}z + \left(T_{xy} + \frac{\partial T_{xy}}{\partial y}\mathrm{d}y\right)\mathrm{d}x\mathrm{d}z - T_{xy}\mathrm{d}x\mathrm{d}z$$

$$+ \left(T_{xz} + \frac{\partial T_{xz}}{\partial z}\mathrm{d}z\right)\mathrm{d}y\mathrm{d}x - T_{xz}\mathrm{d}y\mathrm{d}x$$

$$= \left(\frac{\partial T_{xx}}{\partial x} + \frac{\partial T_{xy}}{\partial y} + \frac{\partial T_{xz}}{\partial z}\right)\mathrm{d}x\mathrm{d}y\mathrm{d}z$$

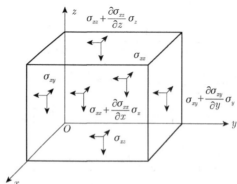

图 4.3　作用在微六面体元上的应力分量

根据牛顿第二定律，六面体在 x 方向上的合力应该等于六面体的质量与 x 方向加速度的乘积：

$$\left(\frac{\partial T_{xx}}{\partial x} + \frac{\partial T_{xy}}{\partial y} + \frac{\partial T_{xz}}{\partial z}\right)\mathrm{d}x\mathrm{d}y\mathrm{d}z = \rho\frac{\partial^2 u}{\partial t^2}\mathrm{d}x\mathrm{d}y\mathrm{d}z \tag{4.15}$$

类似地，在 y 和 z 方向也有同样的关系：

$$\left(\frac{\partial T_{yy}}{\partial y} + \frac{\partial T_{yx}}{\partial x} + \frac{\partial T_{yz}}{\partial z}\right)\mathrm{d}x\mathrm{d}y\mathrm{d}z = \rho\frac{\partial^2 v}{\partial t^2}\mathrm{d}x\mathrm{d}y\mathrm{d}z \tag{4.16}$$

$$\left(\frac{\partial T_{zz}}{\partial z} + \frac{\partial T_{zy}}{\partial y} + \frac{\partial T_{zx}}{\partial x}\right)\mathrm{d}x\mathrm{d}y\mathrm{d}z = \rho\frac{\partial^2 w}{\partial t^2}\mathrm{d}x\mathrm{d}y\mathrm{d}z \tag{4.17}$$

对于各向同性的理想弹性介质，把应力分量的表达式代入式 (4.15)~式 (4.17)，经过一系列变换可得

$$\rho\frac{\partial^2 u}{\partial t^2} = (\lambda + \mu)\frac{\partial\Delta}{\partial x} + \mu\nabla^2 u \tag{4.18}$$

$$\rho\frac{\partial^2 v}{\partial t^2} = (\lambda + \mu)\frac{\partial\Delta}{\partial y} + \mu\nabla^2 v \tag{4.19}$$

$$\rho\frac{\partial^2 w}{\partial t^2} = (\lambda + \mu)\frac{\partial\Delta}{\partial z} + \mu\nabla^2 w \tag{4.20}$$

其中，$\Delta = \varepsilon_{xx} + \varepsilon_{yy} + \varepsilon_{zz}$ 为体积的相对形变；$\nabla^2 = \dfrac{\partial^2}{\partial x^2} + \dfrac{\partial^2}{\partial y^2} + \dfrac{\partial^2}{\partial z^2}$ 称为拉普拉斯算符。式 (4.18)~式 (4.20) 是以位移的三个分量表示的波动方程，也就是以标量形式表示的波动方程。如果用 $\boldsymbol{S}$ 表示介质中某一点的位移矢量，即 $\boldsymbol{S} = u\boldsymbol{i} + v\boldsymbol{j} + w\boldsymbol{k}$，则波动方程可表示为

$$\rho\frac{\partial^2 \boldsymbol{S}}{\partial t^2} = (\lambda + \mu)\mathrm{grad}(\mathrm{div}\boldsymbol{S}) + \mu\nabla^2\boldsymbol{S} \tag{4.21}$$

式中，$\nabla = \mathrm{div}\boldsymbol{S} = \dfrac{\partial u}{\partial x} + \dfrac{\partial v}{\partial y} + \dfrac{\partial w}{\partial z}$ 称为位移矢量的散度，是一个标量；$\mathrm{grad}\nabla$ 表示 ∇ 的梯度，它是一个矢量。式 (4.18)~式 (4.21) 就是弹性介质中质点振动状态传播的波动方程，结合介质的边界条件，求解这些方程，就可以得出介质中各点振动位移的瞬时值。结合位移与应变的关系以及胡克定律就可以得出介质中任意点处的应变和应力。

4.2.2 固体介质中的纵波和横波

前面讨论了均匀各向同性固体弹性介质中的波动方程，现在讨论固体介质中传播的波形。

1. 纵波 (压缩波)

将式 (4.18) 对 x 求微分，式 (4.19) 对 y 求微分，式 (4.20) 对 z 求微分，然后三式相加可得

$$\rho \frac{\partial^2 \Delta}{\partial t^2} = (\lambda + \mu)\nabla^2 \Delta + \mu \nabla^2 \Delta = (\lambda + 2\mu)\nabla^2 \Delta, \quad \frac{\partial^2 \Delta}{\partial t^2} = C_L^2 \nabla^2 \Delta \qquad (4.22)$$

式中，$\Delta = \varepsilon_{xx} + \varepsilon_{yy} + \varepsilon_{zz}$ 是体积的相对形变，即在无限弹性固体介质中，体积形变是以波动的形式传播的，称为无限大弹性介质中的压缩波，其传播速度 $C_L = \sqrt{\dfrac{\lambda + 2\mu}{\rho}}$。对于一种特殊的情况，设质点仅有 x 方向的振动位移，即 $v = w = 0$。此时式 (4.22) 可以简化为

$$\frac{\partial^2 u}{\partial t^2} = C_L^2 \frac{\partial^2 u}{\partial x^2}$$

上式表明在 x 方向的振动位移 $u(x,t)$ 是以传播速度 C_L 沿 x 方向传播的平面波。由于质点的振动方向与波的传播方向一致，因此，这类压缩波就是通常所说的纵波，如图 4.4 所示。

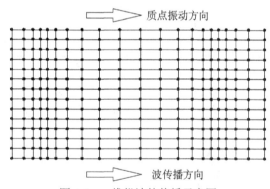

图 4.4　一维纵波的传播示意图

2. 横波 (切变波)

假设固体弹性介质中没有体积形变，也就是没有压缩形变，$\Delta = \varepsilon_{xx} + \varepsilon_{yy} + \varepsilon_{zz} = 0$，由上面公式可得

$$\frac{\partial^2 u}{\partial t^2} = C_S^2 \nabla^2 u, \quad \frac{\partial^2 v}{\partial t^2} = C_S^2 \nabla^2 v, \quad \frac{\partial^2 w}{\partial t^2} = C_S^2 \nabla^2 W \qquad (4.23)$$

式中，$C_S = \sqrt{\mu/\rho}$。上述各式表明，除了压缩波以外，固体弹性介质中还存在另一种以波速 C_S 传播的波。由于波的传播速度取决于材料的切变模量，因此称为切变波。

令 $v = v(x,t)$，$u = w = 0$，即只考虑 y 方向的位移不同而产生的切变波，可得

$$\frac{\partial^2 v}{\partial t^2} = C_{\mathrm{S}}^2 \frac{\partial^2 v}{\partial x^2} \tag{4.24}$$

由此可见，y 方向的位移以波动的形式沿 x 方向传播，是一种横波，如图 4.5 所示。横波可以分为两种，如果质点的振动方向与波动的传播方向是在一个水平面上，则称为水平偏振横波；如果质点的振动方向与波的传播方向组成一个垂直面，则称为垂直偏振横波。

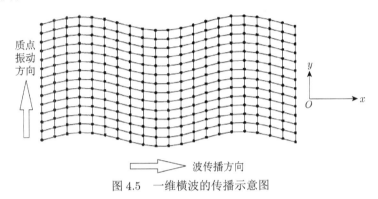

图 4.5　一维横波的传播示意图

4.3　表　面　波

上面介绍的压缩波和切变波实际上是针对无限大弹性介质而言的。当固体介质不是无限介质，而是具有一个自由表面时，在介质的表面层中会形成一种沿固体表面传播，且振幅随深度的增加而迅速衰减的波，称为表面波，如图 4.6 和图 4.7 所示。1885 年，瑞利首先从理论上对这种波进行了研究，故表面波又称为瑞利波。表面波是一种沿界面传播的弹性波，其能量集中在介质表面附近的一个薄层中。当远离表面时，波就衰减得很小了。

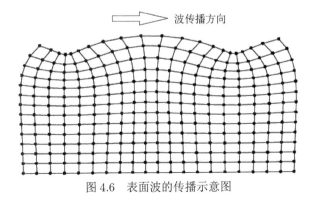

图 4.6　表面波的传播示意图

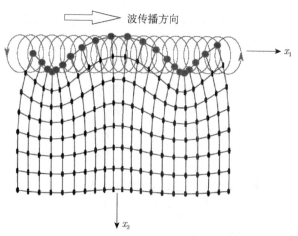

图 4.7　表面波的质点运动轨迹示意图

表面波在形式上与水自由表面的重力波颇为相似。水面重力波是由重力、液体的表面张力和惯性作用而形成的。固体表面局部介质被激发偏离其平衡位置，由于介质的弹性作用产生恢复力，恢复力的作用使质点回到平衡位置。当它们回到平衡位置时，由于质点的惯性作用，质点将继续越过平衡位置运动，因此形成了质点围绕平衡位置的振动。由于弹性介质的弹性耦合作用，从而形成沿介质表面方向传播的表面波。凡是在具有自由表面的半无限空间理想均匀的固体介质中都可以形成表面波的传播。表面波具有以下特性。

(1) 表面波是由两个非均匀的纵波和横波复合而成的，它们以相同的相速度沿固体的自由表面传播，而它们的振幅却随着离固体自由表面的深度增加呈指数规律衰减。

(2) 表面波的传播速度取决于弹性介质的特性，它小于介质中纵波和横波的传播速度。

(3) 在表面波的传播过程中，介质质点的位移频谱包含许多频率成分，其中每一个频率分量都做简谐振动。它们的幅度随离表面深度的增大而衰减。通常垂直位移分量比水平位移分量衰减得慢，而它们之间的振动相位相差 90°，因此质点的振动轨迹是一个椭圆。

(4) 由于表面波的能量主要集中在固体介质表面下不太深的薄层中 (在固体介质表面下大约一个瑞利波波长处)，波的能量密度仅为介质表面能量密度的 5%，而且表面波沿传播方向的衰减很小，因此表面波能够传播很远的距离，它是弹性波远距离传播的方式之一，常常用于地震波现象的研究中。

严格地说，瑞利表面波只产生于固体的自由表面，即真空-固体或气体-固体界面。但随着研究与应用的发展，人们把沿着固体和液体接触面传播的表面波也称为瑞利波，即广义瑞利波。

20 世纪 60 年代以来，国内外对固体表面传播的表面弹性波及其应用开始大力研究，出现了许多利用表面波的电子学器件。到目前为止，已经研制成的表面波器件有延迟线、滤波器、振荡器、放大器、谐振器、移相器、编码和译码器、存储器、耦合器、隔离器和衰减器等。表面波技术正在给微波信号处理技术带来巨大的变革。利用表面波可制成多种微声器件，并且组成微声电路，其应用可遍及雷达、通信、电视、计算机、激光、识别系统和电子对抗系统等许多领域。因此，尽管表面波技术的诞生至今只有几十年的历史，却快速进入了固体微电子科学技术领域，成为 20 世纪 60 年代末和 70 年代初无线电电子技术最有意义的成就之一。

声表面波技术之所以能够发展迅速、应用广泛，对信号处理技术带来巨大变革，是因为它有以下几个特点。

(1) 表面波传播速度比电磁波小五个数量级。在同样频率下，表面波的波长要比电磁波的波长小五个数量级。因此，表面波器件与电磁波器件相比，具有体积小、质量轻等优点。

(2) 由于表面波集中在固体表面传播，所以可以利用表面波换能器随时随处引进或提取信号，对信号的处理很方便。

(3) 表面波器件的各种功能均在表面完成，制造这种器件所用的工艺是半导体集成电路的平面工艺，所以表面波器件可以满足平面集成化的要求，有可能做成新型的大规模集成电路。而半导体集成电路工艺的发展以及电子束、离子束等先进加工制造技术的发展，为制造性能更优越的表面波器件创造了条件。

在声表面波器件中，对信号的处理过程是将电信号变成声信号，对在介质表面传播的声信号进行处理后，再将声信号转换成为电信号。因此，表面波器件中一般必须具备输入换能器、传输介质和输出换能器这三个基本部分。表面波带通滤波器是表面波器件的一种，它有尺寸小、频率高、通带宽、设计灵活性大、简单、稳定、生产重复性好等一系列的优点，本节将对声表面波的性能及其产生方法做一简单的介绍。

4.3.1　表面波的特性及类型

根据激发状态和所用材料性能的不同，表面波有不同的类型。目前已发现的有瑞利 (Rayleigh) 波、兰姆 (Lamb) 波、斯通莱 (Stoneley) 波、勒夫 (Love) 波和电声波等。其中瑞利波发现最早，研究得最充分，目前微声器件中应用的表面波主要是瑞利波。电声波是近几十年来才发现的，它是在压电体中传播的一种横波型的表面波，目前对其性质还不清楚，实验工作很不够，就理论上的性质来看，电声波具有不小的潜力。兰姆波、斯通莱波和勒夫波属于同一类型，都是边界波，在层状结构的二层物质界面上传播，其用途不如瑞利波那样广泛。下面主要介绍瑞利波的性质。

瑞利波在固体的自由表面 (即与真空或空气接触的表面) 上传播。该固体可以是单纯的弹性体，也可以是压电体，可以是各向同性的，也可以是各向异性的。瑞利波与体波不同，它既不是纵波，又不是横波，而是可看成纵波与横波的叠加。瑞利波的质点运动有两个位移分量，其一是与表面相垂直 (属横波部分)，其二是与表面平行 (属纵波部分)。瑞利波质点的位移形式如图 4.7 所示。瑞利波质点的运动轨迹是一个椭圆，椭圆的轴长随深度的增加而迅速减小。瑞利波具有以下几个重要特性。

(1) 表面波的传播速度较体波慢，因此又称为慢波。表面波速度近似为体波横波速度的 87%~96%。另外，表面波速度还与材料的泊松比有关。典型固体弹性波速度分布在 $(1.5\sim12)\times10^3 \mathrm{m/s}$ 范围内，而表面波速度大概为此范围的三分之一。电磁波速度为 $3\times10^8 \mathrm{m/s}$，表面波速度较电磁波慢得多。这意味着利用表面波制作电子器件可使电子器件大大地小型化。

(2) 瑞利表面波在各向同性或各向异性的固体的自由表面传播时，都是非色散的，即声信号在所有频率上其相位关系都保持不变。

(3) 瑞利表面波质点位移的振幅随距介质表面深度的增加而按指数衰减。瑞利波的大部分能量集中在自由表面下的一个波长数量级厚度的表面层内，制作表面波器件正是利用了这一特点。一方面，表面层的情况对表面波的传播影响也较大，例如表面上的缺陷、沾污，甚至表面上的气体状态都会影响表面波的传播，所以表面波器件的表面应保持高度的致密、光滑和清洁。另一方面，利用这一特点，可以制作表面波气体传感器，具有极高的检测灵敏度。

(4) 在理想的线性弹性固体中，应力与应变的关系是线性的，弹性波的传播不会出现非线性效应。但在实际的弹性固体中，其弹性有一定的限度，当波幅足够大时，应力与应变的关系是非线性的，即出现非线性效应。一般说来，能量密度越大，非线性现象越显著。能量集中在表面层的表面波与体波相比，局部能量密度非常高，非线性效应显著。在设计表面波器件时，应考虑到这一点。在有些情况下，我们正是要利用这种非线性效应。

表面波在各向异性介质中传播时，情况比较复杂，例如振幅随深度的增加而衰减的情况就不是指数衰减，表面波速度也随传播方向而不同，并存在"漏波"和波束偏向的问题。所谓"漏波"，是各向异性介质中的某个特殊方向上存在一个瑞利波，它的速度比体波中速度最小的横波要大，因此，在靠近这个方向传播的表面波的一部分能量会"漏"到体内去。所谓波束偏向，是指沿各向异性介质表面传播的表面波，只有在某些特殊方向传播的"纯瑞利波"，其能量流才能沿着波矢量方向传播，在其他方向，能量流方向与波矢量方向不一致，由此产生波束偏离，造成损耗。当波束很窄或传播路程较长时，这种损耗更为严重。这是利用各向异性介质制造表面波器件时所必须注意的问题。

对于在压电固体表面传播的压电表面波，我们还要注意以下特点。

(1) 在瑞利波中，电场也与波一起传播，就是说，表面波在压电固体表面上传播时，在固体表面伴随着一行进的电场。这个电场渗出固体表面一个波长左右。这一点在应用上特别重要。

(2) 由于压电效应对弹性刚度的影响，在压电固体表面传播的表面波速度要比非压电固体表面传播的表面波速度快。

(3) 在压电体中，表面波的速度与压电性质、介电性质以及弹性性质都有关系，这些性质与温度有关，因此波速与温度的关系要由这些性质共同决定，这比纯弹性体中的情形要复杂。在各向异性的压电晶体中，表面波速度及其温度系数与压电晶体切割方位以及传播方向有关，利用这一关系可以选取温度系数最小的压电晶体切割方位和传播方向。

表面波在传播过程中，会产生传播损耗。产生损耗的原因有以下几点。

(1) 固体中固有的晶格衰减。

(2) 由固体的各种不均匀性而引起的散射。例如由表面缺陷、裂缝和晶粒间界等引起表面波的散射，使其能量的一部分转换成体波能量。

(3) 在非线性介质中，由于产生高次谐波，能量由基波到高次谐波的转换而造成损耗。

(4) 导电晶体或半导体晶体中的电子损耗。

(5) 与漏波有关的损耗。

(6) 附着在表面上的杂质、污垢或表面附近的气体引起的损耗。

根据介质的种类和表面波频率，以上各因素中起主要作用的因素只有几种，例如在压电陶瓷中，引起损耗的主要原因是晶粒间界和材料的不均匀性。

4.3.2 表面波的产生——叉指换能器

瑞利表面波的产生方法，在低频段 (MHz 级) 通常是采用以临界角入射的斜探头、齿间隔为瑞利波波长的梳状换能器以及侧面激励的直探头等。在高频段 (大于 10MHz) 叉指换能器已经成为广泛采用的换能器。

目前，表面波的产生方法主要可归纳为两类：模式转换法和利用叉指换能器直接激励表面波。模式转换是将体波转换成表面波，其转换方法有多种，但所有这些方法的损耗都较大，并且由于加工困难而不能用于高频。1965 年，人们发明了叉指换能器，用来直接激励表面波，使表面波技术飞速发展。目前应用最广、研究最多的就是叉指换能器。

叉指换能器的结构如图 4.8 所示。它是在压电基片上备上一对叉指形电极。当在相邻电极上加上交变电场时，由于逆压电效应，在基片表面便产生应力，引起应变，从而产生弹性表面波。这种叉指电极不但可以将电信号转换成表面波，而且可以利用正压电效应将接收到的表面波转换为电信号，即作为检出表面波的换能器。

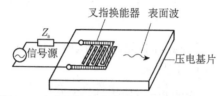

图 4.8   声表面波的产生原理图 (叉指换能器)

如图 4.9 所示，叉指换能器的主要参数包括：叉指对数 (即周期数)N，换能器孔径 (即有效指条长度)W，指条宽度 a，指条间隔 b，周期长度 M。对于均匀的叉指换能器，指条间隔与指条宽度相等，即 $a = b = M/4$。决定叉指换能器机电转换过程的材料参数是表面波机电耦合系数 K_s、介电常数 ε 和表面波速度 V_s。对于周期长度为 M 的叉指换能器，在中心频率 (又称操作同步频率)f_0 处，M 等于表面波在 f_0 频率时的波长 λ_0，即

$$M = \lambda_0 = V_s/f_0 \tag{4.25}$$

大多数压电材料的 V_s 是在 $1.60 \times 10^5 \mathrm{cm/s}$ (锗酸铋) 和 $3.47 \times 10^5 \mathrm{cm/s}$ (铌酸锂 (LiNbO$_3$)) 之间。PZT-4(垂直平面极化) 压电陶瓷的表面波速度为 $2.16 \times 10^5 \mathrm{cm/s}$。如果我们知道了压电材料的表面波速度，又知道了压电表面波器件所要求的中心频率，就可根据式 (4.25) 求出 M，知道了 M，就确定了均匀叉指换能器的指条长度和指条间隔。

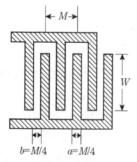

图 4.9   均匀叉指换能器的几何参数示意图

用叉指换能器激发声表面波，除了制造方便和换能效率高以外，还可以通过变化电极的长度和间距来控制换能器的各种性能，如中心频率、带宽、阻抗、频率响

应和脉冲响应等。目前，叉指换能器所应用的频率范围在几十兆赫到几百兆赫。在低频时，表面波波长很长，指宽和指距也就很大，因此低频应用受到换能器大小限制，在高频则受到制造工艺限制。如利用一般集成电路的光刻技术，分辨率不超过 $1\mu m$，因而波长不能小于 $4\mu m$。对铌酸锂晶体基片来说，其高频极限为 800MHz，若用电子束加工，工作频率可达 7500MHz。在非压电体上也可以利用叉指换能器来激发和检出表面波。把沉积有叉指换能器的压电片紧贴在非压电基体上，或者在基体上直接沉积叉指换能器后，再沉积一层压电薄膜，就可以激发表面波。

4.3.3 叉指换能器的等效电路

表面波是二维问题，压电基片又是各向异性的，因此要求解一个压电表面波方程是非常困难的，很难通过表面波波动方程的解去推导出相应的等效电路。目前都是借用体波的 Mason 等效电路去近似地分析叉指换能器。

1. 叉指换能器的横场和纵场模型

在叉指换能器中，横场又称为交叉场，纵场又称为同线场或同轴场。对于均匀叉指换能器，周期数为 N，在外电压的作用下，其电场分布如图 4.10 所示。

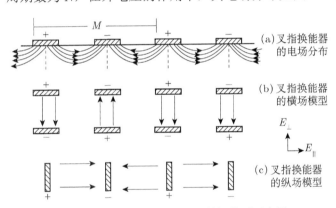

图 4.10 叉指换能器的纵场及横场模型示意图

叉指电极之间的电场可分解为垂直于基片表面和平行于基片表面的两个分量，电场的垂直分量用 $E_\perp$ 表示，电场的平行分量用 $E_\parallel$ 表示。当 $E_\perp$ 占主要地位时，忽略 $E_\parallel$，将 $E_\perp$ 作为叉指间电场的近似分布，并且加上一个设想电极，叉指换能器就可等效为如图 4.10(b) 所示的一排体波换能器。此时波的发射方向与电场方向垂直，这个设想称为横场模型。当 $E_\parallel$ 为主时，忽略 $E_\perp$，将 $E_\parallel$ 作为叉指间电场的近似分布，即可将叉指换能器等效为如图 4.10(c) 所示的一排体波换能器。由于波的发射方向与电场方向平行，故这个设想称为纵场模型。叉指换能器中 $E_\perp$ 和 $E_\parallel$ 的计算很繁杂。对于不同材料制作的换能器，究竟采用哪种模型分析较好，要依据叉指换能器的具体结构尺寸以及实验确定。

2. 叉指换能器的 Mason 等效电路

图 4.10(b) 所示的横场模型换能器，可以与压电片的横振动相类比，借用图 4.11 所示的等效机电网络进行分析。图 4.10(c) 所示的纵场模型换能器，可以与压电片的纵振动相类比，借用图 4.12 所示的等效机电网络加以分析。

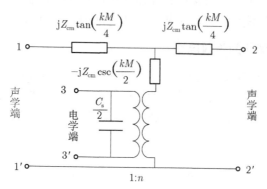

图 4.11　叉指换能器的横场模型等效机电网络

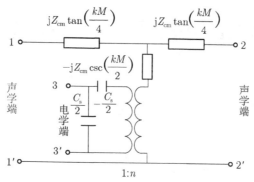

图 4.12　叉指换能器的纵场模型等效机电网络

图 4.11 和图 4.12 所示的两个机电网络都具有三对端子，其中 11′ 和 22′ 为声学端，33′ 为电学端，网络中，$\varPhi$ 为机电转换系数，Z_{cm} 为基片的特性机械阻抗，C_s 为每个周期段的静态电容，$-\mathrm{j}Z_{\mathrm{cm}}\csc\left(\dfrac{kM}{2}\right)$ 为周期段的渡越角。$\varPhi = hC_s/2; Z_{\mathrm{cm}} = A\rho V_s; M = V_s/f_0$，这里 A 为换能器的等效横截面积，V_s 为表面波速度，ρ 为密度，h 为压电常数。

叉指换能器一个周期段的等效机电网络是指两个体波换能器的机电网络在电学端并联、在声学端级联所组成的网络，它们仍然是一个具有两个声学端和一个电学端的机电网络。对于具有 N 个周期段的叉指换能器，其等效机电网络是指每一周期段的等效机电网络在电学端并联、声学端级联所组成的网络。

叉指换能器作为发射换能器时，在共振频率附近，其集中参数等效电路如图 4.13 所示。

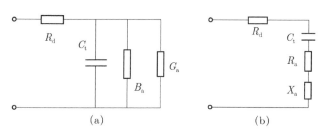

图 4.13 叉指换能器集总参数等效电路

(a) 横场模型；(b) 纵场模型

图中，C_t 为换能器总的静电容，$R_a(\omega)$ 为换能器的辐射电阻，$X_a(\omega)$ 为换能器的辐射电抗，$G_a(\omega)$ 是换能器的辐射电导，$B_a(\omega)$ 是换能器的辐射电纳，R_d 是与电极有关的损耗电阻。在横场模型等效网络中，$G_a(\omega) = \hat{G}_a(\sin x/x)^2$，$B_a(\omega) = \hat{G}_a \dfrac{\sin 2x - 2x}{2x^2}$，这里 $\hat{G}_a$ 是在 $\omega = \omega_0$ 处的辐射电导，$\hat{G}_a = \dfrac{4}{\pi} K_s^2 \omega_0 C_t N$，忽略电阻 R_d，换能器输入导纳为

$$Y_a(\omega) = G_a(\omega) + \mathrm{j} B_a(\omega) + \mathrm{j}\omega C_t \tag{4.26}$$

在纵场模型等效网络中，$R_a(\omega) = \hat{R}_a(\sin x/x)^2$，$X_a(\omega) = \hat{R}_a \dfrac{\sin 2x - 2x}{2x^2}$，这里 $\hat{R}_a$ 是 $\omega = \omega_0$ 处的辐射电阻，$\hat{R}_a = \dfrac{4}{\pi} K_s^2 / \omega_0 C_s$，忽略电阻 R_d，换能器输入阻抗为

$$Z_a(\omega) = R_a(\omega) + \mathrm{j} X_a(\omega) + \dfrac{1}{\mathrm{j}\omega C_t} \tag{4.27}$$

以上各式中，$C_t = N C_s$；$C_s = \varepsilon_0(1 + \varepsilon)W$，$C_s$ 为一个周期段的静电容，W 是叉指换能器的孔径，ε_0 是真空介电常数，ε 为换能器基片的相对介电常数；$x = \pi N \dfrac{f - f_0}{f_0}$，这里 N 为叉指换能器的周期数，f_0 为共振频率，又称为同步频率；K_s 是机电耦合系数。叉指换能器的机电耦合系数直接计算较困难，可由实验确定，对于几何形状一定的换能器，有效机电耦合系数可通过测量 R_a 和 C_t 而计算出来。

一般说来，N 越大，换能器的转换效率越高，而相对带宽越小。相对带宽 B 与 N 的关系为 $B = 1/N$。对于某些器件，要求换能器的转换效率尽量高，且带宽尽量宽，两者相矛盾，只能根据实际情况做出折中选择。叉指换能器有两个相关的带宽，即声带宽和电带宽。声带宽与 R_a 的特性有关，与此相应的声 Q 值为 $Q_a = N$。换能器与信号源连接时，都加匹配网络，网络中用电感与换能器的电容 C_t 调谐，因此换能器有一电带宽和电 Q 值。电带宽与换能器的电容 C_t 有关，假定 R_a 是常数（$R_a = \hat{R}_a$），并忽略 X_a，这时相应的电 Q 值为

$$Q_r = \frac{1}{2\pi f_0 C_t \hat{R}_a} = \frac{1}{2\pi f_0 N C_s \hat{R}_a} \tag{4.28}$$

当声带宽与电带宽相同时，亦即 $Q_r = Q_a$ 时，可获得最佳带宽。由 $Q_r = Q_a$，即可得到带宽最大和介入衰耗最小时的指条对数最佳值为 $N_{0p} = \left(\dfrac{1}{2\pi f_0 R_a C_s}\right)^{1/2}$，或

$N_{0p} = \left(\dfrac{\pi}{4K_s^2}\right)^{1/2}$，最佳带宽则为 $B_{0p} = \left(\dfrac{\pi}{4K_s^2}\right)^{-1/2}$。可以看出，具有高的有效机电耦合系数的材料，对于宽带叉指换能器的制作是十分必要的。

上面我们简单分析了表面波的特性。如果介质有两个自由表面，它们之间的距离为一个波长的数量级，则在介质中可能存在另外一种波形，称为兰姆波，或称为板波。

1917 年，英国科学家兰姆 (Horace Lamb) 最先预测了兰姆波的存在，随后实验证实这是一种在板状固体结构中传播的超声导波。兰姆波是当激励波波长与波导厚度处于同一数量级时，由横波和纵波耦合而成的一种特殊形式的应力波。兰姆波在一定厚度的薄板中传播，其质点在薄板的中间和两面振动，声场遍及整个板厚，因此可认为兰姆波是一种声板波。根据声波传播时介质中质点振动位移分布形态的不同，兰姆波分为反对称型兰姆波 (A 型) 和对称型兰姆波 (S 型) 两种 (图 4.14)。无论是反对称型还是对称型，其薄板上下表面质点均做椭圆运动。

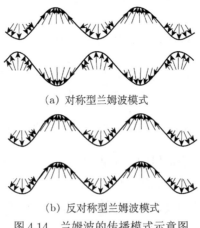

(a) 对称型兰姆波模式

(b) 反对称型兰姆波模式

图 4.14　兰姆波的传播模式示意图

对称型兰姆波的特点是薄板中质点的振动对称于板的中心面,上下两面相应质点振动的水平分量方向相同,而垂直分量方向相反,且在薄板的中心面上质点以纵波形式振动;反对称模式兰姆波的特点是薄板中质点的振动不对称于板的中心面,上下两面相应质点振动的垂直分量方向相同,水平分量方向相反,且在薄板的中心面上质点以横波形式振动。对称与反对称模式兰姆波的薄板上下表面质点均做椭圆运动。兰姆波有多阶对称和反对称模式,对称模式兰姆波从低阶到高阶常用 $S_0, S_1, S_2, S_3, \cdots, S_n$,反对称模式兰姆波从低阶到高阶常用 $A_0, A_1, A_2, A_3, \cdots, A_n$。不同模式的兰姆波具有不同声速,兰姆波的传播速度不仅取决于介质的弹性系数,还与板厚的变化以及自身的频率特性有关。最低阶兰姆波的声速一般在 10000m/s,而高阶兰姆波的声速大于 10000m/s,因此,采用兰姆波作为工作模式有利于声波器件的频率扩展和器件的小型化。

兰姆波是当激励波波长与波导厚度处于同一数量级时,由横波和纵波耦合成的一种特殊形式的应力导波。兰姆波的主要特性包括频散以及多模等。频散是超声导波信号的固有属性,即导波信号的相速度由于频率的不同而发生改变的现象,可理解为信号在时域上的延时,进而导致检测信号在板间传输中呈现出信号的展宽现象,且随着频率的变化,相速度会随着频散特性作用而发生变化。由于兰姆波本质上是二维的,衰减更小,传播距离更长,因此在薄板的检测上具有更大的优势。

由于信号本身具有一定的带宽,接收的信号通常是多个模式混合的信号,此外,由于缺陷和边界的存在,信号会发生反射、散射和模式转换,导致接收到的兰姆波信号具有多模态特性。由频散曲线可以看出,一定激励频率下对应的信号模式至少有两种,随着频率的增加,模式会增多。

第 5 章 弹性波的传播

连续弹性介质可以看作是由许多彼此紧密相连的质点组成。当弹性介质中的质点受到某种扰动时，该质点将产生偏离其平衡位置的运动，这一运动势必推动与其相邻的质点也开始运动。随后，由于介质的反弹作用，该质点以及相邻质点又相继返回各自的平衡位置。但由于质点运动的惯性，它们又在相反方向产生上述过程。因此介质中的质点相继在各自的平衡位置附近做往返运动，并将该扰动以波动的形式传播到周围更远的介质中去，从而形成了声波。

声波可以在除真空以外的任何介质 (包括其混合物) 中传播。由于流体 (气体和液体) 与固体介质在结构与性质等方面的明显差异，其中传播的声波波形以及描述其传播规律的波动方程也是不同的。在理想的流体介质中，由于介质本身没有剪切弹性，因此理想的流体介质中只能存在纵波，即压缩波。固体介质既有伸缩弹性，也有剪切弹性，因此固体介质中可以传播的波动类型比较多，如纵波以及横波等。在有限边界弹性介质 (固体波导) 中，由于弹性介质的边界限制，还可以产生其他许多复杂类型的波，如表面波、兰姆波等。

弹性波的传播主要受到两个因素影响。一是波本身的因素，如波形以及辐射器的性质等；二是介质的特性，如介质的成分组成、结构形式以及均匀性等。决定弹性波传播的介质方面的特性主要是介质的特性阻抗，而介质的特性阻抗主要决定于其体积密度和传播声速。如果介质的特性阻抗发生变化，声波的传播会受到影响，从而出现诸如反射、折射、透射、衍射、散射之类的声学现象[90,91]。本章将对相关的弹性波传播问题进行介绍。

5.1 弹性波的反射和折射

众所周知，固体中能够传播纵波和横波，而液体中仅能传播纵波 (忽略液体介质的黏滞性，其剪切模量等于零)。当任一种波从一种介质向另一种介质入射时，将同时出现反射波和折射波。当一平面纵波从流体介质中以某一入射角向具有无限大平表面的固体介质入射时，在流体介质中会产生一个反射纵波，而在固体介质中将会产生折射的纵波和横波。当一平面纵波或横波由一固体介质以一定的入射角向另一种固体介质入射时，在两种介质内，一般会产生反射纵波和横波以及折射的纵波和横波。利用介质分界面处位移连续以及应力平衡条件，可以得出反射波、入射波和折射波之间的关系。

5.1.1 声波在两种非固体介质交界面处的反射和折射

这是一种最为简单的情况。假设有两种都延伸到无限远的理想流体,其特性阻抗 (又称声阻抗率) 分别是 $R_1 = \rho_1 c_1$ 和 $R_2 = \rho_2 c_2$。当一列平面声波以一定的角度入射到这两种介质的分界面上时,由于两种介质特性阻抗的不同,将产生声波的反射和折射,如图 5.1 所示。图中 θ_i、θ_r 和 θ_t 分别表示声波的入射角、反射角和折射角。根据声波在两种介质分界面处的边界条件,即在界面处两侧的声压和质点的法向振动速度是连续的,可以得出如下关系:

$$\theta_i = \theta_r \tag{5.1}$$

$$\frac{\sin \theta_i}{\sin \theta_t} = \frac{c_1}{c_2} \tag{5.2}$$

式中,c_1 和 c_2 分别为声波在入射和折射介质中的传播速度。式 (5.2) 表明,声波在分界面处的反射和折射同样遵守光学中著名的斯涅尔定律。与光学中的情况相似,通过同样的分析,可以得出声波在边界面处的能量关系

$$\text{声压反射系数:} \quad r_p = \frac{p_r}{p_i}\bigg|_{x=0} = \frac{p_{rm}}{p_{im}} = \frac{R_2 \cos \theta_i - R_1 \cos \theta_t}{R_2 \cos \theta_i + R_1 \cos \theta_t} \tag{5.3}$$

$$\text{声压透射系数:} \quad t_p = \frac{p_t}{p_i}\bigg|_{x=0} = \frac{p_{tm}}{p_{im}} = \frac{2R_2 \cos \theta_i}{R_2 \cos \theta_i + R_1 \cos \theta_t} \tag{5.4}$$

$$\text{声强反射系数:} \quad r_I = \frac{I_r}{I_i}\bigg|_{x=0} = \left(\frac{p_{rm}}{p_{im}}\right)^2 = (r_p)^2 \tag{5.5}$$

$$\text{声强透射系数:} \quad t_I = \frac{I_t}{I_i}\bigg|_{x=0} = \frac{4R_1 R_2 \cos^2 \theta_i}{(R_2 \cos \theta_i + R_1 \cos \theta_t)^2} \tag{5.6}$$

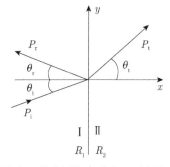

图 5.1 声波在两种非固体介质分界面上的反射与折射

作为一个特例,当声波垂直入射时,$\theta_i = \theta_t = 0$,式 (5.3)~式 (5.6) 可以简化为

$$\text{声压反射系数:} \quad r_{\text{p}} = \left. \frac{p_{\text{r}}}{p_{\text{i}}} \right|_{x=0} = \frac{p_{\text{r}m}}{p_{\text{i}m}} = \frac{R_2 - R_1}{R_2 + R_1} \tag{5.7}$$

$$\text{声压透射系数:} \quad t_{\text{p}} = \left. \frac{p_{\text{t}}}{p_{\text{i}}} \right|_{x=0} = \frac{p_{\text{t}m}}{p_{\text{i}m}} = \frac{2R_2}{R_2 + R_1} \tag{5.8}$$

$$\text{声强反射系数:} \quad r_{\text{I}} = \left(\frac{R_2 - R_1}{R_2 + R_1} \right)^2 \tag{5.9}$$

$$\text{声强透射系数:} \quad t_{\text{I}} = \frac{4R_1 R_2}{(R_2 + R_1)^2} \tag{5.10}$$

在垂直入射的情况下,可以得出 $r_{\text{I}} + t_{\text{I}} = 1$,表明在界面上能量的传输服从能量守恒定律。根据上述分析可以得出以下几点结论。

(1) 当平面波入射到两种介质的分界面上时,其反射角始终等于入射角。而声波折射角的大小取决于两种介质的声速比 $n = c_1 / c_2$。当 $n < 1$ 时,折射角始终大于入射角。当入射角逐渐增大到某一角度 (又称临界入射角) 时,将会出现声波的折射角等于 $90°$ 的情况,即此时折射波沿着两种介质的分界面传播。而当入射角大于这一临界入射角时,入射声能将全部反射回入射介质中去。因此这一临界入射角又称为全内反射入射角,可由下式决定:

$$\theta_{\text{ic}} = \arcsin(c_1 / c_2) \tag{5.11}$$

(2) 在两种介质的分界面上,声波的反射和折射系数与介质的法向声阻抗率 ($Z = R / \cos\theta$) 有关。在垂直入射的情况下,介质的法向声阻抗率就等于介质的特性阻抗 ($R = \rho c$)。如果两种介质的法向声阻抗率相等,或者在垂直入射的情况下两种介质的特性阻抗相等,即 $Z_1 = Z_2$ 或 $\rho_1 c_1 = \rho_2 c_2$,可得 $r_{\text{p}} = 0, r_{\text{I}} = 0$。此时声波没有反射,即全部透射。这也说明,即使存在两种不同介质的分界面,但只要两种介质的特性阻抗相等,那么对于声波的传播来说,分界面就好像不存在一样。对于 $\rho_1 c_1 < \rho_2 c_2$ 的情况,介质 2 比介质 1 在声学性质上表现得更硬,这种边界称为硬边界。在硬边界附近,入射波的质点速度与反射波的质点速度反相;而反射波的声压与入射波的声压同相。对于 $\rho_1 c_1 > \rho_2 c_2$ 的情况,称为软边界,在软边界附近,反射波的质点速度与入射波的质点速度同相;而反射波的声压与入射波的声压反相。对于 $\rho_1 c_1 \ll \rho_2 c_2$,或声波从空气入射到空气-水的分界面上的情况,两种介质的分界面可看成刚硬边界,声波的反射类似于全反射。此时反射波的质点速度与入射波的质点速度大小相等,方向相反,结果在两种介质的分界面上合成质点速度为零;而反射波的声压与入射波的声压大小相等,方向相同,所以在介质的分界面上合成声压是入射声压的两倍。实际上在这种情况下,在第一种介质中的入射波与反射波

的叠加形成了驻波，在分界面处，恰好是速度的波节和声压的波幅。此时在第二种介质中，没有声波传播。声波从空气入射到水或固体介质中的情况就十分近似于刚硬的分界面。类似地，当 $\rho_1 c_1 \gg \rho_2 c_2$ 时，这种边界可看成无限软的边界。声波在这种无限软的边界上也会发生全反射的情况，在第一种介质中也会形成驻波，不过这时分界面处是质点的速度波幅和声压波节。当声波从水或者固体介质中入射到空气中时，在两者的分界面上的反射就类似于这一情况。

5.1.2 平面纵波从流体介质入射到固体介质

当一列平面纵波从流体介质 1 以入射角 θ_i 向固体介质 2 入射时，由于流体中剪切模量等于零，不产生横波，只有反射纵波，其反射角等于入射角。而在固体介质 2 中，不但有折射纵波，还有折射横波。其折射角和入射角的关系为

$$\frac{\sin \theta_i}{\sin \theta_{tL}} = \frac{c_{1L}}{c_{2L}}, \quad \frac{\sin \theta_i}{\sin \theta_{tT}} = \frac{c_{1L}}{c_{2T}} \tag{5.12}$$

式中，θ_i、θ_{tL}、θ_{tT} 分别表示纵波入射角、纵波折射角和横波折射角；c_{1L}、c_{2L}、c_{2T} 分别表示第一介质和第二介质中的纵波声速以及第二介质中的横波声速。对于液固界面，也存在声波的全内反射现象。当声波的声速满足 $c_{1L} < c_{2T} < c_{2L}$ 时，在介质 1 中存在两个全内反射临界角：

$$\theta_{cL} = \arcsin(c_{1L}/c_{2L}) \tag{5.13}$$

$$\theta_{cT} = \arcsin(c_{1L}/c_{2T}) \tag{5.14}$$

对于液固分界面，当入射角等于零时，在第二种介质中，即固体介质中，只有一种纵波折射波。当声波的入射角大于零而小于第一全内反射角时，在固体介质中同时存在纵波和横波的折射波，随着声波入射角的增大，固体介质中的折射纵波逐渐减弱，而折射横波增强。当声波的入射角大于第一临界全内反射角而小于第二全内反射角时，纵波被全反射，固体介质中只有折射的横波。而当声波的入射角大于第二全内反射角时，固体介质中无折射波存在，达到了全内反射。

5.1.3 声波入射到固液、固固介质的分界面上

与上面的分析相似，对于固液或固固分界面，也存在声波的反射与折射以及全内反射等现象。与上述分析不同的是，由于介质 1 是固体，因此入射波既可以是纵波，也可以是横波。对于横波的情况，如果考虑到质点的偏振方向，还可以分为垂直偏振横波 (SV) 和水平偏振横波 (SH)。当介质 2 是液体时，只有折射纵波。当介质 2 是固体时，既有折射纵波，又有折射横波。不管是哪一种情况，利用相应的边界条件，经过类似的推导，均可以证明纵波和横波的反射角和折射角关系满足斯涅尔定律，而且临界全内反射角的存在也由两种介质的声速比来确定。

　　对于固固分界面，当以纵波或者垂直偏振横波入射时，在介质 1 中的反射波有纵波和垂直偏振横波，在介质 2 中的折射波也同时有纵波和垂直偏振横波。而当以水平偏振横波入射时，无论是介质 1 中的反射波还是介质 2 中的折射波，均仅有水平偏振横波。这表明在这一情况下，在介质的分界面上不出现声波的波形转换。水平偏振横波的这一特点，对于许多需要单纯波形的应用技术，如超声横波探伤、固体超声延迟线等，具有重要的应用价值。

5.1.4　声波通过介质层的反射与透射

　　在声波的传播过程中，经常遇到多层介质的声波反射和透射问题，如在声学技术中常用的透声和隔声板等，水声换能器中的充油外壳和导流罩，以及超声换能器的匹配层等。尽管在实际情况下问题比较复杂，例如反射介质不是无限大，声波也不是理想的平面波，而且介质层常常是固体，不仅有纵波，而且可能有横波等，但是利用一些经过适当简化的模型进行分析，所得出的结果对于实际的设计有时是有一定帮助的。下面的分析仅针对单层介质的情况。当在均匀的介质中传播的超声波遇到面积很大而厚度较小的异质薄层时，例如浸在水中的薄板或存在于固体介质中的一道裂缝时，声波将在两个界面上发生反射和折射，因此属于一种双界面的情况。为了简化分析，假设声波垂直入射。假设厚度为 D，特性阻抗为 $\rho_2 c_2$ 的中间层置于特性阻抗为 $\rho_1 c_1$ 的无限介质中。当一列平面声波垂直入射到中间层界面上时，一部分声波发生反射回到介质 1 中，即形成了反射波 1，另一部分声波透射入中间层，形成透射波 1。当透射波 1 入射到中间层的另一个界面上时，由于特性阻抗的改变，又会发生反射，形成反射波 2，其余部分则透射入中间层后面的介质中，形成了透射波 2。由于中间层有两个界面，声波会在两个界面中间发生多次反射，结果在中间层的两侧形成了一系列的反射波和透射波，它们各自相互叠加，叠加的结果与相位有关。令入射到中间层上的入射波声压为 p_i，在介质 1 中形成的反射波声压为 p_r，而在中间层的另一侧形成的透射波声压为 p_t，则可以得出由中间介质层的存在而产生的透射波声压与入射波声压之比，即介质层的声压透射系数为

$$t_p = \frac{2}{[4\cos^2 k_2 D + (R_{12} + R_{21})^2 \sin^2 k_2 D]^{1/2}} \tag{5.15}$$

式中，$R_{12} = R_2 / R_1$，$R_{21} = R_1 / R_2$，$R_1 = \rho_1 c_1$，$R_2 = \rho_2 c_2$，$k_2 = \omega / c_2$。由此也可以得出介质层的声强透射系数为

$$t_I = \frac{4}{4\cos^2 k_2 D + (R_{12} + R_{21})^2 \sin^2 k_2 D} \tag{5.16}$$

由式 (5.15) 和式 (5.16) 可以看出，声波通过介质层时的反射波和透射波大小不仅与介质的特性阻抗有关，而且与介质层的厚度以及声波的波长有关。下面对一些

特殊的情况加以分析。

1) $k_2D \ll 1$

在这种情况下，由式 (5.16) 可以看出 $t_1 = 1$，这说明如果在介质中插入一个中间层，而且这个中间层的厚度与层中的声波波长相比很小，那么这个中间层在声学上就好像是不存在一样，声波仍旧可以全部透过。例如，有一些电声器件，为了防止外界湿气进入，在振膜前加了一层薄膜材料，它既可以防潮，又不妨碍声波的进入。但是必须注意，中间层的厚度是相对于声波波长而言的，对一定的介质层厚度，如果频率高了 (即波长小了)，透声效果就会变差。例如，舞台演出时用的无线传声器，演员把这种传声器佩戴在外衣口袋内，由于外衣对高频的透声比低频差，传声器的高频灵敏度下降了。为了补偿这一传声损失，在设计传声器时，必须预先使其高频灵敏度有一相应的提升。

2) $k_2D = n\pi, n = 1, 2, 3, \cdots$

这种情况相当于 $D = n\lambda_2/2$，即中间层厚度为半波长的整数倍。由式 (5.16) 可以得出 $t_1 = 1$。这说明在这种情况下，声波也可以全部透过，好像不存在隔层一样，这就是在超声技术中常采用的半波透声片的透声原理。

3) $k_2D = (2n-1)\pi/2, R_1 \ll R_2$

这相当于 $D = (2n-1)\lambda_2/4$，即中间层的厚度为四分之一波长的奇数倍。由式 (5.16) 可得 $t_1 = 0$。这说明在这一情况下，声波全部不能透过去，中间层完全阻挡住了声波的通过。根据上面的分析可以看出，如果用一固定厚度的中间层插入无限介质中，则其透声性能与声波的频率有关，而且这种变化具有周期性。

如果平面声波的入射方向不是垂直于中间介质层，而是与分界面的法线具有一定的夹角 (也就是斜入射)，其反射和透射的分析方法与上面完全相同。不同的是在具体推导过程中，应该用沿空间任意方向传播的平面波表示，而且应该用法向声阻抗代替特性阻抗。另外值得注意的是，在斜入射的情况下会出现全内反射现象。有关斜入射时的详细分析和推导，读者可参考有关的书籍。

5.2　声波的叠加、干涉、驻波及衍射

当几列小振幅声波 (也就是说在线性声学的范围内) 同时在同一种介质中传播时，如果在某些点相遇，则相遇处质点的振动是各个声波所引起的合成，在任意时刻各质点的位移是各个声波在该点所引起的位移的矢量和，这就是声波的叠加原理。几列声波相遇以后，每一列声波仍保持其原有的特性 (频率、振幅及振动方向等)，并且按照其原来的传播方向继续前进，好像在各自的途中没有遇到其他声波一

样，因此声波的传播是独立进行的。例如在一个试块中，从几个超声探头发出的超声波可以在某些区域里重叠，但它们仍各自按照原来的方向传播过去。一般来说，振幅、频率都不同的几列声波在某一点叠加时，这一点的振动将产生时而加强、时而减弱的现象，情况是比较复杂的。

现在讨论一种简单而重要的情况，即由两列频率相同、振动方向相同、相位相同或相位差恒定的振源所发出的声波的叠加。满足这些条件的两列声波在空间任何一点相遇时的相位差也是固定不变的，因而在空间某些地方的振动始终加强，而在另一些地方的振动始终减弱或完全消失。这种现象称为声波的干涉现象。同时把能够产生干涉现象的声波称为相干波，而把能够产生相干波的振源称为相干波源。

干涉和衍射是声波波动特性的体现，都是利用波动的观点，研究两列以上的声波相遇以及声波遇到障碍物时所发生的物理过程。波动理论能正确描述几何声学难以解释的许多声学现象。作为干涉现象的一个特例，现在讨论由两列频率相同，但沿相反方向传播的相干波叠加后形成的驻波的情况。我们知道，两列沿相反方向行进的平面波可以分别表示为

沿 x 正方向传播的平面波：$p_{\mathrm{i}} = p_{\mathrm{im}}\,\mathrm{e}^{\mathrm{j}(\omega t - kx)}$

沿 x 反方向传播的平面波：$p_{\mathrm{r}} = p_{\mathrm{rm}}\,\mathrm{e}^{\mathrm{j}(\omega t + kx)}$

根据声波的叠加原理，介质中合成声场的声压为

$$p = p_{\mathrm{i}} + p_{\mathrm{r}} = 2p_{\mathrm{rm}}\cos kx\,\mathrm{e}^{\mathrm{j}\omega t} + (p_{\mathrm{im}} - p_{\mathrm{rm}})\,\mathrm{e}^{\mathrm{j}(\omega t - kx)} \tag{5.17}$$

可见合成声场由两部分组成。式 (5.17) 第一项代表一种驻波场，各位置的质点都做同相位的振动，但振幅的大小却随位置而异。当 $kx = n\pi$，即 $x = n\lambda/2$ 时，声压的振幅最大，称为声压波腹；而当 $kx = (2n-1)\pi/2$，即 $x = (2n-1)\lambda/4$ 时，声压振幅为零，称为声压波节。两个相邻波节或波腹之间的距离是半波长。由上可知，驻波的特点就是具有空间位置固定的波节和波腹，而且波线做分段运动，振动的能量也不随时间逐点传播。式 (5.17) 的第二项表示向 x 方向传播的平面行波，其振幅为原先两列波的振幅之差。这一项的存在表明声波有一定的能量传播，即使在合成声场的波节处，振幅仍不为零。只有当两列波的振幅相同 (如声波碰到刚硬界面而出现全反射的情况) 时，合成声场中代表行波的那一项才为零，即无行波成分。此时波腹处的声压振幅为原有的两倍，而波节处的声压处处为零，这种情况下的驻波称为定波，也就是说定波是驻波的一种特殊情况。

一般来说，当声波在传播过程中遇到两种介质的分界面时，由于声波的反射，在第一种介质中都会形成驻波。至于在两种介质的分界面处是形成声压波腹还是声压波节，与两种介质的特性阻抗有关。在软边界处形成位移波腹，在硬边界处形成位移波节。

声波的衍射是指声波传播过程中遇到障碍物时，部分声波会绕至障碍物背后并

继续向前传播的一种现象, 又称声绕射。声波通过一带有孔径的声屏障时也会表现出明显的声衍射现象。例如, 声波从该声屏障的左方入射而来, 不仅会透过孔径向右方传去, 也会部分地绕向屏障背后。声波的衍射过程也遵循光学中的惠更斯-菲涅耳原理。按照这一原理, 声波会绕过障碍物或绕至带孔声屏障的背后继续行进的现象是不难理解的。声衍射产生的声场较为复杂, 但现代已有完善的声波理论来处理声波的衍射问题, 特别是对于形状规则的物体, 如声波通过球体、圆柱体等的障碍物而产生的衍射声场, 理论处理已十分成熟。至于声波遇到较为复杂的实际障碍物体时的声衍射问题, 借助计算机技术与计算方法也不再是很难的问题。

声波衍射的物理基础及数学计算基于著名的惠更斯原理。该原理是由荷兰物理学家惠更斯于 1690 年提出的。按照惠更斯原理, 介质中波动传播到的任意点都可以看作是发射声波的新波源 (或称为次级波源), 后续时刻的波阵面, 可由这些新波源发出的子波波前的包络面给出。将这一原理应用于声波的衍射问题, 可以分析各种声源的辐射声场计算, 也可以解释声波遇到障碍物时, 波阵面发生畸变的现象。

在研究声源的辐射问题时, 辐射声场的计算可通过亥姆霍兹-基尔霍夫定理来进行, 其物理意义就是将辐射面上的各点都当成一个子声源, 整个辐射器的辐射声场就是各个子波辐射声场的积分。因此, 从声波衍射的角度出发, 亥姆霍兹-基尔霍夫定理也可以称为衍射积分公式。

声衍射的强弱与障碍物的大小与声波波长的比值有关。令 $ka = 2\pi fa/c = 2\pi a/\lambda$, 式中, k 为声波的波数; f、c、λ 分别为声波的频率、声速和波长; a 是代表障碍物尺度的量, 如障碍物为球体, 则 a 就代表球体的半径。一切物体的尺寸大小是相对的, 反映其声学特性时物体的大小常可用声波波长作为尺度来度量。ka 就代表物体限度与声波波长的相对大小。声衍射强弱与 ka 值密切有关, ka 越小则声衍射现象越强, ka 越大则声衍射现象越弱。当 $ka = 1$ 时, 球体线度与声波波长比值较小, 一部分声波会绕过球体行进; 当 $ka \ll 1$ 时, 衍射很强, 声波将会如同此球不存在那样维持原有传播路径继续行进; 当 $ka \gg 1$ 时, 衍射很弱, 声波几乎只是沿着直线传播, 以至于被球体挡住去路而在其背面形成明显的声影。声波通过带有圆孔的声屏障时也会发生衍射现象。

声衍射现象在日常生活中很容易被察觉到。如果躲在较粗的柱子背后, 仍能明显听到从柱子前方传来的谈话声, 这就是一个很典型的声衍射现象的例子。

5.3 声波的散射

本节分析的声散射概念是广义性的, 即认为声散射是在声波传播过程中, 当遇到各种障碍物或者介质的声学特性发生变化时出现的声波传播方向以及声场分布等发生变化的现象。从这个意义上讲, 声散射现象可以看作是声波的反射、折射和衍射的总体效应。而散射波可以由声场中的总声波减去入射波而得到。

声学理论以及声学的发展史皆表明，处理声波的散射问题在数学上是比较复杂和麻烦的。至今能利用解析方法较好解决的仅限于几种形状简单且结构对称的散射体，如球以及长圆柱等。

在散射声场中，散射声波的能量来自入射声波，也即散射声波的能量与入射声波入射到散射体上的能量成正比。此外，散射声波的能量及其向四周的分布同障碍物的线度与声波波长的比值、障碍物的物理性质及其结构形状等有关。散射声波的空间分布并不是均匀的，而是具有复杂的空间分布规律的，即散射声波具有一定的空间分布特性。一束平面声波入射到半径为 a 的一个弹性球体上时，如果满足 $ka = 2\pi a/\lambda \ll 1$，则在离开散射球体一定距离处，散射声波的声强分布可用一个近似的解析式来描述：

$$I_0 \propto I_0 S_0 \left(\frac{a}{\lambda}\right)^4 \{[(1-gh^2)/3gh^2] - [(1-g)\cos\theta/(1+2g)]\}^2 \tag{5.18}$$

式中，I_0 代表入射声波的声强；$S_0 = \pi a^2$；$g = \rho'/\rho$，$h = c'/c$，这里 ρ 与 ρ' 分别代表传播介质的密度与弹性散射的密度，c 与 c' 分别代表它们对应的声速；θ 为散射角。假定传播介质为空气，则可取 $g \gg 1$ 以及 $h \gg 1$，此时式 (5.18) 可以简化为

$$I_0 \propto I_0 S_0 \left(\frac{a}{\lambda}\right)^4 \left(\frac{1}{3} - \frac{\cos\theta}{2}\right)^2 \tag{5.19}$$

对于这种情况，散射声波的能量分布是不均匀的，主要分布于与入射声波相反的半球方向。此外，从式 (5.18) 和式 (5.19) 还可看出重要的声散射规律：声波散射的能量与声波波长的四次方成反比，也即声波频率越高，波长越短，从入射声波中获取的散射能量越多，满足这一规律的声波散射可称为瑞利散射。在光学中也有类似的规律。光学中曾用瑞利散射成功地解释了为什么晴朗的天空会呈现蔚蓝色。

另一种会产生强声散射的现象，也备受人们注意。如果声波在水中传播遇到悬浮在其中的微小气泡，因为 $g \ll 1$ 以及 $h \ll 1$，则式 (5.18) 式 (5.19) 可简化为

$$I_0 \propto I_0 S_0 \left(\frac{a}{\lambda}\right)^4 \beta \tag{5.20}$$

其中，$\beta = \frac{1}{3}\left[\frac{\rho c^2}{\rho'(c')^2}\right]$。一般情况下，$\beta$ 值可达到几千，即水中气泡的散射作用比空气中的坚硬小球要强得多，且散射声的能量是从小气泡四周均匀散布开来的。而声散射能量是取自入射声，导致入射声沿原始方向行进的能量受到很大损失。因此，如果水中存在很多微小气泡，就会严重干扰和阻碍声波在其中的传播。

利用声波的这一散射现象，声学科技工作者已经研制出了一种新颖的超声造影剂，并将其应用于超声医学诊断成像技术中。超声造影剂是一种含有直径为几微米的气泡的液体。利用含有气泡的液体对超声波有强散射的特性，临床上将超声造影剂注射到人体血管中，用以增强血流的超声多普勒信号以及提高超声图像的清晰度和分辨率。超声造影剂的成像原理如下：造影剂微气泡在超声的作用下会发生振动，散射强超声信号。仪器接收到的超声强度是入射强度和反射体的散射截面的函数。散射截面是与频率的四次方和散射体半径的六次方成正比的，这对所有的造影剂介质都适用。理论上，通过简单的计算就可以看到气泡粒子的散射截面要比同样大小的固体粒子 (如铁) 大 1 亿倍。这也是气泡组成的造影剂的造影效果比别的散射体优越的原因所在，即增强背向散射信号。例如在 B 超中，通过往血管中注入超声造影剂，可以得到很强的 B 超回波，从而在图像上更清晰地显示血管的位置和大小。

除此以外，声波的散射现象在其他应用声学技术中也获得了一定的应用。随着障碍物的线度与声波波长的比值变大，声散射的能量及其分布也会随之变化。例如，当 $ka = 5$ 时，入射到空气中的一个坚硬球体的大部分声能量转换为散射声能；如果 ka 再进一步增大，则散射声能基本上可分为两半，一半分布于与入射声波相反方向的半空间，另一半则集中于入射波行进的方向。而这一部分声波正好与原始入射波相位相反，以致互相叠加，结果在球体背后形成较明显的声阴影，即球体已经挡住了入射声波继续行进的去路。反向散射以及其他的散射声能分布特性同障碍物体的材料、结构、形状、大小等都有密切关系。借助于这一原理，人们已通过声散射的特性和规律制作出一种声呐系统，向水中发射声波来探测敌方鱼雷和潜艇等水中目标的行动方位，甚至可勾画出所探测目标物的轮廓。固体中的声散射现象也正在被大量揭示，例如，在钢、铝等金属材料及构件中存在的伤痕、缺陷或裂缝等都构成了固体中的散射体，入射声波遇到这些散射体时，会产生强烈的散射波，通过接收这些散射波，并对其进行各种处理，就可以对材料中的缺陷 (散射体) 进行定性或定量的检测。可以预见，将声散射的研究应用于材料科学等无损检测技术会展现出巨大的应用前景。

5.4 声波的吸收

从广义的角度来讲，声波在介质中传播时，其强度随传播距离的增加而逐渐减弱的现象统称为声衰减。按照引起声衰减的不同原因，可以把声波衰减分为三种主要类型：吸收衰减、散射衰减以及扩散衰减。前两类衰减取决于介质的特性，而后一类衰减则是由声源的特性而引起的。扩散衰减主要考虑声波的传播过程中由波阵面的面积扩大而导致的声强减弱，它主要取决于声源辐射的波形及声束状况，而与介质的性质无关。在声波扩散衰减的过程中，总的声能量并未变化。如果声源辐射球面波，则因其波阵面与距离的平方成正比，其声强与距离的平方成反比。同理，对于柱面波，其声强随距离的一次方反比规律而衰减。由此可知，这种因波阵面不同而形成的扩散衰减，不符合指数衰减规律，不能纳入声吸收的衰减系数中，一般根据其具体的波形及波阵面状态进行单独的计算和分析。

通常，在讨论声波与介质特性的关系时，仅考虑前两类衰减，但在估计声波的传播损失时，例如研究声波的作用距离或者回波强度时，必须同时考虑这三类衰减。

根据不同的研究对象、研究目的以及不同的应用需求，可以对上述三种声衰减分别进行不同程度的探讨，这里主要对前两种声衰减进行简要分析。在这一前提下，也可以将这两种声衰减统称为声吸收。

声波在介质中传播时，由于介质本身的特性而出现的声能量衰减，可称为声吸收。这主要是由于介质的黏滞性、热传导性和分子弛豫过程，有规的声运动能量不可逆地转变为无规的热运动能量。引起介质声吸收的原因很多，包括介质的黏滞性、热传导以及介质的微观动力学过程中引起的弛豫效应等。在非纯介质，如含有灰尘粒子、液态雾滴等的大气中，在声波作用下这些悬浮体对介质做相对运动而产生的摩擦损耗，以及在水雾中弛豫效应等也是引起声吸收的原因。

由于声吸收的客观存在，人们在研究声学现象时对此普遍关注。例如对大型厅堂中频率在 1000Hz 以上的声音，空气的声吸收常会成为决定室内混响时间的重要因素。海水中含有一定的化学物质，频散吸收要显著高于纯水。地震、火山爆发以及核爆炸时发出的声音，含有远低于 20Hz 的次声成分，可持续绕地球转几个圈。可见声波的吸收既决定于介质的一些特性，也与声波的频率有关。从声吸收规律来探索 (物质) 介质的特性和结构，已发展成一门新的声学分支——分子声学，它通过宏观的声吸收以及声频散来研究分子以至原子等微观结构与各种频率声波的相互作用。当然，声吸收的研究范围不止于此，还要广泛得多。

5.4.1   声吸收的研究历史

斯托克斯 (G. Stokes) 在 1845 年就导出由黏性引起的流体中的声吸收公式，该吸收系数除与黏滞系数成正比外，还与声波的频率二次方成正比，这里的黏滞系数仅指当时可由流体力学方法确定的切变黏滞系数。基尔霍夫 (G. Kirchhoff) 于 1868 年又提出了由热传导引起的声吸收，这一部分的吸收系数除与介质的热导率成正比外，还与声波的频率呈二次方关系。后人把这两部分吸收加起来称之为经典吸收。自 20 世纪 20 年代开始采用比较先进的压电效应技术来产生并接收声波以来，人们迅速展开了可以在很大范围 (包括在各种气体、液体乃至固体) 内测量声吸收的研究。大量的测量发现，除了单原子气体 (如氩气等) 外，几乎所有的气体都与经典理论有偏离。1920 年，爱因斯坦提出了从声频散来确定缔合气体的反应率，从而促进了对气体分子热弛豫吸收理论的广泛研究。进入 20 世纪 30 年代后，这种弛豫吸收机制延伸到了液体的研究。此后数十年来，流体中声吸收的实验和理论研究不仅扩展了频率 (次声到特超声) 范围，而且涉及广泛的介质，包括各种化学和生物介质以至含水雾的大气等。固体中声吸收的研究开展得稍迟一些，20 世纪 30 年代末起才出现这方面的测量。从宏观来看，横波或剪切波只有在黏弹性液体 (如聚合物沥青等) 中必须考虑，而在一般流体中因衰减很快，可忽略不计。但在固体中纵波和横波二类体波并存，并且涉及晶轴的取向等，吸收机制较为复杂。目前声吸收已经成为声学和固体物理学研究的热门领域。

5.4.2 声吸收的种类

经过长期的科学研究，人们把声吸收分为两大类，即经典声吸收和弛豫声吸收。

1. 经典声吸收

经典声吸收主要是由黏滞和热传导两部分吸收组成。所谓黏滞吸收是指声波通过介质时介质质点因相对运动而产生内摩擦，即黏滞作用，导致声的吸收。对于流体，黏滞作用是由切变黏滞系数以及容变黏滞系数两部分来描述。前者是由介质的剪切形变产生的，后者宏观上是由体积变化引起的。已经证明，已有的大量测试结果中表现出来的超过经典吸收的部分是容变黏滞系数的作用，这一系数与微观过程的弛豫性质有关，不是常数，而是声波频率的函数。

热传导吸收比较复杂。声波传播过程基本上是绝热的，介质中有声波通过时，产生压缩和膨胀的交替变化，压缩区温度升高，膨胀区温度降低。这时相邻的压缩区和膨胀区之间形成温度梯度，引起热传导。这个过程是不可逆的，因此产生声能的耗散，称为热传导吸收。几乎所有气体，热传导吸收和仅与切变黏滞有关的黏滞吸收具有相同的数量级，但前者总比后者低些。液体热传导吸收一般较小，常可忽略；但液态金属如水银则正好相反，热传导吸收要比黏滞吸收的作用更大。

2. 弛豫声吸收

弛豫声吸收是由传声介质的微观内过程引起的，主要有下列机制。

(1) 分子弛豫吸收。分子热弛豫吸收简称分子弛豫吸收，一般发生于多原子分子的气体中。其实质是分子的相互碰撞，使外自由度 (指分子平动自由度) 和内自由度 (分子的振动和转动自由度) 之间发生能量的重新分配。介质静止时可用压强、温度、密度等物理参量描述这一平衡状态。声波通过时介质发生压缩和膨胀过程，介质的物理参量及其相应的平衡状态也将随声波过程而发生简谐变化。而任何状态的变化都伴有内外自由度能量的重新分配，并向一个具有新的平衡能量分配状态过渡。但建立一个新的平衡能量分配需要一段有限的时间。这样的过程称为弛豫过程，建立新的平衡状态所需要的时间称为弛豫时间。这种过程伴随着热力学熵的增加。由此导致有规的声能向无规的热转化，即声波的弛豫吸收。

(2) 化学弛豫吸收。声波通过会产生可逆化学反应的介质时，也会发生与上述热弛豫类似的化学反应平衡的破坏，并产生弛豫过程。这种过程同样也导致声的吸收。出现这种化学反应弛豫的介质有分子发生解离和缔合作用的气体、各种能起化学反应的混合物以及电解质溶液等。研究弛豫过程对物质的声学性质的影响正是从化学弛豫开始的。

(3) 结构弛豫。声波通过一般液体时，由于分子间相互作用很强，热弛豫时间很短，声吸收主要是由液体分子的体积变化而产生，这种发生介质微观结构的重建过程的弛豫称为结构弛豫。纯水具有结构弛豫，它对声吸收的贡献较大。

(4) 多重弛豫吸收。一种介质可能存在一个以上的弛豫过程，如电解质水溶液，可同时存在纯水的结构弛豫和电解质的解离-缔合化学反应弛豫。如果这两种弛豫过程的弛豫时间相差很大，则实验上可把它们明显区分。实验发现，还有一些液体 (如黏弹性液体) 具有一个极为宽广的弛豫时间谱，而这个弛豫时间谱实质上具有连续谱的特征，这种弛豫称为多重弛豫。对于某些生物介质 (如牛血红蛋白的水溶液等)，实验也发现有连续弛豫时间谱的特性。基于这一事实，目前可以用声吸收技术来研究这些特殊物质的结构和特性。

5.4.3　实际介质的声吸收

截至目前，人们主要对以下几种特殊介质的声吸收进行了比较详细的研究。

1. 大气声吸收

导致大气中声吸收的主要机制是分子弛豫吸收，即与空气中所含的主要成分，即氧气、氮气、水蒸气和二氧化碳有关。理论证明，氧气与水蒸气的相互作用占大气吸收的主要成分；氮气含量虽多，但只在低频和高湿度情况下起重要作用；二氧化碳虽只占大气的万分之三，但其作用，特别是在湿度较小的情况下绝不可忽略。因此考虑大气吸收时，相对湿度和温度都是重要的参量。若大气中含有水雾 (与固体及非蒸发性液滴悬浮体不同)，在频率很低时，能引起反常吸收，这与水雾的浓度和雾滴大小都有关系；在频率较高时，黏滞吸收和热传导吸收仍占较大比例，不过在实际大气中，由于其他各种吸收因素，这一点不易被觉察出来。

2. 海水声吸收

容变黏滞系数的存在已能在理论上解释纯水的吸收。海水中含硫酸镁及硼酸，会导致两项化学弛豫吸收。海水在低频时吸收很小 (100Hz 时约为 10^{-6}dB/m)，但频率较高时吸收显著增高。硼酸在海水中的含量甚微 (约为百万分之四)，但实验观察到它的水溶液在约 1000Hz 时显示出比纯水高 300 倍的弛豫吸收。至于含量也较低的硫酸镁，其导致的反常声吸收的测量以及理论探讨早在 20 世纪 40 年代末已开始。这两种吸收都与温度以及水的静压力有关。海水中含有气泡等悬浮体，除产生声散射外，气泡也是造成海水吸收的重要原因。

3. 溶液吸收

电解质溶液的声吸收机制与声波导致的离解、离子水化等有关。对非电解质溶液，如氨化物、酒精等，其弛豫吸收可用水与溶质的氢键结构来解释；对旋转异构体，则视其结构而异。

4. 生物介质声吸收

生物介质一般是指生物软组织。声波在生物介质中能量衰减的机理十分复杂。除黏滞、热传导以及多种复杂的弛豫过程所引起的能量耗散外，还有由组织不均匀性而引起的声波的散射，这部分散射能量并不能转换为热，仅改变声的传播路径。尽管声波的热耗散是主要的，但由于两者的贡献很难区分，因而在生物介质中常采用声衰减系数替代声吸收系数来描述声波的传播损耗。

5.4.4 声吸收理论

声学理论已经证明，声吸收基本上都遵从距离的指数衰减规律。对于沿 x 轴传播的平面波，其声压和声强随传播距离 x 的变化可由下面的公式给出：

$$p = p_0 \, \mathrm{e}^{-\alpha x} \tag{5.21}$$

$$I = I_0 \, \mathrm{e}^{-2\alpha x} \tag{5.22}$$

式中，α、x 分别是声波衰减系数和传播距离。一般情况下，衰减系数由两部分组成，即 $\alpha = \alpha_\mathrm{a} + \alpha_\mathrm{s}$。其中 α_a、α_s 分别为声波的吸收衰减系数和散射衰减系数。衰减系数的单位可以采用 dB/cm(分贝/厘米) 或 Np/cm(奈培/厘米)，两者之间的换算关系为 1Np/cm=8.686dB/cm。

1. 吸收衰减

声吸收的机制是比较复杂的，它涉及介质的黏滞性、热传导以及各种弛豫过程。根据现有的研究结果，声吸收系数较为普遍的解析表达式为

$$\alpha_\mathrm{a} = \frac{\omega^2}{2\rho_0 c^3}\left[\frac{4}{3}\eta' + k_c\left(\frac{1}{C_v} - \frac{1}{C_p}\right) + \sum_1^n \frac{\eta_i''}{1+\omega^2\tau_i^2} \right] \tag{5.23}$$

式中，η' 为介质的切变黏滞系数；k_c 为导热系数；C_v、C_p 分别为定容比热和定压比热；η_i'' 为第 i 种弛豫过程所引起的低频容变黏滞系数；τ_i 为第 i 种弛豫过程的弛豫时间。从式 (5.23) 可以看出，当声波频率不太高时，声吸收系数大致与频率的平方成正比，即 α/f^2 近似为常数。这一关系对于单原子气体和大多数液体而言是适合

的；但当频率很高时，这一关系不再成立。例如，多原子或混合气体、结构复杂的高分子液体以及某些固体介质等就属于这种情况。

2. 散射衰减

声波在介质中传播时，当介质的性质发生变化，或出现另一种不同的介质时，而向不同方向产生散射，从而导致声波衰减的现象，统称为散射衰减。散射衰减问题也非常复杂，它既与介质的性质状态有关，又与散射体的性质、形状、尺寸及数目等有关。作为一种比较简单的特例，当散射体的尺寸远小于声波波长，即 $a \ll \lambda, ka \ll 1$ 时，我们可以把散射体当作半径为 a 的小球。计算表明，当理想流体中存在这种刚性小球时，其声强的散射系数为

$$\alpha_s = \frac{25}{36} k^4 a^6 n_0 \tag{5.24}$$

式中，n_0 为单位体积介质内散射小球的数目。符合这种规律的声散射称为瑞利散射。关于声波散射的详细的理论分析，可以参见相关的声学专业书籍，在此不再赘述。

声吸收规律较为复杂，不同介质中的声吸收具有不同的规律。在某些特殊的情况下，针对特定的介质及介质状态，可以得出一些近似的声吸收公式，进而简化分析。根据经典理论，液体介质中的声吸收主要是由介质的内摩擦或黏滞性引起的。根据斯托克斯的推导，内摩擦引起的吸收系数可近似为

$$\alpha = \frac{8}{3} \cdot \frac{\pi^2 f^2 \eta}{c^3 \rho} \tag{5.25}$$

式中，η 为介质的黏滞系数；ρ 为介质的密度；f、c 分别为超声波的频率及声速。除此之外，声吸收还与声波在其中传播的介质的导热性有关，热传导使得声波的压缩和稀疏部分之间进行热交换，必然引起声波能量的减少。基尔霍夫曾导出由热传导引起的声吸收为

$$\alpha = \frac{2\pi^2 f^2}{c^3 \rho} \cdot \frac{(\gamma - 1)}{C_p} K \tag{5.26}$$

由此式可以看出，吸收系数与声波频率的平方成正比。按照式 (5.26) 计算的结果与实际测量结果有一些差异，这是因为声波通过液体时，液体依次发生的状态是不平衡的，而且状态的变化是不可逆的，因而声波还要丧失一些能量。上述分析未考虑分子吸收。在准确计算声吸收系数时，必须考虑以上诸因素。

对于气体介质中的声吸收，经典理论给出了与液体介质中完全相同的表达式。在多原子气体中测得的吸收系数总是大于按经典理论计算的值。声吸收值增高也是由于分子的内部过程，即存在着分子弛豫声吸收。

在固体介质中,声吸收在很大程度上取决于固体的实际结构。在均匀的介质中,声吸收基本上是内摩擦和热传导所决定,通常是很小的。然而,当声波在多晶固体介质中传播时,由于这些多晶体是由许多分开的小晶粒组成的,所以声吸收主要由晶粒的大小和声波波长的关系决定。

第6章 固体超声变幅杆

大功率超声应用的发展过程，实际上就是超声功率、超声波辐射强度和超声辐射效率的发展过程，而所有这些参数大都与功率超声振动系统密切有关。几十年来，人们一直在为提高超声换能器振动系统的辐射功率、声波强度和效率而努力。

各种超声换能器所发射的超声波强度，都有一定的限度。这是因为所有换能器材料 (包括压电陶瓷材料和磁致伸缩材料等) 的电学和磁学性质都有一定的饱和值，有一定的机械强度或疲劳强度。同时，大功率超声换能器在辐射声波时，因为机械、电或磁损耗的加大，换能器振动系统温度的升高，引起换能器材料的疲劳损伤，从而也限制了换能器的输入和输出功率，这一切都使换能器的振动位移振幅不能无限地增大。在一般情况下，电致伸缩与磁致伸缩材料在振动时的相对长度变化分别限制在 10^{-4} 与 10^{-5} 的数量级以下。如果超声换能器工作于厚度或长度振动的基频振动模式上，则换能器辐射表面的振动位移振幅可以达到 $5\sim10\mu m$。然而在许多超声应用技术中，如超声金属和塑料焊接、超声加工以及超声粉碎等，却往往需要达到 $0.01\sim0.1mm$ 的位移振幅。因此在许多工业超声设备和医用超声设备中，人们广泛使用一种能够改变换能器振动位移幅度的器件，即超声聚能器。

超声聚能器，又称为超声变幅杆、超声变速器或超声固体喇叭，它类似于传统的电学技术中的变压器[92-97]。在超声技术中，尤其是在大功率高声强超声振动系统中，超声变幅杆非常重要，它是一种借以获得高声强大位移振动幅度的固体超声器件，目前在功率超声和医用超声治疗器械中已相当普遍。它的主要作用是把机械振动的质点位移或振动速度放大，或者将超声能量集中在较小的面积上，以达到聚能的作用。除此之外，超声变幅杆还可以作为机械阻抗变换器，在换能器和声负载之间进行阻抗匹配，使超声能量能够更有效地从换能器向声负载传输。

超声聚能器的应用，不仅在于提高超声波强度和改变声阻抗，还可以用作耦合棒。利用专门材料制成的超声变幅杆，可以避免换能器在某些应用中的磨损及共振频率的变化；使换能器不直接与腐蚀性材料接触，或使换能器不污染被处理物质，还可以使换能器离开高温条件，以保证不超过换能器材料的居里温度。此外，为了使换能器与被加工材料之间达到最佳的声学耦合，用一定形状的超声变幅杆可以提高工作效率。

此外，超声变幅杆还可以用于将超声振动系统与外界固定。一般情况下，通过将超声振动系统的固定法兰盘设计在变幅杆振动位移分布的波节处，可以实现对超声振动系统的固定。此时法兰盘及外界固定装置对振动系统的影响可以忽略不计。

超声变幅杆的性能可以用许多参量来描述。在实际应用中最常用的是共振频率 (共振长度)、放大系数、形状因数、输入力阻抗和弯曲劲度等。放大系数 M_p 是指变幅杆工作在共振频率时输出端与输入端的质点位移或速度振幅的比值；形状因数 φ 是衡量变幅杆所能达到最大振动速度的指标之一，它仅与变幅杆的几何形状有关，φ 值越大，所能达到的最大振动速度也越大；输入力阻抗 Z_i 定义为输入端策动力与质点振动速度的复数比值，在实际应用中常常要求输入力阻抗随频率及负荷的变化要小；弯曲劲度是弯曲柔顺性的倒数，变幅杆越长，弯曲柔顺性越大，在许多实际应用中这是需要避免的，弯曲劲度也与变幅杆的几何形状有关。

在功率超声的应用技术中，人们根据实际需要研究出各种类型的变幅杆。最简单常用的变幅杆有指数型、悬链线型、阶梯型和圆锥型，称为单一变幅杆。此外，为改善变幅杆的某些性能，例如提高形状因数、增加放大系数等，人们还研究出各种组合型超声变幅杆，这类变幅杆由两种以上不同形状的杆组合而成。在实际应用中还出现一些由多个单一变幅杆级联工作的组合系统，这是另一类问题。

除了上面提到的变幅杆外，在某些应用中有时还需要一些非杆状的振动振幅变换器，其形状有盘形、长方体等，称为变幅器。有些变幅器不但有振动振幅的变换功能，而且还有振动方向的能量变换功能等。

6.1 超声变幅杆的基本理论

超声变幅杆或超声阻抗匹配装置的主要构成部分是一个具有不同的横截面积，能够传播纵向振动、扭转振动、弯曲振动以及复合振动的固体材料棒(在大部分情况下是一种金属棒)。它将宽端的输入阻抗转变成窄端的负载阻抗，将大端的小位移振幅变成窄端的大位移振幅。显然，如果不考虑超声变幅杆的内部机械损耗，则其传输的总的机械能量在变幅杆的输入端应等于输出端。由于在一般场合下变幅杆两端的机械阻抗不等，为了保持恒定的机械能量，在变幅杆的输出端应该有按照面积倍数放大的行波能量，即

$$I_1 S_1 = I_2 S_2 \tag{6.1}$$

式中，I_1、S_1 及 I_2、S_2 分别是变幅杆大端 (输入端) 及小端 (输出端) 的声波强度和横截面积。由此可得变幅杆行波振幅的变化规律为

$$\xi_2 / \xi_1 = \sqrt{\frac{S_1}{S_2}} \tag{6.2}$$

变幅杆两端的应力和质点振动速度也有同样的变化关系。

6.1.1 变截面杆纵振动的波动方程

轴对称变幅杆的纵向振动理论可以作为具有不同截面积的纵振动棒来进行分析。其他形式的变幅杆 (如楔形变幅杆等)，可以采用类似的方法加以分析。为了简化分析，在变幅杆的分析理论中必须引入以下几个基本假设。

(1) 通过变幅杆的弹性波的波阵面是平面，并且应力和质点振动速度沿变幅杆的横截面均匀分布。

(2) 忽略泊松效应，变幅杆中没有横向应力和形变。

(3) 变幅杆材料的机械损耗很小，可以忽略不计。

在以上假设中所得出的变幅杆的设计理论是近似的，这是由于材料的不均匀性，变幅杆中常常会出现复杂的振动。同时，变截面棒在纵向形变时，不可避免地又会出现横向形变。此外，波前的形变和应力沿轴分布的不均匀，都会造成误差。

图 6.1 是一个变截面棒，L 代表变幅杆的长度，其对称轴为坐标轴 x。对于一个在 x 和 $x + \mathrm{d}x$ 之间的微小薄层，其运动方程可以表示为

$$\rho S \mathrm{d}x \frac{\partial^2 \xi}{\partial t^2} = \frac{\partial \sigma}{\partial x} S \mathrm{d}x + \frac{\partial S}{\partial x} \sigma \mathrm{d}x \tag{6.3}$$

其中，ρ 是变幅杆材料的密度；ξ 是纵振动的位移；$\sigma = E \dfrac{\partial \xi}{\partial x}$ 是应力。若棒做正弦振动，则有下面的运动方程式：

$$\frac{\partial^2 \xi}{\partial x^2} + \frac{1}{S} \cdot \frac{\partial S}{\partial x} \cdot \frac{\partial \xi}{\partial x} + k^2 \xi = 0 \tag{6.4}$$

式中，$k = \omega / c$ 是波数，这里 $\omega = 2\pi f$ 是振动圆频率，$c = \sqrt{E/\rho}$ 是棒中纵振动的传播速度。根据位移与振速的关系，即 $v = \dfrac{\partial \xi}{\partial t}$，可以得出变幅杆中振动速度的运动方程式：

$$\frac{\partial^2 v}{\partial x^2} + \frac{1}{S} \cdot \frac{\partial S}{\partial x} \cdot \frac{\partial v}{\partial x} + k^2 v = 0 \tag{6.5}$$

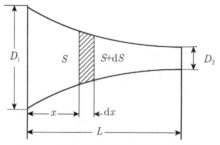

图 6.1 变截面棒的纵向振动示意图

对于式 (6.5)，作变换 $v = u/\sqrt{S}$ ，则可得到

$$\frac{\partial^2 u}{\partial x^2} + (k')^2 u = 0 \tag{6.6}$$

其中，$(k')^2 = k^2 - \dfrac{1}{\sqrt{S}} \dfrac{\mathrm{d}^2 \sqrt{S}}{\mathrm{d}x^2}$ 。当 $(k')^2$ 为正常数时，式 (6.6) 有简谐解

$$u = A \sin k'x + B \cos k'x \tag{6.7}$$

由此得到变截面细杆的振速分布函数

$$v(x) = \frac{1}{\sqrt{S}} (A \sin k'x + B \cos k'x) \tag{6.8}$$

根据细杆两端的边界条件

$$\begin{cases} \dot{\xi}\Big|_{x=0} = \dot{\xi}_1, \ \ F\Big|_{x=0} = S \dfrac{\partial \xi}{\partial x}\Big|_{x=0} = -F_1 \\[3mm] \dot{\xi}\Big|_{x=l} = \dot{\xi}_2, \ \ F\Big|_{x=l} = S \dfrac{\partial \xi}{\partial x}\Big|_{x=l} = -F_2 \end{cases} \tag{6.9}$$

将位移及应力的表达式代入式 (6.9) 得

$$\begin{cases} v_2 = a_{11} v_1 + a_{12} F_1 \\ F_2 = a_{21} v_1 + a_{22} F_1 \end{cases} \tag{6.10}$$

其中，

$$\begin{cases} a_{11} = \dfrac{(\partial S_1 / \partial x) \sin k'l + 2k' S_1 \cos k'l}{2k' \sqrt{S_1 S_2}} \\[4mm] a_{12} = -\dfrac{\mathrm{j}k \sin k'l}{\rho c k' \sqrt{S_1 S_2}} \\[4mm] a_{21} = \dfrac{\rho c k' \sqrt{S_1 S_2}}{\mathrm{j}k \sin k'l} - a_{11}\left(\dfrac{\rho c k' S_2}{\mathrm{j}k \tan k'l} - \dfrac{\rho c}{2\mathrm{j}k} \dfrac{\partial S_2}{\partial x}\right) \\[4mm] a_{22} = -a_{12}\left(\dfrac{\rho c k' S_2}{\mathrm{j}k \tan k'l} - \dfrac{\rho c}{2\mathrm{j}k} \dfrac{\partial S_2}{\partial x}\right) \end{cases} \tag{6.11}$$

这样就可以将任意截面杆的纵振动等效成图 6.2 所示的四端网络。

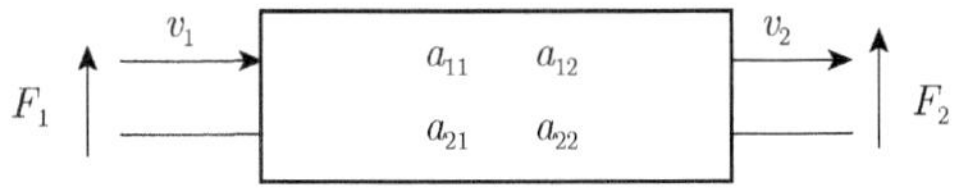

图 6.2 变截面棒纵向振动的四端等效网络

其矩阵表达式为

$$\begin{bmatrix} v_2 \\ F_2 \end{bmatrix} = \begin{bmatrix} a_{11} & a_{12} \\ a_{21} & a_{22} \end{bmatrix} \begin{bmatrix} v_1 \\ F_1 \end{bmatrix} \tag{6.12}$$

式 (6.12) 称作四端网络传输特性方程, 定义 $A = \begin{bmatrix} a_{11} & a_{12} \\ a_{21} & a_{22} \end{bmatrix}$ 为四端网络传输矩阵。上

述求解过程是在 $(k')^2$ 为正常数的条件下进行的。设 $\eta = \dfrac{1}{\sqrt{S}} \dfrac{\mathrm{d}^2 \sqrt{S}}{\mathrm{d}x^2}$, 且 η 为小于 k^2 的

常数。可以分为如下三种情况。

(1) 若 $\eta < 0$, $\sqrt{S} = C \sin\sqrt{-\eta}x + D\cos\sqrt{-\eta}x$, 即三角函数杆。

(2) 若 $\eta = 0$, $\sqrt{S} = Cx + D$, 即圆锥型杆, 在 $C = 0$ 时成为等截面杆。

(3) 若 $\eta > 0$, $\sqrt{S} = C\mathrm{sh}\sqrt{\eta}x + D\mathrm{ch}\sqrt{\eta}x$, 在 $C = 0$ 或 $D = 0$ 时成为悬链线型杆; 当 $C = D$ 或 $C = -D$ 时成为指数型杆。这样, 对于常用的几种变截面杆都可以得到其网络传输矩阵。

　　上面我们得出了超声变幅杆的等效四端网络, 尽管其物理意义很清晰, 但其内部的具体形式尚不清楚。在实际应用中, 超声变幅杆都是与超声换能器相互连接而工作的。为了便于分析, 在有关超声变幅杆的分析理论中, 常常需要知道超声变幅杆的等效 T 型四端网络。根据上述分析, 我们还可以得出超声变幅杆另一种形式的等效 T 型四端网络, 如图 6.3 所示。

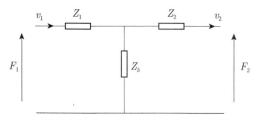

图 6.3　纵向振动超声变幅杆的等效 T 型四端网络

　　图中 Z_1、Z_2 及 Z_3 分别是 T 型网络中串联臂和并联臂的阻抗, 它们与变幅杆的材料、几何尺寸及工作频率有关。

　　利用上述等效电路可以得出变幅杆的共振频率方程。当变幅杆没有负载时, 在变幅杆的自由端 (即窄端) 应力等于零, 即

$$\left. \frac{\partial v}{\partial x} \right|_{x=L} = 0 \tag{6.13}$$

假设变幅杆在其宽端与换能器相连接, 两者同时达到设计的共振状态, 而且共振时又不改变振动系统的振动状态, 则有下面关系:

$$\frac{\partial v}{\partial x}\bigg|_{x=0} = 0, \quad v(0) = v_0 \tag{6.14}$$

其中，v_0 是激励换能器辐射面上的振速幅值。另外，变幅杆的放大特性是以其宽端和窄端直径之比来定义的，即

$$N = \frac{D_1}{D_2} = \sqrt{\frac{S_1}{S_2}} \tag{6.15}$$

6.1.2 不同种类变幅杆放大特性的比较研究

目前在大功率超声技术中，实际应用的变幅杆包括各式各样的圆锥型、指数型、悬链线型以及阶梯型超声变幅杆。振幅放大是变幅杆的一个主要作用，将变幅杆输出端和输入端位移振幅之比定义为变幅杆的放大系数，即

$$M_{\mathrm{p}} = \frac{v_2}{v_1} \tag{6.16}$$

而变幅杆的输入力阻抗则定义为变幅杆输入端的外力与振速之比

$$Z_{\mathrm{i}} = \frac{F_1}{v_1} \tag{6.17}$$

1. 圆锥型超声变幅杆

对于圆锥型超声变幅杆，任意位置处变幅杆的横截面积为

$$S = S_1(1 - \alpha x)^2 \tag{6.18}$$

其中，$\alpha = \dfrac{D_1 - D_2}{D_1 L}$。其振速方程为

$$\frac{\partial^2 v}{\partial x^2} + \frac{2}{x - \dfrac{1}{\alpha}} \cdot \frac{\partial v}{\partial x} + k^2 v = 0 \tag{6.19}$$

求解式 (6.19) 可得

$$v = \frac{1}{x - \dfrac{1}{\alpha}}(A\cos kx + B\sin kx) \tag{6.20}$$

利用边界条件可以得出待定常数 A 和 B，$B = A\left[\dfrac{k(1-\alpha L)\sin kL - \alpha\cos kL}{k(1-\alpha L)\cos kL + \alpha\sin kL}\right]$，

$B = -A\dfrac{\alpha}{k}$。由此可以得出变幅杆的共振频率方程为

$$\tan kL = \frac{kL}{1 + \dfrac{N}{(N-1)^2}(kL)^2} \tag{6.21}$$

沿长度方向，纵振动振速的分布规律为

$$v = \frac{v_0}{1-\alpha x}\left(\cos kx - \frac{\alpha}{k}\sin kx\right) \tag{6.22}$$

由式 (6.22) 可以得出变幅杆的位移放大系数为

$$M_{\mathrm{p}} = N\left(\cos kL - \frac{N-1}{NkL}\sin kL\right) \tag{6.23}$$

可以看出，圆锥型超声变幅杆的放大系数是比较小的，即 $M_{\mathrm{p}} < N$。

为了将变幅杆与外界连接，有时需要知道变幅杆的位移节点位置。由式 (6.22) 可以得出圆锥型超声变幅杆的位移节点位置为

$$\tan(kx_0) = k/\alpha \tag{6.24}$$

而圆锥型超声变幅杆的空载输入力阻抗为

$$Z_{\mathrm{i}} = \mathrm{j}\frac{\dfrac{(N-1)^2}{N}\left(\dfrac{1}{kL} - \cot kL\right) + kL}{kL\cot kL + N - 1} \tag{6.25}$$

比较式 (6.21) 与式 (6.25) 可以看出，变幅杆的共振频率方程可以通过令其输入力阻抗等于零而得到。

对于圆锥型超声变幅杆，其 T 型四端网络的阻抗分别为

$$Z_1 = -\mathrm{j}\frac{\rho c S_1}{kl}\left(\sqrt{\frac{S_2}{S_1}} - 1\right) - \mathrm{j}\rho c S_1 \cot kl + \mathrm{j}\frac{\rho c\sqrt{S_1 S_2}}{\sin kl}$$

$$Z_2 = -\mathrm{j}\frac{\rho c S_2}{kl}\left(\sqrt{\frac{S_1}{S_2}} - 1\right) - \mathrm{j}p c S_2 \cot kl + \mathrm{j}\frac{\rho c\sqrt{S_1 S_2}}{\sin kl}$$

$$Z_3 = \frac{\rho c\sqrt{S_1 S_2}}{\mathrm{j}\sin kl}$$

式中，$\alpha = \dfrac{D_1 - D_2}{D_1 l} = \dfrac{N-1}{Nl}, N = \dfrac{D_1}{D_2} = \sqrt{\dfrac{S_1}{S_2}}$，$S_2 = S_1(1 - \alpha l)^2$。对于圆锥型超声变幅杆，还经常利用一个叫作延展系数 F 的概念，其定义为 $F = \dfrac{r_1}{r_2 - r_1}$，式中 r_1、r_2 分别是圆锥喉部及输出端的半径。因此圆锥型超声变幅杆的各个阻抗还可由下面的式

子给出：

$$Z_1 = -\mathrm{j}\frac{\rho c S_1}{klF} - \mathrm{j}\rho c S_1 \cot kl + \mathrm{j}\frac{F}{F+1} \cdot \frac{\rho c S_2}{\sin kl}$$

$$Z_2 = -\mathrm{j}\frac{\rho c S_2}{kl(F+1)} - \mathrm{j}\rho c S_2 \cot kl + \mathrm{j}\frac{F}{F+1} \cdot \frac{\rho c S_2}{\sin kl}$$

$$Z_3 = \frac{F}{F+1} \cdot \frac{\rho c S_2}{\mathrm{j}\sin kl}$$

2. 指数型超声变幅杆

指数型超声变幅杆的面积变化函数为

$$S = S_1\,\mathrm{e}^{-2\beta x} \tag{6.26}$$

其中，β 称为变幅杆的面积减缩系数，$\beta l = \ln N$。其振速运动方程为

$$\frac{\partial^2 v}{\partial x^2} - 2\beta\frac{\partial v}{\partial x} + k^2 v = 0 \tag{6.27}$$

由此可得振速的分布函数为

$$v = \mathrm{e}^{\beta x}(A_1 \cos k'x + B_1 \sin k'x) \tag{6.28}$$

其中，$k' = \sqrt{k^2 - \beta^2}$。因此指数型超声变幅杆中的纵向振动传播速度不同于等截面细棒中的传播速度。指数型超声变幅杆中纵向振动的传播速度为 $c' = \dfrac{c}{\sqrt{1 - (\beta c / \omega)^2}}$。

利用上述边界条件可以求出待定常数 A_1 和 A_2，进而可以得出指数型超声变幅杆沿其长度方向的振速分布规律为

$$v = v_0\,\mathrm{e}^{\beta x}\left(\cos k'x - \frac{\beta}{k'}\sin k'x\right) \tag{6.29}$$

利用变幅杆的边界自由条件可以得出指数型超声变幅杆的共振频率方程为

$$\sin k'l = 0 \tag{6.30}$$

利用上述关系可以得出决定指数型超声变幅杆的共振长度表达式为

$$l = n\frac{c}{2f}\sqrt{1 + (\ln N/n\pi)^2} = n\frac{\lambda}{2}\sqrt{1 + (\ln N/n\pi)^2} \tag{6.31}$$

式中，$n = 1,2,3,\cdots$ 表示变幅杆的振动阶次。指数型超声变幅杆的位移放大系数为

$$M_\mathrm{p} = N \tag{6.32}$$

指数型超声变幅杆的位移放大系数就等于其直径之比。其位移节点位置为

$$\cot k'x_0 = \beta/k' \tag{6.33}$$

指数型超声变幅杆的空载输入力阻抗为

$$Z_\mathrm{i} = \mathrm{j}Z_{01} \frac{\sqrt{(k'l)^2 + (\ln N)^2}}{\ln N + k'l \cot k'l} \tag{6.34}$$

其中，$Z_{01} = \rho c S_1$。指数型超声变幅杆等效 T 型四端网络的阻抗表达式为

$$Z_1 = \mathrm{j}\frac{Z_{01}}{k}\beta - \mathrm{j}Z_{01}\frac{k'}{k}\cot k'l + \mathrm{j}\frac{k'}{k} \cdot \frac{\sqrt{Z_{01}Z_{02}}}{\sin k'l}$$

$$Z_2 = -\mathrm{j}\frac{Z_{02}}{k}\beta - \mathrm{j}Z_{02}\frac{k'}{k}\cot k'l + \mathrm{j}\frac{k'}{k} \cdot \frac{\sqrt{Z_{01}Z_{02}}}{\sin k'l}$$

$$Z_3 = -\mathrm{j}\frac{k'}{k} \cdot \frac{\sqrt{Z_{01}Z_{02}}}{\sin k'l}$$

式中，$Z_{01} = \rho c S_1$，$Z_{02} = \rho c S_2$。

3. 悬链线型超声变幅杆

$$S = S_2 \mathrm{ch}^2 \gamma(l-x) \tag{6.35}$$

式中，$\gamma l = \mathrm{arch} N$。其振速运动方程式为

$$\frac{\partial^2 v}{\partial x^2} - 2\gamma \mathrm{th}\gamma(l-x)\frac{\partial v}{\partial x} + k^2 v = 0 \tag{6.36}$$

求解式 (6.36) 可得

$$v = \frac{1}{\mathrm{ch}\gamma(l-x)}(A_2 \cos k'x + B_2 \sin k'x) \tag{6.37}$$

其中，$k' = \sqrt{k^2 - \gamma^2}$。利用边界条件可以得出速度振幅沿轴向的分布为

$$v = \frac{v_0 \mathrm{ch}\gamma l}{\mathrm{ch}\gamma(l-x)}\left(\cos k'x - \frac{\gamma}{k'}\mathrm{th}\gamma l \sin k'x\right) \tag{6.38}$$

悬链线型超声变幅杆的位移或振速放大系数为

$$M_\mathrm{p} = \frac{N}{\cos k'l} \tag{6.39}$$

很显然，悬链线型超声变幅杆是一种非常有效的振速变换器，其放大系数大于其面积之比。

另外，悬链线型超声变幅杆的共振频率方程为

$$\tan k'l = -\frac{\gamma}{k'\mathrm{th}\gamma l} \tag{6.40}$$

或

$$k'l \tan k'l = -\sqrt{1 - \frac{1}{N^2}}\mathrm{arch} N \tag{6.41}$$

其谐振长度为

$$l = \frac{\lambda}{2}\sqrt{\frac{(k'l)^2 + (\mathrm{arch}\,N)^2}{\pi^2}} \tag{6.42}$$

其中，$k'l$ 可由变幅杆的共振频率方程求出。同样我们可以得出变幅杆的位移节点位置为

$$\tan k'x_0 = \frac{k'}{\gamma}\mathrm{cth}\gamma l \tag{6.43}$$

变幅杆空载的输入力阻抗为

$$Z_{\mathrm{i}} = \mathrm{j}Z_{01}\frac{1}{kl}\left(\sqrt{1-\frac{1}{N^2}}\mathrm{arch}\,N + k'l\tan k'l\right) \tag{6.44}$$

悬链线型超声变幅杆等效 T 型四端网络的阻抗表达式为

$$Z_1 = \mathrm{j}\frac{Z_{01}}{k}\gamma\mathrm{th}\gamma l - \mathrm{j}Z_{01}\frac{k'}{k}\cot k'l + \mathrm{j}\frac{k'}{k}\cdot\frac{\sqrt{Z_{01}Z_{02}}}{\sin k'l}$$

$$Z_2 = -\mathrm{j}\frac{Z_{02}}{k}\gamma\mathrm{th}\gamma l - \mathrm{j}Z_{02}\frac{k'}{k}\cot k'l + \mathrm{j}\frac{k'}{k}\cdot\frac{\sqrt{Z_{01}Z_{02}}}{\sin k'l}$$

$$Z_3 = -\mathrm{j}\frac{k'}{k}\cdot\frac{\sqrt{Z_{01}Z_{02}}}{\sin k'l}.$$

4. 阶梯型超声变幅杆

阶梯型超声变幅杆是由两个不同直径的均匀圆柱组成的，其共振频率方程为

$$\tan kl_1 / \tan kl_2 = S_2/S_1 \tag{6.45}$$

其位移放大系数为

$$M_{\mathrm{p}} = \frac{S_1}{S_2}\frac{\sin kl_1}{\sin kl_2} \tag{6.46}$$

在上面的推导过程中，假定变幅杆是由同一材料组成的。当组成阶梯型超声变幅杆的两部分长度相同时，

$$M_{\mathrm{p}} = \frac{S_1}{S_2} \tag{6.47}$$

当变幅杆处于基频共振时，$l_1 = l_2 = \lambda/4$。

以上讨论的四种变幅杆，各有不同的特点。若单纯希望获得大的放大系数，而且是以较小的负载作用在变幅杆上的话，则应采用阶梯型或悬链线型超声变幅杆。

然而，当前应用最广泛的还是指数型超声变幅杆，它最优良的特性是，当共振频率发生不太大的变化时，变幅杆输入阻抗的变化很小，因而换能器振动系统的振动状态受负载或其他变化的影响很小，这对于保证超声振动系统的稳定及高效工作是有利的。因此，下面将对指数型超声变幅杆的振动特性作进一步的研究。

6.2   指数型超声变幅杆的理论设计

超声变幅杆的设计原则就在于确保换能器向负载传送最大的有效声能 (也就是要获得最大可能的行波振幅)。这一条件的满足在很大程度上依赖于变幅杆本身的一些参数 (如共振频率、共振长度、位移节点位置、截面大小以及截面的变化规律等),必须合理地设计。

1. 临界频率

在任何变截面的弹性棒中,弹性波沿轴线自一个界面向另一个界面传播时,会发生声波的反射,这就使弹性波的相速度发生了变化,而不同于在均匀截面棒中的传播速度。根据上面的分析,可以看出,指数型超声变幅杆中纵波的相速度是其截面减缩系数的函数。指数型超声变幅杆中的纵波速度为

$$c' = \frac{c}{\sqrt{1 - (\beta c/\omega)^2}} \tag{6.48}$$

可以看出,只有当变幅杆的材料、频率以及截面变化规律满足一定的条件时,纵波才能在其中传播。而这一条件的数学表达式为

$$f > \frac{\beta c}{2\pi} \tag{6.49}$$

$f_R = \dfrac{\beta c}{2\pi}$ 为指数型超声变幅杆的临界频率。当 $f \leqslant f_R$ 时,弹性振动不能在指数型超声变幅杆中传播。

2. 共振长度

指数型超声变幅杆的基频共振长度可表示为

$$l = \lambda'/2 = c'/2f \tag{6.50}$$

利用相关的关系式可得

$$l = \frac{c}{2f} \sqrt{1 + (\ln N/\pi)^2} \tag{6.51}$$

在以基频共振的指数型超声变幅杆中,由于减缩系数与行波相速度之间的相互关系,放大系数不能无限地增大,N 值不能超过一定的限度,否则变幅杆的效率就会下降。利用高次谐振,可以提高放大系数,但这必须以半波长的整倍数加大变幅杆的长度。含有 n 个半波长的变幅杆的共振长度为

$$\lambda = n\frac{\lambda}{2} \sqrt{1 + (\ln N/n\pi)^2} \tag{6.52}$$

对于变幅杆的高次振动或变幅杆的截面积较大时，必须引用另外的修正计算公式

$$\lambda = n\frac{\lambda}{2}(1-\delta)\sqrt{1+(\ln N/n\pi)^2} \tag{6.53}$$

其中，

$$\delta = \frac{\pi^2 n^2 \sigma}{8}\left(\frac{D_1}{2l}\right)^2 \cdot \frac{N^2-1}{N^2 \ln N} \tag{6.54}$$

3. 振速节点的位置

在绝大多数情况下，超声振动系统(包括超声换能器、超声变幅杆及超声工具)必须与外界相连。通常是将变幅杆与外部连接，因此必须知道变幅杆的位移振幅节点位置。在这一平面上，把变幅杆夹持，并固定于一定的外壳或支架上。由于固定位置是在振动系统的位移节点处，因此外壳或夹持机构不对系统的振动产生阻尼，不破坏系统的原始振动状态。对于指数型超声变幅杆，其位移节点的位置是

$$x_0 = \frac{l}{\pi}\mathrm{arccot}\frac{\ln N}{\pi} \tag{6.55}$$

式中，x_0 是由指数型超声变幅杆的宽端算起的位置。很显然，指数型超声变幅杆的位移节点位置与变幅杆长度的几何中心是不重合的，而是向变幅杆的宽端偏移。如果变幅杆包含 n 个半波长的谐振指数杆，则变幅杆的节点位置为

$$x_n = \frac{1}{\sqrt{\left(\frac{\pi}{\lambda}\right)^2 - \beta^2}}\mathrm{arccot}\frac{\sqrt{\left(\frac{\pi}{\lambda}\right)^2 - \beta^2}}{\pi} \tag{6.56}$$

关于圆锥型和悬链线型超声变幅杆的位移节点位置，可参见上面的分析。

4. 变幅杆面积系数 N 值的选择

变幅杆宽端和窄端的面积选择是根据纵向振动在变幅杆中的传播情况、使用的换能器的情况以及变幅杆的使用条件来选择的。

如上所述，弹性波在不均匀截面棒中传播时要发生反射，所以在指数型超声变幅杆中，若 N 值大于某一临界值，在变幅杆的某一平面上将发生波的反射，形成反相波的产生和传播，而使该处的传播速度等于零。也就是说，当指数型超声变幅杆的窄端直径小于一定的值时，能量将不能传播，造成能量的吸收而引起变幅杆末端的发热，所以必须防止这一情况。指数型超声变幅杆窄端的直径必须大于某一值，最小直径的计算是根据变幅杆临界频率的表达式而得出的

$$\ln \frac{D_1}{D_2} < \frac{2\pi fl}{c} \tag{6.57}$$

简化式 (6.57) 可得

$$\ln N < \pi \tag{6.58}$$

也就是说，指数型超声变幅杆直径比应不大于 23。处于高次振动模式的变幅杆的直径比可以以整数倍的形式增大。指数型超声变幅杆宽端的直径应不大于半波长，即应保证条件：

$$D_1 < \lambda/2 \tag{6.59}$$

否则就不满足平面波的条件。但在实际应用过程中，$D_1 \ll \lambda/2$。同时 D_1 的值还应根据换能器的辐射面积或辐射功率来确定。在实际应用中为了得到最大的效率，往往使变幅杆的大端直径等于换能器的辐射面积。指数型超声变幅杆窄端直径的设计原则主要是根据实际的应用场合。

5. 指数型超声变幅杆的三种基本形式

指数型超声变幅杆在实际应用过程中主要有三种基本的形式，即正圆指数型、反圆指数型和矩形截面指数型超声变幅杆。

1) 正圆指数型超声变幅杆

正圆指数型超声变幅杆如图 6.4 所示，这是在各种超声技术中应用最普遍的一种，超声能量由宽端传向窄端，其具体的设计可参见上文所述。

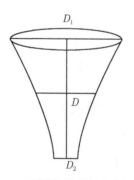

图 6.4   正圆指数型超声变幅杆

2) 反圆指数型超声变幅杆

反圆指数型超声变幅杆如图 6.5 所示。这种变幅杆主要用于超声技术中加工大直径或环形槽。它能以较小的作用面积在较高的效率下工作。反圆指数型超声变幅杆的内部曲线的变化规律仍按照指数形式。反圆指数型超声变幅杆任意一点处的横截面积为

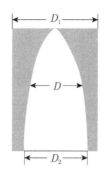

图 6.5 反圆指数型超声变幅杆

$$S = S_1 - S_D = \frac{\pi D_1^2}{4} - \frac{\pi D^2}{4} = \frac{\pi}{4}(D_1^2 - D^2) \tag{6.60}$$

其中, $S_1 = \frac{\pi}{4} D_1^2$, $S_D = \frac{\pi}{4} D^2$, $S_2 = \frac{\pi}{4}(D_1^2 - D_2^2)$, 其中 S_1 和 S_2 分别是变幅杆大端及小端的横截面积, S_D 是直径 D 处的内横截面积。由此可得反圆指数型超声变幅杆的面积系数为

$$N = \sqrt{\frac{S_1}{S_2}} = \sqrt{\frac{D_1^2}{D_1^2 - D_2^2}} \tag{6.61}$$

由式 (6.60) 和式 (6.61) 可得反圆指数型超声变幅杆的截面变化函数为

$$S = \frac{\pi D_1^2}{4} e^{-2\beta x} \tag{6.62}$$

简化后得其直径的变化规律为

$$D = D_1 \sqrt{1 - e^{-2\beta x}} \tag{6.63}$$

式 (6.63) 就是计算反圆指数型超声变幅杆内圆直径的基本方程式。其他性能, 如频率方程、速度振幅、放大系数、共振长度等与前面的方法相似。

3) 矩形截面指数型超声变幅杆

矩形截面指数型超声变幅杆的示意图如图 6.6 所示, 它也是一种在工程技术中应用很广的变幅杆形式, 它能把超声能量集中在一条狭长的面积上, 特别适合于超声焊接、切割狭缝、狭槽及超声缝焊等。在图中, $S_1 = A_1 B_1, S_2 = A_2 B_2, S = AB$。 $S = S_1 e^{-2\beta x}$。由于变幅杆的宽度是一常数, 因此可得变幅杆厚度的变化规律为 $A = A_1 e^{-2\beta x}$。其面积系数为 $N = \sqrt{A_1/A_2}$, 其他各个参数的计算方法与上相同。

4) 变幅杆的材料

使用变幅杆的基本目的在于获得高强度的弹性振动, 使在其输出端有几倍甚至于几十倍于输入端的质点振动速度和振幅。当然超声变幅杆内部的应力也是以相同的倍数增大的。因此变幅杆材料选择的首要条件就是在高频振动时要求有相当高的

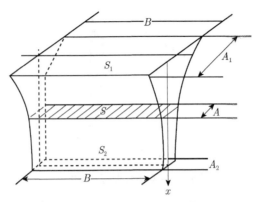

图 6.6　矩形截面指数型超声变幅杆的几何示意图

机械抗张强度和较小的机械损耗；其次是均匀性和硬度，并且要求能够与换能器或耦合工具在相互连接时产生较小的反射；同时能够或容易加工，以及在某些应用场合应具有一定的化学稳定性、一定的密度、导电性或导热系数等。

超声加工或处理所用的变幅杆，可以用 45 号钢、硬工具钢、钛合金、黄铜、不锈钢，或石英、玻璃钢及陶瓷等。在具体应用中，必须知道材料的密度、弹性模量以及弹性波的传播速度。在指数型超声变幅杆中，应力沿轴线的分布由下式给出：

$$\frac{\partial \xi}{\partial x} = \xi_1 \, e^{\beta x} \cdot \frac{k^2}{k'} \sin k'x \tag{6.64}$$

最大应力平面的位置由下式给出：

$$\tan k'x_{\mathrm{m}} = -k'/\beta \tag{6.65}$$

应该指出，指数型超声变幅杆的最大应力 (指数型超声变幅杆的危险截面) 平面与变幅杆的振动速度波节面并不重合，而是对称地分布于变幅杆轴线的几何中心两侧。当变幅杆谐振时，如果最大应力平面上的张力超过了材料的抗张强度，则变幅杆将发生破裂。

变幅杆材料的均匀性也是一个重要因素，材料组织的不均匀不但可能破坏平面波的传播条件，而且还会降低材料的抗张强度，因此在选择变幅杆材料和机械加工时必须格外注意。

6.3　性能可调的纵向振动圆锥型超声变幅杆

超声变幅杆是功率超声振动系统中一个独特的组成部分。超声变幅杆在超声金属和塑料焊接、超声机械加工、超声手术器械、超声提取和细胞粉碎，以及超声液体处理等高强度超声应用技术中获得了广泛的应用。其主要功能包括超声波振动位移和振速的放大、机械阻抗匹配及变换、振动系统的固定，以及超声换能器的隔离，如高温、高压以及各种腐蚀性环境等[98-101]。

在传统的功率超声技术中，超声变幅杆就是一个变截面的金属实心或空心棒体。目前常用的超声变幅杆形状包括阶梯型、圆锥型、指数型、悬链线型及其各种复合形式。随着功率超声技术的发展，为了满足一些特定的要求，一些特殊形状的变幅杆，如高斯型和傅里叶型超声变幅杆等也得到了人们的重视和研究[102-115]。

超声振动系统是一个共振式结构。当超声换能器和变幅杆的几何形状以及尺寸确定以后，其各种性能参数，包括共振频率、位移放大系数以及机械品质因数等随之确定。而在一些功率超声应用技术中，我们需要研究超声波参数对超声波处理效果的影响，例如研究超声波各种处理效应的频率响应以及振动位移的影响等，因此我们需要改变超声换能器振动系统的性能参数。为了达到这一目的，按照传统的超声振动系统的设计理论，必须设计不同的超声振动系统，以实现其性能参数的改变，而这对于工程技术应用是不方便的，也增加了系统的成本。

为了实现功率超声振动系统性能参数的改变，我们基于汪承灏院士提出的可调频率压电换能器理论[116-118]，提出了一种新型的性能可调的圆锥型超声变幅杆。该变幅杆是由传统的功率超声圆锥型超声变幅杆和压电陶瓷材料复合而成的，借助于压电陶瓷材料的压电效应，通过改变连接于压电陶瓷材料两端的电阻抗值，实现了超声变幅杆共振频率和位移放大系数的改变。

6.3.1 理论分析

图 6.7 为性能可调的圆锥型超声变幅杆的几何示意图。图中 PZT 表示纵向极化的压电陶瓷圆环，其数目一般为偶数，且相邻两片压电陶瓷材料的极化方向是相反的。压电陶瓷材料与圆锥型超声变幅杆之间通过预应力螺栓连接。图中 Z_e 表示连接于压电陶瓷材料上的可变电阻抗。F_1、v_1 和 F_2、v_2 分别表示变幅杆输入和输出端面的力和振动速度。基于压电陶瓷换能器振动系统的一维分析理论，可以得出图 6.7 所示变幅杆的机电等效电路，如图 6.8 所示。图 6.8 中，Z_{11}、Z_{12}、Z_{13} 和 Z_{21}、Z_{22}、Z_{23} 表示组成圆锥型超声变幅杆的两段金属圆柱的等效机电阻抗。Z_{01}、Z_{02}、Z_{03} 表示压电陶瓷材料的等效机电阻抗。C_0 和 n 分别表示压电陶瓷材料的静态电容和机电转换系数。其具体的表达式如下：

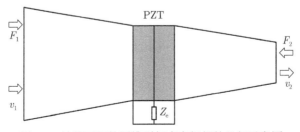

图 6.7　性能可调的圆锥型超声变幅杆的几何示意图

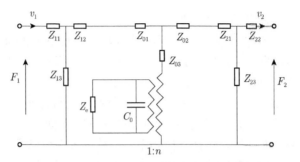

图 6.8　性能可调的圆锥型超声变幅杆的机电等效电路

$$Z_{11} = \frac{\rho c}{2 \mathrm{j} k} \left(\frac{\partial S}{\partial x} \right)_{x=0} + \frac{\rho c K S_1}{\mathrm{j} k} \cot K L_1 - \frac{\rho c K \sqrt{S_1 S_2}}{\mathrm{j} k \sin K L_1} \tag{6.66}$$

$$Z_{12} = -\frac{\rho c}{2 \mathrm{j} k} \left(\frac{\partial S}{\partial x} \right)_{x=L_1} + \frac{\rho c K S_2}{\mathrm{j} k} \cot K L_1 - \frac{\rho c K \sqrt{S_1 S_2}}{\mathrm{j} k \sin K L_1} \tag{6.67}$$

$$Z_{13} = \frac{\rho c K \sqrt{S_1 S_2}}{\mathrm{j} k \sin K L_1} \tag{6.68}$$

$$Z_{21} = \frac{\rho c}{2 \mathrm{j} k} \left(\frac{\partial S}{\partial x} \right)_{x=0} + \frac{\rho c K S_2}{\mathrm{j} k} \cot K L_2 - \frac{\rho c K \sqrt{S_2 S_3}}{\mathrm{j} k \sin K L_2} \tag{6.69}$$

$$Z_{22} = -\frac{\rho c}{2 \mathrm{j} k} \left(\frac{\partial S}{\partial x} \right)_{x=L_2} + \frac{\rho c K S_3}{\mathrm{j} k} \cot K L_2 - \frac{\rho c K \sqrt{S_2 S_3}}{\mathrm{j} k \sin K L_2} \tag{6.70}$$

$$Z_{23} = \frac{\rho c K \sqrt{S_2 S_3}}{\mathrm{j} k \sin K L_2} \tag{6.71}$$

$$Z_{01} = \mathrm{j} Z_0 \tan \frac{p k_0 L_0}{2} \tag{6.72}$$

$$Z_{02} = \mathrm{j} Z_0 \tan \frac{p k_0 L_0}{2} \tag{6.73}$$

$$Z_{03} = \frac{Z_0}{\mathrm{j} \sin p k_0 L_0} \tag{6.74}$$

其中，$S = S(x)$ 表示圆锥型超声变幅杆的截面积函数；$K^2 = k^2 - \dfrac{1}{\sqrt{S}} \dfrac{\partial^2 \sqrt{S}}{\partial x^2}$；$\rho$ 表示变幅杆的材料密度；$c = \sqrt{E/\rho}$，$k = \omega / c$，分别表示波数和声速，这里 E 是杨

氏模量；L_1 和 L_2 表示变幅杆中两段金属圆锥的长度；S_1、S_2 和 S_2、S_3 表示金属圆锥两端的横截面积，$S_1 = \pi R_1^2$，$S_2 = \pi R_2^2$，$S_3 = \pi R_3^2$。S_0 和 L_0 分别表示压电陶瓷材料的横截面积和厚度，$S_0 = \pi R_0^2$，$Z_0 = \rho_0 c_0 S_0$，$k_0 = \sqrt{\omega/c_0}$，这里 ρ_0 和 c_0 分别表示压电陶瓷材料的密度和声速。p 表示压电陶瓷圆环的数目，一般为偶数，则压电陶瓷材料的总厚度是 pL_0。一般情况下，超声变幅杆的输出端作用于某一处理对象，具有一定的机械负载。当超声变幅杆输出端的机械阻抗为 Z_L 时，$F_2 = v_2 \times Z_L$。然而，考虑到变幅杆负载阻抗的复杂性，在变幅杆的实际设计时，常常忽略负载的影响。此时，利用图 6.8 可以得出变幅杆的输入机械阻抗 Z_{im} 为

$$Z_{im} = Z_{11} + \frac{Z_{13}(Z_{12} + Z_{1m})}{Z_{13} + Z_{12} + Z_{1m}} \tag{6.75}$$

$$Z_{1m} = Z_{01} + \frac{(Z_{03} + Z_{3m})(Z_{02} + Z_{2m})}{Z_{02} + Z_{03} + Z_{2m} + Z_{3m}} \tag{6.76}$$

$$Z_{2m} = Z_{21} + \frac{Z_{22}Z_{23}}{Z_{22} + Z_{23}} \tag{6.77}$$

$$Z_{3m} = n^2 \frac{Z_e}{1 + j\omega C_0 Z_e} \tag{6.78}$$

式中，$\omega = 2\pi f$ 表示角频率。当变幅杆的输入机械阻抗等于零时，可以得出其共振频率方程为

$$Z_{11} + \frac{Z_{13}(Z_{12} + Z_{1m})}{Z_{13} + Z_{12} + Z_{1m}} = 0 \tag{6.79}$$

变幅杆的机械振速放大系数定义为输出端的振速与其输入端的振速之比

$$M = \frac{v_2}{v_1} \tag{6.80}$$

利用图 6.8，可以得出性能可调的圆锥型超声变幅杆的振速放大系数为

$$M = \frac{1}{G_1 G_2 G_3} \tag{6.81}$$

$$G_1 = \frac{Z_{13} + Z_{12} + Z_{1m}}{Z_{13}} \tag{6.82}$$

$$G_2 = \frac{Z_{02} + Z_{03} + Z_{2m} + Z_{3m}}{Z_{03} + Z_{3m}} \tag{6.83}$$

$$G_3 = \frac{Z_{22} + Z_{23}}{Z_3} \tag{6.84}$$

基于上述理论分析，当变幅杆的材料、形状以及几何尺寸给定以后，就可以得出其共振频率和放大系数。

6.3.2 电阻抗和压电陶瓷材料对变幅杆共振频率和放大系数的影响

对于圆锥型超声变幅杆，其横截面积变化函数为 $S = S_1(1 - \alpha x)^2$，这里 $\alpha = \dfrac{N-1}{NL}$，$N = \sqrt{\dfrac{S_1}{S_2}}$。变幅杆金属材料选取铝合金，压电陶瓷材料为 PZT-4 发射型材料，利用材料的标准参数，铝合金的材料参数为 $\rho = 2700\text{kg/m}^3$，$E = 7.023 \times 10^{10}\text{N/m}^2$，$c = 5100\text{m/s}$，压电陶瓷的材料参数为 $\rho_0 = 7500\text{kg/m}^3$，$c_0 = 2933\text{m/s}$，分析了电阻抗以及压电陶瓷材料对变幅杆共振频率和位移放大系数的影响。

1. 压电陶瓷材料位置的影响

当压电陶瓷材料在变幅杆中的位置发生改变时，变幅杆的位移和应力分布将发生相应的改变，因而影响变幅杆的性能。变幅杆的几何尺寸为 $R_1 = 0.03\text{m}$，$R_2 = 0.02\text{m}$，$R_3 = 0.01\text{m}$，$R_0 = 0.019\text{m}$，$L_1 + L_2 = 0.12\text{m}$，$L_0 = 0.002\text{m}$，$p = 2$。在这种情况下，变幅杆纵向的几何尺寸保持不变，L_1 的变化意味着压电陶瓷材料在变幅杆中的位置发生了改变。基于上述理论分析，可以得出变幅杆的共振频率和位移放大系数对压电陶瓷材料位置的依赖，分别如图 6.9 和图 6.10 所示。

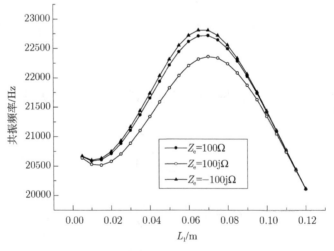

图 6.9 压电陶瓷材料位置对变幅杆共振频率的影响

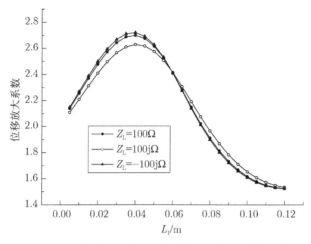

图 6.10 压电陶瓷材料位置对变幅杆位移放大系数的影响

由图可以看出,压电陶瓷材料的位置影响变幅杆的共振频率和位移放大系数;当压电陶瓷材料处于一定的位置时,变幅杆的共振频率和位移放大系数出现最大值;另外,对电阻抗的性质发生改变时,压电陶瓷材料位置对变幅杆性能参数的影响是不同的。

2. 压电陶瓷材料厚度对变幅杆性能参数的影响

压电陶瓷材料的位置保持不变,研究了压电陶瓷材料的厚度对变幅杆性能参数的影响。变幅杆的几何尺寸为 $R_1 = 0.03\mathrm{m}$,$R_2 = 0.02\mathrm{m}$,$R_3 = 0.01\mathrm{m}$,$R_0 = 0.019\mathrm{m}$,$L_1 = L_2 = 0.06\mathrm{m}$,$p = 2$。图 6.11 和图 6.12 分别为压电陶瓷材料的厚度对变幅杆共振频率和位移放大系数的影响。

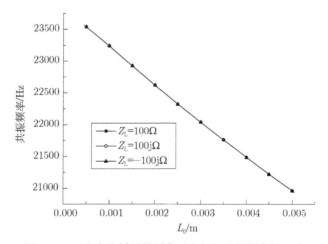

图 6.11 压电陶瓷材料的厚度对变幅杆共振频率的影响

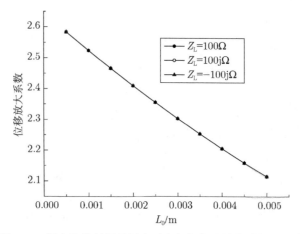

图 6.12　压电陶瓷材料的厚度对变幅杆位移放大系数的影响

　　由图可以看出，当压电陶瓷材料的厚度增大时，变幅杆的共振频率和位移放大系数减小；对应一定的压电陶瓷厚度，不同的电阻抗性质对变幅杆的性能影响是微乎其微的。

3. 电阻抗对变幅杆性能参数的影响

　　当连接到压电陶瓷材料上的电阻抗发生改变时，变幅杆的振动性能也发生变化。当变幅杆的材料、形状以及几何尺寸一定时，研究电阻抗对变幅杆性能参数的影响。变幅杆的几何参数为 $R_1 = 0.03\text{m}$，$R_2 = 0.02\text{m}$，$R_3 = 0.01\text{m}$，$R_0 = 0.019\text{m}$，$L_0 = 0.005\text{m}$，$L_1 = L_2 = 0.06\text{m}$，$p = 2$。图 6.13～图 6.16 分别是电阻和电抗对变幅杆共振频率和位移放大系数的影响规律图。

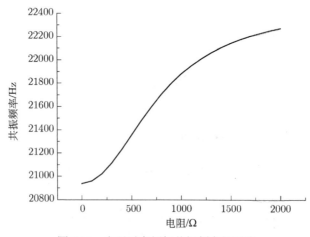

图 6.13　电阻对变幅杆共振频率的影响

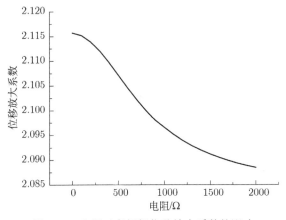

图 6.14　电阻对变幅杆位移放大系数的影响

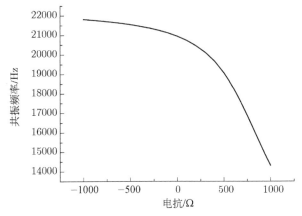

图 6.15　电抗对变幅杆共振频率的影响

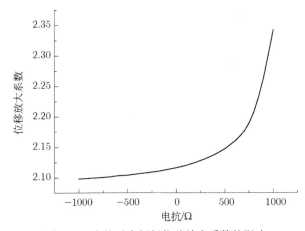

图 6.16　电抗对变幅杆位移放大系数的影响

由图可以看出，阻性电阻抗和抗性电阻抗对变幅杆性能参数的影响规律是不同的；当电阻增大时，变幅杆的共振频率增大，位移放大系数减小；当电抗增大时，变幅杆的共振频率减小，位移放大系数增大。即当电阻抗和压电陶瓷材料发生改变时，变幅杆的共振频率和位移放大系数都会发生相应的变化，因此利用这种方法，通过合理地选择变幅杆的形状、几何尺寸、压电陶瓷材料的位置和厚度，以及连接于压电陶瓷材料上的电阻抗，可以实现变幅杆的优化设计。

6.3.3　变幅杆振动性能的数值模拟

为了验证上述理论分析，利用有限元法对变幅杆的振动性能进行了数值模拟及仿真。变幅杆的几何尺寸为 $R_1 = 0.03\mathrm{m}$，$R_2 = 0.02\mathrm{m}$，$R_3 = 0.01\mathrm{m}$，$R_0 = 0.019\mathrm{m}$，$L_0 = 0.005\mathrm{m}$，$L_1 = L_2 = 0.06\mathrm{m}$，$p = 2$。基于 COMSOL Multiphysics 5.2 软件，数值模拟了变幅杆的振动模态，并得出了其共振频率和位移放大系数，结果如表 6.1～表 6.3 所示。其中 f_t、f_n 和 M_t、M_n 分别表示变幅杆共振频率和位移放大系数的解析结果和数值模拟结果，$\Delta_1 = |f_t - f_n| / f_n$，$\Delta_2 = |M_t - M_n| / M_n$。

表 6.1　不同电阻时变幅杆共振频率和位移放大系数的理论及数值模拟结果

编号	R_e/Ω	f_t/Hz	f_n/Hz	$\Delta_1/\%$	M_t	M_n	$\Delta_2/\%$
1	100	20786	20653	0.64	2.122	2.108	0.66
2	1000	21648	20799	4.08	2.103	2.102	0.05
3	10000	22253	21155	5.19	2.090	2.079	0.53

表 6.2　不同电感时变幅杆共振频率和位移放大系数的理论及数值模拟结果

编号	L_e/mH	f_t/Hz	f_n/Hz	$\Delta_1/\%$	M_t	M_n	$\Delta_2/\%$
1	1	20492	20605	0.55	2.126	2.110	0.76
2	2	20133	20554	2.05	2.133	2.112	0.99
3	3	19666	20492	4.03	2.141	2.114	1.28

表 6.3　不同电容时变幅杆共振频率和位移放大系数的理论及数值模拟结果

编号	C_e/pF	f_t/Hz	f_n/Hz	$\Delta_1/\%$	M_t	M_n	$\Delta_2/\%$
1	10000	21494	20810	3.29	2.107	2.101	0.29
2	20000	21245	20745	2.41	2.111	2.104	0.33
3	100000	20894	20675	1.06	2.114	2.107	0.33

从上述结果可以看出，利用上述理论得出的变幅杆的共振频率和位移放大系数

与数值模拟结果符合得很好。同时，变幅杆共振频率和位移放大系数与电阻抗的依赖关系也基本保持一致。误差主要来源于以下几个方面：①解析理论中假设变幅杆的振动是一维的，没有考虑其他的振动耦合，而在数值模拟中，则考虑了变幅杆的各种耦合振动；②解析理论中忽略了材料的损耗，而数值模拟则考虑了变幅杆以及压电陶瓷材料的损耗。

6.3.4 实验验证

为了验证上述关于性能可调的圆锥型超声变幅杆的分析理论，我们实际加工了一个带有压电陶瓷材料的圆锥型超声变幅杆。变幅杆的金属材料为超硬铝合金，压电陶瓷材料为国产的 PZT-4 发射型材料。其材料参数选用标准值，铝合金的材料参数为 $\rho = 2790 \text{kg/m}^3$，$E = 7.023 \times 10^{10} \text{N/m}^2$，$c = 5100 \text{m/s}$，压电陶瓷的材料参数为 $\rho_0 = 7500 \text{kg/m}^3$，$c_0 = 2933 \text{m/s}$。利用 Polytec 激光扫描测振仪对变幅杆的频率响应及其振动位移分布进行了实验测试，测试框图如图 6.17 所示。图中，作为振动激励源的压电陶瓷圆盘与变幅杆的输入端紧密连接，激光测振仪可以对变幅杆任意位置的振动位移及其分布进行测试。为了保证变幅杆共振频率测试的准确性，要求压电陶瓷圆盘的共振频率应远离变幅杆的共振频率。具体的测试过程如下，Polytec 激光测振仪的振动控制器 OFV-5000 产生的扫频电信号加在压电陶瓷圆盘激励器的两端，借助于压电效应产生的机械振动激发变幅杆产生同频率的振动。同时，激光测振仪的 PSV-400 扫描激光头对变幅杆的振动位移及其分布进行测试，经过相应的处理以后就可以得出变幅杆的频率响应以及振动位移分布，并以不同的形式进行显示和处理。在测试过程中，改变连接于变幅杆中压电陶瓷材料两端的电阻抗 Z_e 值，就可以改变变幅杆的性能并进行直接测试。变幅杆性能参数的具体测试装置图如图 6.18 所示，主要是由 Polytec 激光测振仪系统、待测变幅杆及可变电阻箱等组成。变幅杆振动位移及振动位移分布的测试结果如图 6.19 所示。其中上图表示变幅杆待测表面的振动位移分布，下图表示变幅杆振动位移的频率响应曲线。在频率响应曲线上，对应振动位移最大时的频率就是变幅杆的共振频率。对应变幅杆的共振频率，测出其输入和输出端的振动位移，就可得出变幅杆的位移放大系数。待测变幅杆的几何尺寸如表 6.4 所示，其共振频率及位移放大系数的测试结果见表 6.5，表中，f_t、f_m 和 M_t、M_m 分别表示变幅杆共振频率和位移放大系数的理论及实验测试值，$\Delta_3(\%) = |f_t - f_m|/f_m$，$\Delta_4(\%) = |M_t - M_m|/M_m$。从表中数据可以看出，变幅杆共振频率及位移放大系数的理论值和实验值符合得很好。误差主要来源于以下几方面：①变幅杆金属及压电陶瓷材料的标准参数值与实际值可能有所不同；②理论计算没有考虑连接于变幅杆输入端的压电陶瓷圆盘的影响，实际测试时压电陶瓷圆盘相当

于一个机械负载作用于变幅杆，因此会对变幅杆的性能参数产生一定的影响；③理论计算没有考虑变幅杆耦合振动的影响，实际的变幅杆具有一定的横向尺寸，存在一定的耦合振动；④理论计算时没有考虑变幅杆及压电陶瓷材料损耗的影响；⑤理论计算时没有考虑变幅杆中预应力螺栓的影响，实际的变幅杆是利用中心金属螺栓实现紧固的；⑥变幅杆的放置条件也影响测试结果，尤其是对变幅杆前后端的位移振幅进行测试时，需要对变幅杆进行移位，可能导致两次测试条件的不同，因而影响测试结果。

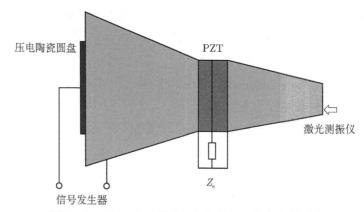

图 6.17　变幅杆共振频率及位移分布的实验测试框图

图 6.18　变幅杆共振频率及位移分布的实验测试装置图

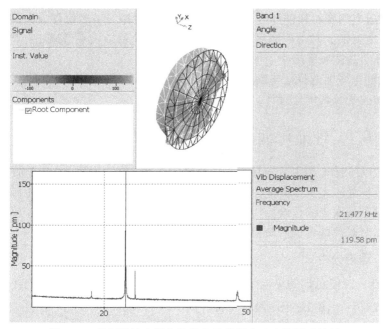

图 6.19 变幅杆输出端位移分布及其频率响应的测试结果

表 6.4 待测变幅杆的几何尺寸

R_1/mm	R_2/mm	R_3/mm	L_1/mm	L_2/mm	L_0/mm	P
27	16	10	50	50	5	2

表 6.5 不同电阻时变幅杆共振频率和位移放大系数的理论计算及测试结果

R_v/Ω	f_t/Hz	f_m/Hz	Δ_3/%	M_t	M_m	Δ_4/%
0	20927	20906	0.10	2.3045	2.1872	5.36
200	20954	20922	0.15	2.3044	2.1470	7.33
400	21034	20938	0.45	2.3039	2.1458	7.37
∞	22313	21461	3.97	2.2917	2.2371	2.44

6.3.5 本节小结

为了改变传统的超声变幅杆的不足，本节提出了一种性能可调的圆锥型纵向振动超声变幅杆。借助于压电效应，通过改变电阻抗以及压电陶瓷材料的位置和厚度，实现了变幅杆共振频率和位移放大系数的改变。重要的结论如下所述。

(1) 压电陶瓷材料的位置影响变幅杆的性能参数。对于一定的位置，变幅杆的共振频率和位移放大系数具有最大值。

(2) 当压电陶瓷材料的厚度增大时，变幅杆的共振频率和位移放大系数减小。

(3) 当电阻增大时，变幅杆的共振频率增大，位移放大系数减小；当电抗增大时，变幅杆的共振频率减小，而位移放大系数增大。

(4) 通过合理地选择压电陶瓷材料的位置、厚度以及电阻抗，可以实现变幅杆性能参数的改变及其优化设计。

6.4　性能可调的纵向振动阶梯型超声变幅杆

纵向振动阶梯型超声变幅杆具有位移放大系数大、结构简单、易于加工等优点。其固有的阶梯处应力集中的缺点可以通过增加过渡圆弧来加以解决。因此，在一些对功率要求不是太大的传统应用场合，阶梯型超声变幅杆获得了比较广泛的应用。鉴于此，本节对性能可调的阶梯型超声变幅杆的设计理论进行介绍。

6.4.1　理论分析

图 6.20 为性能可调的纵向阶梯型超声变幅杆，图 6.20(a) 是在变幅杆的大端插入压电陶瓷材料；图 6.20(b) 是在变幅杆的小端插入压电陶瓷材料。图中，Z_e 是与压电材料相连的电阻抗；F_1、v_1 和 F_2、v_2 分别为阶梯型超声变幅杆输入端和输出端的力和速度。基于固体圆柱体和压电换能器的一维振动理论，得到图 6.20 所示的阶梯型超声变幅杆的机电等效电路，如图 6.21 所示 ((a) 和 (b) 分别对应压电陶瓷材料位于大端和小端中的两种情况)。图中，Z_{11}、Z_{12}、Z_{13}、Z_{21}、Z_{22}、Z_{23} 和 Z_{31}、Z_{32}、Z_{33} 分别是三段金属圆柱的等效机械阻抗；Z_{01}、Z_{02}、Z_{03} 是压电陶瓷材料的等效阻抗，C_0 和 n 分别为压电陶瓷圆环的夹紧电容和机电转换系数，其具体表达式如下：

$$Z_{i1} = Z_{i2} = \mathrm{j}Z_i \tan\frac{k_i L_i}{2} \tag{6.85}$$

$$Z_{i3} = \frac{Z_i}{\mathrm{j}\sin k_i L_i}, \quad i = 1,2,3 \tag{6.86}$$

$$Z_{01} = Z_{02} = \mathrm{j}Z_0 \tan\frac{pk_0 L_0}{2} \tag{6.87}$$

$$Z_{03} = \frac{Z_0}{\mathrm{j}\sin pk_0 L_0} \tag{6.88}$$

$$C_0 = p\varepsilon_{33}^{\mathrm{T}}(1 - K_{33}^2)S_0/L_0 \tag{6.89}$$

$$n = d_{33}S_0/(s_{33}^{\mathrm{E}}L_0) \tag{6.90}$$

其中，L_i 为固体圆柱的长度；$Z_i = \rho_i c_i S_i$，$k_i = \omega/c_i$，这里 ρ_i、c_i 和 S_i 分别是密

度、声速和横截面积，$\omega = 2\pi f$ 是角频率，$S_i = \pi R_i^2$，这里 R_i 是金属圆柱的半径；S_0 和 L_0 分别为压电陶瓷圆环的横截面积和厚度，$S_0 = \pi R_0^2$，$Z_0 = \rho_0 c_0 S_0$，$k_0 = \omega / c_0$，这里 ρ_0 和 c_0 分别是压电陶瓷材料的密度和声速；p 是压电陶瓷圆环的数目，应是偶数，则压电陶瓷晶堆的总厚度是 pL_0。

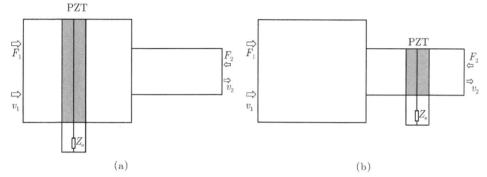

图 6.20　性能可调的阶梯型超声变幅杆的几何示意图

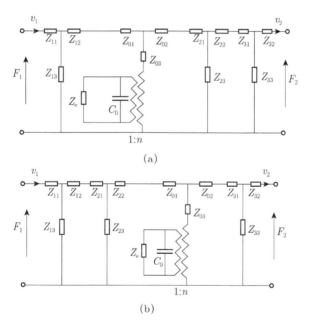

图 6.21　性能可调的阶梯型超声变幅杆的等效电路图

在下面的分析中，为了简单起见，我们使用了两片压电元件，它们用相同的电阻抗连接 (在实际应用中，可以使用更多的压电元件)。在这种情况下，压电元件可以连接到相同的电阻抗，也可以连接到不同的电阻抗，例如不同的电阻、电感和电容，或者它们的不同组合。基于图 6.21，令变幅杆的负载阻抗是 Z_L，即 $F_2 = v_2 \times Z_L$，

可以得到描述变幅杆输入机械阻抗 Z_m 的具体表达式为

$$F_1 = v_1 \times Z_\mathrm{m} \tag{6.91}$$

当压电陶瓷圆环处于变幅杆的大端时，

$$Z_\mathrm{m}^\mathrm{A} = Z_{11} + \frac{Z_{13}(Z_{12} + Z_\mathrm{p0}^\mathrm{A})}{Z_{13} + Z_{12} + Z_\mathrm{p0}^\mathrm{A}} \tag{6.92}$$

$$Z_\mathrm{p0}^\mathrm{A} = Z_{01} + \frac{(Z_{03} + Z_\mathrm{me})(Z_{02} + Z_\mathrm{m2}^\mathrm{A})}{Z_{02} + Z_{03} + Z_\mathrm{m2}^\mathrm{A} + Z_\mathrm{me}} \tag{6.93}$$

$$Z_\mathrm{m2}^\mathrm{A} = Z_{21} + \frac{(Z_{22} + Z_\mathrm{m3}^\mathrm{A})Z_{23}}{Z_{22} + Z_{23} + Z_\mathrm{m3}^\mathrm{A}} \tag{6.94}$$

$$Z_\mathrm{m3}^\mathrm{A} = Z_{31} + \frac{(Z_{32} + Z_\mathrm{L})Z_{33}}{Z_{32} + Z_{33} + Z_\mathrm{L}} \tag{6.95}$$

$$Z_\mathrm{me} = n^2 \frac{Z_\mathrm{e}}{1 + \mathrm{j}\omega C_0 Z_\mathrm{e}} \tag{6.96}$$

当压电陶瓷圆环位于变幅杆的小端时，

$$Z_\mathrm{m}^\mathrm{B} = Z_{11} + \frac{Z_{13}(Z_{12} + Z_\mathrm{m2}^\mathrm{B})}{Z_{13} + Z_{12} + Z_\mathrm{m2}^\mathrm{B}} \tag{6.97}$$

$$Z_\mathrm{m2}^\mathrm{B} = Z_{21} + \frac{(Z_{22} + Z_\mathrm{p0}^\mathrm{B})Z_{23}}{Z_{22} + Z_{23} + Z_\mathrm{p0}^\mathrm{B}} \tag{6.98}$$

$$Z_\mathrm{p0}^\mathrm{B} = Z_{01} + \frac{(Z_{03} + Z_\mathrm{me})(Z_{02} + Z_\mathrm{m3}^\mathrm{B})}{Z_{02} + Z_{03} + Z_\mathrm{m3}^\mathrm{B} + Z_\mathrm{me}} \tag{6.99}$$

$$Z_\mathrm{m3}^\mathrm{B} = Z_{31} + \frac{(Z_{32} + Z_\mathrm{L})Z_{33}}{Z_{32} + Z_{33} + Z_\mathrm{L}} \tag{6.100}$$

当变幅杆的输入机械阻抗等于零时，可得其共振频率方程为 (压电陶瓷圆环位于阶梯变幅杆的大端)

$$Z_{11} + \frac{Z_{13}(Z_{12} + Z_\mathrm{p0}^\mathrm{A})}{Z_{13} + Z_{12} + Z_\mathrm{p0}^\mathrm{A}} = 0 \tag{6.101}$$

当压电陶瓷圆环位于阶梯变幅杆的小端时，其共振频率方程为

$$Z_{11} + \frac{Z_{13}(Z_{12} + Z_\mathrm{m2}^\mathrm{B})}{Z_{13} + Z_{12} + Z_\mathrm{m2}^\mathrm{B}} = 0 \tag{6.102}$$

变幅杆的振速放大系数为

$$M = \frac{v_2}{v_1} \tag{6.103}$$

利用图 6.21，可以得出变幅杆的放大系数为 (压电陶瓷材料位于阶梯变幅杆的大端)

$$M_A = M_{A1} \cdot M_{A2} \cdot M_{A3} \cdot M_{A4} \tag{6.104}$$

$$M_{A1} = \frac{Z_{13}}{Z_{12} + Z_{13} + Z_{p0}^A} \tag{6.105}$$

$$M_{A2} = \frac{Z_{03} + Z_{me}}{Z_{02} + Z_{03} + Z_{me} + Z_{m2}^A} \tag{6.106}$$

$$M_{A3} = \frac{Z_{23}}{Z_{22} + Z_{23} + Z_{m3}^A} \tag{6.107}$$

$$M_{A4} = \frac{Z_{33}}{Z_{32} + Z_{33} + Z_L} \tag{6.108}$$

当压电陶瓷圆环位于变幅杆的小端时，其位移放大系数为

$$M_B = M_{B1} \cdot M_{B2} \cdot M_{B3} \cdot M_{B4} \tag{6.109}$$

$$M_{B1} = \frac{Z_{13}}{Z_{12} + Z_{13} + Z_{m2}^B} \tag{6.110}$$

$$M_{B2} = \frac{Z_{23}}{Z_{22} + Z_{23} + Z_{p0}^B} \tag{6.111}$$

$$M_{B3} = \frac{Z_{03} + Z_{me}}{Z_{02} + Z_{03} + Z_{me} + Z_{m3}^B} \tag{6.112}$$

$$M_{B4} = \frac{Z_{33}}{Z_{32} + Z_{33} + Z_L} \tag{6.113}$$

利用上述各式，当变幅杆的材料、几何形状和尺寸给定以后，就可以得出其共振频率和位移放大系数。上述方程涉及三种不同的参数，分别是变幅杆的几何尺寸和材料特性、与压电材料连接的电阻抗，以及变幅杆的负载机械阻抗 Z_L。负载机械阻抗是附加在变幅杆上的机械负载的整体反映。它受到许多因素的影响，难以准确确定。另一方面，在某些特定的超声应用中，负载的机械阻抗随时间而变化。例如，超声塑料焊接过程中负载的机械阻抗是变化的。考虑到这一复杂因素，在超声振动系统的实际设计中，负载机械阻抗通常被忽略。因此，在接下来的分析中，忽略负载机械阻抗。

6.4.2   电阻抗对阶梯型超声变幅杆性能的影响

这里数值分析了电阻抗对共振频率和机械位移放大系数的影响。金属变幅杆和压

电陶瓷圆环的材料分别为铝合金和 PZT-4。其标准材料参数如下：$\rho = 2700\text{kg/m}^3$，$E = 7.023 \times 10^{10}\text{N/m}^2$，$c = 5100\text{m/s}$，$\rho_0 = 7500\text{kg/m}^3$，$c_0 = 2933\text{m/s}$，$K_{33} = 0.7$，$s_{33}^{\text{E}} = 15.5 \times 10^{-12}\text{m}^2/\text{N}$，$d_{33} = 496 \times 10^{-12}\text{C/N}$，$\varepsilon_0 = 8.8452 \times 10^{-12}\text{F/m}$，$\varepsilon_{33}^{\text{T}}/\varepsilon_0 = 1300$。

1. 压电陶瓷圆环位于变幅杆的大端

当压电材料圆环位于阶梯型超声变幅杆的大端时，变幅杆的几何尺寸为：$R_1 = 0.0195\text{m}$，$R_2 = 0.0195\text{m}$，$R_3 = 0.015\text{m}$，$R_0 = 0.019\text{m}$，$L_1 = 0.03\text{m}$，$L_2 = 0.02\text{m}$，$L_3 = 0.05\text{m}$，$L_0 = 0.005\text{m}$，$p = 2$。数值模拟的共振频率、位移放大系数与电阻抗的关系如图 6.22～图 6.25 所示。

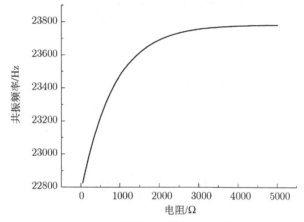

图 6.22　共振频率与电阻的理论关系

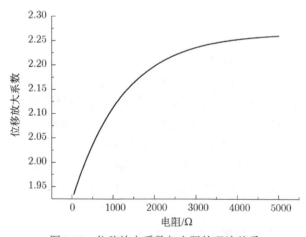

图 6.23　位移放大系数与电阻的理论关系

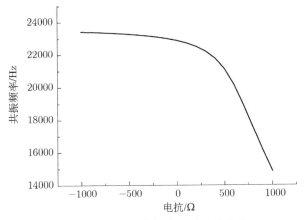

图 6.24 共振频率与电抗的理论关系

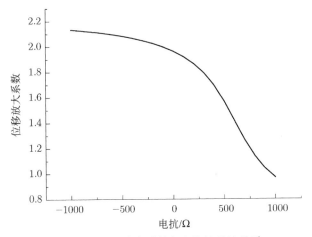

图 6.25 位移放大系数与电抗的理论关系

可以看出，当电阻增大时，共振频率和位移放大系数都增大；当电抗增大时，共振频率和位移放大系数均减小；上述变化的物理根源可归结为变幅杆机械阻抗的变化。当与压电材料相连的电阻抗发生变化时，由压电效应产生的转换机械阻抗也会发生变化，从而对输入机械阻抗产生影响。因此，变幅杆的共振频率和位移放大系数都发生了变化。

2. 压电陶瓷圆环位于变幅杆的小端

当压电陶瓷圆环位于阶梯型超声变幅杆的小端时变幅杆的几何尺寸为：$R_1 = 0.0195\text{m}$，$R_2 = 0.015\text{m}$，$R_3 = 0.015\text{m}$，$R_0 = 0.015\text{m}$，$L_1 = 0.05\text{m}$，$L_2 = 0.02\text{m}$，$L_3 = 0.03\text{m}$，$L_0 = 0.005\text{m}$，$p = 2$。数值模拟的共振频率、位移放大系数和电阻抗的关系如图 6.26～图 6.29 所示。

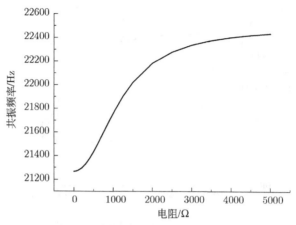

图 6.26　共振频率与电阻的理论关系

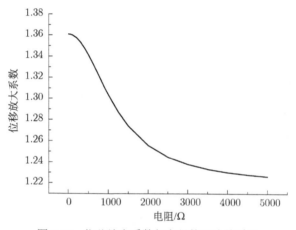

图 6.27　位移放大系数与电阻的理论关系图

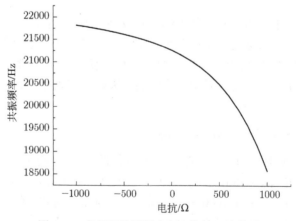

图 6.28　变幅杆共振频率与电抗的理论关系

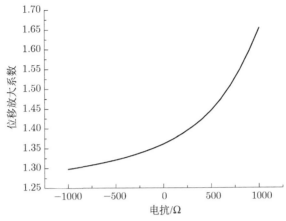

图 6.29 位移放大系数与电抗的理论关系

可以看出，当电阻增大时，变幅杆的共振频率增大，位移放大系数减小；当电抗增大时，共振频率减小，位移放大系数增大；上述不同变化趋势的物理根源可归结为电阻和电抗对变幅杆机械阻抗的影响不同。

综上所述，电阻抗对变幅杆的共振频率和位移放大系数有明显的影响。压电陶瓷圆环位于变幅杆大端时，其位移放大系数比位于变幅杆小端时大。产生这种现象的原因是，当与压电陶瓷圆环连接的电阻抗发生变化时，变幅杆中压电陶瓷圆环的转换机械阻抗相应地改变了，因此，共振频率和位移放大系数不同。

6.4.3 压电材料的位置对变幅杆性能的影响

这里利用数值方法分析了压电材料位置对变幅杆共振频率和位移放大系数的影响。金属喇叭和压电陶瓷圆环所用材料均与 6.4.2 节相同。这里与压电陶瓷圆环连接的电阻抗为 $Z_e = 500\Omega$。

1. 压电陶瓷圆环位于变幅杆的大端

当压电陶瓷圆环位于阶梯型超声变幅杆的大端时，变幅杆的几何尺寸为：$R_1 = 0.0195\mathrm{m}$，$R_2 = 0.0195\mathrm{m}$，$R_3 = 0.015\mathrm{m}$，$R_0 = 0.019\mathrm{m}$，$L_1 + L_2 = 0.05\mathrm{m}$，$L_3 = 0.05\mathrm{m}$，$L_0 = 0.005\mathrm{m}$，$p = 2$。很显然，当 L_1 和 L_2 的和保持不变时，L_1 的变化就意味着压电陶瓷圆环在变幅杆中的位置变化。数值模拟的共振频率、位移放大系数与压电材料位置的关系如图 6.30 和图 6.31 所示。

可以看出，当位于变幅杆大端的压电陶瓷圆环远离变幅杆的输入端时，共振频率增加，位移放大系数有最大值。共振频率和位移放大系数发生变化的物理根源可以解释如下：变幅杆是一种共振装置，它具有一定的振动位移分布，在不同位置，振动位移和应力不同，因而机械阻抗也不同。当压电陶瓷圆环位于变幅杆的不同位置时，压电效应对不同电阻抗产生的机械阻抗转换是不同的。

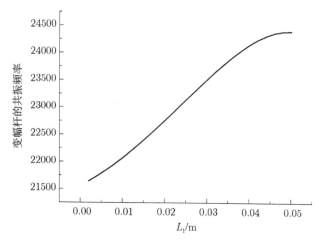

图 6.30   共振频率与压电材料位置的关系

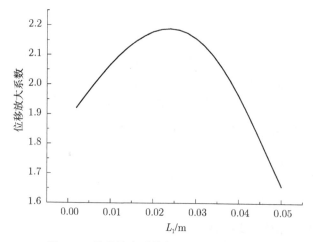

图 6.31   位移放大系数与压电材料位置关系

2. 压电陶瓷圆环位于变幅杆的小端

当压电陶瓷圆环位于阶梯型超声变幅杆的小端时，变幅杆的几何尺寸为：$R_1 = 0.0195\text{m}$ ， $R_2 = 0.015\text{m}$ ， $R_3 = 0.015\text{m}$ ， $R_0 = 0.015\text{m}$ ， $L_1 = 0.02\text{m}$ ， $L_2 + L_3 = 0.07\text{m}$ ， $L_0 = 0.005\text{m}$ ， $p = 2$ 。如上所述，L_2 的变化就意味着压电陶瓷圆环在变幅杆小端中的位置变化。数值模拟的共振频率、位移放大系数与压电陶瓷圆环位置关系如图 6.32 和图 6.33 所示。

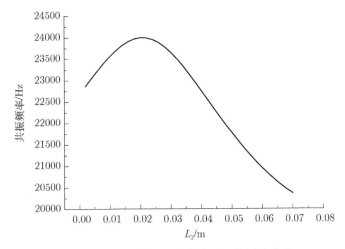

图 6.32 共振频率与压电陶瓷圆环位置的关系

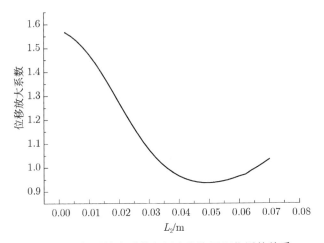

图 6.33 位移放大系数与压电陶瓷圆环位置的关系

从图 6.32 及图 6.33 可以看出，当将压电陶瓷圆环从变幅杆大端的位置移开时，共振频率有一个最大值，位移放大系数有一个最小值。

综合上述分析可知，压电陶瓷圆环在变幅杆中的位置对共振频率和位移放大系数有明显的影响。压电陶瓷圆环位于变幅杆大端时的位移放大系数明显大于压电陶瓷圆环位于变幅杆小端时的位移放大系数。产生这种现象的原因在于变幅杆是一种共振元件，它具有一定的应力和速度分布，在不同的位置，应力和速度不同，因此，机械阻抗也不同，这将通过压电效应产生不同的反射阻抗，从而影响变幅杆的性能。

6.4.4　实验验证

为了验证有关阶梯型超声变幅杆的上述理论, 我们设计并加工了一些性能可调的变幅杆。变幅杆金属材料为铝合金, 压电陶瓷材料为等效的 PZT-4。在设计和分析中, 采用了标准的材料参数。实验设置如图 6.34 所示。在图中, 一个用作振动发射器的压电陶瓷圆盘粘接在待测变幅杆的输入端。用于发射的压电陶瓷圆盘的最低共振频率远高于变幅杆的共振频率。在测量中, 将 Polytec OFV-5000 振动计控制器产生的扫频电信号应用于压电陶瓷圆盘。利用压电效应产生机械振动, 激励变幅杆振动。在变幅杆的输出端, Polytec PSV-400 激光扫描头自动测量端面上的振动分布。图 6.35 给出了测得的变幅杆输出端面振动位移的频率响应 (下图) 和振动位移分布 (上图)。在频率响应图中, 位移峰对应的频率为变幅杆的共振频率。通过测量变幅杆输入端和输出端的位移分布, 可以得到振动位移幅度, 并计算位移放大系数。表 6.6 列出了待测变幅杆的几何尺寸, 表 6.7 是变幅杆共振频率和位移放大系数的测试结果。表中 f_t 和 f_m 分别是变幅杆工作频率的理论计算值和测试值, M_t 和 M_m 是变幅杆位移放大系数的理论值和测试值。$\Delta_1 = \left| f_t - f_m \right| / f_m$, $\Delta_2 = \left| M_t - M_m \right| / M_m$。

图 6.34　变幅杆共振频率及位移分布的实验测量装置图

可以看出, 实测的共振频率和位移放大系数与理论结果吻合较好。对于测量误差, 应考虑以下因素。首先, 变幅杆的实际材料参数与教科书上的标准材料参数不同。其次, 对于待测的变幅杆, 采用中心预应力金属螺栓夹紧金属圆柱体和压电材料。在理论分析中, 不考虑该螺栓。最后, 在实验过程中, 变幅杆并非完全不受外力的影响，这与负载机械阻抗为零、变幅杆边界自由的假设不一致。

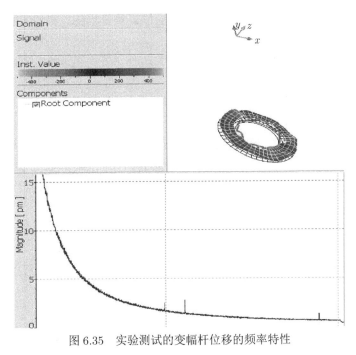

图 6.35　实验测试的变幅杆位移的频率特性

表 6.6　待测变幅杆的几何尺寸

编号	R_1/mm	R_2/mm	R_3/mm	R_0/mm	L_1/mm	L_2/mm	L_3/mm	L_0/mm
1	19.5	19	15	19	20	40	50	5
2	19.5	15	15	15	20	50	20	5

表 6.7　变幅杆共振频率以及位移放大系数的理论及测试结果

编号	R_e/Ω	f_t/Hz	f_m/Hz	Δ_1/%	M_t	M_m	Δ_2/%
	0	20826	20133	3.44	1.897	1.784	6.33
1	500	20973	20178	3.94	1.967	1.846	6.55
	∞	21298	20414	4.33	2.158	2.013	7.20
	0	21484	22109	2.83	0.980	0.931	5.26
2	1000	21779	22213	1.95	0.936	0.886	5.64
	∞	22175	22266	0.41	0.877	0.828	5.92

6.4.5　本节小结

本书提出并研究了一种具有可调性能的纵向阶梯型超声变幅器，其性能调整是基于压电效应，并分析了电阻抗和压电材料的位置对变幅杆性能的影响。综上所述，可以得出以下结论。

(1) 当压电材料在阶梯型超声变幅杆的大端时，若电阻增大，共振频率和位移放大系数都增大。

(2) 当压电材料在变幅杆小端时，若电阻增大，共振频率增加，位移放大系数减小。

(3) 对于在变幅杆大端使用压电材料的情况，当压电材料的位置远离变幅杆输入端时，共振频率增加，位移放大系数有最大值。

(4) 对于在变幅杆小端使用压电材料的情况，当压电材料的位置远离变幅杆大端时，共振频率有一个最大值，位移放大系数有一个最小值。

(5) 压电材料位于喇叭大端时的位移放大系数明显大于压电材料位于变幅杆小端时的位移放大系数。

(6) 通过选择合适的位置和电阻抗，可以优化阶梯型超声变幅杆的性能。

6.5　性能可调的复合型超声变幅杆

为了改进单一变幅杆的某些性能，例如增大位移放大系数、提高形状因数，同时也为了满足某些实际应用的特殊设计，就需要复合型超声变幅杆。所谓复合型超声变幅杆是指由多个形状不同的单一变幅杆组成的具有比较复杂形状和结构的变幅杆。本节将对性能可调的复合型超声变幅杆进行分析和研究。其基本的性能调节思路是，在复合型超声变幅杆中插入压电材料，并将压电材料与电阻抗相连接[119,120]。性能调整是基于压电效应。在接下来的分析中，研究了压电材料的位置、厚度和电阻抗对复合型超声变幅杆共振频率和位移放大系数的影响。结果表明，该方法对超声变幅器的性能调整是可行的，有望在大功率超声技术中得到应用。

6.5.1　性能可调的复合型超声变幅杆的设计理论

图 6.36 为性能可调的纵向复合型超声变幅杆，图 6.36(a) 对应的是压电陶瓷位于锥形圆柱体大端的超声变幅杆，图 6.36(b) 对应的是压电陶瓷位于锥形圆柱体小端的超声变幅杆。图中第 1 部分、第 2 部分和第 3 部分分别代表大端金属圆柱体、金属圆锥体和小端金属圆柱体。PZT 表示插入金属圆柱体和锥体之间的压电陶瓷。压电陶瓷的形状为圆环的形式，并在其厚度方向上被极化。为方便起见，压电陶瓷圆环的个数为偶数；相邻压电陶瓷圆环的极化方向相反。图中 Z_o 是连接于压电陶瓷圆环的电阻抗；F_1、v_1 和 F_2、v_2 分别是复合型超声变幅杆输入和输出端的力和振动速度。基于

变截面固体振动杆的一维纵向振动理论，得到图 6.36 所示的复合型超声变幅杆的机电等效电路，如图 6.37 所示。可以看出，图 6.37 由代表大端金属圆柱体、小端金属圆柱体、金属圆锥体和压电陶瓷圆环的四个 T 型网络组成。

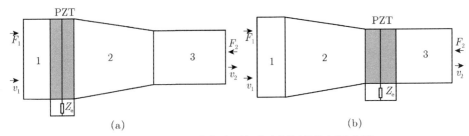

图 6.36 性能可调的复合型超声变幅杆的几何示意图

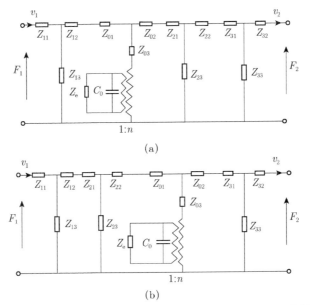

图 6.37 性能可调的复合型超声变幅杆纵向振动的双端口机电等效电路

(a) 压电陶瓷圆环在大端；(b) 压电陶瓷圆环在小端

图中，Z_{11}、Z_{12}、Z_{13}，Z_{21}、Z_{22}、Z_{23} 和 Z_{31}、Z_{32}、Z_{33} 分别表示大端金属圆柱体、金属圆锥体和小端金属圆柱体的等效机电阻抗；Z_{01}、Z_{02}、Z_{03} 是压电陶瓷圆环的机电等效阻抗；C_0 和 n 分别是压电陶瓷圆环的静态电容和机电转换系数；Z_e 是连接于压电陶瓷圆环的外部阻抗。图中各个阻抗的具体表达式为

$$Z_{11} = Z_{12} = \mathrm{j}Z_1 \tan(k_1 l_1/2) \tag{6.114}$$

$$Z_{13} = Z_1/(\mathrm{j}\sin k_1 l_1) \tag{6.115}$$

$$Z_{21} = -\mathrm{j}Z_1[(S_2/S_1)^{1/2}-1]/(k_2l_2) - \mathrm{j}Z_1\cot k_2l_2 + jZ_1(S_2/S_1)^{1/2}/\sin(k_2l_2) \tag{6.116}$$

$$Z_{22} = -\mathrm{j}Z_2[(S_1/S_2)^{1/2}-1]/(k_2l_2) - \mathrm{j}Z_2\cot k_2l_2 + jZ_1(S_2/S_1)^{1/2}/\sin(k_2l_2) \tag{6.117}$$

$$Z_{23} = -\mathrm{j}Z_1(S_2/S_1)^{1/2}/\sin k_2l_2 \tag{6.118}$$

$$Z_{31} = Z_{32} = \mathrm{j}Z_2\tan(k_3l_3/2) \tag{6.119}$$

$$Z_{33} = Z_2/(\mathrm{j}\sin k_3l_3) \tag{6.120}$$

$$Z_{01} = Z_{02} = \mathrm{j}Z_0\tan(pk_0l_0/2) \tag{6.121}$$

$$Z_{03} = Z_0/(\mathrm{j}\sin pk_0l_0) \tag{6.122}$$

式中，l_1、l_2 和 l_3 分别是大端金属圆柱体、金属圆锥体和小端金属圆柱体的长度；S_1 和 S_2 分别为大、小端金属圆柱体的横截面积，也就是金属圆锥体大、小两端的横截面积，$S_1 = \pi R_1^2$，$S_2 = \pi R_2^2$；S_0 和 l_0 分别为压电陶瓷圆环的横截面积和厚度，$S_0 = \pi R_0^2$；p 为压电陶瓷圆环的个数，则压电陶瓷圆环的总长度为 pl_0；$Z_1 = \rho_1c_1S_1$，$Z_2 = \rho_2c_2S_2$，$Z_0 = \rho_0c_0S_0$，$k_1 = \omega/c_1$，$k_2 = \omega/c_2$，$k_3 = \omega/c_3$，$c_1 = \sqrt{E_1/\rho_1}$，$c_2 = \sqrt{E_2/\rho_2}$，$c_3 = \sqrt{E_3/\rho_3}$。当复合超声变幅杆由相同的材料组成时，$\rho_1 = \rho_2 = \rho_3 = \rho$，$c_1 = c_2 = c_3 = c$，$E_1 = E_2 = E_3 = E$，$k_1 = k_2 = k_3 = k$，这里 ρ、c、E、k 分别为金属变幅杆的密度、声速、杨氏模量和波数。$k_0 = \sqrt{\omega/c_0}$，ρ_0 和 c_0 分别为压电陶瓷材料的密度和声速。由图 6.37 可知，当复合型超声变幅杆输出端的机械阻抗为 Z_L 时，可得 $F_2 = Z_Lv_2$。由此可得出复合型超声变幅杆的输入机械阻抗 Z_{im}。

1. 压电陶瓷圆环位于复合型超声变幅杆的大端

由图 6.37(a) 可以得出，压电陶瓷圆环位于大端时，复合型超声变幅杆输入端机械阻抗为

$$Z_{\mathrm{im}} = Z_{11} + \frac{Z_{13}(Z_{12}+Z_{\mathrm{p01}})}{Z_{13}+Z_{12}+Z_{\mathrm{p01}}} \tag{6.123}$$

$$Z_{\mathrm{p01}} = Z_{01} + \frac{(Z_{03}+Z_{\mathrm{p0}})(Z_{02}+Z_{\mathrm{m2}})}{Z_{02}+Z_{03}+Z_{\mathrm{p0}}+Z_{\mathrm{m2}}} \tag{6.124}$$

$$Z_{\mathrm{p0}} = n^2\frac{Z_{\mathrm{e}}}{1+\mathrm{j}\omega C_0Z_{\mathrm{e}}} \tag{6.125}$$

$$Z_{\mathrm{m2}} = Z_{21} + \frac{(Z_{22}+Z_{\mathrm{m3}})Z_{23}}{Z_{22}+Z_{23}+Z_{\mathrm{m3}}} \tag{6.126}$$

$$Z_{\mathrm{m3}} = Z_{31} + \frac{(Z_{32}+Z_{\mathrm{L}})Z_{33}}{Z_{32}+Z_{33}+Z_{\mathrm{L}}} \tag{6.127}$$

纵向位移放大系数 G_v 定义为复合型超声变幅杆输出端纵向振动速度与输入端纵向

振动速度之比

$$G_v = v_2/v_1 \tag{6.128}$$

由图 6.37(a) 可知，复合型超声变幅杆的纵向位移放大系数可表示为

$$G_v = G_1 \cdot G_2 \cdot G_3 \cdot G_4 \tag{6.129}$$

其中，

$$G_1 = \frac{Z_{13}}{Z_{12} + Z_{13} + Z_{p01}}, \quad G_2 = \frac{Z_{03} + Z_{p0}}{Z_{02} + Z_{03} + Z_{p0} + Z_{m2}}$$

$$G_3 = \frac{Z_{23}}{Z_{22} + Z_{23} + Z_{m3}}, \quad G_4 = \frac{Z_{33}}{Z_{32} + Z_{33} + Z_L}$$

2. 压电陶瓷圆环位于复合型超声变幅杆的小端

由图 6.37(b) 可知，压电陶瓷圆环位于小端时，复合型超声变幅杆的输入端机械阻抗为

$$Z_{im} = Z_{11} + \frac{Z_{13}(Z_{12} + Z_{m2})}{Z_{13} + Z_{12} + Z_{m2}} \tag{6.130}$$

$$Z_{m2} = Z_{21} + \frac{(Z_{22} + Z_{p01})Z_{23}}{Z_{22} + Z_{23} + Z_{p01}} \tag{6.131}$$

$$Z_{p01} = Z_{01} + \frac{(Z_{03} + Z_{p0})(Z_{02} + Z_{m3})}{Z_{02} + Z_{03} + Z_{p0} + Z_{m3}} \tag{6.132}$$

在式 (6.132) 中，Z_{p0} 和 Z_{m3} 的具体表达式与前面的相同。此时复合型超声变幅杆的位移放大系数与式 (6.129) 相同，但其各个组成部分的位移放大系数是不同的，具体的表达式为 $G_1 = \dfrac{Z_{13}}{Z_{12} + Z_{13} + Z_{m2}}$，$G_2 = \dfrac{Z_{23}}{Z_{22} + Z_{23} + Z_{p01}}$，$G_3 = \dfrac{Z_{03} + Z_{p0}}{Z_{02} + Z_{03} + Z_{p0} + Z_{m3}}$，

$G_4 = \dfrac{Z_{33}}{Z_{32} + Z_{33} + Z_L}$。由式 (6.123) 和式 (6.130) 可知，当输入机械阻抗绝对值达到最小值时，可得到复合型超声变幅杆的共振频率。同时，根据式 (6.129) 可以得到共振频率下复合型超声变幅杆的位移放大系数。可以看出，复合型超声变幅杆的共振频率和位移放大系数与其材料、外形、尺寸和外连的电阻抗等因素有关。

6.5.2 电阻抗对复合型超声变幅杆性能的影响

在这里，复合型超声变幅杆的材料、几何形状和尺寸是固定的，下面分析电阻抗对共振频率和位移放大系数的影响。金属变幅杆和压电陶瓷圆环的材料分别为铝合金和 PZT-4，其标准材料参数如下：$\rho = 2700\text{kg/m}^3$，$E = 7.023 \times 10^{10}\text{N/m}^2$，

$c = 5100\mathrm{m/s}$，$\rho_0 = 7500\mathrm{kg/m^3}$，$c_0 = 2933\mathrm{m/s}$。

1. 压电陶瓷圆环位于复合型超声变幅杆的大端

在这种情况下，压电陶瓷圆环位于复合型超声变幅杆的大端，如图 6.36(a)所示。复合型超声变幅杆的几何尺寸如下：$R_1 = 0.025\mathrm{m}$，$R_2 = 0.01\mathrm{m}$，$R_0 = 0.025\mathrm{m}$，$l_1 = 0.02\mathrm{m}$，$l_2 = 0.03\mathrm{m}$，$l_3 = 0.05\mathrm{m}$，$l_0 = 0.005\mathrm{m}$，$p = 2$。为简化分析，忽略变幅杆的负载机械阻抗，因此，$Z_L = 0$。由共振频率方程和位移放大系数表达式，得到共振频率和位移放大系数随电阻的变化曲线，分别如图 6.38 和图 6.39 所示。

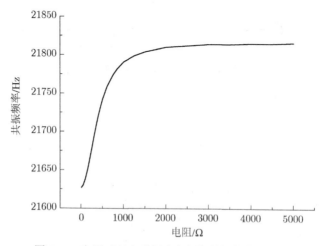

图 6.38   电阻对复合型超声变幅杆共振频率的影响

从图 6.38 可以看出，对于特定的复合型超声变幅杆，当电阻增大时，共振频率增大；当电阻较大时，电阻对共振频率的影响不明显。

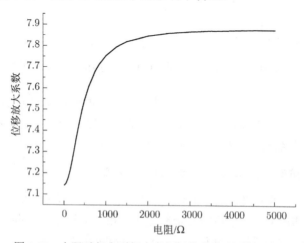

图 6.39   电阻对复合型超声变幅杆位移放大系数的影响

从图 6.39 可以看出，当电阻增大时，位移放大系数增大；当电阻较大时，电阻对位移放大系数的影响也不明显。连接在压电陶瓷圆环上的电阻引起变幅杆共振频率变化和位移放大系数的变化，其物理机制可归结为变幅杆机械阻抗的变化。当与压电陶瓷圆环连接的电阻抗发生变化时，由压电效应产生的转换机械阻抗也会发生变化，从而影响复合型超声变幅杆的输入机械阻抗。由于共振频率和位移放大系数都依赖于复合型超声变幅杆的输入阻抗，因此改变了复合变幅器的共振频率和位移放大系数。换句话说，由于变幅杆的输入机械阻抗取决于变幅杆的机械边界条件，因此可以认为，上述共振频率和位移放大系数的变化可归因于复合型超声变幅杆的机械和电边界条件的变化。

2. 压电陶瓷圆环位于变幅杆的小端

当压电陶瓷圆环位于图 6.36(b) 所示变幅杆的小端时，复合型超声变幅杆的几何尺寸如下：$R_1 = 0.025\text{m}$，$R_2 = 0.01\text{m}$，$R_0 = 0.01\text{m}$，$l_1 = 0.02\text{m}$，$l_2 = 0.03\text{m}$，$l_3 = 0.05\text{m}$，$l_0 = 0.005\text{m}$，$p = 2$，$Z_L = 0$。利用计算机软件可以得出复合型超声变幅杆的共振频率和位移放大系数与电阻的关系，分别如图 6.40 和图 6.41 所示。

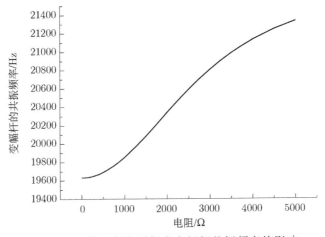

图 6.40 电阻对复合型超声变幅杆共振频率的影响

从图 6.40 中可以看出，当电阻增大时，共振频率增大，但增大的趋势与压电陶瓷圆环位于变幅杆大端时的情况不同，共振频率的饱和趋势变弱。

从图 6.41 可以看出，当电阻增大时，位移放大系数有一个最小值。由以上分析，可以得出电阻影响变幅杆共振频率和位移放大系数的如下结论：当电阻增大时，共振频率增大；当压电陶瓷圆环位于大端时，位移放大系数增大；当压电陶瓷圆环位于小端时，位移放大系数与某一特定电阻抗对应最小值；此外，压电陶瓷圆环在大

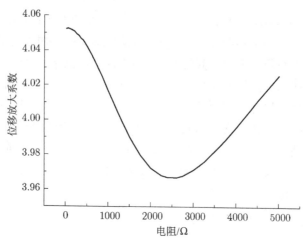

图 6.41　电阻对复合型超声变幅杆位移放大系数的影响规律

端时的位移放大系数比在小端时大。

6.5.3　压电陶瓷圆环位置对复合型超声变幅杆振动性能的影响

这里研究压电陶瓷圆环的位置对复合型超声变幅杆共振频率和位移放大系数的影响。在这种情况下，连接到压电陶瓷圆环的电阻抗是固定的。

1. 压电陶瓷圆环位于变幅杆的大端

复合型超声变幅杆的几何尺寸为：$R_1 = 0.025\mathrm{m}$，$R_2 = 0.01\mathrm{m}$，$R_0 = 0.025\mathrm{m}$，$l_1 + l_2 = 0.05\mathrm{m}$，$l_3 = 0.05\mathrm{m}$，$l_0 = 0.005\mathrm{m}$，$Z_\mathrm{e} = 1000\Omega$，$Z_\mathrm{L} = 0$，$p = 2$。图 6.42 和图 6.43 分别是复合型超声变幅杆的共振频率和位移放大系数与 l_1 的关系曲线。

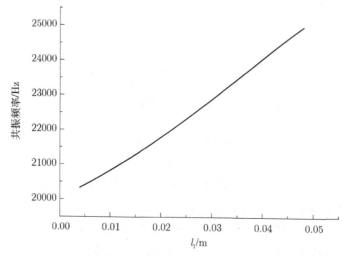

图 6.42　压电陶瓷圆环的位置对变幅杆共振频率的影响

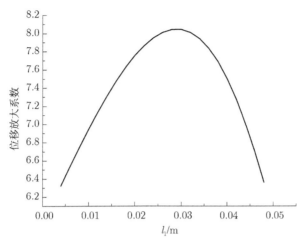

图 6.43　压电陶瓷圆环的位置对复合型超声变幅杆位移放大系数的影响

由图 6.42 和图 6.43 可以看出，当压电陶瓷圆环位于变幅杆的大端时，随着压电陶瓷圆环远离复合型超声变幅杆的输入端，复合型超声变幅杆的共振频率增加，位移放大系数具有最大值。

2. 压电陶瓷圆环位于变幅杆的小端

在这种情况下，复合型超声变幅杆的几何尺寸为：$R_1 = 0.025\text{m}$，$R_2 = 0.01\text{m}$，$R_0 = 0.01\text{m}$，$l_1 = 0.03\text{m}$，$l_2 + l_3 = 0.07\text{m}$，$l_0 = 0.005\text{m}$，$Z_e = 1000\Omega$，$Z_L = 0$，$p = 2$。图 6.44 和图 6.45 分别为变幅杆的共振频率和位移放大系数与 l_2 的关系曲线。

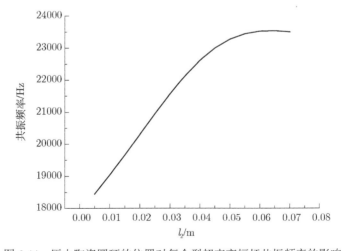

图 6.44　压电陶瓷圆环的位置对复合型超声变幅杆共振频率的影响

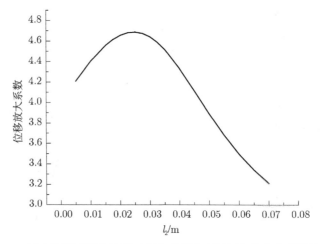

图 6.45　压电陶瓷圆环的位置对复合型超声变幅杆位移放大系数的影响

可以看出，当压电陶瓷圆环向复合型超声变幅杆的输出端移动时，变幅杆的共振频率增加，其位移放大系数有一个最大值。

6.5.4　压电陶瓷圆环的厚度对复合型超声变幅杆振动性能的影响

这里研究压电陶瓷圆环厚度对复合型超声变幅杆共振频率和位移放大系数的影响。在这种情况下，连接到压电陶瓷圆环的电阻抗是固定的。

1. 压电陶瓷圆环位于复合型超声变幅杆的大端

此时，复合型超声变幅杆的几何尺寸为：$R_1 = 0.025\text{m}$，$R_2 = 0.01\text{m}$，$R_0 = 0.025\text{m}$，$l_1 + 2l_0 = 0.02\text{m}$，$l_2 = 0.03\text{m}$，$l_3 = 0.05\text{m}$，$Z_e = 1000\Omega$，$Z_L = 0$，$p = 2$。图 6.46 和图 6.47 分别为变幅杆的共振频率和位移放大系数与压电陶瓷圆环厚度 l_0 的关系曲线。

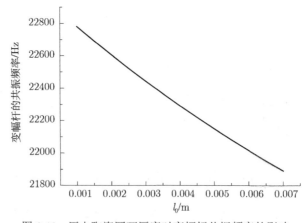

图 6.46　压电陶瓷圆环厚度对变幅杆共振频率的影响

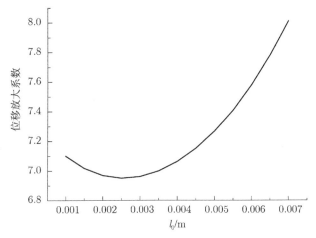

图 6.47 压电陶瓷圆环厚度对变幅杆位移放大系数的影响

从图可以看出，随着压电陶瓷圆环厚度的增加，共振频率减小，位移放大系数增大，但存在一个最小值。同时，当压电陶瓷圆环位于变幅杆的大端时，有压电陶瓷圆环的变幅杆的位移放大系数大于无压电陶瓷圆环的复合型超声变幅杆。

2. 压电陶瓷圆环位于复合型超声变幅杆的小端

变幅杆的几何尺寸为：$R_1 = 0.025\text{m}$，$R_2 = 0.01\text{m}$，$R_0 = 0.01\text{m}$，$l_1 = 0.02\text{m}$，$l_2 = 0.03\text{m}$，$l_3 + 2l_0 = 0.06\text{m}$，$Z_e = 1000\Omega$，$Z_L = 0$，$p = 2$。图 6.48 和图 6.49 分别为变幅杆的共振频率和位移放大系数与压电陶瓷圆环厚度 l_0 的关系曲线。

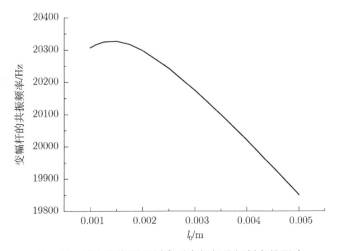

图 6.48 压电陶瓷圆环厚度对变幅杆共振频率的影响

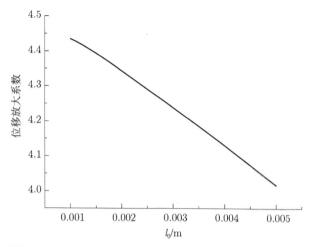

图 6.49　压电陶瓷圆环厚度对变幅杆位移放大系数的影响

　　由图可以看出，当压电陶瓷圆环位于变幅杆小端时，随着压电陶瓷圆环厚度的增大，变幅杆的共振频率和位移放大系数都减小。同时可以看出，带有压电陶瓷圆环的复合型超声变幅杆的位移放大系数小于未添加压电陶瓷圆环的复合型超声变幅杆。

　　在实际应用中，超声变幅杆通常工作在高应力条件下，会出现发热、非线性和稳定性等问题。在大功率条件下工作的各种变幅杆总是存在这些常见问题。与传统的超声变幅杆相比，本书提出的复合型超声变幅杆可以主动调节共振频率和位移放大系数。另一方面，由于压电陶瓷圆环的插入，复合型超声变幅杆的某些性能可能受到影响。首先，压电材料的导热性能不如变幅杆的金属材料。其次，金属和压电材料之间产生能量反射。最后，当使用电阻性电阻抗时，会有一定的能量损失。对于第三个问题，可用无功电阻抗来克服能量损耗。

6.5.5　实验研究

　　为了验证复合型超声变幅杆共振频率、位移放大系数与电阻抗、压电陶瓷圆环的位置和厚度之间的理论关系，这里设计并制造了几种复合型超声变幅杆。变幅杆金属材料为铝合金，压电陶瓷材料相当于 PZT-4。在设计和分析中，采用了标准的材料参数，实验框图如图 6.50 所示。图中，在变幅杆的输入端粘接有作为振动发射器的厚度极化压电陶瓷圆盘；它的最低共振频率远高于变幅杆的共振频率。在测量中，将 Polytec OFV-5000 激光测振仪控制器产生的扫频电信号应用于压电陶瓷换能器。利用压电效应产生机械振动，并激发复合型超声变幅杆振动。在变幅杆的输出端，Polytec PSV-400 激光扫描头自动测量端面上的振动分布。图 6.51 为实验测

试装置, 图 6.52 为测得的复合型超声变幅杆输出端面振动位移频率响应 (下图) 和振动位移分布 (上图). 在频率响应图中, 位移峰对应的频率为共振频率. 根据测量结果, 可以得到复合型超声变幅杆输入端和输出端的振动位移幅度, 因而可以计算得出位移放大系数. 表 6.8 列出了复合型超声变幅杆的几何尺寸, 表 6.9 给出了在不同电阻抗下测得的变幅杆共振频率和位移放大系数. 为了比较, 表中还给出了理论共振频率和位移放大系数. 在表 6.9 中, f_t、G_{vt} 和 f_m、G_{vm} 分别是变幅杆共振频率和位移放大系数的理论和实验结果, $\Delta_1 = |f_t - f_m|/f_m$, $\Delta_2 = |G_{vt} - G_{vm}|/G_{vm}$. 在整个实验中, 复合型超声变幅杆处于空载状态, 即 Z_L 等于零.

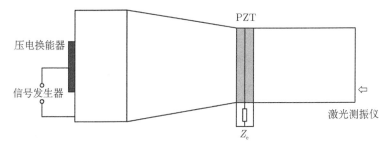

图 6.50 性能可调的复合型超声变幅杆的性能测试示意图

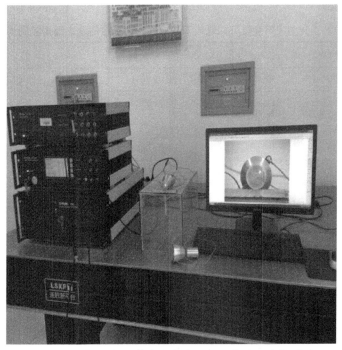

图 6.51 复合型超声变幅杆的激光测振实验测试装置图

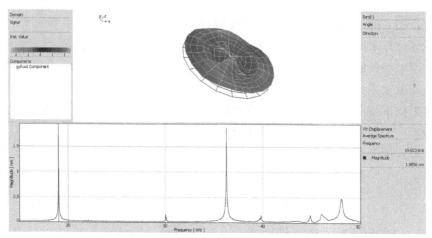

图 6.52　复合型超声变幅杆输出端振动位移的频率响应测试结果

表 6.8　复合型超声变幅杆的几何尺寸

编号	l_1/m	l_2/m	l_3/m	l_0/m	R_0/m	R_1/m	R_2/m
1	0.025	0.025	0.05	6	25	26	16
2	0.025	0.025	0.05	5	15	26	16

表 6.9　复合型超声变幅杆共振频率及位移放大系数的理论及实验测试结果

编号	Z_e/Ω	f_t/Hz	f_m/Hz	$\Delta_1/\%$	G_{vt}	G_{vm}	$\Delta_2/\%$
1	0	20883	19867	5.11	3.122	3.207	2.65
	1000	21342	20068	6.35	3.487	3.326	4.84
	∞	21453	20180	6.31	3.603	3.459	4.16
2	0	19340	18445	4.85	2.079	2.211	5.97
	1000	19741	18719	5.46	2.089	2.223	6.03
	∞	20154	19023	5.95	2.117	2.246	5.74

　　从上述结果可以看出，实测的共振频率和位移放大系数与理论结果吻合较好。对于测量误差，应考虑以下因素：①实际材料参数与标准值不同；②在理论分析中没有考虑夹紧复合型超声变幅杆的预应力螺栓；③忽略复合型超声变幅杆的机械损耗和介电损耗；④在理论分析中没有考虑粘接在变幅杆输入端的压电陶瓷发射器。

　　调节超声变幅杆共振频率和位移放大系数有不同的方法。根据传统的方法，可以通过改变材料、形状轮廓和几何尺寸来调节变幅杆的共振频率和位移放大系数。

在按传统方法设计和制造超声变幅杆时,其共振频率和位移放大系数等性能参数一般是不变的。本书方法可以看作是一种主动的方法,适用于已设计好的超声变幅杆,并已完成机械制造和安装的情况。在这种情况下,材料、形状轮廓和几何尺寸都是固定的。通过改变插入变幅杆的压电材料的电阻抗,可以调节变幅杆的性能参数。显然,这种性能调整不同于超声变幅杆理论分析和设计中通常采用的常规设计方法。

6.5.6 本节小结

本节提出并研究了一种振动性能可调的新型纵向复合型超声变幅杆。将连接电阻抗的压电陶瓷圆环插入复合型超声变幅杆中,利用压电效应调节变幅杆的共振频率和位移放大系数。研究结果表明,通过调节变幅杆内压电陶瓷圆环的位置和厚度,可以实现对变幅杆振动性能的调节。综上所述,可以得出以下结论。

(1) 当压电陶瓷圆环位于锥形复合型超声变幅杆的大端时,变幅杆的位移放大系数比压电陶瓷圆环位于锥形复合型超声变幅杆的小端时更大。

(2) 当压电陶瓷圆环位于锥形复合型超声变幅杆的大端时,有压电陶瓷圆环的变幅杆的位移放大系数比没有压电陶瓷圆环变幅杆的大。当压电陶瓷圆环位于锥形复合型超声变幅杆的小端时,有压电陶瓷圆环的变幅杆的位移放大系数比没有压电陶瓷圆环的变幅杆的要小。

(3) 电阻抗增大时,复合型超声变幅杆的共振频率增大;将压电陶瓷圆环置于复合锥形变幅杆的大端,增大了变幅杆的位移放大系数;当压电陶瓷圆环位于锥形复合型超声变幅杆的小端时,变幅杆的位移放大系数先减小后增大。

(4) 当将位于锥形复合型超声变幅杆大端的压电陶瓷圆环移离变幅杆输入端时,共振频率增加,位移放大系数有一个最大值。当位于锥形复合型超声变幅杆小端的压电陶瓷圆环靠近变幅杆输出端时,共振频率增加,位移放大系数也有最大值。

(5) 当位于锥形复合型超声变幅杆大端的压电陶瓷圆环厚度增加时,共振频率降低;位移放大系数增大。当位于锥形复合型超声变幅杆小端的压电陶瓷圆环厚度增加时,共振频率降低,位移放大系数减小。

(6) 通过合理选择复合型超声变幅杆内插入的压电陶瓷圆环的电阻抗、位置和厚度,可以实现对复合锥形变幅杆振动性能的优化设计。大端带有压电陶瓷圆环的变幅杆的振动性能优于小端带有压电陶瓷圆环的变幅杆。

6.6 扭转振动超声变幅杆的设计理论

近几年来,随着超声技术的发展,一些新的超声应用技术,如超声马达、超声旋转加工、超声研磨,以及超声焊接和疲劳试验等,越来越受到重视。在这类应用中，需要使用扭转振动超声振动系统或纵-扭复合振动系统。与纵向振动系统一样，大功率扭转振动系统也包括扭转换能器、扭转变幅杆及加工工具头等三部分。扭转变幅杆的作用包括角位移的放大及阻抗变换等。本节对扭转振动变幅杆的基本性能进行研究，以便为扭转振动系统的设计提供必要的理论基础及设计依据。

在平面波近似条件下，本节对几种常用的扭转振动半波变幅杆 (截面极惯性矩变化规律为圆锥型、指数型及悬链线型) 进行了系统的理论分析。导出了变幅杆的等效电路，得出了变幅杆的输入机械阻抗、共振频率方程及振幅放大系数的数学表达式。

图 6.53 为任意形状扭转振动变幅杆的几何示意图。图中 l 为变幅杆的长度，$\dot{\varphi}_1$、M_1 和 $\dot{\varphi}_2$、M_2 分别为变幅杆输入端和输出端的扭转角速度和扭矩，D 为变幅杆中任一位置处的截面直径，$D|_{x=0} = D_1$，$D|_{x=l} = D_2$，D_1 和 D_2 分别为变幅杆输入端及输出端的直径。为简化理论分析，设定扭转变幅杆由均匀的各向同性材料组成，且不考虑机械损耗。在平面波近似条件下，轴对称变幅杆沿轴向传播的扭转波可近似由下式表示[121]：

$$\frac{\mathrm{d}^2\varphi(x)}{\mathrm{d}x^2} + \frac{1}{I_\mathrm{p}(x)} \cdot \frac{\mathrm{d}I_\mathrm{p}(x)}{\mathrm{d}x} \cdot \frac{\mathrm{d}\varphi(x)}{\mathrm{d}x} + k_\mathrm{t}^2\varphi(x) = 0 \tag{6.133}$$

式中，$\varphi(x)$ 为变幅杆中扭转振动的角位移；$I_\mathrm{p}(x) = \iint_s r^2\mathrm{d}s$ 为变幅杆截面的极惯性矩；$k_\mathrm{t} = \omega/c_\mathrm{t}$ 为扭转波波数，这里 $c_\mathrm{t} = (G/\rho)^{1/2}$ 为细长棒中扭转波的传播速度，G 和 ρ 分别为材料的剪切模量及体密度；x 为变幅杆的轴向坐标。极惯性矩由变幅杆的截面形状决定。对于半径为 r 的实心圆截面，$I_\mathrm{p}(x) = (\pi/2)r^4(x)$；对于内外半径分别是 r_2 和 r_1 的环形圆截面，$I_\mathrm{p}(x) = (\pi/2)(r_1^4 - r_2^4)$，另外，变幅杆中任意位置处的扭矩可以表示为

$$M = GI_\mathrm{p}(x)\frac{\partial\varphi}{\partial x} \tag{6.134}$$

下面从式 (6.133) 出发，对几种常用的扭转变幅杆加以分析。

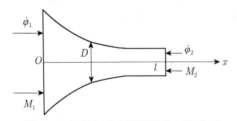

图 6.53 扭转振动变幅杆的几何示意图

6.6.1 变幅杆的截面极惯性矩按照 $I_\mathrm{p}(x) = I_\mathrm{p1}(1-\alpha x)^2$ 规律变化

由极惯性矩与变幅杆直径的关系可得 $D(x) = D_1(1-\alpha x)^{1/2}$。很显然，变幅杆的

截面形状不是按照圆锥函数的规律变化，这一点与纵向变幅杆的情况不同。把变幅杆截面的极惯性矩表达式代入式 (6.133)，可得变幅杆的扭转角位移为

$$\varphi(x,t) = \frac{1}{x - 1/\alpha}(A\cos k_t x + B\sin k_t x)\exp(j\omega t) \tag{6.135}$$

变幅杆中任意位置处的扭转角速度为

$$\dot{\varphi} = \frac{\partial \varphi}{\partial t} = j\omega\varphi \tag{6.136}$$

如图 6.53 所示，有 $\dot{\varphi}_1 = \dot{\varphi}\,|_{x=0}$，$\dot{\varphi}_2 = -\dot{\varphi}\,|_{x=l}$，由式 (6.135) 和式 (6.136) 可得待定常数 A 和 B 为：$A = j\dot{\varphi}_1/\omega\alpha$；$B = \dot{\varphi}_1/(j\omega\alpha\tan k_t l) - \dot{\varphi}_2(\alpha l - 1)/(j\omega\alpha\sin k_t l)$。另一方面，对于变幅杆中的扭矩，有 $M_1 = -M\,|_{x=0}$，$M_2 = -M\,|_{x=l}$，利用上述公式可得以下关系：

$$M_1 = \left(\frac{Z_{01}}{j\tan k_t l} - \frac{Z_{01}\alpha}{jk_t}\right)\dot{\varphi}_1 + \frac{\sqrt{Z_{01}Z_{02}}}{j\sin k_t l}\dot{\varphi}_2 \tag{6.137}$$

$$M_2 = \left(\frac{Z_{02}}{j\tan k_t l} + \frac{Z_{02}\alpha N}{jk_t}\right)\dot{\varphi}_2 + \frac{\sqrt{Z_{01}Z_{02}}}{j\sin k_t l}\dot{\varphi}_1 \tag{6.138}$$

式中，$Z_{01} = \rho c_t I_{p1}$，$Z_{02} = \rho c_t I_{p2}$，$N = \left(I_{p1}/I_{p2}\right)^{1/2} = \left(D_1/D_2\right)^2$，$\alpha = (N-1)/(Nl)$。当变幅杆的外部负载阻抗为 Z_L 时，即 $M_2 = -\dot{\varphi}_2 Z_L$。由式 (6.137) 和式 (6.138) 可得变幅杆的等效电路 (图 6.54)。

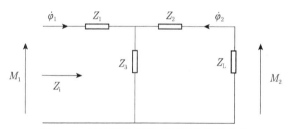

图 6.54 扭转振动超声变幅杆的等效电路

图中各个阻抗的具体表达式为

$$Z_1 = \frac{Z_{01}}{j\tan k_t l} - \frac{Z_{01}\alpha}{jk_t} - \frac{\sqrt{Z_{01}Z_{02}}}{j\sin k_t l} = jZ_{01}\left(\frac{N-1}{Nk_t l} + \frac{1}{N\sin k_t l} - \frac{1}{\tan k_t l}\right) \tag{6.139}$$

$$Z_2 = \frac{Z_{02}}{j\tan k_t l} + \frac{Z_{02}\alpha N}{jk_t} - \frac{\sqrt{Z_{01}Z_{02}}}{j\sin k_t l} = j\frac{Z_{01}}{N}\left(-\frac{N-1}{Nk_t l} + \frac{1}{\sin k_t l} - \frac{1}{N\tan k_t l}\right) \tag{6.140}$$

$$Z_3 = \frac{\sqrt{Z_{01}Z_{02}}}{j\sin k_t l} = \frac{Z_{01}}{jN\sin k_t l} \tag{6.141}$$

当变幅杆空载时，$Z_L = 0$，$M_2 = 0$。由图 6.54 可得扭转振动变幅杆空载时的输入机械阻抗 Z_i 为

$$Z_i = j Z_{01} \left[\frac{k_t N l \tan k_t l + (N-1)^2 \left(\dfrac{\tan k_t l}{k_t l} - 1 \right)}{k_t N l + N(N-1) \tan k_t l} \right] \qquad (6.142)$$

当 $Z_i = 0$ 时，可得变幅杆的共振频率方程

$$k_t N l \tan k_t l = (N-1)^2 \left(1 - \frac{\tan k_t l}{k_t l} \right) \qquad (6.143)$$

由此可得变幅杆的角位移速度放大系数 F 以及角位移节点位置 x_0

$$F = \frac{\dot{\varphi}_2}{\dot{\varphi}_1} = N \left(\frac{N-1}{k_t N l} \sin k_t l - \cos k_t l \right) \qquad (6.144)$$

$$\tan k_t x_0 = \frac{K_t (N-1)}{N l} \qquad (6.145)$$

当变幅杆的材料及共振频率给定后，就可根据上述各式对变幅杆的尺寸及其他参数进行设计及计算。

6.6.2　变幅杆的截面极惯性矩按照 $I_p = I_{p1} e^{-2\beta x}$ 规律变化

变幅杆的角位移分布由下式决定：

$$\varphi(x, t) = e^{\beta x} (A \cos k_t' x + B \sin k_t' x) e^{j\omega t} \qquad (6.146)$$

式中，$k_t' = (k_t^2 - \beta^2)^{1/2}$，$\beta l = \ln N$，利用类似的步骤，可得

$$M_1 = \left(\frac{k_t'}{k_t} \cdot \frac{Z_{01}}{j \tan k_t' l} - \frac{Z_{01} \beta}{j k_t} \right) \dot{\varphi}_1 + \frac{k_t'}{k_t} \cdot \frac{\sqrt{Z_{01} Z_{02}}}{j \sin k_t' l} \dot{\varphi}_2 \qquad (6.147)$$

$$M_2 = \left(\frac{k_t'}{k_t} \cdot \frac{Z_{02}}{j \tan k_t' l} + \frac{Z_{02} \beta}{j k_t} \right) \dot{\varphi}_2 + \frac{k_t'}{k_t} \cdot \frac{\sqrt{Z_{01} Z_{02}}}{j \sin k_t' l} \dot{\varphi}_1 \qquad (6.148)$$

此时变幅杆的等效电路与图 6.54 相似，其阻抗分别为

$$Z_1 = \frac{k_t'}{k_t} \cdot \frac{Z_{01}}{j \tan k_t' l} - \frac{Z_{01} \beta}{j k_t} - \frac{k_t'}{k_t} \cdot \frac{\sqrt{Z_{01} Z_{02}}}{j \sin k_t' l} \qquad (6.149)$$

$$Z_2 = \frac{k_t'}{k_t} \cdot \frac{Z_{02}}{j \tan k_t' l} + \frac{Z_{02} \beta}{j k_t} - \frac{k_t'}{k_t} \cdot \frac{\sqrt{Z_{01} Z_{02}}}{j \sin k_t' l} \qquad (6.150)$$

$$Z_3 = \frac{k_t'}{k_t} \cdot \frac{\sqrt{Z_{01} Z_{02}}}{j \sin k_t' l} \qquad (6.151)$$

变幅杆的空载输入阻抗、频率方程、角位移放大系数及位移节点分别为

$$Z_{\mathrm{i}} = \mathrm{j} Z_{01} \frac{\sqrt{(k_{\mathrm{t}}'l)^2 + (\ln N)^2}}{\ln N + k_{\mathrm{t}}'l \cot k_{\mathrm{t}}'l} \tag{6.152}$$

$$\tan k_{\mathrm{t}}'l = 0, \quad k_{\mathrm{t}}'l = n\pi \tag{6.153}$$

$$F = \frac{\dot{\varphi}_2}{\dot{\varphi}_1} = -N \tag{6.154}$$

$$\cot k_{\mathrm{t}}'x_0 = \frac{\ln N}{N\pi} \tag{6.155}$$

在式 (6.154) 中，负号表示变幅杆输入和输出端的角位移相位相反。

6.6.3 变幅杆的截面极惯性矩按照 $I_{\mathrm{p}} = I_{\mathrm{p}2}\mathrm{ch}^2\gamma(l-x)$ 规律变化

与上面的分析相似，可得以下各式：

$$\varphi(x,t) = \frac{1}{\mathrm{ch}\gamma(l-x)}(A\cos k_{\mathrm{t}}'x + B\sin k_{\mathrm{t}}'x)\mathrm{e}^{\mathrm{j}\omega t} \tag{6.156}$$

$$k_{\mathrm{t}}' = (k_{\mathrm{t}}^2 - \gamma^2)^{1/2}, \quad \mathrm{ch}\gamma l = N \tag{6.157}$$

$$M_1 = \left(\frac{k_{\mathrm{t}}'}{k_{\mathrm{t}}} \cdot \frac{Z_{01}}{\mathrm{j}\tan k_{\mathrm{t}}'l} - \frac{Z_{01}\gamma}{\mathrm{j}k_{\mathrm{t}}} \mathrm{th}\gamma l \right) \dot{\varphi}_1 + \frac{k_{\mathrm{t}}'}{k_{\mathrm{t}}} \cdot \frac{\sqrt{Z_{01}Z_{02}}}{\mathrm{j}\sin k_{\mathrm{t}}'l} \dot{\varphi}_2 \tag{6.158}$$

$$M_2 = \frac{k_{\mathrm{t}}'}{k_{\mathrm{t}}} \cdot \frac{Z_{02}}{\mathrm{j}\tan k_{\mathrm{t}}'l} \dot{\varphi}_2 + \frac{k_{\mathrm{t}}'}{k_{\mathrm{t}}} \cdot \frac{\sqrt{Z_{01}Z_{02}}}{\mathrm{j}\sin k_{\mathrm{t}}'l} \dot{\varphi}_1 \tag{6.159}$$

$$Z_1 = \frac{k_{\mathrm{t}}'}{k_{\mathrm{t}}} \cdot \frac{Z_{01}}{\mathrm{j}\tan k_{\mathrm{t}}'l} - \frac{Z_{01}\gamma}{\mathrm{j}k_{\mathrm{t}}} \mathrm{th}\gamma l - \frac{k_{\mathrm{t}}'}{k_{\mathrm{t}}} \cdot \frac{\sqrt{Z_{01}Z_{02}}}{\mathrm{j}\sin k_{\mathrm{t}}'l} \tag{6.160}$$

$$Z_2 = \frac{k_{\mathrm{t}}'}{k_{\mathrm{t}}} \cdot \frac{Z_{02}}{\mathrm{j}\tan k_{\mathrm{t}}'l} - \frac{k_{\mathrm{t}}'}{k_{\mathrm{t}}} \cdot \frac{\sqrt{Z_{01}Z_{02}}}{\mathrm{j}\sin k_{\mathrm{t}}'l} \tag{6.161}$$

$$Z_3 = \frac{k_{\mathrm{t}}'}{k_{\mathrm{t}}} \cdot \frac{\sqrt{Z_{01}Z_{02}}}{\mathrm{j}\sin k_{\mathrm{t}}'l} \tag{6.162}$$

$$Z_{\mathrm{i}} = \frac{\mathrm{j}Z_{01}}{k_{\mathrm{t}}l} \left[\left(1 - \frac{1}{N^2} \right)^{1/2} \cdot \gamma l + k_{\mathrm{t}}'l \tan k_{\mathrm{t}}'l \right] \tag{6.163}$$

$$-\left(1 - \frac{1}{N^2} \right)^{1/2} \cdot \gamma l = k_{\mathrm{t}}'l \tan k_{\mathrm{t}}'l \tag{6.164}$$

$$F = \frac{\dot{\varphi}_2}{\dot{\varphi}_1} = -\frac{N}{\cos k_{\mathrm{t}}'l} \tag{6.165}$$

$$\tan k_{\mathrm{t}}' x_0 = \frac{k_{\mathrm{t}}'}{\gamma \mathrm{th} \lambda l} \tag{6.166}$$

上面分析的是变幅杆的扭转振动，对于均匀截面棒，可简单地得出

$$Z_1 = Z_2 = \mathrm{j} Z_0 \tan(k_{\mathrm{t}} l/2) \tag{6.167}$$

$$Z_3 = Z_0/(\mathrm{j} \sin k_{\mathrm{t}} l) \tag{6.168}$$

$$Z_{\mathrm{i}} = \mathrm{j} Z_0 \tan k_{\mathrm{t}} l \tag{6.169}$$

式中，$Z_0 = \rho c_{\mathrm{t}} I_{\mathrm{p}}$，$I_{\mathrm{p}} = (\pi/2) R^4$，这里 R 是等截面圆柱的截面半径。

6.7 纵扭复合模态超声变幅杆的设计理论

在传统的超声技术中，特别是在大功率超声领域，超声振动系统是由超声换能器、变幅杆和工具组成的纵向振动系统[122-125]。随着超声技术的发展，超声电机、超声塑料焊接、超声加工、超声疲劳试验等新的超声应用得到了进一步的发展，越来越受到人们的重视。在这些情况下，除了纵向振动模态外，还采用了扭转振动模态和纵扭复合振动模态，有时它们比传统的纵向振动模态更受欢迎。Rozenberg 在其著作[126]中研究了基于纵向振型转换为扭转振型的扭转和纵扭复合振型超声换能器，但该换能器的振动能量转换效率较低且结构复杂。近年来，随着超声电机的发展，夹心压电陶瓷扭转和纵扭复合模式超声换能器出现了[127-129]。在纵扭复合模态换能器中，由于纵、扭振动声速不同，纵、扭振动不能在同一共振频率上共振。这就导致了纵扭复合模态换能器的激励困难，即为了激励纵向和扭转振动，则需要两套超声波电源。为了简化纵扭复合模态换能器的激励，复合模态超声振动系统的纵、扭振动必须在同一频率上共振。在本节内容中，根据指数型超声变幅杆纵、扭振动的振动理论，通过改变指数型超声变幅杆横截面积的衰减常数，得到了指数型超声变幅杆纵、扭振动同频共振的条件，推导出了指数型超声变幅杆纵、扭复合模态的共振频率方程。

6.7.1 纵扭复合模态指数型超声变幅杆的振动特性

图 6.55 为纵扭复合模态超声变幅杆的几何示意图，其中 R_1 和 R_2 分别为变幅杆大小端的半径，l 是长度，变幅杆横截面半径的变化规律由下式决定：

$$R(x) = R_1 \mathrm{e}^{-\beta x} \tag{6.170}$$

其中，β 是指数型超声变幅杆横截面积的衰减常数，$\beta l = \ln N$，这里 $N = R_1/R_2$。

1. 纵扭复合模态指数型超声变幅杆的纵向振动

基于一维纵向振动理论，小振幅的纵向声波在变截面细棒中的传播由下式决定：

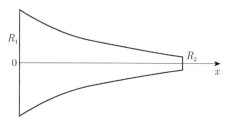

图 6.55　纵扭复合模态指数型超声变幅杆的几何示意图

$$\frac{\partial^2 \xi}{\partial x^2} + \frac{1}{S} \cdot \frac{\partial S}{\partial x} \cdot \frac{\partial \xi}{\partial x} + k_1^2 \xi = 0 \tag{6.171}$$

其中，x 是沿变幅杆纵轴的坐标；$S = S_1 e^{-2\beta x}$ 是变幅杆的横截面积，这里 S_1 是变幅杆在大端的横截面积；ξ 是纵向位移；$k_1 = \omega/c_1$ 是纵波波数，这里 $c_1 = (E/\rho)^{1/2}$ 是细棒中纵向振动的声速，E 和 ρ 分别是杨氏模量和密度。式 (6.171) 的解为

$$\xi = e^{\beta x}(A \cos k_1' x + B \sin k_1' x) e^{j\omega t} \tag{6.172}$$

其中，A 和 B 是由变幅杆的边界条件决定的常数，$k_1' = \omega/c_1' = (k_1^2 - \beta^2)^{1/2}$，这里 c_1' 是指数变幅杆中纵向振动的声速，其表达式为

$$c_1' = \frac{c_1}{\sqrt{1 - (\beta c_1/\omega)^2}} \tag{6.173}$$

从式 (6.173) 可以看出，纵向振动沿指数型超声变幅杆传播的条件为

$$\frac{\beta c_1}{\omega} < 1 \quad \text{或} \quad f > \frac{\beta c_1}{2\pi} \tag{6.174}$$

当变幅杆两端无外力，即变幅杆无载荷时，指数型超声变幅杆纵向振动的共振频率方程为

$$\sin k_1' l = 0, \ l = n\lambda_1'/2 \quad (n = 1, 2, \cdots) \tag{6.175}$$

其中，$\lambda_1' = c_1'/f$ 是指数型超声变幅杆中纵向振动的波长；n 是自由边界条件下指数型超声变幅杆的纵向振动阶数。

2. 纵扭复合模态指数型超声变幅杆的扭转振动

在平面波近似的假设下，扭转振动在变截面细棒中的传播方程为

$$\frac{\partial^2 \xi}{\partial x^2} + \frac{1}{S} \cdot \frac{\partial S}{\partial x} \cdot \frac{\partial \xi}{\partial x} + k_1^2 \xi = 0 \tag{6.176}$$

$I_p = I_{p1} e^{-4\beta x}$ 是横截面绕扭转轴的惯性矩，对于实心圆形横截面，$I_p = \frac{\pi}{2} R^4$，对于圆柱形横截面，$I_p = \frac{\pi}{2}(R_{out}^4 - R_{in}^4)$；$\phi = \phi(x, t)$ 是角位移；$k_t = \omega/c_t$ 是扭转波的波数，

这里 $c_t = (G/\rho)^{1/2}$ 是细杆中扭转振动的声速，G 是剪切模量。对于本书讨论的指数型超声变幅杆，把 $I_p = I_{p1}e^{-4\beta x}$ 代入式 (6.176) 得到

$$\frac{\partial^2 \phi}{\partial x^2} - 4\beta \frac{\partial \phi}{\partial x} + k_t^2 \phi = 0 \tag{6.177}$$

式 (6.177) 的解为

$$\phi = e^{2\beta x}(C \cos k_t' x + D \sin k_t' x)e^{j\omega t} \tag{6.178}$$

其中，C 和 D 是由变幅杆两端的边界条件确定的常数；$k_t' = \omega/c_t' = (k_t^2 - 4\beta^2)^{1/2}$ 是指数型超声变幅杆中扭转振动的波数；c_t' 是指数型超声变幅杆中扭转振动的声速，其表达式为

$$c_t' = \frac{c_t}{\sqrt{1 - (2\beta c_t/\omega)^2}} \tag{6.179}$$

由式 (6.179) 可得到扭转振动沿指数型超声变幅杆传播的条件为

$$\frac{2\beta c_t}{\omega} < 1 \quad 或 \quad f > \frac{\beta c_t}{\pi} \tag{6.180}$$

当变幅杆两端没有外部扭转力矩时，可以得出指数型超声变幅杆中扭转振动的共振频率方程：

$$\sin k_t' l = 0, \quad l = m\lambda_t'/2 \quad (m = 1, 2, \cdots) \tag{6.181}$$

其中，$\lambda_t' = c_t'/f$ 是指数型超声变幅杆中扭转振动的波长，这里 f 是频率；m 是自由边界条件下变幅杆的扭转振动阶数。

3. 纵向和扭转振动在同一指数型超声变幅杆中的同频共振条件

当指数型超声变幅杆中纵向振动的共振长度等于同一变幅杆中扭转振动的共振长度时，指数型超声变幅杆中的纵振和扭转振动将以相同的频率共振，由式 (6.175) 和式 (6.181) 可以得到

$$n\frac{\lambda_l'}{2} = m\frac{\lambda_t'}{2} \tag{6.182}$$

使用上述分析，式 (6.182) 可以改写为

$$\left(\frac{\beta}{\omega}\right)^2 = \frac{n^2 c_l^2 - m^2 c_t^2}{4n^2 c_l^2 c_t^2 - m^2 c_l^2 c_t^2} = \frac{n^2/c_t^2 - m^2/c_l^2}{4n^2 - m^2} \tag{6.183}$$

式 (6.183) 是 n 阶纵向振动和 m 阶扭转振动在同一指数型超声变幅杆中同频共振的必要条件。从式 (6.183) 可以看出，由于指数型超声变幅杆中纵向和扭转振动的声速取决于其横截面积的衰减常数，因此，通过改变衰减常数，可以使纵向和扭转振动以相同的频率共振。

4. 纵扭复合模态指数型超声变幅杆的共振频率方程

将式 (6.183) 代入 c_l' 和 c_t' 的表达式可得

$$nc_l' = mc_t' = c_l \cdot \frac{\sqrt{4n^2 - m^2}}{\sqrt{4 - c_l^2/c_t^2}} = c_t \cdot \frac{\sqrt{4n^2 - m^2}}{\sqrt{4c_t^2/c_l^2 - 1}} \qquad (6.184)$$

令 $D_c = c_l \cdot \dfrac{\sqrt{4n^2 - m^2}}{\sqrt{4 - c_l^2/c_t^2}} = c_t \cdot \dfrac{\sqrt{4n^2 - m^2}}{\sqrt{4c_t^2/c_l^2 - 1}}$，定义为纵扭复合模态指数型超声变幅杆的频率常数。从指数型超声变幅杆纵扭振动的共振频率方程中，可以得出纵向和扭转振动在指数型超声变幅杆中的同频共振方程为

$$2fl = D_c \qquad (6.185)$$

从式 (6.185) 可以看出，当确定指数型超声变幅杆的材料时，就可以得到变幅杆的共振频率或共振长度。在这种情况下，n 阶纵向振动和 m 阶扭转振动将以相同的频率共振。基于 c_t 和 c_l 的表达式，使用 $G = E/[2(1+\nu)]$ 的关系，其中 ν 是变幅杆材料的泊松比，可以得出

$$c_t = c_l \sqrt{\frac{1}{2(1+\nu)}} \qquad (6.186)$$

对于大多数用于超声变幅杆的金属材料，泊松比小于 1，因此，$c_l < 2c_t$，即 $4 - c_l^2/c_t^2 > 0$ 或 $4c_t^2/c_l^2 - 1 > 0$。根据式 (6.184) 和式 (6.185)，纵向和扭转的振动阶次必须满足以下关系时才能使频率常数 D_c 成为正实数：

$$m \leqslant 2n \qquad (6.187)$$

另一方面，根据式 (6.183)，指数型超声变幅杆中的纵向和扭转振动应满足以下关系：

$$m \neq 2n \qquad (6.188)$$

基于式 (6.187) 和式 (6.188)，指数型超声变幅杆中的纵向和扭转振动必须满足以下关系：

$$m < 2n \qquad (6.189)$$

基于式 (6.183) 和式 (6.185)，可以得到

$$\beta l = \pi c_l \cdot \frac{\sqrt{n^2/c_t^2 - m^2/c_l^2}}{\sqrt{4 - c_l^2/c_t^2}} = \pi c_t \cdot \frac{\sqrt{n^2/c_t^2 - m^2/c_l^2}}{\sqrt{4c_t^2/c_l^2 - 1}} \qquad (6.190)$$

从式 (6.190) 可以看出，当确定指数型超声变幅杆的材料和振动模式时，βl 就随之确定了。利用 $\beta = \ln N$ 的关系，可以得出 N 的值。这与纵向或扭转振动的单个振动模态指数型超声变幅杆不同。对于单一振动模态的变幅杆，首先是确定 N，然后根据共振频率方程计算共振长度。

5. 纵扭复合模态指数型超声变幅杆的振动特性

基于以上分析，利用纵向或扭转振动指数型超声变幅杆的设计理论，可以得到振幅放大系数：

$$M_1 = \left| \frac{\xi_2}{\xi_1} \right| = \mathrm{e}^{\beta l} = N \tag{6.191}$$

$$M_t = \left| \frac{\phi_2}{\phi_1} \right| = \mathrm{e}^{2\beta l} = N^2 \tag{6.192}$$

其中，M_1 是纵向位移的幅值放大系数；M_t 是角位移的幅值放大系数。纵向位移和角位移的振幅节点位置由下式决定：

$$\cot k_1' x_1 = \frac{\beta l}{n\pi} = \frac{\ln N}{n\pi} \tag{6.193}$$

$$\cot k_t' x_t = \frac{2\beta l}{m\pi} = \frac{2\ln N}{m\pi} \tag{6.194}$$

其中，x_1 和 x_t 是变幅杆中纵向位移和角位移的振幅节点的坐标。从以上表达式可以看出，角位移的幅值放大系数大于纵向位移的，纵向位移和角位移的振幅节点位置不同。通过以上分析，纵扭复合指数型超声变幅杆的设计和计算步骤可概述如下。

(1) 选择变幅杆的材料。为了获得良好的振动特性，材料的内部机械损失要低，弹性良好。

(2) 确定指数型超声变幅杆的纵向和扭转振动的振动模式，即选择 m 和 n。一般来说，$m = n = 1$，即变幅杆在基本振动模式下工作。

(3) 选择变幅杆的共振频率，这通常取决于超声的具体应用，如钻孔或焊接等。

(4) 根据共振频率方程，计算变幅杆的长度。

(5) 计算指数型超声变幅杆的横截面积衰减常数。

(6) 使用 $\beta l = \ln N$ 的关系，计算变幅杆大小端的半径比。

(7) 利用 $N = R_1 / R_2$ 的关系，根据实际应用，确定变幅杆的半径。

从上述步骤可以看出，纵扭复合模态指数型超声变幅杆的设计和计算程序不同于纵向或扭转振动模式的单振动模式指数型超声变幅杆。对于后者，通常的程序是先确定 N 的半径比，然后计算变幅杆的共振长度。

6.7.2　实验验证

基于上述分析，这里设计制作了 4 个纵扭复合模态指数型超声变幅杆。使用的材料是硬铝，其材料参数为：$E = 7.15 \times 10^{10}\,\mathrm{N/m^2}$，$G = 2.62 \times 10^{10}\,\mathrm{N/m^2}$，$\nu = 0.34$，$\rho = 2.79 \times 10^3\,\mathrm{kg/m^3}$。变幅杆的振动模态为 $m = n = 1$。变幅杆共振频率的测试框图

如图 6.56 所示，图中，T_{1l} 和 T_{2l} 分别是工作于厚度伸缩振动模态的发射和接收压电换能器，实际上就是两个压电陶瓷圆盘，其直径分别是 30mm 和 4mm，其厚度分别为 2mm 和 1mm；T_{1t} 和 T_{2t} 是两个工作于厚度剪切振动的压电陶瓷矩形薄板，用于发射的换能器 T_{1t} 的长、宽及厚度分别是 20mm、10mm 及 2mm。发射机接收换能器的共振频率应远离待测变幅杆的共振频率。从给定的发射和接收换能器的几何尺寸来看，换能器的基波共振频率远高于待测变幅杆的基波共振频率，即测量换能器在待测变幅杆的频率范围内具有平坦的频率响应特性。因此，测量传感器对变幅杆的性能几乎没有影响。图中 H 代表指数变幅杆；K_1 和 K_2 是两个开关。实验包括两个步骤：① 测量指数型超声变幅杆纵向振动的共振频率，在这种情况下，发射和接收换能器 T_{1l} 及 T_{2l} 连接在变幅杆的两端；② 指数型超声变幅杆扭转振动共振频率的测量，在这种情况下，发射及接收换能器 T_{1t} 和 T_{2t} 连接到变幅杆输入和输出端相对两侧，如图 6.56 所示。测试结果如表 6.10 所示，其中 f 是理论频率，f_{lm} 和 f_{tm} 分别是实验测得的纵向共振频率和扭转共振频率。从表 6.10 可以看出，实测共振频率与计算结果吻合较好，至于频率的误差，应考虑以下因素：① 变幅杆材料的标准参数与实际参数不同；② 发射及接收换能器 T_{1t} 和 T_{2t} 在厚度剪切振动中激发的扭转振动不是变幅杆中的理想扭转振动；③ 变幅杆大端的横向尺寸较大，因此，一维理论会造成一定的频率误差。

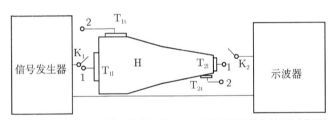

图 6.56 纵扭复合模态指数型超声变幅杆共振频率的测试框图

表 6.10 纵扭复合模态指数型超声变幅杆共振频率的理论及测试值

l/mm	R_1/mm	R_2/mm	β/m^{-1}	m	n	f/Hz	f_{lm}/Hz	f_{tm}/Hz
259.3	78.1	2.0	14.14	1	1	15000	14526	14317
216.1	78.1	2.0	16.96	1	1	18000	17363	17134
185.2	78.1	2.0	19.79	1	1	21000	20187	19976
162.0	78.1	2.0	22.62	1	1	24000	22763	22469

6.7.3 本节小结

本节研究了纵扭复合模态指数型超声变幅杆的振动特性，主要结论如下所述。

(1) 通过合理地设计变幅杆的几何尺寸，实现了指数型超声变幅杆中纵扭振动同频共振。

(2) 得出了纵扭复合模态指数型超声变幅杆的共振频率方程。

(3) 指数型超声变幅杆中纵向和扭转振动阶次应满足 $m < 2n$。

(4) 得到了指数型超声变幅杆中纵向及扭转振动的位移放大系数和位移节点位置。

(5) 本研究是基于平面波近似, 即使用的理论是一维的, 因此, 变幅杆横向尺寸应小于变幅杆的纵向尺寸。在一般情况下, 在纵向或扭转振动中, 要求横向尺寸小于波长的四分之一, 而变幅杆的纵向长度为波长的一半。

(6) 由于声负载难以确定, 因此将变幅杆视为空载, 这是振动系统 (包括超声换能器和变幅杆) 设计和计算中使用的传统方法。

(7) 对于实际的超声应用技术, 如超声加工和钻孔, 有两种方法可以驱动半波纵扭复合模态变幅杆。一种方法是使用纵扭复合模式超声换能器, 它具有相同的纵向和扭转共振频率, 并安装在变幅杆的大端。另一种方法是使用多个纵向换能器, 在这种情况下, 在变幅杆的大端安装一个纵向换能器, 使变幅杆在纵向模式下振动, 其他纵向换能器安装在变幅杆的侧面, 使变幅杆在扭转模式下振动。根据这种驱动方法, 变幅杆中的扭转振动是通过纵向振动转化为扭转振动而产生的。这两种驱动方法在驱动纵扭复合型超声变幅杆时效果相同, 但第二种方法需要相对复杂的结构, 并且振动系统的体积较大。然而, 对于第二种方法, 由于变幅杆具有相同的纵向和扭转振动共振频率, 只需要一组激励电源。

(8) 本研究提出的纵扭复合模态指数型超声变幅杆可用于超声加工、超声钻孔、超声疲劳试验等需要复合振动模态的超声应用技术。

6.8   具有纵扭复合振动模态的复合型超声变幅杆

本节对窄端带有均匀截面直棒的指数型纵扭复合振动模态复合超声变幅杆进行了理论及实验研究, 推出了该复合模态变幅杆纵向振动及扭转振动的共振频率方程。为了克服同一变幅杆纵向与扭转振动很难实现同频共振的问题, 提出了一种通过改变指数型超声变幅杆的截面变化规律而实现改变纵向及扭转振动传播速度的方法。通过合理地选择指数型超声变幅杆的截面半径减缩系数 (参数 β), 实现了纵扭复合模态变幅杆中纵向振动与扭转振动的同频共振。实测结果表明, 共振频率的理论值与测试值基本一致, 该复合型复合模态变幅杆具有比较大的位移放大系数, 可望应用于超声加工、超声疲劳试验及超声焊接等功率超声技术中。

6.8.1 纵扭复合振动模态变幅杆的共振频率方程

图 6.57 所示为纵扭复合振动模态超声变幅杆,即窄端带有均匀截面直棒的指数型超声变幅杆,其中 L_1 为指数部分长度, L_2 为均匀截面圆柱的长度,两者构成一个半波长纵扭复合振动模态复合型超声变幅杆。当变幅杆的横向长度远小于其纵向尺寸时,其振动可近似看成一维的。对于本书研究的情况,变幅杆中同时存在纵向及扭转两种振动,下面将分别对其进行研究。

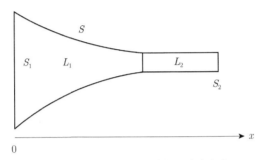

图 6.57 纵扭复合振动模态超声变幅杆

1. 纵扭复合振动模态超声变幅杆纵向振动的共振频率方程

对于变幅杆中的纵向振动,在简谐振动的情况下,其轴向位移振幅满足以下运动方程:

$$\frac{\mathrm{d}^2\xi}{\mathrm{d}x^2} + \frac{1}{S}\cdot\frac{\mathrm{d}S}{\mathrm{d}x}\cdot\frac{\mathrm{d}\xi}{\mathrm{d}x} + k_1^2\xi = 0 \tag{6.195}$$

式中, $\xi(x)$ 为纵向振动的位移振幅分布函数; $S = S_1\mathrm{e}^{-2\beta x}$ 为指数型部分的面积变化函数,这里 $\beta L_2 = \ln N, N = R_1/R_2$, β 是一个反映指数变幅杆面积变化快慢程度的参数; $k_1 = \omega/c_1$,这里 $c_1 = (E/\rho)^{1/2}$,为均匀细棒中纵振动的传播速度, E 为细棒材料的弹性模量, ρ 为密度。式 (6.195) 的解为

$$\xi_1(x) = \mathrm{e}^{\beta x}(A_1\cos k_1'x + B_1\sin k_1'x) \tag{6.196}$$

$$\xi_2(x) = C_1\cos k_1 x + D_1\sin k_1 x \tag{6.197}$$

式中, $\xi_1(x)$ 、 $\xi_2(x)$ 分别为变幅杆中指数部分及圆柱中的纵向位移分布函数; $k_1' = (k_1^2 - \beta^2)^{1/2}$ 、 $k_1' = \omega/c_1'$ 分别为纵向振动波数和纵向振动在指数杆中的传播速度。另外,由图 6.57 可得变幅杆两端所受的外力 F_1 和 F_2 为

$$F_1 = -ES_1\frac{\mathrm{d}\xi_1(x)}{\mathrm{d}x}\Big|_{x=0}, \quad F_2 = -ES_2\frac{\mathrm{d}\xi_2(x)}{\mathrm{d}x}\Big|_{x=L_1+L_2} \tag{6.198}$$

当变幅杆空载,即 $F_2 = 0$ 时,变幅杆的输入阻抗 Z_i^1 为

$$Z_i^l = \mathrm{j} Z_{01}^l \frac{k_1 \tan k_1' L_1 + \tan k_1 L_2 (k_1' - \beta \tan k_1' L_1)}{(k_1' + \beta \tan k_1' L_1) - k_1 \tan k_1' L_1 \tan k_1 L_2} \tag{6.199}$$

式中，$Z_{01}^l = \rho c_1 S_1$。由式 (6.199)，当 $Z_i^l = 0$ 时，可得变幅杆纵向振动的频率方程为

$$\tan k_1 L_2 = \frac{k_1 L_1}{\ln N - k_1' L_1 \cot k_1' L_1} \tag{6.200}$$

另外，由上述结果还可以得出变幅杆纵向振动时的位移振幅放大系数 M_1 为

$$M_1 = N \frac{k_1}{k_1'} \cdot \frac{\sin k_1' L_2}{\sin k_1 L_2} \tag{6.201}$$

利用上述各式，就可以对变幅杆纵向振动的有关性能进行研究。

2. 纵扭复合模态超声变幅杆扭转振动的共振频率方程

超声变幅杆中扭转振动的角位移分布函数 $\varphi(x)$ 满足以下运动方程：

$$\frac{\mathrm{d}^2 \varphi(x)}{\mathrm{d}x^2} + \frac{1}{I_\mathrm{p}(x)} \cdot \frac{\mathrm{d}I_\mathrm{p}(x)}{\mathrm{d}x} \cdot \frac{\mathrm{d}\varphi(x)}{\mathrm{d}x} + k_\mathrm{t}^2 \varphi(x) = 0 \tag{6.202}$$

式中，$I_\mathrm{p}(x) = \iint_s r^2 \mathrm{d}s$ 为变幅杆的横截面极惯性矩。对于圆形截面，有

$$I_\mathrm{p}(x) = \frac{\pi}{2} R^4(x) = I_\mathrm{p1}\, \mathrm{e}^{-4\beta x}$$

其中 $I_\mathrm{p1} = \frac{\pi}{2} R_1^4$；$R(x)$ 为截面半径；$k_\mathrm{t} = \omega/c_\mathrm{t}$，这里 $c_\mathrm{t} = (G/\rho)^{1/2}$ 是扭转振动在均匀截面细棒中的传播速度，G 为切变模量。在简谐振动的情况下，式 (6.202) 的解为

$$\varphi_1(x) = \mathrm{e}^{2\beta x}(A_\mathrm{t} \cos k_\mathrm{t}' x + B_\mathrm{t} \sin k_\mathrm{t}' x) \tag{6.203}$$

$$\varphi_2(x) = C_\mathrm{t} \cos k_\mathrm{t} x + D_\mathrm{t} \sin k_\mathrm{t} x \tag{6.204}$$

式中，$\varphi_1(x)$ 和 $\varphi_2(x)$ 分别为变幅杆中指数部分和圆柱中扭转振动的角位移分布函数；$k_\mathrm{t}' = (k_\mathrm{t}^2 - 4\beta^2)^{1/2} = \omega/c_\mathrm{t}'$，$k_\mathrm{t}'$ 和 c_t' 分别为扭转振动在指数杆中的波数和传播速度。与纵振动相似，变幅杆两端的扭矩 M_1 和 M_2 可表示为

$$M_1 = -GI_\mathrm{p1} \frac{\mathrm{d}\varphi_1(x)}{\mathrm{d}x}\Big|_{x=0}, \quad M_2 = -GI_\mathrm{p2} \frac{\mathrm{d}\varphi_2(x)}{\mathrm{d}x}\Big|_{x=L_1+L_2} \tag{6.205}$$

利用图 6.57，根据角位移及扭矩连续条件，在变幅杆输出端不存在外力矩的情况下，可得变幅杆扭转振动的输入机械阻抗 Z_i^t

$$Z_i^\mathrm{t} = \mathrm{j} Z_{01}^\mathrm{t} \frac{k_\mathrm{t} \tan k_\mathrm{t}' L_1 + \tan k_\mathrm{t} L_2 (k_\mathrm{t}' - 2\beta \tan k_\mathrm{t}' L_1)}{(k_\mathrm{t}' + 2\beta \tan k_\mathrm{t}' L_1) - k_\mathrm{t} \tan k_\mathrm{t}' L_1 \tan k_\mathrm{t} L_2} \tag{6.206}$$

式中，$Z_{01}^\mathrm{t} = \rho c_\mathrm{t} I_\mathrm{p1}$。由式 (6.206) 可得变幅杆中扭转振动的共振频率方程为

$$\tan k_t L_2 = \frac{k_t L_1}{2\ln N - k_t' L_1 \cot k_t' L_1} \tag{6.207}$$

同理可得变幅杆扭转振动时角位移放大系数 M_t 为

$$M_t = N^2 \frac{k_t}{k_t'} \cdot \frac{\sin k_t' L_1}{\sin k_t L_2} \tag{6.208}$$

3. 复合型超声变幅杆中纵扭复合振动的共振频率设计

上面我们分别研究了变幅杆中的纵向及扭转振动，并得出了相应的共振频率方程。由频率方程式 (6.200) 及式 (6.207)，考虑到同一材料中纵向及扭转振动的传播速度不同，可以看出，在一般情况下，同一变幅杆中的纵向及扭转振动很难在同一频率上共振。然而考虑到这两个频率方程中皆包括 k_l' 及 k_t'，而这两个量皆与变幅杆的截面变化规律有关。因此，通过适当选取指数型超声变幅杆的截面半径减缩系数 β，就有可能使同一变幅杆中的纵向与扭转振动同频共振。根据变截面指数型杆的纵向及扭转振动理论，可得指数型杆中纵向及扭转振动的传播速度 c_l' 及 c_t' 为

$$c_l' = \frac{c_l}{\sqrt{1-(\beta c_l/\omega)^2}}, \quad c_t' = \frac{c_t}{\sqrt{1-(2\beta c_t/\omega)^2}} \tag{6.209}$$

由式 (6.209)可见，变幅杆中的纵向及扭转振动速度与其截面变化规律，即 β 有关，且纵向及扭转振动的传播速度与 β 的依赖关系不同。因此，通过适当选取 β 值就可以改变变幅杆中的纵向及扭转振动传播速度，使同一变幅杆中纵向及扭转振动在同一频率上实现共振。然而从变幅杆的纵向及扭转振动的共振频率方程可以看出，它们是关于变幅杆几何尺寸及共振频率的超越方程组，很难得到解析解，更为复杂的是，对于纵扭复合模态超声变幅杆，还要适当选取 β 值。因此采用以下的数值法来求解共振频率方程式 (6.200) 及式 (6.207)，具体步骤如下所述。

(1) 确定变幅杆的材料，根据不同的应用场合，选择满足实际需要的变幅杆材料。一般情况下，变幅杆材料应为机械强度高、弹性好、机械损耗小及耐腐蚀的金属材料。

(2) 选择变幅杆的工作频率，即共振频率。对于本书研究的纵扭复合模态超声变幅杆，其工作频率就等于变幅杆的纵向共振频率或扭转共振频率。

(3) 以 β 作为参数，任意给定指数杆长度值 L_1，由式 (6.200) 及式 (6.207) 求出指数杆前段均匀圆柱部分纵向共振和扭转共振时的长度 L_{21} 及 L_{22}。

(4) 改变指数杆的长度值 L_1，直到由式 (6.200) 和式 (6.207) 求出的圆柱部分的两个长度值相等，即 $L_{21} = L_{22} = L_2$。此时，变幅杆中的纵向及扭转振动将在同一频率上共振。

(5) 根据上述步骤得出指数部分的 β 值及长度值 L_1，由 $\beta L_2 = \ln N$，可求

出其面积系数 N，利用 $N = R_1/R_2$，可求出变幅杆大端或小端半径。一般情况下，变幅杆的大端半径由所用的激发换能器决定，而其小端半径则由变幅杆的工作环境及所要求的位移振幅强度决定。至此，变幅杆的理论设计及计算基本完成。

在上述步骤中，β 值是作为参变量给出的。因此，选取不同的 β 值就可以得出不同变幅杆的几何尺寸 L_1 及 L_2，从而可以对变幅杆的性能参数，如振幅放大系数及阻抗特性等进行优化设计，以适应不同的应用场合。由上述步骤还可看出，复合模式变幅杆的设计步骤与单一模式变幅杆的设计有所不同。对于单一模式变幅杆的设计，一般是首先给定变幅杆的面积系数 N，然后由频率方程求其长度或频率。

6.8.2　实验验证

为了从实验上研究变幅杆的振动性能，并且对理论进行验证，作者加工了两个复合型指数型超声变幅杆，变幅杆的材料为 45 号钢，其材料参数为 $\rho = 7.8 \times 10^3 \text{kg/m}^3$，$c_1 = 5000\text{m/s}$，$c_t = 3125\text{m/s}$。利用图 6.58 对变幅杆的共振频率进行了测试，图中 K_1 及 K_2 为两个转换开关，T_{1l} 及 T_{2l} 为产生厚度伸缩振动的圆片状发射及接收换能器，T_{1t} 及 T_{2t} 为产生厚度剪切振动的矩形状发射及接收换能器。为保证变幅杆共振频率的测试精度，所有测试换能器的共振频率应远离变幅杆的待测频率。本实验中发射换能器 T_{1l} 及 T_{2l} 的厚度为 2mm，而接收换能器 T_{1t} 及 T_{2t} 的厚度为 1mm。由于测试用换能器的几何尺寸比较小，其所有共振频率皆远高于变幅杆的待测频率。测试结果见表 6.11。表中 f 为变幅杆的理论设计频率，f_{lm} 及 f_{tm} 为变幅杆中纵向及扭转振动共振频率的测试值。很显然，变幅杆共振频率的测试值与计算值基本符合，并且扭转与纵向振动共振频率比较接近，因而从实验上证明了同一变幅杆中不同振动模式的同频共振。关于变幅杆频率测试的误差来源，主要归纳为以下几点：①变幅杆材料参数的实际值与标准值有差异；②发射换能器 T_{1t} 在变幅杆中产生的不是纯粹的扭转振动，而是一种剪切振动；③测试时变幅杆并非处于完全自由状态，因此会有外部因素影响变幅杆的测试频率。

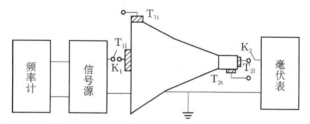

图 6.58　纵扭复合振动模态复合型超声变幅杆的频率测试框图

表 6.11　纵扭复合振动模态复合型超声变幅杆共振频率的测试结果

R_1/mm	R_2/mm	L_1/mm	L_2/mm	$\beta/\mathrm{m^{-1}}$	f/Hz	$f_{\mathrm{lm}}/\mathrm{Hz}$	$f_{\mathrm{tm}}/\mathrm{Hz}$
49.35	2.0	164.4	19.8	19.5	20000	19417	19218
47.25	2.0	218.4	25.6	14.5	15000	14426	14302

6.9　纵向超声变幅杆横向振动的频率修正

在传统的关于超声变幅杆的一维分析理论中，为了简化计算，基本上忽略了振动系统中不同振动模式之间的相互耦合，因此对系统的几何尺寸进行了一定的限制。然而，随着大功率及高频超声技术的发展，振动系统的功率越来越大，其横向尺寸接近或超过纵向尺寸，此时，传统的一维理论不再适用，必须发展新理论。关于超声振动系统的多维耦合振动，目前国外大多利用数值法，但数值法得不出振动系统频率方程的解析式，且数据处理量大，物理意义不明显。国内关于这方面的研究报道很少。因此，我们基于表观弹性法，对不同形状的超声变幅杆振动系统的多维耦合振动进行了系统的理论和实验研究，给出了大尺寸超声变幅杆的解析分析理论，得出了变幅杆振动系统耦合振动的共振频率设计方程，为大功率大尺寸功率超声振动系统的理论分析、工程设计和实际意义提供了比较系统的理论分析方法。

6.9.1　纵向振动超声变幅杆横向振动的频率修正理论

目前，超声技术中应用的变幅杆的计算都是从一维的变截面杆的运动方程出发，而忽略了变幅杆径向振动的影响。一般认为当变幅杆径向尺寸小于四分之一波长时，一维理论计算结果基本正确；然而在强功率超声的应用中，变幅杆的径向尺寸常常超过四分之一波长，此时一维理论的计算结果将带来较大误差，需要进行修正。在考虑变幅杆径向振动的情况下，运用能量法，给出了考虑横向效应后变幅杆共振频率的计算公式，计算结果与实验值吻合较好。

1. 一维纵向振动变幅杆的纵向动能

假定变幅杆材料均匀且各向同性，其密度是 ρ，长度为 l，大小端的截面积分别为 s_1 及 s_2，位移及外力分别是 ξ_1、ξ_2 及 F_1、F_2，不计机械损耗，平面波的传播方程为

$$\frac{\partial^2 \xi_z}{\partial x^2} + \frac{1}{s}\frac{\partial s}{\partial x}\frac{\partial \xi_z}{\partial x} + k^2 \xi_z = 0 \tag{6.210}$$

式中，x 是变幅杆轴向坐标；$s = s(x)$ 是其面积函数；ξ_z 是变幅杆的纵向振动位移；k 为波数。在两端自由的条件下，代入面积函数的具体表达式，可得三种常用变幅杆的纵向位移：

圆锥型：　$\xi_z = \xi_1(\cos kx - \alpha \sin kx/k)/(1 - \alpha x)$

指数型：　$\xi_z = \xi_1(\cos k_1 x - \beta \sin k_1 x/k_1)/\exp(\beta x)$

悬链线型：　$\xi_z = \xi_1(\cos k_2 x - r \mathrm{th} rl \sin k_2 x/k_2)\mathrm{ch} rl/\mathrm{ch} r(l - x)$

式中，$k_1 = (k^2 - \beta^2)^{1/2}$，$k_2 = (k^2 - r^2)^{1/2}$。设纵向振速 $u_z = \mathrm{j}\omega\xi_z$，对质量元 $\mathrm{d}m$ 的动能积分可得变幅杆纵向动能为 $E_1 = \int_0^1 \frac{1}{2}\mathrm{d}m u_z^2$，其中，$\mathrm{d}m = \rho s(x)\mathrm{d}m$。

圆锥型：　$E_1 = \dfrac{1}{2}\dfrac{\rho \xi_1^2 s_1 \omega^2}{k}\left[\dfrac{kl}{2} + \dfrac{\sin 2kl}{4} + \dfrac{\alpha^2}{k^2}\left(\dfrac{kl}{2} - \dfrac{\sin 2kl}{4}\right) - \dfrac{\alpha}{k}\sin^2 kl\right]$

指数型：　$E_1 = \dfrac{1}{2}\dfrac{\rho \xi_1^2 s_1 \omega^2}{k_1}\left[\dfrac{k_1 l}{2} + \dfrac{\sin 2k_1 l}{4} + \dfrac{\beta^2}{k_1^2}\left(\dfrac{k_1 l}{2} - \dfrac{\sin 2k_1 l}{4}\right) - \dfrac{\beta}{k_1}\sin^2 k_1 l\right]$

悬链线型：　$E_1 = \dfrac{1}{2}\dfrac{\rho \xi_1^2 s_1 \omega^2}{k_2}\left[\dfrac{k_2 l}{2} + \dfrac{\sin 2k_2 l}{4} + \dfrac{r^2 \mathrm{th}^2 rl}{k_2^2}\left(\dfrac{k_2 l}{2} - \dfrac{\sin 2k_2 l}{4}\right) - \dfrac{r \mathrm{th} rl}{k_2}\sin^2 k_2 l\right]$

2. 考虑横向振动后变幅杆的径向动能

当变幅杆的横截面积增大时，径向振动不可忽略，径向动能的产生改变了系统的总动能，使变幅杆的共振频率发生变化。为简化分析，假定由泊松效应引起的径向振动属于微幅振动，不影响变幅杆纵向平面波的振动状态，径向形变是均匀的，即径向位移 ξ_r 与 r 成正比。根据以上假设，由泊松效应可得变幅杆的径向动能为

$$E_r = \int_0^1 \int_0^{R(x)} \pi r \rho u_r^2 \mathrm{d}r \mathrm{d}x \tag{6.211}$$

其中，$R(x)$ 为轴向坐标 x 处变幅杆的横截面半径 (图 6.59)。将变幅杆的径向位移表达式代入式 (6.211)，可得变幅杆的径向动能 E_r 为

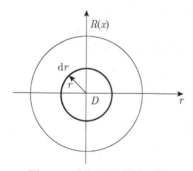

图 6.59　变幅杆的横截面图

圆锥型：　$E_r = \dfrac{\pi\rho\omega^2 \nu^2 R_1^4 \xi_1^2}{8k^3} \cdot C_{\mathrm{d}}$

指数型： $E_r = \dfrac{\pi\rho\omega^2 v^2 R_1^4 \xi_1^2 k^4}{4k_1^4} E_d$

悬链线型： $E_r = \dfrac{\pi\rho\omega^2 v^2 \xi_1^2 R_2^4 \mathrm{ch}^2 rl}{4} H_d$

式中，

$$C_d = \alpha^4 C_1 + k^2\alpha^2 C_2 + (k^2+\alpha^2)^2 C_3 + 2\alpha k(k^2+\alpha^2)C_4 + 2\alpha^2(\alpha^2+k^2)C_5 + 2k\alpha^3 C_6$$

$$C_1 = \frac{(kl)^3}{3} + \frac{(kl)^2}{2}\sin 2kl + \frac{kl}{2}\cos 2kl + \frac{\sin 2kl}{4}$$

$$C_2 = \frac{(kl)^3}{3} - \frac{(kl)^2}{2}\sin 2kl - \frac{kl}{2}\cos 2kl + \frac{\sin 2kl}{4}, \quad C_3 = kl - \frac{1}{2}\sin 2kl$$

$$C_4 = -\frac{(kl)^2}{3} + \frac{kl}{2}\sin 2kl + \frac{\cos 2kl - l}{4}, \quad C_5 = \frac{kl}{2}\cos 2kl - \frac{1}{4}\sin 2kl$$

$$C_6 = -\frac{(kl)^2}{2}\cos 2kl + \frac{kl}{2}\sin 2kl + \frac{\cos 2kl - 1}{4}$$

$$H_d = \frac{r^2\mathrm{th}^2 rl}{k_2} H_1 + r^2(1+\mathrm{th}^2 rl)H_2 + \frac{r^2\mathrm{th}rl}{2k^2}H_3 + k_2 H_4 + \left(k_2^2 + \frac{r^4\mathrm{th}^2 rl}{k_2^2}\right)H_5$$

$$+ \left(\frac{r^3\mathrm{th}rl}{k_2} - k_2 r\mathrm{th}rl\right)H_6 + r\mathrm{th}rl\cdot H_7 + \left(k_2 r - \frac{r^3\mathrm{th}^2 rl}{k_2}\right)H_8$$

$$H_1 = \frac{1}{2}k_2 l + \frac{1}{4}\sin 2k_2 l, \quad H_2 = \frac{1}{4}\left(\frac{k_2\sin 2k_2 l - r\mathrm{sh}2rl}{2k^2} - \frac{\sin 2k_2 l}{2k_2} + \frac{\mathrm{sh}2rl}{2r} - l\right)$$

$$H_3 = r\cos 2k_2 l - r\mathrm{ch}2rl, \quad H_4 = \frac{1}{2}k_2 l - \frac{1}{4}\sin 2k_2 l$$

$$H_5 = \frac{1}{4}\left(\frac{\mathrm{sh}2rl}{2r} - l + \frac{\sin 2k_2 l}{2k_2} - \frac{k_2\sin 2k_2 l - r\mathrm{sh}2rl}{2k^2}\right)$$

$$H_6 = -\frac{1}{2}\left(\frac{\cos 2k_2 l - 1}{2k_2} + \frac{k_2\mathrm{ch}2rl - k_2\cos 2k_2 l}{2k^2}\right), \quad H_7 = \frac{1}{2}(1-\cos 2k_2 l)$$

$$H_8 = -\frac{k_2\mathrm{sh}2rl - r\sin 2k_2 l}{2k_2}$$

因此，考虑到横向振动后变幅杆的总动能 E_t 应为径向动能与纵向动能之和，则

圆锥型： $E_t = E_1 + E_r = \dfrac{\rho s_1\omega^2\xi_1^2}{2k}C_s + \dfrac{\pi\rho\omega^2 v^2 R_1^4 \xi_1^2}{8k^3}C_d$

指数型： $E_t = E_1 + E_r = \dfrac{\rho s_1\omega^2\xi_1^2}{2k_1}E_s + \dfrac{\pi\rho\omega^2 v^2 R_1^4 k^4 \xi_1^2}{4k_1^2}E_d$

悬链线型：$E_t = E_l + E_r = \dfrac{\rho s_1 \omega^2 \xi_1^2}{2 k_2} H_s + \dfrac{\pi \rho \omega^2 \nu^2 \xi_1^2 R_2^4 \mathrm{ch}^2 rl}{4} H_d$

其中，

$$C_s = \frac{1}{2} kl + \frac{1}{4} \sin 2kl + \frac{\alpha^2}{k^2}\left(\frac{kl}{2} - \frac{1}{4}\sin 2kl\right) - \frac{\alpha}{k}\sin^2 kl$$

$$E_s = \frac{1}{2} k_1 l + \frac{1}{4} \sin 2k_1 l + \frac{\beta^2}{k_1^2}\left(\frac{k_1 l}{2} - \frac{1}{4}\sin 2k_1 l\right) - \frac{\beta}{k_1}\sin^2 k_1 l$$

$$H_s = \frac{1}{2} k_2 l + \frac{1}{4} \sin 2k_2 l + \frac{r^2 \mathrm{th}^2 rl}{k_2^2}\left(\frac{k_2 l}{2} - \frac{1}{4}\sin 2k_2 l\right) - \frac{r\mathrm{th}rl}{k_2}\sin^2 k_2 l$$

因为变幅杆的共振频率与其等效质量的平方根成反比，可得 $f_0/f = (m/m_0)^{1/2}$。代入上述各式，可得三种变幅杆修正后的共振频率 f：

圆锥型：$\dfrac{f_0}{f} = \left(1 + \dfrac{\nu^2 R_1^2}{4k^2}\dfrac{C_d}{C_s}\right)^{1/2}$

指数型：$\dfrac{f_0}{f} = \left(1 + \dfrac{\nu^2 R_1^2 k^4}{2k_1}\dfrac{E_d}{E_s}\right)^{1/2}$

悬链线型：$\dfrac{f_0}{f} = \left(1 + \dfrac{\nu^2 R_2^2 k_2}{2}\dfrac{E_d}{E_s}\right)^{1/2}$

指数变幅杆共振频率修正公式为

$$\frac{f_0}{f} = \left[1 + \frac{\nu^2 R_1^2 (1 - \mathrm{e}^{-2\beta l})(k^2 - \beta^2)}{4\beta l}\right]^{1/2}$$

对于等截面杆，其修正公式为 $\dfrac{f_0}{f} = \left(1 + \dfrac{\pi^2 \nu^2 R^2}{2l^2}\right)^{1/2}$，此式正是均匀截面杆共振频率的瑞利修正公式。

6.9.2　实验验证及结论

为验证书中理论的正确性，并与现有一维振动理论的结果相比较，我们对常用的圆锥型和指数型超声变幅杆及均匀截面杆进行了具体的计算及测量，变幅杆的材料为 45 号钢及硬铝，共振频率的计算及测量值见表 6.12，为了比较，表中同时列出了变幅杆不考虑径向振动时的一维振动共振频率 f_0。共振频率的测试电路框图见图 6.60，图中 TR1 及 TR2 分别为发射及接收换能器，其共振频率应远离变幅杆的共振频率。

表 6.12 变幅杆共振频率的计算及测量值

编号	R_1/mm	R_2/mm	l/mm	N	R_1/l	f_0/Hz	f/Hz	f_m/Hz	Δ_1/%	Δ_2/%
圆锥型	36.0	19.0	123.0	1.9	0.29	21555.3	21225.4	21037.5	2.46	0.89
	45.0	30.0	129.0	1.5	0.35	20366.0	19708.0	19754.0	3.10	0.23
指数型	25.5	5.9	101.5	4.3	0.25	28187.9	28081.2	27900.0	1.03	0.65
	21.5	5.0	101.5	4.3	0.21	28187.6	28108.6	28000.0	0.67	0.39
	20.2	20.2	125.0	1	0.16	20400.0	20252.6	19890.0	2.56	1.82
	15.0	15.0	56.0	1	0.27	45535.7	44631.5	44285.0	2.82	0.78

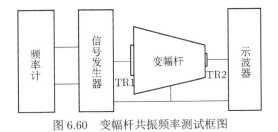

图 6.60 变幅杆共振频率测试框图

表中 $\Delta_1(\%) = (f_0 - f_m)/f_m$，$\Delta_2(\%) = (f - f_m)/f_m$。由上述分析及测试数据可以看出，通过径向动能修正后，得出的变幅杆共振频率比一维理论的计算结果更加接近于实测值，R_1/l 越大，则本书计算方法得到的变幅杆共振频率的修正值越接近于实测值，而一维理论的计算值与实测值的偏差较大。此外，考虑径向修正后变幅杆的实际长度将比同频率的一维理论得出的长度略短一些。由于书中的假设所限，本方法对径向振动的修正只适用于 R_1/λ（λ 为杆中声波波长）比较小的情况。计算及测量表明当 $R_1/\lambda < 0.5$ 时，本书近似方法是可以满足工程上的精度要求的，这比一维理论有很大进步，方便了大横截面变幅杆的设计。

6.10 大尺寸圆形截面超声变幅杆的近似设计理论

本节介绍大截面圆形变幅杆的设计问题，通过引进变幅杆的等效半径，利用表现弹性法理论，分析了圆锥型、指数型及悬链线型三种常用变幅杆的耦合振动，给出了适用于工程应用的近似设计公式。理论计算及实验表明，利用近似理论计算设计大截面变幅杆，物理意义明显，计算简单，利用一般的解析方法便可迅速得出所需数据。与一维理论的计算结果相比，考虑径向振动后所得到的大截面变幅杆的共振频率更接近于实际测量值，并且设计频率与测量频率之间的误差也完全满足工程上的要求。

6.10.1　大截面变幅杆的近似设计理论

1. 变幅杆一维理论的设计公式

对于单一变幅杆，令其大小端的面积为 $S_1 = \pi R_1^2$ 和 $S_2 = \pi R_2^2$，R_1 及 R_2 分别是变幅杆大小端的半径，l 是其长度，ξ_1、ξ_2 及 F_1、F_2 分别是其两端的位移和外力。在变幅杆的一维理论中，对于两端自由的情况，即 $F_1 = 0$，$F_2 = 0$，圆锥型、指数型及悬链线型超声变幅杆的纵向振动共振频率方程分别为

$$\text{圆锥型：} \quad \tan kl = \frac{kl}{1 + \dfrac{N}{(N-1)^2}(kl)^2} \tag{6.212}$$

$$\text{指数型：} \quad \sin k'l = 0 \tag{6.213}$$

$$\text{悬链线型：} \quad k''l \tan k''l = -\sqrt{1 - \frac{1}{N^2}} \operatorname{arch} N \tag{6.214}$$

其中，$k = \omega/c$ 为波数，这里 $c = \sqrt{E/\rho}$ 是细棒中纵向振动的传播速度；$N = R_1/R_2$；$k' = \sqrt{k^2 - \beta^2}$，$k'' = \sqrt{k^2 - \gamma^2}$，且有 $\beta l = \ln N$，$\operatorname{ch} \gamma l = N$，这里 β 和 γ 是两个表示变幅杆截面变化规律的常数。

在式 (6.212)～式 (6.214) 中，由已知的 N 及设计频率即可求出其长度，反之亦然，但由于没有考虑径向振动，如果用于大截面变幅杆，将产生较大的误差，因此必须对其进行修正。

2. 考虑径向振动后变幅杆的设计公式

根据表观弹性法的理论，大截面变幅杆的振动可以看作是由两种相互垂直的振动耦合而成，一种是表观弹性常数为 E_z 的纵向振动，另一种是表观弹性常数为 E_r 的径向振动。当考虑到上述因素后，变幅杆的纵向振动可看作是纯粹的细长棒的一维振动，而径向振动则可看作是薄圆盘的纯径向振动，其表观弹性常数 E_z 及 E_r 分别为

$$E_z = \frac{E}{1 + 2\nu/n} \tag{6.215}$$

$$E_r = \frac{E}{1 - \nu^2 + n\nu(1 + \nu)} \tag{6.216}$$

其中，E 和 ν 分别是变幅杆材料的杨氏模量及泊松比；$n = -\sigma_z/\sigma_r$ 称为耦合系数，这里 σ_z 及 σ_r 为变幅杆中的纵向及径向应力。变幅杆的纵向及径向振动通过 n 相互耦合成为变幅杆的耦合振动。

1) 变幅杆的纵向表观振动

根据上文的分析，可得出耦合振动变幅杆纵向表观振动的频率方程：

$$\text{圆锥型：} \quad \tan k_z l = \frac{k_z l}{1 + \dfrac{N}{(N-1)^2}(k_z l)^2} \tag{6.217}$$

$$\text{指数型：} \quad \sin k_z' l = 0 \tag{6.218}$$

$$\text{悬链线型：} \quad k_z'' l \tan k_z'' l = -\sqrt{1 - \frac{1}{N^2}} \operatorname{arch} N \tag{6.219}$$

其中，$k_z = \omega / c_z$，$c_z = \sqrt{E_z / \rho}$ 是细棒中纵向振动的表观传播速度；$k_z' = \sqrt{k_z^2 - \beta^2}$，$k_z'' = \sqrt{k_z^2 - \gamma^2}$，$k_z$ 为表观纵向波数，ρ 为材料密度。

2) 变幅杆的径向表观振动

如上所述，变幅杆的径向振动可看作是表观弹性常数为 E_r 的薄圆盘的纯径向振动。由于变厚度薄圆盘的径向振动比较复杂，因此，为简化运算，本书采用一种近似方法，把变幅杆的径向振动等效为一等厚度圆盘的振动，并求出其等效半径。根据表观弹性法原理及薄圆盘的振动理论可得变幅杆径向振动的频率方程

$$(1 - \nu) \mathrm{J}_1(k_r R) = k_r R \mathrm{J}_0(k_r R) \tag{6.220}$$

式中，$\mathrm{J}_1(k_r R)$ 及 $\mathrm{J}_0(k_r R)$ 分别为零阶及一阶贝塞尔函数；$k_r = \omega / c_r$ 为表观径向波数，$c_r = (E_r / \rho)^{1/2}$；R 为变幅杆的等效半径。假设等效圆盘与变幅杆的质量相等，可得圆锥型、指数型及悬链线型三种变幅杆的等效半径：

$$\text{圆锥型：} \quad R_{\mathrm{c}}^2 = \frac{1}{3}(R_1^2 + R_1 R_2 + R_2^2) \tag{6.221}$$

$$\text{指数型：} \quad R_{\mathrm{e}}^2 = \frac{R_1^2 - R_2^2}{2 \ln N} \tag{6.222}$$

$$\text{悬链线型：} \quad R_{\mathrm{h}}^2 = R_2^2 \cdot \left(\frac{1}{2} + \frac{\operatorname{sh} 2\gamma l}{4 \operatorname{arch} N} \right) \tag{6.223}$$

利用式 (6.221)～式 (6.223) 求出等效半径 R，分别代入式 (6.220) 就可得圆锥型、指数型及悬链线型超声变幅杆的径向频率方程，结合式 (6.217)～式 (6.219) 就给出了决定三种变幅杆尺寸及频率的耦合振动频率方程。

3) 大截面变幅杆的耦合振动频率方程

频率方程式 (6.217)～式 (6.220)，不仅适用于基频，也适用于变幅杆的高次谐频。为简化分析，本书仅限于讨论变幅杆的基频振动频率方程，在式 (6.217)～式 (6.220) 中，令其各自的第一个根分别为 G_1、G_2、G_3 及 G_4，可得

$$\text{圆锥型：} \quad k_z l = G_1 \tag{6.224}$$

$$k_r R_c = G_{4c} \qquad (6.225)$$

指数型：$k_{1z}l = G_2 \qquad (6.226)$

$$k_r R_e = G_{4e} \qquad (6.227)$$

悬链线型：$k_{2z}l = G_3 \qquad (6.228)$

$$k_r R_h = G_{4h} \qquad (6.229)$$

其中，G_1、G_2、G_3 及 G_4（包括 G_{4c}、G_{4e} 及 G_{4h}）对应变幅杆的相长及广义相长，$G_2 = \pi$，G_1 和 G_3 是 N 的函数，G_4 是材料泊松比 ν 的函数。对式 (6.224)～式 (6.229) 进行变换可得三种变幅杆耦合振动频率方程的表达式：

圆锥型：$kl\sqrt{1 + \dfrac{2\nu}{n}} = G_1 \qquad (6.230)$

$$kR_c\sqrt{1 - \nu^2 + n\nu(1 + \nu)} = G_{4c} \qquad (6.231)$$

指数型：$kl\sqrt{1 + \dfrac{2\nu}{n}} = \sqrt{(\ln N)^2 + \pi^2} \qquad (6.232)$

$$kR_e\sqrt{1 - \nu^2 + n\nu(1 + \nu)} = G_{4e} \qquad (6.233)$$

悬链线型：$kl\sqrt{1 + \dfrac{2\nu}{n}} = \sqrt{(\mathrm{arch}N)^2 + G_3^2} \qquad (6.234)$

$$kR_h\sqrt{1 - \nu^2 + n\nu(1 + \nu)} = G_{4h} \qquad (6.235)$$

另外，由式 (6.230)～式 (6.235) 还可以得出变幅杆径向与纵向振动之间耦合系数 n 的公式：

圆锥型：$\left[\nu(1 + \nu)\dfrac{G_1^2}{G_{4c}^2} \right] n^2 + \left[\dfrac{G_1^2}{G_{4c}^2}(1 - \nu^2) - \left(\dfrac{l}{R_c} \right)^2 \right] n - 2\nu \left(\dfrac{l}{R_c} \right)^2 = 0 \qquad (6.236)$

指数型：$\left[\nu(1 + \nu)\dfrac{E^2(N)}{G_{4e}^2} \right] n^2 + \left[\dfrac{E^2(N)}{G_{4e}^2}(1 - \nu^2) - \left(\dfrac{l}{R_e} \right)^2 \right] n - 2\nu \left(\dfrac{l}{R_e} \right)^2 = 0 \qquad (6.237)$

悬链线型：$\left[\nu(1 + \nu)\dfrac{H^2(N)}{G_{4h}^2} \right] n^2 + \left[\dfrac{H^2(N)}{G_{4h}^2}(1 - \nu^2) - \left(\dfrac{l}{R_h} \right)^2 \right] n - 2\nu \left(\dfrac{l}{R_h} \right)^2 = 0 \quad (6.238)$

其中，$E(N) = \sqrt{(\ln N)^2 + G_2^2} = \sqrt{(\ln N)^2 + \pi^2}$，$H(N) = \sqrt{(\mathrm{arch}N)^2 + G_3^2}$。当变幅杆的材料及大小端直径给定后，由式 (6.230)～式 (6.235) 就可求出变幅杆的 kl 值。这样，给定设计频率，就可得其长度，反之亦然。对于均匀直棒，令 $R_1 = R_2$，可得 $N = 1$，

$\ln N = 0$，$R_{\mathrm{e}} = R_1$，其耦合振动频率方程为

$$kl\sqrt{1 + \frac{2\nu}{n}} = \pi \tag{6.239a}$$

$$kR_1\sqrt{1 - \nu^2 + n\nu(1 + \nu)} = G_{4\mathrm{e}} \tag{6.239b}$$

6.10.2 理论计算及实验验证

为验证给出的大截面变幅杆的近似设计理论，我们计算并加工了几个大截面变幅杆，然后对其共振频率进行了测量。变幅杆的材料为硬铝及钢，其声速分别为 5150 m/s 及 5250 m/s，泊松比分别为 0.34 及 0.28。变幅杆设计频率 f_{d} 及实测频率 f_{m} 的数值见表 6.13，为便于比较，表中同时列出了不考虑径向振动时变幅杆的共振频率 f_1。表中指数型 (II) 的变幅杆材料为钢，其余为硬铝。

表 6.13 变幅杆共振频率的理论及测试结果

	R_1/mm	R_2/mm	l/mm	N	f_1/Hz	f_{d}/Hz	f_{m}/Hz	Δ_1/%	Δ_2/%
圆锥型	30	16	82.24	1.875	32506.4	31436.9	31235.4	4.1	0.65
指数型 (I)	39	13.29	108.5	2.935	25087.5	24534.8	23874.0	5.1	2.8
指数型 (II)	39	10	137	3.9	20881.3	20709.0	20337.0	2.7	1.8
圆柱型	15	15	55.5	1	46396.4	45124.6	44241.0	4.9	2.0

表中，$\Delta_1(\%) = \left|(f_1 - f_{\mathrm{m}})\right|/f_{\mathrm{m}}$，$\Delta_2(\%) = \left|(f_{\mathrm{d}} - f_{\mathrm{m}})\right|/f_{\mathrm{m}}$。从上述数据可以看出，考虑径向振动后，变幅杆的共振频率 f_{d} 与不考虑径向振动时变幅杆的共振频率 f_1 相比，更接近于实际测量值 f_{m}。

6.11 大尺寸矩形断面超声变幅杆的设计理论

本节利用表观弹性法研究了大尺寸矩形断面超声变幅杆的耦合振动，推出了常用的几种单一变幅杆 (指数型、圆锥型、悬链线型及阶梯型) 的共振频率设计公式，为大尺寸矩形变幅杆的频率设计及计算提供了一种简单易行的方法，实验表明，利用本书理论设计的大尺寸矩形断面变幅杆，其共振频率的实测值与理论计算值基本一致，与一维振动理论的结果相比，利用耦合振动理论得出的变幅杆共振频率更加接近于测量值。

6.11.1 基本理论

单一形状矩形断面超声变幅杆的三维立体图如图 6.61 所示，其中 l_y 为变幅杆的高度，l_x 为其长度，l_1 及 l_2 分别为其两端面的厚度，厚度 l_z 按照一定的规律变化。

在图 6.61 中，超声能量的传播沿着变幅杆的高度 y 方向，x 和 z 两个方向皆属于产生横向振动的方向。由于横向尺寸 l_x 及 l_z 与纵向尺寸 l_y 可相比拟，泊松效应的影响加剧了变幅杆的横向振动，并且纵横振动之间互相影响，因此一维纵振动理论不再适用，本节将对变幅杆 x 和 y 两个方向之间的耦合振动进行研究。根据弹性力学原理，振动体内任一点的轴向应力 σ_x、σ_y、σ_z 与轴向应变 ε_x、ε_y、ε_z 间的关系为

$$\varepsilon_x = \frac{1}{E}[\sigma_x - \nu(\sigma_y + \sigma_z)] \tag{6.240}$$

$$\varepsilon_y = \frac{1}{E}[\sigma_y - \nu(\sigma_x + \sigma_z)] \tag{6.241}$$

$$\varepsilon_z = \frac{1}{E}[\sigma_z - \nu(\sigma_x + \sigma_y)] \tag{6.242}$$

其中，E 和 ν 分别为材料的杨氏模量及泊松比。假设矩形断面变幅杆的尺寸 l_x 与 l_y 可相比拟，而 l_x 及 l_y 为 l_z 的三倍以上。此时变幅杆的振动为一种 xy 平面内的应力问题，变幅杆厚度 l_z 方向的振动可以忽略不计，且有 $\sigma_z = 0$，由式 (6.240) 及式 (6.241) 可得

$$E_x = E/(1 - \nu/n) \tag{6.243}$$

$$E_y = E/(1 - \nu n) \tag{6.244}$$

其中，$n = \sigma_x/\sigma_y$，称为变幅杆 x 和 y 两个方向之间的耦合系数；$E_x = \sigma_x/\varepsilon_x$，$E_y = \sigma_y/\varepsilon_y$，分别为考虑到不同振动方向之间的相互作用时，变幅杆在 x 及 y 两方向上的等效杨氏模量。结合表观弹性法原理及上述分析，大尺寸矩形断面超声变幅杆的振动可以看作是两个相互垂直的纵向振动的耦合振动，下面将根据 E_x 及 E_y，给出几种大尺寸矩形断面变幅杆的频率方程。

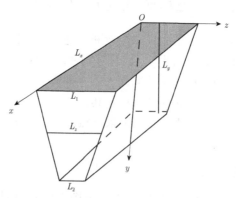

图 6.61　矩形断面超声变幅杆的三维立体图

1. 表观弹性法原理

在不考虑变幅杆的剪切及扭转振动的前提下，大尺寸矩形断面变幅杆的振动可以看作是由弹性常数为 E_x 的均匀细长棒的一维纵振动和弹性常数为 E_y 的变截面杆的一维纵振动互相耦合构成的耦合振动。

2. 大尺寸矩形断面变幅杆的纵向振动频率方程

变幅杆的面积变化函数分别为

$$指数型：\quad S = l_z \cdot l_x = S_1 \mathrm{e}^{-2\beta y} \tag{6.245}$$

$$圆锥型：\quad S = l_z \cdot l_x = S_1(1 - \alpha y)^2 \tag{6.246}$$

$$悬链线型：\quad S = l_z \cdot l_x = S_2 \mathrm{ch}^2 r(l_y - y) \tag{6.247}$$

$$阶梯型：\quad S = S_1(0 \leqslant y \leqslant l_{y1}) \tag{6.248}$$

$$S = S_2(l_{y1} \leqslant y \leqslant l_{y2}) \tag{6.249}$$

式中，$\beta l_y = \ln N, \alpha = \dfrac{N-1}{N l_y}, \mathrm{ch} r l_y = N, N = \sqrt{S_1/S_2} = \sqrt{l_1/l_2}$；$l_x$ 为变幅杆宽度，保持常数；l_y 为其高度；l_z 为其厚度，按照一定规律变化；l_{y1} 及 l_{y2} 为阶梯部分的高度，且有 $l_{y1} = l_{y2} = l = l_y/2$。在变幅杆两端自由边界条件下，可得大尺寸变幅杆纵向（y 方向）振动的频率方程为

$$指数型：\quad \sin K_y' l_y = 0 \tag{6.250}$$

$$圆锥型：\quad \tan K_y l_y = \frac{K_y l_y}{1 + \dfrac{N}{(N-1)^2}(K_y l_y)^2} \tag{6.251}$$

$$悬链线型：\quad K_y'' l_y \cdot \tan K_y'' l_y = -\sqrt{1 - \frac{1}{N^2}}\,\mathrm{arch}\,N \tag{6.252}$$

$$阶梯型：\quad \frac{S_1 + S_2}{S_1 \cot K_y l - S_2 \tan K_y l} = 0 \tag{6.253}$$

考虑变幅杆的耦合振动后，一维公式中的 K 变为现在的 K_y。式中 $K_y' = \sqrt{K_y^2 - \beta^2}$，$K_y'' = \sqrt{K_y^2 - r^2}, K_y = \omega/c_y, c_y = \sqrt{E_y/\rho}$，$\rho$ 为材料密度。式 (6.250)~式 (6.253) 的根为

$$指数型：\quad K_y' l_y = j\pi, \quad j = 1, 2, 3 \tag{6.254}$$

$$\text{圆锥型：} \quad K_y l_y = C_j(N), \quad j = 1, 2, 3 \tag{6.255}$$

$$\text{悬链线型：} \quad K_y'' l_y = H_j(N), \quad j = 1, 2, 3 \tag{6.256}$$

$$\text{阶梯型：} \quad K_y l = \frac{\pi}{2} \quad (\text{基频振动}) \tag{6.257}$$

式中，j 为正整数，分别对应变幅杆纵向的基频及高次振动；$C_j(N)$ 及 $H_j(N)$ 分别为超越方程式 (6.251) 及式 (6.252) 的根，它是面积系数 N 的函数。结合 K_y、K_y' 和 K_y'' 的表达式可得

$$\text{指数型：} \quad \frac{\omega^2}{c^2}(1 - \nu n) = \frac{(\ln N)^2 + j^2 \pi^2}{l_y^2} \tag{6.258}$$

$$\text{圆锥型：} \quad \frac{\omega^2}{c^2}(1 - \nu n) = \frac{C_y^2(N)}{l_y^2} \tag{6.259}$$

$$\text{悬链线型：} \quad \frac{\omega^2}{c^2}(1 - \nu n) = \frac{(\text{arch} N)^2 + H_j^2(N)}{l_y^2} \tag{6.260}$$

$$\text{阶梯型：} \quad \frac{\omega^2}{c^2}(1 - \nu n) = \frac{\pi^2}{4 l^2} \quad (\text{基频}) \tag{6.261}$$

式中，$\omega = 2\pi f, c^2 = E / \rho$，这里 f 为变幅杆的共振频率，c 为细长棒中一维纵振动声速。

3. 大尺寸变幅杆的横向振动频率方程

变幅杆垂直于 x 轴的截面为一常数，因此沿 x 方向的振动可以看成均匀细长棒的一维振动，只是需要把弹性常数 E 置换为表观弹性常数 E_x，由此可得在 x 方向的振动频率方程

$$\sin K_x l_x = 0 \tag{6.262}$$

频率方程式 (6.262) 适用于上述四种变幅杆，$K_x = \omega / C_x, C_x = \sqrt{E_x / \rho}$，由式 (6.262) 进一步可得

$$K_x l_x = i\pi, \quad i = 1, 2, 3 \tag{6.263}$$

式中，i 分别对应变幅杆横向的基频及高次振动，代入 K_x 的具体表达式可得

$$\frac{\omega^2}{c^2}\left(1 - \frac{v}{n}\right) = \frac{i^2 \pi^2}{l_x^2} \tag{6.264}$$

4. 大尺寸矩形变幅杆的耦合振动频率方程

由变幅杆的纵向及横向振动频率方程，消去耦合系数 n 其耦合振动的频率方程为

指数型：$\dfrac{i^2\pi^2[(\ln N)^2+j^2\pi^2]}{l_x^2 l_y^2}A^2-\left[\dfrac{i^2\pi^2}{l_x^2}+\dfrac{(\ln N)^2+j^2\pi^2}{l_y^2}\right]A+1-\nu^2=0$　　　(6.265)

圆锥型：$\dfrac{i^2\pi^2 C_y^2(N)}{l_x^2 l_y^2}A^2-\left[\dfrac{i^2\pi^2}{l_x^2}+\dfrac{C_y^2(N)}{l_y^2}\right]A+1-\nu^2=0$　　　(6.266)

悬链线型：$\dfrac{i^2\pi^2[(\operatorname{arch}N)^2+H_j^2(N)]}{l_x^2 l_y^2}A^2-\left[\dfrac{i^2\pi^2}{l_x^2}+\dfrac{(\operatorname{arch}N)^2+H_j^2(N)}{l_y^2}\right]A+1-\nu^2=0$

$$(6.267)$$

阶梯型：$\dfrac{\pi^4}{4l_x^2 l^2}A^2-\left(\dfrac{\pi^2}{4l^2}+\dfrac{\pi^2}{l_x^2}\right)A+1-\nu^2=0$　　　(6.268)

式 (6.265)～式 (6.267) 适用于变幅杆的基频及高次谐频，式 (6.268) 只适用于基频。式中 $A=c^2/\omega^2$，可见，给定变幅杆的材料及尺寸，就可求出上述四种变幅杆的共振频率，耦合振动变幅杆既可产生纵向共振，也可产生横向共振。

上面我们得到了决定变幅杆共振频率与其尺寸及材料之间的数学表达式，即频率方程。由频率方程可以得出变幅杆的两个共振频率，它们分别对应纵向 (y 方向) 及横向 (x 方向) 振动的共振频率。但两个频率与由一维理论得出的纵向及横向振动的共振频率不同。从这里可以看出，当变幅杆的横向尺寸较小时，横向振动对纵向振动的影响很小，可以利用一维振动理论来设计和计算。当变幅杆的横向尺寸较大时，由于泊松效应，变幅杆的纵向共振频率将发生较大的变化，因此对大尺寸变幅杆的横向振动，以及纵向振动与横向振动之间的相互作用进行研究是非常必要的。

6.11.2 实验及结论

为了验证得出的大尺寸矩形断面变幅杆的频率方程，我们按照频率方程设计并制作了几个大尺寸矩形断面超声变幅杆，材料取硬铝，其声速 $c=5100\mathrm{m/s}$，泊松比 $\nu=0.34$，然后对其耦合振动的共振频率进行了测量，测试结果见表 6.14。其中，f_d 为耦合振动的共振频率，f_m 是实测频率。为进行比较，表中同时列出了变幅杆一维纵振动的共振频率 f_l。从表中数据可以看出，与 f_l 相比，f_d 更加接近 f_m。另外，由于指数型及悬链线型超声变幅杆不易加工，本书仅测量了圆锥型及阶梯型超声变幅杆的共振频率，表中阶梯型超声变幅杆的 l_y 为 l_{y1} 与 l_{y2} 之和，即 $l_y=l_{y1}+l_{y2}=2l$。

表 6.14　变幅杆纵向共振频率的理论及测试结果

参数	f_l/Hz	f_d/Hz	f_m/Hz	l_x/mm	l_y/mm	l_1/mm	l_2/mm	Δ_1/%	Δ_2/%
圆锥型（Ⅰ）	22174	20470	20958	105	115	32	8	5.80	2.33
圆锥型（Ⅱ）	19615	17728	18137	120	130	40	10	8.15	2.26
阶梯型	21250	20104	19825	90	120	32	8	7.19	1.41

其中，$\Delta_1(\%) = \left| (f_L - f_m) \right| / f_m$，$\Delta_2(\%) = \left| (f_d - f_m) \right| / f_m$。由上述分析，可以得出以下结论。

(1) 利用表观弹性法研究大尺寸矩形断面超声变幅杆的耦合振动，与有限元等数值方法相比，计算简单，物理意义明显，所得结果基本上可以满足工程上的精度要求。

(2) 大尺寸矩形断面超声变幅杆的耦合振动存在两个共振频率，一个对应纵向共振频率，另一个对应横向共振频率。

(3) 本理论适用于声波辐射面为一狭长矩形面的变幅杆，即要求 $l_x \geqslant 3l_1$，$l_y \geqslant 3l_1$，而 l_x 与 l_y 的尺寸不受限制，其中 l_x 与 l_y 分别为变幅杆的长度及高度，而 l_1 为变幅杆大端的厚度。

6.12　大尺寸矩形截面复合超声变幅杆的解析分析理论

6.11 节对矩形截面单一变幅杆进行了分析。在实际的工程技术应用中，例如，超声塑料焊接、超声食品加工以及超声金属焊接等功率超声技术中，常常利用组合结构的复合超声变幅杆，或者变幅器。本节研究了大尺寸矩形截面复合超声变幅杆的耦合振动及其设计，推出了变幅杆的材料及尺寸与其共振频率之间关系的数学表达式，即频率方程。由于分析中考虑了变幅杆横向振动的影响，因此所得理论不受变幅杆横向尺寸的限制。实验表明，变幅杆共振频率的计算值与测量值符合得很好，与一维理论的结果相比，根据本书耦合振动理论得出的计算结果更加接近于实测值。

6.12.1　大尺寸矩形截面复合型超声变幅杆的设计理论

图 6.62 为一矩形截面复合超声变幅杆的三维立体图。为简化讨论，假设变幅器的各部分由同一材料组成，l_1 及 l_3 段为等截面矩形杆，且 $l_1 = l_3$，l_2 段为一变截面杆。该复合型超声变幅杆也称为带有特定形状过渡段的阶梯型超声变幅杆。图中，l_1、l_2、l_3 分别为变幅杆各段的高度，w 为其宽度，h_1、h_2 分别为其两端面的厚度，h 为变幅杆中间部分的厚度，按照一定的规律变化。为便于分析，令变幅杆的宽度 w、

高度 l 及厚度 h 分别沿着直角坐标的 x、y 及 z 轴方向。

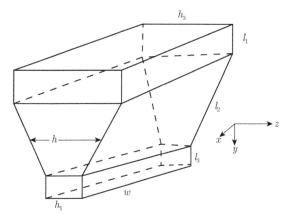

图 6.62 大尺寸矩形断面复合型超声变幅杆的三维立体图

在图 6.62 所示的复合型超声变幅杆中，振动及能量的传播方向沿着 y 方向，因此 x 和 z 两个方向属于产生横向振动的方向，对于横向尺寸较小 (小于 1/4 波长) 的变幅杆，横向振动可以忽略，然而对于大尺寸变幅杆，其横向尺寸 w 及 h 与纵向尺寸 l 可比，此时由泊松效应产生的变幅杆的横向振动不可忽略，并且纵振动与横振动之间相互作用，因此一维理论不再适用。本节将对变幅杆各方向之间的耦合振动进行研究，以发展适合于大尺寸矩形截面复合型超声变幅杆的理论。

根据弹性力学原理，振动体内任一点的轴向应力 σ_x、σ_y、σ_z 与轴向应变 ε_x、ε_y、ε_z 之间满足以下的关系：

$$\varepsilon_x = \frac{1}{E}[\sigma_x - \nu(\sigma_y + \sigma_z)] \tag{6.269}$$

$$\varepsilon_y = \frac{1}{E}[\sigma_y - \nu(\sigma_x + \sigma_z)] \tag{6.270}$$

$$\varepsilon_z = \frac{1}{E}[\sigma_z - \nu(\sigma_x + \sigma_y)] \tag{6.271}$$

其中，E 和 ν 分别为材料的杨氏模量及泊松比。在目前的大部分超声应用技术中 (例如超声塑料焊接、超声食品加工及超声锡焊)，变幅杆的厚度 h 远小于变幅杆的高度 l 及宽度 w，即变幅杆的尺寸满足如下的关系：$l \gg h_1, w \gg h_1$，而 l 与 w 可相比拟，此时变幅杆的辐射面为一狭长的矩形面。根据这一条件，变幅杆在厚度 h 方向的振动可以忽略不计，变幅杆的振动可以看成平面应力问题，并且有 $\sigma_z = 0$。由式 (6.269) 及式 (6.270) 可得

$$E_x = \frac{E}{1 - \dfrac{\nu}{n}} \tag{6.272}$$

$$E_y = \frac{E}{1 - vn} \tag{6.273}$$

式中，$n = \sigma_x / \sigma_y$，称为变幅杆宽度 w 与高度 l 之间的耦合系数；$E_x = \sigma_x / \varepsilon_x$，$E_y = \sigma_y / \varepsilon_y$，分别为耦合振动变幅杆在宽度 w 及高度 l 方向上的等效弹性系数。根据表观弹性法理论及上述分析，大尺寸矩形断面复合超声变幅杆的耦合振动可以看作是由两个相互垂直的分振动组成，其一是杨氏模量为 E_x 沿着变幅杆宽度 w 方向均匀细长棒的一维纵向振动，另一个是杨氏模量为 E_y，沿着变幅杆高度 l 方向矩形截面复合型超声变幅杆的一维纵向振动，两者通过耦合系数 n 相互作用而构成了大尺寸矩形截面复合超声变幅杆的耦合振动，下面将根据这一理论研究几种常用的复合型超声变幅杆的设计。

1. 具有圆锥型过渡段的阶梯型复合型超声变幅杆

圆锥型过渡段 l_2 的截面变化规律为 $S = wh = S_1(1 - \alpha y)^2$，其中变幅杆的宽度 w 为一常数，而其厚度 h 按照圆锥型曲线变化，即 $h = h_1(1 - \alpha y)^2, \alpha = \dfrac{N - 1}{N l_2}$，这里 $N = \sqrt{s_1 / s_2} = \sqrt{h_1 / h_2}$ 为变幅杆的面积系数。由上述分析可得大尺寸矩形截面复合超声变幅杆耦合振动的频率方程

$$\frac{1}{2} \cdot \frac{(N-1)^2}{N} \cdot \frac{1}{k_y l_2} + \cot(k_y l_2) \pm \sqrt{\cot^2(k_y l_2) + 1 + \left(\frac{1}{2}\frac{N^2-1}{N} \cdot \frac{1}{k_y l_2}\right)^2} - \tan k_y l_1 = 0 \tag{6.274}$$

$$\sin k_x w = 0 \tag{6.275}$$

式 (6.274) 和式 (6.275) 分别为耦合振动变幅杆在高度 l 及宽度 w 方向的频率方程。当 $k_y l_2 \leqslant \pi$ 时，式 (6.274) 中根号前取正号；当 $k_y l_2 > \pi$ 时，取负号。式中，$k_x = \omega / C_x$，$k_y = \omega / C_y$，$C_x = (E_x / \rho)^{1/2}$，$C_y = (E_y / \rho)^{1/2}$，$\omega = 2\pi f$，k_x、k_y 及 C_x、C_y 分别称为耦合振动变幅杆在宽度 w 及高度 l 方向上的表观波数及声速，f 为变幅杆的共振频率，ρ 为材料密度。在式 (6.274) 中，以 N 及 $k_y l_1$ 为参变量，可解得 $k_y l_2$ 的值，取其第一个根可得变幅杆基频振动的频率方程为

$$k_y l_2 = H_c \pi \tag{6.276}$$

而由式 (6.275) 可得

$$k_x w = \pi \tag{6.277}$$

其中，H_c 为 N 及 $k_y l_1$ 的函数，称为长度系数，可根据 N 及 $k_y l_1$ 的数值计算得出。由此可得决定圆锥型复合型超声变幅杆耦合振动共振频率 f 的频率方程：

$$\frac{H_c^2 \pi^4}{l_2^2 w^2} A^2 - \left(\frac{\pi^2}{w^2} + \frac{H_c^2 \pi^2}{l_2^2}\right) A + 1 - \nu^2 = 0 \tag{6.278}$$

其中，$A = c^2 / \omega^2$，这里 $c = \sqrt{E/\rho}$ 为细长棒中一维纵振动的声速；ν 为材料的泊松系数。由式 (6.278)，给定大尺寸矩形断面变幅杆的材料及尺寸就可求出其共振频率，由于上述讨论考虑了变幅杆横向振动的影响，因此式 (6.278) 的结果不同于一维理论的计算值。

2. 具有指数型过渡段的阶梯型复合型超声变幅杆

指数型过渡段 l_2 的截面变化规律为 $S = wh = S_1 \mathrm{e}^{-2\beta y}$，这里 w 为变幅杆宽度；h 为指数型过渡段的厚度，按照指数曲线规律变化，即 $h = h_1 \mathrm{e}^{-2\beta y}$，其中 $\beta l_2 = \ln N$，$N = \sqrt{s_1/s_2} = \sqrt{h_1/h_2}$ 为面积系数。类似于上面的推导，可得具有指数型过渡段的大尺寸矩形断面阶梯型复合超声变幅杆的耦合振动频率方程为

$$\tan 2k_y l_1 + \tan k_y' l_2 \cdot \frac{1}{k_y' l_2} \sqrt{(k_y' l_2)^2 + (\ln N)^2} = 0 \tag{6.279}$$

$$\sin k_x w = 0 \tag{6.280}$$

式中，$k_y' = \sqrt{k_y^2 - \beta^2}$。以 N 及 $k_y l_1$ 作为参数，取式 (6.279) 及式 (6.280) 的第一个根，可得变幅杆耦合振动的基模振动的频率方程为

$$(k_y' l_2)^2 + (\ln N)^2 = H_e^2 \pi^2 \tag{6.281a}$$

$$k_x w = \pi \tag{6.281b}$$

由此可得具有指数型过渡段的大尺寸矩形断面阶梯型复合型超声变幅杆的整体频率方程

$$\frac{H_e^2 \pi^4}{l_2^2 w^2} A^2 - \left(\frac{\pi^2}{w^2} + \frac{H_e^2 \pi^2}{l_2^2}\right) A + 1 - \nu^2 = 0 \tag{6.282}$$

式中，$A = c^2/\omega^2$。给定变幅杆的材料及尺寸，利用式 (6.282)，就可求出其共振频率。

3. 具有悬链线型过渡段的阶梯型复合型超声变幅杆

复合型超声变幅杆中悬链线型过渡段 l_2 的截面变化规律为 $S = wh = S_2 \mathrm{ch}^2 \gamma(l_2 - y)$，过渡段的厚度 $h = h_2 \mathrm{ch}^2 \gamma(l_2 - y)$，宽度 w 为一常数，$\mathrm{ch}\, r l_2 = N$，$N = \sqrt{s_1/s_2} = \sqrt{h_1/h_2}$，类似对圆锥型和指数型过渡段的推导，可以得出具有悬链线型过渡段的阶梯型复合型超声变幅杆在其高度 l 及宽度 w 方向的频率方程：

$$\tan k_y l_1 = -\frac{1}{2}\left[\frac{\mathrm{th}(\mathrm{arch}N)}{\sqrt{1+\left(\dfrac{k_y'' l_2}{\mathrm{arch}N}\right)^2}} + \frac{1}{\tan k_y'' l_2 \cdot \sqrt{1+\left(\dfrac{\mathrm{arch}N}{k_y'' l_2}\right)^2}}\right.$$

$$\left.+\sqrt{\frac{\mathrm{th}^2(\mathrm{arch}N)}{k_y'' l_2}\cdot\frac{1}{4}+\frac{\cot g^2 k_y'' l_2}{1+\left(\dfrac{\mathrm{arch}N}{k_y'' l_2}\right)^2}+\frac{1}{1+\left(\dfrac{\mathrm{arch}N}{k_y'' l_2}\right)^2}}\right] \tag{6.283}$$

$$\sin k_x w = 0 \tag{6.284}$$

其中，$k_y'' = \sqrt{k_y^2 - \gamma^2}$，由此可得复合型超声变幅杆基模振动的频率方程

$$(k_y'' l_2)^2 + (\mathrm{arch}N)^2 = H_n^2 \pi^2 \tag{6.285}$$

$$k_x w = \pi \tag{6.286}$$

悬链线型过渡段 l_2 的长度系数 H_n 为面积系数 N 及 $k_y l_1$ 的函数。把 k_x'' 及 k_x 的表达式代入式 (6.285) 和式 (6.286) 可得决定大尺寸矩形断面具有悬链线型过渡段的阶梯型复合型超声变幅杆基模耦合振动共振频率的方程为

$$\frac{H_n^2 \pi^4}{l_2^2 w^2} A^2 - \left(\frac{\pi^2}{w^2} + \frac{H_n^2 \pi^2}{l_2^2}\right) A + 1 - \nu^2 = 0 \tag{6.287}$$

式中，$A = c^2 / \omega^2$ 仅为频率的函数；H_n 可由式 (6.285) 求出。因此给定变幅杆的尺寸及材料，由式 (6.287) 就可求出大尺寸矩形断面复合型超声变幅杆耦合振动的共振频率。

　　上面我们分析了几种常用的大尺寸矩形断面复合超声变幅杆的耦合振动，并推出了其频率方程，由于频率方程为一元二次方程，因此可解得两个根，即耦合振动变幅杆有两个共振频率。结合书中分析，可以看出，这两个频率分别对应变幅杆的纵向 (高度 l 方向) 及横向 (宽度 w 方向) 的共振频率，这些共振频率与由一维振动理论得出的变幅杆在纵向及横向的共振频率不同。由此我们可以看出，按照变幅杆的耦合振动理论，对于任何形状及尺寸的超声变幅杆，不仅存在纵向共振频率，也存在横向共振频率。

6.12.2　实验及结论

　　为了验证得出的耦合振动频率方程，我们设计并加工了两个大尺寸矩形断面复合超声变幅杆，并且对其共振频率进行了测量。由于指数型及悬链线型超声变幅杆不易加工，本书仅对带有圆锥型过渡段的复合型超声变幅杆进行了实验。变幅杆的材料为硬铝，实验测试框图如图 6.63 所示，其中 TR1 及 TR2 分别为宽频带发射及接收压电超声换能器，其共振频率远离变幅杆的基模共振频率，测试结果见表 6.15。

为了进行比较,表 6.15 中也列出了不考虑横向振动时,变幅杆的一维纵振动共振频率的计算值 f_l,而 f_d 为根据本书理论计算得出的变幅杆耦合振动的共振频率,f_m 为测量频率。从表中数据可以看出,共振频率的计算值 f_d 与测量值 f_m 符合很好,与一维理论的计算结果 f_l 相比,耦合振动频率 f_d 更加接近于测量频率 f_m。

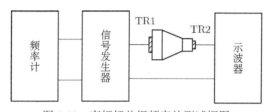

图 6.63 变幅杆共振频率的测试框图

表 6.15 变幅杆共振频率的计算及测试数据

变幅杆	l/mm	w/mm	f_l/Hz	f_d/Hz	f_m/Hz	Δ_1/%	Δ_2/%
1	123.6	70.0	22224	21562	20719	7.26	4.07
2	111.6	75.0	24617	23424	22871	7.63	2.42

表中, $\Delta_1(\%) = \left| (f_l - f_m) \right| / f_m$, $\Delta_2(\%) = \left| (f_d - f_m) \right| / f_m$。总结上述分析,可得出以下结论。

(1) 利用本书理论设计带有特殊形状过渡段的大尺寸矩形断面阶梯型复合型超声变幅杆,与数值方法相比,计算简单,物理意义明显。

(2) 大尺寸变幅杆的基模振动存在两个共振频率,一个是纵向共振频率,另一个是横向共振频率。如果考虑变幅杆的高次振动,则可得许多共振频率,当变幅杆的横向共振频率接近其纵向共振频率时,为保证变幅杆的纵向工作效率,必须利用耦合振动来计算设计变幅杆,并且对变幅杆的横向振动进行抑制,这可以通过选择变幅杆的形状及尺寸或者通过开槽来实现。

(3) 本书理论适用于断面为一狭长矩形面的变幅杆,即变幅杆的厚度较小,一般要求满足以下关系:$l \geqslant 2h_1, w \geqslant 2h_1$,这里 h_1 为变幅杆大端的厚度。如果变幅杆不满足上述关系,则必须探讨新的理论。类似的分析可以看出,对于断面不是狭长条形面的大尺寸矩形断面变幅杆,其振动将是三个分振动的相互耦合,分别为高度 l、宽度 w 及厚度 h 方向的分振动,并且变幅杆存在三个共振频率,其中之一为工作所需要的变幅杆的纵向共振频率,另外两个为其横向共振频率。为保证变幅杆的纵向工作效率,必须对变幅杆的两个横向振动频率进行抑制。此时变幅杆的振动为一个三维问题,其横向振动的抑制将更加困难,有关该方面的工作将在以后进行。

6.13 超声变幅杆的连接与夹持

各种超声换能器都可以作为超声变幅杆的激励源。目前在大功率超声技术领域，用于超声变幅杆的激励源主要是夹心式压电陶瓷和磁致伸缩换能器。在大功率超声技术领域，尤其是超声加工和超声焊接领域，要求超声换能器必须具有下述特性：①单位体积内产生最大的功率；②具有高的机械强度和低的机械损耗；③具有高的居里温度以及稳定的温度特性；④换能器的电声转换效率高；⑤能与超声变幅杆实现良好的连接耦合。

超声变幅杆与换能器连接质量的好坏，直接影响超声能量的传输效率和超声加工处理的效率。而连接最重要的问题是应该保证两者界面上良好的声学接触，从而使声能传输不受阻碍。由于超声换能器与超声变幅杆的长度恰好是半波长或半波长的整数倍，其相结合的平面正处在应力的节点上，因此谐振时相连平面上的机械阻抗是很小的。但是如果超声变幅杆不是精确地等于其谐振长度，在振动时就加大了使两者分离的力。此外，在界面上声接触不好，阻抗加大，也会增加系统的机械损耗。

一般情况下，超声换能器与超声变幅杆的连接方法有两种，即不可拆卸的和可拆卸的。不可拆卸的连接，是把超声变幅杆整个平面焊接在换能器的辐射面上。这种连接有最好的声学接触，同时也是最合理、最简单和声学效果最好的一种方法。用锡、黄铜或银来做焊料都会得到令人满意的结果。焊接质量是连接质量的关键因素，焊接平面上焊料的不均匀或者是存有气泡的情况，都是不允许的；因为这不但降低了焊接质量，更重要的是破坏了声的耦合程度，加大了损失或阻抗，使得两者之间的分离力增大。

另一种不可拆卸的连接方法是利用黏结剂。在一些振幅要求不是很大的情况下，利用适当的黏结剂可以取得事半功倍的效果。所用的黏结材料，应该具有最大的黏结性和机械强度、抗张性，以及耐温、防水等性能，而黏结层应该尽可能薄。对于黏结剂，目前人们大多应用环氧树脂类化学黏结剂。

不可拆卸连接方式的唯一缺点是变幅杆的更换不太方便。

应用可拆卸的连接法，在更换变幅杆时是很方便的。这种连接方式包括精密螺纹连接、压力结合以及液体耦合等。

螺纹连接是目前换能器与变幅杆连接的最基本的形式。实际应用时应注意以下几点。①螺栓材料应选用高强度金属，如工具钢、弹簧钢等以保证足够的机械强度。②螺栓的参数 (如直径、螺距等)，应根据实际的应用场合 (如换能器的功率和频率等) 合理设计。③螺纹应尽量精密，并采用小螺距，以防止强烈振动而产生松动。④在保证连接强度的情况下，螺纹部分应尽量短，并尽量限制在应力波节面附近。⑤接触面必须经过研磨。

实践表明,接触表面不密实能迅速地破坏连接。为了保证连接质量,除了采用研磨措施以外,还可以在接触面上加垫薄软金属片,如铜等。

在压力结合方法中,采用外壳将换能器与变幅杆在其各自的位移波节上夹持住,然后用螺栓旋紧。由于外壳与换能器和变幅杆的连接处位于系统的位移波节处,因此外壳并不破坏整个系统的谐振状态。这种连接方法的最重要之处有两点:①必须精密地研磨换能器和变幅杆的接触面,务必使接触面上的每一点都互相接触;②必须保证外壳与换能器和变幅杆的接触处严格位于系统的位移波节处。

液体耦合法实际上是对上述方法的补充,在螺栓连接方法中,为了保证换能器与变幅杆的紧密接触,常常在两者之间填充一种液体耦合剂,其目的在于排除接触面上的空气泡,以保证更好的声学接触。对于这种液体填充剂的要求是:①能湿润换能器和变幅杆所用的材料;②液体层的厚度应是越薄越好;③保证不发生液体的空化现象。在现代超声技术中,换能器与变幅杆的连接方法主要采用的是螺栓连接。

6.14　超声变幅杆的耦合工具头

耦合工具头是附加在做超声加工或超声处理的变幅杆输出端上的一种基本构件。它直接与被加工或处理的材料器件(或中间介质)相接触,这种耦合工具头可以是超声金属或塑料焊接机上的压力焊头、超声打孔机或超声钻床的钻头,以及超声牙钻上的钻头等。

因为各种超声加工或处理的形式不是固定的,所以必须根据被加工器件所要求的条件来决定超声耦合工具头的形式和大小。同时由于超声变幅杆的设计和制作都很复杂,所以制造带有工具头的超声变幅杆是困难而不经济的。因此,在绝大部分超声处理和加工技术中通常采用可拆卸的超声耦合工具头。

很显然,超声耦合工具头也不应该对换能器和变幅杆系统的振动状态产生影响或有所破坏。超声耦合工具头根据其特性及其对振动系统状态的影响可以分为两类,即谐振式和非谐振式两种。

非谐振式超声耦合工具头是指在超声变幅杆谐振时,在工具头的任意方向(或截面)上,并不发生质点振动速度或应力的变化。很显然,工具头的纵向和横向尺寸越小,越接近理想的非谐振式超声工具头。然而理想的非谐振式的超声工具头是不存在的。在要求不太严格的情况下,当工具头的纵向尺寸不大于 0.05 个波长和直径不大于超声变幅杆的输出端直径时,可以视其为与变幅杆相连的集中质量来进行分析和计算。

谐振式超声工具头是一个与超声变幅杆相连的半波谐振器件。很显然,谐振式超声工具头并不会破坏换能器与变幅杆振动系统的机械谐振状态。

如果超声换能器和变幅杆系统与非谐振式超声工具头相连，则此时该系统的共振频率将与其不带工具头时的固有频率不同。这样由于超声工具头破坏了系统的谐振状态，从而系统输出端的位移振幅降低，结果就降低了系统的工作效率。

为了保证和提高系统的工作效率，设计时必须使系统在带有工具头时的共振频率等于换能器的工作频率。可以看出，为了保证频率不发生变化，带有工具头的变幅杆本身的几何长度必须变短，其长度应为

$$l' = l - \Delta l \tag{6.288}$$

其中，Δl 表示由工具头的连接而引起的变幅杆长度的缩短。

6.15   超声变幅杆的设计和测量

6.15.1   变幅杆类型及所用材料的选择

1. 变幅杆类型的选择

在功率超声技术应用中，变幅杆的主要作用有两个：一是将机械振动位移或速度振幅放大，或者把能量集中在较小的辐射面上，即聚能作用；二是作为机械阻抗的变换器，使超声能量由超声换能器更有效地向负载传输。

在高声强超声处理应用中，例如超声切钻硬脆材料、超声焊接、超声金属成型 (包括拉丝、拉管和铆接等)、超声疲劳试验、超声破碎、乳化、超声搪锡、超声破碎细胞及某些超声治疗等，变幅杆主要起放大聚能作用。在这些应用中对变幅杆的要求首先是要有尽可能大的放大系数。其次，根据不同的负载情况来选择变幅杆的其他参量，如输入阻抗特性、弯曲劲度等。

当变幅杆的负载是液体或液体与固体粒子的混合液时 (如乳化、破碎固体粒子或细胞)，在超声处理过程中负载变化较小，而且不需要外加静压力。此时对变幅杆的输入阻抗特性及弯曲劲度要求不高，常采用简单阶梯型超声变幅杆，因为其机械加工较容易，而且在面积系数相同的情况下，放大系数最大。此外还常采用悬链线型、指数型或其他形式的复合型超声变幅杆。

当变幅杆的负载是固体时，如超声焊接、超声切钻等，在工作中大多需要加一定的静压力，特别是在超声加工过程中，加工工具不断地磨损。在这些场合，负载变化较大，因而对变幅杆的要求除了要有足够大的放大系数外，还要求工作稳定性高，有足够的弯曲劲度，所以此时可用指数型、悬链线型或其他形式的复合型超声变幅杆。当放大系数要求不大时，最好采用圆锥型超声变幅杆，因为其弯曲劲度较大，工作稳定性高，而且容易进行机械加工。

在某些特殊场合，如超声疲劳试验或超声外科手术器械，要求变幅杆末端的振

动速度很大，即要求变幅杆的放大系数很大的情况下，用单一变幅杆时常达不到要求 (因为放大系数和形状因数不能同时满足要求)，此时可采用两节或多节变幅杆。例如末节用形状因数较大的高斯型超声变幅杆，而推动节采用放大系数大的具有过渡段的阶梯型超声变幅杆或傅里叶型超声变幅杆。在超声清洗或大面积超声搪锡等应用中，常常利用变幅杆的另一个作用，即阻抗匹配作用。例如采用四分之一波长的圆锥体组成的夹心式压电换能器或倒锥型超声变幅杆等，以提高辐射效率。

近年来发展了一种新的超声应用，即利用超声来"帮助"金属冷加工。例如超声冷拔金属丝、管等，因为它能提高加工质量、提高生产率，并可以加工一般工艺不能加工的难变形金属等。这种新的技术应用越来越受到人们的重视。在这类应用中，需要几千瓦，甚至几十千瓦的大功率超声，并且要求较高的声强。此时单个换能器往往不能提供足够大的功率，因此必须采用由多个换能器合成的振动系统，此时选用振动方向变换器较为合适。在超声冷拔金属管中常采用 R-L 振动方向变换器，即由圆盘和与其垂直连接的棒组成的振动系统。在圆盘的圆周上安装若干个换能器，在产生径向振动的同时，将能量集中到盘中心，然后变换成沿棒轴向的纵振动再施加于拉模。

此外，对某些特殊处理对象及振动系统要求特殊固定方式的情况，可以根据需要及各种变幅杆的性能加以选择和组合，不再一一列举。

2. 变幅杆材料的选择

对材料的要求包括：①在工作频率范围内材料的损耗小；②材料的疲劳强度高，而声阻抗率小；③易于机械加工。作液体处理应用时还要求变幅杆的辐射面所用的材料耐腐蚀。

适合上述要求的金属材料有铝合金、铜镍合金、铍青铜及钛合金等。钛合金的性能较好，但机械加工较困难且成本较高；铝合金加工容易，但抗超声空化腐蚀很差，钢损耗较大。

6.15.2 设计方法

超声变幅杆的设计归纳起来主要有两种方法：一种方法是按照特定的变幅杆性能来设计变幅杆的外形函数以满足波动方程；另一种方法是选择一些随坐标有规律变化的外形函数来满足波动方程的解，然后求出各种性能参量。前面所讨论的结果都是用后一种方法得到的。

根据实际应用的要求，设计计算变幅杆的一般步骤如下所述。

(1) 确定工作频率及变幅杆输出端的最大位移振幅。

(2) 选择材料。

(3) 根据所选择材料的声速及疲劳强度来估计所需要的形状因数。

(4) 根据换能器辐射面所能得到的位移振幅来估算总放大系数。换能器辐射面的振动速度主要决定于输入换能器的电功率和效率以及散热情况，一般来说不宜超过 125cm/s(相当于在 20kHz 时位移振幅为 10μm)。

(5) 根据所需要的放大系数及所要求的形状因数值来选择变幅杆类型，以及确定变幅杆输入端 (一般为大端) 和输出端 (一般为小端) 的直径或面积比。但应注意，输入端的直径不能选取过大，否则变幅杆的横向振动就不可忽略。一般取 $D/\lambda < 0.25$，这里 D 为变幅杆大端直径，λ 为波长。如果在实际应用中，工艺要求变幅杆的直径与波长比大于 1/4，例如直径接近于二分之一波长，则应采取一些措施，比如沿纵向开一些细槽以减小横向振动。此外，变幅杆两端的直径比或面积比也不能过大，否则变幅杆过于细长，弯曲劲度不够，会引起不希望出现的其他振动模式。

6.15.3   变幅杆的测量

由于前面的理论计算是近似的，所以对加工成的变幅杆必须进行测量，如不符合要求则必须加以修改。此外，在实际应用中还常常遇到一些特殊形状的变幅杆，更难于进行准确的计算，在这种情况下往往先作初步设计，然后通过测量进行修改。这里讨论变幅杆的共振频率、振幅、放大系数等主要参量的测量及振动分布的测量方法。

1. 共振频率的测量

测量原理如图 6.64 所示。激振器推动变幅杆振动，当激振器的频率与变幅杆的共振频率一致时，变幅杆发生共振，在其输出端振幅最大。用一个拾振器来指示这一最大振幅值出现的频率，即为变幅杆的共振频率。

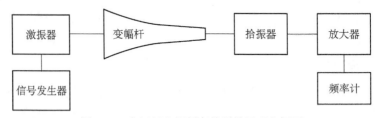

图 6.64   变幅杆共振频率的测量原理方框图

激振器可以是振动台、发射换能器或静电激振器等。当用发射换能器作激振器时，换能器本身的共振频率应远离变幅杆的共振频率。最好是用宽频带激振器，如静电 (或称电容) 激振器。静电激振器的工作原理类似于静电 (电容) 拾振器，不同的是前者作激发用，而后者作接收用。

拾振器可以用压电拾振器、加速度计或静电拾振器等。压电拾振器是通过一针状棒将被测振动体的机械振动传到压电元件。由于压电元件的压电效应,可以将机械振动转换成电压输出。这种拾振器和加速度计是接触式的,非接触式拾振可用静电拾振器。

静电拾振器的工作原理如图 6.65 所示。振动面和电极构成一平行板电容器。静态时,两极板被充电,电荷量决定于电池的电压 E 和静止时的电容量。当物体的表面振动时,电容量改变,这时有充电及放电电流流经电阻 R 而产生交流压降。如果振动体表面的位移振幅比静态极板间的距离 d_0 小得多,则输出电压正比于位移振幅,拾振器两端的输出电压为

$$U = \frac{-E\xi_0/d_0}{\sqrt{1+\left(\dfrac{1}{\omega C_0 R}\right)^2}} \sin(\omega t + \varphi_1) \tag{6.289}$$

$$\tan \varphi_1 = 1/(\omega C_0 R) \tag{6.290}$$

可见输出电压与位移振幅 ξ_0 及电池电压 E 成正比,而与电极板和振动表面之间的静态距离 d_0 成反比。

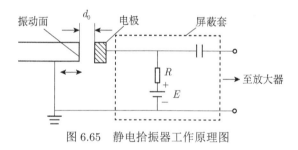

图 6.65 静电拾振器工作原理图

当用非接触式激振时,变幅杆应水平放置,而在波节截面处支撑。当用接触式激振时,如用发射换能器或振动台激振,则变幅杆可以垂直地置于振动台或换能器的表面,测量方便简单。一般来说,接触式激振会影响测量精度,不过在工程上一般能够满足要求。若用静电或电动式激振器,还可以做到无接触激振。

作为测量变幅杆共振频率的振幅大小指示器也可以用电容传声器或激光干涉方法给出光电指示。

2. 振幅和振动分布的测量

振幅测量最直接的方法是光学方法。如用长焦距显微镜在振动端面直接观测,则对振幅大于 $10\mu m$ 的测量较为方便。小振幅精确测量可用激光干涉的方法来测量,利用反馈调制激光测振仪测量小振动的位移振幅很方便,可以在功率超声设备中测量振幅,而不需要用激光全息或干涉仪等专门的仪器。

振幅测量的简捷方法是使用上述各种拾振器, 拾振器经校准后可以作定量测量, 其测量速度较快, 但精度较差, 用于相对测量是很方便的。

沿变幅杆轴向振动分布的测量可以用显微镜逐点测量, 但速度很慢, 而且精度差, 尤其是在振动节点附近, 误差更大。用激光全息方法可以记录下振动的分布, 但是需要在专门的实验室条件下进行。

在一般条件下, 有时用一种比较古老, 但是有效的方法在较大振幅下测定变幅杆的位移节点。这种方法是用细而质轻的粉末撒在变幅杆的表面 (杆水平放置), 然后在共振频率上激起短时间的振动, 则粉末会在波节附近集结。这种方法精度虽差, 但直观、快捷。

在某些特殊情况下, 如果变幅杆是用铁磁材料 (如钢材) 做成的, 则变幅杆的应变 (应力) 分布可利用磁致伸缩逆效应来测量。测量原理如图 6.66 所示。在变幅杆上套一个非接触式的可以沿杆做轴向移动的线圈, 当铁磁棒振动时, 由于磁致伸缩逆效应, 在杆中产生交变磁场, 交变磁场的大小正比于应变值, 通过棒表面漏磁通的存在, 线圈中感应的电压也正比于应变值, 因而当线圈沿杆做轴向移动时, 感应电压值随应变分布不同而改变。为提高测量灵敏度和减少非线性, 在线圈中常套一个永磁铁环, 这种方法在测定变幅杆的应变极大点和共振频率时比较方便。

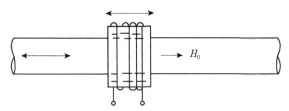

图 6.66　利用磁致伸缩逆效应测量纵向变幅杆振动特性的原理图

↔表示振动方向

第7章 纵向夹心式压电陶瓷换能器

7.1 概　论

在功率超声领域，压电陶瓷换能器得到了最为广泛的应用。与超声检测以及医学超声等其他应用中的超声换能器不同，功率超声换能器大部分在低频超声范围工作，对换能器的功率、效率以及振动位移的要求较高，而对于其他性能参数，如灵敏度、指向性以及分辨率等则要求不是很严格。

根据压电陶瓷振子的振动模式分析，压电陶瓷圆片或圆环振子的纵向和厚度振动模式的机电耦合系数比较高，因此为了得到比较高的电声转换效率，在功率超声领域，压电陶瓷换能器的换能元件基本上采用轴向极化的压电陶瓷圆片或圆环。但是对于纯粹的压电陶瓷元件来说，要得到共振频率在 50kHz 以下的振子，沿其极化方向的厚度应为 4cm 以上。这样厚的振子，内部阻抗太高，而且烧制和极化工艺都较困难。

为了克服这一困难，在大功率超声和水声领域，常采用一种在压电陶瓷圆片的两端面夹以金属块而组成的夹心式压电陶瓷换能器，或称为纵向夹心式压电陶瓷换能器[130-141]，如图 7.1 所示。由于这种结构的换能器是由法国物理学家朗之万提出来的，因此也称为朗之万换能器。在这种复合换能器中，压电陶瓷圆片的极化方向与振子的厚度方向一致，压电陶瓷圆片或圆环通过高强度胶或应力螺栓与两端的金属块连接在一起，整个振子的长度等于基波的半波长。这种换能器结构的优点在于既利用了压电陶瓷振子的纵向效应，又得到了较低的共振频率。另一方面，针对压电陶瓷抗张强度差，在大功率工作状态下容易发生破裂的特点，通过采用金属块以及

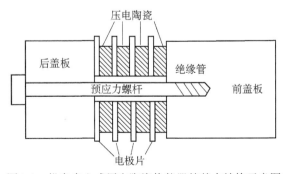

图 7.1　纵向夹心式压电陶瓷换能器的基本结构示意图

预应力螺栓给压电陶瓷圆片施加预应力，使压电陶瓷圆片在强烈振动时始终处于压缩状态，从而避免了压电陶瓷圆片的破裂。

由于压电陶瓷属于一种绝缘性材料，其导热性能很差，在大功率状态下极易发热，所以能量转换效率下降。在纵向夹心式压电陶瓷换能器中，由于使用了前后金属盖板，换能器的导热性能会得到很大的改善。只要金属材料与压电陶瓷材料的厚度及横向尺寸选择适当，压电陶瓷材料弹性常数的温度系数可以由金属材料弹性常数的温度系数加以补偿，因此纵向夹心式压电陶瓷换能器的频率温度系数可以做得很小，其温度的稳定性也较好。

另外，在纵向夹心式压电陶瓷换能器中，通过改变压电陶瓷材料的厚度和形状以及前后金属盖板的几何尺寸和形状，可以对换能器进行优化设计，来获得不同的工作频率和其他一些性能参数，以适应不同的工作环境和应用场合。除了上述特点以外，由于纵向夹心式压电陶瓷换能器制作简单、方便，因此在功率超声技术以及其他技术中得到了广泛的应用。

纵向夹心式压电陶瓷换能器主要是由中央压电陶瓷晶堆、前后金属盖板、预应力螺栓、金属电极片以及预应力螺栓绝缘套管等组成。

换能器中央部分的陶瓷晶堆是由若干片压电陶瓷圆环组成的，压电陶瓷晶堆中各晶片之间采用机械串联而电端并联的方式连接。相邻两片晶片的极化方向相反，所以各个晶片的纵向振动能够同相叠加，以保证压电陶瓷晶堆能够协调一致地振动。晶片的数目一般是偶数，以便换能器的前后盖板与同一极性的电极相连；否则，换能器的前后盖板与晶片之间要加一绝缘片。通常，为了安全，换能器的前后盖板都与电源的负极相连。

在功率超声领域，纵向夹心式压电陶瓷换能器的压电陶瓷晶片主要是实现大功率及高效率的能量转换，因此应选择机械及介电损耗较低而压电常数和机电转换系数较高的材料，因此一般选用发射型大功率材料，如 PZT-4 和 PZT-8 等。压电陶瓷晶片的形状、直径和数量，主要是根据换能器的工作频率、工作模式、需要的声功率输出以及各种不同的应用场合来确定的。

在大功率压电陶瓷换能器中，压电陶瓷晶片的位置对换能器振动性能的影响也是比较大的。根据理论、实验测试以及许多换能器设计工程师的实践经验，人们发现，在不同的应用场合，压电陶瓷晶堆的位置对换能器的影响关系是不同的。对于处于轻负载工作状态的压电陶瓷换能器，如超声加工、超声钻孔以及超声金属和塑料焊接等技术，由于换能器的负载较轻，换能器的振动位移较大，而电压不是太高。因此，对于轻负载换能器，换能器的机械损耗占主导地位，而换能器的介电损耗则较小。在这种情况下，当换能器的压电陶瓷晶堆偏离位移节点时，可以减少换能器的机械损耗，以避免陶瓷晶堆所受的应力过大而导致损坏及损耗增大。对于处于重负载工作状态下的压电陶瓷换能器，如超声清洗等，由于换能器的负载较重，因此换能器的振动位移较小，但需要的换能器驱动电压较高。在这种情况下，换能器的机械损耗较小，而介电损耗较大。为了尽量减少换能器的介电损耗，充分发挥压电陶瓷元件的机电转换能力，提高换能器的机电转换效率，应把压电陶瓷晶堆放在换能器的位移节点附近。

关于压电陶瓷晶堆的材料以及几何尺寸的选择，即陶瓷材料的种类和晶堆体积的选择，应根据换能器的工作频率及需要输出的声功率加以确定。如果换能器的输入电功率比较小，或者换能器处于非连续工作状态，而且为脉冲工作条件，脉冲占空比又比较小，则可采用 PZT-4 发射型材料。因为此类材料的压电常数和机电耦合系数比较高，换能器可获得更高的机电转换效率。如果换能器在大功率状态下工作，使用条件又比较苛刻，例如连续波长时间持续工作时，则应采用 PZT-8 发射型材料。因为此类材料的强场介电损耗低，介电损耗和机械损耗在高电压和高温度情况下变化较小。

压电陶瓷元件的设计尺寸主要是指陶瓷晶堆单个元件在振动方向上的几何尺寸以及整个压电陶瓷晶堆的总体积。在工程设计中，总是希望压电陶瓷元件能以最小的体积和质量换来最大的功效，即较高的功率质量比。这也就是所谓的换能器的功率极限。换能器的功率极限取决于换能器所能施加的外加允许电场大小以及所能承受的温度及机械应变的大小，前者就是换能器的所谓电极限，后者就是所谓的热极限和机械极限。所有这些都与压电陶瓷材料的种类有关的。

根据压电陶瓷材料的性能和种类，在其振动方向上单位长度上所加的电压是不同的。在理想的情况下，压电陶瓷的外场激励电压可达到 $4\sim8\text{kV/cm}$。然而在实际设计过程中，为了保证换能器安全可靠地工作，一般取 2kV/cm 左右，甚至更低。

关于压电陶瓷元件的横向尺寸，即压电陶瓷元件的直径，应小于对应换能器共振频率在陶瓷材料中声波波长的四分之一。对于直径比较大的压电陶瓷元件，除了振子的厚度振动模式以外，换能器还存在许多其他振动模式，如径向振动模式等。为了避免换能器的共振频率与压电陶瓷的径向或其他振动模式相互耦合，从而造成换能器的效率下降，应适当设计换能器的共振频率以及压电陶瓷晶片的直径。一般情况下，要求换能器的纵向共振频率远低于压电陶瓷晶片以及换能器其他部分，如前后盖板的径向振动的基波共振频率，以避免换能器的工作频率与压电陶瓷晶片和其他元件的径向频率相互耦合。对于频率较低的换能器，如功率超声应用场合的换能器，这种情况很少出现。然而当换能器的工作频率升高时，如用于超声治疗和超声金属焊接等技术中的超声换能器，就可能出现这一情况。此时可以通过合理的尺寸选择，把换能器的工作频率设计在相邻的两个径向共振频率之间。

压电陶瓷晶片的数目及其总体积取决于压电陶瓷材料的功率容量。根据国外的资料报道，PZT 发射型陶瓷材料的功率容量为 $6\text{W/(kHz}\cdot\text{cm}^3)$。由此可见，对于高频换能器，其压电陶瓷的体积可以很小。但是从另一方面考虑，当频率升高时，换能器的内部机械和介电损耗也会相应地增大。因此应采用辩证的观点来看待这一问题。在现有的工艺条件下，换能器的功率容量一般取为 $2\sim3\mathrm{W}/(\mathrm{kHz}\cdot\mathrm{cm}^3)$。

至于压电陶瓷元件的厚度，以及所利用的压电陶瓷晶片的数目选择，也需要仔细地全面考虑。这与换能器的电阻抗、机械品质因数以及机电耦合系数都有关系。晶片的厚度不能太厚，否则不易激励；但也不能太薄，因为太薄时会造成片与片之间的接触面太多，形成多个反射层，影响声的传播。在功率超声领域，单个压电陶瓷晶片的厚度一般取为 $5\sim10\mathrm{mm}$。而换能器中晶片的总长度，即每片的厚度乘以数目，宜为换能器总长度的三分之一左右。

纵向夹心式压电陶瓷换能器的前质量块，即前盖板，主要是保证将换能器产生的绝大部分能量从它的纵向前表面高效地辐射出去；另一方面，前盖板实际上也充当了一个阻抗变换器。它能够将负载阻抗加以变换以保证压电陶瓷元件所需的阻抗，从而提高换能器的发射效率，保证一定的频带宽度。这些作用主要是通过适当选择前盖板的材料、几何尺寸和形状等而实现的。在水声及超声领域，换能器前盖板的材料基本上采用轻金属，如铝合金、铝镁合金和钛合金等。

关于换能器前盖板的形状，可以有许多选择，最常用的前盖板形状有圆柱形、圆锥型、指数型、悬链线型以及各种复合形状等。从易于加工的角度出发，在一些应用要求不很高的场合，如超声清洗等，换能器的前盖板几乎都采用圆锥型的。

换能器的后质量块即后盖板，主要是实现换能器的无障板单向辐射，以保证能量能够最小限度地从换能器的后表面辐射，从而提高换能器的前向辐射功率。为了实现这一功能，换能器的后盖板材料基本上采用一些重金属，如 45 号钢和铜等。其形状比较单一，主要是圆柱形或圆锥形。

关于纵向夹心式压电陶瓷换能器中前后盖板材料的选择，应遵循以下原则。①在换能器的工作频率范围内，材料的内部机械损耗应该越小越好。②材料的机械疲劳强度要高，而声阻抗率应比较小，即材料的密度与声速的乘积要小。③价格低廉，易于机械加工。④在一些易于腐蚀的应用场合下，还要求材料的抗腐蚀能力强。

适合上述要求的材料主要有钢、铝合金、钛合金、铜镍合金、铍青铜等。钛合金的性能较好，但机械加工较困难，而且价格比较昂贵。铝合金易于加工，而且价格便宜，但抗空化腐蚀的能力差。钢价格便宜，但机械损耗较大。在现有的夹心式功率超声换能器中，铝合金被广泛应用于换能器的前盖板，其主要型号包括硬铝及杜拉铝等。换能器的后盖板主要是钢，为了提高金属钢材料的高机械损耗缺点，常常对其进行热处理，如淬火等。

压电陶瓷材料的抗张强度较低，约为 $5\times10^7\mathrm{N}/\mathrm{m}^2$，而其抗压强度较高，约为其抗张强度的 10 倍。因此在大功率状态下，压电陶瓷易于损坏。为了避免这一现象发生，在功率超声换能器中都采用增加预应力的办法。换能器的预应力螺栓主要是为了提高换能器的抗张强度，为压电陶瓷晶堆施加一个恒定的预应力，从而保证在换能器振动时，压电陶瓷晶堆始终处于一种压缩状态，而且振动产生的伸张应力总是小于材料的临界抗张强度，同时又不阻碍换能器的纵向伸长，以保证压电陶瓷晶堆的机电耦合系数不会降低。

对于预应力螺栓的要求是既能产生一个很大的恒定预应力，又要有良好的弹性。预应力螺栓要用高强度的螺栓钢制成，比较常用的有 40 号铬钢、工具钢以及钛合金等。另一方面，预应力的大小对换能器的性能影响很大。实验表明预应力的大小应有一个较合适的范围，所加的预应力大小应调节到大于换能器工作过程中所遇到的最大伸张应力。如果预应力太小，换能器工作过程中产生的伸缩应力可能大于预应力，使换能器的各个接触面之间产生较大的能量损耗，降低换能器的机电转换效率，严重时可能导致压电陶瓷晶片破裂，而损坏换能器。另一方面，换能器的预应力又不能太大，因为太大的预应力可能会使压电陶瓷晶片的振动受到影响，有时可能也会导致压电陶瓷晶片破裂。传统的纵向夹心式压电陶瓷换能器的预应力范围为 30～60MPa。

在纵向夹心式压电陶瓷换能器的制作过程中，许多工艺都对换能器的性能有很大的影响。①组成换能器的各个元件之间的接触面应光滑平整，所以各个结合部分的表面要进行研磨，一般应达到接近镜面的水平。②每相邻两片晶片之间，以及晶片和前后金属盖板之间通常要垫一个金属片作为金属电极，其材料可选用铍青铜、黄铜以及镍等。电极的厚度可分为两种情况，一种是薄电极情况，其厚度一般在 0.2mm 左右，另一种是厚电极情况，其厚度可根据具体的要求加以选择，对于厚电极情况，其作用除了用作电极接线以外，还具有散热以及其他功能，例如与外界连接等。③一般情况下，在晶片、电极片及金属前后盖板之间用环氧树脂胶合，然后用预应力螺栓将换能器各部件固定在一起并拧紧。如果换能器各部件的接触面是经特殊的研磨工艺处理过的，也可以不用环氧树脂胶合剂，而直接用预应力螺栓拧紧，但为了消除空气隙的存在，提高超声波在换能器内部的传输效果，采用环氧树脂胶合剂的方法是值得推荐的。另外，应尽量保证预应力螺栓与换能器各个部分的横截面保持垂直，否则换能器可能无法工作或者导致压电陶瓷晶片破裂。预应力螺栓对换能器的共振频率及其他特性会有一定的影响，但影响不大。理论上也有一些关于预应力螺栓对换能器共振频率影响的分析，但是计算比较复杂。在实际的设计及制作过程中，一般采用一些特殊的处理办法，例如将换能器的共振频率设计得稍微偏离换能器的设计频率 (通常这一频率应略高于设计频率)。预应力的施加可以采用中心螺栓的办法，也可以采用外加预应力套筒的方法，主要视实际情况而定。

另外，除了超声清洗以外，其他功率超声应用技术中的换能器大多需要与外界进行连接，为了尽可能地减小对换能器的实际工作状态的影响，应将换能器通过法兰盘与外部机构连接，而法兰盘的位置应位于换能器的位移节点处。由于理想的位移节点位置是一个几何面，而实际的法兰盘是有一定的厚度的，因此法兰盘不可能完全固定不动，也就是说换能器的振动要与外界产生机械耦合。为了尽量减轻换能器与外壳的机械耦合，可以采用两种方法。①利用多级法兰盘结构，由于每经过一级法兰盘，振动都要经过一次隔振，因此可以实现最终的振动隔离。②在保证法兰盘所需的支撑强度的情况下，法兰盘应尽可能薄一些，还可在法兰盘的表面上加工一个圆形的槽，以增加其顺性，提高隔振能力。

　　如上所述，在纵向夹心式压电陶瓷换能器中，金属前盖板常采用铝合金或铝镁合金等轻金属，而后盖板则采用钢或铜等重金属。这一做法主要是为了获得大的前后盖板位移振幅比，提高换能器的前向辐射能力，使换能器能够实现无障板单向辐射。因为根据动量守恒定律，换能器节面前后的动量要相等，因此其位移及振速与密度成反比。在利用铝和钢分别作为换能器的前后盖板的情况下，其位移振幅的比可以达到 3∶1，因此换能器的前表面将辐射出能量的绝大部分。

　　在超声清洗等应用中，换能器的前盖板常设计成截面积逐渐增大的喇叭形，可以提高换能器的辐射阻抗，降低机械品质因数。有时为了更大范围地增大换能器的带宽和电声效率，可以采用在前盖板上沿换能器的振动方向开有一定直径和一定深度的小孔。

　　在大功率超声换能器中，换能器的实际输出功率受到许多因素的限制。所有这些因素可以分为两大类，一是外部因素，二是换能器的内部因素。后者主要包括热极限、电极限和机械极限。前者主要由换能器的负载性质所决定，也可以称为换能器的声极限。

　　换能器的声极限主要是针对以液体为介质的换能器而言的。在大功率状态下，声波在液体负载中传播时会出现空化现象。空化现象的发生意味着在换能器辐射面的周围出现大量的空化气泡。当液体中的声波辐射功率或声波强度达到一定的数值时，处于换能器辐射面附近的空化气泡会形成一个声屏障，严重阻碍换能器输出功率的进一步增大。从另一个角度来考虑，空化气泡的大量增加导致换能器的辐射阻抗下降，从而影响换能器的辐射功率和辐射效率。为了提高换能器的辐射声功率，可以采用增大换能器辐射面积的方法。但这种方法在要求一定的声波强度的情况下是不适合的。在这种情况下，可采用提高介质的空化域、提高换能器的工作频率以及短脉冲工作方式等方法，也可以采用一种折中的办法，即损失换能器的电声效率以达到一定的声强度要求。

　　大功率超声换能器中最常见的问题就是换能器的发热问题，即热极限。由于大功率换能器主要是由压电陶瓷材料实现能量的转换，而压电陶瓷材料属于铁电材料，在大电场以及高功率情况下，压电陶瓷材料内部的铁电电滞损耗及介电损耗相当大，会产生大量的热量。若不能采取有效的散热措施，便会出现恶性循环，使压电陶瓷材料的温度不断升高。当温度达到压电陶瓷材料居里温度的一半时，压电陶瓷换能器的性能处于严重的不稳定状态，甚至会导致换能器的失效。解决换能器过度发热的措施包括选用损耗小、温度系数小的陶瓷材料，以及采用强制的散热措施，如利用厚电机、风冷及水冷等。

换能器在大功率状态下工作时，断裂及破碎也是比较常见的现象之一。这就是所谓的换能器的机械极限。换能器的断裂主要发生在换能器内部应力最大的地方，即换能器的位移节点处。由于金属材料的机械强度大于压电陶瓷材料的机械强度，因此，从避免材料断裂这一方面考虑，应将换能器的位移节点设计在换能器的金属部分中。但此时换能器的机电转换能力及负载适应能力等性能会受到一定的影响。因此应针对不同的应用场合进行统筹考虑。对于处于重负载状态下的大功率超声换能器，由于换能器的振动位移较小，因此发生断裂的现象较少，偶尔出现可能是由于材料内部的缺陷或换能器的安装不当导致的某处应力集中等，例如换能器的预应力太大或者预应力的作用方向与换能器的振动方向不平行等。因此对于超声清洗等重负载换能器，可将换能器的位移节点设计在压电陶瓷材料内部，以充分发挥其固有的机电转换能力。对于处于轻负载情况下的大功率超声换能器，如超声加工以及超声焊接等，由于负载较轻，因此换能器的振动位移较大。此时为了避免陶瓷材料的破裂以及减少换能器的机械损耗，应将换能器的位移节点设计在偏离压电陶瓷元件位置处。

压电陶瓷换能器的电极限是指换能器所能承受的最大输入电能，可以分为静态和动态两种情况加以分析。在静态的情况下，换能器的电极限主要是由陶瓷材料的介电损耗决定。产生介电损耗的原因主要有陶瓷的弛豫损耗和漏电损耗，它们主要与陶瓷材料的成分、制造工艺等有关。所有这些因素的综合表现之一就是换能器的耐压程度。因此为了提高换能器的电极限，首先必须提高换能器的耐压特性。在动态的情况下，压电陶瓷换能器的电极限比较复杂，它不仅与压电陶瓷的材料有关系，而且与换能器的工作频率、换能器的电匹配状态等有关。当换能器处于电失配状态工作时，换能器中的无功功率增大，导致换能器急剧发热，有时可能损坏换能器。

上面对压电陶瓷换能器的电极限、声极限、热极限以及机械极限分别进行了分析。实际上影响换能器性能的各种参数是相互依存的，不能单从一个方面加以考虑。例如，当空化的出现和增强而导致换能器的辐射效率和功率下降时，若增大输入电功率，则换能器的输出声功率不仅不会增大，反而会出现变小的现象。这一现象可以解释为一个连锁反应，即当换能器效率下降时，其机械损耗变大，导致换能器发热；换能器发热的结果反过来又使换能器的机械强度下降，从而使换能器的性能进一步下降，辐射功率继续下降。为了增大辐射功率，势必又要增大换能器的输入电功率，而增大换能器电功率的同时又使换能器的电性能受到影响。如果不采取措施，最终必将影响换能器的正常工作。

目前纵向夹心式压电陶瓷换能器的工作频率范围在几十千赫兹到几百千赫兹，

最大连续功率可达到 2kW 左右，最大脉冲功率可达上万瓦，甚至更大，这主要取决于其激发脉冲信号的占空比。此类换能器的电声转换效率视工作状态不同也有不同的数值，一般情况下可达到 70%以上。对于设计较好的夹心式压电陶瓷换能器，其振动模式比较纯，辐射面的振动分布也比较均匀。一般情况下在大功率状态下工作时，此类换能器主要工作在基频振动模式，此时，换能器辐射面中部的振幅最大，边界的位移振幅最小，非常类似于一个活塞辐射器。正因如此，在分析此类换能器的辐射声场及指向性时，都把它近似看成一个活塞辐射器加以处理。

7.2　压电材料的基本性质

7.2.1　压电材料发展概况

压电换能器的核心是压电材料，压电换能器性能的好坏直接与压电材料性能参数相关，因此，要研究压电换能器就必须了解压电材料的性能参数。

压电材料是指具有压电效应的材料，即在外力作用下产生电流，或反过来在电流作用下产生力或形变的一种功能材料[142,143]。它广泛应用于换能器，用于实现机械能与电能之间的相互转换。自 1880 年居里兄弟 (雅克·居里和皮埃尔·居里) 发现压电效应以来，人们已研制出多种压电材料，可以分为以下五类：①压电单晶材料，如石英等；②压电陶瓷材料，如锆钛酸铅 (PZT)、钛酸铅等；③压电高分子聚合物，如聚偏二氟乙烯等；④压电复合材料，如 PZT/聚合物等；⑤压电半导体材料，如 CdS、CdSe、ZnO、ZnS 等。由上述顺序可以看出，压电材料经历了从自然界存在的简单单晶材料到结构复杂的复合材料的发展过程。

压电材料的压电效应是 1880 年首先由居里兄弟在石英晶体上发现的。在 20 世纪初期先后又发现了酒石酸钾钠 (罗谢尔盐) 及磷酸二氢钾等重要的压电晶体。由于第一次世界大战的需要，压电晶体在实用上取得突破。1919 年，利用酒石酸钾钠制成了电声元件，1921 年又制出了石英谐振器，1940 年压电晶体在声呐中取得成功。

1942～1943 年，美国、苏联以及日本的研究人员分别发现了钛酸钡压电陶瓷，开创了压电材料的新纪元。1954 年，美国的 B. Jaffe 发现并研制成功了 PZT 压电陶瓷，这极大地扩展了压电换能器的应用范围。

20 世纪 60 年代末，以 PZT 为基础的三元、四元系等多元系压电材料的研制和应用十分活跃。它在滤波器、换能器、频率控制、引燃引爆等方面广泛应用。目前压电陶瓷材料正在向高温、无毒、无铅方向发展，其各个材料参量，如功率容量及损耗等也在不断提高，以适应更广泛的应用需要。

压电高分子材料 (压电高分子聚合物) 出现于 1969 年，这是一种比较新型的压电换能器材料。人类发现最早的压电高分子聚合物是聚偏二氟乙烯，这是一种薄膜型压电材料，具有柔软性、热塑性和易于加工等特点。压电高分子聚合物材料的化学性质非常稳定，其熔点大约是 170℃。与压电陶瓷材料一样，压电高分子聚合物材料也是通过特殊的极化工艺而具有压电效应的。其极化过程包括四个步骤，即制膜、拉伸、极化和上电极。

压电高分子聚合物材料具有高的柔顺性，其柔顺系数是压电陶瓷材料的几十倍，因而可以制成大而薄的膜，并且具有高的机械强度和韧性，可承受较大的冲击力。压电高分子聚合物材料的压电电压常数高，因此它可用于制作高灵敏度接收换能器和换能器阵，也非常适用于制作水听器；由于压电高分子聚合物材料的机械品质因数较低，因此它非常适用于制作分辨率高的窄脉冲超声换能器。

与压电陶瓷不同，压电高分子聚合物材料在垂直于极化方向的平面内不具有各向同性的性质。压电高分子聚合物材料实际上是一种薄膜材料，它的声阻抗率较低，易与传播介质宽带匹配，并且适合制作高频超声换能器；其缺点是其性能与温度有关，机电耦合系数较小，损耗大，介电常数很小，因此此类材料不适合制作发射型换能器。

压电复合材料是将压电陶瓷和聚合物等材料按一定的连通方式、一定的体积质量比，以及一定的空间分布制作而成。压电复合材料是 20 世纪 70 年代发展起来的一种多用途功能复合材料。1972 年，日本学者试制了 $PVDF-BaTiO_3$ 的柔性复合材料，开创了压电复合材料的历史。20 世纪 70 年代中后期，美国宾夕法尼亚大学材料实验室开始研究压电复合材料在水声中的应用，并研制了 1-3 型压电复合材料。Newnham 等进行了大量的理论和实验研究工作，测试了不同体积比的压电复合材料的特性。20 世纪 80 年代初以后，美国斯坦福大学的 Auld 等建立了 PZT 柱周期排列的 1-3 型压电复合材料的理论模型，并分析了其中的横向结构模。日本的 Nakaya 等还利用压电复合材料制作了换能器，促进了压电复合材料的实际应用。

压电半导体是兼有压电性质的半导体材料。20 世纪 60 年代以来，人们发现许多晶体既具有半导体特性，也具有压电性，如 CdS、CdSe、ZnO、ZnS、CdTe、ZnTe 等 Ⅱ-Ⅵ 族化合物，GaAs、GaSb、InAs、InSb、AlN 等 Ⅲ-Ⅴ 族化合物，都属于压电半导体。它们具有一定的离子性，当施以应变时，正负离子会分开一定的距离，产生电极化，形成电场，产生压电效应。声波在这些压电材料中传播时也会产生压电电场，载流子便会受到该电场的作用。压电半导体兼有半导体和压电两种物理性能，因此，既可用其压电性能研制压电式力敏传感器，又可利用其半导体性能加工成电子器件，将两者结合起来，就可研制出传感器与电子线路一体化的新型压电传感测试系统。

7.2.2 压电材料种类

1. 压电晶体

1) 石英晶体 (水晶)

石英即二氧化硅 (SiO_2) 是一种天然晶体。石英的熔点是 1750℃，密度是

$2.649\text{g}/\text{cm}^3$，莫氏硬度是 7。石英有很高的机械 Q 值，零温度系数切割以及稳定的机械性能，因而广泛用于振荡器的频率控制、高选择性滤波器以及水听器。石英晶体属于三角晶系的 32 类，其性能如表 7.1。

表 7.1　压电石英晶体的材料参数

密度/ (kg/m^3)	弹性系数/$(\times 10^{-12}\text{m}^2/\text{N})$							压电常数/ $(\times 10^{-12}\text{C}^2/\text{N})$		介电常数 (相对)	
	S_{11}	S_{33}	S_{12}	S_{13}	S_{44}	S_{66}	S_{14}	d_{11}	d_{14}	$\varepsilon_{11}^{\mathrm{T}}$	$\varepsilon_{33}^{\mathrm{T}}$
2649	12.77	9.6	−1.79	−1.22	20.04	29.12	4.50	21.31	0.727	4.52	4.68

2) 水溶性压电晶体

自从发现酒石酸钾钠的压电性能以后，人们在人工培育水溶性晶体方面取得了很大成就，培育成的一系列水溶性晶体已得到实用。

属于单斜晶系的有酒石酸钾钠、酒石酸乙烯二铵 $(\text{C}_6\text{H}_4\text{N}_2\text{O}_6)$、酒石酸二钾 $(\text{K}_2\text{C}_4\text{H}_4\text{O}_6 \cdot \frac{1}{2}\text{H}_2\text{O})$ 以及硫酸锂 $(\text{Li}_2\text{SO}_4 \cdot \text{H}_2\text{O})$。

属于正方晶系的有磷酸二氢钾 (KH_2PO_4)、磷酸二氢铵 $(\text{NH}_4\text{H}_2\text{PO}_4)$、砷酸二氢钾 $(\text{KH}_2\text{AsO}_4)$ 以及砷酸二氢铵 $(\text{NH}_4\text{H}_2\text{AsO}_4)$，其中硫酸锂在医学中应用较广，因它对水和人体具有较好的声阻抗匹配 ($\rho c = 1.12 \times 10^6 \text{ Rayl}$[①])，而水的阻抗 $\rho c = 1.5 \times 10^6 \text{ Rayl}$。

3) LiGaO_2 晶体和压电半导体

这些晶体的压电性是在 1960 年以后相继发现的，其中某些材料是由于在蒸发沉积的多晶层中有优先取向而具有压电性，这就提供了超高频范围大有前途的薄膜器件，这些晶体的性能列于表 7.2 中。

近十几年来，压电半导体薄膜材料发展很快，如 ZnO、CdS、AlN 等，主要用于高频率超声体波和表面波换能器。对于宽带延迟线，声光调制器及声放大器等，压电陶瓷不适合的。由于陶瓷材料致密性差，当频率超过 50MHz 时，声波衰减很快，因而高频换能器多采用单晶 (如石英铋酸锂) 等，但是其加工困难。现在采用真空蒸发或溅射工艺将 ZnO、CdS 制成薄膜，以厚度控制频率，所以压电半导体是很有前途的。

2. 压电陶瓷

压电陶瓷属于铁电性多晶体，压电陶瓷以性能优异、工艺简单、价格低廉等优点而发展很快，在工业探伤、医疗诊断、功率超声等设备中使用日益增多，是目前

---

① 1Rayl=10Pa·s/m。

表 7.2 压电半导体材料的材料参数

晶体	晶类	K_{33}	K_{31}	K_{15}	$\varepsilon_{33}^{T}/\varepsilon_0$	$\varepsilon_{33}^{S}/\varepsilon_0$	$\varepsilon_{11}^{T}/\varepsilon_0$	$\varepsilon_{11}^{S}/\varepsilon_0$	$\varepsilon_{11}^{S}/\varepsilon_0$	10^{-12}C/N			C/m^2		
										d_{33}	d_{31}	d_{15}	e_{33}	e_{31}	e_{15}
ZnO	$6mm$	0.408	−0.189	−0.316	0.282	11.7	8.87	9.26	8.33	10.6	−5.2	−13.9	1.14	−0.61	−0.59
CdS	$6mm$	0.264	−0.119	−0.188	0.154	10.8	9.53	9.35	9.02	10.3	−5.2	−14.0	0.44	−0.24	−0.21
CdSe	$6mm$	0.194	−0.084	−0.130	0.124	10.6	10.2	9.70	9.53	7.8	−3.9	−10.5	0.35	−0.16	−0.14
LiGaO$_2$	$2mm$	—	−0.12	−0.17	0.25	8.8	—	7.2	7.0	7.7	−2.8	−5.9	0.90	—	−0.30

晶体	10^{-12}m/N		10^{10}N/m^2							m/s		密度/($\times 10^3$kg/m^3)	频率温度系数	
	S_{33}^{E}	S_{11}^{E}	C_{33}^{E}	C_{11}^{E}	S_{14}^{E}	C_{66}	C_{33}^{D}	C_{11}^{D}	C_{14}^{D}	v_3^{D}	v_4^{D}		厚度伸张	厚度切度
ZnO	6.9	7.86	21.1	21.0	4.25	4.43	22.9	21.5	4.72	6400	2945	5.68	—	—
CdS	17.0	20.7	9.38	9.07	1.50	1.62	9.62	9.13	1.56	4500	1800	4.82	−108	−48
CdSe	17.3	23.4	8.366	7.40	1.32	1.40	8.48	7.42	1.34	3860	1540	5.68	—	—
LiG$_a$O$_2$	—	7.1	16.4	—	4.98	—	17.5	—	5.13	6450	3500	4.19	−70	−43

用途最广的一种材料。压电陶瓷材料适应性强，可以满足不同的要求。

对于发射换能器而言，要求材料有高的耦合系数及高的压电应变常数 d；对接收换能器来说，则要求压电电压常数 g 高，介电常数适当小，高阻尼 (即低的机械品质因数 Q_{m})。另外，希望晶片厚度振动模式单纯 (即 $K_{\mathrm{t}} \gg K_{\mathrm{p}}$)，这有利于得到好的横向分辨率。

对于收发两用换能器，要求材料有高的 g，适当的机电耦合系数。低的机械品质因数 Q_{m} 可以产生一个宽带、高分辨率的接收系统。同时也要求有相当数值的 d，即一定的发射灵敏度。

以上这些要求，压电陶瓷材料都可满足。它从钛酸钡到 PZT 和以 PZT 为基础的多元系，从钙钛矿结构到钨青铜结构和层状结构的陶瓷体，其种类日渐增多，用途不断扩大，现分述如下。

1) 钛酸钡

这是最先用作压电换能器的陶瓷材料。但由于其居里温度低，使用上受到限制，它的压电性能远小于 PZT。但制作方便些，目前国内有些工厂仍作为医用换能器生产和使用。

2) PZT 系压电陶瓷

PZT 是锆酸铅和钛酸铅的固溶体，具有很高的压电性能。PZT 与钛酸钡相比具有耦合系数高、压电常数高、居里温度高，以及改变组成比例或掺入微量杂质后可在一定范围内调整材料性能等优点，用作超声成像、超声检测、医用超声换能器以及功率超声的二元系 PZT 最常见的有以下三种。

(1) PZT-4。一种用锶 (Sr) 部分取代铅 (Pb) 的 PZT 二元系材料，具有较高的耦合系数、适中的介电常数、较低的介电损耗和中等的机械品质因数。PZT-4 适用于制作小功率发射换能器，在超声检测等方面大都采用这种材料或其性能相近的材料配方作为发射型换能材料，其配方为 $Pb_{0.875} Sr_{0.125} (Zr_{0.56}Ti_{0.44})O_3$。

(2) PZT-8。一种强场损耗很低的大功率发射型材料。该材料耦合系数较高，压电常数较高，机械品质因数高，介电损耗低，特别是强场损耗低，其多用于高场驱动的大功率发射换能器。

(3) PZT-5。通用的典型接收材料，其具有高耦合系数、高压电常数、高接收灵敏度 (g 常数) 以及低机械品质因数。目前医用超声及检测超声中大多采用此材料为接收材料，此材料的最大优点是 K_t 与 K_p 相近，以致在换能器制作中要采取较复杂的技术以避免模态耦合。

3) 三元系及多元系压电陶瓷

20 世纪 60 年代初，苏联的科研人员研究了铌镁酸铅。1964 年日本的科研人员研制了铌镁锆钛酸铅三元系固溶体压电陶瓷。此后，各国相继研制了各种三元系及多元系压电材料，其特点如下所述。

(1) 少许掺杂容易改善材料性能。

(2) 多元系材料性能稳定。

(3) 易于制作普通或特殊的反射、接收，以及收发两用的材料。

例如，机电耦合系数可以调节至 0.5～0.75，Q_m 值可控制在 15～2600 范围内。

(4) 烧制中氢化铅挥发量少、瓷体致密、烧结温度范围宽。目前多元材料种类很多，常见的有：铌镁锆钛酸铅系、铌锌锆钛酸铅系、铌钴锆钛酸铅系、铌铁锆钛酸铅系、锑镁锆钛酸铅系及锑锂锆钛酸铅系等。

4) 钛酸铅

此类材料 $K_t \gg K_p$，介电常数低，居里温度为 490℃，是制作高频高温振子的好材料。

5) 铌酸盐系压电陶瓷

(1) 偏铌酸铅 ($PbNb_2O_6$)。

此材料的居里温度高达 570℃，介电常数较低 (约 200)，具有一定的 K_t 值。特点是 Q_m 很低 (约 10)，这对超声无损检测及超声成像等应用十分有利，因为其介电常数较低，有利于高频下阻抗的匹配及高频线路的设计。由于 $K_t \gg K_p(K_t = 0.40$；$K_p = 0.07)$，在超声成像中使用可以提高横向分辨率，简化背衬层的设计。

(2) 铌酸钠锂 ($NaLiNbO_3$)。

此材料介电常数低，频率常数高，是高频 (20MHz) 超声的优选材料，它无铅无毒。

3. 高分子聚合物压电材料

已发现具有压电性的高聚物为数不少，其中聚偏二氟乙烯压电性最强，应用也最广泛。聚偏二氟乙烯与 PZT-4 压电陶瓷的比较见表 7.3，可以看出聚偏二氟乙烯的一些特点。

表 7.3 聚偏二氟乙烯压电薄膜与 PZT-4 压电陶瓷的性能比较

性能	单位	聚偏二氟乙烯	PZT-4
密度 ρ	10^3kg/m^3	1.8	7.5
弹性系数 S_{11}^{D}	$10^{-12}\text{m}^2/\text{N}$	330	11
介电常数 $\varepsilon/\varepsilon_0$		12	1300
压电耦合系数 K_{31}		0.10	0.33
压电应变常数 d_{31}	10^{-12}C/N	20	123
压电电压常数 g_{31}	$10^{-3}\text{V}\cdot\text{m/N}$	174	11.1
机械品质因数 Q_{m}		10	500

(1) 高柔顺性：聚偏二氟乙烯柔顺系数 S_{11}^{D} 是 PZT-4 的 30 倍，可用于制作大面积换能器。

(2) 高压电电压常数 g：聚偏二氟乙烯的 g 值比 PZT 高一个数量级，适用于高灵敏度接收换能器。

(3) 聚偏二氟乙烯压电薄膜密度很低，制成的换能器质量轻、体积小、结构简单，对换能器小型化、轻型化及布阵大有益处。

(4) 高机械损耗和电损耗 (即低 Q_{m} 和 Q_{e})：最适用于制作宽带超声换能器，而且可以在很宽的频率范围内得到平坦的响应特性。

(5) 声阻抗低：聚偏二氟乙烯压电薄膜的阻抗值接近水和人体软组织的 ρc 值，这十分有利于超声检测及医用换能器匹配，不仅可提高转换效率，而且可以简化电子线路。

(6) 高分子聚合物压电材料的性能稳定，不易受周围环境如灰尘、化学腐蚀、温度等条件的影响。

高分子聚合物换能器是 20 世纪 60 年代末发现的。由于它具有独特的优点，近十年来发展很快。应用方面也有突破，特别是在超声成像、超声检测和医用超声方面已取得可喜成绩。美国斯坦福大学的医用超声成像换能器阵已进入临床实验阶段，英国伦敦大学研制的聚偏二氟乙烯新型可变聚焦超声换能器也在医用超声成像和混浊介质中的声成像方面得到应用。

7.3 纵向夹心式压电陶瓷换能器的理论分析及设计

根据上面的分析及图 7.1，可以看出夹心式压电陶瓷换能器的具体结构是比较复杂的。但进行仔细分析以后也不难看出，它不外乎是由金属前盖板、压电陶瓷晶堆以及金属后盖板三个基本构件组合而成。只要对这三种构件的机电振动特性加以分析，再把它们结合到一起，就可以对整个换能器的特性进行宏观的分析及设计，从而达到优化设计的目的。

在实际情况中，夹心式压电陶瓷换能器的振动状态是比较复杂的。为了简化分析，必须对换能器的振动模式及几何尺寸做一些假定。首先，在此类换能器的使用频率范围内，换能器的总长度可与声波的波长相比拟，而换能器的直径必须远小于换能器的波长，也就是远小于换能器的纵向长度。在这一假设下，夹心式压电陶瓷换能器的振动可以近似看成一个细长的复合圆棒的纵向振动，换能器任意截面上的振动可用其轴线上的振动表示。其次，压电陶瓷晶堆是由许多带圆孔的压电陶瓷薄圆片组成的，当圆孔很小时，可把带孔薄圆片看成实心薄圆片。对于轴向极化薄圆片组合而成的压电陶瓷晶堆，根据网络的级联理论，当圆片的厚度远小于波长时，可以等效成一个沿轴向极化的压电陶瓷细长圆棒。最后，在换能器各组成部件的交界面处，位移及应力是连续的。因此对于夹心式压电陶瓷换能器，在一维理论的假设情况下，可以抽象成一个复合细棒振动器的理想模型。

7.3.1　变截面细棒的一维纵振动方程及其解

考虑一个由均匀、各向同性材料所组成的变截面细棒，不考虑材料的机械损耗，并假设一维平面波沿细棒的轴向传播，在这种假设下，在变截面细棒的横截面上的应力分布是均匀的，细棒中任意横截面上的位移可用细棒轴线上的坐标表示。此时细棒横截面上各质点做等幅同相振动。

图 7.2 是一个变截面细棒，其横向尺寸远小于波长，细棒的对称轴为坐标轴 x。对于厚度为 $\mathrm{d}x$ 的小体元，作用于其上的合力为 $\dfrac{\partial(S\sigma)}{\partial x}\mathrm{d}x$，根据牛顿定律，可以写出细棒的动力学方程为

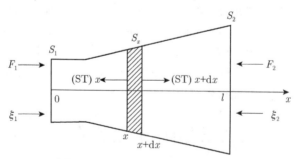

图 7.2　变截面细棒的纵振动示意图

$$\frac{\partial(S\sigma)}{\partial x}\mathrm{d}x = S\rho\mathrm{d}x\frac{\partial^2\xi}{\partial t^2} \tag{7.1}$$

式中，$S = S(x)$ 为变截面细棒的截面积函数；$\xi = \xi(x)$ 是细棒中的质点位移函数；$\sigma = \sigma(x) = E\frac{\partial\xi}{\partial x}$ 是应力函数，这里 E 是材料的杨氏模量；ρ 为材料的体密度。在简谐振动的情况下，式 (7.1) 可写成以下形式：

$$\frac{\partial^2\xi}{\partial x^2} + \frac{1}{S}\cdot\frac{\partial S}{\partial x}\cdot\frac{\partial\xi}{\partial x} + k^2\xi = 0 \tag{7.2}$$

式 (7.2) 就是变截面细棒一维纵向振动的波动方程。其中 $k = \omega/c$ 是波数，这里 ω 是振动的圆频率，$c = \sqrt{E/\rho}$ 是细棒中一维纵向振动的传播速度。令 $K^2 = k^2 - \frac{1}{\sqrt{S}}\cdot\frac{\partial^2(\sqrt{S})}{\partial x^2}$，$\xi = S^{-\frac{1}{2}}y$，可把式 (7.2) 化为如下形式：

$$\frac{\partial^2 y}{\partial x^2} + K^2 y = 0 \tag{7.3}$$

对于式 (7.3)，当 K^2 为正数时存在简谐解，即

$$\xi = \frac{1}{\sqrt{S}}(A\sin Kx + B\cos Kx) \tag{7.4}$$

令 $\tau = \frac{1}{\sqrt{S}}\cdot\frac{\partial^2(\sqrt{S})}{\partial x^2}$，则 K^2 为正常数的条件为 $\tau \leqslant k^2$。当 τ 小于零时，$\sqrt{S} = C\sin\sqrt{-\tau}x + D\cos\sqrt{-\tau}x$，此时变截面细棒为三角函数型变截面细棒。当 τ 等于零时，$\sqrt{S} = Cx + D$，此时变截面细棒为锥形变截面细棒。作为一种特例，当常数 $C = 0$ 时，为等截面细棒。当 τ 大于零时，$\sqrt{S} = C\mathrm{sh}\sqrt{\tau}x + D\mathrm{ch}\sqrt{\tau}x$。如果 $C = 0$，为悬链线型超声变幅杆。当 $C = D$ 或 $C = -D$ 时，为指数型变截面杆。令 $\dot{\xi}_1$、$\dot{\xi}_2$ 分别是变截面细棒两端的振动速度，根据图 7.2，可得式 (7.4) 中的常数为

$$B = \frac{\sqrt{S_1}}{\mathrm{j}\omega}\dot{\xi}_1, \quad A = -\frac{\dot{\xi}_2\sqrt{S_2} + \dot{\xi}_1\sqrt{S_1}\cos Kl}{\mathrm{j}\omega\sin Kl}$$

其中，S_1、S_2 分别是变截面细棒两端的横截面积；l 是细棒的长度。根据细棒两端的力平衡条件，即 $F_1 = -(F)_{x=0}, F_2 = -(F)_{x=l}$，可得

$$F_1 = \frac{\rho c}{2\mathrm{j}k}\left(\frac{\partial S}{\partial x}\right)_{x=0}\dot{\xi}_1 + \frac{\rho cKS_1}{\mathrm{j}k}\mathrm{ctg}Kl\cdot\dot{\xi}_1 + \frac{\rho cK\sqrt{S_1S_2}}{\mathrm{j}k\sin Kl}\dot{\xi}_2 \tag{7.5}$$

$$F_2 = -\frac{\rho c}{2\mathrm{j}k}\left(\frac{\partial S}{\partial x}\right)_{x=l}\dot{\xi}_2 + \frac{\rho c K S_2}{\mathrm{j}k}\operatorname{ctg}Kl\cdot\dot{\xi}_2 + \frac{\rho c K\sqrt{S_1 S_2}}{\mathrm{j}k\sin Kl}\dot{\xi}_1 \tag{7.6}$$

由此可以得出变截面细棒一维纵振动的等效电路 (图 7.3)。图中 Z_1、Z_2、Z_3 分别是变截面细棒一维纵振动等效电路中的串并联阻抗，其具体表达式为

$$Z_1 = \frac{\rho c}{2\mathrm{j}k}\left(\frac{\partial S}{\partial x}\right)_{x=0} + \frac{\rho c K S_1}{\mathrm{j}k}\cot Kl - \frac{\rho c K\sqrt{S_1 S_2}}{\mathrm{j}k\sin Kl} \tag{7.7}$$

$$Z_2 = -\frac{\rho c}{2\mathrm{j}k}\left(\frac{\partial S}{\partial x}\right)_{x=l} + \frac{\rho c K S_2}{\mathrm{j}k}\cot Kl - \frac{\rho c K\sqrt{S_1 S_2}}{\mathrm{j}k\sin Kl} \tag{7.8}$$

$$Z_3 = \frac{\rho c K\sqrt{S_1 S_2}}{\mathrm{j}k\sin Kl} \tag{7.9}$$

图 7.3　变截面细棒一维纵振动的等效电路图

对于不同的截面变化规律，等效电路图中的等效阻抗有所不同，但其等效电路图的形式是相同的。因此任何变截面细棒，其一维振动的等效电路图可用一个 T 型网络来等效。从下面的分析中可以看出，在分析换能器的机电振动特性时，这一等效电路是非常方便的。对于功率超声技术中常用的几种变截面细棒，如圆锥型、指数型以及悬链线型，其等效电路的等效阻抗如下所述。

对于圆锥型，其截面的变化规律为 $S = S_1(1-\alpha x)^2$，各个阻抗的具体表达式为

$$Z_1 = -\mathrm{j}\frac{\rho c S_1}{kl}\left(\sqrt{\frac{S_2}{S_1}}-1\right) - \mathrm{j}\rho c S_1 \operatorname{ctg}kl + \mathrm{j}\frac{\rho c\sqrt{S_1 S_2}}{\sin kl}$$

$$Z_2 = -\mathrm{j}\frac{\rho c S_2}{kl}\left(\sqrt{\frac{S_1}{S_2}}-1\right) - \mathrm{j}\rho c S_2 \operatorname{ctg}kl + \mathrm{j}\frac{\rho c\sqrt{S_1 S_2}}{\sin kl}$$

$$Z_3 = \frac{\rho c\sqrt{S_1 S_2}}{\mathrm{j}\sin kl}$$

在上面的表达式中，$\alpha = \dfrac{D_1 - D_2}{D_1 l} = \dfrac{N-1}{Nl}$，$N = \dfrac{D_1}{D_2} = \sqrt{\dfrac{S_1}{S_2}}$，$S_2 = S_1(1-\alpha l)^2$。对于圆锥型盖板，还经常利用一个叫作延展系数 F 的概念，其定义为

$$F = \frac{r_1}{r_2 - r_1} \tag{7.10}$$

式中，r_1、r_2 分别是盖板喉部及输出端的半径。因此圆锥型盖板的各个阻抗还可由下面的式子给出：

$$Z_1 = -\mathrm{j}\frac{\rho c S_1}{klF} - \mathrm{j}\rho c S_1 \cot kl + \mathrm{j}\frac{F}{F+1} \cdot \frac{\rho c S_2}{\sin kl}$$

$$Z_2 = -\mathrm{j}\frac{\rho c S_2}{kl(F+1)} - \mathrm{j}\rho c S_2 \mathrm{ctg}kl + \mathrm{j}\frac{F}{F+1} \cdot \frac{\rho c S_2}{\sin kl}$$

$$Z_3 = \frac{F}{F+1} \cdot \frac{\rho c S_2}{\mathrm{j}\sin kl}$$

对于指数型，其截面的变化规律为 $S = S_1 \mathrm{e}^{-2\beta x}$，$\beta l = \ln N$，$N = \sqrt{S_1/S_2}$。各个阻抗的具体表达式为

$$Z_1 = \mathrm{j}\frac{z_1}{k}\beta - \mathrm{j}z_1\frac{k'}{k}\mathrm{ctg}k'l + \mathrm{j}\frac{k'}{k} \cdot \frac{\sqrt{z_1 z_2}}{\sin k'l}$$

$$Z_2 = -\mathrm{j}\frac{z_2}{k}\beta - \mathrm{j}z_2\frac{k'}{k}\mathrm{ctg}k'l + \mathrm{j}\frac{k'}{k} \cdot \frac{\sqrt{z_1 z_2}}{\sin k'l}$$

$$Z_3 = \frac{k'}{\mathrm{j}k} \cdot \frac{\sqrt{z_1 z_2}}{\sin k'l}$$

式中，$k' = \sqrt{k^2 - \beta^2}$，$z_1 = \rho c S_1$，$z_2 = \rho c S_2$，$k = \omega/c$，$S_2 = S_1 \mathrm{e}^{-2\beta l}$。上述各式适用于 $k > \beta$ 的情况。

当 $k < \beta$ 时，指数型盖板的各个阻抗为

$$Z_1 = \mathrm{j}\frac{z_1}{k}\beta - \mathrm{j}z_1\frac{\beta'}{k} \cdot \frac{1}{\mathrm{th}\beta'l} + \mathrm{j}\frac{\beta'}{k} \cdot \frac{\sqrt{z_1 z_2}}{\mathrm{sh}\beta'l}$$

$$Z_2 = -\mathrm{j}\frac{z_2}{k}\beta - \mathrm{j}z_2\frac{\beta'}{k} \cdot \frac{1}{\mathrm{th}\beta'l} + \mathrm{j}\frac{\beta'}{k} \cdot \frac{\sqrt{z_1 z_2}}{\mathrm{sh}\beta'l}$$

$$Z_3 = \frac{\beta'}{\mathrm{j}k} \cdot \frac{\sqrt{z_1 z_2}}{\mathrm{sh}\beta'l}$$

在上述各式中，$\beta' = \sqrt{\beta^2 - k^2}$。

对于悬链线型，其截面的变化规律为 $S = S_2\mathrm{ch}^2\gamma(l-x)$，$\gamma l = \mathrm{arcosh}N$，$N = \sqrt{S_1/S_2}$。各个阻抗的具体表达式为

$$Z_1 = \mathrm{j}\frac{z_1}{k}\gamma\mathrm{th}\gamma l - \mathrm{j}z_1\frac{k'}{k}\mathrm{ctg}k'l + \mathrm{j}\frac{k'}{k} \cdot \frac{\sqrt{z_1 z_2}}{\sin k'l}$$

$$Z_2 = -\mathrm{j}z_2 \frac{k'}{k} \mathrm{ctg}k'l + \mathrm{j}\frac{k'}{k} \cdot \frac{\sqrt{z_1 z_2}}{\sin k'l}$$

$$Z_3 = \frac{k'}{\mathrm{j}k} \cdot \frac{\sqrt{z_1 z_2}}{\sin k'l}$$

式中，$k' = \sqrt{k^2 - \gamma^2}$，$z_1 = \rho c S_1, z_2 = \rho c S_2$，$k = \omega/c$。上述各式适用于 $k > \gamma$ 的情况。

当 $k < \gamma$ 时，悬链线型盖板的各个阻抗为

$$Z_1 = \mathrm{j}\frac{z_1}{k} \gamma \mathrm{th}\gamma l - \mathrm{j}z_1 \frac{\gamma'}{k} \cdot \frac{1}{\mathrm{th}\gamma'l} + \mathrm{j}\frac{\gamma'}{k} \cdot \frac{\sqrt{z_1 z_2}}{\mathrm{sh}\gamma'l}$$

$$Z_2 = -\mathrm{j}z_2 \frac{\gamma'}{k} \cdot \frac{1}{\mathrm{th}\lambda'l} + \mathrm{j}\frac{\gamma'}{k} \cdot \frac{\sqrt{z_1 z_2}}{\mathrm{sh}\gamma'l}$$

$$Z_3 = \frac{\gamma'}{\mathrm{j}k} \cdot \frac{\sqrt{z_1 z_2}}{\mathrm{sh}\gamma'l}$$

式中，$\gamma' = \sqrt{\gamma^2 - k^2}$，$S_1 = S_2 \mathrm{ch}^2 \gamma l$。对于均匀截面直棒，$S_1 = S_2 = S$，情况比较简单，各个阻抗的具体表达式为

$$Z_1 = Z_2 = \mathrm{j}\rho c S \cdot \tan\frac{kl}{2}, \quad Z_3 = \frac{\rho c S}{\mathrm{j}\sin kl}$$

7.3.2　压电陶瓷晶堆的机电状态方程及其等效电路

根据上面的分析及假设，对于夹心式压电陶瓷换能器，在由轴向极化薄圆片叠加构成的压电陶瓷晶堆中，仅在轴向有应力波的存在，即 $T_3 \neq 0$，其他应力分量都为零。相应的对于晶堆中的每个薄圆片，情况也是如此。对于一个沿轴向加电场的压电陶瓷薄圆片的振动特性，由于 $E_3 \neq 0$，而 $E_1 = E_2 = 0$。同时考虑陶瓷为绝缘介质，无空间自由电荷，因此电位移矢量是均匀分布的，即 $\partial D_3 / \partial z = 0$。此时可以利用下面的压电方程：

$$S_3 = S_{33}^{\mathrm{D}} T_3 + g_{33} D_3 \tag{7.11}$$

$$E_3 = \beta_{33}^{\mathrm{T}} D_3 - g_{33} T_3 \tag{7.12}$$

根据牛顿定律，可得压电陶瓷晶片的运动方程为

$$\partial^2 \xi / \partial t^2 = c^2 \partial^2 \xi / \partial z^2 \tag{7.13}$$

式中，$c = \sqrt{1/(\rho S_{33}^{\mathrm{D}})}$ 是一维纵向振动在压电陶瓷细长棒中的传播速度。对于简谐振动，运动方程的解为

$$\xi = (A \sin kz + B \cos kz)\mathrm{e}^{\mathrm{j}\omega t} \tag{7.14}$$

式中，A 和 B 是待定常数，可由晶片的边界条件决定。由此可得晶片中的位移分布为

$$\xi = \frac{\xi_1 \sin k(l-z) - \xi_2 \sin kz}{\sin kl}$$

式中，$\xi_1 = \xi\big|_{z=0}$、$\xi_2 = -\xi\big|_{z=l}$ 分别是晶片两端的振动位移。根据力学边界条件，$F_1 = -ST_3\big|_{z=0}$，$F_2 = -ST_3\big|_{z=l}$，可得以下各式：

$$F_1 = \left(\frac{\rho c S}{\mathrm{j}\sin kl} - \frac{n^2}{\mathrm{j}\omega C_0}\right)(\dot{\xi}_1 + \dot{\xi}_2) + \mathrm{j}\rho c S \tan\frac{kl}{2}\dot{\xi}_1 + nV \tag{7.15}$$

$$F_2 = \left(\frac{\rho c S}{\mathrm{j}\sin kl} - \frac{n^2}{\mathrm{j}\omega C_0}\right)(\dot{\xi}_1 + \dot{\xi}_2) + \mathrm{j}\rho c S \tan\frac{kl}{2}\dot{\xi}_{21} + nV \tag{7.16}$$

其中，$n = \dfrac{g_{33}S}{lS_{33}^{\mathrm{D}}\bar{\beta}_{33}}$ 是机电转换系数，这里 $\bar{\beta}_{33} = \beta_{33}^{\mathrm{T}}\left(1 + \dfrac{g_{33}^2}{S_{33}^{\mathrm{D}}\beta_{33}^{\mathrm{T}}}\right)$；$V$ 是晶片两端的端电压，可由下式给出：

$$V = \int_0^l E_3 \mathrm{d}z = \mathrm{j}\omega C_0 V - n(\dot{\xi}_1 + \dot{\xi}_2) \tag{7.17}$$

这里，$C_0 = \dfrac{S}{l\bar{\beta}_{33}}$ 是晶片的一维截止电容。由上述各式，可以得出晶片的机电等效电路 (图 7.4)。图中，$Z_1 = \mathrm{j}\rho c S \tan\dfrac{kl}{2}$，$Z_2 = \dfrac{\rho c S}{\mathrm{j}\sin kl} - \dfrac{n^2}{\mathrm{j}\omega C_0}$。

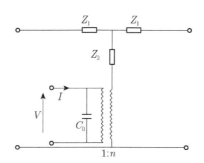

图 7.4 轴向极化压电陶瓷圆片的机电等效电路

上面得出的是单个压电陶瓷晶片的机电等效电路。对于由 p 个相同的晶片构成的压电陶瓷晶堆，晶片之间采用电路上并联而机械上串联的连接方式。从电路的理论上讲，就是将 p 个相同的四端网络相互级联。根据电路中的级联理论，可以得出晶堆的机电等效电路 (图 7.5)。其中 $Z_{1\mathrm{p}} = Z_{2\mathrm{p}} = \mathrm{j}\rho c_{\mathrm{e}} S \tan\dfrac{pk_{\mathrm{e}}l}{2}$，$Z_{3\mathrm{p}} = \dfrac{\rho c_{\mathrm{e}} S}{\mathrm{j}\sin pk_{\mathrm{e}}l}$，$k_{\mathrm{e}} = \dfrac{\omega}{c_{\mathrm{e}}}$，$c_{\mathrm{e}} = c\sqrt{1 - k_{33}^2\dfrac{\tan(kl/2)}{kl/2}}$ 称为压电陶瓷晶堆中纵向振动的等效声速。当

$\dfrac{kl}{2} \ll \pi$，也就是说 $l \ll \lambda$，即压电陶瓷晶堆中每一片的厚度远小于声波的波长时，等效声速可近似为

$$c_{\mathrm{e}} = c\sqrt{1 - k_{33}^2} = 1/\sqrt{\rho S_{33}^{\mathrm{E}}} \tag{7.18}$$

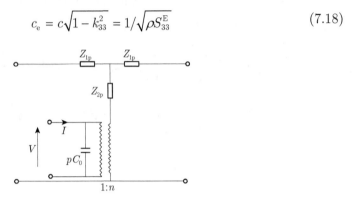

图 7.5　轴向极化压电陶瓷晶堆的机电等效电路

由此可以看出，压电陶瓷晶堆中的等效声速相当于恒定电场强度时的声速。从物理意义上来讲，当压电陶瓷晶片很薄时，陶瓷内部的电场可以认为是均匀的。因此属于一种电场强度恒定的情况。

7.3.3　纵向夹心式压电陶瓷换能器的机电等效电路及其特性分析

如上所述，纵向夹心式压电陶瓷换能器是由前后金属盖板和压电陶瓷晶堆组成的。利用已经得出的各部分的等效电路，根据边界条件，即在相邻部分的交界面处力和振动速度是连续的，三部分的等效电路图应该串联相接。由此可得复合换能器的机电等效电路 (图 7.6)。

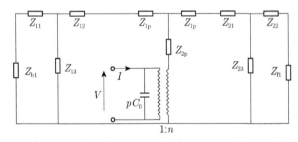

图 7.6　纵向夹心式压电陶瓷换能器的机电等效电路图

图中，Z_{fl}、Z_{bl} 分别是换能器前后辐射面的负载阻抗。一般情况下，换能器的后表面可看作是空载的，即 $Z_{\mathrm{bl}} = 0$。由于换能器的前表面与负载相连，因此对应不同的负载，Z_{fl} 有不同的值。然而，在换能器的实际设计过程中，由于换能器的负载很难确定，因此设计时一般也把换能器前表面的负载阻抗忽略。即在换能器的实际

设计过程中，把换能器看作是空载的。

1. 换能器的频率方程

功率超声换能器大部分工作在谐振状态，此时换能器能辐射出最大的声功率。换能器的频率方程决定了换能器的材料、形状、几何尺寸与频率的依赖关系。为了确定换能器的共振频率，必须首先得出换能器的频率方程。从原则上讲，利用上面得出的换能器的机电等效电路，完全可以得出换能器的频率方程。其具体步骤如下所述。首先利用电路理论，经过一系列变换，求出换能器的等效输入电阻抗。其次，令换能器的输入阻抗中的抗部分等于零，由此就可以得出换能器的频率方程。最后，通过换能器的具体尺寸，求解频率方程，得出换能器的共振频率。然而，从具体的推导过程中可以发现，利用这一方法得出的换能器的频率方程是一个非常复杂的超越方程，其求解是非常困难的。

为了简化分析，可以采用另一种方法对换能器的频率方程加以推导。功率超声夹心式复合换能器几乎都是半波振子。对于半波振子，在振动时，换能器的两端振动位移最大，而在换能器的内部某个位置，存在一个振动位移为零的截面，称为节面。换能器的位移节面是一个非常重要的概念，必须精确地确定，以便于与外界的连接及固定。换能器位移节面的位置是由换能器的前后盖板及压电陶瓷晶堆的材料参数、几何尺寸、形状和频率决定的。因此，在设计夹心式压电陶瓷换能器时，若将此位移节面作为一个分界面，把整个换能器看作是由两个四分之一波长的振子组成，就可以分别求出这两个振子的频率方程，从而得出换能器的整个频率方程。图 7.7(a) 是一个复合换能器的简化示意图，AB 表示换能器的位移节面，它将换能器分为两个四分之一波长的振子，每一个四分之一波长的振子都是由压电陶瓷晶片和金属盖板组成的，金属盖板可以看作是压电陶瓷的负载。令位移节面右边四分之一波长振子中晶片的长度为 l_{c2}，左边四分之一波长振子中晶片的长度为 l_{c1}。图 7.7(b) 为位于位移节面右边的四分之一波长振子的机电等效电路图。图中 $Z_{1p} = Z_{2p} = \mathrm{j}\rho c_{\mathrm{e}}S \tan \dfrac{k_{\mathrm{e}}l_{c2}}{2}$，$Z_{3p} = \dfrac{\rho c_{\mathrm{e}}S}{\mathrm{j}\sin k_{\mathrm{e}}l_{c2}}$，这里 S 是压电陶瓷晶片的截面积，$Z_{m2} = R_{m2} + \mathrm{j}X_{m2}$ 是换能器前盖板的输入阻抗，也就是压电陶瓷晶堆的负载阻抗。由于位移节面处的位移振速等于零，因此四分之一波长振子等效电路的左边可以看作是开路的，其频率方程可由回路中总电抗为零的条件得出，即

$$Z_{2p} + Z_{3p} + \mathrm{j}X_{m2} = 0 \tag{7.19}$$

由此可以得出换能器位移节面右边四分之一波长振子的频率方程为

$$\tan k_{\mathrm{e}}l_{c2} = \frac{\rho c_{\mathrm{e}}S}{X_{m2}} \tag{7.20}$$

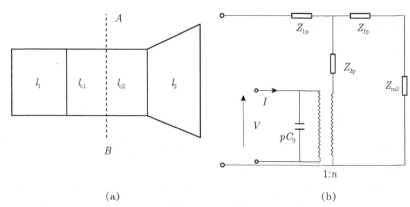

(a)　　　　　　　　　　　　　　　　　　　(b)

图 7.7　复合换能器及其等效电路的示意图

同理，对于换能器位移节面后面四分之一波长的振子，也可得出其频率方程为

$$\tan k_e l_{c1} = \frac{\rho c_e S}{X_{m1}} \tag{7.21}$$

其中，$Z_{m1} = R_{m1} + jX_{m1}$ 是压电陶瓷晶堆左边部分的负载阻抗，也就是换能器后盖板的输入阻抗。作为一种简化情况，如果换能器的前后盖板都是由等截面圆柱组成，而且不考虑换能器前后盖板的负载阻抗及压电换能器各部分的材料损耗，此时，换能器中压电陶瓷元件的前后端面的负载阻抗也就是换能器前后盖板的输入阻抗可简化为下面的形式：

$$Z_{m1} = jX_{m1} = j\rho_1 c_1 S_1 \tan k_1 l_1 \tag{7.22}$$

$$Z_{m2} = jX_{m2} = j\rho_2 c_2 S_2 \tan k_2 l_2 \tag{7.23}$$

式中，ρ_1、c_1、S_1 及 ρ_2、c_2、S_2 分别是换能器中金属后盖板和前盖板的密度、声速和截面积；k_1、l_1 及 k_2、l_2 分别是前后盖板材料的波数和长度，$k_1 = \omega/c_1, k_2 = \omega/c_2, c_1 = \sqrt{E_1/\rho_1}, c_2 = \sqrt{E_2/\rho_2}$。利用式 (7.21)～式 (7.23)，可以得出具有等截面圆柱前后盖板的夹心式压电换能器的频率方程为

$$\tan k_e l_{c1} = \frac{\rho c_e S}{X_{m1}} = \frac{\rho c_e S}{\rho_1 c_1 S_1} \cdot \cot k_1 l_1 \tag{7.24}$$

$$\tan k_e l_{c2} = \frac{\rho c_e S}{X_{m2}} = \frac{\rho c_e S}{\rho_2 c_2 S_2} \cdot \cot k_2 l_2 \tag{7.25}$$

由式 (7.24) 和式 (7.25)，就可以对换能器的形状、尺寸及共振频率进行设计。一般情况下，利用换能器的频率方程设计换能器的方法有两种。①给定换能器的频率，利用频率方程设计换能器的形状和尺寸。②给定换能器的材料和几何尺寸，由频率方程计算其共振频率。然而在大部分情况下，一般是给定换能器的频率，然后

计算换能器某一部分的几何尺寸，即利用第一种方法。

从上面的分析可以看出，为了得出换能器的共振频率方程，首先应该得出换能器前后盖板的输入机械阻抗。对于等截面圆柱，其输入阻抗上面已经给出。然而对于其他形状的前后盖板，如圆锥型、指数型和悬链线型等，其输入阻抗比较复杂。在空载且不考虑机械损耗的情况下，变截面盖板的机械输入阻抗可分别表示如下。

圆锥型盖板：

$$Z_{\mathrm{m}} = \mathrm{j}X_{\mathrm{m}} = \mathrm{j}\rho c S_1 \cdot \frac{Nkl\tan kl + (N-1)^2\left(\dfrac{\tan kl}{kl}-1\right)}{Nkl + N(N-1)\tan kl} \tag{7.26}$$

指数型盖板：

$$Z_{\mathrm{m}} = \mathrm{j}X_{\mathrm{m}} = \mathrm{j}\rho c S_1 \cdot \frac{k'}{k}\left[1+\left(\frac{\beta}{k'}\right)^2\right] \cdot \frac{\tan k'l}{1+\dfrac{\beta}{k'}\tan k'l} \quad (k>\beta) \tag{7.27}$$

$$Z_{\mathrm{m}} = \mathrm{j}X_{\mathrm{m}} = \mathrm{j}\rho c S_1 \cdot \frac{\beta'}{k}\left[\left(\frac{\beta}{\beta'}\right)^2-1\right] \cdot \frac{\mathrm{th}\beta'l}{1+\dfrac{\beta}{\beta'}\mathrm{th}\beta'l} \quad (k>\beta) \tag{7.28}$$

悬链线型盖板：

$$Z_{\mathrm{m}} = \mathrm{j}X_{\mathrm{m}} = \mathrm{j}\rho c S_1 \cdot \frac{k'}{k}\left(\frac{\gamma}{k'} \cdot \frac{\sqrt{N^2-1}}{N} + \tan k'l\right) \quad (k>\gamma) \tag{7.29}$$

$$Z_{\mathrm{m}} = \mathrm{j}X_{\mathrm{m}} = \mathrm{j}\rho c S_1 \cdot \frac{\gamma'}{k}\left(\frac{\gamma}{\gamma'} \cdot \frac{\sqrt{N^2-1}}{N} - \mathrm{th}\gamma'l\right) \quad (k<\gamma) \tag{7.30}$$

利用式 (7.26)～式 (7.30)，就可以得出位移节点位于压电陶瓷内部的夹心式压电陶瓷换能器的频率方程。

如果换能器的位移节点不是位于压电陶瓷内部，而是位于换能器的前盖板或者后盖板中，其频率方程可以应用同样的方法导出，但推导过程要比前者复杂一些。对于前后盖板都是等截面圆柱的情况，情况比较简单。图 7.8 是一个位移节点位于换能器前盖板中的夹心式复合换能器。图中虚线表示位移节面，l_2 部分表示压电陶瓷，其余部分都是金属前后盖板。从图中可以看出，换能器中节面后面的部分实际上就是一个四分之一波长的夹心式换能器，而位移节面的前面部分则是一个四分之一波长的阶梯型超声变幅杆。根据传输线理论可以得出这一换能器的频率方程。对于位移节面的后面部分，即四分之一波长的夹心式复合换能器，其频率方程为

$$\frac{z_3}{z_2}\tan k_2 l_2 \tan k_3 l_3 + \frac{z_3}{z_1}\tan k_1 l_1 \tan k_3 l_3 + \frac{z_2}{z_1}\tan k_1 l_1 \tan k_2 l_2 = 1 \qquad (7.31)$$

式中，z_1、z_2、z_3，k_1、k_2、k_3 及 l_1、l_2、l_3 分别是四分之一波长夹心式换能器中各个部分的波阻抗、波数及长度，$z_1 = \rho_1 c_1 S_1$，$z_2 = \rho_2 c_2 S_2$，$z_3 = \rho_3 c_3 S_3$。对于换能器中位移节面前面的部分，即四分之一波长阶梯变幅杆，其频率方程为

$$\tan k_4 l_4 \tan k_5 l_5 = \frac{z_4}{z_5} \qquad (7.32)$$

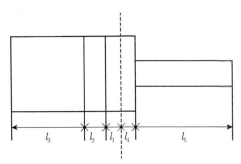

图 7.8　位移节点位于换能器前盖板中的夹心式复合换能器

上面的分析中都忽略了负载的影响。然而在实际工作过程中，换能器都是有负载的，而且负载对换能器的频率影响也是比较大的。尽管换能器的负载非常复杂，不易实验测量，而且可能在工作过程中发生变化，但作为换能器的理论分析，应该考虑到负载的存在。因此下面将对换能器负载情况下的频率方程加以分析。根据传统的习惯，同时也为了简化分析，在下面的推导过程中，假设换能器的后盖板是等截面圆柱，并且换能器的后盖板是空载的，即只考虑换能器前盖板的负载阻抗。从大多数的超声应用情况来说，这种假设与实际是很相符的，而且这种情况也是人们所希望的。

由图 7.6 可以得出换能器前盖板的输入阻抗，即压电陶瓷右面的负载阻抗为

$$Z_{m2} = R_f + jX_f = Z_{f1} + \frac{Z_{f3}(Z_{f2} + Z_{f1})}{Z_{f2} + Z_{f3} + Z_{f1}} \qquad (7.33)$$

式中，Z_{f1} 是换能器前盖板的负载阻抗。利用 Mobius 变换，式 (7.33) 可写成下面的形式：

$$Z_{m2} = R_f + jX_f = \frac{AZ_{f1} - jB}{jCZ_{f1} - D} \qquad (7.34)$$

式中，A、B、C、D 称为 Mobius 变换系数，它们是由换能器前盖板的材料、形状和几何尺寸决定的。对于后盖板，在空载等截面圆柱的情况下，可得其输入阻抗为

$$Z_{m1} = jz_1 \tan k_1 l_1 \tag{7.35}$$

由图 7.6 可以得出换能器的机械阻抗 Z_m 为

$$Z_m = R_m + jX_m = Z_{c3} + \frac{(Z_{c1} + Z_{m2})(Z_{c1} + Z_{m1})}{2Z_{c1} + Z_{m2} + Z_{m1}} \tag{7.36}$$

把上述各量的具体表达式代入式 (7.36)，经过整理后可得换能器机械阻抗的具体表达式为

$$R_m = \frac{R_f \left(z_0 \tan \dfrac{k_e l_c}{2} + z_b \tan k_b l_b \right)^2}{R_f^2 + \left(X_f + 2z_0 \tan \dfrac{k_e l_c}{2} + z_b \tan k_b l_b \right)^2} \tag{7.37}$$

$$X_m = -\frac{z_0}{\sin k_e l_c} + \left(z_0 \tan \frac{k_e l_c}{2} + z_b \tan k_b l_b \right)$$

$$\times \frac{\left[R_f^2 + X_f^2 + X_f \left(3z_0 \tan \dfrac{k_e l_c}{2} + z_b \tan k_b l_b \right) + z_0 \tan \dfrac{k_e l_c}{2} \left(2z_0 \tan \dfrac{k_e l_c}{2} + z_b \tan k_b l_b \right) \right]}{R_f^2 + \left(X_f + 2z_0 \tan \dfrac{k_e l_c}{2} + z_b \tan k_b l_b \right)^2}$$

$$\tag{7.38}$$

当换能器机械端的抗部分等于零，即 $X_m = 0$ 时，换能器达到机械共振状态。经过一系列变换，可以得出换能器的共振频率方程为

$$\boldsymbol{H'} \cdot \boldsymbol{M} \cdot \boldsymbol{Y} = 0 \tag{7.39}$$

式中，$\boldsymbol{H} = \begin{bmatrix} R_f^2 + X_f^2 \\ X_f \\ 1 \end{bmatrix}$，$\boldsymbol{M} = \begin{bmatrix} M_{11} & M_{12} & M_{13} \\ M_{21} & M_{22} & M_{23} \\ M_{31} & M_{32} & M_{33} \end{bmatrix}$，$\boldsymbol{Y} = \begin{bmatrix} Y^2 \\ Y \\ 1 \end{bmatrix}$ 是三个矩阵；$\boldsymbol{H'}$ 是 $\boldsymbol{H}$ 的转置矩阵。矩阵中各个元素的具体表达式为

$$M_{11} = 0, \quad M_{12} = -\sin k_e l_c, \quad M_{13} = z_0 \cos k_e l_c$$

$$M_{21} = -\sin k_e l_c, \quad M_{22} = 2z_0 \left(\cos k_e l_c - \sin k_e l_c \cdot \tan \frac{k_e l_c}{2} \right)$$

$$M_{23} = 2z_0^2 \cdot \tan \frac{k_e l_c}{2} \cdot \left(\cos^2 \frac{k_e l_c}{2} + \cos k_e l_c \right)$$

$$M_{31} = z_0 \cos k_e l_c, \quad M_{32} = 2z_0^2 \cdot \tan \frac{k_e l_c}{2} \cdot \left(\cos^2 \frac{k_e l_c}{2} + \cos k_e l_c \right)$$

$$M_{33} = 4z_0^2 \left(1 - \cos^2 \frac{k_e l_c}{2} \right), \quad Y = z_b \tan k_b l_b$$

由上述分析可以看出，纵向夹心式压电陶瓷换能器的频率方程包含三个分量，它们分别表示换能器的三个主要组成部分，即 H 矩阵表示换能器的前盖板和负载，M 矩阵表示压电陶瓷元件，而 Y 矩阵则表示换能器的后盖板。当换能器的各个参数满足频率方程时，换能器达到共振状态。

利用上面得出的纵向夹心式压电陶瓷换能器的频率方程，当换能器的材料、形状和几何尺寸给定以后，其共振频率仅由换能器的负载确定，因此可以利用上面的结果来分析负载对换能器共振频率的影响。

2. 纵向夹心式压电陶瓷换能器中晶堆两端的振速比

根据上面的分析可以看出，换能器的前后金属盖板就是压电陶瓷晶堆的负载。当换能器的外部负载不同以及换能器的前后盖板材料和几何尺寸不同时，晶堆的负载就不同，相应的，换能器内部的振动分布也将不同。令压电陶瓷晶堆两端的振速分别是 $\dot{\xi}_1$、$\dot{\xi}_2$，而且换能器的位移节点位于压电陶瓷内部。根据换能器的机电等效电路，可以推出压电陶瓷晶堆两端的振速比为

$$\frac{\dot{\xi}_2}{\dot{\xi}_1} = \frac{\sin k_e l_{c2}}{\sin k_e l_{c1}} \tag{7.40}$$

式中，l_{c1}、l_{c2} 分别是位移节点距压电陶瓷后端面和前端面的长度。从式 (7.40) 可以看出，当换能器的位移节点位于陶瓷晶堆的后半部时，晶堆的前后振速比比较大。如果能够做到同时使换能器前盖板的声阻抗比较小，而后盖板的声阻抗比较大，则可极大地提高换能器的前向辐射功率，从而实现换能器的无障板单向辐射。

3. 纵向夹心式压电陶瓷换能器的前后振速比

换能器的前后振速比定义为

$$\mathrm{KG} = \dot{\xi}_f / \dot{\xi}_b \tag{7.41}$$

其中，$\dot{\xi}_f$ 和 $\dot{\xi}_b$ 分别是复合换能器的前辐射面及后辐射面处的振动速度。对式 (7.41) 略作变换可得

$$\mathrm{KG} = \frac{\dot{\xi}_f}{\dot{\xi}_2} \cdot \frac{\dot{\xi}_2}{\dot{\xi}_1} \cdot \frac{\dot{\xi}_1}{\dot{\xi}_b} \tag{7.42}$$

从式 (7.42) 可以看出，换能器的前后振速比等于换能器的三个组成部分的前后振速比之积。由换能器的整体等效电路可以得出

$$\frac{\dot{\xi}_f}{\dot{\xi}_2} = \frac{Z_{23}}{Z_{22} + Z_{23} + Z_{fl}} \tag{7.43}$$

$$\frac{\dot{\xi}_1}{\dot{\xi}_b} = \frac{Z_{11} + Z_{13} + Z_{bl}}{Z_{13}} \tag{7.44}$$

$$\frac{\dot{\xi}_2}{\dot{\xi}_1} = -\frac{Z_{12} + Z_{01} + Z_{13} - \dfrac{Z_{13}^2}{Z_{11} + Z_{13} + Z_{bl}}}{Z_{21} + Z_{02} + Z_{23} - \dfrac{Z_{23}^2}{Z_{22} + Z_{23} + Z_{fl}}} \tag{7.45}$$

一般情况下，换能器的后表面是空载的，即 $Z_{bl} = 0$。另一方面，对于大部分高声强的超声应用，如超声金属和塑料焊接、超声钻孔以及超声细胞粉碎等，换能器的负载也比较小，可以近似认为 $Z_{fl} = 0$。当 $Z_{bl} = 0$ 以及 $Z_{fl} = 0$ 时，换能器的前后振速比为

$$KG = -\frac{Z_{23}}{Z_{22} + Z_{23}} \cdot \frac{Z_{11} + Z_{13}}{Z_{13}} \cdot \frac{Z_{12} + Z_{01} + Z_{13} - \dfrac{Z_{13}^2}{Z_{11} + Z_{13}}}{Z_{21} + Z_{02} + Z_{23} - \dfrac{Z_{23}^2}{Z_{22} + Z_{23}}} \tag{7.46}$$

从式 (7.46) 可以看出，换能器的前后振速比与前后盖板的材料、形状、几何尺寸以及压电陶瓷元件的形状和几何尺寸都有关。同时，还与换能器的频率有关。由于在大部分情况下夹心式功率超声换能器都工作在谐振状态，因此频率对换能器前后振速比的影响一般都不考虑。当换能器的后盖板以及压电陶瓷元件为圆柱和圆环形时，式 (7.46) 可进一步简化为

$$KG = \cos k_b l_b \cdot \frac{Z_{23}}{Z_{22} + Z_{23}} \cdot \frac{\mathrm{j} z_b \tan k_b l_b + \mathrm{j} z_0 \tan(k_e l_c/2)}{\dfrac{Z_{23}^2}{Z_{22} + Z_{23}} - Z_{23} - Z_{21} - \mathrm{j} z_0 \tan(k_e l_c/2)} \tag{7.47}$$

在下面的分析中，我们将保持换能器的压电陶瓷元件的参数，如压电材料的种类、压电元件的形状和几何尺寸等一定，同时保持换能器的共振频率也一定。在这一条件下，结合换能器的共振频率方程，通过改变换能器前盖板的形状和几何尺寸来探讨换能器的前后振速比对形状和尺寸的依赖关系，以便找出换能器的最大前后振速比以及对应这一最大放大系数的形状和几何尺寸，即对换能器的前后振速比进行优化设计。

对于圆锥型、指数型以及悬链线型前盖板，把 Z_{21}、Z_{22} 以及 Z_{23} 的具体表达式代入式 (7.47)，可得不同形状盖板条件下换能器的前后振速比分别为

圆锥型：

$$KG = -\cos k_b l_b$$

$$\times \frac{z_b \tan k_b l_b + z_0 \tan(k_e l_c/2)}{\dfrac{F}{F+1} \cdot \dfrac{z_2}{\sin k_2 l_2} + \left(\dfrac{F+1}{F}\cos k_2 l_2 - \dfrac{\sin k_2 l_2}{F k_2 l_2}\right)\left[z_0 \tan(k_e l_c/2) - \dfrac{z_1}{F k_2 l_2} - z_1 \cot k_2 l_2\right]} \tag{7.48}$$

指数型:

$$KG = \frac{-\cos k_b l_b \left[z_b \tan k_b l_b + z_0 \tan(k_e l_c / 2) \right]}{\sqrt{\dfrac{z_2}{z_1}} \left(\cos k' l_2 + \dfrac{\beta}{k'} \sin k' l_2 \right) \left(z_0 \tan \dfrac{k_e l_c}{2} + \dfrac{z_1 \beta}{k} - \dfrac{z_1 k'}{k \tan k' l_2} \right) + \dfrac{k' \sqrt{z_1 z_2}}{k \sin k' l_2}} \quad (k > \beta)$$

$$(7.49)$$

$$KG = \frac{-\cos k_b l_b \left[z_b \tan k_b l_b + z_0 \tan(k_e l_c / 2) \right]}{\sqrt{\dfrac{z_2}{z_1}} \left(\mathrm{ch}\beta' l_2 + \dfrac{\beta}{\beta'} \mathrm{sh}\beta' l_2 \right) \left(z_0 \tan \dfrac{k_e l_c}{2} + \dfrac{z_1 \beta}{k} - \dfrac{z_1 \beta'}{k \mathrm{th}\beta' l_2} \right) + \dfrac{\beta' \sqrt{z_1 z_2}}{k \mathrm{sh}\beta' l_2}} \quad (k < \beta)$$

$$(7.50)$$

悬链线型:

$$KG = \frac{-\cos k_b l_b \left[z_b \tan k_b l_b + z_0 \tan(k_e l_c / 2) \right]}{\sqrt{\dfrac{z_2}{z_1}} \cos k' l_2 \left(z_0 \tan \dfrac{k_e l_c}{2} + \dfrac{z_1 \gamma \mathrm{th}\gamma l_2}{k} - \dfrac{z_1 k'}{k \tan k' l_2} \right) + \dfrac{k' \sqrt{z_1 z_2}}{k \sin k' l_2}} \quad (k > \gamma) \qquad (7.51)$$

$$KG = \frac{-\cos k_b l_b \left[z_b \tan k_b l_b + z_0 \tan(k_e l_c / 2) \right]}{\sqrt{\dfrac{z_2}{z_1}} \mathrm{ch}\gamma' l_2 \left(z_0 \tan \dfrac{k_e l_c}{2} + \dfrac{z_1 \gamma \mathrm{th}\gamma l_2}{k} - \dfrac{z_1 \gamma'}{k \mathrm{th}\gamma' l_2} \right) + \dfrac{\gamma' \sqrt{z_1 z_2}}{k \mathrm{sh}\gamma' l_2}} \quad (k < \gamma) \qquad (7.52)$$

利用式 (7.48)~式 (7.52),就可以研究换能器的前后振速比与前盖板的形状之间的关系。通过计算,可以得出以下结论。

(1) 对于每一种形状的前盖板,如圆锥型、指数型或悬链线型,换能器都存在一个最佳的设计方案,对应于这一方案,换能器的前后振速比达到最大。

(2) 后盖板采用重金属,前盖板采用轻金属,可以提高换能器的前后振速比。

(3) 对于三种常用的前盖板形状,即圆锥型、指数型或悬链线型,悬链线型前盖板的振速比最大,其次是指数型,最差的是圆锥型。

(4) 换能器的前后振速比与换能器前盖板两端的直径有关,直径比越大,振速比越大。

(5) 对于复合型前盖板,如圆锥与等截面直棒组成的复合前盖板,可以获得比单一形状盖板高的前后振速比,而且振速比还与复合盖板两部分的相对长度有关。

第8章　扭转振动功率超声换能器

随着科学技术的飞速发展，一些传统的功率超声技术得到了人们的普遍重视，其应用范围也越来越广。与此同时，作为超声设备的核心部分，即超声振动系统也得到了不断发展及改进，其性能不断改善，种类也越来越多。传统的超声换能器大多是振动模式单一的纵向伸缩式换能器，然而为了适应不同超声设备以及一些新的功率超声技术，如超声马达、超声旋转加工、超声研磨以及超声焊接和疲劳试验等的需要，扭转、弯曲以及复合振动模式超声换能器也得到了一定的发展，并且受到了人们的重视。与纵向振动系统一样，大功率扭转振动系统也包括扭转换能器、扭转变幅杆及加工工具头三部分。

压电陶瓷振子是超声换能器、陶瓷滤波器、压电传感器、压电陀螺等器件的主要组成部分，而关于压电陶瓷振子振动模式的研究则是设计这些器件的理论基础。压电陶瓷振子的振动模式很多，其中包括伸缩振动模式以及剪切振动模式等。关于振子的伸缩振动模式以及矩形振子的厚度剪切振动，已经有了比较系统的设计理论。但是对于圆形振子的厚度剪切振动，即扭转振动，尚缺乏系统的设计理论。

关于扭转振动的产生，目前主要有两种方法[144-164]。传统的方法主要是利用振动模式的转换，此类换能器转换效率低，而且结构复杂，但换能器的功率容量可以很大，在一些特殊的场合仍在应用。第二种方法是利用切向极化的压电陶瓷元器件。现在切向极化压电陶瓷薄圆环的制作成为可能，因此出现了类似于纵向振动模式的夹心式扭转振动超声换能器，该换能器的压电激发元件为切向极化的压电陶瓷晶堆，其他部分与纵向振动换能器类似。在下面的分析中，将对切向极化压电陶瓷元器件的扭转振动，以及夹心式压电陶瓷扭转换能器进行较为系统的分析。

8.1　切向极化压电陶瓷细长棒的扭转振动

在水声及超声换能器的设计及研制过程中，纵向极化压电陶瓷振子是主要的机电转换元件，其设计理论已基本建立。近几年来，在研究超声马达时，人们提出了一种夹心式扭转振动压电陶瓷换能器，其压电元件为切向极化的压电陶瓷圆片。但是关于这种切向极化压电陶瓷圆片的理论分析及计算，至今尚缺乏一种类似于纵向极化压电陶瓷片的系统分析理论。本节从压电及运动方程出发，研究了切向极化压电陶瓷细棒的扭转振动，在一维理论的条件下，得出了振子的等效电路及频率方程，并提出了截面扭转系数的概念，所得结果为扭转振动换能器的设计及计算提供了一定的理论基础。

图 8.1 是一切向极化的压电陶瓷细长棒的几何示意图，其高度及内外半径分别为 l、b、a。为满足一维理论的要求，必须满足 $l \gg a$，实际上要求振子的横向尺寸远小于扭转振动的波长，在极坐标下，振子的极化方向沿着 θ 方向，即切向，而激发电场则沿着 z 轴，即高度方向。因为电场沿着 z 轴方向，故 $E_z \neq 0$，$D_z \neq 0$，而 $E_r = E_\theta = 0$ 以及 $D_r = D_\theta = 0$。另外，由于棒的横向尺寸远小于波长，而高度可与波长相比，因此，对于棒的纯扭转振动，有以下关系：

$$T_{\theta z} \neq 0, \ T_r = T_\theta = T_z = T_{rz} = T_{r\theta} = 0 \tag{8.1}$$

此时，以电位移及应力作为独立变量，可得以下形式的压电方程，即 g 型压电方程

$$S_{\theta z} = s_{55}^{\mathrm{D}} T_{\theta z} + g_{15} D_z \tag{8.2}$$

$$E_z = -g_{15} T_{\theta z} + \beta_{11}^{\mathrm{T}} D_z \tag{8.3}$$

式中，$T_{\theta z}$ 为切应力；D_z 为电位移分量；s_{55}^{D} 为恒电位移时的弹性柔顺常数，g_{15} 为压电电压常数；β_{11}^{T} 为自由介电隔离率；$S_{\theta z}$ 为切应变，它与棒的扭转角 φ 之间的关系为

$$S_{\theta z} = r(\partial \varphi / \partial z) \tag{8.4}$$

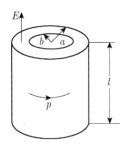

图 8.1　切向极化压电陶瓷细长棒的几何示意图

8.1.1　扭转振动的机械方程式

由式 (8.2) 可得切应力 $T_{\theta z}$ 为

$$T_{\theta z} = (S_{\theta z} - g_{15} D_z) / s_{55}^{\mathrm{D}} \tag{8.5}$$

由此可得棒中的扭转力矩 M 为

$$M = \iint_s T_{\theta z} \cdot r \mathrm{d}s \tag{8.6}$$

式中，s 表示棒的横截面积。把式 (8.4) 及式 (8.5) 代入式 (8.6) 积分后可得

$$M = I_{\mathrm{p}} (\partial \varphi / \partial z) / s_{55}^{\mathrm{D}} - g_{15} D_z W / s_{55}^{\mathrm{D}} \tag{8.7}$$

式中，$I_{\mathrm{p}} = \iint_s r^2 \mathrm{d}s$ 称为棒的极惯性矩；$W = \iint_s r \mathrm{d}s$。另外，根据棒的力矩平衡条

件，可得以下运动方程：

$$(\partial M/\partial z)\mathrm{d}z = \Theta(\partial^2\varphi/\partial t^2) \tag{8.8}$$

式中，$\Theta = \iint_s r^2\mathrm{d}m = \iint_s r^2\rho\mathrm{d}s \cdot \mathrm{d}z = \rho\mathrm{d}zI_{\mathrm{p}}$ 为惯量矩。把式 (8.7) 代入式 (8.8)，考虑到 $\partial D_z/\partial z = 0$，可得

$$\partial^2\varphi/\partial z^2 = \rho s_{55}^{\mathrm{D}}(\partial^2\varphi/\partial t^2) \tag{8.9}$$

令 $c_t = [1/(s_{55}^{\mathrm{D}}\rho)]^{1/2}$ 称为细棒中扭转振动传播速度，可得

$$\partial^2\varphi/\partial z^2 = (\partial^2\varphi/\partial t^2)/c_t^2 \tag{8.10}$$

式 (8.10) 就是压电陶瓷细长棒中扭转振动的波动方程。

8.1.2 电路状态方程式

把 $T_{\theta z}$ 的表达式 (8.5) 代入式 (8.3) 可得

$$E_z = -g_{15}(S_{\theta z} - g_{15}D_z)/s_{55}^{\mathrm{D}} + \beta_{11}^{\mathrm{T}}D_z = -g_{15}S_{\theta z}/s_{55}^{\mathrm{D}} + (g_{15}^2/s_{55}^{\mathrm{D}} + \beta_{11}^{\mathrm{T}})D_z \tag{8.11}$$

令 $\overline{\beta}_{11}^{\mathrm{T}} = g_{15}^2/s_{55}^{\mathrm{D}} + \beta_{11}^{\mathrm{T}}$，则式 (8.11) 化为

$$E_z = -g_{15}S_{\theta zz}/s_{55}^{\mathrm{D}} + \overline{\beta}_{11}^{\mathrm{T}}D_z \tag{8.12}$$

把式 (8.12) 乘以 r，然后沿棒的横截面取积分，利用 $S_{\theta z}$ 的表达式 (8.4)，可得

$$E_z = -(\partial\varphi/\partial z)g_{15}I_{\mathrm{p}}/(s_{55}^{\mathrm{D}}W) + \overline{\beta}_{11}^{\mathrm{T}}D_z \tag{8.13}$$

利用式 (8.13)，可得振子两电极间的电压 V 为

$$V = \int_0^l E_z\mathrm{d}z = -g_{15}I_{\mathrm{p}}/(s_{55}^{\mathrm{D}}W)\int_0^l(\partial\varphi/\partial z)\mathrm{d}z + \overline{\beta}_{11}^{\mathrm{T}}D_z l \tag{8.14}$$

令 φ_1 和 φ_2 分别为振子两端的扭转角，即

$$\int_0^l(\partial\varphi/\partial z)\mathrm{d}z = -\varphi_2 - \varphi_1 \tag{8.15}$$

代入式 (8.14) 可得

$$V = g_{15}I_{\mathrm{p}}/(s_{55}^{\mathrm{D}}W)(\varphi_1 + \varphi_2) + \overline{\beta}_{11}^{\mathrm{T}}D_z l \tag{8.16}$$

令 I 为流过振子的电流，可得

$$I = \mathrm{d}Q/\mathrm{d}t = \mathrm{j}\omega Q = \mathrm{j}\omega D_z s \tag{8.17}$$

式中，Q 代表电量；$s = \pi(a^2 - b^2)$ 为振子的横截面积。由式 (8.17) 求出 D_z 代入式 (8.16) 可得

$$V = g_{15}I_{\mathrm{p}}/(s_{55}^{\mathrm{D}}W)(\varphi_1 + \varphi_2) + \overline{\beta}_{11}^{\mathrm{T}}lI/(\mathrm{j}\omega s) \tag{8.18}$$

由此可得

$$I = \mathrm{j}\omega C_0 V - n(\dot{\varphi}_1 + \dot{\varphi}_2) \tag{8.19}$$

式中，$\dot{\varphi}_1 = \mathrm{j}\omega\varphi_1, \dot{\varphi}_2 = \mathrm{j}\omega\varphi_2$，为振子两端面的扭转角速度；$C_0 = s/(\overline{\beta}_{11}^{\mathrm{T}} l)$ 称为扭转振动压电陶瓷细棒的一维截止电容；$n = g_{15} I_{\mathrm{p}} s/(s_{55}^{\mathrm{D}} W \overline{\beta}_{11}^{\mathrm{T}} l)$ 称为机电转换系数。

8.1.3　机电等效电路图

令扭转角 $\varphi = \Phi(z)\mathrm{e}^{\mathrm{j}\omega t}$，$\Phi(z)$ 仅为位置的函数，代入运动方程 (8.10) 可得

$$\mathrm{d}^2\Phi(z)/\mathrm{d}z^2 + k_{\mathrm{t}}^2 \Phi(z) = 0 \tag{8.20}$$

式中，$k_{\mathrm{t}} = \omega/c_{\mathrm{t}}$ 称为扭转波波数。由式 (8.20) 的解可得扭转角 φ 的表达式为

$$\varphi = (A\sin k_{\mathrm{t}} z + B\cos k_{\mathrm{t}} z)\mathrm{e}^{\mathrm{j}\omega t} \tag{8.21}$$

式中，A、B 为待定常数，可由振子的边界条件决定。令 φ_1 和 φ_2 为振子两端的扭转角，即

$$\varphi\Big|_{z=0} = \varphi_1, \quad \varphi\Big|_{z=l} = -\varphi_2 \tag{8.22}$$

把式 (8.21) 代入式 (8.22) 可得待定常数 A 和 B：

$$A = -(\varphi_2 + \varphi_1\cos k_{\mathrm{t}} l)\mathrm{e}^{-\mathrm{j}\omega t}/\sin k_{\mathrm{t}} l, \quad B = \phi_1\mathrm{e}^{-\mathrm{j}\omega t} \tag{8.23}$$

把式 (8.23) 代入式 (8.21) 可得扭转角分布函数为

$$\varphi = [\varphi_1\sin k_{\mathrm{t}}(l - z) - \varphi_2\sin k_{\mathrm{t}} z]/\sin k_{\mathrm{t}} l \tag{8.24}$$

把式 (8.24) 代入式 (8.7) 可得扭矩 M 的分布函数：

$$M = -(I_{\mathrm{p}} k_{\mathrm{t}}/s_{55}^{\mathrm{D}})[\varphi_1\cos k_1(l - z) + \varphi_2\cos(k_{\mathrm{t}} z)]/\sin k_{\mathrm{t}} l - g_{15} D_z W/s_{55}^{\mathrm{D}} \tag{8.25}$$

令 M_1 和 M_2 分别为振子两端面的扭矩，即

$$M\Big|_{z=0} = -M_1, \quad M\Big|_{z=l} = -M_2 \tag{8.26}$$

把式 (8.25) 代入式 (8.26) 可得

$$M_1 = (I_{\mathrm{p}} k_{\mathrm{t}}/s_{55}^{\mathrm{D}})(\varphi_1\cos k_{\mathrm{t}} l + \varphi_2)/\sin k_{\mathrm{t}} l + g_{15} D_z W/s_{55}^{\mathrm{D}} \tag{8.27}$$

$$M_2 = (I_{\mathrm{p}} k_{\mathrm{t}}/s_{55}^{\mathrm{D}})(\varphi_1 + \varphi_2\cos k_{\mathrm{t}} l)/\sin k_{\mathrm{t}} l + g_{15} D_z W/s_{55}^{\mathrm{D}} \tag{8.28}$$

为了简化下面的推导，把式 (8.27) 和式 (8.28) 乘以 $I_{\mathrm{p}} s/W^2$，可得

$$M_1' = [I_{\mathrm{p}}^2 s k_{\mathrm{t}}/(s_{55}^{\mathrm{D}} W^2)](\varphi_1\cos k_{\mathrm{t}} l + \varphi_2)/\sin k_{\mathrm{t}} l + g_{15} D_z I_{\mathrm{p}} s/(s_{55}^{\mathrm{D}} W) \tag{8.29}$$

$$M_2' = [I_{\mathrm{p}}^2 s k_{\mathrm{t}}/(s_{55}^{\mathrm{D}} W^2)](\varphi_1 + \varphi_2\cos k_{\mathrm{t}} l)/\sin k_{\mathrm{t}} l + g_{15} D_z I_{\mathrm{p}} s/(s_{55}^{\mathrm{D}} W) \tag{8.30}$$

式中，$M_1' = M_1 I_{\mathrm{p}} s/W^2, M_2' = M_2 I_{\mathrm{p}} s/W^2$ 为等效扭矩。另外，对电路状态方程 (8.16) 乘以 n 可得

$$nV = g_{15}I_{\mathrm{p}}/(s_{55}^{\mathrm{D}}W)(\varphi_1 + \varphi_2)n + \beta_{11}^{\mathrm{T}}D_z nl \tag{8.31}$$

由 n 的表达式可得

$$g_{15}I_{\mathrm{p}}/(s_{55}^{\mathrm{D}}W) = n\overline{\beta}_{11}^{\mathrm{T}}l/s \tag{8.32}$$

把式 (8.32) 及 n 的表达式代入式 (8.31) 可得，

$$nV = (\varphi_1 + \varphi_2)n^2\overline{\beta}_{11}^{\mathrm{T}}l/s + g_{15}I_{\mathrm{p}}sD_z/(s_{55}^{\mathrm{D}}W) \tag{8.33}$$

利用 V 的表达式，式 (8.33) 可化为

$$nV = (\dot{\varphi}_1 + \dot{\varphi}_2)n^2/(\mathrm{j}\omega C_0) + g_{15}I_{\mathrm{p}}sD_z/(s_{55}^{\mathrm{D}}W) \tag{8.34}$$

由式 (8.34) 解出 $g_{15}I_{\mathrm{p}}sD_z/(s_{55}^{\mathrm{D}}W)$，代入式 (8.29) 和式 (8.30) 可得

$$M_1' = [I_{\mathrm{p}}^2sk_t/(s_{55}^{\mathrm{D}}W^2)] \cdot [\varphi_1\cos k_tl + \varphi_2]/\sin k_tl + nV - (\dot{\varphi}_1 + \dot{\varphi}_2)n^2/(\mathrm{j}\omega C_0) \tag{8.35}$$

$$M_2' = [I_{\mathrm{p}}^2sk_t/(s_{55}^{\mathrm{D}}W^2)] \cdot [\varphi_1 + \varphi_2\cos k_tl]/\sin k_tl + nV - (\dot{\varphi}_1 + \dot{\varphi}_2)n^2/(\mathrm{j}\omega C_0) \tag{8.36}$$

令 $Z_t' = Z_tI_{\mathrm{p}}s/W^2, Z_t = \rho c_tI_{\mathrm{p}}$，$Z_t$ 称为细棒扭转振动的特性声阻抗，Z_t' 称为等效特性声阻抗，式 (8.35) 和式 (8.36) 可化为

$$M_1' = [Z_t'/(\mathrm{j}\sin k_tl) - n^2/(\mathrm{j}\omega C_0)](\dot{\varphi}_1 + \dot{\varphi}_2) + \mathrm{j}Z_t'\tan(k_tl/2)\dot{\varphi}_1 + nV \tag{8.37}$$

$$M_2' = [Z_t'/(\mathrm{j}\sin k_tl) - n^2/(\mathrm{j}\omega C_0)](\dot{\varphi}_1 + \dot{\varphi}_2) + \mathrm{j}Z_t'\tan(k_tl/2)\dot{\varphi}_2 + nV \tag{8.38}$$

利用式 (8.19)、式 (8.37) 和式 (8.38)，可以得出切向极化压电陶瓷细长棒扭转振动的机电等效电路图，如图 8.2 所示，其中 $Z_1 = Z_2 = \mathrm{j}Z_t'\tan(k_tl/2), Z_3 = Z_t'/(\mathrm{j}\sin k_tl)$。可以看出，图 8.2 与轴向极化压电陶瓷细棒纵向振动的等效电路是类似的，不同之处在于图中各量的数学表达式及物理意义不同。另外，我们可以看出，在上面的分析及推导中，等效扭矩及等效特性声阻抗中都包含一个共同的量，即 $I_{\mathrm{p}}s/W^2$。根据上面关于 I_{p} 及 W 的定义，可以看出，该量仅与棒的截面形状及尺寸有关系。令 $\tau = I_{\mathrm{p}}s/W^2$ 为截面扭转系数，很显然，对于实心圆截面棒，$\tau = 9/8$，对于空心圆截面棒，$\tau = [9(a_1^2 + a_2^2)(a_1 + a_2)^2]/[8(a_1^2 + a_1a_2 + a_2^2)^2]$。利用截面扭转系数的定义，上文引入的等效扭矩及特性声阻抗可分别表示为：$M_1' = M_1\tau$，$M_2' = M_2\tau$，$Z_t' = Z_t\tau$。

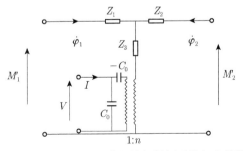

图 8.2　切向极化压电陶瓷细棒扭转振动的机电等效图

8.1.4 切向极化压电陶瓷细棒扭转振动的频率方程

由图 8.2 可以得出扭转振动压电陶瓷细棒的输入电阻抗 Z_i

$$Z_i = \frac{1}{j\omega c_0}\left[1 - (k_{15}^l)^2 \frac{\tan(k_t l/2)}{k_t l/2}\right] \tag{8.39}$$

式中，$k_{15}^l = k_{15}/\tau, k_{15} = g_{15}/(s_{55}^D \overline{\beta}_{11}^T)^{1/2}$，$k_{15}^l$ 称为切向极化压电陶瓷细棒扭转振动的机电耦合系数，简称为长度剪切机电耦合系数，利用压电陶瓷常数之间的关系，即 $\beta_{11}^T = 1/\varepsilon_{11}^T$，$s_{55}^E = s_{44}^E$，$s_{55}^D = s_{44}^D$，$s_{55}^E - s_{55}^D = d_{15}^2 \cdot \varepsilon_{11}^T$，由上文得出的 $\overline{\beta}_{11}^T$ 的表示式可得 $\overline{\beta}_{11}^T \cdot s_{55}^D = \beta_{11}^T s_{55}^E$，因此 k_{15}^l 可进一步表示为 $k_{15}^l = g_{15}/(s_{55}^E \beta^T)^{1/2}/\tau$，由式 (8.39)，令 $Z_i = 0$ 可得共振频率方程

$$1 - (k_{15}^l)^2 \tan(k_t l/2)/(k_t l/2) = 0 \tag{8.40}$$

令 $Z_i = \infty$ 可得反共振频率方程

$$\tan(k_t l/2) = \infty \tag{8.41}$$

由上述分析，我们可以看出，切向极化压电陶瓷细棒的扭转振动是一种纵效应振动，即刚度振动模式，因此，振子的一些参数，例如传播速度、共振频率方程等都与振子的压电常数以及电学边界条件有关。

在上面的分析中，研究了切向极化压电陶瓷细棒的扭转振动，推出了其等效电路及频率方程式，主要结论如下：①给出了截面扭转系数的定义，对于实心圆棒，其截面扭转系数为 9/8；②切向极化压电陶瓷细棒中的扭转振动是一种横波，但属于纵效应振动，即刚度振动模式，因为振动的传播方向垂直于质点的振动方向，但平行于外加电场方向；③上述理论属于一维理论，它要求振子的横向尺寸必须远小于振子的扭转波波长。

8.2 切向极化压电陶瓷薄圆环的扭转振动

图 8.3 所示为一压电陶瓷薄圆环振子，极化方向沿圆周的切向，即 θ 方向，电极涂在振子的上下两主平面上，工作时振子的外加激励电场方向沿着 z 轴，其中箭头所示方向 P 表示振子的极化方向。对于压电陶瓷薄圆环的厚度剪切振动，由于横向尺寸即振子的半径远大于其厚度 l，而厚度与剪切波波长可相比拟，因此，可以只考虑沿厚度方向的传播波，而把振子的横向看作是刚性受夹的，故只有应变分量 $S_{\theta z} = 0$，而其他应变分量都等于零。另外，由于假定振子材料是绝缘的，没有漏泄电流，同时忽略了边缘效应，因此有 $D_r = D_\theta = 0, D_z \neq 0, \frac{\partial D_r}{\partial z} = 0$，当选择应变 S 及

电位移 D 作为自变量时, 可得以下压电方程:

$$T_{\theta z} = c_{55}^{\mathrm{D}} S_{\theta z} - h_{15} D_z \tag{8.42}$$

$$E_z = -h_{15} S_{\theta z} + \beta_{11}^{\mathrm{S}} D_z \tag{8.43}$$

式中, $T_{\theta z}$ 及 $S_{\theta z}$ 分别为切向应力及应变; D_z 及 E_z 分别为电位移及电场强度的轴向分量; c_{55}^{D} 为恒电位移下的弹性刚度常数; h_{15} 是压电劲度常数; β_{11}^{S} 为恒应变下的介电隔离率。令 φ 为压电陶瓷剪切振动的扭转角, 在薄圆环的条件下, 扭转角 φ 与切应变 $S_{\theta z}$ 的关系为

$$S_{\theta z} = r \frac{\partial \varphi}{\partial z} \tag{8.44}$$

式中, r 表示振子中任一点的半径。由于压电陶瓷振子的振动是由电路及机械运动两部分决定的, 因此下面分别进行研究。

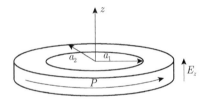

图 8.3 切向极化压电陶瓷薄圆环的几何示意图

8.2.1 振子的机械运动方程式

振子振动时, 其内部任意横截面处的扭矩 M 由下式决定:

$$M = \iint_s T_{\theta z} \cdot r \mathrm{d} s \tag{8.45}$$

式中, s 表示振子的横截面积。把式 (8.42) 代入式 (8.45), 利用 $S_{\theta z}$ 的表达式 (8.44) 积分后, 可得

$$M = c_{55}^{\mathrm{D}} I_{\mathrm{p}} \frac{\partial \varphi}{\partial z} - h_{15} D_z W \tag{8.46}$$

式中, $I_{\mathrm{p}} = \iint_s r^2 \mathrm{d} s$ 称为振子的截面极惯性矩; $W = \iint_s r \mathrm{d} s$。对于振子内部厚为 $\mathrm{d} z$ 的任一微分元, 其力矩平衡方程为

$$\frac{\partial M}{\partial z} \mathrm{d} z = \Theta \frac{\partial^2 \varphi}{\partial t^2} \tag{8.47}$$

式中, $\Theta = \iint_s r^2 \mathrm{d} m = \iint_s r^2 \rho \mathrm{d} z \cdot \mathrm{d} s = I_{\mathrm{p}} \rho \mathrm{d} z$ 为振子内厚为 $\mathrm{d} z$ 部分的转动惯量。把

式 (8.46) 代入式 (8.47)，利用 $\partial D_z/\partial z = 0$，可得振子的运动方程为

$$\frac{\partial^2 \varphi}{\partial z^2} = \frac{1}{c_t^2} \frac{\partial^2 \varphi}{\partial t^2} \tag{8.48}$$

式中，$c_t = (c_{55}^D/\rho)^{\frac{1}{2}}$ 为振子的剪切波的传播速度，也就是扭转波的传播速度。对于简谐振动，令 $\varphi = \phi(z)\mathrm{e}^{\mathrm{j}\omega t}$，代入式 (8.48) 可得

$$\frac{\mathrm{d}^2 \phi(z)}{\mathrm{d}z^2} + k_t^2 \phi(z) = 0 \tag{8.49}$$

式中，$k_t = \omega/c_t$ 为剪切波波数。由式 (8.49) 的解可得振子扭转振动的扭转角分布为

$$\varphi = (A \sin k_t z + B \cos k_t z)\mathrm{e}^{\mathrm{j}\omega t} \tag{8.50}$$

式中，A、B 为待定常数，可由振子的边界条件决定，令 φ_1 及 φ_2 为振子两端面的扭转角，可得以下边界条件：

$$\varphi\big|_{z=0} = \varphi_1, \quad \varphi\big|_{z=l} = -\varphi_2 \tag{8.51}$$

把式 (8.50) 代入式 (8.51) 可得待定常数 A 和 B 为

$$A = -\frac{\varphi_2 + \varphi_1 \cos k_t l}{\sin k_t l} \mathrm{e}^{-\mathrm{j}\omega t}, \quad B = \varphi_1 \mathrm{e}^{-\mathrm{j}\omega t} \tag{8.52}$$

把式 (8.52) 代入式 (8.50) 可得扭转角 φ 的分布规律为

$$\varphi = \frac{\varphi_1 \sin k_t(l-z) - \varphi_2 \sin k_t z}{\sin k_t l} \tag{8.53}$$

把式 (8.53) 代入式 (8.46) 可得扭矩 M 的分布函数为

$$M = -c_{55}^D I_p k_t \frac{\varphi_1 \cos k_t(l-z) + \varphi_2 \cos k_t z}{\sin k_t l} - h_{15} D_z W \tag{8.54}$$

令 M_1 和 M_2 分别为振子两端面的外加力矩，即

$$M\big|_{z=0} = -M_1, \quad M\big|_{z=l} = -M_2 \tag{8.55}$$

把式 (8.54) 代入式 (8.55) 可得以下运动方程：

$$M_1 = c_{55}^D I_p k_t \frac{\varphi_1 \cos k_t l + \varphi_2}{\sin k_t l} + h_{15} D_z W \tag{8.56}$$

$$M_2 = c_{55}^D I_p k_t \frac{\varphi_1 + \varphi_2 \cos k_t l}{\sin k_t l} + h_{15} D_z W \tag{8.57}$$

8.2.2　压电陶瓷薄圆片振子的电路状态方程式

把式 (8.43) 两边沿振子的横截面进行面积分可得

$$\iint\limits_s E_z \mathrm{d}s = -\iint\limits_s h_{15} S_{\theta z} \mathrm{d}s + \iint\limits_s \beta_{11}^{\mathrm{S}} D_z \mathrm{d}s \tag{8.58}$$

把 $S_{\theta z} = r\dfrac{\partial \varphi}{\partial z}$ 代入式 (8.58) 积分后可得

$$E_z = -h_{15}\frac{W}{S}\frac{\partial \varphi}{\partial z} + \beta_{11}^{\mathrm{S}} D_z \tag{8.59}$$

式中，S 为振动的横截面积。由式 (8.59) 可得振子两端的电压 V 为

$$V = \int_0^l E_z \mathrm{d}z = -h_{15}\frac{W}{S}\int_0^l \frac{\partial \varphi}{\partial z}\mathrm{d}z + \beta_{11}^{\mathrm{S}} D_z l \tag{8.60}$$

因为振子两端面的扭转角分别为 φ_1 和 φ_2，故

$$\int_0^l \frac{\partial \varphi}{\partial z}\mathrm{d}z = -\varphi_2 - \varphi_1 \tag{8.61}$$

把式 (8.61) 代入式 (8.60) 可得

$$V = h_{15}\frac{W}{S}(\varphi_1 + \varphi_2) + \beta_{11}^{\mathrm{S}} D_z l \tag{8.62}$$

令流过振子的电流为 I，它与电荷量 Q、电位移 D_z 之间的关系为

$$I = \frac{\mathrm{d}Q}{\mathrm{d}t} = \mathrm{j}\omega Q = \mathrm{j}\omega D_z S \tag{8.63}$$

由式 (8.63) 求出 D_z 后代入式 (8.62) 可得

$$V = h_{15}\frac{W}{S}(\varphi_1 + \varphi_2) + \beta_{11}^{\mathrm{S}} l\frac{I}{\mathrm{j}\omega s} \tag{8.64}$$

利用式 (8.64) 解出电流 I 为

$$I = \mathrm{j}\omega C_0 V - n(\dot{\varphi}_1 + \dot{\varphi}_2) \tag{8.65}$$

式中，$\dot{\varphi}_1 = \mathrm{j}\omega\varphi_1$，$\dot{\varphi}_2 = \mathrm{j}\omega\varphi_2$，为振子两端面的扭转角速度；$C_0 = \dfrac{S}{\beta_{11}^{\mathrm{S}} l}$ 为振子厚度

剪切振动的截止电容；$n = \dfrac{h_{15}W}{\beta_{11}^{\mathrm{S}} l}$ 为振子厚度剪切振动模式的机电转换系数。

式 (8.65) 就是振子的电路状态方程式。

8.2.3 振子的机电等效图

将式(8.62)的两边乘以机电转换系数 n 可得

$$nV = (\varphi_1 + \varphi_2)h_{15}\frac{W}{S}n + \beta_{11}^{\mathrm{S}} D_z nl \tag{8.66}$$

由 n 的表达式可得

$$h_{15}W = \beta_{11}^S nl \tag{8.67}$$

把 n 的表达式及式 (8.67) 代入式 (8.66) 可得

$$nV = (\dot{\varphi}_1 + \dot{\varphi}_2)\frac{n^2}{\mathrm{j}\omega C_0} + D_z h_{15}W \tag{8.68}$$

由式 (8.68) 可得

$$D_z h_{15}W = nW - (\dot{\varphi}_1 + \dot{\varphi}_2)\frac{n^2}{\mathrm{j}\omega C_0} \tag{8.69}$$

把式 (8.69) 代入运动方程式 (8.66) 和式 (8.67) 可得

$$M_1 = c_{55}^D I_p k_t \frac{\varphi_1 \cos k_t l + \varphi_2}{\sin k_t l} + nV - (\dot{\varphi}_1 + \dot{\varphi}_2)\frac{n^2}{\mathrm{j}\omega C_0} \tag{8.70}$$

$$M_2 = c_{55}^D I_p k_t \frac{\varphi_1 + \varphi_2 \cos k_t l}{\sin k_t l} + nV - (\dot{\varphi}_1 + \dot{\varphi}_2)\frac{n^2}{\mathrm{j}\omega C_0} \tag{8.71}$$

利用 $c_t^2 = c_{55}^D/\rho$，可得 $c_{55}^D I_p K_t = \rho I_p c_t \omega$，令 $Z_t = \rho I_p c_t$，称为振子厚度剪切振动或扭转振动的特性声阻抗，可把式 (8.70) 及式 (8.71) 化为

$$M_1 = \left(\frac{Z_t}{\mathrm{j}\sin k_t l} - \frac{n^2}{\mathrm{j}\omega C_0}\right)(\dot{\varphi}_1 + \dot{\varphi}_2) + \mathrm{j}Z_t \tan\frac{k_t l}{2} \cdot \dot{\varphi}_1 + nV \tag{8.72}$$

$$M_1 = \left(\frac{Z_t}{\mathrm{j}\sin k_t l} - \frac{n^2}{\mathrm{j}\omega C_0}\right)(\dot{\varphi}_1 + \dot{\varphi}_2) + \mathrm{j}Z_t \tan\frac{k_t l}{2} \cdot \dot{\varphi}_2 + nV \tag{8.73}$$

利用式 (8.65)、式 (8.72) 和式 (8.73) 可得振子厚度剪切振动的机电等效图，见图 8.4，其中 $Z_1 = \mathrm{j}Z_t \tan\dfrac{k_t l}{2}$；$Z_2 = \dfrac{Z_t}{\mathrm{j}\sin k_t l}$，很显然，图 8.4 与压电陶瓷细棒纵向振动的机电等效图、薄片厚度伸缩以及矩形薄环的厚度剪切振动的机电等效图是类似的。由此可以看出，压电陶瓷薄圆环的厚度剪切振动模式是一种刚度振动模式，即纵效应振动，因为振子激发电场的方向平行于剪切波的传播方向。另外，由于剪切波的传播方向垂直于质点的振动方向 (切向)，故振子中的波动是一种横波。

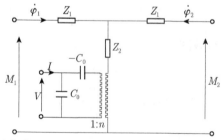

图 8.4 切向极化压电陶瓷薄圆环振子厚度剪切振动的机电等效图

8.2.4　压电陶瓷薄圆环振子厚度剪切振动的频率方程

当振子的两端不受外加力矩作用，即振子自由振动时，外加力矩 M_1 及 M_2 等于零。此时，由图 8.4 可得振子的输入电阻抗 Z_i 为

$$Z_i = \frac{1}{\mathrm{j}\omega C_0}\left[1 - (k_{15}^t)^2 \frac{\tan\dfrac{k_t l}{2}}{\dfrac{k_t l}{2}}\right] \tag{8.74}$$

式中，$k_{15}^t = \dfrac{h_{15}W}{\sqrt{\beta_{11}^S S I_p c_{55}^D}}$ 为压电陶瓷薄圆环振子厚度剪切振动的机电耦合系数。令

$\tau = \dfrac{I_p S}{W^2}$ 为振子的截面扭转系数，很显然，该系数仅与振子的截面形状及尺寸有关。

由 I_p 及 W 的定义式，对于实心圆片，$\tau = \dfrac{9}{8}$；对于内外半径分别为 a_1 和 a_2 的空心

圆片，$\tau = \dfrac{9(a_1 + a_2)^2(a_1{}^2 + a_2{}^2)}{8(a_1^2 + a_1 a_2 + a_2{}^2)^2}$，由 τ 的定义式可把机电耦合系数 k_{15}^t 化为

$$k_{15}^t = k_{15}/\tau = \frac{h_{15}}{\sqrt{\beta_{11}^S c_{55}^D \tau}} \tag{8.75}$$

由式 (8.74) 可得振子的频率方程。当 $Z_i = 0$ 时，振子的共振频率方程为

$$1 - (k_{15}^t)^2 \frac{\tan\dfrac{k_t l}{2}}{\dfrac{k_t l}{2}} = 0 \tag{8.76}$$

当 $Z_i = \infty$ 时，振子的反共振频率方程为

$$\tan\frac{k_t l}{2} = \infty \tag{8.77}$$

由上述分析可以看出，由于振子的厚度剪切振动模式是一种刚度振动模式，因此其传播速度、共振频率方程等都与振子的电学边界条件以及压电常数有关。如果压电陶瓷振子的机电耦合系数 k_{15}^t 比较小，即压电效应较弱，作为一种近似，可把振子的共振及反共振频率近似看作相等的。

8.3　切向极化压电陶瓷晶堆的扭转振动

在夹心式水声及超声换能器中，切向极化的压电陶瓷晶堆是换能器的激励元件，如图 8.5 所示。当晶堆的横向尺寸远小于扭转振动的波长时，晶堆可被看成一

个切向极化的细长压电陶瓷圆棒。在下面的分析中将利用网络理论对压电陶瓷晶堆的扭转振动特性加以分析。图 8.2 是一个六端网络，其机械端是一个四端网络。该四端网络的网络方程为

$$\begin{bmatrix} M_1 - nV \\ \dot{\varphi}_1 \end{bmatrix} = [M] \begin{bmatrix} M_2 - nV \\ \dot{\varphi}_2 \end{bmatrix} \tag{8.78}$$

其中，$[M]$ 是四端网络的传输矩阵，可以表示成

$$[M] = \begin{bmatrix} 1 + Z_1/Z_2 & Z_1(2 + Z_1/Z_2) \\ 1/Z_2 & 1 + Z_1/Z_2 \end{bmatrix} \tag{8.79}$$

令 $\gamma = \mathrm{arch}(1 + Z_1/Z_2)$，称为传输常数，可以表示成

$$\gamma = 2\mathrm{arsh}[Z_1/(2Z_2)]^{1/2} \tag{8.80}$$

根据四端网络的基本知识可知，网络的特性阻抗为 $Z_0 = [Z_1 Z_2 (2 + Z_1/Z_2)]^{1/2}$。因此式 (8.79) 可表示成

$$[M] = \begin{bmatrix} \mathrm{ch}\,\gamma & Z_0\,\mathrm{sh}\,\gamma \\ \mathrm{sh}\,\gamma/Z_0 & \mathrm{ch}\,\gamma \end{bmatrix} \tag{8.81}$$

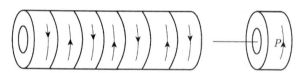

图 8.5　切向极化压电陶瓷晶堆的几何示意图

假如压电陶瓷晶堆是由 p 个相同的压电陶瓷薄圆环组成，考虑到各个压电陶瓷晶片在电学端是并联的，而在机械端是串联的，利用边界条件，即扭矩及扭转角速度连续，可把压电陶瓷晶堆看作是由 p 个四端网络的级联而成。令压电陶瓷晶堆两端的扭矩和扭转角速度分别为 M_0、$\dot{\varphi}_0$ 和 M_p、$\dot{\varphi}_p$；利用四端网络理论，压电陶瓷晶堆的网络方程为

$$\begin{bmatrix} M_0 - nV \\ \dot{\varphi}_0 \end{bmatrix} = [M_p] \begin{bmatrix} M_p - nV \\ \dot{\varphi}_p \end{bmatrix} \tag{8.82}$$

式中，$[M_p] = [M]^p$，是晶堆的传输矩阵。利用双曲函数的变换规律，可将晶堆的传输矩阵转换为

$$[M_p] = \begin{bmatrix} \mathrm{ch}\,p\gamma & Z_0\,\mathrm{sh}\,p\gamma \\ \mathrm{sh}\,p\gamma/Z_0 & \mathrm{ch}\,p\gamma \end{bmatrix} \tag{8.83}$$

很显然，压电陶瓷晶堆的特性阻抗与单一压电陶瓷片的特性阻抗相同。然而，压电陶瓷晶堆的传输常数与单一晶片的不同。另一方面，晶堆的传输矩阵还可以表示为

$$[M_p] = \begin{bmatrix} 1 + Z_{1p}/Z_{2p} & Z_{1p}(2 + Z_{1p}/Z_{2p}) \\ 1/Z_{2p} & 1 + Z_{1p}/Z_{2p} \end{bmatrix} \tag{8.84}$$

式中，Z_{1p} 和 Z_{2p} 分别是压电陶瓷晶堆四端网络 T 型等效电路的串臂及并臂阻抗。结合式 (8.83) 和式 (8.84) 可以得出

$$Z_{1p} = Z_0 \tanh p\gamma/2 \tag{8.85}$$

$$Z_{2p} = Z_0/\sinh p\gamma \tag{8.86}$$

为了获得压电陶瓷晶堆的机电等效电路，必须知道 Z_{1p} 和 Z_{2p} 的具体表达式。利用特性阻抗的定义及 Z_1 和 Z_2 的表达式可得

$$Z_0 = Z_t[1 - (k_{15}^1)^2 \tan(k_t l/2)/(k_t l/2)]^{1/2} \tag{8.87}$$

$$C_{te} = C_t[1 - (k_{15}^1)^2 \tan(k_t l/2)/(k_t l/2)]^{1/2}$$

其中，C_{te} 称为切向极化压电陶瓷细长晶堆中扭转振动的传播速度。考虑到 $Z_t = \rho C_t I_p$，晶堆的特性阻抗可表示为

$$Z_0 = \rho C_{te} I_p \tag{8.88}$$

假如压电陶瓷晶堆中每一片晶片的厚度远小于扭转振动的波长，也就是说，$l \ll \lambda$，则可得 $k_t l/2 \ll \pi$ 以及 $\tan(k_t l/2) = k_t l/2$。利用这一关系可以得出压电陶瓷晶堆中扭转振动的传播速度为

$$C_{te} = C_t[1 - (k_{15}^1)^2]^{1/2} \tag{8.89}$$

其中，C_{te} 称为压电陶瓷晶堆中扭转振动的有效传播速度。利用传播常数的定义可得

$$\sinh(\gamma/2) = [Z_1/(2Z_2)]^{1/2} = j\frac{\sin(k_t l/2)}{[1 - (K_{15}^1)^2 \sin(k_t l)/(k_t l)]^{1/2}} \tag{8.90}$$

当 $l \ll \lambda$ 时，$\sinh(\gamma/2) = \gamma/2$，$\sin(k_t l/2) = k_t l/2$。因此可把式 (8.90) 变换为

$$\gamma = jk_t l/[1 - (k_{15}^1)^2]^{1/2} \tag{8.91}$$

利用波数的定义，即 $k_t = \omega/C_t$ 以及式 (8.89) 可得

$$\gamma = jk_{te} l \tag{8.92}$$

其中，$k_{te} = \omega/C_{te}$，称为扭转振动的有效波数。把式 (8.92) 代入式 (8.85) 和式 (8.86) 可得

$$Z_{1p} = jZ_0 \tan(pk_{te} l/2) \tag{8.93}$$

$$Z_{2p} = Z_0/[j\sin(pk_{te} l)] \tag{8.94}$$

利用上面得出的数学关系可以得出压电陶瓷晶堆的机电等效电路，如图 8.6 所示。可以看出，扭转振动压电陶瓷晶堆的机电等效电路与单一压电陶瓷细长棒的等

效电路是不同的。两者的不同之处在于两个方面。①对于压电陶瓷晶堆,等效电路中的负电容不再存在。②压电陶瓷细长晶堆中扭转振动的传播速度不同于压电陶瓷细长棒中的传播速度。经过进一步的分析可以看出,压电陶瓷细长晶堆中的扭转振动传播速度可以看成恒定电场强度时的传播速度。利用上述公式可得

$$C_{te} = C_t(1 - k_{15}^2/\tau^2)^{1/2} = C_t[(1 - k_{15}^2)/\tau^2 + (\tau^2 - 1)/\tau^2]^{1/2} \tag{8.95}$$

把 $1 - k_{15}^2 = s_{55}^D/s_{55}^E$ 代入式 (8.95) 可得

$$C_{te} = C_t[(1/\tau^2)s_{55}^D/s_{55}^E + (\tau^2 - 1)/\tau^2]^{1/2} \tag{8.96}$$

把单一压电陶瓷细长棒中扭转振动的传播速度 C_t 代入式 (8.96) 可得

$$C_{te} = C_{0e}\{1/\tau^2 + (\tau^2 - 1)/[\tau^2(1 - k_{15}^2)]\}^{1/2} \tag{8.97}$$

式中, $C_{0e} = [1/(\rho s_{55}^E)]^{1/2}$ 称为恒定电场强度时的扭转振动传播速度。由上述公式可以看出,当压电陶瓷晶堆的材料参数及几何尺寸给定以后,就可以完全确定晶堆中扭转振动的有效传播速度。值得指出的是,压电陶瓷晶堆中扭转振动的传播规律与纵向振动的传播规律不同,其传播速度不但依赖于压电陶瓷的材料参数,而且依赖于压电陶瓷晶堆的横截面形状和尺寸。而对于压电陶瓷晶堆中的纵向振动,其传播速度仅与材料参数有关。压电陶瓷晶堆中纵向振动的传播速度表达式为 $C_{1e} = [1/(\rho s_{33}^E)]^{1/2}$。

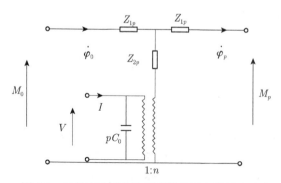

图 8.6　扭转振动压电陶瓷晶堆的机电等效电路

8.4　夹心式压电陶瓷扭转振动换能器的设计理论

8.4.1　夹心式压电陶瓷扭转振动换能器的频率方程

图 8.7 为一夹心式压电陶瓷扭转振动换能器的几何示意图。图中 Ⅰ、Ⅱ、Ⅲ 部分分别表示前、后金属圆块及切向极化的带孔压电陶瓷圆片;直线 AB 表示换能器的节面位置, l_1、l_2 和 l_{01}、l_{02} 分别表示前后金属块和节面前后陶瓷片的长度。为了

满足一维理论的要求，换能器的横向尺寸必须远小于扭转振动的波长，对于均匀截面棒的扭转振动，其运动方程为

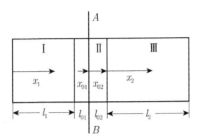

图 8.7　扭转振动换能器

$$\frac{\partial^2 \theta}{\partial x^2} = \frac{\rho I}{K} \cdot \frac{\partial^2 \theta}{\partial t^2} \tag{8.98}$$

式中，θ 为扭转角；x 为轴向坐标；ρ 为材料的体密度；$I = \iint_s r^2 \mathrm{d}s$ 为棒截面的极惯性矩，对于实心圆棒，$I = \pi a^4/2$，这里 a 为圆棒半径，对于空心圆棒，$I = \pi(a_1^4 - a_2^4)/2$，这里 a_1、a_2 分别为圆棒的内外半径；K 为抗扭刚度，它与棒的材料及截面形状有关。对于圆形棒，$K = IG$，这里 G 为材料的剪切模量。对于各向同性材料，G 与材料杨氏模量 E 之间的关系为 $G = E/[2(1+\nu)]$，这里 ν 为材料的泊松系数。对于压电陶瓷，必须针对不同的样品形状和尺寸分别加以处理，对于压电陶瓷细长棒，$G = 1/s_{55}^{\mathrm{D}}$，对于压电陶瓷薄圆板，$G = c_{55}^{\mathrm{D}}$；对于压电陶瓷晶堆，$G = 1/s_{55}^{\mathrm{E}}$。$s_{55}^{\mathrm{D}}$ 及 c_{55}^{D} 分别为压电陶瓷材料在恒定电位移强度下的弹性柔顺常数和弹性常数。因此，由式 (8.98)，对于扭转振动的圆棒可得以下方程：

$$\frac{\partial^2 \theta}{\partial x^2} = \frac{1}{c_t^2} \cdot \frac{\partial^2 \theta}{\partial t^2} \tag{8.99}$$

式中，$c_t = \sqrt{G/\rho}$ 称为剪切波的传播速度。对于简谐振动，令 $\theta = \theta_A \mathrm{e}^{\mathrm{j}\omega}$，$\theta_A$ 仅为位置坐标 x 的函数，代入式 (8.99) 可得

$$\frac{\mathrm{d}^2 \theta_A}{\mathrm{d}x^2} + k_t^2 \theta_A = 0 \tag{8.100}$$

式中，$k_t = \omega/c_t$ 称为剪切波的波数，由式 (8.100) 可得扭转角为

$$\theta = (A \sin k_t x + B \cos k_t x)\mathrm{e}^{\mathrm{j}\omega t} \tag{8.101}$$

式中，A、B 为待定常数，可由边界条件决定。另外对于圆形截面的棒，扭矩 M 与扭转角的关系为

$$M = K\frac{\partial \theta}{\partial x} = IG\frac{\partial \theta}{\partial x} \tag{8.102}$$

利用式 (8.101) 可得

$$M = IGk_{\mathrm{t}}(A\cos k_{\mathrm{t}}x - B\sin k_{\mathrm{t}}x)\mathrm{e}^{\mathrm{j}\omega t} \tag{8.103}$$

令 $Z_{\mathrm{t}} = \rho Ic_{\mathrm{t}}$，$Z_{\mathrm{t}}$ 称为扭转振动细棒的特性声阻抗，式 (8.103) 可化为

$$M = Z_{\mathrm{t}}\omega(A\cos k_{\mathrm{t}}x - B\sin k_{\mathrm{t}}x)\mathrm{e}^{\mathrm{j}\omega t} \tag{8.104}$$

式 (8.101) 及式 (8.104) 就是扭转振动细棒扭转角及扭矩的具体表达式。在下面的分析中，对于扭转换能器各个不同的组成部分，其各个参数将分别以不同的下标表示。另外，由于换能器的负载性质比较复杂，其具体数值难以确定，因此，在以下的分析中，仅分析空载换能器，不考虑负载的影响。由于换能器多为半波振子，故其内部必有一节面，令节面位于压电陶瓷内部，半波换能器可看成由两个四分之一波长的振子组成，以下将分别加以分析。

1. 节面左面

在节面 AB 以前，包括长为 l_{02} 的压电陶瓷及长为 l_2 的金属前盖板，其扭转角及扭矩分别如下：

压电陶瓷：

$$\theta_{02} = (A_{02}\sin k_{02}x_{02} + B_{02}\cos k_{02}x_{02})\mathrm{e}^{\mathrm{j}\omega t} \tag{8.105}$$

$$M_{02} = Z_{02}\omega(A_{02}\cos k_{02}x_{02} - B_{02}\sin k_{02}x_{02})\mathrm{e}^{\mathrm{j}\omega t} \tag{8.106}$$

金属前盖板：

$$\theta_2 = (A_2\sin k_2x_2 + B_2\cos k_2x_2)\mathrm{e}^{\mathrm{j}\omega t} \tag{8.107}$$

$$M_2 = Z_2\omega(A_2\cos k_2x_2 - B_2\sin k_2x_2)\mathrm{e}^{\mathrm{j}\omega t} \tag{8.108}$$

式中，x_{02} 及 x_2 为位置坐标，其原点及方向见图 8.7；$k_{02} = \omega/c_{02}$，$c_{02} = \sqrt{G_{02}/\rho_{02}}$，$Z_{02} = \rho_{02}I_{02}c_{02}$，$k_2 = \omega/c_2$，$c_2 = \sqrt{G_2/\rho_2}$，$Z_2 = \rho_2I_2c_2$ 分别为压电陶瓷及金属前盖板的波数、剪切声速及特性声阻抗；A_{02}、B_{02}、A_2、B_2 为待定常数，由以下边界条件决定。

(1) $x_{02} = 0$。

由上面的分析可知，此处即为换能器的扭转位移节点位置，扭转角为零，由此可得

$$B_{02} = 0 \tag{8.109}$$

(2) $x_{02} = l_{02}$ 或 $x_2 = 0$。

此时，扭转角及扭矩连续，由上述公式可得

$$A_{02}\sin k_{02}l_{02} = B_{02}, \quad Z_{02}A_{02}\cos k_{02}l_{02} = Z_2A_2 \tag{8.110}$$

(3) $x_2 = l_2$。

在 $x_2 = l_2$ 处，换能器空载，扭矩为零，由式 (8.108) 可得

$$A_2 \cos k_2 l_2 - B_2 \sin k_2 l_2 = 0 \tag{8.111}$$

利用式 (8.110) 求出 A_2 及 B_2 后代入式 (8.111) 可得

$$\tan k_2 l_2 \cdot \tan k_{02} l_{02} = Z_{02} / Z_2 \tag{8.112}$$

式 (8.112) 决定了换能器节面以前两部分的材料参数及几何尺寸之间的依赖关系，实际上就是换能器节面前半部分的频率方程，即四分之一波长扭转振动换能器的频率方程。

2. 节面右面

在换能器节面 AB 右面，包括长为 l_{01} 的切向极化压电陶瓷圆片及长为 l_1 的金属后盖板，其各自的扭转角及扭矩分布为

压电陶瓷：

$$\theta_{01} = (A_{01} \sin k_{01} x_{01} + B_{01} \cos k_{01} x_{01}) e^{j\omega t} \tag{8.113}$$

$$M_{01} = Z_{01} \omega (A_{01} \cos k_{01} x_{01} - B_{01} \sin k_{01} x_{01}) e^{j\omega t} \tag{8.114}$$

金属后盖板：

$$\theta_1 = (A_1 \sin k_1 x_1 + B_1 \cos k_1 x_1) e^{j\omega t} \tag{8.115}$$

$$M_1 = Z_1 \omega (A_1 \cos k_1 x_1 - B_1 \sin k_1 x_1) e^{j\omega t} \tag{8.116}$$

式中，x_{01} 及 x_1 为图 8.7 所示两部分的位置坐标；$k_{01} = \omega / c_{01}$，$c_{01} = \sqrt{G_{01}/\rho_{01}}$，$Z_{01} = \rho_{01} I_{01} c_{01}$，$k_1 = \omega / c_1$，$c_1 = \sqrt{G_1/\rho_1}$，$Z_1 = \rho_1 I_1 c_1$ 分别为节面以后两部分的波数、剪切波声速及特性声阻抗；A_{01}、B_{01}、A_1、B_1 为待定常数，可由边界条件决定。

(1) $x_1 = 0$。

此处换能器空载，扭矩为零，由此可得

$$A_1 = 0 \tag{8.117}$$

(2) $x_1 = l_1$ 或 $x_{01} = 0$。

在这一位置，陶瓷及金属部分的扭转角及扭矩相等，可得以下公式：

$$B_1 \cos k_1 l_1 = B_{01}, \quad -Z_1 B_1 \sin k_1 l_1 = Z_{01} A_{01} \tag{8.118}$$

(3) $x_{01} = l_{01}$。

此处为扭转角节面，扭转角为零，由式 (8.113) 可得

$$A_{01} \sin k_{01} l_{01} + B_{01} \cos k_{01} l_{01} = 0 \tag{8.119}$$

利用式 (8.118) 求出 A_{01}、B_{01} 后代入式 (8.119) 可得

$$\tan k_1 l_1 \cdot \tan k_{01} l_{01} = Z_{01}/Z_1 \tag{8.120}$$

很显然，式 (8.120) 就是换能器节面以后四分之一波长部分的频率设计方程，它决定了振子的材料、几何尺寸及共振频率三者之间的关系。

上面我们从扭转振动细棒的波动方程出发，分析了夹心式压电陶瓷扭转振动换能器的共振频率方程。从所得结果可以看出，扭转振动换能器与纵向振动换能器的共振频率方程在形式上是完全相同的，只是式中各个参数所表示的物理意义不同。综上所述，扭转振动与纵向振动的各个量之间具有如下的对应关系：

$$\theta\,(\text{扭转角}) \longrightarrow \xi\,(\text{纵振动位移})$$

$$I\,(\text{截面的极惯性矩}) \longrightarrow S\,(\text{棒的横截面积})$$

$$k_t(=\omega/c_t) \longrightarrow k_1(=\omega/c_1)$$

$$Z_t(=\rho I c_t) \longrightarrow Z_1(=\rho S c_1)$$

因此，通过上述变换，有关纵振动换能器的设计理论可直接用到夹心式压电陶瓷扭转振动换能器的理论计算及设计中。

8.4.2　讨论

上面我们对节面位于压电陶瓷内部的夹心式压电陶瓷扭转振动换能器进行了分析，得出了换能器的共振频率设计方程。为了使该研究具有更大的适应性，下面对一些特殊的情况进行简单的分析。

1. 节面位于前盖板与压电陶瓷片的交界面处

此时，$x_{02} = 0$，由频率方程式 (8.112) 可得

$$\tan k_2 l_2 = \infty \tag{8.121}$$

由此可得前金属盖板的长度 l_2 为

$$l_2 = \lambda_2/4 \tag{8.122}$$

式中，$\lambda_2 = c_2/f$ 为扭转波在前金属盖板中的波长，这里 f 为换能器的共振频率。很显然，当节面位于压电陶瓷与前金属盖板的交界面时，前金属盖板的长度为四分之一扭转波波长。此时，关于节面右边四分之一波长换能器的设计仍由频率方程式 (8.122) 决定。

2. 节面位于压电陶瓷与后金属盖板的交界面处

利用类似的分析，可得金属后盖板的长度 l_1 为

$$l_1 = \lambda_1/4 \tag{8.123}$$

式中，$\lambda_1 = c_1/f$ 为扭转波在金属后盖板中的波长，这里 $c_1 = \sqrt{G_1/\rho_1}$。此时，换能

器后盖板的长度为四分之一波长,而节面以前的四分之一波长部分仍由频率方程式 (8.112) 决定。

3. 节面位于金属盖板中

此时,分析可分为两种情况,即节面位于金属前盖板或金属后盖板中。由于两种情况的分析是类似的,因此,以下仅给出一种情况的分析。假定节面位于金属前盖板中,此时,换能器的几何示意图见图 8.8。图中,AB 仍表示节面位置,l_1 为后盖板长度,l_0 为陶瓷长度,$l_2 + l_2'$ 为前盖板的长度。对于节面左边部分,根据以上的分析可得 $l_2 = \lambda_2/4$。对于节面右边的四分之一波长换能器,利用各部分的扭转角及扭矩分布函数及边界条件,经过一系列运算可得以下方程:

$$\frac{Z_1}{Z_0} \tan k_1 l_1 \cdot \tan k_0 l_0 + \frac{Z_1}{Z_2} \tan k_1 l_1 \cdot \tan k_2 l_2' + \frac{Z_1}{Z_2} \tan k_2 l_2' \cdot \tan k_0 l_0 = 1 \quad (8.124)$$

式 (8.124) 就是节面右边部分换能器的共振频率方程。

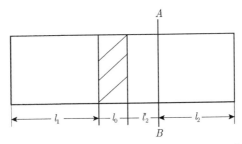

图 8.8 节面位于金属前盖板时换能器的几何示意图

8.4.3 负载对换能器共振频率方程的影响

一般情况下,声负载阻抗是一个极难以测量或估算的未知量,尤其是在功率超声的一些应用技术中,不但不能得出声阻抗的具体数值,而且声阻抗在换能器的整个工作周期中也处于变化状态。因此,在一般的理论计算和分析中,可以根据声阻抗的性质 (电阻性的、感性的或容性的) 对换能器的共振频率进行定性的分析。至于实际换能器的设计,通常都是首先根据空气中 (空载) 的频率方程进行计算,然后,在实际设计时加以调整,以达到设计要求。

8.4.4 换能器各部分材料参数的选取及计算

从上面的分析可以看出,对于扭转振动的超声换能器,影响频率设计精度的一个重要参数就是材料剪切波声速的选取。对于各向同性的前后金属盖板,当其横截面尺寸远小于扭转波波长时,扭转波 (即剪切波) 声速可近似用 $c_t = \sqrt{G/\rho}$ 计算,其中 G 和 ρ 分别为材料参数的标称值。对于压电陶瓷,由于其各向异性,并且一般的材料参数表中不给出其剪切模量,因此,其剪切波声速不易确定。针对这一问题,我们进行了一些探讨，发现在纵向夹心式振动换能器中，压电陶瓷中的纵振动声速 c_1 可以用下式计算：

$$c_1 = \sqrt{\frac{1}{s_{33}^E \rho}} \tag{8.125}$$

对于 PZT-4，$c_1 = 2932\mathrm{m/s}$。这一结果与人们在一般工程设计时，选取的压电陶瓷材料的修正声速 (2950m/s、2898m/s、2930m/s) 非常接近。根据这一结果，对于压电陶瓷中的剪切波声速，我们推出了以下的设计公式：

$$c_t = \sqrt{\frac{1}{s_{55}^E \rho}} \tag{8.126}$$

利用式 (8.126) 可以看出，对于压电陶瓷，其等效的剪切模量 G_t 可以表示为

$$G_t = 1/s_{55}^E \tag{8.127}$$

很显然，式 (8.127) 与描述各向同性材料的剪切模量与杨氏模量的关系是一致的。利用式 (8.126) 给出的剪切声速计算公式，我们进行了一些有关扭转振动换能器的计算，所得出的结果 (换能器的共振频率) 与现有的一些计算结果及实验数据基本一致。

8.4.5　切向极化压电元件的制作工艺技术

如上所述，对于夹心式压电陶瓷扭转振动换能器，其设计理论可由纵振动换能器的结果类推。但关于切向极化压电陶瓷圆环的加工工艺，国内目前尚不完善。因此，目前在夹心式压电陶瓷扭转振动换能器的研制中存在的主要问题是切向极化压电元件的制作工艺技术。我们相信，随着这一问题的解决，扭转振动换能器将获得广泛的应用。

8.4.6　本节小结

(1) 推出了夹心式压电陶瓷扭转振动换能器的共振频率方程。

(2) 给出了决定压电陶瓷圆环中剪切波传播速度的数学表达式，为工程设计提供了一定的理论基础。

(3) 扭转振动换能器的有关设计理论可由纵振动换能器的结果类推得出。

(4) 与纵振动换能器一样，扭转振动换能器的负载也比较复杂，实际设计时可先按空载计算，最后进行有载调整。

(5) 为了加速扭转振动换能器的发展，必须从理论及工艺上解决压电陶瓷环的切向极化问题。

(6) 所得结果属于一维理论，其适用范围必须满足一维理论的要求，即换能器的横向尺寸远小于扭转波波长。

8.5　振动模态转换扭转振动换能器

与传统的纵向振动超声换能器的振动产生方式不同，扭转及纵-扭复合振动模式超声换能器中扭转振动的产生可由两种方式来实现。一种是通过振动模式的转换，另一种是通过切向极化的压电陶瓷晶堆。在第一种方法中，传统的振动模式转换的方法包括利用两个纵向换能器在一个传振杆的两侧形成推挽式的振动，而在传振杆中产生扭转振动。对于这种方法，振动系统的功率可以很大，但纵向与扭转振动之间的转换效率不高，而且系统的体积较大。另一种利用模式转换产生扭转振动的方法是通过在纵向振动换能器的输出端连接一个类似机械加工钻头的麻花形传振杆。由于传振杆的形状复杂，因此，此类振动系统的理论设计及计算相当复杂，不利于一般的工程设计及应用。对于由切向极化晶堆产生的扭转振动，其理论设计基本成熟，但由于切向极化压电晶片的制作工艺复杂，尤其是扇形晶片的切向极化，当尺寸较大时，会出现许多问题，诸如电击穿及极化不完全等。因此尽管此类换能器的结构较简单，但功率容量不大，在目前的陶瓷生产工艺水平下，很难研制大功率高性能的扭转振动换能器。本节从纵-扭振动模式相互转换的原理出发，从理论上导出了纵-扭复合模式超声换能器的机电等效电路，并探讨了斜槽的倾斜程度对换能器共振频率的影响。

8.5.1　斜槽式纵-扭复合模式超声换能器的等效电路

图 8.9 为一斜槽式纵-扭复合模式超声换能器的几何示意图，第一部分表示纵向振动夹心式压电陶瓷换能器 (1)，第二部分为斜槽式传振杆 (2)。由于斜槽的作用，在传振杆中部分纵向振动将转换为扭转振动，因而在其输出端，就会产生纵向及扭转两种振动的分量。很显然，斜槽的几何尺寸、形状以及倾斜程度将会对系统的振动性能产生一定的影响。根据换能器的传统设计理论，上述振动系统可以按照两种方法进行设计。一种方法是将第一部分及第二部分分别设计成半波长结构，整个系统为一个全波长结构。另一种方法是将整个振动系统设计成一个半波长结构，其中第一部分为四分之一波长换能器，而第二部分则为一个四分之一波长传振杆。本书采用第一种结构，即半波长换能器与半波长斜槽式传振杆组成一个纵-扭复合超声振动系统。图 8.10 为整个振动系统的第二部分，即斜槽式纵-扭复合振动模式传振的几何示意图。图中传振杆为一个一定厚度的圆筒，其内外半径分别为 R_1 和 R_2，θ 为斜槽与传振杆轴线之间的夹角，斜槽前面圆筒部分的长度为 L_1，其余部分的长度为 L_2，由于扭转振动的产生是通过斜槽的作用，因此可以认为圆筒中长为 L_1 的部分中没有扭转振动，而圆筒的其余部分中不仅有纵向振动而且还有扭转振动。另外，为了简化分析，假定斜槽为一理想的几何线段，即槽的宽度为无限小。因此，斜槽

的出现对振动体的质量没有什么影响，仅仅起到了一个把传振杆中的纵向振动转变为扭转振动的作用。图中虚线 AB 为纵向振动传振杆部分与复合振动模式传振杆部分的分界面。在分界面 AB 左面，传振杆中的作用力为纵向力 F，由于斜槽的出现，在分界面的右边，纵向力 F 将分解为两部分，即纵向力分量 F_l 及切向力分量 F_t，其中纵向力分量沿着传振杆的轴线方向；关于切向力分量，在截面上任一点的切向力分量垂直于半径的方向，由切向力产生的总力矩是所有切向力在整个截面上的扭矩的积分。由图 8.10，这两个力分量的大小可由下式给出：

$$F_l = F \cos\theta \tag{8.128}$$

$$F_t = F \sin\theta \tag{8.129}$$

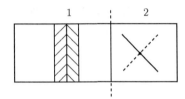

图 8.9　斜槽式纵-扭复合模式超声换能器的几何示意图

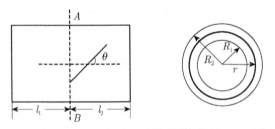

图 8.10　斜槽式纵-扭复合振动模式传振杆的几何示意图

根据振动系统的纵向振动及扭转振动理论，纵向力将使系统产生纵向振动，而切向力将使传振杆产生扭转振动。由切向分力在分界面处产生的扭矩 M 可由下式给出：

$$M = \iint_S rf\,\mathrm{d}S \tag{8.130}$$

式中，$S = \pi(R_2^2 - R_1^2)$ 为圆筒的横截面积；r 为圆筒内任意位置处的截面半径；f 为分界面上单位面积上的切向力；$\mathrm{d}S = 2\pi r\,\mathrm{d}r$ 为半径 r 处的微元面积。由上面的分析，可得单位面积上的切向力为

$$f = \frac{F \sin\theta}{\pi(R_2^2 - R_1^2)} \tag{8.131}$$

把式 (8.131) 代入式 (8.130) 积分后得

$$M = F\sin\theta\frac{2(R_2^3 - R_1^3)}{3(R_2^2 - R_1^2)} \tag{8.132}$$

由上述分析可见，由于斜槽的存在，除了纵向振动以外，在传振杆中还产生了扭转振动，即传振杆中的振动为纵-扭复合振动。根据传振杆的振动传播及传输线理论，可得出复合振动传振杆的传输线等效电路，如图 8.11 所示。

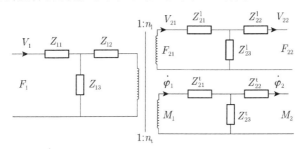

图 8.11　纵-扭复合振动传振杆的传输线等效电路

图中 F_1 及 V_1 分别为传振杆输入端的纵向力及纵向振速，F_{21} 及 V_{21} 分别为分界面处纵振动分量的纵向力及振速，F_{22} 及 V_{22} 分别为传振杆输出端的纵向力及振速，M_1 及 $\dot{\varphi}_1$ 分别为分界面处扭转振动的扭矩及角速度，M_2 及 $\dot{\varphi}_2$ 分别为传振杆输出端的扭矩及角速度，n_l 及 n_t 分别为分界面处传振杆中纵向与纵向及纵向与扭转振动之间的机械转换系数。由上述分析，n_l 及 n_t 的表达式为

$$n_l = \cos\theta \tag{8.133}$$

$$n_t = \frac{M}{F} = \sin\theta\frac{2(R_2^3 - R_1^3)}{3(R_2^2 - R_1^2)} \tag{8.134}$$

另外图中 Z_{11}、Z_{12}、Z_{13}，Z_{21}^l、Z_{22}^l、Z_{23}^l，Z_{21}^t、Z_{22}^t、Z_{23}^t 分别是传振杆各部分等效网络的各臂阻抗，其具体表达式为

$$Z_{11} = Z_{12} = \mathrm{j}Z_1\tan\left(\frac{k_l l_1}{2}\right) \tag{8.135}$$

$$Z_{13} = \frac{Z_1}{\mathrm{j}\sin k_l l_1} \tag{8.136}$$

$$Z_{21}^l = Z_{22}^l = \mathrm{j}Z_2\tan\left(\frac{k_l l_2}{2}\right) \tag{8.137}$$

$$Z_{23}^l = \frac{Z_2}{\mathrm{j}\sin k_l l_2} \tag{8.138}$$

$$Z_{21}^t = Z_{22}^t = \mathrm{j}Z_2^t\tan\left(\frac{k_t l_2}{2}\right) \tag{8.139}$$

$$Z_{23}^{t} = \frac{Z_2^{t}}{j \sin k_t l_2} \tag{8.140}$$

式中，$Z_1 = Z_2 = \rho C_1 S, Z_2^{t} = \rho C_t I_p$，这里 $I_p = \dfrac{\pi}{2}(R_2^4 - R_1^4)$ 为传振杆环形截面的极惯

性矩，C_1 及 C_t 分别为传振杆中纵向及扭转振动的传播速度，$C_1 = \left(\dfrac{E}{\rho}\right)^{1/2}$，

$C_t = \left(\dfrac{G}{\rho}\right)^{1/2}$；$k_1 = \dfrac{\omega}{C_1}$，$k_t = \dfrac{\omega}{C_t}$。当传振杆处于空载状态时，其两个输出端皆处于

短路状态，由图 8.11 可得出纵向及扭转分振动的输入阻抗 Z_i^1 及 Z_i^t 分别为

$$Z_i^1 = F_{21}/V_{21} = j Z_2 \tan k_1 l_2 \tag{8.141}$$

$$Z_i^t = M_1/\varphi_1 = j Z_2^{t} \tan k_t l_2 \tag{8.142}$$

由此，图 8.11 可化成图 8.12 所示的单一网络的形式，

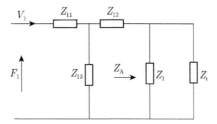

图 8.12   纵-扭复合振动传振杆的简化等效电路

图中 $Z_1 = Z_i^1/n_1^2$ 为纵向分振动的反映阻抗，$Z_t = Z_i^t/n_t^2$ 为扭转分振动的反映阻抗。由图 8.12 可得在分界面 AB 处纵向与扭转振动的合成阻抗，即传振杆第一部分的负载阻抗 Z_A 为

$$Z_A = \frac{Z_1 Z_t}{Z_1 + Z_t} \tag{8.143}$$

把 Z_1 及 Z_t 的具体表达式代入式 (8.143) 可得

$$Z_A = j \frac{9(R_2^2 - R_1^2)^2 Z_1 Z_2^{t} \tan k_t l_2 \tan k_1 l_2}{4Z_1 \sin^2 \theta (R_2^3 - R_1^3)^2 \tan k_1 l_2 + 9 Z_2^{t} \cos^2 \theta (R_2^2 - R_1^2)^2 \tan k_t l_2} \tag{8.144}$$

由此可得传振杆输入端的机械输入阻抗 Z_i 为

$$Z_i = j Z_1 \tan(k_1 l_1 + \alpha) \tag{8.145}$$

式中，α 为一个与频率及第二部分形状和尺寸有关的参数，可由下式决定：

$$\tan \alpha = \frac{Z_{\mathrm{A}}}{\mathrm{j}Z_1} = \frac{9(R_2^2 - R_1^2)^2 Z_2^{\mathrm{t}} \tan k_{\mathrm{t}} l_2 \tan k_{\mathrm{l}} l_2}{4\sin^2 \theta (R_2^3 - R_1^3)^2 Z_1 \tan k_{\mathrm{l}} l_2 + 9\cos^2 \theta (R_2^2 - R_1^2)^2 Z_2^{\mathrm{t}} \tan k_{\mathrm{t}} l_2} \tag{8.146}$$

由式 (8.146)，根据振动系统理论，当系统的输入阻抗等于零时，系统处于共振状态，由此可得纵-扭复合振动传振杆的共振频率方程为

$$k_{\mathrm{l}} l_1 + \alpha = n\pi \quad (n = 1, 2, 3, \cdots) \tag{8.147}$$

式中，n 为正整数，表示传振杆不同的振动模式数。当 $n = 1$ 时，传振杆处于基频共振。由式 (8.147) 以及式中各量的具体表达式可以看出，斜槽式纵-扭复合振动传振杆的共振频率不仅与其材料和几何尺寸有关，而且还与斜槽的倾斜角度有关，即传振杆的共振频率随着斜槽的倾斜角度不同而不同。下面将对斜槽的倾斜角度对传振杆共振频率的影响进行研究。

8.5.2 纵-扭复合振动传振杆中斜槽的倾斜角度对系统共振频率的影响

由上述分析可以看出，由于斜槽的存在，传振杆中出现了扭转振动的分量。很显然，斜槽的几何尺寸、形状及倾斜角度等将对振动系统的特性产生一定的影响。槽的存在使振动系统的振动性能发生了改变，例如，系统中由没有槽时的单一纵向振动，变成了纵-扭两种模式的复合振动。同时也改变了系统的共振频率特性以及系统的能量输出关系，但由于假定槽的宽度无限小，因此槽的存在不改变系统的原来质量以及系统的形状及尺寸。共振频率是振动系统的一个重要设计参数。以下将就斜槽的倾斜角度对系统共振频率的影响进行研究。由式 (8.147) 可以看出，纵-扭复合振动系统的共振频率方程是一个关于系统的材料参数、几何形状、尺寸、倾斜角及频率的超越方程，因此不可能得出斜槽的倾斜角与其他参数之间的简单明了的解析表达式。因此在下面的研究中，将以斜槽的倾斜角作为参变量，分析系统的输入阻抗与其频率及尺寸之间的依赖关系，从而可以明显地看出斜槽的倾斜角度对系统共振频率的影响。为了便于从理论上计算系统的输入阻抗与系统的有关参数之间的依赖关系，对式中的有关变量作以下的变换。根据材料力学及弹性力学理论，可以得出材料的杨氏模量 E 与剪切模量 G 之间的关系式：

$$G = \frac{E}{2(1+\nu)} \tag{8.148}$$

式中，ν 为材料的泊松比。由式 (8.148) 可得

$$k_{\mathrm{t}} l_2 = \sqrt{2(1+\nu)} k_{\mathrm{l}} l_2 \tag{8.149}$$

把式 (8.148) 代入系统输入阻抗的表达式 (8.149)，可知，当系统使用的材料确定后，系统的输入阻抗将仅为 $k_{\mathrm{l}} l_1$、$k_{\mathrm{l}} l_2$ 及倾斜角 θ 的函数。图 8.13 为系统的输入阻抗 Z_{i} 与 $k_{\mathrm{l}} l_2$ 之间的理论计算曲线，其中 θ 作为参变量。在图 8.13 中，图 8.13(a) 表示倾斜角

度等于零时,传振杆的归一化输入机械阻抗与相长 $k_1 l_2$ 之间的关系曲线。图 8.13(b) 中的曲线 1、2、3 分别表示斜槽的倾斜角等于 $\pi/6$、$\pi/4$、$\pi/3$ 时,系统的归一化输入机械阻抗与相长 $k_1 l_2$ 之间的关系曲线,其中归一化的输入阻抗及相长皆为无量纲的量。

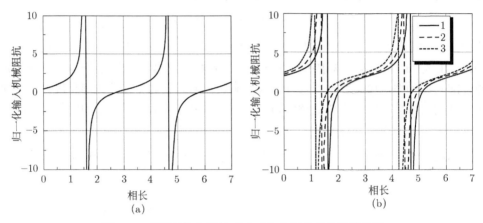

图 8.13　系统的输入阻抗 Z_i 与 $k_1 l_2$ 之间的理论计算曲线

从图 8.13 可以看出,对应斜槽不同的倾斜角,系统的共振频率不同。随着斜槽倾斜角的增大,系统的共振频率下降。

8.5.3　实验

为了验证文中得出的纵-扭复合振动系统的等效线路理论以及斜槽的倾斜角对系统的共振频率的影响,我们加工了四个半波长圆筒式传振杆,其中一个未开斜槽,另外三个带有不同倾斜程度的斜槽。斜槽的长度为 30mm,宽度为 5mm。传振杆的材料为 45 号钢,其密度为 $7800\,\mathrm{kg/m^3}$,纵向声速为 $5000\mathrm{m/s}$,泊松比为 0.28。对振动系统的共振频率进行了测试,在实验中,传振杆与一个半波长夹心式功率超声压电换能器固定在一起,组成一个全波长振动系统。用传输线法测量系统的共振频率。测试结果见表 8.1。表中 f_t 为传振杆的理论计算频率,f_m 为半波长换能器与待测传振杆组成的复合系统的测试频率,f_c 为由实验结果计算出的待测传振杆的共振频率,其计算式为

$$f_c = \frac{f_m^2}{f_0} \tag{8.150}$$

式中,f_0 为半波长换能器的共振频率,在本书中 $f_0 = 19877\mathrm{Hz}$。式 (8.150) 也就是复合系统共振频率的近似计算式,即 $f_m = \sqrt{f_0 f_c}$。由实验结果可以看出,随着斜槽倾斜角的增大,系统的共振频率降低,这与理论预测的规律是一致的。另外,为了

研究斜槽式纵-扭复合振动系统的振动性能，我们在大功率状态下对上述系统的振动性能进行了一些初步的研究。实验发现，位于传振杆输出端面上的圆环在系统共振的情况下发生旋转，这也进一步证实了该系统能够产生纵-扭两种振动模式，其辐射面的质点轨迹为一椭圆形，可用于超声马达、加工、焊接以及其他技术中。关于频率测量的误差来源，主要有以下几点。①换能器及变幅杆材料的实际值与标准值 (即计算中采用的数值) 有差异。②在本节的分析中，把斜槽认为是理想的几何线，忽略了其质量的作用，而质量的改变对系统的频率是有影响的。③为简化分析，书中忽略了纵向与扭转振动之间的相互作用，而这种相互作用是客观存在的，它必将影响系统的性能及频率。由于纵向与扭转振动的相互作用比较复杂，因此，这一问题将在以后的工作中加以研究。

表 8.1 纵-扭复合振动系统共振频率的测试结果

系统	R_1/mm	R_2/mm	l_1/mm	l_2/mm	θ/rad	f_t/Hz	f_c/Hz	f_m/Hz
1	15	25	75	50	0	20000	19886	19881
2	15	25	75	50	$\pi/6$	18670	18134	18986
3	15	25	75	50	$\pi/4$	17620	16936	18347
4	15	25	75	50	$\pi/3$	16755	18852	17773

8.5.4 本节小结

本节从理论及实验两个方面研究了斜槽式纵-扭复合振动系统的一些振动特性，推出了振动系统的等效电路，探讨了斜槽的倾斜角对系统共振频率的影响，得出了关于倾斜角增大，系统的共振频率降低的结论。关于斜槽对复合振动系统其他振动性能的影响，将在以后的工作中加以探讨。

第9章 弯曲振动超声换能器

在超声技术领域，弯曲振动也是一种应用较为普遍的振动模式。与纵向和扭转振动相比，弯曲振动的分析要复杂得多。弯曲振动系统的复杂性在于它同时经历两种运动，即截面的扭转和轴的弯曲振动。由于弯曲振动的复杂性和特殊性，其运动方程也比纵向和扭转振动的要复杂得多。弯曲振动的特点是弯曲振动系统的位移分布规律并不是一种简谐振动。而且弯曲振动的传播速度不仅依赖于系统的材料特性，而且依赖于系统的截面形状、尺寸以及频率。因此弯曲振动系统是一种频散系统。利用弯曲振动系统的频散特性，已经获得了体积小、频率低的声学器件。同时利用弯曲振动系统的频散特性，可以研制负载适应能力强、抗负载变化的超声振动系统。另外，弯曲振动系统还可以用于振动方向的变换、振动能量的分解与合成等。

由于弯曲振动系统的复杂性，有关弯曲振动系统的分析理论远不及纵向和扭转振动理论那样完善和系统。然而弯曲振动系统的应用却很普遍。在超声技术应用中，利用弯曲振动的换能器系统在空气换能中得到了广泛的应用，原因在于弯曲振动换能器能够与空气介质更好地实现声匹配。有些超声应用领域，例如超声车削、超声手术刀、超声金属焊接、超声消除泡沫和超声除尘等，采用弯曲振动系统会更方便和有效。

弯曲振动也是压电体振动的一大类，它不同于其他的单一模态振动。人们采用压电振子制作弯曲振动换能器，已获得体积小、频率低的器件。目前产生弯曲振动的方式主要有三种[165-189]。第一种方式是利用压电陶瓷片或压电陶瓷片与金属片组成的复合双叠片和三叠片，其中包括圆形叠片结构和矩形结构等。这类换能器主要用于水声换能器、气介超声换能器以及压电滤波器等。产生弯曲振动的第二种方式类似于夹心式纵向和扭转振动超声换能器。它是将多片压电陶瓷元件置于两段细长的金属棒之间，通过一定的预应力将陶瓷片压紧。与纵向和扭转换能器不同的是，在弯曲振动夹心式换能器中，压电陶瓷元件不是一个完整的圆片，而是将整个圆片切成相同的两个半圆，并将其极化的方向反转。这种夹心式弯曲振动换能器结构简单而且能够承受较大功率，此类换能器主要应用于超声金属焊接、超声手术刀以及超声马达等技术中，但由于问题本身的复杂性，此类换能器的理论分析尚不完善。第三种方式是利用振动模式的转换来产生弯曲振动。例如用夹心式纵向振动换能器来激发圆盘、板或棒而产生弯曲振动。以前大多采用这种方式，并在超声焊接、车削、悬浮及除尘、消泡中得到应用。在向空气介质辐射时，这种弯曲振动盘或板的辐射效率高、指向性好。本章将对这三种弯曲振动换能器进行较为详细的介绍和分析。

9.1 叠片式弯曲振动压电陶瓷换能器

弯曲振动压电陶瓷换能器，尤其是双叠片或三叠片弯曲圆盘换能器，具有结构简单、重量轻、尺寸小、易于与空气及水匹配、容易制作等特点。由于弯曲圆盘的基模本征频率与它半径的平方成正比，因此工作在低频时，它的几何尺寸较小，是一种理想的低频谐振声源，用作中等功率超声发射器。

弯曲振动压电陶瓷圆盘换能器最简单的结构是由两个压电陶瓷薄圆片粘接在一起构成的双叠片结构。也可以在两片压电陶瓷圆片之间增加一个金属薄片，从而形成三叠片结构。可用三种不同的方法对圆盘进行支撑，即边界简支、边界自由和边界固定。

双叠片或三叠片振子形成弯曲振动的原理如下：若使外加电场的方向与一个压电陶瓷圆片的极化方向相同，而与另一个圆片的极化方向相反，那么当振子受外场激励时，一个圆片产生伸张应变时，另一个产生收缩应变，从而整个双层圆片发生弯曲应变。把两个厚度相同、镀有电极的陶瓷片粘接在一起，可以产生弯曲振动。被粘接的上下两个陶瓷片的极化方向相反时，应以串联方式 (串联型振子) 接入电源；上下两个陶瓷片的极化方向相同时，应以并联方式 (并联型振子) 接入电源。

对于串联型振子，当上电极为正、下电极为负时，通过逆压电效应，上片伸长，下片缩短，产生凸形弯曲形变；当上电极为负、下电极为正时，上片缩短，下片伸长，产生凹形弯曲形变；当外加电压为交变电压时，产生弯曲振动。并联型弯曲振子的工作原理与此类似。

理论分析表明，空气中的弯曲振动双叠片换能器采用边界简支和固定较为理想。对于水中的声呐换能器，采用边缘简支双叠片弯曲圆盘换能器也较为理想，但换能器置入海水中要受到很大的静压力，当它用作声呐换能器时还要受到冲击力作用，而且这种双叠片圆盘结构形式的换能器的抗压、抗冲击强度都不大。为了克服这一弱点，改善换能器的机械性能和机电耦合，以及便于结构安装，人们普遍采用三叠片 (中间为金属盘，两边为压电陶瓷片) 式的压电弯曲换能器，即在两陶瓷片之间胶合一个金属薄片 (硬铝或钛合金)，以便于支撑和进行电的连接。金属片经常延伸到压电陶瓷片以外。串联或并联工作方式的选择由所要求的电压和阻抗而定。由于层与层之间的任何相对滑动都将明显降低弯曲振子的性能，因此层与层之间的胶合层要非常薄、坚固和稳定。金属与陶瓷之间的胶合用低温环氧树脂较为适宜，在环氧树脂固化过程中要加以适当的压力。

　　弯曲振动圆盘换能器的理论分析方法，一般是从弹性理论出发，得到系统的振动微分方程，计及压电陶瓷的压电性，对某些参量进行适当修正。对于圆盘，需要把直角坐标系中的振动方程转换到圆柱坐标系中，振动方程的解则为贝塞尔函数的组合，依据方程的解和边界条件可进一步导出频率方程、位移函数和振速分布、中心位移、电导纳以及振子的有效机电耦合系数等。实践证明，采用直接求解微分方程的方法，数学上甚为麻烦，得出的结果不能满足实际应用的要求。沃利特 (Wollett) 为了解决这一问题，采用了瑞利法和兰姆法对弯曲圆盘换能器的工作特性进行了理论研究，所得结果较为简单，且与实际测试结果符合较好。

　　瑞利法是指瑞利研究微振动过程中，在估算一个振动系统中某种模式振动的特征频率时所使用的方法，即首先确定所要研究的振动模式及其振动位移分布曲线；利用它求出对应于该模式的动能和势能的关系式，再由它们来确定该模式应具有的特性频率。沃利特将该方法应用于弯曲振动圆盘的分析研究。首先假定圆盘做基模振动，并设定了对应于这种基模振动的位移分布为一随径向位置 r 变化的幂函数，利用振动位移分布函数，求出圆盘的动能、电压恒定和电流恒定条件下的势能。由瑞利原理及边界条件确定位移分布函数中各个待定系数，再由动能和势能的关系式，求出无负载情况下的共振频率方程，通过恒流、恒压条件下的势能关系式导出等效机电耦合系数，由动能关系式求出在共振频率附近的等效质量，由恒压势能表达式求出等效柔顺系数，并由截止状态时所储存的电能求出静态电容，再由等效柔顺系数、静态电容及耦合系数等求得机电转换系数，最后得出无负载时的等效电路方程及等效电路图。若将换能器置于水中，须考虑圆盘在水介质中的同振质量，略加修正，用相似的方法便可求得弯曲圆盘换能器在水介质中的频率方程、等效参数及其等效电路图。从等效图可进一步求出开路电压接收灵敏度；根据换能器的功率极限，导出它的电功率极限和机械功率极限；由静压力下的弹性势能求出所能承受的最大静压力。

　　叠片式压电陶瓷弯曲振动换能器包括圆形及矩形两种形状。而每一种形状又包括双叠片、三叠片等多种结构。对于矩形压电陶瓷弯曲换能器，其弯曲振动包括长度弯曲振动以及宽度弯曲振动。

　　众所周知，压电陶瓷振子的伸缩振动模式及剪切振动模式都是由压电效应直接产生的基本振动模式；而弯曲振动模式是同时存在伸长和缩短两种形变造成的，因此可以认为弯曲振动是一种间接产生的振动模式。如图 9.1 所示，将两个厚度相同、镀有电极的圆形压电陶瓷片粘接在一起，可以产生弯曲振动。被粘接的上下两个陶瓷片的极化方向相反时，应以串联方式 (串联型振子) 接入电源；上下两个陶瓷片的极化方向相同时，应以并联方式 (并联型振子) 接入电源。

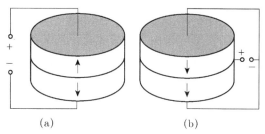

图 9.1 (a) 串联型和 (b) 并联型压电陶瓷圆形双叠片弯曲振子

对于串联型振子，当上电极为正、下电极为负时，通过逆压电效应，上片伸长，下片缩短，产生凸形弯曲形变，如图 9.2(a) 所示。当上电极为负、下电极为正时，上片缩短，下片伸长，产生凹形弯曲形变。当外加电压为交变电压时，产生如图 9.2(b) 所示的弯曲振动。振动方向与传播方向垂直，是一个横波。弯曲振动时，上部分要伸长 (或缩短)，下部分要缩短 (或伸长)，一定会存在一个既不伸长又不缩短的面。对于厚度相同的粘合片，这个面就是粘合面。粘合面上的 a、b 两点，在振动时始终保持不动，被称为节点 (或波节)。节点 a、b 分别位于距片子端点 $0.224l$ 处，其中 l 等于振子的长度。电极引线就在节点附近的电极面进行焊接。

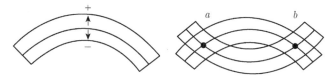

图 9.2 厚度弯曲振动模式示意图

(a) 弯曲形变；(b) 交变电压驱动下产生的弯曲振动

从上面的分析可知，只要保证两个粘合片中一片的极化方向与外加电场方向相同，而另一片的极化方向与外加电场方向相反，就可以在交变电压作用下产生弯曲振动。在粘合片中，如果激励其中的一片，也能产生弯曲振动，不过换能器的功率较小，而且损耗要比两片同时激励时大，相对带宽也窄。

此外，还可用两个陶瓷片粘合在一个薄金属片上，或者用一个陶瓷片与一个薄金属片粘合在一起来产生厚度弯曲振动模式，如图 9.3 所示。薄金属片及黏结剂对压电陶瓷元件的性能影响很大，通常薄金属片都用高稳定性的镍铬钛合金材料。

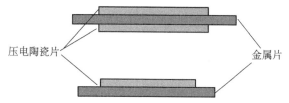

压电陶瓷片   金属片

图 9.3 压电陶瓷片与金属片粘合示意图

矩形压电陶瓷厚度弯曲振动模式振子的共振频率与陶瓷片的长度 l 和粘合片的总厚度 t 有关；圆形压电陶瓷厚度弯曲振动模式振子的共振频率与陶瓷片的直径以及粘合片的总厚度有关。双叠片或三叠片振子的共振频率与其长度 (直径) 和厚度之间的关系为

$$f_r = B \frac{t}{l^2} \tag{9.1}$$

式中，B 为系数，与材料的性质以及边界条件有关，可通过实验测定。

9.2 有限尺寸矩形叠板压电陶瓷振子的弯曲振动

如上所述，弯曲振动压电陶瓷振子在压电陶瓷滤波器、空气超声换能器及水声换能器中有非常广泛的应用。这主要是因为弯曲振动压电陶瓷振子辐射阻抗低，易于与空气及水等介质实现声匹配，而且能够在同一几何尺寸下，产生比纵向、厚度及径向振动频率低得多的共振频率。关于圆形薄板压电陶瓷振子的弯曲振动，国内外学者已进行了比较系统的理论及实验研究。但对于矩形压电陶瓷薄板的弯曲振动，满足边界条件的解则不易找到，尤其是在边界自由的情况下。本节从矩形薄板压电陶瓷振子的压电方程出发，通过对振子内部的应力及应变进行分析，将薄板的弯曲振动简化为两个矩形截面细棒弯曲振动的组合，在一定的近似条件下，推出了矩形薄板压电陶瓷振子弯曲振动的共振频率方程；根据这一方程，通过一定的修正，得出了决定振子共振频率的解析表达式；在此基础上，设计并制作了一些压电陶瓷矩形薄板振子，并对其共振频率进行了实验测试。

如图 9.4 所示，当把两个厚度相同、被有电极的矩形压电陶瓷片粘结在一起时，可以产生弯曲振动。极化方向相反时，以串联方式接入电源，如图 9.4(a) 所示。极化方向相同时，以并联方式接入电源，如图 9.4(b) 所示。在电场激励下，当某一时刻其中一片伸张时，另一片则收缩，整个陶瓷片产生弯曲振动，这就是双叠片弯曲振动压电陶瓷换能器的工作原理。在以下的分析中，坐标的选取及振子的尺寸如图 9.5 所示，其中 L、W 及 H 分别为振子的长度、宽度及厚度。为简化分析，只考虑薄板情况，即板的厚度远小于板的长度及宽度。此时，根据弹性力学原理，对于薄板的小挠度弯曲振动，其形变分量可表示为

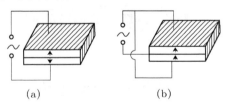

(a)   (b)

图 9.4 矩形双叠片弯曲振动压电陶瓷振子

(a) 串联方式；(b) 并联方式

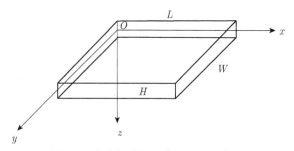

图 9.5 弯曲振动矩形薄板几何示意图

$$\varepsilon_x = -(\partial^2 u / \partial x^2)z \tag{9.2}$$

$$\varepsilon_y = -(\partial^2 u / \partial y^2)z \tag{9.3}$$

$$\varepsilon_z = -2(\partial^2 u / \partial x \partial y)z \tag{9.4}$$

式中，$u = u(x, y, t)$ 为板的横向位移。与各向同性薄板的弯曲振动不同，由于压电陶瓷是各向异性体，并具有压电效应，因此，描述其应力与应变之间的关系式应是压电方程。对于压电陶瓷薄板，其压电方程可简化为

$$\varepsilon_x = s_{11}^{\mathrm{E}}\sigma_x + s_{12}^{\mathrm{E}}\sigma_y + d_{31}E_z \tag{9.5}$$

$$\varepsilon_y = s_{12}^{\mathrm{E}}\sigma_x + s_{11}^{\mathrm{E}}\sigma_y + d_{31}E_z \tag{9.6}$$

$$D_z = d_{31}(\sigma_x + \sigma_y) + \varepsilon_{33}^{\mathrm{T}}E_z \tag{9.7}$$

式中，E_z 及 D_z 分别为厚度方向的电场及电位移分量；s_{11}^{E} 及 s_{12}^{E} 为弹性柔顺常数；ε_x、ε_y 及 σ_x、σ_y 分别为 x（长度）和 y（宽度）方向的应变及应力分量；d_{31} 为压电应变常数；$\varepsilon_{33}^{\mathrm{T}}$ 为自由介电常数分量。令 $n = \sigma_x / \sigma_y$，称为机械耦合系数，代入式 (9.5) 和式 (9.6) 可得

$$\varepsilon_x = (s_{11}^{\mathrm{E}} + s_{12}^{\mathrm{E}}/n)\sigma_x + d_{31}E_z \tag{9.8}$$

$$\varepsilon_y = (s_{11}^{\mathrm{E}} + s_{12}^{\mathrm{E}}n)\sigma_y + d_{31}E_z \tag{9.9}$$

由式 (9.8) 及式 (9.9) 可见，引入机械耦合系数以后，薄板的弯曲振动可等效为两个弯曲振动，一个是绕 y 轴弯曲振动，另一个是绕 x 轴弯曲振动。板的横向位移可近似用下式表示：

$$u = u(x, y, t) = u_x(x)u_y(y)\,\mathrm{e}^{\mathrm{j}\omega t} \tag{9.10}$$

为方便起见，在以下的分析中皆忽略时间因子 $\mathrm{e}^{\mathrm{j}\omega t}$。由于泊松效应的存在，这两个分振动尽管表面上互相独立，实质上却是相互联系的。这种相互联系一方面通过机械耦合系数体现出来，另一方面也体现在振子的共振频率方面。

9.2.1   矩形薄板绕 y 轴的弯曲振动

由式 (9.5) 可得

$$\sigma_x = (\varepsilon_x - d_{31}E_z)/(s_{11}^{E} + s_{12}^{E}/n) \tag{9.11}$$

在 x 为常数的横截面上，由 σ_x 产生的弯矩可表示为

$$M_x = \int_{-H/2}^{H/2} (\sigma_x W \mathrm{d}z)z \tag{9.12}$$

把式 (9.11) 代入式 (9.12)，利用 ε_x 的表达式，积分后得

$$M_x = -\frac{WH^3}{12(s_{11}^{E} + s_{12}^{E}/n)} \cdot \frac{\partial^2 u}{\partial x^2} \tag{9.13}$$

对于长为 $\mathrm{d}x$ 的微分块，根据力矩平衡方程，在不计转动的条件下可得

$$F_z = -\frac{WH^3}{12(s_{11}^{E} + s_{12}^{E}/n)} \cdot \frac{\partial^3 u}{\partial x^3} \tag{9.14}$$

式中，F_z 为板中的横向力。由此得矩形薄板绕 y 轴的弯曲振动方程为

$$-\frac{\partial^4 u}{\partial x^4} = \frac{1}{c_x^2 R^2} \cdot \frac{\partial^2 u}{\partial t^2} \tag{9.15}$$

式中，$R = H/\sqrt{12}$ 为板的截面回转半径；$c_x^2 = [\rho s_{11}^{E}(1 - \nu/n)]^{-1}$，这里 $\nu = -s_{12}^{E}/s_{11}^{E}$，$\rho$ 为板的体密度，由式 (9.15) 可得矩形薄板绕 y 轴弯曲振动的位移分布为

$$u_x(x) = A_x \mathrm{ch}\frac{\omega}{k_x}x + B_x \mathrm{sh}\frac{\omega}{k_x}x + C_x \cos\frac{\omega}{k_x}x + D_x \sin\frac{\omega}{k_x}x \tag{9.16}$$

式中，$k_x = \sqrt{\omega c_x R}$，而 A_x、B_x、C_x、D_x 为待定常数。

9.2.2   矩形薄板绕 x 轴的弯曲振动

利用类似的分析可得以下各式：

$$M_y = -\frac{LH^3}{12(s_{11}^{E} + s_{12}^{E}n)} \cdot \frac{\partial^2 u}{\partial y^2} \tag{9.17}$$

$$F_z = -\frac{LH^3}{12(s_{11}^{E} + s_{12}^{E}n)} \cdot \frac{\partial^3 u}{\partial y^3} \tag{9.18}$$

$$-\frac{\partial^4 u}{\partial y^4} = \frac{1}{c_y^2 R^2} \cdot \frac{\partial^2 u}{\partial t^2} \tag{9.19}$$

$$u_y(y) = A_y \mathrm{ch}\frac{\omega}{k_y}y + B_y \mathrm{sh}\frac{\omega}{k_y}y + C_y \cos\frac{\omega}{k_y}y + D_y \sin\frac{\omega}{k_y}y \tag{9.20}$$

式中，$c_y^2 = [\rho s_{11}^{E}(1 - \nu n)]^{-1}$，$k_y = \sqrt{\omega c_y R}$。

9.2.3 压电陶瓷矩形薄板弯曲振动的共振频率

1. 矩形薄板四边自由

由式 (9.16) 及式 (9.20)，利用边界条件，即边缘的弯矩及横向力为零，可得其共振频率方程为

$$\text{ch}\frac{\omega}{k_x}L \cdot \cos\frac{\omega}{k_x}L = 1 \tag{9.21}$$

$$\text{ch}\frac{\omega}{k_y}W \cdot \cos\frac{\omega}{k_y}W = 1 \tag{9.22}$$

由式 (9.21) 及式 (9.22) 可得其解为

$$\frac{\omega}{k_x}L = R(i), \quad i = 0,1,2,\cdots \tag{9.23}$$

$$\frac{\omega}{k_y}W = R(j), \quad j = 0,1,2,\cdots \tag{9.24}$$

其中，$R(i)$ 及 $R(j)$ 分别为式 (9.21) 及式 (9.22) 的解，正整数 i 与 j 的不同组合表示薄板的各阶弯曲振动模式。由式 (9.23) 及式 (9.24)，可得关于机械耦合系数及共振频率的方程式：

$$\nu\frac{R^4(i)}{R^4(j)}n^2 + \left[\left(\frac{L}{W}\right)^4 - \frac{R^4(i)}{R^4(j)}\right]n - \nu\left(\frac{L}{W}\right)^4 = 0 \tag{9.25}$$

$$(1-\nu^2)\omega^4 - c_r^2 R^2\left[\frac{R^4(i)}{L^4} + \frac{R^4(j)}{W^4}\right]\omega^2 + \frac{c_r^4 R^4(i)R^4(j)R^4}{L^4 W^4} = 0 \tag{9.26}$$

式中，$c_r^2 = 1/(s_{11}^E\rho)$，由式 (9.25) 及式 (9.26) 可见，当矩形薄板压电陶瓷振子的材料、几何尺寸及振动模式给定后，就可以得出振子的机械耦合系数及其两个分振动的共振频率，由于频率方程 (9.26) 是一个关于 ω^2 的二次方程，因此可得出两个根。这两个根分别表示矩形振子在 x 及 y 方向上弯曲振动分振动的共振频率。由于在以上的分析中，把矩形板的弯曲振动等效为两个独立的弯曲振动，忽略了由泊松效应而引起的耦合振动，因此，频率方程式的解并不具备一定的实际意义。为了体现矩形振子弯曲振动中 x 方向与 y 方向弯曲振动的相互作用，必须考虑这种相互作用引起的频率变化，由此可得出以下矩形薄板弯曲振动共振频率的数学表达式：

$$\omega_{ij}^2 = \omega_x^2 + \omega_y^2 + \frac{2}{\sqrt{1-\nu^2}}\omega_x\omega_y \tag{9.27}$$

式中，ω_{ij} 表示矩形薄板弯曲振动某一振动模式的共振频率；ω_x 及 ω_y 为式 (9.26) 的解。由式 (9.26)，可把式 (9.27) 化为

$$\omega_{ij} = \frac{c_r R}{\sqrt{1-\nu^2}}\left[\frac{R^2(i)}{L^2} + \frac{R^2(j)}{W^2}\right] \tag{9.28}$$

式 (9.28) 就是边界自由的压电陶瓷矩形薄板弯曲振动共振频率的最终表达式。对应不同的振动模式 (正整数 i 与 j 的不同组合)，板的共振频率是不同的。

2. 矩形薄板四边简支

板的边界条件为横向位移及弯矩等于零，可得决定振子两个等效弯曲振动的共振频率方程式：

$$\sin\frac{\omega}{k_x}L = 0 \tag{9.29}$$

$$\sin\frac{\omega}{k_y}W = 0 \tag{9.30}$$

式 (9.29) 和式 (9.30) 的解为

$$\frac{\omega}{k_x}L = i\pi, \quad i = 1,2,3,\cdots \tag{9.31}$$

$$\frac{\omega}{k_y}W = j\pi, \quad j = 1,2,3,\cdots \tag{9.32}$$

由此可得关于机械耦合系数及 x 和 y 方向弯曲振动共振频率的方程式为

$$\nu\frac{i^4}{j^4}n^2 + \left[\left(\frac{L}{W}\right)^4 - \frac{i^4}{j^4}\right]n - \nu\left(\frac{L}{W}\right)^4 = 0 \tag{9.33}$$

$$(1-\nu^2)\omega^4 - c_r^2 R^2\pi^4\left(\frac{i^4}{L^4} + \frac{j^4}{W^4}\right)\omega^2 + \frac{c_r^4 i^4 j^4 R^4\pi^8}{L^4 W^4} = 0 \tag{9.34}$$

矩形薄板弯曲振动的共振频率由下式决定：

$$\omega_{ij} = \frac{c_r R\pi^2}{\sqrt{1-\nu^2}}\left(\frac{i^2}{L^2} + \frac{j^2}{W^2}\right)$$

9.2.4　弯曲振动矩形薄板的几种特殊振动模式

在以下的分析中，仅讨论矩形振子四边自由的情况。当振子的几何尺寸满足一定的条件时，板的弯曲振动可简化为一些比较简单的弯曲振动。

当 $L/W \to 0$ 时，矩形薄板振子变成一长为 W 而宽度 L 很小的矩形截面细长棒，由式 (9.25) 可得机械耦合系数 $n = 0$ 以及 $c_x = 0$，$c_y = c_r$，由此可得长为 L 的

细棒绕 x 轴弯曲振动的共振频率为 $f_y = \dfrac{c_r R}{2\pi} \cdot \dfrac{R^2(j)}{W^2}$。

当 $L/W \to \infty$ 时，矩形薄板变成一长为 L 而宽度 W 很小的细长棒，由式 (9.25) 可得 $n = \infty$，$c_x = c_r$，$c_y = 0$，由此可得长为 L 的细棒绕 y 轴弯曲振动的共振频率为 $f_x = \dfrac{c_r R}{2\pi} \cdot \dfrac{R^2(i)}{L^2}$。

当 $i \neq 0$，$j = 0$ 时，$R(i) \neq 0$，$R(j) = 0$。利用式 (9.25) 可得机械耦合系数 $n = 1/\nu$，以及 $c_x^2 = 1/[\rho s_{11}^E(1 - \nu^2)]$，$c_y = \infty$，因而可得矩形薄板绕 y 轴产生的条纹模式弯曲振动的共振频率为 $f_i = \dfrac{c_r R}{2\pi\sqrt{1 - \nu^2}} \cdot \dfrac{R^2(i)}{L^2}$。

当 $j \neq 0$，$i = 0$ 时，$R(j) \neq 0$，$R(i) = 0$，由式 (9.25) 可得 $n = \nu$，$c_y^2 = 1/[\rho s_{11}^E(1 - \nu^2)]$，$c_x = \infty$，由此可得矩形薄板绕 x 轴产生的条纹模式弯曲振动的共振频率为

$$f_j = \frac{c_r R}{2\pi\sqrt{1 - \nu^2}} \cdot \frac{R^2(j)}{W^2}。$$

9.2.5 实验验证

为了验证矩形压电陶瓷薄板弯曲振动的设计理论，对振子的共振频率进行了实验测试。测试样品由两片厚度为 2mm 的压电陶瓷薄片黏结而成，振子的材料参数分别为：$\rho = 7.5 \times 10^3 \, \text{kg/m}^3$，$s_{11}^E = 12.5 \times 10^{-12} \, \text{m}^2/\text{N}$，$s_{12}^E = 4.05 \times 10^{-12} \, \text{m}^2/\text{N}$。采用标准小信号传输线测试电路，矩形薄板的边界自由。测试结果见表 9.1，表中 f_t 为理论计算频率，f_m 为测试频率，$\Delta = |f_m - f_t|/f_m$，i 与 j 的不同组合表示振子的不同振动模式。

表 9.1　边界自由矩形压电陶瓷双叠片的共振频率测试结果

振子	L/mm	W/mm	H/mm	i	j	f_t/Hz	f_m/Hz	Δ/%
1	54	18	4	1	0	4917	5035	2.34
				2	0	13556	13524	0.24
2	52	20	4	1	0	5303	5391	1.63
				1	1	41154	40412	1.84
3	56	14	4	1	0	4573	4531	0.93
				2	0	12605	12280	2.65
4	47	31	4	1	0	6492	6632	2.11
				0	1	14922	15054	0.88

续表

振子	L/mm	W/mm	H/mm	i	j	f_t/Hz	f_m/Hz	$\Delta/\%$
5	50	14	6	1	0	8604	8103	6.18
				2	0	23717	25157	5.72

　　由表中数据可以看出,上述理论计算出的边界自由压电陶瓷矩形薄板振子,其共振频率与测试值基本符合。振子的厚度增大时,频率测试出现较大的误差,这可能是因为板的厚度太大,不满足薄板理论。

9.3　夹心式弯曲振动压电陶瓷换能器

　　随着超声技术的发展,弯曲振动超声换能器的应用越来越广,例如,超声焊接、超声手术刀、超声振动车削以及超声马达等。由于弯曲振动超声换能器具有尺寸小、能量传播方向容易改变以及负载能力强等优点,因此具有广泛的应用前景。在传统的弯曲振动超声换能器的设计理论中,振动体的弯曲振动的产生大都是通过振动模式的转换,例如由纵向振动换能器与弯曲振动杆或弯曲振动的圆盘及矩形盘组成的纵-弯振动模式转换系统。由于振动系统间的连接方式、声学和机械系统之间的耦合以及加工工艺等方面的研究尚未完善,因此,此类振动系统的振动能量转换效率较低,而且系统的结构较复杂。日本学者曾提出了一种螺钉紧固夹心式弯曲振动换能器,并进行了一些理论和实验研究,但他们给出的换能器的频率方程是近似的,因为方程中没有考虑压电效应的影响,仅仅对单一弯曲振动棒的长度进行了一些修正。为了系统地研究此类换能器的振动性能,必须从理论上推导其频率方程的解析表达式。本节采用不同的分析方法对夹心式弯曲振动压电陶瓷换能器进行分析。

9.3.1　夹心式弯曲振动压电陶瓷换能器的波动方程分析法

　　夹心式弯曲振动压电陶瓷换能器在结构上与纵向振动夹心式换能器是相似的,两者的差别在于各自的振动模式不同。对于纵向振动振子,由于其振动的理论分析比较简单,因此其系统的设计理论已基本完善。然而,对于夹心式弯曲振动压电陶瓷换能器,由于其振动理论本身的复杂性,类似于纵向振动换能器的设计理论尚未建立。本节将从细棒的弯曲振动理论出发,将夹心式弯曲振动压电陶瓷换能器看作是由三段弹性直杆组合而成,根据复合振动系统的边界条件,推出其频率方程,分析其振动位移分布。

　　1. 夹心式弯曲振动压电陶瓷换能器的频率方程

　　图 9.6(a) 为一夹心式弯曲振动压电陶瓷换能器的几何示意图。Ⅰ、Ⅱ、Ⅲ分别表示换能器的前后盖板及压电陶瓷堆,l_1、l_2、l_3 为各部分的长度,换能器的前后盖

板为圆柱状。陶瓷堆为四片半圆状晶片，为了产生弯曲振动，相邻两片压电陶瓷片的极化方向与纵向振动振子中的陶瓷片极性的排列不同，见图 9.6(b)。四片陶瓷半圆片组成两个中间带有一定间隔的圆片，其极化方向如图中箭头所示，四片轴向极化的压电陶瓷半圆片通过预应力螺栓固定于前后两块金属盖板之间。当外加高频激励电信号到压电陶瓷片上时，四片陶瓷半圆片中上部的相邻两片将产生膨胀，而下部的相邻两片则产生收缩形变，因此在陶瓷片中将产生一弯曲力矩，从而激发整个结构产生弯曲振动。由此可见，只要在纵向振动夹心式压电陶瓷换能器的基础上将压电陶瓷片的形状及极化方向作适当改变，就可以产生弯曲振动。为了简化分析及数学运算，在推导弯曲振动夹心式换能器的频率方程中，假定：①换能器的长度远大于其横向尺寸；②换能器各部分的形变可看作是中性面一边被拉长，而另一边被压缩，不考虑剪切形变；③只考虑换能器垂直于其中心轴线的位移，不考虑其旋转惯性。

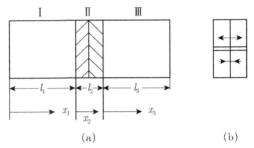

图 9.6 夹心式弯曲振动压电陶瓷换能器的几何示意图

在上述假定条件下，不考虑压电陶瓷片的压电效应，根据细棒的弯曲理论，可得换能器各部分的弯曲振动位移：

$$y_1 = A_1 \mathrm{ch} k_1 x_1 + B_1 \mathrm{sh} k_1 x_1 + C_1 \cos k_1 x_1 + D_1 \sin k_1 x_1 \tag{9.35}$$

$$y_2 = A_2 \mathrm{ch} k_2 x_2 + B_2 \mathrm{sh} k_2 x_2 + C_2 \cos k_2 x_2 + D_2 \sin k_2 x_2 \tag{9.36}$$

$$y_3 = A_3 \mathrm{ch} k_3 x_3 + B_3 \mathrm{sh} k_3 x_3 + C_3 \cos k_3 x_3 + D_3 \sin k_3 x_3 \tag{9.37}$$

式中，$k_1 = \omega/v_1$，$k_2 = \omega/v_2$，$k_3 = \omega/v_3$，这里 $v_1 = \sqrt{\omega c_1 R_1}$，$v_2 = \sqrt{\omega c_2 R_2}$，$v_3 = \sqrt{\omega c_3 R_3}$，$R_1 = a_1/2$，$R_2 = a_2/2$，$R_3 = a_3/2$，$a_1$、$a_2$、$a_3$ 分别是换能器各部分的横截面半径，R_1、R_2、R_3 为换能器各部分界面的回转半径。$\omega = 2\pi f$，这里 f 为频率。$c_1 = \sqrt{\dfrac{E_1}{\rho_1}}$，$c_2 = \sqrt{\dfrac{E_2}{\rho_2}}$，$c_3 = \sqrt{\dfrac{E_3}{\rho_3}}$，$v_1$、$v_2$、$v_3$ 及 c_1、c_2、c_3 分别是细棒中弯曲振动及纵向振动的传播速度。当换能器的两端面边界自由时，可得各个边界条件，如下所述。

(1) $x_1 = 0$ 处边界自由。

由于换能器的边界是自由的，因此弯矩 M 及剪应力 Q 为零，即

$$M_1(0) = 0, \quad Q_1(0) = 0 \tag{9.38}$$

(2) $x_1 = l_1$ 或 $x_2 = 0$ 处，相邻部分的弯曲位移、弯角、弯矩及剪应力是连续的，即

$$y_1(l_1) = y_2(0), \quad \varphi_1(l_1) = \varphi_2(0), \quad M_1(l_1) = M_2(0), \quad Q_1(l_1) = Q_2(0) \tag{9.39}$$

(3) $x_2 = l_2$ 或 $x_3 = 0$ 处，相邻部分的弯曲位移、弯角、弯矩及剪应力也是连续的，即

$$y_2(l_2) = y_3(0), \quad \varphi_2(l_2) = \varphi_3(0), \quad M_2(l_2) = M_3(0), \quad Q_2(l_2) = Q_3(0) \tag{9.40}$$

(4) $x_3 = l_3$ 处边界自由。

换能器在该处的弯矩和剪应力为零，即

$$M_3(l_3) = 0, \quad Q_3(l_3) = 0 \tag{9.41}$$

根据细棒的弯曲振动理论，转角 φ、弯矩 M 以及剪应力 Q 与横向位移 y 具有以下关系：

$$\varphi = \frac{\partial y}{\partial x}, \quad M = -ER^2 S \frac{\partial^2 y}{\partial x^2}, \quad Q = -ER^2 S \frac{\partial^3 y}{\partial x^3} \tag{9.42}$$

式中，E、S、R 分别为振动体的杨氏模量、横截面积和回转半径。根据上述分析，由边界条件式 (9.38)～式 (9.42) 可得 12 个方程，与式 (9.35)～式 (9.37) 中的待定常数的个数是相同的。根据这 12 个方程，经过一系列数学运算，消去待定常数以后，可以得出在边界自由的条件下，夹心式弯曲振动压电陶瓷换能器的共振频率方程为

$$\boldsymbol{Z}_1(i) \cdot \boldsymbol{Z}_2(i,j) \cdot \boldsymbol{Z}_3'(j) = 0 \quad (i,j = 1,2,3,\cdots,6) \tag{9.43}$$

式中，$\boldsymbol{Z}_1(i)$ 和 $\boldsymbol{Z}_3(j)$ 是两个六列一行矩阵；$\boldsymbol{Z}_2(i,j)$ 是一个六阶方阵；$\boldsymbol{Z}_3'(j)$ 是 $\boldsymbol{Z}_3(j)$ 的转置矩阵，即 $\boldsymbol{Z}_3'(j)$ 是一个六行一列矩阵。上述三个矩阵的各个元素的具体表达式可见表 9.2 和表 9.3。在表中，$u_1 = k_1 l_1$，$u_2 = k_2 l_2$，$u_3 = k_3 l_3$，$p_1 = E_1 R_1^2 S_1 k_1^2$，$p_2 = E_2 R_2^2 S_2 k_2^2$，$p_3 = E_3 R_3^2 S_3 k_3^2$。由表 9.2 和表 9.3 可以看出，当换能器的频率、材料及横截面尺寸给定后，矩阵 $\boldsymbol{Z}_1(i)$ 仅为长度 l_3 的函数，$\boldsymbol{Z}_2(i,j)$ 仅是压电陶瓷片长度 l_2 的函数，而 $\boldsymbol{Z}_3(j)$ 仅是长度 l_1 的函数，即矩阵 $\boldsymbol{Z}_1(i)$、$\boldsymbol{Z}_2(i,j)$ 和 $\boldsymbol{Z}_3(j)$ 分别表示组成弯曲振动夹心换能器的三个部分。当换能器的任何两个组成部分的几何尺寸给定后，由式 (9.43) 就可求出其第三部分的几何尺寸。因此，式 (9.43) 就是用于设计弯曲振动夹心换能器的频率方程。尽管式 (9.43) 比较复杂，但借助于数值计算技术其解是可以求出的。

表 9.2　行矩阵 $Z_1(i)$（第一行）及 $Z_3(j)$（第二行）的各个元素表达式

$Z_1(i)$	1	1	$\sin u_3\operatorname{sh}u_3+\cos u_3\operatorname{ch}u_3$	$\cos u_3\operatorname{ch}u_3-\sin u_3\operatorname{sh}u_3$	$k_3(\sin u_3\operatorname{ch}u_3+\cos u_3\operatorname{sh}u_3)$	$(\cos u_3\operatorname{sh}u_3-\sin u_3\operatorname{ch}u_3)/k_3$
$Z_3(j)$	$p_1^2(\operatorname{ch}u_1\cos u_1-1)-p_2^2(1+\operatorname{ch}u_1\cos u_1)$	$p_1^2(\operatorname{ch}u_1\cos u_1-1)-2p_1p_2\operatorname{sh}u_1\sin u_1+p_2^2(1+\operatorname{ch}u_1\cos u_1)$	$p_1^2(1-\operatorname{ch}u_1\cos u_1)-2p_1p_2\operatorname{sh}u_1\sin u_1-p_2^2(1+\operatorname{ch}u_1\cos u_1)$	$p_1^2(\operatorname{ch}u_1\cos u_1-1)-p_2^2(1+\operatorname{ch}u_1\cos u_1)$	0	0

表 9.3　六阶方阵 $Z_2(i,j)$ 的各个元素表达式

$i\backslash j$	1	2	3	4	5
1	$k_2(p_3-p_2)^2$	$k_2(p_2^2-p_3^2)(\sin u_2\operatorname{sh}u_2+\operatorname{ch}u_2\cos u_2)$	$k_2(p_2^2-p_3^2)(\sin u_2\operatorname{ch}u_2+\operatorname{sh}u_2\cos u_2)$	$k_2(p_3^2-p_2^2)(\cos u_2\operatorname{ch}u_2-\operatorname{sh}u_2\sin u_2)$	$k_2(p_2^2-p_3^2)(\cos u_2\operatorname{sh}u_2-\operatorname{ch}u_2\sin u_2)$
2	$k_2(p_3+p_2)^2$	$k_2(p_2^2-p_3^2)(\sin u_2\operatorname{sh}u_2+\operatorname{ch}u_2\cos u_2)$	$k_2(p_2^2-p_3^2)(\sin u_2\operatorname{ch}u_2+\operatorname{sh}u_2\operatorname{coc}u_2)$	$k_2(p_2^2-p_3^2)(\cos u_2\operatorname{ch}u_2-\operatorname{sh}u_2\operatorname{coc}u_2)$	$k_2(p_2^2-p_3^2)(\cos u_2\operatorname{sh}u_2-\operatorname{ch}u_2\sin u_2)$
3	$k_2(p_2^2-p_3^2)$	$k_2[(p_2+p_3)^2\cos u_2\operatorname{ch}u_2+(p_3-p_2)^2\sin u_2\operatorname{sh}u_2]$	$k_2[(p_2+p_3)^2\sin u_2\operatorname{sh}u_2-(p_3-p_2)^2\cos u_2\operatorname{ch}u_2]$	$k_2[(p_2+p_3)^2\sin u_2\operatorname{ch}u_2-(p_3-p_2)^2\cos u_2\operatorname{sh}u_2]$	$k_2[(p_2+p_3)^2\sin u_2\operatorname{ch}u_2-(p_3-p_2)^2\cos u_2\operatorname{sh}u_2]$
4	$k_2(p_2^2-p_3^2)$	$k_2[(p_3-p_2)^2\cos u_2\operatorname{ch}u_2+(p_3+p_2)^2\sin u_2\operatorname{sh}u_2]$	$k_2[(p_3-p_2)^2\sin u_2\operatorname{sh}u_2-(p_3+p_2)^2\cos u_2\operatorname{ch}u_2]$	$k_2[(p_3-p_2)^2\sin u_2\operatorname{ch}u_2-(p_3+p_2)^2\cos u_2\operatorname{sh}u_2]$	$k_2[(p_3-p_2)^2\sin u_2\operatorname{ch}u_2-(p_3+p_2)^2\cos u_2\operatorname{sh}u_2]$
5	0	$4p_2p_3\operatorname{ch}u_2\cos u_2$	$4p_2p_3\operatorname{sh}u_2\cos u_2$	$4p_2p_3\operatorname{ch}u_2\cos u_2$	$4p_2p_3\operatorname{sh}u_2\sin u_2$
6	0	$4k_2^2p_2p_3\operatorname{sh}u_2\sin u_2$	$4k_2^2p_2p_3\operatorname{ch}u_2\sin u_2$	$4k_2^2p_2p_3\operatorname{sh}u_2\sin u_2$	$-4k_2^2p_2p_3\operatorname{ch}u_2\cos u_2$

2. 实验验证

为了验证夹心式弯曲振动压电陶瓷换能器的频率方程，我们加工了三个弯曲振动超声换能器，为了简化计算，换能器均为对称的结构形式，即 $l_1 = l_3$，$S_1 = S_3$，$E_1 = E_3$，$\rho_1 = \rho_3$。换能器的压电元件为 $\phi25mm \times \phi8mm \times 6mm$ 的 PZT-4 晶片，I 和 III 部分的材料为 45 号钢。由于晶片是圆环形，所以其回转半径为 $R_2 = \dfrac{\sqrt{a_0^2 - a_i^2}}{2}$，$a_0$ 及 a_i 分别是晶片的内外半径。三个换能器的理论设计频率均为 10kHz，但是与此频率对应的弯曲振动模式是不同的，表 9.4 列出了换能器的几何尺寸、频率的计算及测试结果，表中 f_t 为理论设计频率，f_m 为测量结果，从表中数据可以看出，换能器共振频率的测量值与计算值基本符合。关于频率计算值与测量值的误差来源，我们认为有以下几点：①当换能器的横向尺寸较大时，细棒的经典初等弯曲理论会带来一定的误差；②材料参数的取值与实际值有出入；③计算中没有考虑预应力螺栓及压电陶瓷片的压电效应的影响。

表 9.4　夹心式弯曲振动压电陶瓷换能器的几何尺寸及频率测试值

振子	a_1/mm	l_1/mm	a_0/mm	a_i/mm	l_2/mm	f_t/Hz	f_m/Hz	$|f_t - f_m|/f_m$
1	12.5	27.2	12.5	4	12	10000	10510	4.85%
2	12.5	32.1	12.5	4	12	10000	10750	6.97%
3	12.5	98.2	12.5	4	12	10000	9770	2.35%

3. 小结

对于夹心式弯曲振动压电陶瓷换能器，我们推出了类似于纵向振动换能器的频率方程。对于一般结构的弯曲振动换能器，频率方程式 (9.43) 有利于计算机的应用，且三个矩阵分别与换能器的三个组成部分的长度有关，即换能器的三个部分与频率方程中的三个矩阵一一对应。

夹心式弯曲振动压电陶瓷换能器是一种新型的弯曲振动换能器，它具有结构简单、能量转换效率较高等优点，在超声车削、超声外科手术等应用中具有较广泛的应用前景，上述关于此类换能器的频率方程将为夹心式弯曲振动压电陶瓷换能器的研究提供理论基础，以推动此类换能器研究的进一步发展。

9.3.2　夹心式弯曲振动压电陶瓷换能器的近似设计理论

如上所述，对于夹心式弯曲振动压电陶瓷换能器的分析，方法之一就是从细棒的弯曲振动波动方程出发，通过求解各部分的运动方程，利用边界条件决定换能器的共振频率方程。通过上述分析可以看出，尽管分析中利用的是初等理论，同时忽略了压电效应，而且利用一维理论，将夹心式弯曲振动压电陶瓷换能器看作是三段弹性体的复合，但由于棒的弯曲振动解比较复杂，因此所得结果较繁琐，不利于工程设计及计算。这里将夹心式弯曲振动压电陶瓷换能器当作弯曲振动的均匀细棒进行处理，然后对压电陶瓷片的影响进行近似修正，此种近似分析方法计算简单，所得出的设计公式易于工程计算，而且无须计算机就可以得出所需结果。

1. 夹心式弯曲振动压电陶瓷换能器的频率设计方程

1) 两端自由弯曲振动细棒的共振频率方程

根据上面的分析，夹心式弯曲振动压电陶瓷换能器可等效于一个两端自由的弯曲振动均匀细棒，其共振频率方程为

$$\tan\frac{\omega l}{2v} = \pm\mathrm{th}\frac{\omega l}{2v} \tag{9.44}$$

式中，l 为细棒的长度；ω 为角频率；$v = \sqrt{\omega cR}$，这里 c 为细棒中纵振动的传播速度，R 为细棒横截面的回转半径 (对于半径为 a 的圆截面棒，$R = a/2$；对于厚度为 t 的矩形截面细棒，$R = t/\sqrt{12}$)。另外，式中的正负号分别对应弯曲振动细棒的两种振动模式，其中正号对应的是反对称弯曲振动模式；负号对应的是对称振动模式。通过求解式 (9.44)，可以求出弯曲振动细棒不同振动模式的共振频率为

$$f_i = \frac{\pi cR}{8l^2} R^2(i) \tag{9.45}$$

式中，$R(1) = 3.0112$，$R(i) = 2i + 1$，i 表示细棒不同的弯曲振动模式。对于棒的第 i 次弯曲振动模式，存在 $i+1$ 个弯曲振动位移节点，因此，当棒的材料及几何尺寸给定后，由式 (9.45) 就可求出细棒各次弯曲振动模式的共振频率。

2) 压电陶瓷片引起的细棒长度修正

在夹心式弯曲振动压电陶瓷换能器中，压电陶瓷片位于金属棒之中，其作用是产生一弯曲力矩，以促使细棒产生弯曲振动。为简化分析，假设压电陶瓷片位于均匀细棒的中间位置，即夹心式弯曲振动换能器的结构是对称的，在此基础上，可把压电陶瓷片所处位置的弯曲振动位移分布近似看作是按正弦或余弦规律分布的。根据压电陶瓷片与细棒连接处的边界条件 (即弯矩及剪力连续)，对于对称模式的弯曲振动，即当 i 为奇数时，有

$$E_1 R_1^2 S_1 A_1 k_1^2 \cos k_1 l_0 = E_2 R_2^2 S_2 A_2 k_2^2 \cos k_2 l_{\mathrm{c}} \tag{9.46}$$

$$E_1 R_1^2 S_1 A_1 k_1^3 \sin k_1 l_0 = E_2 R_2^2 S_2 A_2 k_2^3 \sin k_2 l_{\mathrm{c}} \tag{9.47}$$

而对于反对称模式的弯曲振动，即当 i 为偶数时，有

$$E_1 R_1^2 S_1 A_1 k_1^2 \sin k_1 l_0 = E_2 R_2^2 S_2 A_2 k_2^2 \sin k_2 l_{\mathrm{c}} \tag{9.48}$$

$$E_1 R_1^2 S_1 A_1 k_1^3 \cos k_1 l_0 = E_2 R_2^2 S_2 A_2 k_2^3 \cos k_2 l_c \tag{9.49}$$

式 (9.46)～式 (9.49) 中，A_1 及 A_2 为待定常数；E_1、R_1、S_1 及 E_2、R_2、S_2 分别为压电陶瓷片及均匀细棒的杨氏模量、回转半径、横截面积。对于压电陶瓷片圆环，$R = \sqrt{a^2 + b^2}/2$，这里 b、a 分别为圆环的内外半径；对于均匀截面实心细棒，$R_2 = a/2$，$S_2 = \pi a^2$。另外，式 (9.46)～式 (9.49) 中，l_0 为压电陶瓷片的半长度；l_c 为压电陶瓷片引入的细棒修正长度的一半。$k_1 = \omega/v_1$，$k_2 = \omega/v_2$，$v_1 = \sqrt{\omega c_1 R_1}$，$v_2 = \sqrt{\omega c_2 R_2}$，$c_1 = [1/(s_{33}^E \rho_1)]^{1/2}$，$c_2 = (E_2/\rho_2)^{1/2}$，这里 c_1 为压电陶瓷片中的纵向等效声速，c_2 为均匀细棒中的纵振动传播速度；s_{33}^E 为压电陶瓷材料的弹性柔顺常数；ρ_1 及 ρ_2 分别为压电陶瓷片及细棒的材料密度。由式 (9.46)～式 (9.49) 可得

对称模式： $k_1 \tan k_1 l_0 = k_2 \tan k_2 l_c \tag{9.50}$

反对称模式： $\tan k_1 l_0 / k_1 = \tan k_2 l_c / k_2 \tag{9.51}$

由式 (9.50) 及式 (9.51) 可见，当压电陶瓷片的材料、尺寸以及均匀细棒的材料给定后，对于一定共振频率的换能器，由式 (9.50) 和式 (9.51) 就可以求出由压电陶瓷片的插入而引起的均匀细棒的长度变化。经过上述修正后，夹心式弯曲振动压电陶瓷换能器的总长度为

$$l_t = 2(l/2 - l_c + l_0) + l - 2l_c + 2l_0 \tag{9.52}$$

2. 换能器实际设计时的一些问题讨论

上面我们研究了夹心式弯曲振动压电陶瓷换能器的结构及设计，并得出了其共振频率设计方程。从理论上说，当给定了换能器的共振频率以及材料参数后，由前面所述的设计公式可以设计各种不同频率及尺寸的夹心式弯曲振动压电陶瓷换能器。然而，由于本书所用理论及一些实际问题的限制，在实际设计时尚有许多因素需要加以考虑。下面逐一加以讨论，以尽量保证设计值与实测值的一致。

1) 理论依据

本书理论是基于经典的细棒初等弯曲理论，即伯努利-欧拉细棒弯曲理论。根据这一理论，细棒的横向尺寸必须远小于其长度，实际上要求棒的横向尺寸远小于棒中弯曲波的波长 λ_F，即

$$D \ll \lambda_F \tag{9.53}$$

式中，D 为棒的最大横向尺寸；$\lambda_F = \sqrt{2\pi cR/f}$。一般情况下，当横向尺寸小于四分之一弯曲波波长时，初等弯曲理论不会带来较大的误差。很显然，细棒中的弯曲波波长不仅取决于棒的材料，而且与棒的振动频率有关。因此，对于细棒的不同振动模式，由于其本征频率不同，故对其横向尺寸的要求也不同，必须适当选择棒的

频率及横向尺寸,以满足细棒初等弯曲理论的要求。另外,对于细棒的高次振动模式,初等弯曲理论将会带来一定的误差。因此,根据本书的设计公式实际设计换能器时,必须选择适当的横向尺寸以及一定的弯曲振动模式,以保证理论与实测值的一致。然而,在一些实际的应用场合,为了保证一定的振动功率,换能器的横向尺寸必须增大,此时,换能器的横向尺寸很大,因而不满足细棒初等弯曲理论的要求。在这种情况下,必须利用其他的弯曲振动理论,例如考虑截面旋转惯性在内的瑞利理论,以及同时考虑截面的旋转惯性和剪切形变在内的铁摩辛柯 (Timoshenko) 理论,然而,由于这些理论本身的复杂性,其解析解很难得出。

2) 压电陶瓷片长度的确定

关于压电陶瓷片引入的细棒的长度修正,由于分析中假设压电陶瓷片所处位置的弯曲振动位移分布为正弦或余弦分布,因此压电陶瓷片的总长度不能太长,否则正弦或余弦位移分布的近似条件将不再满足,从而引起一定的频率误差。因此,必须限制压电陶瓷片的总长度,根据弯曲振动细棒的位移分布规律,一般情况下,其长度应满足以下关系:

$$2l_0 < \lambda_F / 8 \tag{9.54}$$

3) 压电陶瓷片位置选择

上文提到关于陶瓷片处弯曲振动位移的正弦或余弦分布规律的假设,为保证这一近似条件,压电陶瓷片必须放于细棒中弯曲振动位移的波腹或波节处。根据细棒的弯曲振动理论,对于细棒的对称弯曲振动模式,棒的中心为弯曲位移腹点;对于细棒的反对称弯曲振动模式,其中心为弯曲位移节点。因此,当陶瓷片的位置位于棒的中心时,其中的位移分布满足正弦或余弦分布规律。另外,棒中其他的位移腹点或节点处也满足正弦或余弦的位移分布规律,原则上也可把陶瓷片放在这些位置。但由于其具体位置不易精确确定,因此弯曲振动压电陶瓷换能器中压电陶瓷片的最佳位置应是在棒的中间,即换能器为对称结构。

在设计换能器时,如果对上述因素能够统筹考虑,则换能器振动模式以及共振频率的测量值与设计值将不会出现较大的误差。

3. 实验验证

我们加工并制作了几个实际的夹心式弯曲振动压电陶瓷换能器。换能器的前后金属盖板的材料为45号钢,其材料参数为:$\rho_2 = 7800 \text{kg/m}^3$,$E_2 = 2.16 \times 10^{11} \text{N/m}^2$,$c_2 = 5263 \text{m/s}$。压电陶瓷片的材料为PZT-4,其材料参数为:$\rho_1 = 7500 \text{kg/m}^3$,$s_{33}^E = 1.55 \times 10^{-11} \text{m}^2/\text{N}$,$c_1 = 2933 \text{m/s}$。利用传输线电路测量了换能器的弯曲振动共振频率,测量结果见表9.5。其中 f 及 f_m 分别表示换能器共振频率的设计值及测量值,i 表示换能器的振动模式。另外表中同时列出了换能器各部分的几何尺寸。在上述换能器中,前后金属圆盖板的半径与压电陶瓷圆片的外半径是相同的,表中

$\Delta = |f - f_{\mathrm{m}}|/f_{\mathrm{m}}$ 为频率测试的相对误差，表中其他参数的物理意义见上文所述。从表中可以看出，利用本节理论设计的夹心式弯曲振动压电陶瓷换能器，其共振频率的设计值与测试值基本一致，频率的误差范围对一般的工程设计也是可以接受的。另外，关于频率的误差来源，我们认为主要由以下因素引起：① 换能器的横向尺寸不是很小，因此不满足细棒弯曲振动的初等理论。② 在换能器共振频率及几何尺寸的计算中，换能器各部分的材料参数皆为标称值，因此与材料的实际参数值有出入。③ 在理论设计时并未考虑预应力螺栓的影响，而实际的换能器是用预应力螺栓固定的。

表 9.5   夹心式弯曲振动压电陶瓷换能器的共振频率

a/mm	b/mm	l_0/mm	l/mm	$l_{\mathrm{c}}/\mathrm{mm}$	$l_{\mathrm{t}}/\mathrm{mm}$	i	f/Hz	$f_{\mathrm{m}}/\mathrm{Hz}$	$\Delta = |f - f_{\mathrm{m}}|/f_{\mathrm{m}}$
12.5	4.0	6.0	108.2	6.1	108.0	1	10000	9632	3.82
12.5	4.0	6.0	179.7	6.1	179.5	2	10000	9487	5.41
10.0	5.0	5.0	79.1	5.1	78.9	1	15000	14658	2.33
10.0	5.0	5.0	131.2	5.1	131.0	2	15000	14192	5.69
10.0	5.0	4.0	68.4	4.1	68.2	1	20000	19337	3.43
10.0	5.0	4.0	113.7	4.1	113.5	2	20000	18959	5.49

4. 小结

本节研究了夹心式弯曲振动压电陶瓷换能器的理论设计及其振动特性，推导出了换能器的共振频率设计方程，并得出了换能器中由压电陶瓷片引起的长度修正。同时，讨论了影响换能器共振频率设计精度的一些实际问题，由此可得以下结论。

(1) 在均匀细棒初等弯曲振动理论的基础上，介绍了一种用于设计夹心式弯曲振动压电陶瓷换能器的近似设计理论，导出了换能器的共振频率方程。

(2) 为了满足书中的近似条件，压电陶瓷片应位于弯曲振动的位移腹点或节点处，考虑到弯曲振动细棒的位移分布情况，换能器应设计成对称结构形式，因此，压电陶瓷片位于换能器的中间位置。

(3) 为了保证陶瓷换能器共振频率的设计精度，换能器的横向尺寸应远小于弯曲波的波长，同时，压电陶瓷片的总长度也应远小于弯曲波的波长。

(4) 基于细棒的初等弯曲理论，它要求换能器的横向尺寸必须远小于弯曲波的波长。如果换能器的横向尺寸较大，则本书方法不再适用，此时，必须利用棒的其他弯曲振动理论，即同时考虑棒的旋转惯性及剪切形变。

9.3.3   考虑压电效应夹心式弯曲振动换能器的波动方程分析法

这里在计及压电效应和压电片厚度的影响下，以铁摩辛柯理论为基础，推导出较精确的换能器频率方程。实验表明，理论设计和实验符合较好，能满足精度较高的设计要求。

1. 压电晶堆弯曲振动分析

此类换能器的结构很简单，将一完整的压电片沿中央割开按上下极性相反连接，这样在同一信号激励下，处于前后盖板之间的陶瓷片上下两部分交替伸长或压缩，使换能器产生弯曲振动。考虑压电晶堆一微元段 (图 9.7)，先利用初等弯曲理论分析压电晶堆弯曲振动。当所取每片压电片很薄，其长度和波长满足 $l/\lambda < 1/16$ 时，可近似认为每片陶瓷片的电极是等势面，即每片的电场强度是均匀相等的，整个压电晶堆处于恒 E 状态。

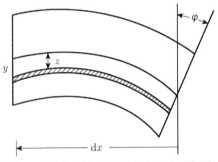

图 9.7 压电晶堆微元段弯曲振动示意图

令压电陶瓷极化方向为 3，则纵向应变以 S_3 表示，由此可写出压电晶堆的压电方程为

$$S_3 = s_{33}^{\mathrm{E}} T_3 + d_{33} E_3, \quad D_3 = d_{33} T_3 + \varepsilon_{33}^{\mathrm{T}} E_3 \tag{9.55}$$

由此可得

$$T_3 = (1/s_{33}^{\mathrm{E}})(S_3 - d_{33} E_3), \quad D_3 = d_{33} S_3 / s_{33}^{\mathrm{E}} + (\varepsilon_{33}^{\mathrm{T}} - d_{33}^2 / s_{33}^{\mathrm{E}}) E_3 \tag{9.56}$$

压电陶瓷的上下两部分交替伸长和压缩，中间必存在一个既不伸长也不压缩的面，称中性面，设 z 为陶瓷棒上任意一点到中性面的距离，φ 为微元段的相对弯角，由图 9.7 可直接看出

$$S_3 = z\varphi/\mathrm{d}x, \quad \varphi = \left.\frac{\partial y}{\partial x}\right|_x - \left.\frac{\partial y}{\partial x}\right|_{x+\mathrm{d}x} = -\frac{\partial^2 y}{\partial x^2}\mathrm{d}x, \quad S_3 = -z\frac{\partial^2 y}{\partial x^2} \tag{9.57}$$

纵向力相对于中性面产生的弯矩为 $M_x = \int z T_3 \mathrm{d}s$，将式 (9.57) 代入得

$$M_x = \int \frac{1}{s_{33}^{\mathrm{E}}} S_3 z\mathrm{d}s - \int \frac{d_{33} E_3}{s_{33}^{\mathrm{E}}} z\mathrm{d}s \tag{9.58}$$

联立式 (9.57) 及式 (9.58) 得

$$M_x = -\frac{Ar^2}{s_{33}^{\rm E}} \cdot \frac{\partial^2 y}{\partial x^2} + \frac{d_{33} E_3}{s_{33}^{\rm E}} r_0 \tag{9.59}$$

式中，A 为压电陶瓷的横截面积；r 是回转半径；$r_0 = -\int z{\rm d}s = \frac{4}{3}R^3$。

理论上对式 (9.58) 后一项全积分结果为 0，但实际上，上下两部分产生的力矩方向却是相同的，故此项积分值应为沿一半面积积分的两倍。注意到 $\dfrac{\partial E_3}{\partial x} = 0$，可得其弯曲振动方程为

$$\frac{\partial^4 y}{\partial x^4} + \frac{1}{c_0^2 r^2} \cdot \frac{\partial^2 y}{\partial t^2} = 0 \tag{9.60}$$

式中，$c_0 = \sqrt{\dfrac{1}{s_{33}^{\rm E}\rho}}$。由式 (9.60) 可以看出，只要以 $1/s_{33}^{\rm E}$ 来代替压电晶堆的弹性模量，压电晶堆和直棒的弯曲振动方程及其解的形式是一样的。以上结论虽然是由初等理论得到的，但可以类推到其他理论。

2. 夹心式弯曲振动压电陶瓷换能器的频率方程

在设计纵向换能器时，为了简化设计，可先规定节点处于压电陶瓷的某一位置，以此条件对前后盖板进行分段设计。借鉴上述方法，我们对弯曲振动换能器也进行类似设计，但由于弯曲振动比纵振动要复杂得多，为使过程简化，其限定条件就要更多一些。以下考虑的是压电陶瓷具有对称解的情况，其中心为波节或波腹。同时，为使设计更加准确，整个设计以铁摩辛柯理论为基础。

众所周知，两端自由弯曲振动杆有对称形式的解，分为偶振动模式和奇振动模式。对于偶振动模式，对应杆上有偶数个节点 (2，4，6，…)，分别称一偶、二偶等，此时波腹位于杆的中央，杆的振动关于 y 轴 (竖直轴) 对称。其振动解为

$$\begin{aligned} y_{\rm b} &= A{\rm ch}m_1 x + C\cos m_2 x, \quad y_{\rm s} = S_1 A{\rm ch}m_1 x + S_2 C\cos m_2 x \\ y &= (1+S_1)A{\rm ch}m_1 x + (1+S_2)C\cos m_2 x \end{aligned} \tag{9.61}$$

对于奇振动模式，对应杆上有奇数个节点 (3，5，7，…)，这种振动波节位于中央，其振动关于原点对称，由上述类似的推导，其振动解为

$$\begin{aligned} y_{\rm b} &= B{\rm sh}m_1 x + D\sin m_2 x, \quad y_{\rm s} = S_1 B{\rm sh}m_1 x + S_2 D\sin m_2 x \\ y &= (1+S_1)B{\rm sh}m_1 x + (1+S_2)D\sin m_2 x \end{aligned} \tag{9.62}$$

式中，$y_{\rm b}$ 是由纯弯曲形变引起的挠度；$y_{\rm s}$ 是由剪切形变引起的挠度；总挠度 $y = y_{\rm b} + y_{\rm s}$；$A$、$B$、$C$、$D$ 为任意常数。$m_1 = \sqrt{-\dfrac{a}{2} + \sqrt{b^2 + \dfrac{a^2}{4}}}$，$m_2 = \sqrt{\dfrac{a}{2} + \sqrt{b^2 + \dfrac{a^2}{4}}}$，

$S_1 = \dfrac{-(\omega^2 + C_0^2 m_1^2)}{C_s^2} r^2$，$S_2 = \dfrac{-(\omega^2 - C_0^2 m_2^2)}{C_s^2} r^2$，其中，$\omega$ 为角频率；r 为回转半径；

$a = \omega^2 \left(\dfrac{1}{C_0^2} + \dfrac{1}{C_s^2} \right)$，$b^2 = \omega^2 \left(\dfrac{1}{C_0^2 r^2} - \dfrac{\omega^2}{C_0^2 C_s^2} \right)$；$C_0 = \sqrt{E/\rho}$，这里 E 是材料弹性模量，ρ 为密度；$C_s = \sqrt{k'G/\rho}$，这里 k' 为形状因数，对圆截面 $k' = 1/1.11$，对方截面 $k' = 1/1.2$，$G = E/[2(1+\nu)]$ 为材料的剪切模量（ν 为泊松比）。

在换能器中压电片处于前后盖板之间，其边界不再是自由状态，但只要其两端能满足一定的对称状态，则这种对称形式的解仍然是存在的。我们可以认为这种情况是两端自由压电棒的一部分。图 9.8 为一偶振动示意图。EF 为两自由端，如设想从 GH 处截下，或振动棒的两端能满足 EF 端的边界条件，那么棒就应有对称形式的解，而压电晶堆处于前后盖板之间，这种状态是可以实现的。

图 9.8 具有对称解的弯曲振动示意图

1) 偶振动的频率方程

波腹位于晶堆的中央，这里仅考虑前盖板的设计，后盖板类似推出。以 l_1 代表压电晶堆的半长度，以 l_3 代表前盖板的长度，如图 9.9 所示。

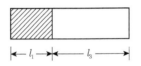

图 9.9 换能器前盖板示意图

由两者连接处位移连续、弯角（$\partial y / \partial x$）连续、弯矩（$-EI\partial^2 y_b/\partial x^2$）连续（$I = Ar^2$），剪力（$AGk'\partial^2 y_s/\partial x^2$）连续、前盖板的弯矩为 0、剪力为 0，可得关于压电晶堆和前盖板振动解中任意常数 A_1、C_1、A_3、B_3、C_3、D_3 的方程为

$$[a][A_3 \quad B_3 \quad C_3 \quad D_3 \quad A_1 \quad C_1]^{\mathrm{T}} = 0 \tag{9.63}$$

其频率方程为

$$|a| = 0 \tag{9.64}$$

其中矩阵 $[a]$ 中各量的表达式如下：

$a_{11} = 1 + S_3$，$a_{12} = 0$，$a_{13} = 1 + S_4$，$a_{14} = 0$，$a_{15} = -(1 + S_1)\mathrm{ch}\,u_1$，$a_{16} = -(1 + S_2)\cos u_2$，

$a_{21} = 0$，$a_{22} = (1 + S_3)m_3$，$a_{23} = 0$，$a_{24} = (1 + S_4)m_4$，$a_{25} = -(1 + S_1)m_1 \mathrm{sh}\,u_1$，

$a_{26} = (1 + S_2)m_2 \sin u_2$，

$a_{31} = E_3 m_3^2$，$a_{32} = 0$，$a_{33} = -E_3 m_4^2$，$a_{34} = 0$，$a_{35} = -E_1 m_1^2 \mathrm{ch} u_1$，$a_{36} = E_1 m_2^2 \cos u_2$，

$a_{41} = 0$，$a_{42} = G_3 S_3 m_3$，$a_{43} = 0$，$a_{44} = G_3 S_4 m_4$，$a_{45} = -G_1 S_1 m_1 \mathrm{sh} u_1$，

$a_{46} = G_1 S_2 m_2 \sin u_2$，

$a_{51} = m_3^2 \mathrm{ch} u_3$，$a_{52} = m_3^2 \mathrm{sh} u_3$，$a_{53} = -m_4^2 \cos u_4$，$a_{54} = -m_4^2 \sin u_4$，$a_{55} = 0$，$a_{56} = 0$，

$a_{61} = S_3 m_3 \mathrm{sh} u_3$，$a_{62} = S_3 m_3 \mathrm{ch} u_3$，$a_{63} = -S_4 m_4 \sin u_4$，$a_{64} = S_4 m_4 \cos u_4$，$a_{65} = 0$，

$a_{66} = 0$

其中，$u_1 = m_1 l_1$，$u_2 = m_2 l_1$，$u_3 = m_3 l_3$，$u_4 = m_4 l_3$，这里下标 1、2 表示压电晶堆各量，下标 3、4 表示前盖板各量。

2) 奇振动的频率方程

推导方法同上，$[a]$ 中只需改变以下各量：

$a_{15} = -(1 + S_1)\mathrm{sh} u_1$，$a_{25} = -(1 + S_1)m_1 \mathrm{ch} u_1$，$a_{35} = -E_1 m_1^2 \mathrm{sh} u_1$，$a_{45} = -G_1 S_1 m_1 \mathrm{ch} u_1$，

$a_{16} = -(1 + S_2)\sin u_2$，$a_{26} = -(1 + S_2)m_2 \cos u_2$，$a_{36} = E_1 m_2^2 \sin u_2$，$a_{46} = -G_1 S_2 m_2 \cos u_2$

3. 换能器共振频率测试

我们加工了 5 个换能器，选用 PZT-4 压电材料，压电片外径 25mm，内径 8mm，每片厚度 6mm。前后盖板均为圆柱形，直径 25mm，材料参数见表 9.6。

表 9.6　几种材料的参数

材料	$E/(\times 10^{10} \mathrm{N/m^2})$	$\rho/(\mathrm{kg/m^3})$	ν
45 号钢	20.0	7800	0.28
硬铝	7.2	2700	0.33
PZT-4	6.5	7500	0.32

表 9.7 为利用传输线法测得的换能器共振频率以及与理论计算值的比较。表 9.8 为几种设计方法理论值与实测值的比较。

表 9.7　换能器共振频率测量值及计算值

编号	l_1/mm	l_2/mm	l_3/mm	n	f_c/Hz	f_m/Hz	$\Delta/\%$
1	6.0	63.8	63.8	一偶	4560	4328	5.3
				二偶	20000	19523	2.5
2	6.0	65.9	63.8	一偶	4631	4291	7.9
				二偶	20000	19630	2.0
3	6.0	27.2	27.2	一偶	13980	13667	2.3
				二偶			

续表

编号	l_1/mm	l_2/mm	l_3/mm	n		f_c/Hz	f_m/Hz	Δ/%
4	12.0	98.0	98.0	一偶		1820	1752	4.0
				二偶		9871	9533	3.5
5	6.0	32.2	32.1	一偶		11414	11162	2.3
				二偶				

表 9.7 中，l_1 表示压电晶堆的半长度；l_2、l_3 分别表示前后盖板的长度，n 表示振动阶次，一偶及二偶分别表示第一偶振动和第二偶振动；f_c 及 f_m 分别表示理论值及实测值；Δ 为理论值和实测值间的相对误差；2 号换能器前盖板为铝，后盖板为钢，其他换能器前后盖板均为钢，且为对称结构。

表 9.8　几种设计方法理论值与实测值的比较

编号	n	f_m/Hz	f_c/Hz	Δ_1/%	f_2/Hz	Δ_2/%	f_3/Hz	Δ_3/%
1	一偶	4328	4560	5.3	5479	26.5	5302	22.5
	二偶	19523	20000	2.5	23414	19.2	29091	45.1
2	一偶	4291	4631	7.9	5257	22.5	5100	18.8
	二偶	19630	20000	2.0	21893	11.5	27053	37.8
3	一偶	13667	13980	2.3	19822	45.0	19552	43.1
4	一偶	1752	1820	4.0	2047	16.9	1890	7.8
	二偶	9533	9871	3.5	10209	8.2	10927	16.3
5	一偶	11162	11414	2.3	15900	42.4	15440	38.3

表 9.8 中，f_m 为实测频率；f_c 为本书方法设计值，Δ_1 为其与实测值的相对误差；f_2 为日本学者森荣司方法的理论值；Δ_2 为其相对实际测量值的相对误差；f_3 为初等弯曲理论的计算值，Δ_3 为其与实测值的相对误差。

由以上测量数据可以看出，设计这种换能器时如仅用初等理论，将产生较大的误差，特别是在频率较高时。若不计压电晶堆及压电效应的影响，即便以较精确的铁摩辛柯理论来计算也还会有一定误差，难以满足精度较高的需要。本书方法能克服以上不足，设计精度可控制在 5%之内。利用该方法设计时还可选取不同的材料来做前后盖板，以获得一定的前后振速比，增大功率输出，这是以往方法所不及的。

9.4　模式转换型弯曲振动换能器

目前，在功率超声的各种应用中，纵向振动模式换能器的应用最广泛，原因在于此类换能器的设计简单、激发容易且具有较高的效率。随着超声技术应用范围的扩大，纵向振动换能器往往不能满足一些特殊应用的需要，例如在超声焊接、超声手术刀以及超声振动切削等技术中，弯曲振动换能器具有更好的效果及适应性。弯曲振动的产生主要有两种途径，一种是利用换能器本身，通过合理选择压电元件的极化方向，在电端采取正确的连接方式，便可使换能器产生弯曲振动。另一种是利用纵-弯振动模式的转换，在纵向振动换能器的输出端连接一个与其振动方向垂直的振动体，通过合理地选择振动体的形状及尺寸，使振动体产生弯曲振动。在这种方式中，纵向振动换能器与弯曲振动体可以作为一个整体进行设计，也可以分成两个系统单独进行设计，但无论采用哪种方式，两者都必须在同一频率上共振，以便获得高的能量转换效率和稳定的工作性能。

9.4.1   纵向换能器与细棒组成的弯曲振动换能器

这里讨论一种由纵向振动夹心式压电换能器和弯曲振动细棒组成的纵-弯模式转换弯曲振动超声换能器，对模式转换换能器的振动模式、连接条件及频率方程进行研究，为弯曲振动换能器的分析及研究提供理论基础。同时从理论上对此类换能器的两种振动模式进行分析，并推出了其共振条件。实验表明，换能器共振频率的测量值与理论值符合很好，弯曲振动换能器的能量转换效率较高，性能稳定。

1. 纵-弯模式转换弯曲振动换能器的理论设计

图 9.10 是纵-弯模式转换弯曲振动换能器的几何示意图，1 表示半波长纵向振动换能器，2 表示纵向振动变幅杆，3 表示弯曲振动细棒系统。纵向换能器及变幅杆激发弯曲振动细棒，细棒便按照一定的模式产生弯曲振动。图 9.11 是变幅杆及细棒的等效模型，根据振动理论，纵向振动变幅杆及细棒的振动方程分别为

$$\frac{\partial^2 \xi}{\partial t^2} = c^2 \left[\frac{\partial^2 \xi}{\partial y^2} + \frac{1}{S(y)} \cdot \frac{\partial S(y)}{\partial y} \cdot \frac{\partial \xi}{\partial y} \right] \tag{9.65}$$

$$\frac{\partial^2 \eta}{\partial t^2} = -K^2 c^2 \frac{\partial^4 \eta}{\partial x^4} \tag{9.66}$$

式中，$\xi = \xi(y)$ 表示变幅杆的纵向位移分布；$S = S(y)$ 为其截面变化函数；$c^2 = E/\rho$ 为细棒中的纵波速度；$\eta(x)$ 表示弯曲振动细棒的横向位移分布；K 为细棒的截面回转半径；S 为棒的截面积。厚度为 h，则矩形截面均匀细棒的回转半径 $K = h/\sqrt{12}$。E 和 ρ 分别为材料的杨氏模量及密度。对于圆锥形变幅杆，$S(y) = S_1(1 - \alpha y)^2$，$\alpha = (N-1)/NL, N = (S_1/S_2)^{1/2}$，$S_1$ 及 S_2 为变幅杆两端面积，L 为弯曲振动细棒的长度。解方程式 (9.65) 和式 (9.66) 得

$$\xi(y) = \frac{1}{1 - \dfrac{1}{\alpha}} (A \cos ky + B \sin ky) \tag{9.67}$$

$$\eta(x) = C \mathrm{ch} \frac{\omega}{v} x + D \mathrm{sh} \frac{\omega}{v} x + E \cos \frac{\omega}{v} x + F \sin \frac{\omega}{v} x \tag{9.68}$$

其中，$\xi(y)$ 及 $\eta(x)$ 为位移分布函数；C、D、E、F 为待定常数；$k = \omega/c$，$\omega = 2\pi f$，$v = \sqrt{\omega c K}$。当变幅杆与细棒的连接方式不同时，其边界条件不同，振动模式也不同，以下对两种边界条件加以研究。

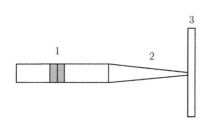

图 9.10　弯曲振动换能器的几何示意图

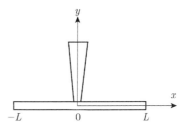

图 9.11　变幅杆及细棒的等效模型

1) 变幅杆与细棒在振动腹点连接

此时，振动系统的边界条件为

$$\left.\frac{\partial \xi}{\partial y}\right|_{y=0} = \left.\frac{\partial \xi}{\partial y}\right|_{y=L} = 0, \quad \xi|_{y=0} = \eta|_{x=0}, \quad \left.\frac{\partial \eta}{\partial x}\right|_{x=0} = 0, \quad \left.\frac{\partial^2 \eta}{\partial x^2}\right|_{x=-l} = \left.\frac{\partial^2 \eta}{\partial x^2}\right|_{x=l} = 0,$$

$$\left.\frac{\partial^3 \eta}{\partial x^3}\right|_{x=-l} = \left.\frac{\partial^3 \eta}{\partial x^3}\right|_{x=l} = 0 \tag{9.69}$$

把式 (9.67) 及式 (9.68) 代入式 (9.69)，整理可得

$$\left[\tan kL - \frac{kL}{1 + \dfrac{N}{(N-1)^2}(kL)^2}\right] \cdot \left(\operatorname{th}\frac{\omega}{v}l + \tan\frac{\omega}{v}l\right) = 0 \tag{9.70}$$

很显然，式 (9.70) 是由半波长圆锥形变幅杆的频率方程与两端自由弯曲振动细棒对称模式振动的频率方程组合而成的．当振动系统的参数满足上述频率方程时，变幅杆与细棒的连接点为波幅。

2) 变幅杆与细棒在振动节点连接

此时，振动系统的边界条件为

$$\left.\frac{\partial \xi}{\partial y}\right|_{y=L} = 0, \quad \xi|_{y=0} = \eta|_{x=0}, \quad \left.\frac{\partial^2 \eta}{\partial x^2}\right|_{x=-l} = \left.\frac{\partial^2 \eta}{\partial x^2}\right|_{x=l} = 0, \quad \left.\frac{\partial^3 \eta}{\partial x^3}\right|_{x=-l} = \left.\frac{\partial^3 \eta}{\partial x^3}\right|_{x=l} = 0 \tag{9.71}$$

同理可得振动系统的频率方程

$$\left(\tan kL/kL + \frac{1}{N-1}\right) \cdot \left(\operatorname{th}\frac{\omega}{v}l - \tan\frac{\omega}{v}l\right) = 0 \tag{9.72}$$

由式 (9.72) 可得两个独立的方程，一个是 1/4 波长节点在小端的圆锥形变幅杆的频率方程，另一个是两端自由弯曲振动细棒反对称振动模式的频率方程，当系统的参数满足上述条件时，变幅杆与细棒的连接点为节点。

从上述的理论分析可见，在本书的两种边界条件下，变幅杆与弯曲振动细棒可以单独设计，但是为了保证系统的谐振状态，两者必须在同一频率上达到共振。另外，在上面的分析中，变幅杆为圆锥型，为了改善系统的性能，变幅杆也可采用其他形状，例如指数型、悬链线型以及直棒，其分析是类似的，在此不再赘述。

2. 实验

按照上述理论，加工了一些纵向变幅杆及细棒，其材料为 45 号钢，其几何尺寸及共振频率的测量结果见表 9.9，表中 $\Delta = \left| f - f_{\text{m}} \right| / f_{\text{m}}$，$R_1$ 和 R_2 为纵向变幅杆两端的半径，W 为弯曲振动细棒的宽度，l 为弯曲振动细棒的长度。n 为细棒的振动节线数目，f 为理论设计频率，f_{m} 为测量频率，实验时，纵向激发换能器的共振频率为 20kHz。另外，为了比较振动系统在两种边界条件下的振动性能，在大功率下对弯曲换能器进行了定性的研究，观察了细棒的位移分布及其喷水情况。实验发现，在波腹连接的情况下，细棒的弯曲振动容易激发，系统的位移振幅大，且性能稳定。当变幅杆与细棒在波节连接时，系统的振动较差，且系统的振动性能不稳定。

表 9.9　弯曲振动换能器的测量结果

振型	L/mm	$2l$/mm	R_1/mm	R_2/mm	W/mm	h/mm	n	f/Hz	f_{m}/Hz	Δ/%
对称	146	51	5	20	10	10	2	20000	19578	2.16
	126	118	5	5	10	10	4	20000	19215	4.09
反对称	63	85	5	5	10	10	3	20000	20617	2.99
	63	152	5	5	10	10	5	20000	20985	4.69

总结上述分析，可得以下结论。

(1) 利用纵向换能器与细棒组成的弯曲振动换能器，当两者在腹点连接时，弯曲振动容易激发，换能器性能稳定。

(2) 纵向换能器与细棒的连接可有两种方式，即波腹或波节连接，连接方式不同，则系统具有不同的振动模式。

(3) 纵-弯模式转换弯曲换能器是一种新型的振动能量产生装置，为了提高其振动性能，必须对其进行全面的探讨，例如频率、阻抗特性以及能量转换效率等。

9.4.2　纵向振动换能器与圆盘组成的模式转换型弯曲振动换能器

图 9.12 所示为一夹心式纵向振动换能器与弯曲振动圆盘组成的模式转换弯曲

振动换能器，其结合了纵向换能器的高效大功率以及弯曲振动圆盘的低辐射阻抗和大辐射面积等特点，在大功率气介超声领域中获得了广泛的应用。

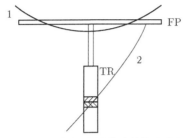

图 9.12　纵向换能器与弯曲振动圆盘组成的模式转换弯曲振动换能器的几何示意图

本节对此类换能器的振动特性进行研究，得出了弯曲振动圆盘在不同边界条件下的共振频率设计方程及其等效质量和弹性，并研究了其等效电路及其整体共振频率方程。所得结论对于此类换能器的设计及计算具有理论和应用指导价值。

由于此类换能器由两部分组成，即纵向换能器和弯曲振动圆盘，因此对其分析也分为两部分。但由于纵向换能器的分析理论早已成熟，因此这里仅对弯曲振动圆盘的振动加以分析。唯一值得指出的是，由于此类换能器是由固定于圆盘中心的纵向换能器组合而成，因而必须考虑两者的边界条件。也就是说，纵向换能器和弯曲振动圆盘通过边界条件连成一体，而这一边界条件在数学上就表示为位移的连续。

1. 弯曲振动圆盘的共振频率设计方程

令弯曲振动圆盘的厚度以及半径分别为 h 和 a。在下面的分析中，假定弯曲振动圆盘的横向位移很小，并且圆盘的厚度远小于其半径。在这种情况下，线性弹性理论以及薄板的弯曲振动理论可以应用，并且板中的剪切以及扭转惯性可以忽略。对于薄板的小振幅弯曲振动，其轴对称的弯曲位移 $y(r,t)$ 为

$$y(r,t) = [A\mathrm{J}_0(kr) + B\mathrm{I}_0(kr)]\mathrm{e}^{\mathrm{j}\omega t} \tag{9.73}$$

式中，$\mathrm{J}_0(kr)$ 和 $\mathrm{I}_0(kr)$ 是零阶贝塞尔函数；$k^4 = \rho_v h \omega^2 / D, D = Eh^3/12(1-\nu^2)$，$E$ 是杨氏模量，D 是板的刚度常数，ρ_v 是密度，ν 是泊松比，ω 是角频率；A 和 B 是待定常数，可由圆盘的边界条件确定。这里针对三种不同的边界条件，即固定、自由以及简支边界，对弯曲振动圆盘的振动特性进行了分析。

1) 固定边界

在这种情况下，弯曲振动圆盘边界处（$r=a$）的横向位移及其导数等于零，由此可得以下关系：

$$-A\mathrm{J}_0(ka) = B\mathrm{I}_0(ka) \tag{9.74}$$

$$AJ_1(ka) = BI_1(ka) \tag{9.75}$$

根据式 (9.74) 和式 (9.75)，可以得出固定边界条件下，弯曲振动圆盘的共振频率方程为

$$J_0(ka)I_1(ka) + I_0(ka)J_1(ka) = 0 \tag{9.76}$$

令式 (9.76) 的解为 $R(n)$，即 $k_n a = R(n)$，我们可以得出弯曲振动圆盘的共振频率：

$$f_n = \frac{R^2(n)h}{2\pi a^2}\sqrt{\frac{E}{12\rho_v(1-\nu^2)}}, \quad n = 1,2,3,\cdots \tag{9.77}$$

式中，正整数 n 对应弯曲振动圆盘不同的振动模式。对应圆盘的前四阶振动，式 (9.77) 的根为 3.1962、6.3064、9.4395 和 12.5771。对应圆盘的第 n 阶振动，其位移分布，即本征函数为

$$y_n(r,t) = [A_n J_0(k_n r) + B_n I_0(k_n r)]e^{j\omega_n t} \tag{9.78}$$

由此可得固定边界圆盘自由振动的横向位移为

$$y(r,t) = \sum_{n=1}^{\infty}[A_n J_0(k_n r) + B_n I_0(k_n r)]e^{j\omega_n t} \tag{9.79}$$

2) 自由边界

在这种情况下，弯曲振动圆盘边界处的弯矩以及横向剪力皆为零。由此可得

$$A[kJ_0(ka) - J_1(ka)/a + \nu J_1(ka)/a] - B[kI_0(ka) - I_1(ka)/a + \nu I_1(ka)/a] = 0 \tag{9.80}$$

$$AJ_1(ka) + BI_1(ka) = 0 \tag{9.81}$$

由式 (9.80) 和式 (9.81)，可以得出边界自由弯曲振动圆盘的共振频率方程为

$$ka[J_0(ka)I_1(ka) + I_0(ka)J_1(ka)] = 2(1-\nu)J_1(ka)I_1(ka) \tag{9.82}$$

根据式 (9.82)，当圆盘的材料参数给定时，就可以得出其几何尺寸与共振频率的关系式，并由此得出其共振频率。

3) 简支边界

在简支边界的情况下，圆盘边界处的横向位移以及弯矩等于零，可得

$$AJ_0(ka) + BI_0(ka) = 0 \tag{9.83}$$

$$-A[\nu J_1(ka)/a + kJ_0(ka) - J_1(ka)/a] + B[\nu I_1(ka)/a + kI_0(ka) - I_1(ka)/a] = 0 \tag{9.84}$$

由式 (9.83) 和式 (9.84) 可得边界简支弯曲振动圆盘的共振频率方程为

$$J_0(ka)I_1(ka) + I_0(ka)J_1(ka) = 2kaJ_0(ka)I_0(ka)/(1-\nu) \tag{9.85}$$

把式 (9.85) 的解代入式 (9.77) 就可以得出其共振频率。

由频率方程式 (9.76)、式 (9.82) 和式 (9.85) 可以看出，对应圆盘的弯曲振动，即使圆盘的几何尺寸和材料参数皆相同，当边界条件不同时，圆盘的共振频率也不

同。表 9.10 列出了在不同的边界条件下，利用数值方法得出的弯曲振动圆盘频率方程的根。其中圆盘的材料为 45 号钢，其泊松比为 $\nu = 0.28$。从表中数值可以看出，对应相同的几何尺寸和材料，固定边界弯曲振动圆盘的共振频率最高，简支边界圆盘的共振频率最低，自由边界圆盘的共振频率居中。

表 9.10　弯曲振动圆盘不同边界条件下的频率方程根

模式	1	2	3	4	5	6
固定	3.19622	6.30644	9.43950	12.5771	15.7164	18.85650
自由	2.99306	6.19680	9.36527	12.5211	15.6714	18.81890
简支	2.21482	5.44949	8.61012	11.7600	14.9062	18.05070

2. 弯曲振动圆盘的等效质量和等效弹性系数

从上面的分析可以看出，弯曲振动圆盘是一个分布参数系统。根据传统的理论，对于分布参数系统，如果采用集中参数的概念，其分析将大为简化。下面将对弯曲振动圆盘的集中参数，即等效质量和等效弹性系数进行分析，并最终得出气介式复合超声换能器的等效电路及其整体共振频率方程。从下面的分析中我们可以看出，对于中心激发的弯曲振动圆盘，即本书所研究的情况，等效集中参数的概念是非常有利的。对于圆盘的第 n 阶弯曲振动，其振动的动能可以由下式给出：

$$E_n = -\pi \rho_v h \omega_n^2 \, \mathrm{e}^{2\mathrm{j}\omega_n t} \int_0^a [A_n^2 \mathrm{J}_0^2(k_n r) + B_n^2 \mathrm{I}_0^2(k_n r) + 2A_n B_n \mathrm{J}_0(k_n r)\mathrm{I}_0(k_n r)]r\mathrm{d}r \quad (9.86)$$

利用贝塞尔函数的积分公式以及弯曲振动圆盘的共振频率方程，可以得出固定边界条件下弯曲振动圆盘第 n 阶弯曲振动的动能为

$$E_n = -\pi a^2 \rho_v h \omega_n^2 \, \mathrm{e}^{2\mathrm{j}\omega_n t} \, A_n^2 \mathrm{J}_0^2(k_n a) \quad (9.87)$$

弯曲振动圆盘中心处的振动速度为

$$v_n = (A_n + B_n)\mathrm{j}\omega_n \, \mathrm{e}^{\mathrm{j}\omega_n t} \quad (9.88)$$

当把圆盘的中心作为参考点时，其第 n 阶弯曲振动的振动动能 E_n' 也可由下式表示：

$$E_n' = -M_n(A_n + B_n)^2 \omega_n^2 \, \mathrm{e}^{2\mathrm{j}\omega_n t} /2 \quad (9.89)$$

式中，M_n 是边界固定弯曲振动圆盘第 n 阶弯曲振动的等效质量。令 E_n' 等于 E_n，可以得出固定边界圆盘等效质量的具体表达式为

$$M_n = 2m \frac{\mathrm{J}_0^2(k_n a)\mathrm{I}_0^2(k_n a)}{[\mathrm{I}_0(k_n a) - \mathrm{J}_0(k_n a)]^2} \quad (9.90)$$

式中，$m = \pi a^2 h \rho_v$ 是圆盘的质量。由此可得圆盘的等效弹性常数 C_n 为

$$C_n = 1/\omega_n^2 M_n \quad (9.91)$$

式中，$\omega_n = 2\pi f_n$，f_n 和 ω_n 分别是弯曲振动圆盘的第 n 阶本征频率和本征角频率，皆可由圆盘的共振频率方程求出。当弯曲振动圆盘的等效质量和弹性系数确定以后，就可以利用换能器的等效电路对弯曲振动圆盘对纵向夹心式激发换能器的影响进行研究。

在上面的分析中，我们研究了固定边界弯曲振动圆盘的等效质量和等效弹性系数。对于边界自由和简支的弯曲振动圆盘，可以采用相同的方法进行分析。对于边界自由的圆盘，其等效质量为

$$M_n = m \frac{J_0^2(k_n a)I_1^2(k_n a) + J_1^2(k_n a)I_0^2(k_n a) - 4J_1^2(k_n a)I_1^2(k_n a)(1-\nu)/(k_n a)^2}{[I_1(k_n a) - J_1(k_n a)]^2} \quad (9.92)$$

对于边界简支的弯曲振动圆盘，其集中参数的等效质量为

$$M_n = m \frac{J_1^2(k_n a)I_0^2(k_n a) - J_0^2(k_n a)I_1^2(k_n a) - 2J_0^2(k_n a)I_0^2(k_n a)(1+\nu)/(1-\nu)}{[I_0(k_n a) - J_0(k_n a)]^2} \quad (9.93)$$

结合式 (9.91)，可以得出其等效弹性系数。

根据上述分析，可以得出气介式弯曲振动复合换能器的集中参数等效电路，如图 9.13 所示。图中，R_0 和 C_0 分别是纵向夹心式激发换能器的介电损耗阻抗和钳定电容；R_e、C_e 和 M_e 是分别是纵向换能器的等效机械损耗阻抗、等效弹性常数和等效质量；M_n、C_n 和 R_n 分别是弯曲振动圆盘的集中参数等效质量、等效弹性系数和等效机械损耗阻抗。在上面的分析中，由于忽略了圆盘弯曲振动的机械损耗，因此 $R_n = 0$。在实际情况下，振动系统的机械损耗并不为零，而且与系统的振动幅度有关。关于系统机械损耗的研究是比较复杂的，在实际设计时，机械损耗通常是通过实验测量而得到。图中 Z_a 为弯曲振动圆盘的辐射阻抗，可由下式表示：

$$Z_a = R_a + jX_a \quad (9.94)$$

其中，R_a 是弯曲振动圆盘的辐射阻，它决定了圆盘的声辐射能力和辐射功率；X_a 是辐射抗，它反映了负载对弯曲振动圆盘的反作用，主要对系统的振动频率产生影响。由图 9.13 可以得出气介式弯曲振动复合换能器的共振频率方程为

$$X_a + \omega(M_e + M_n) - \frac{C_e + C_n}{\omega C_e C_n} = 0 \quad (9.95)$$

当忽略换能器的辐射阻抗时，其共振频率方程为

$$\omega(M_e + M_n) - \frac{C_e + C_n}{\omega C_e C_n} = 0 \quad (9.96)$$

把式 (9.95) 代入式 (9.96) 可得

$$\omega^2 = \omega_n^2 \cdot \frac{1 + C_n/C_e}{1 + M_e/M_n} \tag{9.97}$$

根据传统的换能器设计理论，对于由多个振动元件组成的复合振动系统，当各个元件的共振频率皆相同时，整个复合振动系统处于最佳工作状态，并且复合振动系统的共振频率就等于其组成元件的共振频率。利用这一结论，我们可以得到

$$C_n M_n = M_e C_e \tag{9.98}$$

由式 (9.98)，我们可以得出以下结论：为了实现弯曲振动圆盘的最佳工作状态，纵向夹心式激发换能器的共振频率必须等于弯曲振动圆盘的共振频率。

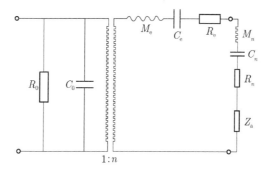

图 9.13 大功率气介式复合超声换能器的集中参数等效电路

3. 实验

我们加工了一些弯曲振动圆盘和夹心式压电陶瓷复合换能器，并对其共振频率进行了测试。测量方法利用传统的发射-接收法，其测试方框图如图 9.14 所示。图中 FP 是待测的弯曲振动圆盘，ET 和 RT 分别是发射及接收换能器。为了提高频率测试精度，发射和接收换能器的最低共振频率必须远高于待测弯曲振动圆盘的共振频率。圆盘的频率测试结果如表 9.11 所示。其中 n 表示圆盘的振动模式，f 是理论设计频率，f_m 是测试频率。从测试结果可以看出，弯曲振动圆盘共振频率的计算值和测试值基本符合。关于频率的测试误差，主要有以下原因：①材料参数的标准值与实际值有差别；②圆盘的边界条件并不是理想的自由、简支和固定边界。

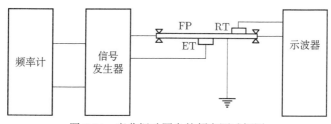

图 9.14 弯曲振动圆盘的频率测试框图

表 9.11　弯曲振动圆盘共振频率的计算及测试结果

模式	n	h/mm	a/mm	f_{m}/Hz	f/Hz
固定	3	3	56.6	19435	20000
	4	3	75.3	19378	20000
自由	3	3	56.1	19735	20000
	4	3	75.0	19617	20000
简支	3	3	51.6	19589	20000
	4	3	70.5	19491	20000

4. 小结

上文研究了气介式弯曲振动复合换能器的振动特性，得出了不同的边界条件下弯曲振动圆盘的共振频率设计方程，推出了圆盘的集中参数等效质量和弹性系数以及复合换能器的机电等效电路，并得出了复合换能器的整体频率方程。主要结论如下所述。

(1) 边界条件影响换能器的振动特性。具有相同材料和几何尺寸的弯曲振动圆盘，边界固定圆盘的共振频率最高，边界简支圆盘的共振频率最低。

(2) 为了实现气介式弯曲振动复合换能器的最佳工作状态，纵向激发夹心式换能器的共振频率必须等于弯曲振动圆盘的共振频率。

9.4.3　纵向夹心式压电陶瓷换能器与矩形薄板组成的模式转换型弯曲振动换能器

9.4.2 节研究了由纵向夹心式压电陶瓷换能器与弯曲振动圆盘组成的模式转换型超声换能器。对于由纵向夹心式压电陶瓷换能器与弯曲振动矩形薄板组成的复合式换能器 (图 9.15)，由于结合了纵向换能器的高效大功率以及弯曲振动矩形薄板的低辐射阻抗及大辐射面积等特点，在大功率气介超声领域中获得了广泛的应用。

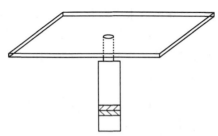

图 9.15　纵向换能器与矩形薄板组成的模式转换弯曲振动换能器的几何示意图

关于矩形薄板的弯曲振动研究，主要是利用经典的分析方法。然而，由于矩形薄板弯曲振动的复杂性，对于具有不同边界条件的弯曲振动矩形薄板，其振动方程的解析解很难得到，因而在设计矩形薄板辐射器时，就不能利用传统的频率方程进行解析分析。尽管数值方法可以用于振动系统本征频率的分析及计算，但数据处理量大，物理意义不明显。

这里对不同边界条件下矩形薄板的弯曲振动进行了分析，得出了三种边界条件下 (自由、简支、固定) 矩形薄板的本征频率方程，并对其振动模式进行了研究。理论分析表明，细棒经典的弯曲振动理论以及矩形薄板的条纹振动模式，是弯曲振动矩形薄板的一些极限振动模式，都可由本书理论直接导出。实验表明，弯曲振动矩形薄板的共振频率测试值与计算值符合很好，并且矩形薄板弯曲振动位移分布的理论与实测结果完全一致。

1. 弯曲振动矩形薄板的共振频率方程及位移分布

令弯曲振动矩形薄板的长度、宽度以及高度分别为 L、W 和 T。在下面的分析中，假定弯曲振动矩形薄板的横向位移很小，并且板的长度和宽度远大于其厚度。在这种情况下，可以应用线性弹性理论以及薄板的弯曲振动理论，并且板中的剪切以及扭转惯性可以忽略。对于薄板的小振幅弯曲振动，其轴向应力和应变之间存在如下关系：

$$\varepsilon_x = (\sigma_x - \nu\sigma_y)/E \tag{9.99}$$

$$\varepsilon_y = (\sigma_y - \nu\sigma_x)/E \tag{9.100}$$

其中，ε_x、ε_y 和 σ_x、σ_y 分别是板中的轴向应变和应力；E 和 ν 分别是材料的杨氏模量和泊松比。令 $n = \sigma_x/\sigma_y$，称为机械耦合系数。根据式 (9.99) 和式 (9.100) 可以得到

$$E_x = E/(1 - \nu/n) \tag{9.101}$$

$$E_y = E/(1 - \nu n) \tag{9.102}$$

式中，$E_x = \sigma_x/\varepsilon_x$，$E_y = \sigma_y/\varepsilon_y$，分别称为 x 和 y 方向的等效弹性系数。按照薄板的经典弯曲理论，轴向应力 σ_x 和 σ_y 分别使矩形板产生沿着 y 和 x 轴方向的弯矩。因此根据式 (9.101) 和式 (9.102)，矩形薄板的弯曲振动可以近似看成两个等效的弯曲振动的相互耦合。这两个等效的弯曲振动分别是长为 L、宽为 W、厚度为 T、等效弹性常数为 E_x 的矩形截面细棒的弯曲振动，以及长为 W、宽为 L、厚度为 T、等效弹性常数为 E_y 的矩形截面细棒的弯曲振动。应该指出，这两个等效的弯曲振动并不是相互独立的，而是通过机械耦合系数相互作用的。

通过上述分析可以看出，当引进矩形薄板的机械耦合系数以后，矩形薄板的弯曲振动被分解为两个等效的细棒弯曲振动，而矩形薄板的振动则可以看作是这两个等效的弯曲振动的机械耦合。这也正是等效弹性法的基本思路。下面将利用这一方

法对两种边界条件下矩形薄板的弯曲振动进行分析，即边界固定以及边界自由矩形
薄板的弯曲振动。而根据矩形薄板弯曲振动的经典分析理论，矩形薄板的弯曲振动
在这两种边界条件下是没有解析解的。

　　1) 边界自由矩形薄板的弯曲振动

　　(1) 共振频率方程。

　　根据等效弹性法理论，边界自由的矩形薄板的弯曲振动，可以看作是由两个等
效的边界自由矩形截面细棒的弯曲振动耦合而成。由传统的细棒弯曲振动理论，对
于两端自由，长和宽分别为 L 和 W 的矩形截面细棒，其共振频率方程分别为

$$\cos k_x L \mathrm{ch} k_x L = 1 \tag{9.103}$$

$$\cos k_y W \mathrm{ch} k_y W = 1 \tag{9.104}$$

式中，$k_x = \omega / V_x$，$k_y = \omega / V_y$，$V_x = (\omega C_x R_x)^{1/2}$，$V_y = (\omega C_y R_y)^{1/2}$，$C_x = (E_x / \rho)^{1/2}$，$C_y = (E_y / \rho)^{1/2}$，$R_x = R_y = T / \sqrt{12}$。这里 V_x、V_y 和 C_x、C_y 分别是细棒中弯曲振动
及纵向振动的传播速度；R_x 和 R_y 分别是矩形截面细棒的回转半径；k_x 和 k_y 分别是
细棒中弯曲振动的波数。根据式 (9.103) 和式 (9.104)，可以得出频率方程的解为

$$\omega L / (2V_x) = P(i), \quad i = 0,1,2,3,\cdots \tag{9.105}$$

$$\omega W / (2V_y) = Q(j), \quad j = 0,1,2,3,\cdots \tag{9.106}$$

式中，$P(i)$ 和 $Q(j)$ 分别是频率方程式 (9.103) 和式 (9.104) 的解，且有 $P(0) = Q(0) = 0$。
当正整数 i 和 j 的值不等于零且很大时，$P(i) = \pi(2i+1)/4, Q(j) = \pi(2j+1)/4$。每一
对 i 和 j 分别对于矩形薄板弯曲振动的不同阶次，相应的振动位移节线数分别为
$i+1$ 和 $j+1$。由上述分析可以看出，对于矩形薄板的自由弯曲振动，正整数 i 和 j 不
能同时为零，否则，将不会产生弯曲振动。由上述分析可以得出决定弯曲振动矩形
薄板的机械耦合系数及等效共振频率的方程式：

$$\nu P^4(i)W^4 n^2 + [Q^4(j)L^4 - P^4(i)W^4]n - \nu Q^4(j)L^4 = 0 \tag{9.107}$$

$$(1-\nu^2)A^2 - [R_x^2 P^4(i)/L^4 + R_y^2 Q^4(j)/W^4]A + R_x^2 R_y^2 P^4(i)Q^4(j)/(L^4 W^4) = 0 \tag{9.108}$$

式中，$A = \omega^2 / (16C^2), \omega = 2\pi f, C^2 = E / \rho$，这里 C 是细棒中纵向振动的传播速度。
可以看出，当矩形薄板的材料、机械尺寸及振动阶次给定后，利用式 (9.107) 和
式 (9.108) 就可以得到弯曲振动薄板的机械耦合系数和两个等效的共振频率。
式 (9.108) 的两个解分别为

$$A_1 = \frac{R_x^2 P^4(i)}{(1-\nu^2)L^4}, \quad A_2 = \frac{R_y^2 Q^4(j)}{(1-\nu^2)W^4} \tag{9.109}$$

由此可得出这两个等效的共振频率为

$$f_1 = \frac{2CR_xP^2(i)}{\pi L^2\sqrt{1-\nu^2}}, \quad f_2 = \frac{2CR_yQ^2(j)}{\pi W^2\sqrt{1-\nu^2}} \qquad (9.110)$$

值得指出的是，式 (9.110) 描述的这两个等效共振频率并没有实际意义。然而，根据这两个等效共振频率，可以得到边界自由矩形薄板弯曲振动的实际共振频率。由于矩形薄板的弯曲振动可以看作是由两个相互垂直的弯曲振动耦合而成，因此，矩形薄板弯曲振动的共振频率 f_{ij} 应该表示为上述两个分振动等效共振频率的矢量和，即

$$f_{ij} = (f_1^2 + f_2^2)^{1/2} \qquad (9.111)$$

(2) 位移分布。

根据上述分析，矩形薄板的弯曲振动是由两个等效的弯曲振动耦合而成，因此其弯曲振动位移可表示为这两个等效的弯曲振动位移的乘积：

$$\eta_{ij}(x,y) = \eta_i(x)\eta_j(y) \qquad (9.112)$$

$$\eta_i(x) = A_i\mathrm{ch}\,u + B_i\mathrm{sh}\,u + C_i\cos u + D_i\sin u \qquad (9.113)$$

$$\eta_j(y) = A_j\mathrm{ch}\,v + B_j\mathrm{sh}\,v + C_j\cos v + D_j\sin v \qquad (9.114)$$

式中，$u = \omega x/V_x = 2P(i)x/L$，$v = \omega y/V_y = 2Q(j)y/W$。从表面上看，式 (9.113) 和式 (9.114) 是相互独立的。然而实际上，它们是通过机械耦合系数相互联系的。当矩形薄板的边界自由时，式 (9.113)～式 (9.114) 可简化为

$$\eta_i(x) = A_i[\mathrm{ch}\,u + \cos u - P(\mathrm{sh}\,u + \sin u)] \qquad (9.115)$$

$$\eta_j(y) = A_j[\mathrm{ch}\,v + \cos v - Q(\mathrm{sh}\,v + \sin v)] \qquad (9.116)$$

$$\eta_{ij}(x,y) = A_iA_j[\mathrm{ch}\,u + \cos u - P(\mathrm{sh}\,u + \sin u)][\mathrm{ch}\,v + \cos v - Q(\mathrm{sh}\,v + \sin v)] \qquad (9.117)$$

式中，$P = \dfrac{\mathrm{sh}[2P(i)] - \sin[2P(i)]}{\mathrm{ch}[2P(i)] + \cos[2P(i)]}$，$Q = \dfrac{\mathrm{sh}[2Q(j)] - \sin[2Q(j)]}{\mathrm{ch}[2Q(j)] + \cos[2Q(j)]}$；$A_i$ 和 A_j 是待定常数。给定薄板的弯曲振动阶次，就可得出其位移分布函数。对于 $i \neq 0, j = 0$，其位移分布为

$$\eta_{i0}(x,y) = 2A_iA_j[\mathrm{ch}\,u + \cos u - P(\mathrm{sh}\,u + \sin u)] \qquad (9.118)$$

可以看出，由于 $u = 2P(i)x/L$，$\eta_{i0}(x,y)$ 仅依赖于 x。因此，对于这种振动模式，矩形板上只有平行于 y 轴的位移节线。

2) 边界固定矩形薄板的弯曲振动

根据细棒的弯曲振动理论，边界固定与边界自由细棒的共振频率方程相同。因此，对于边界固定矩形薄板的共振频率分析，可利用上面得到的有关公式。然而，其弯曲振动位移分布是不同的。由边界固定细棒弯曲振动的位移表达式，可得边界

固定矩形薄板的弯曲振动位移为

$$\eta_{ij}(x,y) = A_i A_j [\mathrm{ch}\,u - \cos u - P(\mathrm{sh}\,u - \sin u)][\mathrm{ch}\,v - \cos v - Q(\mathrm{sh}\,v - \sin v)] \quad (9.119)$$

式中，$P = \dfrac{\mathrm{ch}[2P(i)] - \cos[2P(i)]}{\mathrm{sh}[2P(i)] - \sin[2P(i)]}, Q = \dfrac{\mathrm{ch}[2Q(j)] - \cos[2Q(j)]}{\mathrm{sh}[2Q(j)] - \sin[2Q(j)]}$；$A_i$ 和 A_j 也是待定常数。

由式 (9.119) 可以看出，边界固定矩形薄板的弯曲振动位移分布与边界自由的情况相似，其位移节线也是分别平行于坐标轴的，平行于坐标轴的位移节线数为 $i+1$ 和 $j+1$，而且板的边界就是位移节线。

3) 边界简支矩形薄板的弯曲振动

对于边界简支的矩形薄板，可以精确得到满足边界条件的解析解：

$$\eta_{ij}(x,y) = A \sin \frac{i\pi x}{L} \sin \frac{j\pi y}{W} \quad (9.120)$$

式中，A 是待定常数。由此可导出边界简支矩形薄板的本征频率方程

$$\omega_{ij} = \pi^2 \left(\frac{i^2}{L^2} + \frac{j^2}{W^2} \right) \sqrt{\frac{D}{\bar{m}}} \quad (9.121)$$

式中，$\omega_{ij} = 2\pi f_{ij}$；$D = \dfrac{ET^3}{12(1-v^2)}$ 是薄板的弯曲刚度；$\bar{m} = \rho T$ 是薄板单位面积的质量。在这种情况下，板上共有 $i+1$ 和 $j+1$ 条节线。

2. 矩形薄板的振动模式分析

从上面的分析可以看出，弯曲振动的矩形薄板存在许多振动模式。在下面的分析中，将对一些特殊的振动模式进行研究。为节约篇幅，下面的分析仅限于边界自由的矩形板。至于其他边界条件的矩形薄板，其分析基本相似。

1) $L/W \to 0$

在这种情况下，矩形薄板变成了一个长为 W、宽度 L 很小的矩形截面细棒，此时可以得出

$$n = 0, \ E_x = 0, \ E_y = E \quad (9.122)$$

由此可得其共振频率为

$$f = 2CR_y Q^2(j)/(\pi W^2) \quad (9.123)$$

很显然，这正是根据初等弯曲振动理论得出的边界自由矩形截面细棒的共振频率。因此，矩形截面细棒的弯曲振动理论可以由本书理论直接得到，而其振动模式仅是矩形薄板在一定条件下的一种极限振动模式。

2) $L/W \to \infty$

在这种情况下，矩形薄板变成了一个长为 L、宽度 W 很小的矩形截面细棒，根

据相似的步骤可以得出

$$n = \infty, \quad E_x = E, \quad E_y = 0 \tag{9.124}$$

$$f = 2CR_x P^2(i)/(\pi L^2) \tag{9.125}$$

3) $i \neq 0, j = 0$

对于这种振动模式，弯曲振动矩形薄板仅存在平行于 y 轴的位移节线。根据其共振频率方程可以得到 $P(i) \neq 0, Q(j) = 0$。同时可得 $n = 1/\nu, E_x = E/(1-\nu^2)$，$E_y = \infty$。由此可得板的共振频率

$$f_{i0} = \frac{\pi T}{8L^2} \times \left[\frac{E}{12\rho(1-\nu^2)} \right]^{1/2} \times (2i+1)^2 \tag{9.126}$$

令 $C_D = [E/12\rho(1-\nu^2)]^{1/2}$，$N = i+1$，$N$ 是平行于 y 轴的位移节线数，式 (9.126) 可简化为

$$f_{i0} = \pi T C_D \left(N - \frac{1}{2} \right)^2 / (2L^2) \tag{9.127}$$

可以看出，式 (9.127) 与现有文献中得出的关于矩形薄板条纹模式振动的共振频率表达式完全相同。因此，矩形薄板的条纹振动模式是矩形薄板的特殊振动模式之一，可由本书理论直接得出。

4) $i = 0, j \neq 0$

利用相似的方法，$P(i) = 0, Q(j) \neq 0, n = \nu, E_x = \infty, E_y = E/(1-\nu^2)$，其共振频率为

$$f_{0j} = \pi T C_D (N - 1/2)^2 / (2W^2) \tag{9.128}$$

式中，$N = j+1$。对于这种情况，板上仅有平行于 x 轴的位移节线。

5) $i \neq 0, j \neq 0$

结合上述分析，可以看出，这是一种较复杂的振动模式。此时，板上存在相互垂直且平行于板边界的位移节线，其共振频率为

$$f_{ij} = \frac{2T}{\pi} \sqrt{\frac{E}{12\rho(1-\nu^2)}} \times \sqrt{\frac{P^4(i)}{L^4} + \frac{Q^4(j)}{W^4}} \tag{9.129}$$

由于板的振动阶次 i 和 j 可取任意正整数，因此板的共振频率很多，适合用作多频超声辐射器。

3. 实验

1) 弯曲振动矩形薄板的共振频率测试

根据上述得出的关于边界自由矩形薄板的弯曲振动理论，我们加工了一些不同尺寸的矩形薄板辐射器。板的材料为不锈钢，其材料参数分别为：$\nu = 0.28, E = $

$1.95 \times 10^{11} \mathrm{N/m^2}$，$\rho = 7.80 \times 10^3 \mathrm{kg/m^3}$。共振频率的测量采用声学技术中常用的发射-接收法，实验框图如图 9.16 所示，图中 FP 表示待测弯曲振动矩形薄板，发射换能器 ET 位于矩形板的一边。在板的另一边，用一支架将板支撑。为尽量满足自由边界的条件，在支架与板之间放置了海绵。接收换能器 RT 位于板的另一边上面。另外，在本实验中，发射换能器也充当另一个支架的作用。为保证频率的测量精度，发射换能器和接收换能器与板的接触点应尽量小，以保证点接触。另外接收换能器应尽量小，以减少对板的负载作用。另一方面，实验用的发射换能器和接收换能器的共振频率应远高于待测矩形板的共振频率，以保证在频率测试范围内，发射换能器和接收换能器的频率响应尽量平坦。实验中，在保证信号发生器输出信号基本不变的情况下，改变信号的频率，当接收换能器的输出达到最大时，对应的发生器输出信号的频率就是待测矩形薄板的共振频率。待测矩形薄板的几何尺寸、理论计算及测试频率如表 9.12 所示。其中 f 和 f_m 分别是理论计算和实验测量频率，$\Delta = \left| f - f_m \right| / f_m$。关于误差来源，主要有以下几个方面：①测试过程中矩形板的边界并非完全自由；②板的实际材料参数与标称值有差异；③对于矩形薄板来说，接收换能器是一个负载，它将对频率的测试结果产生影响。

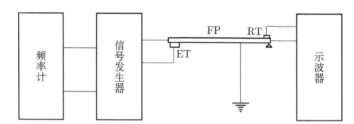

图 9.16　矩形薄板共振频率的测试框图

表 9.12　矩形薄板共振频率的理论计算及测试结果

模式 (i, j)	L/mm	W/mm	T/mm	f/Hz	f_m/Hz	Δ/%
(10, 0)	200	80	3	19528	19117	2.15
(0, 4)	200	80	3	22418	21789	2.89
(9, 3)	200	80	3	20963	20257	3.49
(13, 0)	250	100	3	20660	19972	3.44
(0, 5)	250	100	3	21433	20876	2.67
(11, 4)	250	100	3	20751	20113	3.17
(15, 0)	240	120	2	19702	19218	2.52
(0, 8)	240	120	2	23699	22892	3.53
(13, 6)	240	120	2	20382	19616	3.90

2) 弯曲振动矩形薄板位移分布的实验观察

为了研究弯曲振动矩形薄板在大功率情况下的振动特性, 在板的中心连接一纵向夹心式振动换能器, 并在板的辐射面上撒一些粉末。当纵向换能器的共振频率与板的某一阶振动模式的频率一致时, 板产生共振, 其位移振幅最大。在板的振动过程中, 粉末将集中在振动位移的节线上。因此, 粉末的分布图案就是板的位移节线分布图。通过观察发现, 矩形薄板位移分布的计算结果与实验观察结果完全一致。

4. 小结

上文研究了不同边界条件下矩形薄板的弯曲振动, 得出了边界自由及固定条件下矩形薄板弯曲振动方程的解析解, 并得出了其共振频率方程的解析表达式及位移分布。分析表明, 矩形薄板存在许多弯曲振动模式, 并且具有辐射面积大、辐射阻抗低、易于与空气介质匹配等优点, 可望在气体中的超声检测及处理等技术中获得应用。

9.5 压电陶瓷片与金属盘 (等厚度) 组成的弯曲振动换能器

本节主要研究双叠片式复合圆盘弯曲振动换能器, 该换能器由一个压电陶瓷片和一个金属盘黏结而成, 与传统的三叠片式弯曲振动换能器相比, 该换能器具有体积小、结构简单、易于密封等优点。基于薄圆板的自由弯曲振动理论, 本节对双叠片式复合圆盘弯曲振动换能器进行理论分析, 得到了在电压策动下的复合圆盘弯曲振动换能器的弯曲振动微分方程, 根据方程的解和边界条件, 建立了在自由边界条件、简支边界条件和固定边界条件下的串联共振频率方程; 保持其他参数不变, 改变金属盘厚度与复合换能器总厚度的比值, 分析了复合圆盘弯曲振动换能器共振频率随金属盘直径的变化规律; 利用有限元分析软件 COMSOL 计算复合圆盘弯曲振动换能器在自由边界条件和固定边界条件下的共振频率, 将仿真结果与理论计算结果进行对比, 进行了误差分析。

9.5.1 运动方程

图 9.17 是复合圆盘弯曲振动换能器系统的几何模型, 其上层是压电陶瓷片, 通过压电陶瓷片的径向振动从而强迫下方的金属盘发生弯曲振动, 该模型也可称为带衬环的单层压电片。其中 α 为金属盘厚度与复合板总厚度的比值, β 为压电陶瓷片直径与金属盘直径的比值。

考虑复合换能器的轴对称弯曲振动, 令换能器的振动圆频率为 ω, 则复合圆盘的张力 N_i 和弯矩 M_i 可以用参考面上的纵向位移 u_1 和横向位移 w_1 以及电压 V 表示为

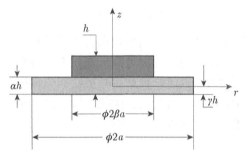

图 9.17　复合圆盘弯曲振动换能器的几何模型

$$
\begin{bmatrix} N_1 \\ N_2 \\ N_3 \\ N_4 \end{bmatrix} = \begin{bmatrix} A_{11} & A_{12} & B_{11} & B_{12} \\ A_{12} & A_{11} & B_{12} & B_{11} \\ B_{11} & B_{12} & D_{11} & D_{12} \\ B_{12} & B_{11} & D_{12} & D_{11} \end{bmatrix} \begin{bmatrix} \dfrac{\mathrm{d}u_1}{\mathrm{d}r} \\[2mm] \dfrac{1}{r}u_1 \\[2mm] -\dfrac{\mathrm{d}^2 w_1}{\mathrm{d}r^2} \\[2mm] -\dfrac{1}{r}\dfrac{\mathrm{d}w_1}{\mathrm{d}r} \end{bmatrix} + \begin{bmatrix} Q_1 \\ Q_1 \\ Q_2 \\ Q_2 \end{bmatrix} V \tag{9.130}
$$

其中，$A_{12}=A_{21}$，$B_{12}=B_{21}$，$D_{12}=D_{21}$，且 A_{ij}、B_{ij}、D_{ij} 和 Q_i 的表达式为

$$
A_{11} = \frac{E\alpha h}{1-\nu^2} + h(1-\alpha)\left[\frac{1}{s_{11}^{\mathrm{D}}(1-\mu^2)} - \frac{k_{\mathrm{p}}^2}{2s_{11}^{\mathrm{D}}(1-\mu)}\right]
$$

$$
A_{12} = \frac{E\alpha h}{1-\nu^2}\nu + h(1-\alpha)\left[\frac{\sigma}{s_{11}^{\mathrm{D}}(1-\mu^2)} - \frac{k_{\mathrm{p}}^2}{2s_{11}^{\mathrm{D}}(1-\mu)}\right]
$$

$$
B_{11} = \frac{Eh^2(\alpha-2\gamma)\alpha}{2(1-\nu^2)} + \frac{1}{2}h^2(1-\alpha)(1+\alpha-2\gamma)\cdot\left[\frac{1}{s_{11}^{\mathrm{D}}(1-\mu^2)} - \frac{k_{\mathrm{p}}^2}{2s_{11}^{\mathrm{D}}(1-\mu)}\right]
$$

$$
B_{12} = \frac{Eh^2(\alpha-2\gamma)\alpha}{2(1-\nu^2)}\nu + \frac{1}{2}h^2(1-\alpha)(1+\alpha-2\gamma)\cdot\left[\frac{\sigma}{s_{11}^{\mathrm{D}}(1-\mu^2)} - \frac{k_{\mathrm{p}}^2}{2s_{11}^{\mathrm{D}}(1-\mu)}\right]
$$

$$
D_{11} = \frac{Eh\left[(\alpha-\gamma)^3+\gamma^3\right]}{3(1-\nu^2)} + \frac{h^3\left[(1-\gamma)^3-(\alpha-\gamma)^3\right]}{3s_{11}^{\mathrm{D}}(1-\mu^2)} - \frac{h^3(1-\alpha)(1+\alpha-2\gamma)^2 k_{\mathrm{p}}^2}{8s_{11}^{\mathrm{D}}(1-\mu)}
$$

$$
D_{12} = \frac{Eh\left[(\alpha-\gamma)^3+\gamma^3\right]\nu}{3(1-\nu^2)} + \frac{h^3\left[(1-\gamma)^3-(\alpha-\gamma)^3\right]\mu}{3s_{11}^{\mathrm{D}}(1-\mu^2)} - \frac{h^3(1-\alpha)(1+\alpha-2\gamma)^2 k_{\mathrm{p}}^2}{8s_{11}^{\mathrm{D}}(1-\mu)}
$$

$$
Q_1 = g_{33}\big/\left[s_{11}^{\mathrm{D}}(1-\mu)\beta_{33}^{\mathrm{S}}\right], \quad Q_2 = g_{31}h(1+\alpha-2\gamma)\big/\left[2s_{11}^{\mathrm{D}}(1-\mu)\beta_{33}^{\mathrm{S}}\right]
$$

式中，E 和 ν 分别表示金属盘的杨氏模量和泊松比；s_{11}^{D} 和 μ 分别表示压电陶瓷片的

常电位移下的弹性柔顺常数和泊松比, 其中 $s_{11}^{D} = s_{11}^{E} - d_{31}^{2}/\xi$; k_{p} 和 g_{31} 分别表示压电陶瓷片的平面耦合系数和压电常数, $k_{\mathrm{p}}^{2} = 2d_{31}^{2}/(1-\mu)\xi s_{11}^{\mathrm{e}}$, $\beta_{33}^{\mathrm{S}} = \left[\varepsilon_{33}^{\mathrm{T}}(1-k_{\mathrm{p}}^{2}) \right]^{-1}$, 这里 $\varepsilon_{33}^{\mathrm{T}}$ 是常应力下的介电常数。忽略转动惯性的影响, 将式 (9.130) 代入薄圆盘弯曲振动的动力学方程中, 即可得到在参考面上用位移表示的无衬环单层压电片运动微分方程为

$$
A_{11}\left(\frac{\mathrm{d}^2 u_1}{\mathrm{d}r^2} + \frac{1}{r}\frac{\mathrm{d}u_1}{\mathrm{d}r} - \frac{1}{r^2}u_1 \right) + R_0\omega^2 u_1 - B_{11}\left(\frac{\mathrm{d}^3 w_1}{\mathrm{d}r^3} + \frac{1}{r}\frac{\mathrm{d}^2 w_1}{\mathrm{d}r^2} - \frac{1}{r^2}\frac{\mathrm{d}w_1}{\mathrm{d}r} \right)
$$

$$
-R_1\omega^2 \frac{\mathrm{d}w_1}{\mathrm{d}r} = 0 \tag{9.131}
$$

$$
B_{11}\left(\frac{\mathrm{d}^3 u_1}{\mathrm{d}r^3} + \frac{2}{r}\frac{\mathrm{d}^2 u_1}{\mathrm{d}r^2} - \frac{1}{r^2}\frac{\mathrm{d}u_1}{\mathrm{d}r} + \frac{1}{r^3}u_1 \right) + \omega^2 R_1\left(\frac{\mathrm{d}u_1}{\mathrm{d}r} + \frac{1}{r}u_1 \right)
$$

$$
-D_{11}\Delta^2 w_1 + \omega^2 R_0 w_1 = 0 \tag{9.132}
$$

其中, ρ 和 ρ_{m} 分别表示压电陶瓷片和金属盘的密度; R_0 和 R_1 分别代表平动惯性和耦合惯性, 它们的表达式为

$$
R_0 = h\left[\alpha\rho_{\mathrm{m}} + (1-\alpha)\rho \right] \tag{9.133}
$$

$$
R_1 = \frac{1}{2}h^2\left[\alpha\rho_{\mathrm{m}}(\alpha - 2\gamma) + (1+\alpha-2\gamma)(1-\alpha)\rho \right] \tag{9.134}
$$

9.5.2 边界条件

由于在建立换能器的运动微分方程时将系统分成两部分来研究, 因此在后续计算中也把系统分成两部分, 其中一部分是中间的两层复合板, 另一部分是周围的环形板。为了方便给出两部分的边界条件和连接条件, 需要将这两部分的参考平面选择在同一平面上。首先选择环板的中心平面作为复合圆盘弯曲振动换能器的参考平面, 这样在环板运动微分方程和边界条件中就可以忽略拉伸和弯曲运动的耦合影响。在弯曲振动频率较低时可以忽略环形板中面由伸张运动造成的影响, 此时只考虑环形板的弯曲运动。由于复合板与环形板的参考平面需在同一个平面上, 因此选取 $\gamma = \alpha/2$ 作为系统的参考平面。

在系统的两部分连接处 $(r = \beta a)$, 板的横向位移、转角、弯矩、剪力和张力需要满足相等的条件。而在系统的边缘处 $(r = a)$, 有三种边界条件: 自由边界、简支边界和固定边界条件。因此有如下方程:

$$
w_1 = w_2, \quad \frac{\mathrm{d}w_1}{\mathrm{d}r} = \frac{\mathrm{d}w_2}{\mathrm{d}r} \tag{9.135}
$$

$$
B_{11}\frac{\mathrm{d}u_1}{\mathrm{d}r} + B_{12}\frac{1}{r}u_1 - D_{11}\frac{\mathrm{d}^2 w_1}{\mathrm{d}r^2} - D_{12}\frac{1}{r}\frac{\mathrm{d}w_1}{\mathrm{d}r} + Q_2 V = -D_{\mathrm{m}}\left(\frac{\mathrm{d}^2 w_2}{\mathrm{d}r^2} + \frac{\nu}{r}\frac{\mathrm{d}w_2}{\mathrm{d}r} \right) \tag{9.136}
$$

$$B_{11}\left(\frac{\mathrm{d}^2u_1}{\mathrm{d}r^2}+\frac{1}{r}\frac{\mathrm{d}u_1}{\mathrm{d}r}-\frac{1}{r^2}u_1\right)-D_{11}\left(\frac{\mathrm{d}^3w_1}{\mathrm{d}r^3}+\frac{1}{r}\frac{\mathrm{d}^2w_1}{\mathrm{d}r^2}-\frac{1}{r^2}\frac{\mathrm{d}w_1}{\mathrm{d}r}\right)$$
$$=-D_{\mathrm{m}}\left(\frac{\mathrm{d}^3w_2}{\mathrm{d}r^3}+\frac{1}{r}\frac{\mathrm{d}^2w_2}{\mathrm{d}r^2}-\frac{1}{r^2}\frac{\mathrm{d}w_2}{\mathrm{d}r}\right) \tag{9.137}$$

$$A_{11}\frac{\mathrm{d}u_1}{\mathrm{d}r}+A_{12}\frac{1}{r}u_1-B_{11}\frac{\mathrm{d}^2w_1}{\mathrm{d}r^2}-B_{12}\frac{1}{r}\frac{\mathrm{d}w_1}{\mathrm{d}r}+Q_1V=0 \tag{9.138}$$

其中，$D_{\mathrm{m}}=E(\alpha h)^3/\left[12(1-\nu^2)\right]$；$w_2$ 代表环形板的横向弯曲挠度。

在系统的边界处 $(r=a)$ 有自由边界条件，此时需满足金属盘弯矩和剪应力为零，即

$$\frac{\mathrm{d}^2w_2}{\mathrm{d}r^2}+\frac{\nu}{r}\frac{\mathrm{d}w_2}{\mathrm{d}r}=0 \tag{9.139}$$

$$\frac{\mathrm{d}^3w_2}{\mathrm{d}r^3}+\frac{1}{r}\frac{\mathrm{d}^2w_2}{\mathrm{d}r^2}-\frac{1}{r^2}\frac{\mathrm{d}w_2}{\mathrm{d}r}=0 \tag{9.140}$$

在简支边界条件下，需满足金属盘横向位移和弯矩为零，即

$$w_2=0 \tag{9.141}$$

$$\frac{\mathrm{d}^2w_2}{\mathrm{d}r^2}+\frac{\nu}{r}\frac{\mathrm{d}w_2}{\mathrm{d}r}=0 \tag{9.142}$$

在固定边界条件下，需满足金属盘横向位移和位移斜率为零，即

$$w_2=0 \tag{9.143}$$

$$\mathrm{d}w_2/\mathrm{d}r=0 \tag{9.144}$$

9.5.3　频率方程

根据 Stanvsky 和 Loewy 所描述的方法，无衬环 Unimorph 的运动方程的解可以用贝塞尔函数表示：

$$w_1=A_1\mathrm{J}_0(\mu_1r)+A_2\mathrm{J}_0(\mu_2r)+A_3\mathrm{I}_0(m_3r) \tag{9.145}$$

$$u_1=A_1\mu_1V_1\mathrm{J}_1(\mu_1r)+A_2\mu_2V_2\mathrm{J}_1(\mu_2r)-A_3m_3V_3\mathrm{I}_1(m_3r) \tag{9.146}$$

其中，J_0 和 J_1 分别是零阶和一阶柱贝塞尔函数；I_0 和 I_1 分别为零阶和一阶虚宗量贝塞尔函数；$\mu_1=\sqrt{t_1}, \mu_2=\sqrt{t_2}$ 和 $m_3=\sqrt{|t_3|}$，而 t_1、t_2 和 t_3 可以由以下方程求解得到：

$$a_0t^3+a_1t^2+a_2t+a_3=0 \tag{9.147}$$

式中，$a_0=1-bd$，$a_1=d\eta_1^2+b\eta_2^2-\xi_1^2$，$a_2=-\left[\xi_2^4+\eta_1^2\eta_2^2\right]$，$a_3=\xi_1^2\xi_2^4$，这里 $b=B_{11}/A_{11}$，$d=B_{11}/D_{11}$，$\eta_1^2=R_1\omega^2/A_{11}$，$\eta_2^2=R_1\omega^2/D_{11}$，$\xi_1^2=R_0\omega^2/A_{11}$，

$\xi_2^4 = R_0\omega^2/D_{11}$ 。 而 $V_1 = (b\mu_1^2 - \eta_1^2)/(\xi_1^2 - \mu_1^2)$, $V_2 = (b\mu_2^2 - \eta_1^2)/(\xi_1^2 - \mu_2^2)$, $V_3 = -(bm_3^2 + \eta_1^2)/(\xi_1^2 + m_3^2)$ 。

环形板的横向位移表达式为

$$w_2 = A_4 J_0(k_2 r) + A_5 I_0(k_2 r) + A_6 Y_0(k_2 r) + A_7 K_0(k_2 r) \tag{9.148}$$

其中， Y_0 和 K_0 分别是第二类零阶贝塞尔函数和零阶修正贝塞尔函数，其中，

$$k_2^4 = R_m\omega^2/D_m \tag{9.149}$$

$$R_m = \rho_m h a \tag{9.150}$$

将 Unimorph 的位移表达式 (9.145) 和式 (9.146)，以及环形板的位移表达式 (9.148) 代入边界条件中，即可得到在不同的边界条件下，系数 A_i 的线性方程组：

$$(a_{ij})(A_i) = (c_i), \quad i,j = 1,2,3,\cdots,7 \tag{9.151}$$

在自由边界条件下， a_{ij} 的表达式为

$$a_{11} = a_{12} = a_{13} = 0, \quad a_{14} = (1-\nu)J_1(k_2 a)/(k_2 a) - J_0(k_2 a)$$

$$a_{15} = I_0(k_2 a) - (1-\nu)I_1(k_2 a)/(k_2 a), \quad a_{16} = (1-\nu)Y_1(k_2 a)/(k_2 a) - Y_0(k_2 a)$$

$$a_{17} = (1-\nu)K_1(k_2 a)/(k_2 a) + K_0(k_2 a), \quad a_{21} = a_{22} = a_{23} = 0$$

$$a_{24} = J_1(k_2 a), \quad a_{25} = I_1(k_2 a), \quad a_{26} = Y_1(k_2 a), \quad a_{27} = -K_1(k_2 a)$$

$$a_{31} = -J_0(\mu_1\beta a), \quad a_{32} = -J_0(\mu_2\beta a), \quad a_{33} = -I_0(m_3\beta a)$$

$$a_{34} = J_0(k_2\beta a), \quad a_{35} = I_0(k_2\beta a), \quad a_{36} = Y_0(k_2\beta a)$$

$$a_{37} = K_0(k_2\beta a), \quad a_{41} = -\mu_1 J_1(\mu_1\beta a)/k_2, \quad a_{42} = -\mu_2 J_1(\mu_2\beta a)/k_2$$

$$a_{43} = m_3 I_1(m_3\beta a)/k_2, \quad a_{44} = J_1(k_2\beta a), \quad a_{45} = -I_1(k_2\beta a)$$

$$a_{46} = Y_1(k_2\beta a), \quad a_{47} = K_1(k_2\beta a)$$

$$a_{51} = \mu_1^2/(D_m k_2^2)\Big\{(B_{11}V_1 + D_{11})J_0(\mu_1\beta a) - \big[V_1(B_{11}-B_{12}) + (D_{11}-D_{12})\big]J_1(\mu_1\beta a)/\mu_1\beta a\Big\}$$

$$a_{52} = \mu_1^2/(D_m k_2^2)\Big\{(B_{11}V_1 + D_{11})J_0(\mu_2\beta a) - \big[V_2(B_{11}-B_{12}) + (D_{11}-D_{12})\big]J_1(\mu_2\beta a)/\mu_2\beta a\Big\}$$

$$a_{53} = m_3^2/(D_m k_2^2)\Big\{(B_{11}V_3 + D_{11})I_0(m_3\beta a) - \big[V_3(B_{11}-B_{12}) + (D_{11}-D_{12})\big]I_1(m_3\beta a)/m_3\beta a\Big\}$$

$$a_{54} = -J_0(k_2\beta a) + (1-\nu)J_1(k_2\beta a)/(k_2\beta a)$$

$$a_{55} = -(1-\nu)I_1(k_2\beta a)/(k_2\beta a) + I_0(k_2\beta a)$$

$$a_{56} = Y_0(k_2\beta a) + (1-\nu)Y_1(k_2\beta a)/(k_2\beta a), \quad a_{57} = K_0(k_2\beta a) + (1-\nu)K_1(k_2\beta a)/(k_2\beta a)$$

$$a_{61} = -\mu_1^3/(D_m k_2^3)(B_{11}V_1 - D_{11})J_1(\mu_1\beta a), \quad a_{62} = -\mu_2^3/(D_m k_2^3)\left(B_{11}V_2 - D_{11}\right)J_1(\mu_2\beta a)$$

$$a_{63} = -m_3^3/(D_m k_2^3)\left(B_{11}V_3 - D_{11}\right)I_1(m_3\beta a), \quad a_{64} = J_1(k_2\beta a), \quad a_{65} = I_1(k_2\beta a)$$

$$a_{66} = Y_1(k_2\beta a), \quad a_{67} = -K_1(k_2\beta a)$$

$$a_{71} = \mu_1^2\left\{(A_{11}V_1 + B_{11})J_0(\mu_1\beta a) - \left[V_1(A_{11} - A_{12}) + (B_{11} - B_{12})\right]J_1(\mu_1\beta a)/\mu_1\beta a\right\}$$

$$a_{72} = \mu_2^2\left\{(A_{11}V_2 + B_{11})J_0(\mu_2\beta a) - \left[V_2(A_{11} - A_{12}) + (B_{11} - B_{12})\right]J_1(\mu_2\beta a)/\mu_2\beta a\right\}$$

$$a_{73} = -m_3^2\left\{(A_{11}V_3 + B_{11})I_0(m_3\beta a) - \left[V_3(A_{11} - A_{12}) + (B_{11} - B_{12})\right]I_1(m_3\beta a)/m_3\beta a\right\}$$

$$a_{74} = a_{75} = a_{76} = a_{77} = 0, \quad c_1 = c_2 = c_3 = c_4 = c_6 = 0, \quad c_5 = -Q_2V, \quad c_7 = -Q_1V$$

令式 (9.151) 的系数行列式为零，可以得到自由边界条件下的共振频率方程：

$$\left|a_{ij}\right| = 0 \tag{9.152}$$

在保持行列式其他元素不变的前提下，只需把行列式中的元素 a_{14}、a_{15}、a_{16}、a_{17} 和 a_{24}、a_{25}、a_{26}、a_{27} 变为

$$a_{14} = J_0(k_2a), \quad a_{15} = I_0(k_2a), \quad a_{16} = Y_0(k_2a), \quad a_{17} = K_0(k_2a)$$

$$a_{24} = (1-\nu)J_1(k_2a)/(k_2a) - J_0(k_2a), \quad a_{25} = I_0(k_2a) - (1-\nu)I_1(k_2a)/(k_2a)$$

$$a_{26} = (1-\nu)Y_1(k_2a)/(k_2a) - Y_0(k_2a), \quad a_{27} = (1-\nu)K_1(k_2a)/(k_2a) + K_0(k_2a)$$

就可以得到简支边界条件下的串联共振频率方程。同样可以得到固定边界条件下的共振频率方程，在保持行列式其他元素不变的前提下，只需要将简支边界条件下行列式元素中 a_{24}、a_{25}、a_{26} 和 a_{27} 变成

$$a_{24} = -J_1(k_2a), \quad a_{25} = -I_1(k_2a), \quad a_{26} = -Y_1(k_2a), \quad a_{27} = -K_1(k_2a)$$

9.5.4 数值计算及模拟仿真结果

我们设计了一个复合圆盘弯曲振动换能器，然后利用 MATLAB 计算软件，计算出该换能器在不同边界条件下的解析值，并且利用有限元仿真软件 COMSOL 得到对应的仿真值，将两种结果进行对比分析。复合圆盘弯曲振动换能器是由一片 PZT-4 压电陶瓷片和一片铝板构成的，其中压电陶瓷片直径为 30mm，复合板的厚度 4mm，铝板厚度 1mm，此时 $\alpha = 1/4$。为了增加数据的普遍性，另一复合板的厚度为 7.5mm，铝板厚度为 2.5mm，此时 $\alpha = 1/3$。PZT-4 压电陶瓷片的其他参数是 $\rho = 7.5\times10^3\,\mathrm{kg/m^3}$，$s_{11}^D = 1.1\times10^{-11}\,\mathrm{m^2/N}$，$\mu = 0.33$，$k_p = 0.565$。铝板的参数是 $\rho_m = 2.7\times10^3\,\mathrm{kg/m^3}$，$E = 7\times10^{10}\,\mathrm{N\cdot m^2}$，$\nu = 0.33$。保持其他参数不变，改变铝板的直径，得到在自由边界条件下换能器共振频率的理论值和仿真值。图 9.18 和

图 9.19 分别是 $\alpha = 1/4$ 和 $\alpha = 1/3$ 时改变铝板直径得出的结果。从图中可以看出，随着铝板直径的增大，复合圆盘弯曲振动换能器的共振频率减小，而且共振频率的减小速度越来越缓慢。并且，当 $\alpha = 1/3$ 时，铝板直径为 56mm，理论值与仿真值最为接近，此时理论误差为 0.5%；当 $\alpha = 1/4$ 时，铝板直径为 60mm，理论值与仿真值最为接近，此时理论误差为 1.1%。

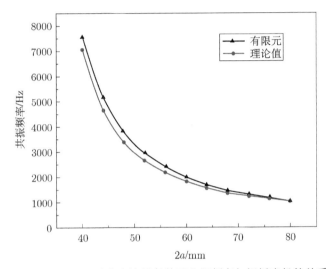

图 9.18 $\alpha = 1/4$ 时自由边界条件下共振频率与铝板直径的关系

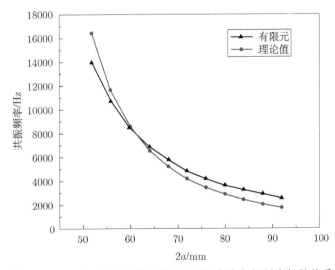

图 9.19 $\alpha = 1/3$ 时自由边界条件下共振频率与铝板直径的关系

同样，保持其他参数不变，计算出在固定边界条件下，复合圆盘弯曲振动换能器共振频率的理论值和有限元仿真值随铝板直径的变化曲线如图 9.20 和图 9.21 所示。可以看出随着铝板直径的增大，铝板的共振频率减小，且减小的速度逐渐变慢；另外，随着共振频率的减小，误差也在逐渐减小；当 $\alpha = 1/4$，铝板直径为 80mm 时，误差最小为 1.6%；当 $\alpha = 1/3$，铝板直径为 80mm 时，误差最小为 0.9%。

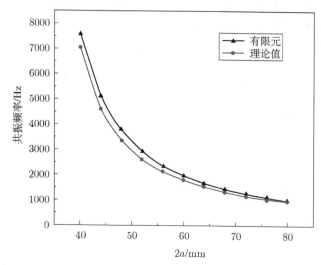

图 9.20　$\alpha = 1/4$ 时固定边界条件下的共振频率与铝板直径的关系

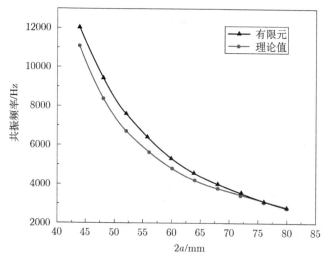

图 9.21　$\alpha = 1/3$ 时固定边界条件下的共振频率与铝板直径的关系

　　对比四幅图可以得知，在低频范围内，理论值的结果与仿真值较为接近；在高频范围内，两种结果相差较大，误差的主要原因在于理论计算时采用了大量的近似，在高频范围时不再适用。因此本研究方法只适用于低频范围内的复合圆盘弯曲振动换能器的分析。

9.5.5 本节小结

本节对由压电陶瓷片和金属盘构成的复合圆盘弯曲振动换能器进行了研究, 得到以下结论。

(1) 利用哈密顿原理, 基于薄圆盘弯曲振动理论和圆环弯曲振动理论, 对复合圆盘弯曲振动换能器进行了理论分析, 得到了复合圆盘弯曲振动换能器的运动微分方程、Unimorph 和金属环形板的位移函数表达式, 利用连续性条件和边界条件, 得到在自由边界、简支边界和固定边界条件下的共振频率方程。

(2) 利用 MATLAB 计算软件和有限元仿真软件 COMSOL 对复合圆盘弯曲振动换能器进行了具体的数值计算。分别讨论了复合圆盘弯曲振动换能器在自由边界和固定边界条件下, 当 $\alpha = 1/4$ 和 $\alpha = 1/3$ 时, 保持其他参数不变, 不同尺寸的铝板直径与换能器共振频率之间的关系, 即随着铝板直径的增大, 复合圆盘弯曲振动换能器的共振频率减小; 同时对仿真值和理论值进行对比发现, 当 $\alpha = 1/4$ 时, 理论值和仿真值更为接近, 且在低频情况下, 理论值和仿真值较为吻合。

9.6 均匀厚度复合圆盘弯曲振动换能器的优化设计

在 9.5 节中, 我们给出了换能器在自由边界条件下的串联共振频率方程, 将其中部分元素替换就可以得出简支边界条件和固定边界条件下的频率方程, 该方程是一个 7 阶方阵, 其中含有贝塞尔函数, 不便于换能器的实际设计。另外我们知道对于某个特定的频率, 满足条件的压电振子的半径和厚度有多种不同的设计方案。

基于 9.5 节关于复合圆盘弯曲振动换能器的理论研究, 本节利用 COMSOL 有限元仿真软件对均匀厚度复合圆盘弯曲振动换能器进行了优化设计, 得到了自由边界条件下最佳性能的双叠片式复合圆盘弯曲振动换能器的参数, 分析了该换能器的共振频率、反共振频率和有效机电耦合系数与换能器金属盘和压电陶瓷片尺寸之间的关系; 利用仿真软件的流固耦合模块, 得到了其一阶、二阶振动模态的空中声场分布及声压; 研究了均匀厚度复合圆盘弯曲振动换能器在空气域中的发射电压响应, 分析了换能器金属盘和压电陶瓷片尺寸对换能器发射电压响应的影响; 最后, 设计并加工了一个均匀厚度复合圆盘弯曲振动换能器, 利用阻抗分析仪测试了其频率响应曲线及共振频率、反共振频率, 并将测试结果与仿真结果进行对比; 利用激光测振仪测试了换能器在一阶共振频率下的弯曲振动模态, 并将测试结果与仿真结果进行对比。

9.6.1 均匀厚度复合圆盘弯曲振动换能器振动特性的数值模拟

本节研究了压电陶瓷片驱动的复合圆盘弯曲振动换能器在不同情况下的尺寸变化与换能器共振频率、反共振频率以及有效机电耦合系数之间的关系, 以满足不同弯曲振动换能器的应用需求。有效机电耦合系数是用于衡量压电振子机械能和电能之间相互耦合和转换强度的物理量。超声换能器的有效机电耦合系数是综合反映换能器性能的重要指标，在科研和生产中备受关注。

超声换能器的有效机电耦合系数不仅取决于材料的性质，而且还与换能器的振动模式密切相关。例如，对于压电陶瓷材料沿长度方向极化的细长棒，其机电耦合系数为 K_{33}；而对于沿厚度方向极化的压电陶瓷薄圆盘，其机电耦合系数为 K_{t}；径向振动模式的机电耦合系数为 K_{P}。在实际应用中，有效机电耦合系数的定义为

$$K_{\mathrm{eff}}^2 = \frac{f_{\mathrm{a}}^2 - f_{\mathrm{r}}^2}{f_{\mathrm{a}}^2} \tag{9.153}$$

其中，f_{r} 代表换能器的共振频率；f_{a} 代表换能器的反共振频率。

1. 模态分析

利用 COMSOL 软件对均匀厚度复合圆盘弯曲振动换能器进行建模，压电陶瓷片选用厚度极化的 PZT-4 材料，而金属盘则采用铝。表 9.13 中列出了 PZT-4 和铝的标准参数。令金属盘厚度 $\alpha h = 3.2\,\mathrm{mm}$，金属盘直径 $2a = 45\,\mathrm{mm}$，压电陶瓷片厚度 $h_{\mathrm{p}} = 8.2\,\mathrm{mm}$，压电陶瓷片直径 $2a_{\mathrm{p}} = 30\,\mathrm{mm}$。在压电陶瓷片上下表面施加交流电压，仿真得到复合圆盘弯曲振动换能器的前两阶弯曲振动模态，如图 9.22 所示。

表 9.13   压电陶瓷和金属材料的标准参数

参数		值
PZT-4	ρ	$7500\,\mathrm{kg/m^3}$
	s_n^{E}	$1.231 \times 10^{-11}\,\mathrm{m^2/N}$
	s_{12}^{E}	$-4.05 \times 10^{-12}\,\mathrm{m^2/N}$
	s_{13}^{E}	$-5.31 \times 10^{-12}\,\mathrm{m^2/N}$
	s_{33}	$1.55 \times 10^{-11}\,\mathrm{m^2/N}$
	d_{31}	$-1.23 \times 10^{-10}\,\mathrm{C/N}$
	d_{33}	$2.89 \times 10^{-10}\,\mathrm{C/N}$
	$\varepsilon_{33}^{\mathrm{T}}/\varepsilon_0$	1300
	ε_0	$8.854 \times 10^{-12}\,\mathrm{F/m}$
铝	ρ_{Al}	$2700\,\mathrm{kg/m^3}$
	ν	0.33
	E_{Al}	$7.0 \times 10^{10}\,\mathrm{N/m^2}$

由图 9.22 可以看出，压电陶瓷片激励的复合圆盘弯曲振动换能器的一阶共振频率为 26.836kHz，压电陶瓷片的径向振动带动金属盘做弯曲振动，此时金属盘为一阶弯曲振动模态。换能器的二阶共振频率为 54.671kHz。

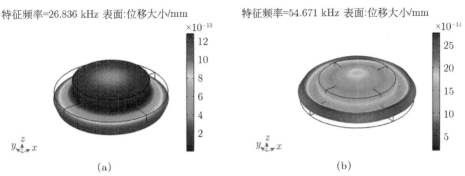

图 9.22 均匀厚度复合圆盘弯曲振动换能器的振动模态 (扫描封底二维码可见彩图)

(a) 一阶振动模态；(b) 二阶振动模态

2. 金属盘的尺寸对换能器性能参数的影响

为了探究复合圆盘弯曲振动换能器的有效机电耦合系数、共振及反共振频率与金属盘直径之间的关系，保持其他尺寸不变，改变金属盘的直径。令压电陶瓷片厚度为 5mm，直径为 30mm，金属盘厚度为 3.2mm。利用有限元仿真软件仿真了均匀厚度复合圆盘弯曲振动换能器在自由边界条件下的共振频率、反共振频率随着金属盘直径的变化规律，接着得到换能器共振、反共振频率及有效机电耦合系数与金属盘直径的关系，如图 9.23 和图 9.24 所示。

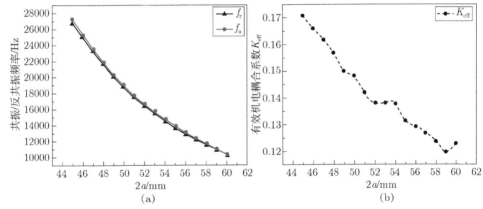

图 9.23 金属盘直径对一阶振动模态下换能器参数的影响

(a) 共振/反共振频率；(b) 有效机电耦合系数

从图 9.23(a) 可以看出，当金属盘直径的逐渐增大时，复合圆盘弯曲振动换能器的一阶共振和反共振频率都逐渐减小。

由图 9.23(b) 可以看出，当复合圆盘弯曲振动换能器的金属盘直径增大时，其一阶有效机电耦合系数总体上减少。

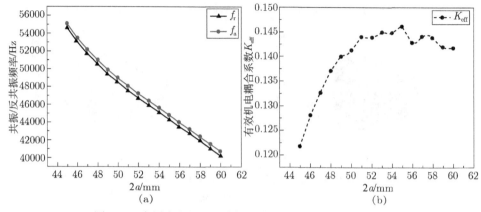

图 9.24　金属盘直径对二阶振动模态下换能器参数的影响

(a) 共振/反共振频率；(b) 有效机电耦合系数

图 9.24(a) 是复合圆盘弯曲振动换能器的二阶共振/反共振频率与金属盘直径之间的关系图。当金属盘直径的逐渐增大时，复合圆盘弯曲振动换能器的二阶共振/反共振频率减小。

换能器的二阶有效机电耦合系数与金属盘直径之间的关系如图 9.24(b) 所示。可以看出，复合圆盘弯曲振动换能器的二阶有效机电耦合系数随着金属盘直径的增大呈现增长的趋势。

除了金属盘的直径以外，金属盘的厚度对换能器的影响也值得考虑。令压电陶瓷片厚度为 5mm，压电陶瓷片直径为 30mm，金属盘直径为 45mm，保持其他参数不变，改变金属盘的厚度，利用有限元仿真软件研究了复合换能器在自由边界条件下的共振/反共振频率随着金属盘直径的变化规律，得到了换能器金属盘厚度 αh 对其一阶共振/反共振频率以及有效机电耦合系数的影响，如图 9.25 所示；金属盘厚度 αh 对其二阶共振/反共振频率以及有效机电耦合系数的影响，如图 9.26 所示。

由图 9.25(a) 可以看出，复合圆盘弯曲振动换能器的一阶共振/反共振频率随着金属盘厚度的增加逐渐增大，而且增大的速度由快减慢，当 $3\text{mm} \leqslant \alpha h \leqslant 7\text{mm}$ 时，复合圆盘弯曲振动换能器的一阶共振/反共振频率增长速率几乎不变；随着 αh 从 1mm 增加到 7mm，换能器的一阶共振频率从 13.01kHz 增大到 36.41kHz，换能器的一阶反共振频率从 13.03kHz 增大到 37.23kHz。

由图 9.25(b) 可以看出，当金属盘厚度逐渐增加时，复合圆盘弯曲振动换能器的一阶有效机电耦合系数增大，但有效机电耦合系数升高的速度随着金属盘厚度的增加而减慢，在 $4.5\text{mm} \leqslant \alpha h \leqslant 7\text{mm}$ 这个范围内，有效机电耦合系数增加的幅度非常微小，此时继续增加金属盘的厚度基本不会提高换能器的有效机电耦合系数，因

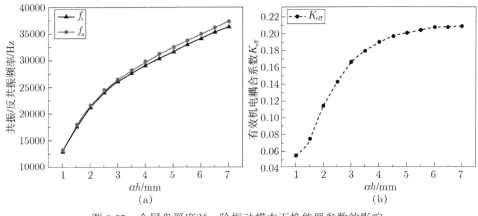

图 9.25 金属盘厚度对一阶振动模态下换能器参数的影响

(a) 共振/反共振频率；(b) 有效机电耦合系数

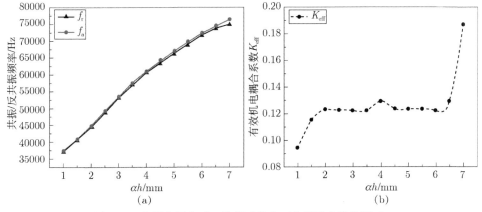

图 9.26 金属盘厚度对二阶振动模态下换能器参数的影响

(a) 共振/反共振频率；(b) 有效机电耦合系数

此当均匀厚度复合圆盘弯曲振动换能器在一阶弯曲振动模态下，金属盘厚度为 4.5mm 时就可以达到换能器的优化设计。

由图 9.26(a) 可以看出，随着金属盘厚度的增加，复合圆盘弯曲振动换能器的二阶共振/反共振频率也随之增大。

换能器的二阶有效机电耦合系数与其金属盘厚度之间的关系如图 9.26(b) 所示。可以看出，金属盘厚度与换能器的二阶有效机电耦合系数之间的关系比较复杂，实际设计时需要和共振频率设计统筹考虑。

3. 压电陶瓷片的直径对复合圆盘弯曲振动换能器性能参数的影响

为了探究压电陶瓷片的直径对复合圆盘弯曲振动换能器的共振/反共振频率及

有效机电耦合系数的影响，保持其他尺寸不变，改变压电陶瓷片直径 $2a_p$。令金属盘厚度为 3.2mm，直径为 45mm，压电陶瓷片厚度为 5mm，利用有限元软件仿真了换能器在自由边界条件下的共振/反共振频率随压电陶瓷片直径的变化规律，并得出了换能器一阶共振/反共振频率及有效机电耦合系数随压电陶瓷片直径 $2a_p$ 变化曲线，如图 9.27 所示。

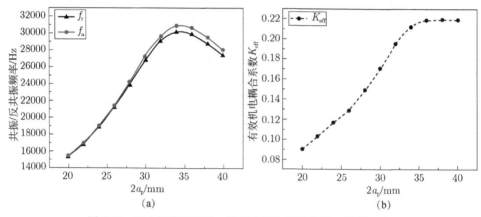

图 9.27　压电陶瓷直径对一阶振动模态下换能器参数的影响

(a) 共振/反共振频率；(b) 有效机电耦合系数

从图 9.27(a) 可得，压电陶瓷片直径逐渐增加时，换能器的一阶共振/反共振频率先增大，然后减小；当压电陶瓷片直径达到 34mm 时，换能器一阶共振频率和反共振频率达到最高值。如图 9.27(b) 所示，当压电陶瓷片直径增大时，换能器的一阶有效机电耦合系数也随之增大，其中当压电陶瓷片直径 $2a_p = 34$mm 时，换能器的有效机电耦合系数达到峰值，此时继续增加压电陶瓷片的直径，换能器的有效机电耦合系数几乎不变。由此可得，我们所寻求的复合圆盘弯曲振动换能器在一阶振动模态下其压电陶瓷片直径的最优解为 34mm。

图 9.28(a) 展示了复合圆盘弯曲振动换能器的二阶共振/反共振频率随压电陶瓷片直径的变化规律。当压电陶瓷片直径增大时，其二阶共振/反共振频率先减小后增大，存在一个最小值。当 $2a_p = 30$mm 时，换能器的二阶共振/反共振频率达到最小值。换能器的二阶有效机电耦合系数随压电陶瓷片直径的变化规律如图 9.28(b) 所示，很显然两者之间的关系比较复杂。

压电陶瓷片的厚度也影响换能器的整体性能。令金属盘厚度为 $\alpha h = 3.2$mm，直径 $2a = 45$mm，压电陶瓷片直径 $2a_p = 30$mm，保持其他参数不变，改变压电陶瓷片的厚度，利用有限元仿真软件仿真了换能器在自由边界条件下的共振/反共振频率随压电陶瓷片厚度的变化规律，并得出了换能器一阶共振/反共振频率

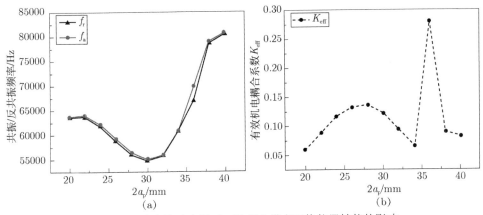

图 9.28 压电陶瓷片直径对二阶振动模态下换能器性能的影响

(a) 共振/反共振频率；(b) 有效机电耦合系数

及有效机电耦合系数与压电陶瓷片厚度 h_p 的关系，如图 9.29 所示；二阶共振/反共振频率及有效机电耦合系数与压电陶瓷片厚度 h_p 的关系如图 9.30 所示。

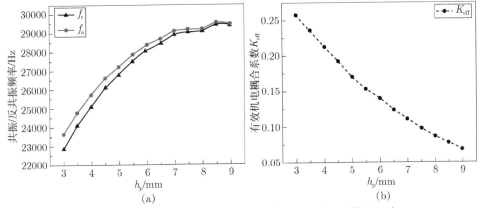

图 9.29 压电陶瓷片厚度对一阶振动模态下换能器参数的影响

(a) 共振/反共振频率；(b) 有效机电耦合系数

由图 9.29 可以看出，随着压电陶瓷片厚度 h_p 的增大，其一阶共振/反共振频率逐渐增大，有效机电耦合系数减小。

由图 9.30 可见，对于复合圆盘弯曲振动换能器的二阶振动，其共振/反共振频率随着压电陶瓷片厚度的增大逐步减小；换能器的有效机电耦合系数随着压电陶瓷片厚度的变化规律比较复杂，并出现一个最大值。

9.6.2 均匀厚度复合圆盘弯曲振动换能器的辐射声场

这里主要研究均匀厚度复合圆盘弯曲振动换能器的辐射声压及其金属盘和压电陶瓷片尺寸对其在空气域中的发射电压响应 (TVR) 的影响。

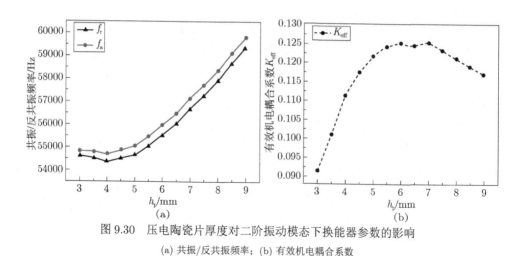

图 9.30　压电陶瓷片厚度对二阶振动模态下换能器参数的影响

(a) 共振/反共振频率；(b) 有效机电耦合系数

换能器的发射电压响应定义为在距离 1m 处、由 1V 额定电压驱动的换能器的灵敏度，其表达式为

$$\text{TVR} = 20\lg\frac{P_{\text{RMS}}}{V_{\text{RMS}}} \tag{9.154}$$

其中，P_{RMS} 表示距离换能器辐射面 1m 处的均方根声压；V_{RMS} 表示额定驱动电压。

1. 换能器辐射声场分布及声压

利用有限元仿真软件 COMSOL，在自由边界条件下模拟了换能器在空气域中的振动辐射情况。为了方便计算，建立半径为 50mm 的空气域，完美匹配层厚度为 6mm，在空气域中，将最大网格单元大小指定为相应最小波长的 1/5。使用"扫掠"特征对完美匹配层进行网格划分，创建五层结构化网格，得到如图 9.31 所示的含计算网格的建模几何结构。令换能器 $\alpha h = 3.2\text{mm}$，$2a = 45\text{mm}$，$h_{\text{p}} = 5\text{mm}$，$2a_{\text{p}} = 30\text{mm}$。压电陶瓷片选用 PZT-4，极化方向为厚度方向，金属盘选用铝板，材料具体参数如表 9.13 所示，换能器在空气域中的一阶和二阶弯曲振动模态下的声压分布如图 9.32 所示。

图 9.31　含计算网络的换能器空气声场建模示意图

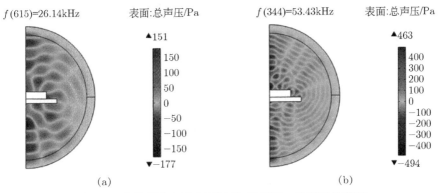

图 9.32　换能器的声场声压图 (扫描封底二维码可见彩图)

(a) 一阶共振频率下的声场声压图；(b) 二阶共振频率下的声场声压图

从图 9.32 可以看到，当换能器在空气域中工作频率为 26.14kHz 时，声场中最高声压可以达到 151Pa，此时换能器处于一阶弯曲振动模态；当换能器在空气域中的工作频率为 53.43kHz 时，声场中最高声压可以达到 463Pa，此时换能器处于二阶弯曲振动模态；在空气域中换能器的二阶弯曲振动模态声压峰值比一阶弯曲振动模态声压峰值高出 312Pa。

2. 发射电压响应

保持换能器其他参数不变，令压电陶瓷片直径为 30mm，压电陶瓷片厚度为 5mm，金属盘厚度为 3.2mm，改变金属盘的直径分别为 45mm、50mm、55mm、60mm，模拟了换能器在空气域中一阶和二阶弯曲振动模态下的发射电压响应曲线，如图 9.33 所示。

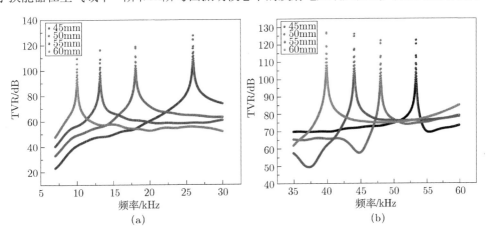

图 9.33　金属盘直径对换能器发射电压响应的影响 (扫描封底二维码可见彩图)

(a) 一阶弯曲振动模态；(b) 二阶弯曲振动模态

图 9.33(a) 为换能器在空气域中一阶弯曲振动模态下的发射电压响应随频率的

变化曲线。从图中可以看到，当金属盘直径为 45mm 时，换能器空气域中的一阶共振频率为 25.95kHz，此时换能器最大发射电压响应为 127.30dB；当金属盘直径为 50mm 时，换能器在空气中的一阶共振频率为 18.1kHz，此时最大发射电压响应为 118.84dB；当金属盘直径为 55mm 时，换能器在空气中的一阶共振频率为 13.17kHz，此时最大发射电压响应为 116.358dB；当金属盘直径为 60mm 时，换能器在空气中的一阶共振频率为 10.03kHz，此时最大发射电压响应为 109.63dB。综上可得，在换能器其他参数都不变的情况下，金属盘直径为 45mm 时，换能器在空气域中一阶弯曲振动模态下的发射电压响应最大；金属盘直径为 60mm 时，换能器在空气域中一阶弯曲振动模态下的发射电压响应最小。

图 9.33(b) 是换能器在空气域中二阶振动模态下的发射电压响应曲线。由图可知，当金属盘直径为 45mm 时，换能器的二阶共振频率为 53.42kHz，此时换能器最大发射电压响应为 122.52dB；当金属盘直径为 50mm 时，换能器的二阶共振频率为 48.02kHz，此时最大发射电压响应为 122.24dB；当金属盘直径为 55mm 时，换能器的二阶共振频率为 44.12kHz，此时最大发射电压响应为 126.12dB；当金属盘直径为 60mm 时，换能器的二阶共振频率为 39.93kHz，此时最大发射电压响应为 126.98dB。综上可得，保持换能器其他参数不变，金属盘直径等于 60mm 时，换能器在空气域中二阶弯曲振动模态下的发射电压响应最大；金属盘直径为 50mm 时，换能器在空气域中二阶弯曲振动模态下的发射电压响应最小。

金属盘厚度也影响换能器的发射电压响应。保持换能器其他参数不变，令压电陶瓷片厚度为 5mm，压电陶瓷片直径为 30mm，金属盘直径 $2a = 45$mm。图 9.34 为金属盘厚度分别为 1mm、3mm、5mm 和 7mm 时，换能器在空气域中一阶和二阶弯曲振动模态下的发射电压响应曲线图。

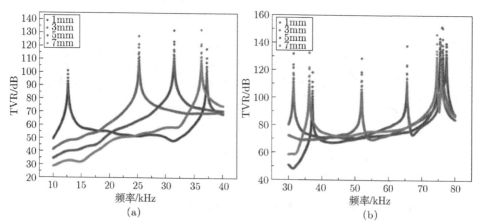

图 9.34　金属盘厚度对换能器发射电压响应的影响 (扫描封底二维码可见彩图)

(a) 一阶弯曲振动模态；(b) 二阶弯曲振动模态

图 9.34(a) 为换能器在空气域中一阶弯曲振动模态下的发射电压响应随频率的变化曲线。由图可见，当金属盘厚度为 1mm 时，换能器在空气域中的一阶共振频率为 12.6kHz，此时最大发射电压响应为 101.42dB；当金属盘厚度为 3mm 时，换能器在空气域中的一阶共振频率为 25.19kHz，此时最大发射电压响应为 127.92dB；当金属盘厚度为 5mm 时，换能器在空气域中的一阶共振频率为 31.39kHz，此时最大发射电压响应为 132.29dB；当金属盘厚度为 7mm 时，换能器在空气域中的一阶共振频率为 36.13kHz，此时最大发射电压响应为 132.95dB。综上所述，保持换能器的压电陶瓷片尺寸和金属盘直径不改变，当金属盘厚度为 7mm 时，换能器在空气域中的一阶发射电压响应最大；当金属盘厚度为 1mm 时，换能器在空气域中的一阶发射电压响应最小。

图 9.34(b) 为换能器在空气域中二阶弯曲振动模态下的发射电压响应随共振频率的变化曲线。可以得到：当金属盘厚度为 1mm 时，换能器在空气域中的二阶共振频率为 37.1kHz，此时最大发射电压响应为 118.45dB；当金属盘厚度为 3mm 时，换能器在空气域中的二阶共振频率为 51.87kHz，此时最大发射电压响应为 129.03dB；当金属盘厚度为 5mm 时，换能器在空气域中的二阶共振频率为 65.46kHz，此时最大发射电压响应为 138.16dB；当金属盘厚度为 7mm 时，换能器在空气域中的二阶共振频率为 74.44kHz，此时最大发射电压响应为 146.63dB。综上可得，保持换能器的压电陶瓷片尺寸和金属盘直径不改变，当金属盘厚度为 7mm 时，换能器在空气域中的二阶发射电压响应最大；当金属盘厚度为 1mm 时，换能器在空气域中的二阶发射电压响应最小。

除此之外，压电陶瓷片的尺寸也会对换能器的发射电压响应产生影响。保持换能器的其他尺寸不变，令压电陶瓷片的直径分别为 20mm、30mm 和 40mm，此时令金属盘的直径为 45mm，金属盘的厚度为 3.2mm，压电陶瓷片的厚度为 5mm，得到换能器在空气域中的一阶和二阶发射电压响应图，如图 9.35 所示。

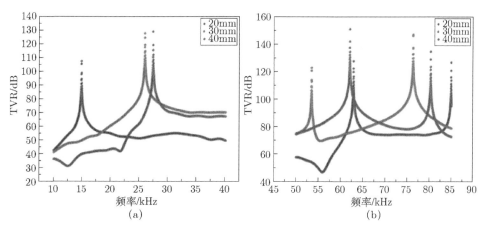

图 9.35 压电陶瓷片直径对换能器发射电压响应的影响 (扫描封底二维码可见彩图)

(a) 一阶弯曲振动模态；(b) 二阶弯曲振动模态

图 9.35(a) 表示不同压电陶瓷片直径下，换能器在一阶弯曲振动模态下的发射电压响应与频率的关系。由图可得，当压电陶瓷片直径为 20mm 时，换能器在空气中的一阶共振频率为 14.87kHz，此时其最大发射电压响应为 107.05dB；当压电陶瓷片直径为 30mm 时，换能器在空气中的一阶共振频率为 25.95kHz，此时最大发射电压响应为 127.31dB；当压电陶瓷片直径为 40mm 时，换能器在空气中的一阶共振频率为 27.37kHz，此时最大发射电压响应为 128.60dB。综上可以得出，在换能器其他参数都不变的情况下，压电陶瓷片直径为 40mm 时，换能器在空气域中的一阶发射电压响应最大；压电陶瓷片直径为 20mm 时换能器在空气域中的一阶发射电压响应最小。

图 9.35(b) 是不同压电陶瓷片直径下，换能器在空气域中二阶弯曲振动模态下的发射电压响应曲线。从图中我们可以看出，当压电陶瓷片直径为 20mm 时，换能器在空气域中的二阶共振频率为 62.84kHz，此时其最大发射电压响应为 127.44dB；当压电陶瓷片直径为 30mm 时，换能器在空气中的二阶共振频率为 53.42kHz，此时最大发射电压响应为 122.52dB；当压电陶瓷片直径为 40mm 时，换能器在空气域中的二阶共振频率为 80.2kHz，此时最大发射电压响应为 134.35dB。综上可以得出，在换能器其他参数都不变的情况下，压电陶瓷片直径为 40mm 时，换能器在空气域中的二阶发射电压响应最大；压电陶瓷直径为 30mm 时，换能器在空气域中的二阶发射电压响应最小。

同时，我们还分析了压电陶瓷片厚度与换能器的发射电压响应之间的关系。保持换能器其他参数不变，令金属盘的直径 $2a = 45$mm，金属盘的厚度 $\alpha h = 3.2$mm，压电陶瓷片的直径为 30mm。图 9.36 是当压电陶瓷片厚度分别为 3mm、5mm 和 7mm 时，换能器在空气域中一阶和二阶弯曲振动模态下的发射电压响应曲线图。

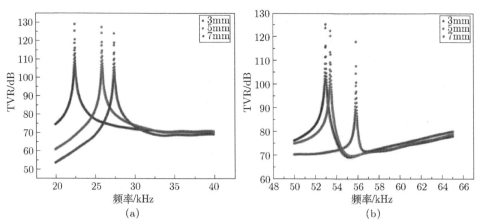

图 9.36　压电陶瓷片厚度对换能器发射电压响应的影响 (扫描封底二维码可见彩图)

(a) 一阶弯曲振动模态；(b) 二阶弯曲振动模态

图 9.36(a) 表示不同压电陶瓷片厚度下，换能器在一阶弯曲振动模态下的发射电压响应与频率的关系。从图中可以看出，当压电陶瓷片厚度为 3mm 时，换能器在空气域中的一阶共振频率为 22.49kHz，此时最大发射电压响应为 128.95dB；当压电陶瓷片厚度为 5mm 时，换能器在空气域中的一阶共振频率为 25.95kHz，此时最大发射电压响应为 127.31dB；当压电陶瓷片厚度为 7mm 时，换能器在空气域中的一阶共振频率为 27.48kHz，此时最大发射电压响应为 123.81dB。由此可得，在换能器其他参数都不变的情况下，压电陶瓷片厚度为 3mm 时，换能器在空气域中的一阶发射电压响应最大；压电陶瓷片厚度为 7mm 时，换能器在空气域中的一阶发射电压响应最小。

图 9.36(b) 是不同压电陶瓷片厚度下，换能器在空气域中二阶振动模态下的发射电压响应曲线。从图中可以看出，当压电陶瓷片厚度为 3mm 时，换能器在空气域中的二阶共振频率为 52.98kHz，此时最大发射电压响应为 125.25dB；当压电陶瓷片厚度为 5mm 时，换能器在空气域中的二阶共振频率为 53.42kHz，此时最大发射电压响应为 122.52dB；当压电陶瓷片厚度为 7mm 时，换能器在空气域中的二阶共振频率为 55.83kHz，此时最大发射电压响应为 117.85dB。综上可以得到，在换能器其他参数都不变的情况下，压电陶瓷片厚度为 3mm 时，换能器在空气域中的二阶发射电压响应最大；压电陶瓷片厚度为 7mm 时，换能器在空气域中的二阶发射电压响应最小。

9.6.3　实验测试

我们设计并加工了一个均匀厚度复合圆盘弯曲振动换能器，如图 9.37 所示。压电陶瓷片采用了厚度极化的 PZT-4 材料，金属盘材料采用铝。表 9.13 中列出了 PZT-4 和铝的标准参数。压电陶瓷片和均匀厚度金属盘之间用导电胶进行黏结，在黏结完成后，需要对金属盘和压电陶瓷片施加压力并在常温下固化 24h，以保证其黏结效果和换能器的黏结层厚度可以忽略不计。在实验测量时，对压电陶瓷片的上下表面施加交流电压。表 9.14 为该换能器的几何尺寸。

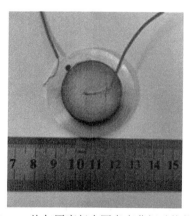

图 9.37　均匀厚度复合圆盘弯曲振动换能器

表 9.14　均匀厚度复合圆盘弯曲振动换能器的几何尺寸

$2a$/mm	$2a_\mathrm{p}$/mm	αh/mm	h_p/mm
45	30	3.2	5

图 9.38 是利用精密阻抗分析仪 WK6500B 测试该换能器的阻抗特性的实验装置图。实验测得的换能器在一阶弯曲振动模态下的输入电阻抗和相位角与频率之间的关系曲线如图 9.39 所示。为了比较，图 9.40 给出了换能器阻抗-频率曲线的数值仿真结果。

图 9.38　换能器共振/反共振频率的实验测试装置

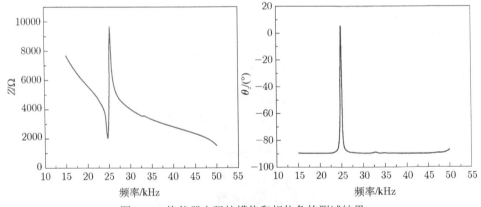

图 9.39　换能器电阻抗模值和相位角的测试结果

对比图 9.39 和图 9.40，可以看出仿真和实验测量得到的换能器电阻抗曲线基本一致。基于仿真和实验，我们也得出了换能器的一阶共振和反共振频率，见表 9.15。表中 f_c 为仿真得到的共振频率，f_m 表示实验测得的共振频率，相对误差则用

$\Delta f = |f_c - f_m|/f_m$ 表示。

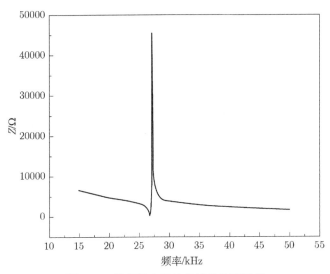

图 9.40 换能器电阻抗曲线的仿真结果

表 9.15 一阶振动模态下换能器的实验和仿真共振/反共振频率

模态	共振			反共振		
	f_c/kHz	f_m/kHz	$\Delta f/\%$	f_c/kHz	f_m/kHz	$\Delta f/\%$
1	26.83	24.69	8.6	27.23	25.20	8.1

由表 9.15 可见，对于换能器的一阶共振频率和一阶反共振频率，其仿真值和实验测量结果存在一定误差。可能的原因包括：①模拟所需的材料参数与实验材料参数之间的差异；②模拟没有考虑导电胶对系统的影响；③模拟没有考虑换能器的损耗，如机械和介质损耗；④压电陶瓷片和金属盘的同心度存在一定的偏差。

利用激光测振仪测试了换能器的弯曲振动，实验装置如图 9.41 所示。测得的换能器在一阶弯曲振动模态下的振型如图 9.42 所示。

由图 9.42 可以看出，通过激光测振仪得到的换能器在一阶弯曲振动下的模态分布与有限元软件仿真结果基本吻合，在某些地方还有些偏差，可能是因为：①仿真时是自由边界条件下的振动模态，在实际中均匀厚度圆盘与桌面会有部分接触，没有达到理想的自由边界条件；②金属盘辐射面与激光光源不能保证完全垂直，导致其与仿真模态有偏差。

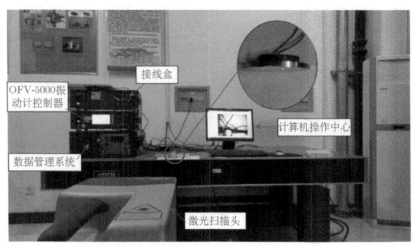

图 9.41 换能器弯曲振动的激光测振实验

图 9.42 换能器的振动模态测试图

9.6.4 本节小结

本节对均匀厚度复合圆盘弯曲振动换能器进行了仿真及实验验证，得到了以下结论。

(1) 利用有限元分析软件对换能器进行了研究，并得到了其前两阶振型模态。在研究中，分别讨论了压电陶瓷片和金属盘的不同尺寸与换能器共振/反共振频率以及有效机电耦合系数之间的关系。通过研究，我们发现金属盘厚度对换能器的共振/反共振频率影响最大；当压电陶瓷片直径为 36mm 时，换能器的金属盘和压电陶瓷片之间出现了耦合，从而导致换能器的有效机电耦合系数到达峰值。

(2) 利用有限元分析软件模拟了换能器在空气域中的振动，并得到了其前两阶弯曲振动模态的声场声压图。通过研究发现，其二阶弯曲振动模态的最大声压显著高于一阶弯曲振动模态。此外还对换能器在空气域中的发射电压响应进行了研究，分析了不同尺寸的压电陶瓷片和金属盘与换能器前两阶弯曲振动模态下的发射电压响应之间的关系。

(3) 根据有限元仿真设计了一个适当尺寸的均匀厚度复合圆盘弯曲振动换

能器，并将其加工测试，使用精密阻抗分析仪和激光测振仪分别测试了其一阶共振/反共振频率以及一阶弯曲振动模态下的振型，测试结果与仿真结果吻合较好。

9.7　压电陶瓷片与金属盘 (变厚度) 组成的弯曲振动换能器

本节提出并讨论了一种线性渐变厚度复合圆盘弯曲振动换能器。该换能器由一片压电陶瓷片和一片线性渐变厚度金属盘组成，其结构如图 9.43 所示。通过使用有限元分析软件，探讨了该换能器的共振/反共振频率，并研究了不同尺寸的该换能器与其共振/反共振频率及有效机电耦合系数之间的关系；同时，采用仿真软件模拟了该换能器在空气域中的振动，并得到了其一阶弯曲振动模态下的声场声压图；研究了该换能器在空气域中的发射电压响应，分析了该换能器不同尺寸对换能器发射电压响应的影响；设计并加工了一个线性渐变厚度复合圆盘弯曲振动换能器，使用精密阻抗分析仪和激光测振仪分别测试了其一阶共振/反共振频率及一阶弯曲振动模态下的振型。

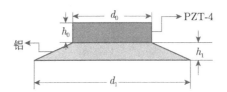

图 9.43　线性渐变厚度复合圆盘弯曲振动换能器结构图

9.7.1　线性渐变厚度复合圆盘弯曲振动换能器的优化设计

1. 模态分析

利用有限元仿真软件 COMSOL 对线性渐变厚度复合圆盘弯曲振动换能器进行建模，压电陶瓷片采用了厚度极化的 PZT-4 材料，而线性渐变厚度金属盘则采用铝材料。表 9.16 中列出了 PZT-4 和铝的标准参数。取 $h_0 = 5\text{mm}$，$h_1 = 3.2\text{mm}$，$d_0 = 30\text{mm}$，$d_1 = 45\text{mm}$。在压电陶瓷片上下表面施加电压，仿真得到换能器的一阶弯曲振动模态，如图 9.44 所示。

由图可以看出，在该尺寸下由压电陶瓷激励的线性渐变厚度复合圆盘弯曲振动换能器的一阶共振频率为 37.109kHz，此时压电陶瓷圆片的径向振动强迫线性渐变厚度金属盘做弯曲振动，此时金属盘的振动阶次为一阶振动。

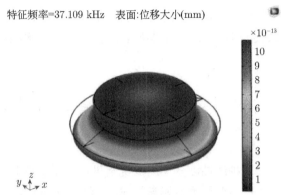

特征频率=37.109 kHz   表面:位移大小(mm)

图 9.44   换能器的一阶弯曲振动模态 (扫描封底二维码可见彩图)

2. 金属盘上直径对换能器性能参数的影响

为了方便后续讨论, 我们把金属盘与压电陶瓷片黏结面的直径定义为金属盘的上直径。保持其他尺寸不变, 改变上直径 d_2, 由图 9.45 可以看出当金属盘的上直径 $d_2 = 30\text{mm}$ 时, 与图 9.43 所示的换能器结构完全相同; 当 $d_2 = 45\text{mm}$ 时, 金属盘的上下直径相同, 变为均匀厚度圆盘弯曲振动换能器。令压电陶瓷片厚度为 $h_0 = 5\text{mm}$, 直径 $d_0 = 30\text{mm}$, 金属盘厚度为 $h_1 = 3.2\text{mm}$。利用有限元仿真软件仿真了该换能器在自由边界条件下的一阶共振频率、反共振频率随金属盘直径的变化规律, 如图 9.46 所示。

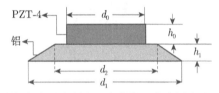

图 9.45   线性渐变厚度复合圆盘换能器变金属盘上直径示意图

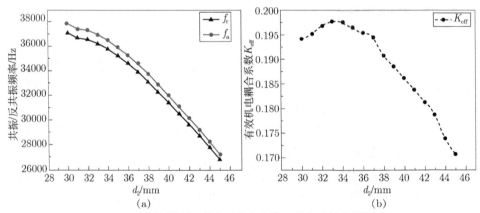

图 9.46   线性渐变厚度金属盘上直径对换能器性能的影响

(a) 共振/反共振频率; (b) 有效机电耦合系数

从图 9.46(a) 可以看出，随着金属盘直径的增大，换能器的一阶共振/反共振频率逐渐减小。

换能器的有效机电耦合系数与金属盘上直径的变化关系曲线如图 9.46(b) 所示。可以看出，当金属盘的上直径逐渐变化时，换能器的一阶有效机电耦合系数存在一个最大值。

3. 金属盘边缘厚度对换能器性能参数的影响

保持换能器其他参数不变，改变线性渐变厚度金属盘的边缘厚度 n_2，如图 9.47 所示。可以看出当线性渐变厚度金属盘边缘厚度 $h_2 = 0$mm 时，与图 9.43 所示的换能器结构完全相同，当 $h_2 = 3.2$mm 时，线性渐变厚度金属盘变为均匀厚度金属盘。令压电陶瓷片厚度为 $h_0 = 5$mm，直径 $d_0 = 30$mm，让线性渐变厚度金属盘上直径与压电陶瓷片直径相同，金属盘下直径为 $d_1 = 45$mm。利用有限元软件仿真了压电复合换能器在自由边界条件下的一阶共振频率及反共振频率随金属盘边缘厚度 h_2 的变化曲线，如图 9.48 所示。

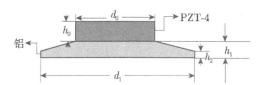

图 9.47 线性渐变厚度复合圆盘换能器变金属盘边缘厚度示意图

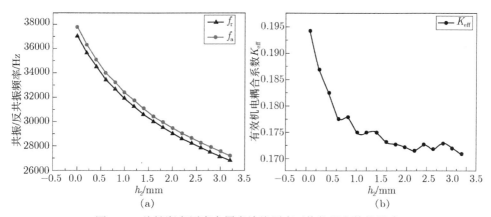

图 9.48 线性渐变厚度金属盘边缘厚度对换能器参数的影响

(a) 共振/反共振频率；(b) 有效机电耦合系数

从图 9.48 可以看出，当金属盘边缘厚度增大时，换能器的一阶共振/反共振频率逐渐减小，换能器的有效机电耦合系数整体呈现下降的规律，但会出现波动。

4. 压电陶瓷片厚度对换能器性能参数的影响

令 $h_1 = 3.2\text{mm}$，上直径 $d_2 = 30\text{mm}$，下直径 $d_1 = 45\text{mm}$，压电陶瓷片直径为
$d_0 = 30\text{mm}$，改变压电陶瓷片厚度 h_0，研究了线性渐变厚度复合圆盘换能器与均匀
厚度复合圆盘换能器在自由边界条件下的一阶共振/反共振频率及有效机电耦合系
数随压电陶瓷片厚度的变化规律，如图 9.49 所示。

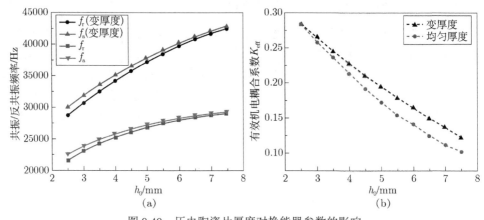

图 9.49　压电陶瓷片厚度对换能器参数的影响

(a) 共振/反共振频率；(b) 有效机电耦合系数

由图 9.49 可见，当压电陶瓷片厚度 h_0 逐渐增加时，换能器的一阶共振/反共振
频率也随之增大，而换能器的有效机电耦合系数则减小。同样尺寸下，线性渐变厚
度复合圆盘换能器的一阶有效机电耦合系数大于均匀厚度复合圆盘换能器的。

1) 声场分布及声压

在自由边界条件下模拟了线性渐变厚度复合圆盘弯曲振动换能器在空气域中
的振动情况。在换能器的二维轴对称建模上，建立半径为 50mm 的空气域，令压电
陶瓷片直径 $d_0 = 30\text{mm}$，厚度 $h_0 = 5\text{mm}$，线性渐变厚度金属盘上直径与压电陶瓷
片相同，下直径 $d_1 = 45\text{mm}$，厚度 $h_1 = 3.2\text{mm}$。压电陶瓷片选用 PZT-4，极化方向
为厚度方向，线性渐变厚度金属盘材料选取铝。图 9.50 是换能器的声场声压图，从
图中可以看到，当换能器在空气域中工作频率为 36.91kHz 时，声场中最高声压可
以达到 165Pa。同样尺寸下，线性渐变厚度复合圆盘弯曲振动换能器在一阶弯曲振
动模态下，声场中最高声压比均匀厚度复合圆盘弯曲振动换能器的声压高出 14Pa。

2) 发射电压响应

在换能器其他参数都不变的情况下，令压电陶瓷片厚度为 5mm，直径为 30mm；
线性渐变金属盘厚度为 3.2mm，下直径为 45mm，改变金属盘的直径分别为 45mm、
50mm、55mm、60mm，利用有限元分析软件模拟了线性渐变厚度复合圆盘弯曲振
动换能器在空气域中一阶振动模态下的发射电压响应曲线如图 9.51 所示。

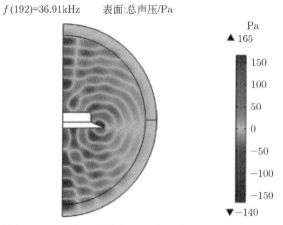

图 9.50 线性渐变厚度复合圆盘换能器的声场声压图 (扫描封底二维码可见彩图)

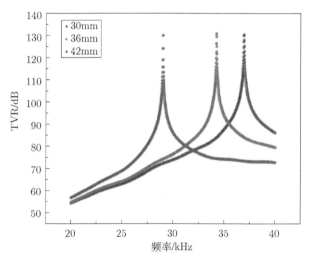

图 9.51 线性渐变厚度金属盘上直径对换能器发射电压响应的影响 (扫描封底二维码可见彩图)

由图 9.51 可以得到，当金属盘上直径为 30mm 时，换能器在空气域中的一阶共振频率为 36.91kHz，此时其最大发射电压响应为 130.89dB；当金属盘上直径为 36mm 时，换能器在空气域中的一阶共振频率为 34.19kHz，此时最大发射电压响应为 131.19dB；当金属盘上直径为 42mm 时，换能器在空气域中的一阶共振频率为 28.96kHz，此时最大发射电压响应为 130.59dB。可以看出，在其他参数都不变的情况下，线性渐变厚度金属盘上直径为 36mm 时，换能器在空气域中的一阶发射电压响应最大；线性渐变厚度金属盘直径为 42mm 时，换能器在空气域中的一阶发射电压响应最小。

图 9.52 是换能器在空气域中改变金属盘边缘厚度的一阶弯曲振动模态下的发

射电压响应。可以得到，当金属盘边缘厚度为 0mm 时，换能器在空气域中的一阶共振频率为 36.91kHz，此时其最大发射电压响应为 130.887dB；当金属盘边缘厚度为 1mm 时，换能器在空气域中的一阶共振频率为 31.51kHz，此时最大发射电压响应为 128.521dB；当金属盘边缘厚度为 2mm 时，换能器在空气域中的一阶共振频率为 28.44kHz，此时最大发射电压响应为 128.744dB；当金属盘边缘厚度为 3mm 时，换能器在空气域中的一阶共振频率为 26.37kHz，此时最大发射电压响应为 129.235dB。综上所述，保持换能器的其他参数都不变，当线性渐变厚度金属盘边缘厚度为 0mm 时，换能器在空气域中的一阶发射电压响应最大；当线性渐变厚度金属盘边缘厚度为 1mm 时，换能器在空气域中的一阶发射电压响应最小。

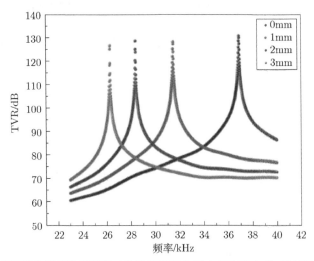

图 9.52　线性渐变厚度金属盘边缘厚度对换能器发射电压响应的影响 (扫描封底二维码可见彩图)

压电陶瓷片的尺寸也会对换能器的发射电压响应产生影响。保持线性渐变厚度金属盘尺寸和压电陶瓷片的直径不变，令压电陶瓷片的厚度分别为 2.5mm、5mm 和 7.5mm，线性渐变厚度金属盘的上直径为 30mm，下直径为 45mm，金属盘的厚度为 3.2mm，压电陶瓷片的直径为 30mm；得出了不同压电陶瓷片厚度下线性渐变厚度复合圆盘弯曲振动换能器与均匀厚度复合圆盘弯曲振动换能器在空气域中的一阶发射电压响应图，如图 9.53 所示。

从图 9.53 中可以看出，当压电陶瓷片厚度为 2.5mm 时，线性渐变厚度复合圆盘弯曲振动换能器在空气域中的一阶共振频率为 28.63kHz，此时其最大发射电压响应为 134.246dB，与其相同尺寸的均匀厚度复合圆盘弯曲振动换能器在空气域中的一阶共振频率为 21.27kHz，此时最大发射电压响应为 128.025dB；当压电陶瓷片厚度为 5mm 时，线性渐变厚度复合圆盘弯曲振动换能器在空气域中的一阶共振频率为 36.89kHz，此时其最大发射电压响应为 131.056dB，与其相同尺寸的均匀厚度复合

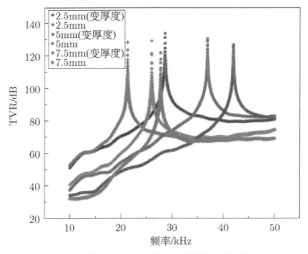

图 9.53　压电陶瓷厚度对换能器发射电压响应的影响 (扫描封底二维码可见彩图)

圆盘弯曲振动换能器在空气域中的一阶共振频率为 26.04kHz，此时最大发射电压响应为 126.34dB；当压电陶瓷厚度为 7.5mm 时，线性渐变厚度复合圆盘弯曲振动换能器在空气域中的一阶共振频率为 41.90kHz，此时其最大发射电压响应为 127.155dB，与其相同尺寸的均匀厚度复合圆盘弯曲振动换能器在空气域中的一阶共振频率为 27.81kHz，此时最大发射电压响应为 120.565dB。

　　综上所述，线性渐变厚度复合圆盘弯曲振动换能器的最大发射电压响应均高于均匀厚度复合圆盘弯曲振动换能器，且当压电陶瓷片厚度为 7.5mm 时，最大发射电压响应的提升最为显著。

　　图 9.54 是在更宽的频率范围内，线性渐变厚度复合圆盘弯曲振动换能器和传统

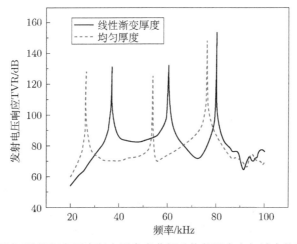

图 9.54　均匀厚度/线性渐变厚度复合圆盘弯曲振动换能器在空气域中的发射电压响应

的均匀厚度复合圆盘弯曲振动换能器在空气域中的发射电压响应曲线。可以看出，线性渐变厚度复合圆盘弯曲振动换能器的发射电压响应比均匀厚度复合圆盘弯曲振动换能器有显著的提高。

9.7.2   实验测试

为了验证理论的正确性，我们设计并加工了一个线性渐变厚度复合圆盘弯曲振动换能器，如图 9.55 所示。其中压电陶瓷片的材料为 PZT-4，极化方向为厚度极化，金属盘材料为铝，PZT-4 和铝的标准参数见表 9.13。压电陶瓷片和线性渐变厚度金属盘之间用导电胶进行黏结，在黏结完成后，需要对金属盘和压电陶瓷片施加压力并在常温下固化 24 小时，以保证其黏结效果和换能器的黏结层厚度可以忽略不计。实验时，在压电陶瓷片的上下表面施加交流电压。表 9.16 为该换能器的几何尺寸。

图 9.55   线性渐变厚度复合圆盘弯曲振动换能器

表 9.16   线性渐变厚度复合圆盘弯曲振动换能器的几何尺寸

d_0/mm	d_1/mm	d_2/mm	h_0/mm	h_1/mm
30	45	30	5	3.2

图 9.56 为该换能器共振/反共振频率的测试装置图。利用有限元软件得出换能器的输入电阻抗与频率之间的关系曲线，如图 9.57 所示。同时实验测试了换能器在一阶弯曲振动模态下的输入电阻抗和相位角与频率之间的关系，如图 9.58 所示。

图 9.56   换能器共振/反共振频率的测试装置图

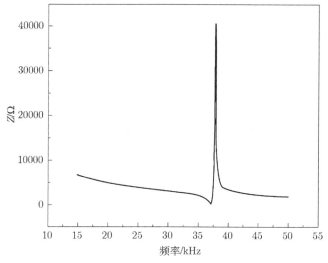

图 9.57 换能器的仿真电阻抗曲线

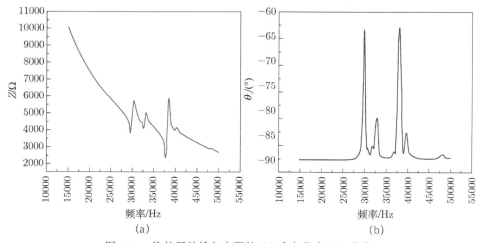

(a)   (b)

图 9.58 换能器的输入电阻抗 (a) 和相位角 (b) 曲线

基于仿真和实验得出了换能器的一阶共振/反共振频率, 具体数据见表 9.17。表中 f_c 为仿真结果, f_m 表示实验测得的换能器的共振频率, 两者之间的相对误差为 $\Delta f = |f_c - f_m|/f_m$。

表 9.17 一阶弯曲振动模态下的实验和仿真共振/反共振频率

模态	共振			反共振		
	f_c/kHz	f_m/kHz	Δf/%	f_c/kHz	f_m/kHz	Δf/%
1	37.11	37.80	1.83	37.83	38.20	0.97

根据表 9.17 可以看出，换能器的一阶共振/反共振频率的仿真值和测试结果基本符合。产生误差的原因包括：①模拟所需的材料参数与实验材料参数之间的差异；②数值模拟没有考虑导电胶对系统的影响；③没有考虑换能器的损耗，如机械和介质损耗。

同时用激光测振仪 (图 9.59) 测试了换能器的振动分布，如图 9.60 所示。

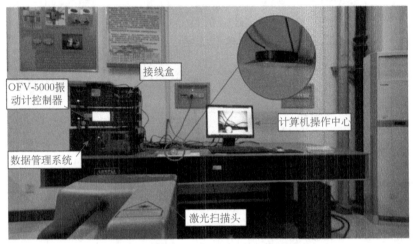

图 9.59　测试换能器振型的实验装置

图 9.60　换能器一阶弯曲振动模态下的振型测试图

9.7.3　本节小结

本节对线性渐变厚度复合圆盘弯曲振动换能器进行了有限元仿真及实验验证，得到了以下结论。

(1) 利用有限元分析软件对该换能器进行研究，讨论了不同尺寸的金属盘上直径、金属盘边缘厚度及压电陶瓷片厚度对换能器共振/反共振频率及有效机电耦合系数的影响规律。研究发现压电陶瓷片厚度对换能器的共振/反共振频率影响最大。通过对比同尺寸下的均匀厚度复合圆盘弯曲振动换能器的有效机电耦合系数，得到不同压电陶瓷片厚度下线性渐变厚度复合圆盘弯曲振动换能器的有效机电耦合系数均高于均匀厚度复合圆盘换能器的。

(2) 利用有限元分析软件模拟了线性渐变厚度复合圆盘弯曲振动换能器在空气域中的振动，并得到了其一阶弯曲振动模态下的声场声压图，发现其在一阶弯曲振动模态下声场中最大声压比均匀厚度复合圆盘弯曲振动换能器的最大声压高出14Pa。同时分析了空气域中，换能器一阶发射电压响应随着金属盘上直径、金属盘边缘厚度以及压电陶瓷片厚度的变化规律。通过对比同尺寸下的均匀厚度复合圆盘弯曲振动换能器的声压和发射电压响应，得到线性渐变厚度复合圆盘弯曲振动换能器的最大声压和发射电压响应都高于均匀厚度复合圆盘弯曲振动换能器的，且压电陶瓷片越厚，提升效果越明显。

(3) 设计了一个线性渐变厚度复合圆盘弯曲振动换能器，使用阻抗分析仪和激光测振仪分别测试了其一阶共振/反共振频率以及自由边界条件下一阶弯曲振动模态下的振型，测试结果与仿真结果吻合较好。

第 10 章　径向夹心式压电陶瓷换能器

10.1　概　　述

目前，在功率超声及水声领域，纵向夹心式压电陶瓷换能器 (又称为纵向复合压电陶瓷换能器、朗之万换能器) 获得了广泛的应用。这种换能器结构的优点在于既利用了压电陶瓷振子的纵向效应，又得到了较低的共振频率。另一方面，由于压电陶瓷本身的特点，即抗张强度差，在大功率工作状态下容易发生破裂，通过采用前后金属块以及预应力螺栓给压电陶瓷片施加预应力，使压电陶瓷片在强烈的振动时始终处于压缩状态，从而避免了压电陶瓷片的破裂，有效地增大了换能器的功率，因此此类换能器也常称为高强度大功率超声换能器。

然而，随着科学技术的发展，超声技术的应用越来越广。对于功率超声及水声技术中的功率和声波作用范围要求，传统的纵向夹心式压电换能器尚存在一些不足。①其设计理论要求换能器的横向尺寸不能超过所辐射声波波长的四分之一，因此此类换能器的声波辐射面积不能超过一定限度，从而限制了此类换能器的声波辐射功率。②只能实现超声能量的单一自由度纵向辐射，而不能实现声波能量的二维辐射，这也使得此类纵向夹心式换能器的声波作用范围受到了限制。

为了提高换能器的功率容量，国内外学者分别从声学换能材料及换能器的结构等方面进行了一些研究。在换能材料方面，先后研制成功了稀土超磁致伸缩材料和铌镁酸铅-钛酸铅及铌锌酸铅-钛酸铅等压电单晶材料[190-196]，并将其应用于水声和超声技术中。然而由于材料本身的原因和加工工艺等方面的限制，此类材料未能在大功率超声领域获得广泛的应用。在换能器的结构设计方面，人们曾利用功率合成技术以及通过改变传统的超声处理设备结构形状等方法进行过一些探讨[197-205]，但其超声源仍是传统的纵向夹心式压电陶瓷换能器。

为了提高纵向夹心式压电陶瓷换能器的辐射功率，国内外学者提出了一种棒式及管式超声换能器，对其辐射性能进行了一些分析[206-211]，并将其应用于超声清洗以及超声中药提取中。但从换能器的几何设计尺寸和声波辐射特性来看，现有的管式或棒式超声换能器的振动模式基本上仍然属于传统的纵向模态，其横向的辐射声波是基于材料的泊松效应而产生的。由于材料的泊松系数很小，因此借助于泊松效应而产生的径向振动是较弱的。

除此之外，随着超声及水声技术应用领域的扩大，增大声学设备的作用范围也是一项紧迫而重要的工作。在这一方面传统的做法是将传统的纵向夹心式换能器组成不同形式的换能器阵，可以在一定程度上达到提高功率以及扩大声波作用范围的目的。但为了保证换能器阵列的高效大功率工作，要求阵列中每个换能器阵元的机电性能应尽可能地一致，否则将影响整个阵列的性能，尤其是大功率工作性能。然而，在换能器的实际制作过程中，要保证换能器性能的一致性是比较困难的。

因此，为了适应功率超声新技术中对超声功率和超声作用范围提出的更高要求，有必要研究新型的功率超声换能器，以克服目前传统的纵向夹心式压电陶瓷换能器的不足，因此，径向夹心式压电陶瓷换能器应运而生。此类新型的换能器是由压电陶瓷晶堆、内部金属圆管以及外部金属圆管在径向方向复合而成 (图 10.1)。在此类换能器中，其声波辐射是通过换能器的内表面或外表面在换能器的径向方向来实现的。由于换能器的圆柱形声波辐射面积可以做得很大，因而可以辐射较大的声功率。同时，换能器的声波辐射方向是二维的，因而可极大地增大声波的作用范围，对大规模大容量的超声处理技术具有重要的实际意义。另外，通过合理设计此类换能器内外金属圆柱的材料，可以实现换能器的两种不同功能的声波辐射。①换能器的外部金属圆管选用轻金属，而内部金属圆管选用重金属。此时，借助于换能器几何形状和尺寸的优化设计，可以实现换能器声波能量的外向辐射。这种组合形式的换能器的声波辐射是发散的，可以提高声波的作用范围，适用于低强度大作用范围的超声应用技术。②换能器的外部金属圆管选用重金属，而内部金属圆管选用轻金属。同样借助于换能器几何形状和尺寸的优化设计，可以实现换能器声波能量的内向辐射。这种组合形式的换能器的声波辐射是汇聚的，可以提高处理区域的声波强度，适用于小范围高强度的超声处理技术。

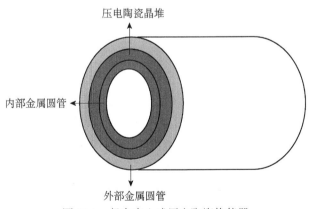

图 10.1　径向夹心式压电陶瓷换能器

与传统的纵向夹心式功率超声换能器相比，径向夹心式功率超声换能器具有声波辐射面积大、易于与负载介质实现声匹配、辐射声功率大、声场均匀以及可以实现换能器的双向二维声波辐射等独特的优点，可作为水声以及超声技术中的大功率二维声波发射器，在声呐技术、超声化学、超声提取、石油开采、污水处理以及中药提取等超声液体处理技术中获得应用。

径向夹心式压电陶瓷换能器的性能参数描述与纵向夹心式压电陶瓷换能器的基本类似，其主要性能参数包括共振频率、有效机电耦合系数、机械品质因数、电学品质因数、频带宽度、功率容量、电声效率等。换能器的研究方法包括解析分析方法、数值模拟方法以及实验测试方法。在这三种方法中，解析分析方法是最基础的，尽管它采用了许多近似，但解析方法得出的分析结果，例如换能器的机电等效电路等，具有物理概念简单明了、物理意义清晰等优点，因此换能器的解析分析方法及其分析结果一直受到大家的普遍重视。而随着计算技术的发展，换能器的数值模拟方法得到了越来越多的重视和应用，尤其是对于形状和结构比较复杂的换能器振动系统的分析。目前，换能器的数值模拟研究极为广泛，对于复杂结构和形状的大功率超声换能器振动系统的优化设计具有重要的指导和参考价值。

在径向夹心式压电陶瓷换能器中，压电陶瓷晶堆有两种形式，一种是径向极化的，另一种是厚度极化的，如图 10.2 所示。对于径向极化的压电陶瓷晶堆，组成晶堆的压电陶瓷圆环是沿着换能器的半径方向复合而成，相邻的两个压电陶瓷圆环的极化方向是相反的；并且，对于相邻的两个压电陶瓷圆环，内圆环的外半径等于外圆环的内半径，以此类推。在机械方面，各个径向极化压电陶瓷之间是串联连接的；而在电学方面，压电陶瓷圆环之间是并联连接的。对于厚度极化的压电陶瓷晶堆，各个厚度极化的压电陶瓷圆环是沿着换能器的高度方向复合而成，相邻的两片压电陶瓷的极化方向也是相反的。

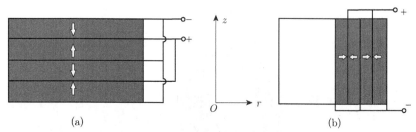

图 10.2　径向夹心式压电陶瓷换能器中两种压电陶瓷晶堆的示意图

(a) 厚度极化晶堆；(b) 径向极化晶堆

径向夹心式压电陶瓷换能器具有三种结构形式，分别是薄圆环型、长圆管型以及介于两者之间的粗短圆管型。对于薄圆环型径向夹心式压电陶瓷换能器，要求其径向几何尺寸远大于其高度，在此种情况下，可以利用平面应力近似理论对其机电特性进行分析，并得出精确的解析分析理论；而对于长圆管型径向夹心式压电陶瓷换能器，要求其径向几何尺寸远小于其高度，此时可以利用平面应变近似理论，得出其精确的解析分析解。在这两种近似下，换能器可以产生单一的径向振动。

对于粗短圆柱型径向夹心式压电陶瓷复合换能器，其径向几何尺寸与其高度可以比拟，此时换能器会产生复杂的纵径耦合振动。在这种情况下，需要采用近似的解析理论，如等效弹性法等来分析换能器的纵径耦合振动。在下面的内容中，我们将基于解析分析方法、数值模拟方法以及实验测试，分别对上述三种换能器进行分析和研究。

10.2 纵向极化的径向夹心式压电陶瓷换能器

纵向极化的径向夹心式压电陶瓷复合换能器主要由三部分组成，即纵向极化的压电陶瓷圆环 (或圆盘) 2、金属外圆环 3，以及金属内圆环 (或圆盘) 1，如图 10.3 所示。当外加电源施加于纵向极化的压电陶瓷圆环时，由于压电效应，压电陶瓷圆环将产生一定频率的径向振动，进而带动金属内外圆环产生同频率的径向机械振动，并向介质中辐射超声波。在下面的分析中，我们将对换能器各个组成部分的径向机电振动特性进行分析[212-247]。在此基础上，进一步对纵向极化的径向夹心式压电陶瓷复合换能器的阻抗特性、频率特性、振动特性和辐射特性进行分析，并给出相应的解析分析理论、数值模拟结果以及实验验证。

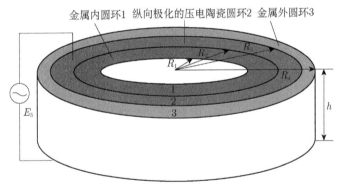

图 10.3 纵向极化的压电陶瓷圆环的径向夹心式压电陶瓷换能器

10.2.1 弹性圆盘的径向振动

1. 弹性圆盘的径向振动理论

在径向夹心式压电陶瓷换能器中，弹性圆环和圆盘是换能器的主要部分之一，因此在下面的内容中，我们将依次对其径向振动特性进行分析。由于夹心式复合换能器的主要组成部分是金属弹性体，因此在下面的分析中，如果没有特别指出，书中提到的各向同性弹性体都是指金属材料，如铝合金、钛合金，以及铜等金属材料等。图 10.4 所示为一个产生径向振动的金属薄圆盘振子，振子的半径为 a，厚度为

h。图中 v_{ra} 表示振子辐射面处的振动速度，F_{ra} 表示振子辐射面处的外力。在极坐标下，径向振动弹性圆盘振子的运动方程为

$$\rho \frac{\partial^2 \xi_r}{\partial t^2} = \frac{\partial T_r}{\partial r} + \frac{1}{r} \cdot \frac{\partial T_{r\theta}}{\partial \theta} + \frac{\partial T_{rz}}{\partial z} + \frac{T_r - T_\theta}{r} \tag{10.1}$$

$$\rho \frac{\partial^2 \xi_\theta}{\partial t^2} = \frac{\partial T_{r\theta}}{\partial r} + \frac{1}{r} \cdot \frac{\partial T_\theta}{\partial \theta} + \frac{\partial T_{\theta z}}{\partial z} + \frac{2T_{r\theta}}{r} \tag{10.2}$$

$$\rho \frac{\partial^2 \xi_z}{\partial t^2} = \frac{\partial T_{rz}}{\partial r} + \frac{1}{r} \cdot \frac{\partial T_{\theta z}}{\partial \theta} + \frac{\partial T_z}{\partial z} + \frac{T_{rz}}{r} \tag{10.3}$$

式中，ξ_r、ξ_θ、ξ_z 表示振子的三个位移分量；T_r、T_θ、T_z、$T_{r\theta}$、T_{rz}、$T_{\theta z}$ 表示振动体内的各个应力分量。在极坐标下，振子的应变与位移之间的关系可表示为

$$S_r = \frac{\partial \xi_r}{\partial r}, \quad S_\theta = \frac{1}{r} \cdot \frac{\partial \xi_\theta}{\partial \theta} + \frac{\xi_r}{r}, \quad S_z = \frac{\partial \xi_z}{\partial z} \tag{10.4}$$

$$S_{r\theta} = \frac{1}{r} \cdot \frac{\partial \xi_r}{\partial \theta} + \frac{\partial \xi_\theta}{\partial r} - \frac{\xi_\theta}{r}, \quad S_{\theta z} = \frac{1}{r} \cdot \frac{\partial \xi_z}{\partial \theta} + \frac{\partial \xi_\theta}{\partial z}, \quad S_{rz} = \frac{\partial \xi_r}{\partial z} + \frac{\partial \xi_z}{\partial r} \tag{10.5}$$

式中，S_r、S_θ、S_z、$S_{r\theta}$、$S_{\theta z}$、S_{rz} 表示振子的应变。根据胡克定律，可得应力与应变之间的关系为

$$S_r = \frac{1}{E}\big[T_r - \nu(T_\theta + T_z)\big], \quad S_\theta = \frac{1}{E}\big[T_\theta - \nu(T_r + T_z)\big], \quad S_z = \frac{1}{E}\big[T_z - \nu(T_\theta + T_z)\big] \tag{10.6}$$

$$S_{r\theta} = \frac{T_{r\theta}}{G}, \quad S_{rz} = \frac{T_{rz}}{G}, \quad S_{\theta z} = \frac{T_{\theta z}}{G} \tag{10.7}$$

式中，$G = \dfrac{E}{2(1+\nu)}$ 称为剪切模量，这里 E 和 ν 分别称为弹性材料的杨氏模量和泊松比。从上面各式可以看出，如果不对金属圆盘振子的几何尺寸加以限制，则振子的振动是一个非常复杂的三维耦合振动，其解析解几乎得不到。为了简化分析，假设振子是一个薄圆盘，其厚度远小于振子的半径，即 $h \ll a$。在这一前提下，可以近似认为 z 方向的应力 T_z 等于零。同时，假设薄圆盘只有径向伸缩应变，所以沿半径

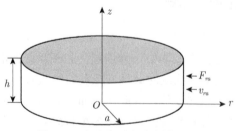

图 10.4　径向振动的金属薄圆盘

和周向的正应力 T_r、T_θ 不等于零，而切向应力都等于零。另外，由于薄圆盘振子的径向振动是轴对称的，所以有 $\dfrac{\partial \xi_\theta}{\partial \theta} = 0$。在上述假设下，薄圆盘振子的波动方程、胡克定律以及应力与应变的关系可简化如下：

$$\rho \frac{\partial^2 \xi_r}{\partial t^2} = \frac{\partial T_r}{\partial r} + \frac{T_r - T_\theta}{r} \tag{10.8}$$

$$T_r = \frac{E}{1-\nu^2}(S_r + \nu S_\theta), \ T_\theta = \frac{E}{1-\nu^2}(S_\theta + \nu S_r) \tag{10.9}$$

$$S_r = \frac{\partial \xi_r}{\partial r}, \ S_\theta = \frac{\xi_r}{r} \tag{10.10}$$

由式 (10.8)～式 (10.10)，可以得出各向同性金属薄圆盘径向振动的运动方程为

$$\frac{\partial^2 \xi_r}{\partial t^2} = V_r^2 \left(\frac{\partial^2 \xi_r}{\partial r^2} + \frac{1}{r} \cdot \frac{\partial \xi_r}{\partial r} - \frac{\xi_r}{r^2} \right) \tag{10.11}$$

式中，$V_r^2 = \dfrac{E}{\rho(1-\nu^2)}$，这里 V_r 是各向同性薄圆盘中径向振动的传播速度。很显然式 (10.11) 是一个贝塞尔方程，其解为

$$\xi_r = \left[\mathrm{A J_1}(kr) + B \mathrm{Y_1}(kr) \right] \mathrm{e}^{\mathrm{j}\omega t} \tag{10.12}$$

式中，$k = \omega / V_r$，这里 ω 是振动角频率；$\mathrm{J_1}(kr)$ 和 $\mathrm{Y_1}(kr)$ 分别是一阶贝塞尔和诺依曼函数；A 和 B 是两个待定常数，可由振子的边界条件加以确定。当 $r = 0$ 时，$\mathrm{Y_1}(kr) = \infty$。由此可得常数 $B = 0$。由式 (10.12) 可得薄圆盘的径向振动位移及速度分布为

$$\xi_r = A \mathrm{J_1}(kr) \mathrm{e}^{\mathrm{j}\omega t} \tag{10.13}$$

$$v_r = \mathrm{j}\omega A \mathrm{J_1}(kr) \mathrm{e}^{\mathrm{j}\omega t} \tag{10.14}$$

由图 10.4 可以看出，当 $r = a$ 时，$v_r = -v_{\mathrm{ra}}$。由此可得待定常数 A 的具体表达式为

$$A = -\frac{1}{\mathrm{j}\omega} \cdot \frac{v_{\mathrm{ra}}}{\mathrm{J_1}(k_r a)} \mathrm{e}^{-\mathrm{j}\omega t} \tag{10.15}$$

把式 (10.15) 代入薄圆盘中径向应力的表达式，同时把薄圆盘径向位移的表达式代入式 (10.9) 中，可得金属薄圆盘中径向应力的具体表达式为

$$T_r = v_{\mathrm{ra}} \cdot \frac{E(1-\nu)\mathrm{J_1}(k_r r)/r - k_r \mathrm{J_0}(k_r r)}{\mathrm{j}\omega \mathrm{J_1}(k_r a)(1-\nu^2)} \tag{10.16}$$

结合边界条件，即 $F_r = T_r \big|_{r=a} \cdot S_{\mathrm{ra}} = -F_{\mathrm{ra}}$ 可得

$$-F_{ra} = \frac{\rho V_r S_a}{\mathrm{j}} \cdot \left[\frac{(1-\nu)}{k_r a} - \frac{\mathrm{J}_0(k_r a)}{\mathrm{J}_1(k_r a)} \right] \cdot v_{ra} \tag{10.17}$$

式中，$S_{ra} = 2\pi a h$ 是薄圆盘径向辐射面积。令 $Z_a = \rho V_r S_{ra}$，式 (10.17) 可化简为

$$F_{ra} = Z_r \cdot v_{ra} \tag{10.18}$$

式中，$Z_r = \dfrac{Z_{ra}}{\mathrm{j}} \cdot \left[\dfrac{\mathrm{J}_0(k_r a)}{\mathrm{J}_1(k_r a)} - \dfrac{1-\nu}{k_r a} \right]$。由此可得径向振动金属薄圆盘的等效电路 (图 10.5)。

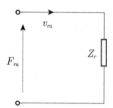

图 10.5　径向振动金属薄圆盘的等效电路

2. 径向振动弹性圆盘的共振频率方程

众所周知，换能器振动系统都是在有负载的情况下工作的。假设径向振动弹性圆盘的外表面负载为 $Z_1 = R_1 + \mathrm{j}X_1$，其中 R_1 和 X_1 分别是负载阻和负载抗。很显然，弹性圆盘径向振动的共振频率与圆盘的几何尺寸及材料有关，同时也与周围的负载介质以及径向振动圆盘的工作状态有关。从原理上讲，如果我们已知圆盘径向振动的负载阻抗，利用图 10.5 就可以得出圆盘径向振动的共振频率方程，进而由频率方程就可以得出振子的共振频率与其形状和几何尺寸的关系。然而实际过程并非如此，有时甚至是不可能的。原因在于振子的负载阻抗极为复杂。其中包括两方面的因素。①在大功率情况下，振动系统的负载阻抗根本不能用解析法得到。②在换能器的工作过程中，负载阻抗不是一个恒定的数值，而是处于变化状态。例如在超声清洗过程中，空化状态的不同将导致换能器的辐射阻抗不同，也就是负载阻抗不同。另外，在超声金属及塑料焊接过程中，随着材料的逐渐熔化，其阻抗发生相应的变化，从而导致振动系统的负载阻抗不是处于恒定状态。因此，在超声振动系统的实际设计过程中，大都忽略负载阻抗的影响，而把系统作为空载加以考虑。在这一情况下，令金属薄圆盘的输入阻抗等于零，由图 10.5 可以得出径向振动金属薄圆盘的共振频率方程为

$$\frac{\mathrm{J}_0(k_r a)}{\mathrm{J}_1(k_r a)} = \frac{1-\nu}{k_r a} \tag{10.19}$$

从式 (10.19) 可以看出，径向振动金属薄圆盘的共振频率方程是一个超越方程，它

与振子的材料、几何尺寸以及振动模式有关。令式 (10.19) 的解为 $R(n)$，即 $k_m a = R(n)$，可得径向振动金属薄圆盘的共振频率 f_n 为

$$f_n = \frac{R(n)}{2\pi a} \sqrt{\frac{E}{\rho(1-v^2)}} \tag{10.20}$$

式中，n 是一个正整数，表示薄圆盘径向振动的振动模式。根据上面的分析可以看出，径向振动金属薄圆盘的共振频率与其材料、几何尺寸及振动模式有关。由于共振频率方程是一个复杂的超越方程，其解析解不可能得出，只能得出数值解。表 10.1 给出了利用数值法得出的不同材料 (即泊松比) 薄圆盘径向振动共振频率方程的前六个根，即对应径向振动金属薄圆盘的前六阶径向共振振动的解，可供有关的工程设计人员参考。

表 10.1   径向振动金属薄圆盘共振频率方程的前六阶解

v	$R(1)$	$R(2)$	$R(3)$	$R(4)$	$R(5)$	$R(6)$
0.27	2.02997	5.38361	8.56831	11.7292	14.8818	18.0306
0.30	2.04885	5.38936	8.57186	11.7318	14.8838	18.0322
0.33	2.06736	5.39511	8.5754	11.7344	14.8859	18.0339
0.36	2.08552	5.40084	8.57894	11.7369	14.8879	18.0356
0.39	2.10334	5.40656	8.58248	11.7395	14.8899	18.0372

从表中数据可以看出，振子的材料不同，方程的根也不同。当振子的振动阶次较低时，材料的影响较明显；但当振子的振动阶次升高时，材料参数对方程根的影响逐渐减小。

根据表 10.1，给定振子的材料参数，即泊松比以及圆盘的半径，就可以求出频率方程的根，然后利用式 (10.20) 就可以得出振子的共振频率，对振子的设计及计算非常方便。

在上面的理论分析中，假设径向振动圆盘的半径远大于其厚度，即上述理论是基于无限薄圆盘的径向振动理论 (即板的平面应力问题) 得出的。对于有限厚度的圆盘来说，由频率方程 (10.20) 得出的径向振动薄圆盘的径向共振频率将高于振子的实际共振频率。原因是当振子的厚度增大时，振子的振动不是一个纯粹的平面径向振动，而会出现厚度方向的振动以及厚度与径向振动之间的耦合振动。此时，应利用振子的耦合振动理论来加以分析及计算，或进行瑞利修正等。

10.2.2   弹性薄圆环的径向振动

1. 弹性薄圆环径向振动的波动方程及其等效电路

图 10.6 所示为一个产生径向振动的薄圆环振子，其中内外半径和厚度分别是

R_1、R_2 及 h。图中 F_{r1}、v_{r1} 及 F_{r2}、v_{r2} 分别是薄圆环内外表面的径向外力及振动速度。与前面有关弹性薄圆盘的理论分析相似，可得薄圆环径向振动的径向振动速度及应力分布为

$$v_r = \mathrm{j}\omega\Big[A\mathrm{J}_1(kr) + B\mathrm{Y}_1(kr)\Big]\mathrm{e}^{\mathrm{j}\omega t} \tag{10.21}$$

$$T_r = \frac{Ek}{1-\nu^2}\left\{A\left[\mathrm{J}_0(kr) - \frac{(1-\nu)\mathrm{J}_1(kr)}{kr}\right] + B\left[\mathrm{Y}_0(kr) - \frac{(1-\nu)\mathrm{Y}_1(kr)}{kr}\right]\right\}\mathrm{e}^{\mathrm{j}\omega t} \tag{10.22}$$

由图 10.6 可以看出，$v_r|_{r=R_1} = v_{r1}, v_r|_{r=R_2} = -v_{r2}$。由此可得待定常数 A 和 B 的表达式：

$$A = -\frac{1}{\mathrm{j}\omega}\cdot\frac{v_{r2}\mathrm{Y}_1(kR_1) + v_{r1}\mathrm{Y}_1(kR_2)}{\mathrm{J}_1(kR_2)\mathrm{Y}_1(kR_1) - \mathrm{J}_1(kR_1)\mathrm{Y}_1(kR_2)} \tag{10.23}$$

$$B = \frac{1}{\mathrm{j}\omega}\cdot\frac{v_{r2}\mathrm{J}_1(kR_1) + v_{r1}\mathrm{J}_1(kR_2)}{\mathrm{J}_1(kR_2)\mathrm{Y}_1(kR_1) - \mathrm{J}_1(kR_1)\mathrm{Y}_1(kR_2)} \tag{10.24}$$

把常数 A 和 B 的表达式代入上式，同时利用薄圆环内外表面径向外力的边界条件，即 $F_r = T_r|_{r=R_2}\cdot S_2 = -F_{r2}$ 以及 $F_r = T_r|_{r=R_1}\cdot S_1 = -F_{r1}$，可得

$$F_{r1} = (Z_{1\mathrm{m}} + Z_{3\mathrm{m}})v_{r1} + Z_{3\mathrm{m}}v_{r2} \tag{10.25}$$

$$F_{r2} = (Z_{2\mathrm{m}} + Z_{3\mathrm{m}})v_{r2} + Z_{3\mathrm{m}}v_{r1} \tag{10.26}$$

式中，$Z_{1\mathrm{m}}$、$Z_{2\mathrm{m}}$、$Z_{3\mathrm{m}}$ 是三个机械阻抗，其具体表达式为

$$\begin{aligned}
Z_{1\mathrm{m}} = &\ \mathrm{j}\frac{2Z_{r1}}{\pi kR_1\Big[\mathrm{J}_1(kR_2)\mathrm{Y}_1(kR_1) - \mathrm{J}_1(kR_1)\mathrm{Y}_1(kR_2)\Big]}\\
&\times\left[\frac{\mathrm{J}_1(kR_2)\mathrm{Y}_0(kR_1) - \mathrm{J}_0(kR_1)\mathrm{Y}_1(kR_2) - \mathrm{J}_1(kR_1)\mathrm{Y}_0(kR_1) + \mathrm{J}_0(kR_1)\mathrm{Y}_1(kR_1)}{\mathrm{J}_1(kR_1)\mathrm{Y}_0(kR_1) - \mathrm{J}_0(kR_1)\mathrm{Y}_1(kR_1)}\right]\\
&- \mathrm{j}\frac{2Z_{r1}(1-\nu)}{\pi(kR_1)^2\Big[\mathrm{J}_1(kR_1)\mathrm{Y}_0(kR_1) - \mathrm{J}_0(kR_1)\mathrm{Y}_1(kR_1)\Big]}
\end{aligned} \tag{10.27}$$

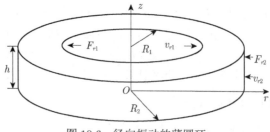

图 10.6　径向振动的薄圆环

$$Z_{2\mathrm{m}} = \mathrm{j} \frac{2Z_{r1}}{\pi k R_1 [\mathrm{J}_1(kR_2)\mathrm{Y}_1(kR_1) - \mathrm{J}_1(kR_1)\mathrm{Y}_1(kR_2)]}$$
$$\times \left[\frac{\mathrm{J}_1(kR_1)\mathrm{Y}_0(kR_2) - \mathrm{J}_0(kR_2)\mathrm{Y}_1(kR_1) - \mathrm{J}_1(kR_2)\mathrm{Y}_0(kR_2) + \mathrm{J}_0(kR_2)\mathrm{Y}_1(kR_2)}{\mathrm{J}_1(kR_2)\mathrm{Y}_0(kR_2) - \mathrm{J}_0(kR_2)\mathrm{Y}_1(kR_2)} \right]$$
$$+ \mathrm{j} \frac{2Z_{r2}(1-\nu)}{\pi(kR_2)^2 [\mathrm{J}_1(kR_2)\mathrm{Y}_0(kR_2) - \mathrm{J}_0(kR_2)\mathrm{Y}_1(kR_2)]} \tag{10.28}$$

$$Z_{3\mathrm{m}} = \mathrm{j} \frac{2Z_{r1}}{\pi k R_1 [\mathrm{J}_1(kR_2)\mathrm{Y}_1(kR_1) - \mathrm{J}_1(kR_1)\mathrm{Y}_1(kR_2)]}$$
$$= \mathrm{j} \frac{2Z_{r2}}{\pi k R_2 [\mathrm{J}_1(kR_2)\mathrm{Y}_1(kR_1) - \mathrm{J}_1(kR_1)\mathrm{Y}_1(kR_2)]} \tag{10.29}$$

其中，$Z_{r1} = \rho V_r S_1$，$Z_{r2} = \rho V_r S_2$，这里 $S_1 = 2\pi R_1 h$，$S_2 = 2\pi R_2 h$，分别是薄圆环的内外表面积。利用式 (10.25) 和式 (10.26)，可以得出径向振动薄圆环的等效电路，如图 10.7 所示。

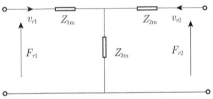

图 10.7　径向振动薄圆环的四端等效电路

2. 径向振动薄圆环的共振频率方程

在不考虑薄圆环内外辐射阻抗的情况下，由图 10.7 可得径向振动薄圆环的共振频率方程为

$$\frac{Z_{1\mathrm{m}}Z_{2\mathrm{m}} + Z_{1\mathrm{m}}Z_{3\mathrm{m}} + Z_{2\mathrm{m}}Z_{3\mathrm{m}}}{Z_{2\mathrm{m}} + Z_{3\mathrm{m}}} = 0 \tag{10.30}$$

从式 (10.30) 可以看出，径向振动薄圆环的共振频率方程是一个非常复杂的超越方程，它与振子的材料、几何尺寸以及振动模式有关。当径向振动薄圆环的材料和几何尺寸给定以后，利用其频率方程就可以得出其不同振动模态下的共振频率。

为简化分析，假设薄圆环的内外半径比为 r，即 $r = R_2/R_1$，把 $kR_1 = kR_2/r$ 代入式 (10.30) 后，频率方程中的变量只有 kR_2、r、ν 三个。对应一定的材料和半径比，可以得出频率方程的根。令式 (10.30) 的解为 $R(n)$，即 $k_n a = R(n)$，可得径向振动薄圆环的共振频率 f_n 为

$$f_n = \frac{R(n)}{2\pi a} \sqrt{\frac{E}{\rho(1-\nu^2)}} \tag{10.31}$$

式中，n 是一个正整数，表示薄圆环径向振动的振动模式。根据上面的分析可以看出，径向振动薄圆环的共振频率与其材料、几何尺寸及振动模式有关。由于共振频率方程是一个复杂的超越方程，其解析解不可能得出，只能得出数值解。表 10.2 给出了利用数值法得出的在不同材料 (即泊松比) 以及不同的半径比的情况下薄圆环径向振动共振频率方程的第一个根，即对应径向振动薄圆环的一阶共振振动的解，可供有关的工程设计人员参考。

表 10.2   径向振动薄圆环共振频率方程的一阶振动解

ν	$r=1.5$	$r=2$	$r=3$	$r=4$	$r=5$	$r=6$
0.27	1.17139	1.33239	1.56054	1.70501	1.79751	1.85804
0.30	1.16149	1.32325	1.55538	1.70470	1.80147	1.86533
0.33	1.15032	1.31263	1.54853	1.70269	1.80388	1.87127
0.36	1.13782	1.30047	1.53988	1.69889	1.80463	1.87574
0.39	1.12395	1.28670	1.52934	1.69315	1.80358	1.87861

表中 r、ν 分别表示薄圆环的半径比和泊松比。从表 10.2 中的结果可以看出，当振子的材料一定时，其径向振动的共振频率与振子的内外半径之比有关。随着振子半径比 r 的增加，其共振频率也增加。也就是说，实心圆环的径向振动共振频率大于相同半径的圆环的共振频率。另一方面，当径向振动薄圆环的半径比 r 比较小时，随着材料泊松比的增大，振子的共振频率是减小的；当振子的半径比 r 比较大时，随着材料泊松比的增加，径向振动薄圆环的共振频率则是增大的。

从上述各式可以看出，薄圆环的半径比不同，其一阶振动的频率方程的根与材料泊松比之间的关系是不同的。但是，只要知道了材料的泊松比，利用上面的表达式就可以很方便地得出方程的解，从而大大地简化了径向振动薄圆环的工程设计。

图 10.8 给出了在不同的泊松比情况下，径向振动薄圆环一阶振动的频率方程根与其半径比之间的关系曲线。图中的实心三角、实心圆以及实心方块符号分别表示不同材料的泊松比。根据图 10.8 以及上面的分析，对于薄圆环的一阶径向振动，共振频率方程的根相对于其半径比有一个临界值。在这个临界值附近，材料的泊松比对于振子的共振频率的影响是很小的。

在上面的分析中，我们对径向振动薄圆环的基频振动进行了分析。对于径向振动薄圆环的高次振动模式，其分析是类似的。但有一点值得指出，对于径向振动的圆环，对应不同的半径比，一些高次振动模式是不存在的。例如，当振子的半径比小于 2.63 时，二阶径向振动模式是不存在的。

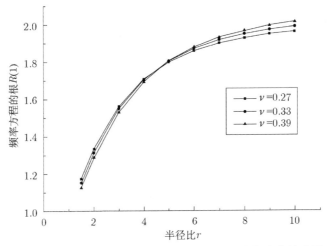

图 10.8 径向振动薄圆环共振频率方程的根与半径比的关系图

在上述理论分析中，假设径向振动薄圆环的半径远大于其厚度，即上述理论是基于无限薄的圆环径向振动理论得出的。对于有限厚度的圆环来说，由频率方程 (10.30) 得出的径向振动薄圆环的径向共振频率将高于振子的实际共振频率。原因是当振子的厚度增大时，振子的振动不是一个纯粹的平面径向振动，而会出现厚度方向的振动以及厚度与径向振动之间的耦合振动。此时，应利用振子的耦合振动理论加以分析及计算，或进行瑞利修正等。

10.2.3 纵向极化压电陶瓷实心圆盘的径向振动

各式各样的压电陶瓷振子是声学换能器、压电陶瓷滤波器、压电传感器、压电谐振器以及压电陶瓷变压器等电子器件的主要组成部分，而关于压电陶瓷振子振动模式的研究则是设计这些器件的理论基础。压电陶瓷振子的振动模式很多，其中包括伸缩振动模式、剪切振动模式以及弯曲振动模式等。一般情况下，压电陶瓷振子的振动模式主要是由振子的几何形状、尺寸、极化方向以及外加电场的激励方向所决定的。最常用的压电陶瓷振子的形状包括细长棒、薄圆盘、薄圆环以及矩形片等。对于一些常用形状的压电陶瓷振子，其振动分析理论比较成熟。轴向极化的压电陶瓷圆盘是一种常用的压电陶瓷元器件，主要用在超声换能器及水声换能器中。这里从压电陶瓷圆盘振子的压电和运动方程出发，对其径向振动进行了研究，得出了其机电等效电路。在此基础上，推出了振子的共振/反共振频率方程；探讨并给出了振子的共振/反共振频率与振子的泊松比之间的解析关系，这对于完善压电陶瓷振子的设计理论具有一定的理论及实际指导意义。

1. 纵向极化压电陶瓷薄圆盘径向振动的机电等效电路

图 10.9 所示是一个纵向极化压电陶瓷薄圆盘。图中 l 和 a 表示薄圆盘的高度和

半径。F_{ra} 是作用在薄圆盘外表面的外部径向作用力；v_{ra} 表示压电陶瓷薄圆盘外表面的径向振动速度。压电陶瓷薄圆盘的极化方向沿着振子的纵向，即 z 方向，同时外加激励电场的方向也是沿着 z 方向。在圆柱坐标下，对于振子的轴对称径向振动，其运动方程为

$$\rho \frac{\partial^2 \xi_r}{\partial t^2} = \frac{\partial T_r}{\partial r} + \frac{T_r - T_\theta}{r} \tag{10.32}$$

式中，ρ 是压电材料的体积密度；r 是径向坐标；ξ_r 表示径向振动位移；T_r、T_θ 分别是振子内部的径向及周向应力。另外，振子内部的应变 S_r 和 S_θ 与位移之间的关系为

$$S_r = \frac{\partial \xi_r}{\partial r}, \ \ S_\theta = \frac{\xi_r}{r} \tag{10.33}$$

对于压电陶瓷薄圆盘振子，描述其电学量与力学量关系的压电方程可表示成

$$S_r = s_{11}^E T_r + s_{12}^E T_\theta + d_{31} E_3 \tag{10.34}$$

$$S_\theta = s_{12}^E T_r + s_{11}^E T_\theta + d_{31} E_3 \tag{10.35}$$

$$D_3 = d_{31} T_r + d_{31} T_\theta + \varepsilon_{33}^T E_3 \tag{10.36}$$

式中，E_3 和 D_3 分别表示纵向的电场强度和电位移；s_{ij}^E 是恒电场强度下的弹性柔顺常数；d_{31} 是压电应变常数；ε_{33}^T 是恒定应力情况下的介电常数。下面分别从力和电两个方面对其振动特性进行分析。

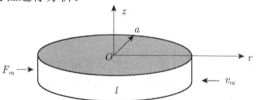

图 10.9　纵向极化压电陶瓷薄圆盘的几何示意图

1) 径向振动压电陶瓷薄圆盘的机械振动特性

由式 (10.34) 和式 (10.35)，可得以下关系：

$$S_r - S_\theta = (s_{11}^E - s_{12}^E)(T_r - T_\theta) \tag{10.37}$$

$$S_r + S_s = (s_{11}^E + s_{12}^E)(T_r + T_s) + 2d_{31} E_3 \tag{10.38}$$

$$T_r - T_\theta = \frac{S_r - S_\theta}{s_{11}^E - s_{12}^E} \tag{10.39}$$

$$T_r + T_\theta = \frac{S_r + S_\theta - 2d_{31} E_3}{s_{11}^E + s_{12}^E} \tag{10.40}$$

利用式 (10.39) 和式 (10.40) 可得

$$T_r = \left(\frac{S_r - S_\theta}{s_{11}^E - s_{12}^E} + \frac{S_r + S_\theta - 2d_{31}E_3}{s_{11}^E + s_{12}^E} \right)/2 = \frac{1}{s_{11}^E} \cdot \left(\frac{S_r + \nu_{12}S_\theta}{1 - \nu_{12}^2} - \frac{d_{31}E_3}{1 - \nu_{12}} \right) \quad (10.41)$$

把式 (10.39) 和式 (10.41) 代入运动方程 (10.32) 可得

$$\rho(\partial^2 \xi_r / \partial t^2)/E_r = \partial^2 \xi_r / \partial r^2 + (\partial \xi_r / \partial r)/r - \xi_r / r^2 \quad (10.42)$$

式中，$E_r = \dfrac{s_{11}^E}{(s_{11}^E - s_{12}^E)(s_{11}^E + s_{12}^E)} = \dfrac{1}{s_{11}^E(1 - \nu_{12}^2)}$，称为径向振动压电陶瓷薄圆盘的弹性常数，这里 $\nu_{12} = -s_{12}^E / s_{11}^E$，为压电材料的泊松比。对于简谐振动，$\xi_r = \xi_{ra}\, \mathrm{e}^{\mathrm{j}\omega t}$，式 (10.42) 可写成

$$\mathrm{d}^2 \xi_{ra} / \mathrm{d}r^2 + (\mathrm{d}\xi_{ra}/\mathrm{d}r)/r - \xi_{ra}/r^2 + k_r^2 \xi_{ra} = 0 \quad (10.43)$$

式中，$k_r = \omega / V_r$，$V_r = (E_r/\rho)^{1/2}$，分别为径向振动压电陶瓷薄圆盘的波数和径向振动的传播速度，这里 ω 是角频率。式 (10.43) 属于典型的贝塞尔方程，其解为

$$\xi_{ra} = A\mathrm{J}_1(k_r r) + B\mathrm{Y}_1(k_r r) \quad (10.44)$$

式中，$\mathrm{J}_1(k_r r)$ 和 $\mathrm{Y}_1(k_r r)$ 分别为一阶第一类和第二类贝塞尔函数；A 和 B 是待定常数，可由振子的边界条件所决定。当 $r = 0$ 时，$\mathrm{Y}_1(k_r r) \to \infty$，因而可得，$B = 0$。由此可得径向振动压电陶瓷薄圆盘的径向振动位移和振速为

$$\xi_{ra} = A\mathrm{J}_1(k_r r) \quad (10.45)$$

$$v_r = \mathrm{j}\omega A \mathrm{J}_1(k_r r) \quad (10.46)$$

由图 10.9 可得

$$v_r \big|_{r=a} = -v_{ra} \quad (10.47)$$

把式 (10.46) 代入式 (10.47)，经过变换后可得待定常数 A 的值

$$A = -\frac{1}{\mathrm{j}\omega} \cdot \frac{v_{ra}}{\mathrm{J}_1(k_r a)} \quad (10.48)$$

由上述各式可得径向应力的具体表达式为

$$T_r = v_{ra} \cdot \frac{(1 - \nu_{12})\mathrm{J}_1(k_r r)/r - k_r \mathrm{J}_0(k_r r)}{\mathrm{j}\omega \mathrm{J}_1(k_r a) s_{11}^E(1 - \nu_{12}^2)} - \frac{d_{31}E_3}{s_{11}^E(1 - \nu_{12})} \quad (10.49)$$

另外，根据图 10.9 中的边界条件可得

$$F_{ra} = -T_r \big|_{r=a}\ S_a \quad (10.50)$$

其中，$S_a = 2\pi a l$，表示圆盘的外表面积。把式 (10.48) 和式 (10.49) 代入式 (10.50) 可得

$$-F_{ra} = \frac{\rho V_r S_a}{j} \cdot \left[\frac{(1 - \nu_{12})}{k_r a} - \frac{J_0(k_r a)}{J_1(k_r a)} \right] \cdot v_{ra} - \frac{2\pi a d_{31} E_3 l}{s_{11}^{E}(1 - \nu_{12})} \tag{10.51}$$

令 $Z_{ra} = \rho V_r S_a$，$V_3 = E_3 l$，V_3 是压电陶瓷薄圆盘振子的端电压，式 (10.51) 可写成

$$-F_{ra} = \frac{Z_{ra}}{j} \cdot \left[\frac{(1 - \nu_{12})}{k_r a} - \frac{J_0(k_r a)}{J_1(k_r a)} \right] \cdot v_{ra} - \frac{2\pi a d_{31} V_3}{s_{11}^{E}(1 - \nu_{12})} \tag{10.52}$$

式 (10.52) 可进一步转换为

$$F_{ra} = Z_r \cdot v_{ra} + n V_3 \tag{10.53}$$

式中，$Z_r = j Z_{ra} \cdot \left[\dfrac{(1 - \nu_{12})}{k_r a} - \dfrac{J_0(k_r a)}{J_1(k_r a)} \right]$；$n = \dfrac{2\pi a d_{31}}{s_{11}^{E}(1 - \nu_{12})}$，为压电陶瓷薄圆盘振子径向振动的机电转换系数。

2) 电振动特性

对于压电陶瓷振子的电振动特性，可得振子的电位移强度为

$$D_3 = \frac{d_{31}}{s_{11}^{E} + s_{12}^{E}}(S_r + S_\theta) + \varepsilon_{33}^{T} E_3 - \frac{2 d_{31} E_3 d_{31}}{s_{11}^{E} + s_{12}^{E}} \tag{10.54}$$

利用应变和位移之间的关系，式 (10.54) 可化为

$$D_3 = \frac{d_{31}}{s_{11}^{E} + s_{12}^{E}} \cdot k_r A J_0(k_r r) + \varepsilon_{33}^{T} E_3 - \frac{2 d_{31} E_3 d_{31}}{s_{11}^{E} + s_{12}^{E}} \tag{10.55}$$

令流过振子的电流为 I_3；对于简谐振动有 $I_3 = \mathrm{d}Q / \mathrm{d}t = \mathrm{j}\omega Q$，其中 Q 为振子横截面上的电荷。由于电位移强度就是电荷的面密度，因而可得以下关系：

$$Q = 2\pi \int D_3 r \mathrm{d}r \tag{10.56}$$

积分式 (10.56) 可得

$$Q = \frac{2\pi d_{31}}{s_{11}^{E} + s_{12}^{E}}[A a J_1(k_r a)] + \pi a^2 \left[\varepsilon_{33}^{T} E_3 - \frac{2 d_{31} E_3 d_{31}}{s_{11}^{E} + s_{12}^{E}} \right] \tag{10.57}$$

把常数 A 的表达式代入式 (10.57)，利用 $I_3 = \mathrm{j}\omega Q$，可得

$$I_3 = \mathrm{j}\omega C_{0r} V_3 - n v_{ra} \tag{10.58}$$

式中，$C_{0r} = \dfrac{\varepsilon_{33}^{T} S}{l} \cdot \left[1 - \dfrac{2 d_{31}^2}{\varepsilon_{33}^{T}(s_{11}^{E} + s_{12}^{E})} \right]$，为径向振动压电陶瓷薄圆盘的钳定电容，这里 $S = \pi a^2$，是压电陶瓷薄圆盘振子的横截面积。结合式 (10.53) 和式 (10.58)，可以得出径向振动压电陶瓷薄圆盘的等效电路，如图 10.10 所示。

2. 径向振动压电陶瓷薄圆盘的共振/反共振频率方程

由图 10.10，当径向振动压电陶瓷薄圆盘的径向表面处于自由状态时，其径向

的外力等于零，即 $F_{ra} = 0$。由此可以得出其电导纳为

$$Y = \frac{I_3}{V_3} \tag{10.59}$$

利用图 10.10，可以得出径向振动压电陶瓷薄圆盘的电导纳的具体表达式：

$$Y = \frac{j\omega\varepsilon_{33}^{\mathrm{T}}S}{l} \times \left[1 - k_{\mathrm{p}}^2 + k_{\mathrm{p}}^2 \frac{(1 + \nu_{12})\mathrm{J}_1(k_r a)}{k_r a \mathrm{J}_0(k_r a) - (1 - \nu_{12})\mathrm{J}_1(k_r a)} \right] \tag{10.60}$$

式中，$k_{\mathrm{p}}^2 = \dfrac{2d_{31}^2}{\varepsilon_{33}^{\mathrm{T}}(s_{11}^{\mathrm{E}} + s_{12}^{\mathrm{E}})}$，为径向振动压电陶瓷薄圆盘的机电耦合系数。由式 (10.60)，

当压电振子的电导纳趋于无穷大时，可得其共振频率方程为

$$k_r a \mathrm{J}_0(k_r a) = (1 - \nu_{12})\mathrm{J}_1(k_r a) \tag{10.61}$$

由共振频率方程式 (10.61) 可以看出，径向振动压电陶瓷薄圆盘的共振频率不仅与振子的几何尺寸有关，而且与振子的材料参数，即泊松比有关系。当压电振子的电导纳等于零时，振子处于反共振状态，其反共振频率方程为

$$1 - k_{\mathrm{p}}^2 + k_{\mathrm{p}}^2 \frac{(1 + \nu_{12})\mathrm{J}_1(k_r a)}{k_r a \mathrm{J}_0(k_r a) - (1 - \nu_{12})\mathrm{J}_1(k_r a)} = 0 \tag{10.62}$$

很显然，径向极化压电陶瓷薄圆盘的共振/反共振频率方程是较为复杂的超越方程，其解析解很难得出。本书利用数值法对上述方程进行了求解。对应一定的压电陶瓷材料，可以得出频率方程的根 $k_r a$。令上式的解为 $R(n)$，即 $k_{rn}a = R(n)$，可得径向振动压电陶瓷薄圆盘的共振/反共振频率 f_n 的数学表达式为

$$f_n = \frac{R(n)}{2\pi a} \sqrt{\frac{1}{\rho s_{11}^{\mathrm{E}}(1 - \nu_{12}^2)}} \tag{10.63}$$

式中，n 是一个正整数，表示压电陶瓷薄圆盘径向振动的振动阶次。表 10.3 及表 10.4 给出了利用数值法得出的不同材料 (即泊松比 ν_{12}) 压电陶瓷薄圆盘径向振动共振/反共振频率方程的第一个和第二个根，它们分别对应径向振动压电陶瓷薄圆盘的一阶振动和二阶振动。

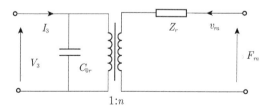

图 10.10 径向振动压电陶瓷薄圆盘的机电等效电路

表 10.3　径向振动压电陶瓷薄圆盘共振/反共振频率方程的根值 (一阶振动)

泊松比	0.27	0.30	0.33	0.36	0.39	0.42	0.45
共振	2.02997	2.04885	2.06736	2.08552	2.10333	2.12081	2.13797
反共振	2.36816	2.3876	2.40658	2.42512	2.44323	2.46094	2.47825

表 10.4　径向振动压电陶瓷薄圆盘共振/反共振频率方程的根值 (二阶振动)

泊松比	0.27	0.30	0.33	0.36	0.39	0.42	0.45
共振解	5.38361	5.38936	5.39511	5.40084	5.40656	5.41227	5.41796
反共振解	5.5044	5.51264	5.52084	5.52901	5.53714	5.54523	5.55329

从表中的结果可以看出，当压电陶瓷振子材料的泊松比增大时，共振/反共振频率方程的根都是增大的。

根据表 10.3 和表 10.4，给定振子的材料参数 (即泊松比)，就可以查出共振/反共振频率方程的根，然后利用式 (10.63) 就可以得出振子的共振/反共振频率，对压电陶瓷薄圆盘振子的设计及计算非常方便。然而，表中给出的泊松比是离散的，不适应于一般的情况。为了能够适用于各种不同压电陶瓷材料的振子，理想的情况是得出一个关于径向振动压电陶瓷薄圆盘共振/反共振频率方程的根值与泊松比之间关系的解析表达式。为此，我们利用多项式插值，对上述两个表中的数据进行了处理，得出了上述共振/反共振频率方程的根与泊松比之间的解析关系。基于压电振子的共振频率方程，其第一及第二个根与泊松比之间的解析表达式为

$$R(1) = 1.568\,51 + 5.439\,83\nu_{12} - 33.3875\nu_{12}^2 + 124.375\nu_{12}^3$$
$$- 260.717\nu_{12}^4 + 289.781\nu_{12}^5 - 133.364\nu_{12}^6 \tag{10.64}$$

$$R(2) = 5.521\,61 - 2.962\,53\nu_{12} + 21.6618\nu_{12}^2 - 78.7037\nu_{12}^3$$
$$+ 159.636\nu_{12}^4 - 171.468\nu_{12}^5 + 76.2079\nu_{12}^6 \tag{10.65}$$

基于压电陶瓷薄圆盘的反共振频率方程，其第一及第二个根与泊松比之间的解析表达式为

$$R(1) = 1.8854 + 5.759\,33\nu_{12} - 35.857\nu_{12}^2 + 135.448\nu_{12}^3$$
$$- 288.409\nu_{12}^4 + 325.789\nu_{12}^5 - 152.416\nu_{12}^6 \tag{10.66}$$

$$R(2) = 5.288\,19 + 2.628\,78\nu_{12} - 16.1645\nu_{12}^2 + 58.8349\nu_{12}^3$$
$$- 119.599\nu_{12}^4 + 128.601\nu_{12}^5 - 57.1559\nu_{12}^6 \tag{10.67}$$

利用上面得出的解析关系式，当压电陶瓷薄圆盘的材料给定，即泊松比一定后，就可以得出对应不同的振动阶次压电陶瓷薄圆盘共振/反共振频率方程的根，然后利

用式 (10.63) 就可以得出其共振/反共振频率，极大地方便了此类振子的设计。

10.2.4 纵向极化压电陶瓷薄圆环的径向振动

1. 纵向极化压电陶瓷薄圆环径向振动的机电等效电路

图 10.11 所示是一个纵向极化压电陶瓷薄圆环。图中 l 表示薄圆环的高度，a 和 b 分别表示薄圆环的外半径和内半径。F_{ra}、F_{rb} 及 v_{ra}、v_{rb} 分别是作用在薄圆环外表面和内表面的外部作用力及径向振动速度。压电陶瓷薄圆环的极化方向沿着振子的轴向，即 z 方向，同时外加激励电场的方向也是沿着 z 方向。在圆柱坐标下，对于振子的轴对称径向振动，其运动方程为

$$\rho \frac{\partial^2 \xi_r}{\partial t^2} = \frac{\partial T_r}{\partial r} + \frac{T_r - T_\theta}{r} \tag{10.68}$$

式中，ρ 是压电材料的密度；r 是径向坐标；ξ_r 表示径向位移；T_r、T_θ 分别是振子内部的径向及周向应力。另外，振子内部的应变 S_r 和 S_θ 与位移之间的关系为

$$S_r = \frac{\partial \xi_r}{\partial r}, \ S_\theta = \frac{\xi_r}{r} \tag{10.69}$$

压电陶瓷薄圆环振子的压电方程可表示成

$$S_r = s_{11}^{\mathrm{E}} T_r + s_{12}^{\mathrm{E}} T_\theta + d_{31} E_3 \tag{10.70}$$

$$S_\theta = s_{12}^{\mathrm{E}} T_r + s_{11}^{\mathrm{E}} T_\theta + d_{31} E_3 \tag{10.71}$$

$$D_3 = d_{31} T_r + d_{31} T_\theta + \varepsilon_{33}^{\mathrm{T}} E_3 \tag{10.72}$$

式中，E_3 和 D_3 分别表示轴向的电场强度和电位移；s_{ij}^{E} 是恒定电场强度下的弹性柔顺常数；d_{31} 和 d_{33} 是压电应变常数；$\varepsilon_{33}^{\mathrm{T}}$ 是恒定应力情况下的介电常数。

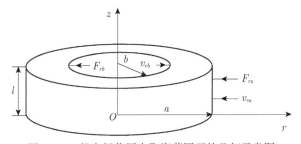

图 10.11 纵向极化压电陶瓷薄圆环的几何示意图

1) 机械振动特性

由式 (10.70) 和式 (10.71)，可得以下关系：

$$S_r - S_\theta = (s_{11}^{\mathrm{E}} - s_{12}^{\mathrm{E}})(T_r - T_\theta) \tag{10.73}$$

$$S_r + S_s = (s_{11}^{\mathrm{E}} + s_{12}^{\mathrm{E}})(T_r + T_\theta) + 2d_{31}E_3 \tag{10.74}$$

$$T_r - T_\theta = \frac{S_r - S_\theta}{s_{11}^{\mathrm{E}} - s_{12}^{\mathrm{E}}} \tag{10.75}$$

$$T_r + T_\theta = \frac{S_r + S_\theta - 2d_{31}E_3}{s_{11}^{\mathrm{E}} + s_{12}^{\mathrm{E}}} \tag{10.76}$$

利用上述公式 (10.75) 和 (10.76)可得

$$T_r = \left(\frac{S_r - S_\theta}{s_{11}^{\mathrm{E}} - s_{12}^{\mathrm{E}}} + \frac{S_r + S_\theta - 2d_{31}E_3}{s_{11}^{\mathrm{E}} + s_{12}^{\mathrm{E}}} \right) \Big/ 2 \tag{10.77}$$

把式 (10.75) 和式 (10.76) 代入运动方程 (10.68) 可得

$$\rho(\partial^2 \xi_r / \partial t^2) / E_r = \partial^2 \xi_r / \partial r^2 + (\partial \xi_r / \partial r)/r - \xi_r / r^2 \tag{10.78}$$

式中，$E_r = \dfrac{s_{11}^{\mathrm{E}}}{(s_{11}^{\mathrm{E}} - s_{12}^{\mathrm{E}})(s_{11}^{\mathrm{E}} + s_{12}^{\mathrm{E}})} = \dfrac{1}{s_{11}^{\mathrm{E}}(1 - \nu_{12}^2)}$，为径向振动压电陶瓷薄圆环的弹性常数，这里 $\nu_{12} = -s_{12}^{\mathrm{E}}/s_{11}^{\mathrm{E}}$，为压电材料的泊松比。对于简谐振动，$\xi_r = \xi_{ra}\,\mathrm{e}^{\mathrm{j}\omega t}$，式 (10.78) 可写成

$$\mathrm{d}^2 \xi_{ra}/\mathrm{d}r^2 + (\mathrm{d}\xi_{ra}/\mathrm{d}r)/r - \xi_{ra}/r^2 + k_r^2 \xi_{ra} = 0 \tag{10.79}$$

式中，$k_r = \omega/V_r$，$V_r = (E_r/\rho)^{1/2}$，分别为径向振动的波数和径向振动的传播速度，这里 ω 是角频率。式 (10.79) 属于典型的贝塞尔方程，其解为

$$\xi_{ra} = A\mathrm{J}_1(k_r r) + B\mathrm{Y}_1(k_r r) \tag{10.80}$$

式中，$A\mathrm{J}_1(k_r r)$ 和 $\mathrm{Y}_1(k_r r)$ 称为一阶第一类和第二类贝塞尔函数；A 和 B 是待定常数，可由振子的边界条件所决定。由式 (10.80) 可得径向振动圆环的径向振速为

$$v_r = \mathrm{j}\omega[A\mathrm{J}_1(k_r r) + B\mathrm{Y}_1(k_r r)] \tag{10.81}$$

由图 10.11 可得

$$v_r \Big|_{r=a} = -v_{ra}, \quad v_r \Big|_{r=b} = v_{rb} \tag{10.82}$$

把式 (10.81) 代入式 (10.82)，经过变换后可得待定常数的值

$$B = \frac{1}{\mathrm{j}\omega} \cdot \frac{v_{ra}\mathrm{J}_1(k_r b) + v_{rb}\mathrm{J}_1(k_r a)}{\mathrm{J}_1(k_r a)\mathrm{Y}_1(k_r b) - \mathrm{J}_1(k_r b)\mathrm{Y}_1(k_r a)} \tag{10.83}$$

$$A = -\frac{1}{\mathrm{j}\omega} \cdot \frac{v_{ra}\mathrm{Y}_1(k_r b) + v_{rb}\mathrm{Y}_1(k_r a)}{\mathrm{J}_1(k_r a)\mathrm{Y}_1(k_r b) - \mathrm{J}_1(k_r b)\mathrm{Y}_1(k_r a)} \tag{10.84}$$

由此可得径向应力的具体表达式为

$$T_r = v_{ra} \cdot \frac{\mathrm{J}_1(k_r b)[k_r \mathrm{Y}_0(k_r r) - \mathrm{Y}_1(k_r r)(1 - \nu_{12})/r] - \mathrm{Y}_1(k_r b)[k_r \mathrm{J}_0(k_r r) - \mathrm{J}_1(k_r r)(1 - \nu_{12})/r]}{\mathrm{j}\omega[\mathrm{J}_1(k_r a)\mathrm{Y}_1(k_r b) - \mathrm{J}_1(k_r b)\mathrm{Y}_1(k_r a)]s_{11}^{\mathrm{E}}(1 - \nu_{12}^2)}$$

$$+ v_{rb} \cdot \frac{\mathrm{J}_1(k_r a)[k_r \mathrm{Y}_0(k_r r) - \mathrm{Y}_1(k_r r)(1 - \nu_{12})/r] - \mathrm{Y}_1(k_r a)[k_r \mathrm{J}_0(k_r r) - \mathrm{J}_1(k_r r)(1 - \nu_{12})/r]}{\mathrm{j}\omega[\mathrm{J}_1(k_r a)\mathrm{Y}_1(k_r b) - \mathrm{J}_1(k_r b)\mathrm{Y}_1(k_r a)]s_{11}^{\mathrm{E}}(1 - \nu_{12}^2)}$$

$$- \frac{d_{31}E_3}{s_{11}^{\mathrm{E}} + s_{12}^{\mathrm{E}}} \tag{10.85}$$

另外，根据图 10.11 可得

$$F_{ra} = -T_r \big|_{r=a} S_a, \qquad F_{rb} = -T_r \big|_{r=b} S_b \tag{10.86}$$

其中，$S_a = 2\pi a l$，$S_b = 2\pi b l$，分别表示圆环外部和内部的表面积。把式 (10.85) 代入式 (10.86) 可得

$$-F_{ra} = \frac{\rho V_r S_a}{\mathrm{j}} \cdot \frac{\mathrm{J}_1(k_r b)\mathrm{Y}_0(k_r a) - \mathrm{Y}_1(k_r b)\mathrm{J}_0(k_r a)}{\mathrm{J}_1(k_r a)\mathrm{Y}_1(k_r b) - \mathrm{J}_1(k_r b)\mathrm{Y}_1(k_r a)} v_{ra} + \frac{\rho V_r S_a}{\mathrm{j}} \cdot \frac{1 - \nu_{12}}{k_r a} v_{ra}$$

$$+ \frac{\rho V_r S_a}{\mathrm{j}} \cdot \frac{\mathrm{J}_1(k_r a)\mathrm{Y}_0(k_r a) - \mathrm{Y}_1(k_r a)\mathrm{J}_0(k_r a)}{\mathrm{J}_1(k_r a)\mathrm{Y}_1(k_r b) - \mathrm{J}_1(k_r b)\mathrm{Y}_1(k_r a)} v_{rb} - \frac{2\pi a d_{31}E_3 l}{s_{11}^{\mathrm{E}} + s_{12}^{\mathrm{E}}} \tag{10.87}$$

$$-F_{rb} = \frac{\rho V_r S_b}{\mathrm{j}} \cdot \frac{\mathrm{J}_1(k_r a)\mathrm{Y}_0(k_r b) - \mathrm{Y}_1(k_r a)\mathrm{J}_0(k_r b)}{\mathrm{J}_1(k_r a)\mathrm{Y}_1(k_r b) - \mathrm{J}_1(k_r b)\mathrm{Y}_1(k_r a)} v_{rb} - \frac{\rho V_r S_b}{\mathrm{j}} \cdot \frac{1 - \nu_{12}}{k_r b} v_{rb}$$

$$+ \frac{\rho V_r S_b}{\mathrm{j}} \cdot \frac{\mathrm{J}_1(k_r b)\mathrm{Y}_0(k_r b) - \mathrm{Y}_1(k_r b)\mathrm{J}_0(k_r b)}{\mathrm{J}_1(k_r a)\mathrm{Y}_1(k_r b) - \mathrm{J}_1(k_r b)\mathrm{Y}_1(k_r a)} v_{ra} - \frac{2\pi b d_{31}E_3 l}{s_{11}^{\mathrm{E}} + s_{12}^{\mathrm{E}}} \tag{10.88}$$

令 $V_3 = E_3 l$，$Z_{ra} = \rho V_r S_a$，$Z_{rb} = \rho V_r S_b$，$F'_{ra} = \dfrac{F_{ra}}{2\pi a}$，$F'_{rb} = \dfrac{F_{rb}}{2\pi b}$。式 (10.87) 和式 (10.88) 可表示为

$$F'_{ra} = \frac{Z_{ra}}{\mathrm{j}} \cdot \frac{v_{ra} a}{2\pi a^2} \cdot \left[\frac{\mathrm{Y}_1(k_r b)\mathrm{J}_0(k_r a) - \mathrm{J}_1(k_r b)\mathrm{Y}_0(k_r a)}{\mathrm{J}_1(k_r a)\mathrm{Y}_1(k_r b) - \mathrm{J}_1(k_r b)\mathrm{Y}_1(k_r a)} - \frac{1 - \nu_{12}}{k_r a} \right]$$

$$+ \frac{Z_{ra}}{\mathrm{j}} \cdot \frac{v_{rb} b}{2\pi a b} \cdot \frac{\mathrm{Y}_1(k_r a)\mathrm{J}_0(k_r a) - \mathrm{J}_1(k_r a)\mathrm{Y}_0(k_r a)}{\mathrm{J}_1(k_r a)\mathrm{Y}_1(k_r b) - \mathrm{J}_1(k_r b)\mathrm{Y}_1(k_r a)} + \frac{d_{31}}{s_{11}^{\mathrm{E}} + s_{12}^{\mathrm{E}}} V_3 \tag{10.89}$$

$$F'_{rb} = \frac{Z_{rb}}{\mathrm{j}} \cdot \frac{v_{rb} b}{2\pi b^2} \cdot \left[\frac{\mathrm{Y}_1(k_r a)\mathrm{J}_0(k_r b) - \mathrm{J}_1(k_r a)\mathrm{Y}_0(k_r b)}{\mathrm{J}_1(k_r a)\mathrm{Y}_1(k_r b) - \mathrm{J}_1(k_r b)\mathrm{Y}_1(k_r a)} + \frac{1 - \nu_{12}}{k_r b} \right]$$

$$+ \frac{Z_{rb}}{\mathrm{j}} \cdot \frac{v_{ra} a}{2\pi a b} \cdot \frac{\mathrm{Y}_1(k_r b)\mathrm{J}_0(k_r b) - \mathrm{J}_1(k_r b)\mathrm{Y}_0(k_r b)}{\mathrm{J}_1(k_r a)\mathrm{Y}_1(k_r b) - \mathrm{J}_1(k_r b)\mathrm{Y}_1(k_r a)} + \frac{d_{31}}{s_{11}^{\mathrm{E}} + s_{12}^{\mathrm{E}}} V_3 \tag{10.90}$$

令 $v'_{ra} = -v_{ra}[\mathrm{J}_0(k_r b)\mathrm{Y}_1(k_r b) - \mathrm{Y}_0(k_r b)\mathrm{J}_1(k_r b)]$，$v'_{rb} = -v_{rb}[\mathrm{J}_0(k_r a)\mathrm{Y}_1(k_r a) - \mathrm{Y}_0(k_r a)\mathrm{J}_1(k_r a)]$。根据贝塞尔函数的递推关系，即 $\mathrm{J}_{n+1}(x)\mathrm{Y}_n(x) - \mathrm{Y}_{n+1}(x)\mathrm{J}_n(x) = 2/(\pi x)$，可得

$$v'_{ra} = \frac{2}{\pi k_r ab} v_{ra} a, \quad v'_{rb} = \frac{2}{\pi k_r ab} v_{rb} b \tag{10.91}$$

利用上面的关系式可得

$$
\begin{aligned}
F''_{ra} &= \frac{\pi^2 (k_r b)^2 Z_{ra}}{4\mathrm{j}} \left[\frac{\mathrm{Y}_1(k_r b)\mathrm{J}_0(k_r a) - \mathrm{J}_1(k_r b)\mathrm{Y}_0(k_r a)}{\mathrm{J}_1(k_r a)\mathrm{Y}_1(k_r b) - \mathrm{J}_1(k_r b)\mathrm{Y}_1(k_r a)} - \frac{1-\nu_{12}}{k_r a} \right] v'_{ra} \\
&\quad + \mathrm{j}\frac{Z_{ra}\pi k_r b}{2} \cdot \frac{1}{\mathrm{J}_1(k_r a)\mathrm{Y}_1(k_r b) - \mathrm{J}_1(k_r b)\mathrm{Y}_1(k_r a)} v'_{rb} + N_{31}V_3
\end{aligned} \tag{10.92}
$$

$$
\begin{aligned}
F''_{rb} &= \frac{\pi^2 (k_r a)^2 Z_{rb}}{4\mathrm{j}} \left[\frac{\mathrm{Y}_1(k_r a)\mathrm{J}_0(k_r b) - \mathrm{J}_1(k_r a)\mathrm{Y}_0(k_r b)}{\mathrm{J}_1(k_r a)\mathrm{Y}_1(k_r b) - \mathrm{J}_1(k_r b)\mathrm{Y}_1(k_r a)} + \frac{1-\nu_{12}}{k_r b} \right] v'_{rb} \\
&\quad + \mathrm{j}\frac{Z_{rb}\pi k_r a}{2} \cdot \frac{1}{\mathrm{J}_1(k_r a)\mathrm{Y}_1(k_r b) - \mathrm{J}_1(k_r b)\mathrm{Y}_1(k_r a)} v'_{ra} + N_{31}V_3
\end{aligned} \tag{10.93}
$$

在式 (10.92) 和式 (10.93) 中，$F''_{ra} = F'_{ra}(\pi^2 k_r ab)$，　$F''_{rb} = F'_{rb}(\pi^2 k_r ab)$；$N_{31} = \pi^2 k_r ab \cdot$ $\dfrac{d_{31}}{s_{11}^{\mathrm{E}} + s_{12}^{\mathrm{E}}}$，称为径向振动压电陶瓷薄圆环的机电转换系数。利用上述关系式，式 (10.92) 和式 (10.93) 可转换为下面的形式：

$$F''_{ra} = (Z_2 + Z_3)v'_{ra} + Z_3 v'_{rb} + N_{31}V_3 \tag{10.94}$$

$$F''_{rb} = (Z_1 + Z_3)v'_{rb} + Z_3 v'_{ra} + N_{31}V_3 \tag{10.95}$$

式中，Z_1、Z_2、Z_3 为三个机械阻抗，其具体表达式为

$$
\begin{aligned}
Z_{1\mathrm{p}} &= \frac{\pi^2 (k_r a)^2 Z_{rb}}{4\mathrm{j}} \left[\frac{\mathrm{Y}_1(k_r a)\mathrm{J}_0(k_r b) - \mathrm{J}_1(k_r a)\mathrm{Y}_0(k_r b)}{\mathrm{J}_1(k_r a)\mathrm{Y}_1(k_r b) - \mathrm{J}_1(k_r b)\mathrm{Y}_1(k_r a)} + \frac{1-\nu_{12}}{k_r b} \right] \\
&\quad - \mathrm{j}\frac{Z_{rb}}{2} \cdot \frac{\pi k_r a}{\mathrm{J}_1(k_r a)\mathrm{Y}_1(k_r b) - \mathrm{J}_1(k_r b)\mathrm{Y}_1(k_r a)}
\end{aligned} \tag{10.96}
$$

$$
\begin{aligned}
Z_{2\mathrm{p}} &= \frac{\pi^2 (k_r b)^2 Z_{ra}}{4\mathrm{j}} \left[\frac{\mathrm{Y}_1(k_r b)\mathrm{J}_0(k_r a) - \mathrm{J}_1(k_r b)\mathrm{Y}_0(k_r a)}{\mathrm{J}_1(k_r a)\mathrm{Y}_1(k_r b) - \mathrm{J}_1(k_r b)\mathrm{Y}_1(k_r a)} - \frac{1-\nu_{12}}{k_r a} \right] \\
&\quad - \mathrm{j}\frac{Z_{ra}}{2} \cdot \frac{\pi k_r b}{\mathrm{J}_1(k, a)\mathrm{Y}_1(k_r b) - \mathrm{J}_1(k, b)\mathrm{Y}_1(k_r a)}
\end{aligned} \tag{10.97}
$$

$$
\begin{aligned}
Z_{3\mathrm{p}} &= \mathrm{j}\frac{Z_{rb}}{2} \cdot \frac{\pi k_r a}{\mathrm{J}_1(k_r a)\mathrm{Y}_1(k_r b) - \mathrm{J}_1(k_r b)\mathrm{Y}_1(k_r a)} \\
&= \mathrm{j}\frac{Z_{ra}}{2} \cdot \frac{\pi k_r b}{\mathrm{J}_1(k_r a)\mathrm{Y}_1(k_r b) - \mathrm{J}_1(k_r b)\mathrm{Y}_1(k_r a)}
\end{aligned} \tag{10.98}
$$

2) 电振动特性

对于压电陶瓷振子的电学振动特性，可得振子的电位移强度为

$$D_3 = \frac{d_{31}}{s_{11}^{\mathrm{E}} + s_{12}^{\mathrm{E}}} (S_r + S_\theta) + \varepsilon_{33}^{\mathrm{T}} E_3 - \frac{2d_{31}E_3 d_{31}}{s_{11}^{\mathrm{E}} + s_{12}^{\mathrm{E}}} \tag{10.99}$$

利用应变和位移之间的关系，式 (10.99) 可化为

$$D_3 = \frac{d_{31}}{s_{11}^{\text{E}} + s_{12}^{\text{E}}} \cdot k_r [A_r \text{J}_0(k_r r) + B_r \text{Y}_0(k_r r)] + \varepsilon_{33}^{\text{T}} E_3 - \frac{2d_{31} E_3 d_{31}}{s_{11}^{\text{E}} + s_{12}^{\text{E}}} \quad (10.100)$$

令流过振子的电流为 I_3；对于简谐振动有 $I_3 = \text{d}Q/\text{d}t$，其中 Q 为振子横截面上的电荷，可得以下关系：

$$Q = 2\pi \int D_3 r \text{d}r \quad (10.101)$$

积分式 (10.101) 可得

$$Q = \frac{2\pi d_{31}}{s_{11}^{\text{E}} + s_{12}^{\text{E}}} [A_r k_r C(1) + B_r k_r C(2)] + \pi (a^2 - b^2)\left(\varepsilon_{33}^{\text{T}} E_3 - \frac{2d_{31} E_3 d_{31}}{s_{11}^{\text{E}} + s_{12}^{\text{E}}} \right) \quad (10.102)$$

式中，$C(1) = \dfrac{1}{k_r^2}[k_r a \text{J}_1(k_r a) - k_r b \text{J}_1(k_r b)]$，$C(2) = \dfrac{1}{k_r^2}[k_r a \text{Y}_1(k_r a) - k_r b \text{Y}_1(k_r b)]$。把常数 A

和 B 的表达式代入式 (10.102)，利用 $I_3 = \text{j}\omega Q$，可得

$$I_3 = \text{j}\omega C_{0r} V_3 - \frac{2\pi d_{31}}{s_{11}^{\text{E}} + s_{12}^{\text{E}}}(a v_{ra} + b v_{rb}) \quad (10.103)$$

式中，$C_{0r} = \dfrac{\varepsilon_{33}^{\text{T}} S}{l} \cdot \left[1 - \dfrac{2d_{31}^2}{\varepsilon_{33}^{\text{T}}(s_{11}^{\text{E}} + s_{12}^{\text{E}})} \right]$，称为径向振动压电陶瓷薄圆环的钳定电容，

这里 $S = \pi(a^2 - b^2)$，是压电陶瓷薄圆环振子的横截面积。利用上面的关系可得

$$I_3 = \text{j}\omega C_{0r} V_3 - N_{31}(v'_{ra} + v'_{rb}) \quad (10.104)$$

引进两个参数 $n_1 = \dfrac{\pi k_{r0} R_2}{2}$，$n_2 = \dfrac{\pi k_{r0} R_1}{2}$，结合式 (10.94)、式 (10.95) 和式 (10.104)，

可以得出径向振动压电陶瓷薄圆环的等效电路，如图 10.12 所示。

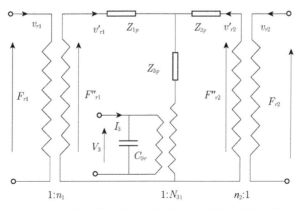

图 10.12　径向振动压电陶瓷薄圆环的机电等效电路

很显然，图 10.12 所示的电路与压电陶瓷振子横效应振动的机电等效电路是极为相似的。不同之处是，对于径向振动的压电陶瓷薄圆环，其等效电路中的各个参数表达式是非常复杂的。

2. 径向振动压电陶瓷薄圆环的共振频率方程

由图 10.12，当径向振动压电陶瓷薄圆环的内外表面处于自由状态时，其径向的外力等于零，即 $F_{r1} = F_{r2} = 0$，由此可以得出其电导纳为

$$Y = \frac{I_3}{V_3} \tag{10.105}$$

利用图 10.12，可以得出径向振动压电陶瓷薄圆环的电导纳的具体表达式

$$
\begin{aligned}
Y = \frac{\mathrm{j}\omega\varepsilon_{33}^{\mathrm{T}}S}{l} \times \Bigg\{ & 1 - k_p^2 + k_p^2 \frac{2}{a^2 - b^2} \\
& \times \frac{[a\mathrm{J}_1(k_r a) - b\mathrm{J}_1(k_r b)][\mathrm{Y}(b) - \mathrm{Y}(a)] + [a\mathrm{Y}_1(k_r a) - b\mathrm{Y}_1(k_r b)][\mathrm{J}(a) - \mathrm{J}(b)]}{\mathrm{J}(a)\mathrm{Y}(b) - \mathrm{J}(b)\mathrm{Y}(a)} \Bigg\}
\end{aligned} \tag{10.106}
$$

式中，$k_p^2 = \dfrac{2d_{31}^2}{\varepsilon_{33}^{\mathrm{T}}(s_{11}^{\mathrm{E}} + s_{12}^{\mathrm{E}})}$，$k_p$ 称为径向振动压电陶瓷薄圆环的机电耦合系数；$\mathrm{J}(x)$ 和 $\mathrm{Y}(x)$ 是两个引进的函数，$\mathrm{J}(a) = \mathrm{J}(x)\big|_{x=a}$，$\mathrm{J}(b) = \mathrm{J}(x)\big|_{x=b}$，$\mathrm{Y}(a) = \mathrm{Y}(x)\big|_{x=a}$，$\mathrm{Y}(b) = \mathrm{Y}(x)\big|_{x=b}$。$\mathrm{J}(x)$ 和 $\mathrm{Y}(x)$ 的具体表达式为

$$\mathrm{J}(x) = [k_r\mathrm{J}_0(k_r x) - 2\mathrm{J}_1(k_r x)/x](1 - \nu_{12})/(1 + \nu_{12}) + k_r\mathrm{J}_0(k_r x) \tag{10.107}$$

$$\mathrm{Y}(x) = [k_r\mathrm{Y}_0(k_r x) - 2\mathrm{Y}_1(k_r x)/x](1 - \nu_{12})/(1 + \nu_{12}) + k_r\mathrm{Y}_0(k_r x) \tag{10.108}$$

利用贝塞尔函数的递推关系，式 (10.107) 和式 (10.108) 可进一步简化为

$$\mathrm{J}(x) = -k_r\mathrm{J}_2(k_r x)(1 - \nu_{12})/(1 + \nu_{12}) + k_r\mathrm{J}_0(k_r x) \tag{10.109}$$

$$\mathrm{Y}(x) = -k_r\mathrm{Y}_2(k_r x)(1 - \nu_{12})/(1 + \nu_{12}) + k_r\mathrm{Y}_0(k_r x) \tag{10.110}$$

由式 (10.106)，当压电振子的电导纳趋于无穷大时，可得其共振频率方程为

$$\mathrm{J}(a)\mathrm{Y}(b) - \mathrm{J}(b)\mathrm{Y}(a) = 0 \tag{10.111}$$

利用上述各式，共振频率方程 (10.111) 可进一步简化为下面的形式：

$$\frac{k_r a\mathrm{J}_0(k_r a) - (1 - \nu_{12})\mathrm{J}_1(k_r a)}{k_r b\mathrm{J}_0(k_r b) - (1 - \nu_{12})\mathrm{J}_1(k_r b)} = \frac{k_r a\mathrm{Y}_0(k_r a) - (1 - \nu_{12})\mathrm{Y}_1(k_r a)}{k_r b\mathrm{Y}_0(k_r b) - (1 - \nu_{12})\mathrm{Y}_1(k_r b)} \tag{10.112}$$

由式 (10.112) 可以看出，径向振动压电陶瓷薄圆环的共振频率不仅与振子的几何尺寸有关，而且与振子的材料参数，即泊松比有关系。当压电振子的电导纳等于零时，振子处于反共振状态，其反共振频率方程为

$$1 - k_p^2 + k_p^2 \frac{2}{a^2 - b^2}$$

$$\times \frac{[a\mathrm{J}_1(k_r a) - b\mathrm{J}_1(k_r b)][\mathrm{Y}(b) - \mathrm{Y}(a)] + [a\mathrm{Y}_1(k_r a) - b\mathrm{Y}_1(k_r b)][\mathrm{J}(a) - \mathrm{J}(b)]}{\mathrm{J}(a)\mathrm{Y}(b) - \mathrm{J}(b)\mathrm{Y}(a)} = 0 \quad (10.113)$$

利用上面得出的压电陶瓷薄圆环的频率方程，当振子的材料和几何尺寸确定以后，就可以得出其共振频率和反共振频率。

10.2.5 厚度极化的径向复合超声换能器——"压电陶瓷圆盘+金属圆环"

图 10.13 所示为一个径向复合超声换能器。图中的黑色部分表示厚度极化的压电陶瓷圆盘，其外部是一个金属圆环，这两部分在径向方向被紧紧地连在一起。图中 b 是压电陶瓷实心圆盘的半径，它也等于金属圆环的内半径；a 是金属圆环的外半径；h 是换能器的厚度。为了简化分析，假设 $a, b \gg h$。图中 E_3 是沿厚度方向的外部激励电场，在这一情况下，换能器可以产生径向及厚度两种振动模式。这里只考虑径向振动，即换能器的振动位移和振速都沿着径向。

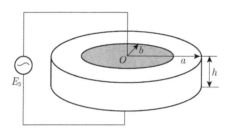

图 10.13 厚度极化的压电陶瓷圆盘和金属圆环组成的径向复合超声换能器

与纵向夹心式复合超声换能器一样，在径向复合超声换能器中，径向预应力也是非常重要的，它关系到换能器的所有性能，如频率、功率及效率等。然而，与纵向预应力相比，径向预应力的施加是比较困难的。径向预应力的施加可以采用热胀冷缩的办法。首先对压电陶瓷实心圆片的直径进行精确测量，然后通过数控机床对金属圆环进行精加工，并在加工过程中对金属圆环的内半径加工一负公差。装配时首先将金属圆环盖板加热到一定的温度，当金属圆环膨胀以后，把压电陶瓷圆盘嵌入其中，然后将其放置在铝制金属板上 (导热系数较大) 并经风冷或水冷快速降温，以防止压电陶瓷圆盘受热过度而去极化。在换能器的装配过程中，关键是要正确地选择金属圆环的内半径，半径过大，压电陶瓷圆盘与金属圆环之间的机械耦合较差；半径过小，压电陶瓷圆盘装不进去，或者因冷缩时应力过大而导致压电陶瓷圆盘破裂。

基于前面关于纵向极化压电陶瓷薄圆盘和金属圆环的径向振动分析及其机电等效电路，结合换能器的径向边界条件，即在压电陶瓷圆盘和金属圆环的交界处，径向振速和径向力是连续的。可以得出径向振动压电陶瓷复合超声换能器的机电等效电路，如图 10.14 所示。

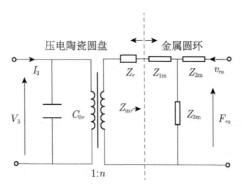

图 10.14   径向复合超声换能器的机电等效电路

图中，换能器各个组成部分的阻抗为

$$Z_{1\mathrm{m}} = \mathrm{j}\frac{2Z_{rb}}{\pi kb[\mathrm{J}_1(ka)\mathrm{Y}_1(kb) - \mathrm{J}_1(kb)\mathrm{Y}_1(ka)]}$$

$$\times\left[\frac{\mathrm{J}_1(ka)\mathrm{Y}_0(kb) - \mathrm{J}_0(kb)\mathrm{Y}_1(ka) - \mathrm{J}_1(kb)\mathrm{Y}_0(kb) + \mathrm{J}_0(kb)\mathrm{Y}_1(kb)}{\mathrm{J}_1(kb)\mathrm{Y}_0(kb) - \mathrm{J}_0(kb)\mathrm{Y}_1(kb)}\right]$$

$$-\mathrm{j}\frac{2Z_{rb}(1-\nu)}{\pi(kb)^2[\mathrm{J}_1(kb)\mathrm{Y}_0(kb) - \mathrm{J}_0(kb)\mathrm{Y}_1(kb)]}$$

$$Z_{2\mathrm{m}} = \mathrm{j}\frac{2Z_{rb}}{\pi kb[\mathrm{J}_1(ka)\mathrm{Y}_1(kb) - \mathrm{J}_1(kb)\mathrm{Y}_1(ka)]}$$

$$\times\left[\frac{\mathrm{J}_1(kb)\mathrm{Y}_0(ka) - \mathrm{J}_0(ka)\mathrm{Y}_1(kb) - \mathrm{J}_1(ka)\mathrm{Y}_0(ka) + \mathrm{J}_0(ka)\mathrm{Y}_1(ka)}{\mathrm{J}_1(ka)\mathrm{Y}_0(ka) - \mathrm{J}_0(ka)\mathrm{Y}_1(ka)}\right]$$

$$+\mathrm{j}\frac{2Z_{ra}(1-\nu)}{\pi(ka)^2[\mathrm{J}_1(ka)\mathrm{Y}_0(ka) - \mathrm{J}_0(ka)\mathrm{Y}_1(ka)]}$$

$$Z_{3\mathrm{m}} = \mathrm{j}\frac{2Z_{rb}}{\pi kb[\mathrm{J}_1(ka)\mathrm{Y}_1(kb) - \mathrm{J}_1(kb)\mathrm{Y}_1(ka)]} = \mathrm{j}\frac{2Z_{ra}}{\pi ka[\mathrm{J}_1(ka)\mathrm{Y}_1(kb) - \mathrm{J}_1(kb)\mathrm{Y}_1(ka)]}$$

其中，$k = \omega / V_r$，这里 $V_r = \left[\dfrac{E}{\rho(1-\nu^2)}\right]^{1/2}$ 表示径向振动的传播速度，E 和 ν 分别表

示金属圆环材料的杨氏模量和泊松比；$Z_{ra} = \rho V_r S_{ra}$，$Z_{rb} = \rho V_r S_{rb}$，这里 $S_{ra} = 2\pi ah$，

$S_{rb} = 2\pi bh$，分别表示金属圆环的内外表面积。$Z_r = \mathrm{j}Z_{rb}\cdot\left[\dfrac{(1-\nu_{12})}{k_{r0}b} - \dfrac{\mathrm{J}_0(k_{r0}b)}{\mathrm{J}_1(k_{r0}b)}\right]$；

$n = \dfrac{2\pi bd_{31}}{s_{11}^{\mathrm{E}}(1-\nu_{12})}$，表示机电转换系数；$\varepsilon_{33}^{\mathrm{T}}$ 表示自由介电常数；$C_{0r} = \dfrac{\varepsilon_{33}^{\mathrm{T}}S}{h}\cdot$

$\left[1 - \dfrac{2d_{31}^2}{\varepsilon_{33}^T(s_{11}^E + s_{12}^E)} \right]$，表示压电陶瓷片的静态电容，这里 $S = \pi b^2$；$V_{r0} =$

$\left[\dfrac{1}{s_{11}^E \rho_0 (1 - \nu_{12}^2)} \right]^{1/2}$ 是径向振动的传播速度，$k_{r0} = \omega / V_{r0}$，$\nu_{12} = -s_{12}^E / s_{11}^E$，$s_{12}^E$ 和 s_{11}^E 是

压电陶瓷材料的弹性柔顺系数，ρ_0 是其体积密度。

由图 10.14 可以看出，径向换能器有两个电端和两个机械端，其两个电端与外部电源相连，而两个机械端则与外部机械负载相连。通常换能器是工作在有负载的情况下，负载阻抗不同，则换能器的共振频率等参数会有所变化。然而，由于在换能器的实际设计过程中，其辐射面的负载阻抗往往是难以确定的，因此设计时一般都忽略负载阻抗的影响而考虑为空载的情形，即把换能器看作是自由振动的情况。此时图 10.14 的两个机械端是短路的，由此可得出换能器中金属圆环的输入机械阻抗，也就是压电陶瓷圆盘的输出阻抗或负载机械阻抗 Z_{mr} 为

$$Z_{mr} = \frac{Z_{1m}Z_{2m} + Z_{1m}Z_{3m} + Z_{2m}Z_{3m}}{Z_{2m} + Z_{3m}} \qquad (10.114)$$

而径向振动压电陶瓷复合超声换能器的机械阻抗 Z_m 为

$$Z_m = Z_r + Z_{mr} \qquad (10.115)$$

由此可得径向振动压电陶瓷复合超声换能器的输入电阻抗 Z_e 为

$$Z_e = R_e + jX_e = \frac{Z_m}{n^2 + j\omega C_{0r} Z_m} \qquad (10.116)$$

当换能器输入电阻抗的绝对值趋于最大或最小值时，可以得出换能器的最大阻抗及最小阻抗频率。当换能器的机械品质因数较大，即机械损耗较小时，换能器的共振/反共振频率可分别用换能器的最小阻抗频率及最大阻抗频率来近似。因此利用式 (10.116) 可以近似得出径向振动压电陶瓷复合超声换能器的共振/反共振频率方程。

换能器的共振频率方程为

$$|Z_e| = |Z_e|_{\min} \qquad (10.117)$$

而换能器的反共振频率方程为

$$|Z_e| = |Z_e|_{\max} \qquad (10.118)$$

利用式 (10.117) 和式 (10.118)，当换能器的材料参数、几何尺寸及换能器的径向振动阶次给定时，就可以得出其共振/反共振频率，反之亦然。

很显然，径向复合压电陶瓷超声换能器的共振/反共振频率方程是极为复杂的超越方程，其解析解几乎不可能得到。我们利用数值方法 (Mathematica 软件) 对

其进行了求解，并探讨了换能器的一阶及二阶径向振动的共振/反共振频率与其几何尺寸等参数之间的依赖关系，结果分别如图 10.15 及图 10.16 所示。图中 $\tau = b/a$ 是换能器的半径比，也就是压电陶瓷圆盘的半径与金属圆环的外半径之比。由图 10.15 可以看出，当半径比增大时，换能器的共振及反共振频率减小。这一结论意味着：①对于具有相同半径及厚度的压电陶瓷圆盘和金属圆环，金属实心圆片的径向共振频率大于压电陶瓷圆盘的径向共振频率；②在径向复合压电陶瓷超声换能器中，当压电陶瓷部分所占的比例增大时，换能器的径向共振/反共振频率减小。由图 10.16 可以看出，对于换能器的二阶径向振动，共振频率随几何尺寸的变化趋势与一阶径向振动类似，但有一些新的特点，即对应一定的半径比，换能器的共振/反共振频率几乎相同，这就意味着换能器的机电转换能力消失，也就是说，对应一定的几何尺寸，换能器的二阶径向振动很弱，几乎不可能产生，这一现象也可以通过下面关于换能器有效机电耦合系数的分析加以验证。

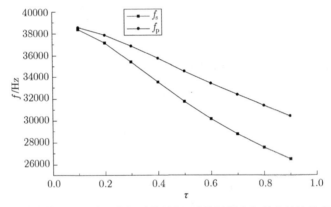

图 10.15   换能器一阶径向振动的共振/反共振频率与其半径比的关系

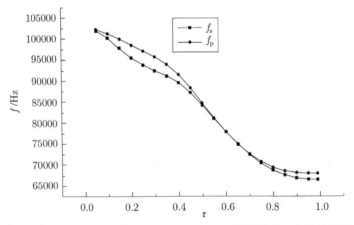

图 10.16   换能器二阶径向振动的共振/反共振频率与其半径比的关系

为了分析径向振动压电陶瓷复合超声换能器的机电转换性能,对换能器的有效机电耦合系数进行了分析。图 10.17 及图 10.18 是换能器的有效机电耦合系数 K_{eff} 与其半径比的理论关系,有效机电耦合系数的定义式为

$$K_{\text{eff}}^2 = \frac{f_{\text{p}}^2 - f_{\text{s}}^2}{f_{\text{p}}^2} \approx 1 - \left(\frac{f_{\text{m}}}{f_{\text{n}}}\right)^2 \tag{10.119}$$

式中,f_s 及 f_p 分别为换能器的共振及反共振频率;f_{m} 及 f_{n} 分别为换能器的最小及最大阻抗频率。当换能器的机械损耗较小,机械品质因数较大时,$f_s \approx f_{\text{m}}$,$f_p \approx f_{\text{n}}$。

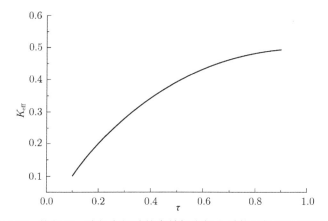

图 10.17　换能器一阶径向振动的有效机电耦合系数与其半径比的关系

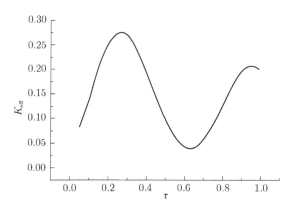

图 10.18　换能器二阶径向振动的有效机电耦合系数与其半径比的关系

由图 10.17 可以看出,对应于换能器的第一阶径向振动,当换能器的半径比增大时,其有效机电耦合系数是单调增大的,因而其机电转换能力增大。对于换能器的二阶径向振动,其有效机电耦合系数与几何尺寸的关系比较复杂。对于一定的半径比,换能器的有效机电耦合系数存在一个极大和极小值。对应于有效机电耦合系

数的极大值,换能器的机电转换能力最大;而对应于有效机电耦合系数的极小值,换能器的机电转换能力最弱,这也意味着此时换能器的二阶径向振动几乎不存在。

为了验证上述有关径向振动压电陶瓷复合超声换能器的设计理论,我们加工了两个径向振动压电陶瓷复合超声换能器。换能器中的压电陶瓷元件及金属圆环的材料分别是 PZT-4 和钢,其材料参数分别为: $\rho_0 = 7500\text{kg/m}^3$, $s_{11}^E = 1.23 \times 10^{-11}\text{m}^2/\text{N}$, $\nu_{12} = 0.33$; $\rho = 7800\text{kg/m}^3$, $E = 2.09 \times 10^{11}\text{N/m}^2$, $\nu = 0.28$ 。两个换能器是利用热胀冷缩法组装的。同时利用 Agilent 4294A 精密阻抗分析仪,对换能器的径向共振频率进行了实验测试,实验结果如表 10.5 及表 10.6 所示。其中 f_{ts} 及 f_{tp} 是利用频率方程式 (10.117) 及式 (10.118) 得出的换能器的径向共振及反共振频率, f_m 及 f_n 是实验测出的换能器的共振及反共振频率。另外,为了比较,表中同时给出了利用数值方法 (ANSYS 软件) 得出的换能器的共振及反共振频率 f_{ns} 及 f_{np} 。表中, $\Delta_1 = |f_{ts} - f_m|/f_m$, $\Delta_2 = |f_{ns} - f_m|/f_m$, $\Delta_3 = |f_{tp} - f_n|/f_n$, $\Delta_4 = |f_{np} - f_n|/f_n$ 。从表中数值可以看出,对于 1 号换能器,利用本书理论得出的径向振动压电陶瓷复合超声换能器的共振频率与数值法和实验得出的结果符合很好。对于 2 号换能器,频率的误差较大。关于频率误差的来源,主要有以下两方面因素:①换能器材料的实际参数值,如密度、杨氏模量及泊松比等,与理论计算时采用的标称值不同;②换能器径向预应力的定量数值难以控制,而预应力对频率的影响是较大的。

表 10.5　径向振动压电陶瓷复合换能器共振频率的理论及实验测试值

编号	b/mm	a/mm	h/mm	f_{ts}/Hz	f_{ns}/Hz	f_m/Hz	Δ_1/%	Δ_2/%
1	15	45	6	34791	34826	34480	0.90	1.00
2	15	40	6	38261	39009	36630	4.45	6.49

表 10.6　径向振动压电陶瓷复合换能器反共振频率的理论及实验测试值

编号	b/mm	a/mm	h/mm	f_{tp}/Hz	f_{np}/Hz	f_n/Hz	Δ_3/%	Δ_4/%
1	15	45	6	36503	36017	35221	3.64	2.26
2	15	40	6	40518	40596	37283	8.68	8.89

10.2.6　纵向极化径向振动压电陶瓷复合换能器——"压电陶瓷圆环+金属圆环"

图 10.19 所示是一个由纵向极化的压电陶瓷圆环和金属圆环组成的径向振动复合换能器,压电陶瓷圆环的内外半径分别是 R_1 和 R_2 ;金属圆环的内外半径分别是 R_2 和 R_3 ,压电陶瓷圆环的高度等于金属圆环的高度 h 。利用压电陶瓷圆环和金属圆环

的径向边界条件，结合上述关于压电陶瓷圆环和金属圆环的分析，可得该换能器的机电等效电路，如图 10.20 所示。

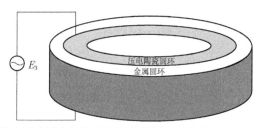

图 10.19 纵向极化压电陶瓷圆环和金属圆环组成的径向振动复合换能器

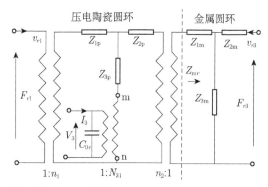

图 10.20 纵向极化压电陶瓷圆环和金属圆环组成的径向振动复合换能器的机电等效电路图

图 10.20 中各个物理量的具体表达式如下：

$$Z_{1\mathrm{m}} = \mathrm{j}\frac{2Z_{r2}}{\pi k R_2[\mathrm{J}_1(kR_3)\mathrm{Y}_1(kR_2) - \mathrm{J}_1(kR_2)\mathrm{Y}_1(kR_3)]}$$
$$\times \left[\frac{\mathrm{J}_1(kR_3)\mathrm{Y}_0(kR_2) - \mathrm{J}_0(kR_2)\mathrm{Y}_1(kR_3) - \mathrm{J}_1(kR_2)\mathrm{Y}_0(kR_2) + \mathrm{J}_0(kR_2)\mathrm{Y}_1(kR_2)}{\mathrm{J}_1(kR_2)\mathrm{Y}_0(kR_2) - \mathrm{J}_0(kR_2)\mathrm{Y}_1(kR_2)}\right]$$
$$- \mathrm{j}\frac{2Z_{r2}(1-\nu)}{\pi(kR_2)^2[\mathrm{J}_1(kR_2)\mathrm{Y}_0(kR_2) - \mathrm{J}_0(kR_2)\mathrm{Y}_1(kR_2)]} \tag{10.120}$$

$$Z_{2\mathrm{m}} = \mathrm{j}\frac{2Z_{r2}}{\pi k R_2[\mathrm{J}_1(kR_3)\mathrm{Y}_1(kR_2) - \mathrm{J}_1(kR_2)\mathrm{Y}_1(kR_3)]}$$
$$\times \left[\frac{\mathrm{J}_1(kR_2)\mathrm{Y}_0(kR_3) - \mathrm{J}_0(kR_3)\mathrm{Y}_1(kR_2) - \mathrm{J}_1(kR_3)\mathrm{Y}_0(kR_3) + \mathrm{J}_0(kR_3)\mathrm{Y}_1(kR_3)}{\mathrm{J}_1(kR_3)\mathrm{Y}_0(kR_3) - \mathrm{J}_0(kR_3)\mathrm{Y}_1(kR_3)}\right]$$
$$+ \mathrm{j}\frac{2Z_{r3}(1-\nu)}{\pi(kR_3)^2[\mathrm{J}_1(kR_3)\mathrm{Y}_0(kR_3) - \mathrm{J}_0(kR_3)\mathrm{Y}_1(kR_3)]} \tag{10.121}$$

$$Z_{3m} = j\frac{2Z_{r2}}{\pi kR_2[J_1(kR_3)Y_1(kR_2) - J_1(kR_2)Y_1(kR_3)]}$$

$$= j\frac{2Z_{r3}}{\pi kR_3[J_1(kR_3)Y_1(kR_2) - J_1(kR_2)Y_1(kR_3)]} \tag{10.122}$$

式中，$Z_{r3} = \rho V_r S_3$，$Z_{r2} = \rho V_r S_2$，这里 $S_3 = 2\pi R_3 h$，$S_2 = 2\pi R_2 h$，分别是金属圆环的内外圆柱表面积。

$$Z_{1p} = \frac{\pi^2(k_{r0}R_2)^2 Z_{01}}{4j}\left[\frac{Y_1(k_{r0}R_2)J_0(k_{r0}R_1) - J_1(k_{r0}R_2)Y_0(k_{r0}R_1)}{J_1(k_{r0}R_2)Y_1(k_{r0}R_1) - J_1(k_{r0}R_1)Y_1(k_{r0}R_2)} + \frac{1-\nu_{12}}{k_{r0}R_1}\right]$$

$$- j\frac{Z_{01}}{2}\cdot\frac{\pi k_{r0}R_2}{J_1(k_{r0}R_2)Y_1(k_{r0}R_1) - J_1(k_{r0}R_1)Y_1(k_{r0}R_2)} \tag{10.123}$$

$$Z_{2p} = \frac{\pi^2(k_{r0}R_1)^2 Z_{02}}{4j}\left[\frac{Y_1(k_{r0}R_1)J_0(k_{r0}R_2) - J_1(k_{r0}R_1)Y_0(k_{r0}R_2)}{J_1(k_{r0}R_2)Y_1(k_{r0}R_1) - J_1(k_{r0}R_1)Y_1(k_{r0}R_2)} - \frac{1-\nu_{12}}{k_{r0}R_2}\right]$$

$$- j\frac{Z_{02}}{2}\cdot\frac{\pi k_{r0}R_1}{J_1(k_{r0}R_2)Y_1(k_{r0}R_1) - J_1(k_{r0}R_1)Y_1(k_{r0}R_2)} \tag{10.124}$$

$$Z_{3p} = j\frac{Z_{01}}{2}\cdot\frac{\pi k_{r0}R_2}{J_1(k_{r0}R_2)Y_1(k_{r0}R_1) - J_1(k_{r0}R_1)Y_1(k_{r0}R_2)}$$

$$= j\frac{Z_{02}}{2}\cdot\frac{\pi k_{r0}R_1}{J_1(k_{r0}R_2)Y_1(k_{r0}R_1) - J_1(k_{r0}R_1)Y_1(k_{r0}R_2)} \tag{10.125}$$

式中，$Z_{01} = \rho_0 V_{r0}S_1$，$Z_{02} = \rho_0 V_{r0}S_2$，这里 $S_1 = 2\pi R_1 h$，$S_2 = 2\pi R_2 h$，分别是压电陶瓷圆环的内外圆柱表面积。$C_{0r} = \dfrac{\varepsilon_{33}^T S}{h}\cdot\left[1 - \dfrac{2d_{31}^2}{\varepsilon_{33}^T(s_{11}^E + s_{12}^E)}\right]$，是径向振动压电陶瓷圆环的静态电容，这里 $S = \pi(R_2^2 - R_1^2)$ 是压电陶瓷圆环的横截面积；$n_1 = \dfrac{\pi k_{r0}R_2}{2}$，$n_2 = \dfrac{\pi k_{r0}R_1}{2}$；$N_{31} = \pi^2 k_{r0}R_1 R_2\cdot\dfrac{d_{31}}{s_{11}^E + s_{12}^E}$ 是径向振动压电陶瓷圆环的机电转换系数。

利用图 10.20，可以得出换能器的输入电阻抗为

$$Z_e = \frac{V_3}{I_3} = \frac{Z_m}{N_{31}^2 + j\omega C_{0r}Z_m} \tag{10.126}$$

其中，Z_m 是换能器机械端 m 和 n 之间的机械阻抗，其表达式为

$$Z_m = Z_{3p} + \frac{Z_{1p}(Z_{2p} + n_2^2 Z_{mr})}{Z_{1p} + Z_{2p} + n_2^2 Z_{mr}} \tag{10.127}$$

式中，Z_{mr} 是金属圆环的输入阻抗，其表达式为

$$Z_{mr} = Z_{1m} + \frac{Z_{2m}Z_{3m}}{Z_{2m} + Z_{3m}} \tag{10.128}$$

在不考虑换能器的内部机械和介电损耗,同时压电陶瓷圆环的内表面和金属圆环的外表面处于自由状态时,利用式 (10.126) 可以得出换能器的共振/反共振频率方程为

$$I_m(Z_e) = 0 \tag{10.129}$$

$$I_m(Z_e) = \infty \tag{10.130}$$

在式 (10.129) 和式 (10.130) 中,当换能器的材料参数和几何尺寸给定以后,就可以得出换能器不同振动模态下的共振/反共振频率。选取压电陶瓷材料为 PZT-4,金属材料为钢,其参数分别为 $\rho_0 = 7500\mathrm{kg/m^3}$, $s_{11}^E = 1.23 \times 10^{-11}\mathrm{m^2/N}$, $s_{12}^E = -4.05 \times 10^{-12}\mathrm{m^2/N}$, $\nu_{12} = 0.33$, $d_{31} = -1.23 \times 10^{-10}\mathrm{C/N}$, $\varepsilon_{33}^T/\varepsilon_0 = 1300$, $\varepsilon_0 = 8.842 \times 10^{-12}\mathrm{C^2/(N \cdot m^2)}$; $\rho = 7800\mathrm{kg/m^3}$, $E = 2.09 \times 10^{11}\mathrm{N/m^2}$, $\nu = 0.28$。对应不同的几何尺寸,换能器的共振/反共振频率是不同的。令 $\tau_{12} = R_1/R_2$, $\tau_{32} = R_3/R_2$,可以得出换能器的一阶和二阶共振/反共振频率与其几何尺寸的依赖关系,分别如图 10.21 和图 10.22 所示。

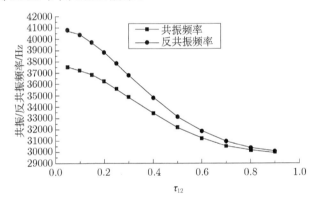

图 10.21 换能器的一阶共振/反共振频率与压电陶瓷圆环半径比的关系

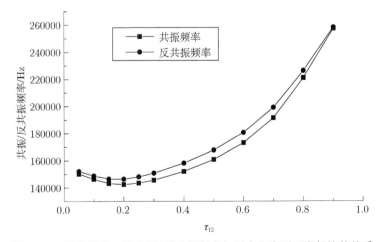

图 10.22 换能器的二阶共振/反共振频率与压电陶瓷圆环半径比的关系

　　在图 10.21 和图 10.22 中金属圆环的几何尺寸是固定不变的, 仅改变压电陶瓷圆环的几何尺寸。而在图 10.23 和图 10.24 中, 压电陶瓷圆环的几何尺寸保持不变, 仅改变金属圆环的几何尺寸。由图 10.21 和图 10.22 可以看出, 在金属圆环几何尺寸不变的情况下, 增大压电陶瓷圆环的半径比, 其一阶共振/反共振频率减小; 二阶共振/反共振频率在半径比较小时减小, 随着半径比的增大而增大。需要注意的是, 当压电陶瓷圆环的半径比趋于 1 时, 共振/反共振频率趋于相同, 这意味着当压电陶瓷圆环体积很小时, 换能器的有效机电耦合系数很小。

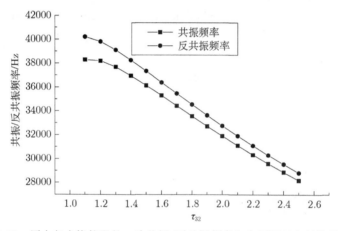

图 10.23　压电复合换能器的一阶共振/反共振频率与金属圆环半径比的关系

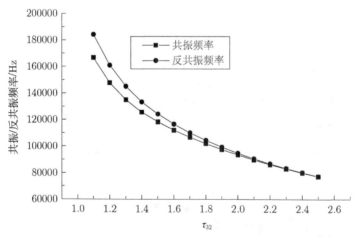

图 10.24　压电复合换能器的二阶共振/反共振频率与金属圆环半径比的关系

　　从图 10.23 和图 10.24 可以看出, 当金属圆环半径比增大, 而压电陶瓷圆环几何尺寸不变时，基频和二次共振/反共振频率减小，二次共振/反共振频率趋于一致。在上述分析中，金属圆环材料为钢，在实际的情况下，金属圆环可以选用不同的材料。

10.2.7 径向夹心式压电陶瓷换能器——内质量块为金属圆盘

图 10.25 所示是一个由金属圆盘、纵向极化的压电陶瓷圆环以及金属圆环组成的径向夹心式压电陶瓷复合换能器。在图中，沿厚度方向极化的压电陶瓷圆环夹在中心金属圆盘和外金属圆环之间。金属圆盘的半径为 R_1，压电陶瓷圆环的内外半径为 R_1 和 R_2；金属圆环的内外半径分别为 R_2 和 R_3，换能器的厚度为 h。当换能器受到外部激励电场的激励时，压电陶瓷圆环可以在厚度方向和径向上被激励而产生振动。当厚度远小于其半径时，径向振动模态的共振频率远低于厚度模态。这里考虑径向振动，因此换能器的振动位移和速度都是沿着换能器的半径方向，即径向。

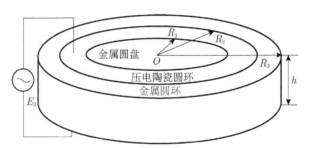

图 10.25　金属圆盘、压电陶瓷圆环以及金属圆环组成的径向夹心式压电陶瓷换能器

基于前面部分关于金属圆盘、压电陶瓷圆环以及金属圆环的径向振动分析理论，可以得出图 10.25 所示换能器的机电等效电路，如图 10.26 所示。

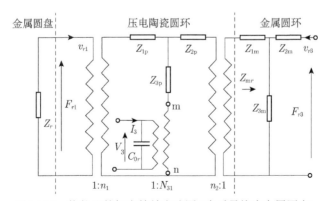

图 10.26　换能器的机电等效电路图 (内质量块为金属圆盘)

图中，$Z_r = \dfrac{Z_{r1}}{\mathrm{j}} \cdot \left[\dfrac{\mathrm{J}_0(kR_1)}{\mathrm{J}_1(kR_1)} - \dfrac{1-\nu}{kR_1} \right]$ 表示金属圆盘的机械阻抗。$Z_{r1} = \rho V_r S_1$，这

里 $S_1 = 2\pi R_1 h$，$V_r^2 = \dfrac{E}{\rho(1-\nu^2)}$，$E$、$\rho$、$\nu$ 分别是金属圆盘材料的杨氏模量、密度

和泊松比。$k = \omega / V_r$，这里 ω 为角频率。关于 Z_{1p}、Z_{2p}、Z_{3p} 和 Z_{1m}、Z_{2m}、Z_{3m} 的具

体表达式，可参见前文。利用图 10.26，可以得出换能器空载时金属圆环的输入机

械阻抗 $Z_{\mathrm{m}r}$ 为

$$Z_{\mathrm{m}r} = Z_{1\mathrm{m}} + \frac{Z_{2\mathrm{m}}Z_{3\mathrm{m}}}{Z_{2\mathrm{m}} + Z_{3\mathrm{m}}} \tag{10.131}$$

换能器的机械阻抗 Z_{m} 可表示为

$$Z_{\mathrm{m}} = Z_{3\mathrm{p}} + \frac{(Z_{1\mathrm{p}} + n_1^2 Z_r)(Z_{2\mathrm{p}} + n_2^2 Z_{\mathrm{m}r})}{Z_{1\mathrm{p}} + n_1^2 Z_r + Z_{2\mathrm{p}} + n_2^2 Z_{\mathrm{m}r}} \tag{10.132}$$

由此可以得出换能器的输入电阻抗 Z_e 为

$$Z_e = \frac{V_3}{I_3} = \frac{Z_{\mathrm{m}}}{N_{31}^2 + \mathrm{j}\omega C_{0r} Z_{\mathrm{m}}} \tag{10.133}$$

当忽略换能器的机械损耗和介电损耗时，换能器的输入电阻抗可表示为以下

形式：

$$Z_e = \mathrm{j} I_{\mathrm{m}}(Z_e) \tag{10.134}$$

其中，$I_{\mathrm{m}}(Z_e)$ 表示输入阻抗的虚部，由此可以得出换能器的共振和反共振频率

方程

$$I_{\mathrm{m}}(Z_e) = 0 \tag{10.135}$$

$$I_{\mathrm{m}}(Z_e) = \infty \tag{10.136}$$

利用式 (10.135) 和式 (10.136) 就可以得出换能器的共振频率与其几何尺寸和材料

参数的关系。同时换能器的有效机电耦合系数可表示为

$$K_{\mathrm{eff}}^2 = \frac{f_{\mathrm{p}}^2 - f_{\mathrm{s}}^2}{f_{\mathrm{p}}^2} \tag{10.137}$$

式中，f_{s} 和 f_{p} 分别表示换能器的串联共振频率和并联共振频率。令

$R_2 = R_1 + (R_3 - R_1)\tau$，这里 τ 是一个无量纲量，表示压电陶瓷圆环的径向厚度与压

电陶瓷圆环和金属圆环的径向总厚度之比，换能器的共振/反共振频率以及有效机

电耦合系数与其几何尺寸的依赖关系如图 10.27～图 10.29 所示。

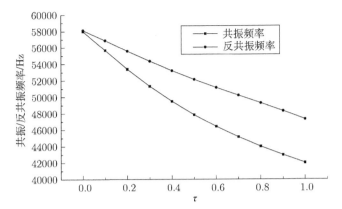

图 10.27 换能器的一阶共振/反共振频率与半径比的理论关系

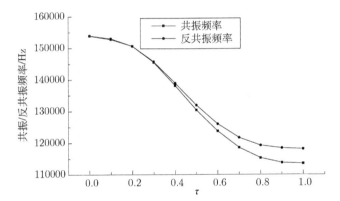

图 10.28 换能器的二阶共振/反共振频率与半径比的理论关系

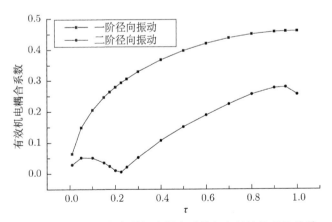

图 10.29 换能器的有效机电耦合系数与半径比的理论关系

由图 10.27 和图 10.28 可以看出, 当半径比增大时, 换能器的一阶和二阶共振/

反共振频率均是逐步减小的。由图 10.29 可以看出，对于换能器的一阶径向振动，当半径比增大时，换能器的有效机电耦合系数增大。对于换能器的二阶径向振动，有效机电耦合系数随半径比的变化规律比较复杂。对应于某一个几何尺寸，换能器的有效机电耦合系数趋于零，这在换能器的实际设计中是需要避免的。

10.2.8　径向夹心式压电陶瓷换能器——内质量块为金属圆环

该换能器如图 10.30 所示。图中，1 和 3 代表两个金属圆环，2 代表在厚度方向极化的压电陶瓷圆环。内金属圆环、压电陶瓷圆环和外金属圆环的内、外半径分别为 R_1、R_2，R_2、R_3，以及 R_3、R_4。为了简化分析，假设压电陶瓷圆环和金属圆环的厚度都相同，并统一用 h 表示；E_3 是外部激励电场。在下面的分析中，仅考虑换能器的平面径向振动，因此振动位移和速度都是径向的。基于以上分析，可以得出图 10.30 所示换能器的机电等效电路，如图 10.31 所示。

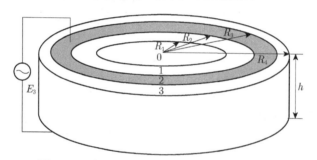

图 10.30　径向夹心式压电陶瓷换能器的示意图

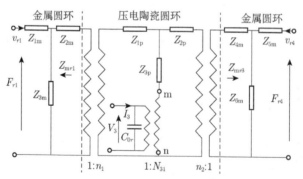

图 10.31　换能器的机电等效电路

图中，虚线内部表示纵向极化压电陶瓷圆环的机电等效电路，虚线外侧的两部分分别表示换能器内外金属圆环的机电等效电路。图中各个物理量的具体表达式可以参见前文。对于此类换能器，其内外皆可辐射声波，从而形成不同强度的辐射声场，可用于不同的处理目的。当换能器的内外径向表面自由时，即不存在声负载时，

图 10.30 中的内外机械端是短路的，由此可以得出换能器内外金属圆环的输入机械
阻抗 Z_{mr1} 和 Z_{mr3} 分别为

$$Z_{mr1} = Z_{2m} + \frac{Z_{1m}Z_{3m}}{Z_{1m} + Z_{3m}} \tag{10.138}$$

$$Z_{mr3} = Z_{4m} + \frac{Z_{6m}Z_{5m}}{Z_{6m} + Z_{5m}} \tag{10.139}$$

换能器的机械阻抗 Z_m 为

$$Z_m = Z_{3p} + \frac{(Z_{1p} + n_1^2 Z_{mr1})(Z_{2p} + n_2^2 Z_{mr3})}{Z_{1p} + n_1^2 Z_{mr1} + Z_{2p} + n_2^2 Z_{mr3}} \tag{10.140}$$

由此可以得出换能器的输入电阻抗 Z_e 为

$$Z_e = \frac{V_3}{I_3} = \frac{Z_m}{N_{31}^2 + j\omega C_{0r} Z_m} \tag{10.141}$$

由式 (10.141) 可以得到换能器在径向振动时的共振频率方程为

$$Z_e = 0 \tag{10.142}$$

反共振频率方程为

$$Z_e = \infty \tag{10.143}$$

利用共振频率方程 (10.142) 和反共振频率方程 (10.143)，在材料参数和几何尺寸给
定的情况下，可以计算出共振频率和反共振频率。另一方面，当复合换能器的共振
频率给定时，也可以得到其几何尺寸。

需要注意的是，频率方程式 (10.142) 和式 (10.143) 是复杂的超越方程，其分
析解是不可能找到的。因此，应采用数值方法求解频率方程。由于频率方程中有五
个几何尺寸，即四个半径和一个换能器高度，因此，为简化分析共振频率与几何尺
寸的关系，引入了两个变量，即半径比 τ_1 和 τ_2，其定义如下：

$$R_3 = R_2 + (R_4 - R_2)\tau_1 \tag{10.144}$$

$$R_2 = R_1 + (R_3 - R_1)\tau_2 \tag{10.145}$$

另一方面，作为评价机电换能器振动性能的重要参数，换能器的有效机电耦合系数
可表示为

$$K_{eff}^2 = \frac{f_p^2 - f_s^2}{f_p^2} \tag{10.146}$$

式中，f_s 和 f_p 分别是换能器的串联和并联共振频率。利用上述方程，给出了共振/
反共振频率、有效机电耦合系数与半径比的理论关系，如图 10.32～图 10.37 所示。
在计算中，压电陶瓷圆环和金属圆环的材料分别为 PZT-4 和钢，其材料参数为：

$\rho_0 = 7500 \mathrm{kg/m^3}$ ， $s_{11}^{\mathrm{E}} = 1.23 \times 10^{-11}\,\mathrm{m^2/N}$ ， $s_{12}^{\mathrm{E}} = -4.05 \times 10^{-12}\,\mathrm{m^2/N}$ ， $\nu_{12} = 0.33$ ， $d_{31} = -1.23 \times 10^{-10}\,\mathrm{C/N}$ ， $\varepsilon_{33}^{\mathrm{T}}/\varepsilon_0 = 1300$ ， $\varepsilon_0 = 8.842 \times 10^{-12}\,\mathrm{C^2/(N \cdot m^2)}$ ； $\rho = 7800 \mathrm{kg/m^3}$ ， $E = 2.09 \times 10^{11}\,\mathrm{N/m^2}$ ， $\nu = 0.28$ 。

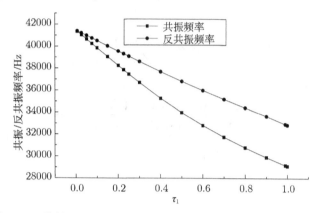

图 10.32　换能器一阶径向振动的共振/反共振频率与 τ_1 的依赖关系

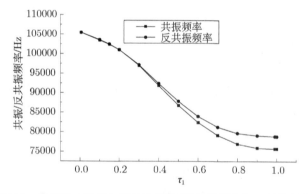

图 10.33　换能器二阶径向振动的共振/反共振频率与 τ_1 的依赖关系

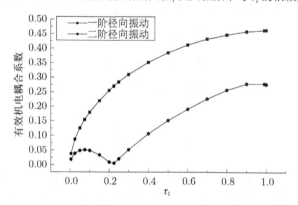

图 10.34　换能器的有效机电耦合系数与 τ_1 的依赖关系

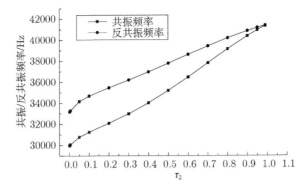

图 10.35 换能器一阶径向振动的共振/反共振频率与 τ_2 的依赖关系

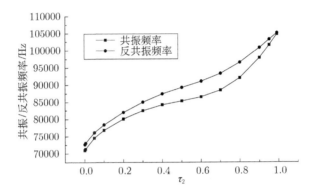

图 10.36 换能器二阶径向振动的共振/反共振频率与 τ_2 的依赖关系

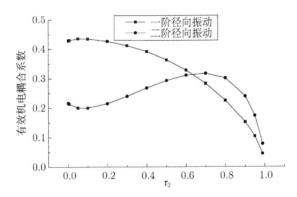

图 10.37 换能器的有效机电耦合系数与 τ_2 的依赖关系

由图 10.32～图 10.34 可以看出，当半径比增大时，换能器的共振/反共振频率减小，但共振/反共振频率之差增大。对于换能器的一阶径向振动，当半径比增大时，有效机电耦合系数增大。对于二阶径向振动，有效机电耦合系数随半径比呈复杂的变化规律。其原因可以解释如下。当半径比非常小时 (例如 $\tau_1 = 0$)，由式 (10.144) 可

得 $R_3 \approx R_2$。这意味着换能器中的压电陶瓷部分非常小，换能器几乎变成一个纯金属环，因此，换能器的有效机电耦合系数非常小。另一方面，由于金属的弹性常数大于压电陶瓷的弹性常数，因此半径比小时，换能器的共振频率高。当半径比增大时，压电部分增大，有效机电耦合系数增大。对于极限情况 $\tau_1 = 1$，换能器成为内金属环和外压电环的组合，具有最大的有效机电耦合系数和最低的共振频率。

从图 10.35～图 10.37 可以看出，随着半径比 τ_2 的增大，共振频率和反共振频率都增大。当半径比 τ_2 趋向 1 时，共振频率和反共振频率趋于一致。对于换能器的一阶径向振动，当半径比增大时，有效机电耦合系数减小；对于二阶径向振动，有效机电耦合系数在半径比较小时存在最小值，在半径比较大时出现最大值。其原因可解释如下：当 $\tau_2 = 0$ 时，$R_2 = R_1$，在这种情况下，换能器成为一个内压电陶瓷圆环和一个外金属圆环的组合，它具有最大的有效机电耦合系数；当 $\tau_2 = 1$ 时，$R_2 = R_3$，此时换能器几乎变成一个纯金属圆环，因此其有效机电耦合系数最小。从图 10.37 可以看出，当半径比较大时，二阶径向振动的有效机电耦合系数大于一阶径向振动的有效机电耦合系数。

10.2.9　具有纵向极化压电陶瓷晶堆的径向复合换能器

在上面分析的纵向极化径向压电陶瓷复合换能器中，压电陶瓷元件是单一的纵向极化压电陶瓷圆环或圆盘。为了增大径向复合换能器的功率容量，可以类比于纵向极化压电陶瓷复合换能器，采用纵向极化的压电陶瓷晶堆。两者的不同之处在于，纵向夹心式压电陶瓷换能器中的压电陶瓷晶堆工作于纵效应振动模态，其电激励方向平行于极化方向和振动方向；而径向复合换能器中的压电陶瓷晶堆工作于横效应振动模态，其电激励方向平行于极化方向，而垂直于换能器的径向振动方向。图 10.38 是具有纵向极化压电陶瓷晶堆的径向复合超声换能器的几何示意图，它是由纵向极化的压电陶瓷晶堆以及一个外金属圆环沿半径方向复合而成。

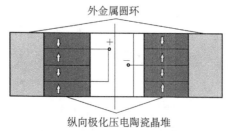

外金属圆环

纵向极化压电陶瓷晶堆

图 10.38　具有纵向极化压电陶瓷晶堆的径向复合超声换能器几何示意图

基于前文关于单一纵向极化压电陶瓷圆环径向振动的分析理论，可以得出图 10.38 所示的具有 n（n 为偶数）个压电陶瓷晶堆径向振动的机电等效电路，如图 10.39 所示。图中，F_a、v_a 以及 F_b、v_b 分别表示径向振动压电陶瓷晶堆内外表面的径向力和振动速度，虚线部分表示压电陶瓷晶堆中任意一个压电陶瓷圆环的径向振动的等效电路图，图中各个阻抗参数的具体表达式为

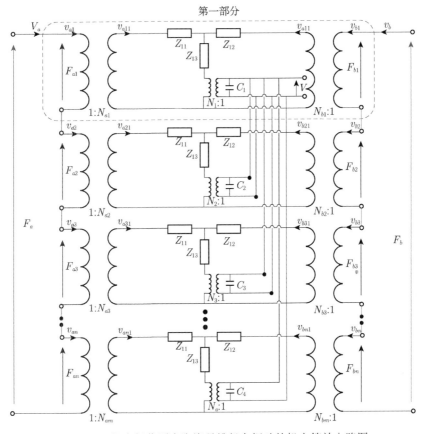

图 10.39 纵向极化压电陶瓷晶堆径向振动的机电等效电路图

$$Z_{11} = \frac{\pi^2 (k_r R_b)^2 Z_{01}}{4\mathrm{j}} \left[\frac{\mathrm{Y}_1(k_r R_b)\mathrm{J}_0(k_r R_a) - \mathrm{J}_1(k_r R_b)\mathrm{Y}_0(k_r R_a)}{\mathrm{J}_1(k_r R_b)\mathrm{Y}_1(k_r R_a) - \mathrm{J}_1(k_r R_a)\mathrm{Y}_1(k_r R_b)} - \frac{1 - \nu_{12}}{k_r R_a} \right]$$
$$- \mathrm{j}\frac{Z_{01}}{2} \frac{\pi k_r R_b}{\mathrm{J}_1(k_r R_b)\mathrm{Y}_1(k_r R_a) - \mathrm{J}_1(k_r R_a)\mathrm{Y}_1(k_r R_b)} \tag{10.147}$$

$$Z_{12} = \frac{\pi^2 (k_r R_a)^2 Z_{02}}{4\mathrm{j}} \left[\frac{\mathrm{Y}_1(k_r R_a)\mathrm{J}_0(k_r R_b) - \mathrm{J}_1(k_r R_a)\mathrm{Y}_0(k_r R_b)}{\mathrm{J}_1(k_r R_b)\mathrm{Y}_1(k_r R_a) - \mathrm{J}_1(k_r R_a)\mathrm{Y}_1(k_r R_b)} - \frac{1 - \nu_{12}}{k_r R_b} \right]$$
$$- \mathrm{j}\frac{Z_{02}}{2} \frac{\pi k_r R_a}{\mathrm{J}_1(k_r R_b)\mathrm{Y}_1(k_r R_a) - \mathrm{J}_1(k_r R_a)\mathrm{Y}_1(k_r R_b)} \tag{10.148}$$

$$Z_{13} = \mathrm{j}\frac{Z_{01}}{2} \frac{\pi k_r R_b}{\mathrm{J}_1(k_r R_b)\mathrm{Y}_1(k_r R_a) - \mathrm{J}_1(k_r R_a)\mathrm{Y}_1(k_r R_b)}$$
$$= \mathrm{j}\frac{Z_{02}}{2} \frac{\pi k_r R_a}{\mathrm{J}_1(k_r R_b)\mathrm{Y}_1(k_r R_a) - \mathrm{J}_1(k_r R_a)\mathrm{Y}_1(k_r R_b)} \tag{10.149}$$

$$Z_{01} = 2\pi\rho_1 V_r R_a h_1 \tag{10.150}$$

$$Z_{02} = 2\pi\rho_1 V_r R_b h_1 \tag{10.151}$$

$$C_1 = \frac{\pi\left(R_b^2 - R_a^2\right)\varepsilon_{33}^{\mathrm{T}}}{h_1}\left[1 - \frac{2d_{31}^2}{\left(s_{11}^{\mathrm{E}} + s_{12}^{\mathrm{E}}\right)\varepsilon_{33}^{\mathrm{T}}}\right] \tag{10.152}$$

$$N_1 = \frac{\pi^2 k_r R_a R_b d_{31}}{h_1\left(s_{11}^{\mathrm{E}} + s_{12}^{\mathrm{E}}\right)}\sqrt{2} \tag{10.153}$$

$$N_{a1} = \frac{\pi k_r R_b}{2} \tag{10.154}$$

$$N_{b1} = \frac{\pi k_r R_a}{2} \tag{10.155}$$

图 10.39 中其他压电陶瓷圆环的等效电路图以及相应的电路参数与此相同。当组成压电陶瓷晶堆的各个压电陶瓷圆环的材料和几何尺寸相同时, 可以得出以下关系式:

$$Z_{11} = Z_{21} = Z_{31} = \cdots = Z_{n1} \tag{10.156}$$

$$Z_{12} = Z_{22} = Z_{32} = \cdots = Z_{n2} \tag{10.157}$$

$$Z_{13} = Z_{23} = Z_{33} = \cdots = Z_{n3} \tag{10.158}$$

$$N_{a1} = N_{a2} = N_{a3} = \cdots = N_{an} \tag{10.159}$$

$$N_{b1} = N_{b2} = N_{b3} = \cdots = N_{bn} \tag{10.160}$$

$$N_1 = N_2 = N_3 = \cdots = N_n \tag{10.161}$$

$$C_1 = C_2 = C_3 = \cdots = C_n \tag{10.162}$$

其中, N_n 和 C_n 分别为第 n 个压电陶瓷环的机电转换系数和静态电容; Z_{1n}、Z_{2n} 和 Z_{3n} 是第 n 个压电陶瓷环的机械阻抗。利用网口电流法可以列出压电陶瓷晶堆等效电路中各支路的基尔霍夫电压定律 (KVL) 方程:

$$N_{a1}F_{a1} = \frac{v_{a1}}{N_{a1}}(Z_{11} + Z_{13}) + \frac{v_{b1}}{N_{b1}}Z_{13} + N_1 V \tag{10.163}$$

$$N_{b1}F_{b1} = \frac{v_{b1}}{N_{b1}}(Z_{12} + Z_{13}) + \frac{v_{a1}}{N_{a1}}Z_{13} + N_1 V \tag{10.164}$$

$$N_{a1}F_{a2} = \frac{v_{a2}}{N_{a1}}(Z_{11} + Z_{13}) + \frac{v_{b2}}{N_{b1}}Z_{13} + N_1 V \tag{10.165}$$

$$N_{b1}F_{b2} = \frac{v_{b2}}{N_{b1}}(Z_{12} + Z_{13}) + \frac{v_{a2}}{N_{a1}}Z_{13} + N_1 V \tag{10.166}$$

$$N_{a1}F_{an} = \frac{v_{an}}{N_{a1}}(Z_{11} + Z_{13}) + \frac{v_{bn}}{N_{b1}}Z_{13} + N_1 V \tag{10.167}$$

$$N_{b1}F_{bn} = \frac{v_{bn}}{N_{b1}}(Z_{12} + Z_{13}) + \frac{v_{an}}{N_{a1}}Z_{13} + N_1 V \tag{10.168}$$

基于压电陶瓷晶堆中各个压电陶瓷圆环的机械连接条件，可以得出以下关系式：

$$F_a = F_{a1} + F_{a2} + \cdots + F_{an} = nF_{a1} \tag{10.169}$$

$$F_b = F_{b1} + F_{b2} + \cdots + F_{bn} = nF_{b1} \tag{10.170}$$

$$v_a = v_{a1} = v_{a2} = v_{a3} = \cdots = v_{an} \tag{10.171}$$

$$v_b = v_{b1} = v_{b2} = v_{b3} = \cdots = v_{bn} \tag{10.172}$$

其中，F_a、v_a 分别为压电堆内外表面的径向外力和振动速度。其中，F_{an}、v_{an} 和 F_{bn}、v_{bn} 分别为第 n 个压电陶瓷环内外表面的径向外力和振动速度。基于以上关系，可以得出

$$N_{a1}F_a = \frac{v_a}{N_{a1}}(nZ_{11} + nZ_{13}) + \frac{v_b}{N_{b1}}nZ_{13} + nN_1 V \tag{10.173}$$

$$N_{b1}F_b = \frac{v_b}{N_{b1}}(nZ_{12} + nZ_{13}) + \frac{v_a}{N_{a1}}nZ_{13} + nN_1 V \tag{10.174}$$

由此可以得到径向极化压电陶瓷晶堆径向振动的等效电路的简化形式，如图 10.40 所示。

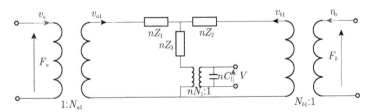

图 10.40　径向极化压电陶瓷晶堆径向振动等效电路的简化形式

利用图 10.40 以及金属圆环径向振动的等效电路，我们可以得出图 10.38 所示换能器的机电等效电路 (图 10.41)。

图中，Z_{L1}、Z_{L2} 分别为金属圆环外表面以及压电陶瓷晶堆内表面的负载阻抗。Z_{M1}、Z_{M2} 和 Z_{M3} 为径向振动金属圆环等效电路图的各个等效阻抗，其表达式为

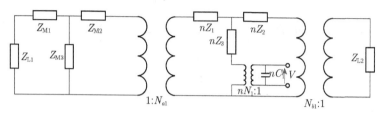

图 10.41　　图 10.38 所示换能器的机电等效电路图

$$Z_{M1} = j\frac{2\pi\rho_0 V_m R_o H}{\pi k_m R_o\left[J_1(k_m R_a)Y_1(k_m R_o) - J_1(k_m R_o)Y_1(k_m R_a)\right]}$$
$$\frac{J_1(k_m R_a)Y_0(k_m R_o) - J_0(k_m R_o)Y_1(k_m R_a)}{J_1(k_m R_o)Y_0(k_m R_o) - J_0(k_m R_o)Y_1(k_m R_o)}$$
$$- j\frac{2\pi\rho_0 V_m R_o H(1-\nu)}{\pi(k_m R_o)^2\left[J_1(k_m R_o)Y_0(k_m R_o) - J_0(k_m R_o)Y_1(k_m R_o)\right]} \tag{10.175}$$

$$Z_{M2} = j\frac{2\pi\rho_0 V_m R_o H}{\pi k_m R_o\left[J_1(k_m R_a)Y_1(k_m R_o) - J_1(k_m R_o)Y_1(k_m R_a)\right]}$$
$$\times\left[\frac{J_1(k_m R_o)Y_0(k_m R_a) - J_0(k_m R_a)Y_1(k_m R_o)}{J_1(k_m R_a)Y_0(k_m R_a) - J_0(k_m R_a)Y_1(k_m R_a)}\right.$$
$$\left. - \frac{J_1(k_m R_a)Y_0(k_m R_a) + J_0(k_m R_a)Y_1(k_m R_a)}{J_1(k_m R_a)Y_0(k_m R_a) - J_0(k_m R_a)Y_1(k_m R_a)}\right]$$
$$- j\frac{2\pi\rho_0 V_m R_a H(1-\nu)}{\pi(k_m R_a)^2\left[J_1(k_m R_a)Y_0(k_m R_a) - J_0(k_m R_a)Y_1(k_m R_a)\right]} \tag{10.176}$$

$$Z_{M3} = j\frac{2\pi\rho_0 V_m R_o H}{\pi(k_m R_o)^2\left[J_1(k_m R_o)Y_0(k_m R_o) - J_0(k_m R_o)Y_1(k_m R_o)\right]}$$
$$= j\frac{2\pi\rho_0 V_m R_a H}{\pi(k_m R_a)^2\left[J_1(k_m R_a)Y_0(k_m R_a) - J_0(k_m R_a)Y_1(k_m R_a)\right]} \tag{10.177}$$

在不考虑换能器负载阻抗的情况下，金属圆环径向振动的输入机械阻抗可表示为

$$Z_{om} = Z_{M2} + \frac{Z_{M1}Z_{M3}}{Z_{M1} + Z_{M3}} \tag{10.178}$$

换能器的机械阻抗为

$$Z_m = nZ_{13} + \frac{nZ_{11}\left(nZ_{12+} N_{a1}^2 Z_{om}\right)}{nZ_{11} + nZ_{12+} N_{a1}^2 Z_{om}} \tag{10.179}$$

换能器的输入电阻抗为

$$Z_e = \frac{V}{I} = \frac{Z_m}{n^2 N_1^2 + j\omega n C_0 Z_m} \tag{10.180}$$

利用式 (10.180) 可以得出换能器的共振及反共振频率方程:

$$Z_{\mathrm{m}} = 0 \tag{10.181}$$

$$n^2 N_1^2 + \mathrm{j}\omega n C_0 Z_{\mathrm{m}} = 0 \tag{10.182}$$

基于上述分析, 可以得出换能器径向振动的电阻抗-频率曲线, 如图 10.42 所示。理论计算中用到的复合换能器组成部分的材料分别是 PZT-4 和钢, 其材料参数和几何尺寸见表 10.7 及表 10.8。为了验证理论的正确性, 图 10.42 中同时给出了基于有限元法得出的换能器的电阻抗-频率曲线, 可以看出利用解析法理论得出的曲线与有限元法的结果基本一致。然而, 随着频率的提高, 两者的差异有所增大, 其原因在于解析理论假设换能器的厚度远小于换能器的直径或声波的波长, 而随着频率的升高, 这一假设不能完全满足。图 10.43 给出了换能器不同振动模态的振型图。

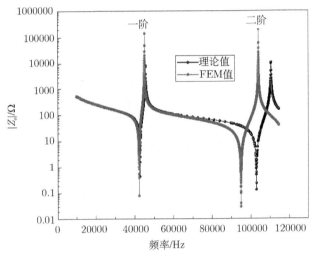

图 10.42 换能器径向振动的电阻抗-频率曲线 (扫描封底二维码可见彩图)

表 10.7 径向复合换能器的材料参数

参数	值	参数	值
$\rho_0/(\mathrm{kg/m^3})$	7800	$s_{12}^{\mathrm{E}}/(\mathrm{m^2/N})$	-4.05×10^{-12}
$E/(\mathrm{N/m^2})$	2.09×10^{11}	$d_{31}/(\mathrm{C/N})$	-1.23×10^{-10}
ν	0.28	$\varepsilon_{33}^{\mathrm{T}}/\varepsilon_0$	1300
$\rho_1/(\mathrm{kg/m^3})$	7500	$\varepsilon_0/(\mathrm{C^2/(N\cdot m^2)})$	8.842×10^{-12}
$s_{11}^{\mathrm{E}}/(\mathrm{m^2/N})$	1.23×10^{-11}		

表 10.8　径向复合换能器的几何尺寸

R_o/mm	R_n/mm	R_b/mm	H/mm
6	16	30	12

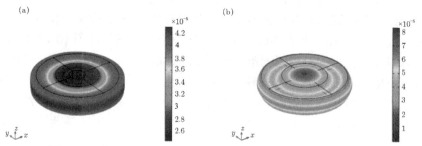

图 10.43　换能器径向振动的振型图 (扫描封底二维码可见彩图)

(a) 一阶径向振动；(b) 二阶径向振动

　　为了比较具有纵向极化压电陶瓷晶堆的径向复合换能器以及传统的具有单层压电陶瓷圆环的径向复合换能器的机电特性，我们对两种具有相同的材料参数以及径向几何尺寸的换能器进行了研究。唯一不同之处在于，对于传统的单层换能器，其厚度为 12mm；对压电陶瓷晶堆换能器，将单层换成多层，但其总厚度保持不变。图 10.44 和图 10.45 分别是两种换能器沿换能器纵向高度的径向振动位移分布图与输入电阻抗-频率曲线图，其中 n 表示压电陶瓷晶堆的层数，H 表示换能器的纵向高度。从图 10.44 和图 10.45 可以看出，随着压电陶瓷层数的增加，换能器的输入电阻抗减小，换能器的径向振动位移增大。

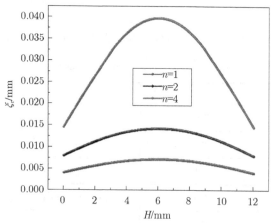

图 10.44　换能器沿其纵向高度的径向振动位移分布图 (扫描封底二维码可见彩图)

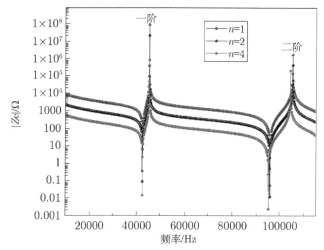

图 10.45　换能器径向振动的电阻抗-频率曲线 (扫描封底二维码可见彩图)

10.3　径向极化的径向夹心式压电陶瓷换能器

在 10.2 节中，我们对纵向极化的径向夹心式压电陶瓷换能器的径向振动进行了研究。对于这一类换能器，换能单元为厚度 (纵向) 极化的压电陶瓷圆盘或圆环，由于换能器的极化方向以及激励方向垂直于换能器的振动方向，因此压电振子的振动模态属于横效应振动模态，其机电耦合系数比较小。另外，由于此类换能器的辐射面积与其高度成正比，因此为了增大换能器的辐射面积，需要高度比较大的压电陶瓷圆环，此时压电陶瓷的厚度极化就会变得比较困难，且需要极高的极化电压。因此，我们将纵向极化的压电陶瓷圆环换成径向极化的压电陶瓷圆环，提出了径向极化的径向夹心式压电陶瓷换能器。在此类换能器中，压电陶瓷元件的极化方向、激励电场方向以及换能器的振动方向一致，均沿着换能器的半径方向，因此属于一种纵效应振动模态，其机电耦合系数比较大，可以改善换能器的机电转换能力。同时，对于径向极化的压电陶瓷圆环，其极化与其高度没有直接的关系，因此可以增大其高度，从而提高换能器整体的辐射面积及辐射功率。

10.3.1　径向极化的压电陶瓷圆形振子的径向振动

根据压电陶瓷圆环的几何尺寸，径向极化的压电陶瓷圆管可以分为三种情况，即径向极化的压电陶瓷长圆管、径向极化的压电陶瓷薄圆环以及径向极化的压电陶瓷粗短圆管。对于径向极化的压电陶瓷长圆管，其高度远大于其半径，其振动可近似为平面应变问题；对于径向极化压电陶瓷薄圆环，其高度远小于其半径，其振动可近似为平面应力问题。对于这两种情况，换能器的振动可近似为纯粹的径向振动，忽略振子的纵径耦合。对于径向极化的压电陶瓷粗短圆管，其径向尺寸与其高度比较接近，振动比较复杂，属于一种纵径耦合振动。下面仅对两种形状简单的径向极化压电陶瓷振子 (长圆管和薄圆环) 的径向振动进行分析。值得指出的是，在以下的分析中，我们得出的理论对压电陶瓷振子的径向壁厚没有限制，即该理论适用于任意壁厚的径向极化的压电陶瓷振子。

1. 径向极化的压电陶瓷长圆管的径向振动

图 10.46 所示为一径向极化的压电陶瓷厚壁长圆管，采用的柱坐标顺序为 θ-1，z-2，r-3。图中 L 为压电陶瓷长圆管高度；a、b 分别为长圆管内、外半径；v_a 及 v_b 分别表示长圆管内、外辐射面处的径向振动速度；F_a 及 F_b 分别表示长圆管内、外辐射面处的径向外力。压电陶瓷长圆管轴向尺寸远大于径向尺寸，即满足 $a, b \ll L$，因此压电陶瓷长圆管做轴对称径向振动。振子极化方向和激励方向均沿半径方向，即 r 方向，经径向极化处理的压电陶瓷长圆管振子在垂直于极化方向上是各向同性材料 (即在 θz 方向各向同性)。

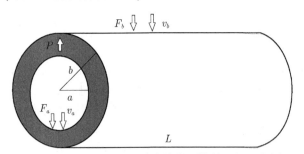

图 10.46　径向极化的压电陶瓷长圆管的几何示意图

在柱坐标下，压电陶瓷长圆管做轴对称径向振动的 e 型压电方程如下：

$$\begin{cases} T_\theta = c_{11}^{E} S_\theta + c_{13}^{E} S_r - e_{31} E_r \\ T_z = c_{12}^{E} S_\theta + c_{13}^{E} S_r - e_{31} E_r \\ T_r = c_{13}^{E} S_\theta + c_{33}^{E} S_r - e_{33} E_r \\ D_r = e_{31} S_\theta + e_{33} S_r + \varepsilon_{33}^{S} E_r \end{cases} \tag{10.183}$$

其中，T_θ、T_z、T_r 及 S_θ、S_r 分别为长圆管振子的应力及应变分量；D_r 为长圆管振子的径向电位移；E_r 为长圆管振子的径向电场强度。压电陶瓷长圆管做轴对称径向振动的运动方程为

$$\rho \frac{\partial^2 \xi_r}{\partial t^2} = \frac{\partial T_r}{\partial r} + \frac{T_r - T_\theta}{r} \tag{10.184}$$

其中，ξ_r 为径向极化长圆管振子的径向位移分布函数；ρ 为长圆管振子的材料密度。压电陶瓷长圆管做轴对称径向振动满足的几何方程为

$$\begin{cases} S_r = \dfrac{\partial \xi_r}{\partial r} \\[2mm] S_\theta = \dfrac{\xi_r}{r} + \dfrac{1}{r}\dfrac{\partial \xi_\theta}{\partial \theta} \\[2mm] S_{r\theta} = \dfrac{1}{r}\dfrac{\partial \xi_r}{\partial \theta} + \dfrac{\partial \xi_\theta}{\partial r} - \dfrac{\xi_\theta}{r} \end{cases} \tag{10.185}$$

其中，ξ_θ 为长圆管振子径向位移分布函数；$S_{r\theta}$ 为长圆管振子的切应变。由于压电陶瓷长圆管做关于 z 轴对称的径向振动，其各位移分量及电场分量满足 $\xi_\theta = 0$、$\xi_z = \xi_z(r,z,t)$、$\xi_r = \xi_r(r,z,t)$ 和 $E_r = E_r(r,z,t)$；如前所述，压电陶瓷长圆管很长，因此其振动属于平面应变问题，位移分量及电场分量仅存在于 $Or\theta$ 平面，即 $\xi_\theta = \xi_z = 0$、$\xi_r = \xi_r(r,t)$、$E_r = E_r(r,t)$。另假设长圆管振子的径向振动是圆对称的，即有 $\dfrac{\partial \xi_\theta}{\partial \theta} = 0$，振子满足的几何方程可简化为

$$\begin{cases} S_r = \dfrac{\partial \xi_r}{\partial r} \\[2mm] S_\theta = \dfrac{\xi_r}{r} \end{cases} \tag{10.186}$$

由于压电陶瓷长圆管内部不存在自由移动的电荷，其静电电荷方程的柱坐标表示形式为

$$\frac{1}{r}\frac{\partial}{\partial r}(rD_r) = 0 \tag{10.187}$$

解式 (10.187) 得

$$D_r = D_{r0}\mathrm{e}^{\mathrm{j}at} \tag{10.188}$$

其中，$D_{r0} = \dfrac{C_3}{r}$，这里 C_3 为常数，由边界条件确定。

1) 机械振动特性

压电陶瓷振子在工程使用中多采用简谐激励电源，因此其径向位移及径向电场分布关于时间均服从简谐变化规律：

$$\xi_r = \xi_{r0}\mathrm{e}^{\mathrm{j}\omega t} \tag{10.189}$$

$$E_r = E_{r0}\mathrm{e}^{\mathrm{j}\omega t} \tag{10.190}$$

将式 (10.188) 代入式 (10.183) 中第四式，整理得径向电场强度的表达式为

$$E_{r0} = c_3 S_\theta + c_5 S_r + \frac{C_3}{\varepsilon_{33}^{\mathrm{s}} r} \tag{10.191}$$

其中，$c_3 = -\dfrac{e_{31}}{\varepsilon_{33}^{S}}$，$c_5 = -\dfrac{e_{33}}{\varepsilon_{33}^{S}}$。将式 (10.191) 分别代入式 (10.183) 的第一、三式，整理得

$$
\begin{cases}
T_\theta = c_1 S_\theta + c_2 S_r + c_3 \dfrac{C_3}{r} \\
T_r = c_2 S_\theta + c_4 S_r + c_5 \dfrac{C_3}{r}
\end{cases}
\tag{10.192}
$$

其中，$c_1 = c_{11}^{E} + \dfrac{e_{31}e_{31}}{\varepsilon_{33}^{S}}$，$c_2 = c_{13}^{E} + \dfrac{e_{31}e_{33}}{\varepsilon_{33}^{S}}$，$c_4 = c_{33}^{E} + \dfrac{e_{33}e_{33}}{\varepsilon_{33}^{S}}$。将式 (10.191) 和式 (10.192) 代入式 (10.184) 可得运动方程：

$$
\rho \frac{\partial^2 \xi_r}{\partial t^2} = c_4 \left(\frac{\partial^2 \xi_r}{\partial r^2} + \frac{1}{r} \frac{\partial \xi_r}{\partial r} - v^2 \frac{\xi_r}{r^2} - \frac{c_3}{c_4} \frac{C_3}{r^2} \right)
\tag{10.193}
$$

其中，$v^2 = c_1/c_4$。分离时间变量可得

$$
\frac{\mathrm{d}^2 \xi_{r0}}{\mathrm{d} r^2} + \frac{1}{r} \frac{\mathrm{d} \xi_{r0}}{\mathrm{d} r} + \left(k^2 - \frac{v^2}{r^2} \right) \xi_{r0} - c_3' \frac{C_3}{r^2} = 0
\tag{10.194}
$$

其中，$c_3' = c_3/c_4$，$V_3^2 = c_4/\rho$，这里 V_3 为压电陶瓷长圆管中径向振动的传播速度；$k = \omega/V_3$，为长圆管振子径向振动的等效波数。求解式 (10.194) 可得压电陶瓷长圆管径向振动的径向位移函数幅值

$$
\xi_{r0} = C_1 \mathrm{J}_\nu(kr) + C_2 \mathrm{Y}_\nu(kr) + c_3' C_3 s_{-1,\nu}(kr)
\tag{10.195}
$$

其中，$\mathrm{J}_\nu(x)$、$\mathrm{Y}_\nu(x)$ 分别为第一类和第二类 ν 阶贝塞尔函数；$s_{u,\nu}(x)$ 为第一类洛默尔 (Lommel) 函数；C_1、C_2 为待定常数，由边界条件确定。

2) 电振动特性

压电陶瓷长圆管振子的振速边界条件为

$$
\begin{cases}
\left. \dfrac{\partial \xi_r}{\partial t} \right|_{r=a} = v_1 \\
\left. \dfrac{\partial \xi_r}{\partial t} \right|_{r=b} = -v_2
\end{cases}
\tag{10.196}
$$

将式 (10.195) 代入式 (10.196) 得

$$
\begin{cases}
C_1 \mathrm{J}_\nu(ka) + C_2 \mathrm{Y}_\nu(ka) + c_3' C_3 s_{-1,\nu}(ka) = \dfrac{v_1}{\mathrm{j}\omega} \\
C_1 \mathrm{J}_\nu(kb) + C_2 \mathrm{Y}_\nu(kb) + c_3' C_3 s_{-1,\nu}(kb) = -\dfrac{v_2}{\mathrm{j}\omega}
\end{cases}
\tag{10.197}
$$

由此可得 C_1、C_2 为

$$\begin{cases} C_1 = -\dfrac{\mathrm{j}Y_\nu(kb)}{\Delta_1 \omega}v_1 - \dfrac{\mathrm{j}Y_\nu(ka)}{\Delta_1 \omega}v_2 + \dfrac{\Delta_2}{\Delta_1}C_3 \\[4mm] C_2 = \dfrac{\mathrm{j}J_\nu(kb)}{\Delta_1 \omega}v_1 + \dfrac{\mathrm{j}J_\nu(ka)}{\Delta_1 \omega}v_2 + \dfrac{\Delta_3}{\Delta_1}C_3 \end{cases} \tag{10.198}$$

其中，

$$\Delta_1 = J_\nu(ka)Y_\nu(kb) - J_\nu(kb)Y_\nu(ka) , \quad \Delta_2 = c_3'Y_\nu(ka)s_{-1,\nu}(kb) - c_3'Y_\nu(kb)s_{-1,\nu}(ka) ,$$

$$\Delta_3 = c_3'J_\nu(kb)s_{-1,\nu}(ka) - c_3'J_\nu(ka)s_{-1,\nu}(kb)$$

将式 (10.191) 代入 $V_{r0} = -\int_a^b E_{r0}\mathrm{d}r$，整理得长圆管振子径向电压分布函数

$$V_{r0} = -C_1\left[\int_a^b \frac{c_3 J_\nu(kr)}{r}\mathrm{d}r + c_5 J_\nu(kr)\Big|_a^b\right] - C_2\left[\int_a^b \frac{c_3 Y_\nu(kr)}{r}\mathrm{d}r + c_5 Y_\nu(kr)\Big|_a^b\right]$$

$$-C_3\left[\int_a^b \frac{c_3'c_3 s_{-1,\nu}(kr)}{r}\mathrm{d}r + c_3'c_5 s_{-1,\nu}(kr)\Big|_a^b + \frac{\ln b - \ln a}{\varepsilon_{33}^S}\right] \tag{10.199}$$

进一步整理式 (10.199) 可得

$$V_{r0} = -\frac{\mathrm{j}kaM_a}{\omega}v_1 - \frac{\mathrm{j}kbM_b}{\omega}v_2 - \frac{C_3}{t} \tag{10.200}$$

其中，

$$t = \frac{\Delta_1}{G}$$

$$M_a = c_3\left\{(\nu-2)s_{-2,\nu-1}(ka) - \frac{[J_{\nu-1}(ka)Y_\nu(kb) - J_\nu(kb)Y_{\nu-1}(ka)]s_{-1,\nu}(ka)}{\Delta_1} - \frac{2s_{-1,\nu}(kb)}{\pi ka\Delta_1}\right\} + \frac{c_5}{ka}$$

$$M_b = c_3\left\{(\nu-2)s_{-2,\nu-1}(kb) + \frac{[J_{\nu-1}(kb)Y_\nu(ka) - J_\nu(ka)Y_{\nu-1}(kb)]s_{-1,\nu}(kb)}{\Delta_1} + \frac{2s_{-1,\nu}(ka)}{\pi kb\Delta_1}\right\} + \frac{c_5}{kb}$$

$$G = \Delta_1\left\{\frac{c_3'c_3(H_b - H_a)}{2\nu^2(4-\nu^2)} + c_3'c_3[s_{-1,\nu}(k_rb) - s_{-1,\nu}(k_ra)] + \left(\frac{1}{\varepsilon_{33}^S} - \frac{c_3'c_3}{\nu^2}\right)(\ln b - \ln a)\right\}$$

$$+ \Delta_2\left\{c_3[(\nu-2)(J1_b - J1_a) + J2_a - J2_b] + c_5[J_\nu(kb) - J_\nu(ka)]\right\}$$

$$+ \Delta_3\left\{c_3[(\nu-2)(Y1_b - Y1_a) + Y2_a - Y2_b] + c_5[Y_\nu(kb) - Y_\nu(ka)]\right\}$$

$$J1_r = krJ_\nu(kr)s_{-2,\nu-1}(kr) , \quad J2_r = krJ_{\nu-1}(kr)s_{-1,\nu}(kr) , \quad Y1_r = krY_\nu(kr)s_{-2,\nu-1}(kr)$$

$$Y2_r = krY_{\nu-1}(kr)s_{-1,\nu}(kr) , \quad H_r = (kr)^2 , \quad F_3\left([1,1],\left[2,2+\frac{1}{2}\nu,2-\frac{1}{2}\nu\right],-\frac{1}{4}(kr)^2\right)$$

在上述推导中，利用了如下积分函数关系：

$$\int \frac{\mathrm{J}_v(kr)}{r}\mathrm{d}r = kr(v-2)\mathrm{J}_v(kr)s_{-2,v-1}(kr) - kr\mathrm{J}_{v-1}(kr)s_{-1,v}(kr)$$

$$\int \frac{\mathrm{Y}_v(kr)}{r}\mathrm{d}r = kr(v-2)\mathrm{Y}_v(kr)s_{-2,v-1}(kr) - kr\mathrm{Y}_{v-1}(kr)s_{-1,v}(kr)$$

$$\int \frac{s_{-1,v}(kr)}{r}\mathrm{d}r = \int \frac{s_{1,v}(kr)-1}{v^2 r}\mathrm{d}r = -\frac{\ln(x)}{v^2} + \frac{k^2 r^2{}_2 F_3\left([1,1],\left[2,2+\frac{1}{2}v,2-\frac{1}{2}v\right],-\frac{k^2 r^2}{4}\right)}{2v^2(4-v^2)}$$

其中，${}_m F_n([\alpha_1 \cdots \alpha_m],[\rho_1 \cdots \rho_n],x)$ 为超几何函数。由式 (10.200) 解得 C_3 为

$$C_3 = -\frac{\mathrm{j}kaM_a t}{\omega}v_1 - \frac{\mathrm{j}kbM_b t}{\omega}v_2 - tV_{r0} \tag{10.201}$$

基于上述表达式，可以得出径向应力的表达式：

$$T_r = C_1\left[\frac{c_2\mathrm{J}_v(kr)}{r} + c_4\mathrm{J}'_v(kr)\right] + C_2\left[\frac{c_2\mathrm{Y}_v(kr)}{r} + c_4\mathrm{Y}'_v(kr)\right]$$

$$+ C_3\left\{c'_3\left[\frac{c_2 s_{-1,v}(kr)}{r} + c_4 s'_{-1,v}(kr)\right] + \frac{c_5}{r}\right\} \tag{10.202}$$

压电长圆管内、外辐射面处的应力边界条件分别为 $T_a = T_r|_{r=a}$，$T_b = T_r|_{r=b}$，结合式 (10.202) 可得

$$\begin{cases} T_a = \left\{\dfrac{\mathrm{j}(c_4 v - c_2)}{\omega a} - \dfrac{\mathrm{j}tk^2 aM_a^2}{\omega} + \dfrac{\mathrm{j}kc_4[\mathrm{J}_v(kb)\mathrm{Y}_{v-1}(ka) - \mathrm{J}_{v-1}(ka)\mathrm{Y}_v(kb)]}{\omega\Delta_1}\right\}v_1 \\ \qquad + \left(-\dfrac{\mathrm{j}tk^2 bM_aM_b}{\omega} + \dfrac{\mathrm{j}2c_4}{\pi\omega a\Delta_1}\right)v_2 - ktM_aV_{r0} \\ T_b = \left(-\dfrac{\mathrm{j}tk^2 aM_aM_b}{\omega} + \dfrac{\mathrm{j}2c_4}{\pi ab\Delta_1}\right)v_1 + \left\{\dfrac{\mathrm{j}(c_2 - c_4 v)}{\omega b} - \dfrac{\mathrm{j}tk^2 bM_b^2}{\omega}\right. \\ \qquad \left. + \dfrac{\mathrm{j}c_4 k[\mathrm{J}_v(ka)\mathrm{Y}_{v-1}(kb) - \mathrm{J}_{v-1}(kb)\mathrm{Y}_v(ka)]}{\omega\Delta_1}\right\}v_2 - ktM_bV_{r0} \end{cases} \tag{10.203}$$

在上述公式的化简过程中，利用了以下函数微分关系：

$$\mathrm{J}'_v(x) = -\frac{v}{x}\mathrm{J}_v(x) + \mathrm{J}_{v-1}(x)$$

$$\mathrm{Y}'_v(x) = -\frac{v}{x}\mathrm{Y}_v(x) + \mathrm{Y}_{v-1}(x) \quad s'_{u,v}(x) = -\frac{v}{x}s_{u,v}(x) + (u+v-1)s_{u-1,v-1}(x)$$

由弹性力学理论可知

$$\begin{cases} F_a = F\mid_{r=a} = -T_a S_a \\ F_b = F\mid_{r=b} = -T_b S_b \end{cases} \tag{10.204}$$

这里 $S_a = 2\pi aL$，$S_b = 2\pi bL$，分别为压电陶瓷长圆管内、外圆柱表面积。将式 (10.203) 代入式 (10.204) 得

$$\begin{cases} F_a = \left\{ \dfrac{jS_a(c_2 - c_4\nu)}{\omega a} + \dfrac{jS_a tk^2 a M_a^2}{\omega} - \dfrac{jS_a k c_4[J_\nu(kb)Y_{\nu-1}(ka) - J_{\nu-1}(ka)Y_\nu(kb)]}{\omega\varDelta_1} \right\} v_1 \\[3mm] \qquad + \left(\dfrac{jS_a tk^2 b M_a M_b}{\omega} - \dfrac{S_a j2c_4}{\pi\omega a\varDelta_1} \right) v_2 + S_a ktM_a V_{r0} \\[3mm] F_b = \left(\dfrac{jS_b tk^2 a M_a M_b}{\omega} - \dfrac{jS_b 2c_4}{\pi\omega b\varDelta_1} \right) v_1 + \left\{ \dfrac{jS_b(c_4\nu - c_2)}{\omega b} + \dfrac{jS_b tk^2 b M_b^2}{\omega} \right. \\[3mm] \qquad \left. - \dfrac{jS_b c_4 k[J_\nu(ka)Y_{\nu-1}(kb) - J_{\nu-1}(kb)Y_\nu(ka)]}{\omega\varDelta_1} \right\} v_2 + S_b ktM_b V_{r0} \end{cases} \tag{10.205}$$

式 (10.205) 中两式两端分别同乘以 bM_b、aM_a，整理得

$$\begin{cases} F_a' = \left\{ -\dfrac{n^2}{j\omega C_0} - Z_a \dfrac{jb^2 M_b^2[J_\nu(kb)Y_{\nu-1}(ka) - J_{\nu-1}(ka)Y_\nu(kb)]}{\varDelta_1} \right. \\[3mm] \qquad \left. + \dfrac{j2\pi Lb^2 M_b^2(c_2 - c_4\nu)}{\omega} \right\} v_1' + \left(-\dfrac{n^2}{j\omega C_0} - Z_a \dfrac{jM_a bM_b}{\pi k\varDelta_1} \right) v_2' + nV_{r0} \\[3mm] F_b' = \left(-\dfrac{n^2}{j\omega C_0} - Z_b \dfrac{jM_b aM_a}{\pi k\varDelta_1} \right) v_1' + \left\{ -\dfrac{n^2}{j\omega C_0} + \dfrac{j2\pi La^2 M_a^2(c_4\nu - c_2)}{\omega} \right. \\[3mm] \qquad \left. - Z_b \dfrac{ja^2 M_a^2[J_\nu(ka)Y_{\nu-1}(kb) - J_{\nu-1}(kb)Y_\nu(ka)]}{\varDelta_1} \right\} v_2' + nV_{r0} \end{cases} \tag{10.206}$$

其中，$Z_a = \dfrac{kc_4 S_a}{\omega} = \rho V_3 S_a$，$Z_b = \dfrac{kc_4 S_b}{\omega} = \rho V_3 S_b$，分别为压电陶瓷长圆管内、外辐射面处的特性力阻抗；$n_1 = bM_b$，$n_2 = aM_a$，$F_a' = F_a n_1$，$F_b' = F_b n_2$，$v_1' = \dfrac{v_1}{n_1}$，$v_2' = \dfrac{v_2}{n_2}$；$n = 2\pi LtkabM_a M_b$，$C_0 = 2\pi Lt$，分别为机电转换系数和静态电容。压电陶瓷长圆管径向电流为

$$I_r = -\frac{\mathrm{d}Q}{\mathrm{d}t} = -j\omega\int_{-\frac{L}{2}}^{\frac{L}{2}}\int_0^{2x} \frac{C_3}{b}b\mathrm{d}\theta\mathrm{d}z = -j\omega 2\pi LC_3 \tag{10.207}$$

进一步整理得

$$I_r = -n(v_1' + v_2') + j\omega C_0 V_{r0} \tag{10.208}$$

由式 (10.206) 和式 (10.208)，可以推导出径向极化压电陶瓷长圆管径向振动的机电等效电路 (图 10.47)。

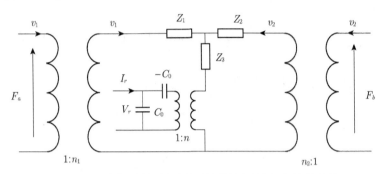

图 10.47　径向极化的压电陶瓷长圆管振子的机电等效电路

图 10.47 中各参数的具体表达式为

$$Z_1 = -Z_a \frac{jb^2 M_b^2 [\mathrm{J}_v(kb)\mathrm{Y}_{v-1}(ka) - \mathrm{J}_{v-1}(ka)\mathrm{Y}_v(kb)]}{\Delta_1}$$
$$+ \frac{j2\pi L b^2 M_b^2 (c_2 - c_4 v)}{\omega} + Z_a \frac{jM_a b M_b}{\pi k \Delta_1}$$

$$Z_2 = -Z_b \frac{ja^2 M_a^2 [\mathrm{J}_v(ka)\mathrm{Y}_{v-1}(kb) - \mathrm{J}_{v-1}(kb)\mathrm{Y}_v(ka)]}{\Delta_1}$$
$$+ \frac{j2\pi L a^2 M_a^2 (c_4 v - c_2)}{\omega} + Z_b \frac{jM_b a M_a}{\pi k \Delta_1}$$

$$Z_3 = -Z_a \frac{jM_a b M_b}{\pi k \Delta_1} = -Z_b \frac{jM_b a M_a}{\pi k \Delta_1}$$

由图 10.47 可知，当径向极化的压电陶瓷长圆管内外辐射面处于自由状态时，即 $F_a = 0$，$F_b = 0$，由电路知识简化图 10.47，得图 10.48，其中，$Z = \dfrac{Z_1 Z_2 + Z_1 Z_3 + Z_2 Z_3}{Z_1 + Z_2}$，$Z_{eq} = \dfrac{n^2 - j\omega C_0 Z}{\omega^2 C_0^2 Z}$，分别为压电陶瓷长圆管等效机械阻抗和等效电阻抗。

图 10.49 给出了一个径向极化的压电陶瓷长圆管振子的输入电阻抗-频率特性曲线。压电陶瓷振子的材料为 PZT-4，其几何尺寸为 $a = 0.01\mathrm{m}$，$b = 0.025\mathrm{m}$，$L = 0.25\mathrm{m}$。PZT-4 材料参数为：$\rho = 7.5 \times 10^3 \mathrm{kg/m^3}$，$c_{11}^E = 1.39 \times 10^{11} \mathrm{N/m^2}$，$c_{13}^E = 7.43 \times 10^{10} \mathrm{N/m^2}$，$c_3^E = 1.15 \times 10^{11} \mathrm{N/m^2}$，$e_{31} = -5.2\mathrm{N/(m \cdot V)}$，$e_{33} = 15.1\mathrm{N/(m \cdot V)}$，

$\varepsilon_{33}^S = 5.62 \times 10^{-9} \mathrm{C/m}$。由图可以看出：输入电阻抗–频率曲线上共振峰都很尖锐，其原因是上述理论分析没有考虑材料的阻尼，实际上，由于材料阻尼的存在，不仅共振峰的幅度受到抑制，其共振频率的位置也会有所偏移。

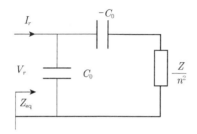

图 10.48　径向极化的压电陶瓷长圆管振子的简化等效电路

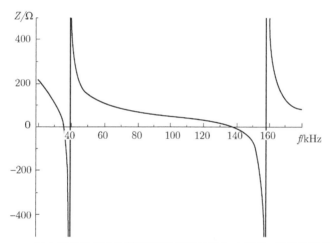

图 10.49　径向极化的压电陶瓷长圆管振子的输入电阻抗–频率特性曲线

　　由图 10.48 可知，当 $Z_{\mathrm{eq}} = 0$ 时，压电陶瓷长圆管处于径向振动共振状态，其共振频率方程为

$$n^2 - \mathrm{j}\omega C_0 Z = 0 \tag{10.209}$$

当 $Z_{\mathrm{eq}} = \infty$ 时，压电陶瓷长圆管处于径向振动的反共振状态，其反共振频率方程为

$$\omega^2 C_0^2 Z = 0 \tag{10.210}$$

式 (10.209) 和式 (10.210) 是含非整数阶的贝塞尔函数和 Lommel 函数的复杂超越方程，无法直接得到其解析解，只能由数值法进行求解。方程中含有的相关设计参数包括长圆管振子的材料参数 ν，几何尺寸 a、b、L 和频率 f。频率方程为振动系统的设计提供了依据，对于给定材料，由几何参数可求得系统共振频率，反之亦然。

　　我们利用数值方法对不同几何尺寸径向极化的压电陶瓷长圆管振子的共振/反共

振频率方程进行了求解，并对所得数据进行拟合，得到了长圆管振子的共振/反共振频率及有效机电耦合系数与其几何尺寸 (半径比) 之间的关系曲线，图 10.50、图 10.51 为外半径 $b = 0.025\mathrm{m}$ 不变，逐渐改变内半径 a 所得结果，图中 $\tau = a/b$。由图 10.50 可知：随着 τ 的增加，长圆管振子共振/反共振频率均呈减小趋势；当 $\tau < 0.1$ 时，其共振频率曲线与反共振频率曲线基本吻合，有效机电耦合系数趋近于零。表明当长圆管振子管壁很厚时，长圆管振子受到激励后产生的振动很微弱，基本丧失机电转换能力。图 10.51 给出了长圆管振子一阶振动所对应的有效机电耦合系数与其半径比的关系。

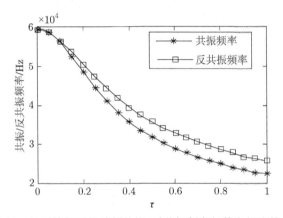

图 10.50　长圆管振子的基频共振/反共振频率与其半径比的关系

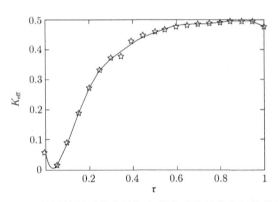

图 10.51　长圆管振子的有效机电耦合系数与其半径的关系

图 10.51 曲线表明，当 $\tau < 0.1$ 时，振子机电转换能力几乎消失，与图 10.50 结论一致；当 $\tau = 0.05$ 时，有效机电耦合系数取得最小值；当 τ 增大时，K_{eff} 基本呈单调增加趋势，由此说明薄壁振子的机电转换能力更强。

3) 数值及实验分析

为了验证上述理论的正确性，我们利用数值法，采用 ANSYS 有限元软件对材

料为 PZT-4 的不同几何尺寸的长圆管振子建模并进行模态分析,振子几何尺寸以及共振、反共振频率的理论计算结果和数值模拟结果见表 10.9,表中 f_c、f_{FEM} 分别表示长圆管振子一阶共振模态的共振/反共振频率的理论计算结果和数值模拟结果,$\Delta = |f_c - f_{FEM}|/f_c$ 为理论计算结果与数值模拟结果的相对误差。

表 10.9   长圆管振子的理论计算及数值模拟频率

		a/m	b/m	L/m	f_c/Hz	f_{FEM}/Hz	Δ/%
1	f_r	0.016	0.02	0.25	30950	31098	0.47
	f_n				35617	35797	0.50
2	f_r	0.02	0.025	0.25	24830	24935	0.04
	f_n				28490	28753	0.92

由表 10.9 可以看出,长圆管振子径向振动的共振/反共振频率理论计算结果和数值模拟结果误差均不超过 1%,两者符合较好,说明了上述关于径向极化的压电陶瓷长圆管径向振动的理论推导方法和结论的正确性。

为了对得出的解析分析理论进行验证,我们设计并加工了两个径向极化的压电陶瓷长圆管振子,如图 10.52 所示,运用二维面扫描激光测振仪 PSV-400 对两振子的振动模态及共振频率进行了实验测试,结果见表 10.10。表 10.10 中,f_c 为利用解析理论得出的长圆管共振频率计算值,f_E 为长圆管共振频率测试值,$\Delta = |f_c - f_E|/f_E$。由表 10.10 可以看出,解析理论结果与实验结果符合很好,从而进一步验证了本书得出的径向极化的压电陶瓷长圆管的分析理论。频率测试的误差来源主要有两方面:①实验所用振子的几何尺寸与理论模型所要求的几何尺寸限制有一定差别;②计算时采用的材料参数与振子的实际情况有误差。

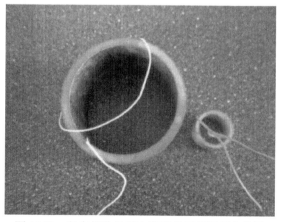

图 10.52   径向极化的压电陶瓷长圆管振子实物图

表 10.10　长圆管振子理论计算及实验结果

	a/m	b/m	L/m	f_c/Hz	f_E/Hz	$\Delta/\%$
1	0.016	0.02	0.03	30950	29621	4.49
2	0.05	0.058	0.08	10301	9906	3.99

径向极化的压电陶瓷长圆管是径向复合换能器的基本单元，该换能器能够产生二维声辐射，辐射面积大，可产生较大的辐射声功率，因而其在超声化学、超声处理废水、超声中药提取等超声液体处理技术中具有极为广泛的应用前景。

2. 径向极化的压电陶瓷薄圆环的径向振动

1) 基本方程

图 10.53 所示为一径向极化的压电陶瓷薄圆环，采用的坐标顺序为 θ-1，z-2，r-3。L 为压电陶瓷薄圆环的厚度，a、b 分别为薄圆环的内、外半径。图中 v_a 及 v_b 分别表示薄圆环内、外辐射面处的径向振动速度，F_a 及 F_b 分别表示薄圆环内、外辐射面处的径向外力。由于压电陶瓷薄圆环振子径向尺寸远大于轴向尺寸，即满足 $r \gg L$，因此薄圆环振子做轴对称径向振动。振子极化方向和激励方向均沿半径方向，即 r 方向，经径向极化处理的薄圆环振子在垂直于极化方向上是各向同性材料 (即在 θz 方向各向同性)。压电陶瓷薄圆环做轴对称振动的 e 型压电方程在柱坐标中可表示为

$$\begin{cases} T_\theta = c_{11}^{\text{E}} S_\theta + c_{12}^{\text{E}} S_z + c_{13}^{\text{E}} S_r - e_{31} E_r \\ T_z = c_{12}^{\text{E}} S_\theta + c_{11}^{\text{E}} S_z + c_{13}^{\text{E}} S_r - e_{31} E_r \\ T_r = c_{13}^{\text{E}} S_\theta + c_{13}^{\text{E}} S_z + c_{33}^{\text{E}} S_r - e_{33} E_r \\ D_r = e_{31} S_\theta + e_{31} S_z + e_{33} S_r + \varepsilon_{33}^{\text{S}} E_r \end{cases} \tag{10.211}$$

其中，T_θ、T_z、T_r 及 S_θ、S_z、S_r 分别为薄圆环振子的切向、轴向、径向正应力及正应变；D_r 为薄圆环振子的径向电位移分量；E_r 为薄圆环振子的径向电场强度。

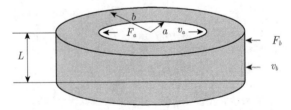

图 10.53　径向极化的压电陶瓷薄圆环的几何示意图

薄圆环做轴对称径向振动的运动方程在柱坐标中可表示为

$$\rho \frac{\partial^2 \xi_r}{\partial t^2} = \frac{\partial T_r}{\partial r} + \frac{T_r - T_\theta}{r} \tag{10.212}$$

其中，ξ_r、ρ 分别为薄圆环振子的径向位移分布函数、材料密度。薄圆环做轴对称

径向振动的几何方程在柱坐标中可表示为

$$
\begin{cases}
S_r = \dfrac{\partial \xi_r}{\partial r} \\[2mm]
S_\theta = \dfrac{\xi_r}{r} + \dfrac{1}{r}\dfrac{\partial \xi_\theta}{\partial \theta} \\[2mm]
S_{r\theta} = \dfrac{1}{r}\dfrac{\partial \xi_r}{\partial \theta} + \dfrac{\partial \xi_\theta}{\partial r} - \dfrac{\xi_\theta}{r}
\end{cases}
\tag{10.213}
$$

其中，ξ_θ 为薄圆环振子径向位移分布函数；$S_{r\theta}$ 为薄圆环振子的切应变。

由于薄圆环做关于 z 轴对称的径向振动，其各位移分量及电场分量满足 $\xi_\theta = 0$、$\xi_z = \xi_z(r,z,t)$、$\xi_r = \xi_r(r,z,t)$ 和 $E_r = E_r(r,z,t)$；如前所述，研究对象为薄圆环，其几何尺寸满足 $r \gg L$，因此对该振子的研究属于平面应力问题，位移分量及电场分量仅存在于 $Or\theta$ 平面，即 $\xi_\theta = \xi_z = 0$、$\xi_r = \xi_r(r,t)$、$E_r = E_r(r,t)$，另假设薄圆环振子的径向振动是圆对称的，即有 $\dfrac{\partial \xi_\theta}{\partial \theta} = 0$，振子满足的几何方程可简化为

$$
\begin{cases}
S_r = \dfrac{\partial \xi_r}{\partial r} \\[2mm]
S_\theta = \dfrac{\xi_r}{r}
\end{cases}
\tag{10.214}
$$

由于压电陶瓷薄圆环内部不存在自由移动的电荷，其静电电荷方程的柱坐标表示形式为

$$
\frac{1}{r}\frac{\partial}{\partial r}(rD_r) = 0
\tag{10.215}
$$

解式 (10.215) 得

$$
D_r = D_{r0}\mathrm{e}^{\mathrm{j}\omega t}
\tag{10.216}
$$

其中，$D_{r0} = \dfrac{C_3}{r}$，这里 C_3 为常数，由边界条件确定。由于 $T_z = 0$，由式 (10.211) 第二式可得

$$
S_z = \frac{-c_{12}^{\mathrm{E}}S_\theta - c_{13}^{\mathrm{E}}S_r + e_{31}E_r}{c_{11}^{\mathrm{E}}}
\tag{10.217}
$$

将式 (10.217) 代入式 (10.211) 中前三式，整理得薄圆环满足的压电方程为

$$
\begin{cases}
T_\theta = \left(c_{11}^{\mathrm{E}} - \dfrac{c_{12}^{\mathrm{E}}c_{12}^{\mathrm{E}}}{c_{11}^{\mathrm{E}}}\right)S_\theta + \left(c_{13}^{\mathrm{E}} - \dfrac{c_{12}^{\mathrm{E}}c_{13}^{\mathrm{E}}}{c_{11}^{\mathrm{E}}}\right)S_r - \left(e_{31} - \dfrac{e_{31}c_{12}^{\mathrm{E}}}{c_{11}^{\mathrm{E}}}\right)E_r \\[3mm]
T_r = \left(c_{13}^{\mathrm{E}} - \dfrac{c_{12}^{\mathrm{E}}c_{13}^{\mathrm{E}}}{c_{11}^{\mathrm{E}}}\right)S_\theta + \left(c_{33}^{\mathrm{E}} - \dfrac{c_{13}^{\mathrm{E}}c_{13}^{\mathrm{E}}}{c_{11}^{\mathrm{E}}}\right)S_r - \left(e_{33} - \dfrac{e_{31}c_{13}^{\mathrm{E}}}{c_{11}^{\mathrm{E}}}\right)E_r \\[3mm]
D_r = \left(e_{31} - \dfrac{e_{31}c_{12}^{\mathrm{E}}}{c_{11}^{\mathrm{E}}}\right)S_\theta + \left(e_{33} - \dfrac{e_{31}c_{13}^{\mathrm{E}}}{c_{11}^{\mathrm{E}}}\right)S_r^T + \left(e_{33}^{\mathrm{S}} + \dfrac{e_{31}e_{31}}{c_{11}^{\mathrm{E}}}\right)E_r
\end{cases}
\tag{10.218}
$$

2) 机械振动特性

压电陶瓷振子在工程使用中多为简谐电压激励，因此其径向电场分布关于时间均服从简谐变化规律，即有 $E_r = E_{r0}\mathrm{e}^{\mathrm{j}\omega t}$，因此，振子受到激励以后的稳态振动也为同频率的径向振动，稳态位移分布为 $\xi_r = \xi_{r0}\mathrm{e}^{\mathrm{j}\omega t}$。

将式 (10.216) 代入式 (10.218) 第三式中，整理得

$$E_{r0} = b_3 S_\theta + b_5 S_r + \frac{c_{11}^{\mathrm{E}}}{\varepsilon_{33}^{\mathrm{S}} c_{11}^{\mathrm{E}} + e_{31} e_{31}} \frac{A_3}{r} \tag{10.219}$$

其中，$b_3 = \dfrac{e_{31} c_{12}^{\mathrm{E}} - e_{31} c_{11}^{\mathrm{E}}}{\varepsilon_{33}^{\mathrm{S}} c_{11}^{\mathrm{E}} + e_{31} e_{31}}$，$b_5 = \dfrac{e_{31} c_{13}^{\mathrm{E}} - e_{33} c_{11}^{\mathrm{E}}}{\varepsilon_{33}^{\mathrm{S}} c_{11}^{\mathrm{E}} + e_{31} e_{31}}$。将式 (10.219) 分别代入式 (10.218) 中的前两式，整理得

$$\begin{cases} T_\theta = b_1 S_\theta + b_2 S_r + b_3 \dfrac{A_3}{r} \\ T_r = b_2 S_\theta + b_4 S_r + b_5 \dfrac{A_3}{r} \end{cases} \tag{10.220}$$

$$b_1 = \frac{\varepsilon_{33}^{\mathrm{S}} c_{11}^{\mathrm{E}} c_{11}^{\mathrm{E}} - \varepsilon_{33}^{\mathrm{S}} c_{12}^{\mathrm{E}} c_{12}^{\mathrm{E}} + 2 e_{31} e_{31} c_{11}^{\mathrm{E}} - 2 e_{31} e_{31} c_{12}^{\mathrm{E}}}{\varepsilon_{33}^{\mathrm{S}} c_{11}^{\mathrm{E}} + e_{31} e_{31}}$$

$$b_2 = \frac{\varepsilon_{33}^{\mathrm{S}} c_{11}^{\mathrm{E}} c_{13}^{\mathrm{E}} - \varepsilon_{33}^{\mathrm{S}} c_{12}^{\mathrm{E}} c_{13}^{\mathrm{E}} + e_{31} e_{33} c_{11}^{\mathrm{E}} - e_{31} e_{33} c_{12}^{\mathrm{E}}}{\varepsilon_{33}^{\mathrm{S}} c_{11}^{\mathrm{E}} + e_{31} e_{31}}$$

$$b_4 = \frac{\varepsilon_{33}^{\mathrm{S}} c_{11}^{\mathrm{E}} c_{33}^{\mathrm{E}} - \varepsilon_{33}^{\mathrm{S}} c_{13}^{\mathrm{E}} c_{13}^{\mathrm{E}} + e_{31} e_{31} c_{33}^{\mathrm{E}} - e_{33} e_{33} c_{11}^{\mathrm{E}}}{\varepsilon_{33}^{\mathrm{S}} c_{11}^{\mathrm{E}} + e_{31} e_{31}}$$

基于上述各式，可得运动方程为

$$\rho \frac{\partial^2 \xi_r}{\partial t^2} = b_4 \left(\frac{\partial^2 \xi_r}{\partial r^2} + \frac{1}{r} \frac{\partial \xi_r}{\partial r} - v^2 \frac{\xi_r}{r^2} - \frac{b_3}{b_4} \frac{A_3}{r^2} \right) \tag{10.221}$$

其中，$v^2 = b_1 / b_4$。将 $\xi_r = \xi_{r0}\mathrm{e}^{\mathrm{j}\omega t}$ 代入式 (10.221)，分离时间变量后可得

$$\frac{\mathrm{d}^2 \xi_{r0}}{\mathrm{d} r^2} + \frac{1}{r} \frac{\partial \xi_{r0}}{\partial r} + \left(k^2 - \frac{v^2}{r^2} \right) \xi_{r0} - b_3' \frac{A_3}{r^2} = 0 \tag{10.222}$$

其中，$b_3' = b_3 / b_4$，$V_3^2 = b_4 / \rho$，$k = \omega / V_3$，k 为薄圆环径向振动等效波数，V_3 为径向振动在薄圆环中的传播速度。解式 (10.222)，得薄圆环径向的位移函数幅值为

$$\xi_{r0} = A_1 \mathrm{J}_v(kr) + A_2 \mathrm{Y}_v(kr) + b_3' A_3 s_{-1,v}(kr) \tag{10.223}$$

其中，$\mathrm{J}_v(x)$、$\mathrm{Y}_v(x)$ 分别为第一类和第二类 v 阶贝塞尔函数；$s_{-1,v}(x)$ 为第一类 Lommel 函数；A_1 和 A_2 为待定常数，由边界条件确定。

3) 电振动特性

至此，我们可以看出，径向极化的压电陶瓷薄圆环的径向振动与径向极化的压

电陶瓷长圆管的径向振动有很多相似之处，现归纳如下。

(1) 简化后的几何方程一致：$S_r = \dfrac{\partial \xi_r}{\partial r}$，$S_\theta = \dfrac{\xi_r}{r}$。

(2) 轴对称径向运动的运动方程一致：$\rho \dfrac{\partial^2 \xi_r}{\partial t^2} = \dfrac{\partial T_r}{\partial r} + \dfrac{T_r - T_\theta}{r}$。

(3) 静电电荷方程一致：$D_r = D_{r0} \mathrm{e}^{\mathrm{j}\omega t}$。

(4) 变换后的压电方程的形式一致：

$$
\begin{cases}
\text{长圆管：} T_\theta = c_1 S_\theta + c_2 S_r + F_1 \dfrac{C_3}{r}, \quad T_r = c_2 S_\theta + c_3 S_r + F_2 \dfrac{C_3}{r} \\[2mm]
\text{薄圆环：} T_\theta = b_1 S_\theta + b_2 S_r + b_3 \dfrac{A_3}{r}, \quad T_r = b_2 S_\theta + b_4 S_r + b_5 \dfrac{A_3}{r}
\end{cases}
$$

(5) 振子径向振动的位移函数幅值形式一致：

$$
\begin{cases}
\text{长圆管：} \xi_{r0} = C_1 \mathrm{J}_\nu(kr) + C_2 \mathrm{Y}_\nu(kr) + c_3' C_3 s_{-1,\nu}(kr) \\[2mm]
\text{薄圆环：} \xi_{r0} = A_1 \mathrm{J}_\nu(kr) + A_2 \mathrm{Y}_\nu(kr) + b_3' A_3 s_{-1,\nu}(kr)
\end{cases}
$$

在基本方程有诸多一致的基础上，径向极化的压电陶瓷长圆管的径向振动和径向极化的压电陶瓷薄圆环的径向振动的推导过程只需通过变量相互转换。需进行替换的变量如表 10.11 所示，上下两行分别为长圆管和薄圆环中可相互替换的量。

表 10.11 压电陶瓷长圆管和薄圆环可相互替换量对应表

长圆管	c_1	c_2	c_3	c_4	c_5	c_3'	C_1	C_2	C_3
薄圆环	b_1	b_2	b_3	b_4	b_5	b_3'	A_1	A_2	A_3

利用薄圆环速度边界条件 $\dfrac{\partial \xi_r}{\partial t}\Big|_{r=a} = v_a$，$\dfrac{\partial \xi_r}{\partial t}\Big|_{r=b} = -v_b$，以及径向电压与径向电场的关系 $V_{r0} = -\displaystyle\int_a^b E_{r0}\mathrm{d}r$，可得出 A_1、A_2、A_3：

$$
A_1 = -\frac{\mathrm{j}\mathrm{Y}_\nu(kb)}{\tau_1 \omega} v_a - \frac{\mathrm{j}\mathrm{Y}_\nu(ka)}{\tau_1 \omega} v_b + \frac{\tau_2}{\tau_1} A_3
$$

$$
A_2 = \frac{\mathrm{j}\mathrm{J}_\nu(kb)}{\tau_1 \omega} v_a + \frac{\mathrm{j}\mathrm{J}_\nu(ka)}{\tau_1 \omega} v_b + \frac{\tau_3}{\tau_1} A_3
$$

$$
A_3 = -\frac{\mathrm{j}ka\chi_a\chi}{\omega} v_a - \frac{\mathrm{j}kb\chi_b\chi}{\omega} v_b - \chi V_{r0}
$$

其中各量与第一节关于压电陶瓷长圆管的参数皆有对应关系，如表 10.12 所示。

表 10.12 长圆管和薄圆环可相互替换量对应表

长圆管	τ_1	τ_2	τ_3	χ	χ_a	χ_b	Δ
薄圆环	Δ_1	Δ_2	Δ_3	t	M_a	M_b	G

只需将长圆管中各量按照表 10.11 及表 10.12 中内容作变换即可。

薄圆环的力边界条件为 $T_a = T_r|_{r=a}$， $T_b = T_r|_{r=b}$，结合弹性力学理论 $F_a = F_r|_{r=a} = -T_a S_a$、$F_b = F_r|_{r=b} = -T_b S_b$ 可得出薄圆环内外两面受力 F_a、F_b，并将两等式两端分别同乘以 $b\chi_b$、$a\chi_a$，整理得

$$\begin{cases} F_a' = \left\{ -\dfrac{n^2}{j\omega C_0} - Z_a \dfrac{jb^2\chi_b^2\left[J_v(kb)Y_{v-1}(ka) - J_{v-1}(ka)Y_v(kb)\right]}{\tau_1} \right. \\ \qquad \left. + \dfrac{j2\pi Lb^2\chi_b^2(b_2 - b_4 v)}{\omega} \right\} v_a' + \left(-\dfrac{n^2}{j\omega C_0} - Z_a \dfrac{jb\chi_a\chi_b}{\pi k\tau_1} \right) v_b' + nV \\ F_b' = \left(-\dfrac{n^2}{j\omega C_0} - Z_b \dfrac{ja\chi_a\chi_b}{\pi k\tau_1} \right) v_a' + \left\{ -\dfrac{n^2}{j\omega C_0} + \dfrac{j2\pi La^2\chi_a^2(b_4 v - b_2)}{\omega} \right. \\ \qquad \left. - Z_b \dfrac{ja^2\chi_a^2\left[J_v(ka)Y_{v-1}(kb) - J_{v-1}(kb)Y_v(ka)\right]}{\tau_1} \right\} v_b' + nV_{r0} \end{cases} \tag{10.224}$$

其中，$Z_a = \dfrac{kb_4 S_a}{\omega} = \rho V_3 S_a$，为薄圆环内辐射面特性阻抗；$Z_b = \dfrac{kb_4 S_b}{\omega} = \rho V_3 S_b$，为薄圆环外辐射面特性阻抗；$F_a' = F_a n_1$，$F_b' = F_b n_2$，$v_a' = \dfrac{v_a}{n_1}$，$v_b' = \dfrac{v_b}{n_2}$，$n_1 = b\chi_b$，$n_2 = \alpha\chi_a$；$n = 2\pi L\chi kab\chi_a\chi_b$，为机电转换系数；$C_0 = 2\pi L\chi$，为静态电容。

薄圆环径向电流为

$$I_r = -\frac{dQ}{dt} = -j\omega \int_{-\frac{L}{2}}^{\frac{L}{2}} \int_0^{2\pi} \frac{A_3}{b} b d\theta dz = -j\omega 2\pi LA_3 \tag{10.225}$$

将 A_3 代入式 (10.225) 并整理得薄圆环径向电流的表达式：

$$I_r = -n(v_a' + v_b') + j\omega C_0 V_{r0} \tag{10.226}$$

综合式 (10.224) 及式 (10.226)，根据电学知识，可以推出径向极化的压电陶瓷薄圆环径向振动的机电等效电路，如图 10.54 所示。

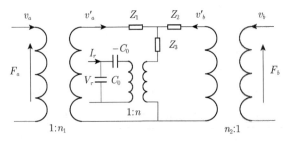

图 10.54　径向极化的压电陶瓷薄圆环径向振动的机电等效电路

图 10.54 中各参数如下：

$$Z_1 = -Z_a \frac{\mathrm{j}b^2 \chi_b^2 [\mathrm{J}_\nu(kb)\mathrm{Y}_{\nu-1}(ka) - \mathrm{J}_{\nu-1}(ka)\mathrm{Y}_\nu(kb)]}{\tau_1} + \frac{\mathrm{j}2\pi Lb^2 \chi_b^2 (b_2 - b_4 \nu)}{\omega} + Z_a \frac{\mathrm{j}b\chi_a\chi_b}{\pi k \tau_1}$$

$$Z_2 = -Z_b \frac{\mathrm{j}a^2 \chi_a^2 [\mathrm{J}_\nu(ka)\mathrm{Y}_{\nu-1}(kb) - \mathrm{J}_{\nu-1}(kb)\mathrm{Y}_\nu(ka)]}{\tau_1} + \frac{\mathrm{j}2\pi La^2 \chi_a^2 (b_4 \nu - b_2)}{\omega} + Z_b \frac{\mathrm{j}a\chi_a\chi_b}{\pi k \tau_1}$$

$$Z_3 = -Z_a \frac{\mathrm{j}b\chi_a\chi_b}{\pi k \tau_1} = -Z_b \frac{\mathrm{j}a\chi_a\chi_b}{\pi k \tau_1}$$

当薄圆环内外表面处于自由状态，即 $F_a = 0$，$F_b = 0$ 时，图 10.54 经过简化得图 10.55，图中，$Z = \dfrac{Z_1 Z_2 + Z_1 Z_3 + Z_2 Z_3}{Z_1 + Z_2}$，为薄圆环机械等效阻抗；$Z_{\mathrm{eq}} = \dfrac{n^2 - \mathrm{j}\omega C_0 Z}{\omega^2 C_0^2 Z}$，为薄圆环等效电阻抗。

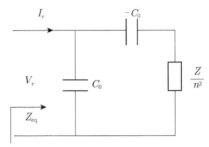

图 10.55 径向极化的压电陶瓷薄圆环径向振动的简化等效电路

图 10.56 表示材料为 PZT-4，几何尺寸为 $a = 0.011\mathrm{m}$、$b = 0.015\mathrm{m}$、$L = 0.005\mathrm{m}$ 的薄圆环的等效阻抗-频率特性曲线，图中纵坐标电阻抗的单位是 Ω，横坐标频率的单位是 kHz。PZT-4 材料参数为标准值。由图可以看出：等效阻抗-频率特性曲线上共振峰很尖锐，其原因是上述理论分析没有考虑材料的阻尼。由于材料阻尼的存在，不仅共振峰的幅度受到抑制，其位置也会有所偏移；当管壁较薄的时候，二次谐频消失。

由图 10.55 可知，当 $Z_{\mathrm{eq}} = 0$ 时，薄圆环处于径向振动的共振状态，其频率方程

$$n^2 - \mathrm{j}\omega C_0 Z = 0 \tag{10.227}$$

当 $Z_{\mathrm{eq}} = \infty$ 时，薄圆环处于径向振动的反共振状态，得其反共振频率方程：

$$\omega^2 C_0^2 Z = 0 \tag{10.228}$$

式 (10.227) 和式 (10.228) 是含非整数阶的贝塞尔函数和 Lommel 函数的复杂超越方程，无法直接得到其解析解，只能由数值法进行求解。方程中含有的相关设计参数有薄圆环振子的材料参数 ν，几何尺寸 a、b、L 和频率 f。频率方程为振动系

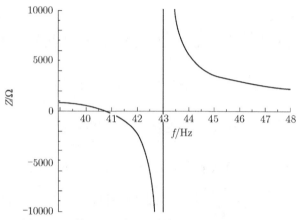

图 10.56   薄圆环径向振动等效阻抗-频率特性曲线

统的设计提供了依据, 对于给定材料, 由几何参数可求得系统的共振频率, 反之亦然。

利用数值方法对不同几何尺寸振子的共振、反共振频率方程进行了求解, 并对所得数据进行拟合, 得到了薄圆环的共振、反共振频率及有效机电耦合系数与其几何尺寸 (半径比) 的关系曲线, 图 10.57、图 10.58 为外半径 $b = 0.025$m 不变, 逐渐变化内半径 a 所得结果, 图中 $\tau = a/b$。由图 10.57 可知: 随着 τ 的增加, 薄圆环振子共振、反共振频率均呈减小趋势, 即当圆环壁较薄时, 薄圆环振子的共振、反共振频率逐渐减小; 共振频率曲线与反共振频率曲线随着半径比的增大呈现出逐渐靠近又逐渐分开的趋势, 在 $0.1 < \tau < 0.2$ 范围内基本吻合, 共振/反共振频率曲线基本吻合, 表明当 $0.1 < \tau < 0.2$ 时, 振子受到激励后产生的振动很微弱, 基本丧失机电转换能力。图 10.58 是薄圆环振子一阶径向振动对应的有效机电耦合系数与半径比的理论关系曲线, 有效机电耦合系数的定义同前文所述。

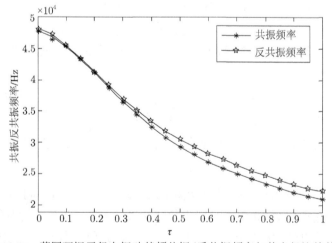

图 10.57   薄圆环振子径向振动基频共振/反共振频率与其半径比的关系

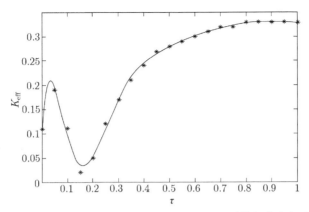

图 10.58　薄圆环振子一阶径向振动的有效机电耦合系数与其半径比的关系

图 10.58 曲线表明，当 $0.1 < \tau < 0.2$ 时，振子机电转换能力几乎消失，与图 10.57 结论一致，且由图可知，当 $\tau = 0.15$ 时，有效机电耦合系数取得最小值；当 $0.15 < \tau < 0.8$ 时，有效机电耦合系数基本呈逐渐增加趋势，当 $0.8 < \tau < 1$ 时，有效机电耦合系数基本趋于稳定，由此说明薄壁振子机电转换能力更强。

4) 数值及实验分析

为了验证上述理论的正确性，我们利用数值法，采用 ANSYS 有限元软件，对材料为 PZT-4 的不同几何尺寸的薄圆环振子建模并进行模态分析。振子几何尺寸、共振/反共振频率的理论计算结果和数值模拟结果见表 10.13，表中 f_c 及 f_{FEM} 分别为振子以及径向振动共振/反共振频率的理论计算结果及数值模拟结果，$\Delta = |f_c - f_{FEM}| / f_c$，为两种结果的相对误差。

表 10.13　薄圆环振子共振/反共振频率的理论计算及数值模拟结果

		a/m	b/m	L/m	f_c/Hz	f_{FEM}/Hz	$\Delta/\%$
1	f_r	0.011	0.015	0.005	40733	40703	0.07
	f_a				43015	42947	0.16
2	f_r	0.01	0.025	0.005	32459	32441	0.06
	f_a				33430	33389	0.12

由表 10.13 可以看出，薄圆环振子径向振动的共振及反共振频率理论计算结果和数值模拟结果误差均不超过 1%，两者符合较好，说明了上述关于径向极化的压电陶瓷薄圆环径向振动的理论推导方法和结论的正确性，同时也说明了薄圆环和长圆管的推导过程是可以相互替换的。

为了对解析分析理论进行验证，设计并加工了两个径向极化的压电陶瓷薄圆环振子，运用二维面扫描激光测振仪 PSV-400 对两振子的振动模态及共振/反共振频率进行了实验测试，结果见表 10.14。

表 10.14　压电陶瓷薄圆环一阶径向振动共振/反共振频率的理论计算及实验结果

	a/m	b/m	L/m	f_c/Hz	f_E/Hz	$\Delta/\%$
f_r	0.011	0.015	0.005	40733	40961	0.57
f_a				43015	43121	0.25

表 10.14 中，f_c 为利用解析理论得出的薄圆环共振/反共振频率计算值，f_E 为薄圆环共振/反共振频率测试值，$\Delta = |f_c - f_E|/f_c$，为两种结果的相对误差。由表 10.14 可以看出，相对误差不超过 1%，两者符合很好，从而进一步验证了本节得出的径向极化的压电陶瓷薄圆环的分析理论。频率测试的误差来源主要有两方面：①实验所用振子的几何尺寸与理论模型所要求的几何尺寸有一定差别；②计算时采用的材料参数与振子的实际情况有误差。

10.3.2　金属弹性长圆管及薄圆环的径向振动研究

1. 金属弹性长圆管径向振动研究

弹性 (一般指金属) 长圆管系复合型压电陶瓷圆管形换能器的一个基本单元。这里从各向同性金属长圆管的基本方程出发，对其径向振动进行研究，得到共振频率方程，推出其等效电路及输入力阻抗，并利用有限元软件进行模态分析，结果表明，理论计算结果与有限元模拟结果吻合很好。

1) 基本方程

图 10.59 所示为一产生径向振动的金属长圆管振子，振子的外半径为 b，内半径为 a，长度为 L。图中 v_a、v_b 分别表示金属长圆管振子内、外辐射面处的径向振动速度，F_a、F_b 分别表示金属长圆管振子内、外辐射面处的径向外力。金属长圆管几何尺寸满足 $L \gg r$，因此，当金属长圆管内、外两侧受到激励时，管中各质点将做轴对称的径向振动，根据弹性力学理论，该研究属于平面应变问题。柱坐标下，径向振动金属长圆管的运动方程为

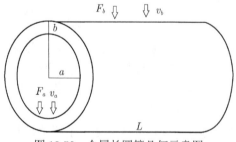

图 10.59　金属长圆管几何示意图

$$\rho \frac{\partial^2 \xi_r}{\partial t^2} = \frac{\partial T_r}{\partial r} + \frac{T_r - T_\theta}{r} \tag{10.229}$$

其中 ρ 为金属材料密度；T_r 及 T_θ 为应力分量。柱坐标中平面应变问题满足的几何方程为

$$\begin{cases} S_r = \dfrac{\partial \xi_r}{\partial r} \\[2mm] S_\theta = \dfrac{\xi_r}{r} + \dfrac{1}{r}\dfrac{\partial \xi_\theta}{\partial \theta} \\[2mm] S_{r\theta} = \dfrac{1}{r}\dfrac{\partial \xi_r}{\partial \theta} + \dfrac{\partial \xi_\theta}{\partial r} - \dfrac{\xi_\theta}{r} \end{cases} \tag{10.230}$$

其中，S_r、S_θ、$S_{r\theta}$ 为振子各应变分量；ξ_r 及 ξ_θ 为振子各位移分量。在平面应变中，金属长圆管在柱坐标下的物理方程可表示为

$$T_r = c_{11} S_r + c_{12} S_\theta \tag{10.231}$$

$$T_\theta = c_{12} S_r + c_{11} S_\theta \tag{10.232}$$

$$T_{r\theta} = \frac{E}{2(1+\nu)} S_{r\theta} \tag{10.233}$$

其中，E 为弹性模量；ν 为泊松比；$c_1 = \dfrac{E}{n_1}$，$n_1 = \dfrac{(1+\nu)(1-2\nu)}{1-\nu}$，$c_{12} = \dfrac{E}{n_2}$，$n_2 = \dfrac{(1+\nu)(1-2\nu)}{\nu}$。

在假设 $L \gg r$ 前提下，可以近似认为 z 方向的正应变满足 $S_z = 0$，因金属长圆管只有径向伸缩应变，其沿半径和周向的正应力满足 $T_r \neq 0$、$T_\theta \neq 0$，而对于切向应力则有：$T_{r\theta} = 0$，$T_{rz} = 0$，$T_{z\theta} = 0$。另外，由于金属长圆管的径向振动是圆对称的，所以有 $\dfrac{\partial \xi_\theta}{\partial \theta} = 0$，综合上述条件，金属长圆管的几何方程和物理方程可简化为

$$S_r = \frac{\partial \xi_r}{\partial r}, \ S_\theta = \frac{\xi_r}{r} \tag{10.234}$$

$$T_r = c_{11} S_r + c_{12} S_\theta \tag{10.235}$$

$$T_\theta = c_{12} S_r + c_{11} S_\theta \tag{10.236}$$

将几何方程和运动方程代入式 (10.229) 中，并忽略时间项可得金属长圆管径向振动的运动方程为

$$\frac{\mathrm{d}^2 \xi_{r0}}{\mathrm{d} r^2} + \frac{1}{r}\frac{\mathrm{d} \xi_{r0}}{\mathrm{d} r} + \left(k^2 - \frac{1}{r^2}\right)\xi_{r0} = 0 \tag{10.237}$$

其中，$k = \dfrac{\omega}{v}$ 为等效波数，这里 $v^2 = \dfrac{c_{11}}{\rho}$，$v$ 为传播速度。解式 (10.237) 可得金属长圆管位移函数：

$$\xi_{r0} = A_1 J_1(kr) + A_2 Y_1(kr) \tag{10.238}$$

其中，$J_1(x)$、$Y_1(x)$ 分别为一阶一类贝塞尔函数和一阶二类贝塞尔函数；A_1、A_2 为待定系数，由边界条件确定。

2) 等效电路

当金属长圆管内外辐射面处于自由状态时，

$$T_a = T_r|_{r=a} = 0 \tag{10.239}$$

$$T_b = T_r|_{r=b} = 0 \tag{10.240}$$

结合式 (10.238)~式 (10.240) 可得到以下方程组：

$$\begin{pmatrix} \dfrac{J_1'(ka)}{n_1} + \dfrac{J_1(ka)}{n_2 a} & \dfrac{Y_1'(ka)}{n_1} + \dfrac{Y_1(ka)}{n_2 a} \\[4mm] \dfrac{J_1'(kb)}{n_1} + \dfrac{J_1(kb)}{n_2 b} & \dfrac{Y_1'(kb)}{n_1} + \dfrac{Y_1(kb)}{n_2 b} \end{pmatrix} \begin{pmatrix} A_1 \\ A_2 \end{pmatrix} = 0 \tag{10.241}$$

式中，A_1、A_2 不全为零，式 (10.241) 成立的条件为系数行列式为零，化简该行列式得

$$J_a Y_b = J_b Y_a \tag{10.242}$$

其中，$J_r = n_2 r J_1'(kr) + n_1 J_1(kr)$，$Y_r = n_2 r Y_1'(kr) + n_1 Y_1(kr)$，这里 $r = a, b$。式 (10.242) 即为金属长圆管径向振动的共振频率方程，可以看出，该式是含有贝塞尔函数的超越方程，应采用数值法进行求解。式 (10.242) 中含有金属长圆管振子的材料参数和几何尺寸，给定金属长圆管的材料参数和几何尺寸可方便求出共振频率；或给定共振频率可求出选定材料金属长圆管的几何尺寸，为该类弹性元件设计提供了依据。

为更加直观地给出金属长圆管振子的共振频率与其材料参数和几何尺寸的关系，图 10.60 给出了金属长圆管共振频率与半径比的关系曲线，其中半径比定义为 $\tau = a/b$。由图 10.60 可以看出，金属长圆管共振频率随着半径比的增大而减小，也就是说，金属长圆管壁越薄，其共振频率也越小；实心圆柱的共振频率大于同一半径、同一长度空心金属长圆管的共振频率。

基于径向振动金属长圆管的振速边界条件：

$$\begin{cases} \dfrac{\partial \xi_r}{\partial t}\bigg|_{r=a} = v_a \\[4mm] \dfrac{\partial \xi_r}{\partial t}\bigg|_{r=b} = -v_b \end{cases} \tag{10.243}$$

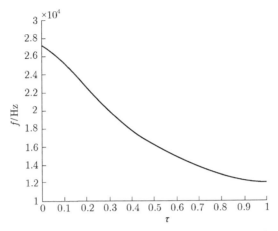

图 10.60 金属长圆管共振频率随半径比的变化曲线

可确定常数 A_1、A_2 的表达式为

$$\begin{cases} A_1 = -\dfrac{\mathrm{j}\mathrm{Y}_1(kb)}{\Delta\omega}v_a - \dfrac{\mathrm{j}\mathrm{Y}_1(ka)}{\Delta\omega}v_b \\[2mm] A_2 = \dfrac{\mathrm{j}\mathrm{J}_1(kb)}{\Delta\omega}v_a + \dfrac{\mathrm{j}\mathrm{J}_1(ka)}{\Delta\omega}v_b \end{cases} \tag{10.244}$$

其中，$\Delta = \mathrm{J}_1(ka)\mathrm{Y}_1(kb) - \mathrm{J}_1(kb)\mathrm{Y}_1(ka)$。金属长圆管径向振动的力学边界条件为

$$\begin{cases} F_a = -S_a T_r\big|_{r=a} \\[1mm] F_b = -S_b T_b\big|_{r=b} \end{cases} \tag{10.245}$$

其中，$S_a = 2\pi aL$，$S_b = 2\pi bL$ 分别为金属长圆管内、外辐射面面积。将应力的具体表达式代入式 (10.245)，并整理得

$$\begin{cases} F_a = -\dfrac{\mathrm{j}Z_{01}}{k}\left[\left(\dfrac{\Delta_1}{\Delta} - \dfrac{n_1}{n_2 a}\right)v_a + \dfrac{2}{\Delta a\pi}v_b\right] \\[3mm] F_b = -\dfrac{\mathrm{j}Z_{02}}{k}\left[\dfrac{2}{\Delta b\pi}v_a + \left(\dfrac{\Delta_2}{\Delta} + \dfrac{n_1}{n_2 b}\right)v_b\right] \end{cases} \tag{10.246}$$

其中，$Z_{01} = \rho S_a v$，$Z_{02} = \rho S_b v$ 分别为金属长圆管内、外辐射面的特性力阻抗。整理式 (10.246) 过程中使用了以下微分函数关系：

$$\mathrm{J}_1'(x) = \mathrm{J}_0(x) - \frac{1}{x}\mathrm{J}_1(x), \quad \mathrm{Y}_1'(x) = \mathrm{Y}_0(x) - \frac{1}{x}\mathrm{Y}_1(x)$$

由式 (10.246) 可以得出如图 10.61 所示的金属长圆管径向振动的机电等效电路。

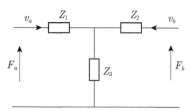

图 10.61　金属长圆管径向振动的等效电路

图中，$Z_1 = -\dfrac{\mathrm{j}Z_{01}}{k}\left(\dfrac{\Delta_1}{\Delta} - \dfrac{n_1}{n_2 a} - \dfrac{2}{\Delta a \pi}\right)$，$Z_2 = -\dfrac{\mathrm{j}Z_{02}}{k}\left(\dfrac{\Delta_2}{\Delta} + \dfrac{n_1}{n_2 b} - \dfrac{2}{\Delta b \pi}\right)$，$Z_3 = -\dfrac{2\mathrm{j}Z_{01}}{\Delta k a \pi} = -\dfrac{2\mathrm{j}Z_{02}}{\Delta k b \pi}$。

2. 金属弹性薄圆环径向振动研究

1) 基本方程

图 10.62 所示为一产生径向振动的金属薄圆环，其内外半径分别为 a、b，厚度为 L，满足 $L \ll r$，图中 v_a 及 v_b 分别为金属薄圆环内、外辐射面处的径向振动速度，F_a 及 F_b 分别为金属薄圆环内、外辐射面处的径向外力。当金属薄圆环内、外两侧受到激励时，金属薄圆环中各质点将做轴对称的径向振动，属于平面应力问题。

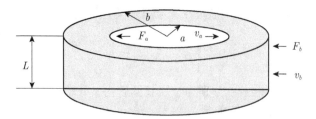

图 10.62　金属薄圆环的几何示意图

柱坐标中平面应力问题满足的几何方程为

$$\begin{cases} S_r = \dfrac{\partial \xi_r}{\partial r} \\[2mm] S_\theta = \dfrac{\xi_r}{r} + \dfrac{1}{r}\dfrac{\partial \xi_\theta}{\partial \theta} \\[2mm] S_{r\theta} = \dfrac{1}{r}\dfrac{\partial \xi_r}{\partial \theta} + \dfrac{\partial \xi_\theta}{\partial r} - \dfrac{\xi_\theta}{r} \end{cases} \tag{10.247}$$

其中，S_r、S_θ、$S_{r\theta}$ 为金属薄圆环振子各应变分量；ξ_r、ξ_θ 为金属薄圆环振子各位移分量。柱坐标下，金属薄圆环振子做径向振动的振动方程为

$$\rho \frac{\partial^2 \xi_r}{\partial t^2} = \frac{\partial T_r}{\partial r} + \frac{T_r - T_\theta}{r} \tag{10.248}$$

其中，ρ 为金属材料的密度；T_r、T_θ 分别为振子的应力分量。

在平面应力中，金属薄圆环在柱坐标中的物理方程可表示为

$$T_r = c'_{11} S_r + c'_{12} S_\theta \tag{10.249}$$

$$T_\theta = c'_{12} S_r + c'_{11} S_\theta \tag{10.250}$$

$$T_{r\theta} = \frac{E}{2(1+\nu)} S_{r\theta} \tag{10.251}$$

其中，E 为弹性模量；ν 为泊松比；$c'_{11} = \dfrac{E}{n'_1}$，$n'_1 = 1 - \nu^2$，$c'_{12} = \dfrac{E}{n'_2}$，$n'_2 = \dfrac{1 - \nu^2}{\nu}$。

在假设 $L \ll r$ 前提下，可以近似认为 z 方向的正应力 $T_z = 0$，因金属薄圆环只有径向伸缩应变，其沿半径和周向的正应力满足 $T_r \neq 0$、$T_\theta \neq 0$，而对于切向应力则有：$T_{r\theta} = 0$，$T_{rz} = 0$，$T_{z\theta} = 0$。另外，由于金属薄圆环的径向振动是圆对称的，所以有 $\dfrac{\partial \xi_\theta}{\partial \theta} = 0$，综合上述条件，金属薄圆环径向振动的几何方程和物理方程可简化为

$$S_r = \frac{\partial \xi_r}{\partial r}, \quad S_\theta = \frac{\xi_r}{r} \tag{10.252}$$

$$T_r = c'_{11} S_r + c'_{12} S_\theta \tag{10.253}$$

$$T_\theta = c'_{12} S_r + c'_{11} S_\theta \tag{10.254}$$

将式 (10.252)～式 (10.254) 代入式 (10.248) 中，可得金属薄圆环的径向振动方程

$$\frac{\mathrm{d}^2 \xi_{r0}}{\mathrm{d} r^2} + \frac{1}{r} \frac{\mathrm{d} \xi_{r0}}{\mathrm{d} r} + \left(k^2 - \frac{1}{r^2} \right) \xi_{r0} = 0 \tag{10.255}$$

其中，$k' = \dfrac{\omega}{v}$，为等效波数，$v'^2 = \dfrac{c'_{11}}{\rho}$，为各向同性金属薄圆环中径向振动的传播速度。解式 (10.255) 可得金属薄圆环径向振动位移函数：

$$\xi_{r0} = B_1 \mathrm{J}_1(kr) + B_2 \mathrm{Y}_1(kr) \tag{10.256}$$

其中，$\mathrm{J}_1(kr)$、$\mathrm{Y}_1(kr)$ 分别为一阶一类贝塞尔函数和一阶二类贝塞尔函数；B_1 及 B_2 为待定系数，由边界条件确定。

2) 等效电路

金属薄圆环内、外辐射面的自由边界条件为

$$T_a = T_r|_{r=a} = 0 \tag{10.257}$$

$$T_b = T_r|_{r=b} = 0 \tag{10.258}$$

结合式 (10.256)~式 (10.258) 可得到方程组：

$$\begin{pmatrix} \dfrac{J_1'(ka)}{n_1'} + \dfrac{J_1(ka)}{n_2'a} & \dfrac{Y_1'(ka)}{n_1'} + \dfrac{Y_1(ka)}{n_2'a} \\ \dfrac{J_1'(ka)}{n_1'} + \dfrac{J_1(kb)}{n_2'b} & \dfrac{Y_1'(kb)}{n_1'} + \dfrac{Y_1(kb)}{n_2'b} \end{pmatrix} \begin{pmatrix} B_1 \\ B_2 \end{pmatrix} = 0 \tag{10.259}$$

由式 (10.259)，B_1 及 B_2 不全为零，因此其成立的条件为系数行列式为零，由此可得

$$J_a'Y_b' = J_b'Y_a' \tag{10.260}$$

其中，$J_r' = n_2'rJ_1'(kr) + n_1'J_1(kr)$，$Y_r' = n_2'rY_1'(kr) + n_1'Y_1(kr)$，这里 $r = a, b$。式 (10.260) 即为金属薄圆环径向振动的共振频率方程，可以看出，该式是含有贝塞尔函数的超越方程，须采用数值法进行求解。式中含有金属薄圆环的材料参数、几何尺寸，给定金属薄圆环的材料参数和几何尺寸可方便地求出共振频率，反之亦然，这为该类弹性元件的设计提供了依据。

为更加直观地表示出金属薄圆环的共振频率与其材料参数和几何尺寸的关系，我们给出金属薄圆环共振频率与半径比的关系曲线，如图 10.63 所示，所用材料为钢，其中半径比定义为 $\tau = \dfrac{a}{b}$。利用金属薄圆环径向振速的边界条件

$$\begin{cases} \left. \dfrac{\partial \xi_r}{\partial t} \right|_{r=a} = v_a \\ \left. \dfrac{\partial \xi_r}{\partial t} \right|_{r=b} = -v_b \end{cases} \tag{10.261}$$

可确定一组常数 B_1、B_2。

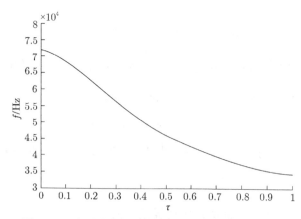

图 10.63　金属薄圆环共振频率随半径比的变化曲线

$$\begin{cases} B_1 = -\dfrac{\mathrm{j}Y_1(kb)}{\Delta\omega}v_a - \dfrac{\mathrm{j}Y_1(ka)}{\Delta\omega}v_b \\ B_2 = \dfrac{\mathrm{j}J_1(kb)}{\Delta\omega}v_a + \dfrac{\mathrm{j}J_1(ka)}{\Delta\omega}v_b \end{cases} \tag{10.262}$$

金属薄圆环径向振动的力边界条件为

$$\begin{cases} F_a = -S_a T_a \\ F_b = -S_b T_b \end{cases} \tag{10.263}$$

其中，$S_a = 2\pi aL$，$S_b = 2\pi bL$，分别为金属薄圆环内、外辐射面面积。整理式 (10.263) 得

$$\begin{cases} F_a = -\dfrac{\mathrm{j}Z_{01}}{k}\left[\left(\dfrac{\Delta_1}{\Delta} - \dfrac{n_1'}{n_2'a}\right)v_a + \dfrac{2}{\Delta a\pi}v_b\right] \\ F_b = -\dfrac{\mathrm{j}Z_{02}}{k}\left[\dfrac{2}{\Delta b\pi}v_a + \left(\dfrac{\Delta_2}{\Delta} + \dfrac{n_1'}{n_2'b}\right)v_b\right] \end{cases} \tag{10.264}$$

其中，Δ_1、Δ_2 的具体表达式与金属长圆管中的相同；$Z_{01} = \rho S_a v$，$Z_{02} = \rho S_b v$，分别为金属薄圆环内、外辐射面处的特性力阻抗。

由式 (10.264) 可以建立如图 10.64 所示等效电路。图中，$Z_1 = \dfrac{\mathrm{j}Z_{01}\left(\dfrac{2}{\Delta a\pi} - \dfrac{\Delta_1}{\Delta} + \dfrac{n_1'}{n_2'a}\right)}{k}$，$Z_2 = \dfrac{\mathrm{j}Z_{02}\left(\dfrac{2}{\Delta b\pi} - \dfrac{\Delta_2}{\Delta} - \dfrac{n_1'}{n_2'b}\right)}{k}$，$Z_3 = -\dfrac{2\mathrm{j}Z_{01}}{\Delta ka\pi} = -\dfrac{2\mathrm{j}Z_{02}}{\Delta kb\pi}$。

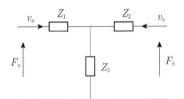

图 10.64　金属薄圆环径向振动的机电等效电路

10.3.3　径向极化的径向夹心式压电陶瓷圆管型换能器

图 10.65 是一个径向极化的径向夹心式压电陶瓷圆管型换能器的几何示意图。该换能器主要由三部分组成，分别是径向极化的压电陶瓷长圆管以及内、外金属圆管。对于此类径向极化的径向夹心式压电陶瓷圆管型换能器，要求换能器的高度远大于其直径。一般情况下，压电陶瓷长圆管的数目为偶数，以确保换能器的内外辐射表面接地，其材料应为大功率发射类材料，如 PZT-4 或 PZT-8。换能器的内、外金属圆管可以采用相同的材料，也可以采用不同的材料。材料的选择主要取决于换能器的声波辐射方向。如果将该换能器用作向外辐射的大面积声波发射器，则外

金属圆管应采用轻金属，如铝合金、钛合金等，而换能器的内金属圆管应采用重金属，如不锈钢、铜等。如果将该换能器用作向内辐射的局域声波发射器，则需要采用相反的措施来设计采用换能器的内、外金属圆管材料。

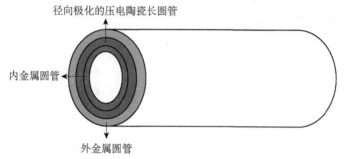

图 10.65　径向极化的径向夹心式压电陶瓷圆管型换能器的几何示意图

基于上面关于径向极化的压电陶瓷长圆管以及金属圆管径向振动的分析理论和等效电路，可以得出图 10.65 所示的径向极化的径向夹心式压电陶瓷圆管型换能器的机电等效电路，如图 10.66 所示。

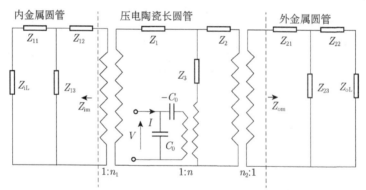

图 10.66　径向极化的径向夹心式压电陶瓷圆管型换能器的机电等效电路

图中 Z_{iL} 和 Z_{oL} 分别是换能器内、外径向辐射面的负载机械阻抗，主要由换能器的工作环境、几何尺寸、共振频率等决定。一般情况下，换能器的负载阻抗是很难决定的，因此，在换能器的实际设计过程中，常常忽略换能器的负载阻抗，即让 Z_{iL} 和 Z_{oL} 等于零，此时换能器等效电路中的机械端是短路的。Z_{11}、Z_{12}、Z_{13} 和 Z_{21}、Z_{22}、Z_{23} 分别是换能器内、外金属圆管等效电路中的机械阻抗，Z_1、Z_2、Z_3 是径向极化的压电陶瓷圆管型换能器等效电路中的机械阻抗。这些阻抗主要由换能器的几何尺寸、材料以及换能器的共振频率决定。由图 10.66 可以得出换能器中内、外金属圆管的输入机械阻抗 Z_{im} 和 Z_{om} 分别为

$$Z_{\text{im}} = Z_{12} + \frac{Z_{11}Z_{13}}{Z_{11} + Z_{13}} \tag{10.265}$$

$$Z_{\text{om}} = Z_{21} + \frac{Z_{22}Z_{23}}{Z_{22} + Z_{23}} \tag{10.266}$$

由此可以得出换能器的机械阻抗 Z_{m} 为

$$Z_{\text{m}} = Z_3 + \frac{(Z_1 + n_1^2 Z_{\text{im}})(Z_2 + n_2^2 Z_{\text{om}})}{Z_1 + Z_2 + n_1^2 Z_{\text{im}} + n_2^2 Z_{\text{om}}} \tag{10.267}$$

换能器的输入电阻抗可进一步表示为

$$Z_{\text{e}} = \frac{V}{I} = \frac{n^2 - \mathrm{j}\omega C_0 Z_{\text{m}}}{\omega^2 C_0^2 Z_{\text{m}}} \tag{10.268}$$

由式 (10.268)，可以得出换能器的共振频率方程

$$n^2 - \mathrm{j}\omega C_0 Z_{\text{m}} = 0 \tag{10.269}$$

反共振频率方程为

$$\omega^2 C_0^2 Z_{\text{m}} = 0 \tag{10.270}$$

利用式 (10.269) 和式 (10.270)，当换能器的材料和几何尺寸给定以后，得出换能器的共振及反共振频率，反之亦然。利用式 (10.268)，可以得出换能器的输入电阻抗-频率曲线，图 10.67 是某一个径向极化的径向夹心式压电陶瓷圆管型换能器的电阻抗-频率曲线，图中横坐标表示频率，纵坐标表示换能器的输入电阻抗。从图中可以看出，在一定的频率范围内，换能器阻抗出现多个最大和最小值，意味着换能器具有多个振动模态，因此，可以工作在不同的频率上，适用于不同的应用领域。

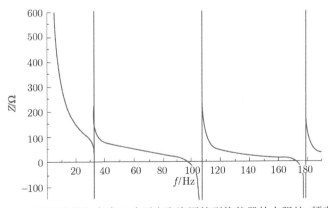

图 10.67　径向极化的径向夹心式压电陶瓷圆管型换能器的电阻抗-频率曲线

10.3.4　径向极化的径向夹心式压电陶瓷圆环型换能器

图 10.68 是一个径向极化的径向夹心式压电陶瓷圆环型换能器的几何示意图。

该换能器也是主要由三部分组成，分别是径向极化的压电陶瓷薄圆环以及内、外金属圆环。对于此类换能器，要求换能器的高度远小于其直径。基于类似于前面有关径向极化的径向夹心式压电陶瓷圆管型换能器部分的分析，可以得出此类换能器的机电等效电路，如图 10.69 所示。

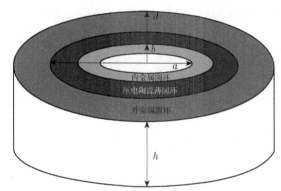

图 10.68　径向极化的径向夹心式压电陶瓷圆环型换能器的几何示意图

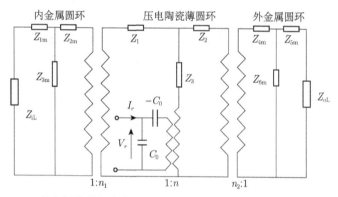

图 10.69　径向极化的径向夹心式压电陶瓷圆环型换能器的机电等效电路

基于上述分析，图 10.69 中各个参数的具体表达式可以和径向极化的径向夹心式压电陶瓷圆管换能器进行类比，只要把有关长圆管的各个参数的表达式换成薄圆环的就可以，在此不再赘述。利用图 10.69，可以得出换能器的共振和反共振频率方程，由此可以得出换能器的共振和反共振频率以及换能器的有效机电耦合系数。图 10.70～图 10.75 是换能器的共振和反共振频率以及换能器的有效机电耦合系数与其几何尺寸的依赖关系。其中 $\tau_1 = \dfrac{b-a}{c-a}$，$\tau_2 = \dfrac{c-b}{d-b}$，这里 a、b、c、d 是换能器各个组成部分的半径。从换能器的几何示意图可以看出，τ_1 是内金属圆环的径向厚度与内金属圆环和压电陶瓷薄圆环的总径向厚度之比，τ_2 是压电陶瓷薄圆环的径向厚度与外金属圆环和压电陶瓷薄圆环的总径向厚度之比。由 τ_1 的定义可知，τ_1 的增大意味着压电陶瓷薄圆环径向厚度的减小；也就是说，压电材料的径向厚度占复合换能器总径向厚度的比例减小。参数 τ_1 对应两种极限情况：当 $\tau_1 = 0$ 时，没有内金属圆环，复合换能器成为压电陶瓷薄圆环和外金属圆环的组合；当 $\tau_1 = 1$ 时，没有压电陶瓷薄圆环，复合换能器变成两个金属圆环的组合。由 τ_2 的定义可知，τ_2 的增加意味着压电陶瓷薄圆环径向厚度的增加；也就是说，增加了压电材料径向厚度在复合换能器总径向厚度中的比例。参数 τ_2 也对应两种极限情况。当 $\tau_2 = 0$ 时，没有压电陶瓷薄圆环，复合换能器就变成了内、外金属圆环的结合。当 $\tau_2 = 1$ 时，没有外金属圆环，复合换能器成为压电陶瓷薄圆环和内金属圆环的组合。换能器中的压电陶瓷材料为 PZT-4，其材料参数为：$\rho_0 = 7.5 \times 10^3 \mathrm{kg/m^3}$，$e_{31} = -5.2\mathrm{N/(m \cdot V)}$，$e_{33} = 15.1\mathrm{N/(m \cdot V)}$，$\varepsilon_{33}^S = 5.62 \times 10^{-9}\mathrm{F/m}$，$c_{11}^E = 1.39 \times 10^{11}\mathrm{N/m^2}$，$c_{12}^E = 7.78 \times 10^{10}\mathrm{N/m^2}$，$c_{13}^E = 7.43 \times 10^{10}\mathrm{N/m^2}$，$c_{33}^E = 1.15 \times 10^{11}\mathrm{N/m^2}$。内、外金属圆环的材料为铝合金，其材料参数为：$\rho = 2700\mathrm{kg/m^3}$，$E = 7.15 \times 10^{10}\mathrm{N/m^2}$，$\nu = 0.34$。

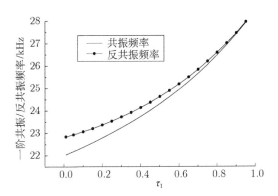

图 10.70　换能器一阶径向振动模态的共振/反共振频率与 τ_1 的关系曲线

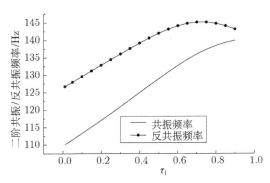

图 10.71　换能器二阶径向振动模态的共振/反共振频率与 τ_1 的关系曲线

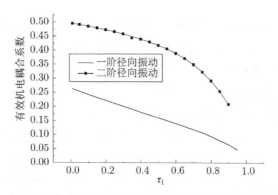

图 10.72 换能器的有效机电耦合系数与 τ_1 的关系曲线

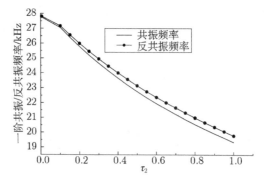

图 10.73 换能器一阶径向振动模态的共振/反共振频率与 τ_2 的关系曲线

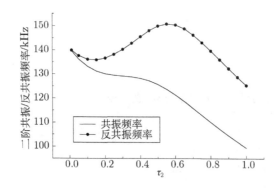

图 10.74 换能器二阶径向振动模态的共振/反共振频率与 τ_2 的关系曲线

由图 10.70 和图 10.71 可以看出，当参数 τ_1 增大时，换能器的共振/反共振频率增大，其原因是金属圆环的弹性刚度大于压电陶瓷薄圆环。复合换能器在一阶和二阶径向振动模式下的有效机电耦合系数与几何尺寸的理论关系如图 10.72 所示。可以看出，当参数 τ_1 增大时，有效机电耦合系数减小，其物理机制是，τ_1 增大意味着

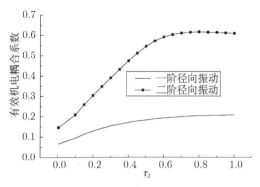

图 10.75 换能器的有效机电耦合系数与 τ_2 的关系曲线

压电陶瓷薄圆环的厚度占复合换能器总厚度的比例减小。另一方面, 可以看出复合换能器在一阶径向振动模式下的有效机电耦合系数小于二阶径向振动模式下的有效机电耦合系数。

由图 10.73 和图 10.74 可以看出, 当参数 τ_2 增大时, 一阶径向振动模态的共振/反共振频率减小, 其原因是当参数 τ_2 增大时, 压电陶瓷薄圆环的厚度占复合换能器总厚度的比例增大, 复合换能器的弹性刚度减小。对于二阶径向振动模式, 共振/反共振频率与几何尺寸的关系变得复杂。当参数 τ_2 增大时, 存在一个最大反共振频率。但总的趋势是一致的, 即随着参数 τ_2 的增加, 频率降低。从图 10.75 可以看出, 当参数 τ_2 增大时, 有效机电耦合系数增大, 且二阶径向振动模态的有效机电耦合系数同样大于一阶径向振动模态的。

10.4 变截面径向夹心式压电陶瓷换能器

在功率超声技术中, 机械量 (如力、位移、振速以及加速度等) 的变换是通过力学变压器来实现的, 也称为超声变幅杆以及超声变幅器等。力学变压器的工作机理是借助于传振器件横截面积的变换来实现力学量的改变。对于传统的纵向振动, 超声变幅杆是最常用的力学变压器, 它可以实现力学量的振幅变换、阻抗变换、结构固定, 以及传振、隔振和防腐等功能。带有超声变幅杆或变幅器的超声振动系统可以实现多种功能, 如能量集中 (如超声焊接、超声加工等高强度超声应用技术)、能量扩散 (如超声清洗、超声液体处理等低强度超声波应用技术) 等。关于带有变幅杆的纵向超声换能器振动系统, 其理论分析基本完善, 应用实例也很多, 在此不再赘述。本节主要对带有力学变压器的径向夹心式压电陶瓷换能器进行分析, 目的在于为此类换能器的工程设计提供必要的基础理论和分析方法。

10.4.1　变厚度金属薄圆环 (径向变幅器) 的径向振动

对于变厚度金属薄圆环的设计和振动分析，通常使用波动方程法、有限元分析法和等效电路法。等效电路法是指通过力电类比原理将力学量类比为电学量从而把振动问题简化。利用传统的波动方程理论研究变厚度环型变幅器，通常需求解变厚度金属薄圆环径向振动的波动方程，比较复杂。传输矩阵 (transfer matrix) 方法是一种用矩阵来描述多输入多输出线性系统的输出与输入之间关系的一种方法，传输矩阵法可以将连续结构分解成一系列微元结构，相邻微元之间通过传输矩阵衔接，从而将复杂问题简单化。基于此，我们提出了用传输矩阵法[24]将任意变厚度金属薄圆环的径向振动近似等效为有限个等厚度薄圆环径向振动叠加的分析方法，得到了任意变厚度金属薄圆环径向振动的机电等效电路、共振频率方程和位移放大系数表达式。同时，作为特例，研究了锥型变厚度、幂函数型变厚度、指数型变厚度、悬链线型变厚度金属薄圆环的共振频率和位移放大系数与几何尺寸的关系，以及不同尺寸下锥型变厚度环型压电换能器径向一阶、二阶共振频率和反共振频率。

1. 变厚度金属薄圆环 (径向变幅器) 径向振动的等效电路

图 10.76 所示是一个变厚度金属薄圆环，其内环半径为 R_b、外环半径为 R_a、内环半径处轴向厚度为 h_b、外环半径处轴向厚度为 h_a，变幅器的厚度变化函数为 $h = f(r)$，$f(r)$ 是一个任意函数，描述了径向变幅器的厚度与其半径之间的变化规律。基于不同的应用，该函数可以是线性函数、三角函数、指数函数、双曲线函数等。假设变厚度环型压电超声换能器的轴向厚度尺寸远小于径向尺寸，忽略其纵向振动所带来的耦合效应，此时环型变幅器做纯径向振动。

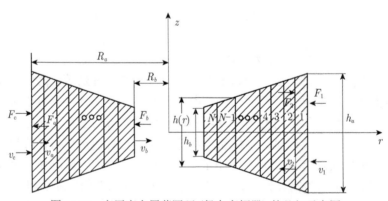

图 10.76　变厚度金属薄圆环 (径向变幅器) 的几何示意图

为了求解任意变厚度金属薄圆环径向振动的等效电路，我们采用传输矩阵法，将变厚度金属薄圆环沿半径方向等分成 N 个径向厚度为 Δr 的薄圆环。当 N 足够大、薄圆环的径向厚度 Δr 的值足够小时，薄圆环可以看作是轴向厚度不变的等厚度薄圆环。此时，变厚度金属薄圆环径向振动的等效电路可以由 N 个等厚度金属薄圆环径向振动的等效电路串联而成。基于前文分析，等厚度金属薄圆环径向振动的等效电路如图 10.77 所示，图中，

$$Z_{11} = \mathrm{j}\frac{2Z_2}{\pi kR_2[\mathrm{J}_1(kR_1)\mathrm{Y}_1(kR_2) - \mathrm{J}_1(kR_2)\mathrm{Y}_1(kR_1)]}$$
$$\times \left[\frac{\mathrm{J}_1(kR_2)\mathrm{Y}_0(kR_1) - \mathrm{J}_0(kR_1)\mathrm{Y}_1(kR_2) - \mathrm{J}_1(kR_1)\mathrm{Y}_0(kR_1) + \mathrm{J}_0(kR_1)\mathrm{Y}_1(kR_1)}{\mathrm{J}_1(kR_1)\mathrm{Y}_0(kR_1) - \mathrm{J}_0(kR_1)\mathrm{Y}_1(kR_1)}\right]$$
$$+ \mathrm{j}\frac{2Z_1(1-\nu)}{\pi(kR_1)^2\left[\mathrm{J}_1(kR_1)\mathrm{Y}_0(kR_1) - \mathrm{J}_0(kR_1)\mathrm{Y}_1(kR_1)\right]} \tag{10.271}$$

$$Z_{12} = \mathrm{j}\frac{2Z_2}{\pi kR_2[\mathrm{J}_1(kR_1)\mathrm{Y}_1(kR_2) - \mathrm{J}_1(kR_2)\mathrm{Y}_1(kR_1)]}$$
$$\times \left[\frac{\mathrm{J}_1(kR_1)\mathrm{Y}_0(kR_2) - \mathrm{J}_0(kR_2)\mathrm{Y}_1(kR_1) - \mathrm{J}_1(kR_2)\mathrm{Y}_0(kR_2) + \mathrm{J}_0(kR_2)\mathrm{Y}_1(kR_2)}{\mathrm{J}_1(kR_2)\mathrm{Y}_0(kR_2) - \mathrm{J}_0(kR_2)\mathrm{Y}_1(kR_2)}\right]$$
$$- \mathrm{j}\frac{2Z_2(1-\nu)}{\pi(kR_2)^2\left[\mathrm{J}_1(kR_2)\mathrm{Y}_0(kR_2) - \mathrm{J}_0(kR_2)\mathrm{Y}_1(kR_2)\right]} \tag{10.272}$$

$$Z_{13} = \mathrm{j}\frac{2Z_2}{\pi kR_2[\mathrm{J}_1(kR_1)\mathrm{Y}_1(kR_2) - \mathrm{J}_1(kR_2)\mathrm{Y}_1(kR_1)]} \tag{10.273}$$

其中，$Z_1 = \rho cS_1$，$Z_2 = \rho cS_2$，$S_1 = 2\pi R_1 h_1$，$S_2 = 2\pi R_2 h_1$，这里 R_1、R_2、h_1 分别是等厚度金属薄圆环的外半径、内半径和轴向厚度，ρ 是金属薄圆环的密度；ν 是金属薄圆环的泊松比；c 是金属薄圆环内的声速；k 是波数；J 是贝塞尔函数，Y 是诺依曼函数。

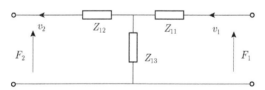

图 10.77 等厚度金属薄圆环径向振动的等效电路图

图 10.77 中，F_1、υ_1 和 F_2、υ_2 分别是金属薄圆环输入端与输出端的径向力和径向振动速度。根据等厚度金属薄圆环径向振动的机械等效电路图和基尔霍夫定律可得

$$\begin{cases} F_1 = (Z_{11} + Z_{13})v_1 - Z_{13}v_2 \\ F_2 = -(Z_{12} + Z_{13})v_2 + Z_{13}v_1 \end{cases} \tag{10.274}$$

将该薄圆环输入端的力学参量 F_1 和径向振动速度 v_1 移到等号左边，其输出端的力学参数 F_2 和径向振动速度 v_2 移到等号右边，式 (10.274) 可以改写为

$$\begin{bmatrix} F_1 \\ v_1 \end{bmatrix} = \boldsymbol{M}_1 \begin{bmatrix} F_2 \\ v_2 \end{bmatrix} \tag{10.275}$$

其中，

$$\boldsymbol{M}_1 = \begin{bmatrix} 1 + \dfrac{Z_{11}}{Z_{13}} & Z_{11} + Z_{12} + \dfrac{Z_{11}Z_{12}}{Z_{13}} \\ \dfrac{1}{Z_{13}} & 1 + \dfrac{Z_{12}}{Z_{13}} \end{bmatrix} \tag{10.276}$$

由于变厚度金属薄圆环内的径向应力 F 和径向振动速度 v 连续，所以相邻第 2 个薄圆环输入端的径向应力和径向振动速度等于第 1 个薄圆环输出端的力学参数 F_2 和径向振动速度 v_2。类比第 1 个薄圆环输入输出端 F 及 v 之间的关系，第 2 个薄圆环输入端参数 F_2 和 v_2 可以由输出端参数 F_3 和 v_3 表示为

$$\begin{bmatrix} F_2 \\ v_2 \end{bmatrix} = \boldsymbol{M}_2 \begin{bmatrix} F_3 \\ v_3 \end{bmatrix} \tag{10.277}$$

进而第 1 个薄圆环输入端的力参数 F_1 和振动速度 v_1 可以由第 2 个薄圆环输出端参数 F_3 和 v_3 表示为

$$\begin{bmatrix} F_1 \\ v_1 \end{bmatrix} = \boldsymbol{M}_1 \boldsymbol{M}_2 \begin{bmatrix} F_3 \\ v_3 \end{bmatrix} \tag{10.278}$$

以此类推，若将变厚度金属薄圆环分成 N 个等厚度微圆环串联，则第 1 个薄圆环输入端参数 F_1、v_1 可以由第 N 个金属薄圆环输出端力参数 F_{N+1} 和振动速度 v_{N+1} 表示为

$$\begin{bmatrix} F_1 \\ v_1 \end{bmatrix} = \boldsymbol{M}_1 \boldsymbol{M}_2 \cdots \boldsymbol{M}_i \cdots \boldsymbol{M}_N \begin{bmatrix} F_{N+1} \\ v_{N+1} \end{bmatrix} \tag{10.279}$$

其中，

$$\boldsymbol{M}_i = \begin{bmatrix} 1 + \dfrac{Z_{i1}}{Z_{i3}} & Z_{i1} + Z_{i2} + \dfrac{Z_{i1}Z_{i2}}{Z_{i3}} \\ \dfrac{1}{Z_{i3}} & 1 + \dfrac{Z_{i2}}{Z_{i3}} \end{bmatrix} \tag{10.280}$$

$$\boldsymbol{M}_1 \boldsymbol{M}_2 \cdots \boldsymbol{M}_i \cdots \boldsymbol{M}_N = \begin{bmatrix} M_{11} & M_{12} \\ M_{21} & M_{22} \end{bmatrix} \tag{10.281}$$

由于 $F_1 = F_a$，$v_1 = v_a$，$F_{N+1} = F_b$，$v_{N+1} = v_b$，则式 (10.279) 可以改写为

$$\begin{bmatrix} F_a \\ v_a \end{bmatrix} = \begin{bmatrix} M_{11} & M_{12} \\ M_{21} & M_{22} \end{bmatrix} \begin{bmatrix} F_b \\ v_b \end{bmatrix} \tag{10.282}$$

将变厚度金属薄圆环内外半径处的力学参量 F_a、F_b 移至等号左边，径向振动速度

v_a、v_b 移动到等号右边，式 (10.282) 可以改写为

$$\begin{cases} F_a = Z_{n11}v_a + Z_{n12}v_b \\ F_b = Z_{n21}v_a + Z_{n22}v_b \end{cases} \tag{10.283}$$

其中，$Z_{n11} = \dfrac{M_{11}}{M_{21}}$，$Z_{n12} = M_{12} - \dfrac{M_{11}M_{22}}{M_{21}}$，$Z_{n21} = \dfrac{1}{M_{21}}$，$Z_{n22} = -\dfrac{M_{22}}{M_{21}}$。

根据电力类比原理以及非互易的二端口等效网络知识，由式 (10.283) 可得到变厚度金属薄圆环径向振动的等效电路图，如图 10.78 所示。

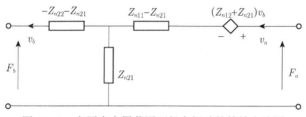

图 10.78 变厚度金属薄圆环径向振动的等效电路图

当变厚度金属薄圆环的径向输出端自由，即 $F_b = 0$ 时，变厚度金属薄圆环径向振动的共振频率方程为

$$Z_{\text{in}} = \frac{Z_{n11}Z_{n22} - Z_{n12}Z_{n21}}{Z_{n22}} = 0 \tag{10.284}$$

此时，变厚度金属薄圆环的位移放大系数为

$$M^* = \left| \frac{1}{M_{22}} \right| \tag{10.285}$$

2. 不同厚度变化规律的金属薄圆环径向振动性能分析

根据任意变厚度金属薄圆环径向振动的等效电路图，可得到其共振频率方程和位移放大系数表达式。选取 $N=100$，使用数值计算软件 MATLAB 根据式 (10.284) 和式 (10.285) 分别计算①锥型金属薄圆环、②幂函数型金属薄圆环、③指数型金属薄圆环和④悬链线型金属薄圆环径向振动的共振频率和位移放大系数。锥型金属薄圆环的厚度随半径以线性函数规律变化，幂函数型金属薄圆环的厚度随半径以幂函数 $h(r) = m/r^n$ 规律变化，指数型金属薄圆环的厚度随半径以指数函数 $h(r) = ae^{-\beta r}$ 规律变化，悬链线型金属薄圆环的厚度随半径以悬链线函数 $h(r) = h_a \cosh\left[\gamma(R_a - r) \right]$ 规律变化。金属薄圆环的尺寸参数是：内环半径 $R_b = 25\text{mm}$，外环半径 $R_a = 50\text{mm}$，外环半径处厚度 $h_a = 10\text{mm}$，内环半径处厚度 h_b 的取值范围为 1~10mm。金属薄圆环的材料为铝，其材料参数为：密度 $\rho = 2700\text{kg/m}^3$，杨氏模量 $E = 70\text{GPa}$，泊

松比 $\nu = 0.33$。为了与理论计算结果进行对比，使用有限元软件 COMSOL6.0 对上述材料尺寸的金属薄圆环进行仿真模拟。4 种变厚度金属薄圆环的一阶、二阶径向共振频率和位移放大系数的理论解和数值解如表 10.15 和表 10.16 所示。表中 f 和 f^* 分别表示变厚度金属薄圆环径向振动共振频率的理论解和数值解，M^* 及 M^{**} 分别表示变厚度金属薄圆环位移放大系数的理论解和数值解，两种解的相对误差为：

$$\Delta_f(\%) = \left| (f - f^*)/f^* \right|, \quad \Delta_{M^*}(\%) = \left| (M^* - M^{**})/M^{**} \right|.$$

表 10.15   变厚度金属薄圆环径向一阶、二阶共振频率

	h_b/mm	h_a/mm	f_{r1}/Hz	f_{r1}^*/Hz	$\Delta_{f_{r1}}$/%	f_{r2}/Hz	f_{r2}^*/Hz	$\Delta_{f_{r2}}$/%
锥型	6	10	21894	21892	0.01	112380	110790	1.44
幂函数型	5	10	21679	21679	0	113330	111720	1.44
指数型	4	10	21401	21399	0.01	112770	111480	1.16
悬链线型	3	10	20968	20957	0.05	109700	108890	0.74

表 10.16   变厚度金属薄圆环径向一阶、二阶共振位移放大系数

	h_b/mm	h_a/mm	M_{r1}^*	M_{r1}^{**}	$\Delta_{M_{r1}^*}$/%	M_{r2}^*	M_{r2}^{**}	$\Delta_{M_{r2}^*}$/%
锥型	6	10	1.1985	1.1987	0.02	1.8304	1.8160	0.79
幂函数型	5	10	1.1997	1.2000	0.02	1.9876	1.9670	1.04
指数型	4	10	1.1992	1.1995	0.02	2.2501	2.2135	1.16
悬链线型	3	10	1.1959	1.1956	0.02	2.8118	2.7359	2.77

　　四种变厚度金属薄圆环的径向一阶、二阶共振频率和位移放大系数随内、外环厚度比 h_a/h_b 的变化曲线如图 10.79 和图 10.80 所示。由图 10.79 可知，四种变厚度金属薄圆环的一阶共振频率随 h_a/h_b 的增大而减小，当内环半径处的厚度 h_b 减小时，金属薄圆环等效半径增大，共振频率减小。二阶共振频率则随着 h_a/h_b 的增大而增大，径向二阶共振频率受金属薄圆环等效质量的影响较大，当内环半径处厚度 h_b 减小时，金属薄圆环等效质量减小，共振频率向高频偏移。另外，四种变厚度金属薄圆环一阶共振频率的数值解几乎都在理论解随 h_a/h_b 的变化曲线上，二阶共振频率的数值解随 h_a/h_b 的变化趋势与理论解一致，且相对误差在 2%以内，这表明传输矩阵法可以用来研究任意变厚度金属薄圆环的径向振动。由于径向二阶的声波波长比一阶小，耦合振动效应较为明显，所以径向二阶共振频率的相对误差大于径向一阶的共振频率。

　　由图 10.80 可知，四种变厚度金属薄圆环一阶共振、二阶共振的位移放大系数随 h_a/h_b 的增大而增大，这表明内环半径处的厚越小，环型聚能器向内聚能的效果越好。整体来看，一阶共振的位移放大系数从大到小依次是锥型、幂函数型、指数型、悬链线型，二阶共振的位移放大系数从大到小依次是悬链线型、指数型、幂函数型、锥型。4 种聚能器的一阶共振位移放大系数较小，在 1.2 左右；二阶共振位移放大系数较大，在 2～4。这表明位移放大系数不仅与厚度随半径的函数变化关系有关，还与工作模态相关。另外，四种聚能器径向一阶、二阶共振位移放大系数的数值解基本与理论解随 h_a/h_b 的变化曲线重合，从而验证了理论解的正确性。

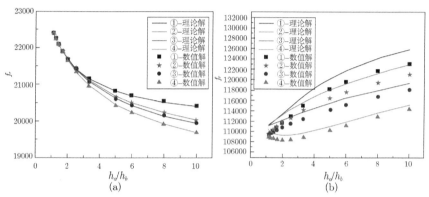

图 10.79　四种变厚度金属薄圆环一阶、二阶径向共振频率与 h_a/h_b 的关系

(扫描封底二维码可见彩图)

(a) 一阶径向振动；(b) 二阶径向振动

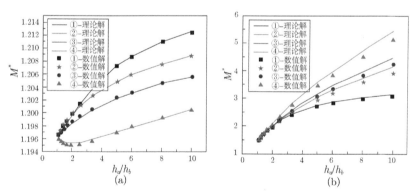

图 10.80　四种变厚度金属薄圆环一阶和二阶径向共振位移放大系数随 h_a/h_b 的变化曲线

(扫描封底二维码可见彩图)

(a) 一阶径向振动；(b) 二阶径向振动

3. N 取值对计算精度的影响

在上面的分析中，我们将径向振动变厚度金属薄圆环近似等效为 N 个等厚度金属薄圆环径向振动的叠加。很显然，N 的取值大小对计算精度影响较大。选取锥型变厚度金属薄圆环的材料为铝，尺寸参数是：内环半径 $R_b = 25\mathrm{mm}$，外环半径

$R_a = 50\text{mm}$，外环半径处厚度 $h_a = 10\text{mm}$，内环半径处厚度 $h_b = 1\text{mm}$。锥型变厚度金属薄圆环的一阶、二阶径向共振频率随 N 的变化趋势如图 10.81 所示，由图 10.81 可知，当 N 大于 50 时，锥型金属薄圆环径向一阶、二阶共振频率趋于稳定，即等厚度金属薄圆环的径向厚度小于 0.5mm 时，共振频率的计算精度满足要求。

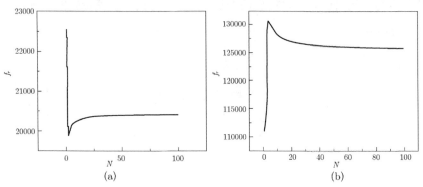

图 10.81　锥型金属薄圆环的一阶、二阶径向共振频率与 N 的关系

(a) 一阶径向共振；(b) 二阶径向共振

10.4.2　变厚度径向夹心式压电陶瓷换能器

与纵向变截面夹心式压电陶瓷换能器相似，径向夹心式压电陶瓷换能器的径向振动也可以通过径向辐射面积的改变实现超声波能量的发散和聚焦辐射。图 10.82 为变厚度径向夹心式压电陶瓷换能器的几何示意图。其主要由三部分组成，分别是变厚度或等厚度的内、外金属圆环和中间的压电陶瓷薄圆环。压电陶瓷薄圆环可以采用厚度极化或者径向极化。内、外金属圆环可以通过其材料以及形状的不同组合，形成向内或者向外的发散和聚焦辐射。关于此类换能器详细的理论分析，完全可以采用前文的方法和步骤，在此不再赘述。

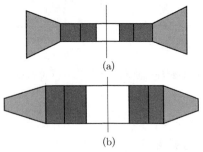

图 10.82　变厚度径向夹心式压电陶瓷换能器的几何示意图

(a) 径向发散型换能器；(b) 径向聚集型换能器

第 11 章　级联式压电陶瓷复合换能器

11.1　概　　述

在功率超声领域，超声波功率及强度是两个至关重要的性能参数，它们与功率超声技术的处理效果、经济性以及业界对功率超声技术的可接受程度密切相关。功率超声换能器振动系统是所有功率超声技术的关键部分，为了产生一定功率和强度的功率超声，就必须对功率超声换能器进行严格的解析分析、数值模拟以及工程设计。目前，在功率超声领域，纵向夹心式压电陶瓷换能器 (又称朗之万换能器) 获得了广泛的应用，原因在于此类换能器的结构简单、机械强度高、机电转换效率较高，以及辐射超声波功率及声波强度可以调节，且易于优化设计等[248-252]。然而，随着功率超声技术在金属冶炼、生物燃料制备、废水处理、油气田开发、中草药提取、食品工业以及机械加工等领域中的广泛应用，对超声功率以及超声波强度提出了更高的要求，因而对传统的纵向夹心式压电陶瓷换能器提出了更苛刻的要求，也暴露了其所存在的一些问题。

纵观目前功率超声换能器的研究及发展现状，为了满足大功率超声处理技术中对于超声波功率和超声波强度的要求，传统的纵向夹心式压电陶瓷换能器存在如下不足之处。①由于换能器压电材料的机械脆性和居里温度以及换能器组成材料的机械强度等限制，传统的单一夹心式纵向振动压电陶瓷换能器，其长期稳定工作的功率容量难以做得很大。尽管可以通过增大换能器中压电陶瓷材料的体积来适当增大换能器的功率容量 (例如增加换能器中压电陶瓷元件的数目以及横向尺寸)，但理论及实验都表明，过多的压电陶瓷元件会影响换能器的整体散热，从而降低换能器的效率。另外，由于功率超声换能器的设计理论要求换能器的横向尺寸不能超过换能器所辐射的声波波长的四分之一，因此换能器中压电陶瓷元件的横向尺寸不能太大，因而限制了此类换能器的声波辐射功率。②为了解决单一换能器的功率限制问题，人们采用了换能器阵列来提高功率超声振动系统的功率容量。例如超声清洗以及液体处理等设备中采用成百上千个相同的纵向夹心式压电陶瓷换能器组成换能器阵列，提高了系统的整体输出功率。然而，由于传统的换能器阵列中换能器在电端采用并联的形式，因此此类换能器阵列只能增大系统的电功率，而不能提高声波辐射的超声波强度。因此，在一些要求高强度声波辐射的超声应用技术中，如超声采油、超声机械加工及处理等，利用换能器组合阵列的思路是不合适的。

为了提高大功率压电陶瓷超声换能器的性能，国内外学者从声学换能材料及换能器的组成结构等方面进行了大量的研究。在换能材料方面，先后研制成功了稀土超磁致伸缩材料、铌镁酸铅-钛酸铅和铌锌酸铅-钛酸铅压电单晶材料以及不同组合形式的压电陶瓷复合材料等[253-260]，并将其应用于水声和超声技术中。但由于此类压电陶瓷材料的高频弛豫吸收以及加工工艺等方面的限制，未能在大功率超声领域获得广泛的应用。除压电陶瓷材料的研究以外，研究人员在大功率超声换能器的组合结构及优化设计方面也做了大量的研究性工作[261-271]。国内外学者曾利用功率合成技术以及振动能量方向转换技术来实现换能器振动系统的大功率输出，但利用的超声振动系统仍是传统的纵向夹心式压电陶瓷换能器，只是在声波的辐射方向以及超声处理设备的结构和形状等方面进行了一些改变，而未能在超声波的产生，即声源本身的研究方面有所突破。

　　另外，为了提高现有的夹心式压电陶瓷换能器的辐射功率，国内外学者提出了一种棒式及管式超声换能器[272-280]，并将其应用于超声清洗处理以及超声中草药提取中。但从其几何设计尺寸和声波辐射特性来看，现有的管式或棒式超声换能器仍然是传统的复合超声振动系统的形式，即由传统的半波长压电换能器和半波长整数倍的棒式或管式辐射器组成，其振动模式基本上仍然属于传统的纵向振动，尽管可以在一定程度上提高系统的辐射功率，但辐射超声波的强度难以提高。

　　为了适应功率超声应用新技术中对超声功率和超声波强度提出的双重高要求，有必要研究新型的功率超声换能器，以克服目前传统的纵向夹心式压电陶瓷换能器所存在的一些突出问题。鉴于此，我们对基于传统的纵向夹心式压电陶瓷换能器以及径向夹心式压电陶瓷换能器的新型大功率超声振动系统进行了一系列的研究。

11.2　纵向级联式压电陶瓷复合换能器

　　为了提高传统的功率超声换能器的功率容量和声波辐射强度，我们提出了一种新型的纵向级联式高强度大功率压电陶瓷复合超声换能器，并对其进行了一系列的理论分析、数值模拟以及实验研究[281-288]。该换能器是由两个或两个以上的纵向夹心式压电陶瓷换能器 (朗之万换能器) 通过电端并联、机械端串联组合而成。换能器的电端并联可以提高复合换能器的输入电功率，而换能器的机械端串联则可以提高换能器振动系统的辐射声波强度，因此，此类级联式换能器振动系统可以同时提高换能器的辐射功率及辐射声强度，对于一些同时要求大的辐射声功率及高声强度的超声应用技术，如超声金属成型、超声采油以及超声加工等应用领域具有重要的理论指导和实际应用价值。

　　相对于传统的纵向夹心式压电陶瓷换能器，级联式纵向复合功率超声换能器是一种新型的大功率超声振动系统。其研究成果相对于传统的超声换能器设计理论是一种改进和创新，对于发展新型的大功率高强度超声换能器、改善现有超声应用技术的作用效果、开发新的超声技术应用领域具有理论指导意义和实际应用价值。可以预见, 纵向级联式压电陶瓷换能器作为超声技术中的大功率发射器, 将在超声化学、超声提取、超声生物降解、超声加工以及超声石油开采等超声处理技术中获得广泛应用。

11.2.1 纵向级联式压电陶瓷换能器的理论基础

图 11.1 为一个纵向级联式压电陶瓷换能器的几何示意图。该换能器是由四个金属圆柱和三组纵向极化的压电陶瓷晶堆组成。三组纵向极化的压电陶瓷晶堆之间以电端并联的形式相连接, 每一组压电陶瓷晶堆中压电陶瓷元件的极化方向是相反的, 且晶堆中压电陶瓷元件的数目为偶数。四个金属圆柱和三组纵向极化的压电陶瓷晶堆之间通过串联的形式相连接。

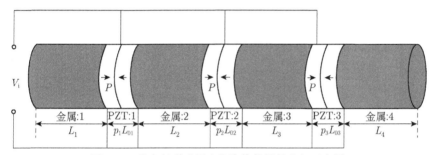

图 11.1 纵向级联式压电陶瓷换能器的几何示意图

在图 11.1 中, 箭头 P 表示压电陶瓷的极化方向, V_i 是级联式压电陶瓷换能器的输入电压。当给压电陶瓷晶堆施加一定频率和一定功率的激励电信号时, 级联式压电陶瓷换能器由于逆压电效应产生纵向振动。L_1、L_2、L_3 和 L_4 分别是四段金属圆柱的长度; 根据换能器的实际应用, 金属材料可选用钢、铝合金、钛合金以及铜等, 金属材料的选择标准包括机械强度、机械损耗、传声特性、耐蚀特性以及性价比等。p_1、p_2、p_3 和 L_{01}、L_{02}、L_{03} 分别是三组压电陶瓷晶堆中压电陶瓷圆环的数目和长度。压电陶瓷材料为大功率发射型材料, 如 PZT-4 或 PZT-8。

对于级联式压电陶瓷换能器, 金属部分可以采用等截面圆柱或变截面金属棒的结构。另外, 为了简化分析, 此类换能器的分析理论几乎都是采用一维分析理论。为了满足一维理论的要求, 换能器的纵向尺寸需要远大于其径向 (横向) 尺寸。一般情况下, 当换能器的径向尺寸小于换能器共振频率对应波长的四分之一时, 采用一维分析理论得出的结果与实验结果之间的误差可以控制在工程允许的范围之内。换能器中的每一个压电陶瓷晶堆都是由多个压电陶瓷圆环组成的, 每个压电陶瓷晶堆中压电陶瓷圆环的数目可以相同, 也可以不同, 但其数目应为偶数, 以保证换能器中的金属部分为低电压端, 或者接地端。在下面的分析中, 我们将基于变截面细棒和压电陶瓷晶堆的一维纵向振动方程, 得出纵向级联式压电陶瓷换能器的振动方程及其机电等效电路,并对其机电特性进行系统的分析。

这里首先介绍作为压电换能器核心和关键的压电陶瓷材料,其次对变截面细棒的一维纵振动和轴向极化的压电陶瓷晶堆进行分析,给出变截面细棒的一维纵振动和轴向极化的压电陶瓷晶堆的状态方程和等效电路。这些内容是后续关于纵向级联式压电陶瓷换能器的机电等效电路和频率方程分析的理论基础和依据。

1. 压电材料

压电材料是压电换能器的核心和关键。早期研究者们应用的压电材料多为压电单晶体,如石英晶体、铌酸锂、罗谢尔盐、磷酸二氢钾等。为了提高压电材料的性能,人工合成了压电多晶体以及压电复合材料。截至目前,应用于压电换能器的压电材料大体可以分为压电单晶、压电多晶体 (压电陶瓷)、压电高分子聚合物、压电半导体和压电复合材料等五类。对于大功率超声换能器,压电陶瓷是级联式压电陶瓷换能器的核心部件,这里将着重对压电材料参数以及压电陶瓷性能特征进行简要介绍,以方便相关人员参考。

1) 介电常数、弹性柔顺常数和压电常数

压电材料的介电常数矩阵为

$$\boldsymbol{\varepsilon} = \begin{bmatrix} \varepsilon_{11} & \varepsilon_{12} & \varepsilon_{13} \\ \varepsilon_{12} & \varepsilon_{22} & \varepsilon_{23} \\ \varepsilon_{13} & \varepsilon_{23} & \varepsilon_{33} \end{bmatrix}$$

压电材料的弹性柔顺常数矩阵为

$$\boldsymbol{s} = \begin{bmatrix} s_{11} & s_{12} & s_{13} & s_{14} & s_{15} & s_{16} \\ s_{21} & s_{22} & s_{23} & s_{24} & s_{25} & s_{26} \\ s_{31} & s_{32} & s_{33} & s_{34} & s_{35} & s_{36} \\ s_{41} & s_{42} & s_{43} & s_{44} & s_{45} & s_{46} \\ s_{51} & s_{52} & s_{53} & s_{54} & s_{55} & s_{56} \\ s_{61} & s_{62} & s_{63} & s_{64} & s_{65} & s_{66} \end{bmatrix}$$

压电材料的压电常数矩阵为

$$\boldsymbol{d} = \begin{bmatrix} d_{11} & d_{12} & d_{13} & d_{14} & d_{15} & d_{16} \\ d_{21} & d_{22} & d_{23} & d_{24} & d_{25} & d_{26} \\ d_{31} & d_{32} & d_{33} & d_{34} & d_{35} & d_{36} \end{bmatrix}$$

对于极化后的压电陶瓷,在垂直于极化轴的平面内各向同性,且具有高度的对称性。因此,介电常数、弹性柔顺常数和压电常数矩阵可进一步简化。

压电陶瓷的弹性柔顺常数矩阵为

$$\boldsymbol{s} = \begin{bmatrix} s_{11} & s_{12} & s_{13} & 0 & 0 & 0 \\ s_{12} & s_{11} & s_{13} & 0 & 0 & 0 \\ s_{13} & s_{13} & s_{33} & 0 & 0 & 0 \\ 0 & 0 & 0 & s_{55} & 0 & 0 \\ 0 & 0 & 0 & 0 & s_{55} & 0 \\ 0 & 0 & 0 & 0 & 0 & 2(s_{11}-s_{12}) \end{bmatrix}$$

压电陶瓷的压电常数矩阵为

$$\boldsymbol{d} = \begin{bmatrix} 0 & 0 & 0 & 0 & d_{15} & 0 \\ 0 & 0 & 0 & d_{15} & 0 & 0 \\ d_{31} & d_{31} & d_{33} & 0 & 0 & 0 \end{bmatrix}$$

压电陶瓷的介电常数矩阵为

$$\boldsymbol{\varepsilon} = \begin{bmatrix} \varepsilon_{11} & 0 & 0 \\ 0 & \varepsilon_{11} & 0 \\ 0 & 0 & \varepsilon_{33} \end{bmatrix}$$

2) 机电耦合系数

机电耦合系数反映了压电材料的机电转换性能, 体现了能量转换耦合的强弱, 是压电材料最重要的性能之一, 它描述了压电材料在能量转换过程中, 机电能量的相互耦合程度。机电耦合系数定义为在理想情况下, 互弹性介电能量密度 U_{m} 除以弹性自能量密度 U_{e} 与介电自能量密度 U_{d} 的几何平均值, 即

$$K = \frac{U_{\mathrm{m}}}{\sqrt{U_{\mathrm{e}}U_{\mathrm{d}}}} \tag{11.1}$$

压电陶瓷的机电耦合系数与材料和振动模式有关, 如纵向机电耦合系数 K_{33}、厚度机电耦合系数 K_{t}、径向机电耦合系数 K_{p}、横向机电耦合系数 K_{31}、厚度剪切机电耦合系数 K_{15}。

有效机电耦合系数是换能器的一个重要的参数, 有效机电耦合系数是对共振时的压电振子所定义的。有效机电耦合系数定义为无损耗、无负载的压电振子在机械共振时储存的机械能与储存的全部能量之比的平方根, 即

$$K_{\mathrm{eff}} = \sqrt{\frac{C_1}{C_0 + C_1}} \tag{11.2}$$

其中, C_1、C_0 分别是压电振子的动态电容和静态 (并联) 钳定电容。若用压电振子的串联共振频率 f_{s} 和并联共振频率 f_{p} 来表示有效机电耦合系数 K_{eff}, 则有

$$K_{\mathrm{eff}} = \sqrt{\dfrac{f_{\mathrm{p}}^2 - f_{\mathrm{s}}^2}{f_{\mathrm{p}}^2}} \tag{11.3}$$

3) 电学品质因数和介电损耗因子

压电材料为电介质，电介质就存在由极化弛豫和漏电引起的损耗。介电损耗的产生会导致压电材料发热，以至于在大功率条件下会损坏换能器或使压电陶瓷材料去极化。所以，在设计换能器的过程中，介电损耗是非常重要的。

由于存在极化弛豫现象，电位移 D 总是落后电场强度 E 一个相位角 δ_{e}，δ_{e} 称为介电损耗角，压电陶瓷材料介电损耗因子 $\tan\delta_{\mathrm{e}}$ 的表达式为

$$\tan\delta_{\mathrm{e}} = \frac{1}{\omega CR} \tag{11.4}$$

电学品质因数 Q_{e} 为介电损耗因子的倒数，其基本定义为单位时间内电路中储存的能量与消耗的能量之比，即

$$Q_{\mathrm{e}} = \frac{1}{\tan\delta_{\mathrm{e}}} = \omega CR \tag{11.5}$$

4) 机械品质因数和机械损耗因子

机械品质因数反映了压电振子谐振时机械损耗的大小，同时也反映了压电振子在振动时克服内摩擦而消耗的能量值，即机械损耗主要是由机械内摩擦引起的。应变 S 总是落后应力 T 一个相位角 δ_{m}，δ_{m} 和 $\tan\delta_{\mathrm{m}}$ 分别称为机械损耗角和机械损耗因子。机械品质因数 Q_{m} 的定义为每周期内单位体积储存的机械能 W_{m} 与损耗的机械能 ΔW_{m} 之比的 2π 倍，即

$$Q_{\mathrm{m}} = 2\pi \frac{W_{\mathrm{m}}}{\Delta W_{\mathrm{m}}} = \frac{1}{\sin\delta_{\mathrm{m}}} \approx \frac{1}{\tan\delta_{\mathrm{m}}} \tag{11.6}$$

可以看出，机械品质因数 Q_{m} 与电学品质因数 Q_{e} 的定义和表达式相似。

2. 压电陶瓷

压电陶瓷的研究始于 20 世纪 50 年代。目前，压电陶瓷材料的种类繁多，但在功率超声领域，应用最广的压电陶瓷材料还是 PZT 类材料，如 PZT-4 和 PZT-8 材料。1955 年，美国贾菲发现了比钛酸钡压电性能优越的 PZT 类压电陶瓷材料，由于其具有良好的压电性能，是当今使用最为广泛的压电材料。未极化的压电陶瓷不具有压电效应，但压电陶瓷经过极化后就成为具有压电效应的压电多晶体，并在垂直于极化方向各向同性。从物理和化学性质来看，压电陶瓷能够施加或承受很大的压应力，潮湿和其他的大气条件并不影响压电陶瓷的性能。压电陶瓷的工艺制作过程方便，根据需求可以制作成不同的形状和尺寸，并且可以选择任意的方向作为压电陶瓷的极化方向。所以，压电陶瓷相比于其他压电单晶材料具有更好的实用性。

压电陶瓷之所以能够被广泛地应用，还有另一个原因，就是压电陶瓷的性能可以通过改变其中的化学组分或者添加杂质来改变其各方面的性能，如发射和接收型换能材料。下面对功率超声技术中广泛应用的 PZT 类压电陶瓷做简要的介绍。

PZT-4 通常用于发射型换能器，主要应用于超声换能器、高压发生器和声呐辐射器，其突出的特点为良好的高激励特性和高的机电耦合系数；PZT-5A 和 PZT-5H 通常用于接收型换能器，主要应用于水听器、检测换能器和扬声器元件，其突出的特点为高的机电耦合系数、高的介电常数和小的老化程度；PZT-6A 和 PZT-6B 主要应用于电滤波器，其突出的特点为良好的温度稳定性和小的老化程度；PZT-7A 主要应用于延迟线换能器和切变模换能器，其突出的特点为小的介电常数和老化程度；PZT-8 主要应用于声呐辐射器和超声换能器，其突出的特点为突出的高激励特性，与 PZT-4 相比，PZT-8 的机械损耗和介电损耗更低，介电常数、机电耦合系数和压电常数也稍微低些，故 PZT-8 更适用于高机械振幅压电陶瓷换能器。

11.2.2 变截面弹性细棒的一维纵振动方程及等效电路

考虑一个由均匀、各向同性的材料组成的变截面弹性细棒，在不考虑材料机械损耗的情况下，假设一维平面波沿棒的轴向传播，即在变截面细棒的横截面上的应力均匀分布，细棒轴线上的一维坐标可用来表示细棒中任意横截面上的位移。此时细棒横截面上的各个质点做等幅、同相的振动。图 11.2 是变截面细棒的几何示意图。

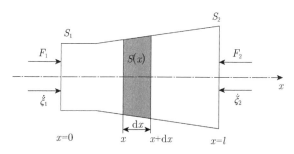

图 11.2 变截面细棒的几何示意图

在图 11.2 中，变截面细棒的横向尺寸远小于波长，坐标轴为变截面细棒的对称轴，$S = S(x)$ 为变截面细棒的截面积函数，$\xi = \xi(x)$ 是细棒中的纵向位移函数，$\sigma = \sigma(x)$ 是应力函数，S_1 及 S_2 分别是变截面细棒两端的横截面积，l 是棒的长度。取厚度为 dx 的小体元，作用在该小体元两侧面上的作用力为

$$F(x + dx) = (S\sigma)\big|_{x+dx} \approx (S\sigma)\big|_x + \frac{\partial(S\sigma)}{\partial x}dx \tag{11.7}$$

故作用在微元 $\mathrm{d}x$ 的小体元上的净合力为 $\left[\partial(S\sigma)\big/\partial x\right]\mathrm{d}x$。根据牛顿第二定律,可以得到变截面细棒的动力学方程为

$$\frac{\partial(S\sigma)}{\partial x}\mathrm{d}x = \rho S\mathrm{d}x\frac{\partial^2\xi}{\partial t^2} \tag{11.8}$$

其中,ρ 为材料的体密度。将式 (11.8) 进行化简,得到

$$\sigma\frac{\partial S}{\partial x} + S\frac{\partial\sigma}{\partial x} = \rho S\frac{\partial^2\xi}{\partial t^2} \tag{11.9}$$

其中,$\sigma = \sigma(x) = E\dfrac{\partial\xi}{\partial x}$ 为应力,这里 E 为材料的弹性模量。在简谐振动的情况下,有

$$\xi(x,t) = \xi(x)\mathrm{e}^{\mathrm{j}\omega t}, \quad \frac{\partial^2\xi}{\partial t^2} = -\omega^2\xi \tag{11.10}$$

其中,ω 为振动的圆频率。由式 (11.8) 可以得出变截面细棒一维纵向振动的波动方程

$$\frac{\partial^2\xi}{\partial x^2} + \frac{1}{S}\cdot\frac{\partial S}{\partial x}\cdot\frac{\partial\xi}{\partial x} + k^2\xi = 0 \tag{11.11}$$

式中,$k = \omega/c$ 为波数,这里 $c = \sqrt{E/\rho}$ 为变截面细棒中一维振动的传播速度。令 $\xi = \dfrac{y}{\sqrt{S}}$,有

$$\frac{\partial\xi}{\partial x} = \frac{1}{\sqrt{S}}\cdot\frac{\partial y}{\partial x} - \frac{y}{S}\cdot\frac{\partial\sqrt{S}}{\partial x} \tag{11.12}$$

$$\begin{aligned}
\frac{\partial^2\xi}{\partial x^2} &= \frac{\partial}{\partial x}\left(\frac{1}{\sqrt{S}}\cdot\frac{\partial y}{\partial x} - \frac{y}{S}\cdot\frac{\partial\sqrt{S}}{\partial x}\right) \\
&= \left(\frac{1}{\sqrt{S}}\cdot\frac{\partial^2 y}{\partial x^2} - \frac{1}{S}\cdot\frac{\partial y}{\partial x}\cdot\frac{\partial\sqrt{S}}{\partial x}\right) \\
&\quad - \left[\frac{1}{S^2}\cdot\frac{\partial\sqrt{S}}{\partial x}\left(S\cdot\frac{\partial y}{\partial x} - y\cdot 2\sqrt{S}\cdot\frac{\partial\sqrt{S}}{\partial x}\right) + \frac{y}{S}\cdot\frac{\partial^2\sqrt{S}}{\partial x^2}\right] \\
&= \frac{1}{\sqrt{S}}\cdot\frac{\partial^2 y}{\partial x^2} - \frac{2}{S}\cdot\frac{\partial y}{\partial x}\cdot\frac{\partial\sqrt{S}}{\partial x} + \left(\frac{\partial\sqrt{S}}{\partial x}\right)^2\cdot\frac{2y}{S\sqrt{S}} + \frac{y}{S}\cdot\frac{\partial^2\sqrt{S}}{\partial x^2}
\end{aligned} \tag{11.13}$$

$$\frac{1}{S}\cdot\frac{\partial S}{\partial x}\cdot\frac{\partial\xi}{\partial x} = \frac{1}{S}\cdot 2\sqrt{S}\cdot\left(\frac{1}{\sqrt{S}}\cdot\frac{\partial y}{\partial x} - \frac{y}{S}\cdot\frac{\partial\sqrt{S}}{\partial x}\right) = \frac{2}{S}\cdot\frac{\partial y}{\partial x}\cdot\frac{\partial\sqrt{S}}{\partial x} - \frac{2y}{S\sqrt{S}}\left(\frac{\partial\sqrt{S}}{\partial x}\right)^2 \tag{11.14}$$

将式 (11.12)~式 (11.14) 代入式 (11.11) 中,可以得到

$$\frac{1}{\sqrt{S}} \cdot \frac{\partial^2 y}{\partial x^2} - \frac{y}{S} \cdot \frac{\partial^2 \sqrt{S}}{\partial x^2} + k^2 \frac{y}{S} = 0 \tag{11.15}$$

令 $K^2 = k^2 - \frac{1}{\sqrt{S}} \cdot \frac{\partial^2 \sqrt{S}}{\partial x^2}$，可将式 (11.11) 简化为

$$\frac{\partial^2 y}{\partial x^2} + K^2 y = 0 \tag{11.16}$$

当 K^2 为正数时，式 (11.16) 存在简谐解，即

$$\xi = \frac{1}{\sqrt{S}} (A \sin Kx + B \cos Kx) \tag{11.17}$$

其中，A、B 为常数。令 $\tau = \frac{1}{\sqrt{S}} \cdot \frac{\partial^2 \left(\sqrt{S} \right)}{\partial x^2}$，则 K^2 为正常数的条件为 $\tau \leqslant k^2$。对于变截面细棒，存在三种情况，分别为 $\tau < 0$，$\tau = 0$，$\tau > 0$。

当 $\tau < 0$ 时，$\sqrt{S} = C \sin \sqrt{-\tau} x + D \cos \sqrt{-\tau} x$，此时为三角函数型变截面细棒。

当 $\tau = 0$ 时，$\sqrt{S} = Cx + D$，此时为锥型变截面细棒。特别地，当 $C = 0$ 时，为等截面细棒。

当 $\tau > 0$ 时，$\sqrt{S} = C \sinh \sqrt{\tau} x + D \cosh \sqrt{\tau} x$。当 $C = 0$ 时，为悬链线型超声变幅杆；当 $C = D$ 或 $C = -D$ 时，为指数型变截面杆。根据图 11.2，$\dot{\xi}_1$ 及 $\dot{\xi}_2$ 分别是变截面细棒两端的振速，由式 (11.17) 可得振速边界条件的表达式

$$\dot{\xi}_1 = \dot{\xi}\Big|_{x=0} = j\omega \frac{B}{\sqrt{S_1}} \tag{11.18}$$

$$\dot{\xi}_2 = -\dot{\xi}\Big|_{x=l} = -\frac{j\omega}{\sqrt{S_2}} \left(A \sin Kl + B \cos Kl \right) \tag{11.19}$$

由式 (11.18) 和式 (11.19) 可确定常数 A 和 B：

$$A = -\frac{\dot{\xi}_2 \sqrt{S_2} + \dot{\xi}_1 \sqrt{S_1} \cos Kl}{j\omega \sin Kl}, \quad B = \frac{\sqrt{S_1}}{j\omega} \dot{\xi}_1 \tag{11.20}$$

基于棒两端的力边界条件，即 $F_1 = -F\big|_{x=0}$，$F_2 = -F\big|_{x=l}$，整理可得

$$F_1 = \frac{\rho c}{2jk} \left(\frac{\partial S}{\partial x} \right)_{x=0} \dot{\xi}_1 + \frac{\rho c K S_1}{jk} \cot Kl \cdot \dot{\xi}_1 + \frac{\rho c K \sqrt{S_1 S_2}}{jk \sin Kl} \dot{\xi}_2 \tag{11.21}$$

$$F_2 = -\frac{\rho c}{2jk} \left(\frac{\partial S}{\partial x} \right)_{x=l} \dot{\xi}_2 + \frac{\rho c K S_2}{jk} \cot Kl \cdot \dot{\xi}_2 + \frac{\rho c K \sqrt{S_1 S_2}}{jk \sin Kl} \dot{\xi}_1 \tag{11.22}$$

由此可得到变截面细棒一维纵向振动的等效电路图，如图 11.3 所示。

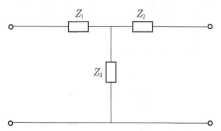

图 11.3　变截面细棒一维纵向振动的等效电路图

在图 11.3 中，Z_1、Z_2、Z_3 是任意变截面细棒一维纵向振动等效电路中的串并联阻抗，其具体表达式为

$$Z_1 = \frac{\rho c}{2\mathrm{j}k}\left(\frac{\partial S}{\partial x}\right)_{x=0} + \frac{\rho c K S_1}{\mathrm{j}k}\cot Kl - \frac{\rho c K\sqrt{S_1 S_2}}{\mathrm{j}k\sin Kl} \tag{11.23}$$

$$Z_2 = -\frac{\rho c}{2\mathrm{j}k}\left(\frac{\partial S}{\partial x}\right)_{x=l} + \frac{\rho c K S_2}{\mathrm{j}k}\cot Kl - \frac{\rho c K\sqrt{S_1 S_2}}{\mathrm{j}k\sin Kl} \tag{11.24}$$

$$Z_3 = \frac{\rho c K\sqrt{S_1 S_2}}{\mathrm{j}k\sin Kl} \tag{11.25}$$

对于不同截面函数变截面棒，机械等效电路形式相同，但机械等效电路中的等效阻抗的表达式有所不同。所以，我们推导了最常用的两种变截面细棒 (圆锥型变截面细棒和圆柱型等截面细棒) 的机械等效阻抗。

(1) 圆锥型变截面细棒。

圆锥型变截面细棒如图 11.4 所示，x 轴为对称轴，设该圆锥型变截面细棒的截面变化规律为 $S = S_1(1-\alpha x)^2$，则有

$$\frac{\partial S}{\partial x} = -2S_1\alpha(1-\alpha x) \tag{11.26}$$

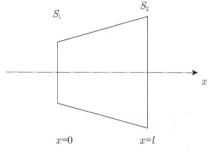

图 11.4　圆锥型变截面细棒示意图

$$\left(\frac{\partial S}{\partial x}\right)_{x=0} = -2S_1\alpha, \quad \left(\frac{\partial S}{\partial x}\right)_{x=l} = -2S_1\alpha(1-\alpha l) \tag{11.27}$$

$$\frac{\partial \sqrt{S}}{\partial x} = -\alpha\sqrt{S_1} \tag{11.28}$$

由于 $S_2 = S_1(1-\alpha l)^2$，故

$$\alpha = \frac{1}{l}\left(1 - \sqrt{\frac{S_2}{S_1}}\right) \tag{11.29}$$

由于 α 为常数，所以 $\frac{\partial^2 \sqrt{S}}{\partial x^2} = 0$，$K = \sqrt{k^2 - \frac{1}{\sqrt{S}}\cdot\frac{\partial^2 \sqrt{S}}{\partial x^2}} = k$。将式 (11.29) 代入式 (11.27) 中，可得

$$\left(\frac{\partial S}{\partial x}\right)_{x=0} = \frac{2S_1}{l}\left(\sqrt{\frac{S_2}{S_1}} - 1\right), \quad \left(\frac{\partial S}{\partial x}\right)_{x=l} = \frac{2S_2}{l}\left(1 - \sqrt{\frac{S_1}{S_2}}\right) \tag{11.30}$$

所以，将式 (11.30) 代入式 (11.23)～式 (11.25) 中，可以得到圆锥型变截面细棒的等效串并联阻抗为

$$Z_1 = -\frac{\mathrm{j}\rho c S_1}{kl}\left(\sqrt{\frac{S_2}{S_1}} - 1\right) - \mathrm{j}\rho c S_1 \cot kl + \frac{\mathrm{j}\rho c\sqrt{S_1 S_2}}{\sin kl} \tag{11.31}$$

$$Z_2 = -\frac{\mathrm{j}\rho c S_2}{kl}\left(\sqrt{\frac{S_1}{S_2}} - 1\right) - \mathrm{j}\rho c S_2 \cot kl + \frac{\mathrm{j}\rho c\sqrt{S_1 S_2}}{\sin kl} \tag{11.32}$$

$$Z_3 = \frac{\mathrm{j}\rho c\sqrt{S_1 S_2}}{\sin kl} \tag{11.33}$$

(2) 圆柱型等截面细棒。

圆柱型等截面细棒如图 11.5 所示，其中 x 轴为对称轴，令 $S_1 = S_2 = S$，则有

$$\left(\frac{\partial S}{\partial x}\right)_{x=0} = \left(\frac{\partial S}{\partial x}\right)_{x=l} = 0, \quad K = k \tag{11.34}$$

将式 (11.34) 代入式 (11.23)～式 (11.25) 中，可以得到圆柱型等截面细棒的串并联阻抗，其具体表达式为

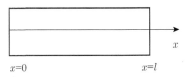

图 11.5 圆柱型等截面细棒示意图

$$Z_1 = Z_2 = \mathrm{j}\rho cS \tan\frac{kl}{2} \tag{11.35}$$

$$Z_3 = \frac{\rho cS}{\mathrm{j}\sin kl} \tag{11.36}$$

11.2.3　压电陶瓷晶堆的纵向振动及等效电路

压电陶瓷晶堆是由多个带孔的轴向极化压电陶瓷圆片叠加而成，倘若其圆孔很小，可以将其近似为实心圆片。当压电陶瓷晶堆中圆片的厚度远小于波长 λ 时，可以将其近似等价为沿轴向极化的压电陶瓷细长棒，如图 11.6 所示。由于仅在轴向 (z 轴) 有应力波，所以 $T_3 \neq 0$，$T_1 = T_2 = T_4 = T_5 = T_6 = 0$；由于沿轴向施加电场，有 $E_3 \neq 0$，$E_1 = E_2 = 0$。在图 11.6 中，l 是压电陶瓷细长棒的长度，V 是加在压电陶瓷细长棒两端电压，P 代表压电陶瓷细长棒的极化方向。

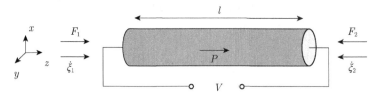

图 11.6　纵向极化压电陶瓷细长棒的几何示意图

由于压电材料为绝缘介质，空间自由电荷为零，因此电位移矢量是均匀分布的且只有一个不为零的分量 D_3，存在 $\dfrac{\partial D_3}{\partial z} = 0$。基于以上条件，其 g 型压电方程为

$$\begin{bmatrix} \boldsymbol{S} \\ \boldsymbol{E} \end{bmatrix} = \begin{bmatrix} \boldsymbol{s}_\mathrm{D} & \boldsymbol{g}^\mathrm{T} \\ \boldsymbol{g} & \boldsymbol{\beta}_\mathrm{T} \end{bmatrix} \begin{bmatrix} \boldsymbol{T} \\ \boldsymbol{D} \end{bmatrix} \tag{11.37}$$

其中，$\boldsymbol{S} = [S_1 \;\; S_2 \;\; S_3 \;\; 0 \;\; 0 \;\; 0]^\mathrm{T}$，$\boldsymbol{T} = [0 \;\; 0 \;\; T_3 \;\; 0 \;\; 0 \;\; 0]^\mathrm{T}$，$\boldsymbol{E} = [0 \;\; 0 \;\; E_3]^\mathrm{T}$，

$\boldsymbol{D} = [0 \;\; 0 \;\; D_3]^\mathrm{T}$，$\boldsymbol{g} = \begin{bmatrix} 0 & 0 & 0 & 0 & g_{15} & 0 \\ 0 & 0 & 0 & g_{15} & 0 & 0 \\ g_{31} & g_{31} & g_{33} & 0 & 0 & 0 \end{bmatrix}$，$\boldsymbol{\beta}_\mathrm{T} = \begin{bmatrix} \beta_{11}^\mathrm{T} & 0 & 0 \\ 0 & \beta_{11}^\mathrm{T} & 0 \\ 0 & 0 & \beta_{33}^\mathrm{T} \end{bmatrix}$，

$\boldsymbol{s}_\mathrm{D} = \begin{bmatrix} s_{11}^\mathrm{D} & s_{12}^\mathrm{D} & s_{13}^\mathrm{D} & 0 & 0 & 0 \\ s_{12}^\mathrm{D} & s_{11}^\mathrm{D} & s_{13}^\mathrm{D} & 0 & 0 & 0 \\ s_{13}^\mathrm{D} & s_{13}^\mathrm{D} & s_{33}^\mathrm{D} & 0 & 0 & 0 \\ 0 & 0 & 0 & s_{44}^\mathrm{D} & 0 & 0 \\ 0 & 0 & 0 & 0 & s_{44}^\mathrm{D} & 0 \\ 0 & 0 & 0 & 0 & 0 & 2(s_{11}^\mathrm{D} - s_{12}^\mathrm{D}) \end{bmatrix}$。将式 (11.37) 进行简化，可得压电方程为

$$S_3 = s_{33}^{\mathrm{D}} T_3 + g_{33} D_3 \tag{11.38}$$

$$E_3 = \beta_{33}^{\mathrm{T}} D_3 - g_{33} T_3 \tag{11.39}$$

根据牛顿第二定律，z 轴方向的方程为

$$\rho \frac{\partial^2 \xi}{\partial t^2} \partial z = (T_3 + \partial T_3) - T_3 = \partial T_3 = \partial \left(\frac{1}{s_{33}^{\mathrm{D}}} \cdot \frac{\partial \xi}{\partial z} \right) \tag{11.40}$$

$$\frac{\partial^2 \xi}{\partial t^2} = \frac{1}{\rho s_{33}^{\mathrm{D}}} \cdot \frac{\partial^2 \xi}{\partial z^2} \tag{11.41}$$

式中，s_{33}^{D} 为恒 D 情况下的弹性柔顺系数。令 $c = \sqrt{1/(\rho s_{33}^{\mathrm{D}})}$，$c$ 为一维纵向振动在压电陶瓷细长棒中的纵波波速，可得压电陶瓷细长棒的纵振动运动方程为

$$\frac{\partial^2 \xi}{\partial t^2} = \frac{c^2 \partial^2 \xi}{\partial z^2} \tag{11.42}$$

对于简谐振动，式 (11.42) 可以改写为

$$\frac{\partial^2 \xi}{\partial t^2} - \frac{c^2 \partial^2 \xi}{\partial z^2} = -\omega^2 \xi - \frac{c^2 \partial^2 \xi}{\partial z^2} = \omega^2 \xi + \frac{c^2 \partial^2 \xi}{\partial z^2} = \frac{\partial^2 \xi}{\partial z^2} + \frac{\omega^2}{c^2} \xi = 0 \tag{11.43}$$

令 $k = \omega/c$，k 为波数，则运动方程为

$$\frac{\partial^2 \xi}{\partial z^2} + k^2 \xi = 0 \tag{11.44}$$

运动方程的解为

$$\xi = \left(A \sin kz + B \cos kz \right) \mathrm{e}^{\mathrm{j}\omega t} \tag{11.45}$$

其中，A 和 B 是待定常数，可由边界条件 $\xi\big|_{z=0} = \xi_1$ 和 $\xi\big|_{z=l} = -\xi_2$ 决定，

$$B\mathrm{e}^{\mathrm{j}\omega t} = \xi_1 \tag{11.46}$$

$$-(A \sin kl + B \cos kl)\mathrm{e}^{\mathrm{j}\omega t} = \xi_2 \tag{11.47}$$

联立式 (11.46) 和式 (11.47)，可确定常数 A 和 B 为

$$A = -\frac{\xi_1 \cos kl + \xi_2}{\sin kl} \mathrm{e}^{-\mathrm{j}\omega t}, \quad B = \xi_1 \mathrm{e}^{-\mathrm{j}\omega t} \tag{11.48}$$

将式 (11.48) 代入式 (11.45) 中，可得压电陶瓷圆片中的位移分布为

$$\xi = \frac{\xi_1 \sin k(l-z) - \xi_2 \sin kz}{\sin kl} \tag{11.49}$$

将式 (11.38) 中的 T_3 用 S_3 及 D_3 表示，有

$$T_3 = \frac{1}{s_{33}^{\mathrm{D}}} S_3 - \frac{g_{33}}{s_{33}^{\mathrm{D}}} D_3 = \frac{1}{s_{33}^{\mathrm{D}}} \frac{\partial \xi}{\partial z} - \frac{g_{33}}{s_{33}^{\mathrm{D}}} D_3$$

$$= -\frac{1}{s_{33}^{D}}\frac{\xi_1 k\cos\left(kl-kz\right)+\xi_2 k\cos kz}{\sin kl}-\frac{g_{33}}{s_{33}^{D}}D_3 \tag{11.50}$$

将 T_3 代入式 (11.39) 中，用 S_3、D_3 来表示 E_3，有

$$E_3 = \beta_{33}^{T}D_3 - g_{33}\left(\frac{1}{s_{33}^{D}}S_3 - \frac{g_{33}}{s_{33}^{D}}D_3\right) = \beta_{33}^{T}\left(1+\frac{g_{33}^2}{\beta_{33}^{T}s_{33}^{D}}\right)D_3 - \frac{g_{33}}{s_{33}^{D}}S_3 \tag{11.51}$$

令 $\overline{\beta}_{33} = \beta_{33}^{T}\left(1+\dfrac{g_{33}^2}{\beta_{33}^{T}s_{33}^{D}}\right)$，即

$$E_3 = \overline{\beta}_{33}D_3 - \frac{g_{33}}{s_{33}^{D}}S_3 \tag{11.52}$$

根据电边界条件，有

$$\begin{aligned}
V &= \int_0^l E_3\mathrm{d}z = \int_0^l\left(\overline{\beta}_{33}D_3 - \frac{g_{33}}{s_{33}^{D}}S_3\right)\mathrm{d}z \\
&= \int_0^l \overline{\beta}_{33}D_3\mathrm{d}z - \frac{g_{33}}{s_{33}^{D}}\int_0^l \frac{\partial\xi}{\partial z}\mathrm{d}z = \overline{\beta}_{33}D_3 l + \frac{g_{33}}{s_{33}^{D}}(\xi_1+\xi_2)
\end{aligned} \tag{11.53}$$

通过的电流 I 为

$$I = \frac{\mathrm{d}Q}{\mathrm{d}t} = \mathrm{j}\omega Q = \mathrm{j}\omega S D_3 \tag{11.54}$$

将式 (11.53) 和式 (11.54) 联立，消去 D_3，可得电流 I 的表示式

$$I = \mathrm{j}\omega\frac{SV}{\overline{\beta}_{33}l} - \frac{g_{33}S}{\overline{\beta}_{33}ls_{33}^{D}}\cdot\mathrm{j}\omega(\xi_1+\xi_2) = \mathrm{j}\omega\frac{SV}{\overline{\beta}_{33}l} - \frac{g_{33}S}{\overline{\beta}_{33}ls_{33}^{D}}(\dot{\xi}_1+\dot{\xi}_2) \tag{11.55}$$

令 $n = \dfrac{g_{33}S}{ls_{33}^{D}\overline{\beta}_{33}} = \dfrac{d_{33}S}{s_{33}^{E}l}$ 称为机电转换系数，$C_0 = \dfrac{S}{\overline{\beta}_{33}l}$ 为一维截止 (静态) 电容。由于

$g_{33} = \dfrac{d_{33}}{\varepsilon_{33}^{T}}$，$\beta_{33}^{T} = \dfrac{1}{\varepsilon_{33}^{T}}$，$s_{33}^{D} = s_{33}^{D}(1-K_{33}^2)$，$K_{33}^2 = \dfrac{d_{33}^2}{s_{33}^{E}\varepsilon_{33}^{T}}$，$K_{33}$ 为机电耦合系数，n 和

C_0 的表达式可表示为

$$n = \frac{d_{33}S}{s_{33}^{E}l}, \quad C_0 = \frac{S(1-K_{33}^2)\varepsilon_{33}^{T}}{l} \tag{11.56}$$

将式 (11.55) 简化，得到电路状态方程为

$$I = \mathrm{j}\omega C_0 V - n\left(\dot{\xi}_1+\dot{\xi}_2\right) \tag{11.57}$$

根据力学边界条件，即 $F_1 = -ST_3\big|_{z=0}$、$F_2 = -ST_3\big|_{z=l}$，将式 (11.50) 代入边界条件中可得

$$F_1 = \frac{kS}{s_{33}^{\mathrm{D}}} \frac{\xi_1 \cos kl + \xi_2}{\sin kl} + \frac{g_{33}S}{s_{33}^{\mathrm{D}}} D_3 \tag{11.58}$$

$$F_2 = \frac{kS}{s_{33}^{\mathrm{D}}} \frac{\xi_1 + \xi_2 \cos kl}{\sin kl} + \frac{g_{33}S}{s_{33}^{\mathrm{D}}} D_3 \tag{11.59}$$

将式 (11.57) 中的 I 代入式 (11.54) 中，得到有关 D_3 的表达式

$$D_3 = \frac{\mathrm{j}\omega C_0 V - n(\dot{\xi}_1 + \dot{\xi}_2)}{\mathrm{j}\omega S} \tag{11.60}$$

再将式 (11.60) 代入式 (11.58) 和式 (11.59) 中，得到简化的 F_1、F_2 的表达式：

$$F_1 = \left(\frac{\rho c S}{\mathrm{j}\sin kl} - \frac{n^2}{\mathrm{j}\omega C_0} \right)(\dot{\xi}_1 + \dot{\xi}_2) + \mathrm{j}\rho c S \tan \frac{kl}{2} \dot{\xi}_1 + nV \tag{11.61}$$

$$F_2 = \left(\frac{\rho c S}{\mathrm{j}\sin kl} - \frac{n^2}{\mathrm{j}\omega C_0} \right)(\dot{\xi}_1 + \dot{\xi}_2) + \mathrm{j}\rho c S \tan \frac{kl}{2} \dot{\xi}_2 + nV \tag{11.62}$$

将式 (11.57) 进行转化后，代入式 (11.61) 和式 (11.62) 中，可以得到

$$\begin{cases} F_1 = \dfrac{\rho c S}{\mathrm{j}\tan kl} \dot{\xi}_1 + \dfrac{\rho c S}{\mathrm{j}\sin kl} \dot{\xi}_2 + \dfrac{n}{\mathrm{j}\omega C_0} I \\[2mm] F_2 = \dfrac{\rho c S}{\mathrm{j}\sin kl} \dot{\xi}_1 + \dfrac{\rho c S}{\mathrm{j}\tan kl} \dot{\xi}_2 + \dfrac{n}{\mathrm{j}\omega C_0} I \\[2mm] V = \dfrac{n}{\mathrm{j}\omega C_0} \dot{\xi}_1 + \dfrac{n}{\mathrm{j}\omega C_0} \dot{\xi}_2 + \dfrac{1}{\mathrm{j}\omega C_0} I \end{cases} \tag{11.63}$$

将其改写为矩阵方程式

$$\begin{Bmatrix} F_1 \\ F_2 \\ V \end{Bmatrix} = \begin{Bmatrix} \dfrac{\rho c S}{\mathrm{j}\tan kl} & \dfrac{\rho c S}{\mathrm{j}\sin kl} & \dfrac{n}{\mathrm{j}\omega C_0} \\[2mm] \dfrac{\rho c S}{\mathrm{j}\sin kl} & \dfrac{\rho c S}{\mathrm{j}\tan kl} & \dfrac{n}{\mathrm{j}\omega C_0} \\[2mm] \dfrac{n}{\mathrm{j}\omega C_0} & \dfrac{n}{\mathrm{j}\omega C_0} & \dfrac{1}{\mathrm{j}\omega C_0} \end{Bmatrix} \begin{Bmatrix} \dot{\xi}_1 \\ \dot{\xi}_2 \\ I \end{Bmatrix} \tag{11.64}$$

由式 (11.64)，我们可以得到压电陶瓷细长棒纵向振动的六端机电等效电路 (图 11.7)。图中 Z_1 和 Z_2 的具体表达式如下：

$$Z_1 = \mathrm{j}\rho c S \tan \frac{kl}{2}, \quad Z_2 = \frac{\rho c S}{\mathrm{j}\sin kl} - \frac{n^2}{\mathrm{j}\omega C_0} \tag{11.65}$$

上面得出的是单个压电陶瓷细长棒的机电等效电路。对于压电陶瓷晶堆，它是由 p 个相同的压电陶瓷圆片构成，压电陶瓷圆片与压电陶瓷圆片之间是采用电路上

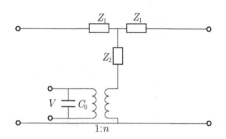

图 11.7　压电陶瓷细长棒的机电等效电路图

并联而机械上串联的方式相连接。根据电路中的级联理论，压电陶瓷晶堆的机电等效电路就是将 p 个相同的六端网络相互级联，所以，我们将 p 个压电陶瓷圆片的机电等效电路以机械端串联、电端并联的形式连接起来，得出了压电陶瓷晶堆的机电等效电路，如图 11.8 所示。其中 Z_1、Z_2 和 C_0 的表达式为单个压电陶瓷圆片的阻抗和静态电容，具体表达式见上述推导。

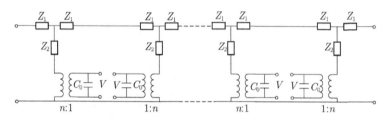

图 11.8　压电陶瓷晶堆的机电等效电路图

为了可以更好地理解压电陶瓷晶堆的机电等效电路，我们先给出电路四端网络的关系式。假设存在如图 11.9 所示的四端网络，根据电路的基本原理可得

$$F_{a-1} = \dot{\xi}_{a-1}(z_1 + z_2) - \dot{\xi}_a z_2$$
$$F_a = -\dot{\xi}_a(z_1 + z_2) + \dot{\xi}_{a-1} z_2$$

(11.66)

将式 (11.66) 中 F_{a-1}、$\dot{\xi}_{a-1}$ 用 F_a、$\dot{\xi}_a$ 来表示，可得

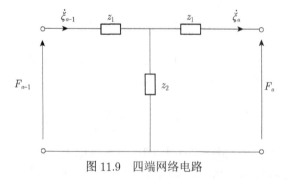

图 11.9　四端网络电路

$$\dot{\xi}_{a-1} = \dot{\xi}_a \left(1 + \frac{z_1}{z_2}\right) + F_a \frac{1}{z_2}$$

$$F_{a-1} = F_a \left(1 + \frac{z_1}{z_2}\right) + \dot{\xi}_a z_1 \left(2 + \frac{z_1}{z_2}\right) \tag{11.67}$$

为了更加清晰地看出式 (11.67) 中两式的关系, 我们将式 (11.67) 写成矩阵形式

$$\begin{Bmatrix} F_{a-1} \\ \dot{\xi}_{a-1} \end{Bmatrix} = \{M\} \begin{Bmatrix} F_a \\ \dot{\xi}_a \end{Bmatrix} \tag{11.68}$$

其中的传输矩阵为

$$\{M\} = \begin{Bmatrix} \left(1 + \dfrac{z_1}{z_2}\right) & z_1 \left(2 + \dfrac{z_1}{z_2}\right) \\ \dfrac{1}{z_2} & \left(1 + \dfrac{z_1}{z_2}\right) \end{Bmatrix} \tag{11.69}$$

令 $\cosh\gamma = 1 + \dfrac{z_1}{z_2}$, $\sinh\gamma = \left[\dfrac{z_1}{z_2}\left(2 + \dfrac{z_1}{z_2}\right)\right]^{1/2}$, $z_0 = \sqrt{z_1 z_2 \left(2 + \dfrac{z_1}{z_2}\right)}$, 利用双曲函数的

恒等式对式 (11.69) 作适当的变换, 其中 γ 为传输常数, 则式 (11.69) 可写为

$$\{M\} = \begin{Bmatrix} \cosh\gamma & z_0 \sinh\gamma \\ \dfrac{1}{z_0}\sinh\gamma & \cosh\gamma \end{Bmatrix} \tag{11.70}$$

假若存在 a 个四端网络, 将它们依次以串联的形式相连接, 则 a 节四端网络级联的矩阵方程式可写为

$$\begin{Bmatrix} F_1 \\ \dot{\xi}_1 \end{Bmatrix} = \{M\}^a \begin{Bmatrix} F_{a+1} \\ \dot{\xi}_{a+1} \end{Bmatrix} = \{M_a\} \begin{Bmatrix} F_{a+1} \\ \dot{\xi}_{a+1} \end{Bmatrix} \tag{11.71}$$

$$\{M_a\} = \begin{Bmatrix} \cosh a\gamma & z_0 \sinh a\gamma \\ \dfrac{1}{z_0}\sinh a\gamma & \cosh a\gamma \end{Bmatrix} \tag{11.72}$$

对于 p 节级联的四端网络, 可得如下的矩阵方程:

$$\begin{Bmatrix} F_1 \\ \dot{\xi}_1 \end{Bmatrix} = \begin{Bmatrix} \cosh p\gamma & z_0 \sinh p\gamma \\ \dfrac{1}{z_0}\sinh p\gamma & \cosh p\gamma \end{Bmatrix} \begin{Bmatrix} F_{p+1} \\ \dot{\xi}_{p+1} \end{Bmatrix} = \begin{Bmatrix} \left(1 + \dfrac{Z_{p1}}{Z_{p2}}\right) & Z_{p1}\left(2 + \dfrac{Z_{p1}}{Z_{p2}}\right) \\ \dfrac{1}{Z_{p2}} & \left(1 + \dfrac{Z_{p1}}{Z_{p2}}\right) \end{Bmatrix} \begin{Bmatrix} F_{p+1} \\ \dot{\xi}_{p+1} \end{Bmatrix} \tag{11.73}$$

其中, Z_{p1} 和 Z_{p2} 为 p 节级联的四端等效网络的串并联阻抗。对比上式中两个传输矩

阵，可以得到

$$Z_{p1} = z_0 \tanh \frac{p\gamma}{2}, \quad Z_{p2} = \frac{z_0}{\sinh p\gamma} \tag{11.74}$$

对于由 p 个相同的压电陶瓷圆片所组成的压电陶瓷晶堆，由上面的推导可知，单个压电陶瓷圆片的阻抗 Z_1 和 Z_2 由式 (11.65) 给出，当 $kl \ll \pi$ 时，

$$Z_1 = j\rho cS \tan \frac{kl}{2} \approx j\rho cS \frac{kl}{2}, \quad Z_2 = \frac{\rho cS}{jkl} - \frac{n^2}{j\omega C_0} = \frac{\rho cS}{jkl}(1 - K_{33}^2) \tag{11.75}$$

由 $\sinh \dfrac{\gamma}{2} = \left(\dfrac{Z_1}{2Z_2}\right)^{1/2}$，可得传输常数 γ 为

$$\gamma = 2\mathrm{arsinh}\left(\frac{Z_1}{2Z_2}\right)^{1/2} = \frac{jkl}{\sqrt{1 - K_{33}^2}} = jk_e l \tag{11.76}$$

其中，$k_e = \omega/c_e$，$c_e = c\sqrt{1 - K_{33}^2} = 1/\sqrt{\rho s_{33}^E}$。将 Z_1、Z_2 代入 z_0 中，令 $(k_e l)^2/2 \ll 2$，可得

$$z_0 = \sqrt{Z_1 Z_2 \left(2 + \frac{Z_1}{Z_2}\right)} = \sqrt{\frac{(\rho_0 c_e S)^2}{2}\left[2 - \frac{(k_e l)^2}{2}\right]} \approx \rho_0 c_e S \tag{11.77}$$

将式 (11.76) 和式 (11.77) 的结果代入式 (11.49) 中，我们可以得到压电陶瓷晶堆的机电等效电路中阻抗的表达式，

$$Z_{p1} = j\rho_0 c_e S \tan \frac{pk_e l}{2}, \quad Z_{p2} = \frac{\rho_0 c_e S}{j\sin pk_e l} \tag{11.78}$$

　　根据以上的分析，将图 11.8 所示的压电陶瓷晶堆的机电等效电路进行简化，最终得到简化后的由 p 个压电陶瓷圆片所构成的压电陶瓷晶堆的六端机电等效电路 (图 11.10)。

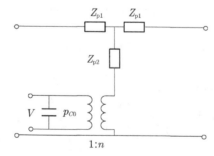

图 11.10　简化后的压电陶瓷晶堆的机电等效电路图

11.2.4 纵向级联式压电陶瓷复合换能器的分析——忽略损耗和负载

1. 理论分析

1) 纵向级联式压电陶瓷复合换能器的机电等效电路及频率方程

基于换能器的一维振动理论和夹心式超声换能器的机电等效电路，在忽略机械和介电损耗以及负载的情况下，得到了如图 11.11 所示的纵向级联式压电陶瓷复合换能器的机电等效电路。在图 11.11 中，1、3、5、7 部分为四段金属圆柱；2、4、6 部分为三组压电陶瓷晶堆。C_1、C_2、C_3 和 n_1、n_2、n_3 分别为换能器的静态电容和机电转换系数，具体表达式为

$$C_1 = \frac{p_1 \varepsilon_{33}^{\mathrm{T}}(1-K_{33}^2)S_{01}}{L_{01}}, \quad C_2 = \frac{p_2 \varepsilon_{33}^{\mathrm{T}}(1-K_{33}^2)S_{02}}{L_{02}}, \quad C_3 = \frac{p_3 \varepsilon_{33}^{\mathrm{T}}(1-K_{33}^2)S_{03}}{L_{03}} \tag{11.79}$$

$$n_1 = \frac{d_{33}S_{01}}{s_{33}^{\mathrm{E}}L_{01}}, \quad n_2 = \frac{d_{33}S_{02}}{s_{33}^{\mathrm{E}}L_{02}}, \quad n_3 = \frac{d_{33}S_{03}}{s_{33}^{\mathrm{E}}L_{03}} \tag{11.80}$$

其中，S_{01}、S_{02}、S_{03} 为三组压电陶瓷晶堆的横截面积，$S_{01} = \pi R_{01}^2$，$S_{02} = \pi R_{02}^2$，$S_{03} = \pi R_{03}^2$，这里 R_{01}、R_{02}、R_{03} 为三组压电陶瓷晶堆的半径；$\varepsilon_{33}^{\mathrm{T}}$、$d_{33}$、$K_{33}$ 和 s_{33}^{E} 分别是压电陶瓷晶堆的介电常数、压电常数、机电耦合系数和弹性柔顺系数。Z_{11}、Z_{12}、Z_{13}，Z_{21}、Z_{22}、Z_{23}，Z_{31}、Z_{32}、Z_{33} 和 Z_{41}、Z_{42}、Z_{43} 是从左向右四段金属圆柱的串并联阻抗；$Z_{\mathrm{p}11}$、$Z_{\mathrm{p}12}$、$Z_{\mathrm{p}13}$，$Z_{\mathrm{p}21}$、$Z_{\mathrm{p}22}$、$Z_{\mathrm{p}23}$ 和 $Z_{\mathrm{p}31}$、$Z_{\mathrm{p}32}$、$Z_{\mathrm{p}33}$ 是从左向右三组压电陶瓷晶堆的串并联阻抗，其各自的表达式为

$$Z_{11} = Z_{12} = \mathrm{j}Z_1 \tan\frac{k_1 L_1}{2}, \quad Z_{13} = \frac{Z_1}{\mathrm{j}\sin k_1 L_1} \tag{11.81}$$

$$Z_{21} = Z_{22} = \mathrm{j}Z_2 \tan\frac{k_2 L_2}{2}, \quad Z_{23} = \frac{Z_2}{\mathrm{j}\sin(k_2 L_2)} \tag{11.82}$$

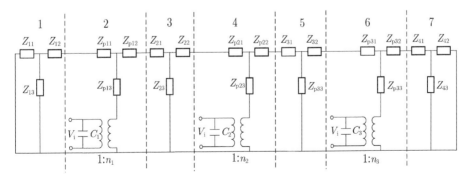

图 11.11 纵向级联式压电陶瓷复合换能器的机电等效电路图

$$Z_{31} = Z_{32} = \mathrm{j}Z_3 \tan\frac{k_3 L_3}{2}, \quad Z_{33} = \frac{Z_3}{\mathrm{j}\sin(k_3 L_3)} \tag{11.83}$$

$$Z_{41} = Z_{42} = \mathrm{j}Z_4 \tan\frac{k_4 L_4}{2}, \quad Z_{43} = \frac{Z_4}{\mathrm{j}\sin k_4 L_4} \tag{11.84}$$

$$Z_{\mathrm{p}11} = Z_{\mathrm{p}12} = \mathrm{j}Z_{01} \tan\frac{p_1 k_0 L_{01}}{2}, \quad Z_{\mathrm{p}13} = \frac{Z_{01}}{\mathrm{j}\sin p_1 k_0 L_{01}} \tag{11.85}$$

$$Z_{\mathrm{p}21} = Z_{\mathrm{p}22} = \mathrm{j}Z_{02} \tan\frac{p_2 k_0 L_{02}}{2}, \quad Z_{\mathrm{p}23} = \frac{Z_{02}}{\mathrm{j}\sin p_2 k_0 L_{02}} \tag{11.86}$$

$$Z_{\mathrm{p}31} = Z_{\mathrm{p}32} = \mathrm{j}Z_{03} \tan\frac{p_3 k_0 L_{03}}{2}, \quad Z_{\mathrm{p}33} = \frac{Z_{03}}{\mathrm{j}\sin p_3 k_0 L_{03}} \tag{11.87}$$

其中，$Z_1 = \rho_1 c_1 S_1$，$Z_2 = \rho_2 c_2 S_2$，$Z_3 = \rho_3 c_3 S_3$，$Z_4 = \rho_4 c_4 S_4$，$Z_{01} = \rho_0 c_0 S_{01}$，$Z_{02} = \rho_0 c_0 S_{02}$，$Z_{03} = \rho_0 c_0 S_{03}$，$k_1 = \omega/c_1$，$k_2 = \omega/c_2$，$k_3 = \omega/c_3$，$k_4 = \omega/c_4$，$k_0 = \omega/c_0$，$c_1 = (E_1/\rho_1)^{1/2}$，$c_2 = (E_2/\rho_2)^{1/2}$，$c_3 = (E_3/\rho_3)^{1/2}$，$c_4 = (E_4/\rho_4)^{1/2}$，$c_0 = [1/(s_{33}^{\mathrm{E}}\rho_0)]^{1/2}$，$S_1 = \pi R_1^2$，$S_2 = \pi R_2^2$，$S_3 = \pi R_3^2$，$S_4 = \pi R_4^2$。$E_1$、$\rho_1$，$E_2$、$\rho_2$，$E_3$、$\rho_3$ 和 E_4、ρ_4 分别为四段金属圆柱的杨氏模量和密度；c_1、c_2、c_3、c_4 和 c_0 分别为四段金属圆柱和压电陶瓷晶堆的纵向传播速度；k_1、k_2、k_3、k_4 和 k_0 分别为四段金属圆柱和压电陶瓷晶堆的波数；R_1、R_2、R_3、R_4 为四段金属圆柱的半径。通过对图 11.11 进行电路转换和阻抗的串并联合并，可得图 11.12 所示的等效电路。

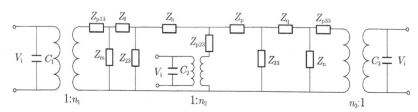

图 11.12　转换后级联式压电陶瓷换能器的机电等效电路图

在图 11.12 中，各个阻抗的具体表达式为

$$Z_{\mathrm{m}} = Z_{\mathrm{p}11} + Z_{12} + \frac{Z_{13}Z_{11}}{Z_{13} + Z_{11}}, \quad Z_{\mathrm{n}} = Z_{\mathrm{p}32} + Z_{41} + \frac{Z_{43}Z_{42}}{Z_{43} + Z_{42}} \tag{11.88}$$

$$Z_{\mathrm{f}} = Z_{\mathrm{p}12} + Z_{21}, \quad Z_{\mathrm{b}} = Z_{\mathrm{p}21} + Z_{22} \tag{11.89}$$

$$Z_{\mathrm{p}} = Z_{\mathrm{p}22} + Z_{31}, \quad Z_{\mathrm{q}} = Z_{\mathrm{p}31} + Z_{32} \tag{11.90}$$

在图 11.12 的基础上，再进行星型–三角型电路转换和阻抗的串并联变换，可以得到如图 11.13 所示的机电等效电路。

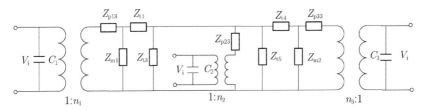

图 11.13 简化后纵向级联式压电陶瓷换能器的机电等效电路图

在图 11.13 中，各个阻抗的具体表达式为

$$Z_{m1} = \frac{Z_m Z_{t2}}{Z_m + Z_{t2}}, \quad Z_{m2} = \frac{Z_n Z_{t6}}{Z_n + Z_{t6}} \tag{11.91}$$

$$Z_{t1} = \frac{Z_f Z_b + Z_f Z_{23} + Z_b Z_{23}}{Z_{23}}, \quad Z_{t2} = \frac{Z_f Z_b + Z_f Z_{23} + Z_b Z_{23}}{Z_b} \tag{11.92}$$

$$Z_{t3} = \frac{Z_f Z_b + Z_f Z_{23} + Z_b Z_{23}}{Z_f}, \quad Z_{t4} = \frac{Z_p Z_q + Z_p Z_{33} + Z_q Z_{33}}{Z_{33}} \tag{11.93}$$

$$Z_{t5} = \frac{Z_p Z_q + Z_p Z_{33} + Z_q Z_{33}}{Z_q}, \quad Z_{t6} = \frac{Z_p Z_q + Z_p Z_{33} + Z_q Z_{33}}{Z_p} \tag{11.94}$$

基于图 11.13，再进行三角型–星型电路转换和阻抗的串并联合并，可以得到如图 11.14 所示的最终简化后的换能器的机电等效电路。

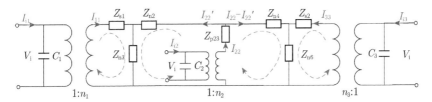

图 11.14 级联式压电陶瓷换能器的简化机电等效电路图 (忽略损耗和负载)

(扫描封底二维码可见彩图)

在图 11.14 中，各个阻抗的具体表达式为

$$Z_{s1} = Z_{p13} + Z_{n1}, \quad Z_{s2} = Z_{n5} + Z_{p33} \tag{11.95}$$

$$Z_{n1} = \frac{Z_{t1} Z_{m1}}{Z_{t1} + Z_{m1} + Z_{t3}}, \quad Z_{n2} = \frac{Z_{t1} Z_{t3}}{Z_{t1} + Z_{m1} + Z_{t3}} \tag{11.96}$$

$$Z_{n3} = \frac{Z_{m1}Z_{t3}}{Z_{t1} + Z_{m1} + Z_{t3}}, \quad Z_{n4} = \frac{Z_{t4}Z_{t5}}{Z_{t4} + Z_{t5} + Z_{m2}} \tag{11.97}$$

$$Z_{n5} = \frac{Z_{t4}Z_{m2}}{Z_{t4} + Z_{t5} + Z_{m2}}, \quad Z_{n6} = \frac{Z_{t5}Z_{m2}}{Z_{t4} + Z_{t5} + Z_{m2}} \tag{11.98}$$

在图 11.14 中，红色的箭头代表电流的方向，I_{i1}、I_{i2}、I_{i3} 分别为三组压电陶瓷晶堆的输入电流，I_{11}、I_{22}、I'_{22}、I_{33} 为各分路电流；绿色的曲线和箭头代表回路电流。根据电路中回路电流方程，可以得到如下方程组：

$$\begin{cases} n_1 V_1 = I_{11}Z_{s1} + (I'_{22} + I_{11})Z_{n3} \\ n_2 V_2 = I_{22}Z_{p23} + I'_{22}Z_{n2} + (I'_{22} + I_{11})Z_{n3} \\ n_3 V_3 = I_{33}Z_{s2} + (I_{33} + I_{22} - I'_{22})Z_{n6} \\ I'_{22}Z_{n2} + (I'_{22} + I_{11})Z_{n3} = (I_{22} - I'_{22})Z_{n4} + (I_{33} + I_{22} - I'_{22})Z_{n6} \end{cases} \tag{11.99}$$

式 (11.99) 为四元一次方程组，I_{11}、I_{22}、I'_{22}、I_{33} 为未知量，借助数学软件可得

$$I_{11} = \frac{\begin{aligned}&\left[Z_{s2}Z_{n2}(Z_{n4} + Z_{n6} + Z_{p23}) + Z_{n2}Z_{n6}(Z_{p23} + Z_{n4})\right.\\ &\left. + Z_{s2}Z_{p23}(Z_{n3} + Z_{n4} + Z_{n6}) + Z_{n4}Z_{n6}Z_{p23}\right]n_1 V_1\\ &+ Z_{n3}(Z_{s2}Z_{n6} + Z_{s2}Z_{n4} + Z_{n4}Z_{n6})(n_1 V_1 - n_2 V_2) + Z_{n3}Z_{n6}Z_{p23}(n_1 V_1 - n_3 V_3)\end{aligned}}{\begin{aligned}&(Z_{s1}Z_{n2} + Z_{s1}Z_{n3} + Z_{n2}Z_{n3})\left[Z_{s2}(Z_{n4} + Z_{n6} + Z_{p23}) + Z_{n6}(Z_{n4} + Z_{p23})\right]\\ &+ Z_{p23}(Z_{s1} + Z_{n3})(Z_{s2}Z_{n4} + Z_{s2}Z_{n6} + Z_{n4}Z_{n6})\end{aligned}} \tag{11.100}$$

$$I_{22} = \frac{\begin{aligned}&\left[Z_{s1}Z_{s2}(Z_{n2} + Z_{n3} + Z_{n4} + Z_{n6}) + Z_{s1}Z_{n4}Z_{n6} + Z_{s2}Z_{n2}Z_{n3}\right]n_2 V_2\\ &+ Z_{n6}(Z_{s1}Z_{n2} + Z_{s1}Z_{n3} + Z_{n2}Z_{n3})(n_2 V_2 - n_3 V_3)\\ &+ Z_{n3}(Z_{s2}Z_{n4} + Z_{s2}Z_{n6} + Z_{n4}Z_{n6})(n_2 V_2 - n_1 V_1)\end{aligned}}{\begin{aligned}&(Z_{s1}Z_{n2} + Z_{s1}Z_{n3} + Z_{n2}Z_{n3})\left[Z_{s2}(Z_{n4} + Z_{n6} + Z_{p23}) + Z_{n6}(Z_{n4} + Z_{p23})\right]\\ &+ Z_{p23}(Z_{s1} + Z_{n3})(Z_{s2}Z_{n4} + Z_{s2}Z_{n6} + Z_{n4}Z_{n6})\end{aligned}} \tag{11.101}$$

$$I_{33} = \frac{\begin{aligned}&\left[(Z_{s1}Z_{n2} + Z_{s1}Z_{n3} + Z_{n2}Z_{n3})(Z_{n4} + Z_{p23}) + Z_{p23}(Z_{s1}Z_{n6} + Z_{s1}Z_{n4} + Z_{n3}Z_{n4})\right]n_3 V_3\\ &+ Z_{n6}(Z_{s1}Z_{n2} + Z_{s1}Z_{n3} + Z_{n2}Z_{n3})(n_3 V_3 - n_2 V_2) + Z_{n3}Z_{n6}Z_{p23}(n_3 V_3 - n_1 V_1)\end{aligned}}{\begin{aligned}&(Z_{s1}Z_{n2} + Z_{s1}Z_{n3} + Z_{n2}Z_{n3})\left[Z_{s2}(Z_{n4} + Z_{n6} + Z_{p23}) + Z_{n6}(Z_{n4} + Z_{p23})\right]\\ &+ Z_{p23}(Z_{s1} + Z_{n3})(Z_{s2}Z_{n4} + Z_{s2}Z_{n6} + Z_{n4}Z_{n6})\end{aligned}}$$

$$\tag{11.102}$$

令 $V_1 = V_2 = V_3$，三组压电陶瓷晶堆的机械阻抗 Z_{rm1}、Z_{rm2}、Z_{rm3} 的表达式为

$$Z_{\mathrm{rm1}} = \frac{n_1 V_1}{I_{11}} = \cfrac{\begin{aligned}&(Z_{\mathrm{s1}}Z_{\mathrm{n2}} + Z_{\mathrm{s1}}Z_{\mathrm{n3}} + Z_{\mathrm{n2}}Z_{\mathrm{n3}})\big[Z_{\mathrm{s2}}(Z_{\mathrm{n4}} + Z_{\mathrm{n6}} + Z_{\mathrm{p23}}) + Z_{\mathrm{n6}}(Z_{\mathrm{n4}} + Z_{\mathrm{p23}})\big]\\ &+ Z_{\mathrm{p23}}(Z_{\mathrm{s1}} + Z_{\mathrm{n3}})(Z_{\mathrm{s2}}Z_{\mathrm{n4}} + Z_{\mathrm{s2}}Z_{\mathrm{n6}} + Z_{\mathrm{n4}}Z_{\mathrm{n6}})\end{aligned}}{\begin{aligned}&Z_{\mathrm{s2}}Z_{\mathrm{n2}}(Z_{\mathrm{n4}} + Z_{\mathrm{n6}} + Z_{\mathrm{p23}}) + Z_{\mathrm{n2}}Z_{\mathrm{n6}}(Z_{\mathrm{p23}} + Z_{\mathrm{n4}})\\ &+ Z_{\mathrm{s2}}Z_{\mathrm{p23}}(Z_{\mathrm{n3}} + Z_{\mathrm{n4}} + Z_{\mathrm{n6}})\\ &+ Z_{\mathrm{n3}}(Z_{\mathrm{s2}}Z_{\mathrm{n6}} + Z_{\mathrm{s2}}Z_{\mathrm{n4}} + Z_{\mathrm{n4}}Z_{\mathrm{n6}})\left(1 - \frac{n_2}{n_1}\right)\\ &+ Z_{\mathrm{n3}}Z_{\mathrm{n6}}Z_{\mathrm{p23}}\left(1 - \frac{n_3}{n_1}\right) + Z_{\mathrm{n4}}Z_{\mathrm{n6}}Z_{\mathrm{p23}}\end{aligned}}$$

$$(11.103)$$

$$Z_{\mathrm{rm2}} = \frac{n_2 V_2}{I_{22}} = \cfrac{\begin{aligned}&(Z_{\mathrm{s1}}Z_{\mathrm{n2}} + Z_{\mathrm{s1}}Z_{\mathrm{n3}} + Z_{\mathrm{n2}}Z_{\mathrm{n3}})\big[Z_{\mathrm{s2}}(Z_{\mathrm{n4}} + Z_{\mathrm{n6}} + Z_{\mathrm{p23}}) + Z_{\mathrm{n6}}(Z_{\mathrm{n4}} + Z_{\mathrm{p23}})\big]\\ &+ Z_{\mathrm{p23}}(Z_{\mathrm{s1}} + Z_{\mathrm{n3}})(Z_{\mathrm{s2}}Z_{\mathrm{n4}} + Z_{\mathrm{s2}}Z_{\mathrm{n6}} + Z_{\mathrm{n4}}Z_{\mathrm{n6}})\end{aligned}}{\begin{aligned}&Z_{\mathrm{s1}}Z_{\mathrm{s2}}(Z_{\mathrm{n2}} + Z_{\mathrm{n3}} + Z_{\mathrm{n4}} + Z_{\mathrm{n6}})\\ &+ Z_{\mathrm{n6}}(Z_{\mathrm{s1}}Z_{\mathrm{n2}} + Z_{\mathrm{s1}}Z_{\mathrm{n3}} + Z_{\mathrm{n2}}Z_{\mathrm{n3}})\left(1 - \frac{n_3}{n_2}\right)\\ &+ Z_{\mathrm{n3}}(Z_{\mathrm{s2}}Z_{\mathrm{n4}} + Z_{\mathrm{s2}}Z_{\mathrm{n6}} + Z_{\mathrm{n4}}Z_{\mathrm{n6}})\left(1 - \frac{n_1}{n_2}\right)\\ &+ Z_{\mathrm{s1}}Z_{\mathrm{n4}}Z_{\mathrm{n6}} + Z_{\mathrm{s2}}Z_{\mathrm{n2}}Z_{\mathrm{n3}}\end{aligned}}$$

$$(11.104)$$

$$Z_{\mathrm{rm3}} = \frac{n_3 V_3}{I_{33}} = \cfrac{\begin{aligned}&(Z_{\mathrm{s1}}Z_{\mathrm{n2}} + Z_{\mathrm{s1}}Z_{\mathrm{n3}} + Z_{\mathrm{n2}}Z_{\mathrm{n3}})\big[Z_{\mathrm{s2}}(Z_{\mathrm{n4}} + Z_{\mathrm{n6}} + Z_{\mathrm{p23}}) + Z_{\mathrm{n6}}(Z_{\mathrm{n4}} + Z_{\mathrm{p23}})\big]\\ &+ Z_{\mathrm{p23}}(Z_{\mathrm{s1}} + Z_{\mathrm{n3}})(Z_{\mathrm{s2}}Z_{\mathrm{n4}} + Z_{\mathrm{s2}}Z_{\mathrm{n6}} + Z_{\mathrm{n4}}Z_{\mathrm{n6}})\end{aligned}}{\begin{aligned}&Z_{\mathrm{n6}}(Z_{\mathrm{s1}}Z_{\mathrm{n2}} + Z_{\mathrm{s1}}Z_{\mathrm{n3}} + Z_{\mathrm{n2}}Z_{\mathrm{n3}})\left(1 - \frac{n_2}{n_3}\right)\\ &+ (Z_{\mathrm{s1}}Z_{\mathrm{n2}} + Z_{\mathrm{s1}}Z_{\mathrm{n3}} + Z_{\mathrm{n2}}Z_{\mathrm{n3}})(Z_{\mathrm{n4}} + Z_{\mathrm{p23}})\\ &+ Z_{\mathrm{p23}}(Z_{\mathrm{s1}}Z_{\mathrm{n6}} + Z_{\mathrm{s1}}Z_{\mathrm{n4}} + Z_{\mathrm{n3}}Z_{\mathrm{n4}})\\ &+ Z_{\mathrm{n3}}Z_{\mathrm{n6}}Z_{\mathrm{p23}}\left(1 - \frac{n_1}{n_3}\right)\end{aligned}}$$

$$(11.105)$$

三组压电陶瓷晶堆的静态电阻抗 Z_{c1}、Z_{c2} 及 Z_{c3} 为

$$Z_{\mathrm{c1}} = \frac{1}{\mathrm{j}\omega C_1}, \quad Z_{\mathrm{c2}} = \frac{1}{\mathrm{j}\omega C_2}, \quad Z_{\mathrm{c3}} = \frac{1}{\mathrm{j}\omega C_3} \tag{11.106}$$

基于以上推导，可以得到级联式压电陶瓷换能器的输入电阻抗为

$$Z_{\mathrm{i}} = \frac{Z_{\mathrm{i1}}Z_{\mathrm{i2}}Z_{\mathrm{i3}}}{Z_{\mathrm{i1}}Z_{\mathrm{i2}} + Z_{\mathrm{i1}}Z_{\mathrm{i3}} + Z_{\mathrm{i2}}Z_{\mathrm{i3}}} \tag{11.107}$$

式中，Z_{i1}、Z_{i2}、Z_{i3} 为三组压电陶瓷晶堆的输入电阻抗，其具体表达式为

$$Z_{i1} = \frac{Z_{c1}Z_{rm1}}{n_1^2 Z_{c1} + Z_{rm1}}, \quad Z_{i2} = \frac{Z_{c3}Z_{rm2}}{n_2^2 Z_{c2} + Z_{rm2}}, \quad Z_{i3} = \frac{Z_{c3}Z_{rm3}}{n_3^2 Z_{c3} + Z_{rm3}} \tag{11.108}$$

2) 纵向级联式压电陶瓷复合换能器输入电阻抗的频率特性

根据级联式压电陶瓷换能器的共振/反共振频率的定义以及式 (11.107)，可得级联式压电陶瓷换能器的共振/反共振频率方程为

$$Z_i = 0 \tag{11.109}$$

$$Z_i \rightarrow \infty \tag{11.110}$$

利用式 (11.109) 和式 (11.110)，可以得到不同模态下的共振频率 f_r、反共振频率 f_a 与有效机电耦合系数的关系：

$$K_{eff} = \sqrt{1 - \left(\frac{f_r}{f_a}\right)^2} \tag{11.111}$$

选用 PZT-4 和铝作为级联式压电陶瓷换能器的材料，材料参数如表 11.1 所示。令级联式压电陶瓷换能器的几何尺寸为 $p_1 = p_2 = p_3 = 2$，$L_1 = 0.04\text{m}$，$L_2 = 0.02\text{m}$，$L_3 = 0.09\text{m}$，$R_1 = R_2 = R_3 = R_4 = R_{01} = R_{02} = R_{03} = 0.02\text{m}$，$L_{01} = L_{02} = L_{03} = 0.005\text{m}$，$L_4 = 0.05\text{m}$。根据式 (11.107)，可得级联式压电陶瓷换能器输入电阻抗的频率响应曲线 (图 11.15)。图中，横轴表示频率，纵轴表示输入电阻抗的模值，阻抗最小值所对应的频率为共振频率，最大值所对应的频率为反共振频率。从图中可以看出，由于分析中未考虑损耗以及换能器负载，输入电阻抗的最小模值为零、最大值趋于无穷；级联式压电陶瓷换能器存在多个共振频率和反共振频率，即有多个振动模态；级联压电超声换能器的振动特性在不同的振动模式下是不同的，可以根据实际应用的需求，选择合适的工作模态及工作频率。

表 11.1　压电陶瓷和金属材料的标准参数值

	参数	值
PZT-4	ρ_0	7500kg/m^3
	s_{33}^E	$1.55 \times 10^{-11}\text{m}^2/\text{N}$
	d_{33}	$2.89 \times 10^{-10}\text{C/N}$
	K_{33}	0.7
	$\varepsilon_{33}^T / \varepsilon_0$	1300
	ε_0	$8.8542 \times 10^{-12}\text{F/m}$
铝	$\rho_1 = \rho_2 = \rho_3 = \rho_4$	2700kg/m^3
	$E_1 = E_2 = E_3 = E_4$	$7.023 \times 10^{10}\text{N/m}^2$

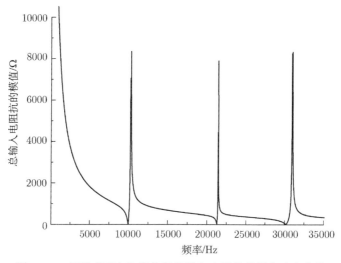

图 11.15 级联式压电陶瓷换能器输入电阻抗的频率响应曲线

2. 纵向级联式压电陶瓷复合换能器的优化设计

超声换能器的性能与其几何尺寸密切相关。因此，我们研究了级联式压电陶瓷换能器的共振/反共振频率和机电耦合系数同其几何尺寸的关系。这里依然选用 PZT-4 和铝作为级联式压电陶瓷换能器的材料。由于第一组压电陶瓷晶堆 (下称"压电陶瓷晶堆 PZT-1") 和第三组压电陶瓷晶堆 (下称"压电陶瓷晶堆 PZT-3") 的位置在结构上对称，这里我们借助于 Wolfram Mathematica 9.0 软件，研究了压电陶瓷晶堆 PZT-2 和压电陶瓷晶堆 PZT-3 的位置同级联式压电陶瓷换能器的共振/反共振频率和有效机电耦合系数的关系。

1) 压电陶瓷晶堆 PZT-2 位置对换能器性能参数的影响

令级联式压电陶瓷换能器的几何尺寸为 $p_1 = p_2 = p_3 = 2$ ， $L_1 = 0.04\mathrm{m}$ ， $L_2 + L_3 = 0.11\mathrm{m}$ ， $L_{01} = L_{02} = L_{03} = 0.005\mathrm{m}$ ， $L_4 = 0.05\mathrm{m}$ ， $R_1 = R_2 = R_3 = R_4 = R_{01} = R_{02} = R_{03} = 0.02\mathrm{m}$ 。长度 L_3 变化意味着压电陶瓷晶堆 PZT-2 的位置变化。当换能器的总长度保持不变时，金属 L_1 和 L_4 的长度不变， L_3 的长度逐渐增大，即压电陶瓷晶堆 PZT-2 逐渐远离压电陶瓷晶堆 PZT-3。级联式压电陶瓷换能器处于基频和二次谐频振动时，其共振/反共振频率与长度 L_3 的关系分别如图 11.16 和图 11.17 所示。级联式压电陶瓷换能器处于基频和二次谐频振动时，其有效机电耦合系数与长度 L_3 的关系如图 11.18 所示。可以看出，当长度 L_3 变化时，共振/反共振频率有最大值。

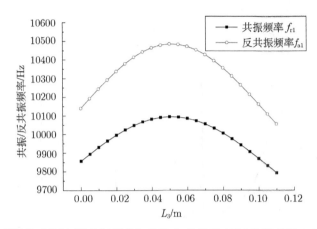

图 11.16　基频振动时共振/反共振频率与长度 L_3 的关系 (压电陶瓷晶堆 PZT-2 位置影响)

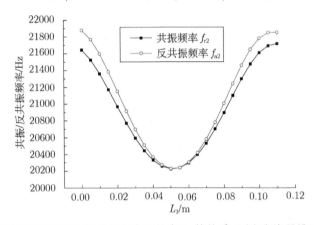

图 11.17　二次谐频振动时共振/反共振频率与长度 L_3 的关系 (压电陶瓷晶堆 PZT-2 位置影响)

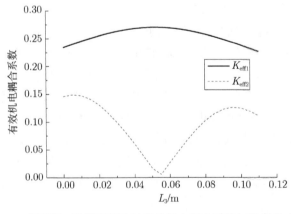

图 11.18　基频和二次谐频振动时有效机电耦合系数与长度 L_3 的关系
(压电陶瓷晶堆 PZT-2 位置影响)

图 11.17 为级联式压电陶瓷换能器在二次谐频振动时共振/反共振频率与长度 L_3 的关系。可以看出,对应长度 L_3 的变化,换能器的共振/反共振频率有最小值。

图 11.18 为级联式压电陶瓷换能器在基频和二次谐频振动时有效机电耦合系数与长度 L_3 的关系。可以看出,对应长度 L_3 变化,一阶振动换能器的有效机电耦合系数有最大值,二阶振动模态换能器的有效机电耦合系数有最小值,且处于基频的有效机电耦合系数均高于处于二次谐频的有效机电耦合系数。

2) 压电陶瓷晶堆 PZT-3 位置对换能器性能参数的影响

令级联式压电陶瓷换能器的几何尺寸为 $p_1 = p_2 = p_3 = 2$, $L_1 = 0.04\mathrm{m}$, $L_2 = 0.05\mathrm{m}$, $L_{01} = L_{02} = L_{03} = 0.005\mathrm{m}$, $R_1 = R_2 = R_3 = R_4 = R_{01} = R_{02} = R_{03} = 0.02\mathrm{m}$, $L_3 + L_4 = 0.11\mathrm{m}$。长度 L_3 的变化意味着压电陶瓷晶堆 PZT-3 的位置变化。当换能器的总长度保持不变时,金属 L_1 和 L_2 的长度不变,L_3 的长度逐渐增大,即压电陶瓷晶堆 PZT-3 逐渐远离压电陶瓷晶堆 PZT-2。级联式压电陶瓷换能器处于基频和二次谐频振动时,其共振/反共振频率与长度 L_3 的关系分别如图 11.19 和图 11.20 所示;级联式压电陶瓷换能器处于基频和二次谐频振动时,其有效机电耦合系数与长度 L_3 的关系如图 11.21 所示。

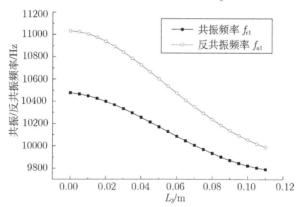

图 11.19 基频振动时共振/反共振频率与长度 L_3 的关系 (PZT-3 位置影响)

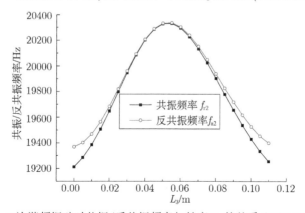

图 11.20 二次谐频振动时共振/反共振频率与长度 L_3 的关系 (PZT-3 位置影响)

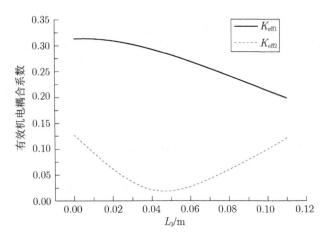

图 11.21　基频和二次谐频振动时有效机电耦合系数与长度 L_3 的关系 (PZT-3 位置影响)

从图 11.19 可以看出，基频振动时，随着长度 L_3 的增大，换能器的共振和反共振频率逐渐减小。

从图 11.20 可以看出，二次谐频振动时，对应长度 L_3 的变化，换能器的共振/反共振频率出现最大值。

从图 11.21 可以看出，对应长度 L_3 的变化，处于基频时有效机电耦合系数逐渐减小；处于二次谐频时有效机电耦合系数有最小值；且处于基频的有效机电耦合系数均高于处于二次谐频时的有效机电耦合系数。

3. 纵向级联式压电陶瓷换能器的仿真模拟分析

为了验证解析理论的正确性，我们运用 COMSOL-Multiphysics 5.2a 模拟了四个不同尺寸的级联式压电陶瓷换能器的振动模态，分别研究了其振型分布、共振和反共振频率，并计算得到了换能器的有效机电耦合系数。

四个不同尺寸的级联式压电陶瓷换能器的几何尺寸如表 11.2 所示，其中，No.1 和 No.2 换能器用于验证压电陶瓷晶堆 PZT-2 的位置对换能器共振频率的影响，No.3 和 No.4 换能器用于验证压电陶瓷晶堆 PZT-3 的位置对换能器共振频率的影响。

表 11.2　用于数值模拟的级联式压电陶瓷换能器的几何尺寸

编号	L_1/mm	L_2/mm	L_3/mm	L_4/mm	$L_{01} = L_{02} = L_{03}$/mm
No.1	40.0	60.0	50.0	50.0	5.0
No.2	40.0	100.0	10.0	50.0	5.0
No.3	40.0	50.0	10.0	100.0	5.0
No.4	40.0	50.0	60.0	50.0	5.0

续表

编号	$p_1 = p_2 = p_3$	$R_1 = R_2 = R_3 = R_4/\mathrm{mm}$	$R_{01} = R_{02} = R_{03}/\mathrm{mm}$
No.1	2.0	20.0	20.0
No.2	2.0	20.0	20.0
No.3	2.0	20.0	20.0
No.4	2.0	20.0	20.0

在全局坐标系中建立级联式压电陶瓷换能器的模型，设置压电陶瓷晶堆中两个压电陶瓷圆片分别沿 z 轴正负方向极化，1V 电压同时激励在三组压电陶瓷晶堆上。图 11.22 和图 11.23 分别是 No.1 和 No.2 换能器处于基频和二次谐频振动时的振动模态。由图可以看出，No.1 换能器处于基频振动时的共振频率为 10061Hz，处于二次谐频振动时的共振频率为 20018Hz；No.2 换能器处于基频振动时的共振频率为 9897.8Hz，处于二次谐频振动时的共振频率为 21080Hz；换能器的压电陶瓷晶堆 PZT-2 的位置向右移动了 40mm，则处于基频振动时的共振频率减小了 163.2Hz，处于二次谐频振动时的共振频率增大了 1062Hz；可以看出压电陶瓷晶堆 PZT-2 的位置对换能器的共振频率有一定影响。

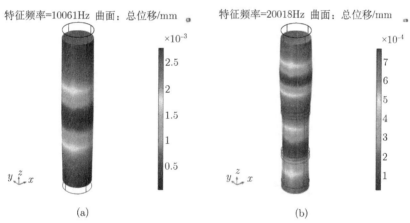

图 11.22　No.1 级联式压电陶瓷换能器的振动模态 (扫描封底二维码可见彩图)

(a) 基频振动模态；(b) 二次谐频振动模态

图 11.24 和图 11.25 分别是 No.3 和 No.4 级联式压电陶瓷换能器处于基频和二次谐频振动时的振动模态。可以看出，No.3 级联式压电陶瓷换能器处于基频振动时的共振频率为 10410Hz，处于二次谐频振动时的共振频率为 19217Hz；No.4 级联式压电陶瓷换能器处于基频振动时的共振频率为 10052Hz，处于二次谐频振动时的共振频率为 20084Hz；换能器的压电陶瓷晶堆 PZT-3 的位置向右移动了 50mm，则处于基频振动时的共振频率减小了 358Hz，处于二次谐频振动时的共振频率增大了 867Hz。

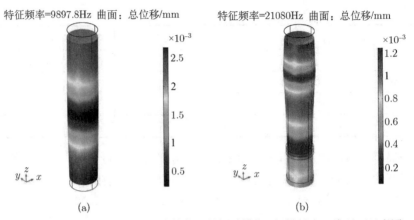

图 11.23　No.2 级联式压电陶瓷换能器的振动模态 (扫描封底二维码可见彩图)

(a) 基频振动模态；(b) 二次谐频振动模态

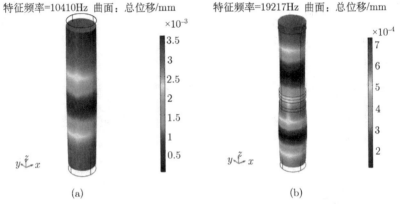

图 11.24　No.3 级联式压电陶瓷换能器的振动模态 (扫描封底二维码可见彩图)

(a) 基频振动模态；(b) 二次谐频振动模态

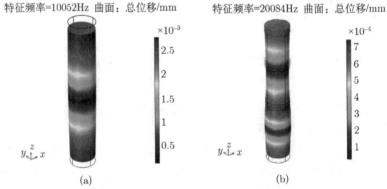

图 11.25　No.4 级联式压电陶瓷换能器的振动模态 (扫描封底二维码可见彩图)

(a) 基频振动模态；(b) 二次谐频振动模态

理论和数值模拟的共振/反共振频率见表 11.3，其中，f_{r1}、f_{a1} 和 f_{r2}、f_{a2} 分别是理论计算的基频和二次谐频振动时的共振/反共振频率；f_{rn1}、f_{an1} 和 f_{rn2}、f_{an2} 分别是由数值模拟所得到的基频和二次谐频的共振/反共振频率。

表 11.3 理论和模拟所得基频和二次谐频振动时的共振/反共振频率

编号	f_{r1}/Hz	f_{rn1}/Hz	f_{a1}/Hz	f_{an1}/Hz	f_{r2}/Hz	f_{rn2}/Hz	f_{a2}/Hz	f_{an2}/Hz
No.1	10095	10061	10485	10500	20225	20018	20227	20856
No.2	9930.6	9897.8	10244	10239	21362	21080	21598	22693
No.3	10449	10410	11003	11025	19384	19217	19468	19667
No.4	10086	10052	10472	10486	20295	20084	20303	20958

理论和模拟所得的有效机电耦合系数见表 11.4，其中，K_{eff1} 和 K_{eff2} 分别是由理论所得到的基频和二次谐频振动时的有效机电耦合系数；K_{eff1-n} 和 K_{eff2-n} 分别是由模拟所得到的基频和二次谐频的有效机电耦合系数。

表 11.4 理论和模拟所得基频和二次谐频振动时的有效机电耦合系数

编号	K_{eff1}	K_{eff1-n}	K_{eff2}	K_{eff2-n}
No.1	0.27	0.29	0.01	0.28
No.2	0.25	0.26	0.15	0.37
No.3	0.31	0.33	0.09	0.21
No.4	0.27	0.28	0.03	0.29

由表 11.3 和表 11.4 可以看出，理论得出的基频和二次谐频振动时的共振频率、反共振频率，以及基频的有效机电耦合系数，与数值模拟的结果吻合较好，但二次谐频的有效机电耦合系数偏差较大。其主要原因是：①理论分析中忽略了级联式压电陶瓷换能器的机械损耗、介电损耗以及其他各种损耗和其弯曲和剪切振动；②理论分析中采用了一维理论，而对于换能器的二阶振动模态，这一近似可能不再严格适用。

11.2.5 纵向级联式压电陶瓷复合换能器的分析——考虑损耗和负载

11.2.4 节分析了忽略机械损耗、介电损耗和负载情况下的级联式压电陶瓷换能器的机电特性。当级联式压电陶瓷换能器在大功率状态下工作时，换能器的机械损耗和介电损耗会严重影响换能器的性能参数。为了使理论分析模型更加贴近实际情况，我们对考虑机械损耗及介电损耗和负载情况下的级联式压电陶瓷换能器进行分析。

我们基于一维理论得到了考虑机械损耗、介电损耗和负载情况下的级联式压电陶瓷换能器的机电等效电路，推导了级联式压电陶瓷换能器的共振/反共振频率方程，探讨了级联式压电陶瓷换能器的共振/反共振频率同其材料参数、几何尺寸、机械损耗、介电损耗和负载的关系。同时，分析了换能器的有效机电耦合系数、机械品质因数以及电声效率同其几何尺寸、机械损耗、介电损耗和负载的理论关系。

我们研制了三个不同尺寸的级联式压电陶瓷换能器，利用阻抗分析仪测试了其频率响应曲线及其共振/反共振频率。通过计算得到了有效机电耦合系数和机械品质因数，并与理论计算的结果相对比。

1. 理论分析

1) 换能器的机电等效电路

基于换能器的一维振动理论，考虑机械损耗、介电损耗和负载，得到了如图 11.26 所示的级联式压电陶瓷换能器的机电等效电路。

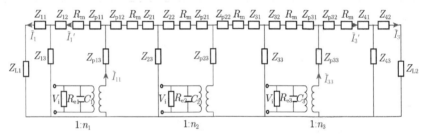

图 11.26　级联式压电陶瓷换能器的机电等效电路 (考虑损耗和负载) (扫描封底二维码可见彩图)

在图 11.26 中，红色箭头代表电流的方向，$\tilde{I}_1$ 和 $\tilde{I}_3$ 分别为通过负载阻抗 Z_{L1} 和 Z_{L2} 的电流，$\tilde{I}_1'$、$\tilde{I}_3'$、$\tilde{I}_{11}$ 和 $\tilde{I}_{33}$ 为分路电流；Z_{11}、Z_{12}、Z_{13}、Z_{21}、Z_{22}、Z_{23}、Z_{31}、Z_{32}、Z_{33} 和 Z_{41}、Z_{42}、Z_{43} 分别是从左向右四段金属圆柱的串并联阻抗；Z_{p11}、Z_{p12}、Z_{p13}，Z_{p21}、Z_{p22}、Z_{p23} 和 Z_{p31}、Z_{p32}、Z_{p33} 分别是从左向右三组压电陶瓷晶堆的串并联阻抗；C_1、C_2、C_3 分别为三组压电陶瓷晶堆的静态电容；n_1、n_2、n_3 分别为三组压电陶瓷晶堆的机电转换系数；Z_{L1} 和 Z_{L2} 分别为后、前盖板辐射面的负载阻抗；R_m 为机械损耗；R_{e1}、R_{e2}、R_{e3} 分别为三组压电陶瓷晶堆的介电损耗，具体表达式为

$$R_{e1} = \frac{R_{d01}}{p_1}, \quad R_{e2} = \frac{R_{d02}}{p_2}, \quad R_{e3} = \frac{R_{d03}}{p_3} \tag{11.112}$$

其中，R_{d01}、R_{d02}、R_{d03} 分别为三组压电陶瓷晶堆中的压电陶瓷圆片的介电损耗。

由于电路变换和化简的过程与 11.2.4 节相同，这里仅给出了最终的考虑损耗和负载情况下级联式压电陶瓷换能器的机电等效电路 (图 11.27)，其中红色的箭头代表电流的方向，$\tilde{I}_{i1}$、$\tilde{I}_{i2}$、$\tilde{I}_{i3}$ 分别为三组压电陶瓷晶堆的输入电流，$\tilde{I}_{11}$、$\tilde{I}_{22}$、$\tilde{I}_{22}'$、$\tilde{I}_{33}$、$\tilde{I}_{11}''$、$\tilde{I}_{22}''$、$\tilde{I}_{33}''$ 为各分路电流；绿色的曲线和箭头代表回路电流。

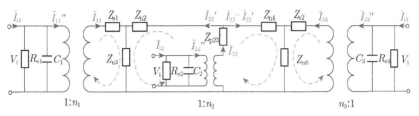

图 11.27 级联式压电陶瓷换能器的简化机电等效电路 (考虑损耗和负载) (扫描封底二维码可见彩图)

图 11.27 中各个阻抗的具体表达式为

$$\tilde{Z}_{\mathrm{m}} = Z_{\mathrm{p}11} + R_{\mathrm{m}} + Z_{12} + \frac{Z_{13}(Z_{11} + Z_{\mathrm{L}1})}{Z_{13} + Z_{11} + Z_{\mathrm{L}1}} \tag{11.113}$$

$$\tilde{Z}_{\mathrm{n}} = Z_{\mathrm{p}32} + R_{\mathrm{m}} + Z_{41} + \frac{Z_{43}(Z_{42} + Z_{\mathrm{L}2})}{Z_{43} + Z_{42} + Z_{\mathrm{L}2}} \tag{11.114}$$

$$\tilde{Z}_{\mathrm{f}} = Z_{\mathrm{p}12} + R_{\mathrm{m}} + Z_{21}, \quad \tilde{Z}_{\mathrm{b}} = Z_{\mathrm{p}21} + R_{\mathrm{m}} + Z_{22} \tag{11.115}$$

$$\tilde{Z}_{\mathrm{p}} = Z_{\mathrm{p}22} + R_{\mathrm{m}} + Z_{31}, \quad \tilde{Z}_{\mathrm{q}} = Z_{\mathrm{p}31} + R_{\mathrm{m}} + Z_{32} \tag{11.116}$$

$$\tilde{Z}_{\mathrm{s}1} = Z_{\mathrm{p}13} + \tilde{Z}_{\mathrm{n}1}, \quad \tilde{Z}_{\mathrm{s}2} = \tilde{Z}_{\mathrm{n}5} + Z_{\mathrm{p}33} \tag{11.117}$$

$$\tilde{Z}_{\mathrm{n}1} = \frac{\tilde{Z}_{\mathrm{t}1}\tilde{Z}_{\mathrm{m}1}}{\tilde{Z}_{\mathrm{t}1} + \tilde{Z}_{\mathrm{m}1} + \tilde{Z}_{\mathrm{t}3}}, \quad \tilde{Z}_{\mathrm{n}2} = \frac{\tilde{Z}_{\mathrm{t}1}\tilde{Z}_{\mathrm{t}3}}{\tilde{Z}_{\mathrm{t}1} + \tilde{Z}_{\mathrm{m}1} + \tilde{Z}_{\mathrm{t}3}} \tag{11.118}$$

$$\tilde{Z}_{\mathrm{n}3} = \frac{\tilde{Z}_{\mathrm{m}1}\tilde{Z}_{\mathrm{t}3}}{\tilde{Z}_{\mathrm{t}1} + \tilde{Z}_{\mathrm{m}1} + \tilde{Z}_{\mathrm{t}3}}, \quad \tilde{Z}_{\mathrm{n}4} = \frac{\tilde{Z}_{\mathrm{t}4}\tilde{Z}_{\mathrm{t}5}}{\tilde{Z}_{\mathrm{t}4} + \tilde{Z}_{\mathrm{t}5} + \tilde{Z}_{\mathrm{m}2}} \tag{11.119}$$

$$\tilde{Z}_{\mathrm{n}5} = \frac{\tilde{Z}_{\mathrm{t}4}\tilde{Z}_{\mathrm{m}2}}{\tilde{Z}_{\mathrm{t}4} + \tilde{Z}_{\mathrm{t}5} + \tilde{Z}_{\mathrm{m}2}}, \quad \tilde{Z}_{\mathrm{n}6} = \frac{\tilde{Z}_{\mathrm{t}5}\tilde{Z}_{\mathrm{m}2}}{\tilde{Z}_{\mathrm{t}4} + \tilde{Z}_{\mathrm{t}5} + \tilde{Z}_{\mathrm{m}2}} \tag{11.120}$$

$$\tilde{Z}_{\mathrm{m}1} = \frac{\tilde{Z}_{\mathrm{m}}\tilde{Z}_{\mathrm{t}2}}{\tilde{Z}_{\mathrm{m}} + \tilde{Z}_{\mathrm{t}2}}, \quad \tilde{Z}_{\mathrm{m}2} = \frac{\tilde{Z}_{\mathrm{n}}\tilde{Z}_{\mathrm{t}6}}{\tilde{Z}_{\mathrm{n}} + \tilde{Z}_{\mathrm{t}6}} \tag{11.121}$$

$$\tilde{Z}_{\mathrm{t}1} = \frac{\tilde{Z}_{\mathrm{f}}\tilde{Z}_{\mathrm{b}} + \tilde{Z}_{\mathrm{f}}\tilde{Z}_{23} + \tilde{Z}_{\mathrm{b}}\tilde{Z}_{23}}{\tilde{Z}_{23}}, \quad \tilde{Z}_{\mathrm{t}2} = \frac{\tilde{Z}_{\mathrm{f}}\tilde{Z}_{\mathrm{b}} + \tilde{Z}_{\mathrm{f}}\tilde{Z}_{23} + \tilde{Z}_{\mathrm{b}}\tilde{Z}_{23}}{\tilde{Z}_{\mathrm{b}}} \tag{11.122}$$

$$\tilde{Z}_{\mathrm{t}3} = \frac{\tilde{Z}_{\mathrm{f}}\tilde{Z}_{\mathrm{b}} + \tilde{Z}_{\mathrm{f}}\tilde{Z}_{23} + \tilde{Z}_{\mathrm{b}}\tilde{Z}_{23}}{\tilde{Z}_{\mathrm{f}}}, \quad \tilde{Z}_{\mathrm{t}4} = \frac{\tilde{Z}_{\mathrm{p}}\tilde{Z}_{\mathrm{q}} + \tilde{Z}_{\mathrm{p}}\tilde{Z}_{33} + \tilde{Z}_{\mathrm{q}}\tilde{Z}_{33}}{\tilde{Z}_{33}} \tag{11.123}$$

$$\tilde{Z}_{\mathrm{t}5} = \frac{\tilde{Z}_{\mathrm{p}}\tilde{Z}_{\mathrm{q}} + \tilde{Z}_{\mathrm{p}}\tilde{Z}_{33} + \tilde{Z}_{\mathrm{q}}\tilde{Z}_{33}}{\tilde{Z}_{\mathrm{q}}}, \quad \tilde{Z}_{\mathrm{t}6} = \frac{\tilde{Z}_{\mathrm{p}}\tilde{Z}_{\mathrm{q}} + \tilde{Z}_{\mathrm{p}}\tilde{Z}_{33} + \tilde{Z}_{\mathrm{q}}\tilde{Z}_{33}}{\tilde{Z}_{\mathrm{p}}} \tag{11.124}$$

级联式压电陶瓷换能器的输入电阻抗为

$$\tilde{Z}_{\mathrm{i}} = \frac{\tilde{Z}_{\mathrm{i}1}\tilde{Z}_{\mathrm{i}2}\tilde{Z}_{\mathrm{i}3}}{\tilde{Z}_{\mathrm{i}1}\tilde{Z}_{\mathrm{i}2} + \tilde{Z}_{\mathrm{i}1}\tilde{Z}_{\mathrm{i}3} + \tilde{Z}_{\mathrm{i}2}\tilde{Z}_{\mathrm{i}3}} \tag{11.125}$$

式中，$\tilde{Z}_{\mathrm{i}1}$、$\tilde{Z}_{\mathrm{i}2}$、$\tilde{Z}_{\mathrm{i}3}$ 是三组压电陶瓷晶堆的输入电阻抗，其具体表达式为

$$\tilde{Z}_{i1} = \frac{\tilde{Z}_{c1}\tilde{Z}_{rm1}}{n_1^2\tilde{Z}_{c1} + \tilde{Z}_{rm1}}, \quad \tilde{Z}_{i2} = \frac{\tilde{Z}_{c2}\tilde{Z}_{rm2}}{n_2^2\tilde{Z}_{c2} + \tilde{Z}_{rm2}}, \quad \tilde{Z}_{i3} = \frac{\tilde{Z}_{c3}\tilde{Z}_{rm3}}{n_3^2\tilde{Z}_{c3} + \tilde{Z}_{rm3}} \tag{11.126}$$

其中，$\tilde{Z}_{c1}$、$\tilde{Z}_{c2}$、$\tilde{Z}_{c3}$ 和 $\tilde{Z}_{rm1}$、$\tilde{Z}_{rm2}$、$\tilde{Z}_{rm3}$ 分别为三组压电陶瓷晶堆的静态电阻抗和机械阻抗，其具体表达式为

$$\tilde{Z}_{c1} = \frac{R_{e1}}{j\omega C_1 R_{e1} + 1}, \quad \tilde{Z}_{c2} = \frac{R_{e2}}{j\omega C_2 R_{e2} + 1}, \quad \tilde{Z}_{c3} = \frac{R_{e3}}{j\omega C_3 R_{e3} + 1} \tag{11.127}$$

$$\tilde{Z}_{rm1} = \frac{\begin{aligned}&(\tilde{Z}_{s1}\tilde{Z}_{n2} + \tilde{Z}_{s1}\tilde{Z}_{n3} + \tilde{Z}_{n2}\tilde{Z}_{n3})\left[\tilde{Z}_{s2}(\tilde{Z}_{n4} + \tilde{Z}_{n6} + Z_{23}) + \tilde{Z}_{n6}(\tilde{Z}_{n4} + Z_{23})\right]\\&+Z_{p23}(\tilde{Z}_{s1} + \tilde{Z}_{n3})(\tilde{Z}_{s2}\tilde{Z}_{n4} + \tilde{Z}_{s2}\tilde{Z}_{n6} + \tilde{Z}_{n4}\tilde{Z}_{n6})\end{aligned}}{\begin{aligned}&\tilde{Z}_{s2}\tilde{Z}_{n2}(\tilde{Z}_{n4} + \tilde{Z}_{n6} + Z_{23}) + \tilde{Z}_{n2}\tilde{Z}_{n6}(Z_{23} + \tilde{Z}_{n4})\\&+\tilde{Z}_{s2}Z_{p23}(\tilde{Z}_{n3} + \tilde{Z}_{n4} + \tilde{Z}_{n6})\\&+\tilde{Z}_{n3}(\tilde{Z}_{s2}\tilde{Z}_{n6} + \tilde{Z}_{s2}\tilde{Z}_{n4} + \tilde{Z}_{n4}\tilde{Z}_{n6})\left(1 - \frac{n_2}{n_1}\right)\\&+\tilde{Z}_{n3}\tilde{Z}_{n6}Z_{p23}\left(1 - \frac{n_3}{n_1}\right) + \tilde{Z}_{n4}\tilde{Z}_{n6}Z_{p23}\end{aligned}}$$

$$\tag{11.128}$$

$$\tilde{Z}_{rm2} = \frac{\begin{aligned}&(\tilde{Z}_{s1}\tilde{Z}_{n2} + \tilde{Z}_{s1}\tilde{Z}_{n3} + \tilde{Z}_{n2}\tilde{Z}_{n3})\left[\tilde{Z}_{s2}(\tilde{Z}_{n4} + \tilde{Z}_{n6} + Z_{p23}) + \tilde{Z}_{n6}(\tilde{Z}_{n4} + Z_{p23})\right]\\&+Z_{p23}(\tilde{Z}_{s1} + \tilde{Z}_{n3})(\tilde{Z}_{s2}\tilde{Z}_{n4} + \tilde{Z}_{s2}\tilde{Z}_{n6} + \tilde{Z}_{n4}\tilde{Z}_{n6})\end{aligned}}{\begin{aligned}&\tilde{Z}_{s1}\tilde{Z}_{s2}(\tilde{Z}_{n2} + \tilde{Z}_{n3} + \tilde{Z}_{n4} + \tilde{Z}_{n6})\\&+\tilde{Z}_{n6}(\tilde{Z}_{s1}\tilde{Z}_{n2} + \tilde{Z}_{s1}\tilde{Z}_{n3} + \tilde{Z}_{n2}\tilde{Z}_{n3})\left(1 - \frac{n_3}{n_2}\right)\\&+\tilde{Z}_{n3}(\tilde{Z}_{s2}\tilde{Z}_{n4} + \tilde{Z}_{s2}\tilde{Z}_{n6} + \tilde{Z}_{n4}\tilde{Z}_{n6})\left(1 - \frac{n_1}{n_2}\right)\\&+\tilde{Z}_{s1}\tilde{Z}_{n4}\tilde{Z}_{n6} + \tilde{Z}_{s2}\tilde{Z}_{n2}\tilde{Z}_{n3}\end{aligned}}$$

$$\tag{11.129}$$

$$\tilde{Z}_{rm3} = \frac{\begin{aligned}&(\tilde{Z}_{s1}\tilde{Z}_{n2} + \tilde{Z}_{s1}\tilde{Z}_{n3} + \tilde{Z}_{n2}\tilde{Z}_{n3})\left[\tilde{Z}_{s2}(\tilde{Z}_{n4} + \tilde{Z}_{n6} + Z_{23}) + \tilde{Z}_{n6}(\tilde{Z}_{n4} + Z_{23})\right]\\&+Z_{p23}(\tilde{Z}_{s1} + \tilde{Z}_{n3})(\tilde{Z}_{s2}\tilde{Z}_{n4} + \tilde{Z}_{s2}\tilde{Z}_{n6} + \tilde{Z}_{n4}\tilde{Z}_{n6})\end{aligned}}{\begin{aligned}&\tilde{Z}_{n6}(\tilde{Z}_{s1}\tilde{Z}_{n2} + \tilde{Z}_{s1}\tilde{Z}_{n3} + \tilde{Z}_{n2}\tilde{Z}_{n3})\left(1 - \frac{n_2}{n_3}\right)\\&+(\tilde{Z}_{s1}\tilde{Z}_{n2} + \tilde{Z}_{s1}\tilde{Z}_{n3} + \tilde{Z}_{n2}\tilde{Z}_{n3})(\tilde{Z}_{n4} + Z_{p23})\\&+Z_{p23}(\tilde{Z}_{s1}\tilde{Z}_{n6} + \tilde{Z}_{s1}\tilde{Z}_{n4} + \tilde{Z}_{n3}\tilde{Z}_{n4})\\&+\tilde{Z}_{n3}\tilde{Z}_{n6}Z_{p23}\left(1 - \frac{n_1}{n_3}\right)\end{aligned}}$$

$$\tag{11.130}$$

2) 纵向级联式压电陶瓷复合换能器的频率方程及性能参数

根据纵向级联式压电陶瓷复合换能器的共振/反共振频率的定义，可得共振/反共振频率方程为

$$\tilde{Z}_i = 0 \tag{11.131}$$

$$\tilde{Z}_i \to \infty \tag{11.132}$$

利用式 (11.131) 和式 (11.132)，当换能器的材料参数和几何尺寸已知时，可以得到不同模态下的共振频率 f_r 和反共振频率 f_a，进而可以得到有效机电耦合系数：

$$K_{\text{eff}} = \sqrt{1 - \left(\frac{f_r}{f_a}\right)^2} \tag{11.133}$$

机械品质因数为

$$Q_{\text{m}} = \frac{f_a}{2(f_a - f_r)}\sqrt{\frac{Z_a}{Z_r}} \tag{11.134}$$

式中，Z_r 和 Z_a 是输入电阻抗的最小值和最大值。

η_b、η_f、η 分别为后盖板辐射声波、前盖板辐射声波、前后盖板同时辐射声波时，纵向级联式压电陶瓷复合换能器的电声效率：

$$\eta_b = \frac{Z_{L1}}{Z_i} \cdot \frac{1}{\left(A_{11}A_{12}A_{13} + A_{21}A_{12}A_{13}A + A_{31}A_{12}A_{13}B\right)^2} \tag{11.135}$$

$$\eta_f = \frac{Z_{L2}}{Z_i} \cdot \frac{1}{\left(A_{11}A_{32}A_{33}\dfrac{1}{B} + A_{21}\dfrac{A}{B}A_{32}A_{33} + A_{31}A_{32}A_{33}\right)^2} \tag{11.136}$$

$$\eta = \eta_b + \eta_f = \frac{Z_{L1}}{Z_i} \cdot \frac{1}{\left(A_{11}A_{12}A_{13} + A_{21}A_{12}A_{13}A + A_{31}A_{12}A_{13}B\right)^2}$$
$$+ \frac{Z_{L2}}{Z_i} \cdot \frac{1}{\left(A_{11}A_{32}A_{33}\dfrac{1}{B} + A_{21}\dfrac{A}{B}A_{32}A_{33} + A_{31}A_{32}A_{33}\right)^2} \tag{11.137}$$

其中，A、B、A_{13}、A_{33}、A_{11}、A_{21}、A_{31}、A_{12} 和 A_{32} 为引入的参数，具体表达式为

$$A = \frac{(\tilde{Z}_{s1} - \tilde{Z}_{rm1})(\tilde{Z}_{n2} + \tilde{Z}_{n3}) + \tilde{Z}_{n2}\tilde{Z}_{n3}}{\tilde{Z}_{n3}(\tilde{Z}_{p23} - \tilde{Z}_{rm2})} \tag{11.138}$$

$$B = \frac{\tilde{Z}_{n6}\left[(\tilde{Z}_{s1} - \tilde{Z}_{rm1})(\tilde{Z}_{n2} + \tilde{Z}_{n3}) - (\tilde{Z}_{rm1} - \tilde{Z}_{s1} - \tilde{Z}_{n3})(Z_{p23} - \tilde{Z}_{rm2}) + \tilde{Z}_{n2}\tilde{Z}_{n3}\right]}{\tilde{Z}_{n3}(Z_{p23} - \tilde{Z}_{rm2})(\tilde{Z}_{rm3} - \tilde{Z}_{s2} - \tilde{Z}_{n6})} \tag{11.139}$$

$$A_{13} = \frac{Z_{11} + Z_{13} + Z_{L1}}{Z_{13}}, \quad A_{33} = \frac{Z_{42} + Z_{43} + Z_{L2}}{Z_{43}} \tag{11.140}$$

$$A_{11} = \frac{n_1 \tilde{Z}_{c1} + \tilde{Z}_{rm1}/n_1}{\tilde{Z}_{c1}}, \quad A_{21} = \frac{n_2 \tilde{Z}_{c2} + \tilde{Z}_{rm2}/n_2}{\tilde{Z}_{c2}}, \quad A_{31} = \frac{n_3 \tilde{Z}_{c3} + \tilde{Z}_{rm3}/n_3}{\tilde{Z}_{c3}} \tag{11.141}$$

$$A_{12} = \frac{\tilde{Z}_m}{\tilde{Z}_{rm1} - Z_{p13}}, \quad A_{32} = \frac{\tilde{Z}_n}{\tilde{Z}_{rm3} - Z_{p33}} \tag{11.142}$$

根据图 11.27 及电路中标注的电流，运用并联电压相等的原理，可以得到

$$\begin{cases} \tilde{I}_1(Z_{11} + Z_{L1}) = (\tilde{I}'_1 - \tilde{I}_1)Z_{13} \\ \tilde{I}_3(Z_{42} + Z_{L2}) = (\tilde{I}'_3 - \tilde{I}_3)Z_{43} \end{cases} \tag{11.143}$$

$$\begin{cases} \tilde{I}_{11}(\tilde{Z}_{rm1} - Z_{p13}) = \tilde{I}'_1 \tilde{Z}_m \\ \tilde{I}_{33}(\tilde{Z}_{rm3} - Z_{p33}) = \tilde{I}'_3 \tilde{Z}_n \end{cases} \tag{11.144}$$

求解上述方程，用 $\tilde{I}_1$ 来表示 $\tilde{I}'_1$，$\tilde{I}_3$ 来表示 $\tilde{I}'_3$，$\tilde{I}'_1$ 来表示 $\tilde{I}_{11}$，$\tilde{I}'_3$ 来表示 $\tilde{I}_{33}$，有

$$\tilde{I}'_1 = \frac{Z_{11} + Z_{L1} + Z_{13}}{Z_{13}} \tilde{I}_1 = A_{13} \tilde{I}_1 \tag{11.145}$$

$$\tilde{I}'_3 = \frac{Z_{42} + Z_{L2} + Z_{43}}{Z_{43}} \tilde{I}_3 = A_{33} \tilde{I}_3 \tag{11.146}$$

$$\tilde{I}_{11} = \frac{\tilde{Z}_m}{\tilde{Z}_{rm1} - Z_{p13}} \tilde{I}'_1 = A_{12} \tilde{I}'_1 \tag{11.147}$$

$$\tilde{I}_{33} = \frac{\tilde{Z}_n}{\tilde{Z}_{rm3} - Z_{p33}} \tilde{I}'_3 = A_{32} \tilde{I}'_3 \tag{11.148}$$

式中 A_{13}、A_{33}、A_{12} 和 A_{32} 为引入参数。根据图 11.27 所示的电路及电路中标注的电流且有 $\tilde{I}''_{11} = n_1 \tilde{I}_{11}$、$\tilde{I}''_{22} = n_2 \tilde{I}_{22}$ 和 $\tilde{I}''_{33} = n_3 \tilde{I}_{33}$，可以得到如下方程：

$$\begin{cases} (\tilde{I}_{i1} - \tilde{I}''_{11})\tilde{Z}_{c1} = \tilde{I}''_{11} \dfrac{\tilde{Z}_{rm1}}{n_1^2} \\[2mm] (\tilde{I}_{i2} - \tilde{I}''_{22})\tilde{Z}_{c2} = \tilde{I}''_{22} \dfrac{\tilde{Z}_{rm2}}{n_2^2} \\[2mm] (\tilde{I}_{i3} - \tilde{I}''_{33})\tilde{Z}_{c3} = \tilde{I}''_{33} \dfrac{\tilde{Z}_{rm3}}{n_3^2} \end{cases} \tag{11.149}$$

求解式 (11.149)，用 $\tilde{I}''_{11}$ 来表示 $\tilde{I}_{i1}$，$\tilde{I}''_{22}$ 来表示 $\tilde{I}_{i2}$，$\tilde{I}''_{33}$ 来表示 $\tilde{I}_{i3}$，有

$$\tilde{I}_{i1} = \frac{Z_{rm1}/n_1 + n_1 Z_{c1}}{Z_{c1}} \tilde{I}''_{11} = A_{11} \tilde{I}''_{11} \tag{11.150}$$

$$\tilde{I}_{i2} = \frac{Z_{rm2}/n_2 + n_2 Z_{c2}}{Z_{c2}} \tilde{I}''_{22} = A_{21} \tilde{I}''_{22} \tag{11.151}$$

$$\tilde{I}_{i3} = \frac{Z_{rm3}/n_3 + n_3 Z_{c3}}{Z_{c3}} \tilde{I}_{33}'' = A_{31} \tilde{I}_{33}'' \tag{11.152}$$

式中，A_{11}、A_{21} 和 A_{31} 为引入参数。根据电路中回路电流方程，可以得到如下方程：

$$n_1 V_1 = \tilde{I}_{11} \tilde{Z}_{rm1} = \tilde{I}_{11} \tilde{Z}_{s1} + (\tilde{I}_{22}' + \tilde{I}_{11}) \tilde{Z}_{n3} \tag{11.153}$$

$$n_2 V_2 = \tilde{I}_{22} \tilde{Z}_{rm2} = \tilde{I}_{22} Z_{p23} + \tilde{I}_{22}' \tilde{Z}_{n2} + (\tilde{I}_{22}' + \tilde{I}_{11}) \tilde{Z}_{n3} \tag{11.154}$$

$$n_3 V_3 = \tilde{I}_{33} \tilde{Z}_{rm3} = \tilde{I}_{33} \tilde{Z}_{s2} + (\tilde{I}_{33} + \tilde{I}_{22} - \tilde{I}_{22}') \tilde{Z}_{n6} \tag{11.155}$$

用 $\tilde{I}_{11}$ 来表示 $\tilde{I}_{22}'$，有

$$\tilde{I}_{22}' = \frac{\tilde{Z}_{rm1} - \tilde{Z}_{s1} - \tilde{Z}_{n3}}{\tilde{Z}_{n3}} \tilde{I}_{11} \tag{11.156}$$

由式 (11.154)、式 (11.155)，分别用 $\tilde{I}_{11}$ 表示 $\tilde{I}_{22}$，$\tilde{I}_{11}$ 表示 $\tilde{I}_{33}$，且将式 (11.156) 代入得

$$\tilde{I}_{22} = \frac{(Z_{s1} - Z_{rm1})(Z_{n2} + Z_{n3}) + Z_{n2} Z_{n3}}{Z_{n3}(Z_{p23} - Z_{rm2})} \tilde{I}_{11} = A \tilde{I}_{11} \tag{11.157}$$

$$\tilde{I}_{33} = \frac{Z_{n6} \Big[(Z_{s1} - Z_{rm1})(Z_{n2} + Z_{n3}) - (Z_{rm1} - Z_{s1} - Z_{n3})(Z_{p23} - Z_{rm2}) + Z_{n2} Z_{n3} \Big]}{Z_{n3}(Z_{p23} - Z_{rm2})(Z_{rm3} - Z_{s2} - Z_{n6})} \tilde{I}_{11} = B \tilde{I}_{11}$$

$$\tag{11.158}$$

A 和 B 为引入参数。由电声效率的定义，可得

$$\eta_b = \frac{\tilde{I}_1^2 Z_{L1}}{(\tilde{I}_{i1} + \tilde{I}_{i2} + \tilde{I}_{i3})^2 Z_i} = \frac{Z_{L1}}{Z_i} \cdot \frac{\tilde{I}_1^2}{(\tilde{I}_{i1} + \tilde{I}_{i2} + \tilde{I}_{i3})^2} \tag{11.159}$$

$$\eta_f = \frac{\tilde{I}_3^2 Z_{L2}}{(\tilde{I}_{i1} + \tilde{I}_{i2} + \tilde{I}_{i3})^2 Z_i} = \frac{Z_{L2}}{Z_i} \cdot \frac{\tilde{I}_3^2}{(\tilde{I}_{i1} + \tilde{I}_{i2} + \tilde{I}_{i3})^2} \tag{11.160}$$

为了进一步化简式 (11.159) 和式 (11.160)，将 $\tilde{I}_{i1}$、$\tilde{I}_{i2}$ 和 $\tilde{I}_{i3}$ 用 $\tilde{I}_1$ 或 $\tilde{I}_3$ 表示，则有

$$\begin{cases} \tilde{I}_{i1} = A_{11} \tilde{I}_{11} = A_{11} A_{12} \tilde{I}_1' = A_{11} A_{12} A_{13} \tilde{I}_1 \\ \tilde{I}_{i2} = A_{21} \tilde{I}_{22} = A_{21} A \tilde{I}_{11} = A_{21} A A_{12} \tilde{I}_1' = A_{21} A A_{12} A_{13} \tilde{I}_1 \\ \tilde{I}_{i3} = A_{31} \tilde{I}_{33} = A_{31} B \tilde{I}_{11} = A_{31} B A_{12} \tilde{I}_1' = A_{31} B A_{12} A_{13} \tilde{I}_1 \end{cases} \tag{11.161}$$

$$\begin{cases} \tilde{I}_{i1} = A_{11} \tilde{I}_{11} = \dfrac{A_{11}}{B} \tilde{I}_{33} = \dfrac{A_{11}}{B} A_{32} \tilde{I}_3' = \dfrac{A_{11}}{B} A_{32} A_{33} \tilde{I}_3 \\ \tilde{I}_{i2} = A_{21} \tilde{I}_{22} = A_{21} A \tilde{I}_{11} = A_{21} \dfrac{A}{B} \tilde{I}_{33} = A_{21} \dfrac{A}{B} A_{32} \tilde{I}_3' = A_{21} \dfrac{A}{B} A_{32} A_{33} \tilde{I}_3 \\ \tilde{I}_{i3} = A_{31} \tilde{I}_{33} = A_{31} A_{32} \tilde{I}_3' = A_{31} A_{32} A_{33} \tilde{I}_3 \end{cases} \tag{11.162}$$

将式 (11.161) 代入式 (11.159)、式 (11.162) 代入式 (11.160)，可以得到前盖板、后盖板、前后盖板辐射超声的电声效率 η_b、η_f、η。

3) 换能器输入电阻抗及电声效率等机电参数的频率响应曲线

这里依然选用铝和 PZT-4 分别作为级联式压电陶瓷换能器的金属材料和压电陶瓷材料，研究了不同机械损耗、介电损耗和负载情况下，换能器的输入电阻抗、电声效率与其频率的关系。选用换能器的几何尺寸为 $p_1 = p_2 = p_3 = 2$，$L_1 = 0.03\text{m}$，$L_2 = 0.04\text{m}$，$L_3 = 0.02\text{m}$，$L_4 = 0.11\text{m}$，$L_{01} = L_{02} = L_{03} = 0.005\text{m}$，$R_1 = R_2 = R_3 = R_4 = R_{01} = R_{02} = R_{03} = 0.02\text{m}$。不同条件下换能器输入电阻抗的频率响应曲线如图 11.28 所示，电声效率的频率响应曲线如图 11.29 所示。

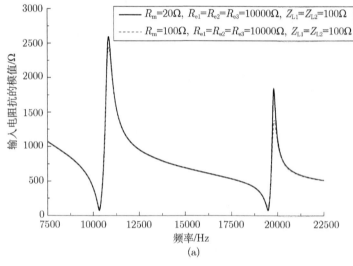

(a)

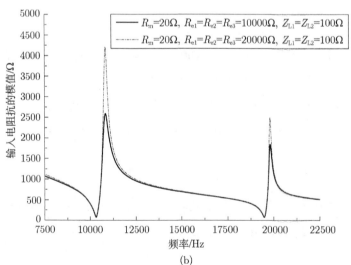

(b)

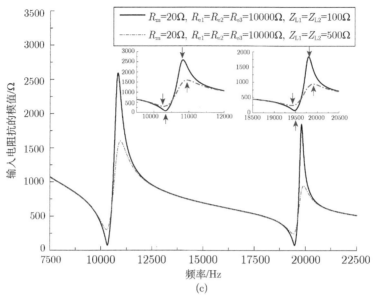

图 11.28 不同条件下级联式换能器输入电阻抗的频率响应曲线

(a) 不同机械损耗；(b) 不同介电损耗；(c) 不同负载

在图 11.28 中，阻抗谷值对应的频率为共振频率，阻抗峰值所对应的频率为反共振频率；图 11.28 (c) 中给出了阻抗峰附近的放大图像以进行清晰的比较，箭头表示两条曲线的峰和谷。可以看出，机械损耗和介电损耗对输入电阻抗的模值有很大影响，但对共振/反共振频率的影响很小；负载对输入电阻抗的模值、共振/反共振频率有明显的影响，当负载的值变大时，对应共振频率的输入电阻抗的模值变大，而对应于反共振频率的输入电阻抗的模值变小。

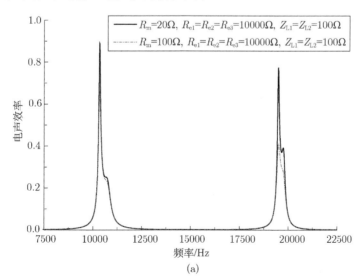

(a)

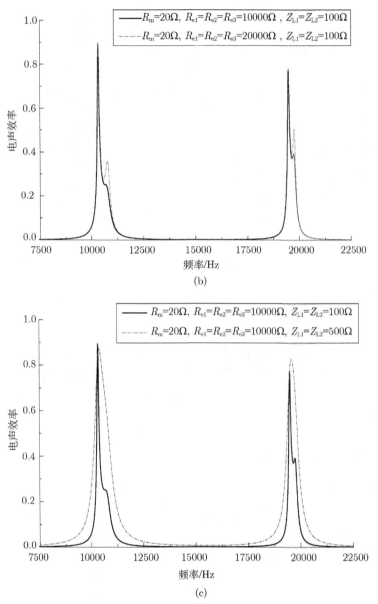

图 11.29　不同条件下级联式换能器电声效率的频率曲线

(a) 不同机械损耗；(b) 不同介电损耗；(c) 不同负载

在图 11.29 中，可以看出，每个振动模式都有两个峰值，所对应的频率的值分别接近图 11.28 中的共振/反共振频率；显而易见，机械损耗、介电损耗和负载对电声效率有很大影响。

2. 级联式压电陶瓷换能器的优化设计分析

这里研究了级联式压电陶瓷换能器的几何尺寸、负载与其共振/反共振频率、有效机电耦合系数、机械品质因数和电声效率的关系。

首先，分析了压电陶瓷晶堆 PZT-2 位置对换能器的共振/反共振频率、有效机电耦合系数、机械品质因数和电声效率的影响；其次，分析了压电陶瓷晶堆 PZT-3 位置对换能器的共振/反共振频率、有效机电耦合系数、机械品质因数和电声效率的影响；最后，分析了负载对换能器的共振/反共振频率、有效机电耦合系数、机械品质因数和电声效率的影响。

1) 压电陶瓷晶堆 PZT-2 位置对换能器性能参数的影响

令换能器的几何尺寸为：$p_1 = p_2 = p_3 = 2$，$L_1 = 0.03\text{m}$，$L_2 + L_3 = 0.11\text{m}$，$L_4 = 0.06\text{m}$，$L_{01} = L_{02} = L_{03} = 0.005\text{m}$，$R_1 = R_2 = R_3 = R_4 = R_{01} = R_{02} = R_{03} = 0.02\text{m}$；机械损耗、介电损耗和负载分别为：$R_{\text{m}} = 20\Omega$，$R_{\text{e1}} = R_{\text{e2}} = R_{\text{e3}} = 10000\Omega$，$Z_{\text{L1}} = Z_{\text{L2}} = 100\Omega$。当换能器的总长度保持不变时，长度 L_3 变化意味着压电陶瓷晶堆 PZT-2 位置的变化。换能器处于基频和二次谐频振动时，其共振/反共振频率与长度 L_3 的关系分别如图 11.30 和图 11.31 所示。换能器处于基频和二次谐频振动时，其有效机电耦合系数、机械品质因数和电声效率与长度 L_3 的关系分别如图 11.32、图 11.33 和图 11.34 所示。

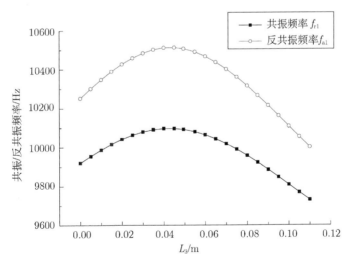

图 11.30 基频振动时共振/反共振频率与长度 L_3 的关系 (压电陶瓷晶堆 PZT-2 位置影响)

由图 11.30 可以看出，当长度 L_3 逐渐增大时，换能器的共振/反共振频率出现最大值。

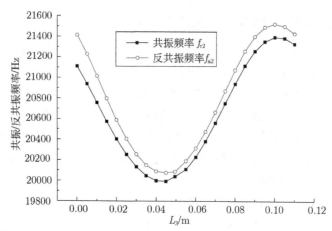

图 11.31   二次谐频振动时共振/反共振频率与长度 L_3 的关系 (压电陶瓷晶堆 PZT-2 位置影响)

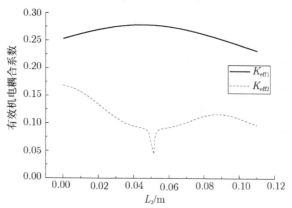

图 11.32   基频和二次谐频振动时有效机电耦合系数与长度 L_3 的关系
(压电陶瓷晶堆 PZT-2 位置影响)

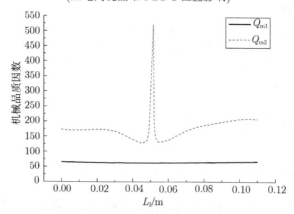

图 11.33   基频和二次谐频振动时机械品质因数与长度 L_3 的关系
(压电陶瓷晶堆 PZT-2 位置影响)

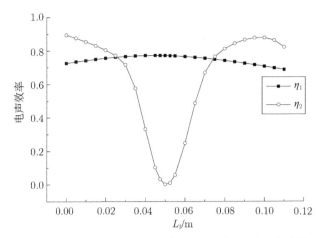

图 11.34 基频和二次谐频振动时电声效率与长度 L_3 的关系 (压电陶瓷晶堆 PZT-2 位置影响)

由图 11.31 可以看出，当长度 L_3 逐渐增大时，换能器的共振/反共振频率先出现最小值，然后会出现一个最大值。

由图 11.32 可以看出，当长度 L_3 增大时，基频的有效机电耦合系数出现最大值；处于二次谐频的有效机电耦合系数整体呈现下降的趋势，但存在最大及最小值。另外，处于基频的有效机电耦合系数均高于处于二次谐频的有效机电耦合系数。

由图 11.33 可以看出，随着长度 L_3 的变化，基频振动的机械品质因数基本保持不变；处于二次谐频的机械品质因数的变化规律比较复杂，且存在一个最大值；另外，处于基频的机械品质因数均低于处于二次谐频的机械品质因数。

由图 11.34 可以看出，当长度 L_3 变化时，处于基频振动的电声效率变化不大，但有一个最大值；处于二次谐频的电声效率先减小后增大，且有一个最小值。

2) 压电陶瓷晶堆 PZT-3 位置对换能器性能参数的影响

这里分析了压电陶瓷晶堆 PZT-3 位置与级联式压电陶瓷换能器的共振/反共振频率、有效机电耦合系数、机械品质因数和电声效率的关系。保持换能器的总长度、长度 L_1 和长度 L_2 不变，所以长度 L_3 的变化意味着压电陶瓷晶堆 PZT-3 位置的变化。级联式压电陶瓷换能器的几何尺度为：$p_1 = p_2 = p_3 = 2$、$L_1 = 0.03\mathrm{m}$、$L_2 = 0.04\mathrm{m}$、$L_3 + L_4 = 0.13\mathrm{m}$、$L_{01} = L_{02} = L_{03} = 0.005\mathrm{m}$、$R_1 = R_2 = R_3 = R_4 = R_{01} = R_{02} = R_{03} = 0.02\mathrm{m}$；机械损耗、介电损耗和负载分别为：$R_\mathrm{m} = 20\Omega$、$R_{\mathrm{e}1} = R_{\mathrm{e}2} = R_{\mathrm{e}3} = 10000\Omega$、$Z_{\mathrm{L}1} = Z_{\mathrm{L}2} = 100\Omega$。换能器处于基频和二次谐频振动时，其共振/反共振频率与长度 L_3 的关系分别如图 11.35 和图 11.36 所示。换能器处于基频和二次谐频振动时，其有效机电耦合系数、机械品质因数和电声效率与长度 L_3 的关系分别如图 11.37、图 11.38 和图 11.39 所示。

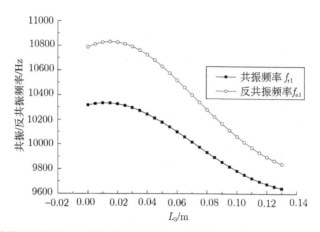

图 11.35　基频振动时共振/反共振频率与长度 L_3 的关系 (压电陶瓷晶堆 PZT-3 位置影响)

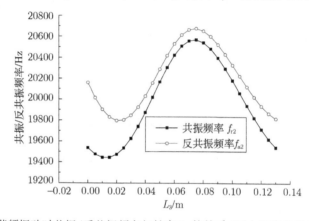

图 11.36　二次谐频振动时共振/反共振频率与长度 L_3 的关系 (压电陶瓷晶堆 PZT-3 位置影响)

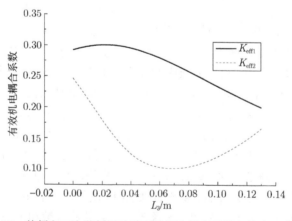

图 11.37　基频和二次谐频振动时有效机电耦合系数与长度 L_3 的关系

(压电陶瓷晶堆 PZT-3 位置影响)

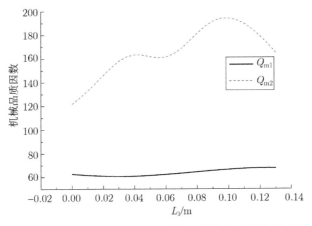

图 11.38 基频和二次谐频振动时机械品质因数与长度 L_3 的关系 (压电陶瓷晶堆 PZT-3 位置影响)

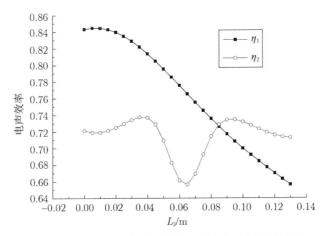

图 11.39 基频和二次谐频振动时电声效率与长度 L_3 的关系 (压电陶瓷晶堆 PZT-3 位置影响)

由图 11.35 可以看出，当长度 L_3 增大时，处于基频时的共振/反共振频率整体出现下降的趋势。

由图 11.36 可以看出，当长度 L_3 增大时，处于二次谐频时的共振/反共振频率的变化规律比较复杂，并存在最小值及最大值。

由图 11.37 可以看出，当长度 L_3 变化时，处于基频的有效机电耦合系数先增大后减小；处于二次谐频的有效机电耦合系数则出现相反的变化趋势，且处于基频的有效机电耦合系数均高于处于二次谐频的有效机电耦合系数。

由图 11.38 可以看出，当长度 L_3 变化时，处于基频的机械品质因数先减小后增大，但变化范围很小；处于二次谐频的机械品质因数先增大后小幅减小，再增大后减小，机械品质因数出现了两个峰值，且处于基频的机械品质因数均小于二次谐频时的值。

由图 11.39 可以看出，当长度 L_3 增大时，处于基频的电声效率先小幅增大后减小，电声效率有一个最大值；处于二次谐频的电声效率出现了两个最大值和一个最小值。

3) 负载对换能器性能参数的影响

这里研究了负载与级联式压电陶瓷换能器的共振/反共振频率、有效机电耦合系数、机械品质因数和电声效率的关系。级联式压电陶瓷换能器的几何尺寸为：$p_1 = p_2 = p_3 = 2$，$L_1 = 0.03\mathrm{m}$，$L_2 = 0.04\mathrm{m}$，$L_3 = 0.02\mathrm{m}$，$L_4 = 0.11\mathrm{m}$，$L_{01} = L_{02} = L_{03} = 0.005\mathrm{m}$，$R_1 = R_2 = R_3 = R_4 = R_{01} = R_{02} = R_{03} = 0.02\mathrm{m}$；机械损耗、介电损耗分别为：$R_\mathrm{m} = 20\Omega$，$R_{\mathrm{e}1} = R_{\mathrm{e}2} = R_{\mathrm{e}3} = 10000\Omega$。换能器处于基频和二次谐频振动时的共振/反共振频率与负载的关系分别如图 11.40 和图 11.41 所示。换能器处于基频和二次谐频振动时的有效机电耦合系数、机械品质因数以及电声效率与负载机械阻抗的关系分别如图 11.42、图 11.43 和图 11.44 所示。

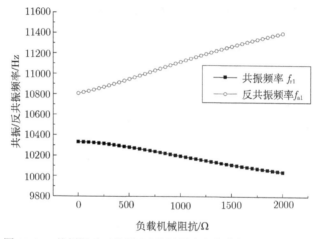

图 11.40　基频振动时共振/反共振频率与负载机械阻抗的关系

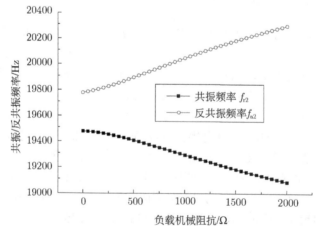

图 11.41　二次谐频振动时共振/反共振频率与负载机械阻抗的关系

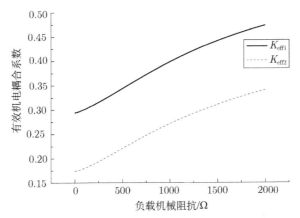

图 11.42　基频和二次谐频振动时有效机电耦合系数与负载机械阻抗的关系

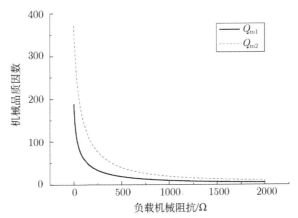

图 11.43　基频和二次谐频振动时机械品质因数与负载机械阻抗的关系

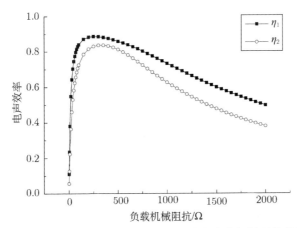

图 11.44　基频和二次谐频振动时电声效率与负载机械阻抗的关系

由图 11.40 可以看出，当负载 Z_{L1} 和 Z_{L2} 增大时，处于基频时的共振频率逐渐减小，而反共振频率则逐渐增大。

由图 11.41 可以看出，当负载 Z_{L1} 和 Z_{L2} 增大时，处于二次谐频时的共振频率逐渐减小，反共振频率逐渐增大。

由图 11.42 可以看出，当负载 Z_{L1} 和 Z_{L2} 增大时，处于基频和二次谐频的有效机电耦合系数逐渐增大，且处于基频的有效机电耦合系数均高于处于二次谐频的有效机电耦合系数。

由图 11.43 可以看出，当负载 Z_{L1} 和 Z_{L2} 增大时，处于基频和二次谐频的机械品质因数均迅速减小后趋于平稳，且处于基频的机械品质因数均低于处于二次谐频的机械品质因数。

由图 11.44 可以看出，当负载 Z_{L1} 和 Z_{L2} 增大时，处于基频及二次谐频的电声效率迅速增大后减小，电声效率有最大值，且处于基频的电声效率均高于二次谐频的电声效率。

11.3　径向级联式压电陶瓷换能器

在 11.2 节中，我们对纵向级联式压电陶瓷复合超声换能器的纵向振动进行了分析。与此类似，径向夹心式压电陶瓷换能器也可以采用级联的方式而形成径向级联式压电陶瓷换能器。采用径向级联式压电陶瓷换能器，不仅可以增大换能器的输入功率，而且可以提高此类换能器的声强度，从而形成一个大功率高强度的径向辐射声场，增大超声波的作用范围，扩大超声波的应用范围和技术领域。本节将对径向级联式压电陶瓷换能器的设计理论以及机电特性进行分析。首先，通过理论分析得到径向级联式压电陶瓷换能器的机电等效电路，在此基础上，得出换能器的输入电阻抗，并给出换能器的共振/反共振频率，同时计算出径向级联式压电陶瓷复合换能器在共振模态下的有效机电耦合系数。下面的分析分为两种情况，分别为厚电极和薄电极结构。

11.3.1　径向级联式压电陶瓷换能器的机电等效电路和频率方程 (厚电极)

径向级联式压电陶瓷换能器由两个等截面径向极化的压电陶瓷环型振子 (p_1、p_2) 和三个等截面金属环型振子 (m_1、m_2、m_3) 沿径向交替排列而成，其中中间的金属圆环相当于一个金属厚电极，其结构如图 11.45 (a) 所示。径向级联式换能器的几何尺寸及两个压电环型振子的极化方向见图 11.45 (b)。径向级联式换能器由内而外的半径依次为 R_1、R_2、R_3、R_4、R_5 和 R_6，轴向高度为 h_1，且径向尺寸比轴向高度大得多。

在前文的分析中，已经分别详细地给出了等截面金属圆环以及压电环型振子的理论分析。因此，结合前文的结果，可以方便地给出径向级联式压电陶瓷复合超声换能器的等效电路，如图 11.46 所示。其中，在压电/金属圆环振子的接触面，径向力和位移是连续的。

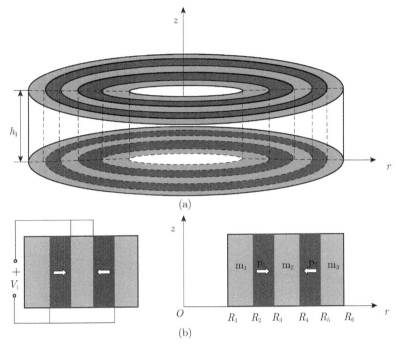

(a)

(b)

图 11.45 径向级联式压电陶瓷换能器的结构图及纵剖面图

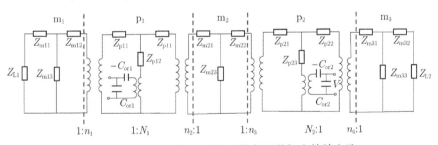

图 11.46 径向级联式压电陶瓷换能器的机电等效电路

在图 11.46 中，Z_{L1} 和 Z_{L2} 分别为换能器内外端面的负载机械阻抗；Z_{m11}、Z_{m12}、Z_{m13}、Z_{m21}、Z_{m22}、Z_{m23} 及 Z_{m31}、Z_{m32}、Z_{m33} 依次为三个金属环型振子的等效机械阻抗，其表达式如下：

$$Z_{m11} = j\frac{2Z_1}{\pi k_1 R_1 \left[J_1(k_1 R_2)Y_1(k_1 R_1) - J_1(k_1 R_1)Y_1(k_1 R_2) \right]}$$
$$\times \left[\frac{J_1(k_1 R_2)Y_0(k_1 R_1) - J_0(k_1 R_1)Y_1(k_1 R_2) - J_1(k_1 R_1)Y_0(k_1 R_1) + J_0(k_1 R_1)Y_1(k_1 R_1)}{J_1(k_1 R_1)Y_0(k_1 R_1) - J_0(k_1 R_1)Y_1(k_1 R_1)} \right]$$

$$- \mathrm{j} \frac{2Z_1(1-\nu_1)}{\pi (k_1 R_1)^2 \left[\mathrm{J}_1(k_1 R_1) \mathrm{Y}_0(k_1 R_1) - \mathrm{J}_0(k_1 R_1) \mathrm{Y}_1(k_1 R_1) \right]} \tag{11.163}$$

$$Z_{\mathrm{m}12} = \mathrm{j} \frac{2Z_1}{\pi k_1 R_1 \left[\mathrm{J}_1(k_1 R_2) \mathrm{Y}_1(k_1 R_1) - \mathrm{J}_1(k_1 R_1) \mathrm{Y}_1(k_1 R_2) \right]}$$

$$\times \left[\frac{\mathrm{J}_1(k_1 R_1) \mathrm{Y}_0(k_1 R_2) - \mathrm{J}_0(k_1 R_2) \mathrm{Y}_1(k_1 R_1) - \mathrm{J}_1(k_1 R_2) \mathrm{Y}_0(k_1 R_2) + \mathrm{J}_0(k_1 R_2) \mathrm{Y}_1(k_1 R_2)}{\mathrm{J}_1(k_1 R_2) \mathrm{Y}_0(k_1 R_2) - \mathrm{J}_0(k_1 R_2) \mathrm{Y}_1(k_1 R_2)} \right]$$

$$+ \mathrm{j} \frac{2Z_2(1-\nu_1)}{\pi (k_1 R_2)^2 \left[\mathrm{J}_1(k_1 R_2) \mathrm{Y}_0(k_1 R_2) - \mathrm{J}_0(k_1 R_2) \mathrm{Y}_1(k_1 R_2) \right]} \tag{11.164}$$

$$Z_{\mathrm{m}13} = \mathrm{j} \frac{2Z_1}{\pi k_1 R_1 \left[\mathrm{J}_1(k_1 R_2) \mathrm{Y}_1(k_1 R_1) - \mathrm{J}_1(k_1 R_1) \mathrm{Y}_1(k_1 R_2) \right]}$$

$$= \mathrm{j} \frac{2Z_2}{\pi k_1 R_2 \left[\mathrm{J}_1(k_1 R_2) \mathrm{Y}_1(k_1 R_1) - \mathrm{J}_1(k_1 R_1) \mathrm{Y}_1(k_1 R_2) \right]} \tag{11.165}$$

$$Z_{\mathrm{m}21} = \mathrm{j} \frac{2Z_3}{\pi k_2 R_3 \left[\mathrm{J}_1(k_2 R_4) \mathrm{Y}_1(k_2 R_3) - \mathrm{J}_1(k_2 R_3) \mathrm{Y}_1(k_2 R_4) \right]}$$

$$\times \left[\frac{\mathrm{J}_1(k_2 R_4) \mathrm{Y}_0(k_2 R_3) - \mathrm{J}_0(k_2 R_3) \mathrm{Y}_1(k_2 R_4) - \mathrm{J}_1(k_2 R_3) \mathrm{Y}_0(k_2 R_3) + \mathrm{J}_0(k_2 R_3) \mathrm{Y}_1(k_2 R_3)}{\mathrm{J}_1(k_2 R_3) \mathrm{Y}_0(k_2 R_3) - \mathrm{J}_0(k_2 R_3) \mathrm{Y}_1(k_2 R_3)} \right]$$

$$- \mathrm{j} \frac{2Z_3(1-\nu_2)}{\pi (k_2 R_3)^2 \left[\mathrm{J}_1(k_2 R_3) \mathrm{Y}_0(k_2 R_3) - \mathrm{J}_0(k_2 R_3) \mathrm{Y}_1(k_2 R_3) \right]} \tag{11.166}$$

$$Z_{\mathrm{m}22} = \mathrm{j} \frac{2Z_3}{\pi k_2 R_3 \left[\mathrm{J}_1(k_2 R_4) \mathrm{Y}_1(k_2 R_3) - \mathrm{J}_1(k_2 R_3) \mathrm{Y}_1(k_2 R_4) \right]}$$

$$\times \left[\frac{\mathrm{J}_1(k_2 R_3) \mathrm{Y}_0(k_2 R_4) - \mathrm{J}_0(k_2 R_4) \mathrm{Y}_1(k_2 R_3) - \mathrm{J}_1(k_2 R_4) \mathrm{Y}_0(k_2 R_4) + \mathrm{J}_0(k_2 R_4) \mathrm{Y}_1(k_2 R_4)}{\mathrm{J}_1(k_2 R_4) \mathrm{Y}_0(k_2 R_4) - \mathrm{J}_0(k_2 R_4) \mathrm{Y}_1(k_2 R_4)} \right]$$

$$+ \mathrm{j} \frac{2Z_4(1-\nu_2)}{\pi (k_2 R_4)^2 \left[\mathrm{J}_1(k_2 R_4) \mathrm{Y}_0(k_2 R_4) - \mathrm{J}_0(k_2 R_4) \mathrm{Y}_1(k_2 R_4) \right]} \tag{11.167}$$

$$Z_{\mathrm{m}23} = \mathrm{j} \frac{2Z_3}{\pi k_2 R_3 \left[\mathrm{J}_1(k_2 R_4) \mathrm{Y}_1(k_2 R_3) - \mathrm{J}_1(k_2 R_3) \mathrm{Y}_1(k_2 R_4) \right]}$$

$$= \mathrm{j} \frac{2Z_4}{\pi k_2 R_4 \left[\mathrm{J}_1(k_2 R_4) \mathrm{Y}_1(k_2 R_3) - \mathrm{J}_1(k_2 R_3) \mathrm{Y}_1(k_2 R_4) \right]} \tag{11.168}$$

$$
\begin{aligned}
Z_{m31} = {}& j\frac{2Z_5}{\pi k_3 R_5\left[\mathrm{J}_1(k_3 R_6)\mathrm{Y}_1(k_3 R_5) - \mathrm{J}_1(k_3 R_5)\mathrm{Y}_1(k_3 R_6)\right]} \\
& \times \left[\frac{\mathrm{J}_1(k_3 R_6)\mathrm{Y}_0(k_3 R_5) - \mathrm{J}_0(k_3 R_5)\mathrm{Y}_1(k_3 R_6) - \mathrm{J}_1(k_3 R_5)\mathrm{Y}_0(k_3 R_5) + \mathrm{J}_0(k_3 R_5)\mathrm{Y}_1(k_3 R_5)}{\mathrm{J}_1(k_3 R_5)\mathrm{Y}_0(k_3 R_5) - \mathrm{J}_0(k_3 R_5)\mathrm{Y}_1(k_3 R_5)}\right] \\
& - j\frac{2Z_5(1 - \nu_3)}{\pi (k_3 R_5)^2\left[\mathrm{J}_1(k_3 R_5)\mathrm{Y}_0(k_3 R_5) - \mathrm{J}_0(k_3 R_5)\mathrm{Y}_1(k_3 R_5)\right]}
\end{aligned}
\tag{11.169}
$$

$$
\begin{aligned}
Z_{m32} = {}& j\frac{2Z_5}{\pi k_3 R_5\left[\mathrm{J}_1(k_3 R_6)\mathrm{Y}_1(k_3 R_5) - \mathrm{J}_1(k_3 R_5)\mathrm{Y}_1(k_3 R_6)\right]} \\
& \times \left[\frac{\mathrm{J}_1(k_3 R_5)\mathrm{Y}_0(k_3 R_6) - \mathrm{J}_0(k_3 R_6)\mathrm{Y}_1(k_3 R_5) - \mathrm{J}_1(k_3 R_6)\mathrm{Y}_0(k_3 R_6) + \mathrm{J}_0(k_3 R_6)\mathrm{Y}_1(k_3 R_6)}{\mathrm{J}_1(k_3 R_6)\mathrm{Y}_0(k_3 R_6) - \mathrm{J}_0(k_3 R_6)\mathrm{Y}_1(k_3 R_6)}\right] \\
& + j\frac{2Z_6(1 - \nu_3)}{\pi (k_3 R_6)^2\left[\mathrm{J}_1(k_3 R_6)\mathrm{Y}_0(k_3 R_6) - \mathrm{J}_0(k_3 R_6)\mathrm{Y}_1(k_3 R_6)\right]}
\end{aligned}
\tag{11.170}
$$

$$
\begin{aligned}
Z_{m33} &= j\frac{2Z_5}{\pi k_3 R_5\left[\mathrm{J}_1(k_3 R_6)\mathrm{Y}_1(k_3 R_5) - \mathrm{J}_1(k_3 R_5)\mathrm{Y}_1(k_3 R_6)\right]} \\
&= j\frac{2Z_6}{\pi k_3 R_6\left[\mathrm{J}_1(k_3 R_6)\mathrm{Y}_1(k_3 R_5) - \mathrm{J}_1(k_3 R_5)\mathrm{Y}_1(k_3 R_6)\right]}
\end{aligned}
\tag{11.171}
$$

其中，$\mathrm{J}_0(k_i r)$、$\mathrm{Y}_0(k_i r)$（$i = 1, 2, 3$）及 $\mathrm{J}_1(k_i r)$、$\mathrm{Y}_1(k_i r)$ 的数学含义已在前面章节给出；$k_i = \omega/c_{mi}$ 是三个金属环型振子的波数，$c_{mi} = \sqrt{E_i/\left(\rho_i(1 - \nu_i^2)\right)}$ 是声速，E_i、ρ_i 和 ν_i 分别为三个金属环型振子的杨氏模量、密度和泊松比；$Z_1 = \rho_1 c_{m1} S_1$，$Z_2 = \rho_1 c_{m1} S_2$，$Z_3 = \rho_2 c_{m2} S_3$，$Z_4 = \rho_2 c_{m2} S_4$，$Z_5 = \rho_3 c_{m3} S_5$，$Z_6 = \rho_3 c_{m3} S_6$，$S_1 = 2\pi R_1 h_1$，$S_2 = 2\pi R_2 h_1$，$S_3 = 2\pi R_3 h_1$，$S_4 = 2\pi R_4 h_1$，$S_5 = 2\pi R_5 h_1$，$S_6 = 2\pi R_6 h_1$。Z_{p11}、Z_{p12}、Z_{p13}、Z_{p21}、Z_{p22}、Z_{p23} 为两个压电圆环振子径向振动的等效机械阻抗；V_1 及 V_2 为径向的激励电压且 $V_1 = V_2 = V_i$；C_{or1}、C_{or2} 和 N_1、N_2 分别为两个压电环型振子的静态电容和机电转换系数，其表达式如下：

$$
\begin{aligned}
Z_{p11} = {}& -Z_{01}\frac{jR_3^2 M_3^2\left[\mathrm{J}_\nu(k_{r1} R_3)\mathrm{Y}_{\nu-1}(k_{r1} R_2) - \mathrm{J}_{\nu-1}(k_{r1} R_2)\mathrm{Y}_\nu(k_{r1} R_3)\right]}{\mathrm{J}_\nu(k_{r1} R_2)\mathrm{Y}_\nu(k_{r1} R_3) - \mathrm{J}_\nu(k_{r1} R_3)\mathrm{Y}_\nu(k_{r1} R_2)} \\
& + \frac{j2\pi h_1 R_3^2 M_3^2(a_2 - a_4\nu)}{\omega} + Z_{01}\frac{j2R_3 M_2 M_3}{\pi k_{r1}\left[\mathrm{J}_\nu(k_{r1} R_2)\mathrm{Y}_\nu(k_{r1} R_3) - \mathrm{J}_\nu(k_{r1} R_3)\mathrm{Y}_\nu(k_{r1} R_2)\right]}
\end{aligned}
\tag{11.172}
$$

$$Z_{p12} = -Z_{02} \frac{jR_2{}^2 M_2{}^2 \left[J_\nu(k_{r1}R_2)Y_{\nu-1}(k_{r1}R_3) - J_{\nu-1}(k_{r1}R_3)Y_\nu(k_{r1}R_2) \right]}{J_\nu(k_{r1}R_2)Y_\nu(k_{r1}R_3) - J_\nu(k_{r1}R_3)Y_\nu(k_{r1}R_2)}$$
$$+ \frac{j2\pi h_1 R_2{}^2 M_2{}^2 (a_4 \nu - a_2)}{\omega} + Z_{02} \frac{j2R_2 M_2 M_3}{\pi k_{r1} \left[J_\nu(k_{r1}R_2)Y_\nu(k_{r1}R_3) - J_\nu(k_{r1}R_3)Y_\nu(k_{r1}R_2) \right]}$$

$$(11.173)$$

$$Z_{p13} = -Z_{01} \frac{j2R_3 M_2 M_3}{\pi k_{r1} \left[J_\nu(k_{r1}R_2)Y_\nu(k_{r1}R_3) - J_\nu(k_{r1}R_3)Y_\nu(k_{r1}R_2) \right]}$$
$$= -Z_{02} \frac{j2R_2 M_2 M_3}{\pi k_{r1} \left[J_\nu(k_{r1}R_2)Y_\nu(k_{r1}R_3) - J_\nu(k_{r1}R_3)Y_\nu(k_{r1}R_2) \right]}$$

$$(11.174)$$

$$Z_{p21} = -Z_{03} \frac{jR_5{}^2 M_5{}^2 \left[J_\nu(k_{r2}R_5)Y_{\nu-1}(k_{r2}R_4) - J_{\nu-1}(k_{r2}R_4)Y_\nu(k_{r2}R_5) \right]}{J_\nu(k_{r2}R_4)Y_\nu(k_{r2}R_5) - J_\nu(k_{r2}R_5)Y_\nu(k_{r2}R_4)}$$
$$+ \frac{j2\pi h_1 R_5{}^2 M_5{}^2 (a_2 - a_4 \nu)}{\omega} + Z_{03} \frac{j2R_5 M_4 M_5}{\pi k_{r2} \left[J_\nu(k_{r2}R_4)Y_\nu(k_{r2}R_5) - J_\nu(k_{r2}R_5)Y_\nu(k_{r2}R_4) \right]}$$

$$(11.175)$$

$$Z_{p22} = -Z_{04} \frac{jR_4{}^2 M_4{}^2 \left[J_\nu(k_{r2}R_4)Y_{\nu-1}(k_{r2}R_5) - J_{\nu-1}(k_{r2}R_5)Y_\nu(k_{r2}R_4) \right]}{J_\nu(k_{r2}R_4)Y_\nu(k_{r2}R_5) - J_\nu(k_{r2}R_5)Y_\nu(k_{r2}R_4)}$$
$$+ \frac{j2\pi h_2 R_4{}^2 M_4{}^2 (a_4 \nu - a_2)}{\omega} + Z_{04} \frac{j2R_4 M_4 M_5}{\pi k_{r2} \left[J_\nu(k_{r2}R_4)Y_\nu(k_{r2}R_5) - J_\nu(k_{r2}R_5)Y_\nu(k_{r2}R_4) \right]}$$

$$(11.176)$$

$$Z_{p23} = -Z_{03} \frac{j2R_5 M_4 M_5}{\pi k_{r2} \left[J_\nu(k_{r2}R_4)Y_\nu(k_{r2}R_5) - J_\nu(k_{r2}R_5)Y_\nu(k_{r2}R_4) \right]}$$
$$= -Z_{04} \frac{j2R_4 M_4 M_5}{\pi k_{r2} \left[J_\nu(k_{r2}R_4)Y_\nu(k_{r2}R_5) - J_\nu(k_{r2}R_5)Y_\nu(k_{r2}R_4) \right]}$$

$$(11.177)$$

$$C_{or1} = 2\pi h_1 \chi_1, \quad C_{or2} = 2\pi h_1 \chi_2 \tag{11.178}$$

$$N_1 = 2\pi h_1 \chi_1 k_{r1} R_2 R_3 M_2 M_3, \quad N_2 = 2\pi h_1 \chi_2 k_{r2} R_4 R_5 M_4 M_5 \tag{11.179}$$

其中，$J_\nu(k_{r\gamma}r)$、$Y_\nu(k_{r\gamma}r)$ 及 $Y_\nu(k_{r\gamma}r)$ 的数学含义已在前面章节中给出，且 $\gamma = 1, 2$；$Z_{01} = \rho_{r1} c_{r1} S_2$，$Z_{02} = \rho_{r1} c_{r1} S_3$；$k_{r\gamma} = \omega / c_{r\gamma}$ 是两个压电环形振子的波数，$c_{r\gamma} = \sqrt{c_3 / \rho_{r\gamma}}$ 为等效径向声速，$\rho_{r\gamma}$ 为两个压电陶瓷薄圆环的材料密度；$c_{\alpha\beta}^E$、$e_{\alpha\beta}$、$\varepsilon_{\alpha\beta}^S$ 分别为弹性柔顺常数、压电应变常数和自由介电常数。$n_1 = R_3 M_3$，$n_2 = R_2 M_2$，$n_3 = R_5 M_5$，$n_4 = R_4 M_4$。通过对图 11.46 中的等效电路进行相应的电路变换，可以得到其简化的等效电路 (图 11.47)。

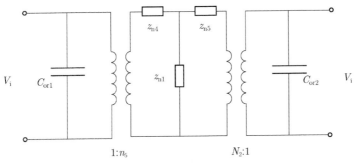

图 11.47 简化的等效电路

各机械阻抗的具体表达式及推导过程如下:

$$Z_{n4} = Z_{b1} + Z_{n3}, \ \ Z_{n5} = Z_{n2} + Z_{a3}, \ \ Z_{n1} = \frac{Z_{d1}Z_{d2}}{Z_{d1} + Z_{d2} + Z_{c3}} \tag{11.180}$$

$$Z_{n2} = \frac{Z_{c3}Z_{d2}}{Z_{d1} + Z_{d2} + Z_{c3}}, \ \ Z_{n3} = \frac{Z_{c3}Z_{d1}}{Z_{d1} + Z_{d2} + Z_{c3}} \tag{11.181}$$

$$Z_{d1} = \frac{Z_{b3}Z_{c1}}{Z_{b3} + Z_{c1}}, \ \ Z_{d2} = \frac{Z_{c4}Z_{a4}}{Z_{c4} + Z_{a4}} \tag{11.182}$$

$$Z_{c1} = Z_{b2} + Z_{b4} + \frac{Z_{b2}Z_{b4}}{Z_{b5}}, \ \ Z_{c2} = Z_{b4} + Z_{b5} + \frac{Z_{b4}Z_{b5}}{Z_{b2}}$$

$$Z_{c3} = Z_{b2} + Z_{b5} + \frac{Z_{b2}Z_{b5}}{Z_{b4}} \tag{11.183}$$

$$Z_{b1} = \frac{Z_{a1}n_3^2}{n_2^2}, \ \ Z_{b2} = \frac{Z_{p12}n_3^2}{n_2^2}Z_{p22} + n_3^2 Z_{m21}, \ \ Z_{b3} = \frac{Z_{a2}n_3^2}{n_2^2} \tag{11.184}$$

$$Z_{b4} = n_3^2 Z_{m23}, \ \ Z_{b5} = Z_{p21} + n_3^2 Z_{m22} \tag{11.185}$$

$$n_5 = \frac{n_3 N_1}{n_2} \tag{11.186}$$

$$Z_{a1} = Z_{p13} - \frac{N_1^2}{\mathrm{j}\omega C_{or1}}, \ \ Z_{a2} = Z_{p11} + n_1^2 Z_{mi}$$

$$Z_{a3} = Z_{p23} - \frac{N_2^2}{\mathrm{j}\omega C_{or2}}, \ \ Z_{a4} = Z_{p22} + n_4^2 Z_{mo} \tag{11.187}$$

$$Z_{mi} = Z_{m12} + \frac{(Z_{m11} + Z_{L1})Z_{m13}}{(Z_{m11} + Z_{L1}) + Z_{m13}}, \ \ Z_{mo} = Z_{m31} + \frac{(Z_{m32} + Z_{L2})Z_{m33}}{(Z_{m32} + Z_{L2}) + Z_{m33}} \tag{11.188}$$

其中,Z_{mi} 及 Z_{mo} 分别为两端的金属环型振子的输入机械阻抗。当忽略换能器的负

载和损耗时，有 $Z_{11} = Z_{12} = 0$。径向级联式复合超声换能器的总输入电阻抗的表达式为

$$Z_{e} = \frac{Z_{e1}Z_{e2}}{Z_{e1} + Z_{e2}} \tag{11.189}$$

其中，Z_{e1} 和 Z_{e2} 分别为两个压电环型振子的输入电阻抗，其表达式如下：

$$Z_{e1} = \frac{Z_{mr1}}{j\omega Z_{mr2}C_{or2} + n_5^2}, \quad Z_{e2} = \frac{Z_{mr2}}{j\omega Z_{mr2}C_{or2} + N_2^2} \tag{11.190}$$

$$Z_{mr1} = \frac{(Z_{n1} + Z_{n5})(Z_{n1} + Z_{n4}) - Z_{n1}^2}{(Z_{n1} + Z_{n5}) - N_2/n_5 Z_{n1}}, \quad Z_{mr2} = \frac{(Z_{n1} + Z_{n5})(Z_{n1} + Z_{n4}) - Z_{n1}^2}{(Z_{n1} + Z_{n4}) - n_5/N_2 Z_{n1}} \tag{11.191}$$

根据式 (11.190) 和式 (11.191)，可以得到径向级联式压电陶瓷复合换能器的共振频率方程、反共振频率方程以及有效机电耦合系数的表达式：

$$Z_{e} = \frac{Z_{e1}Z_{e2}}{Z_{e1} + Z_{e2}} = 0, \quad Z_{e} = \frac{Z_{e1}Z_{e2}}{Z_{e1} + Z_{e2}} \to \infty \tag{11.192}$$

$$K_{eff} = \sqrt{1 - f_r^2/f_a^2} \tag{11.193}$$

其中，f_r 和 f_a 分别为换能器的共振/反共振频率。在确定了 f_r 和 f_a 后，可以通过式 (11.193) 进一步求出换能器的有效机电耦合系数 K_{eff}。从上述理论推导过程中可以看出，通过改变级联式换能器的结构尺寸可以改变 f_r、f_a 及 K_{eff} 的大小，进而实现对换能器的优化设计目的。

11.3.2   压电陶瓷圆环的几何尺寸和位置对换能器性能参数的影响

本节主要从理论上分析两个压电陶瓷圆环的几何尺寸和位置对换能器共振频率 f_r、反共振频率 f_a 及有效机电耦合系数 K_{eff} 等性能参数的影响。由于式 (11.190) 和式 (11.191) 为超越方程，因此应用数学软件 Wolfram Mathematica 8 对其进行求解。在计算中，径向级联式换能器的两个压电环型振子的材料均为 PZT-4，内金属环型振子的材料为钢，中间和外金属环型振子的材料均为铝。压电陶瓷材料 PZT-4、钢和铝的标准材料参数为：$E_1 = 2.05 \times 10^{11} \mathrm{N/m^2}$，$\rho_1 = 7850 \mathrm{kg/m^3}$，$\nu_1 = 0.28$；$E_2 = E_3 = 7 \times 10^{10} \mathrm{N/m^2}$，$\rho_2 = \rho_3 = 2700 \mathrm{kg/m^3}$，$\nu_2 = \nu_3 = 0.33$；$\rho_0 = 7500 \mathrm{kg/m^3}$，$c_{12}^E = 13.9 \times 10^{10} \mathrm{N/m^2}$，$c_{12}^E = 7.78 \times 10^{10} \mathrm{N/m^2}$，$c_{13}^E = 7.43 \times 10^{10} \mathrm{N/m^2}$，$c_{33}^E = 11.5 \times 10^{10} \mathrm{N/m^2}$，$e_{31} = -5.2 \mathrm{C/m^2}$，$e_{33} = 15.1 \mathrm{C/m^2}$，$\varepsilon_{33}^S/\varepsilon_0 = 635$，$\varepsilon_0 = 8.854 \times 10^{-12} \mathrm{F/m}$。

1. 压电陶瓷圆环几何尺寸对性能参数的影响

压电陶瓷圆环振子 p_1 的几何尺寸和 f_r、f_a 及 K_{eff} 之间的理论关系如图 11.48 和

图 11.49 所示。在计算时，R_2 逐渐改变，其他几何尺寸保持为定值（$R_1 = 11\text{mm}$，$R_3 = 19\text{mm}$，$R_4 = 23\text{mm}$，$R_5 = 27\text{mm}$，$R_6 = 31\text{mm}$ 和 $h_1 = 5\text{mm}$）。

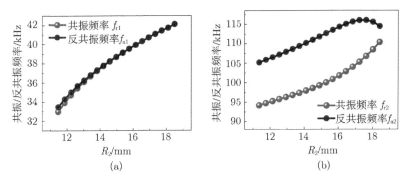

(a)　　　　　　　　　　　　　(b)

图 11.48　压电陶瓷圆环 p_1 的几何尺寸与共振/反共振频率之间的关系

(a) 一阶径向振动；(b) 二阶径向振动

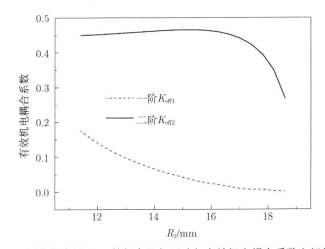

图 11.49　压电陶瓷圆环 p_1 的径向几何尺寸与有效机电耦合系数之间的关系

　　从图 11.48 可以看出，当换能器处于一阶振动模态时，换能器的共振/反共振频率随着 R_2 的增大而呈现出增大的趋势；R_2 在 17mm 左右时，换能器处于二阶振动模态下的反共振频率出现极大值。在图 11.49 中，有效机电耦合系数在换能器处于一阶振动模态下随着 R_2 的增大而呈现出减小的趋势；R_2 在 16mm 左右时，二阶振动模态下换能器的有效机电耦合系数出现极大值。

　　压电陶瓷圆环 p_2 的径向几何尺寸和 f_r、f_a 及 K_{eff} 之间的理论关系如图 11.50 和图 11.51 所示。在计算时，R_4 逐渐改变，其他几何尺寸为定值（$R_1 = 11\text{mm}$，$R_2 = 15\text{mm}$，$R_3 = 19\text{mm}$，$R_5 = 27\text{mm}$，$R_6 = 31\text{mm}$，$h_1 = 5\text{mm}$）。

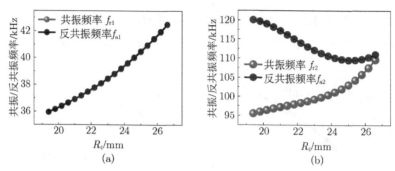

图 11.50　压电环型振子 p_2 的径向几何尺寸和共振/反共振频率之间的理论关系

(a) 一阶径向振动；(b) 二阶径向振动

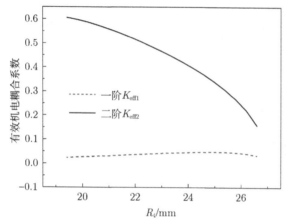

图 11.51　压电环型振子 p_2 的径向几何尺寸和有效机电耦合系数之间的关系

从图 11.50 和图 11.51 中可以看出，在一阶振动模态下，换能器的共振及反共振频率均随着 R_4 的增大而呈现出增大的趋势；R_4 在 25mm 左右时，径向级联式换能器在二阶振动模态下的反共振频率出现了一个极小值。换能器的有效机电耦合系数在二阶振动模态下随 R_4 的增大呈现出减小的趋势；R_4 在 25mm 左右时，径向级联式换能器在一阶振动模态下的有效机电耦合系数出现了一个最大值。

由图 11.48 ～图 11.51 中可以看出，径向级联式换能器的 f_r、f_a 及 K_{eff} 均与压电陶瓷圆环 (p_1、p_2) 的径向几何尺寸有关。在相同的材料和几何尺寸下，换能器在二阶振动模态下的有效机电耦合系数比一阶振动模态下的值大得多 (图 11.49 和图 11.51)。因此径向级联式换能器工作于二阶振动模态上具有更高的机电转换能力。

2. 压电陶瓷圆环位置对性能参数的影响

压电陶瓷圆环 p_1 的位置与有效机电耦合系数之间的理论关系如图 11.52 和图

11.53 所示。在计算时, R_2 的值逐渐改变, 且 R_3 与 R_2 的差值总为 4mm, 其他几何尺寸为定值 ($R_1 = 11\text{mm}$, $R_4 = 23\text{mm}$, $R_5 = 27\text{mm}$, $R_6 = 31\text{mm}$ 和 $h_1 = 5\text{mm}$)。

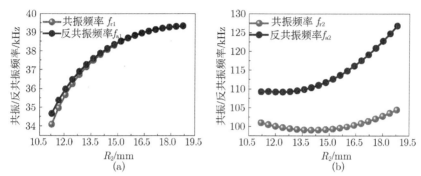

图 11.52 压电陶瓷圆环 p_1 的位置与共振/反共振频率之间的理论关系

(a) 一阶径向振动；(b) 二阶径向振动

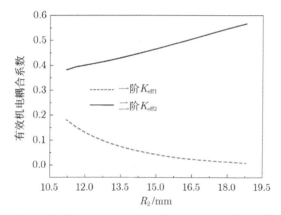

图 11.53 压电陶瓷圆环 p_1 的位置与有效机电耦合系数之间的理论关系

从图 11.52 中可以看出, 在一阶振动模态下, 换能器的 f_r 和 f_a 随着 R_2 的增大而呈现出增大的趋势；R_2 在 13.4mm 左右时, 径向级联式换能器在二阶模态振动下的共振频率出现了一个极小值。在图 11.53 中, 在一阶振动模态下, 换能器的有效机电耦合系数随着的 R_2 增大有减小的趋势；在二阶振动模态下随着 R_2 的增大呈现出增大的趋势。

压电陶瓷圆环 p_2 的位置和 f_r、 f_a 及 K_{eff} 之间的理论关系如图 11.54 和图 11.55 所示。在计算时, R_4 的值逐渐改变, 且 R_5 与 R_4 的差值总为 4m, 其他几何尺寸为定值 ($R_1 = 11\text{mm}$, $R_2 = 15\text{mm}$, $R_3 = 19\text{mm}$, $R_6 = 31\text{mm}$ 和 $h_1 = 5\text{mm}$)。

在图 11.54 中, 共振/反共振频率在一阶振动模态下随着 R_4 的增大而呈现出减小的趋势；在二阶模态振动下随着 R_4 的增大也呈现出减小的趋势。在图 11.55 中,

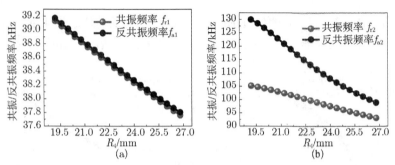

图 11.54　压电陶瓷圆环 p_2 的位置与共振/反共振频率之间的关系 (扫描封底二维码可见彩图)

(a) 一阶径向振动；(b) 二阶径向振动

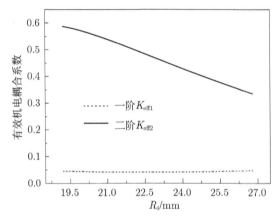

图 11.55　压电陶瓷圆环 p_2 的位置与有效机电耦合系数之间的理论关系

有效机电耦合系数在一阶振动模态下随着的 R_4 增大有增大的趋势；在二阶振动模态下随着 R_4 的增大呈现出减小的趋势。

由图 11.52～图 11.55 可以明显看出，径向级联式换能器的 f_r、f_a 及 K_{eff} 与压电陶瓷圆环 (p_1、p_2) 的径向几何尺寸和位置均有关。当材料和几何尺寸相同时，径向级联式换能器处于二阶振动模态下的有效机电耦合系数比处于一阶振动模态下的值大得多 (图 11.49、图 11.51、图 11.53 和图 11.55)，因此径向级联式复合超声换能器应工作于二阶振动模态下可以保证其有更高的机电转换能力。

11.3.3　径向级联式压电陶瓷复合换能器的有限元分析及实验研究

为验证上述解析理论的正确性，本节对径向级联式换能器进行有限元分析和实验测试。在仿真中，通过有限元软件 COMSOL Multiphysics 5.3a 对两种不同尺寸、相同材料的径向级联式换能器进行数值模拟，得到了径向级联式换能器处于一阶和二阶振动模态下的振型图。比较了径向级联式换能器与传统径向换能器的有效机电耦合系数。最后，实际设计并制作了两个径向级联式压电陶瓷复合换能器，用精密阻抗分析仪 WK6500B 对其性能参数进行了测试。

1. 径向级联式压电陶瓷复合换能器的有限元仿真研究

根据 11.3.2 节的研究结果，设计了两个径向级联式压电陶瓷复合换能器，其各部分的材料与 11.3.2 节的材料相同，其几何尺寸如表 11.5 所示。

表 11.5 径向级联式复合超声换能器的几何尺寸

编号	R_1/m	R_2/m	R_3/m	R_4/m	R_5/m	R_6/m	h_1/m
No.1	0.014	0.018	0.021	0.025	0.28	0.032	0.006
No.2	0.016	0.019	0.022	0.026	0.030	0.033	0.005

图 11.56 为 No.1 径向级联式换能器在一阶和二阶振动模态下的振型图。很明显，级联式换能器做轴对称径向振动，沿径向向外辐射声波。

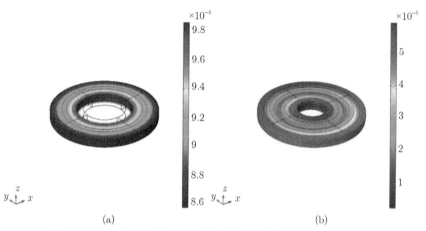

图 11.56 No.1 换能器的模态振型图 (扫描封底二维码可见彩图)

(a) 一阶径向振动；(b) 二阶径向振动

图 11.57 比较了径向级联式换能器与传统径向换能器的有效机电耦合系数。在计算时，三种类型的换能器材料及几何尺寸与表 11.5 相同。与径向级联式复合换能器相比，两种传统径向复合换能器分别将内压电环型振子 p_1 替换为铝 (传统 1) 和外压电环型振子 p_2 替换为铝 (传统 2)。通过比较可以明显看出，在相同尺寸及材料下，径向级联式压电陶瓷换能器在一阶和二阶振动模态下的有效机电耦合系数比传统的径向换能器大得多。

2. 实验测试及误差分析

实际设计并制作了两个径向级联式复合超声换能器，利用精密阻抗分析仪对换能器的性能参数进行了测试, 得到了换能器处于一阶和二阶振动模态下的阻抗曲线图, 如图 11.58 所示。实验测试装置及样品如图 11.59 所示。

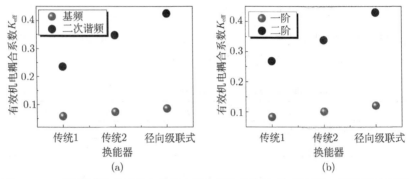

图 11.57　三种类型换能器的有效机电耦合系数的比较 (扫描封底二维码可见彩图)

(a) No.1；(b) No.2

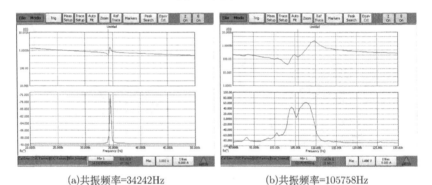

(a)共振频率=34242Hz　　　　　　　　(b)共振频率=105758Hz

图 11.58　实验测试的换能器阻抗曲线

(a) 一阶径向振动；(b) 二阶径向振动

图 11.59　实验测试装置及样品

为方便对比, 将解析理论、有限元仿真和实验测试所得的共振频率和反共振频率分别列于表 11.6 和表 11.7 中。

表 11.6　径向级联式复合超声换能器一阶振动模态下的共振/反共振频率

编号	理论结果		仿真结果		实验结果	
	f_r/Hz	f_a/Hz	f_{rn}/Hz	f_{an}/Hz	f_{rm}/Hz	f_{am}/Hz
No.1	34909	35040	34928	35058	34242	34546
No.2	30573	30820	30622	30847	30202	30414

表 11.7　径向级联式复合超声换能器二阶振动模态下的共振/反共振频率

编号	理论结果		仿真结果		实验结果	
	f_r/Hz	f_a/Hz	f_{rn}/Hz	f_{an}/Hz	f_{rm}/Hz	f_{am}/Hz
No.1	108722	122096	113120	124950	105758	109798
No.2	108169	123248	113230	125380	104416	108368

在表 11.6 和表 11.7 中，f_r、f_a，f_{rn}、f_{an} 及 f_{rm}、f_{am} 分别表示理论、仿真和实验测试的共振和反共振频率。可以看出，当换能器处于一阶和二阶振动模态时，理论、仿真及实验结果基本一致。误差的主要来源有以下几点：① 在实验测试中，模态间的耦合对换能器的振动产生一定的影响。② 解析理论中的材料参数与实验测试中的参数不完全一致。③ 在理论分析时，忽略了换能器的各种损耗，而实际换能器存在一定的损耗。

11.3.4　具有径向极化压电陶瓷晶堆的径向复合换能器 (薄电极)

在径向夹心式压电陶瓷换能器中，为了提高换能器的功率容量，需要采用径向极化的压电陶瓷晶堆。与纵向极化的压电陶瓷晶堆类似，为了方便换能器的电连接，避免不必要的电绝缘问题，径向极化压电陶瓷晶堆中压电陶瓷圆环的数目也应该为偶数，这样可以保证与压电陶瓷晶堆连接的金属圆环处于接地端。在径向极化的压电陶瓷晶堆中，相邻两个压电陶瓷圆环的极化方向是相反的。同时为了确保激发电压的施加，压电陶瓷圆环之间布置有一定厚度的金属电极。一般来说，压电陶瓷换能器的金属电极可以采用两种形式，一种是薄电极，电极的厚度应尽量薄，但为了确保其机械强度及可连接性，一般为 0.2mm 左右。薄电极的材料一般为金属铜或镍等材料。对于薄电极结构夹心式压电陶瓷换能器，在其理论设计时可以忽略薄电极对换能器共振频率及其他机电性能的影响。径向夹心式换能器的另一种电极形式为厚电极，其具体厚度可以根据实际需要进行设计计算。对于具有厚电极的径向夹心式压电陶瓷换能器，在其理论计算、设计以及模拟时必须考虑厚电极的具体尺寸。在这种情况下，换能器的厚电极对换能器的性能参数，如共振频率、机电耦合系数、机械品质因数等都有比较明显的影响。换能器厚电极的材料一般选择和换能器前后盖板相同的金属材料，如铝合金、钛合金、不锈钢等。与薄电极径向夹心式压电陶瓷换能器相比，厚电极径向夹心式压电陶瓷换能器的优点包括散热性能好、机械强度高以及易于优化设计等，因此尤其适合于大功率高强度的功率超声换能器。

1. 径向极化压电陶瓷晶堆的机电等效电路

图 11.60 是径向极化压电陶瓷晶堆的几何示意图，它是级联式换能器的核心器件。为了方便对径向级联式压电陶瓷复合换能器进行研究，需要得出级联式压电陶瓷晶堆的机电等效电路。在下面的分析中，我们重点对图 11.60 中具有薄电极的压电陶瓷晶堆进行分析，并给出其机电等效电路。

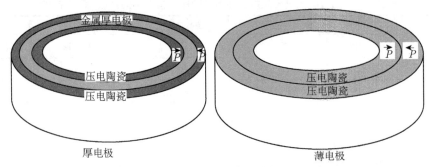

图 11.60　径向极化压电陶瓷晶堆的几何示意图

对于单一径向极化压电陶瓷圆环，其压电方程为

$$T_\theta = c_{11}^E S_\theta + c_{12}^E S_z + c_{13}^E S_r - e_{31} E_r \tag{11.194}$$

$$T_z = c_{12}^E S_\theta + c_{11}^E S_z + c_{13}^E S_r - e_{31} E_r \tag{11.195}$$

$$T_r = c_{13}^E S_\theta + c_{13}^E S_z + c_{33}^E S_r - e_{33} E_r \tag{11.196}$$

$$D_r = e_{31} S_\theta + e_{31} S_z + e_{33} S_r + \varepsilon_{33}^S E_r \tag{11.197}$$

当径向极化压电陶瓷圆环的径向几何尺寸远大于其厚度时，其振动可以近似为平面应力问题，即 $T_z = 0$，由式 (11.195) 可得出

$$S_z = \frac{e_{31} E_r - c_{12}^E S_\theta - c_{13}^E S_r}{c_{11}^E} \tag{11.198}$$

将式 (11.198) 代入式 (11.194)、式 (11.196)、式 (11.197)，可得

$$T_\theta = \left(c_{11}^E - \frac{c_{12}^E c_{12}^E}{c_{11}^E} \right) S_\theta + \left(c_{13}^E - \frac{c_{12}^E c_{13}^E}{c_{11}^E} \right) S_r - \left(e_{31} - \frac{e_{31} c_{12}^E}{c_{11}^E} \right) E_r \tag{11.199}$$

$$T_r = \left(c_{13}^E - \frac{c_{12}^E c_{13}^E}{c_{11}^E} \right) S_\theta + \left(c_{33}^E - \frac{c_{13}^E c_{13}^E}{c_{11}^E} \right) S_r - \left(e_{33} - \frac{e_{31} c_{13}^E}{c_{11}^E} \right) E_r \tag{11.200}$$

$$D_r = \left(e_{31} - \frac{e_{31} c_{12}^E}{c_{11}^E} \right) S_\theta + \left(e_{33} - \frac{e_{31} c_{13}^E}{c_{11}^E} \right) S_r + \left(\varepsilon_{33}^S + \frac{e_{31} e_{31}}{c_{11}^E} \right) E_r \tag{11.201}$$

径向极化压电陶瓷圆环径向振动的波动方程及应变与位移的关系可表示为

$$\rho \frac{\partial^2 \xi_{r0}}{\partial t^2} = \frac{\partial T_r}{\partial r} + \frac{T_r - T_\theta}{r} \tag{11.202}$$

$$S_r = \frac{\partial \xi_{r0}}{\partial r}, \quad S_\theta = \frac{\xi_{r0}}{r} \tag{11.203}$$

电场强度的幅值可表示为

$$E_{r0} = B_3 S_\theta + B_5 S_r + \frac{L_3}{r} \frac{c_{11}^{\mathrm{E}}}{\varepsilon_{33}^{\mathrm{S}} c_{11}^{\mathrm{E}} + e_{31}^2} \tag{11.204}$$

其中，L_3 是常数，可以由电边界条件决定。将式 (11.204) 代入式 (11.198)、式 (11.199) 可得

$$T_\theta = B_1 S_\theta + B_2 S_r + B_3 \frac{L_3}{r} \tag{11.205}$$

$$T_r = B_2 S_\theta + B_4 S_r + B_5 \frac{L_3}{r} \tag{11.206}$$

其中，B_1、B_2、B_3、B_4、B_5 的具体表达式为

$$B_1 = \frac{\varepsilon_{33}^{\mathrm{S}} c_{11}^{\mathrm{E}} c_{11}^{\mathrm{E}} - \varepsilon_{33}^{\mathrm{S}} c_{12}^{\mathrm{E}} c_{12}^{\mathrm{E}} + 2e_{31}^2 c_{11}^{\mathrm{E}} - 2e_{31}^2 c_{12}^{\mathrm{E}}}{\varepsilon_{33}^{\mathrm{S}} c_{11}^{\mathrm{E}} + e_{31}^2}$$

$$B_2 = \frac{\varepsilon_{33}^{\mathrm{S}} c_{11}^{\mathrm{E}} c_{13}^{\mathrm{E}} - \varepsilon_{33}^{\mathrm{S}} c_{12}^{\mathrm{E}} c_{13}^{\mathrm{E}} + e_{31} e_{33} c_{11}^{\mathrm{E}} - e_{31} e_{33} c_{12}^{\mathrm{E}}}{\varepsilon_{33}^{\mathrm{S}} c_{11}^{\mathrm{E}} + e_{31}^2}$$

$$B_3 = \frac{e_{31} c_{12}^{\mathrm{E}} - e_{31} c_{11}^{\mathrm{E}}}{\varepsilon_{33}^{\mathrm{S}} c_{11}^{\mathrm{E}} + e_{31}^2}$$

$$B_4 = \frac{\varepsilon_{33}^{\mathrm{S}} c_{11}^{\mathrm{E}} c_{13}^{\mathrm{E}} - \varepsilon_{33}^{\mathrm{S}} c_{13}^{\mathrm{E}} c_{13}^{\mathrm{E}} + e_{31} e_{31} c_{33}^{\mathrm{E}} - e_{33} e_{33} c_{11}^{\mathrm{E}}}{\varepsilon_{33}^{\mathrm{S}} c_{11}^{\mathrm{E}} + e_{31}^2}$$

$$B_5 = \frac{e_{31} c_{13}^{\mathrm{E}} - e_{33} c_{11}^{\mathrm{E}}}{\varepsilon_{33}^{\mathrm{S}} c_{11}^{\mathrm{E}} + e_{31}^2}$$

联合上述各式并分离时间变量得到

$$\frac{\mathrm{d}^2 \xi_{r0}}{\mathrm{d} r^2} + \frac{1}{r} \frac{\mathrm{d} \xi_{r0}}{\mathrm{d} r} + \left(k^2 - \frac{v^2}{r^2} \right) \xi_{r0} - B_{31} \frac{L_3}{r^2} = 0 \tag{11.207}$$

其中，$v = B_1/B_4$，$B_{31} = B_1/B_3$，$k = \omega/V_3$，$V_3 = (B_4/\rho_1)^{1/2}$。式 (11.207) 为广义贝塞尔方程，其解为

$$\xi_{r0} = A_1 J_v(kr) + A_2 Y_v(kr) + B_{31} L_3 s_{-1,v}(kr) \tag{11.208}$$

A_1、A_2 是两个常数，可以由力学边界条件决定。由式 (11.208) 可得压电陶瓷圆环径

向振动速度为

$$v_{r0} = \mathrm{j}\omega\left[A_1 \mathrm{J}_\nu(kr) + A_2 \mathrm{Y}_\nu(kr) + B_{31}\mathrm{L}_3 s_{-1,\nu}(kr)\right] \tag{11.209}$$

基于振速的连续性条件：$v\big|_{r=R_1} = v_{11}$，$v\big|_{r=R_2} = -v_{12}$，可以得出 A_1、A_2 的具体表达式

$$A_1 = -\frac{\mathrm{j}\mathrm{Y}_\nu(kR_2)}{\omega\tau_1}v_{R_1} - \frac{\mathrm{j}\mathrm{Y}_\nu(kR_1)}{\omega\tau_1}v_{R_2} + \frac{\tau_2}{\tau_1}L_3 \tag{11.210}$$

$$A_2 = \frac{\mathrm{j}\mathrm{Y}_\nu(kR_2)}{\omega\tau_1}v_{R_1} + \frac{\mathrm{j}\mathrm{Y}_\nu(kR_1)}{\omega\tau_1}v_{R_2} + \frac{\tau_3}{\tau_1}L_3 \tag{11.211}$$

径向极化的压电陶瓷环内外表面之间的电压可表示为

$$V_{r0} = -\int_{R_1}^{R_2} E_{r0}\mathrm{d}r = -\frac{\mathrm{j}kR_1 X_{R_1}}{\omega}v_{R_2} - \frac{\mathrm{j}kR_2 X_{R_2}}{\omega}v_{R_2} - \frac{L_3 P}{\tau_1} \tag{11.212}$$

τ_1、τ_2、τ_3、X_{R1}、X_{R2}、P 的具体表达式分别为

$$\tau_1 = \mathrm{J}_\nu(kR_1)\mathrm{Y}_\nu(kR_2) - \mathrm{J}_\nu(kR_1)\mathrm{Y}_\nu(kR_2)$$

$$\tau_2 = B_3'\left[\mathrm{Y}_\nu(kR_1)s_{-1,\nu}(kR_2) - \mathrm{Y}_\nu(kR_2)s_{-1,\nu}(kR_1)\right]$$

$$\tau_3 = B_3'\left[\mathrm{J}_\nu(kR_2)s_{-1,\nu}(kR_1) - \mathrm{J}_\nu(kR_1)s_{-1,\nu}(kR_2)\right]$$

$$X_{R_1} = B_3\left\{(\nu-2)s_{-2,\nu-1}(kR_1) - \frac{\left[\mathrm{J}_{\nu-1}(kR_1)\mathrm{Y}_\nu(kR_2) - \mathrm{J}_\nu(kR_2)\mathrm{Y}_{\nu-1}(kR_1)\right]s_{-1,\nu}(kR_1)}{\tau_1}\right.$$
$$\left. - \frac{2s_{-1,\nu}(kR_2)}{\pi kR_{11}}\right\} + \frac{B_5}{kR_1}$$

$$X_{R_2} = B_3\left\{(\nu-2)s_{-2,\nu-1}(kR_2) + \frac{\left[\mathrm{J}_{\nu-1}(kR_2)\mathrm{Y}_\nu(kR_1) - \mathrm{J}_\nu(kR_1)\mathrm{Y}_{\nu-1}(kR_2)\right]s_{-1,\nu}(kR_2)}{\tau_1}\right.$$
$$\left. + \frac{2s_{-1,\nu}(kR_1)}{\pi kR_{21}}\right\} + \frac{B_5}{kR_2}$$

$$P = \tau_2\left\{\frac{B_3 B_{31}(H_{R_2} - H_{R_1})}{2\nu^2(4-\nu^2)} + B_5 B_{31}\left[s_{-1,\nu}(kR_2) - s_{-1,\nu}(kR_1)\right]\right.$$
$$\left. + \left(\frac{c_{11}^{\mathrm{E}}}{\varepsilon_{33}^{\mathrm{S}}c_{11}^{\mathrm{E}} + (e_{31})^2} - \frac{B_3 B_{31}}{\nu^2}\right)(\ln R_2 - \ln R_1)\right\}$$
$$+ \tau_2\{B_3[(\nu-2)(\mathrm{J}_{1R_2} - \mathrm{J}_{1R_1}) + \mathrm{J}_{2R_1} - \mathrm{J}_{2R_2}]$$
$$+ B_5[\mathrm{J}_\nu(kR_2) - \mathrm{J}_\nu(kR_1)] + \Delta_3\{B_3[(\nu-2)(\mathrm{Y}_{1R_2} - \mathrm{Y}_{1R_1}) + \mathrm{Y}_{2R_1} - \mathrm{Y}_{2R_2}]$$
$$+ B_5[\mathrm{Y}_\nu(kR_2) - \mathrm{Y}_\nu(kR_1)]$$

$$\mathrm{J}_{1r} = kr\mathrm{J}_\nu(kr)s_{-2,\nu-1}(kr), \quad \mathrm{J}_{2r} = kr\mathrm{J}_{\nu-1}(kr)s_{-1,\nu}(kr)$$

$$Y_{1r} = krY_v(kr)s_{-2,v-1}(kr), \quad Y_{2r} = krY_{v-1}(kr)s_{-1,v}(kr)$$

$$H_r = (kr)^2 {}_2F_3\left[[1,1],\left[2,2+\frac{1}{2}v,2-\frac{1}{2}v\right],-\frac{1}{4}(kr)^2\right]$$

${}_mF_n\left([\alpha_1\ldots\alpha_m],[\mu_1\ldots\mu_n],x\right)$是广义超几何函数。

利用力的连续性条件，$F\big|_{r=R_1} = -F_{11}$，$F\big|_{r=R_2} = -F_{12}$，可以得出

$$F_{11} = \left\{-\frac{n^2}{\mathrm{j}\omega C_1} - \rho_1 V_3 S_{R_1}\frac{\mathrm{j}R_2^2 X_{R_2}^2[\mathrm{J}_v(kR_2)\mathrm{Y}_{v-1}(kR_1)-\mathrm{J}_{v-1}(kR_1)\mathrm{Y}_v(kR_2)]}{\tau_1}\right.$$
$$\left.+\frac{2\mathrm{j}\pi hR_2^2 X_{R_2}^2(B_2-B_4v)}{\omega}\right\}\frac{v_{11}}{(n_1)^2}$$
$$+\left(-\frac{n^2}{\mathrm{j}\omega C_1}-\rho_1 V_3 S_{R_1}\frac{2\mathrm{j}R_1 X_{R_1}M_{R_1}}{\pi k\tau_1}\right)\frac{v_{12}}{n_1 n_2}+\frac{n}{n_1}V_{r0} \tag{11.213}$$

$$F_{12} = \left\{-\frac{n^2}{\mathrm{j}\omega C_1} - \rho_1 V_3 S_{R_2}\frac{\mathrm{j}R_2^2 X_{R_1}^2[\mathrm{J}_v(kR_1)\mathrm{Y}_{v-1}(kR_2)-\mathrm{J}_{v-1}(kR_2)\mathrm{Y}_v(kR_1)]}{\tau_1}\right.$$
$$\left.+\frac{2\mathrm{j}\pi hR_1^2 X_{R_1}^2(B_4v-B_2)}{\omega}\right\}\frac{v_{12}}{(n_2)^2}$$
$$+\left(-\frac{n^2}{\mathrm{j}\omega C_1}-\rho_1 V_3 S_{R_2}\frac{2\mathrm{j}R_2 X_{R_2}M_{R_1}}{\pi k\tau_1}\right)\frac{v_{11}}{n_1 n_2}+\frac{n}{n_2}V_{r0} \tag{11.214}$$

其中，$S_{R_1} = 2\pi hR_1$，$S_{R_2} = 2\pi hR_2$。进一步简化式 (11.213) 和式 (11.214) 可得

$$F_{11} = (Z_{p11} + Z_{p13} - N_{11}^2 Z_C)v_{11} + (Z_{p13} - N_{11}^2 Z_C)(v_{11}+v_{12}) + N_{11}V_{r0} \tag{11.215}$$

$$F_{12} = (Z_{p12} + Z_{p13} - N_{12}^2 Z_C)v_{12} + (Z_{p13} - N_{12}^2 Z_C)(v_{11}+v_{12}) + N_{12}V_{r0} \tag{11.216}$$

流过压电陶瓷环的电流可由下式得到

$$I_r = -\frac{\mathrm{d}Q}{\mathrm{d}t} = -\mathrm{j}\omega\int_{-\frac{h}{2}}^{\frac{h}{2}}\int_0^{2\pi}L_3\mathrm{d}\theta\mathrm{d}z = -\mathrm{j}\omega 2\pi hL_3 = -N_{11}v_{11} - N_{12}v_{12} + \mathrm{j}\omega C_1 V_{r0} \tag{11.217}$$

式中，$n_1 = R_2 X_{R_2}$，$n_2 = R_1 X_{R_1}$，$n = 2\pi h\tau_1 kR_1 X_{R_1}R_2 X_{R_2}/P$，$C_1 = n/n_2 = 2\pi h\tau_1/P$，$N_{11} = n/n_1 = 2\pi h\tau_1 kR_1 X_{R_1}/P$，$N_{12} = n/n_2 = 2\pi h\tau_1 kR_2 X_{R_2}/P$。基于上述分析，可以得出径向极化的压电陶瓷圆环的机电等效电路图 11.61。

图中，各个量的具体表达式为

$$Z_{p11} = \frac{1}{(n_1)^2}\left\{-\rho_1 V_3 S_{R_1}\frac{\mathrm{j}R_2^2 X_{R_2}^2[\mathrm{J}_v(kR_2)\mathrm{Y}_{v-1}(kR_1)-\mathrm{J}_{v-1}(kR_1)\mathrm{Y}_v(kR_2)]}{\tau_1}\right.$$
$$\left.+\frac{2\mathrm{j}\pi hR_2^2 X_{R_2}^2(B_2-B_4v)}{\omega}\right\}+\rho_1 V_3 S_{R_1}\frac{2\mathrm{j}R_1 X_{R_2}X_{R_1}}{n_1 n_2\pi k\tau_1} \tag{11.218}$$

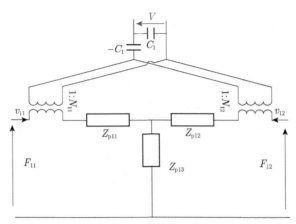

图 11.61　径向极化压电陶瓷圆环的机电等效电路

$$Z_{p12} = \frac{1}{(n_2)^2}\left\{-\rho_1 V_3 S_{R_2} \frac{\mathrm{j}R_1^2 X_{R_1}^2 \left[\mathrm{J}_\nu(kR_1)\mathrm{Y}_{\nu-1}(kR_2) - \mathrm{J}_{\nu-1}(kR_2)\mathrm{Y}_\nu(kR_1)\right]}{\tau_1}\right.$$

$$\left. + \frac{2\mathrm{j}\pi h R_1^2 X_{R_1}^2 (B_4\nu - B_2)}{\omega}\right\} + \rho_1 V_3 S_{R_2} \frac{2\mathrm{j}R_2 X_{R_2} X_{R_1}}{n_1 n_2 \pi k \tau_1} \qquad (11.219)$$

$$Z_{p13} = \frac{1}{n_1 n_2}\left(-\rho_1 V_3 S_{R_2} \frac{2\mathrm{j}R_2 X_{R_2} X_{R_1}}{\pi k \tau_1}\right) = \frac{1}{n_1 n_2}\left(-\rho_1 V_3 S_{R_1} \frac{2\mathrm{j}R_1 X_{R_2} X_{R_1}}{\pi k \tau_1}\right) \qquad (11.220)$$

值得指出的是，与前面部分中得出的径向极化压电陶瓷圆环的机电等效电路模型不同，这里得到的机电等效电路不再使用传统的等效机械变压器，这将使换能器等效电路分析更加方便和快捷，也便于多个径向极化压电陶瓷圆环的径向级联。根据径向极化压电陶瓷晶堆中各个压电环之间力和振动速度的连续性条件，得到径向振动时径向极化压电陶瓷晶堆的机电等效电路如图 11.62 所示。可以看出，该机电等效电路适用于具有任意数目径向极化压电陶瓷圆环的压电陶瓷晶堆。在径向极化压电陶瓷晶堆的等效电路中，各个压电陶瓷圆环在电学连接端是相互并联的，而在机械端则是相互串联的。

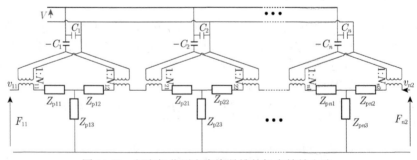

图 11.62　径向极化压电陶瓷晶堆的机电等效电路

2. 具有径向极化压电陶瓷晶堆的径向复合压电陶瓷换能器

1) 换能器机电等效电路

图 11.63 所示是一个具有径向极化压电陶瓷晶堆的径向复合压电陶瓷换能器，主要由三部分组成，分别是由两个径向极化的压电陶瓷圆环组成的压电陶瓷晶堆，以及位于压电陶瓷晶堆内外的两个金属圆环。为了简化分析，下面对仅具有金属外圆环的径向复合换能器的径向振动进行分析。基于径向极化压电陶瓷晶堆以及金属圆环的机电等效电路，结合径向力和振动速度的连续性条件，可以得出带有金属外圆环的径向复合换能器的机电等效电路如图 11.64 所示。

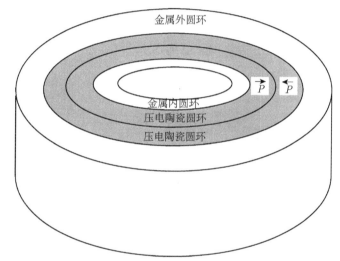

图 11.63 具有径向极化压电陶瓷晶堆的径向复合压电陶瓷换能器

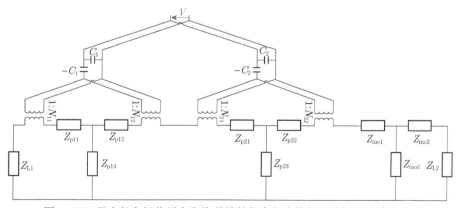

图 11.64 具有径向极化压电陶瓷晶堆的径向复合换能器的机电等效电路

图 11.64 中，各个机械阻抗的具体表达式为

$$Z_{\mathrm{mo1}} = \mathrm{j}\frac{2\pi\rho_{\mathrm{m}}v_{\mathrm{mo}}R_3 h}{\pi k_{\mathrm{mo}}R_3\left[\mathrm{J}_1(k_{\mathrm{mo}}R_4)\mathrm{Y}_1(k_{\mathrm{mo}}R_3) - \mathrm{J}_1(k_{\mathrm{mo}}R_3)\mathrm{Y}_1(k_{\mathrm{mo}}R_4)\right]}$$

$$\begin{bmatrix}\dfrac{\mathrm{J}_1(k_{\mathrm{mo}}R_4)\mathrm{Y}_0(k_{\mathrm{mo}}R_3) - \mathrm{J}_0(k_{\mathrm{mo}}R_3)\mathrm{Y}_1(k_{\mathrm{mo}}R_4)}{\mathrm{J}_1(k_{\mathrm{mo}}R_3)\mathrm{Y}_0(k_{\mathrm{mo}}R_3) - \mathrm{J}_0(k_{\mathrm{mo}}R_3)\mathrm{Y}_1(k_{\mathrm{mo}}R_3)}\\[4mm]\dfrac{-\mathrm{J}_1(k_{\mathrm{mo}}R_3)\mathrm{Y}_0(k_{\mathrm{mo}}R_3) + \mathrm{J}_0(k_{\mathrm{mo}}R_3)\mathrm{Y}_1(k_{\mathrm{mo}}R_3)}{\mathrm{J}_1(k_{\mathrm{mo}}R_3)\mathrm{Y}_0(k_{\mathrm{mo}}R_3) - \mathrm{J}_0(k_{\mathrm{mo}}R_3)\mathrm{Y}_1(k_{\mathrm{mo}}R_3)}\end{bmatrix}$$

$$- \mathrm{j}\frac{2\pi\rho_{\mathrm{m}}v_{\mathrm{mo}}R_3 h(1-\nu)}{\pi(k_{\mathrm{mo}}R_3)^2\left[\mathrm{J}_1(k_{\mathrm{mo}}R_3)\mathrm{Y}_0(k_{\mathrm{mo}}R_3) - \mathrm{J}_0(k_{\mathrm{mo}}R_3)\mathrm{Y}_1(k_{\mathrm{mo}}R_3)\right]} \tag{11.221}$$

$$Z_{\mathrm{mo2}} = \mathrm{j}\frac{2\pi\rho_3 v_{\mathrm{mo}}R_3 h}{\pi k_{\mathrm{mo}}R_3\left[\mathrm{J}_1(k_{\mathrm{mo}}R_4)\mathrm{Y}_1(k_{\mathrm{mo}}R_3) - \mathrm{J}_1(k_{\mathrm{mo}}R_3)\mathrm{Y}_1(k_{\mathrm{mo}}R_4)\right]}$$

$$\begin{bmatrix}\dfrac{\begin{array}{l}\mathrm{J}_1(k_{\mathrm{mo}}R_3)\mathrm{Y}_0(k_{\mathrm{mo}}R_4) - \mathrm{J}_0(k_{\mathrm{mo}}R_4)\mathrm{Y}_1(k_{\mathrm{mo}}R_3) -\\ \mathrm{J}_1(k_{\mathrm{mo}}R_4)\mathrm{Y}_0(k_{\mathrm{mo}}R_4) + \mathrm{J}_0(k_{\mathrm{mo}}R_4)\mathrm{Y}_1(k_{\mathrm{mo}}R_4)\end{array}}{\mathrm{J}_1(k_{\mathrm{mo}}R_4)\mathrm{Y}_0(k_{\mathrm{mo}}R_4) - \mathrm{J}_0(k_{\mathrm{mo}}R_4)\mathrm{Y}_1(k_{\mathrm{mo}}R_4)}\end{bmatrix}$$

$$- \mathrm{j}\frac{2\pi\rho_{\mathrm{m}}v_{\mathrm{mo}}R_4 h(1-\nu)}{\pi(k_{\mathrm{mo}}R_4)^2\left[\mathrm{J}_1(k_{\mathrm{mo}}R_4)\mathrm{Y}_0(k_{\mathrm{mo}}R_4) - \mathrm{J}_0(k_{\mathrm{mo}}R_4)\mathrm{Y}_1(k_{\mathrm{mo}}R_4)\right]} \tag{11.222}$$

$$Z_{\mathrm{mo3}} = \mathrm{j}\frac{2\pi\rho_{\mathrm{m}}v_{\mathrm{mo}}R_3 h}{\pi(k_{\mathrm{mo}}R_3)^2\left[\mathrm{J}_1(k_{\mathrm{mo}}R_3)\mathrm{Y}_0(k_{\mathrm{mo}}R_3) - \mathrm{J}_0(k_{\mathrm{mo}}R_3)\mathrm{Y}_1(k_{\mathrm{mo}}R_3)\right]}$$

$$= \mathrm{j}\frac{2\pi\rho_{\mathrm{m}}v_{\mathrm{mo}}R_4 h}{\pi(k_{\mathrm{mo}}R_4)^2\left[\mathrm{J}_1(k_{\mathrm{mo}}R_4)\mathrm{Y}_0(k_{\mathrm{mo}}R_4) - \mathrm{J}_0(k_{\mathrm{mo}}R_4)\mathrm{Y}_1(k_{\mathrm{mo}}R_4)\right]} \tag{11.223}$$

金属圆环的机械阻抗 Z_{mo} 为

$$Z_{\mathrm{mo}} = Z_{\mathrm{mo1}} + \frac{(Z_{\mathrm{mo2}} + Z_{\mathrm{L2}})Z_{\mathrm{mo3}}}{Z_{\mathrm{mo2}} + Z_{\mathrm{mo3}} + Z_{\mathrm{L2}}} \tag{11.224}$$

采用网格电流法，上图中各个回路的 KVL 方程可表示为

$$(Z_{\mathrm{p11}} + Z_{\mathrm{p13}} + Z_{\mathrm{L1}})v_{11} - Z_{\mathrm{p13}}v_{21} + N_{11}V = 0 \tag{11.225}$$

$$(Z_{\mathrm{p12}} + Z_{\mathrm{p13}} + Z_{\mathrm{p21}} + Z_{\mathrm{p23}})v_{21} - Z_{\mathrm{p13}}v_{11} + Z_{\mathrm{p23}}v_{22} - N_{12}V + N_{21}V = 0 \tag{11.226}$$

$$(Z_{\mathrm{p22}} + Z_{\mathrm{p23}} + Z_{\mathrm{mo}})v_{22} + Z_{\mathrm{p13}}v_{21} + N_{22}V = 0 \tag{11.227}$$

由上述三个表达式可得到三个回路等效电流的表达式分别为

$$v_{11} = \frac{\begin{array}{c}V\{-N_{22}Z_{\mathrm{p13}}Z_{\mathrm{p23}} - Z_{\mathrm{p11}}Z_{\mathrm{p23}}^2 + (Z_{\mathrm{p22}} + Z_{\mathrm{p23}} + Z_{\mathrm{mo}})\\ [(-N_{12} + N_{21})Z_{\mathrm{p13}} + N_{11}(Z_{\mathrm{p12}} + Z_{\mathrm{p13}} + Z_{\mathrm{p21}} + Z_{\mathrm{p23}})]\}\end{array}}{\begin{array}{c}(Z_{\mathrm{p22}} + Z_{\mathrm{p23}} + Z_{\mathrm{L1}})Z_{\mathrm{p13}}^2 + (Z_{\mathrm{p11}} + Z_{\mathrm{p13}} + Z_{\mathrm{L1}})\\ \left[Z_{\mathrm{p23}}^2 - (Z_{\mathrm{p12}} + Z_{\mathrm{p13}} + Z_{\mathrm{p21}} + Z_{\mathrm{p23}})(Z_{\mathrm{p22}} + Z_{\mathrm{p23}} + Z_{\mathrm{mo}})\right]\end{array}} \tag{11.228}$$

$$v_{21} = \frac{V\left[\begin{array}{c}-N_{11}(Z_{\mathrm{mo}}Z_{\mathrm{p13}}+Z_{\mathrm{p13}}Z_{\mathrm{p22}}+Z_{\mathrm{p13}}Z_{\mathrm{p23}})+N_{22}(Z_{\mathrm{L1}}Z_{\mathrm{p23}}+Z_{\mathrm{p13}}Z_{\mathrm{p23}}+Z_{\mathrm{p11}}Z_{\mathrm{p23}})\\ +(Z_{\mathrm{p11}}+Z_{\mathrm{p13}}+Z_{\mathrm{L1}})(Z_{\mathrm{p22}}+Z_{\mathrm{p23}}+Z_{\mathrm{mo}})(N_{12}-N_{21})\end{array}\right]}{\left\{\begin{array}{c}Z_{\mathrm{p22}}(Z_{\mathrm{p12}}Z_{\mathrm{p13}}+Z_{\mathrm{p13}}Z_{\mathrm{p21}})+Z_{\mathrm{p23}}(Z_{\mathrm{p12}}Z_{\mathrm{p13}}+Z_{\mathrm{p13}}Z_{\mathrm{p21}}+Z_{\mathrm{p13}}Z_{\mathrm{p22}})\\ +Z_{\mathrm{mo}}[Z_{\mathrm{p13}}(Z_{\mathrm{p12}}+Z_{\mathrm{p21}}+Z_{\mathrm{p23}})+Z_{\mathrm{L1}}(Z_{\mathrm{p12}}+Z_{\mathrm{p13}}+Z_{\mathrm{p21}}+Z_{\mathrm{p23}})]\\ +Z_{\mathrm{p11}}[Z_{\mathrm{p22}}(Z_{\mathrm{p12}}+Z_{\mathrm{p21}}+Z_{\mathrm{p13}})+(Z_{\mathrm{p12}}+Z_{\mathrm{p13}}+Z_{\mathrm{p21}}+Z_{\mathrm{p22}})Z_{\mathrm{p23}}\\ +Z_{\mathrm{mo}}(Z_{\mathrm{p12}}+Z_{\mathrm{p13}}+Z_{\mathrm{p21}}+Z_{\mathrm{p23}})]\\ +Z_{\mathrm{L1}}[Z_{\mathrm{p21}}Z_{\mathrm{p22}}+Z_{\mathrm{p23}}(Z_{\mathrm{p22}}+Z_{\mathrm{p21}})+(Z_{\mathrm{p12}}+Z_{\mathrm{p13}})(Z_{\mathrm{p22}}+Z_{\mathrm{p23}})]\end{array}\right\}} \tag{11.229}$$

$$v_{22} = \frac{-V\left\{\begin{array}{c}-N_{11}Z_{\mathrm{p13}}+(Z_{\mathrm{p11}}+Z_{\mathrm{p13}}+Z_{\mathrm{L1}})(N_{12}-N_{21})]Z_{\mathrm{p23}}+N_{22}[Z_{\mathrm{p13}}(Z_{\mathrm{p12}}+Z_{\mathrm{p21}}+Z_{\mathrm{p23}})]\\ +(Z_{\mathrm{L1}}+Z_{\mathrm{p11}})(Z_{\mathrm{p12}}+Z_{\mathrm{p13}}+Z_{\mathrm{p21}}+Z_{\mathrm{p23}})\end{array}\right\}}{\left\{\begin{array}{c}Z_{\mathrm{p22}}(Z_{\mathrm{p12}}Z_{\mathrm{p13}}+Z_{\mathrm{p13}}Z_{\mathrm{p21}})+Z_{\mathrm{p23}}(Z_{\mathrm{p12}}Z_{\mathrm{p13}}+Z_{\mathrm{p13}}Z_{\mathrm{p21}}+Z_{\mathrm{p13}}Z_{\mathrm{p22}})\\ +Z_{\mathrm{mo}}[Z_{\mathrm{p13}}(Z_{\mathrm{p12}}+Z_{\mathrm{p21}}+Z_{\mathrm{p23}})+Z_{\mathrm{L1}}(Z_{\mathrm{p12}}+Z_{\mathrm{p13}}+Z_{\mathrm{p21}}+Z_{\mathrm{p23}})]\\ +Z_{\mathrm{p11}}[Z_{\mathrm{p22}}(Z_{\mathrm{p12}}+Z_{\mathrm{p21}}+Z_{\mathrm{p13}})+(Z_{\mathrm{p12}}+Z_{\mathrm{p13}}+Z_{\mathrm{p21}}+Z_{\mathrm{p22}})Z_{\mathrm{p23}}\\ +Z_{\mathrm{mo}}(Z_{\mathrm{p12}}+Z_{\mathrm{p13}}+Z_{\mathrm{p21}}+Z_{\mathrm{p23}})]+Z_{\mathrm{L1}}[Z_{\mathrm{p21}}Z_{\mathrm{p22}}+Z_{\mathrm{p23}}(Z_{\mathrm{p22}}+Z_{\mathrm{p21}})\\ +(Z_{\mathrm{p12}}+Z_{\mathrm{p13}})(Z_{\mathrm{p22}}+Z_{\mathrm{p23}})]\end{array}\right\}} \tag{11.230}$$

由此可以得出各个圆环的输入电阻抗为

$$Z_{\mathrm{e1}} = \frac{V}{-N_{11}v_{11}+N_{12}v_{21}+\mathrm{j}wC_1V} \tag{11.231}$$

$$Z_{\mathrm{e2}} = \frac{V}{-N_{21}v_{21}-N_{22}v_{22}+\mathrm{j}\omega C_2V} \tag{11.232}$$

其中 V 是换能器的输入电压。基于上述公式，可以得出换能器的输入电阻抗 Z_{e} 为

$$Z_{\mathrm{e}} = \frac{Z_{\mathrm{e1}}Z_{\mathrm{e2}}}{Z_{\mathrm{e1}}+Z_{\mathrm{e2}}} \tag{11.233}$$

由此可以得出换能器的共振频率方程

$$Z_{\mathrm{e}} = 0 \tag{11.234}$$

其反共振频率方程为

$$1/Z_{\mathrm{e}} = 0 \tag{11.235}$$

由于换能器的共振频率及反共振频率方程是复杂的超越方程，其解析解难以得出，为此我们采用数值方法，借助于 Wolfram Mathematica 11.0 软件对其进行求解。换能器各组成部分的材料为铝合金和压电陶瓷 PZT-4，其材料参数及几何尺寸如

表 11.8 及表 11.9 所示。利用换能器的电输入阻抗表达式，可以得出其频率响应曲线如图 11.65 所示。为便于比较分析，图中同时给出了解析法 (EECM) 和有限元法 (FEM) 得出的频率曲线。

表 11.8　换能器各组成部分的材料参数

参数	值	参数	值
$\rho_m/(\mathrm{kg/m^3})$	2700	$c_{12}^E/(\mathrm{m^2/N})$	7.78×10^{10}
$E/(\mathrm{N/m^2})$	7×10^{11}	$c_{13}^E/(\mathrm{m^2/N})$	1.15×10^{11}
ν	0.33	$e_{31}/(\mathrm{N/(m\cdot V)})$	-5.2
$\rho_1/(\mathrm{kg/m^3})$	7500	$e_{33}/(\mathrm{N/(m\cdot V)})$	15.1
$c_{11}^E/(\mathrm{m^2/N})$	1.39×10^{11}	$\varepsilon_{33}^S/(\mathrm{C/m})$	5.69×10^{-9}

表 11.9　换能器的几何尺寸

R_1/mm	R_2/mm	R_3/mm	R_4/mm	h/mm
16.5	19	21.5	28	5

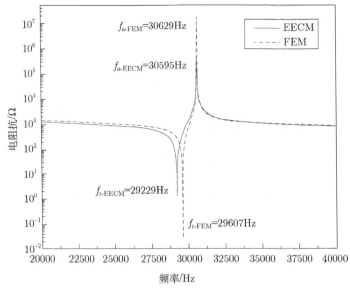

图 11.65　具有径向极化压电陶瓷晶堆的径向复合换能器输入阻抗的频率响应

2) 数值模拟

基于商用软件 COMSOL Multiphysics 的固体力学模块和静电模块，采用有限元法对径向复合换能器进行数值建模，分析了换能器的阻抗频响特性和振动模态。在有限元法中，复合换能器的弹性边界为机械自由边界，外加电压为 1V。压电陶瓷材料为 PZT-4，金属环材料为铝。压电陶瓷环的数量为 2 个。具体几何尺寸见表 11.9。划分的网格尺寸小于径向振动对应波长的 1/8，以保证计算精度。采用二维轴对称模型计算了基频处的电阻抗、频率响应和振动模态。有限元法得到的电阻抗频响曲线如图 11.65 所示。可以看出，两种方法得到的换能器的阻抗频率曲线基本一致，验证了本节所建立的径向复合压电陶瓷换能器机电等效电路的准确性和可靠性。

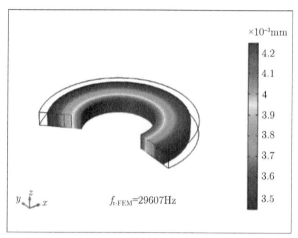

图 11.66 有限元法得到的径向复合换能器基频的径向振动模态 (扫描封底二维码可见彩图)

图 11.66 为利用有限元法得到的具有径向极化压电陶瓷晶堆的径向复合换能器的基频径向振动模态。金属环与压电陶瓷晶堆同相工作，换能器等效位移节点位于圆环的中心，内表面的位移幅值大于外表面的位移幅值。对应的共振频率值为 29607Hz，而利用机电等效电路方法得到的相关共振频率值为 29229Hz。

3) 换能器的几何尺寸对其性能参数的影响

本节我们研究径向几何尺寸对换能器的共振频率 f_r 反共振频率 f_a 和有效机电耦合系数 K_{eff} 的影响。引入半径比 $\tau = (R_4 - R_1)/(R_3 - R_1)$ 来简化分析。换能器的几何尺寸为 $R_1 = 16.5\mathrm{mm}$，$R_2 = (R_1 + R_3)/2\mathrm{mm}$，$18\mathrm{mm} < R_3 < 27\mathrm{mm}$，$R_4 = 28\mathrm{mm}$，$h = 5\mathrm{mm}$。通过等效电路方法和有限元方法分别得到的换能器的共振/反共振频率与径向几何尺寸的关系如图 11.67 所示，其中 (a) 和 (b) 分别表示换能器的共振频率和反共振频率。当金属环的外半径一定时，共振频率和反共振频率都随着半径比 τ 的增大而减小。频率误差的来源主要是因为换能器的厚度不满足解析法中规定的换能器直径远大于其后的近似尺寸条件，因而存在耦合振动模式。

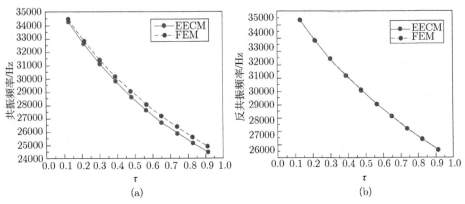

图 11.67　径向复合换能器的共振频率 (a) 与反共振频率 (b) 与 τ 的关系

有效机电耦合系数是换能器的一个重要参数, 它反映了换能器的机电耦合和转换能力, 其大小取决于压电部件在机电系统结构中的体积比和振动方式。图 11.68 为利用等效电路法和有限元法得到的换能器的 K_{eff} 与 τ 之间的关系。对于一阶径向振动, 随着半径比的增大, 有效机电耦合系数增大。

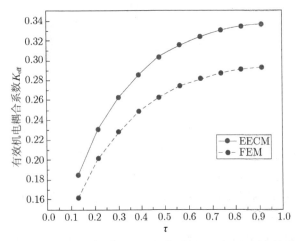

图 11.68　换能器的有效机电耦合系数 K_{eff} 与 τ 之间的关系

11.3.5　具有径向极化压电陶瓷晶堆的径向复合换能器与传统的径向复合换能器的性能对比

本节利用有限元法探讨具有径向极化压电陶瓷晶堆的径向复合换能器与传统的径向复合换能器的性能对比, 并讨论结构升级带来的性能改善。两种换能器在有限元中的具体设置如表 11.10 所示。

表 11.10 两种结构的换能器在有限元中的具体参数设置

	压电陶瓷晶堆换能器	传统换能器
边界条件	自由	自由
极化方向	径向极化	
材料参数	相同 (如表 11.8 所示)	
外加电压	1V	
压电陶瓷圆环数	1	2
网格精度	1/8 波长	
频率扫描范围/步长	20∼40kHz/1Hz	
阻尼、损耗和负载	未考虑	

图 11.69 为利用有限元法得到的两种结构换能器的电阻抗随频率的变化情况,其中 tRCT 和 nRCT 分别表示传统的具有单个径向极化压电陶瓷圆环的径向复合换能器以及具有压电陶瓷晶堆的径向复合换能器。从图 11.69 可以看出,具有径向极化压电陶瓷晶堆的复合换能器的电阻抗幅值明显减小。因此,在相同的电激励条件下,压电陶瓷晶堆比等厚度的压电陶瓷环更容易激励,这有利于提高径向极化换能器的激励效率。

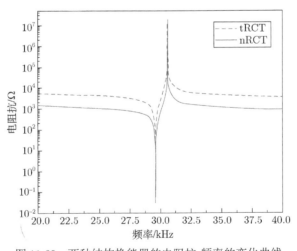

图 11.69 两种结构换能器的电阻抗-频率的变化曲线

图 11.70 为利用有限元法得到的两种结构换能器的相对最大位移比随频率的变化情况。可以看出,具有压电陶瓷晶堆的径向复合换能器的径向最大位移幅值明显大于传统的具有单一压电陶瓷圆环的复合换能器的位移幅值。我们认为这种现象主

要是由电阻抗的减小引起的。根据电-力-声类比原理，可以将换能器表面的振动速度比作电流。在外加电压幅值一定的情况下，内阻 (Z_e) 的减小必然导致电流的增大，这是符合欧姆定律的。

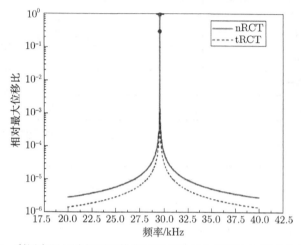

图 11.70　利用有限元法得到的换能器的相对最大位移比与频率的变化曲线

第 12 章　基于声子晶体周期结构的功率超声振动系统

随着社会的进步以及科学技术的发展，超声技术 (包括功率超声、医学超声以及检测超声) 在工业、医学以及国防等国民经济的各行各业中得到了越来越多的关注与重视，其应用范围也越来越广。功率超声技术是超声技术中一个独特的分支，与其相关的众多应用技术的物理机理在于功率超声的大功率和高强度，以及与此相关的各种物理效应、化学效应、生物效应、机械效应以及热效应等众多复杂的非线性效应。在功率超声技术中，除了超声清洗、超声焊接、超声分散、超声乳化、超声硬脆材料加工以及超声提取等传统的功率超声技术以外，一些新型的功率超声应用技术，如超声精准治疗、超声手术刀及药物导入、超声溶血栓、超声化学、超声石油开采、超声消除材料的残余应力、超声悬浮、超声食品加工及处理、超声废水处理、超声金属粉末制备等[289-293]，也受到了人们的普遍重视，并得到了快速的发展和应用。

众所周知，按照超声波的作用介质来分，功率超声技术的主要应用大概可以分为两大类，即液体和固体中的应用技术。对于液体中的功率超声应用技术，影响其作用效果的主要因素包括超声波频率、超声波功率、超声波强度、超声波的功率密度以及超声波的声场分布等。而对于固体中的功率超声应用技术，影响其作用效果的主要因素包括超声波频率、超声振动系统的位移振幅以及辐射面位移振幅的均匀程度。很显然，所有这些力学及声学参数都是由超声换能器振动系统决定的，因此功率超声换能器振动系统是功率超声应用技术中的关键部分，它决定了所有功率超声应用技术的作用效果，是功率超声基础研究以及应用研究中一个极为重要的研究领域，始终受到相关研究人员的普遍重视和关注。

目前，纵向夹心式压电陶瓷换能器在功率超声、医学超声手术治疗以及水声工程等领域获得了广泛的应用，原因在于此类换能器的结构简单、机械强度大、电声效率高、频率易于调整、环境适应性好且易于优化设计等。然而，基于系统的理论分析以及长期的实践经验，人们发现传统的纵向夹心式压电陶瓷换能器也存在一些固有的且亟待解决的问题。①截至目前，传统的纵向夹心式压电陶瓷换能器的分析和设计理论都是一维的。基于这一假设，按照传统的一维设计理论，要求换能器的横向尺寸或径向尺寸不能超过换能器共振频率所对应的声波波长的四分之一，这就限制了此类纵向振动换能器的横向几何尺寸，因而也制约了换能器的功率容量、声波辐射面积以及辐射功率的增大。②由于一维理论的限制，传统的纵向夹心式压电陶瓷换能器的振动沿着换能器的纵轴方向，因而其声波辐射方向是一维的，不能实现超声能量的二维及三维全方位超声辐射，这也制约了现有的纵向夹心式压电陶瓷换能器的声波作用范围。

然而，随着功率超声技术在国防、生物医学、化学化工、环境保护、油气田开发、生物制药、食品工业、金属加工及冶炼等领域中的广泛应用，对功率超声换能器振动系统的功率容量、辐射功率、超声辐射的空间作用范围提出了越来越高的要求。为了满足这些超声应用新技术的需要、克服传统的纵向夹心式压电陶瓷换能器的上述不足，研究者们进行了大量的工作，取得了一些具有一定应用前景的研究成果。

在提高换能器的功率容量和辐射功率方面，国内外学者分别从声学换能材料及换能器的结构等方面进行了一些研究。在换能材料方面，先后采用了稀土超磁致伸缩材料、铌镁酸铅-钛酸铅及铌锌酸铅-钛酸铅等压电单晶材料[294-297]，并将其应用于水声和超声技术中。然而由于材料本身的原因 (如性能稳定性及一致性等问题) 和加工工艺等方面的限制，此类材料未能在大功率超声领域获得广泛的应用。在换能器的结构设计方面，人们曾利用功率合成技术、多个换能器级联技术，以及通过改变传统的超声处理设备的结构形状等方法进行过一些探讨[298-303]，也取得了一定的理论研究成果，并在一些功率超声技术中得到了一定的应用。尽管这些技术可以在一定程度上增大换能器振动系统的功率容量和声波强度，但仍然未能克服传统的纵向夹心式压电陶瓷换能器的一维振动声波辐射问题。

在增大功率超声振动系统的声波作用范围方面，人们也做了大量的研究工作，并提出了基于振动模式转换的全方位超声振动系统以及径向夹心式压电陶瓷换能器[304-308]。在振动模式转换的全方位超声振动系统中，利用纵径以及纵弯振动模式的转换，可以形成一个三维声波辐射的全方位超声波辐射场；利用径向夹心式压电陶瓷换能器，通过分别采用弹性力学中的平面应力和平面应变理论，可以形成一个短圆柱或者长圆管的径向发散或聚焦的径向二维声场，从而实现换能器的二维柱面声波辐射。这两类新型的大功率超声振动系统都可以增大超声振动系统的声波作用范围，在一定程度上克服了传统的纵向夹心式压电陶瓷换能器存在的单纯的一维声波辐射的问题。然而，由于相关的一些技术工艺问题未能得到彻底解决，例如如何有效施加径向预应力以增大径向夹心式压电陶瓷换能器的功率容量等，这导致此类功率超声振动系统未能在生产实际中得到广泛的应用。

除此以外，在克服现有的夹心式压电陶瓷换能器的单一方向声波辐射问题以及改进换能器的声波作用范围方面，国内外学者也从不同的方面和角度开展了一些相关的研究工作。美国以及德国的研究者提出了一种棒式及管式超声换能器，采用单端或者双端激发的方式，可以形成一种径向的二维辐射器，对其辐射性能等进行了理论和实验研究分析[309-314]，并将其应用到了超声清洗、超声管道处理以及超声中草药提取中。但从此类换能器的几何设计尺寸和声波辐射特性来看，现有的管式或棒式超声换能器的振动模式基本上仍然属于传统的纵向振动，其设计及分析理论还是基于传统的一维纵向振动理论，其径向的声波辐射仅是利用泊松效应来实现的。由于材料的泊松系数较小，由此而产生的径向振动是比较弱的。另外，经过对此类系统进行理论分析以及实验探索，我们可以看出，此类超声换能器振动系统的功率增加是依靠其纵向几何尺寸的增大来实现的。一般来说，此类大功率超声振动系统的纵向总长度约为半波长的整数倍，换能器的功率越大，对应的换能器振动系统的纵向长度越长。

　　另外，除了上述措施，增大换能器的横向几何尺寸 (换能器的直径) 也是提高传统的纵向夹心式压电陶瓷换能器振动系统功率容量的一种比较简单的方法。目前，大尺寸纵向夹心式压电陶瓷超声换能器振动系统已经在超声塑料焊接、超声金属成型以及超声污水处理等技术中获得了一定的应用。对于此类应用，换能器的横向几何尺寸不满足一维理论所要求的小于四分之一波长这一条件。在一些特殊的情况下，换能器的横向几何尺寸接近或超过换能器的纵向几何尺寸。因此，对于大尺寸纵向夹心式压电陶瓷换能器振动系统的理论分析，不能采用传统的一维分析理论，必须采用复杂的耦合振动理论。对于大尺寸纵向夹心式压电陶瓷换能器的耦合振动分析，研究者也进行了一些理论和实验探讨，但由于问题本身的复杂性，其严格的解析解很难得到，因此大部分研究工作是基于数值模拟方法，或者采用近似的解析方法，借助于电子计算机对大尺寸纵向夹心式压电陶瓷换能器的耦合振动进行数值模拟，给出系统的振动模态、振动分布以及频率特性等特性参数[315-318]。

　　对于大尺寸纵向夹心式压电陶瓷换能器振动系统，尽管可以通过增大换能器的横向几何尺寸来提高其功率容量，但由于换能器的横向振动随着横向几何尺寸的增大而增大，所以换能器本身出现了复杂的多模态耦合振动。大尺寸纵向夹心式压电陶瓷换能器振动系统中的耦合振动主要包括两个方向：①换能器中的纵向振动和横向振动 (径向振动) 之间的耦合；②振动系统中的纵向振动和横向振动的基频模态和高次模态之间的相互耦合。这两种复杂的耦合振动导致振动系统辐射面的纵向振动位移分布的均匀程度变差，换能器有效工作能量降低，因而，严重影响了此类大尺寸功率超声振动系统的工作效率。为了改善大尺寸压电陶瓷复合超声换能器振动系统辐射面纵向振动位移的均匀程度，技术人员利用开槽的方式来抑制换能器的横向振动[319-321]，但如何合理有效地正确开槽，包括如何选择开槽的几何尺寸、位置以及数量等，都是凭经验，缺乏系统的分析理论及指导。

　　为了有效地改善功率超声换能器耦合振动系统的性能，减少纵、横振动之间的强烈耦合，保证系统纵向工作效率，国内外超声技术工作者主要从以下两个方面进行了积极的研究探索。

　　(1) 功率超声换能器系统耦合振动的分析方法。目前，针对大功率使用环境中超声换能器系统的耦合振动的分析、设计方法有很多，比如伴随法、瑞利能量法和表观弹性法等。其中，表观弹性法因其简单、物理意义明确等优点而得到了广泛的应用，尤其是分析形状相对规则的未开槽的振动体时，可以得到比较满意的结果。但是对于形状相对复杂、开较多槽/孔的大尺寸振动体，其分析和计算过程就会非常复杂，甚至产生较大的误差。因此，需要为大尺寸、结构复杂的开多槽/孔的振动体的分析设计提供新的、更有效的支撑理论。

(2) 功率超声换能器系统耦合振动的控制方法。目前，经常采用的耦合振动的控制方法有开槽/孔、附加弹性部件、开细缝，以及二次设计等，这些方法都能一定程度地改善大功率超声换能器系统的性能。但是对槽/孔/细缝的尺寸、位置、数量等的确定主要依赖于开发者的实践经验和仿真计算，缺乏有效的理论依据。

声子晶体是弹性常数及密度周期分布的人工材料或结构，大部分是由固体材料周期排列在另一种固体或流体介质中形成的一种新型功能材料。弹性波在声子晶体中传播时，受其内部结构的作用，在一定频率范围内被阻止传播，这一频率范围称为声子晶体材料或结构的带隙；而在其他频率范围内，弹性波可以无损耗地传播，与此对应的频率范围称为声子晶体材料或结构的通带[322-324]。

基于声子晶体的这一特点及其分析和设计理论，我们对基于声子晶体周期结构的大尺寸功率超声振动系统进行了比较系统的理论和实验研究。利用声子晶体的带隙理论来研究大尺寸纵向夹心式压电陶瓷换能器振动系统的分析理论、横向振动抑制及其优化设计，其目的是为此类大尺寸功率超声振动系统的深入研究提供一种新的理论方法和设计思路，从而为此类大尺寸功率超声振动系统的纵向振动加强和横向振动抑制提供比较系统的设计理论和实验指导数据。

利用声子晶体的带隙理论来抑制功率超声振动系统中横向振动的方法，是一种理论及研究方法上的创新，对于抑制横向振动、改善换能器振动系统辐射面纵向振动位移分布的均匀性、提高传统的大尺寸功率超声换能器振动系统的辐射功率及作用范围、扩大其在水声和超声技术中的应用范围、改善传统的超声应用技术的作用效果具有重要的理论指导意义和实际应用价值。

具有声子晶体周期结构的大尺寸压电陶瓷复合超声换能器振动系统可以在大功率高强度超声的各个领域，如超声塑料焊接、医学超声精准治疗、超声手术刀、超声降解、超声采油，超声化学、超声金属成型以及超声提取等超声处理技术中获得应用。

12.1   基于声子晶体周期结构的耦合振动控制法

为了减少有害振动对结构体的影响，目前通常采用两种方法来消除或者减弱有害振动，即主动振动控制和被动振动控制。主动振动控制也叫有源振动控制 (需要外部动力源)，即人为地引入外部振动控制系统以实现振动的控制。振动控制系统由中央控制器、受控目标和测量系统组成。其中，中央控制器是整个系统的核心部件，中央控制器的设计好坏直接关系到整个振动控制系统的性能，但由于中央控制器的设计非常复杂，因此主动振动控制实施较为困难、成本较高、可靠性也较差。被动振动控制也叫无源振动控制，是通过在振源消振、在振动传播路径上隔振、在振动控制受控对象上阻振、吸收振动等方式来实现对有害振动的控制。传统的被动振动控制具有实现简单、成本低、可靠性高等优点，但由于其灵活性较差、局限性较大、控制效果不理想等缺点，已经很难满足工程应用上各种新的需求。因此，能否找到一种有效地控制结构体中有害振动的新方法，已经成为工程技术中迫切需要解决的问题。

结构体中有害振动产生的本质原因是弹性波的传播效应以及结构体中弹性波和周围声学介质间的耦合作用，因此，实现有害振动控制的有效手段是对结构体中弹性波行为的调控。近年来，声子晶体理论的提出和发展为实现"人为操控弹性介质及结构中的波传播"提供了一条新的有效途径。声子晶体是一种弹性常数和密度周期性分布的人工周期性结构/材料，按照周期结构的维数，可以将其分为一维声子晶体、二维声子晶体和三维声子晶体，典型结构如图 12.1 所示。

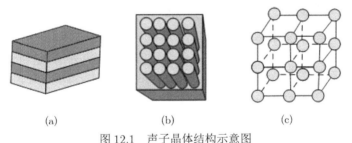

(a)   (b)   (c)

图 12.1 声子晶体结构示意图

(a) 一维声子晶体；(b) 二维声子晶体；(c) 三维声子晶体

研究表明，弹性波在声子晶体结构中传播时，因受到其内部周期结构的调制作用，特定的频率范围内的弹性波无法在其内部传播，从而产生带隙，带隙频率范围内的弹性波的传播能够被抑制甚至禁止。但在实际工程应用中，因为材料自身加工工艺和性能的限制，可能并不存在完美的周期性结构。有时，为了满足某些特定的需求，会制造有限尺寸的周期结构或一些具有细小不完整性的周期结构，比如准周期结构、层厚起伏、缺陷等，上述结构与完美的无限周期结构之间存在一些偏差，通常称作近周期声子晶体结构。

12.1.1 相关理论

近周期声子晶体的研究是目前新材料发展前沿领域的热门课题，它最大的特点在于其功能可设计性：既可以通过求解弹性波/声波在近周期声子晶体中的波动方程，有针对性地设计所需的声子禁带，抑制禁带范围内有害声波的传播，也可以人为地构造各种缺陷 (点缺陷、线缺陷、位错缺陷、面缺陷)，将声波局域在设计的缺陷处或者使声波沿着设计的缺陷进行传播，从而实现人为控制声波传输的目的。而正是由于这种功能可设计性，近周期声子晶体在减震隔振、声波导、超声换能器、滤波器等研究领域都有着非常重要的应用价值。

近周期声子晶体是与完美的理想周期声子晶体存在偏离的结构，通常包括有限周期结构、缺陷结构、准周期结构、随机失谐结构等。与理想周期声子晶体相同，近周期声子晶体通常也是由两种或者两种以上弹性材料按周期排列的方式复合而成的，组成近周期声子晶体的材料也称为组元，其中相互连通的组元称为基体，互不相连的组元则称为散射体。根据构成近周期声子晶体组元材料的数目，可将近周期声子晶体分成二组元、三组元、多组元近周期声子晶体；根据构成近周期声子晶体组元材料的形态分类，又可将其分为液体-液体、气体-液体/液体-气体、固体-固体，液体-固体/固体-液体、气体-固体/固体-气体等近周期声子晶体；根据散射体在基体中的周期分布形式，分为一维、二维和三维近周期声子晶体。一维近周期声子晶体一般是由两种或多种弹性介质组成的周期性层状或杆状结构，其基体和散射体一样，均不连通。二维近周期声子晶体一般是由柱状散射体材料按周期性空间点阵结构排列于基体材料中构成的，散射体既可以是实心结构，也可以是空心结构，一般按三角形、正方形、蜂窝形等点阵结构排列。三维近周期声子晶体一般是将球形、立方等散射体按简单立方、面心立方、体心立方、六角密排等空间点阵结构排列于基体材料中形成的。

1. 带隙理论

近周期声子晶体最重要的一个特征就是具有带隙，即当弹性波/声波在近周期声子晶体中传播时，因受到晶体内部周期性结构的作用，会形成特殊的色散关系，色散关系曲线之间的频率范围即为禁带，也就是带隙。若为完全带隙，则禁带范围内所有方向上的弹性波/声波的传播皆被抑制；若为方向带隙，则只是某一特定方向的弹性波/声波的传播被抑制。

近周期声子晶体中带隙产生的成熟物理机制主要有两种：布拉格散射机制以及局域共振机制，大多数近周期声子晶体的带隙都是一定条件下这两种机制综合作用的结果。当布拉格散射机制发挥主导作用时，基体和散射体的密度、弹性常数等材料参数，散射体的填充系数、形状等结构参数，以及晶格结构、晶格常数等结构参数都会对近周期声子晶体的带隙特性产生影响。当局域共振机理发挥主导作用时，带隙是基体的长波行波和单个散射体共振相互耦合作用的结果，即带隙与散射体自身的固有振动特性密切相关。

理想的声子晶体通常是无限周期的无限大结构，但是在实际工程应用中，一般采用的结构都仅具备有限的周期, 对于这种有限尺寸的近周期声子晶体, 其禁带范围内的弹性波/声波的传播可以得到有效的衰减和抑制, 而不是完全禁止, 且其能带结构一般使用可以反映其传输特性的指标进行描述, 因为本书研究的重点是抑制结构体中的有害径向/横向振动, 所以使用振动传输特性来描述近周期声子晶体的带隙。振动传输特性可以利用有限元法计算激励和响应的加速度幅频响应曲线获得, 在加速度幅频响应曲线上的衰减区 (加速度幅值小于 1 的频率范围) 即为禁带所对应的频率范围。

2. 晶格理论

周期性空间点阵结构代表散射体在声子晶体中的空间位置, 周期性空间点阵也称为晶格, 在声子晶体的研究中, 通常使用晶格理论来描述声子晶体结构的周期性。原胞是晶格中最小的周期单元, 其边长被称作晶格常数。

晶格具有平移周期性, 即晶格可以通过将原胞沿着三个基本平移矢量 $\{a_1, a_2, a_3\}$(基矢) 平移获得。根据基元所包含的散射体格点个数, 可以将晶格分为两类: 简单晶格 (如三角晶格、正方晶格等) 和复式晶格 (如蜂窝晶格、Kagome 晶格等), 图 12.2 给出了正方晶格、三角晶格和蜂窝晶格三种常见晶格的示意图。

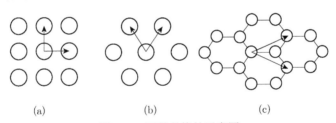

(a)　　　　　　　(b)　　　　　　　(c)

图 12.2　三种晶格的示意图

(a) 正方晶格；(b) 三角晶格；(c) 蜂窝晶格

在完美周期声子晶体中, 可以采用单原胞模型来计算晶体的能带结构, 但是在近周期声子晶体中, 缺陷等的存在会在一定程度上破坏晶格的平移对称性, 因此, 不能再采用单原胞模型进行计算, 而应该采用超晶格模型。例如, 在某引入缺陷的近周期声子晶体结构中, 其周期性的重复单元如图 12.3 所示, 此时, 需要采用 3×3 个单胞作为超晶格结构。

另外, 除晶格结构外, 散射体的填充系数 (散射体面积/原胞面积) 也会对近周期声子晶体的带隙产生影响。以二维圆柱散射体为例, 设其半径为 r_s, 晶格常数为 a, 计算三种常见晶格的散射体填充系数 f_t, 如表 12.1 所示。

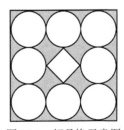

图 12.3　超晶格示意图

表 12.1　三种晶格的填充系数

晶格结构	填充系数 f_t	f_t 的最大值
正方晶格	$f_t = \dfrac{\pi r_s^2}{a^2}$	$\dfrac{\pi}{4}$
三角晶格	$f_t = \dfrac{2\pi r_s^2}{\sqrt{3}a^2}$	$\dfrac{\sqrt{3}\pi}{6}$
蜂窝晶格	$f_t = \dfrac{4\pi r_s^2}{3\sqrt{3}a^2}$	$\dfrac{\sqrt{3}\pi}{9}$

从表 12.1 可以看出，三角晶格可以获得最大的填充系数 f_t，但是填充系数对近周期声子晶体带隙的影响并不是线性的，还需根据晶格结构、组元材料、散射体形状等参数综合确定。另外，散射体的形状、尺寸、旋转角度等结构参数同样会对近周期声子晶体的带隙特性产生影响，但并无直接规律可循，需要根据具体情况进行具体分析。

3. 缺陷及安德森 (Anderson) 局域化

缺陷是指在声子晶体理想周期结构中引入各种微扰、畸变，导致晶体原有的完整周期性的破坏或者偏离，主要分为点缺陷、线缺陷和面缺陷三种。在晶格中通过改变某一散射体的结构、材料等参数或者直接移除某一散射体而导致的完整周期性的破坏称为点缺陷，按照近周期声子晶体结构中缺陷点的个数，可以将点缺陷分为单点缺陷及多点缺陷；按照缺陷点散射体和其周围正常散射体在材料和结构属性上的差别进行分类，可以将点缺陷划分成掺杂、变形、异质以及空位四类。掺杂是指在理想周期结构声子晶体中出现了一个冗余散射体；变形是指缺陷点散射体与周围正常散射体在尺寸、形状或者旋转角度等方面存在不同；异质是指缺陷点散射体和周围正常散射体在材料属性上存在差异；空位则是指缺失了一个散射体。四种点缺陷的示意图如图 12.4 所示。

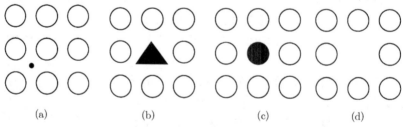

图 12.4　四种基本的点缺陷示意图

(a) 掺杂；(b) 变形；(c) 异质；(d) 空位

从理想周期结构声子晶体中直接移除某一直线或曲线方向上的散射体而导致的完整周期性破坏称为线缺陷，如图 12.5 所示。类似地，从理想周期结构声子晶体中直接移除某一平面上的散射体而导致的完整周期性的破坏称为面缺陷。一维近周期声子晶体中可以出现点缺陷，二维近周期声子晶体中可出现点缺陷、线缺陷，三维近周期声子晶体中三种缺陷都可以出现。

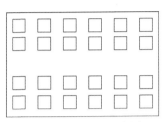

图 12.5　线缺陷示意图

当近周期声子晶体中存在点缺陷时，其禁带范围内会出现缺陷态，引发弹性波/声波的 Anderson 局域化效应，即禁带范围内弹性波/声波的位移或压强等的分布在点缺陷处具有很好的局域性，且该处的声压共振放大，因此，具有点缺陷的近周期声子晶体也称为声子谐振器。可以通过调节点缺陷处散射体的半径尺寸、填充率、旋转角度、材料等参数来实现对缺陷态频率、局域化程度、缺陷态模式等属性的调控，而不同的缺陷模式对应不同的模场分布和振动相位，因此，可以利用点缺陷人为地调控缺陷处模场分布和振动相位，进而实现对大尺寸超声振动系统辐射面纵向位移分布均匀度的改善和优化。

当近周期声子晶体中存在线缺陷时，禁带范围内的弹性波/声波只能沿线缺陷方向传播，产生波导效果，即使弯折 90°，弹性波/声波也会沿着线缺陷从一处传播到另一处，不会出现"泄漏"。当近周期声子晶体中存在面缺陷时，可以将弹性波/声波局域在缺陷面上，形成反射镜效果。

除此之外，研究者们还引入了另外一种缺陷，即位错，这是一种晶体结构上的拓扑缺陷，分为纵向位错和横向位错两种。所谓纵向位错 $|\Delta y|$，是指把位错线两侧的所有散射体整体向上/下移动 $|\Delta y|/2$ 距离；所谓横向位错 $|\Delta x|$，是指把位错线两侧的所有散射体整体向左/右移动 $|\Delta x|/2$ 距离，如图 12.6 所示。引入位错缺陷的近周期声子晶体可以称为近周期声子晶体位错结结构，主要分为同质位错结 (位错线两侧的晶体具有相同的结构和材料属性) 和异质位错结 (位错线两侧的晶体具有不同的结构或材料属性)。研究证明，引入纵向位错的近周期声子晶体位错结结构，在位错线两侧会产生局域模，且可以通过调节纵向位错的距离 $|\Delta y|$ 的大小来调控局域模出现的位置和频率等属性；引入横向位错的近周期声子晶体位错结结构，可以使得位于带隙频率内的弹性波/声波沿着位错通道传播，形成声波导，

另外，当 $|\Delta x|$ 取值为晶格常数 a 时，横向位错产生的效果相当于在理想周期声子晶体中去除一排散射体后形成的线缺陷，调节横向位错的距离 $|\Delta x|$ 的大小可以有目的地调控传导模的属性。

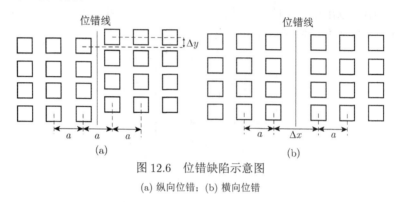

图 12.6　位错缺陷示意图

(a) 纵向位错；(b) 横向位错

12.1.2　基于声子晶体结构的耦合振动控制法的研究思路

作为超声换能器系统的核心组成部件，换能器、变幅杆和工具头的优化设计对功率超声换能器耦合振动系统整体性能的提升有着至关重要的作用，然而，耦合振动的存在使得超声换能器系统的振动特性非常复杂。因此，研究新的更有效的耦合振动控制方法对超声换能器系统的耦合振动进行控制，改善其振动性能以满足工程应用的需要，这是功率超声领域亟待解决的难点问题。

振动体中有害横向振动产生的本质原因是弹性波的传播效应以及振动体的耦合振动，因此，实现对横向振动进行控制的有效手段是对振动体中弹性波行为的调控，而近周期声子晶体理论则为人为控制振动体中弹性波的传播提供了有效的途径。我们针对近周期声子晶体结构的带隙特性，结合功率超声换能器系统中抑制有害振动的需求，研究了一种新颖有效的振动控制方法——将功率超声换能器系统的纵向夹心式压电陶瓷换能器、变幅杆、工具头设计成具有横向带隙的近周期声子晶体结构，利用结构的横向带隙，实现对系统中有害弹性波的抑制和衰减。在提高系统可靠性的同时，延长其使用寿命，从而实现优化大功率使用环境中超声换能器系统的目的。

利用近周期声子晶体结构的缺陷 (点缺陷、线缺陷、同质位错、异质位错)，我们研究了一种提高功率超声换能器系统辐射面振幅分布均匀度和位移振幅的新方法——将功率超声换能器系统的纵向夹心式压电陶瓷换能器、变幅杆、工具头设计成具有缺陷的近周期声子晶体结构，利用缺陷的 Anderson 局域化特性、波导特性、高品质因数等特性，调控位移场的幅度、相位，以及局域模的位置、能量衰减，从而实现提高功率超声换能器系统辐射面振幅分布均匀度、增大辐射面位移振幅的目的。

利用近周期管柱型结构，我们研究了一种拓宽功率超声换能器系统的工作带宽、增强系统的稳定性和机械强度的新方法——将功率超声换能器系统的纵向夹心式压电陶瓷换能器、变幅杆、工具头设计成具有缺陷的近周期声子晶体管柱结构，不仅可以利用构造在 Aluminum 6063-T83/空气，即固/气二维近周期声子晶体结构中的点缺陷模式，获得极低的能量损耗，有效提高系统辐射面的纵向位移振幅和振幅分布均匀度，也可以利用管柱结构中的双环形孔增强声波的多重散射，使得换能器在管柱较低的条件下也能产生禁带，从而实现有效抑制横向振动、大幅拓宽换能器系统的工作带宽、增强系统的稳定性和机械强度、降低加工成本的目的。

12.2 大尺寸纵向夹心式压电陶瓷换能器的优化设计

在功率超声领域，纵向夹心式压电陶瓷换能器得到了最为广泛的应用。根据一维纵向设计理论，换能器的纵向几何尺寸要大于它的径向尺寸，但是在超声清洗、超声塑料焊接等应用领域，要求换能器具有更大的辐射功率及更高的声强。对于由单个换能器组成的超声系统，可以通过增大换能器辐射面积来提高辐射功率，而增大辐射面积必然会导致换能器横向尺寸的增加，且通常情况下，增大后的横向尺寸会接近或者大于纵波波长的四分之一，此时换能器的振动模式表现为径向振动与纵向振动的耦合。径向振动的存在不仅降低了换能器的纵向辐射声功率，还会使换能器的辐射端面不再做等振幅的活塞振动，导致辐射端面振幅分布不均匀，严重影响换能器的性能，因此，迫切需要对大尺寸纵向夹心式压电陶瓷换能器的径向振动进行抑制。本节使用近周期声子晶体带隙和点缺陷理论来对大尺寸纵向夹心式压电陶瓷换能器进行优化设计。

我们设计了一个工作频率在 20kHz 附近的大尺寸纵向夹心式压电陶瓷换能器 (图 12.7)，其主要由后盖板、压电陶瓷晶堆和大尺寸喇叭形前盖板三部分组成。

图 12.7 大尺寸喇叭形纵向夹心式压电陶瓷换能器示意图

换能器的总高度为 81mm，其中前盖板材料为 Aluminum 6063，几何参数为：圆锥体，高度 35mm，大端半径 50mm，小端半径 31mm；后盖板材料为 Steel AISI 4340，几何参数：等截面圆柱，高度 30mm，半径 31mm；压电陶瓷晶堆材料选择 PZT-4，几何参数：厚度为 8mm，外半径设为 30mm，内半径 7mm，2 片。在 COMSOL Multiphysics 中构建压电陶瓷换能器的模型，并模拟其振动特性，最终获得图 12.8 所示的振型图和图 12.9 所示的前盖板辐射端面的纵向相对位移分布图。

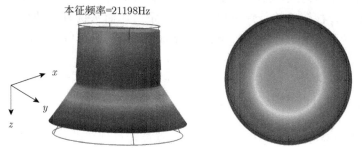

图 12.8　大尺寸纵向夹心式压电陶瓷换能器振型图 (扫描封底二维码可见彩图)

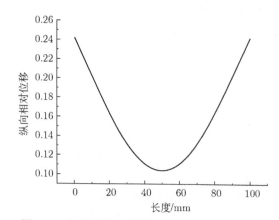

图 12.9　换能器前辐射端面纵向相对位移分布图

从图 12.8 和图 12.9 能够明显看出，因为换能器的横向尺寸比较大，所以产生了非常明显的耦合振动，前盖板输出端面的纵向相对位移值从 0.1039 变化到 0.2423，纵向位移的振幅分布非常不均匀。众所周知，大尺寸纵向夹心式压电陶瓷换能器中有害的径向振动降低了换能器的纵向辐射声功率，导致辐射端面纵向位移分布不均匀，严重影响了换能器的性能，因此迫切需要对有害径向振动进行抑制。而近周期声子晶体最重要的一个特征就是具有带隙，且当带隙为方向带隙时，仅会对特定方向的弹性波的传播进行抑制，同时，其带隙具有可设计性，即可以通过改变结构的材料和几何等参数来人为地调控带隙特性，这为大尺寸纵向夹心式压电陶瓷换能器中有害径向振动的抑制提供了解决思路，即将该换能器设计成具有径向带隙的近周期声子晶体结构，利用径向带隙，实现对系统中有害径向振动的抑制和衰减。

此外，从图 12.8 能够看出，该换能器前辐射面的位移呈现出中心小边缘大的状态。如上所述，当近周期声子晶体结构中存在点缺陷时，声波会被局域在点缺陷处，该处的声压共振放大，且通过对点缺陷的设计 (例如改变点缺陷处散射体的填充率、半径大小、材料等属性)，可以改变缺陷态模式、局域化程度等特性以实现对缺陷处模场分布和振动相位的调控。当缺陷散射体单元的局域声场与周围正常散射体单元处的声场强度相当并且振动相位相同时，换能器前辐射端面的纵向位移分布就会更加均匀。这就为换能器辐射面的纵向位移/振幅分布均匀度的改善提供了新的途径——将换能器的前盖板设计成具有中心点缺陷的近周期声子晶体结构，利用点缺陷的 Anderson 局域化效应来改善输出面中间小边缘大的位移分布，进一步提高大尺寸纵向夹心式压电陶瓷换能器辐射面振幅分布均匀度。

12.2.1 基于点缺陷二维正方晶格近周期声子晶体结构的大尺寸纵向夹心式压电陶瓷换能器的设计

1. 基本原理及设计思路

为了有效抑制大尺寸纵向夹心式压电陶瓷换能器的有害径向振动，提高辐射面纵向位移分布均匀度，我们在其喇叭形前盖板上加工三行三列与换能器轴向平行、半径为 r、高度为 h 的空气圆柱孔，空气圆柱孔以正方形晶格排列在铝制前盖板中，改变位于 3×3 排列结构最中心的圆柱孔的半径，使其从 r 变成 r_1，且 $r_1 < r$，构造基于半径异常型点缺陷的空气-铝二维正方晶格近周期声子晶体结构的换能器。

如上所述，当结构中引入点缺陷后，晶格的平移对称性被破坏了，所以要使用超晶格模型进行计算处理。构造 3×3 的包含基于半径异常型点缺陷的超晶格模型，此时晶格常数由 a 变为 $3a$，超晶格结构和基于半径异常型点缺陷的二维正方晶格近周期声子晶体的大尺寸纵向夹心式压电陶瓷换能器前盖板在 xy 截面的结构示意图如图 12.10 所示。

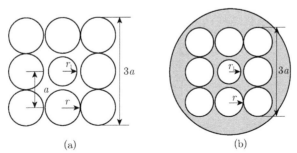

(a)   (b)

图 12.10　(a) 包含点缺陷的超晶格结构和 (b) 引入点缺陷后前盖板的 xy 截面结构示意图

在仿真软件中建立基于半径异常型点缺陷二维正方晶格近周期声子晶体的大尺寸夹心式纵向振动压电陶瓷换能器的超晶格模型，如图 12.11 所示。在图 12.10 和图 12.11 中，相邻两个空气圆柱孔圆心之间的距离即为晶格常数 $a = 14\text{mm}$，则超晶格结构的晶格常数就为 $3a = 42\text{mm}$，正常散射体空气圆柱孔半径 $r = 7\text{mm}$，高度 $h = 15\text{mm}$；缺陷散射体的半径 $r_1 = 6\text{mm}$，高度 $h = 15\text{mm}$；基体的高度 $h_1 = 35\text{mm}$。

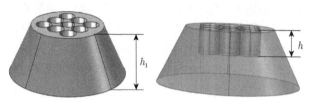

图 12.11　引入点缺陷的超晶格模型和前盖板的结构示意图

如上所述，对于用于振动控制的有限尺寸的近周期声子晶体，可以使用振动传输特性来描述其带隙特性。振动传输特性可以利用仿真软件计算激励和响应的加速度幅频响应曲线获得。在近周期声子晶体结构的一侧均匀地加载加速度激励，激励出的振动将以波的形式在该有限的近周期结构中传播，在另一侧拾取响应结果，利用 COMSOL Multiphysics 对得到的结果进行相应的处理 ($20\lg(响应/激励)$)，最终获得图 12.12 所示的 x 和 y 方向的振动传输特性曲线，图中，加速度幅值小于 1 的衰减区对应的频率范围便是该近周期声子晶体结构在 x 和 y 方向上的振动带隙。

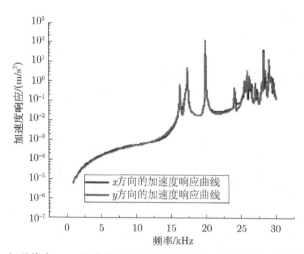

图 12.12　超晶格在 x、y 方向的振动传输特性曲线 (扫描封底二维码可见彩图)

从图 12.12 能够看出，优化后，基于半径异常型点缺陷二维正方晶格近周期声子晶体结构的大尺寸纵向夹心式压电陶瓷换能器在 20kHz 附近存在径向带隙 17.5～19.8kHz、20.1～25.4kHz(16kHz 附近也存在方向带隙，但因为换能器工作在 20kHz 附近，所以暂不考虑 16kHz 附近的方向带隙)，利用这些方向禁带，可以对带隙内的径向振动有效地抑制，使换能器的振动模态更加单一。为了验证结果的有效性，我们在 COMSOL Multiphysics 中建立基于点缺陷二维正方晶格近周期声子晶体结构的大尺寸纵向夹心式压电陶瓷换能器的模型 (压电陶瓷晶堆的厚度、内外半径、片数、材料，后盖板的形状、高度、半径、材料，前盖板形状、高度、半径、材料均保持不变)，计算其特征频率，获得图 12.13 所示的系统振型图。

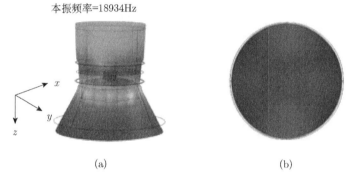

(a) (b)

图 12.13　(a) 优化后的换能器的振型图及 (b) 辐射面的纵向振动位移分布云图
(扫描封底二维码可见彩图)

为了能够更加清晰地观察到输出面振幅分布均匀度的改善情况，我们以前盖板输出面上的任意直径为例，计算未优化前的换能器、优化后的换能器的纵向相对位移分布，得到的结果如图 12.14 所示。

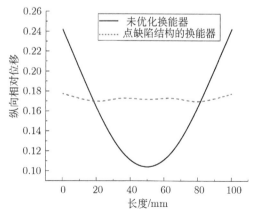

图 12.14　优化前后换能器的辐射面纵向相对位移分布对比图

定义换能器辐射面的总平均纵向位移 O_{ave} 为

$$O_{\mathrm{ave}} = \frac{1}{n}\sum_{i=1}^{n} O_i \tag{12.1}$$

式中，n 是获得的位移数据的个数，这里使用的数据是从 COMSOL Multiphysics 中获取的，选择了任意直径上的 169 个纵向位移数据，利用式 (12.1) 求解优化前和优化后的总纵向平均位移 O_{ave}，最终得出：未优化前的换能器的 $O_{\mathrm{ave}} = 0.1544$，优化后的换能器的 $O_{\mathrm{ave}} = 1.115$。定义换能器辐射面的振幅分布均匀度为

$$U_n = \{1-[\max(振幅)-\min(振幅)]/\mathrm{average}(振幅)\}\times 100\% \tag{12.2}$$

利用纵向位移数据和式 (12.2)，求得未优化前 $U_n = 10.38\%$，优化后 $U_n = 95.42\%$。由图 12.14 和上述分析能够看出，基于半径异常型点缺陷二维正方晶格近周期声子晶体结构不仅大幅度改善了换能器辐射面振幅分布均匀度，还提高了振幅增益，使得换能器性能得到了有效的提升。

2. 点缺陷的结构参数对换能器性能的影响规律

半径异常型点缺陷会导致带隙范围内共振模态的出现，通过将声波俘获在缺陷散射体处，调节模场的分布和振动模态。不同的共振频率可以产生不同形态的局域声场分布，因此可以通过改变点缺陷处散射体的结构参数来控制缺陷态模式、局域化程度、振动模态等特性。当缺陷散射体单元和附近正常散射体单元同相共振，局域模场振幅相当且相位相同时，换能器辐射面的纵向位移分布就会比较均匀。为了研究点缺陷结构参数 (点缺陷处空气圆柱孔的半径 r_1、空气圆柱孔的高度 h 和点缺陷处散射体的形状三个参数) 对换能器性能属性 (纵向共振频率和辐射面振幅分布不均匀度) 的影响规律，使用 COMSOL Multiphysics 进行了建模分析，结果如图 12.15～图 12.18 所示。

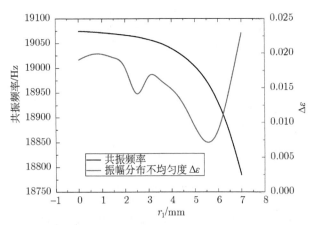

图 12.15　r_1 对共振频率和辐射面振幅分布不均匀度 $\Delta\varepsilon$ 的影响 (扫描封底二维码可见彩图)

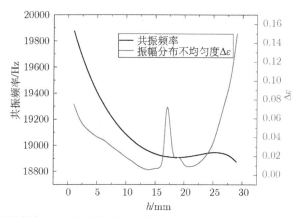

图 12.16 h 对共振频率和辐射面振幅分布不均匀度 $\Delta\varepsilon$ 的影响 (扫描封底二维码可见彩图)

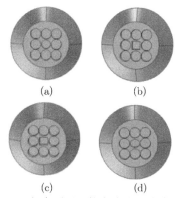

图 12.17 包含不同形状点缺陷的前盖板模型

(a) 圆形点缺陷；(b) 正方形点缺陷；(c) 长方形点缺陷；(d) 椭圆形点缺陷

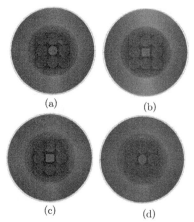

图 12.18 包含不同形状点缺陷的换能器的辐射面位移分布云图

(a) 圆形点缺陷；(b) 正方形点缺陷；(c) 长方形点缺陷；(d) 椭圆形点缺陷

图 12.15 显示了点缺陷处空气圆柱孔的半径 r_1 对换能器共振频率以及辐射面振幅分布不均匀度 $\Delta\varepsilon$ 的影响规律，$\Delta\varepsilon$ =纵向位移最大值-纵向位移最小值，$\Delta\varepsilon$ 越小，辐射面振幅分布越均匀；$\Delta\varepsilon$ 越大，辐射面振幅分布越不均匀。由图中能够看出，在换能器其他参数保持不变的情况下，随着 r_1 的增大，换能器的共振频率逐渐变小。在换能器其他参数保持不变的情况下，随着 r_1 的增大，$\Delta\varepsilon$ 整体呈现出"减小—增大—减小—增大"的趋势，即辐射面振幅分布均匀度随着 r_1 的增大先逐渐均匀，随后又逐渐不均匀，接着又逐渐显现出均匀的趋势，最后又逐渐不均匀。由此可以推断，r_1 存在最佳的取值范围，太小或者太大都会导致换能器辐射面振幅分布不均匀。在本设计中，r_1 的最佳取值范围为 5~6mm，此时，压电陶瓷换能器辐射面振幅分布均匀度最佳。

图 12.16 显示了空气圆柱孔的高度 h 对换能器共振频率以及 $\Delta\varepsilon$ 的影响规律。由图中能够看出，在换能器其他参数保持不变的情况下（$r = 7\text{mm}, r_1 = 6\text{mm}$），随着 h 的逐渐变大，换能器的共振频率先慢慢变小，再逐步变大，最后慢慢减小。随着 h 的增大，$\Delta\varepsilon$ 呈现出"减小—增大—减小—增大—减小—增大"的趋势，即振幅分布均匀度随着 h 的增加经历了"逐步均匀—不均匀—均匀—不均匀—均匀—不均匀"的过程，由此可以推断：h 也存在最佳的取值范围，太小或者太大都会导致换能器辐射面振幅分布不均匀，综合连接刚度、振幅大小等各方面因素考虑，在本设计中，h 的最佳取值范围为 13~16mm，此时，换能器辐射面振幅分布均匀度最佳。

除点缺陷处空气圆柱孔的半径 r_1、空气圆柱孔的高度 h 外，缺陷散射体的形状也会对换能器的纵向共振频率、辐射面振幅分布均匀度产生影响。散射体填充率指的是散射体在晶格中排列的密集程度，在构建的基于圆形点缺陷二维正方晶格近周期声子晶体结构中，正常散射体在原胞中填充率 $f_0 = \pi r^2 / a^2$ =0.785，缺陷散射体在原胞中的填充率 $f_1 = \pi r_1^2 / a^2$ =0.577。在保持填充率不变的前提下，我们改变缺陷散射体的几何形状，研究缺陷散射体的形状对换能器纵向共振频率、振幅分布均匀度的影响规律。缺陷散射体的形状参数见表 12.2。在 COMSOL 中建立包含不同形状点缺陷的前盖板模型，如图 12.17 所示。

表 12.2　不同形状的点缺陷的几何参数

缺陷散射体的形状	长/mm	宽/mm
圆形点缺陷 (半径)	6	6
正方形点缺陷	10.632	10.632
长方形点缺陷	11.309	10
椭圆形点缺陷 (长轴短轴)	6.548	5.5

图 12.18 给出了包含不同形状点缺陷的换能器的辐射面位移分布云图，表 12.3 给出了包含不同形状点缺陷的换能器的共振频率和辐射面振幅分布不均匀度 $\Delta\varepsilon$。

表 12.3 包含不同形状点缺陷的换能器的共振频率和辐射面振幅分布不均匀度

缺陷散射体的形状	频率/Hz	$\Delta\varepsilon/\mu m$
圆形	18934	0.007892
正方形	18930	0.015791
长方形	18929	0.005491
椭圆形	18928	0.005271

由图 12.18 和表 12.3 能够看出，当缺陷散射体的填充率保持不变时，包含以上四种点缺陷的近周期声子晶体结构都能有效地改善换能器辐射面的振幅分布均匀度，但因为不同形状的缺陷散射体对带隙、缺陷态模式、局域声场等的影响不同，所以改善程度有所不同。其中，基于椭圆形点缺陷的近周期声子晶体结构的优化效果最好，基于正方形点缺陷的近周期声子晶体结构的优化效果相对较差，且通过仿真结果发现：当缺陷散射体的长轴和短轴 (或者长和宽) 的值不相同时，其长轴和短轴 (或者长和宽) 的比值 ($\geqslant 1$) 越小，对辐射面振幅分布均匀度的优化效果越佳。

12.2.2 管柱型近周期声子晶体点缺陷结构的大尺寸纵向振动压电超声换能器的设计

1. 基本概念及设计思路

为了更好地提高系统辐射面的纵向位移振幅和振幅分布均匀度，12.3.2 节利用可以获得较高 Q 值 (品质因数) 的点缺陷结构对大尺寸超声振动系统进行了优化，研究结果证明，二维孔/槽型结构的填充率 (散射体体积与基体体积之比) 越高，对横向振动的抑制效果越好 (孔径/槽尺寸越大，越有利于拓宽带隙宽度)，但是大的孔径/槽尺寸会大幅度降低系统的机械强度。另外，由品质因数的公式 (品质因数 Q =中心频率/带宽) 可知，品质因数越高，系统带宽反而降低，如何在获得高 Q 值的同时，拓宽系统的工作带宽，这是功率超声领域亟待解决的难点问题。

柱型声子晶体结构的提出解决了孔/槽型近周期声子晶体结构需要高的填充比、对结构尺寸精度要求高的加工难题。研究表明，柱体越高，越有利于拓宽柱型声子晶体结构的带宽，但是柱高的增高，容易导致柱式结构的断裂，增加了柱型声子晶体结构的不稳定性。为了既具备孔/槽型结构材料组成单一、制作工艺简单、成本低的优点，又具备柱型结构设计灵活、对结构的尺寸精度要求较低的优点，我们提出利用管柱型近周期声子晶体点缺陷结构对大尺寸纵向夹心式压电陶瓷换能器进行优化的新思路。该方法不仅可以利用构造在 Aluminum 6063-T83/空气，即固/气二维近周期声子晶体结构中的点缺陷模式，获得极低的能量损耗 (由于固体基体材料和空气的声阻抗差异较大，声波能量反射率高，尤其当声波为高频声波时，其能量损耗可以忽略不计)，有效提高系统辐射面的纵向位移振幅和振幅分布均匀度，也可以利用管柱结构中的双环形孔增强声波的多重散射，使得换能器在管柱高度较低的条件下也能产生禁带，在有效抑制横向振动的同时，大幅拓宽换能器系统的工作带宽，增强系统的稳定性和机械强度，降低加工成本。

管柱型近周期声子晶体点缺陷结构的大尺寸压电超声换能器的结构和材料属性参数与未优化的换能器保持相同，只是在前盖板上，加工有如图 12.19 所示的 Aluminum 6063-T83/空气管柱型近周期声子晶体结构 (平行于 z 轴、横截面在 xy 平面内)。近周期声子晶体原胞呈正方晶格周期排列，晶格常数为 a，管柱的内、外半径分别为 r_1 和 r_2，最外层空气圆柱孔的半径为 R。

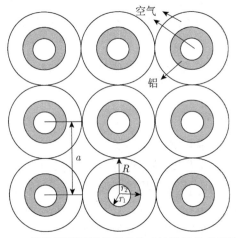

图 12.19　管柱型近周期声子晶体点缺陷结构几何模型 I

为了获得具有较高品质因数的点缺陷模式，我们去除图 12.3 的中心原胞的 Aluminum 质管柱结构，采用 3×3 的超原胞，晶格常数由 a 变化为 $3a$，其几何模型如图 12.20 所示。优化后的管柱型近周期声子晶体点缺陷结构的大尺寸压电超声换能器的前盖板、基体的高度 h、管柱和空气圆柱孔的高度 h_1 如图 12.21 所示。

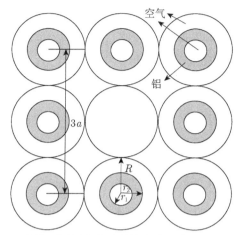

图 12.20 管柱型近周期声子晶体点缺陷结构的几何模型 II

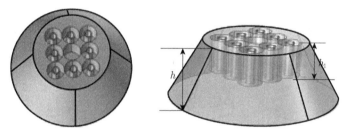

图 12.21 管柱型近周期声子晶体点缺陷结构的大尺寸压电超声换能器的前盖板

图中，结构参数的值分别设为：单原胞晶格常数 $a = 14\mathrm{mm}$，即超原胞晶格常数 $3a = 42\mathrm{mm}$；管柱的内半径 $r_1 = 2.5\mathrm{mm}$，外半径 $r_2 = 3\mathrm{mm}$；最外层空气圆柱孔的半径为 $R = 7\mathrm{mm}$；前盖板的高度 $h = 35\mathrm{mm}$；管柱和空气圆柱孔的高度 $h_1 = 20\mathrm{mm}$。采用有限元分析软件对管柱型近周期声子晶体点缺陷结构的带隙进行仿真计算，最终获得图 12.22 所示的加速度的幅频响应曲线 (图中加速度幅值小于 1 的衰减区对应的频率范围即为管柱型近周期声子晶体点缺陷结构的前盖板在横向的振动带隙)。

从图 12.22 可以看出，管柱型近周期声子晶体点缺陷结构的前盖板在 4.80～13.2kHz、15.4～21.6kHz、22.1～22.8kHz 等附近均存在横向带隙。本书所研究的换能器工作在 20kHz 附近，因此，理论上可以实现对换能器共振频率 20kHz 附近横向振动的抑制，使换能器的振动模态更加单一。为验证设计是否有效，我们在有限元仿真软件中构造了管柱型近周期声子晶体点缺陷结构的大尺寸压电超声换能器的模型，进而分析了模型的振动特性，得到图 12.23 所示的振型图和辐射面位移分布云图。

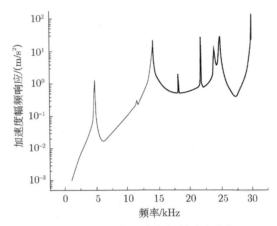

图 12.22　横向加速度的幅频响应曲线

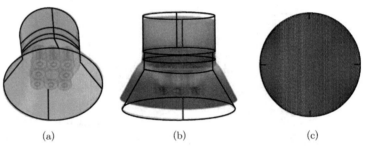

(a)　　　　　　　　　　(b)　　　　　　　　　　(c)

图 12.23　管柱型近周期声子晶体点缺陷结构的大尺寸压电超声换能器的振型图及
辐射面位移分布云图

(a) 换能器的模型图；(b) 换能器的振型图；(c) 换能器辐射面的振动位移分布图

为了更直观地观察管柱型近周期声子晶体点缺陷结构对大尺寸压电超声换能器性能的改善程度，我们对经管柱型近周期声子晶体点缺陷结构优化前后的换能器前盖板辐射面上任意直径处的纵向位移振幅和振幅分布进行计算对比，结果如图12.24 所示。

从图 12.24 可知，优化后换能器的前盖板辐射面上纵向位移振幅绝对值变化范围为 0.1976～0.2044，由式 (12.1) 和式 (12.2) 可求出，其纵向位移振幅平均值为 $(O_{\mathrm{ave}})_{管柱} = 0.2003$，$(U_n)_{管柱} = 96.6\%$。而其优化前的结果为：$(O_{\mathrm{ave}})_{未优化} = 0.1544$，即 $\dfrac{(O_{\mathrm{ave}})_{管柱}}{(O_{\mathrm{ave}})_{未优化}} = \dfrac{0.2003}{0.1544} = 1.2973$，$(U_n)_{未优化} = 10.38\%$，即 $\dfrac{(U_n)_{管柱}}{(U_n)_{未优化}} = \dfrac{96.60\%}{10.38\%} =$

9.3064。从上述计算结果可以明显看出，管柱型近周期声子晶体点缺陷结构极其有效地改善了大尺寸压电超声换能器辐射面的纵向位移振幅分布均匀度和平均纵向

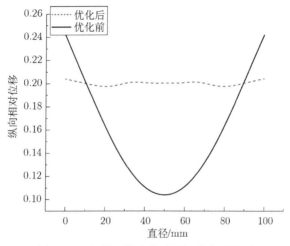

图 12.24 辐射面纵向位移振幅分布对比图

位移振幅, 即管柱型近周期声子晶体点缺陷结构实现了对横向振动的抑制, 使得换能器纵向振动模态更加单一, 保证了其纵向工作效率。

本书利用管柱结构中的两重环形孔来增强声波的多重散射, 拓宽换能器的工作带宽。为验证设计的有效性, 我们计算了优化前后换能器 (图 12.25 为优化前的换能器) 的发射电压响应 (由中心频率对应的发射电压响应下降 3dB 时两频率之差即可求得换能器的工作带宽), 结果如图 12.26 所示。

从图 12.26 可以看出, 由于两重环形孔结构增强了声波的多重散射, 加强了局域模态耦合效应, 有利于拓宽带隙宽度, 因此, 与优化前的换能器相比, 管柱型近周期声子晶体点缺陷结构的大尺寸压电超声换能器的工作带宽得到了大幅拓宽, 在获得高 Q 值的同时克服了点缺陷模式工作频带过窄的局限性。

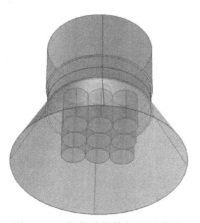

图 12.25 优化前的换能器示意图

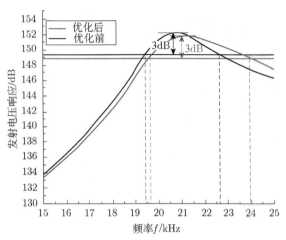

图 12.26　优化前后换能器的发射电压响应曲线 (扫描封底二维码可见彩图)

2. 管柱型近周期声子晶体点缺陷结构对换能器性能的影响规律分析

改变管柱型近周期声子晶体点缺陷结构的几何结构参数可以调节带隙宽度、缺陷态模式、局域化程度、振动模态等特性。为了找到使大尺寸纵向振动压电超声换能器性能达到最佳的参数，本书利用有限元分析软件研究了管柱的内半径 r_1、管柱环的宽度 r (外半径 r_2-内半径 r_1)、最外层空气圆柱孔的半径为 R、管柱的高度 h_2 对换能器性能属性 (辐射面的纵向位移振幅分布均匀度、平均纵向位移振幅、共振频率) 的影响规律，计算结果分别如图 12.27~图 12.30 所示。

图 12.27 显示了管柱的内半径 r_1 对换能器辐射面纵向位移振幅分布均匀度、平均纵向位移振幅以及换能器系统共振频率的影响规律。从图中可以看出，当其他几何结构参数保持不变时，随着 r_1 的增大，换能器辐射面的纵向位移振幅分布均匀度先增大后减小。当 r_1 在 1.5~3mm 取值时，换能器辐射面的纵向位移振幅分布均匀度较佳。而随着 r_1 的增大，换能器辐射面的平均纵向位移振幅整体呈现出"增大—减小—增大—减小"的趋势。当 r_1 在 2~2.5mm、3.5~6mm 取值时，换能器辐射面的平均纵向位移振幅较大。随着 r_1 的增大，换能器系统共振频率逐渐变大。综合考虑各个性能指标，当管柱的内半径 r_1 在 2~2.5mm 取值时，换能器的性能可达到较为理想的状态。

图 12.28 显示了管柱环的宽度 r 对换能器辐射面纵向位移振幅分布均匀度、平均纵向位移振幅以及换能器系统共振频率的影响规律。从图中可以看出，当其他几何结构参数保持不变时，设定管柱的内半径 $r_1 = 2.5\text{mm}$，随着 r 的增大，换能器辐射面的纵向位移振幅分布均匀度越来越小。当 $r = 0.5\text{mm}$ 时，换能器辐射面的纵向位移振幅分布均匀度最佳。随着 r 的增大，换能器辐射面的平均纵向位移振幅整体呈现出逐渐减小的趋势，即当 $r = 0.5\text{mm}$ 时，换能器辐射面的平均纵向位移振幅最

大。随着 r 的增大，换能器系统共振频率逐渐变大。综合考虑机械强度、纵向位移振幅分布均匀度等各个性能指标，当管柱环的宽度 r 在 $0.5\sim1.5$mm 取值时，换能器的性能可达到较为理想的状态。

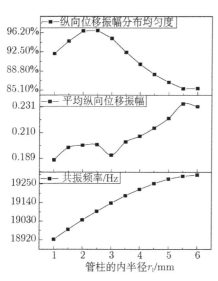

图 12.27　r_1 对换能器性能的影响

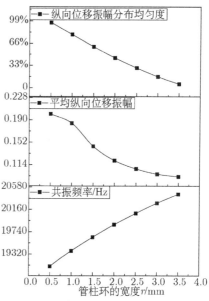

图 12.28　r 对换能器性能的影响

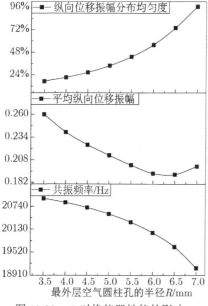

图 12.29　R 对换能器性能的影响

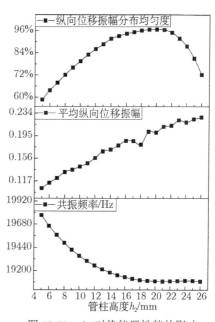

图 12.30　h_2 对换能器性能的影响

图 12.29 显示了最外层空气圆柱孔的半径 R 对换能器辐射面纵向位移振幅分布均匀度、平均纵向位移振幅以及换能器系统共振频率的影响规律。从图中可以看出，当其他几何结构参数保持不变时，设定管柱的内半径 $r_1 = 2.5\text{mm}, r = 0.5\text{mm}$，随着 R 的增大，换能器辐射面的纵向位移振幅分布均匀度越来越大，即当 $R = 7\text{mm}$ 时，换能器辐射面的纵向位移振幅分布均匀度最佳。随着 R 的增大，换能器辐射面的平均纵向位移振幅整体呈现出"减小—增大"的趋势，即当 R 在 $3.5 \sim 5.5\text{mm}$ 以及 7mm 处取值时，换能器辐射面的平均纵向位移振幅较大。随着 R 的增大，换能器系统共振频率逐渐减小。综合各个性能指标，当最外层空气圆柱孔的半径为 $R = 7\text{mm}$ 时，换能器的性能可达到较为理想的状态。

图 12.30 显示了管柱高度 h_2 对换能器辐射面纵向位移振幅分布均匀度、平均纵向位移振幅以及换能器系统共振频率的影响规律。从图中可以看出，当其他几何结构参数保持不变时，设定管柱的内半径 $r_1 = 2.5\text{mm}, r = 0.5\text{mm}$，$R = 7\text{mm}$，随着 h_2 的增大，换能器辐射面的纵向位移振幅分布均匀度先增大后减小，当 h_2 在 $19 \sim 21\text{mm}$ 时，换能器辐射面的纵向位移振幅分布均匀度较好。随着 h_2 的增大，换能器辐射面的平均纵向位移振幅整体呈现"增大—减小—增大"的趋势，当 h_2 在 $19 \sim 26\text{mm}$ 时，换能器辐射面的平均纵向位移振幅较大。随着 h_2 的增大，换能器系统共振频率呈现逐渐减小的趋势。综合各个性能指标，当管柱高度 h_2 在 $19 \sim 21\text{mm}$ 取值时，换能器的性能可达到较为理想的状态。

总结以上分析可以得出如下结论：管柱的内半径 r_1、管管柱环的宽度 r、最外层空气圆柱孔的半径 R、管柱的高度 h_2 均存在最佳的取值范围，太小或者太大都会导致换能器辐射面纵向位移振幅分布均匀度较差，平均纵向位移振幅较小。当 $r_1 = 2 \sim 2.5\text{mm}$、$r = 0.5 \sim 1.5\text{mm}$、$R = 6 \sim 7\text{mm}$、$h_2 = 19 \sim 21\text{mm}$ 时，管柱型近周期声子晶体点缺陷结构的大尺寸纵振压电超声换能器的性能可达到较为理想的状态。

12.3　基于大尺寸变幅杆的功率超声换能器系统的优化设计

大容量超声清洗、超声乳化、超声焊接等大功率超声处理及加工领域越来越需要大截面的变幅杆以获得更大功率、更高声强的振动能量，这也为大尺寸楔形变幅杆的广泛应用提供了强有力的条件，但由于变幅杆长度方向的横向尺寸过大，在使用时，长度方向的有害横向振动会对变幅杆系统产生较大的影响，导致能量损耗增加、辐射面振幅分布不均匀、放大系数偏小等，严重影响了超声振动系统的工作效果。因此，必须研究新的方法对大尺寸楔形变幅杆的有害横向振动进行抑制，改善其性能，以满足工程应用的需要。本节基于近周期声子晶体异质位错结理论对大尺寸楔形变幅杆系统进行了优化设计。

利用 COMSOL Multiphysics 建立大尺寸楔形变幅杆超声振动系统的模型，系统使用纵向夹心式压电陶瓷换能器进行激励，换能器前后盖板的材料都使用

Aluminum 6063，等截面圆柱结构，高度 54mm，半径为 26mm；压电陶瓷晶堆选用 PZT-4，厚度 6mm，半径 25mm，2 片，换能器的高度总共为 120mm；大尺寸楔形变幅杆的材料也使用 Aluminum 6063，长度 l_x 为 220mm，高度 h_z 为 140mm，前辐射面宽度 w_{y1} 为 54mm，输出端面宽度 w_{y2} 为 36mm。对模型的本征频率进行计算，获得图 12.31 所示的振型图和图 12.32 所示的变幅杆小端辐射面的振幅分布图。

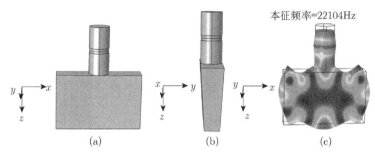

图 12.31　大尺寸楔形变幅杆超声振动系统的结构和振型图

(a) 系统结构图；(b) 系统的侧视图；(c) 振型图

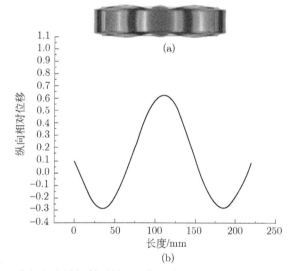

图 12.32　变幅杆小端辐射面的 (a) 位移分布云图和 (b) 纵向位移分布图

从图 12.32 也可以看出，有限元仿真的结果和表观弹性法分析的结果一致，即由于楔形变幅杆 x 方向的尺寸较大，该方向上的横向振动对有效纵向振动产生了非常大的影响，导致变幅杆小端辐射面的纵向位移分布非常不均匀 (纵向相对位移从 -0.287 变化到 0.625)，且振幅增益较小。另外，求得变幅杆的放大系数 $M_1 = 1.381$ 相对较小。为了改善大尺寸楔形变幅杆的性能，必须对有害的横向振动进行抑制，减小甚至消除其对有效纵向振动的影响。由 12.1.1 节内容可知，近周期声子晶体具有的方向带隙可以很好地抑制某个特定方向的声波的传播，这就为大尺寸楔形变幅杆的有害横向振动的抑制提供了解决思路：将大尺寸楔形变幅杆设计成具有 x 方向横向带隙的近周期声子晶体结构，利用结构在长度 x 方向的带隙，抑制有害横向振动的传播，提高辐射面振幅分布均匀度和振幅增益，改善大尺寸楔形变幅杆超声振动系统的性能。

12.3.1 基于近周期声子晶体结构的大尺寸楔形变幅杆的设计

为了抑制大尺寸楔形变幅杆长度 x 方向的横向振动，将变幅杆设计成 x 方向上的具有有限尺寸的近周期结构，原胞模型如图 12.33 所示，晶格常数 $a = 44\text{mm}$，基体的高度 $h_z = 140\text{mm}$，大端宽度 $w_{y1} = 54\text{mm}$，小端宽度 $w_{y2} = 36\text{mm}$；散射体空气槽为穿透性槽，先初步设定其高度 $h_k = 60\text{mm}$，宽度 $w_k = 5\text{mm}$。选取长度方向依次排列的五个原胞进行建模计算，最终形成的近周期声子晶体结构的大尺寸楔形变幅杆的模型如图 12.34 所示，具体的尺寸如图 12.35 所示。

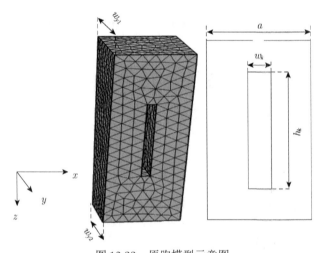

图 12.33 原胞模型示意图

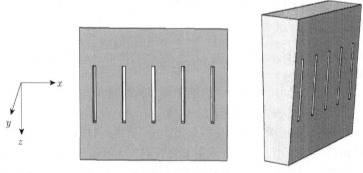

图 12.34 基于近周期声子晶体结构的大尺寸楔形变幅杆的结构图

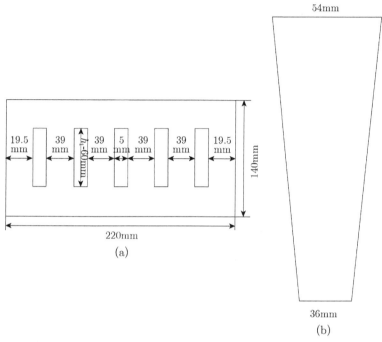

图 12.35 基于近周期声子晶体结构的大尺寸楔形变幅杆的尺寸图

在 COMSOL 中计算系统的加速度幅频响应曲线以获得原胞的振动传输特性，将计算结果进行处理后，得到如图 12.36 所示的曲线。图中加速度幅值小于 1 的衰减区对应的频率范围即是原胞在 x 方向上的振动带隙。

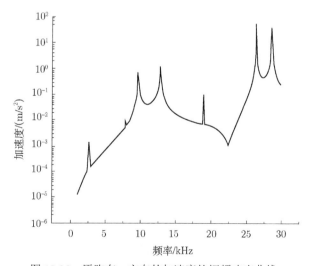

图 12.36 原胞在 x 方向的加速度的幅频响应曲线

由图 12.36 能够看出，变幅杆在 15～25kHz 频率范围内存在 x 方向的不完全带隙，即在该频率范围内，变幅杆的长度 x 方向的横向振动可以得到抑制和衰减。为了验证设计的有效性，在 COMSOL Multiphysics 中构建了基于近周期声子晶体结构的大尺寸楔形变幅杆超声振动系统的模型，计算模型的本征频率 (eigenfrequency)，得到图 12.37 所示的系统振型图。为了更加直观地观察到近周期声子晶体结构对变幅杆小端辐射面振幅分布均匀度的改善情况，图 12.38 还给出了优化前后的纵向位移分布对比图。

本征频率=18042Hz

图 12.37　基于近周期声子晶体结构的大尺寸楔形变幅杆超声振动系统的振型图

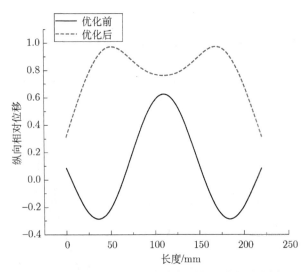

图 12.38　小端辐射面的纵向相对位移分布对比图

从图 12.38 可以看出，基于近周期声子晶体结构的大尺寸楔形变幅杆超声振动系统小端辐射面的纵向位移从 0.315 变化到 0.973，与优化前的变幅杆系统相比，振幅增益得到了明显的提高，振幅分布均匀度也得到了一定的优化，但改善的幅度相对较小。

12.3.2　基于近周期声子晶体异质位错结的大尺寸楔形变幅杆的设计

从图 12.38 能够看出，变幅杆小端辐射面的位移分布整体呈现出中间小两侧大的形态，由 12.1.1 节可知，当近周期声子晶体结构中存在基于横向位错的异质位错结时，近周期声子晶体的带隙内会产生缺陷态，缺陷态对应频率的振动只能被局域在位错通道附近且只能沿位错通道传播，形成类似于线缺陷的声波导现象，而且局域传导模的位置是可以设计的，改变横向位错距离 Δx 的大小，即可调节局域传导模的位置，因此，为了提高大尺寸楔形变幅杆小端辐射面振幅分布均匀度，可以将变幅杆设计成基于异质位错结的近周期声子晶体结构，通过调节 Δx 使得传导模出现在位移偏小的中间位置，进而实现对振幅分布均匀度的优化。

为此，我们在大尺寸楔形变幅杆上，加工两列高度为 h_y 的散射体空气槽来代替图 12.34 中变幅杆最外侧的两列高度为 h_k 的散射体空气槽，构造不同填充系数的近周期声子晶体异质结。另外，为了形成传导模，又对散射体空气槽进行了横向平移，最终构造了近周期声子晶体异质位错结，结构如图 12.39 所示。

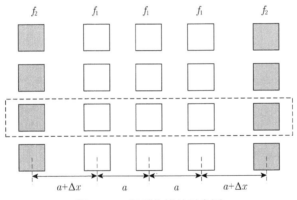

图 12.39 异质位错结示意图

图中，a 为晶格常数，Δx 为横向位错的距离，f_1 为正常散射体的填充系数，f_2 则为异质散射体的填充系数，设异质散射体的高度为 h_y，则 $f_1 = h_k w_k /(a h_z)$，$f_2 = h_y w_k /(a h_z)$，这里 $f_1 \neq f_2$。以铝/空气直槽体系为研究对象，设 $h_y = 87\mathrm{mm}$，其他参数与基于近周期声子晶体结构的参数相同，均保持不变，在 COMSOL 中构造基于近周期声子晶体异质位错结结构的大尺寸楔形变幅杆超声振动系统模型，逐步改变 Δx 的值（Δx 的取值范围为 $-20 \sim 20\mathrm{mm}$，$\Delta x < 0$，表示异质散射体向变幅杆的中心移动 Δx 距离；$\Delta x > 0$，表示异质散射体向变幅杆的两侧移动 Δx 距离），以调整传导模的位置，最终通过仿真分析得到使变幅杆小端辐射面振幅分布均匀度最佳的 Δx 的值：$\Delta x = 6\mathrm{mm}$。优化后的大尺寸楔形变幅杆结构如图 12.40 所示，各部分的具体尺寸如图 12.41 所示，$\Delta x = 6\mathrm{mm}$ 时，系统的振型图及辐射面的位移分布图如图 12.42 所示。另外，为了更加清楚地看到振幅分布均匀度的改善情况，图 12.43 给出了三种系统——优化前的系统、基于近周期声子晶体结构的系统、基于近周期声子晶体异质位错结结构的系统的位移分布对比图。

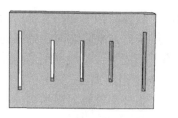

图 12.40　异质位错结构的大尺寸楔形变幅杆

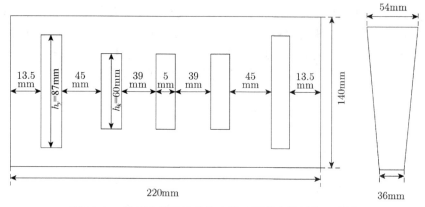

图 12.41　异质位错结构的大尺寸楔形变幅杆的尺寸图

本征频率 =18010Hz

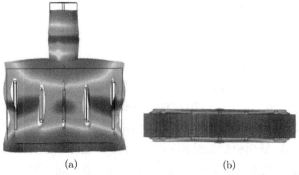

(a)　　　　　　　　　　　　　　(b)

图 12.42　基于近周期声子晶体异质位错结构的大尺寸楔形变幅杆超声振动
系统的振型图 (扫描封底二维码可见彩图)

(a) 振型图；(b) 位移分布云图

　　由图 12.43 能够清楚地看到，基于近周期声子晶体异质位错结构的大尺寸楔形变幅杆超声振动系统的纵向位移从 0.844 变化到 0.964，是优化前系统的 7.620倍，即异质位错结的存在很好地改善了辐射面位移中间小两端大的情况，从而振幅分布均匀度得到了大幅改善。此外，通过仿真计算，得到基于近周期声子晶体异质位错结构的大尺寸楔形变幅杆的放大系数 $M_2 = 2.061$，是优化前系统的 1.492 倍；同时振幅增益也得到了明显提高。

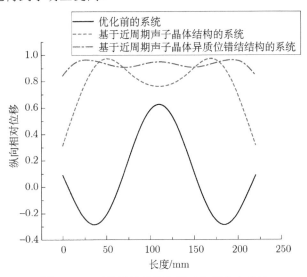

图 12.43　三种系统的纵向相对位移分布对比

12.3.3　异质位错结参数对变幅杆振动系统性能的影响

为了进一步探讨异质位错结的结构参数对大尺寸楔形变幅杆超声振动系统纵向共振频率、振幅/纵向位移分布不均匀度以及放大系数的影响规律，本书利用 COMSOL Multiphysics 进行了仿真分析，这里所指的异质位错结的结构参数主要包括散射体的高度差 h_c ($h_c = h_y - h_k$)、异质散射体宽度 w_k、横向位错的距离 Δx。

图 12.44 及图 12.45 仿真了其他参数 (换能器的结构参数，变幅杆的长、宽、高，以及异质散射体宽度 w_k、横向位错的距离 Δx) 均保持不变时散射体的高度差 h_c 对大尺寸楔形变幅杆振动系统共振频率、纵向位移分布不均匀度和放大系数的影响规律。从图 12.44 中可以看出，随着 h_c 的增大，变幅杆振动系统的共振频率呈现"减小—增大—减小"的趋势。从图 12.45 则可以看出，随着 h_c 的增大，u_d 呈现"减小—增大—减小—增大"的趋势，这里，u_d 为变幅杆小端辐射面位移分布不均匀度，也就是说，纵向位移分布均匀度随着 h_c 的增大先逐渐均匀，随后逐渐不均匀，接着又逐渐均匀，最后逐渐不均匀，即 u_d 存在最佳取值范围，太大或太小均会导致变幅杆系统辐射端面位移分布不均匀，在本书中，h_c 在 $25\sim28$mm 以及 $35\sim44$mm 取值时，系统纵向位移分布均匀度最好。另外，从图 12.45 可以看到，随着 h_c 的增大，放大系数大体表现"减小—增大—减小—增大"的趋势，也就是说，变幅杆放大系数也同样存在最佳取值范围，在本书中，综合考虑变幅杆纵向位移分布均匀度的影响，选定 h_c 的最佳取值范围为 $27\sim28$mm，此时，变幅杆的放大系数和纵向位移分布均匀度均可达到最佳。

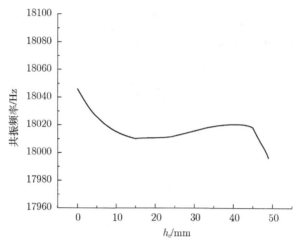

图 12.44　h_c 对系统共振频率的影响

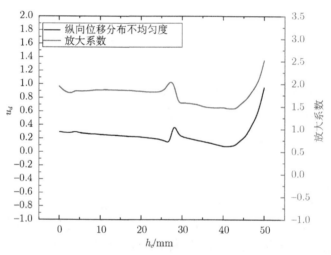

图 12.45　h_c 对纵向位移分布不均匀度和变幅杆放大系数的影响 (扫描封底二维码可见彩图)

　　图 12.46 及图 12.47 仿真了其他参数保持不变时，异质散射体宽度 w_k 对大尺寸楔形变幅杆振动系统共振频率、纵向位移分布不均匀度和放大系数的影响规律。从图 12.46 能够看出，随着 w_k 的增大，变幅杆振动系统的共振频率整体呈现出逐步减小的趋势。从图 12.47 则可以看出，随着 w_k 的增大，u_d 先减小，再增大，再减小，再增大，即变幅杆小端辐射面纵向位移分布均匀度随着 w_k 的增大先逐渐均匀，后逐渐不均匀，接着又逐渐均匀，最后逐渐不均匀，由此可以推断，w_k 也存在最佳取值范围，太大或太小均会导致变幅杆系统小端辐射端面纵向位移分布不均匀，在本章中，w_k 在 4～5mm 以及 10～14mm 取值时，系统纵向位移分布均匀度最佳。从图

12.47 也可以看出, 随着 w_k 的增大, 变幅杆放大系数大体表现出 "增大—减小—增大—减小—增大" 的趋势, 也就是说, 变幅杆放大系数也同样存在最佳取值范围。综合考虑辐射面纵向位移分布均匀度和变幅杆的放大系数, 当 w_k 在 4～5mm 取值时, 变幅杆放大系数、辐射面纵向位移分布均匀度都可以达到最佳。

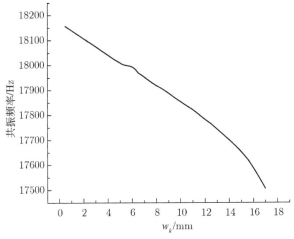

图 12.46 w_k 对系统共振频率的影响

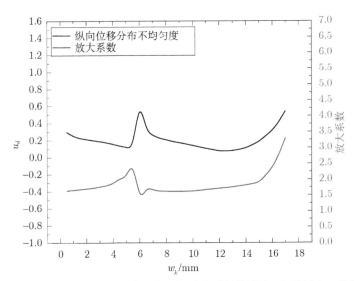

图 12.47 w_k 对纵向位移分布不均匀度和变幅杆放大系数的影响 (扫描封底二维码可见彩图)

图 12.48 及图 12.49 仿真了其他参数保持不变时, 横向位错的距离 Δx 对大尺寸楔形变幅杆振动系统共振频率、辐射面位移分布均匀度和放大系数的影响规律。$\Delta x = 0$ 时, 即没有横向位错; $\Delta x < 0$, 即异质散射体同时向变幅杆的中心移动 Δx 距

离；$\Delta x > 0$，即异质散射体同时向变幅杆的两侧移动 Δx 距离。从图 12.48 中可以看出，随着 Δx 的增大，变幅杆振动系统的共振频率呈现逐渐增大的趋势。从图 12.49 则可以看出，随着 Δx 的增大，u_d 呈现"减小—增大—减小—增大"的趋势，即辐射面纵向位移分布均匀度随着 Δx 的增大先逐渐均匀，后逐渐不均匀，接着又逐渐均匀，最后逐渐不均匀，也就是说 u_d 存在最佳取值范围，太大或太小均会导致变幅杆系统小端辐射端面位移分布不均匀，在本书中，Δx 在 3～6mm 取值时，系统纵向位移分布均匀度最佳。另外，随着 Δx 的增大，变幅杆放大系数整体呈现"减小—增大—减小—增大"的趋势，也就是说，变幅杆放大系数也同样存在最佳取值范围。综合考虑辐射面纵向位移分布均匀度和放大系数，在本章中，当 Δx 在 4～6mm 取值时，变幅杆放大系数、辐射面纵向位移分布均匀度都可以达到最佳。

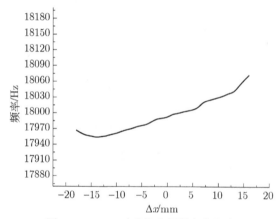

图 12.48　Δx 对系统共振频率的影响

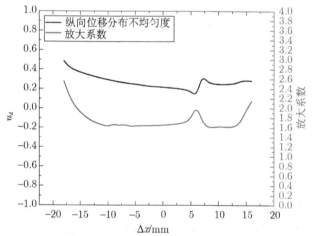

图 12.49　Δx 对纵向位移分布不均匀度和变幅杆放大系数的影响 (扫描封底二维码可见彩图)

12.4 基于大尺寸工具头的功率超声换能器系统的优化设计

在超声塑料焊接领域中,工具头是功率超声换能器系统中传递超声振动能量的关键部件,因此,超声塑料焊接的质量与焊接工具头的性能密切相关,在实际的超声塑料焊接加工中,为了保证振幅、能量能够高效且稳定地传递输出,要求做纵向振动的工具头在其辐射面上具有均匀的位移振幅分布,以达到焊接加工高效性和可靠性的要求。但是,对于较大的焊件,为了提高焊接效率,通常使用大尺寸的工具头 (横向尺寸大于四分之一纵波波长的工具头)。这种工具头在焊接过程中易受到长度或者宽度方向的横向振动的影响,导致工具头焊接表面的振幅分布不均匀,严重影响焊接质量,因此必须采取行之有效的振动控制措施对大尺寸工具头的有害横向振动进行抑制和衰减。目前常采用开槽的方法对工具头的横向振动进行抑制,但是开槽尺寸、开槽位置、开槽数量的确定主要依赖于开发者的实践经验和仿真计算,缺乏有效的理论依据。其次,由于耦合振动,大尺寸工具头在焊接面输出的振幅一般较小,而在合适的范围内增大振幅可以缩短焊接时间,提高焊接效率。因此,进一步研究大尺寸工具头开槽的规律,发展积极有效的工具头横向振动抑制方法和理论,将会进一步促进工具头的工程化应用。

本节利用近周期声子晶体同质位错结、斜槽结构以及复合型超声变幅杆对基于大尺寸二维工具头的功率超声换能器系统进行了优化设计,以及利用近周期声子晶体位错结构、点缺陷结构和复合型超声变幅杆对基于大尺寸三维工具头的功率超声换能器系统进行了优化设计。

12.4.1 基于大尺寸二维工具头的功率超声换能器系统的优化设计

本节设计的基于大尺寸二维工具头的功率超声换能器系统由纵向夹心式压电陶瓷换能器、复合型超声变幅杆以及大尺寸二维工具头三部分组成,大功率超声焊接振动系统的工作频率一般在 15~20kHz,在此,设定系统的工作频率在 20kHz 附近,为了达到共振,通常把换能器、变幅杆和工具头均设计成一个半波长结构,系统的结构如图 12.50 所示。

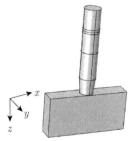

图 12.50 基于大尺寸二维工具头的功率超声换能器系统的结构图

1. 换能器的设计

超声塑料焊接系统工作时需要高频的纵向振动，因此选择纵向夹心式压电陶瓷换能器，由金属前盖板、压电陶瓷晶堆和金属后盖板组成，换能器沿着 z 轴方向激励。压电陶瓷 (PZT-4) 晶堆材料参数为密度 $\rho = 7500\text{kg/m}^3$，弹性模量 $E = 64.5\text{GPa}$，泊松比 $\nu = 0.32$；几何参数为半径 25mm，厚度 6mm，2 片。前、后盖板材料参数为硬铝，密度 $\rho = 2790\text{kg/m}^3$，弹性模量 $E = 7.15 \times 10^{10}\,\text{N/m}^2$，$\nu = 0.34$；几何参数为等截面圆柱，截面面积与压电陶瓷晶堆相同，振动位移波节面位于压电陶瓷晶堆的中间。利用振动方程的解可得频率方程

$$\tan k_1 l_1 = \frac{\rho c_1}{\rho_2 c_2} \cot k_2 l_2 \tag{12.3}$$

根据式 (12.3) 和模拟仿真结果进行调整，最后设定前、后盖板长度为 56mm，换能器模型和尺寸如图 12.51 所示。

图 12.51　换能器的模型和尺寸图

2. 变幅杆的设计

大功率超声焊接振动系统中，在合适的范围内增大振幅可以缩短焊接时间，单一变幅杆通常振幅较小，为了得到较大的振幅，这里选用复合型超声变幅杆。常见的单一类型的变幅杆有圆锥型、指数型以及阶梯型。圆锥型超声变幅杆制作简单，截面突变处最大应力也最小，但振幅放大系数也比较小；指数型性能很稳定，振幅大，放大系数中等，但制作较为复杂；阶梯型超声变幅杆的振幅放大系数较大，制作也相对简单，但是在阶梯过渡的地方，极易引起较大的应力集中，导致变幅杆疲劳断裂。因此，我们利用阶梯型、圆锥型变幅杆的优点，制作圆锥型和圆柱型复合超声变幅杆，使其既拥有较大的振幅放大系数，也能通过圆锥型过渡段，减小应力集中。圆锥段底面直径长度设为 D，顶面直径设为 d，长度设为 l_s；圆柱段的直径也为 D，长度为 l_0。锥度系数设为 $\varphi = (D - d)/(Dl_s)$。依据纵向振动一维波动理论有

$$\frac{\partial^2 \varepsilon}{\partial x^2} + \frac{1}{S}\frac{\partial S}{\partial x}\frac{\partial \varepsilon}{\partial x} + k_L^2 \varepsilon = 0 \tag{12.4}$$

式中，ε 为质点位移函数；S 是变幅杆的横截面积；k_L 是圆波数。复合型超声变幅

杆纵向振动时的频率方程为

$$\tan k_{\mathrm{L}} l_8 = \frac{D}{d} \cdot \frac{\varphi}{k_{\mathrm{L}}} - \tan\left(k_{\mathrm{L}} l_9 + \arctan\frac{\varphi}{k_{\mathrm{L}}}\right) \tag{12.5}$$

由式 (12.5) 可知，复合型超声变幅杆的纵振频率与圆锥段、圆柱段的长度有关，将系统工作频率设定在 20kHz 附近，圆锥段的底面半径设置为 25mm，顶面半径设置为 20mm，根据公式和模拟仿真结果进行调整，最后设定复合型超声变幅杆圆锥段长度为 45mm，圆柱段长度为 77mm。复合型超声变幅杆的模型和尺寸如图 12.52 所示。

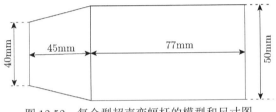

图 12.52　复合型超声变幅杆的模型和尺寸图

3. 大尺寸二维工具头的设计

我们设计了一个长为 240mm，宽为 46mm，高为 115mm 的大尺寸二维工具头，材料选择硬铝。由于工具头的纵向尺寸 115mm 远小于其长度 240mm，但又远大于其宽度 46mm，因此，工具头在长度方向会产生严重的横向振动，而宽度方向的横向振动则可以忽略，长度方向的横向振动和纵向振动相互耦合，会导致辐射面位移振幅分布不均匀。为了验证结论的准确性，利用 COMSOL Multiphysics 建立振动系统的三维几何模型，创建定义、添加材料、定义物理场，划分网格后，添加研究进行"本征频率"的计算，得到系统的特征模态，结果如图 12.53 所示。计算并绘制工具头焊接面沿长度沿 x 轴方向的纵向位移分布线图，如图 12.54 所示。

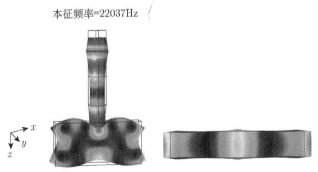

图 12.53　系统振型图和辐射面位移分布云图

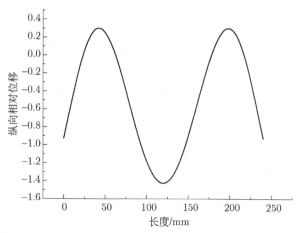

图 12.54　未优化工具头辐射面的 x 方向纵向相对位移分布

　　由图 12.53 和图 12.54 能够清晰地看出，由于横向振动的影响，未优化工具头的功率超声换能器系统辐射面 x 方向的位移振幅从 -1.4267 变化到 0.3010，不仅位移振幅分布非常不均匀，而且振幅增益比较小，因此，为提高位移振幅分布均匀度和振幅增益，必须对 x 方向的横向振动进行抑制。由 12.1.1 节内容可知，当声波在近周期声子晶体中传播时，因受到晶体内部周期性结构的作用，会对带隙范围内所有方向或某一特定方向的声波的传播进行抑制。这同样为基于大尺寸二维工具头的功率超声换能器系统中对 x 方向的有害横向振动的抑制提供了解决思路——将焊接振动系统的工具头设计为具有 x 方向的横向带隙的近周期声子晶体结构，以实现对工具头 x 方向的横向振动的抑制，基于此，将工具头设计成长度方向由四个原胞、宽度方向由四个原胞组成的有限尺寸的周期性结构，原胞是通过在基体铝中加工空气槽构造的，原胞的模型以及形成的基于近周期声子晶体结构的二维大尺寸工具头如图 12.55 所示。

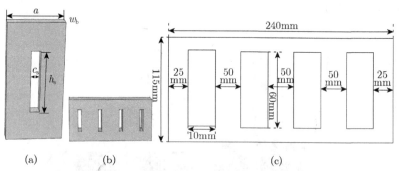

图 12.55　原胞的模型以及基于近周期声子晶体结构的工具头的示意图

(a) 原胞；(b) 工具头结构；(c) 工具头尺寸

在图 12.55(a) 中，a 为原胞的晶格常数，其值为 60mm，基体的高度为 115mm，w_b 为基体的宽度，其值为 11.5mm；c_s 为散射体空气槽的长度，其值为 10mm，h_s 为散射体空气槽的高度，其值为 60mm，穿透性槽。在 COMSOL 中计算原胞的激励和响应的加速度幅频响应曲线，确定其振动传输特性，结果如图 12.56 所示 (图中加速度幅值小于 1 的衰减区所对应的频率范围即是原胞在 x 方向上的振动带隙)。

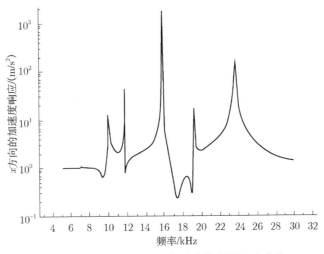

图 12.56　原胞在 x 方向的加速度的幅频响应曲线

由图 12.56 能够看出，基于近周期声子晶体结构的二维大尺寸工具头在 17~19kHz 具有 x 方向的不完全带隙，但在所设计的超声焊接振动系统的工作频率 20kHz 周围却并不存在 x 方向的横向振动带隙，由 12.1.1 节的内容可知，近周期声子晶体结构的带隙特性 (带隙的位置、宽度、弹性波的抑制能力等) 可以通过改变结构的材料和几何等参数来人为地调控，特别是基于横向位错的同质位错结，可以通过改变晶格的排列方式，灵活地调节带隙的位置和宽度，且可以在带隙范围内，产生传导模。因此，为了拓宽带隙宽度，使得工具头在 20 kHz 附近存在 x 方向的不完全带隙，以达到有效地抑制大尺寸二维工具头 x 方向的横向振动目的，本书利用横向位错效应构造了基于近周期声子晶体同质位错结结构的工具头，以改善大尺寸二维工具头焊接面的位移振幅分布均匀度，提高振幅增益。

4. 基于近周期声子晶体同质位错结的大尺寸二维功率超声换能器系统的优化设计

由 12.1.1 节内容可知，同质位错结是位错线两侧具有相同的结构和材料属性的

近周期声子晶体，包括横向位错和纵向位错。引入横向位错的近周期声子晶体同质位错结，不仅可以使得位于带隙频率内的声波沿着位错通道传播，形成声波导，还可以通过调节横向位错的距离 Δx 的大小，有目的地调控带隙的位置和宽度。将位错线左 (右) 两侧所有的散射体沿着横向集体向左 (右) 移动的 $|\Delta x|/2$ 距离后，形成图 12.57 所示的同质位错结构。因引入同质位错结后的近周期声子晶体不再是具备平移对称性的周期性结构，因此要在位错线两侧选择同样数量的原胞来构造晶体的超原胞，即图 12.57 中虚线框出的矩形结构。在 COMSOL 中建立超原胞的模型并给出各部分的尺寸，如图 12.58 所示。工具头由四个超原胞周期排列而成，在此，以 $\Delta x = 10\text{mm}$ 为例，计算超原胞的加速度幅频响应曲线，结果如图 12.59 所示，图中用阴影标注的加速度幅值小于 1 的衰减区对应的频率范围视为超原胞在 x 方向上的振动带隙。为了更加清晰地看出同质位错结对带隙特性的改变，图 12.59 中还给出了未引入同质位错结的近周期声子晶体的加速度幅频响应曲线。

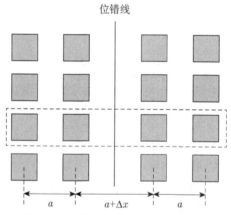

图 12.57　横向位错同质位错结模型

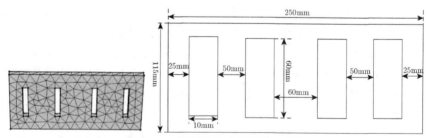

图 12.58　超原胞模型结构和尺寸图

由图 12.59 能够看出，引入同质位错结的近周期声子晶体改变了带隙的上、下限频率，尤其对带隙下限频率的影响更加明显，例如，近周期声子晶体结构在 x 方向最宽的振动带隙范围为 16.8~19.0kHz,而近周期声子晶体同质位错结结构在 x 方向最宽带隙范围为 17.2~21.8kHz,禁带范围得到了明显拓宽,使得大尺寸二维功率超声换能器系统在 20kHz 附近具有了 x 方向的横向振动带隙,可利用此带隙来实现对 x 方向有害横向振动的抑制。

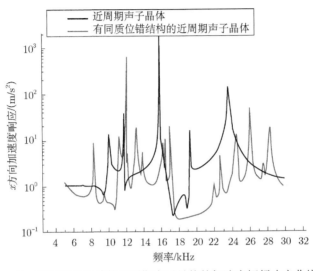

图 12.59　有、无同质位错结的近周期声子晶体的加速度幅频响应曲线对比图

(扫描封底二维码可见彩图)

为了验证设计的有效性,我们在 COMSOL Multiphysics 中构建了基于近周期声子晶体同质位错结的二维功率超声换能器系统模型,计算模型的本征频率而得到系统的特征模态,结果如图 12.60 所示。计算并绘制工具头焊接面沿长度 x 轴方向的纵向位移分布图,如图 12.61 所示,为了更加直观地观察到同质位错结对工具头焊接面位移振幅分布均匀度的改善情况,图 12.61 还给出了优化前后系统的工具头焊接面的纵向位移分布对比图。

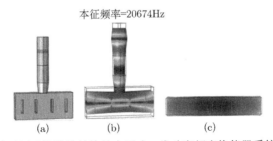

图 12.60　基于同质位错结结构的大尺寸二维功率超声换能器系统的结构图、

振型图及辐射面位移分布图

(a) 结构图；(b) 振型图；(c) 辐射面位移分布图

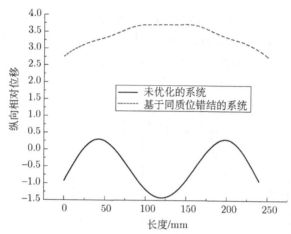

图 12.61　未优化系统和基于同质位错结系统的辐射面纵向相对位移分布对比图

由图 12.60 和图 12.61 能够看出，近周期声子晶体同质位错结可以在一定程度上抑制工具头 x 方向的横向振动，提高工具头焊接面的位移振幅分布均匀度，获得较大的振幅增益。但是因为横向位错效应，带隙范围内的声波沿着位错通道传播，形成声波导，从而位错线通道附近即工具头的中间部分位移较大，而两边位移偏小，从图 12.60 也能看出，同质位错结工具头焊接面的位移振幅变化范围为 2.7625～3.7243，依然较大，因此，仍然需要对此工具头实施进一步的优化。

5. 基于近周期声子晶体斜槽结构的大尺寸二维功率超声换能器系统的设计

为了进一步提高大尺寸二维工具头焊接面的纵向位移分布均匀度，将工具头 x 方向的四个散射体空气槽作一定的变换：将 x 方向最外侧两个散射体空气槽沿槽的中心法线倾斜 5°，最中间两个空气槽沿槽的中心法线倾斜 3°，其余参数均保持不变，变换后，基于近周期声子晶体斜槽结构的大尺寸二维工具头的结构如图 12.62 所示。

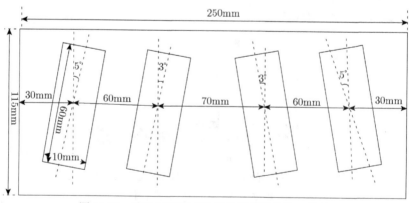

图 12.62　基于近周期声子晶体斜槽结构的工具头

在 COMSOL 中构造系统的模型，求解本征频率，获得图 12.63 所示的系统振型图以及图 12.64 所示的沿 x 轴方向的位移振幅分布图。为了方便对比，图 12.64 中还给出了优化前系统、同质位错结工具头系统的辐射面纵向位移分布，从图 12.64 中可以非常明显地看到斜槽结构对大尺寸二维工具头焊接面位移振幅分布的优化情况，由此可以得出，与优化前的系统、基于近周期同质位错结系统相比，近周期斜槽结构能够更好地衰减并抑制工具头 x 方向的有害横向振动，最大限度地优化焊接面位移振幅分布均匀度，且与优化前的系统相比，振幅增益也得到了大幅提高。

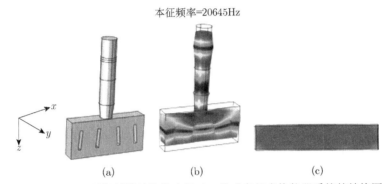

本征频率=20645Hz

(a)　　　　　　　(b)　　　　　　　(c)

图 12.63　基于近周期斜槽结构的大尺寸二维功率超声换能器系统的结构图、
振型图及辐射面位移分布图
(a) 结构图；(b) 振型图；(c) 辐射面位移分布图

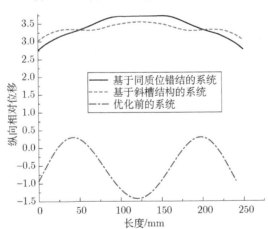

图 12.64　三种结构的辐射面相对位移分布对比图

6. 斜槽结构参数对系统共振频率和纵向位移分布的影响

近周期斜槽结构是影响大尺寸二维工具头焊接面位移振幅分布均匀度的关键因素，为了提高设计效率，找到最优的斜槽结构参数，我们利用 COMSOL

Multiphysics 仿真分析了斜槽宽度 w_x、斜槽高度 h_x、斜槽倾斜角度 θ_1、θ_2 (θ_1 代表外侧斜槽倾斜角度，θ_2 代表内侧斜槽倾斜角度) 对功率超声换能器系统纵向共振频率、纵向位移分布不均匀度 Δd 的影响规律，这里 Δd 等于纵向位移最大值−纵向位移最小值，代表纵向位移分布范围，Δd 越小，辐射面位移分布越均匀；Δd 越大，辐射面位移分布越不均匀。图 12.65 给出了斜槽宽度 w_x 与系统纵向共振频率、纵向位移分布不均匀度 Δd 的关系。

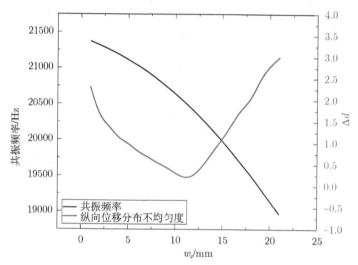

图 12.65　w_x 对系统共振频率和纵向位移分布不均匀度的影响 (扫描封底二维码可见彩图)

由图 12.65 能够看出，当其他参数不变时 ($h_x = 60\text{mm}$，$\theta_1 = 5°$，$\theta_3 = 3°$)，随着 w_x 的增大，二维功率超声换能器系统的共振频率逐渐减小；Δd 呈现先减小再增大的趋势，即系统的纵向位移分布均匀度随着 w_x 的增加先逐渐均匀，再逐渐不均匀，由此可以推断：w_x 存在最佳取值范围，太小或太大，都会导致系统的纵向位移分布不均匀，在本书中，w_x 在 $10\sim12\text{mm}$ 时，纵向位移分布均匀度最佳。

图 12.66 给出了当其他参数不变时 ($w_x = 10\text{mm}$，$\theta_1 = 5°$，$\theta_3 = 3°$)，h_x 对系统共振频率和纵向位移分布不均匀度的影响规律。由图 12.66 能够看出，随着 h_x 的增大，二维功率超声换能器系统的共振频率整体呈现先减小再增大的趋势；Δd 呈现"减小—增大—减小—增大"的趋势，即系统的纵向位移分布均匀度随着 h_x 的增加先逐渐均匀，再逐渐不均匀，然后又逐渐均匀，最后逐渐不均匀。由此也可以推断：h_x 同样存在最佳取值范围，太小或太大都会导致系统的纵向位移分布不均匀，在本书中，h_x 在 $60\sim75\text{mm}$ 时，纵向位移分布均匀度最佳。

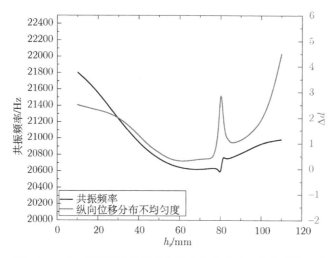

图 12.66 h_x 对系统共振频率和纵向位移分布不均匀度的影响

图 12.67 描述了当其他参数不变时 ($w_x = 10\text{mm}, h_x = 60\text{mm}$)，θ_1 (外侧斜槽倾斜角度) 和 θ_2 (内侧斜槽倾斜角度) 对系统共振频率的影响。黑色线段描述了当 $\theta_2 = 1°$ 时，θ_1 从 1°变化到 20°的过程中，系统共振频率随 θ_1、θ_2 变化的关系曲线；红色线段则描述了当 $\theta_2 = 2°$ 时，θ_1 从 1°变化到 20°的过程中，系统共振频率随 θ_1、θ_2 变化的关系曲线；以此类推。由图 12.67 能够看出，当内侧斜槽倾斜角度在 1°~2°时，随着外侧斜槽倾斜角度的增大，系统共振频率逐渐增大；当内侧斜槽倾斜角度在 3°~10°时，随着外侧斜槽倾斜角度的增大，系统共振频率先减小，再逐渐增大。

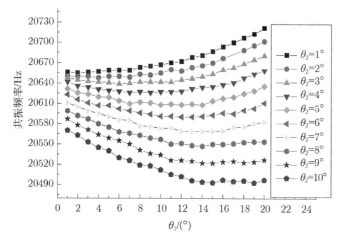

图 12.67 斜槽倾斜角度对系统共振频率的影响 (扫描封底二维码可见彩图)

图 12.68 则描述了当其他参数固定不变时 ($w_x = 10\text{mm}, h_x = 60\text{mm}$)，θ_1、θ_2 对

工具头焊接面纵向位移分布不均匀度的影响。因为数据点较多，所以把图 12.68 分成了四部分：图 (a) 描述了 θ_2 由 1°变化到 5°的过程中，Δd 及 θ_1 随 θ_2 的变化曲线；图 (b) 描述了 θ_2 由 6°变化到 10°的过程中，Δd 及 θ_1 随 θ_2 的变化曲线；图 (c) 描述了 θ_1 由 1°变化到 5°的过程中，Δd 及 θ_2 随 θ_1 的变化曲线；图 (d) 则描述了 θ_1 由 6°变化到 10°的过程中，Δd 及 θ_2 随 θ_1 的变化曲线。

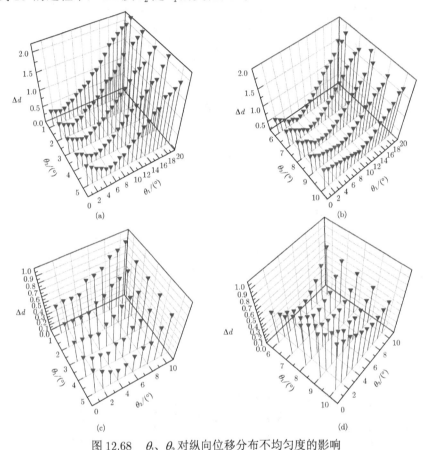

图 12.68　θ_1、θ_2 对纵向位移分布不均匀度的影响

(a) θ_2 从 1°变化到 5°；(b) θ_2 从 6°变化到 10°；(c) θ_1 从 1°变化到 5°；(d) θ_1 从 6°变化到 10°

由图 12.68 能够看出，当其他参数固定不变时，Δd 随着斜槽倾斜角度的增大，整体呈现出先减小再增大的趋势，也就是说系统工具头焊接面的纵向位移分布随着斜槽倾斜角度的增大，先慢慢趋于均匀，而后逐渐不均匀，而且，①θ_1、θ_2 的取值都不宜太大，两者的值越大，Δd 也就越大，系统辐射面的纵向位移分布均匀度也就越差，在本节中，θ_1、θ_2 的最佳取值范围是 3°~6°；②θ_1、θ_2 的差值也不能过大，两者的差值越大，系统辐射面的纵向位移分布均匀度越差，图 12.69 中显示了 Δd 取值较小时，对应的 θ_1、θ_2 的值，从图中能够看出，在本节中，θ_1、θ_2 的差值范围在

$0°\sim2°$时最佳。

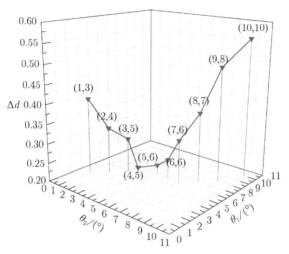

图 12.69 Δd 同 θ_1、θ_2 之间差值的关系

12.4.2 基于大尺寸三维工具头的功率超声换能器系统的优化设计

当工具头的两个横向尺寸都大于或接近工具头的纵向尺寸 h 时，由于两个横向共振频率与工具头的纵向共振频率都较为接近，因此 x、y 方向上的横向振动都会对有效纵向振动产生较大的影响，工具头的振动表现为三维耦合振动，不仅导致工具头焊接面的位移振幅分布不均匀，还会导致辐射面输出的振幅较小，严重影响焊接质量。为了有效地改善基于大尺寸三维工具头的超声塑料焊接振动系统的性能，这里提出了利用同质位错、点缺陷结构对大尺寸三维超声振动系统进行优化的新思路。该方法不仅可以利用加工在系统上的同质位错结构来人为地控制传导模的位置，提高系统辐射面的振幅分布均匀度，还能够利用构造的点缺陷结构，获得极低的能量损耗，有效改善因耦合振动带来的能量损耗增加的问题，且可以利用改变缺陷点的结构参数，调控缺陷点位置的模场分布和振动相位，进一步改善系统辐射面的纵向位移振幅和振幅分布均匀度，提高系统的性能和稳定性。

系统是由纵向夹心式压电陶瓷换能器、复合型超声变幅杆和大尺寸三维长方体工具头组成，工具头的两个横向尺寸（x、y 方向的尺寸）皆与其纵向（z 方向）尺寸可相比拟，工作频率设定在 20kHz 附近，为实现谐振，三者均设计成一个半波长结构，系统结构如图 12.70 所示，各部分的材料和结构参数如表 12.4 所示。超声能量沿图 12.70 的 z 轴传播，利用仿真软件模拟系统的振动特性，得到如图 12.71 所示的振型图、图 12.72 所示的工具头辐射面沿 x、y 方向的纵向相对位移振幅分布图。

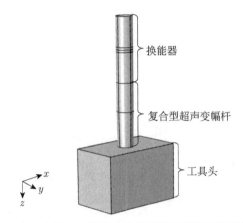

图 12.70　大尺寸三维长方体超声振动系统结构示意图

表 12.4　系统的材料和结构参数表

部件	材料属性	形状	大端半径/ mm/长	小端半径/ mm/宽	高度/ mm
换能器前盖板	Al 6063-T83	等截面圆柱	25	25	56
换能器压电陶瓷片 (两片)	PZT-4	等截面圆环	25	25	6
换能器后盖板	Al 6063-T83	等截面圆柱	25	25	56
复合型超声变幅杆圆柱部分	Al 6063-T83	等截面圆柱	25	25	77
复合型超声变幅杆圆锥部分	Al 6063-T83	圆锥	25	20	45
工具头	Al 6063-T83	长方体	180	106	111

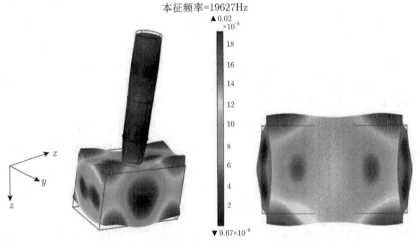

图 12.71　大尺寸三维超声振动系统振型图 (扫描封底二维码可见彩图)

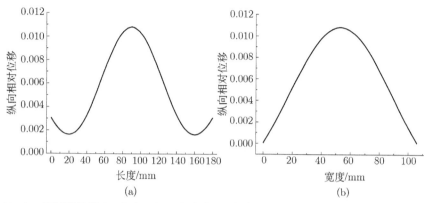

图 12.72 辐射面长度 (x 方向, (a)) 和宽度 (y 方向, (b)) 上的纵向相对位移振幅分布图

从图 12.71、图 12.72 可以看出，系统辐射面长度 (x 轴) 方向上的纵向相对位移振幅从 0.00162 变化到 0.01082，宽度 (y 轴) 方向上的纵向相对位移振幅从 0.00004358 变化到 0.01082。根据式 (12.6)，可求得大尺寸三维长方体超声振动系统辐射端面长度方向上的纵向相对位移振幅平均值 $S_{cn} = 0.00497$，宽度方向上的纵向相对位移振幅平均值 $S_{kn} = 0.00624$。根据式 (12.7)，可求得辐射面长度方向上的纵向位移振幅分布均匀度 $U_{cn} = 26.096\%$，宽度方向上的纵向位移振幅分布均匀度 $U_{kn} = 0.8001\%$。

$$S_n = \frac{1}{n}\sum_{i=1}^{n}S_i \tag{12.6}$$

$$U_n = \left\{1 - \frac{Y_{\max}(\text{振幅}) - Y_{\min}(\text{振幅})}{Y_{\max}(\text{振幅}) + Y_{\min}(\text{振幅})}\right\} \times 100\% \tag{12.7}$$

从计算结果可以看出，由于泊松效应的影响，大尺寸三维长方体超声振动系统产生了强烈的耦合振动，不仅导致系统辐射面的纵向位移振幅很小，而且振幅分布均匀度也很差。为了对系统的横向振动进行有效地控制，改善系统辐射面振幅分布均匀度，增大输出端面的纵向位移振幅，本章利用同质位错和点缺陷结构对大尺寸三维长方体超声振动系统进行优化设计。

1. 同质位错结构的大尺寸三维超声振动系统的设计

同质位错可分为横向位错 (将位错线两边的所有散射体整体向左/右移动 $|\Delta x|/2$ 距离) 和纵向位错 (将位错线两边的所有散射体整体向上/下移动 $|\Delta y|/2$ 距离)。研究表明：引入同质横向位错结构，可以使得带隙频率范围内的超声波沿位错通道传播，从而出现声波导现象，且可以通过对 Δx 的调节，有针对性地调控超声波的传播行为和频带特征。这就为大尺寸三维超声振动系统辐射面纵向位移振幅

分布均匀度的改善提供了一种新的解决方案，即在振动系统的工具头上设计同质横向位错结构 (沿大尺寸三维长方体工具头的 x 轴方向，加工 4 个高度为 h，宽度为 w，槽中心与位错线距离分别为 l_2、l_3 的穿透性长方体空气槽；沿大尺寸三维长方体工具头的 y 轴方向，加工 2 个高度为 h，宽度为 w，槽中心与位错线距离为 l_1 的穿透性长方体空气槽)，调节相邻直孔槽间的位错距离来控制传导模的位置，通过将位错通道设置在位移偏小的位置，改善辐射面位移分布，提高系统辐射面的振幅分布均匀度。优化后的大尺寸三维长方体工具头模型以及各部分尺寸如图 12.73 所示。

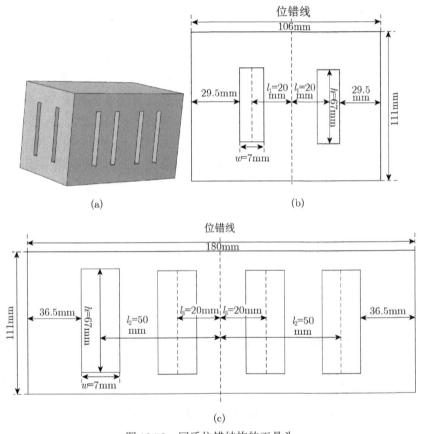

(a)　　　　　　　　　　　　(b)

(c)

图 12.73　同质位错结构的工具头

(a) 模型图；(b) 工具头 yz 面的各部分尺寸；(c) 工具头 xz 面的各部分尺寸

在 COMSOL Multiphysics 中建立同质位错结构的大尺寸三维超声振动系统的模型，计算模型的特征频率，获得图 12.74 所示的系统振型图，图 12.75 所示为工具头辐射面沿 x、y 方向的纵向位移振幅分布图。

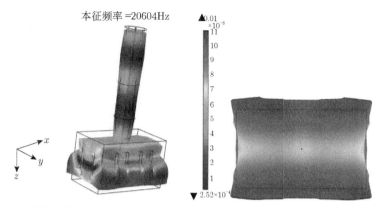

图 12.74 同质位错结构的大尺寸三维超声振动系统振型图 (扫描封底二维码可见彩图)

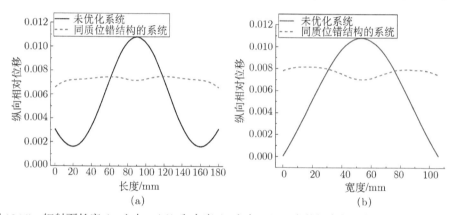

图 12.75 辐射面长度 (x 方向, (a)) 和宽度 (y 方向, (b)) 上的纵向相对位移振幅分布对比图

由式 (12.6) 和式 (12.7) 计算可知, 同质位错结构的大尺寸三维超声振动系统辐射面的纵向相对位移振幅平均值 $S_{cn} = 0.00726$, $S_{kn} = 0.00773$。纵向位移振幅分布均匀度 $U_{cn} = 93.365\%$, $U_{kn} = 92.585\%$, 即 $\dfrac{(S_{cn})_{同质}}{(S_{cn})_{未优化}} = \dfrac{0.00726}{0.00497} = 1.4608$,

$\dfrac{(S_{kn})_{同质}}{(S_{kn})_{未优化}} = \dfrac{0.00773}{0.00624} = 1.2388$, $\dfrac{(U_{cn})_{同质}}{(U_{cn})_{未优化}} = \dfrac{93.365\%}{26.096\%} = 3.5778$, $\dfrac{(U_{kn})_{同质}}{(U_{kn})_{未优化}} =$

$\dfrac{92.598\%}{0.8001\%} = 115.7330$。由图 12.75 和计算结果可以看出, 同质位错结构的大尺寸三维超声振动系统, 其辐射面的纵向位移振幅分布均匀度有效地改善了, 但辐射面的纵向位移振幅的改善效果较小。

2. 同质位错与点缺陷结构的大尺寸三维超声振动系统的设计

当声子晶体中存在点缺陷时, 其带隙范围内会出现缺陷态, 引发声波的 Anderson

局域化效应 (带隙范围内声波的压强或位移等的分布在点缺陷处具有很好的局域性),
且点缺陷模式具有极高的品质因数, 能量损耗较低。这又为大尺寸三维超声振动系统
辐射面的纵向位移振幅分布均匀度和纵向位移振幅的改善提供了一种新思路——将大
尺寸三维超声振动系统的工具头设计成点缺陷结构, 利用构造的点缺陷模式, 获得极
低的能量损耗 (空气和基体 Al 6063-T83 的声阻抗差异较大, 尤其当声波为高频声波
时, 能量损耗几乎可以忽略不计), 有效地改善了由耦合振动导致的能量损耗增加的问
题。而且通过改变缺陷点的结构参数 (填充率、半径、旋转角度等), 可以人为地调控
缺陷点位置的模场分布和振动相位, 从而进一步改善大尺寸三维超声振动系统辐射面
的纵向位移振幅分布均匀度和纵向位移振幅大小。

　　在大尺寸三维超声振动系统的工具头上加工 3 行 5 列与系统 z 轴平行的、底半径为
r_1、顶半径为 r_2、高度为 h_1 的以正方形晶格排列的空气圆锥体孔, 并将 3×5 排列结构
最中心的圆锥体孔 (图 12.76 (a) 中圆圈标注的部分) 改为半径为 r_3 的圆柱体孔; 沿工
具头的 x 轴方向, 加工 4 个高度为 h, 宽度为 w, 槽中心与位错线距离分别为 l_2、l_3 的
穿透性长方体空气槽, 以及沿大尺寸三维长方体工具头的 y 轴方向, 加工 2 个高度为 h,
宽度为 w, 槽中心与位错线距离为 l_1 的穿透性长方体空气槽, 构造基于单点变形缺陷
和同质位错结构工具头的大尺寸三维超声振动系统 (换能器、复合型超声变幅杆、工具
头的材料和尺寸均保持不变), 优化后系统的结构模型和各部分的尺寸如图 12.76 所示。

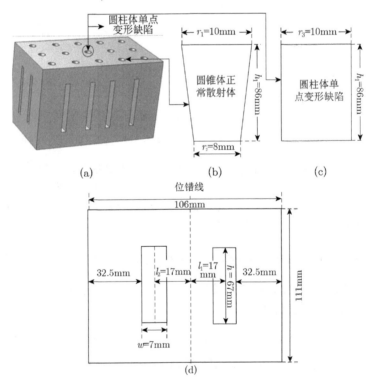

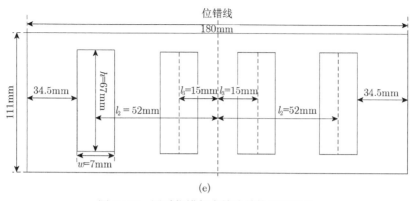

图 12.76 同质位错与点缺陷结构的工具头

(a) 振动系统的模型图；(b) 空气圆锥体孔的尺寸；(c) 空气圆柱体孔的尺寸；(d) x 方向尺寸和位错位置；
(e) y 方向尺寸和位错位置

由式 (12.6) 和式 (12.7) 计算可知，同质位错与点缺陷结构的大尺寸三维超声振动系统辐射面上的纵向相对位移振幅平均值为 $S_{cn} = 0.0217$，$S_{kn} = 0.0222$，辐射面上的纵向位移振幅分布均匀度为 $U_{cn} = 98.603\%$，$U_{kn} = 95.590\%$，即 $\dfrac{(S_{cn})_{\text{同质和点缺陷}}}{(S_{cn})_{\text{未优化}}} =$

$\dfrac{0.0217}{0.004\,97} = 4.3662$，$\dfrac{(S_{kn})_{\text{同质和点缺陷}}}{(S_{kn})_{\text{未优化}}} = \dfrac{0.0222}{0.00624} = 3.5577$，$\dfrac{(S_{cn})_{\text{同质和点缺陷}}}{(S_{cn})_{\text{同质}}} = \dfrac{0.0217}{0.00726} =$

2.9890，$\dfrac{(S_{kn})_{\text{同质和点缺陷}}}{(S_{kn})_{\text{同质}}} = \dfrac{0.0222}{0.00773} = 2.8719$。$\dfrac{(U_{cn})_{\text{同质和点缺陷}}}{(U_{cn})_{\text{未优化}}} = \dfrac{98.603\%}{26.096\%} = 3.7785$，

$\dfrac{(U_{kn})_{\text{同质和点缺陷}}}{(U_{kn})_{\text{未优化}}} = \dfrac{95.590\%}{0.8001\%} = 119.4726$，$\dfrac{(U_{cn})_{\text{同质和点缺陷}}}{(U_{cn})_{\text{同质}}} = \dfrac{98.603\%}{93.365\%} = 1.0561$，$\dfrac{(U_{kn})_{\text{同质和点缺陷}}}{(U_{kn})_{\text{同质}}} =$

$\dfrac{95.590\%}{92.598\%} = 1.0323$。

由图 12.77 和图 12.78 的计算结果可以非常明显地看出，与未优化的大尺寸三维超声振动系统相比，同质位错与点缺陷结构的大尺寸三维超声振动系统，其辐射面的纵向位移振幅分布均匀度均显著地提升，说明受同质位错和点缺陷结构的影响，系统 x 和 y 方向的横向振动均得到了有效的抑制，纵向振动模态更加单一，保证了系统的纵向工作效率。同时，能量的局域化效应和极低的能量损耗使系统辐射面的纵向位移振幅大幅度地增加，即优化设计方案达到了提高超声处理及加工系统性能的目的。

3. 同质位错与点缺陷结构对系统性能的影响规律分析

可以通过改变同质位错和点缺陷的结构参数，人为地控制位错通道的位置、声波局域化程度、缺陷态模式、振动模场分布等特性，来实现对大尺寸三维超声振动

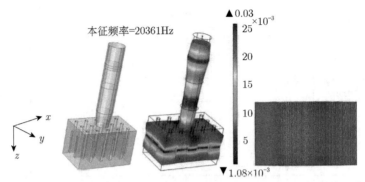

图 12.77　同质位错与点缺陷结构的大尺寸三维超声振动系统振型图 (扫描封底二维码可见彩图)

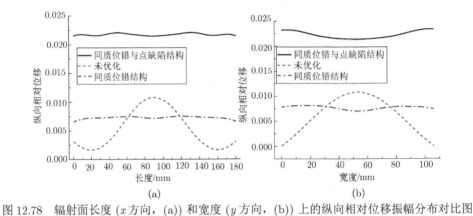

图 12.78　辐射面长度 (x 方向, (a)) 和宽度 (y 方向, (b)) 上的纵向相对位移振幅分布对比图

系统性能的调控。因此, 为了找到能够使得系统达到最佳性能状态的结构参数, 我们利用 COMSOL 仿真软件分析了长方体空气槽的高度 h, 宽度 w, yz 平面槽中心与位错线的距离 l_1, xz 平面槽中心与位错线的距离 l_2、l_3, 散射体空气圆锥体孔的高度 h_1、单点变形缺陷圆柱体孔的半径 r_3 对大尺寸三维超声振动系统性能指标 (纵向共振频率、辐射面纵向相对位移振幅、辐射面位移振幅分布均匀度) 的影响规律, 结果分别如图 12.79～图 12.85 所示。

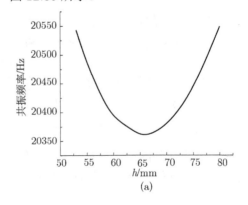

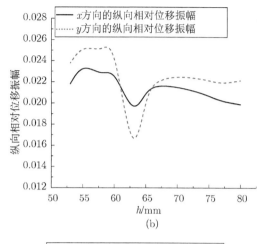

(b)

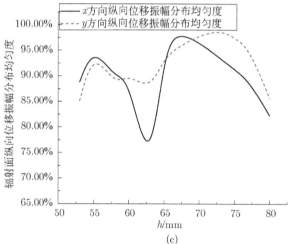

(c)

图 12.79 h 对振动系统性能的影响

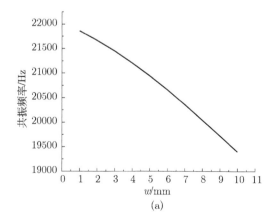

(a)

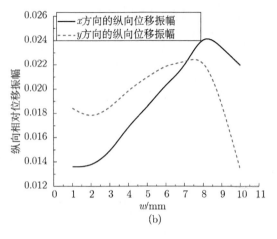

(b)

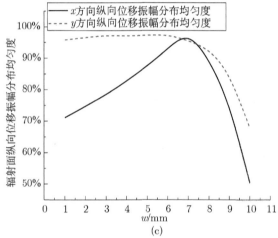

(c)

图 12.80 w 对系统性能的影响

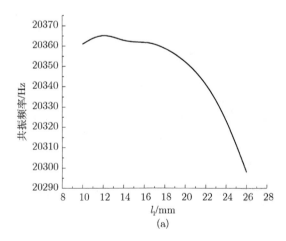

(a)

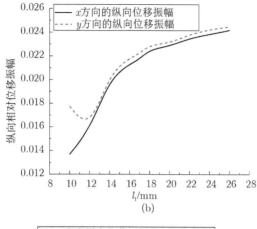

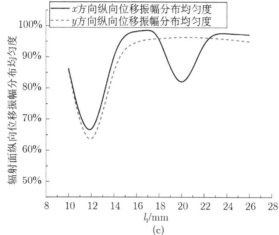

图 12.81 l_1 对系统性能的影响

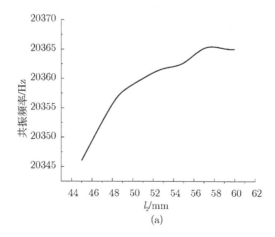

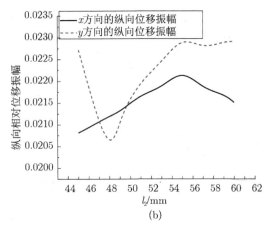

(b)

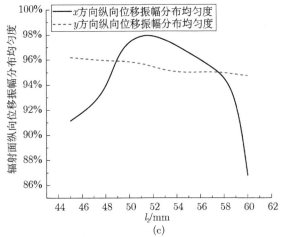

(c)

图 12.82 l_2 对系统性能的影响

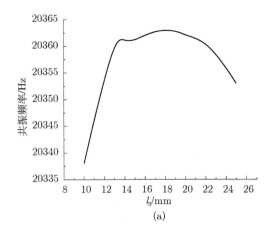

(a)

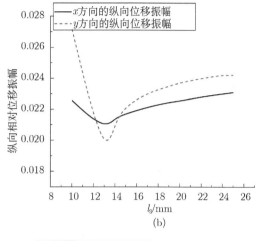

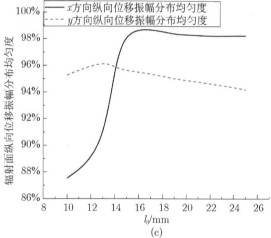

图 12.83 l_3 对系统性能的影响

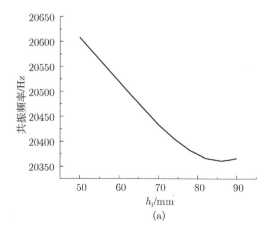

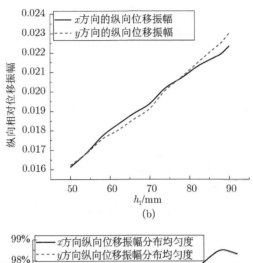

(b)

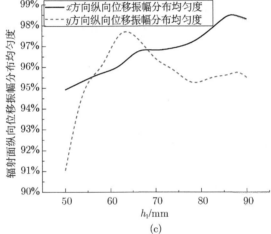

(c)

图 12.84　h_1 对系统性能的影响

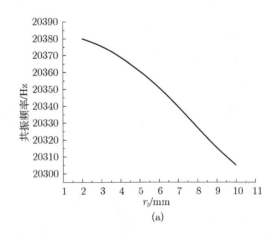

(a)

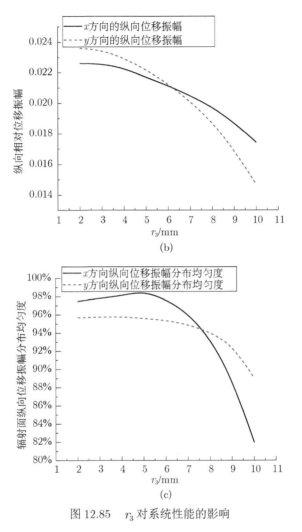

图 12.85　r_3 对系统性能的影响

图 12.79 显示了长方体空气槽的高度 h 对大尺寸三维超声振动系统性能的影响规律。从图中可以看出，当其他几何结构参数保持不变时，随着 h 的增大，系统共振频率呈现"减小—增大"的趋势，如图 12.79 (a) 所示；随着 h 的增大，辐射面的 y 方向的纵向相对位移振幅整体呈现"增大—减小—增大"的趋势，辐射面的 x 方向的纵向相对位移振幅整体呈现"增大—减小—增大"的趋势，当 h 在 55～60mm、66～72mm 时，系统辐射面的纵向相对位移振幅较大，如图 12.79 (b) 所示；另外，随着 h 的增大，系统辐射面的纵向位移振幅分布均匀度也整体呈现出"增大—减小—增大—减小"的趋势，当 h 在 66～71mm 时，系统辐射面的纵向位移振幅分布均匀度最佳，如图 12.79 (c) 所示。因此，综合考虑各个性能指标，当 h 在 66～71mm 时，同质位错与点缺陷结构的大尺寸三维超声振动系统的性能可达到较为理想的状态。

图 12.80 显示了长方体空气槽的宽度 w 对大尺寸三维超声振动系统性能的影响规律。从图中可以看出，当其他几何结构参数保持不变时 (设置 $h = 67\text{mm}$)，随着 w 的增大，系统共振频率逐渐减小，如图 12.80 (a) 所示；辐射面的 y 方向的纵向相对位移振幅整体呈现"减小—增大—减小"的趋势，辐射面的 x 方向的纵向相对位移振幅整体呈现"增大—减小"的趋势，当 w 在 6～9mm 时，系统辐射面的纵向相对位移振幅较大，如图 12.80 (b) 所示；另外，随着 w 的增大，辐射面 x 方向的纵向位移振幅分布均匀度整体呈现"增大—减小"的趋势，辐射面 y 方向的纵向位移振幅分布均匀度整体呈现不断减小的趋势，当 w 在 5～8mm 时，系统辐射面的纵向位移振幅分布均匀度最佳，如图 12.80 (c) 所示。因此，综合考虑各个性能指标，当 w 在 6～8mm 时，同质位错与点缺陷结构的大尺寸三维超声振动系统的性能可达到较为理想的状态。

图 12.81 显示了 yz 平面槽中心与位错线距离 l_1 对大尺寸三维超声振动系统性能的影响规律。从图中可以看出，当其他几何结构参数保持不变时 (设置 $h = 67\text{mm}, w = 7\text{mm}, l_2 = 52\text{mm}, l_3 = 15\text{mm}$)，随着 l_1 的增大，系统共振频率整体呈现逐渐减小的趋势，如图 12.81 (a) 所示；辐射面的 y 方向的纵向相对位移振幅整体呈现"减小—增大"的趋势，辐射面的 x 方向的纵向相对位移振幅整体呈现逐渐增大的趋势，如图 12.81 (b) 所示；另外，随着 l_1 的增大，辐射面的 x 方向的纵向位移振幅分布均匀度整体呈现"减小—增大—减小—增大"的趋势，辐射面的 y 方向的纵向位移振幅分布均匀度整体呈现"减小—增大"的趋势，如图 12.81 (c) 所示。综合考虑各个性能指标，当 l_1 在 14～18mm、22～26mm 时，同质位错与点缺陷结构的大尺寸三维超声振动系统的性能可达到较为理想的状态。

图 12.82 显示了 xz 平面槽中心与位错线距离 l_2 对大尺寸三维超声振动系统性能的影响规律。从图中可以看出，当其他几何结构参数保持不变时 (设置 $h = 67\text{mm}, w = 7\text{mm}, l_1 = 17\text{mm}, l_3 = 15\text{mm}$)，随着 l_2 的增大，系统共振频率整体呈现逐渐增大的趋势，如图 12.82 (a) 所示；辐射面的 y 方向的纵向相对位移振幅整体呈现"减小—增大"的趋势，辐射面的 x 方向的纵向相对位移振幅整体呈现"增大—减小"的趋势，如图 12.82 (b) 所示；另外，随着 l_2 的增大，辐射面的 x 方向的纵向位移振幅分布均匀度整体呈现"增大—减小"的趋势，辐射面 y 方向的纵向位移振幅分布均匀度整体呈现逐渐减小的趋势，如图 12.82 (c) 所示。综合考虑各个性能指标，当 l_2 在 52～57mm 时，同质位错与点缺陷结构的大尺寸三维超声振动系统的性能可达到较为理想的状态。

图 12.83 显示了 xz 平面槽中心与位错线距离 l_3 对大尺寸三维超声振动系统性能的影响规律。从图中可以看出，当其他几何结构参数保持不变时 (设置 $h = 67\text{mm}, w = 7\text{mm}, l_1 = 17\text{mm}, l_2 = 52\text{mm}$)，随着 l_3 的增大，系统共振频率整体呈现"增大—减小"的趋势，如图 12.83 (a) 所示；辐射面的 y 方向的纵向相对位移

振幅整体呈现"减小—增大"的趋势，辐射面的 x 方向的纵向相对位移振幅整体呈现"减小—增大"的趋势，如图 12.83 (b) 所示；另外，随着 l_3 的增大，辐射面的 x 方向的纵向位移振幅分布均匀度整体呈现"增大—减小"的趋势，辐射面的 y 方向的纵向位移振幅分布均匀度整体呈现"增大—减小"的趋势，如图 12.83 (c) 所示。综合考虑各个性能指标，当 l_3 在 15～25mm 时，同质位错与点缺陷结构的大尺寸三维超声振动系统的性能可达到较为理想的状态。

图 12.84 显示了散射体空气圆锥体孔的高度 h_1 对大尺寸三维超声振动系统性能的影响规律。从图中可以看出，当其他几何结构参数保持不变时（令 $h = 67\text{mm}$，$w = 7\text{mm}$，$l_1 = 17\text{mm}$，$l_2 = 52\text{mm}$，$l_3 = 15\text{mm}$），随着 h_1 的增大，系统共振频率整体呈现"减小—增大"的趋势，如图 12.84 (a) 所示；辐射面的 x, y 方向的纵向相对位移振幅整体呈现出不断增大的趋势，如图 12.84 (b) 所示；另外，随着 l_3 的增大，辐射面的 x 方向的纵向位移振幅分布均匀度整体呈现"增大—减小"的趋势，辐射面的 y 方向的纵向位移振幅分布均匀度整体呈现"增大—减小—增大—减小"的趋势，如图 12.84 (c) 所示。综合考虑各个性能指标，当 h_1 在 60～70mm、85～90mm 时，同质位错与点缺陷结构的大尺寸三维超声振动系统的性能可达到较为理想的状态。

图 12.85 显示了单点变形缺陷圆柱体孔的半径 r_3 对大尺寸三维超声振动系统性能的影响规律。从图中可以看出，当其他几何结构参数保持不变时（令 $h = 67\text{mm}$，$w = 7\text{mm}$，$l_1 = 17\text{mm}$，$l_2 = 52\text{mm}$，$l_3 = 15\text{mm}$，$h_1 = 86\text{mm}$），随着 r_3 的增大，系统共振频率整体呈现逐步减小的趋势，如图 12.85 (a) 所示；辐射面的 x, y 方向的纵向相对位移振幅整体呈现不断减小的趋势，如图 12.85 (b) 所示；另外，随着 l_3 的增大，辐射面的 x 方向的纵向位移振幅分布均匀度整体呈现"增大—减小"的趋势，辐射面的 y 方向的纵向位移振幅分布均匀度整体呈现不断减小的趋势，如图 12.85 (c) 所示。综合考虑各个性能指标，当 r_3 在 3～6mm 时，同质位错与点缺陷结构的大尺寸三维超声振动系统的性能可达到较为理想的状态。

12.4.3 基于大尺寸圆柱型工具头的功率超声换能器系统的优化设计

基于大尺寸圆柱型工具头的功率超声换能器系统是由夹心式换能器、圆锥型超声变幅杆以及圆柱型工具头三个单独的共振系统组成的。夹层换能器的前后盖板、圆锥型超声变幅杆和工具头均采用 6063-T83 铝材料，压电陶瓷的材料是 PZT-4。换能器的前后盖板为等截面圆柱体，直径 39mm，高度 58mm。压电陶瓷晶体的数量为 2 个，高度、内径和外径分别为 5mm、20mm 和 38mm。圆锥型超声变幅杆的上表面直径、下表面直径和高度分别为 54mm、30mm 和 128mm。圆柱型工具头的直径为 120mm、高度为 110mm。系统各组成部分的共振频率相同时才能确保复合系统的高效工作，系统的结构示意图如图 12.86 所示。

采用有限元法，利用 Comsol Multiphysics 中的压电器件模块，对系统进行模拟，尽管预应力螺栓对换能器的影响很大，但为了简化模型，这里不考虑预应力螺栓的影响。图 12.87 为传统的未优化的基于大尺寸圆柱型工具头的功率超声换能器系统的振型图。

共振频率=20370Hz

| 图 12.86   基于传统大尺寸圆柱型工具头的 | 图 12.87   未开槽系统的振型图 |
| 功率超声换能器系统 | (扫描封底二维码可见彩图) |

由图 12.87 能够清晰地看出，受径向振动的影响，该系统辐射面位移振幅分布非常不均匀，为了提高位移振幅分布均匀度，需要对系统的径向振动进行抑制。这里在圆柱体上开槽，形成二维声子晶体，通过设计其带隙，从而达到抑制径向振动的目的。基于二维声子晶体结构的工具头是通过在传统工具上加工周期性排列的凹槽而形成的。由于沿着径向方向形成周期性凹槽，因此可以对径向波进行有效的抑制，从而达到改善工具辐射面的位移振幅分布均匀度的目的。优化后的模型如图 12.88 所示。在本书中，建立了五个模型，分别是模型 2～6，为了便于比较，五种模型的换能器、圆锥型超声变幅杆的材料和尺寸保持不变，只是在传统工具头 (图 12.86 所示的模型 1 的工具头) 上加工不同尺寸的周期性排列的凹槽。槽的方式如图 12.88(b) 和 (c) 所示，分别是基于二维声子晶体结构的工具头的透视图和横截面图。模型 2、3 和 4 的凹槽宽度分别为 8mm、10mm 和 12mm，高度为 70mm。模型 5 和 6 的凹槽高度分别为 60mm 和 80mm，宽度为 10mm。

在五个基于有限周期二维声子晶体结构的工具头一侧沿半径方向均匀地添加 $1m/s^2$ 的加速度激励，获得五个模型的振动传递特性曲线，如图 12.89 所示。图 12.89(a) 显示了不同凹槽宽度的工具头的振动传递特性，图 12.89(b) 显示了不同凹槽高度的工具头的振动传递特性。

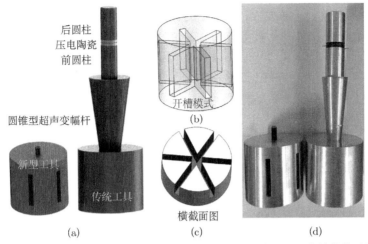

图 12.88 传统的功率超声换能器系统和新型基于二维声子晶体结构的系统

(a) 模型示意图；(b) 透视图；(c) 横截面图；(d) 实物图片

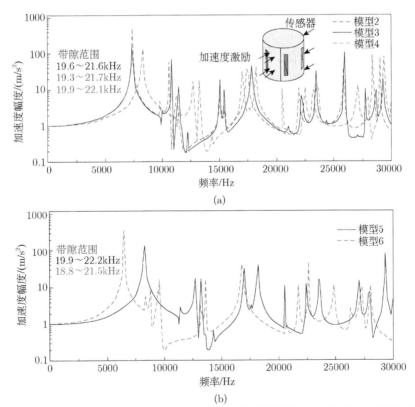

图 12.89 新型基于二维声子晶体结构的工具头的振动传递特性曲线 (扫描封底二维码可见彩图)

(a) 模型 2、3 和 4 的振动传递特性；(b) 模型 5 和 6 的振动传递特性从图中可以看出，模型 2、3 和 4 的带隙范围分别为 19.6～21.6kHz、19.3～21.7kHz 和 19.9～22.1kHz，模型 5 和 6 的带隙范围分别为 19.9～22.2kHz 和 18.8～21.5kHz。使用 COMSOL Multiphysics 的固体力学模块计算了模型 2、3、4、5 和 6 的共振频率，分别为 20903Hz、20469Hz、19956Hz、20445Hz 和 20667Hz。图 12.90 显示了模型 3 的振型图。

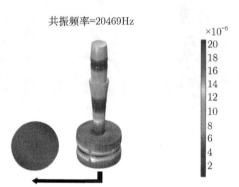

图 12.90　新型基于二维声子晶体结构的系统的振型图 (扫描封底二维码可见彩图)

对比图 12.87 和图 12.90 可以看出，由于在换能器系统工作频率附近存在径向带隙，径向波传播受到抑制，因此系统辐射面的位移振幅分布更加均匀。为了更清楚地观察工具头辐射面的纵向相对位移分布，利用有限元法计算了 6 个工具头辐射面沿直径的位移分布，如图 12.91 所示，其中图 12.91(a) 对应不同的凹槽宽度，图 12.91(b) 对应不同的凹槽高度。

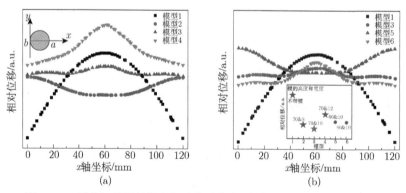

图 12.91　系统辐射面的纵向相对位移分布 (扫描封底二维码可见彩图)
(a) 模型 1、2、3 和 4；(b) 模型 1、3、5 和 6

从图 12.89 和图 12.91 可以看出，由于模型 3 的工作频率位于带隙衰减最大处，因此纵向位移分布最均匀。为了进一步验证优化的有效性，对模型 1 和模型 3 进行了加工实验。首先，用 6500B 精密阻抗分析仪测量了模型 1 和模型 3 的共振频率。

表 12.5 列出了模型 1(未优化的系统) 和模型 3(新型基于二维声子晶体结构的系统) 的仿真和实验共振频率，其中 f_r 和 f_{er} 是模型 1 的仿真和实验共振频率，f_r' 和 f_{er}' 是模型 3 的仿真和实验共振频率。

表 12.5　系统的共振频率

f_r/Hz	f_{er}/Hz	f_r'/Hz	f_{er}'/Hz
20370	20284	20469	20433

用 PSV-400 测量了模型 1 和模型 3 工具头辐射面的位移分布，图 12.92(a) 和 (b) 分别是其纵向机械位移，图 12.92(c) 和 (d) 分别是其横向机械位移。

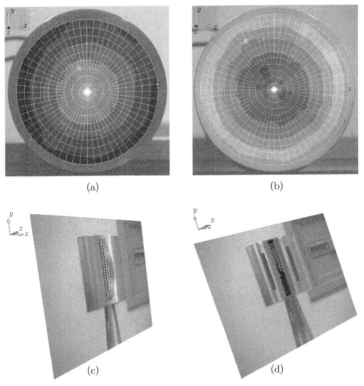

图 12.92　模型 1 和模型 3 的位移分布 (扫描封底二维码可见彩图)
(a)、(b) 为模型 1 和 3 的纵向位移分布；(c)、(d) 为模型 1 和 3 的横向位移分布

从图 12.92 可以看出，模型 3 工具头辐射面的纵向位移分布比模型 1 更加均匀，模型 1 具有较强的横向振动，这进一步验证了周期性声子晶体凹槽对径向振动的抑制作用。

12.5　基于一维声子晶体周期结构的径向振动功率超声换能器

径向振动功率超声换能器具有辐射面积大、辐射效率高、径向辐射均匀、作用范围广等优点,因此被广泛应用于水声、超声降解以及声化学等超声液体处理技术领域。在大多数功率超声应用中,径向振动功率超声换能器的高度与半径相当,换能器的耦合振动会变得更强,这往往会使换能器的振动模式变得复杂,表面振幅受到限制,从而大大降低工作效率。本节设计了一种一维声子晶体周期结构的径向振动换能器。首先,推导了 2-2 型压电复合材料的等效参数,得到了换能器径向振动的机电等效电路和频率方程。然后,通过数值模拟和实验验证了换能器的一阶径向振动共振频率。最后,利用仿真软件对换能器的振动性能进行了仿真,并利用声子晶体带隙理论对结果进行了分析。

12.5.1　换能器的理论分析和实验验证

1. 理论分析

该新型换能器是通过将压电陶瓷圆环和环氧树脂环沿纵向以一定间隔叠加而形成的。压电陶瓷圆环是径向极化的,材料是 PZT-4。结构如图 12.93 所示。

图 12.93　一维声子晶体周期结构的径向振动功率超声换能器 (扫描封底二维码可见彩图)

为了简化理论推导,本节进行了两个近似:①由于换能器的内外半径相互接近,薄圆环可以扩展成矩形片,并且可以容易地获得复合材料的等效参数;②由于径向尺寸远大于纵向尺寸,换能器的径向振动可以近似地视为平面应力问题。如图 12.94 所示,取 z 方向为极化方向,压电相为横观各向同性体,聚合物相为各向同性体,聚合物相无压电效应。

1) 2-2 型压电复合材料等效材料参数

当复合材料在 z 方向上拉伸并且忽略剪切变形的耦合效应时,压电相和聚合物相的本构关系矩阵可以简化为

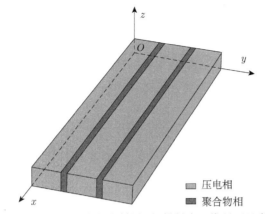

图 12.94　2-2 型压电复合材料 (扫描封底二维码可见彩图)

$$
\begin{bmatrix} T_1^{\mathrm{c}} \\ T_2^{\mathrm{c}} \\ T_3^{\mathrm{c}} \\ D_3^{\mathrm{c}} \end{bmatrix} = \begin{bmatrix} C_{11}^{\mathrm{c}} & C_{12}^{\mathrm{c}} & C_{13}^{\mathrm{c}} & -e_{31}^{\mathrm{c}} \\ C_{12}^{\mathrm{c}} & C_{11}^{\mathrm{c}} & C_{13}^{\mathrm{c}} & -e_{31}^{\mathrm{c}} \\ C_{13}^{\mathrm{c}} & C_{13}^{\mathrm{c}} & C_{33}^{\mathrm{c}} & -e_{33}^{\mathrm{c}} \\ e_{31}^{\mathrm{c}} & e_{31}^{\mathrm{c}} & e_{33}^{\mathrm{c}} & \varepsilon_{33}^{\mathrm{c}} \end{bmatrix} \times \begin{bmatrix} S_1^{\mathrm{c}} \\ S_2^{\mathrm{c}} \\ S_3^{\mathrm{c}} \\ E_3^{\mathrm{c}} \end{bmatrix} \tag{12.8}
$$

$$
\begin{bmatrix} T_1^{\mathrm{p}} \\ T_2^{\mathrm{p}} \\ T_3^{\mathrm{p}} \\ D_3^{\mathrm{p}} \end{bmatrix} = \begin{bmatrix} C_{11}^{\mathrm{p}} & C_{12}^{\mathrm{p}} & C_{12}^{\mathrm{p}} & 0 \\ C_{12}^{\mathrm{p}} & C_{11}^{\mathrm{p}} & C_{12}^{\mathrm{p}} & 0 \\ C_{12}^{\mathrm{p}} & C_{12}^{\mathrm{p}} & C_{11}^{\mathrm{p}} & 0 \\ 0 & 0 & 0 & \varepsilon_{11}^{\mathrm{p}} \end{bmatrix} \times \begin{bmatrix} S_1^{\mathrm{p}} \\ S_2^{\mathrm{p}} \\ S_3^{\mathrm{p}} \\ E_3^{\mathrm{p}} \end{bmatrix} \tag{12.9}
$$

式中，上标 c 代表压电相；上标 p 代表聚合物相。根据 Newnham 和 Smith 理论，压电相和聚合物相在 x、z 方向上并联，在 y 方向上串联。应力、应变、电场分量和电位移分量之间的关系可以表示为

$$
T_1^{\mathrm{pc}} = v_{\mathrm{c}} T_1^{\mathrm{c}} + v_{\mathrm{p}} T_1^{\mathrm{p}}, \quad S_1^{\mathrm{pc}} = S_1^{\mathrm{c}} = S_1^{\mathrm{p}} \tag{12.10}
$$

$$
T_2^{\mathrm{pc}} = T_2^{\mathrm{c}} = T_2^{\mathrm{p}}, \quad S_2^{\mathrm{pc}} = v_{\mathrm{c}} S_2^{\mathrm{c}} + v_{\mathrm{p}} S_2^{\mathrm{p}} \tag{12.11}
$$

$$
T_3^{\mathrm{pc}} = v_{\mathrm{c}} T_3^{\mathrm{c}} + v_{\mathrm{p}} T_3^{\mathrm{p}}, \quad S_3^{\mathrm{pc}} = S_3^{\mathrm{c}} = S_3^{\mathrm{p}}, \quad E_3^{\mathrm{pc}} = E_3^{\mathrm{c}} = E_3^{\mathrm{p}}, \quad D_3^{\mathrm{pc}} = v_{\mathrm{c}} D_3^{\mathrm{c}} + v_{\mathrm{p}} D_3^{\mathrm{p}} \tag{12.12}
$$

其中，上标 pc 代表复合材料；$T_i^{\mathrm{c}}(i = 1,2,3)$ 是应力；$S_i^{\mathrm{c}}(i = 1,2,3,\cdots,6)$ 是应变；$E_i^{\mathrm{c}}(i = 1,2,3)$ 是电场强度；$D_i^{\mathrm{c}}(i = 1,2,3)$ 是电位移分量；$C_{ij}^{\mathrm{c}}(i,j = 1,2,3)$ 是常电场刚度系数；$e_{ij}^{\mathrm{c}}(i,j = 1,2,3)$ 是常应变压电应力系数；$\varepsilon_{ij}^{\mathrm{c}}(i,j = 1,2,3)$ 是常应变介电系数；v_{c} 表示压电相的体积分数；v_{p} 表示聚合物相的体积分数。以 S_1^{pc}、T_2^{pc}、S_3^{pc}、E_3^{pc} 为自变量，本构方程可表示为

$$
\begin{bmatrix} T_1^{\mathrm{pc}} \\ S_2^{\mathrm{pc}} \\ T_3^{\mathrm{pc}} \\ D_3^{\mathrm{pc}} \end{bmatrix} = v_{\mathrm{c}} \begin{bmatrix} T_1^{\mathrm{c}} \\ S_2^{\mathrm{c}} \\ T_3^{\mathrm{c}} \\ D_3^{\mathrm{c}} \end{bmatrix} + v_{\mathrm{p}} \begin{bmatrix} T_1^{\mathrm{p}} \\ S_2^{\mathrm{p}} \\ T_3^{\mathrm{p}} \\ D_3^{\mathrm{p}} \end{bmatrix} = v_{\mathrm{c}} A^{\mathrm{c}} \begin{bmatrix} S_1^{\mathrm{c}} \\ T_2^{\mathrm{c}} \\ S_3^{\mathrm{c}} \\ E_3^{\mathrm{c}} \end{bmatrix} + v_{\mathrm{p}} A^{\mathrm{p}} \begin{bmatrix} S_1^{\mathrm{p}} \\ T_2^{\mathrm{p}} \\ S_3^{\mathrm{p}} \\ E_3^{\mathrm{p}} \end{bmatrix} = \left(v_{\mathrm{c}} A^{\mathrm{c}} + v_{\mathrm{p}} A^{\mathrm{p}} \right) \begin{bmatrix} S_1^{\mathrm{pc}} \\ T_2^{\mathrm{pc}} \\ S_3^{\mathrm{pc}} \\ E_3^{\mathrm{pc}} \end{bmatrix} \tag{12.13}
$$

$$
A^{\mathrm{c}} = \begin{bmatrix} C_{11}^{\mathrm{c}} - \dfrac{C_{12}^{\mathrm{c}}}{C_{11}^{\mathrm{c}}} & \dfrac{C_{12}^{\mathrm{c}}}{C_{11}^{\mathrm{c}}} & C_{13}^{\mathrm{c}} - \dfrac{C_{13}^{\mathrm{c}} C_{12}^{\mathrm{c}}}{C_{11}^{\mathrm{c}}} & -e_{31}^{\mathrm{c}} + \dfrac{C_{12}^{\mathrm{c}} e_{31}^{\mathrm{c}}}{C_{11}^{\mathrm{c}}} \\[3mm] \dfrac{-C_{12}^{\mathrm{c}}}{C_{11}^{\mathrm{c}}} & \dfrac{1}{C_{11}^{\mathrm{c}}} & \dfrac{-C_{13}^{\mathrm{c}}}{C_{11}^{\mathrm{c}}} & \dfrac{e_{31}^{\mathrm{c}}}{C_{11}^{\mathrm{c}}} \\[3mm] C_{13}^{\mathrm{c}} - \dfrac{C_{13}^{\mathrm{c}} C_{12}^{\mathrm{c}}}{C_{11}^{\mathrm{c}}} & \dfrac{C_{13}^{\mathrm{c}}}{C_{11}^{\mathrm{c}}} & C_{33}^{\mathrm{c}} - \dfrac{C_{13}^{\mathrm{c}}}{C_{11}^{\mathrm{c}}} & -e_{33}^{\mathrm{c}} + \dfrac{C_{13}^{\mathrm{c}} e_{31}^{\mathrm{c}}}{C_{11}^{\mathrm{c}}} \\[3mm] e_{31}^{\mathrm{c}} - \dfrac{C_{12}^{\mathrm{c}} e_{31}^{\mathrm{c}}}{C_{11}^{\mathrm{c}}} & \dfrac{e_{31}^{\mathrm{c}}}{C_{11}^{\mathrm{c}}} & e_{33}^{\mathrm{c}} - \dfrac{C_{13}^{\mathrm{c}} e_{31}^{\mathrm{c}}}{C_{11}^{\mathrm{c}}} & \varepsilon_{33}^{\mathrm{c}} + \dfrac{e_{31}^{\mathrm{c}}}{C_{11}^{\mathrm{c}}} \end{bmatrix} \tag{12.14}
$$

$$
A^{\mathrm{p}} = \begin{bmatrix} C_{11}^{\mathrm{p}} - \dfrac{C_{12}^{\mathrm{p}\,2}}{C_{11}^{\mathrm{p}}} & \dfrac{C_{12}^{\mathrm{p}}}{C_{11}^{\mathrm{p}}} & C_{12}^{\mathrm{p}} - \dfrac{C_{12}^{\mathrm{p}\,2}}{C_{11}^{\mathrm{p}}} & 0 \\[3mm] \dfrac{-C_{12}^{\mathrm{p}}}{C_{11}^{\mathrm{p}}} & \dfrac{1}{C_{11}^{\mathrm{p}}} & \dfrac{-C_{12}^{\mathrm{p}}}{C_{11}^{\mathrm{p}}} & 0 \\[3mm] C_{12}^{\mathrm{p}} - \dfrac{C_{12}^{\mathrm{p}\,2}}{C_{11}^{\mathrm{p}}} & \dfrac{C_{12}^{\mathrm{p}}}{C_{11}^{\mathrm{p}}} & C_{11}^{\mathrm{p}} - \dfrac{C_{12}^{\mathrm{p}\,2}}{C_{11}^{\mathrm{p}}} & 0 \\[3mm] 0 & 0 & 0 & \varepsilon_{11}^{\mathrm{p}} \end{bmatrix} \tag{12.15}
$$

压电复合材料的本构方程可以表示为

$$
\begin{bmatrix} T_1^{\mathrm{pc}} \\ T_2^{\mathrm{pc}} \\ T_3^{\mathrm{pc}} \\ D_3^{\mathrm{pc}} \end{bmatrix} = \begin{bmatrix} C_{11}^{\mathrm{pc}} & C_{12}^{\mathrm{pc}} & C_{13}^{\mathrm{pc}} & -e_{31}^{\mathrm{pc}} \\ C_{12}^{\mathrm{pc}} & C_{22}^{\mathrm{pc}} & C_{23}^{\mathrm{pc}} & -e_{32}^{\mathrm{pc}} \\ C_{13}^{\mathrm{pc}} & C_{23}^{\mathrm{pc}} & C_{33}^{\mathrm{pc}} & -e_{33}^{\mathrm{pc}} \\ e_{31}^{\mathrm{pc}} & e_{32}^{\mathrm{pc}} & e_{33}^{\mathrm{pc}} & \varepsilon_{33}^{\mathrm{pc}} \end{bmatrix} \times \begin{bmatrix} S_1^{\mathrm{pc}} \\ S_2^{\mathrm{pc}} \\ S_3^{\mathrm{pc}} \\ E_3^{\mathrm{pc}} \end{bmatrix} \tag{12.16}
$$

等效材料参数表达式如表 12.6 所示。

表 12.6　2-2 型压电复合材料的等效材料参数

等效材料参数	表达式
C_{11}^{pc}	$\dfrac{v_{\mathrm{c}} v_{\mathrm{p}} C_{11}^{\mathrm{c}\,2} - (C_{12}^{\mathrm{c}\,2} - C_{11}^{\mathrm{p}\,2} - 2C_{11}^{\mathrm{c}} C_{11}^{\mathrm{p}}) v_{\mathrm{c}} v_{\mathrm{p}} + C_{11}^{\mathrm{c}} C_{11}^{\mathrm{p}} (v_{\mathrm{c}}^2 + v_{\mathrm{p}}^2)}{v_{\mathrm{c}} C_{11}^{\mathrm{p}} + v_{\mathrm{p}} C_{11}^{\mathrm{c}}}$
C_{12}^{pc}	$\dfrac{v_{\mathrm{c}} C_{12}^{\mathrm{c}} C_{11}^{\mathrm{p}} + v_{\mathrm{p}} C_{11}^{\mathrm{c}} C_{12}^{\mathrm{p}}}{v_{\mathrm{c}} C_{11}^{\mathrm{p}} + v_{\mathrm{p}} C_{11}^{\mathrm{c}}}$
C_{13}^{pc}	$\dfrac{v_{\mathrm{p}} C_{12}^{\mathrm{p}} (v_{\mathrm{c}} C_{12}^{\mathrm{c}} + v_{\mathrm{c}} C_{11}^{\mathrm{p}} - v_{\mathrm{c}} C_{12}^{\mathrm{p}} + v_{\mathrm{p}} C_{11}^{\mathrm{c}}) + C_{13}^{\mathrm{c}} [v_{\mathrm{c}} C_{11}^{\mathrm{p}} + (C_{11}^{\mathrm{c}} - C_{12}^{\mathrm{c}} + C_{12}^{\mathrm{p}}) v_{\mathrm{p}}]}{v_{\mathrm{c}} C_{11}^{\mathrm{p}} + v_{\mathrm{p}} C_{11}^{\mathrm{c}}}$

等效材料参数	表达式
C_{22}^{pc}	$\dfrac{C_{11}^{\mathrm{c}}C_{11}^{\mathrm{p}}}{v_{\mathrm{c}}C_{11}^{\mathrm{p}}+v_{\mathrm{p}}C_{11}^{\mathrm{c}}}$
C_{23}^{pc}	$\dfrac{v_{\mathrm{c}}C_{13}^{\mathrm{c}}C_{11}^{\mathrm{p}}+v_{\mathrm{p}}C_{11}^{\mathrm{c}}C_{12}^{\mathrm{p}}}{v_{\mathrm{c}}C_{11}^{\mathrm{p}}+v_{\mathrm{p}}C_{11}^{\mathrm{c}}}$
C_{33}^{pc}	$v_{\mathrm{c}}C_{33}^{\mathrm{c}}+\dfrac{v_{\mathrm{p}}(-v_{\mathrm{c}}C_{13}^{\mathrm{c}\,2}+v_{\mathrm{c}}C_{11}^{\mathrm{p}\,2}+2C_{13}^{\mathrm{c}}C_{12}^{\mathrm{p}}-v_{\mathrm{c}}C_{12}^{\mathrm{p}\,2}+v_{\mathrm{p}}C_{11}^{\mathrm{c}}C_{11}^{\mathrm{p}})}{v_{\mathrm{c}}C_{11}^{\mathrm{p}}+v_{\mathrm{p}}C_{11}^{\mathrm{c}}}$
e_{31}^{pc}	$\dfrac{e_{31}^{\mathrm{c}}v_{\mathrm{c}}[v_{\mathrm{c}}C_{11}^{\mathrm{p}}+(C_{11}^{\mathrm{c}}-C_{12}^{\mathrm{c}}+C_{12}^{\mathrm{p}})v_{\mathrm{p}}]}{v_{\mathrm{c}}C_{11}^{\mathrm{p}}+v_{\mathrm{p}}C_{11}^{\mathrm{c}}}$
e_{32}^{pc}	$\dfrac{v_{\mathrm{c}}C_{11}^{\mathrm{p}}e_{31}^{\mathrm{c}}}{v_{\mathrm{c}}C_{11}^{\mathrm{p}}+v_{\mathrm{p}}C_{11}^{\mathrm{c}}}$
e_{33}^{pc}	$\dfrac{v_{\mathrm{c}}\left[C_{11}^{\mathrm{p}}e_{33}^{\mathrm{c}}v_{\mathrm{c}}+(C_{11}^{\mathrm{c}}e_{33}^{\mathrm{c}}+C_{12}^{\mathrm{p}}e_{31}^{\mathrm{c}}-C_{13}^{\mathrm{c}}e_{31}^{\mathrm{c}})\right]}{v_{\mathrm{c}}C_{11}^{\mathrm{p}}+v_{\mathrm{p}}C_{11}^{\mathrm{c}}}$
$\varepsilon_{33}^{\mathrm{pc}}$	$\dfrac{v_{\mathrm{c}}v_{\mathrm{p}}e_{31}^{\mathrm{c}\,2}}{v_{\mathrm{c}}C_{11}^{\mathrm{p}}+v_{\mathrm{p}}C_{11}^{\mathrm{c}}}+v_{\mathrm{c}}\varepsilon_{33}^{\mathrm{c}}+v_{\mathrm{p}}\varepsilon_{11}^{\mathrm{p}}$

2) 换能器径向振动的机电等效电路及共振频率方程

换能器的简单几何示意图如图 12.95 所示。R_1 和 R_2 是换能器的内径和外径，h_{c} 和 h_{p} 是压电陶瓷环和环氧树脂环的厚度。换能器的总厚度 $h = 3h_{\mathrm{c}}+2h_{\mathrm{p}}$。$F_{R_1}$ 和 v_{R_1} 分别是换能器内表面上的力和振动速度，F_{R_2} 和 v_{R_2} 分别是换能器外表面上的作用力和振动速度。为了确保推导结果的连续性，θ、z 和 r 方向被定义为对应于 x、y 和 z 方向。换能器的压电本构方程可以表示为

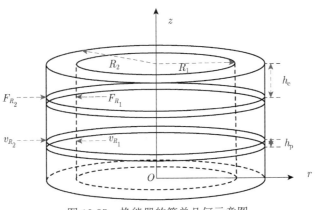

图 12.95 换能器的简单几何示意图

$$T_\theta = C_{11}^{\mathrm{pc}} S_\theta + C_{12}^{\mathrm{pc}} S_z + C_{13}^{\mathrm{pc}} S_r - e_{31}^{\mathrm{pc}} E_r \tag{12.17}$$

$$T_z = C_{12}^{\mathrm{pc}} S_\theta + C_{22}^{\mathrm{pc}} S_z + C_{23}^{\mathrm{pc}} S_r - e_{32}^{\mathrm{pc}} E_r \tag{12.18}$$

$$T_r = C_{13}^{\mathrm{pc}} S_\theta + C_{23}^{\mathrm{pc}} S_z + C_{33}^{\mathrm{pc}} S_r - e_{33}^{\mathrm{pc}} E_r \tag{12.19}$$

$$D_r = e_{31}^{\mathrm{pc}} S_\theta + e_{32}^{\mathrm{pc}} S_z + e_{33}^{\mathrm{pc}} S_r + \varepsilon_{33}^{\mathrm{pc}} E_r \tag{12.20}$$

其中，T_θ、T_z、T_r 分别表示切向应力、纵向应力和径向应力；S_θ、S_z、S_r 分别表示切向应变、纵向应变和径向应变；C_{ij}^{pc}、e_{ij}^{pc}、$\varepsilon_{ij}^{\mathrm{pc}}$ 分别表示等效弹性常数、压电常数和介电常数；E_r 为施加的径向电场。然后根据径向力边界条件：$F_{R_1} = -T_{R_1} S_{R_1}$，$F_\mathrm{c} = -T_{R_2} S_{R_2}$，可以得到换能器径向振动的六端机电等效电路，如图 12.96 所示。

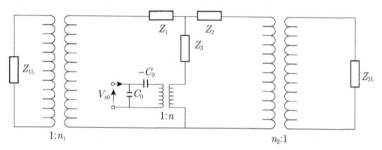

图 12.96　换能器的机电等效电路图

在图 12.96 中，各部分阻抗的表达式如下：

$$
\begin{aligned}
Z_1 = {} & -Z_{R_1} \frac{\mathrm{j} R_2^{\,2} X_{R_2}^2 \left[\mathrm{J}_\nu(kR_2)\mathrm{Y}_{\nu-1}(kR_1) - \mathrm{J}_{\nu-1}(kR_1)\mathrm{Y}_\nu(kR_2) \right]}{\varDelta_1} \\
& + \frac{2\mathrm{j}\pi h R_2^{\,2} X_{R_2}^2 (B_2 - B_4 \nu)}{\omega} + Z_b \frac{2\mathrm{j} R_2 X_{R_2} X_{R_1}}{\pi k \varDelta_1}
\end{aligned} \tag{12.21}
$$

$$
\begin{aligned}
Z_2 = {} & -Z_{R_2} \frac{\mathrm{j} R_1^{\,2} X_{R_1}^2 \left[\mathrm{J}_\nu(kR_1)\mathrm{Y}_{\nu-1}(kR_2) - \mathrm{J}_{\nu-1}(kR_2)\mathrm{Y}_\nu(kR_1) \right]}{\varDelta_1} \\
& + \frac{2\mathrm{j}\pi h R_1^{\,2} X_{R_1}^2 (B_4 \nu - B_2)}{\omega} + Z_c \frac{2\mathrm{j} R_1 X_{R_2} X_{R_1}}{\pi k \varDelta_1}
\end{aligned} \tag{12.22}
$$

$$Z_3 = -Z_{R_1} \frac{2\mathrm{j} R_2 X_{R_2} X_{R_1}}{\pi k \varDelta_1} = -Z_{R_2} \frac{2\mathrm{j} R_1 X_{R_2} X_{R_1}}{\pi k \varDelta_1} \tag{12.23}$$

其中，$S_{R_1} = 2\pi R_1 h$，$S_{R_2} = 2\pi R_2 h$，$Z_{R_1} = \dfrac{k B_4 S_{R_1}}{\omega} = \rho V_3 S_{R_1}$，$Z_{R_2} = \dfrac{k B_4 S_{R_2}}{\omega} = \rho V_3 S_{R_2}$，$n_1 = R_2 X_{R_2}$，$n_2 = R_1 X_{R_1}$。$Z_{1\mathrm{L}}$ 和 $Z_{2\mathrm{L}}$ 分别是换能器内表面和外表面的负载阻抗，这里未考虑该阻抗，将其视为 0。然后，整个换能器的输入电阻抗即为

$$Z_e = \frac{V}{I} = \frac{n^2 - j\omega C_0 Z_m}{\omega^2 C_0^2 Z_m} \tag{12.24}$$

式中，$Z_m = Z_3 + \dfrac{Z_1 Z_2}{Z_1 + Z_2}$ 为换能器的机械阻抗。换能器的共振频率方程为

$$n^2 - j\omega C_0 Z_m = 0 \tag{12.25}$$

2. 结果验证

为了验证换能器的理论设计结果，我们分别用 Mathematica 11.3 和 COMSOL Multiphysics 5.4 计算了换能器的一阶径向共振频率；设计并加工了相同尺寸的换能器，并使用 Polytec 扫描振动器和 WK6500B 精密阻抗分析仪进行了实验测量，如图 12.97 所示。换能器的具体尺寸和材料参数如表 12.7 所示，结果如表 12.8 所示。

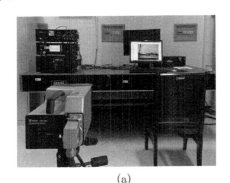 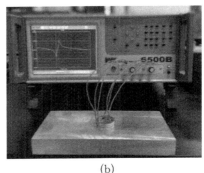

(a)   (b)

图 12.97 使用 (a)Polytec 激光测振仪和 (b)WK6500B 精密阻抗分析仪
测量换能器的一阶共振频率

表 12.7 换能器的具体尺寸和材料参数

尺寸	值	材料参数	值	材料参数	值
R_1/mm	15	ρ_c/(kg/m³)	7500	e^c_{33}/(N/(m·V))	15.1
R_2/mm	18	C^c_{11}/(N/m²)	1.39×10^{12}	ε^c_{33}/(C/m)	5.62
h/mm	10.2	C^c_{12}/(N/m²)	7.78×10^{10}	ρ_p/(kg/m³)	1050
v_c/%	88.2	C^c_{13}/(N/m²)	7.43×10^{10}	C^p_{11}/(N/m²)	8×10^{10}
v_p/%	11.8	C^c_{33}/(N/m²)	1.15×10^{11}	C^p_{12}/(N/m²)	4.4×10^{10}
—	—	e^c_{31}/(N/(m·V))	-5.2	ε^p_{11}/(C/m)	3.7×10^{-11}

表 12.8　换能器的理论、数值和实验共振频率

理论值	数值模拟		实验结果			
f_r/Hz	f_{r1}/Hz	e_1/%	f_{r2}/Hz	f_{r3}/Hz	e_2/%	e_3/%
30903.2	31451	1.7	29703	29653.5	3.8	4.0

表 12.8 中，f_r、f_{r1}、f_{r2}、f_{r3} 分别为理论计算、数值模拟、实验 (a) 和实验 (b) 的换能器一阶径向振动共振频率。相对误差 $e_1 = \dfrac{\left| f_{r1} - f_r \right|}{f_r}$，$e_2 = \left| f_{r2} - f_r \right| / f_r$，$e_3 = \left| f_{r3} - f_r \right| / f_r$。四种方法得到的换能器径向共振频率基本一致，相对误差均小于 5%。主要误差来源如下：①在推导复合材料等效参数时，没有考虑材料形状对结构参数的影响；②在理论分析中，假设换能器的厚度远小于其径向尺寸，在理想情况下应为无穷小；③在理论分析和数值模拟中，使用了标准材料参数，而实验换能器的材料参数不同；④在理论分析和数值模拟中忽略了换能器的机械损耗和介电损耗，但在实验测量中不能忽略。

12.5.2　振动性能分析

这里使用仿真软件 COMSOL Multiphysics 5.4 对换能器的固有模式和振动特性进行了数值模拟；所研究的换能器的弹性边界是机械自由的，电场施加到换能器的内表面和外表面；添加基本矢量坐标系，使压电材料径向极化。

首先，分析了尺寸 (半径比 R_1/R_2) 和两相体积比 v_p/v_c 对换能器性能的影响。一维声子晶体换能器的几何尺寸和两相体积分数选择为：$R_1 = 15\text{mm}$，$15\text{mm} \leqslant R_2 \leqslant 25\text{mm}$，$h = 10.2\text{mm}$，$v_c = 88.2\%$，$v_p = 11.8\%$。图 12.98(a) 表明，换能器的一阶径向共振和反共振频率随着半径比的增加而增加；有效机电耦合系数 $K_{\text{eff}} = \left[1 - (f_r/f_a)^2 \right]^{1/2}$，如图 12.98(c) 所示，$K_{\text{eff}}$ 在 $R_1/R_2 = 0.882$ 时达到最大值，即 0.31719。几何尺寸选择为 $R_1 = 15\text{mm}$，$R_2 = 18\text{mm}$，$h_c = 3\text{mm}$，$0.5\text{mm} \leqslant h_p \leqslant 1.4\text{mm}$。当 v_p/v_c 增加时，换能器的一阶径向共振/反共振频率和 K_{eff} 都会降低，分别如图 12.98(b) 和 (d) 所示。

图 12.99 模拟了尺寸为 $R_1 = 15\text{mm}$，$R_2 = 18\text{mm}$，$h_c = 3\text{mm}$，$h_p = 0.6\text{mm}$，$h = 10.2\text{mm}$ 和两相体积比 $v_p/v_c = 0.13$ 时换能器的振动模式。图 12.99(a) 显示了一阶径向振动情况下换能器的固有模式，其中 $f_r = 31451\text{Hz}$。换能器的径向位移分布如图 12.99(b) 所示。与相同尺寸 $R_1 = 15\text{mm}$，$R_2 = 18\text{mm}$，$h = 10.2\text{mm}$ 的纯压电陶瓷换能器相比，径向位移幅度显著提高。可以根据能量守恒定律简单地分析：当纵向上有减振结构时，纵向振动传递的能量受到阻碍，只能传递到其他方向，因此，

径向振动将增加。

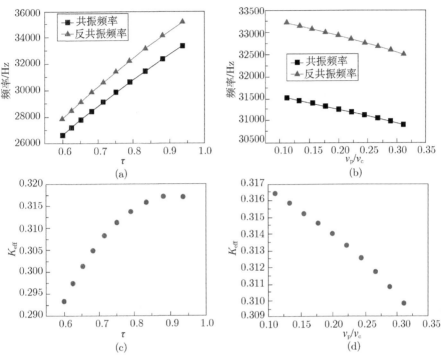

图 12.98 (a) 一阶径向共振/反共振频率与换能器半径比的关系；(b) 换能器的一阶径向共振/反共振频率与两相体积比的关系；(c) 换能器的有效机电耦合系数与半径比的关系；(d) 换能器的有效机电耦合系数与两相体积比的关系

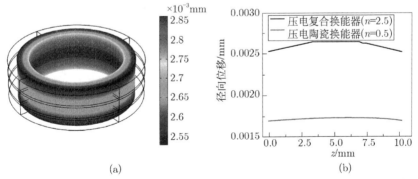

图 12.99 (a) 一阶径向振动下换能器的固有模式；(b) 两个换能器的径向位移分布
(扫描封底二维码可见彩图)

根据声子晶体带隙理论，周期性声子晶体结构可以有效地抑制换能器的纵向振动。因此，对换能器的振动传递特性进行了研究。$1m/s^2$ 的初始加速度值沿 z 轴方向施加在换能器的底面上，相当于换能器沿 z 轴的纵向激励。边界探针被布置在换能器的上表面上以接收加速度传输响应。结果如图 12.100(a) 所示。当振动频率在 31400~32400Hz 时，加速度响应小于 $1m/s^2$，即在换能器的纵向方向上存在 1kHz 的振动带隙，可以对纵向振动进行有效抑制，因此，换能器的振动模式主要是径向振动，解决了由强耦合振动而导致的模式复杂和径向位移幅度有限的问题。此外，在图 12.100(a) 中，换能器在 31300Hz、34900Hz 和 60100Hz 频率附近有三个纵向加速度峰值。在 25000~70000Hz 的频率范围内对换能器进行扫频，得到导纳的频率响应曲线，如图 12.100(b) 所示。两组共振峰和反共振峰分别出现在 31451Hz 和 60174Hz 附近。根据模态分析，31451Hz 是换能器的径向共振频率，60174Hz 是换能器弯曲振动的共振频率。在 31300Hz 和 34900Hz 附近，导纳的频率响应曲线没有明显的峰值。主要原因可能是此时换能器处于其他振动模式，导致加速度峰值发生变化，但这些模式无法正常激励。

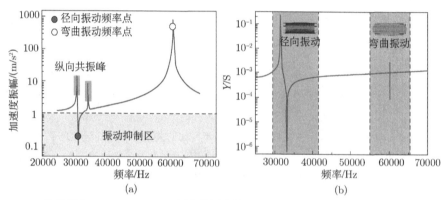

图 12.100　换能器在 25000~70000Hz 频率范围内的 (a) 纵向加速度和 (b) 导纳的频率响应曲线

我们将 n 作为换能器纵向尺寸上的周期性结构的数量，研究了周期性结构数量对换能器振动性能的影响，结果如图 12.101 所示。使用 COMSOL Multiphysics 5.4 软件模拟了具有不同数量周期结构 (n=1.5、2.5、3.5、4.5、5.5、6.5) 的换能器的振动特性。两相尺寸和体积分数选择为：$R_1 = 15mm$、$R_2 = 18mm$、$h = 10.2mm$、$v_c = 88.2\%$、$v_p = 11.8\%$。在保持两相体积分数和换能器总高度 h 不变的前提下，通过改变压电相的高度 (h_c) 和聚合物相的高度 (h_p) 来调节周期性结构的数量。

具有不同数量周期结构的换能器的一阶径向振动截面的位移分布如图 12.102 所示。当 n 增加时，换能器的一阶径向振动共振频率变化不大，但其位移分布存在一定差异。在加入声子晶体去耦合结构后，换能器辐射声压的能力增加，并且随着周期结构 n 数量的增加，辐射声压先增加后减少。此外，当周期结构的数量 n 为 3.5 时，换能器的径向表面位移远大于其他换能器，如图 12.102(a) 所示。然后，研究了不同周期结构数的换能器在纵向维度上的加速度传输特性，结果如图 12.102 (b)

所示。当周期结构数量变化时，换能器纵向振动的带隙仍分布在 31400~32400Hz 附近，并且随着周期结构数量的增加，纵向振动抑制效果呈现出更好的趋势。

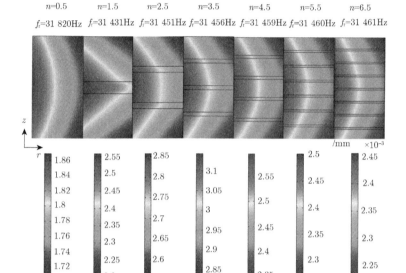

图 12.101 换能器的横截面位移分布与一阶径向振动中周期结构数量 n 之间的关系
(扫描封底二维码可见彩图)

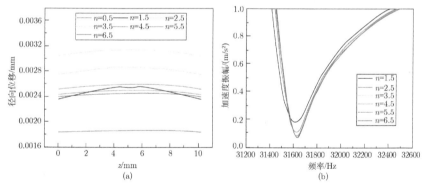

图 12.102 (a) 换能器表面径向位移的振幅和 (b) 纵向振动带隙分布与周期结构数量 n 之间的关系 (扫描封底二维码可见彩图)

总之，在设计一维声子晶体结构径向振动换能器时，应充分考虑尺寸、两相体积比和周期结构数量对振动性能的影响。为了获得换能器更强、更有效的机电耦合能力，半径比尽可能接近 0.882。虽然两相体积比的增加会削弱换能器的有效机电耦合能力，但也会导致径向振动位移的增加。因此，可以选择中等的两相体积比。此外，为了获得最大径向位移，周期性结构的数量 n 应选择为 3.5。

12.6　斜槽型纵-扭复合模态超声振动系统的优化设计

随着碳纤维、工程陶瓷、复合材料等硬脆、难加工材料的广泛应用，传统机械加工的弊端日益凸显，已经很难保证加工的质量和效率了。一维纵向超声振动加工技术的提出为这些材料的加工提供了有效的解决方案，在一定程度上提高了加工质量，但其振动模式过于单一，常常导致加工的效率低下且精度较低。相比之下，能够综合纵向振动和扭转振动优势的纵-扭复合振动因其较高的加工精度和可靠性而备受青睐，但由于其理论和机理研究等并不完备，而未得到大规模的推广，因此，研究新型的纵-扭复合超声振动系统是极具重要意义的。

纵-扭复合振动的实现，目前主要有两种方法：①利用纵向和切向极化的陶瓷元件；②利用斜槽等模式转换结构。两种方法各有优缺，但考虑到成本和复杂程度，这里选用模式转换结构实现纵-扭复合振动。在模式转换型纵-扭复合振动系统中，采用较多的模式转换结构是斜槽，但斜槽结构的主要弊端是低能量转换率带来的扭转分量过小，从而难以满足加工所需振幅。因此，如何从结构上对模式转换型纵-扭复合振动进行优化，提高纵-扭转化效率，成为迫切需要解决的问题。基于此，本节对基于斜槽结构的纵-扭复合振动系统进行了优化设计，为进一步促进其发展提供一定的理论和技术支持。

12.6.1　斜槽型纵-扭复合振动系统的设计

斜槽型纵-扭复合振动系统主要由三部分组成，即纵向夹心式压电陶瓷换能器、变幅杆，以及振动模式转换体。我们设计了半波长结构的压电陶瓷复合换能器，换能器是振动系统的关键性部件，由后盖板、压电陶瓷晶堆和前盖板三部分组成；变幅杆选用圆锥型；模式转换结构采用周期性空心圆柱，并在其上加工四个均匀分布的模式转换斜槽。变幅杆、斜槽型模式转换体两者共同构成半波长。各部分的材料属性：前盖板、后盖板和转换体均采用 Aluminum 6063-T83，泊松比为 0.33，密度为 2700kg/m^3，杨氏模量为 $6.9 \times 10^{10} \text{Pa}$；压电陶瓷晶堆选用 PZT-4，泊松比为 0.32，密度为 7500kg/m^3，杨氏模量为 $6.45 \times 10^{10} \text{Pa}$。根据确定的材料属性，基于换能器、变幅杆的设计理论和有限元分析法，初步设定各部分的尺寸。前、后盖板以及压电陶瓷晶堆均采用半径为 25mm 的圆柱结构，后盖板的长度为 80mm；压电陶瓷 2 片，每片厚度 6mm；前盖板长度 33mm。圆锥型超声变幅杆的大端半径 25mm，小端半径 17mm，长度 56.75mm。空心圆柱斜槽型转换体的长度 68.25mm，内圆半径 13mm，外圆半径 17mm；斜槽宽度 5mm，长度 30mm，深度 2.5mm，斜槽角度暂设为 10°。斜槽型纵-扭复合振动系统结构的初步结构如图 12.103 所示。

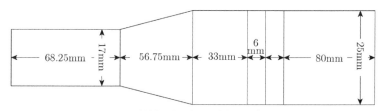

图 12.103 斜槽型纵-扭复合振动系统结构图

对纵-扭复合振动系统进行建模, 如图 12.104 所示。为验证设计的合理性, 利用 COMSOL 软件对系统实施模态分析, 搜索 5~20 kHz 频率范围内的谐振振型, 结果如图 12.105 所示。

图 12.104 斜槽型纵-扭复合振动系统模型图

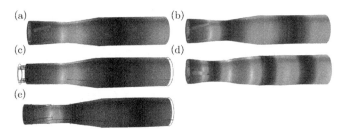

图 12.105 斜槽型纵-扭复合振动系统振型图 (扫描封底二维码可见彩图)

(a) 本征频率 8036.5 Hz; (b) 本征频率 11436Hz; (c) 本征频率 12510Hz;
(d) 本征频率 17537Hz; (e) 本征频率 18634Hz

由图 12.105 可以看出, 当本征频率为 8036.5Hz、11436Hz、17537Hz 时, 系统的振动形态表现为以扭振为主的纵-扭复合振动; 当本征频率为 12510Hz、18634Hz 时, 系统的振动形态则表现为以纵振为主的纵-扭复合振动。观察以上各阶模态的振型可以看出, 振动转换体的末端具有最大的振幅, 且经过斜槽型振动转换体后, 实现了纵-扭复合共振, 以二阶扭振本征频率=11436Hz 为例进行研究, 从图 12.106 可以看出, 该模态下振动转换体沿顺时针方向扭转。

图 12.106 扭转位移方向

为了确定该模态下斜槽型纵-扭复合振动系统的纵、扭振动的转化能力, 需要对三个性能指标进行分析: 振动转换体辐射端面的扭转振幅、变形旋转张量的 xy 分量以及剪切应力。首先,在振动体输出端面上任意选取一条弧线, 计算线上各点的扭转振幅, 结果如图12.107 所示。

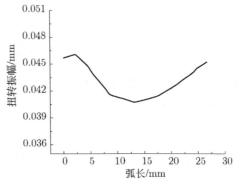

图 12.107　斜槽型纵-扭复合振动系统的扭转振幅

由图 12.107 能够看出, 斜槽型纵-扭复合振动系统的扭转振幅较小。变形旋转张量代表了振动转换体的旋转角位移与旋转方向 (值为正, 代表逆时针旋转; 值为负, 代表顺时针旋转), 在小变形情况下, 旋转张量的分量可以近似为以弧度给出的角度。由于建立的振动转换体模型在 xy 平面内旋转, 因此, 可以通过变形旋转张量的 xy 分量 $Rotxy$ 来计算旋转角位移, 转换成弧度后, 便可求解出振动转换体的旋转角度。旋转角度越大, 扭转振幅也就越大, 证明系统的纵、扭转换能力越高; 反之, 旋转角度越小, 扭转振幅也就越小。但是在旋转问题中需要注意的是, 振幅的值为负, 不代表其振幅的值小, 而只是代表位移方向 (振动转换体的沿顺时针方向扭转), 利用 COMSOL 计算相同弧线上各点的旋转角度, 结果如图 12.108 所示。剪切应力代表振动转换体在单位面积上所承受的剪力, 剪应力越大, 说明同样条件下能产生的扭矩越大, 系统的扭转分量也就越大, 图 12.109 给出了弧线上各个点的剪切应力分布情况。

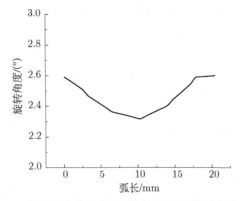

图 12.108　振动转换体输出面周向弧长上的旋转角度曲线图

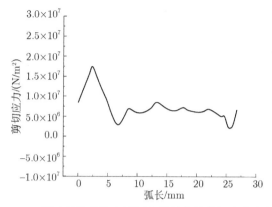

图 12.109 振动转换体输出面周向弧长上的剪切应力分布图

从图 12.108 能够看出,振动转换体的旋转角度为 $2.328° \sim 2.617°$;从图 12.109 能够看出,剪切应力的变化范围为 $2.06 \times 10^6 \sim 1.77 \times 10^7 \mathrm{N/m^2}$,扭转角度和剪切力相对较小,为了增大系统的扭转分量,提高纵-扭振动的转化能力,就需要对斜槽型纵-扭复合振动系统进行优化。

12.6.2 基于周期性扇形孔结构的斜槽型纵-扭复合振动系统的设计

为了提高斜槽型纵-扭复合振动系统的扭转分量,我们在斜槽型振动转换体的空心圆柱内加工四个中心角为 β 的扇形片,将振动体内部均匀地分割为四个周期性扇形孔,其结构如图 12.110 所示。

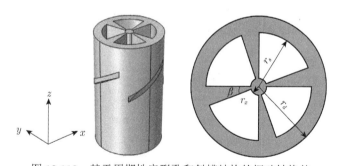

图 12.110 基于周期性扇形孔和斜槽结构的振动转换体

当换能器产生的纵向振动传递到振动转换体的斜槽时,斜槽处的力被分解成剪切力和法向力两部分,在剪切力的作用下,振动转换体发生扭转振动,导致四个扇形片发生剪切变形。此时,每一个扇形片都可以看作是一个长度为 $r_s - r_x$,宽度为 $\frac{1}{2}\beta(r_s - r_x)^2$ 起剪切作用的弹簧,振动转换体又在这四个剪切弹簧的作用下围绕半径

为 r_x 的圆柱旋转摆动,即在该模型中,四个起剪切作用的扇形片和斜槽产生的剪切分力都为振动转换体的扭转振动提供了助力,因此,基于周期性扇形孔和斜槽结构的振动转换体能够更好地起到增大系统扭转分量的作用。为了验证结论的准确性,在 COMSOL 中构造了基于周期性扇形孔结构的斜槽型复合模态超声振动系统的模型,扇形孔结构的参数设定为图 12.111 所示。

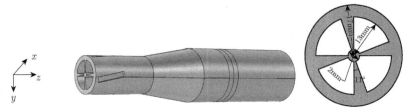

图 12.111　基于周期性扇形孔结构的斜槽型复合模态超声振动系统的模型

图 12.111 所示的系统由纵向夹心式压电陶瓷换能器、圆锥型超声变幅杆以及包含周期性扇形孔的斜槽型振动体三部分组成,换能器和变幅杆的材料和结构参数保持不变,以及斜槽的结构参数保持不变。利用 COMSOL 对系统进行模态分析,同样搜索 5～20kHz 频率范围内的谐振振型,结果如图 12.112 所示。

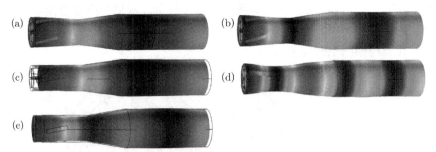

图 12.112　基于周期性扇形孔结构的斜槽型复合模态超声振动系统的振型图
(扫描封底二维码可见彩图)
(a) 本征频率 7896.6 Hz;(b) 本征频率 11336Hz;(c) 本征频率 12226Hz;
(d) 本征频率 17477Hz;(e) 本征频率 18750Hz

由图 12.112 能够看出,当本征频率为 7896.6Hz、11336Hz、17477Hz 时,系统的振动形态表现为以扭振为主的纵-扭复合振动;当本征频率为 12226Hz、18750Hz时,系统的振动形态则表现为以纵振为主的纵-扭复合振动。同样以二阶扭转模态为例,计算基于周期性扇形孔结构的系统和无扇形孔结构的系统振动转换体辐射端面的扭转振幅分布对比,结果如图 12.113 所示。

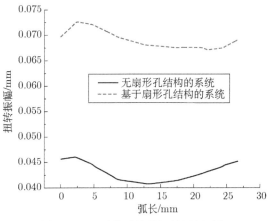

图 12.113 两种系统的扭转振幅对比

由图 12.113 能够看出，基于扇形孔结构的系统能够获得更大的位移振幅 (这里位移振幅值的正负同样代表位移方向)，其中，最大扭转振幅是无扇形结构的 1.576 倍，平均扭转振幅是无扇形结构的 1.595 倍。利用 COMSOL 计算振动转换体的旋转角度和剪切应力，结果分别如图 12.114 和图 12.115 所示。为了清楚地看到基于周期性扇形孔结构对系统扭转分量的优化情况，图中还同时给出了无扇形孔结构的系统旋转角度和剪切应力的分布曲线。

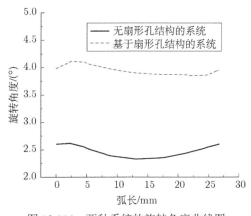

图 12.114 两种系统的旋转角度曲线图

由图 12.114 和图 12.115 能够明显看出，引入周期性扇形孔结构的振动转换体的旋转角度从 3.951° 到 4.111°，最大旋转角度是无扇形孔结构的系统的 1.571 倍，平均旋转角度是无扇形孔结构的系统的 1.595 倍；剪切应力 $4.35 \times 10^6 \mathrm{N/m^2}$ 变化到 $3.16 \times 10^7 \mathrm{N/m^2}$，最大剪切应力是无扇形孔结构的系统的 1.785 倍，平均剪切应力是无扇形孔结构的系统的 1.598 倍。由此能够看出，引入扇形孔结构的斜槽型纵-

扭复合模态超声振动系统的扭转分量得到了有效的提升。另外，为了更加清晰地看到扇形孔结构对系统性能的提升，图 12.116 给出了扇形片上的旋转角度和剪切应力的曲线分布。

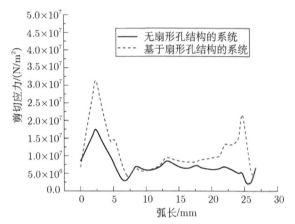

图 12.115 两种系统的剪切应力分布曲线图

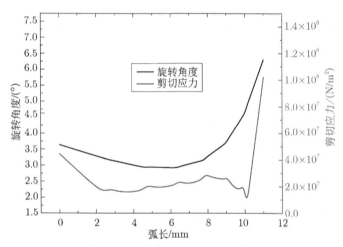

图 12.116 扇形片上的旋转角度和剪切应力 (扫描封底二维码可见彩图)

由图 12.116 能够看出，引入周期性扇形孔结构的振动转换体的旋转角度从 2.923° 到 6.302°，最大旋转角度是没有扇形孔结构时最大旋转角度的 2.408 倍；剪切应力从 $1.081 \times 10^7 \mathrm{N/m^2}$ 变化到 $1.024 \times 10^7 \mathrm{N/m^2}$，最大剪切应力是没有扇形孔结构时最大剪切应力的 5.785 倍。由此能够看出，四个起剪切作用的扇形片结构的确为振动转换体的扭转振动提供很大了助力，因此，基于周期性扇形孔和斜槽结构的振动转换体能够更好地起到增大系统扭转分量，提高纵、扭振动的转换效率的作用。

为了准确研究周期性扇形孔结构参数 (中心小圆的半径 r_x、扇形片的长度 l_s ($l_s = r_s - r_x$)、扇形片的角度 β，如图 12.117 所示) 对纵-扭复合振动性能 (系统共振频率、扭转振幅、旋转角度和剪切应力) 的影响，并找出扇形孔结构参数的最佳取值范围，我们利用 COMSOL 进行了仿真分析，结果如图 12.118～图 12.120 所示。

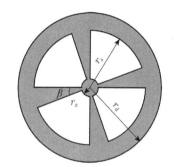

图 12.117　扇形孔结构参数

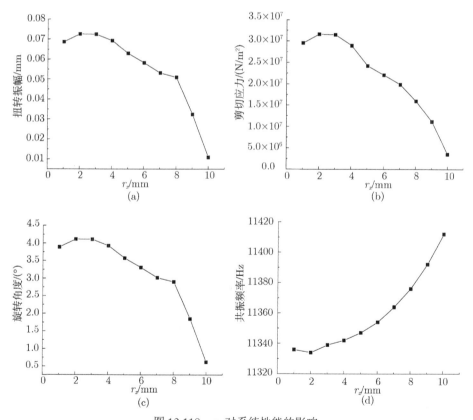

图 12.118　r_x 对系统性能的影响

(a) 扭转振幅；(b) 剪切应力；(c) 旋转角度；(d) 共振频率

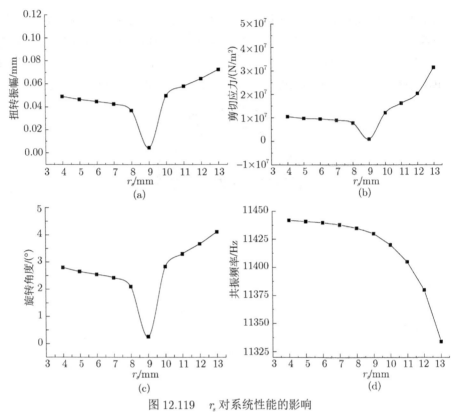

图 12.119 r_s 对系统性能的影响

(a) 扭转振幅；(b) 剪切应力；(c) 旋转角度；(d) 共振频率

由图 12.118 能够看出，扇形片的角度 $\beta = 11°$，$r_s = 13\text{mm}$ 保持不变时，随着中心小圆半径 r_x 的增大，扭转振幅、剪切应力和振动转换体的旋转角度都呈现先增大后减小的趋势；在 $r_x = 2\text{mm}$ 时，扭转振幅、剪切应力和旋转角度都达到最大值；随着 r_x 的增大，纵-扭复合振动系统的频率则呈现先减小再增大的趋势，即 r_x 的大小会对系统的性能产生影响，且 $r_x = 2\text{mm}$ 时，系统性能最佳。

由于 $l_s = r_s - r_x$，$r_x = 2\text{mm}$ 保持不变，所以，l_s 仅与 r_s 有关。由图 12.119 能够看出，在扇形片的角度 $\beta = 11°$，$r_x = 2\text{mm}$ 保持不变时，随着 r_s 的增大，扭转振幅、剪切应力和振动转换体的旋转角度都呈现先减小后增大的趋势；在 $r_s = 13\text{mm}$ 时，扭转振幅、剪切应力和旋转角度都达到最大值；随着 r_s 的增大，纵-扭复合振动系统的频率则呈现逐渐减小的趋势，即 r_s 的大小会对系统的性能产生影响，且 $r_s = 13\text{mm}$ 时，系统性能最佳。

令 $r_x = 2\text{mm}$，$r_s = 13\text{mm}$ 保持不变，由图 12.120 可以看出，随着 β 的增大，扭转振幅、剪切应力和振动转换体的旋转角度整体上都呈现减小的趋势；在 $\beta = 5°$ 时，扭转振幅、剪切应力和旋转角度都达到最大值；随着 β 的增大，纵-扭复合振动系统的频率则呈现逐渐减小的趋势，即 β 的大小同样会对系统的性能产生影响，且 $\beta = 5°$ 时，系统性能最佳。

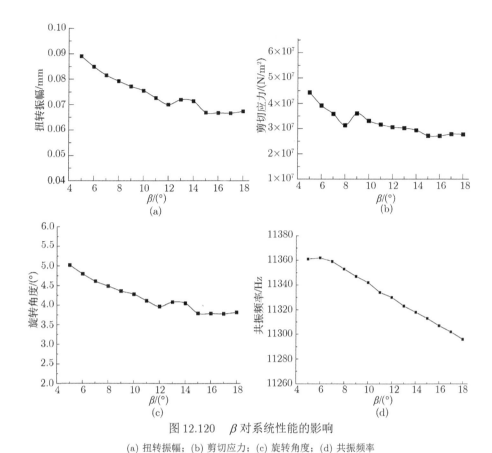

图 12.120 β 对系统性能的影响

(a) 扭转振幅；(b) 剪切应力；(c) 旋转角度；(d) 共振频率

由以上分析可以得出，合理地选择扇形孔的结构参数，能够有效地增大扭转振幅、旋转角度和剪切应力，使系统获得更高的纵扭转换能力，且通过图 12.118～图 12.120 可以最终确定扇形孔结构的最佳取值组合：当 $r_x = 2\mathrm{mm}, r_s = 13\mathrm{mm}$，$\beta = 5°$ 时，基于周期性扇形孔的斜槽型纵-扭复合模态超声振动系统能够获得最大的扭转分量，此时，周期性扇形孔的参数如图 12.121 所示。

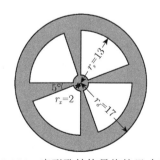

图 12.121 扇形孔结构最终的尺寸参数

通过有限元法构建最终的系统模型，并仿真在最佳参数取值组合时，系统的扭转振幅、旋转角度和剪切应力与无周期性扇形孔结构时的对比，结果如图 12.122 所示。

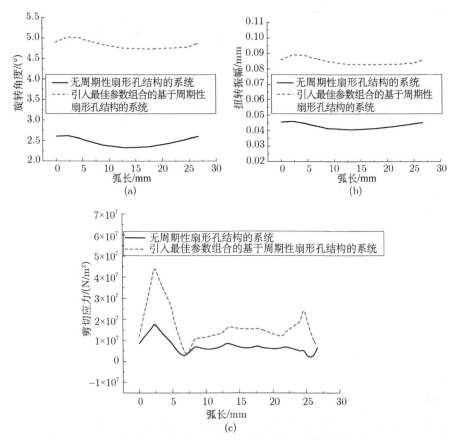

图 12.122　无扇形孔结构和最佳参数组合时扇形孔结构的性能指标对比图

(a) 旋转角度；(b) 扭转振幅；(c) 剪切应力

由图 12.122 能够看出，引入最佳参数组合时周期性扇形孔的振动转换体的旋转角度从 4.731° 变化到 5.025°，最大旋转角度是无扇形孔系统的 1.920 倍，平均旋转角度是无扇形孔系统的 1.955 倍；最大扭转振幅从 0.085mm 变化到 0.089mm，最大扭转振幅是无扇形结构的 1.935 倍，平均扭转振幅是无扇形结构的 1.961 倍；剪切应力 $3.99 \times 10^6 \mathrm{N/m^2}$ 变化到 $4.433 \times 10^7 \mathrm{N/m^2}$，最大剪切应力是无扇形孔系统的 2.504 倍，平均剪切应力是无扇形孔系统的 2.401 倍。由此能够看出，引入最佳参数组合时，扇形孔结构的斜槽型纵-扭复合模态超声振动系统的扭转分量得到了进一步的改善和提升。

12.7 本 章 总 结

功率超声换能器振动系统中耦合振动的存在使系统的振动特性变得非常复杂，不仅能量损失严重，而且系统辐射面振幅分布不均匀，振幅增益较小，严重影响了超声振动系统的工作效果，因此，必须对大尺寸功率超声换能器系统中的耦合振动进行有效控制，改善系统性能；另外，如何从结构上对斜槽式模式转换型纵-扭复合振动进行优化，提高纵-扭转化能力，也是目前需要解决的重点问题。

近年来，近周期声子晶体理论的提出和发展为大尺寸振动体中有害横向振动的抑制和消除提供了一条新的有效途径，本章基于声子晶体理论对大尺寸纵向夹心式压电陶瓷换能器、大尺寸变幅杆、大尺寸工具头的功率超声换能器系统、径向振动的功率超声换能器进行了优化设计；基于周期性孔结构对斜槽式模式转换型纵-扭复合振动进行了优化，得到以下结论。

(1) 基于半径异常型点缺陷的二维正方晶格近周期声子晶体结构能够很好地改善大尺寸纵向夹心式压电陶瓷换能器辐射面的振幅分布均匀度，提高辐射面振幅增益；点缺陷处空气圆柱孔的半径 r_1、空气圆柱孔的高度 h 和点缺陷处散射体的形状都会对换能器的纵向共振频率产生影响，且纵向共振频率随 r_1、h 的增大而整体呈现逐渐降低的趋势；r_1 和 h 均存在最佳的取值范围，太小或者太大都会导致换能器辐射面振幅分布不均匀，在本章中，r_1 的最佳取值范围为 5～6mm，h 的最佳取值范围为 13～16mm；点缺陷散射体的形状也会影响换能器辐射面的振幅分布均匀度，当缺陷散射体在原胞中的填充率相同时，椭圆形点缺陷的优化效果最佳，且缺陷散射体的长轴和短轴的比值越小，对辐射面振幅分布均匀度的优化效果越佳。

(2) 基于近周期声子晶体异质位错结的大尺寸楔形变幅杆可以有效地衰减和抑制变幅杆振动系统的有害横向振动，提升变幅杆小端辐射面的位移振幅分布均匀度和放大系数，其振幅位移分布均匀度是优化前系统的 7.620 倍，放大系数是优化前系统的 1.492 倍；振幅增益也得到了明显提高；散射体的高度差 h_c、异质散射体宽度 w_k 以及横向位错的距离 Δx 都能够对变幅杆超声振动系统的纵向共振频率、纵向位移分布均匀度、放大系数产生影响，当 $h_c = 27\text{mm}$，$w_k = 5\text{mm}$，$\Delta x = 6\text{mm}$ 时，系统具有最佳的性能。

(3) 近周期声子晶体同质位错结能够在一定程度上优化基于大尺寸二维工具头的超声塑料焊接振动系统的性能，但基于近周期声子晶体斜槽结构却能更好地改善大尺寸二维塑料焊接振动系统工具头焊接面的纵向位移分布均匀度；但斜空气散射槽的内、外槽的倾斜角度不能太大，3°～6°最佳，且内、外槽倾斜角度的差值也不能太大，0°～2°最佳；空气散射槽的结构要合理，否则会导致系统辐射面的纵向位移分布均匀度更差；结构合理的同质位错与点缺陷结构可以抑制大尺寸三维工具头

x、y 方向的横向振动，改善大尺寸三维工具头辐射面的纵向位移分布均匀度和位移振幅。实验结果与理论分析和数值模拟的结果一致，从而验证了研究的正确性。利用在大尺寸圆柱形功率超声换能器系统的工具头上加工具有周期性槽的方式形成二维声子晶体，使其横向耦合振动得到有效的抑制，从而纵向的振动模态更单一。

(4) 推导了 2-2 型压电复合材料的等效参数，得到了径向极化压电复合换能器的机电等效电路和频率方程。实验测得的换能器一阶径向振动的共振频率与分析方法和数值模拟结果吻合较好，验证了理论推导的正确性。仿真和实验结果证明，由于一维声子晶体解耦结构的存在，换能器的纵向振动得到抑制，径向振动幅度增加，这与换能器的尺寸、两相体积比和周期性结构的数量密切相关。

(5) 周期性扇形孔结构参数的改变能够对纵-扭复合模态超声振动系统共振频率、扭转振幅、旋转角度和剪切应力产生影响，且通过有限元分析发现，当 $r_x = 2\text{mm}$，$r_s = 13\text{mm}$，$\beta = 5°$ 时，纵-扭复合模态超声振动系统能够获得最大的扭转分量；引入最佳参数组合时周期性扇形孔的振动转换体的最大旋转角度是无扇形孔系统的 1.920 倍，平均旋转角度是无扇形孔系统的 1.955 倍；最大扭转振幅是无扇形孔系统的 1.935 倍，平均扭转振幅是无扇形孔系统的 1.961 倍；最大剪切应力是无扇形孔系统的 2.504 倍，平均剪切应力是无扇形孔系统的 2.401 倍，即与单一斜槽型纵-扭复合模态超声振动系统相比，引入周期性扇形孔的斜槽型纵-扭复合模态超声振动系统能够获得更大的扭转振幅、旋转角度和剪切应力，在很大程度上改善系统的性能，提高纵-扭转换效率。

第 13 章　功率超声压电陶瓷换能器的电学及声学匹配

13.1　压电陶瓷换能器概述

在超声领域，压电陶瓷换能器是应用最为广泛的一种声电转换元件。其优点在于以下几个方面。①在高频范围，压电陶瓷超声换能器类似于刚性活塞振动的均匀振动发声器，而其他的换能器，如用于低频振动的电动扬声器等，是很难做到这一点的。②结构简单，易于激励。当经过极化以后的压电陶瓷元件被用于换能器以后，换能器的激励将不再需要极化电源，从而简化了压电陶瓷换能器的激励电路。其他类型的换能器，如磁致伸缩换能器等，由于需要一个直流极化电源，换能器的激励变得复杂化。③压电陶瓷换能器易于成型和加工，因而可用于许多不同的应用场合。

压电陶瓷超声换能器的最简单形式就是一个两面镀有银层的圆形或方形压电陶瓷薄片。镀有银层的两面被称为换能器的两个电极。当把一定频率和功率的交流信号加到换能器的两个电极以后，压电陶瓷片的厚度将随着交变电场的变化频率而变化。此时，相对于外部介质而言，这一结构就变成了一个产生活塞振动的简单声源。

在实际的应用场合，压电陶瓷超声换能器的结构及形式是多种多样的。然而，大部分的压电陶瓷超声换能器具有圆盘、板或棒的结构形式。有时，为了改善压电陶瓷超声换能器的共振特性或脉冲响应，可以在压电陶瓷元件的两面附加质量元件或一些特殊的阻尼材料。

在超声的各种应用中，压电陶瓷超声换能器基本上工作于厚度振动模式、径向振动模式和纵向振动模式[325]。除此以外，在一些特殊的应用场合，其他的一些振动模式，如剪切振动模式、弯曲振动模式和扭转振动模式等，也得到了一定的应用。

压电陶瓷超声换能器的振动模式是由陶瓷元件的极化方向和电激励方向决定的，同时也与陶瓷材料的几何形状和尺寸有关系。另外，对于同一形状和几何尺寸的压电陶瓷振子，在不同的频段，换能器的振动模式也不同。例如，对于沿厚度方向极化的压电陶瓷薄圆盘，在低频段，振子的振动模式是频率较低的径向振动模式，而在高频段，陶瓷振子的振动模式则为厚度伸缩振动；对于沿长度方向极化的压电陶瓷细长圆棒，在低频段，振子的振动模式为纵向伸缩振动，而在高频段，其振动模式则是压电陶瓷细长圆柱的径向振动模式。在压电陶瓷换能器中，陶瓷振子的常用形状为圆盘或板。除此以外，圆环和球形换能器振子也得到了较为广泛的应用。

13.2　压电陶瓷材料参数、压电陶瓷振子的边界条件及压电方程

13.2.1　压电陶瓷材料及其参数

压电效应是法国物理学家居里兄弟于 1880 年发现的。当把一定数量的砝码放在一些天然晶体上时，如石英、电气石以及罗谢尔盐等，在这些天然晶体的表面会产生一定数量的电荷，而且所产生的电荷的数量与砝码的质量成正比。这种现象就称为压电效应。1881 年，科学家们又从理论上预计并从实验上证实了逆压电效应的存在。压电效应的存在是具有一定的阈值的。当压电材料的温度超过一定的值时，压电效应便不再存在。这一临界温度称为压电材料的居里温度，也称为居里点。天然压电晶体的居里温度一般来说是固定不变的，而人工压电晶体，如压电陶瓷等，其居里温度可以通过成分、配方以及工艺等的改变而加以调整，以适应不同的应用。由于压电效应是可逆的，因此利用压电材料制成的压电换能器既可以用作发射器，也可用作接收器。从原理上讲，描述压电材料压电效应的压电方程以及有关的压电常数，可适用于压电发射器和接收器。压电效应和逆压电效应是超声学发展史上的重大发现。这一发现大大加速了声学在国防以及国民经济各行各业中的广泛应用。

压电材料是压电换能器的关键部分，而压电换能器是绝大部分超声应用技术的核心[326-329]。因此有关压电材料的研究很多，其发展也较为迅速。从最早的天然压电晶体到人工合成的压电多晶体及压电复合材料，压电材料的性能得到了很大的改善，其种类也越来越多。目前，应用较多的压电材料主要有五大类，即压电单晶体、压电多晶体 (压电陶瓷)、压电高分子聚合物、压电复合材料以及压电半导体等。

石英晶体是人类所发现的最早的压电单晶体。它具有天然生长和人工培育两种。石英晶体的居里温度较高，可达 573℃。石英晶体性能稳定，其材料参数随温度和时间的变化较小。石英晶体的机械性能良好，易于切割、研磨和抛光加工。另外，天然石英晶体的机械损耗小，机械品质因数高，介电系数较低，谐振阻抗高，因而被广泛应用于制作标准振源以及高选择性的滤波器。石英晶体属于一种各向异性材料，其材料参数包括六个独立的弹性常数分量，两个独立的压电常数分量和两个独立的介电常数分量。

除了压电石英晶体以外，其他较常用的压电单晶体还有铌酸锂、钽酸锂、罗谢尔盐、磷酸二氢铵、磷酸二氢钾、酒石酸二钾以及人工合成的铁电单晶等。每一种材料都有其自己的特点，因此在实际应用中，应该根据具体情况合理选择。由于晶体的种类很多，其结构千差万别，为了方便，国际上将晶体分为七个晶系，即三斜晶系、单斜晶系、正交晶系、四方晶系、三方晶系、六方晶系以及立方晶系。

压电陶瓷是压电多晶材料，而且大部分压电多晶材料都具有铁电性质。目前，在超声应用领域，压电陶瓷材料处于绝对支配地位。与压电单晶等材料相比，压电陶瓷材料具有以下独特的优点：①原材料价格低廉；②机械强度好，易于加工成各种不同的形状和尺寸，从而适应不同的应用；③通过添加不同的材料成分，可以制成品种各异、性能不同、可满足不同需要的压电材料；④采用不同的形状和不同的极化方式，可以得到所需的各种振动模式。

压电陶瓷的原始成分几乎都是金属氧化物粉末。采用添加不同成分的方式，可以得到不同配方的压电材料，从而形成性能各异的压电换能材料。根据压电材料的成分，可将压电陶瓷材料分为一元系、二元系和三元系等。一元系压电材料包括钛酸钡、钛酸铅、铌酸钾钠和偏铌酸铅等。二元系中有 PZT、偏铌酸铅钡等，三元系压电陶瓷材料主要是在锆酸铅-钛酸铅二元系压电陶瓷的基础上发展起来的固溶体压电陶瓷，其种类非常多，其中包括铌镁-锆-钛酸铅、铌锌-锆-钛酸铅、铌钴-锆-钛酸铅和钨锰-锆-钛酸铅等。由于三元系压电陶瓷的种类很多，可以较广泛地适应不同器件对材料性能的要求，有些性能比 PZT 陶瓷更加优越，所以人们对三元系压电陶瓷材料的研究和使用越来越多。目前，四元系压电陶瓷材料也得到了发展，并应用于压电陶瓷变压器等新兴技术中。另外，为了满足环保的要求，无铅压电陶瓷的研究也受到了人们的普遍关注，预计在不久的将来会得到比较广泛的工业应用。

压电高分子聚合物是一种比较新型的压电换能器材料。人类发现的最早的压电高分子聚合物是聚偏氟乙烯。这是一种薄膜型压电材料，柔软性、热塑性和易于加工是其特点。压电高分子聚合物材料的化学性质非常稳定，其熔点大约是 $170\,^\circ\mathrm{C}$。与压电陶瓷材料一样，压电高分子聚合物材料也是通过特殊的极化工艺而具有压电效应的。其极化过程包括四个步骤，即制膜、拉伸、极化和上电极。

压电高分子聚合物材料具有高的柔顺性，其柔顺系数是压电陶瓷材料的几十倍，因而可以制成大而薄的膜，并且具有高的机械强度和韧性，可承受较大的冲击力。压电高分子聚合物材料的压电电压常数高，因此它可用于制作高灵敏度接收换能器和换能器阵，也非常适合于制作水听器。由于压电高分子聚合物材料的机械品质因数较低，因此它非常适合于制作分辨率高的窄脉冲超声换能器。与压电陶瓷不同，压电高分子聚合物材料在垂直于极化方向的平面内不具有各向同性的性质。

压电高分子聚合物材料实际上是一种薄膜材料，它的声阻抗率较低，易于和传播介质宽带匹配，并且适合制作高频超声换能器。其缺点是其性能与温度有关系，机电耦合系数较小，损耗大，介电常数很小，因此此类材料不适合制作发射型换能器。

压电复合材料是把压电材料 (通常是 PZT) 和非压电材料 (高分子聚合物) 按一定的方式相结合组成压电复合材料。因此，所谓的压电复合材料就是将压电陶瓷

材料和高聚物 (如环氧树脂等) 按照一定的连通方式、一定的体积或质量比以及一定的空间几何分布复合而成。通过不同的组合方式，可以得到多种多样的压电复合材料。压电复合材料可以通过它们的连通性加以分类，以两个数字之间加一短横线表示，前一个数字表示压电材料的连通性，后一个数字表示非压电材料的连通性。例如 2-2 型压电复合材料中，压电材料和非压电材料在两个方向上都有连通性，而在另一个方向上没有连通性。 1-3 型压电复合材料表示复合材料中压电材料在一个方向上有连通性，另一种材料则在三个方向上都连通。 3-1 型压电复合材料表示在压电陶瓷材料中镶嵌有柱形非压电陶瓷材料，压电陶瓷在三个方向上都连通，而非压电陶瓷材料仅在一个方向上连通。 0-3 型压电复合材料表示压电陶瓷材料在三个方向上都不连通，而非压电陶瓷材料则在三个方向上都连通。

根据复合材料换能器的不同结构，其具体的制作过程是不同的，常用的是切割填充工艺。例如 2-2 型复合压电陶瓷材料的制作工艺是这样的：①将 PZT 材料在其极化方向上切成等间距的槽；②在槽中浇注环氧树脂，令其固化；③将下面相互连通的 PZT 材料切割掉，并将复合材料的上下两面磨平；④在复合材料的上下两面镀上电极。

压电复合材料是由两相材料组成的，其特性与其组成材料的特性及其组成比例有关。与纯粹的压电陶瓷材料相比，压电复合材料具有低密度、低阻抗、低机械品质因数、高频带、高的抗机械冲击性能和低的横向耦合振动等优点，因而受到了普遍的重视，其发展速度很快，目前已经被应用于无损检测、水声和医用超声换能器中。现在的 B 超诊断仪的探头里所用的换能器几乎全部采用压电复合材料。

压电方程是描述压电材料压电效应的数学表达式，它将压电材料的弹性性能和介电性能互相联系起来。压电陶瓷材料既具有弹性介质的性质，又具有电介质的性质，同时具有压电体的性质，因此描述压电材料性能的参数有三类，即力学参数、电学参数和压电耦合参数。描述电介质介电性能的量有电场强度和电位移，两者的关系由下式决定：

$$D_m = \varepsilon_{mn} E_n, \ m = n = 1, 2, 3 \tag{13.1}$$

式中，ε_{mn} 是介电常数。实验证明，$\varepsilon_{mn} = \varepsilon_{nm}$，即独立的介电常数只有六个。由于晶体具有对称性，所以大部分晶体的介电常数少于六个。例如，对于极化以后的压电陶瓷，仅有两个独立的介电常数，即 ε_{11} 和 ε_{33}。描述弹性体力学性质的参数包括应力和应变。两者之间的关系由广义胡克定律决定，即

$$S_i = \sum_{j=1}^{6} s_{ij} T_j = s_{ij} T_j \ \ (i, j = 1, 2, 3, \cdots, 6) \tag{13.2}$$

$$T_i = \sum_{j=1}^{6} c_{ij} S_j = c_{ij} S_j \ \ (i, j = 1, 2, 3, \cdots, 6) \tag{13.3}$$

式中, 应力 T_i 和应变 S_i 都是二阶对称张量, 只有六个独立分量; s_{ij} 是弹性柔顺系数, $s_{ij} = s_{ji}$, 其单位是 $\mathrm{m^2/N}$; c_{ij} 是弹性刚度系数 (或者弹性劲度系数), $c_{ij} = c_{ji}$, 其单位是 $\mathrm{N/m^2}$。弹性柔顺系数和弹性刚度系数之间的关系为

$$s_{ij} = (c_{ij})^{-1} \tag{13.4}$$

对于极化以后的压电陶瓷材料, 在垂直于极化轴的平面内各向同性, 在这种情况下, 压电陶瓷材料的弹性柔顺常数矩阵为

$$\boldsymbol{s} = \begin{bmatrix} s_{11} & s_{12} & s_{13} & 0 & 0 & 0 \\ s_{12} & s_{11} & s_{13} & 0 & 0 & 0 \\ s_{13} & s_{13} & s_{33} & 0 & 0 & 0 \\ 0 & 0 & 0 & s_{55} & 0 & 0 \\ 0 & 0 & 0 & 0 & s_{55} & 0 \\ 0 & 0 & 0 & 0 & 0 & 2(s_{11} - s_{12}) \end{bmatrix}$$

介电常数矩阵为

$$\boldsymbol{\varepsilon} = \begin{bmatrix} \varepsilon_{11} & 0 & 0 \\ 0 & \varepsilon_{11} & 0 \\ 0 & 0 & \varepsilon_{33} \end{bmatrix}$$

压电应变常数矩阵为

$$\boldsymbol{d} = \begin{bmatrix} 0 & 0 & 0 & 0 & d_{15} & 0 \\ 0 & 0 & 0 & d_{15} & 0 & 0 \\ d_{31} & d_{31} & d_{33} & 0 & 0 & 0 \end{bmatrix}$$

通过比较, 我们可以发现压电陶瓷材料的材料参数矩阵和 $6mm$ 点群压电晶体的材料参数矩阵的形式完全一致。

压电体受外力作用时, 会发生应变。与一般的弹性介质相同, 压电体的应变可分为线应变和角应变两大类。其基本应变有四种, 即伸缩应变、平面弯曲应变、剪切应变和扭转应变。根据上面的分析, 压电体的应变分量只有六个是独立的, 其中三个是正应变, 另外三个是切应变。应变张量的矩阵形式为

$$\boldsymbol{S} = \begin{bmatrix} S_1 & S_6/2 & S_5/2 \\ S_6/2 & S_2 & S_4/2 \\ S_5/2 & S_4/2 & S_3 \end{bmatrix}$$

假设压电体的位移分量分别是 ξ、η、ζ, 可得出应变分量和位移分量的以下关系式:

$$S_1 = \partial\xi/\partial x, \ S_2 = \partial\eta/\partial y, \ S_3 = \partial\zeta/\partial z$$

$$S_4 = \partial\eta/\partial z + \partial\zeta/\partial y, \ \ S_5 = \partial\xi/\partial z + \partial\zeta/\partial x, \ \ S_6 = \partial\xi/\partial y + \partial\eta/\partial x \qquad (13.5)$$

在柱坐标下，应力与应变之间的关系为

$$S_r = \partial\xi_r/\partial r, \ \ S_\theta = \partial\xi_\theta/\partial\theta/r + \xi_r/r, \ \ S_z = \partial\xi_z/\partial z$$

$$S_{\theta z} = \partial\xi_z/\partial\theta/r + \partial\xi_\theta/\partial z, \ \ S_{rz} = \partial\xi_r/\partial z + \partial\xi_z/\partial r$$

$$S_{r\theta} = \partial\xi_\theta/\partial r + \partial\xi_r/\partial\theta/r - \xi_\theta/r \qquad (13.6)$$

13.2.2　压电振子的四类边界条件

压电晶体或压电陶瓷材料总是制备成各种不同形状的片子来使用。这些压电晶片称为振子。由于应用状态或者测试条件的不同，它们可以处于不同的电学边界条件和机械边界条件。对于不同的边界条件，为了计算方便，常常选择不同的自变量和因变量来表述压电振子的压电方程。

压电振子存在机械边界条件和电学边界条件。机械边界条件有两种，一种是机械自由，另一种是机械夹持。电学边界条件也有两种，一种是电学短路，另一种是电学开路。

当压电振子的中心被夹持，片子的边界可自由形变时，边界上的应力为零；应变不为零，这样的边界条件称为机械自由边界条件。如果激励信号频率远低于基波共振频率，振子的形变跟得上频率的变化，相当于形变是自由的，压电振子内不会形成新的应力，此时必有应力等于零或常数，应变不等于零或常数。因此，在边界自由和激励信号频率很低的情况下，称为机械自由边界条件。此时测得的介电常数称为自由介电常数，用 $\varepsilon_{mn}^{\mathrm{T}}$ 表示。

当压电振子可形变的边界被刚性夹持，使振子不能自由形变时，必有应变等于零或常数，而应力不等于零或常数，这种情况称为机械夹持边界条件；如果激励信号频率远高于共振频率，形变跟随不上激励信号的变化，这时振子的边界和内部的应变都接近于零，相当于振子处于机械夹持边界条件。在机械夹持状态下测得的介电常数称为夹持介电常数，用 $\varepsilon_{mn}^{\mathrm{S}}$ 表示。

电学边界条件取决于压电振子的几何形状、电极的设置及电路情况。当压电振子内的电场强度等于零或常数，而电位移不等于零或常数时 (例如，电极短路或用接地金属罩使晶体表面保持恒电势)，这样的电学边界条件称为电学短路边界条件。此时测得的弹性柔顺常数称为短路弹性柔顺常数，用 s_{ij}^{E} 表示。测得的弹性刚度常数称为短路弹性刚度常数，用 c_{ji}^{E} 表示。

当压电振子的电极面上的自由电荷保持不变时 (如完全绝缘的晶体)，电位移矢量等于零或常数，而振子内的电场强度不等于零或常数，这样的电学边界条件称为电学开路边界条件。在开路条件下测得的弹性柔顺常数称为开路弹性柔顺常数，用 s_{ij}^{D} 表示。测得的弹性刚度常数称为开路弹性刚度常数，用 c_{ji}^{D} 表示。

利用两种机械边界条件和两种电学边界条件进行组合，就可以得到四类不同的边界条件，如表 13.1 所示，这四类边界条件都是压电振子实际上可能存在的边界条件。

表 13.1 压电振子的四类边界条件

类别	名称	特点
第一类边界条件	机械自由和电学短路	$T=0$；$S\neq0$ $E=0$；$D\neq0$
第二类边界条件	机械夹持和电学短路	$S=0$；$T\neq0$ $E=0$；$D\neq0$
第三类边界条件	机械自由和电学开路	$T=0$；$S\neq0$ $D=0$；$E\neq0$
第四类边界条件	机械夹持和电学开路	$S=0$；$T\neq0$ $D=0$；$E\neq0$

13.2.3 压电振子的四类压电方程

压电材料的压电性涉及电学和力学行为之间的相互作用。由于压电方程的独立变量是可以任意选择的，因此描述压电材料压电效应的方程有四种类型，即 d 型、e 型、g 型和 h 型。

根据上面的分析，对应压电材料振子的四类边界条件，压电振子存在四类压电方程。当压电振子处于第一类边界条件时，以应力 T 和电场强度 E 为自变量，应变 S 和电位移 D 为因变量处理问题较方便，相应的压电方程组称为第一类压电方程，即 d 型压电方程：

$$\text{d 型} \qquad \begin{aligned} S &= s^{\mathrm{E}}T + d_{t}E \\ D &= dT + \varepsilon^{\mathrm{T}}E \end{aligned} \qquad (13.7)$$

式中，$s^{\mathrm{E}}, d, \varepsilon^{\mathrm{T}}$ 分别是短路弹性柔顺系数、压电应变常数矩阵和自由介电常数矩阵；d_{t} 是 d 矩阵的转置矩阵。

当压电振子处于第二类边界条件时，以应变 S 和电场强度 E 为自变量，应力 T 和电位移 D 为因变量较方便，相应的压电方程称为第二类压电方程，即 e 型压电方程：

$$\text{e 型} \qquad \begin{aligned} T &= c^{\mathrm{E}}S - e_{t}E \\ D &= eS + \varepsilon^{\mathrm{S}}E \end{aligned} \qquad (13.8)$$

当压电振子处于第三类边界条件时，以应力 T 和电位移 D 为自变量，应变 S 和电场强度 E 为因变量较方便，相应的压电方程称为第三类压电方程，即 g 型压电方程：

$$g \text{ 型} \quad \begin{aligned} S &= s^{\mathrm{D}}T + g_t D \\ E &= -gT + \beta^{\mathrm{T}}D \end{aligned} \tag{13.9}$$

当压电振子处于第四类边界条件时，以应变 S 和电位移 D 为自变量，应力 T 和电场强度 E 为因变量较方便，相应的压电方程称为第四类压电方程，即 h 型压电方程：

$$h \text{ 型} \quad \begin{aligned} T &= c^{\mathrm{D}}S - h_t D \\ E &= -hS + \beta^{\mathrm{S}}D \end{aligned} \tag{13.10}$$

在上述四类压电方程中，应力张量和应变张量均采用简缩下标，如果应力和应变均采用非简缩的双下标，则弹性常数为四下标，压电常数为三下标。对应的四类压电方程如表 13.2 所示。

表 13.2　压电振子的四类压电方程

名称	减缩下标压电方程	全下标压电方程
第一类压电方程	$S_i = s_{ij}^{\mathrm{E}}T_j + d_{ni}E_n$ $D_m = d_{mj}T_j + \varepsilon_{mn}^{\mathrm{T}}E_n$	$S_{ij} = s_{ijkl}^{\mathrm{E}}T_{kl} + d_{ijn}E_n$ $D_m = d_{mkl}T_{kl} + \varepsilon_{mn}^{\mathrm{T}}E_n$
第二类压电方程	$T_j = c_{ji}^{\mathrm{E}}S_i - e_{nj}E_n$ $D_m = e_{mi}S_i + \varepsilon_{mn}^{\mathrm{S}}E_n$	$T_{kl} = c_{klij}^{\mathrm{E}}S_{ij} - e_{kln}E_n$ $D_m = e_{mij}S_{ij} + \varepsilon_{mn}^{\mathrm{S}}E_n$
第三类压电方程	$S_i = s_{ij}^{\mathrm{D}}T_j + g_{mi}D_m$ $E_n = -g_{nj}T_j + \beta_{nm}^{\mathrm{T}}D_m$	$S_{ij} = s_{ijkl}^{\mathrm{D}}T_{kl} + g_{ijm}D_m$ $E_n = -g_{nkl}T_{kl} + \beta_{nm}^{\mathrm{T}}D_m$
第四类压电方程	$T_j = c_{ji}^{\mathrm{D}}S_i - h_{mj}D_m$ $E_n = -h_{ni}S_i + \beta_{nm}^{\mathrm{S}}D_m$	$T_{kl} = c_{klij}^{\mathrm{D}}S_{ij} - h_{klm}D_m$ $E_n = -h_{nij}S_{ij} + \beta_{nm}^{\mathrm{S}}D_m$

四类压电方程都与晶体及压电陶瓷材料的压电常数、弹性常数、介电常数有关。对于不同点群的压电晶体，由于点群对称性不同，这些物理常数的独立分量的数目及形式都不同，因此它们的压电方程的具体表示式也是不同的。即使对于同一压电晶体，如果选用不同旋转切型的晶片，对于不同旋转后的新坐标系，晶体的压电常数、弹性常数、介电常数也都要发生不同的变化，因此不同切型的晶片，其压电方程也是不同的。对于压电陶瓷材料，由于其极化后的对称性提高，因此独立的常数大为减少。如果再考虑到振动模式，也就是考虑到晶片的形状和边界条件，压电方程可进一步简化，不仅每个方程的项数大大减少，而且方程组的个数也将大大减少。

在以上方程中，s^{E} 是电场强度为零或常数时的弹性柔顺常数矩阵，称为短路弹性柔顺常数矩阵；s^{D} 是电位移为零或常数时的弹性柔顺常数矩阵，称为开路弹性柔顺常数矩阵；c^{E} 是电场强度为零或常数时的弹性刚度常数矩阵；c^{D} 是电位移为零或常数时的弹性刚度常数矩阵；β^{T} 是应力为零或常数时的介质隔离率矩阵，称为自由介质隔离率矩阵；β^{S} 是应变为零或常数时的介质隔离率矩阵，称为受夹介质隔离率矩阵；$\boldsymbol{\varepsilon}^{\mathrm{T}}$ 是应力为零或常数时的介电常数矩阵，称为自由介电常数矩阵；$\boldsymbol{\varepsilon}^{\mathrm{S}}$ 是应变为零或常数时的介电常数矩阵，称为受夹介电常数矩阵；$\boldsymbol{d}$、$\boldsymbol{g}$、$\boldsymbol{e}$、$\boldsymbol{h}$ 分别是压电应变常数矩阵、压电电压常数矩阵、压电应力常数矩阵和压电刚度常数矩阵，$\boldsymbol{d}_{\mathrm{t}}$、$\boldsymbol{g}_{\mathrm{t}}$、$\boldsymbol{e}_{\mathrm{t}}$、$\boldsymbol{h}_{\mathrm{t}}$ 分别是 $\boldsymbol{d}$、$\boldsymbol{g}$、$\boldsymbol{e}$、$\boldsymbol{h}$ 矩阵的转置矩阵。

从上面的分析中可以看到，压电方程的形式有四种。至于在实际中选择哪一种形式，可根据实际的情况，如电学和力学边界条件等选择。一般情况下，压电方程的选择可以按照以下的基本原则。如果系统的力学边界条件是自由的，则选择应力分量作自变量；如果力学边界条件是截止的，则应选择应变分量作自变量。如果振子的电学边界条件是电场垂直于振动方向，$\partial E_i / \partial x_j = 0$，则选择电场强度分量作自变量；如果电场平行于振动方向，这时有 $\partial D_i / \partial x_j = 0$，则选择电位移分量作自变量。当确定了力学和电学的自变量后即可选择相应的压电方程来推导振子的机电等效电路及其机电振动特性。

13.2.4　压电材料的其他重要参数

1. 机电耦合系数

由于正压电效应和逆压电效应，压电材料中的机械能和电能之间会产生相互耦合和转换，能量转换的强弱可用机电耦合系数来表示，压电材料的机电耦合系数是一个无量纲的量。压电陶瓷材料的机电耦合系数综合反映了压电材料的性能，在科研和生产中备受重视。对于介电常数和弹性常数有很大差异的压电材料，其性能可通过机电耦合系数加以直接比较。因此通过测量压电陶瓷材料的机电耦合系数，可以间接地获得材料的弹性、介电和压电常数。

压电陶瓷材料的机电耦合系数不仅与材料有关系，还与振子的振动模式有关系。例如，对于沿长度方向极化的压电陶瓷细长棒，其机电耦合系数为 K_{33}；对于沿厚度方向极化的压电陶瓷薄圆盘，其径向振动模式的机电耦合系数为 K_p，其厚度振动模式的机电耦合系数为 K_t。除此以外，在实际工作中，人们还经常使用有效机电耦合系数的概念。其定义为

$$K_{\mathrm{eff}}^2 = \frac{f_{\mathrm{p}}^2 - f_{\mathrm{s}}^2}{f_{\mathrm{p}}^2} = \frac{C_1}{C_0 + C_1} \tag{13.11}$$

式中，f_{s}、f_{p} 分别是压电陶瓷振子的串联共振频率和并联共振频率；C_1、C_0 分别是压电振子的动态电容和并联钳定电容。从式 (13.11) 可以看出，压电振子的有效机电耦合系数与振子的相对频率带宽有关。另外，压电振子的有效机电耦合系数与压电材料的机电耦合系数是有区别的。对于集中参数的振动模式，如薄圆环的径向振动模式和薄球壳的径向振动模式，其有效机电耦合系数等于材料的机电耦合系数。对于其他的振动模式，由于振动体内存在驻波，弹性和介电能量不是均匀的耦

合，因而有效机电耦合系数总是小于材料的机电耦合系数。

当材料的机电耦合系数比较小时，压电振子高次振动模式的有效机电耦合系数按 $1/i^2$ 的规律减小，这里 i 是振子振动模式的阶次。振子所有振动模式的有效机电耦合系数的平方和等于材料相应振动模式的机电耦合系数的平方，即

$$K^2 = K_{\text{eff}}^2 (1 + 1/9 + 1/25 + \cdots) = \pi^2 K_{\text{eff}}^2 / 8 \tag{13.12}$$

2. 电学品质因数和介电损耗因子

压电材料作为电介质，不可能绝对地绝缘，总是存在损耗。在交变电场的作用下，压电材料所产生的电介质损耗主要是由极化弛豫和漏电引起的。由于极化弛豫现象的存在，电位移密度总是落后一个相位角 δ_e，称为介电损耗角。当需要考虑介电损耗时，可以用复数来表示压电材料的介电参数

$$\varepsilon = \varepsilon' - \mathrm{j}\varepsilon'' \tag{13.13}$$

压电材料的介电损耗可表示为介电常数的虚数部分与实数部分之比，即

$$\tan \delta_e = \varepsilon'' / \varepsilon' \tag{13.14}$$

压电材料的电学品质因数为介电损耗的倒数，即

$$Q_e = 1 / \tan \delta_e = \varepsilon' / \varepsilon'' \tag{13.15}$$

在一般情况下，压电陶瓷材料的介电损耗可用一个损耗电阻来表示，而压电陶瓷材料则用一个 RC 并联电路来等效。其中 R 表示压电陶瓷振子的介电损耗阻抗，C 表示压电陶瓷振子的钳定电容。由此可以导出介电损耗和介电品质因数的另外表达式，即

$$\tan \delta_e = 1 / \omega CR \tag{13.16}$$

$$Q_e = \omega CR \tag{13.17}$$

介电损耗电阻与温度、电场强度以及交变电场的频率有关。显然，介电损耗越大，压电陶瓷材料的性能就越差，因此，介电损耗是判断压电陶瓷材料性能和选择材料的重要参数之一。通常可以我们通过低频阻抗电桥或电容电桥来测量材料的介电损耗。

3. 机械品质因数和机械损耗因子

机械品质因数反映了压电陶瓷振子共振时机械损耗的大小，即反映了压电体振动时因克服内摩擦而消耗的能量的多少。它是衡量压电陶瓷振子性能的又一个重要参数。其定义是

$$Q_m = 2\pi \frac{E_s}{E_1} \tag{13.18}$$

其中，E_s 表示压电陶瓷振子储存的机械能量；E_1 表示共振时每周期内损耗的机械

能量。压电陶瓷振子的机械品质因数与压电振子参数之间的关系为

$$Q_{\mathrm{m}} = 2\pi f_s L_1 / R_1 = 1/(2\pi f_s C_1 R_1) \tag{13.19}$$

式中，f_s、L_1、C_1、R_1 分别是压电陶瓷振子的机械共振频率、压电陶瓷振子的等效电路中机械支路的串联电感和串联电容，以及机械损耗阻抗。由电路知识可知

$$Q_{\mathrm{m}} = 1/\tan \delta_{\mathrm{m}} \tag{13.20}$$

压电陶瓷的机械品质因数不仅与材料的组分和工艺有关，而且与振动模式有关。机械品质因数反映了压电材料机械损耗的大小。产生机械损耗的原因主要是材料的内摩擦，机械损耗使材料发热而消耗能量，并使材料的性能下降。发射换能器所用材料一般要求机械损耗小，即机械品质因数大，以提高发射效率。在另外一些场合，如超声检测等应用中，希望增加带宽，因而需要机械品质因数小的材料。

13.3 压电陶瓷振子的振动模式

压电振子在应用于谐振器、滤波器、换能器、延迟线、声光器件时，大都是通过逆压电效应来激发某种振动模式的机械振动。为了能有效地激发所需要的振动模式，对于一定晶体材料的压电振子，必须选择特定的切型及外型尺寸和激励方式；而对于由压电陶瓷材料制成的振子，必须选择适当的极化方向和一定的激励方式。也就是说，不同振动模式的压电振子，其形状和边界条件一般说来是不同的，因此描述不同振动模式振子的压电方程也是不同的。

通常，为了深入了解压电振子的工作原理，分析材料物理参数与振子本征频率的关系，必须掌握各种振动模式的压电振子的压电方程。

压电振子的机械能和电能之间的相互转换 (耦合) 是针对一定大小和形状的振子在特定的条件下 (极化方向和电场方向) 借助于振子的振动来实现的。压电振子的振动方式又称为振动模式。

13.3.1 压电陶瓷振子的振动模式概述

对于一个弹性体，理论上可以存在无穷多个振动模式，而对于有使用价值的压电振子，其振动模式是有限的。这些振动模式有单一的也有复合的，对于单一的振动模式，一般可以分为三类，而每一类则包含几种振动模式。

1) 伸缩振动模式

伸缩振动模式可分为横场伸缩振动模式和纵场伸缩振动模式。其中横场伸缩振动模式包括薄圆片的径向振动、薄圆环的径向振动、薄圆壳的径向振动及薄长条的长度伸缩振动模式等。而纵场伸缩振动模式则包括薄片厚度伸缩振动及细长杆长度

伸缩振动。

2) 剪切振动模式

包括薄方片面切变振动、方片厚度剪切振动和长杆剪切振动。

3) 弯曲振动模式

包括宽度弯曲振动、双片厚度弯曲振动、单片厚度弯曲振动及开槽环弯曲振动等。对于前三类振动模式，都是由压电效应直接产生的基本的振动模式；而弯曲振动模式是由同时存在伸长和缩短两种形变造成的，因此可以认为是间接产生的。

不同点群的压电晶体，其压电常数矩阵的形式及不为零的分量一般说来是不同的，因此不是每种压电材料都可以激发出上述所有的振动模式。也不是每种振动模式都是由相同切型的晶片产生。事实上，为了获得某种振动模式，除选择合适的晶体材料及切型外，还要设计合适的晶体尺寸和激励方式。所以必须对不同点群的压电晶体，根据压电常数矩阵及应用需要，进行具体的模式分析。而对于压电陶瓷材料来说，问题就比较简单一些，其振动模式主要是由振子的形状、尺寸、极化方向以及激励方向来决定。

如上所述，压电陶瓷超声换能器的特点之一是容易成型，因而实际超声换能器的结构和种类繁多，其中包括换能器的形状以及振动模式的不同等。另外，为了适应不同的需要，对超声换能器的振动模式有各种不同的特殊要求，加之使用条件和安装要求的不同，因而超声换能器的品种式样非常多。另外，针对不同的传声介质，如气体、液体、固体或软组织以及多相混合介质等，超声波的种类有纵波、横波、扭转波、弯曲波以及表面波等，而超声波的波形有平面波、球面波以及柱面波等形式。

各种振动模式的压电陶瓷振子是压电陶瓷超声换能器的基础。当超声信号的频率处于振子的共振频率附近时，压电陶瓷振子就会发生共振并输出最大的电压，此时换能器的机电转换效率也是最高的。因此压电陶瓷振子具有频率选择的特点。同一个形状的压电陶瓷振子，在不同的外加信号作用下，可呈现不同的振动模式。例如压电陶瓷薄圆片在低频时呈现径向振动模式，在高频时呈现厚度振动模式。薄长条压电陶瓷振子在低频时呈现长度伸缩振动模式，在中频时呈现宽度振动模式，而在高频时则呈现厚度振动模式。表 13.3 列出了常用的压电陶瓷振子的不同振动模式及其相关性质。有关压电陶瓷振子各种振动模式的具体分析可参见有关的文献。

表 13.3　压电陶瓷振子的振动模式及其性质

序号	振动模式	压电参数及其相互关系
1	薄片的厚度振动	$K_t^2 = h_{33}^2 \varepsilon_{33}^S / C_{33}^D$ $V_{33}^D = (c_{33}^D/\rho)^{1/2}$
2	棒的长度振动模式——电场垂直于长度	$K_{31}^2 = d_{31}^2 / (\varepsilon_{33}^T s_{11}^E)$ $V_1^E = (\rho s_{11}^E)^{-1/2}$

序号	振动模式	压电参数及其相互关系
3	棒的长度振动模式——电场平行于长度	$K_{33}^2 = d_{33}^2/(\varepsilon_{33}^{\mathrm{T}} s_{33})$ $V_3^{\mathrm{D}} = (\rho s_{33}^{\mathrm{D}})^{-1/2}$
4	薄圆片的径向振动模式	$K_{\mathrm{p}}^2 = 2d_{31}^2/[(1-\nu)\varepsilon_{33}^{\mathrm{T}} s_{11}^{\mathrm{E}}]$ $V_{\mathrm{p}}^{\mathrm{E}} = [(1-\nu^2)\rho s_{11}^{\mathrm{E}}]^{-1/2}$
5	径向极化薄圆管的径向对称振动模式	$K_{31} = [(f_{\mathrm{p}}^2 - f_{\mathrm{s}}^2)/f_{\mathrm{s}}^2]^{1/2}$ $K_{31}^2 = d_{31}^2/(\varepsilon_{33}^{\mathrm{T}} s_{11}^{\mathrm{E}})$ $f_{\mathrm{s}} = V/(\pi D)$ $V = (\rho s_{11}^{\mathrm{E}})^{-1/2}$
6	切向极化圆管的径向振动对称模式	$K_{33} = [(f_{\mathrm{p}}^2 - f_{\mathrm{s}}^2)/f_{\mathrm{s}}^2]^{1/2}$ $K_{33}^2 = d_{33}^2/(\varepsilon_{33}^{\mathrm{T}} s_{33}^{\mathrm{E}})$ $f_{\mathrm{p}} = V^{\mathrm{D}}/(\pi D)$ $V^{\mathrm{D}} = (\rho s_{33}^{\mathrm{D}})^{-1/2}$
7	薄圆环的径向振动模式	$K_{31} = [(f_{\mathrm{p}}^2 - f_{\mathrm{s}}^2)/f_{\mathrm{s}}^2]^{1/2}$ $K_{31}^2 = d_{31}^2/(\varepsilon_{33}^{\mathrm{T}} s_{11}^{\mathrm{E}})$ $f_{\mathrm{s}} = V/(2\pi r)$ $V = (\rho s_{11}^{\mathrm{E}})^{-1/2}$
8	切向极化压电陶瓷圆管的扭转振动模式	$K_{15}^l = g_{15}/[\tau(s_{55}^{\mathrm{E}}\beta_{11}^{\mathrm{T}})^{1/2}]$ $\tau = (SI_{\mathrm{p}}/W^2)^{1/2}$ $V^l = [1/(\rho s_{55}^{\mathrm{D}})]^{1/2}$ $S = \pi(R_2^2 - R_1^2)$ $W = \iint_s r\,\mathrm{d}s = 2\pi(R_2^3 - R_1^3)/3$ $I_{\mathrm{p}} = \iint_s r^2\,\mathrm{d}s = \pi(R_2^4 - R_1^4)/2$
9	切向极化薄圆片的扭转振动模式	$K_{15}^t = h_{15}W/(SI_{\mathrm{p}} c_{55}^{\mathrm{D}}\beta_{11}^{\mathrm{S}})^{1/2}$ $\tau = (SI_{\mathrm{p}}/W^2)^{1/2}$ $V^t = (c_{55}^{\mathrm{D}}/\rho)^{1/2}$

　　根据上面的分析可以看出，压电陶瓷振子的振动模式非常多。巧妙地利用各种压电陶瓷振子，可以构成各种工作频率范围和各种型式的超声换能器，以满足各种不同的用途需要。

　　压电陶瓷振子的振动可分为横效应振动和纵效应振动两种。横效应振动模式也称为非刚度振动模式，而纵效应振动模式则称为刚度振动模式。在纵效应振动模式中，决定弹性波传播速度的弹性刚度常数受压电效应的反作用而增大。因此纵效应振动模式的有效弹性常数与压电常数有关。

横效应振动模式与纵效应振动模式的区分取决于压电陶瓷振子的激发电场和振子中弹性波的传播方向。横效应振动时,陶瓷振子的激发电场垂直于弹性波的传播方向,因此压电陶瓷的横效应振动模式不受压电陶瓷振子的电学边界条件的约束。在压电陶瓷振子的所有振动模式中,属于横效应振动的振动模式包括矩形压电陶瓷振子的长度伸缩和宽度伸缩振动模式,以及薄圆环、薄球壳和薄圆盘的径向伸缩振动模式。纵效应振动时,激发电场平行于弹性波的传播方向,因而纵效应振动振子的振动受压电陶瓷振子的电学边界条件的约束。属于纵效应振动振子的振动模式包括压电陶瓷薄板的厚度振动、纵向极化细长圆棒的纵向振动模式,以及薄板振子的厚度剪切振动模式等。

压电振子的振动模式分为伸缩振动、切变振动和弯曲振动等三种类型。当极化方向与电场的方向平行时,产生伸缩振动;当极化方向与电场的方向垂直时,则产生切变振动。伸缩振动又分为长度伸缩振动和厚度伸缩振动两种,因此压电陶瓷振子的振动模式共有长度伸缩振动 (简称为 LE)、厚度伸缩振动 (简称为 TE)、平面切变振动 (简称为 FS) 和厚度切变振动 (简称为 TS) 等四种类型。

压电效应产生的弹性波,根据其传播方向与振动方向之间的关系,可分为纵波和横波两种。当质点的振动方向和弹性波的传播方向一致时,称为纵波;当质点的振动方向和弹性波的传播方向垂直时,则称为横波。另一方面,当弹性波的传播方向与极化轴平行时,就是上面所说的纵向效应;当弹性波的传播方向与极化轴垂直时,则称为横向效应。弹性波与压电效应的关系如表 13.4 所示。

表 13.4　弹性波与压电效应的关系

弹性波极化轴方向	弹性波振动方向	
	纵波	横波
纵向效应	TE d_{11}, d_{22}, d_{33}	TS $d_{15}, d_{16}, d_{24}, d_{26}, d_{34}, d_{36}$
横向效应	LE $d_{12}, d_{13}, d_{21}, d_{23}, d_{31}, d_{32}$	FS d_{14}, d_{25}, d_{36} 和 TS*

* 对于厚度切变振动模式,纵向效应和横向效应可以同时存在。

对于具有两种以上激励电极的压电陶瓷振子,在极化方向与电场方向平行而施加的方式不同时,将产生弯曲振动,其振动方向与弹性波传播方向垂直的属于横波。弯曲振动一般可分为厚度弯曲和横向弯曲两种。

关于压电陶瓷振子各种振动模式的分析,由于牵涉到机械、电学以及机电之间的相互耦合,因而可以从不同的角度加以分析。常见的分析方法包括波动方程法和等效电路法等。在下面的讨论中,将结合压电陶瓷振子的机电等效电路,对几种比较重要的振动模式进行较详细的推导和分析。

13.3.2 压电陶瓷振子的伸缩振动模式

压电振子的共振频率和相对带宽决定于振子的尺寸、振动模式及振子材料的机电耦合系数。因此，在设计制作压电陶瓷器件时，除了选择合适的陶瓷材料以外，还需要选择合适的振动模式。在压电陶瓷超声换能器及滤波器中常用的压电陶瓷振子的形状有薄圆片、薄长条和薄圆环等几种。如上所述，当压电陶瓷振子的极化方向与激发电场的方向平行时，产生伸缩振动。压电陶瓷振子常用的伸缩振动模式包括长度伸缩振动模式、径向伸缩振动模式以及厚度伸缩振动模式等，现分别介绍如下。

1. 压电陶瓷薄长条的长度伸缩振动模式

在图 13.1 所示的薄长条压电陶瓷振子中，振子的极化方向与振子的厚度方向平行，电极面与厚度方向垂直，压电陶瓷片的两端处于机械自由状态。在外加交变电场的作用下，压电陶瓷薄长条沿长度方向产生伸缩振动，振动体内各点的振动方向以及振动传播方向皆与薄长条的长度方向一致，所以是一种纵波。在基频振动下，压电陶瓷薄长条中心的振幅等于零，是波节；两端振幅最大，是波腹。因此，为了避免影响振子的振动，必须将振子固定于波节位置。当交变电压的频率等于共振频率时，压电陶瓷振子将产生共振。其共振频率与压电陶瓷片长度的关系为

$$f_r = \frac{1}{2l}\sqrt{\frac{1}{\rho s_{11}^{E}}} \tag{13.21}$$

由此可见，长度伸缩振动模式的共振频率与其长度成反比。压电陶瓷薄长条愈长，共振频率就愈低；愈短，共振频率就愈高。但压电陶瓷薄长条不能太长，太长时制造有困难；也不能太短，太短时，将失去压电陶瓷薄长条的特点。

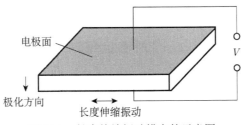

图 13.1　长度伸缩振动模态的示意图

上述频率方程是指薄长条沿其长度方向的共振频率。值得指出的是，压电陶瓷薄长条也存在沿宽度及厚度方向的伸缩振动，但由于宽度和厚度都比长度小得多，因此，宽度和厚度方向的共振频率远高于振子沿长度方向的共振频率，其相互作用很小，完全可以忽略不计。至于长度、宽度和厚度相互之间的比例关系，要根据具体材料，由实验来确定。

通常所说的振子的共振频率，都是指基频共振频率。然而，压电陶瓷振子除了基频谐波频率外，还有高次谐波。对于全电极的压电陶瓷薄长条，只能产生奇数次高次谐波频率。所以其高次谐频与基频之间的关系为

$$f_{2n-1} = (2n-1)f_r \tag{13.22}$$

2. 压电陶瓷薄圆片的径向伸缩振动模式

压电陶瓷薄圆片的径向伸缩振动模式是常用的一种振动模式。沿圆片的径向做伸缩振动称为径向伸缩振动模式。圆片径向伸缩振动振子如图 13.2 所示，在振子的厚度方向极化，外加电场与极化方向平行，振子的振动方向与半径方向平行，与厚度方向垂直。圆片中心为节点。圆片径向振子的共振频率与振子的直径 (或半径) 成反比。共振频率 (指基波共振频率) 与直径之间的关系为

$$f_r = \frac{C}{\pi D} \sqrt{\frac{1}{\rho s_{11}^E (1-\nu^2)}} \tag{13.23}$$

式中，D 是压电陶瓷薄圆片的直径；ν 是压电材料的泊松比；C 是一个常数，由压电陶瓷振子的材料和其振动模态决定，其关系比较复杂。对于基频振动，泊松比与常数 C 的关系为：当 $\nu = 0.27$ 时，$C = 2.03$；当 $\nu = 0.30$ 时，$C = 2.05$；当 $\nu = 0.36$ 时，$C = 2.08$。实用上，振子的直径取为 $D = (10-20)t$，这里 t 为径向振子的厚度。径向振子的一次泛音和二次泛音约为基波的 2.5 倍和 3.7 倍左右。

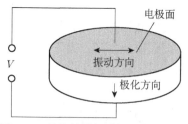

图 13.2　径向伸缩振动振子的示意图

3. 压电陶瓷薄圆片振子的厚度伸缩振动模式

压电陶瓷薄圆片厚度伸缩振动模式振子的几何形状、极化和激励方式均与薄圆片径向伸缩振动振子相同，如图 13.3 所示。薄圆片厚度伸缩振动模式的反共振频率与厚度成反比，即

$$f_a = \frac{n}{2t} \sqrt{\frac{c_{33}^D}{\rho}}, \ n = 1,3,5,\cdots \tag{13.24}$$

由于压电陶瓷薄圆片的厚度可以做得很薄，所以厚度伸缩振动模式可以达到很高的频率，其频率范围为几兆赫兹到几十兆赫兹。

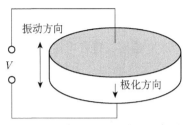

图 13.3 厚度伸缩振动模式示意图

此外，这种振子还可以同时激起径向振动基波和泛音，为了避免径向振动的高次泛音对厚度振动基波的干扰，必须合理调整振子的尺寸。当振子的直径 D 和厚度 t 之比大于 20 时，可得到较好的厚度基波响应。

13.3.3 压电陶瓷振子的厚度剪切振动模式

在高频方面，除了用厚度伸缩振动模式以外，还可以采用厚度剪切振动模式。厚度切变振动模式的特点是电极面与极化方向平行。在交变电场作用下，陶瓷片产生如图 13.4 所示的厚度切变振动。从图中看出，极化为 3 方向，外加电场为 1 方向 (厚度方向)，振动时 A_2 面产生切变，振动方向与 3 方向平行，而波的传播方向则与 1 方向平行，是横波。

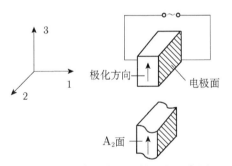

图 13.4 厚度切变振动模式的示意图

厚度切变振动又可分为两类：一是如上所述沿振子长度或宽度方向极化，沿厚度方向施加激励电场，波的传播方向垂直于极化方向 (即厚度方向)，这类的切变波称为 TS_1；另一类是沿厚度方向极化，而沿宽度或长度方向施加电场，波的传播方向和极化方向平行 (即厚度方向)，这类切变波称为 TS_2。厚度切变振动的反共振频率与厚度之间的关系为

$$f_a = \frac{1}{2t}\sqrt{\frac{1}{\rho s_{55}^D}} \tag{13.25}$$

13.3.4　压电陶瓷振子的弯曲振动模式

如图 13.5 所示，把两个厚度相同、镀有电极的陶瓷片粘接在一起，可以产生弯曲振动。被粘接的上下两个陶瓷片的极化方向相反时，应以串联方式 (串联型振子) 接入电源。上下两个陶瓷片的极化方向相同时，应以并联方式 (并联型振子) 接入电源。

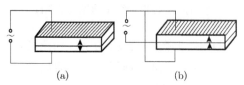

图 13.5　串并联型厚度弯曲振动振子

(a) 串联型振子；(b) 并联型振子

对于串联型振子，当上电极为正、下电极为负时，通过逆压电效应，上片伸长，下片缩短，产生凸形弯曲形变；当上电极为负、下电极为正时，上片缩短，下片伸长，产生凹形弯曲形变。当外加电压为交变电压时，产生弯曲振动，其共振频率与黏合片的长度和厚度之间的关系为

$$f_r = B \frac{t}{l^2} \tag{13.26}$$

式中，系数 B 与材料的性质有关，可通过实验测定。此外，还可用两个极性相反的压电陶瓷片粘接在一个薄金属片上，或者用一个陶瓷片粘接在一薄金属片上来产生厚度弯曲振动。值得指出的是，薄金属片和黏合剂对弯曲振动元件的性能影响很大，必须正确选择。通常都采用高稳定性的镍铬钛合金材料作为振子的薄金属片。除了用黏合片的方法来产生厚度弯曲振动以外，还可用分割电极的方法使单个压电陶瓷片产生宽度弯曲振动。具体方法如下：经过极化处理以后的压电陶瓷薄长条，沿电极面的中线将电极面分成两部分。这样就相当于两个沿宽度方向粘接的片子一样。当分割电极面上的电场符号相反时，上半片伸长 (或缩短)，下半片则缩短 (或伸长)，从而产生沿宽度方向的弯曲振动。这种宽度弯曲振动模式与厚度弯曲振动模式相似。

13.4　压电陶瓷振子的谐振特性

利用压电陶瓷的压电效应，可以设计制成各种用途的压电器件，其中最主要的机理就是利用压电陶瓷片的共振特性。由于压电陶瓷片是一个弹性体，因此存在共振频率。当外界作用的频率 (例如强迫力的频率) 等于共振频率时，压电陶瓷片就产生机械共振，共振时振子的振幅最大，弹性能量也最大。另一方面，由于压电陶瓷片具有压电效应，可以采用输入电信号的方法，通过逆压电效应，使压电陶瓷片产生机械共振，而陶瓷片的机械共振，又可以通过正压电效应而输出电信号。

将一个经过极化处理过的压电陶瓷振子按照图 13.6(a) 所示的线路连接。当信号发生器的频率从低频慢慢地向高频方向变化时，我们可以发现，通过压电陶瓷振子的电流随着输入信号频率的变化而变化，电流-频率关系曲线如图 13.6(b) 所示，从图中可以看出，当信号频率为某一值时，通过压电陶瓷振子的传输电流出现最大值；而当信号频率变到另一个频率时，传输电流出现最小值。

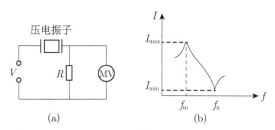

图 13.6　压电陶瓷振子的 (a) 电路示意图和 (b) 其电流-频率关系曲线图

流经压电陶瓷振子的电流随频率而变化的事实，表明压电陶瓷振子的等效阻抗随频率而变化，如图 13.7 所示，图中的 $|Z|$ 代表压电陶瓷振子等效阻抗的模值。当信号频率等于 f_m 时，通过压电陶瓷振子的电流最大，即其等效阻抗最小，导纳最大；当信号频率等于 f_n 时，通过压电陶瓷振子的电流最小，即其等效阻抗最大，导纳最小。因此我们通常把 f_m 称为最大导纳频率 (即最大传输频率) 或最小阻抗频率；而把 f_n 称为最小导纳频率 (即最小传输频率) 或最大阻抗频率。

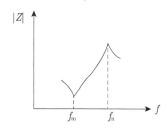

图 13.7　压电陶瓷振子的阻抗特性曲线示意图

如果我们继续提高信号源的信号频率，还可以有规律地出现一系列的电流次最大值和次最小值，这些频率分别对应压电陶瓷振子的其他振动模式的共振频率以及压电陶瓷振子的高次振动模式共振频率。通常用得最多的是压电陶瓷振子的基波振动频率。

根据共振理论，压电陶瓷振子在最小阻抗频率 f_m 附近，存在一个使信号电压与电流同相位的频率，这个频率就是压电陶瓷振子的共振频率 f_r；同样，在最大阻抗频率 f_n 附近，存在另一个使信号电压与电流同相位的频率，这个频率称为压电陶瓷振子的反共振频率 f_a。只有当压电陶瓷振子的机械损耗等于零时，振子的最小阻抗频率等于其共振频率，而最大阻抗频率等于其反共振频率。同样，对于振子的其他振动模式以及高次振动模式，也存在同样的规律。

13.5　压电陶瓷振子的集中参数等效电路

根据高频交流电路理论，压电陶瓷振子的等效阻抗随频率而变化的曲线 (图 13.7) 与 LRC 串并联共振回路的阻抗特性完全相似，也就是说在共振频率附近，LRC 串并联共振回路的阻抗特性与压电陶瓷振子的等效阻抗特性和共振特性一致。因此压电陶瓷振子在共振时的机电特性可由图 13.8 所示的 LRC 串并联回路表示。在图 13.8 中，L_1、R_1、C_1 分别称为压电陶瓷振子的等效电感、等效电阻和等效电容，C_0 称为压电陶瓷振子的静态电容，也称为振子的钳定电容。下面分几种情况对压电陶瓷振子的特性加以分析。

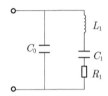

图 13.8　压电陶瓷振子的集中参数机电等效电路

13.5.1　压电陶瓷振子的等效电阻 $R_1 = 0$ 的情况

当压电陶瓷振子的机械损耗等于零时，振子的等效电阻等于零，此时振子的输入阻抗与频率的关系式为

$$Z = \frac{2\pi f L_1 - \dfrac{1}{2\pi f C_1}}{2\pi f C_0 \left(2\pi f L_1 - \dfrac{1}{2\pi C_0} - \dfrac{1}{2\pi f C_1}\right)} \tag{13.27}$$

由式 (13.27) 可以得出振子的最小和最大阻抗频率分别为

$$f_{\mathrm{m}} = \frac{1}{2\pi\sqrt{L_1 C_1}} \tag{13.28}$$

$$f_{\mathrm{n}} = \frac{1}{2\pi\sqrt{L_1 \dfrac{C_0 C_1}{C_0 + C_1}}} \tag{13.29}$$

另外，根据交流电路的理论，当信号的频率为 $f_s = \dfrac{1}{2\pi\sqrt{L_1 C_1}}$ 时，LRC 回路出现串联共振现象，因此 f_s 称为串联共振频率。当信号的频率为 $f_{\mathrm{p}} = \dfrac{1}{2\pi\sqrt{L_1 \dfrac{C_0 C_1}{C_0 + C_1}}}$ 时，

LRC 回路出现并联共振现象，因此 f_p 称为并联共振频率。可以看出，当压电陶瓷振子的机械损耗等于零时，最小阻抗频率等于串联共振频率，而最大阻抗频率等于并联共振频率。至此，我们已经接触到了压电陶瓷振子的六个特征频率，即共振和反共振频率 (f_r, f_a)，串联和并联共振频率 (f_s, f_p)，以及最大导纳 (或最小阻抗) 和最小导纳 (最大阻抗) 频率 (f_m, f_n)。在这六个频率中，只有最大导纳和最小导纳频率以及共振和反共振频率可以直接测出。然而，当压电陶瓷振子的机械损耗等于零时，最大导纳频率、串联共振频率和共振频率相重合，振子的最小导纳频率、并联共振频率和反共振频率相重合。

13.5.2 压电陶瓷振子的等效电阻 $R_1 \neq 0$ 的情况

当压电陶瓷振子的机械损耗不等于零时，振子的等效电阻 R_1 也不等于零。在此情况下，压电陶瓷振子的等效电路中阻抗与频率的关系比较复杂。由于机械损耗的影响，最大导纳频率、共振频率和串联共振频率不再相等，最小导纳频率、反共振频率和并联共振频率也不再相等。它们之间的关系为

$$f_m \approx f_s \left(1 - \frac{1}{2M^2 \gamma} \right) \tag{13.30}$$

$$f_n \approx f_p \left(1 + \frac{1}{2M^2 \gamma} \right) \tag{13.31}$$

$$f_r \approx f_s \left(1 + \frac{1}{2M^2 \gamma} \right) \tag{13.32}$$

$$f_a \approx f_p \left(1 - \frac{1}{2M^2 \gamma} \right) \tag{13.33}$$

其中，$M = \dfrac{Q_m}{\gamma} = \dfrac{1}{2\pi f_s C_0 R_1}$ 称为压电陶瓷振子的优值；Q_m 是压电陶瓷振子的机械品质因数，$\gamma = \dfrac{C_0}{C_1}$ 称为电容比。由式 (13.30)~式 (13.33) 可以看出，压电陶瓷振子的机械损耗越大，频率的差别越大。压电陶瓷振子的六个特征频率之间存在如下的关系：$f_m < f_s < f_r$；$f_a < f_p < f_n$。

13.6 压电陶瓷超声换能器的动态特性

压电陶瓷超声换能器是一种将超声频电能转变为机械振动的器件，其等效电路如图 13.8 所示，图中 C_0 为换能器的静态电容，L_1、R_1、C_1 分别为动态电感、动态电阻和动态电容。利用这个等效电路，可分析得到动态电阻 $R_1 = 0$ 时及 $R_1 \neq 0$ 时，

换能器的工作频率、阻抗变化等特点，并依此来进行换能器的匹配研究。但必须指出，其结论是在没有考虑换能器的实际工作情况下得到的，如果考虑了换能器的动态损耗及负载等实际情况，则换能器的工作特点将不同，所以，研究换能器的动态特点尤为重要。

换能器在实际工作时，由于其动态损耗、介电损耗及负载对换能器的影响，换能器的导纳、阻抗等特性都将发生变化，等效电路图也不同，下面首先讨论换能器的动态导纳及阻抗。

13.6.1　压电陶瓷超声换能器的动态等效电路及导纳圆图

换能器的等效电路与它的振动模式有关。一般情况下，对于单一振动模式下的压电陶瓷超声换能器，在换能器共振频率附近，其通用的等效电路可用图 13.9 表示。图中 C_0 为并联电容；R_0 为表示换能器介电损耗的并联电阻，$R_0 = (2\pi f_s C_0 \tan \delta_e)^{-1}$，一般情况，$R_0 \gg R_1$；$R_1$ 为描述换能器机械损耗的动态电阻；R_L 为表示辐射能量的负载电阻，也可看作是负载的等效阻抗，在此认为负载为纯阻情况。当换能器空载时，即无负载情况下，$R_L = 0$；C_1 为换能器动态电容；L_1 为换能器动态电感。与图 13.8 相比，图 13.9 考虑到了换能器的介电损耗与负载，这里将负载看作是与工作频率无关的纯阻负载，有利于分析研究。

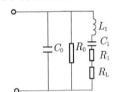

图 13.9　压电陶瓷超声换能器的集中参数等效电路

基于图 13.9 可得换能器的导纳表达式：

$$Y = Y_1 + Y_0 = G + \mathrm{j}B = \frac{1}{R_0} + g_1 + \mathrm{j}(b_1 + C_0\omega) \tag{13.34}$$

其中，$g_1 = \dfrac{R_1}{R_1^2 + \left(L_1\omega - \dfrac{1}{C_1\omega}\right)^2}$，$b_1 = \dfrac{-\left(L_1\omega - \dfrac{1}{C_1\omega}\right)}{R_1^2 + \left(L_1\omega - \dfrac{1}{C_1\omega}\right)^2}$，分别表示换能器的动态

电导和动态电纳，进一步整理上述二式可得如下关系：

$$\left(g_1 - \frac{1}{2R_1}\right)^2 + b_1^2 = \left(\frac{1}{2R_1}\right)^2 \tag{13.35}$$

很显然，式 (13.35) 代表一个标准的圆方程，其圆心在 $\left(\dfrac{1}{2R_1}, 0\right)$ 点，半径为 $\dfrac{1}{2R_1}$。

这就证明压电陶瓷振子串联支路的导纳矢量终端在复数平面上的轨迹是一个圆。另一方面，假定并联支路的导纳 $Y_0 = j\omega C_0$ 的矢量终端在串联共振频率附近的变化 $jC_0\Delta\omega$ 很小，则可以近似地把 Y_0 看作是一个不随频率而变化的常数。于是把 Y_1 在复数平面上的轨迹圆沿纵轴平移 $C_0\omega$，即可得到压电陶瓷振子导纳 Y 的矢量终端的轨迹圆，一般称为导纳圆。当不考虑压电陶瓷振子的介电损耗时，所得到的导纳圆与纵坐标轴是相切的。如果考虑压电陶瓷振子介电损耗的影响，即在压电陶瓷振子的等效电路中增加一个与静态电容相并联的电阻 R_0，压电陶瓷振子的导纳圆应沿横轴平移 $1/R_0$，如图 13.10 所示。利用换能器的导纳圆图，可以得出换能器的六个特征频率以及换能器的等效电路参数。可以看出，换能器工作时在不同负载情况下，导纳圆半径不同，阻尼越大，导纳圆半径越小；反之越大。

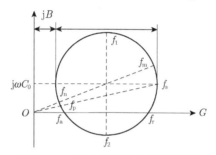

图 13.10　压电换能器的导纳圆图

13.6.2　压电陶瓷超声换能器的最大响应频率

在压电陶瓷超声换能器的串联和并联共振频率 f_s 和 f_p 之间，存在一个最大响应频率 f_M，换能器工作于这一频率时，传输功能最强。以下以发射和接收换能器为例来讨论 f_M。

当压电陶瓷超声换能器作为声接收器或声发射器时，其完整的等效电路如图 13.11 所示。在这两种工作状态下，压电陶瓷超声换能器的特性是相同的。

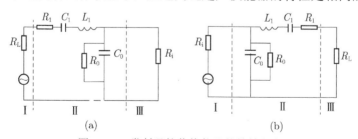

图 13.11　发射及接收换能器的等效电路

(a) 接收换能器等效电路；(b) 发射换能器等效电路

在图 13.11(a) 中，第 I 部分为具有内阻的声源，第 II 部分为压电换能器，第 III 部分为接收器等效阻抗；图 13.11(b) 中，第 I 部分为具有内阻的超声频信号源，第 II 部分为压电换能器，第 III 部分为换能器的声负载。换能器在最大响应频率 f_M 下工作时，若为接收换能器则灵敏度最高，而若为发射换能器则输出功率最大。这里，电阻 R_i 是一个重要的量，它影响最大响应频率 f_M、带宽和输出功率。R_i 是指接收器的输入阻抗或发射器的信号源的内阻。当有效机电耦合系数 $K_{\text{eff}} \ll 1$ 时，最大响应频率表达式为

$$f_M = f_s + \frac{f_p - f_s}{1 + 1/Q^2} \tag{13.36}$$

式中，$Q = \omega_s C_0 R_i$ 为外电路与并联电容电学品质因数，$R_i \ll R_0$。

(1) 当 $Q \ll 1$ 时，$f_M = f_s$ 等效于短路情况，此时对应 R_i 很小；

(2) 当 $Q \gg 1$ 时，$f_M = f_p$ 等效于开路情况，此时对应 R_i 很大；

(3) 当 $Q = 1$ 时，$f_M = \dfrac{f_s + f_p}{2}$，$f_M$ 位于 f_s 和 f_p 中间。

在 f_M 上，换能器的带宽为

$$(\Delta f_m)_{3\text{dB}} = (\Delta f_s)_{3\text{dB}}\left(1 + \frac{Q Q_m^E K_{\text{eff}}^2}{1 + Q^2}\right) = \frac{f_s}{Q_m^E}\left(1 + \frac{Q Q_m^E K_{\text{eff}}^2}{1 + Q^2}\right) \tag{13.37}$$

当 $Q = 1$ 时，可获得换能器的最大带宽为

$$(\Delta f_M)_{3\text{dB}} = (\Delta f_s)_{3\text{dB}}\left(1 + \frac{Q_m^E K_{\text{eff}}^2}{2}\right) \tag{13.38}$$

13.6.3　有源二端网络与无源二端网络的功率传输问题

在换能器功率传输中，需要研究负载在什么条件下能够获得最大功率的问题。这类问题可以归结为一个有源二端网络向一个无源二端网络输送功率的问题。这类网络最终可以简化为图 13.12 所示的电路。等效电压源为 U_S，含源网络等效阻抗 $Z_S = R_S + jX_S$，负载等效阻抗 $Z_L = R_L + jX_L$，负载电阻获得最大功率的情况分两种情况讨论。

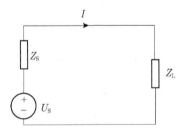

图 13.12　有源网络与无源网络能量传输示意图

1. Z_L 变化

图 13.12 中的电流有效值为

$$I = \frac{U_S}{\sqrt{(R_S + R_L)^2 + (X_S + X_L)^2}} \tag{13.39}$$

负载获得的功率为

$$P_L = R_L \cdot I^2 = \frac{R_L U_S^2}{(R_S + R_L)^2 + (X_S + X_L)^2} \tag{13.40}$$

由于 X_L 只出现在分母上, 因此当 $X_L = -X_S$ 时, P_L 达到最大

$$P_{Lmax} = \frac{R_L U_S^2}{(R_S + R_L)^2} \tag{13.41}$$

求 P_{Lmax} 对 R_L 的极值条件, 并令 P_{Lmax} 对 R_L 的导数为零

$$\frac{\mathrm{d}P_{Lmax}}{\mathrm{d}R_L} = \frac{(R_S + R_L)^2 - 2(R_S + R_L)R_L}{(R_S + R_L)^4} U_S^2 = 0 \tag{13.42}$$

可以得到

$$R_L = R_S \tag{13.43}$$

因此负载从给定电源获得最大功率的条件是

$$Z_L = R_L + \mathrm{j}X_L = R_S - \mathrm{j}X_S \quad \text{或} \quad Z_L = Z_S^* \tag{13.44}$$

因此, 在负载电阻和电抗都可任意改变的条件下, 当负载阻抗等于电源内阻抗的共轭复数时, 负载获得的功率最大, 这就是最大传输定理。满足这一条件时, 负载阻抗与电源内阻抗为最大功率匹配 (maximum power matching) 或共轭匹配, 这时负载获得的功率为

$$P_{Lmax} = \frac{U_S^2}{4R_S} \tag{13.45}$$

这也是从给定电源中得到的最大功率。此时, 电路的效率 η 为

$$\eta = \frac{I^2 R_L}{I^2 R_L + I^2 R_S} \times 100\% = 50\% \tag{13.46}$$

很显然, 传输最大功率时效率很低, 因此, 只有当传输功率较小时, 例如在通信系统和某些电子线路中, 才考虑最大功率的传输问题。

2. Z_L 可变, φ_z 固定

把负载阻抗改写成下面的形式:

$$Z_L = |Z_L| \angle \varphi_z = |Z_L| \cos\varphi + \mathrm{j}|Z_L| \sin\varphi \tag{13.47}$$

则有

$$I = \frac{U_S}{(R_S + |Z_L|\cos\varphi) + j(X_S + |Z_L|\sin\varphi)} \tag{13.48}$$

负载电阻的功率为

$$P_L = \frac{U_S^2 |Z_L| \cos\varphi}{(R_S + |Z_L|\cos\varphi)^2 + (X_S + |Z_L|\sin\varphi)^2} \tag{13.49}$$

式 (13.49) 中变量为 $|Z_L|$，求该式对 $|Z_L|$ 的导数得

$$\frac{\mathrm{d}P_L}{\mathrm{d}|Z_L|} = U_S^2 \frac{[(R_S + |Z_L|\cos\varphi)^2 + (X_S + |Z_L|\sin\varphi)^2]\cos\varphi}{[(R_S + |Z_L|\cos\varphi)^2 + (X_S + |Z_L|\sin\varphi)^2]^2}$$
$$- \frac{2|Z_L|\cos\varphi[(R_S + |Z_L|\cos\varphi)\cos\varphi + (X_S + |Z_L|\sin\varphi)\sin\varphi]}{[(R_S + |Z_L|\cos\varphi)^2 + (X_S + |Z_L|\sin\varphi)^2]^2} \tag{13.50}$$

令 $\dfrac{\mathrm{d}P_L}{\mathrm{d}|Z_L|} = 0$ 可得

$$|Z_L|^2 = R_S^2 + X_S^2, \quad \text{即} \quad |Z_L| = \sqrt{R_S^2 + X_S^2} \tag{13.51}$$

因此，在这种情况下，负载获得最大功率的条件是：负载阻抗的模与电源内阻的模相等。当电源内阻是纯电阻时，即 $|Z_S| = R_S$，最大传输功率条件是 $R_S = |Z_L| = \sqrt{R_L^2 + X_L^2}$，而非 $R_L = R_S$。

从上面的分析可以得到一个基本结论：作为大功率超声换能器的功率传输问题，由于它不是小信号传输问题，要使得换能器负载得到最大功率传输，匹配情况应考虑上面的第二种情况，而不是第一种情况。等效 $|Z_L|$ 随 R_1 及 R_L 变化，f_S 一定，φ 是定值，故此时最大传输条件如下。

(1) 当 $Q = 1$ 且 $K_{\mathrm{eff}}^2 Q_{\mathrm{m}}^E > 2$ 时，换能器匹配至 f_S，此时有 $R_i \approx |Z(f_S)| \approx R_1 + R_L$；

(2) 当 $Q = 1$ 且 $K_{\mathrm{eff}}^2 Q_{\mathrm{m}}^E > 2$ 时，换能器匹配至 f_p，此时 $R_i \approx |Z(f_p)| \approx$ $\dfrac{1}{\omega_p^2 C_0^2 (R_1 + R_L)}$，这就为大功率能量传输的换能器匹配提供了思路。

13.7　功率超声压电陶瓷超声换能器的电匹配

如上所述，压电陶瓷超声换能器是一种机电转换器件，它具有电学和机械两种端口。在电端，换能器通过电匹配电路与超声电源 (即超声波电发生器，它可以产生一定频率、一定波形和一定电功率的高频电信号) 相连；而在机械端，换能器通

过声学匹配元件与声学负载相连。换能器的电学和声学匹配电路对于换能器的性能、超声的作用效果等影响极大。一般来说,对于大功率换能器,如用于超声清洗、超声加工等大功率超声应用技术中的换能器,电匹配是首先需要考虑的因素。而对于小信号工作的超声换能器,如用于超声检测、超声探伤仪及超声诊断等技术中的换能器,其工作状态大部分处于脉冲状态下,在这种情况下,换能器的电学匹配则显得不是太重要,值得重视的是压电超声换能器的声学匹配。超声换能器的电匹配含义包括两方面的内容,一是把超声换能器的阻抗变换成超声电源所需要的阻抗值;二是调谐作用,即利用感性元件来补偿压电换能器的容性阻抗。超声换能器的声学匹配主要包括匹配材料的选择、匹配层厚度的计算,以及换能器背衬的计算和设计等。

在超声加工、超声焊接以及超声清洗等大功率超声应用场合,始终会遇到超声电源与超声换能器的阻抗匹配问题。事实证明,大功率超声设备能否高效而安全地工作,在很大程度上取决于压电换能器与超声电源之间的匹配设计。因此,在大功率超声设备的研制过程中,除了超声电源以及超声换能器两个方面以外,另一个重要的方面就是匹配电路的设计。一般来说,压电换能器的电匹配包括以下三个方面的主要内容[330-339]。

(1) 阻抗变换。根据交流电路理论,超声波电发生器存在一个最佳负载值,也称为最佳输出阻抗。只有当实际的负载等于此值时,发生器才能工作于最佳状态,并向负载输出最大的电功率。在大部分情况下,由于实际的压电超声换能器的电阻抗不同于超声频电发生器的最佳负载阻抗,因此,为了保证电路的最大输出,必须利用匹配电路来实现阻抗变换的目的。在一般情况下,超声匹配电路中采用输出变压器来达到阻抗变换的目的,有时也利用电感和电容的串并联组合来实现阻抗变换。

(2) 调谐。在实际工作中,大功率压电超声换能器几乎都工作于谐振状态。根据压电换能器的共振和动态理论可以知道,处于共振状态的压电换能器对外呈现为一个容性器件。如果将这样的容性器件直接连接到超声频电发生器中,发生器与换能器之间会出现相当大的无功损耗,这样不仅会使换能器的效率下降,降低输出声功率,而且会影响到发生器的安全工作。为了避免这一现象的发生,必须对换能器的容性阻抗部分进行补偿。这一补偿的过程就是换能器的匹配调谐过程。具体地讲,就是在匹配电路中增加一个感性器件来补偿换能器的容性阻抗。

(3) 整形滤波。随着电子技术的飞速发展,为了提高电路的效率,一些新的电路器件及一些新的电路形式在超声电源的研制中被广泛利用。例如开关器件VMOSFET(V 形槽金属氧化物半导体场效应晶体管)、IGBT(绝缘栅双极晶体管) 以及 D 类和 E 类功率放大电路等。在这些新的功率放大电路中,电路的效率达到 90%以上,其输出信号是方波而不是传统的正弦波,因而含有许多频率成分。由于大功率压电陶瓷超声换能器工作于单一频率，因此其匹配电路必须具有整形和滤波的功能。这一功能的实现主要是通过匹配电路中的电感和电容的串并联组合。从这个意义上讲，换能器的匹配电路也是一个滤波电路。事实上，从表面上看，压电陶瓷超声换能器的匹配电路与电学中的滤波电路是非常相似的。

超声频电发生器、匹配电路以及压电换能器三者之间的连接框图如图 13.13 所示。其中 Z_i 是换能器的输入阻抗，Z_c 是经匹配电路以后换能器的输入阻抗，Z_0 是超声频电发生器的输出阻抗。一般来说，超声换能器是一个抗性元件，其输入阻抗可表示为 $Z_i = R_i + jX_i$。经匹配电路以后其阻抗变为 $Z_c = R_c + jX_c$。Z_i 和 Z_c 之间的具体关系由匹配电路的具体形式决定。在一般情况下，超声频电发生器的输出阻抗是纯阻性的，所以可近似表示为 $Z_0 = R_0$。根据交流电路理论，电发生器的最大功率输出条件，即超声换能器的理想匹配条件为

$$R_0 = R_c$$
$$X_c = 0 \tag{13.52}$$

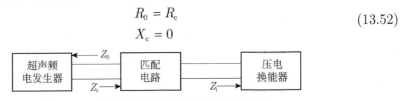

图 13.13　超声换能器的电匹配电路原理框图

13.7.1　压电换能器调谐匹配的基本原理

下面以压电换能器为例，对换能器的电匹配进行一些比较定量的分析。图 13.14 是压电超声换能器在共振频率附近的等效电路。其中 C_0 是换能器的静态电容，R_m、C_m、L_m 分别是换能器的动态等效电阻、等效电容和等效电感，它们组成了换能器等效电路中的动态支路。图中为了简化分析，忽略了与静态电容并联的介电损耗电阻的影响。当换能器处于机械共振状态时，换能器的动态支路中仅剩下电阻分量，此时换能器可等效成静态电容和机械电阻的并联，对外呈现容性状态。因而需要附加一个电感元件来调谐。

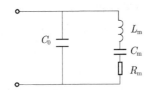

图 13.14　压电超声换能器在共振频率附近的等效电路

从上述换能器的基本特性分析可知，在换能器共振频率附近，换能器的等效输入电阻抗可以表示为

$$Z = \frac{j}{\omega C_0} \frac{\Omega - j\delta}{1 - \Omega + j\delta} \tag{13.53}$$

式中，$\omega = 2\pi f$，$\Omega = \dfrac{\omega^2 - \omega_s^2}{\omega_p^2 - \omega_s^2}$，$\delta = \omega C_0 R_m$。对式 (13.53) 进一步整理，将 Z 化解为一个实数和一个虚数的和，即 $Z = R + \mathrm{j} X$。此时，等效电路图 13.14 就可以转化为图 13.15，即一个电抗和一个电阻的串联，其中 X 表示换能器的等效电抗，R 表示换能器的等效电阻。

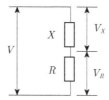

图 13.15　换能器的串联等效电阻抗示意图

假设换能器外加电压为 V，则基于电路原理，分配给 X 的电压为 V_X，分配给 R 的电压为 V_R，很显然，V_R 只占输入电压 V 的一部分，甚至是一小部分，那么此时，换能器获得的功率就只是输入功率的一部分。为了尽可能提高换能器的工作效率，增加换能器的输出功率，就需要对输入电路进行调整，一般分两种方式，即所谓的串联调谐和并联调谐。

对于串联调谐，在图 13.15 的基础上串联一个 $-X$ 阻抗项，如图 13.16 所示，使它的电抗正好抵消换能器的等效电抗，达到串联共振状态。于是外加电压全部落在 R 上，R 上吸收的功率将按电压平方关系增大，换能器达到良好的工作状态。这种方法是串联调谐方法。

图 13.16　换能器的串联调谐示意图

对于并联调谐，为了简化分析，可将图 13.15 的换能器等效电路图转换为图 13.17，即将串联形式转换成并联形式。其中等效电阻 $R' = R + \dfrac{X^2}{R}$，等效电抗 $X' = X + \dfrac{R^2}{X}$。假设换能器的输入总电流为 I，此时，流经 R' 的电流只占总电流一部分或极小一部分，无功电流过大。为了改善这种情况，可以在电路中并联一个电抗为 $-X'$ 的元件，则回路产生并联谐振。流经 X' 和 $-X'$ 的电流大小相等、方向相反。相当于原来情况下的 X' 没有分流，电流全部流过 R'，所以，R' 上面的功率增加，如图 13.18 所示。

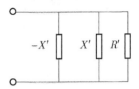

图 13.17　换能器的并联等效电阻抗示意图　　　　　图 13.18　换能器的并联调谐示意图

对于一个具体的压电陶瓷换能器，并联调谐是使用一个电感 L_p 与换能器并联，并使外加电感满足如下关系：

$$\omega_0^2 = \frac{1}{L_p C_0} \tag{13.54}$$

式中，ω_0 是换能器的机械共振角频率。串联调谐则是使用一个外加电感 L_s 与换能器串联。在串联调谐的情况下，需要将换能器在共振时的并联等效电路化成串联型的等效电路。令变换以后换能器的串联电阻和串联电容分别是 R_m' 和 C_m'，它们与并联参数有以下关系：

$$R_m' = R_m / (1 + \omega_0^2 C_0^2 R_m^2)$$
$$C_m' = C_m \Big/ \left(1 + \frac{1}{\omega_0^2 C_0^2 R_m^2}\right) \tag{13.55}$$

外加串联电感与换能器的等效串联电容满足以下关系：

$$\omega_0^2 = \frac{1}{L_s C_0'} \tag{13.56}$$

从上面分析可以看出，无论是串联调谐还是并联调谐，换能器都工作于其机械共振频率，即串联共振频率。另外，为了确定换能器的外加串联或并联电感，必须事先知道换能器的等效电路参数和机械共振频率。然而这一过程是比较复杂的，尤其是对于处于大功率工作状态的超声换能器。因为到目前为止，大功率换能器的等效参数测试仍然是一个很难解决的问题。因此，在实际的调谐过程中，基本上是采用多次试用方法，通过调整换能器的激励频率和匹配电感，使换能器处于最佳工作状态。然而，通过这种方法实现匹配调谐以后，换能器的实际工作频率并不一定就是换能器的机械共振频率。

从原理上讲，换能器的串联调谐和并联调谐并无优劣之分。因而，在实际的超声匹配电路中，两种方法皆被利用。然而在不同的功率超声技术中，两种方法还是有所区别的。至于到底应该采用哪种调谐方法，应根据实际情况加以对待。根据经验, 在并联调谐还是串联调谐的选择过程中, 应注意以下因素。①超声频电发生器的输出阻抗, 即发生器的工作状态。如果发生器的输出阻抗较低, 则应选用串联调谐; 反之, 则应选用并联调谐。②换能器的工作频率。如果换能器工作于机械串联共振频率, 则应考虑采用串联调谐; 如果换能器工作于并联共振频率, 则要考虑应用并联调谐。③输出变压器。在功率超声领域, 超声发生器的输出变压器是一个极其重要的器件。从上面的分析可以看出, 串联调谐以后换能器的串联等效电阻比并联调谐中的等效电阻小得多, 因而两种匹配方式对匹配变压器的影响有所不同。在实际匹配调试的过程中, 应根据发生器的输出变压器的特点以及功率放大的制式采用不同的调谐方式。

上面谈到的只是功率超声技术中电匹配的一些基本的理论和实践知识。实际的匹配电路的设计和调试是比较复杂的。其中的原因有很多: ①从超声发生器电路本身来说, 采用的放大电路的制式不同以及设计的电路工作点不同, 发生器的输出阻抗也是不同的。若工作中电路的状态发生变化, 其输出阻抗也要发生变化, 从而很难保证超声换能器的永久理想匹配。②超声换能器有很多本征频率, 如串联共振频率、并联共振频率、共振频率、反共振频率、最小导纳频率以及最大导纳频率等。在实际工作中, 由于换能器的边界条件不同 (包括电学和力学两种边界条件), 很难保证换能器工作在某一种共振频率上。③在大功率状态下, 由于负载的变化以及换能器本身参数的变化 (其中频率及阻抗的变化是最主要的), 匹配变得更加复杂。因此, 可以这样说, 在大功率超声设备的研制中, 电匹配是最为复杂的一项工作。在实际的匹配调试过程中, 一方面, 首先要对换能器的性能参数有所了解, 另一方面, 一定要在实际工作中摸索最佳匹配条件, 从而实现最好的匹配。下面对一些常用的匹配方法进行简要的分析, 并给出定量的匹配关系。

基于以上讨论的结果, 我们知道, 压电陶瓷超声换能器在共振状态时基本上是电容性的。因此, 压电陶瓷超声换能器的匹配一般是通过在回路中串联或并联电感来实现的, 如图 13.19 所示。现将两种情况的匹配进行比较系统的分析。

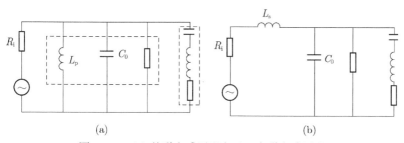

图 13.19　(a) 并联电感匹配和 (b) 串联电感匹配

图 13.19(a) 所示换能器用并联电感匹配方式工作, 此时, 在回路中构成两个共

振系统。一是力学支路谐振支路，另一系统为 L_p、C_0、R_i 所组成的谐振系统。图 13.19(b) 则采用串联电感匹配方式。两种匹配方式表现出类似的通带特性。匹配电感的近似计算公式为

$$并联电感：\quad L_p = \frac{1}{\omega_s^2 C_0}，\quad 串联电感：\quad L_s = \frac{1}{\omega_p^2 C_0} \tag{13.57}$$

图 13.20 和图 13.21 分别给出并联电感、串联电感匹配时系统的阻抗曲线。

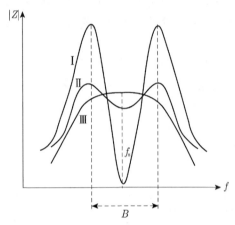

图 13.20　并联电感匹配阻抗曲线

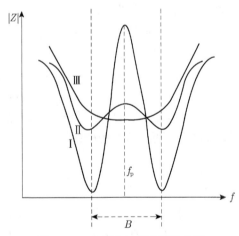

图 13.21　串联电感匹配阻抗曲线

图中曲线 I 表示换能器空载情况，曲线 II 表示中度负载，曲线 III 表示重负载情况。三种负载情况下对应的阻抗圆如图 13.22 和图 13.23 所示。

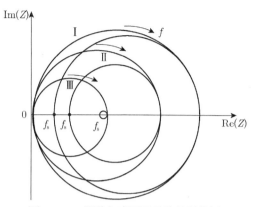

图 13.22 并联电感匹配系统的阻抗圆

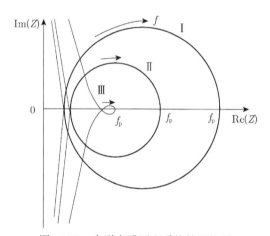

图 13.23 串联电感匹配系统的阻抗圆

可以看出，利用并联电感匹配时，调谐频率是在 f_s 上，即调谐在串联共振频率。用串联电感匹配时，调谐频率在 f_p 上，即调谐在并联共振频率。系统的响应频率可以通过调节电端电阻的电学控制方式来改变，也可以通过改变力学端等效电阻的力学控制方式来改变。但这并不明显影响 f_s、f_p 或带宽 B。最大带宽 B 近似等于无负载条件下的最大带宽，即近似等于图 13.22 中工作频率为 f_s 时最大阻抗间对应的带宽，也近似等于图 13.23 中工作频率为 f_p 时最小阻抗间对应的带宽。

电端等效电阻 R_i 在这里是一个关键的参数，通过调节 R_i，可以使换能器与信号发生器及匹配电路达到匹配。若选用并联电感匹配，则 $Q_m^E > Q$ 时，$Q = \sqrt{\dfrac{1 - K_{eff}^2}{2K_{eff}^2}}$，

当 $K_{eff} \ll 1$ 时，$R_i \approx \dfrac{0.7}{\omega_s C_0 K_{eff}}$；同样，在串联电感匹配时，$R_i \approx \dfrac{K_{eff}}{0.7\omega_p C_0}$。

　　综上所述，通过串联调谐和并联调谐方式都可以使换能器达到谐振状态，使其等效电阻获得更大的功率，换能器工作于良好状态，但两种调谐方式存在一定的差异。

　　(1) 换能器串联电抗比并联电抗小，故用于串联调谐匹配的电抗量比并联调谐时小。

　　(2) 串联调谐后的有功阻比并联调谐后的有功阻小，所以串联调谐可获得相对低的输入电阻。

　　(3) 并联调谐不改变换能器并联电导响应，而串联调谐后电导响应呈双峰，如图 13.20 和图 13.21 所示。同时，串联调谐时，换能器导纳圆图为两个重叠的圆曲线。

　　(4) 从串、并联调谐的输入相角过零点情况看，对于拓宽换能器带宽并联调谐优于串联调谐。

　　(5) 实际换能器的等效电阻 R 不但与动态损耗电阻 R_m 有关，还与换能器负载 R_L 有关。R_L 与 R_m 是串联关系，若将 R_L 与 R_m 看成一个电阻 R_L'，则要使换能器向负载输出更大功率，就必须使得等效电路中的 R_L' 获得尽量多的功率。

　　从上面等效电路分析可知，若超声频电源为恒压源，采用串联调谐时，可使 R_L' 获得尽量大的电压；当超声频电源为恒流源时，采用并联调谐方式，可使得 R_L' 获得尽量多的电流。这样，负载上可得到较大功率。

13.7.2　电匹配电路对换能器振动系统的影响

　　由于换能器是一个共振系统，因此匹配电路必将对其共振频率有所影响，因而也影响换能器的振动特性，接下来将就常见的匹配电路对换能器的共振频率的影响进行分析，同时将讨论系统有效机电耦合系数 K_{eff} 的变化规律，以便合理设计高传输效率的匹配电路及换能器振动系统。

　　1. 电容、电感匹配电路分析

　　考虑在理想情况下，$R_0 \to \infty$、$R_m \to 0$ 时，换能器的电端阻抗为

$$Z = jX_e = -j\frac{1}{\omega C_0} \cdot \frac{1-(\omega_s^2/\omega^2)}{1-(\omega_p^2/\omega^2)} \tag{13.58}$$

换能器导纳为

$$Y = \frac{1}{Z} = jB_e = -j\omega C_0 \cdot \frac{1-(\omega_p^2/\omega^2)}{1-(\omega_s^2/\omega^2)} \tag{13.59}$$

其中，$\omega_s^2 = \dfrac{1}{L_1 C_1}$，$\omega_p^2 = \dfrac{C_0 + C_1}{L_1 C_1 C_0}$，式中所描述的电抗曲线见图 13.24。

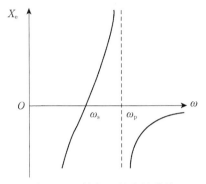

图 13.24　换能器的电抗曲线

以下分别讨论匹配电感、电容对换能器振动特性的影响。

1) 串联电感匹配

串联电感匹配电路见图 13.25，其中 PXE 代表换能器，L 为匹配电感。在这种情况下，匹配电感与换能器的总阻抗为

$$Z' = jX'_e = j\omega L + jX_e \qquad (13.60)$$

依据式 (13.60) 可得到电抗曲线，如图 13.26 所示。从图中可知，串联电感的加入使换能器的串联共振频率 ω'_s 降低，但不影响并联共振频率 ω_p。同时在高于 ω_p 的地方出现另一串联共振频率 ω''_s，这是因为换能器在频率高于 ω_p 处呈容性，与串联电感产生新的共振。同时可见串联电感越大，ω'_s 及 ω''_s 越低。

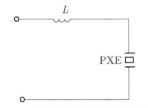

图 13.25　压电换能器的串联电感匹配

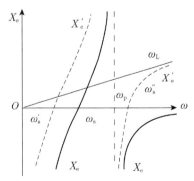

图 13.26　换能器串联电感匹配的电抗曲线图

2) 并联电感匹配

并联电感匹配电路框图如图 13.27 所示，此时可以得到并联电感与换能器系统总导纳为

$$Y' = \mathrm{j}B_{\mathrm{e}}' = \mathrm{j}\left[-\frac{1}{\omega L} + \omega C_0 \cdot \frac{1-(\omega_{\mathrm{p}}^2/\omega^2)}{1-(\omega_{\mathrm{s}}^2/\omega^2)} \right] \tag{13.61}$$

依据式 (13.61) 可得到系统的电纳曲线，如图 13.28 所示。

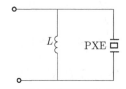

图 13.27　压电换能器的并联电感匹配

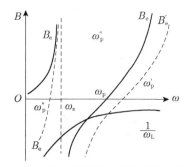

图 13.28　压电换能器并联电感匹配的电纳曲线图

由图可以看出，当匹配电感与换能器并联时，压电换能器的串联共振频率 ω_{s} 不变，但并联共振频率 ω_{p}' 升高，并且产生一低于 ω_{s} 的并联共振频率 ω_{p}''。并联电感越小，并联共振频率 ω_{p}' 及 ω_{p}'' 越高。

3) 串联电容匹配

串联电容匹配即电容与压电换能器串联，电路如图 13.29 所示，系统的总阻抗为

$$Z' = \mathrm{j}X_{\mathrm{e}}' = \mathrm{j}\left[-\frac{1}{\omega C} - \frac{1}{\omega C_0} \cdot \frac{1-(\omega_{\mathrm{s}}^2/\omega^2)}{1-(\omega_{\mathrm{p}}^2/\omega^2)} \right] \tag{13.62}$$

由式 (13.62) 可得到串联电容匹配电抗曲线，如图 13.30 所示。

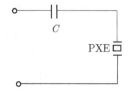

图 13.29　压电换能器的串联电容匹配

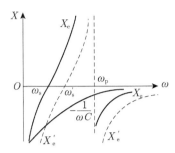

图 13.30 串联电容匹配电路换能器的电抗曲线

由图可知，串联电容匹配时，换能器串联共振频率 ω_{s} 升高，而并联共振频率 ω_{p} 不变；串联电容 C 越小，新的串联共振频率 ω_{s}' 越高。

4) 并联电容匹配

并联电容匹配电路图如图 13.31 所示，此时电路的总导纳为

$$Y' = \mathrm{j}R_{\mathrm{e}}' - \mathrm{j}\left[\omega C + \omega C_0 \frac{1-(\omega_{\mathrm{p}}^2/\omega^2)}{1-(\omega_{\mathrm{s}}^2/\omega^2)}\right] \tag{13.63}$$

依据式 (13.63) 可得并联电容匹配电路的电抗曲线，如图 13.32 所示。由图可得到，当换能器采用并联电容匹配时，其串联共振频率 ω_{s} 不变，并联共振频率 ω_{p}' 降低；而且并联电容越大，并联共振频率 ω_{p}' 就越小。

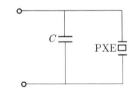

图 13.31 压电换能器的并联电容匹配

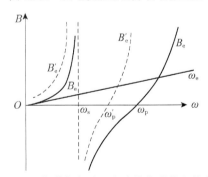

图 13.32 并联电容匹配电路换能器的电抗曲线

2. 匹配电路参数对系统有效机电耦合系数的影响

根据换能器有效机电耦合系数的定义，可得匹配电路及换能器复合系统的有效

机电耦合系数的表达式

$$K_{\text{eff}}^2 = \frac{f_{\text{pc}}^2 - f_{\text{sc}}^2}{f_{\text{pc}}^2} \tag{13.64}$$

其中，f_{sc} 和 f_{pc} 为匹配电路和换能器系统的串联和并联共振频率，分别对应前面讨论过的 f_{s}' 及 f_{p}'，由前面的讨论，可把匹配电路参数对系统的有效机电耦合系数的影响归纳为以下几点。

(1) 当匹配电感与换能器串联时，由于串联共振频率 f_{s}' 降低，而并联共振频率不变，由式 (13.64) 可知，此时系统的有效机电耦合系数升高。

(2) 当匹配电感与换能器并联时，串联共振频率不变，但并联共振频率 f_{p}' 升高，同样由式 (13.64) 知，有效机电耦合系数升高。

(3) 当匹配电容与换能器串联时，由于串联共振频率 f_{s}' 升高，而并联共振频率 f_{p}' 降低，系统的有效机电耦合系数下降。

(4) 当匹配电容与换能器并联时，系统的串联共振频率不变，但并联共振频率 f_{p}' 降低，同理系统的有效机电耦合系数下降。

所以无论是采用串联还是并联电感匹配，都能使系统的有效机电耦合系数升高。采用串联电容或并联电容匹配，反而使系统的有效机电耦合系数下降。

13.7.3 几种常见的换能器匹配电路分析

上文对压电陶瓷超声换能器的电匹配进行了比较笼统的分析和讨论，在实际应用中，由于具体应用技术的不同，换能器的电匹配电路也是不同的，并且各种匹配电路的特点和性能也是不同的。这里将对一些较常用的换能器的匹配电路及其对换能器性能的影响加以分析和讨论。实际情况中，我们经常选用单一电抗元件作为简单匹配电路使用。而换能器工作频率多选在串联共振频率 f_{s} 或并联共振频率 f_{p} 上，此时换能器呈容性状态，若选用电容匹配，则不可能达到共轭匹配的条件；而选用电感匹配时可以达到共轭匹配，所以通常情况下，常选用电感匹配电路，这也是我们习惯于选用电感元件进行电路匹配的原因。

而电容元件在匹配电路中也是非常重要的，它可以改变回路的滤波特性和阻抗特性，所以，电容元件通常也出现在匹配电路中，有时为了达到较好的滤波和通带特性，电容元件是必不可少的。在实际的较复杂的匹配电路中，常常包含多个电容，并且有多种连接方式。

通过电感和电容组合匹配，可以进一步改进匹配电路的频率特性和阻抗特性，甚至通过不断调节匹配元件的大小，达到一定范围内的动态匹配效果。

1. 变压器匹配电路

利用变压器变阻来实现匹配是常见的一种匹配方法，匹配电路如图 13.33 所示。

TR 为匹配变压器，C_e 是静态电容，R_e 是等效电阻，L 是匹配电感。

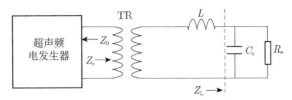

图 13.33　变压器匹配电路

换能器的输入阻抗化简为

$$Z_i = R_i + jX_i = \frac{R_e}{1 + R_e^2 \omega_0 C_e^2} - j\frac{R_e^2 \omega_0 C_e}{1 + R_e^2 \omega_0^2 C_e^2} \tag{13.65}$$

式中，ω_0 为机械共振频率时的角频率。可得变压器匹配电路匹配条件为

$$R_0 = \left(\frac{n_1}{n_2}\right)^2 \cdot \frac{R_e}{1 + R_e^2 \omega_0^2 C_e^2} \tag{13.66}$$

$$\omega_0 L = \frac{R_e^2 \omega_0 C_e}{1 + R_e^2 \omega_0^2 C_e^2} \tag{13.67}$$

式中，n_1 及 n_2 为变压器初、次级匝数。只要改变变压器初次级匝数及匹配电感的量值，就可以实现理想匹配。但由于变压器匝数难以连续改变，所以变压器匹配电路实际上难以实现理想匹配。然而变压器匹配电路中，由于加入串联电感，换能器的串联共振频率降低，并联共振频率不变，根据有效机电耦合系数的定义 $K_{eff} = \left[1 - \left(\frac{f_s}{f_p}\right)^2\right]^{1/2}$，可以看出变压器匹配电路能提高换能器的有效机电耦合系数。

2. 电感-电容匹配电路

利用电感和电容组合连接可以组成匹配电路，如图 13.34 就是一种电感-电容匹配电路。此时匹配电路与换能器等效阻抗为

$$Z_c = R_c + jX_c = \frac{R_e}{1 + \omega_0^2 (C + C_e)^2 R_e^2} + j\left[\omega_0 L - \frac{R_e^2 \omega_0 (C + C_e)}{1 + R_e^2 \omega_0^2 (C + C_e)^2}\right] \tag{13.68}$$

要实现理想匹配，必须满足下面条件：

$$R_0 = R_c = \frac{R_e}{1 + \omega_0^2 R_e^2 (C + C_e)^2} \tag{13.69}$$

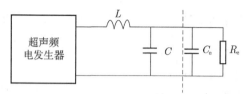

图 13.34　电感-电容匹配电路

$$\omega_0 L = \frac{R_e^2 \omega_0 (C + C_e)}{1 + R_e^2 \omega_0^2 (C + C_e)} \tag{13.70}$$

输入回路的电品质因数为

$$Q_e = \frac{\omega_0 L}{R_c} = \frac{\omega_0 L}{R_e}[1 + R_e^2 \omega_0^2 (C + C_e)^2] \tag{13.71}$$

通过改变匹配电路中 L、C 的量值,可以实现理想匹配,可以计算出 L、C 的值。但此时回路的电品质因数 Q_e 随即确定,回路的频率特性及滤波特性确定,不适用于动态工作情况。要使它的适用性更广泛,则需作进一步改进。

3. 改进的电感-电容匹配电路

对上述匹配电路,可以再增加一个串联电容 C' 来改变电路的特性,如图 13.35 所示。

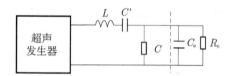

图 13.35　改进的电感-电容匹配电路

换能器与匹配电路的输入总阻抗为

$$Z_c = R_c + jX_c = \frac{R_e}{1 + \omega_0^2 (C + C_e)^2 R_e^2} + j\left[\omega_0 L - \frac{1}{\omega_0 C'} - \frac{R_e^2 \omega_0 (C + C_e)}{1 + R_e^2 \omega_0^2 (C + C_e)^2} \right] \tag{13.72}$$

要达到理想匹配,须满足下面关系:

$$R_0 = R_c = \frac{R_e}{1 + \omega_0^2 R_e^2 (C + C_e)^2} \tag{13.73}$$

$$\omega_0 L = \frac{1}{\omega_0 C'} + \frac{R_e^2 \omega_0 (C + C_e)}{1 + R_e^2 \omega_0^2 (C + C_e)} \tag{13.74}$$

回路的电品质因数为

$$Q_e = \frac{\omega_0 L}{R_c} = R_e \omega_0 (C + C_e) + \frac{[1 + R_e^2 \omega_0^2 (C + C_e)^2]}{R_e \omega_0^2 C'} \tag{13.75}$$

这时不但可以得到理想匹配，又可以改变回路的电品质因数，回路的频率和滤波性能得到改善，它的滤波性能明显优于变压器匹配电路。

13.7.4 小结

以上我们讨论了换能器匹配电路中的调谐方式，比较了两种调谐方式的特点，得到了几个结论。同时，对单一抗性元件匹配电路进行了对比讨论，得到了电感匹配电路的串联和并联调谐方式的特点，以及电容元件匹配电路的串联和并联调谐方式的特点，给出了共振频率的变化规律。本部分还讨论了常见的变压器匹配电路及电感-电容组合匹配电路的特点，对复合匹配电路的理想匹配条件进行了分析。

但同时应当指出的是，换能器在工作中随着负载的变化、信号发生器的频率漂移以及发热等因素的影响，换能器要随时达到理想匹配条件是非常困难的，必须借助于频率跟踪及匹配电路的自动调整才能保证实现换能器工作于理想匹配条件。由于影响换能器工作状态的因素很多，换能器的种类有非常多，所以我们只有通过分析得到各种匹配电路的工作特点，才能根据具体换能器的特点进行换能器的匹配，然后进一步对换能器的动态匹配进行探讨。从这方面来看，以上所讨论的结果对于进一步探讨换能器的动态匹配问题应有所帮助。

13.8 压电陶瓷超声换能器的声学匹配

压电陶瓷超声换能器是一个声电转换器件，其电端与超声频电发生器相连，两者之间需要考虑电匹配，以确保发生器的电功率可以高效地传输给压电换能器。在换能器的机械端，即声波辐射端，换能器向各种不同的介质中辐射声波，以实现各种不同的声学技术应用，如超声检测、超声处理等。由于换能器的机械阻抗与负载介质的声阻抗存在差异，因此，为了确保换能器产生的机械功率能够高效地传输到负载介质中，就必须进行换能器的声阻抗匹配，即所谓的声匹配[340-345]。

针对超声的不同应用，如医学超声、检测超声以及功率超声等，声匹配的本质及目的是相同的，即实现阻抗的变换，以便减小换能器和负载介质之间的阻抗差异。然而，对于不同应用的超声换能器，由于其结构及功能的不同，其有效的声匹配措施是有所差异的。

一般来说，超声的应用可以分为两大部分：①低强度应用，如超声检测和医学超声诊断；②高强度应用，即功率超声应用以及医学超声治疗。基于此，可以将超声换能器的声匹配分为两方面，即小信号换能器的声阻抗匹配以及大信号换能器的声阻抗匹配。对于超声换能器的小信号声学匹配，如超声成像、超声检测以及超声探伤等。在超声匹配过程中，主要是通过匹配层材料来实现声阻抗的匹配或过渡。

对于大功率高强度功率超声换能器，其声阻抗匹配主要是通过所谓的力学变压器，即超声变幅杆和变幅器来实现的。其匹配原理在于通过改变变幅杆的截面变化函数规律来实现系统机械阻抗的改变。除此以外，此类声阻抗匹配器件还具有一个更重要的应用，即改变换能器输出端的机械量 (位移、振速以及加速度) 的大小，以便实现不同的功率超声技术应用，如超声清洗、超声焊接以及加工等。

13.8.1　检测超声以及医学诊断超声换能器 (小信号) 的声阻抗匹配

在超声工程领域，由两种介质的声阻抗失配而造成声传播困难，这种情况是经常发生的。其中最为典型的是压电陶瓷换能器，即压电陶瓷晶片与工作介质 (如水、人体组织和空气等) 之间的阻抗失配。阻抗的显著差异，即严重的阻抗失配不仅会降低界面处的声波透射系数，而且会使压电陶瓷器件以较高的机械 Q 值共振，造成频带窄而脉冲长，从而严重影响探头的发射/接收灵敏度和轴向分辨率以及信息的丰富程度。因此超声换能器的声学匹配一直是人们比较感兴趣的研究课题之一。

超声匹配理论基本上是利用声波的反射和透射理论。当平面声波垂直入射到两种介质的平面分界面上时，超声波声压的反射系数 r 和透射系数 t 可由下式给出：

$$r = \frac{Z_2 - Z_1}{Z_2 + Z_1} \tag{13.76}$$

$$t = \frac{2Z_2}{Z_2 + Z_1} \tag{13.77}$$

式中，Z_1、Z_2 分别是第一种介质和第二种介质的声阻抗率。很显然，介质的声阻抗率对于声波的反射和透射是非常重要的。

在超声检测和超声诊断等领域，负载作为第二种介质，压电陶瓷片作为第一种介质，两者的声阻抗相差很大，这时声波的透射系数很小，而反射系数很大，造成大部分声波被反射，只有一小部分声波透射。为了克服这一缺点，在压电陶瓷片和负载之间插入另外的介质，使声波的特性阻抗逐渐变化以增加声波的透射。插入一层匹配介质层的换能器叫作具有单层阻抗匹配层的换能器；插入两层匹配介质层的换能器叫作具有双层阻抗匹配层的换能器；插入两层以上介质层的换能器叫作具有多层阻抗匹配层的换能器。另外，在超声诊断以及超声检测换能器中，除了应用阻抗匹配层以外，还需要在换能器的背面利用声吸收材料作为换能器的背衬。一般来说，换能器的背衬材料置于压电陶瓷元件背面，并与之连在一起，其作用也是用于控制超声换能器的频率和脉冲响应。因此从某种意义上讲，换能器的背衬与匹配层具有相同的作用。

目前超声换能器中应用最多的是单层阻抗匹配层和双层阻抗匹配层。由于工艺上的原因，多层阻抗匹配层应用的很少。对于四分之一波长单层阻抗匹配层，理想的匹配条件为

$$Z_p = \sqrt{Z_0 Z_L} \tag{13.78}$$

式中，Z_p、Z_0、Z_L 分别是匹配层、压电陶瓷片以及负载介质的特性声阻抗。对于双层阻抗匹配层，有以下关系：

$$Z_{1p} = \sqrt[4]{Z_0^3 Z_L} \tag{13.79}$$

$$Z_{2p} = \sqrt[4]{Z_0 Z_L^3} \tag{13.80}$$

式中，Z_{1p}、Z_{2p} 分别是第一和第二层匹配层的特性声阻抗。在上述理论中，假设换能器和负载介质的横向尺寸为无限大，而纵向可视为半无穷介质。有关换能器声阻抗匹配的理论很多，其中最主要的有 Mason 模型理论、KLM 模型理论、串并联阻抗相等理论以及多模式滤波器合成理论等。与电学匹配类似，在声学匹配理论中，除了理论计算以外，还必须依靠实验调试来实现声阻抗匹配。在实际过程中，除了采用阻抗适宜的匹配材料以外，有时还通过改变匹配层的厚度来实现理想的声阻抗匹配。因此，声阻抗匹配的含义应该既包括阻抗选择，同时也必须包括匹配层的厚度设计。在现有的匹配理论分析和工程实践中，匹配层的厚度几乎皆取为四分之一波长，因此在现有的教科书以及技术术语中都将匹配层称为四分之一波长阻抗匹配层。由于匹配层对换能器的性能影响很大，因此匹配层材料的选择是非常重要的。一般来说，匹配层材料应选用声速较大的材料，这对于高频换能器的匹配层加工是比较方便的。另外，声匹配层材料的声衰减系数应该越小越好。

上面提到，在现有的声匹配技术中基本上采用单层或双层匹配层，很少采用多层匹配。其中的原因比较复杂。①多层匹配材料的选择比较困难，很难找到满足理论计算结果的声匹配材料。②从理论上讲，多层材料有利于匹配，然而实际上会出现许多问题，如材料的黏结会带来一定的声衰减，多层界面的声反射等都不利于声波的传播。

匹配材料按照声阻抗率的大小可分为高中低三段。对于高段，可用的匹配材料有玻璃、石英和铝等金属及无机非金属材料。低段匹配材料可从塑料中选用。而中段却没有现成的匹配材料，必须自行配制。在具体的配料过程中，应注意基料与配料的选取以及配料的含量和配料的粒度选择。常用的基料为低黏度环氧树脂，既便于调配和真空除气，又自然解决了与相邻元器件的黏结问题。填料的选择应视所需声阻抗的大小而定。当所需的声阻抗比较大时，采用钨和氧化钨等填料；当所需的声阻抗比较小时，选用二氧化硅和滑石粉等填料；对于处于这两者之间的声阻抗，一般选择氧化铁和二氧化钛等填料。填料含量的选择也要视所需声阻抗率的大小而定。根据一般的理论，当在高分子基料中加入矿物类填料时，复合体系的声阻抗率将随着填料含量的增加而单调升高。从理论上说，基料和填料可采用任何配比。但实际上任何填料都有一个填充极限，即其颗粒达到紧密堆积。为此工程实践中要求的匹配层的声阻抗率越高，所用填料的声阻抗率也应越高。至于填料的粒度，理论和实践都证明，填料颗粒越粗，其填充极限越高，混合物料黏度越低，越利于调配和真空除气。但另一方面，物料越稀，越难保持均一性，对高密度填料尤其如此。在实践中的最佳选择是，在达到声阻抗率要求的填充比例时，混合物仍具有适当的流动性，既可允许真空除气，又不必担心填料聚沉。

匹配层的材料、阻抗和厚度对换能器的性能，如灵敏度、带宽、传递函数及脉冲回波波形的影响很大。因此在设计换能器以及换能器的匹配层时，应根据对换能器某些性能要求的侧重点、所用的信号源、匹配层的材料等实际情况进行反复实验来确定。

背衬也是影响换能器性能的一个重要因素，尤其对于采用脉冲回波方式的超声检测和诊断技术中的超声换能器。由于换能器的脉冲宽度直接影响轴向分辨率，因此为了获得窄的声脉冲，就必须限制激励电信号的脉冲宽度和采用低机械品质因数的压电元件，此外，最有效的办法就是在压电元件背后附加高阻尼和高衰减的背衬材料，利用其阻尼作用使晶片的谐振过程尽快结束。值得指出的是，背衬在带来上述好处的同时，由于能量的损耗，也使换能器的发射和接收灵敏度降低，而且脉冲越窄，灵敏度越低。因此在实际过程中，应根据实际情况，进行合理设计，以便妥善处理这一问题。

当电脉冲激励压电陶瓷元件时，换能器不但向前方辐射声能，而且也向后方辐射。在超声检测和超声诊断等领域中，来自前方的回波信号是有用的，而来自后方的信号属于干扰杂波，应尽可能消除。故应将背衬块做成像无限大的吸声媒介一样，使后向辐射的声能几乎全部消耗在其中。背衬块中的声衰减系数主要由两个因素决定，①背衬中填料产生的散射衰减，这些被散射的超声波沿着复杂的路径传播，最终变成热能；②背衬材料的黏滞性，这种黏滞会引起质点间的内摩擦，从而使一部分声能变成热能。

换能器的背衬材料就是压电元件背后的一块衬垫块。它的选取是根据具体的换能器指标而决定的。它的声阻抗和吸声性能将直接影响到换能器的技术指标，如频带宽度、灵敏度、脉冲-回波持续时间等。背衬块材料的阻抗越大，对换能器所起的阻尼作用就越大。如果没有背衬，则压电换能器受到电激励而发生振动，当电激励停止时，压电元件不会立即停止振动，而是持续一段时间才停止振动。换能器所激励起的声脉冲比激励电脉冲要长得多，脉冲-回波持续时间也会长得多，从而使换能器的轴向分辨率下降。增加背衬就是对换能器增加阻尼。当背衬块的阻尼恰当时，电脉冲激励时压电元件振动；电脉冲停止后，压电元件也瞬刻停振，从而可以制成宽带窄脉冲超声换能器，即换能器的机械品质因数下降，带宽增加，不引起波形畸变，改善了整机的轴向分辨率。与超声换能器的声匹配材料一样，根据换能器的工作状态，背衬材料可分为轻背衬、中背衬和重背衬。工作在连续状态下的换能器用轻背衬,如空气背衬。工作在连续波状态下的多普勒换能器,就属于一种轻背衬换能器,此时,只需要考虑换能器工作频率的稳定性以及如何提高换能器的灵敏度。在超声检测换能器中,为了提高分辨率,常常使用重背衬,背衬材料的特性阻抗非常接近压电陶瓷元件的特性,因而可以得到良好的振动特性。为了满足换能器的特性要求,需选择合适特性阻抗的背衬材料,这通常是中背衬材料。背衬材料通常选用环氧树脂加钨粉进行配置。除此之外,还采用硅橡胶加钨粉、聚乙烯醇加钨粉、环氧树脂加氯化汞等方法,也有用液体橡胶制成的。近几年来,国外对背衬块的研究进展迅速,其中有钨-乙烯塑料法,钨粉与可延展金属 (如铝、铜、铅及锡等) 的固-固复合材料法等。固-固复合材料与钨粉-环氧背衬块相比较,前者在较小的钨粉体积分数时,就可以得到较高的阻抗。另外要增加衰减系数,也可以选择合适的微粒直径。有时,为了增强吸声系数,还可将背衬块做成尖劈状或圆锥形,形成凹凸不平的形状。

13.8.2 功率超声以及医学超声治疗换能器 (大信号) 的声阻抗匹配

在功率超声以及医学超声治疗中的超声外科手术领域,超声换能器基本上采用传统的夹心式压电陶瓷换能器,即所谓的朗之万换能器。为了满足不同的超声技术应用对机械振动幅度以及声强度的要求,需要在换能器和声负载之间增加一个机械变幅器,俗称超声变幅杆。超声变幅杆,又可以称为超声变速杆、超声聚能器,其在超声技术中,特别是在高声强超声设备的振动系统中非常重要。它的主要作用是把机械振动的质点位移或速度放大,或者将超声能量集中在较小的面积上,即聚能作用。我们知道,超声换能器辐射面的振动幅度在 20kHz 范围内只有几微米。而在高声强超声应用中,如超声加工、超声焊接、超声搪锡、超声破坏细胞、超声金属成型 (包括超声冷拔管、丝和铆接等) 和某些超声外科设备及超声疲劳试验等应用中,辐射面的振动幅度一般需要几十到几百微米。因此必须在换能器的端面连接超声变幅杆,将机械振动振幅放大。除此以外,超声变幅杆还可以作为机械阻抗变换器,在换能器和声负载之间进行阻抗匹配,使超声能量更有效地从换能器向负载传输。

在功率超声应用中,人们根据实际需要研究出各种类型的变幅杆。最简单、也是较常用的变幅杆包括指数型、悬链线型、阶梯型和圆锥型。这类变幅杆我们称为单一变幅杆。此外,为改善变幅杆的某些性能,例如提高形状因数,增加放大系数等,还研究出各种组合型超声变幅杆,这类变幅杆是由两种以上不同形状的杆组合而成的。在实际应用中还出现一些由多个单一变幅杆级联工作的组合系统。除了上面提到的传统变幅杆外,在某些应用中有时还需要一些非杆状的振动振幅变换器,其形状有盘形、长方体等,我们称其为变幅器。有些变幅器不但有振动振幅的变换功能,而且还有振动方向的变换功能。

图 13.36 是一个基于超声变幅杆的功率超声换能器的力阻抗匹配原理图。其中

Z_i、S_1、v_1 和 Z_L、S_2、v_2 分别是阻抗匹配变幅杆输入端和输出端的输入力阻抗、横截面积以及机械振动速度。在功率超声振动系统中，换能器的输出端与超声变幅杆直接相连，因此变幅杆的输入阻抗 Z_i 也就是换能器的输出阻抗。令阻抗变换变幅杆输入端和输出端的机械功率分别为 P_1 和 P_2，忽略变幅杆的机械损耗，可得以下关系：

$$P_1 = v_1^2 Z_i = P_2 = v_2^2 Z_L \tag{13.81}$$

$$Z_i = \left(\frac{v_2}{v_1}\right)^2 Z_L = M^2 Z_L \tag{13.82}$$

$$M = \frac{v_2}{v_1} \tag{13.83}$$

式中，M 表示变幅杆的振幅放大系数。可以看出，变幅杆阻抗变换器的输入端机械阻抗与其振幅放大系数和负载阻抗有关系。当系统的负载阻抗一定时，变幅杆阻抗变换器的输入阻抗直接决定于其振幅放大系数。基于超声变幅杆的基本原理，其振幅放大系数与其几何形状、几何尺寸以及共振频率等都有关。因此，通过改变传统的超声变幅杆的各种性能参数，就可以实现其输入机械阻抗的改变，从而也就实现了功率超声换能器的声阻抗匹配。

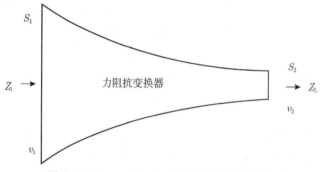

图 13.36 功率超声换能器的力阻抗匹配原理

变幅杆阻抗变换器振动系统是一个共振式结构。当变幅杆的几何形状以及尺寸确定以后，其各种性能参数，包括共振频率、位移放大系数以及机械品质因数等随之确定。而在一些功率超声应用技术中，我们需要研究超声参数对超声处理效果的影响，例如研究超声各种处理效应的频率响应以及振动位移的影响等，因此我们需要改变超声换能器振动系统的性能参数。为了达到这一目的，按照传统的超声变幅杆的设计理论，必须设计不同的超声振动系统，以实现其性能参数的改变，而这对于工程技术应用是不方便的，也增加了系统的成本。

鉴于此，我们提出了一种基于压电效应的阻抗性能可调的纵向振动圆锥型超声变幅杆，并对其振动性能进行了研究。该变幅杆是由传统的圆锥型超声变幅杆和压电陶瓷材料组合而成。通过改变与压电陶瓷材料连接的电阻抗，借助于压电陶瓷材料的压电效应，可以实现纵向振动超声变幅杆共振频率、放大系数以及阻抗分布的改变，因而也改变了其输入机械阻抗。我们重点研究了圆锥型超声变幅杆中压电陶瓷材料的厚度、位置以及电阻抗的改变对变幅杆性能参数的影响，并进行了仿真验证。结果表明，通过改变压电陶瓷材料的厚度、位置和电阻抗值，可以实现变幅杆共振频率、位移放大系数以及输入力阻抗的改变。同时，数值模拟仿真及实验研究表明，理论计算结果与数值模拟值和实验测试值符合很好。

1. 理论分析

图 13.37 所示为一个性能可调的圆锥型超声变幅杆。图中 PZT 表示纵向极化的压电陶瓷圆环，其数目一般为偶数，且相邻两片压电陶瓷材料的极化方向是相反的。压电陶瓷材料与圆锥型超声变幅杆之间通过预应力螺栓连接。图中 Z_e 表示连接于压电陶瓷材料上的可变电阻抗。F_1、v_1 和 F_2、v_2 分别表示变幅杆输入和输出端面的力和振动速度。基于压电陶瓷换能器振动系统的一维分析理论，可得上述变幅杆的机电等效电路，如图 13.38 所示。图 13.38 中，Z_{11}、Z_{12}、Z_{13} 和 Z_{21}、Z_{22}、Z_{23} 表示组成该变幅杆的两段金属圆柱的等效机电阻抗。Z_{01}、Z_{02}、Z_{03} 表示压电陶瓷材料的等效机电阻抗。C_0 和 n 分别表示压电陶瓷材料的静态电容和机电转换系数。上述参数的具体表达式如下：

$$Z_{11} = \frac{\rho c}{2jk}\left(\frac{\partial S}{\partial x}\right)_{x=0} + \frac{\rho c K S_1}{jk}\cot K L_1 - \frac{\rho c K \sqrt{S_1 S_2}}{jk \sin K L_1} \tag{13.84}$$

$$Z_{12} = -\frac{\rho c}{2jk}\left(\frac{\partial S}{\partial x}\right)_{x=L_1} + \frac{\rho c K S_2}{jk}\cot K L_1 - \frac{\rho c K \sqrt{S_1 S_2}}{jk \sin K L_1} \tag{13.85}$$

$$Z_{13} = \frac{\rho c K \sqrt{S_1 S_2}}{jk \sin K L_1} \tag{13.86}$$

$$Z_{21} = \frac{\rho c}{2jk}\left(\frac{\partial S}{\partial x}\right)_{x=0} + \frac{\rho c K S_2}{jk}\cot K L_2 - \frac{\rho c K \sqrt{S_2 S_3}}{jk \sin K L_2} \tag{13.87}$$

$$Z_{22} = -\frac{\rho c}{2jk}\left(\frac{\partial S}{\partial x}\right)_{x=L_2} + \frac{\rho c K S_3}{jk}\cot K L_2 - \frac{\rho c K \sqrt{S_2 S_3}}{jk \sin K L_2} \tag{13.88}$$

$$Z_{23} = \frac{\rho c K \sqrt{S_2 S_3}}{jk \sin K L_2} \tag{13.89}$$

$$Z_{01} = Z_{02} = jZ_0 \tan \frac{p k_0 L_0}{2} \tag{13.90}$$

$$Z_{03} = \frac{Z_0}{\mathrm{j}\sin pk_0L_0} \tag{13.91}$$

$$Z_{03} = \frac{Z_0}{\mathrm{j}\sin pk_0L_0} \tag{13.92}$$

其中，$S = S(x)$ 表示变幅杆的截面积函数；$K^2 = k^2 - \dfrac{1}{\sqrt{S}}\dfrac{\partial^2 \sqrt{S}}{\partial x^2}$；$\rho$ 表示变幅杆材料密度；$c = \sqrt{E/\rho}$，$k = \sqrt{\omega/c}$，分别表示波数和声速；E 是材料的杨氏模量；L_1 和 L_2 表示变幅杆中两段金属圆锥的长度；S_1、S_2 和 S_2、S_3 表示两段金属圆锥两端的横截面积，$S_1 = \pi R_1^2$，$S_2 = \pi R_2^2$，$S_3 = \pi R_3^2$；S_0 和 L_0 分别表示压电陶瓷材料的横截面积和厚度，$S_0 = \pi R_0^2$；$Z_0 = \rho_0 c_0 S_0$，$k_0 = \sqrt{\omega/c_0}$，这里 ρ_0 和 c_0 分别表示压电陶瓷材料的密度和声速；p 表示压电陶瓷圆环的数目，一般为偶数，压电陶瓷材料的总厚度是 pL_0。

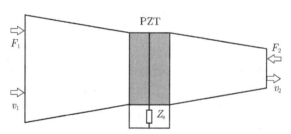

图 13.37　性能可调的圆锥型超声变幅杆的几何示意图

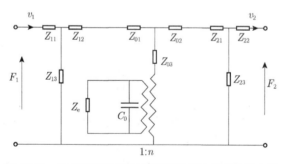

图 13.38　性能可调圆锥型超声变幅杆的机电等效电路

　　一般情况下，超声变幅杆的输出端作用于某一处理对象，具有一定的机械负载。当超声变幅杆输出端的机械阻抗为 Z_L 时，$F_2 = v_2 \times Z_L$。然而，考虑到变幅杆负载阻抗的复杂性，在变幅杆的实际设计时，常常忽略负载的影响，即 $Z_L = 0$。此时，利用图 13.38 可以得出变幅杆的输入机械阻抗 Z_{im} 为

$$Z_{\mathrm{im}} = Z_{11} + \frac{Z_{13}(Z_{12} + Z_{1\mathrm{m}})}{Z_{13} + Z_{12} + Z_{1\mathrm{m}}} \tag{13.93}$$

$$Z_{1\mathrm{m}} = Z_{01} + \frac{(Z_{03} + Z_{3\mathrm{m}})(Z_{02} + Z_{2\mathrm{m}})}{Z_{02} + Z_{03} + Z_{2\mathrm{m}} + Z_{3\mathrm{m}}} \tag{13.94}$$

$$Z_{2\mathrm{m}} = Z_{21} + \frac{Z_{22}Z_{23}}{Z_{22} + Z_{23}} \tag{13.95}$$

$$Z_{3\mathrm{m}} = n^2 \frac{Z_{\mathrm{e}}}{1 + \mathrm{j}\omega C_0 Z_{\mathrm{e}}} \tag{13.96}$$

式中，$\omega = 2\pi f$ 表示角频率。当变幅杆的输入机械阻抗 Z_{im} 等于零时，可以得出其共振频率方程为

$$Z_{11} + \frac{Z_{13}(Z_{12} + Z_{1\mathrm{m}})}{Z_{13} + Z_{12} + Z_{1\mathrm{m}}} = 0 \tag{13.97}$$

变幅杆的振速放大系数定义为输出端的振速与其输入端的振速之比

$$M = \frac{v_2}{v_1} \tag{13.98}$$

利用图 13.38，可得变幅杆的振速放大系数为

$$M = \frac{1}{G_1 G_2 G_3} \tag{13.99}$$

$$G_1 = \frac{Z_{13} + Z_{12} + Z_{1\mathrm{m}}}{Z_{13}} \tag{13.100}$$

$$G_2 = \frac{Z_{02} + Z_{03} + Z_{2\mathrm{m}} + Z_{3\mathrm{m}}}{Z_{03} + Z_{3\mathrm{m}}} \tag{13.101}$$

$$G_3 = \frac{Z_{22} + Z_{23}}{Z_{23}} \tag{13.102}$$

基于上述理论分析，当变幅杆的材料、形状以及几何尺寸给定以后，就可以得出其输入机械阻抗、共振频率和位移振幅放大系数。

2. 压电陶瓷材料和电阻抗对变幅杆性能参数的影响

对于圆锥型超声变幅杆，其横截面积变化函数为 $S = S_1(1 - \alpha x)^2$，这里 $\alpha = \dfrac{N-1}{NL}$，$N = \sqrt{\dfrac{S_1}{S_2}}$。变幅杆金属材料为铝合金，压电陶瓷材料为 PZT-4 发射型材料，利用材料的标准参数，即 $\rho = 2790\mathrm{kg/m}^3$，$E = 7.023 \times 10^{10}\mathrm{N/m}^2$，$c = 5100\mathrm{m/s}$，

$\rho_0 = 7500\mathrm{kg/m}^3$，$c_0 = 2933\mathrm{m/s}$，分析了电阻抗以及压电陶瓷材料对变幅杆共振频率和位移放大系数的影响。

1) 压电陶瓷材料位置的影响

当压电陶瓷材料在变幅杆中的位置发生改变时，变幅杆的位移和应力分布将发生相应的改变，因而影响变幅杆的性能。变幅杆的几何尺寸为：$R_1 = 0.03\mathrm{m}$，$R_2 = 0.02\mathrm{m}$，$R_3 = 0.01\mathrm{m}$，$R_0 = 0.019\mathrm{m}$，$L_1 + L_2 = 0.12\mathrm{m}$，$L_0 = 0.002\mathrm{m}$，$p = 2$。在这种情况下，变幅杆纵向的几何尺寸保持不变，则 L_1 的变化意味着压电陶瓷材料在变幅杆中的位置改变。基于上述理论分析，可以得出变幅杆的共振频率和位移放大系数对压电陶瓷材料位置的依赖关系，分别如图 13.39 和图 13.40 所示。

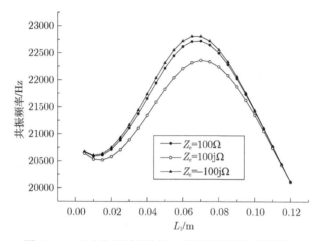

图 13.39　压电陶瓷材料位置对变幅杆共振频率的影响

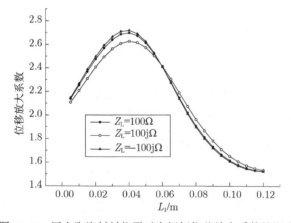

图 13.40　压电陶瓷材料位置对变幅杆位移放大系数的影响

由图可以看出，压电陶瓷材料的位置影响变幅杆的共振频率和位移放大系数；当压电陶瓷材料处于一定的位置时，变幅杆的共振频率和位移放大系数出现最大值；当压电陶瓷材料的位置固定时，电阻抗的性质对变幅杆性能参数的影响不大。

2) 压电陶瓷材料厚度对变幅杆性能参数的影响

保持压电陶瓷材料的位置不变，研究了压电陶瓷材料的厚度对变幅杆性能参数的影响。变幅杆的几何尺寸为：$R_1 = 0.03\mathrm{m}$，$R_2 = 0.02\mathrm{m}$，$R_3 = 0.01\mathrm{m}$，$R_0 = 0.019\mathrm{m}$，$L_1 = L_2 = 0.06\mathrm{m}$，$p = 2$。图 13.41 和图 13.42 分别为压电陶瓷材料的厚度对变幅杆共振频率和位移放大系数的影响。

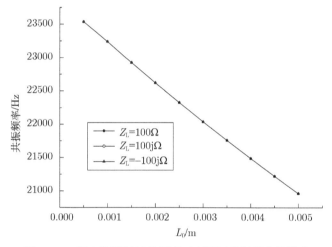

图 13.41　压电陶瓷材料的厚度对变幅杆共振频率的影响

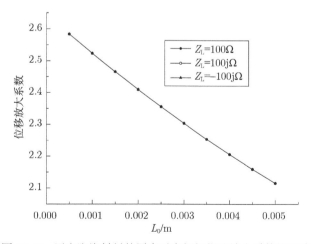

图 13.42　压电陶瓷材料的厚度对变幅杆位移放大系数的影响

　　由图可以看出,当压电陶瓷材料的厚度增大时,变幅杆的共振频率和位移放大系数减小;对应一定的压电陶瓷厚度,不同的电阻抗性质对变幅杆的性能影响是微乎其微的。

3) 电阻抗对变幅杆性能参数的影响

　　当连接到压电陶瓷材料上的电阻抗发生改变时,变幅杆的振动性能发生变化。当变幅杆的材料、形状以及几何尺寸一定时,研究了电阻抗对变幅杆性能参数的影响。变幅杆的几何参数为:$R_1 = 0.03\text{m}$,$R_2 = 0.02\text{m}$,$R_3 = 0.01\text{m}$,$R_0 = 0.019\text{m}$,$L_0 = 0.005\text{m}$,$L_1 = L_2 = 0.06\text{m}$,$p = 2$。图 13.43～图 13.49 分别是电阻抗对变幅杆共振频率、位移放大系数以及输入机械阻抗的影响规律。

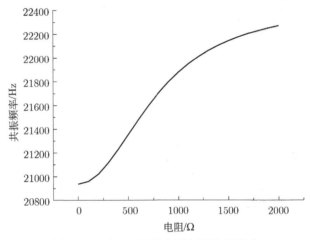

图 13.43　电阻对变幅杆共振频率的影响

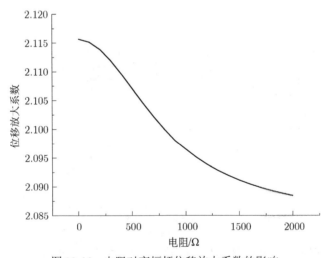

图 13.44　电阻对变幅杆位移放大系数的影响

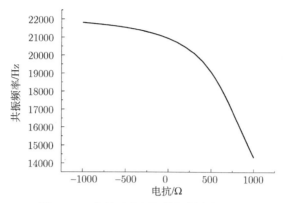

图 13.45 电抗对变幅杆共振频率的影响

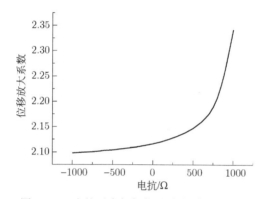

图 13.46 电抗对变幅杆位移放大系数的影响

由图可以看出, 电阻和电抗对变幅杆性能参数的影响规律是不同的; 当电阻增大时, 变幅杆的共振频率增大, 位移放大系数减小; 当电抗增大时, 变幅杆的共振频率减小, 位移放大系数增大。

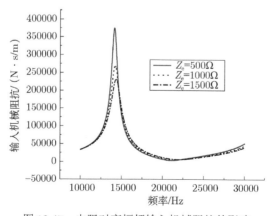

图 13.47 电阻对变幅杆输入机械阻抗的影响

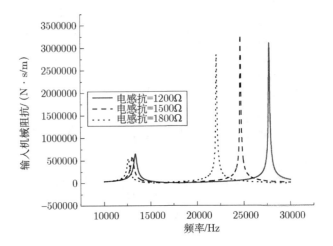

图 13.48　电感抗对变幅杆输入机械阻抗的影响

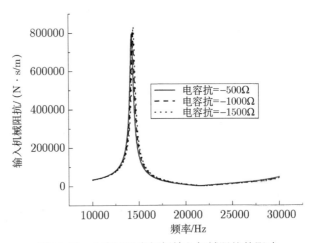

图 13.49　电容抗对变幅杆输入机械阻抗的影响

由图可以看出，电阻和电感抗对变幅杆的输入机械阻抗有较大的影响，而电容抗对其输入机械阻抗的影响较小。

基于上述分析可以看出，当电阻抗和压电陶瓷材料发生改变时，变幅杆的输入机械阻抗、共振频率和位移放大系数都会发生相应的变化，因此利用这种方法，通过合理地选择变幅杆的形状、几何尺寸、压电陶瓷材料的位置和厚度，以及连接于压电陶瓷材料上的电阻抗，可以实现变幅杆性能参数的改变及其优化设计。

3. 性能可调的超声变幅杆振动性能参数的数值模拟

为了验证上述理论分析，利用有限元法对变幅杆的振动性能进行了数值模拟及仿真。变幅杆的几何尺寸为：$R_1 = 0.03\text{m}$，$R_2 = 0.02\text{m}$，$R_3 = 0.01\text{m}$，$R_0 = 0.019\text{m}$，

$L_0 = 0.005\mathrm{m}$，$L_1 = L_2 = 0.06\mathrm{m}$，$p = 2$。基于 COMSOL Multiphysics 5.2 软件，数值模拟了变幅杆的振动模态，并得出了其共振频率和位移放大系数，结果如表 13.5～表 13.7 所示。其中 f_t、f_n 以及 M_t、M_n 分别表示变幅杆共振频率和位移放大系数的解析结果和数值模拟结果，$\Delta_1 = |f_\mathrm{t} - f_\mathrm{n}|/f_\mathrm{n}$，$\Delta_2 = |M_\mathrm{t} - M_\mathrm{n}|/M_\mathrm{n}$。

表 13.5 不同电阻时变幅杆共振频率和位移放大系数的理论及数值模拟结果

编号	R_e/Ω	f_t/Hz	f_n/Hz	$\Delta_1/\%$	M_t	M_n	$\Delta_2/\%$
1	100	20786	20653	0.64	2.122	2.108	0.66
2	1000	21648	20799	4.08	2.103	2.102	0.05
3	10000	22253	21155	5.19	2.090	2.079	0.53

表 13.6 不同电感时变幅杆共振频率和位移放大系数的理论及数值模拟结果

编号	L_e/mH	f_t/Hz	f_n/Hz	$\Delta_1/\%$	M_t	M_n	$\Delta_2/\%$
1	1	20492	20605	0.55	2.126	2.110	0.76
2	2	20133	20554	2.05	2.133	2.112	0.99
3	3	19666	20492	4.03	2.141	2.114	1.28

表 13.7 不同电容时变幅杆共振频率和位移放大系数的理论及数值模拟结果

编号	C_e/pF	f_t/Hz	f_n/Hz	$\Delta_1/\%$	M_t	M_n	$\Delta_2/\%$
1	10000	21494	20810	3.29	2.107	2.101	0.29
2	20000	21245	20745	2.41	2.111	2.104	0.33
3	100000	20894	20675	1.06	2.114	2.107	0.33

从上述结果可以看出，利用本书理论得出的变幅杆共振频率和位移放大系数与数值模拟结果符合得很好。同时，变幅杆共振频率和位移放大系数与电阻抗的依赖关系也基本保持一致。误差来源主要有以下几个方面：①解析理论中假设变幅杆的振动是一维的，没有考虑其他的振动耦合，而在数值模拟中，则考虑了变幅杆的各种耦合振动；②解析理论中忽略了材料的损耗，而数值模拟则考虑了变幅杆以及压电陶瓷材料的损耗。

4. 实验验证

为了验证上述关于性能可调的圆锥型超声变幅杆的分析理论，我们实际加工了一个带有压电陶瓷材料的圆锥型超声变幅杆。变幅杆的金属材料为超硬铝合金，压电陶瓷材料为 PZT-4 发射型材料。其材料参数选用标准值，即铝合金的材料参数为 $\rho = 2790\mathrm{kg/m^3}$，$E = 7.023 \times 10^{10}\mathrm{N/m^2}$，$c = 5100\mathrm{m/s}$，压电陶瓷材料的参数为 $\rho_0 = 7500\mathrm{kg/m^3}$，$c_0 = 2933\mathrm{m/s}$。利用 Polytec 激光扫描测振仪对变幅杆的频率响应及其振动位移分布进行了实验测试，测试框图如图 13.50 所示。图中作为振动激励源的压电陶瓷圆盘与变幅杆的输入端紧密连接，激光测振仪可以对变幅杆任意位置的振

动位移及其分布进行测试。为了保证变幅杆共振频率测试的准确性，要求压电陶瓷圆盘的共振频率远离变幅杆的共振频率。具体的测试过程如下，Polytec 激光测振仪的振动控制器 OFV-5000 产生的扫频电信号加在压电陶瓷圆盘激励器的两端，借助于压电效应产生的机械振动激发变幅杆产生同频率的振动。同时，激光测振仪的 PSV-400 扫描激光头对变幅杆的振动位移及其分布进行测试，经过相应的处理以后就可以得出变幅杆的频率响应以及振动位移分布，并以不同的形式进行显示和处理。在测试过程中，改变连接于变幅杆中压电陶瓷材料两端的电阻抗 Z_e 值，就可以改变变幅杆的性能并进行直接测试。变幅杆性能参数的具体测试装置图如图 13.51 所示，主要是由 Polytec 激光测振仪系统、待测变幅杆以及可变电阻箱等组成。变幅杆振动位移及振动位移分布的测试结果如图 13.52 所示。其中上面的图表示变幅杆待测表面的振动位移分布，下面的图表示变幅杆振动位移的频率响应曲线。在频率响应曲线上，对应振动位移最大时的频率就是变幅杆的共振频率。对应变幅杆的共振频率，测出其输入和输出端的振动位移，就可以得出变幅杆的位移放大系数。待测变幅杆的几何尺寸如表 13.8 所示，其共振频率以及位移放大系数的测试结果见表 13.9。表 13.9 中，f_t、f_m 和 M_t、M_m 分别表示变幅杆共振频率和位移放大系数的理论及实验测试值。$\Delta_3 = |f_t - f_m| / f_m$，$\Delta_4 = |M_t - M_m| / M_m$。从表中数据可以看出，变幅杆共振频率及位移放大系数的理论值和实验值符合得很好。误差来源主要有以下几方面。①变幅杆以及压电陶瓷材料的标准参数值与材料的实际值可能有所不同。②理论计算没有考虑连接于变幅杆输入端的压电陶瓷圆盘的影响，实际测试时压电陶瓷圆盘相当于一个机械负载作用于变幅杆，因此会对变幅杆的性能参数产生一定的影响。③理论计算没有考虑变幅杆耦合振动的影响，实际的变幅杆具有一定的横向尺寸，存在一定的耦合振动。④理论计算时没有考虑变幅杆及压电陶瓷材料损耗的影响。⑤理论计算时未考虑变幅杆中预应力螺栓的影响，实际的变幅杆是利用中心金属螺栓实现紧固的。⑥变幅杆的放置条件也影响测试结果，尤其是对变幅杆前后端的位移振幅进行测试时，需要对变幅杆进行移位，可能导致两次测试条件的不同，因而影响测试结果。

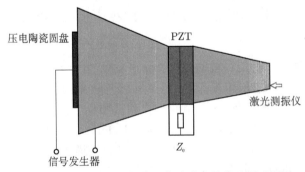

图 13.50　变幅杆共振频率及位移分布的实验测试框图

图 13.51 变幅杆共振频率及位移分布的实验测试装置图

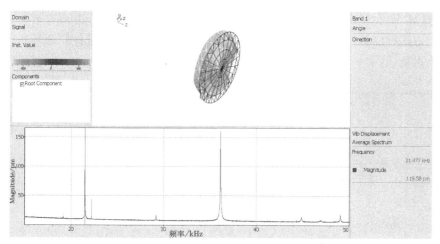

图 13.52 变幅杆输出端位移分布及其频率响应的测试结果

表 13.8 待测变幅杆的几何尺寸

R_1/mm	R_2/mm	R_3/mm	L_1/mm	L_2/mm	L_0/mm	p
27	16	10	50	50	5	2

表 13.9 不同电阻时变幅杆共振频率和位移放大系数的理论计算及测试结果

R_e/Ω	f_t/Hz	f_m/Hz	Δ_3/%	M_t	M_m	Δ_4/%
0	20927	20906	0.10	2.3045	2.1872	5.36
200	20954	20922	0.15	2.3044	2.1470	7.33
400	21034	20938	0.45	2.3039	2.1458	7.37
∞	22313	21461	3.97	2.2917	2.2371	2.44

5. 总结

本节提出了一种可用于换能器阻抗匹配的性能可调的圆锥型纵向振动超声变幅杆。借助于压电效应,通过改变电阻抗以及压电陶瓷材料的位置和厚度,实现了变幅杆输入机械阻抗、共振频率和位移放大系数的改变,得出以下结论。

(1) 压电陶瓷材料的位置影响变幅杆的性能参数。对应一定的位置,变幅杆的共振频率和位移放大系数具有最大值。

(2) 当压电陶瓷材料的厚度增大时,变幅杆的共振频率和位移放大系数减小。

(3) 当电阻增大时,变幅杆的共振频率增大,位移放大系数减小。当电抗增大时,变幅杆的共振频率减小,而位移放大系数增大。

(4) 通过合理选择压电陶瓷材料的位置、厚度以及电阻抗,可以实现变幅杆性能参数的改变及其优化设计。

(5) 本节讨论了圆锥型超声变幅杆性能参数的可调性。基于相同的原理,可以把此类方法推广到任何其他类型的超声变幅杆,其分析方法和设计原理基本相同,在此不再赘述。

第 14 章　超声换能器的测量

功率超声设备的核心部分是超声换能器，以及与之连接的变幅杆、变幅器和处理工具等振动系统。描述功率超声振动系统的性能测试主要有两类，即电学参数和声学 (机械) 参数。换能器的电学参数主要有电阻抗 (电导纳)(包括其等效电路参数)，以及其频率特性、电功率、电学品质因数等；描述超声换能器声学及机械性能的参数主要有振动位移、应力分布、机械品质因数以及声功率等。除此以外，超声换能器又是一种电-力-声多场耦合器件，与此相关的性能参数主要包括换能器的共振 (反共振) 频率、机电耦合系数、机电转换系数、电声效率等。另外，在功率超声液体处理技术中还常常需要对声场分布和空化强度等进行测量。

对于大功率超声振动系统，非线性效应不可忽略，但系统的非线性会给超声振动系统的测量带来许多困难，因此尚缺乏有关大功率超声振动系统性能参数测试的有效方法。目前，比较公认的功率超声振动系统的测试方法还是在小信号状态下的传统测试方法，如阻抗分析仪方法 (等效电路方法) 等[346-352]。但换能器振动系统的小信号测量结果同大功率实际工作状态下的结果有很大的差别，因此关于大功率超声振动系统的性能测试方法的研究还在进行，国内外尚无公认的标准。

14.1　功率超声换能器性能参数的小信号测试方法

功率超声换能器振动系统小信号的测量结果虽然不能完全反映实际工作状态下换能器的性能，但是对换能器材料的选择、结构优化设计及制造工艺都具有一定的指导意义。小信号测量方法是基于换能器共振频率附近的集中参数等效电路测量而进行的[353-355]。压电陶瓷换能器的集中参数等效电路如图 14.1 所示。该等效电路由两部分组成，一是由 R_0 和 C_0 组成的并联电路，表示换能器的静态特性；二是由 R_1、L_1、C_1 组成的串联电路，表示换能器的动态特性。通过测量换能器的等效电路参数就可以间接确定换能器的电声参数。

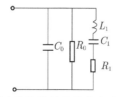

图 14.1　压电陶瓷换能器的集中参数等效电路

14.1.1　导纳圆图法

基于压电陶瓷换能器的等效电路 (图 14.1)，可以得出压电陶瓷换能器的电导纳为

$$Y = G + jB \tag{14.1}$$

由此可以得出换能器的导纳方程为

$$\left[G - \left(\frac{1}{2R_1} + \frac{1}{R_0} \right) \right]^2 + (B - \omega C_0)^2 = \left(\frac{1}{2R_1} \right)^2 \tag{14.2}$$

由式 (14.2) 可以看出，在换能器的共振频率附近，压电陶瓷换能器的导纳随频率的变化轨迹近似为一个圆形轨迹，如图 14.2 所示。利用图 14.2，首先可以得出换能器的六个特征频率：串联共振频率 f_s、并联共振频率 f_p、最大导纳频率 (最小阻抗频率) f_m、最小导纳频率 (最大阻抗频率) f_n，以及共振频率 f_r 和反共振频率 f_a。其次，利用换能器的导纳圆图，也可以得出换能器的频带宽度 $\Delta f = f_2 - f_1$，机械品质因数 $Q_m = \dfrac{f_s}{\Delta f}$。同时，利用换能器的导纳圆图，还可以间接得出换能器机电等效电路的等效电路参数

$$C_1 = \frac{2(f_p - f_s)}{f_s} C_0 \tag{14.3}$$

$$L_1 = \frac{1}{8\pi^2 C_0 f_s (f_p - f_s)} \tag{14.4}$$

$$R_1 = \frac{1}{D_Y} \tag{14.5}$$

$$R_0 = \frac{1}{G_x} \tag{14.6}$$

$$C_0 = \frac{1}{B_0} \tag{14.7}$$

式中，D_Y 是换能器导纳圆的直径；G_x 是换能器导纳圆最左侧点的横坐标值 (也称为换能器的静态电导值)；B_0 是过换能器导纳圆心且平行于横坐标值的直线与导纳圆交点的纵坐标值 (换能器的静态容抗近似值)。

另外，通过分别测量压电陶瓷换能器在空气中和介质中的导纳圆图，还可以得出换能器的各种效率值

$$\text{换能器的机电效率：} \quad \eta_{em} = \frac{D_w}{G_{ws}} \tag{14.8}$$

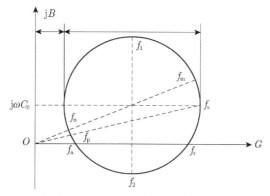

图 14.2 压电陶瓷换能器的导纳圆图

$$换能器的机声效率：\eta_{ma} = 1 - \frac{D_w}{D_a} \tag{14.9}$$

$$换能器的电声效率：\eta_{ea} = \left(1 - \frac{D_w}{D_a}\right) \cdot \frac{D_w}{G_{ws}} \tag{14.10}$$

式中，D_a、D_w 分别是换能器无负载 (空气) 和有负载时的导纳圆直径；G_{ws} 是有负载换能器处于共振时的电导值。

值得指出的是，当换能器处于不同的负载介质中时，换能器的导纳圆测试比较困难，测出的导纳圆不规则，有时甚至难以测出完整的导纳圆。因此利用导纳圆方法测试换能器效率的方法是近似的。而且，这种方法是一种小信号测试方法，得出的结果与换能器的实际工作状态有比较大的出入。至于功率超声换能器实际状态下的性能测试，目前尚未有公认的国内外标准。首先，目前还没有能工作于大功率状态下的阻抗分析仪，因此类似于小信号下的换能器性能测试的导纳圆方法测试难以实现。其次，换能器的大功率工作状态属于一种非线性状态，其性能参数是不稳定的。最后，大功率状态下功率超声换能器的负载环境比较复杂，在换能器的一个工作周期内，换能器的负载阻抗是不断变化的，例如塑料焊接和金属焊接换能器的负载就是时刻变化的。另外，对于液体介质换能器，由于空化的出现，其负载状态更为复杂且不稳定，换能器的大功率测试更加困难，因此，大功率超声换能器的实际性能测试是一个极具挑战的研究课题，值得进一步探索和研究。

通过测量换能器共振频率附近的导纳频率特性，可求出其各种本征频率、电声效率、动态变量 N_{eff} 等电声参数。N_{eff} 是衡量换能器优劣的重要参数[353]，可由导纳圆图求得。$N_{eff} = G_m / G_e$，这里 G_m 是导纳圆的直径，而 G_e 是静态电导，应在大信号下测得才符合实际。

14.1.2 传输线路法

传输线路法是一种用于测试换能器小信号特性参数的简易方法，适用于在缺乏诸如阻抗分析仪之类昂贵设备时对换能器的一些性能进行简单的分析及测试。

图 14.3 为 II 型传输线路，它由可变频率振荡器、频率计、指示器和测量网络组成。被测换能器 T 串接在 II 型线路中。在整个测试过程中，被测换能器两端所加的信号电压要求保持不变，即定压传输。这样通过改变振荡器的频率而使指示器的指示达到最大或最小，相应于最大传输频率 (换能器最大导纳) 和最小传输频率 (最小导纳)，如用可变电阻箱 (或电阻和电容的串并联组合) 作相应的比较，则可近似地测出换能器的共振/反共振频率及相应的阻抗值。为保证定压传输，通常取 $R_i \gg R_T$，且 R_T 小于被测换能器的动态电阻。取 $R_i + R_T$ 等于信号发生器的输出阻抗，以便传输网络和信号发生器阻抗匹配。R'_T 越小越好，但为照顾测量灵敏度，一般取 R'_T 小于动态电阻，而在测量反共振时取大一些。为减小传输网络中的分布电容及外界感应的影响，最好采用双层屏蔽。振荡器在需要测量的频率范围内输出电平要稳定，输出信号谐波分量比主信号要低 30dB 以上，频率的稳定度应优于 1×10^{-6}。指示器要具有高的输入阻抗和灵敏度。同时，利用传输线路法也可以测定换能器等效电路的各个元件值。

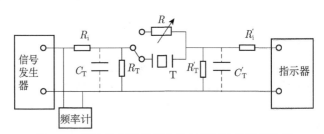

图 14.3 压电陶瓷换能器小信号测试的传输线路图

14.1.3 M 曲线法

这一方法仍然建立在小信号换能器共振频率附近的等效电路分析基础上[354]。如果在换能器的 A、B 两端并联一个电感 L_0，如图 14.4 所示。调节电感 L_0 的数值，使回路 L_0、C_e 的频率等于串联分支 R_m、L_m、C_m 的串联共振频率，即

$$\omega_0^2 = \frac{1}{L_m C_m} = \frac{1}{L_e C_0}$$，则此时换能器 A、B 两端的阻抗模值随频率的变化呈 M 形曲

线，如图 14.5 所示。曲线上有三个纯阻点，从这三个频率点及相应的阻值可以得到等效电路的有关参数。图 14.6 是测量压电换能器装置的示意图。信号发生器输出串联一高阻值电阻，提供一个恒流源加到被测换能器。送到示波器 Y 放大器的电压比例于换能器的阻抗。改变信号发生器的频率及反复调节电感 L_0 值，可以观察到三个等距离的纯阻频率点 (由示波器的李萨如 (Lissajous) 图形观察)，如图 14.5 所示。正确的 L_0 值可以得到相同的两个 R_{AC} 值，且 $f_0 - f_A = \Delta f = f_C - f_0$。无感电阻器是用

来比较三个纯阻频率点的阻值 R_{AC} 及 R_B 的 (通过毫伏表指示比较)。知道了 R_{AC}、R_B 以及 $2\Delta f$、f_0，由表 14.1 所列的计算式可以得到换能器等效电路的各参数。

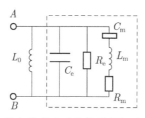

图 14.4 带有并联电感的换能器机电等效电路

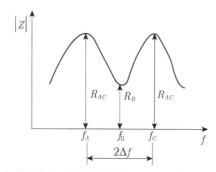

图 14.5 带有并联电感的压电陶瓷换能器的阻抗模值的频率响应曲线图

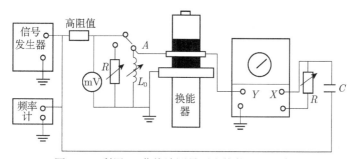

图 14.6 利用 M 曲线法测量压电换能器的示意图

需要注意的是，在测量前要先校正示波器的 Y 放大器与 X 放大器的相移。利用 RC 移相器可以调节两放大器的相移相同。所用的电感器应接近于无损耗的可变电感器。比较用的电阻器也应是无感可变电阻箱。

表 14.1 压电换能器等效参数表达式

	表达式
K_{eff}^2, K^2 定义	$K_1^2 = \dfrac{C_{\mathrm{e}}}{C_{\mathrm{m}}}$, $K_{\mathrm{eff}}^2 = \dfrac{C_{\mathrm{m}}}{C_{\mathrm{m}} + C_{\mathrm{e}}}$

	表达式
精确公式	$K_1^2 = \dfrac{1}{(2\Delta f/f_0)^2 + 1/Q_m^2}$
	$1/Q_m = \omega_0 C_e \left(\dfrac{2\Delta f}{f_0}\right)^2 \left(\dfrac{R_{AC} \cdot R_B}{R_{AC} - R_B}\right)$
	$1/Q_e = \dfrac{1}{\omega_0 C_e R_{AC}} - \dfrac{1}{Q_m}$
	$R_m = \dfrac{k_1^2}{\omega_0 C_e Q_m}$
	$C_m = C_e \cdot \left[\dfrac{1}{(2\Delta f/f_0)^2 + 1/Q_m^2}\right]^{-1}$
	$L_m = \dfrac{1}{\omega_0^2 C_m}$
	$R_e = Q_e/(\omega_0 C_e)$
	$C_e = 1/(\omega_0^2 L_e)$
	$K_{eff}^2 = \dfrac{1}{1 + \dfrac{1}{(2\Delta f/f_0)^2 + (1/Q_m^2)}}$
高 Q_m 时的近似公式	$K_1^2 = (f_0/2\Delta f)^2$
	$R_e = R_{AC}$
	$1/R_m = (1/R_B) - (1/R_{AC})$
	$Q_e = \omega_0 C_e R_{AC}$
	$Q_m = (1/\omega_0 C_e R_m)(f_0/2\Delta f)^2$
	$C_m = C_e (2\Delta f/f_0)^2$
	$K_{eff}^2 = \dfrac{1}{1 + (f_0/2\Delta f)^2}$

14.1.4　低 Q 值压电换能器的测量

当换能器的 Q 值比较低时，利用导纳圆图测量就不准确了。当优值 M（$M = Q_m/\gamma$，$\gamma = C_e/C_m$）小于 2 时就不能测量了，因为此时换能器已不再出现共振/反共振现象，这时可用下面的方法测量。

当 Q 值较低时，换能器的等效电路相当于一个电容 C_w 和一个电阻 R_w 并联。找

到 C_w 和 R_w 与图 14.4 中各参数的关系，可以得出此两量的频率特性，如图 14.7 所示。在 f_0 处 $R_w = R_m$，而 $Q_m = \dfrac{f_{\min}^2 + f_{\max}^2}{f_{\min}^2 - f_{\max}^2}$，$C_m = \dfrac{1}{\omega_0 Q_m R_m}$。

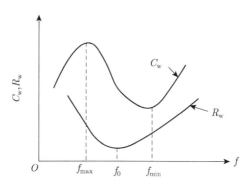

图 14.7 低 Q 值换能器的阻抗变化曲线

由上面公式及图 14.4，可以得到等效电路的参数。机械品质因数 Q_m 的最大相对误差为

$$\frac{\Delta Q_m}{Q_m} = m \left(\frac{\Delta f_{\max}}{f_{\max}} + \frac{\Delta f_{\min}}{f_{\min}} \right), \quad m = \frac{4}{\left(\dfrac{f_{\min}}{f_{\max}} \right)^2 - \left(\dfrac{f_{\max}}{f_{\min}} \right)^2} \tag{14.11}$$

由式 (14.11) 可见，$f_{\min}$ 与 $f_{\max}$ 差别越大，m 值越小，即 Q_m 越低时误差越小。

14.1.5 测量相位角的方法

利用空载时换能器的等效电路图 14.1，以及将有负载时等效电路中的串联分支元件改为 L'_m、C'_m，R_m 改为 $R_m + R_r$，这里 R_r 为辐射阻，测量两种情况下的共振频率 f_1 和 f_2，则可求得换能器三种效率的表达式[356]

$$\text{机电效率：} \quad \eta_{me} = 1 - \frac{1}{\omega_2 R_e C_e \cot \varphi_2}$$

$$\text{机声效率：} \quad \eta_{ma} = \frac{\omega_1 R_e C_e \cot \varphi_1 - \omega_2 R_e C_e \cot \varphi_2}{\omega_1 R_e C_e \cot \varphi_1 - 1}$$

$$\text{电声效率：} \quad \eta_{ea} = \frac{\omega_2 R_e C_e \cot \varphi_2 - 1}{\omega_1 R_e C_e \cot \varphi_1 - 1} \left(\frac{f_1 \cot \varphi_1}{f_2 \cot \varphi_2} - 1 \right)$$

式中，$\omega_1 = (1/L_m C_m)^{1/2} = 2\pi f_1$，$\omega_2 = (1/L'_m C'_m)^{1/2} = 2\pi f_2$；空载时 $\tan \varphi_1 = \omega_1 C_e R_N$，$R_N = R_e R_m/(R_e + R_m)$；有载时 $\tan \varphi_{21} = \omega_2 C_e R_L$，$R_L = R_e (R_m + R_r)/(R_e + R_m + R_r)$。$\varphi_1$、$\varphi_2$ 及 f_1、f_2 分别是空载时和有载时换能器电压与电流间的相位差及共振频率，这些量都可以直接测得。

低频时 (如 1000Hz) 换能器的等效电路可简化为图 14.8 所示电路。图中 $R_e = \tan\phi_M / \omega_M C^T$，$C^T = C_e + C_m$，$\omega_M = 2\pi f_M$，$f_M$ 为低频测量频率，$C_e = 1/\omega_1^2 L$，L 为并联于换能器两端的调谐电感。$C_m = C^T - C_e$；$L_m = 1/\omega_1^2 C_m$；$R_m = R_e /$ $(\omega_1 C_e R_e \cot\varphi_1 - 1)$；$R_r = R_e \left(\dfrac{1}{\omega_2 R_e C_e \cot\varphi_2 - 1} - \dfrac{1}{\omega_1 R_e C_e \cot\varphi_1 - 1} \right)$。有效机电耦合

系数为 $K_{eff} = \dfrac{C_m}{C_m + C_e}$，$Q_m = \omega_1 L_m / R_m$，$Q_L = \omega_1 L_m / (R_m + R_r)$，$Q_m$、$Q_L$ 分别为换能器的固有和有负载时的机械品质因数。相位法测试电路如图 14.9 所示，图中 R_4 为电压采样电阻，R_5 是电流采样电阻。这些电阻均为无感电阻，L 是换能器并联调谐电感。将电压、电流采样后送到示波器或相位计测量相位角。只要测得机械共振频率、共振时电压与电流间的相位角、换能器的低频电容及并联调谐电感，则换能器的效率及等效电路参数就可以算出。这一方法的测量精度主要决定于相位角的测量精度。上面的一些计算式是在负载对换能器共振频率影响很小的条件下得到的，适合于负载对共振频率影响小的场合测量。

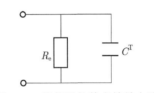

图 14.8　换能器的静态等效电路

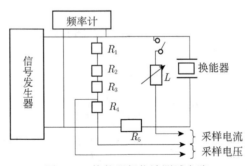

图 14.9　换能器相位法测试电路

14.2　换能器大功率工作状态下的性能参数测量

14.2.1　夹心式压电陶瓷换能器的瓦特计测试方法

利用高频瓦特计可以测量换能器在夹持、无载和有载条件下的输入电功率，从

而得到换能器的辐射声功率和效率[357,358]。设换能器有负载时的输入电功率为 P_E，辐射声功率为 P_a，介电损耗功率为 P_d 和机械损耗功率为 P_m；而无负载时的输入电功率、介电损耗功率和机械损耗功率分别为 P_{E0}、P_{d0} 和 P_{m0}，则有

$$P_E = P_a + P_d + P_m \tag{14.12}$$

$$P_{E0} = P_{d0} + P_{m0} \tag{14.13}$$

由于换能器的机械损耗功率与其振动速度大小有关，而介电损耗功率与所加的电压有关，如果换能器在相同振动速度下测量有载和无载时的输入电功率，由于机械损耗相同 (在轻负载时可近似认为相同)，即 $P_m = P_{m0}$，此时由式 (14.12) 和式 (14.13) 相减可得辐射声功率为

$$P_a = (P_E - P_{E0}) - (P_d - P_{d0}) \tag{14.14}$$

电声效率为

$$\eta_{ea} = P_a / P_E \tag{14.15}$$

因此，只要测得换能器在两种状态下的介电损耗功率，就可以得到辐射声功率和电声效率。

换能器的介电损耗功率是其两端电压的单值函数，可以用两个相同特性的换能器在输出端机械紧密对接，并用同一驱动电源在共振频率上驱动，如图 14.10 所示。由于所产生的振动相互抵消，相当于换能器夹持不动，此时输入电功率的一半即为每个换能器的介电损耗功率。用不同的电压驱动，就可以得到换能器的介电损耗功率与电压的关系曲线，从而为换能器的介电损耗功率测试提供方便。

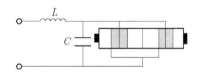

图 14.10 双换能器夹持驱动测试电路

换能器的机械损耗功率是其振动速度的函数，可以在无载情况下测得。如图 14.11 所示，仅驱动一个换能器，用速度拾振器测量输出端的振动速度，在换能器共振频率上以不同驱动电压驱动，测量输入电功率和振动速度，每个换能器的机械损耗功率 P_m 等于输入电功率减去该电压下的介电损耗功率除以 2。这样可以得到换能器的机械损耗功率与振速的关系曲线。

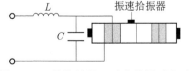

图 14.11 单换能器驱动空载测试电路

图 14.12 是一种测量有负载换能器的辐射声功率及效率的装置。其中 1~5 分别表示频率计、信号发生器、功率放大器、电功率计、高频电压表。压电换能器输出端面连接一带有矩形辐射器的传振杆。矩形六面体辐射器向水辐射声波，改变其浸入水中的高低可以改变声辐射阻。在换能器的输出端安装一个速度拾振器来指示相对振动速度。L 和 C 用来提高功率因数和滤掉高次谐波。在共振频率上测量一定负载时的总输入电功率 P_E 及空载时同一振动速度 (调节功率输出，使指示器指示相同) 的输入电功率 P_{E0}，并记下两种工作状态下加于换能器的电压，然后分别查 P_d-v 曲线在相应电压下的介电损耗功率。由式 (14.14) 及式 (14.15) 算出 b-b' 端面的输出声功率 P_a 和电声效率 η_{ea}。注意，若 L、C 滤波网络的损耗不可忽略，则应从输入电功率中扣去。

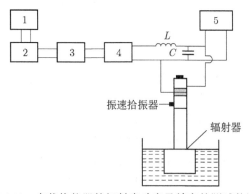

图 14.12　有载换能器的辐射声功率及效率的测试装置图

14.2.2　功率特性曲线法 (直接法)

用超声频电功率计测量换能器在空气中 (无载) 的输入电功率–频率曲线，以及在共振频率附近测量换能器有负载时的功率–频率曲线[359]，如图 14.13 所示。图中 P_e 为输入电功率。由于负载阻抗的增大，空气中换能器的机械品质因数比在负载介质中高。由图 14.13 可得机声效率 $\eta_{ma} = 1 - \dfrac{(\Delta f)_a}{(\Delta f)_b}$；机电效率 $\eta_{me} = \dfrac{P_e - P_{dn}}{P_e} = \dfrac{\overline{a_2 c_2}}{a_2 b_2}$，其中 P_{dn} 为介电损耗功率。则电声效率为

$$\eta_{ea} = \eta_{me}\eta_{ma} = \frac{\overline{a_2 c_2}}{a_2 b_2}\left[1 - \frac{(\Delta f)_a}{(\Delta f)_b}\right] \tag{14.16}$$

输入电功率–频率特性测量时要保持换能器两端电压不变。

以上讨论的大功率工作状态下的测量方法可以不考虑非线性问题，而只需要保证换能器的机械品质因数足够高，匹配网络滤波好，电压、电流波形为正弦波。

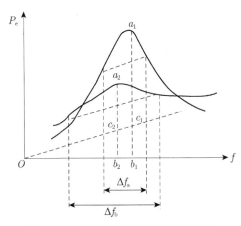

图 14.13 换能器的功率-频率曲线图

瓦特计法适用于许多实际工作状态的测量，负载可以是液体，也可以是固体介质，其精度很大程度上决定于瓦特计的精度。

14.2.3 振动系统振动位移及其分布的测量

1. 光学显微镜直接测量

功率超声设备在低超声频 (几十千赫兹) 范围内，其振动位移振幅一般在几微米到几百微米。用几十倍或几百倍的光学显微镜可以直接观测位移的双振幅 (峰值到峰值)。如果显微镜带有螺旋测微目镜，经校准可以直接测出换能器不同位置处的位移振幅值。

2. 电容拾振器

图 14.14 是电容拾振器测试换能器振动位移的工作原理图。振动面和电极构成一个平行板电容器。静态时，两极板被充电，电荷量决定于电池的电压 E 和换能器静止时的电容量。当物体的表面振动时，电容量改变，这时有充电及放电电流流经电阻 R 而产生交流压降。如果表面位移振幅比静态距离 d_0 小得多，则输出电压正比于位移振幅 ξ_0。拾振器两端的输出电压为

$$V = \frac{-E\xi_0/d_0}{\sqrt{1 + \left(\dfrac{1}{\omega C_0 R}\right)^2}} \sin(\omega t + \varphi_1) \tag{14.17}$$

其中，$\tan \varphi_1 = \dfrac{1}{\omega C_0 R}$。这种拾振器可以进行非接触测量。值得指出的是，此种方法得出的振动位移值必须用其他方法，例如光学方法进行校准。

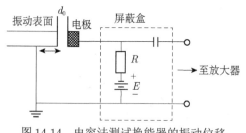

图 14.14　电容法测试换能器的振动位移

3. 利用多普勒技术测试换能器的振动

波传播过程中，其频率随着波源和观察者之间的相对运动而变化。光线照射在移动的物体表面时，对于光探测器来说，由于物体的运动，光在表面散射的频率发生了变化。这个频率变化值与物体运动的速度、方向、波长和入射光的方向有关。如果知道后面的几个参数，只要测量散射光频率的变化，就能得到移动物体的速度。

激光多普勒测振仪是利用激光多普勒原理测量物体振动位移和振速的仪器。与传统加速度计等传感器相比，它具有远距离测量、非接触性、空间分辨率高、测量时间缩短、响应频带宽、速度分辨率高等优点，广泛应用于换能器振动位移、振动速度以及换能器振动模型的模态特性分析、质量检查、在线控制、结构探测等方面。

激光测振仪的核心是高精度激光干涉仪和信号处理器。高精度激光干涉仪内的激光器发射的偏振光在光谱仪中被分为两种光束，一种用作测量光，另一种用作基准参考光。参考光通过声光调制器有一定的频率移动，测量光聚焦在被测量的物体表面，物体的振动引起测量光多普勒的频率移动。信号处理器将频率信号转换为物体振动的速度和位移信号。

利用多普勒测振技术不仅可以测量单点的振动位移，还可以通过扫描技术测试振动体的振动位移分布，包括二维面扫描和三维体扫描。

4. 振动分布的测量

利用上述振动位移测量方法，只要沿振动体表面作逐点测量，就可以得到振动分布图像，但是测量麻烦，速度慢。用激光全息图能够测得振动分布及其振动模式。如果用热塑片进行激光全息测量，则可以得到准实时的振动分布图像。

撒粉法是一种简便的定性观测振动分布的方法，即利用轻质固体微粒撒在振动体的表面，如变幅杆的表面，则在振动波节处可以观察到固体微粒在波节处的聚集。由此，可以确定振动位移节点，便于在此点固定支撑。

对于要求精度较高的场合，可以利用激光测振仪来测出换能器不同位置的振动位移分布。

5. 无源弹性体固有频率的测量

在功率超声振动系统中，变幅杆、变幅器和焊接或加工工具都属于无源振动体。为了实现功率超声振动系统的优化设计，在系统装配前都需要知道上述振动体的固有频率。测量弹性体固有频率的原理是：用一个激振器激励弹性体振动，并用一高灵敏度的拾振器接收振动信号；改变激振源的频率同时保持激励强度不变，则对应于拾振器振动输出最大的频率即为振动体的固有频率。测量时要求激振器是宽频带、非接触激振或弱机械耦合接触；对拾振器同样要求非接触或机械弱耦合，频带宽而具有很高的灵敏度。如果利用功率超声振动系统中的换能器作为激振源进行测量，则测量结果反映的是整个系统的共振频率，而不是单独变幅杆或工具自身的固有频率。在生产实践中常用下列一些方法对无源振动体进行测试。

(1) 用电容拾振器做无接触接收，缺点是灵敏度较低。利用其相反作用的原理作为激振器，常称为静电激振器。其频带宽度很宽，同样激振信号比较微弱，可以用弱机械耦合与振动体接触激振，测量精度能满足工程要求。

(2) 利用宽频带压电拾振器，使其与振动体表面为针状接触，则对待测系统固有频率的影响不大。激振可用换能器弱耦合机械接触，例如将被测变幅杆直接或通过薄金属圈置于换能器的振动面上。这样便于更换被测件，但要求换能器的所有共振峰应远离被测件的固有频率。这种方法在工程中使用方便，也能满足要求。

(3) 激振与拾振都用一小薄片压电体直接粘在被测件的相对两端进行测量，同样要求压电体的所有共振峰要远离被测弹性体的固有频率。这种方法的缺点是更换被测件不方便，每次都需要重新粘接。

(4) 以上方法适用于纵向振动的测量。如果需要测量扭转振动弹性体，则激振方法略有不同。例如测量扭振变幅杆的固有频率时，用微型电磁激振器在扭振杆端外缘进行切向激振，而用微型压电拾振器在另一端接收。用以上几种方法测量时，要注意被测弹性体保持自由状态，即要尽量减小其机械阻尼，以提高测量精度。

14.2.4　声功率、声强和声场中空化强度的测量

1. 通过固体超声振动系统的声功率测量

1) 测量驻波比的方法

功率超声设备中振动系统的负载介质有液体、固体和气体。测量负载介质中的声功率有时是很困难的。如果在换能器和处理介质之间连接一段固体波导，例如变幅杆、传振杆和半波长直棒等，则测量通过波导的声功率，可以近似地得到送到介质负载中的声功率。测量驻波比的方法类似于电传输线的测量方法。通过固体波导的声功率 P_a 可表示为

$$P_{\mathrm{a}} = \frac{v_{\mathrm{M}} \cdot v_{\mathrm{m}}}{2} \rho c A \tag{14.18}$$

式中，v_{M} 和 v_{m} 分别是波导中的最大和最小振动速度幅值；ρ、c 和 A 分别为波导材料的密度、声速和横截面积。振动速度可由上述振动位移的测量方法测得。振动速度是振动位移与振动角频率的乘积。

2) 电容拾振法实时测量通过波导的声功率

测量原理如下：如果在棒状固体波导中某一位置能够测量出应力 T 和振动速度 v 以及它们之间的相位差 ψ，则通过波导的声功率为

$$P_{\mathrm{a}} = T v \cos \psi \tag{14.19}$$

我们知道，当棒状波导做纵向振动时，由于泊松效应，棒的径向亦产生振动。如果将径向振动位移与应力 (纵向) 联系起来，则只需要测量径向振动位移 (棒表面的径向位移) 和纵向振动速度以及它们之间的相位差，就可以测得声功率。假设固体传振棒无损耗，传播纵波，振幅远小于波长，则棒轴向某一点的应力为 $T = -\dfrac{E}{\nu} \cdot \dfrac{u_r}{r}$，其中 E 及 ν 分别是棒材料的杨氏模量及泊松比，u_r 为径向位移，而 r 为径向坐标。如果在金属棒上套上柱状电极与棒表面构成一个电容器，如图 14.15 所示，则应力可表示为

$$T = -\frac{E}{\nu} \cdot \frac{d_0}{a} \cdot \frac{e}{V} \cdot \frac{C_0 + C'}{C_0} \tag{14.20}$$

式中，d_0 为电极与棒表面的间隙；a 为棒的半径；e 为输出交流电压；V 为直流极化电压；C_0 及 C' 分别为静态及杂散电容。由式可见，若装置不变，则输出电压 e 比例于应力。

棒状波导中的纵向振动速度可通过振动位移的测试方法测量。测得应力和振动速度以及两者的相位差，由式 (14.20) 可算出声功率。若用这种方法测量通过波导的声功率，可做到实时而非接触的测量。

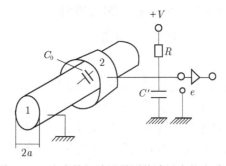

图 14.15　电容拾振法测量固体波导中的声功率

2. 液体介质中声强、声功率及空化强度的测量

在液体介质中测量声强或声功率有多种方法, 如辐射压、声光衍射、声压计和量热法等。在小振幅平面波超声场中的两种介质交界面上出现的时间平均单向压力即辐射压, 其值等于界面两边声能密度的差值, 因此可用一个置于超声场中的靶来测定此辐射压, 从而计算出声强, 这就是利用辐射压来测定声强的基本原理。声光衍射法是利用超声束在透明液体中产生相位光栅, 利用光栅所引起的各级衍射光的强度与超声强度的函数关系来确定声功率。这两种方法常用于高频 (兆赫级) 超声非空化状态测量, 如测量治疗仪的输出声功率。

1) 量热法声功率测试

量热法可以测量介质中的总声功率和平均声强。量热法有多种方案和各种装置。这里以恒流量热法为例[358], 介绍其基本原理。

在一个液体量热系统中, 超声或者电的功率在液体中都会转变为热功率。在该系统的热损耗可以忽略的情况下, 根据热功转换基本关系, 下列关系式成立:

$$P_{\mathrm{a}} = c\rho V_{\mathrm{a}} \Delta T_{\mathrm{a}} \tag{14.21}$$

$$P_{\mathrm{e}} = c\rho V_{\mathrm{e}} \Delta T_{\mathrm{e}} \tag{14.22}$$

其中, P_{a} 为超声功率; P_{e} 是电功率; V_{a} 和 V_{e} 为液体的流量; c 和 ρ 分别为液体的比热容和密度; 而 ΔT_{a} 和 ΔT_{e} 分别为由超声功率和电功率引起的温升。当 $\Delta T_{\mathrm{a}} = \Delta T_{\mathrm{e}}$, $V_{\mathrm{a}} = V_{\mathrm{e}}$ 时, $P_{\mathrm{a}} = P_{\mathrm{e}}$。在一个具有确定液体的量热计中, 分别向其中辐射超声能或电加热, 使该液体温度上升, 若两者液体流量相同, 则对等的温升对应于对等的功率。由于工频电功率可以准确测量, 所以相应的超声功率由其对等关系可以得到。

图 14.16 是测量系统的装置原理图。量热计形式的选择原则是使进入量热计中的超声能量尽可能多地转变成热能, 热耗散小, 例如采用牛角尖形 (双层, 中间真空) 量热计, 选用蒸馏水作为吸收液体。图 14.17 为声功率表校准和声功率测量系统原理图。测量时, 首先利用改变液体流量和热平衡的方法, 以已知的标准工频电功率表 A 校准声功率表 B。然后保持液体流量不变, 再用热平衡方法, 测量换能器的声功率, 其值在声功率表 B 上读出。如果同时通过电功率计读出加至换能器的对应电功率, 就可以得到换能器的电声效率。由于换能器本身的热损耗会传导到量热计中而引起测量误差, 因此必须减小热传导或采用功率下降曲线法将热损耗功率从测量中分离出来。

2) 热探头法声强度测试

如果在吸声材料中 (如蓖麻油、硅橡胶和聚乙烯) 埋有热电转换元件, 如热电偶和热敏元件, 并置于声场中, 声能在吸收材料中转换成热, 由热电转换元件转换

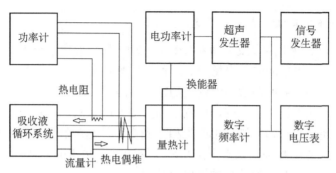

图 14.16　量热计法换能器声功率测试框图

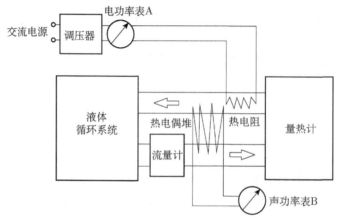

图 14.17　声功率表校准和声功率测量系统原理图

为电信号输出，就可以测出绝对声强，不受空化影响，且电磁干扰不灵敏。如果探头体积做得比波长小许多，则对声场影响小，可以测量声强的空间分布。通过测量起始温升变化率 $(\mathrm{d}T/\mathrm{d}t)$，或平衡温度 T_{eq} 和起始温度 T_0 之差可以测定声强。它们之间的关系为

$$I = \frac{\rho c_p}{\mu}\left(\frac{\mathrm{d}T}{\mathrm{d}t}\right)_0 \quad 或 \quad I = \frac{hA}{\mu V}(T_{\mathrm{eq}} - T_0)$$

式中，ρ 为吸声材料的密度（$\mathrm{g/cm^3}$）；c_p 为在恒压下材料的定压比热容（$\mathrm{J/(g \cdot K)}$）；μ 为吸收系数（$\mathrm{cm^{-1}}$）；h 为热传输系数（$\mathrm{J/(s \cdot cm^2 \cdot K)}$），$A$ 为吸收材料的面积（$\mathrm{cm^2}$）；V 为体积（$\mathrm{cm^3}$）；T_0 为被测溶液的起始温度（K）；T_{eq} 为被测溶液的平衡温度（K）；$\left(\dfrac{\mathrm{d}T}{\mathrm{d}t}\right)_0$ 为起始温度变化率（K/s）；I 为声强（$\mathrm{W/cm^2}$）。

　　上述关系式是在下列假设条件下得到的：①与声能转换成的热能相比较，热辐

射及热传导可以忽略；② h、ρ、c_p 和 μ 与温度无关；③ T_0 保持不变。

图 14.18 是热电偶探头结构的几何示意图。图 (a) 是用蓖麻油作吸收液，热电偶埋在其中，用聚乙烯膜做成圆盘形。图 (b) 是用固体聚乙烯作吸收材料。图 14.19 是热敏探头的结构示意图。以聚乙烯外壳作吸声材料，体积可以做得很小，详见文献[360,361]。

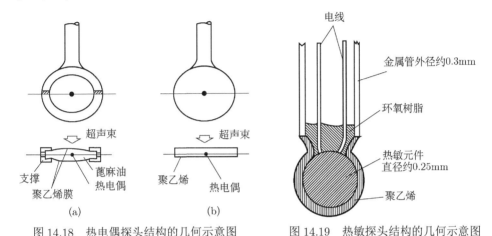

图 14.18 热电偶探头结构的几何示意图   图 14.19 热敏探头结构的几何示意图

3) 空化强度的测量

空化强度到目前为止还没有一个统一的科学概念，大部分关于空化强度的描述都是定性的。有的以空化所产生的局部高温、高压的高低来衡量，而目前关于空化温度和压力的测试几乎是不可能的；有的用空化噪声的大小或发光的强弱度量；有的则以声空化对金属薄膜的腐蚀程度或产生的自由基—OH 的多少来衡量。影响空化强度的因素是多方面的，包括液体的物理参数，如黏滞系数、温度、表面张力、蒸气压、含气量及性质；声场参数，如声波频率、声强、波形及声作用时间；以及环境条件，如压力等，都会影响空化强度。关于空化现象及影响因素的详细讨论见 14.4 节。这里讨论空化腐蚀和空化噪声两种衡量空化强度的方法。

(1) 腐蚀法

将厚度 20～30 μm 的铝箔置于功率超声声场中，会产生空化腐蚀，在一定的时间内取出铝箔，称出由于腐蚀而损失的质量。以损失量的大小来衡量空化强度。这种方法要求铝箔表面平整、光洁度一致，而且置于声场的时间不能过长。这种方法可用来测量由液体表面到不同深度的空化强度分布，使用简单方便，缺点是测量误差较大，因为有时铝箔会整块脱落。改进的办法是缩短腐蚀时间，使其不穿孔而只产生麻点变形，然后用光以一定角度照射铝箔表面，测量其反射光强度来衡量铝箔变形程度以判断空化强弱。变形大，则直接反射光由于散射多而减弱，表明空化强。

(2) 统计测量方法[362]

声空化时声压波形的畸变反映了声能量按频率的重新分配。由于空泡的非线性振动会产生整数倍的谐波线谱和奇数倍的分谐波线谱,如工作频率为 f_0 (基波频率),则空化时会有 $2f_0$, $3f_0$, …的谐波和 $f_0/2$, $3f_0/2$, $5f_0/2$, …的分谐波线谱。而在空泡溃灭时产生的冲击波会辐射连续噪声。因此,空化声场中直接测量到的是连续噪声谱叠加上许多线谱。这些线谱的结构反映出声能量按频率的精细分布。因此,频谱分析所得的谱图反映了精确和完整的空化特征。可以用实时谱分析技术进行测量和分析。以基波声级为基准值,定义下列相对谐波声级来表征空化强弱

$$\Delta L_2 = L_2 - L_1, \quad \Delta L_4 = L_4 - L_1, \quad \Delta L_N = L_N - L_1$$

其中,ΔL_2 为相对谐波总声级 (dB);ΔL_4 为相对分谐波总声级 (dB);ΔL_N 为相对非线性总声级 (dB);L_1 为基波谱级 (dB),表示基频能量,是扣除了转化为非线性能量后的余留部分,因此,在空化时,表现出明显的饱和现象,在超声清洗中,并不起直接作用,而是用它来表示空化饱和值;L_2、L_4 和 L_N 分别为谐波总声级 (dB)、分谐波总声级 (dB) 和非线性总声级 (dB)。

$$L_2 = 10\lg\left(\sum_i 10^{(L_i/10)}\right), \quad L_i \text{ 为谐波谱级}, \ i=2, \ 3, \ 4, \ \cdots$$

$$L_4 = 10\lg\left(\sum_j 10^{(L_j/10)}\right), \quad L_j \text{ 为分谐波谱级}, \ j=1/2, \ 3/2, \ 5/2, \ \cdots$$

$$L_N = 10\lg(10^{L_2/10} + 10^{L_4/10})$$

定义 $L(f)$ 为内爆谱级,是频率的函数,这种连续谱是由空泡在生长和崩溃中产生的辐射噪声,因此,它的声级高低反映了空化的强弱,尤其是崩溃时产生冲击波的能量对超声处理是有重要贡献的。这种噪声级的高低自然也表示超声液体处理能力的强弱。

将宽频带水听器置于声场中,测量其声压波并送至实时谱分析仪进行时间统计,得到谱图,再由上式计算相对谐波声级就可以评估空化程度。

14.3　功率超声振动系统前后振速比的简易测试方法

在功率超声应用技术中,如超声焊接、超声加工以及超声处理等,超声振动系统主要由三部分组成,即超声换能器、超声变幅杆及工具头。为了提高超声技术的处理效果,达到预期的应用要求,需要提高换能器的前后振动速度比以及变幅杆的放大系数。因此必须对振动系统的振动速度及振动速度比进行测试[363]。在传统的关

于振动速度及振动速度比的测量方法中，如显微镜法、干涉法以及全息法等，基本上是利用绝对测试，或者是对相对测试结果进行事先校准。由于绝对测试以及校准需要比较精密的实验设备，并且测试过程较复杂，因此，不利于实际应用技术中超声振动系统的振动速度及振动速度之比的测试。鉴于上述问题，我们提出了一种测试超声振动系统振动速度比的简单方法。在本书方法中，利于压电材料的压电效应，结合振动速度比的测量特点，将振动速度的测量变成了对电压的测量。由于电测量的精度较高，而且将振动速度比的测量变成了电压比的测量，将绝对测量变成了相对测量，因此提高了测量精度，降低了对实验设备的要求。同时，易于对实用状态下的振动系统进行测试。

14.3.1 测试原理

图 14.20 是利用压电陶瓷振子测量振动系统振动速度的几何示意图。其中 TR 是待测的振动系统，PZT 是接收型压电陶瓷振子，ES 是振动系统的激励源。当振动系统在外界因素作用下产生机械振动时，根据压电效应，压电陶瓷振子两端将出现电压。利用测定的电压值就可以间接获得系统的振动位移或振动速度。根据压电材料的压电效应，对于一个厚度振动的薄片振子，在准静态的情况下，其压电方程可表示为

$$S_3 == d_{33}E_3 = d_{33}V_3/t \tag{14.23}$$

$$\xi_3 = S_3 t = d_{33}V_3 \tag{14.24}$$

式中，S_3 及 ξ_3 分别是压电陶瓷振子的轴向应变和位移；d_{33} 是压电常数；V_3 和 E_3 分别是振子的端电压和电场强度；t 是接收型压电陶瓷振子厚度。从式 (14.23) 和式 (14.24) 可以看出，利用压电效应，可将振动系统的振速或位移测试变为电压的测试。本书方法就是利用这一原理对振动系统的两端振速比进行测试。在实验过程中，在待测系统的两端粘接两个材料性能、几何尺寸及厚度都相同的接收型压电陶瓷振子，其输出分别连接数字示波器或电压表。当待测振动系统被一振源激励时，将产生振动，在振动系统的不同部分，其振动位移及速度不同。利用压电陶瓷振子的压电效应将机械振动转变为电输出量，通过测量接收型压电陶瓷振子的端电压，就可以间接得到待测振动系统不同部位的振速比。令待测振动系统两端的振动速度分别为 v_1 和 v_2，则其两端的振动速度比为

$$M = v_2 / v_1 \tag{14.25}$$

根据振速与位移的关系，即 $v = j\omega\xi$，当发射及接收压电陶瓷振子由同一材料制成时，结合式 (14.25)，可得

$$M = V_{32} / V_{31} \tag{14.26}$$

式中，V_{32} 和 V_{31} 分别是接收型压电陶瓷振子的端电压，其具体数值可通过数字示波器直接得出。

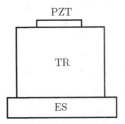

图 14.20   利用压电效应测试振动系统位移及振速的原理框图

从上述分析可以看出，利用压电陶瓷振子的压电效应，振动系统两端的振动速度或位移比的测量变成了端电压的测量。由于电压的测量比较精确，而且是以比值的形式出现，因此可以提高测试精度，避免了传统测试方法中振动速度或位移的绝对测量。另一方面，利用本书方法还可以直接测量振动系统的共振频率。具体步骤是：改变激励源信号发生器的频率，当接收压电陶瓷振子的输出端电压达到最大值时，待测振动系统处于共振状态，此时，激励信号发生器的频率就是系统的共振频率。为了保证测试精度，激励振子以及接收压电陶瓷振子的基频应远高于待测振动系统的共振频率。为了达到这一要求，实验前必须对实验用发射及接收压电陶瓷振子的频率特性进行测试，以保证在测试频率范围内，发射和接收型压电陶瓷振子的频率曲线基本平直。另外，有一点需要注意，利用本书方法测试振动系统的共振频率时，必须事先了解振源 (即待测系统激励源) 的频率特性，以避免在测试频率范围内出现激励源的共振而出现误测。

14.3.2   实验测试

图 14.21 是用于测量振动系统振速比的几何示意图。其中 RT1 和 RT2 分别是粘于待测系统两端的接收型压电陶瓷圆盘型振子，其材料、振动模式和几何尺寸皆相同。具体的几何尺寸为：直径 12mm，厚度 1mm，陶瓷材料为收发两用型。ET 是待测系统的激励振子。Y1 和 Y2 是数字示波器的两个输入信号，分别代表两个接收型压电陶瓷振子的端电压。在实验中，分别对两种振动系统的振速比进行了测试。一种是被动振动系统，即功率超声技术中的变幅杆。另一种是主动振动系统，即夹心式压电陶瓷超声换能器。图 14.21 适用于被动振动系统的测试。在这种情况下，变幅杆是由一个宽带信号激励源激发。一般情况下，变幅杆的激发是通过一个压电换能器，如发射型压电陶瓷振子等实现的。在这种情况下，发射振子的最低频率应远高于待测系统的共振频率。对于主动振动系统的测试，其测试框图与图 14.21 略有不同。在这种情况下，功率超声换能器直接由信号源产生的电信号激发产生振动。

通过测量换能器两端压电陶瓷振子的输出电压，就可以得到换能器的前后振速比。

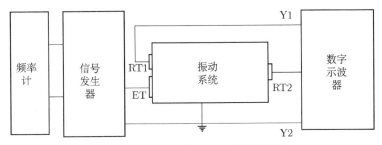

图 14.21 振动系统振速比的测试框图

表 14.2 是利用本书方法对两个超声变幅杆和两个夹心式压电陶瓷超声换能器的测试结果。表中各量的物理意义同上，其中 M 是振速比的计算值，M_m 是振速比的测试值。实验中所用的变幅杆为阶梯型。由于夹心式换能器的前后振速比计算比较复杂，因此表中未能列出其振速比的计算值。另外，电压的单位是 V。关于测量结果的误差来源，主要有以下几点：①发射以及接收型压电陶瓷振子的材料性能及几何尺寸有差异；②发射及接收型压电陶瓷振子与振动系统的粘接引起不同的误差；③系统的损耗，包括粘接引起的损耗以及材料的损耗对测量结果都有影响。另外，在实验中发现，为了提高测量精度，测试系统必须采取良好的接地和屏蔽措施。同时，必须提高压电陶瓷振子两端电压的测试精度。本实验采用美国进口数字示波器 HP54601A，该示波器可以同时对四路输入信号进行测量。

表 14.2 振动系统振速比的测试结果

样品	V_{32}/V	V_{31}/V	M	M_m
变幅杆 1	1.57	0.26	6.25	6.04
变幅杆 2	0.89	0.34	2.78	2.62
换能器 1	0.48	0.18	—	2.67
换能器 2	1.92	0.75	—	2.56

通过上述实验可以看出，利用本书方法不仅可以测量振动系统的振速比，而且可以测量振动系统的共振频率。另一方面，利用本书方法还可以研究振动系统振速比的频率特性。同时，对于夹心式压电陶瓷超声功率换能器，还可以探讨换能器前后振速比与其激发功率或激发电压的关系。在传统的测试方法中这一点是很难做到的，因为当振动系统处于非共振状态时，系统的振动位移是很小的，无论是显微镜法还是干涉法，对小位移的测试是比较困难的。

14.3.3 小结

本书基于压电效应提出了一种测量功率超声振动系统振速比以及共振频率的

简单方法。与传统的测试方法相比，本书方法将力学量，如振速和位移等，变成了电学量的测试，将绝对测量变成了相对测量，因此，不仅可以提高测试精度，降低对测量设备的要求，而且可以对实际工作状态下的超声振动系统进行测试。另外，利用本书方法还可以对功率超声振动系统的共振频率进行测试，以及对振动系统的振速比与频率和激发电压之间的相互关系进行研究，从而有利于功率超声振动系统的优化设计。

14.4   功率超声换能器电声效率及辐射声功率的近似测量方法

在高频电功率计方法的基础上，我们提出了一种能够直接测量大功率压电超声换能器在实用状态下的辐射超声功率以及电声效率的新方法[364-370]。与传统的高频电功率计法相比，该方法避免了介电以及机械损耗功率的测试，简化了测试步骤。

14.4.1   概述

功率超声是超声学的一个重要分支。在传统的功率超声应用，如超声清洗、超声焊接以及其他技术中，超声换能器是振动系统中的一个关键部分，其性能直接影响到超声处理的效果。关于超声换能器性能的测试，目前基本上限于小信号状态下的测试，常用的方法包括导纳和阻抗圆法、传输线法以及功率曲线法等。然而，功率超声换能器大都工作在比较大的输入信号下，而且换能器在大信号与小信号状态下，其性能参数是有很大差别的。因此，为了客观真实地评价换能器在实用状态下的振动性能，必须研究换能器的大功率参数测试。

关于超声换能器的大功率性能测试，由于换能器的非线性以及振动系统的复杂性，如波形畸变以及负载变化等，国内外至今没有一种通用的测试方法，也缺乏统一的国际和国家标准，因此，对于一些实用超声技术的评价缺乏统一的标准，也无法衡量大功率超声设备，如超声清洗机以及焊接机等的性能。

日本学者于 20 世纪 70 年代提出了一种可以测量大功率超声换能器振动性能的高频电功率计法。该法可以测量换能器在大功率状态下的辐射声功率及电声效率。然而，这种方法存在一些致命的缺点，限制了其在实际中的应用。①为了测量换能器的介电损耗功率，需要两个性能完全一致的换能器，这一点在实际中是很难做到的。②为了得到换能器的介电及机械损耗功率，必须事先测出换能器的介电及机械损耗功率与换能器端电压和振动速度之间的依赖关系。因此，这种方法至今仍没有在实际中得到广泛的应用。

14.4.2   高频电功率计法的基本测试原理

图 14.22 是利用高频电功率计法测量换能器辐射声功率以及电声效率的实验框

图。其中高频电功率计可以测量输入换能器的高频电功率，电压表及测振仪用于测量换能器的端电压和振动速度。高频电功率计法是基于换能器空载及负载的两次测试，换能器的介电及机械损耗功率分别依赖于换能器的端电压和振动速度。如下所述，此法必须首先得到换能器的介电以及机械损耗功率与换能器的端电压和机械振动速度之间的依赖关系。

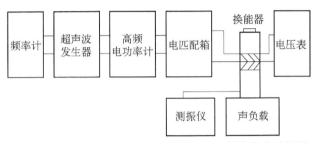

图 14.22   测量换能器辐射声功率以及电声效率的实验框图

当超声换能器空载时，辐射声功率可以忽略不计，输入换能器的电功率 W_{in} 仅由两部分组成，即机械损耗功率 W_{mn} 和介电损耗功率 W_{en}

$$W_{\text{in}} = W_{\text{mn}} + W_{\text{en}} \tag{14.27}$$

当超声换能器有负载时，其输入电功率由三部分组成

$$W_{\text{il}} = W_{\text{ml}} + W_{\text{el}} + W_{\text{a}} \tag{14.28}$$

式中，W_{a} 是换能器的辐射声功率。在实验过程中，调整换能器的输入电功率，使换能器在空载及负载两种情况下的振动速度相同。此时，换能器的机械损耗功率也相同，即 $W_{\text{mn}} = W_{\text{ml}}$。由式 (14.27) 和式 (14.28) 可得

$$W_{\text{a}} = (W_{\text{il}} - W_{\text{in}}) - (W_{\text{el}} - W_{\text{en}}) \tag{14.29}$$

式中，W_{il} 和 W_{in} 是由电功率计测量的换能器在负载和空载情况下的输入电功率，因此根据事先得到的换能器介电损耗功率与端电压之间的关系，就可以获得换能器的介电损耗功率，这样就可以间接获得换能器的辐射声功率。在此基础上也可以得到其电声效率：

$$\eta_{\text{ea}} = W_{\text{a}} / W_{\text{il}} \tag{14.30}$$

综上所述可以看出，当利用电功率计法测量换能器的辐射声功率时，必须首先得到换能器的介电及机械损耗功率与其端电压和振动速度间的关系，而这一关系的测量是非常复杂的。同时，对于不同的换能器，其介电损耗功率与端电压之间的关系是不相同的。因此，为了对不同的换能器进行测量，就必须多次测量这种关系曲线，这对于实际操作是极为不利的。

14.4.3   谐振–失谐法

针对上述问题，我们提出了一种测量大功率超声换能器振动性能的新方法，由于该方法需要测量换能器的两种振动状态，即谐振及失谐状态，因此，将这种方法称为谐振–失谐法。该方法的基本思想如下所述：①在谐振状态下，用高频电功率计分别测量换能器在负载和空载工作情况下的输入电功率。②在振动系统稍微失谐的情况下，测量待测换能器在负载和空载情况下的输入电功率。③根据传统的结论，即当换能器的端电压相同时，其介电损耗功率相同；而当换能器的振动速度相同时，其机械损耗功率也相同，分别消去换能器在负载和空载时的介电和机械损耗功率，就可以得到换能器的辐射声功率和电声效率。由于不需测量换能器的介电和机械损耗功率，因此克服了高频电功率计法的缺点。具体的测量原理如下所述，测量电路框图如图 14.22 所示。

1. 共振状态测试

1) 共振负载实验

当超声换能器向负载介质 (如水等) 中辐射超声波时，用高频电功率计测量换能器的输入电功率 W_{il}、换能器的端电压 V_1 以及振动速度 v_1，可得

$$W_{il} = W_a + W_{el} + W_{ml} \tag{14.31}$$

式中，W_{il}、W_a、W_{el} 和 W_{ml} 分别是换能器有载时的输入电功率、辐射声功率、介电损耗功率和机械损耗功率。

2) 共振空载实验

当换能器空载时 (换能器向空气中辐射时可近似看成空载情况)，调节换能器的输入电压 V_2，使此时换能器的振动速度与负载时相同，此时可得

$$W_{in} = W_{en} + W_{mn} \tag{14.32}$$

式中，W_{in}、W_{en} 和 W_{mn} 分别是换能器空载时的输入电功率、介电损耗功率和机械损耗功率。由于负载和空载两种情况下换能器的振动速度相同，因此换能器的机械损耗功率也相同，即 $W_{ml} = W_{mn}$。利用式 (14.31) 和式 (14.32)，可得

$$W_a = (W_{il} - W_{in}) - (W_{el} - W_{en}) \tag{14.33}$$

2. 失谐状态测试

1) 失谐负载实验

在这种情况下，改变超声发生器的频率，使换能器的工作频率稍微偏离其共振频率，同时，用高频电功率计测量换能器的输入电功率 W_{il}'，同时，调节换能器的输入电压，使其与负载谐振状态时的值相同，即等于 V_1，此时，测量换能器的振动

速度为 v_1'。换能器的功率关系为

$$W_{il}' = W_{el}' + W_{ml}' + W_a' \tag{14.34}$$

式中，W_{il}'、W_{el}'、W_{ml}' 和 W_a' 分别是换能器在负载失谐状态时的输入电功率、介电损耗功率、机械损耗功率和辐射声功率。根据测试条件，即换能器共振和失谐状态时的端电压相同，换能器的介电损耗功率应相同，即 $W_{el}' = W_{el}$。

2) 失谐空载实验

当换能器处于失谐空载情况时，调节换能器的输入电压，使其与换能器共振空载情况时的值相同，即也等于 V_2，因此换能器在这两种情况下的介电损耗功率相同，即 $W_{en}' = W_{en}$。同时调节换能器的工作频率，使换能器的振动速度与失谐负载情况下的振动速度相同，即等于 v_1'，此时换能器的输入功率可表示为

$$W_{in}' = W_{en}' + W_{mn}' \tag{14.35}$$

由于换能器在失谐负载和失谐空载情况下的振动速度相同，因此其机械损耗功率相同，即 $W_{ml}' = W_{mn}'$，由式 (14.34) 和式 (14.35)，可得

$$W_a' = (W_{il}' - W_{in}') - (W_{el}' - W_{en}') \tag{14.36}$$

利用式 (14.33) 和式 (14.36)，可得

$$W_a - W_a' = (W_{il} - W_{in}) - (W_{il}' - W_{in}') \tag{14.37}$$

在式 (14.37) 中，等式右边皆为实验中的测试量，而等式左边的两个量为待测量。根据换能器的辐射原理，辐射声功率可由以下公式表示：

$$W_a = R_a v_1^2 \tag{14.38}$$

$$W_a' = R_a' v_1'^2 \tag{14.39}$$

式中，R_a 和 R_a' 分别是换能器在共振和失谐时的负载阻抗。把式 (14.38) 和式 (14.39) 代入式 (14.37) 可得

$$W_a = \frac{(W_{il} - W_{in}) - (W_{il}' - W_{in}')}{1 - \dfrac{R_a' v_1'^2}{R_a v_1^2}} \tag{14.40}$$

从式 (14.40) 可以看出，只要测出了换能器在共振和失谐时的振动速度之比，通过对换能器辐射阻抗的研究，就可以得到换能器的辐射声功率。由于式 (14.37) 中出现的是振动速度之比，因此不要求速度的绝对测量，而振动速度的相对测量是非常简单的。

关于换能器的辐射阻抗，则是一个非常复杂的问题。然而，值得庆幸的是，式中出现的也是两种情况下的辐射阻抗之比，这样，将给问题的分析和处理带来极大

的简化。下面将对这一问题进行分析。

14.4.4　关于换能器辐射阻抗的一些考虑

一般情况下，超声应用技术中换能器的负载介质包括气体、液体、固体及其混合物。由于处理对象以及负载状态的不同，换能器的负载是极为复杂的。为简化分析，下面仅对一些比较简单的情况进行分析。

1. 液体负载

对于超声清洗、超声雾化以及其他液体处理应用，换能器的负载为液体或其混合物。对于液体介质，当超声强度达到一定程度时，将出现空化现象。许多超声应用技术都是利用空化来达到一定的处理效果的。然而，当空化出现时，液体介质中将出现许多现象及效应。与此相应的是，换能器的辐射阻抗将发生变化。

1) 空化以前

当液体中未发生空化时，换能器的辐射阻抗基本上是一个常数。此时，换能器共振及失谐状态时的辐射阻抗可以近似看成常数，即 R_a 和 R_a' 基本相同，由式 (14.40) 可得

$$W_a = \frac{(W_{il} - W_{in}) - (W_{il}' - W_{in}')}{1 - \dfrac{v_l'^2}{v_l^2}} \tag{14.41}$$

很显然，当换能器的辐射阻抗基本保持不变时，换能器的辐射声功率可由式 (14.41) 计算得到。此时，只要用高频电功率计测出换能器在共振和失谐两种状态时的输入电功率，同时用速度传感器测出换能器的相对振动速度，就可以简单而快捷地得出换能器的辐射声功率以及换能器的电声效率。

2) 空化以后

当液体中出现空化时，换能器的辐射阻抗变得极为复杂。根据液体介质的空化理论，当换能器的振动速度大于某一临界速度时，介质中开始出现空化，辐射阻抗迅速下降。然而随着振动速度的增大，辐射阻抗的变化逐渐趋于平缓。也就是说，换能器的辐射阻抗是振动速度的函数。当换能器的振动速度不同时，换能器的辐射阻抗也不同。然而，如果换能器振动速度的变化较小，辐射阻抗的变化可以忽略不计，因此，在负载失谐实验时，如果换能器的激发频率改变很小，则其振动速度变化不大，因而辐射阻抗可近似看成常数。因此，当液体介质中出现空化时，通过测量换能器的输入电功率和相对振动速度之比，换能器辐射声功率和电声效率的计算仍可近似用上述公式。

2. 气体介质

对于在气体中应用的大功率超声换能器，如超声除尘及超声干燥等应用中，换

能器的负载就是气体。此时，为了测量换能器的空中辐射声功率和电声效率，空载实验必须在真空中进行，即分别对换能器在真空和空气中的辐射进行实验。在这种情况下，换能器的负载介质，即空气，可近似认为不随换能器的振动状态变化，因此可把换能器的辐射阻抗看成常数，而换能器的辐射声功率和电声效率可由式 (14.41) 计算得出。

3. 固体以及混合介质

在这种情况下，由于负载介质的复杂性，换能器的辐射声功率测试比较复杂。然而，如果在测试过程中，负载介质的变化不大；或者，尽管换能器的负载变化很大，如超声焊接，但是如果能保证换能器在共振和失谐两种状态时的辐射阻抗基本保持不变，例如失谐换能器的频率偏移较小或者测试过程很快，则可近似认为换能器的辐射阻抗基本不变，可以利用式 (14.41) 来计算换能器的辐射声功率和电声效率，而不会带来很大的测试误差。

通过上述分析，可以看出，与日本学者提出的高频电功率计法相比，我们提出的测试方法具有以下优点：①不需要测量换能器的介电和机械损耗功率，因此不必测量换能器的介电与机械损耗功率和换能器的端电压与机械振动速度之间的依赖关系，从而也不需要事先加工两个性能完全相同的换能器。②计算换能器辐射声功率的公式中仅包含输入电功率的差值，因此可以消除测试电路中其他损耗功率对最终测试结果的影响，例如换能器的电匹配电路将消耗一部分电功率，同时，换能器的振动速度是以相对值的形式出现的，因此不需要绝对测量，从而提高了测量精度，简化了测量步骤。

14.4.5 实验

为了对上述方法进行验证，我们对一个功率超声换能器不同输入功率的情况进行了实验测试。测试框图如图 14.22 所示。测试结果见表 14.3 和表 14.4。其中 f_{0l}、W_{il}、V_{il}、v_{ml}，f'_{0l}、W'_{il}、V'_{il}、v'_{ml}，f_{0n}、W_{in}、V_{in}、v_{mn} 以及 f'_{0n}、W'_{in}、V'_{in}、v'_{mn} 分别是待测换能器在负载共振、负载失谐、空载共振以及空载失谐状态下的测试频率、输入电功率、端电压以及振动速度相对值的测量结果。W_a 和 η_{ea} 分别是待测换能器在负载共振情况下的辐射声功率和电声效率。从表中结果可以看出，换能器在不同的输入电功率情况下，其电声效率有所不同，这是因为当换能器的输入电功率不同时，其机械和介电损耗功率不同，从而换能器的电声效率也不同。关于测量的误差来源，主要可能有以下几点：①由于换能器频率以及振动速度的变化，其辐射阻抗也随之变化，而在测试理论中忽略了这种变化；②当换能器的输入电功率较小时，高频电功率计的读数误差增大，导致整个测量结果出现误差；③当振动速度拾振器的输出较小时，其读数误差将增大。

表 14.3   大功率超声换能器的负载实验测试结果

f_{01}/kHz	$W_{\mathrm{il}}/\mathrm{W}$	$V_{\mathrm{il}}/\mathrm{V}$	$v_{\mathrm{ml}}/\mathrm{V}$	f_{01}'/kHz	$W_{\mathrm{il}}'/\mathrm{W}$	$V_{\mathrm{il}}'/\mathrm{V}$	$v_{\mathrm{ml}}'/\mathrm{V}$	$W_{\mathrm{a}}/\mathrm{W}$
20.219	100	305	1.82	20.295	89	305	1.71	76.8
20.305	80	275	1.6	20.358	68	275	1.48	62.3
20.347	59	250	1.21	20.268	50	250	1.13	46.9
20.289	78	280	1.53	20.192	67	280	1.41	59.7

表 14.4   大功率超声换能器的空载实验测试结果

$f_{0\mathrm{n}}/\mathrm{kHz}$	$W_{\mathrm{in}}/\mathrm{W}$	$V_{\mathrm{in}}/\mathrm{V}$	$v_{\mathrm{mn}}/\mathrm{V}$	$f_{0\mathrm{n}}'/\mathrm{kHz}$	$W_{\mathrm{in}}'/\mathrm{W}$	$V_{\mathrm{in}}'/\mathrm{V}$	$v_{\mathrm{mn}}'/\mathrm{V}$	$\eta_{\mathrm{ea}}/\%$
20.376	10	145	1.82	20.202	8	145	1.71	76.8
20.353	8	137	1.6	20.182	5	137	1.48	77.9
20.403	6	112	1.21	20.315	3	112	1.13	79.5
20.314	10	139	1.53	20.233	8	139	1.41	76.6

14.4.6   讨论及结论

在上面的分析中，我们对超声换能器的大功率性能测试进行了研究。由于避免了对介电以及机械损耗功率的测试，因此，与传统的高频电功率计方法相比，新方法具有测试方法简单、测量精度提高以及测试时间缩短等优点。然而，由于新方法需要测量换能器在失谐状态下的性能，因此，需要对换能器在不同状态下的辐射阻抗进行研究。同时，由于换能器的频率及振动状态对换能器的辐射阻抗有影响，因此，为了提高新方法的测试精度，在进行换能器的失谐测量时，应尽量不要偏离换能器的共振频率太远，以减少辐射阻抗变化所造成的误差。

总结上述内容，可得出以下结论。

(1) 新方法不需测量换能器的介电和机械损耗功率，因而也不需要两个性能相同的超声换能器，因此，可提高测量精度。

(2) 换能器的振动速度以比值的形式出现，因此，实验中只需测量其相对值，不需要振动速度的绝对测量，因而不需对测振用的拾振器进行校准。

(3) 换能器输入电功率的测试值以差的形式出现，因此可以消除由匹配电路等仪器带来的系统误差。

(4) 新方法可用于大功率超声换能器实用状态下辐射声功率以及电声效率的测量。

　　本书对大功率超声换能器的性能测试进行了一些初步的探讨，可用于一些大功率超声技术中换能器辐射声功率的快速测量，如超声清洗、超声处理以及超声加工等，以便对超声技术的实际效果进行定量的评价。至于新方法的测试精度以及影响声功率测量精度的因素，在以后的工作中将加以详细的探讨。

第15章　超声技术的原理及其应用

15.1　概　　述

人类能够听见的声音,其振动频率范围为 20Hz～20kHz。振动频率低于 20Hz 的声波称为次声波;振动频率高于 20kHz 的声波,称为超声波,次声波和超声波都属于听不见的声波。

随着科学技术的发展,现代声学已涵盖了 $10^{-4}\sim10^{14}$Hz 的频率范围,相当于从大约每 3 小时振动一次的次声到波长小于固体中原子间距的分子热振动,即跨越了 10^{18} 量级的频段。现在,人们已经掌握了几乎任意频率声波的产生与测量的近代声学技术。

超声学是声学的一个重要分支或组成部分。它是以研究超声波的产生、传播、接收,以及与物质的相互作用、产生的各种效应和应用为主要内容。超声波属于机械波,是机械振动在弹性介质中的传播。从频率范围而言,超声波是频率高于 20kHz 的声波。若再具体一点说,超声频段中,频率高于 10^8 Hz 的超声波称为特超声。特别是其中 $10^8\sim10^{12}$Hz 频段,因与电磁波谱中的微波频段相对应,故又称为微波超声。

超声波的分类方法很多,除了上面提到的以频率的高低来划分以外,还可以从其他不同的方面加以分类。根据超声波的波形可将超声波分为连续超声波和脉冲超声波。根据功率的大小,超声波可以分为工作于大信号的功率超声波和工作于小信号的检测超声波。从功率范围而言,连续超声波一般在毫瓦至几十千瓦范围。脉冲超声波可扩充为几分之一毫瓦至几兆瓦。另外,超声波还可以分为聚焦超声波和非聚焦超声波。相应地,从声强角度看,聚焦连续超声波在液体中,因受空化的限制,上限约可达几十千瓦每平方厘米;而聚焦脉冲超声波在焦斑中心,甚至可达几十兆瓦每平方厘米。由此可见,超声学包含了从线性声学到非线性声学的大跨度动态范围的丰富的研究内容。

由于超声波是一种机械波,因此它可以在气体、液体、固体及其混合体等物质中传播。而在这些介质中,不同频率、功率、强度的超声波,都具有其独特的传播特性及效应,因而也有其相应的研究内容及广泛的应用。

然而,由于超声波不能直接地为人们所听见,因此人们对于它的发现和认识是比较晚的,超声波的发展历史仅有 100 多年。但是由于它具有许多独到之处和优点,在其崭露头角的不久,就得到广泛的应用,并迅速地发展成为一门新兴的高科技学科——超声学。

概括地讲，超声学的研究内容包括超声物理与超声技术两个方面。其中，超声物理是研究超声波的性质、传播理论、超声产生的效应以及超声作用的物理机制的；而超声技术是研究超声波在工农业生产、国防和医疗卫生等方面中的应用，以及有关的测量技术和仪器设备的。这两个方面是密不可分的，两者相互促进。超声技术应用的日益广泛促进了超声物理方面的研究，而超声物理方面的研究成果，又进一步推动了超声应用技术的发展。概括地讲，超声技术主要有以下几个特点。

1. 波长短

目前使用的超声波频率从 20kHz 到几百兆赫，频率很高，即波长很短。同时超声波在固体和液体中的衰减比电磁波小得多，而且其传播特性 (如声波的反射、折射、散射、衍射以及吸收等) 与介质的性质密切相关。例如，水下通信、探测声呐以及在液体中使用的超声波，其波长为 1.5～15cm；金属超声探伤所用的波长为 0.4mm～1.2cm，在气体中使用的超声波 (如用于测距、监控等)，其波长为 7～17cm。同无线电波相比相当于超高频 (SHF) 到极高频 (EHF) 频段。近年来还开始使用波长更短的超声波，其频率在 10MHz 以上，其波长只有几十微米，已接近可见光的波长了。波长这样短的超声波具有类似光线的物理性质。

(1) 超声波的传播类似于光线，遵循几何光学的规律，具有反射、折射现象以及衍射现象，同时也能聚焦。利用超声波的这些性质可以进行测量、定位、探伤、治疗疾病以及加工处理等。

(2) 超声波的波长很短，可以与发射器、接收器的几何尺寸相比，由发射器发射出来的超声波不向四面八方发散，而成为方向性很强的波束，波长愈短则方向性愈强，因此超声用于探伤、水下探测以及成像，有很高的分辨能力，能分辨出很微小的缺陷或物体。

(3) 超声波的波长很短，能够产生窄的脉冲。为了提高超声探测的精度和分辨率，要求探测信号的脉冲要窄，但是一般的脉冲宽度要有波长的几倍 (如要产生更窄的脉冲则在技术上是有困难的)，超声波波长短，因此可以做出窄脉冲的信号发生器。

2. 超声波能量容易集中，功率密度大

超声波能产生并传递强大的能量。声波作用于物体时，物体中的分子也要随之运动，其振动频率与作用的声波频率一样，频率越高则分子运动速度越快，物体获得的能量正比于分子运动速度的平方。超声频率高，故可以产生大的功率。例如，振幅相同的 1MHz 超声波比 1kHz 的声波的能量密度大 100 万倍。

3. 超声在液体中能产生空化现象

液体承受压力的能力是很强的 (如水压机中的水能承受几百个大气压)，但是液

体对拉力的反应很敏感，当超声波作用于液体介质时，在振动处于稀疏状态时，液体会被撕裂成很多的小空穴，这些小空穴在介质的压缩下会瞬间爆破，小空穴闭合时能产生高达几千个标准大气压的瞬时压力以及高达上万摄氏度的高温，称为空化现象。空化现象是一种极为复杂的非线性过程。利用空化所产生的高温和高压可以实现许多超声所独特的应用，如超声清洗、超声乳化、超声分散、超声粉碎、超声提取以及超声加速化学反应等。

4. 超声能够聚焦

超声波的聚焦可以通过球面换能器、凹面镜和声学透镜来实现，此外还可以把发射表面做成像雷达抛物面天线的样子进行聚焦，聚焦的能量可达几万瓦每平方厘米，能在水中产生几百个大气压的压力变化。

由于超声波具有上述一系列特点，因此引起了人们对它浓厚的兴趣和普遍的重视，并已得到广泛的实际应用。目前超声学已经成为一门国际公认的高新技术，具有广阔的发展前景。

15.2　超声技术的发展史

人类对于声音的认识和研究，可以追溯到很早的古代，大约在两千多年以前，我国就有了关于声音的研究，这一点可以从出土的文物上刻有许多乐器和演奏乐器的图案这一事实得到证实。但是，对于人耳听不见的超声波，其发现还是在生产和科学技术有了相当发展的不久之前，通常认为超声技术的发展开始于 20 世纪初，只有一百多年的发展历史[371,372]。

谈到超声的发展，有几件事需要提及。首先，1912 年，英国新造巨型邮轮"泰坦尼克号"在大西洋的航线上与流动的冰山相撞沉没，造成一千五百多人遇难。这个不幸事件引起了人们探讨使用超声探测冰山的可能性，但由于当时电子技术还处在电子管刚刚问世不久的阶段，还没有能够产生强大超声波的晶体振荡器及放大器，这个设想未能付诸现实。

第二件事发生在 1914～1918 年的第一次世界大战期间，法国、美国的舰队和商船受到德国潜艇的沉重打击，舰船总吨位损失了近三分之一。法国、美国为了解决侦察敌方潜艇的活动，认真地研究了应用超声侦察潜艇的问题，这件事也是促使人们进行超声技术研究的重要原因之一。

第三件事就是压电效应的发现。1880 年，法国的居里兄弟在研究石英晶体的电现象时，发现有一些物体，如石英等天然晶体，当它们受到外力的作用时，可以产生电荷，他们把这一现象称为压电效应。一年以后，理论物理学家李普曼从理论上预测，如果一种物体因受到压力变形而产生电，那么反过来，给它加上电时它就会变形。同年，居里兄弟又用实验证实了这个预言。通过对压电效应的深入研究人们发现如果把压力变成张力，产生的电荷会改变极性；同样，在加电时如果把正负极颠倒过来，物体的形变会由伸长变成缩短。当输入石英晶体上的是交变电流时，石英晶体就会按照交变电流的节奏一伸一缩地振动，也就是发出了声音。如果交变电流的频率在超声范围，发出的就是超声波。通常将利用压电材料的压电效应产生超声波的器件称为压电超声换能器。压电超声换能器是把高频电能变成超声机械能的装置。因此，居里兄弟发现的压电效应是超声产生的一种重要并且实用的方法，而石英则是最早的压电材料。经过几十年的发展，科学家们又陆续发现世界上大约有三分之二的天然宝石具有压电效应。目前人们已经研制出人工控制的石英晶体、铌酸锂单晶等人造晶体，以及钛酸钡、PZT、压电复合材料等压电陶瓷类材料。后来发现有些有机物如偏聚氟乙烯等压电聚合物薄膜也有压电效应，这样就大大扩展了压电材料的家族。同时人们也发现，有一些金属和磁性材料，如镍、钴以及铁氧体、稀土等，在磁场的作用下也会发生形变，而且其逆效应同样存在。这些材料称为磁致伸缩材料，而这一现象则称为磁致伸缩效应。现在磁致伸缩效应也发展成一种产生超声波的重要方法。同样，这类换能器件称为磁致伸缩换能器，它是把电磁能变成超声频振动能的装置。

促使超声技术迅速发展的另一事件发生在 1918 年前后。随着各种频率的电子管放大器的研制成功，大功率的高频电发生器的研制成为可能，同时结合居里兄弟发现的压电效应，1918 年，法国科学家朗之万在总结前人研究探索的基础上，用石英晶体试制成功了夹心式压电超声换能器，制造了最早的水下声呐，并在反潜中得到实际应用。从此以后利用声呐探测潜艇的研究工作受到了各国的普遍重视，海军比较强大的各国都秘密地进行有关水声设备的研究和改进。另一方面，除了军用以外，超声技术在民用中也获得了比较广泛的重视。

超声应用的实践过程促进了人们对超声波认识的深化，1925 年，皮尔斯发明了超声干涉仪，此后关于超声波波长、速度、吸收、反射等的测量和研究进展很快。1929 年，美籍奥地利人赫茨菲和美国人赖斯提出超声波在气体中存在反常吸收的理论，对超声的传播做出了理论上的解释。1932 年，荷兰人德拜等发明了用光栅衍射法测量在液体中传播的超声波波长和速度。1944 年，发现了超声设备用的新材料——钛酸盐压电晶体，功率较大、灵敏度较高，在这前后还研究出了产生超声波的磁致伸缩方法，为较大功率超声波的产生创造了条件。粗略地讲，超声技术的发展是从军事及海洋方面的应用开始的，在第二次世界大战前，它的发展和应用还是差不多仅限于反潜以及海洋探测方面。

超声技术民用方面的应用是第二次世界大战以后的事，最先出现的是超声鱼群探测仪，当时使用的频率在 100kHz 以下，这种仪器现在已成为渔船上普遍的装备，所用的频率已达 200kHz 以上。至于超声探伤、超声检测、超声加工、超声清洗、超声治疗及诊断等，是在 20 世纪 50～60 年代兴起的。近年来超声技术已遍及工农业生产、国防、医疗、科研等领域，发展极为迅速。

15.3　自然界中的超声

　　众所周知，人类对于超声的了解和利用是从 20 世纪初开始的。超声技术的发展史仅有一百多年。然而，大自然中确有许多动物，它们不但能发出超声，而且能够利用超声来达到一定的目的。从这一点来说，有许多动物都是著名的超声专家。在这些动物中，蝙蝠和海豚可以说是最出名的。根据上面的介绍，人类能听到的声音的频率范围是 20～20000Hz，在这一频率以外，包括次声和超声，人耳是听不到的。那么，人们自然要问，大自然中的动物能听到的声音的频率范围是多少呢？经过研究，现在对这一问题已经有了一定的了解。在哺乳动物中，大象和人一样，能听到的声音频率在 20～20000Hz。而其他的哺乳动物，包括狗和猫，都能听到超声。蝙蝠和海豚可以听到 100kHz 以上的超声。鱼类、两栖类、爬虫类和鸟类最好的听觉范围在 100Hz～5kHz。猫头鹰在 2～9kHz 的频率范围内听觉最好。

　　动物可以根据声音确定声源的方位。不同的哺乳动物，其具体的声定位精度有所不同，大概在 1°～20° 内。人类、蝙蝠以及海豚的声定向本领最高，可以达到 1°以内。鱼类和两栖类动物的声定位精度可以达到 10°～20°；爬虫类和鸟类可以定向到 2°～20°。

　　人类对动物应用超声的研究，可以追溯到 300 年以前。当时，人们都知道，蝙蝠能在漆黑的夜晚自由自在地飞行，在丛林中飞行不会撞到树上，在山洞中飞行也不会撞到岩石上，而且还能在漆黑的夜晚捕捉到猎物。人们都认为蝙蝠有一双能够适应漆黑夜晚的眼睛。而一位意大利科学家对人们的这一共识有所怀疑。于是，他做了一个实验。在一间漆黑的房子里，挂了许多绳子，在绳子上系了一些铃铛。然后他把蝙蝠的眼睛蒙住并放飞。结果蝙蝠仍能在漆黑的房子中自由地飞行，而且一点也碰不到绳子，铃铛也不响。这一实验表明，蝙蝠能在夜间飞行，并不是因为有一双明亮的能看穿黑夜的眼睛。既然这样，那么蝙蝠是靠什么在夜间飞行的呢？他又做了另一个实验，这一次，不是把蝙蝠的眼睛捂住，而是把蝙蝠的耳朵塞住，让蝙蝠在房间里飞。结果房间里的铃声大作，被塞住耳朵的蝙蝠就像一个无头苍蝇，到处碰壁。这说明，蝙蝠在夜间的飞行是靠耳朵听，而不是靠眼睛看。但是绳子和铃铛并不会发声，蝙蝠又是怎样听的呢？这一个问题当时无法解释，直至 100～200 年后人们才弄明白。原来蝙蝠在飞行的过程中，会不断地发出一系列人耳听不到的超声波脉冲，这些脉冲遇到障碍物会反射回来，蝙蝠用耳朵听到这些反射声时就会判断出障碍物在什么地方，从而能够及时地避开障碍物。现在广泛应用的声波回声定位技术就是从蝙蝠的这一特性发展而来的。另外，蝙蝠通过对反射声的理解和识别，还能够判断出反射体是障碍物还是猎物，从而能够避开障碍物，捕捉猎物。从这一点来说，人类所研制的声呐设备无论怎么先进，也很难比得上蝙蝠的声呐系统。除此以外，海豚也是利用超声在海里活动和捕食的。

15.4 超声的各种效应及其作用机理

超声在介质中传播时，能产生一系列的效应。从这些效应所表现出来的特性来看，可以分为力学效应、热学效应、光学效应、电学效应、化学效应以及生物效应等。力学效应的主要作用有搅拌、分散、除气、成雾、凝聚、冲击破碎和疲劳损伤等。热学效应的作用包括吸收引起的整体加热、交界面处的局部加热以及形成激波时波前处的局部加热等。在光学效应中，可以引起光的衍射、折射以及声致发光等。在电学效应中，可以在压电或磁致伸缩材料中产生电场或磁场，还可以在某些材料中引起电子的逸出以及产生一些电化学效应等。在化学效应中，可以促进化学反应，促进氧化还原，促进高分子的聚合和解聚，引起照相底片的感光等。在超声的生物效应中，可以利用超声来杀菌、破坏细胞、裂解生物大分子、促进酶的活性等。

超声空化是强超声在液体介质中传播时引起的一种特有的物理过程，伴随着超声空化的发生会出现许多奇妙的现象和一些惊人的效应。超声空化是一种极为重要的非线性效应，上面提到的效应几乎都与超声空化有关。超声空化最明显的作用就是能够产生局部的高温和高压，而这一局部的高温和高压可以说是所有超声效应产生的关键原因。在超声空化的过程中，除了能够产生高温和高压以外，还伴随有许多其他的效应，如放电效应、声致发光效应，以及微冲流等次级效应。

正是由于超声具有如此丰富的效应，所以才具有众多的应用。这与超声波本身的特点是密不可分的，因为超声波的传播离不开气体、液体以及固体三种介质。超声波的这种特性，既可以用来研究物质的性质和状态，又可以改变物质的特性。这两个方面正是超声应用的两大领域，即检测超声(包括超声工业检测以及医学超声诊断)和高强度功率超声。

在检测超声领域，超声主要是作为信息的载体，利用超声波的反射、折射、散射、透射、频散、聚焦等现象的原理来完成超声检测以及超声诊断等。通过合理有效地提取和利用这些信息，可以进行超声检测、超声诊断以及水下目标探测等。在这一类应用中，一般使用较小功率及较小强度的脉冲超声波，测量的声学参数主要有声速、衰减以及声阻抗等。在大功率超声领域，主要是利用大功率的超声及其各种非线性效应，来达到改变物质的状态以及各种超声处理过程的目的。

15.5　超声的应用概述

一个世纪以来，超声的发展极为迅速，超声的应用越来越广，从超声的物理性质及能量出发，可以把超声的应用归纳为两大方面[373-380]。

15.5.1　超声波作为探测、计量、通信的信号和信息

这类应用称为超声检测与控制技术，以及超声诊断。这是应用较弱的超声波来进行各种检测与测量以及进行自动控制的技术。例如，在检测方面，有超声探伤、超声检漏以及超声诊断等；在测量方面，各种介质的许多非声学特性和介质的某些状态参量，如液体的黏滞系数、杨氏模量以及厚度等的测量。具体到不同的传播介质，此类超声应用可进一步划分为以下三方面。

(1) 气体中的测量包括风向、风速、气温、煤气渗漏检查、电缆漏电检查、料位控制、产品计数、自动控制、遥测、防盗报警以及气体成分分析等。

(2) 在液体可以测量流速、流量、潮汐及海流的测定、水温测定、鱼群探测、测海深、海底地貌、寻找沉船、反潜、水下通信、液体的黏度、浊度以及浓度等。

(3) 在固体中的测量包括厚度、长度、缺陷探测、探伤，超声波固体延迟线、超声诊断、生物体组织异状检查等。

15.5.2　超声波作为加工处理的能量

这类应用称为功率超声，包括超声清洗、加工和处理等技术。另外，医学超声中的超声治疗也可以归为高强度的功率超声。这是应用高强度的超声波来改变物质的性质和状态的一种新技术。功率超声应用技术包括超声车削、超声打孔、超声研磨、超声金属和塑料焊接、超声清洗、超声粉碎、超声凝聚、超声雾化、超声乳化、超声萃取、超声化学、超声处理农作物种子、超声治疗以及超声悬浮等。具体到不同的介质，大功率超声的应用可以细分为以下几个方面。

①在气体中的应用包括干燥、除尘、凝聚、贵重金属及炭黑等的捕集。②在液体中的应用有制造浮选剂、化妆品等的乳化、清洗、粉碎、搅拌混合以及加速化学反应等。③在固体中的应用有金属加工、焊接，陶瓷、玻璃及宝石等的加工，医疗，以及农作物种子处理等。

截至目前，超声技术已经发展成为一门极具活力的高新技术学科，其应用遍及国民经济、国防、生命健康等众多领域。更为重要的是，随着社会的发展以及科学技术的进步，超声技术的新应用如雨后春笋一样，层出不穷，可以预见，超声技术在人们的日常生活中一定会发挥越来越重要的作用。下面将对一些传统的超声应用技术加以简要介绍。同时，对一些处于发展阶段的超声新技术进行介绍。

15.6 超声在海洋中的应用

声波是海洋观察和测量的重要手段。声波在海洋方面的应用包括海洋探测和水下通信两部分。在水中进行观察和测量，具有得天独厚条件的只有声波。这是由于其他探测手段的作用距离都很短，光在水中的穿透能力很有限，即使在最清澈的海水中，人们也只能看到十几米到几十米内的物体；电磁波在水中也衰减很快，而且波长越短，损失越大，即使使用大功率的低频电磁波，也只能传播几十米。然而，声波在水中传播时的衰减就小得多，在深海声道中爆炸一颗几千克的炸弹，在两万千米外还可以收到信号，低频的声波还可以穿透海底几千米的地层，并且得到地层中的信息。在水中进行测量和观察，迄今还未发现比声波更有效的手段。

超声在海洋中的应用有两个要考虑的问题：一个是作用距离，另一个是分辨率。超声波在海水中传播衰减小，传播距离远，这是相对于电波而言的。其实超声波在海水传播中的衰减，特别是远距离传播中的衰减也是一个突出的问题。超声波的衰减与传播距离的平方成正比，此外，超声波的衰减还与使用的频率成正比，即使用的频率越高，超声波传播中衰减得越快。为了避免过大的衰减，总希望选用较低的工作频率。

但是，探测的分辨率是由所使用的超声波波长确定的。波长越短 (即频率越高)，分辨率越高。显然为了提高分辨率，总希望选用较短的波长 (即较高的频率)。

显然，为了减小衰减，就要选用较低的工作频率，为了提高分辨率，就要选用较高的工作频率，然而两全的方案是比较困难的。在选用工作频率上，常常是根据不同需要，对具体问题进行具体的分析。当前，国际上在水中使用的超声频率为几千赫到几百千赫。在远距离目标搜索中，以考虑作用距离为主，通常使用较低的工作频率，使用几十千赫以下 (也有使用更低频段的声频部分) 的大功率超声波乃至声波频段发射装置。在近距离精度要求高的探测中，以提高分辨率为主，使用较高的工作频率，可达数百千赫。

15.6.1 声呐

声呐是英文缩写 SONAR 的中文音译。"声呐" 一词源于第二次世界大战期间，由声音 (sound)、导航 (navigation) 和测距 (ranging) 三个英文单词构成。今天，声呐的定义是：利用水下声波探测海洋中物体的存在、位置及类型的方法和设备，其全称为：声音、导航与测距 (sound，navigation and ranging)，是利用声波在水中的传播和反射特性，通过电声转换和信息处理进行导航和测距的技术，也指利用这种技术对水下目标进行探测和通信的电子设备，是水声学中应用最广泛、最重要的一种装置，有主动式和被动式两种类型。

　　声呐装置一般由基阵、电子机柜和辅助设备三部分组成。基阵由水声换能器以一定的几何图形排列组合而成，其外形通常为球形、柱形、平板形或线列形，有接收基阵、发射基阵或收发合一基阵之分。电子机柜一般有发射、接收、显示和控制等分系统。辅助设备包括电源设备，连接电缆，水下接线箱和增音机，与声呐基阵的传动控制相配套的升降、回转、俯仰、收放、拖曳、吊放、投放等装置，以及声呐导流罩等。

　　潜艇中安装声呐的主要位置是在最前端的位置，其他安装在潜艇上的声呐型态还包括安装在艇身其他位置的被动声呐。利用不同位置收到的同一信号，经过计算机处理和运算之后，就可以迅速地进行粗浅的定位，对于艇身较大的潜艇来说比较有利，因为测量的基线较长，准确度较高。另外一种声呐称为"拖曳声呐"，因为这种声呐装置在使用时，以缆线与潜艇连接，声呐的本体则远远地拖在潜艇的后面进行探测，拖曳声呐的使用大幅度强化了潜艇对于全方位与不同深度的侦测能力，尤其是潜艇的尾端。这是因为潜艇的尾端同时也是动力输出的部分，由于水流声音的干扰，位于前方的声呐无法听到这个区域的信号而形成一个盲区。使用拖曳声呐之后就能够消除这个盲区，找出躲在这个区域的目标。

　　声呐的种类繁多。按其工作方式、装备对象、战术用途、基阵携带方式和技术特点等可分成为各种不同的声呐。例如，按工作方式可分为主动声呐和被动声呐；按装备对象可分为水面舰艇声呐、潜艇声呐、航空声呐、便携式声呐和海岸声呐等。

　　主动声呐：主动声呐技术是指声呐主动发射声波"照射"目标，而后接收水中目标的回波，通过回波时间和回波参数来获取目标的信息。由于目标信息保存在回波之中，所以可根据接收到的回波信号来判断目标的存在，并测量或估计目标的距离、方位、速度等参量。适用于探测冰山、暗礁、沉船、海深、鱼群、水雷和关闭了发动机的隐蔽的潜艇。

　　被动声呐：利用接收换能器基阵接收目标自身发出的噪声或信号来探测目标的声呐称为被动声呐。由于被动声呐本身不发射信号，所以目标将不会觉察到声呐的存在及其意图。目标发出的声音及其特征，在声呐设计时并不为设计者所控制，对其了解也往往不全面。声呐设计者只能对某预定目标的声音进行设计，如目标为潜艇，那么目标自身发出的噪声包括螺旋桨转动噪声、艇体与水流摩擦产生的噪声，以及由发动机的各种机械振动引起的辐射噪声等。因此被动声呐与主动声呐最根本的区别在于它在本舰噪声背景下接收远场目标发出的噪声。此时，目标噪声作为信号，且经远距传播后变得十分微弱。由此可知，被动声呐往往工作于低信噪比情况下，因而需要采用比主动声呐更多的信号处理措施。被动声呐没有发射机部分。回音站、测深仪、通信仪、探雷器等均可归入主动声呐类，而噪声站、侦察仪等则归入被动声呐类。

　　声呐浮标：探测水下目标的浮标式声呐系统，是一种水声遥感探测器。它与浮标信号接收处理设备等组成浮标声呐系统,用于航空反潜探测和固定声呐监视系统对水下潜艇的预警等。声呐浮标的种类很多,按装备对象分航空声呐浮标和锚系声呐浮标;按工作方式分主动式声呐浮标和被动式声呐浮标;按定向方式分定向式声呐浮标和非定向 (全向) 式声呐浮标;按浮标信号分有线声呐浮标和无线声呐浮标;按装备对象分航空声呐浮标和固定监视声呐浮标。

航空声呐浮标亦称“机载声呐”。它属于反潜巡逻机和反潜直升机等使用的声呐。主要用于搜索、识别和跟踪潜艇,保障机载反潜武器的使用或引导其他反潜兵力实施对潜攻击,是海军反潜直升机和反潜巡逻机的主要探测设备。航空声呐浮标分为吊放式声呐、拖曳式声呐和无线电声呐浮标系统三种。航空声呐浮标搜索潜艇时,不受其攻击;不受载机本身的噪声干扰;能在较短时间内搜索较大海区。

航空声呐浮标主要装备于反潜巡逻机、反潜直升机和某些水上飞机,均为无线电声呐浮标,属一次性使用的消耗性器材。主动式浮标内还装有声呐发射机。其工作原理与一般声呐设备相同。将浮标空投入水后,其天线自动伸出水面,基阵沉入水中,电池供电,浮标开始工作。收到的目标信号经放大处理后,变为无线电信号向空中发射,供飞机上的浮标信号接收处理设备接收和处理。一般是在其他观察设备发现有潜艇活动征候时才使用声呐浮标,使用时由飞机上的投放装置按一定布阵进行投放。

锚系声呐浮标是在航空声呐浮标的基础上发展起来的。由飞机或舰船布于海底,用于弥补固定声呐监视系统的探测盲区。浮标所获信号,用有线电或无线电传输给岸上声呐信号接收处理设备。浮标的工作方式和基本原理与航空声呐浮标相似,但持续工作时间长,作用距离远,工作深度大。

1942 年出现航空声呐浮标,20 世纪 60 年代研制出了锚系声呐浮标。随着声呐技术的发展,声呐浮标及机上投放装置、信号处理和显示设备都有较大发展,进一步实现了系统化和自动化。有的国家把声呐浮标与机上的其他探测、导航、通信和反潜武器控制等系统综合,组成机载反潜作战自动化系统。

15.6.2　声呐技术发展史

声呐的发展如果从 1490 年意大利人达·芬奇发现声管算起,至今已有 500 多年的历史了。达·芬奇描述的声呐是这样的:把一根长管的一端放入水中,把露出水面的一端放在耳朵边,则会听到离你很远的船的声音。这实际上就是现代被动声呐的雏形。另外,声波在水中能远距离地传播,劳动人民在生产活动中,早已发现并加以应用,斯里兰卡的渔民在很久以前,就把一种特制的陶罐挂在船舷下侧的水中,利用它来测听远方的航船发出的信号,夸张一点讲,这就是最早的声呐。

现代声呐技术具有超过 100 年的历史,它是 1906 年由英国皇家海军的刘易斯·尼克森发明的。第一部声呐仪是一种被动式的聆听装置,主要用来侦测冰山。

到第一次世界大战时开始被应用到战场上，用来侦测潜藏在水底的潜水艇，这些声呐只能被动听音，属于被动声呐，或者叫作"水听器"。

1912 年，世界上体积最庞大的邮轮"泰坦尼克号"在首航时撞上冰山沉没。这一事件促使一些公司开始研发能预警冰山和航行中其他危险的设备。1914 年，第一个有实用意义的回声测距仪由美国波士顿水下信号公司的费森登研发成功并在美国申请了专利，这是一个能发出低频声音信号，然后切换到测听状态接收回声信号的电子振荡器。利用这个装置能够探测到 3km 以外的冰山，但仍无法精准确定冰山所处的方位。

1915 年，法国物理学家朗之万 (Langevin) 与俄国电气工程师奇洛夫斯基 (Chilowski) 合作发明了第一部用于侦测潜艇的主动式声呐设备。尽管后来压电式换能器取代了他们一开始使用的静电变换器，但他们的工作成果仍然影响了未来的声呐设计。

1916 年，加拿大物理学家玻意耳 (Boyle) 承揽了一个属于英国发明研究协会的声呐项目，他在 1917 年制作出了一个用于测试的原始型号主动声呐，由于该项目很快就划归反潜/盟军潜艇侦测调查委员会 (ASDIC) 管辖，此种主动声呐被英国人称为 ASDIC。为区别于 SONAR 的音译"声呐"，我国将 ASDIC 翻译为"潜艇探测器"。

1918 年，英国和美国都生产出了成品。1920 年，英国在皇家海军"HMS Antrim"号上测试了他们仍称为 ASDIC 的声呐设备，1922 年开始投产，1923 年第六驱逐舰支队装备了拥有 ASDIC 的舰艇。

1924 年，在英国波特兰岛成立了一所反潜学校——皇家海军"Osprey"号 ("HMS Osprey")，并且建立了一支拥有四艘装备了潜艇探测器的舰艇训练舰队。

1931 年，美国研究出了类似的装置，称为 SONAR，后来英国人也接受了此叫法，并且此名称一直沿用至今。

声呐的核心部件是水声换能器。水声换能器是发射和接收水中声信号的装置，它有两个用途：一是在水下发射声波，称为"发射换能器"，相当于空气中的扬声器；二是在水下接收声波，称为"接收换能器"，相当于空气中的传声器 (俗称"听筒")。换能器在实际使用时往往同时用于发射和接收声波，专门用于接收的换能器又称为"水听器"。应用最广泛的是基于电声转换的水声换能器，即转换电能为水中声能的水声发射器，以及转换水中声能为电能的水声接收器 (即水听器)。常用的水声换能器按其基本换能机理分为可逆式和不可逆式两大类。可逆式 (可作接收器) 的有：电动、静电、可变磁阻 (电磁)、磁致伸缩和压电水声换能器。不可逆式 (不可作接收器) 的有：调制流体 (流体动力)、气动 (如气枪)、化学能 (如信号弹)、机声 (如扫水雷声源) 等。

20 世纪 60 年代以来，为了实现声呐的远程探测，发展了不少新的换能材料、结构振动方式和换能机理；发展了工作在低频、宽带、大功率和深水中的发射器，具有高灵敏度、宽带、低噪声等性能的水听器；出现了新型的水声换能器，如复合压电陶瓷水听器、凹型弯张换能器、利用亥姆霍兹共鸣器原理制成的低频水听器、应用射流开关技术的调制流体式换能器、声光换能器等。

水声参量阵是基于水声换能器和非线性声学原理发展而来的，水声参量阵分为参量发射阵和参量接收阵两类，它是利用声波在水中传播时产生的非线性相互作用。如发射器同时发出两个频率相近的高频波 (又称原波)，由于非线性相互作用，则会产生差频波及和频波，这也可看作一种新的转换概念，参量发射阵利用的就是差频波。参量阵的主要缺点是效率很低，它的独特优点是可以利用小尺寸换能器获得低频、宽频带、低旁瓣或无旁瓣、探照灯式的尖锐波束，应用于需要低频高分辨率探测中。参量阵已进入实用阶段，特别适用于海底浅层地质的勘探、水下埋藏物的探测、浅海特定简正波的激励等。

15.6.3 声呐的应用

1. 超声鱼群探测仪

超声鱼群探测仪用于探测海洋中鱼群的位置和活动情况，它是根据从鱼群反射的回波波形来测定的。使用的频率为 $10\sim500\mathrm{kHz}$，超声波型为脉冲波，脉冲时间为 $0.5\sim3\mathrm{ms}$。传统的鱼群探测仪只有一个工作频率，现在有的仪器已经使用两个甚至多个频率，对鱼群和海底给出同时显示，能够从荧光屏上看出它们的相对位置及其变化，提高了探测能力，除了做垂直方向较近距离的探测外，现已出现了在水平方向旋转 $360°$ 的全扫描方式，搜索渔船四周较远区域的鱼群。

2. 鱼生态遥测仪

为了调查水产资源和实现有计划的捕捞，就需要了解鱼群的生态，例如鱼在海洋中的活动范围、洄游的路线等。为此人们研制成功了一种无线电鱼生态遥测仪，它是给某一种鱼戴上一个微型的无线电发射机，然后把鱼放回海中，在鱼洄游时连续接收它发回的信号，记录鱼的洄游路线。常用的鱼载发射机为 $200\mathrm{mW}$，使用 $100\mathrm{MHz}$ 左右的工作频率，在岸上或船上使用直径 $6\mathrm{m}$ 的接收天线进行接收。能够做 $30\mathrm{km}$ 以内的调查。但是，当鱼潜游于深水时，这种无线电的联系就中断了。

为克服无线电生态遥测仪的不足，现在的鱼生态遥测仪有的尝试改用超声装置，即把微型的超声发生器安装在鱼体上，为了尽可能减轻质量，这种仪器只有一个工作频率。然而通常要测的数据有水平位置、深度、水温、光照度等四个项目。解决的办法是选四条鱼，各安装一个专用遥测仪，各担任传送一个情报信息的任务。总的来讲，四个数据都测到了，又保证了仪器设备的简单化。在这四个数据中，温度的测定是比较困难的。因为工作频率常因温度的变化受到影响，频率不易稳定，所以测温度的遥测仪一般采用调频方式。日本产的一种遥测仪质量 32g，功率 70mW，作用距离数千米，使用化学电源，可连续工作五天。

3. 超声测深仪

它的用途是从船上连续地测海深，供描绘海底地形、绘制海图等用。为了避免过大的衰减，一般使用 10～20kHz 的较低频率。而用于测定港口、航道，寻找沉船等对探测精度要求高的大型装置，现在均使用 200kHz 以上的高频声波。

此外，还有一种超声测量装置，它有四个换能器和四个频道。测量时在船的左右舷分别设置 100kHz 和 200kHz 探测器各一个，共四个频道，探测结果用纸带进行连续的自动记录，记录纸上的纵向 (y 轴) 表示深度，横向 (x 轴) 表示位移。这种仪器还可以根据测出的水深、潮高给出操纵的指令和数据。

4. 探测潜艇

声呐是向目的物发射超声波 (或声波) 波束，根据从目标物反射回来的回波，来确定目标的距离、方位、大小尺寸及形状的一种设备。它最重要的用途是用于军事上的探潜。

潜艇在海军方面的作用日益凸显，近年来潜艇装备了巡航导弹和战略导弹，这使得它的身价倍增，于是反潜问题引起各国极大的重视，反潜的关键问题是搜索发现潜艇。当前各国所用的主要探潜设备是声呐。

声呐从作用原理上讲，分为主动式和被动式两种。主动式声呐是向水中发射脉冲声波束，声波在传播过程中遇到障碍物，就产生回波，并向反方向传播回来。声呐接收到回波信号以后，经过计算机分析和处理，就可以得出目标的位置和方位。一些比较先进的声呐设备，还可以测量出敌方潜艇的吨位和类型，从而可以进行迅速打击。主动声呐有一个缺点，就是要探测敌方潜艇就必须发射声波，而发射声波的同时也暴露了自己，因为敌人也可能接收到你发射的这一声波，这对于潜艇的隐蔽非常不利，于是人们就研究了另一类声呐，也就是所谓的被动式声呐。被动式声呐的特点是不发射声波，它是靠接受敌方潜艇发出的声波来探测潜艇的。被动式声呐装有许多水听器，形成了一个大型的基阵，它类似于空中的雷达。声呐不断地收听来自各个方向的声信号，根据声信号到达水听器的时间、相位以及回波形状，就可以确定敌方潜艇的距离和方位。

声呐从作用距离上可划分为远距离和近距离两种。远距离声呐是用于全方向远距离的搜索，主要是确定潜艇的距离、方位，对细节的分辨率要求不高，但是要求衰减要小，因此一般使用较低的工作频率。显示方式通常是在屏幕上给出同雷达显示一样的平面位置指示图像，指示出潜艇的水平位置。从这个意义上讲，声呐和雷达是一样的，故声呐有"水中雷达"之称。这种声呐工作时，向水平方向发射脉冲，通过发射接收转换开关进行接收。它有数十个圆筒形换能器，装在一个顺时针旋转的同步装置上。近距离声呐，是在发现潜艇后，进行追踪用的，搜集详细的信息情报，要求有高的分辨率，使用方向性强的发射接收装置，显示方式类似超声探伤中的 A 扫描 (即反射波振幅和超声波传播时间呈直角坐标关系)，显示出目标的细节，以便做出准确的战斗攻击。

此外，有一种探测深水中潜艇的声呐，它投放于海中，深度可调。在深水中，由于上下层水温相差大，超声在水温突跃层产生散射和折射，影响探测的准确性。这种可变深度声呐可投放至水温突跃层下进行工作，能够搜索在深海中潜航的潜艇。

还有一种声呐航标，它可以投放于固定地点，使用化学电源或蓄电池作动力，无人控制，能够进行自动的记录和工作。把所搜集的数据和发现的目标发送给巡航飞机或指挥舰。

5. 应用超声进行水下遥控和指挥

目前人们广泛地使用超声波在水下传送数据信息以及进行通信。在渔业上，有监测拖网距海底、海面距离，以及测定网捕量的超声装置，使用的是 FM(调频) 方式的超声波。还有同设置在海底的无人航标、无人观测站进行联络的超声遥控装置，其性能是：船上发出指令的设备有多个频道，海中的无人航标、无人观测站，能把观测数据用调频方式，以每秒几千个信息量的速度发送回来，并能应答指令，执行动作，这种设备的工作距离达 15km。

6. 水中电话

水中电话是供海上船只和潜航潜艇之间通话用的，还有供潜水员使用的小型的水中电话。大型水中电话的通话距离达数十千米，小型的只有几百米，功率 1W，潜水员用的是一种装在喉部的类似步话机的装置。

超声在海洋方面的应用发展很快，当前的动向包括如何提高作用距离这一问题，国外正在研究利用海底海面的反射以及声道聚焦等方法扩大作用距离。还有换能器在深海工作问题，在海洋中深度每增加 10m，压力就增加一个标准大气压。水下 500m 即处于 50 个标准大气压作用下，换能器的密封和工作稳定性在技术上有很多问题。从这个意义上讲海洋科学的发展比宇航科学的发展还困难，宇航中设备的压差为一个标准大气压，海洋设备的压差达几十个标准大气压甚至上百个标准大气压，这是水声设备发展中要解决的问题。另一个动向是加大功率，据报道最大的功率已达 1MW 以上。另外，国际上也普遍采用数字处理技术处理探测数据，滤除噪声，提高探测精度，常用的方法有快速傅里叶变换 (FFT 波谱分析)、小波变换、混沌理论以及神经网络等。

7. 鱼雷

鱼雷是一种能在水下自航、制导，攻击水面或水下目标的水中武器，其由潜艇、水面舰艇和飞机携载，用于攻击潜艇、水面舰船及其他水中目标。鱼雷使用范围广，能自动搜索攻击目标，具有隐蔽性好、抗干扰能力强、命中率高、爆炸威力大等特点，是海军主要的攻击武器之一。现代的鱼雷类似于空中的导弹，能够自动跟踪潜艇，直至把敌舰打沉。这种鱼雷也是利用声呐的作用。它是在鱼雷的头上装一个小型的声呐，利用声呐不断接收敌舰的噪声，来控制鱼雷的前进方向。对于潜艇，为了摆脱鱼雷的跟踪，大多数采用迷惑的战术，在军事上就叫做声诱饵。简单地说，就是在另外的地方发出一个声音，产生一个假目标，叫你去追。这种敌我双方采取的军事手段，也就是水声对抗技术。

8. 水雷

水雷是一种布设在水中的爆炸性武器，它可以由舰船的机械碰撞或由其他非接触式因素 (如磁性、噪声、水压等) 的作用而起爆，用于毁伤敌方舰船或阻碍其活动。水雷具有价格低廉、威力巨大、布放简便、发现和扫除困难、作用灵活的特点。水雷的技术含量比地雷高，水雷的发展也非常快，现代的水雷大部分都沉在海底，并且在水雷上有声波接收器，当通过的船只发出的声波超过一定的大小时，水雷就爆炸。

水雷种类很多，按水雷布设后在水中状态区分，有漂雷、锚雷、沉底雷三种，漂雷没有固定位置，随波逐流，在水面漂浮；锚雷是一种固定在一定深度上的水雷，靠雷锚和雷索固定在一定深度上，根据锚雷重量又可分为大、中、小三型；沉底雷沉没在海底，它也可分为大、中、小三型。按水雷引爆方式区分，有触发水雷、非触发水雷和控制水雷三种，触发水雷是要与敌方舰船相撞，才会引爆，触发水雷大多属于锚雷和漂雷；非触发水雷是利用敌方舰船航行时产生的声波、磁场、水压等物理场来引爆水雷，非触发水雷又可分为音响沉底雷、磁性沉底雷、水压沉底雷、音响锚雷、磁性锚雷、光和雷达作引信的漂雷，以及各种联合引信的沉底雷等多种类型；控制水雷通过导线控制，也可以遥控。按布雷工具不同，可分为舰布水雷、空投水雷和潜布水雷。

水雷的引爆方式包括接触、压力、声响、磁性、数目、遥控等。接触是指物体与水雷碰撞，触发内部的炸药而达到攻击的目的。接触：是最早使用于水雷的设计，同时也是水雷早期共同使用的引爆手段。压力：无论是水面上或者是水中的船只，都会对下方的区域产生压力的变化，排水量愈大的船只，影响愈显著。压力引爆属于非接触性的一种，当船只通过的时候，水雷内部的传感器在判断压力达到某一设定值时就会起爆。由于不需要与船只接触，只要通过水雷附近就可能引发，有效范围较大。比较精密的引信还可以针对预先设定的吨位以上的船只出现时才会爆炸，以增强破坏效果。声响：船只在运动的时候难免会发出声响，尤其是动力系统发出的信号，音响引信利用船只发出的声音信号作为引爆的依据，不需要与物体有直接接触，有效范围较大，较为精密的设计还可以针对特定的信号来源而进行引爆，智能性很强。磁性：当船只通过水雷附近区域时，周围的磁场会受到干扰而产生变化。水雷利用内部的传感器判读磁场的变化来决定引爆的时机。因为是非接触性设计，有效范围较大，但是在磁场不稳定的区域可能无法有效工作或者是发生意外爆炸的情况。鱼雷的磁性引信也通过类似的手段工作。对于磁性触发，舰艇通常采用消磁手段以减少触发范围。现代的扫雷艇、扫雷舰往往都会用非磁性材料制作，如玻璃钢、铝合金等，以避免触发磁性水雷。数目：较为精密的非接触引信设计，可以综合前述的引信，加上数目记忆的功能，也就是水雷不会在侦测到第一个符合引爆设定的目标时就启动引信，而是会记录侦测到的目标数目，直到累积的数量与预先设定相符时才起爆。遥控：以防御性质部署的水雷可以利用有线或者是无线的方式，由岸上或者是船上的管制中心在适当的时机引爆，其中又以有线的方式最常使用。这种引爆方式只有在收到指定的信号时才会爆炸。挪威在沿岸地区部署了许多这样的水雷，曾经利用遥控引爆的方式将侵犯领海的苏联潜艇逼迫上浮。

9. 水下声信标

水下声信标是一种小型声呐设备，一般直接安装在"被搜寻目标"上，入水前处于待机状态，入水后能够发出一定特征的声波脉冲，用于"被搜寻目标"的水下定位。搜寻人员利用飞机空投、船载拖曳吊放、潜器自主引导等多种平台作业方式，使用专用的声呐接收设备，接收声信标发出的声波脉冲，分析信标在水中的位置以实现对水中目标的搜寻定位。

声信标最广泛的应用是安装在飞机或舰船的"黑匣子"(飞行参数记录器)上，用于意外情况下对沉入水中的"黑匣子"的搜寻和打捞辅助引导。大连"五七"空难和马航370空难搜寻任务中搜寻的直接目标就是"黑匣子"上安装的声信标发出的声脉冲信号。其中，"五七"空难因搜寻到声信标信号而快速确定了"黑匣子"位置，为成功打捞"黑匣子"提供了重要支持。

声信标作为专用的水下声示位设备，在国外已历经几十年发展历程，一般被称为 ULD，美国、法国等国家已有多种型号的商用成熟产品，美国制定了行业标准，美国联邦航空局 (FAA) 规定大多数携带驾驶舱语音记录器和飞行参数记录器的商用飞机必须安装经认证的 ULD。

声信标因其体积小、安装方便、作用时间长等优点，已被广泛应用于多个领域，作为发射声源指示目标在水中的位置，这些领域包括水声通信、水下定位、海洋测绘、海洋捕捞、海底科学研究、海底资源勘察、海洋工程、水下载体的导航和跟踪、水下军事等。

　　声信标依据工作原理的不同，可分为广播式声信标、应答式声信标等。广播式声信标是指声信标以接触海水作为触发方式，可即时工作和延时工作，以一定的时频特征模式向周围发射声波，但不具备接收声波功能，只发不收，类似广播。应答式声信标不仅具有发射声波功能，还具有接收声波的功能，并能够对接收到的预设编码声波信号进行解码，应答式声信标因其编解码特性，能够附带更多信息量，其应答模式有固有的应用优势，但体积与质量相对偏大。广播式声信标因其体积小、应用方便，用途最为广泛，广播式声信标一般为圆柱形，主要包括：金属外壳、端盖 (含水开关)、电路模块、压电陶瓷、电池等。其工作原理是当端盖的水开关与水接触时，电路模块中的脉冲发生电路被激活，脉冲发生电路驱动压电陶瓷，将电脉冲转换为声压脉冲，通过壳体向外辐射声波。

　　声信标依据配备对象的不同，可分为多种工作频率，市场上普遍应用的飞机"黑匣子"航空声信标标准规定采用 37.5kHz 工作频率；对于一些其他应用，比如作业人员、装备设备等配备，考虑体积小和安装方便等因素，一般在 20~50kHz 超声波频段内选择一个频率点作为工作频率，用以区别于"黑匣子"声信标。此外，在一些对体积与便携性要求不高、对作用距离要求比较远的应用情况下，一般在几千赫兹到十几千赫兹的低频段中选择合适的工作频率，比如安装在飞机机身上用于搜寻飞机残骸。

　　声信标依据应用场景的不同，可选择不同的材料以及工作模式，比如，对于一些技术要求较低的民用领域，可选用低成本的材料以及工艺，降低使用门槛，利于推广应用；对于水中兵器、潜艇等军事敏感应用场景，考虑到应用期间对时间窗口和海域位置的高度机密性，需要对信号编码在一定形式上进行加密；对于舰船、浮平台、浮标等长期暴露在海洋环境下的装备应用场景，需要考虑信标壳体表面的防腐镀层处理以及误触发方面的环境适应性。

15.7　超声在机械制造方面的应用

　　超声在机械制造方面的应用，是超声应用中最主要的领域，项目很多，效果显著。主要包括超声探伤、超声测量、超声加工、超声焊接等。超声探伤及测量利用超声波作为检测信号，其工作频率较高，大体为 0.4~25MHz；加工和焊接是把超声波作为能量使用，选用工作频率较低，大体上为几十千赫，其功率从几百瓦到几千瓦，乃至上万瓦。

15.7.1　超声探伤

　　超声探伤属于无损探伤，超声探伤比起 X 射线探伤、γ 射线探伤有许多优点。

X 射线探伤只能透过 20～30cm，不能做大型的探伤；γ 射线探伤穿透性略强一点，但分辨率较差，一般不能发现小于 4mm 的缺陷；同时 X 射线探伤和 γ 射线探伤设备昂贵，还有放射线防护问题。而超声波是一种弹性波，对固体有很强的穿透能力，波长又短，有很高的分辨能力，能够进行大型设备的精密探伤。目前，超声探伤除用于一般探伤外，主要用于大型设备的探伤，国外超声探伤已用于 33 万 kW 发电机转子的探伤、汽轮机主轴的检查，还有远洋巨轮船体的检查、航空发动机部件的检测、压力锅炉以及桥梁的检查等，在精细度方面已能发现 0.02mm 以下的内部缺陷，超声探伤所用的工作频率较高，大都使用压电式换能器作探头。

为了观察物体的细微结构，还可以使用频率极高、波长极短 (0.5mm) 的超声波，配合声透镜聚焦，把超声聚焦在一个小点上，并透过试样，在试样下接收。当这个小声点通过机械运动扫描过整个试样时，就成为一个超声显微镜。它的分辨能力可达 0.4mm，与光学显微镜差不多。超声显微镜显示的是所观察样品的声速和密度的差别，而不是光学显微镜显示的样品的光学特性的差别，因此可以补充光学显微镜的不足。

用快速断续的聚焦激光在物体的表面扫描，使物体达到周期性的加热，物体就会不断地膨胀和收缩，从而发出声波，通过接收这些声波，也可以显示物体表面的细微结构，这种装置称为光声显微镜，它也有非常高的分辨能力。

目前，国际上在超声探伤的基础上，又发展了一种所谓的 " AE 探伤法"，这里 AE 是 acoustic emission(声发射) 的缩写，国内称为 "声发射探伤法"。它实际上是一种被动式超声探伤。当设备发生形变和将要破裂的时候，其内部会出现应力，并产生一种超声波，频率在 10kHz～1MHz。例如，当铁板弯曲时，即有超声波产生，如在铁板上用声-电转换微声器接收所产生的超声波，经过前置放大，显示出波形变化，对波形进行分析，即可了解设备的形变情况及其发展趋势，能够预测设备潜伏性事故，这种仪器已用于监视大型设备的安全 (如原子核发电站防护装置的安全监视等)。普通的超声探伤是了解内部缺陷的位置及大小，给出静态的情况，而声发射探伤测出的是设备形变前后的动态情况，这两种探伤方法有本质的不同。另外，我们可以想象一下，声发射探伤非常类似于医生使用的听诊器，当患者的肺部或心脏有异常时，医生就可以通过听诊器诊断出来。

15.7.2 超声测量

利用声学量与其他物理量之间的相互关系，通过对声学量的测量来获取工业上所需的其他的物理量。超声测量的范围包括长度、宽度、硬度、黏度、溶液的浓度、表面强度、材料的疲劳强度、弹性模量等的测量，其原理是测定各被测介质的声学参数，根据其声学参数的变化得出各被测量。超声测量的特点是能够进行非接触测量，结合电子技术以及自动控制技术可进行遥测，作连续测量和自动记录。用于高温、腐蚀以及其他危险场合的测量时，其优越性是很突出的。测试装置有单探头和多探头不同形式，工作频率为兆赫兹量级。

15.7.3　超声用于研究物质结构

分子声学的主要任务是通过测量超声波在物质中传播时的宏观参量 (如声速、吸收、频散以及阻抗等) 来研究物质的分子结构与分子动力学。20 世纪 60 年代，分子声学曾是声学研究中最活跃的分支之一。分子声学的研究对推动液体分子理论的发展起过重要作用。研究表明，在许多情况下，高频超声是研究物质快速分子动力学过程最为有效的方法之一。20 世纪 60 年代以后，频率高于 10^9Hz 的特超声研究得到了迅速的发展。利用远红外脉冲激光激发压电晶体表面获得 $10^{12}Hz$ 以上的特超声技术取得突破。高频超声波也称为高频声子，用于研究物质的微观结构时涉及声子与热声子、声子与电子、声子与自旋、声子与激子，以及声子与缺陷或杂质等的相互作用问题。这些研究工作促成了声学领域新的分支——微波声学和量子声学的出现。量子声学还用于研究超流液氦种种奇异的声学现象。量子声学的发展表明，声波与电磁波、基本粒子已经并列成为研究物质结构的三大物理方法之一。

15.7.4　超声加工

超声加工使用 15～100kHz 工作频率的振动工具头，振幅有几微米至几十微米。工作头在非常大的加速度下振动，借助切削液及磨料作为工作介质，被加工物在工具头作用下，被加工成所要求的样子。超声加工能够切割、钻孔、划线、铣削、研磨以及雕刻等。它的特点是既能加工硬度很高的脆性材料，如陶瓷、玻璃、宝石、水晶、石英等，也可以加工硬质金属。加工的精度、光洁度和效率比一般的机加工要高。目前超声加工的水平，精度达 ±0.005mm，光洁度达 9～10 级；超声加工在生产电子元件、光学元件等方面占有重要的地位。

近年来，还发展了一种超声加工和机加工、电加工相配合的复合加工技术，大大地提高了加工效率。超声加工装置的功率比较大，大型的达几千瓦，所用的超声振动系统多为压电式的，也有采用磁致伸缩式的。

15.7.5　超声焊接

超声焊接是指通过超声振动使焊件在固体状态下连接起来的一种工艺过程。超声波焊接分为超声塑料焊接和超声金属焊接，超声焊接金属或塑料时不需要外加热。超声焊接的优点是：焊接时间短，质量高，不需要焊剂和外加热，焊件不因受热而变形，没有残余应力；焊前、焊后处理简单，易于实现自动化；可焊接异类材料，可以将薄片或细丝焊在厚板上，也可以将金属镶嵌于塑料中。超声焊接的缺点是：焊接时间过长或超声振动幅度过大都会使焊接强度下降，甚至破坏。

超声焊接机主要由超声电发生器、气动部分、程序控制部分、换能器部分组成。

发生器的主要作用是将工频 50Hz 的电源利用电子线路转化成高频 (如 20kHz) 的高压电波。气动部分的主要作用是在加工过程中完成加压、保压等压力工作需要。程序控制部分控制整部机器的工作流程，做到一致的加工效果。换能器部分是将发生器产生的高压电波转换成机械振动，经过传递、放大、发射到焊件表面。

1. 超声塑料焊接

超声塑料焊接特别适用于热塑性塑料，原因是这种塑料的热传导性能差而且熔点较低。超声波作用于热塑性塑料接触面时，会产生每秒几万次的高频振动，这种达到一定振幅的高频振动，通过上焊件把超声能量传送到焊区。由于焊区 (即两个焊接的交界面处) 声阻大，因此会产生局部高温；又由于塑料导热性差，热量不能及时散发而聚集在焊区，致使两个塑料的接触面迅速熔化，加上一定压力后，其融合成一体。当超声波停止作用后，让压力持续几秒钟，使其凝固成型，这样就形成一个坚固的分子链，达到焊接的目的，焊接强度接近于原材料强度。超声塑料焊接的好坏取决于换能器焊头的振幅、所加压力及焊接时间等三个因素，焊接时间和焊头压力是可以调节的，振幅由换能器和变幅杆决定。这三个量相互作用有个适宜值，能量超过适宜值时，塑料的熔解量就大，焊接物易变形；若能量小，则不易焊牢，所加的压力也不能太大。超声塑料焊接可分为近场及远场焊接。一般焊区距辐射声能的工具端面间的距离在 7mm 以内的称为近场焊接，而大于此距离的则称为远场焊接。超声塑料焊接时间短，可以远场焊接，因而易于实现自动化。

超声塑料焊接的种类很多，如超声点焊、超声缝焊、超声镶嵌，以及超声局部墩压和成型等。①超声点焊占有主导地位，例如没有焊缝坡口加工的平模具必须通过超声点焊焊接 (半成品、热力塑型、吹膜、大平面部件等)。焊头从上部穿到下部，在接触模具表面后产生的热能，使材料塑化和焊接。受挤压的塑料向上流动，并形成一个环形凸起部分。模具能够被适当的夹紧装置固定。焊头的厚度不能超过8mm。点焊也可以由一个可移动的超声手动焊接设备 (手焊枪) 来完成。②熔接法：以超声波超高频率振动的焊头在适度压力下，使两块塑胶的接合面产生摩擦热而瞬间熔融接合，焊接强度可与本体媲美，采用合适的工件和合理的接口设计，可达到水密及气密，并免除采用辅助品所带来的不便，实现高效清洁的熔接。③铆焊法：将超声波超高频率振动的焊头，压着塑胶品突出的梢头，使其瞬间发热熔成铆钉形状，使不同材质的材料机械铆合在一起。④埋植：借助于焊头的能量传导及适当的压力，瞬间将金属零件 (如螺母、螺杆等) 挤入预留塑料孔内，固定在一定深度，完成后无论拉伸强度和剪切强度均可媲美传统模具内成型的强度，可免除射出模受损及射出缓慢的缺点。⑤成型：超声波成型与铆焊法类似，将凹状的焊头压在塑胶品外圈，焊头发出超声频振动后将塑胶熔融成型而包覆于金属物件使其固定，且外观光滑美观，此方法多使用在电子类、喇叭的固定成型，以及化妆品类的镜片固定等。⑥切割封口：运用超声波瞬间振动工作原理，对化纤织物进行切割，切口光洁不开裂、不拉丝。

超声塑料焊接的应用范围极为广泛，包括汽车行业、电子行业、医疗行业、家电行业、包装行业、玩具行业等。例如车身塑料零件、汽车车门、汽车仪表盘、车灯车镜、遮阳板、内饰件、滤清器、反光材料、保险杠、散热器、制动液罐、油杯、水箱、油箱、风管、尾气净化器等。

超声缝纫也属于超声塑料焊接的一种。对薄膜塑料或化纤纺织品可以用超声进行连续缝焊，通常称为超声无线缝纫或超声缝纫。一个纵向超声振动系统以一定角度与上焊件接触，而下声极是一个可转动的圆柱。这样，当焊件从中通过时，即可完成一条连续焊缝。超声缝纫可以多台焊接设备并用，对化纤等大件物品连续缝纫。通过对上、下声极的表面进行的特殊设计，可使焊缝形成美观的花纹。超声还能对塑料薄膜及复合包装纸进行缝焊、封装，对化纤织物进行无线缝纫、剪裁及印花等。

2. 超声金属焊接

超声金属焊接的原理是利用超声频率 (超过 16kHz) 的机械振动能量，连接同种金属或异种金属的一种特殊方法。金属在进行超声焊接时，既不向工件输送电流，也不向工件施以高温热源，只是在静压力之下，将振动能量转变为工件间的摩擦功、形变能及有限的温升。接头间的冶金结合是母材不发生熔化的情况下实现的一种固态焊接，因此它有效地克服了电阻焊接时所产生的飞溅和氧化等现象。超声金属焊接能对铜、银、铝、镍等有色金属的细丝或薄片材料进行单点焊接、多点焊接和短条状焊接，可广泛应用于可控硅引线、熔断器片、电器引线、锂电池极片、极耳的焊接。

超声金属焊接主要在于焊件表面的共同变形，在微观接触部分产生显著的切向变形；靠近焊接表面的金属晶格的原子能级升高，以及在超声场中扩散过程被加强等；在两焊件的边界上形成了共同的晶粒而金属并未熔化。

在超声金属焊接中，可以进行搭焊、点焊以及缝焊等。众所周知，铝的焊接是很困难的，因为铝的表面有一层很稳定的氧化层，一般的焊料除不掉这层氧化物，以致妨碍焊锡和金属的结合。超声振动焊接能够不用焊料或少用焊料而把铝金属焊得很牢。超声焊接广泛地用于铝线的焊接以及电子元器件引线的焊接。此外，超声焊接还有一个突出的特点，即它能进行金属与陶瓷、玻璃以及塑料等之间的焊接。目前超声金属焊接技术在新能源汽车领域显示了其独特的作用。一般超声振动焊接使用 18～80kHz 的频率，大型焊机功率达几千瓦，乃至上万瓦。

超声金属焊接工艺的决定因素包括超声振动剪切力、静压力和焊区的温升。综观焊接过程，超声金属焊接经历了如下三个阶段。

(1) 摩擦去污阶段：在振幅为几十微米的振动摩擦力的作用下，工件表面的油污、氧化物等杂质被排出，金属表面露出。

(2) 应力及应变阶段：振荡频率为上万次每秒的剪切应力也是振动摩擦的原因所在，在工件间发生局部连接后，这种振动的应力和应变将形成金属间实现冶金结合的条件。

(3) 固相连接阶段：在上述两个阶段中，由于弹性滞后、局部表面滑移和塑性变形的综合结果，焊接区局部温度升高，焊接区产生了扩散及相变、再结晶和金属键合等冶金过程，形成固相连接。

超声金属焊接有以下优点。它是固态过程，因此适应不同材料的组合，避免金属化合物的产生；非常适合高导电材料如镀铜材料之间的焊接；整个过程不需要高功率，焊接周期非常短，只有几分之一秒；在一次操作中可焊接多层薄材料；相比于电阻点焊 (RSW) 和激光束焊接 (LBW)，超声金属焊接是锂离子电池应用中更为理想的连接工艺。电阻点焊依靠材料的阻力来产生热量以进行连接。然而，通常用于电池工业的铝箔和铜箔具有极低的电阻，且铝箔表面形成的坚韧氧化物层抑制了电阻点焊的应用。激光束焊接对焊接两端的材料层间隙非常敏感。一般经验认为，间隙应小于材料厚度的 10%，即 $12\mu m$ 的箔片将需要 $1.2\mu m$ 或更小的间隙，这些要求往往难以实现。而对于超声金属焊接工艺，则没有这些问题。

除了超声焊接，超声在机械制造中的应用还包括超声金属成型、超声硬脆材料加工、超声机械加工 (包括超声车削、超声铣削以及研磨等) 以及超声疲劳试验等。超声金属成型包括超声拉丝、超声拉管、超声弯板、超声铆钉等。超声金属成型的优点包括拉力减少、成型率高、表面光洁度高以及减少磨损等。超声金属成型的应用规模不大，主要应用于难成型金属，以及薄壁管和细丝等。超声硬脆材料加工主要应用于陶瓷、铁氧体、玻璃和宝石等的各种加工。在超声工具头和工件之间需要一种研磨剂或者耦合液体，通常是碳化硼、碳化硅或者氧化铝等。超声加工也适合于形状复杂或者三维形状的物件，并且也可用于多个小孔的同时加工。然而超声加工方法比较慢，主要限于一些器件的小规模生产，如光学器件和宝石等。超声车削具有切削力小、切削速度快、表面光洁度好和工具寿命长等优点。然而超声车削成本较高以及超声的加入比较复杂，因而超声车削的工业应用规模尚在发展之中。超声疲劳试验不但可以提供材料在超声频范围内疲劳寿命的直接数据，而且比传统的低频疲劳试验速度快得多。由于材料的疲劳寿命在低频和高频情况下的数据不同，因此利用超声疲劳试验可以积累大量的实验数据。超声也可以用于黏结剂的疲劳试验。在超声变幅杆的输出端粘接一个物体，通过测量变幅杆的位移振幅就可以研究黏结剂的疲劳特性。超声疲劳试验的频率大概在 20kHz。一般情况下，超声变幅杆的输出端振幅应该保持恒定。

15.7.6　超声马达

超声马达的概念诞生于 20 世纪 60 年代, 但直至 20 世纪 80 年代以后才得到迅速发展。与电磁马达不同, 超声马达是通过超声换能器将电能转换为某种模式的机械振动, 然后通过定子与转子之间的摩擦力使转子运动。超声马达包括两部分, 即定子和转子。超声马达就是利用摩擦力将金属材料弹性体 (振子、定子) 产生的固有振动 (共振) 转换成移动体 (转子、滑块) 的旋转及平移运动的传动装置。

超声马达主要是指压电马达。压电马达一般分为交流压电马达和直流压电马达。运动方式分为旋转和直线两种。压电马达由振动件和运动件两部分组成, 没有绕组、磁体及绝缘结构。功率密度比普通马达高得多, 但输出功率受限制, 宜制成轻、薄、短小的形式。它的输出多为低速大推力 (或力矩), 可实现直接驱动负载。这种电机因内部不存在磁场, 机械振动频率在可听范围外, 因此对外界的电磁干扰和噪声影响很小。压电马达易于大批量生产。

超声马达的优点是转速低、转矩大、体积小、质量轻、应答速度快、定位精度高、功率密度大、无电磁干扰及便于控制等。超声马达的这些特点使其在精密定位、自动控制和测量等方面具有广阔的应用前景。具体的应用领域包括机器人、计算机、仪器仪表、照相机以及其他高技术领域。

超声马达是利用弹性体的振动来实现的。因此, 根据弹性体的振动方式, 超声马达可以采用不同的结构形式、不同的振动模式以及不同的驱动方式, 但其共同目的是在马达的定子中产生一种椭圆运动, 并通过某种摩擦材料将定子的振动转换为转子的运动。超声马达的分类方法很多, 按照定子的振动波形, 超声马达有行波马达与驻波马达之分。然而, 根据已有的研究报道, 行波马达是应用最广、研究最多、发展前途最好的一种超声马达。按照转子的运动形式, 有线性马达和旋转马达; 按照定子的振动模式, 有单一模式、模式转换、复合模式及模式旋转等。

超声马达的激励电路一般比较复杂。首先, 超声马达的定子实际上就是一种复合模式的超声换能器。根据超声换能器激励电路的要求, 为了保证换能器的性能稳定, 也就是超声马达的性能稳定、运转平稳, 其激励电路必须能够实现自动频率跟踪以及自动增益跟踪。这是因为, 随着时间的推移、温度的变化以及负载的改变, 超声马达定子的性能, 如频率和阻抗等会发生变化。由于超声马达的定子是由弹性体的共振振动而驱动的, 因此驱动电路必须能够随时产生与定子弹性体的共振频率相一致的驱动信号。其次, 对于行波超声马达, 其激励电路必须能够产生至少两个具有不同相位的电周期信号, 以便在马达定子中能够产生一个行波。

超声马达的研究需要在两个方面进一步加强。一是马达理论的建立, 包括定子的振动模式理论研究、摩擦材料的选取以及马达效率的提高 (包括定子的机电转换效率, 以及定子的振动能量与转子的转动能量之间的转换效率)。二是对实验室研制的超声马达继续完善，包括制造工艺以及马达的小型化等，以加快其工业化应用的进程。

超声马达的应用领域可概括如下。

(1) 航空航天领域。

航空航天器往往处在高真空、极端温度、强辐射、无法有效润滑等恶劣条件中，且对系统质量要求严苛，超声马达是其中驱动器的最佳选择。

(2) 精密仪器仪表。

电磁马达用齿轮箱减速来增大力矩，由于存在齿轮间隙和回程误差，难以达到很高的定位精度，而超声马达可直接实现驱动，且响应快、控制特性好，可用于精密仪器仪表。

(3) 机器人的关节驱动。

用超声电动机作为机器人的关节驱动器，可将关节的固定部分和运动部分分别与超声马达的定、转子作为一体，使整个机构非常紧凑。日本开发出的球型超声电动机，为多自由度机器人的驱动解决了诸多的难题。

(4) 微型机械技术中的微驱动器。

微型电机作为微型机械的核心，是微型机械发展水平的重要标志。微电子机械系统 (micro-electromechanical system，MEMS) 的制造研发中，其电机多是毫米级的。医疗领域是微机械技术运用最具代表性的领域之一，超声电机在手术机器人和外科手术器械上已得到应用。

(5) 电磁干扰很强或不允许产生电磁干扰的场合。

在核磁共振环境下和磁悬浮列车运行的条件下，电磁电机不能正常工作，超声马达却能胜任。

15.7.7 超声悬浮

声及超声悬浮技术是利用强驻波声场中的近场声辐射压力与悬浮物体的重力相平衡，从而使其稳定地悬浮在声场中或在声场中移动的技术。声悬浮装置包括一切能够产生一个稳定的强驻波声场的声学空间，包括一维、二维和三维声场，以及气体中和液体中的驻波声场。

1. 声悬浮历史

1866 年，德国科学家孔特 (Kundt) 首先报道了谐振管中的声波能够悬浮起灰尘颗粒的实验现象。1933 年，波兰物理学家巴克斯 (Bücks) 等利用声辐射力作用下水雾的分布实现了声场可视化，并成功地悬浮起多个直径为 1～2mm 的小水滴。1934 年，加拿大物理学家金 (King) 计算了理想流体中刚性小球受到的声辐射力，从而揭示了声悬浮是高声强条件下的一种非线性现象。1964 年，美国明尼苏达州立

大学的汉森 (Hanson) 等建造了一台用于单个液滴动力学行为研究的声悬浮装置。1975 年，美国科学家威马克 (Whymark) 将声悬浮用于空间实验的定位，并研究了铝、玻璃及聚合物在无容器条件下的熔化和凝固过程。

目前，人们可以通过声悬浮方法，实现各种金属材料、无机非金属和有机材料的无容器处理，开展液滴动力学、材料科学、分析化学和生物化学等方面的研究。

2. 声悬浮的种类

超声悬浮按照其机理可以分为两种，即近场悬浮和驻波悬浮。近场悬浮的距离很小，但是能悬浮起很大质量的物体 (可达几十千克)。驻波悬浮主要是利用声波的叠加形成驻波，进而悬浮起物体，其与近场悬浮相比，能悬浮起一系列等高的物体，但是物体的质量要很小。在驻波悬浮声场中，被悬浮物体稳定于声场中的声压节点附近。通过改变声的频率及反射板的位置可以移动悬浮物体。

3. 声悬浮研究中的关键问题

在声悬浮技术研究中，研究问题的关键在于产生一个大功率、高稳定性及可以控制悬浮力、物体移动方向及位置的声场。在空气中可以利用纵向夹心式换能器激发弯曲振动圆形或矩形辐射板产生高强度空气声场，以及带有反射板的装置。液体中的声悬浮装置包括底部装有活塞声源的管形声场等。在声悬浮技术中，需要进一步解决的理论问题包括悬浮物高度、质量及几何尺寸与声波辐射器的辐射面形状和尺寸、振动频率、振动位移、振动模式及声场分布之间的数学关系研究。

另一方面，为了保证悬浮物的稳定性，超声悬浮系统 (包括悬浮容器及超声振动系统) 的性能必须可靠。这就要求用于声悬浮的容器必须不受外界因素的干扰，以及用于产生声辐射的超声振动系统具有稳定的振动特性，例如具有频率自动跟踪和振幅恒定等特性，以产生一个稳定的超声辐射场。

4. 声悬浮技术的应用

由于声悬浮技术无机械支撑，对悬浮体不产生附加效应，因此在物理学、流体力学、生物学、材料科学等领域都有广泛的应用。声悬浮技术的具体应用有高纯度材料的制备、液体及生物介质的力学性质研究、液体的黏滞特性研究、熔炼和凝固材料样品、液体的空化过程及气泡生成动力学研究、亚稳态液体及红细胞的力学性质测量等。

利用声悬浮以及行波超声马达的原理研制成功的无接触传送系统，可望在大规模集成电路制造业等高精密技术领域获得广泛应用。

15.7.8 超声清洗

超声清洗的主要机理就是利用超声的空化效应。空化气泡在振动过程中会使液体本身产生环流,即所谓的声冲流,这些环流可使振动气泡表面存在很高的速度梯度和黏滞应力,促使清洗件表面污物的破坏和脱落,超声空化在固体和液体表面上所产生的高速微射流能够除去或削弱边界污层,腐蚀固体表面,增加搅拌作用,加速可溶性污物的溶解,强化化学清洗剂的清洗作用。此外,超声振动在清洗液中引起质点很大的振动速度和加速度,亦使清洗件表面的污物受到频繁而激烈的冲击。

超声空化对污层的直接反复冲击一方面破坏了污物与被清洗件表面的吸附,另一方面也会引起污物层的疲劳破坏而使其脱离。由于超声空化作用,两种液体在界面迅速分散而乳化,油污将溶解到溶液中。凡是液体浸到及空化产生的地方都有清洗作用,不受清洗件表面复杂形状的限制,例如精密零部件表面的空穴、凹槽、狭缝、深孔、微孔都能得到清洗,而这些部位用一般的刷洗方法是很难清洗干净的。

随着超声频率的提高,气泡数量增加而爆破冲击力减弱,因此,高频超声特别适用于小颗粒污垢的清洗而不破坏其工件表面。另外,超声空化所产生的二次效应也对超声清洗有贡献。

在盛有超声清洗液的清洗槽内发射一定频率的超声波,超声波的机械效应和空化效应作用于清洗工件的表面,从而破坏了工件表面与污物微粒之间的附着力,使污物从工件表面脱落。超声的空化效应越强,清洗的效果越好。根据超声频率的高低,超声清洗分为两种,一种是低频超声清洗,另一种是高频超声清洗。由于超声空化的强弱取决于超声的频率,即频率越低,空化强度越大,频率越高,空化强度越弱,因此,低频超声清洗主要适用于清洗污染比较严重且被清洗部件比较大的场合,属于一种粗的清洗技术。而高频超声清洗则适用于清洗比较精细的物体,如轻便、精细或结构比较复杂的元器件等,属于一种精细清洗技术。与化学清洗方法不同,超声清洗属于一种物理的清洗方法。超声清洗的效果主要取决于超声参数、清洗液的性质和污染物的性质。

为了提高清洗效率,超声清洗时也需要清洗剂。超声清洗剂有两类,一类是使用水溶性溶液作为超声清洗剂,另一类是利用有机溶剂作为超声清洗剂。为了取得最佳清洗效果,必须根据清洗部件的具体情况,选择适当的声学参数和清洗剂,即对声学参数和化学参数进行统一的集中优化。值得指出的是,清洗剂的性质对清洗效果影响极大,已经引起人们的重视。

影响超声清洗效果的因素有很多,主要有两类,即声学因素和其他因素 (如化学因素、环境影响等)。声学因素包括超声频率、超声强度、声场的分布、声波的波形、超声功率以及清洗槽的形状等。化学因素包括温度、表面张力、含气量、酸碱度、溶解度以及吸声性能等;环境的影响如大气压等;污物的性质,如有机和无机,可溶与不可溶等。

主要的影响因素可解释如下。

(1) 超声功率度：超声波的功率密度越高，空化效果越强，速度越快，清洗效果越好，但对于精密的表面光洁度甚高的物件，长时间的高功率密度清洗会对物件表面产生空化、腐蚀。

(2) 超声频率：适用于工件粗、脏、初洗，频率高则超声波方向性强，适合于精细的物件清洗。

(3) 温度：一般来说，超声波在 50～60℃时的空化效果最好，清洗剂也不是温度越高作用越显著，高温有可能会失效，通常超过 85℃时，清洗效果已变差。所以实际应用超声波清洗时，采用 50～70℃的工作温度。

(4) 清洗介质：清洗介质的化学作用可以加速超声波清洗效果，超声波清洗是物理作用，两种作用相结合，以对物体进行充分、彻底的清洗。

对于精密工件上的空穴、狭缝、凹槽、微孔以及盲孔等，通常的清洗方法难以奏效，利用超声清洗则可以获得理想的效果。因此超声清洗技术在许多工厂和实验室都得到了相当广泛的应用。特别是在精密机械制造业和精密制品加工业中发挥着更大的作用。例如计算机用的微型元件、钟表零件、珠宝饰物、玻璃制品以及医用器械等都可以利用超声清洗来提高产品的质量和清洗的效果。另外，利用超声清洗还可以实现自动化清洗，以提高清洗效率与改善清洗质量。目前超声清洗的应用范围非常广，其主要应用场合可以归纳为以下几个方面。

(1) 在电子、电气工业及机械工业中的应用，包括继电器、开关、印刷电路板、电位器、真空管零件、半导体元件、硅片、电容器以及照相机快门等的清洗。

(2) 在钟表、玉石加工、光学、精密机械工业中的应用，包括仪器仪表、钟表元件、齿轮、弹簧、轴承、宝石、光学透镜、眼镜架以及贵重金属装饰品等的清洗。

(3) 在汽车工业中的应用，包括节气门、电火栓、气化栓、燃油泵、蓄电池电极、火花塞、操纵盘零件以及摩托车和汽车油箱等的清洗。

(4) 在医疗方面的应用，包括手术器械、注射器、玻璃容器、食管镜、牙科器械、显微镜用玻璃片等的清洗。

(5) 在航空工业中的应用，包括燃料油过滤器、燃料仪表、仪器仪表、注入喷嘴、流量控制设备以及机械控制设备用零部件等的清洗。

(6) 在印刷业以及金融机构中的应用，包括图章、标签、号码机、高级陶瓷、银制品、旋转机以及金属板的清洗等。

(7) 在机械工具等方面的应用，包括螺栓、喷嘴、夹具、游标卡尺等的清洗。

(8) 在食品工业中，玻璃瓶的用量十分庞大，使用超声波自动清洗设备是非常经济的，特别是清洗回收瓶时，除去油污很费劲，而使用超声波清洗可以洗得很干净，食品工业上常用的超声清洗机是连续自动工作的，工作频率为 20～500kHz。

15.8 超声在电子技术中的应用

电子技术的重要性众所周知。但是，电子技术也离不开超声波的帮助，其中特别值得着重介绍的是固体超声延迟元件。

电子线路中，有时需要对信号加以延时，有的要求延迟时间长达几分之一秒，而使用电子线路来实现这个要求，最长只能延迟 1ms (千分之一秒)，而且所用元件尺寸较大、线路又很复杂。

应用超声技术可以很方便地进行电信号的延时。超声波在固体中传播的速度大约为 3000m/s，只有电磁波速度的十万分之一。超声速度比电波速度慢得多 (差 5 个数量级)，如果把电的传播转换为超声传播，经过一段时间后再把超声传播转换为电的传播，则由于超声传播速度很慢，起到了延迟信号的作用，这种元件叫作超声延迟线。

超声延迟线的原理很简单，它是由一种晶体 (如铌酸锂单晶) 做成的电-声-电换能元件，在元件的输入端把电信号转换为超声信号，在元件的输出端把超声信号还原为电信号。现在电子技术中实用的超声延迟线都是由压电晶体做成的。较长时间的延迟线，是利用超声波在晶体中的多重反射，也有多层晶体层叠式的超声延迟线。

电子技术中对延迟线的要求是很严格的，一般包括如下几个方面：①足够长的延迟时间并且是可调的；②比较宽的通频带；③不失真，无寄生反射；④衰减小；⑤稳定性强，延迟时间不受外界温度及压力变化的影响；⑥体积小，结构简单。

为了满足上述要求，目前都在寻找新的压电材料并不断改进设计方法以提高延迟线的质量。已经采用的压电材料有钛酸盐、铌酸盐各类晶体。此外，表面波传播的速度比超声波更慢，目前也在研究表面波延迟线并且获得了广泛的应用。超声延迟线的应用主要有以下两个方面。

15.8.1 在雷达中的应用

超声延迟线在雷达中是用于活动目标显示装置。雷达工作时，要把回波中固定目标信号去掉，以便将活动目标信号分离。消去固定目标信号的方法是：第一个脉冲的回波包括了固定目标和活动目标的全部信号，将这个回波延迟到下一个脉冲回波到达时，并将这两个相邻的回波加以比较，两个回波的差异，即表示目标变化的情况，各次脉冲依次延迟和比较，即可给出活动目标的图像，这种装置要求各回波非常准确地延迟一个脉冲周期，精度要求很高。现代的各种雷达普遍使用超声波延迟线来制作这种固定信号消去装置，特别是在最近发展起来的固体雷达中，超声波延迟线是很关键的元件。

15.8.2　在电子计算机中的应用

在高速电子计算机中，超声延迟线用于数据和信息的存储，称为延迟线存储元件，是计算机记忆元件的一种。它能够把输入的或计算过程中的数据或指令临时存储起来，待完成某些指定运算程序后，再提取出来参加运算。由于超声延迟元件结构简单、稳定、成本低，但存储容量较小，故多用于小型电子计算机中。

15.9　超声在食品工业中的应用

超声在食品工业中的应用是利用超声波的物理、化学和生物等作用，改进食品生产的工艺过程，以达到提高效率、节约原料、改善产品性能的目的，主要有以下几个方面。

15.9.1　加速细化、乳化和扩散过程

食品中的果酱、巧克力、色拉油、调味品等的生产，要进行乳化，但是这个混合过程在工艺上很费劲，特别是处理颗粒较大的原料时更困难，一般需要添加大量的活性剂，很不经济。采用超声细化、乳化技术，处理的时间大为加快，甚至还可以不用活性剂。

15.9.2　超声凝聚及快速沉淀

酒类、饮料、酱油等产品，要求有清澈的透明感，液体中悬浮的淀粉等微粒，要设法使其沉淀下来，这个过程一般需静置很长时间。应用超声波进行凝集，加速沉淀，效果是很明显的。例如，使用频率 400kHz 的超声波处理酱油中的悬浮微粒，只需 1~2min 就可使块体沉淀下来，同时还排出了酱油中的气泡。溶液变得清亮透明。一般地讲，超声波沉淀的速度与超声波的频率和功率有关。

15.9.3　超声加速化学反应

在食品和饮料工业方面，超声波具有巨大的应用潜力。超声波尤其适用于处理一些对热比较敏感的材料。对于这一类材料，超声波处理对于保持食品原有的香味和颜色都比较有利，并且对食品的其他损害也较小。超声加速化学反应在食品应用方面最突出的效果是缩短陈化时间，主要是用于酒和香料的生产中。

1. 加速酒的陈化

现在的饮用酒，品种很多，按工艺大致分为三类：①酿造酒，利用微生物发酵作用生产的，有清酒、麦酒、葡萄酒等；②蒸馏酒，使用蒸馏方法生产的，有烧酒、白兰地、威士忌等；③再制酒，它指添加色素、香料等的合成酒，如各种色酒、果酒等。各种酒均要求有浓郁的香味 (如浓香、芳香的气味)。但是酒初制出来含有戊

醇成分，有一种辛辣味，这种气味要经过很久的时间才能分解掉，另外酒的香气也要经过很长时间才能反应生成出来，这个缓慢的变化过程称为酒的陈化。陈化反应是很复杂的，包括酵素的作用、氧化作用、挥发分解作用、酒水的配合状态、杉柏木质容器溶出物的影响等，其陈化时间长达几年至十几年，故有"老酒陈醋"之说。很长的陈化时间对于设备的利用率和产量提高都是很不利的，使用超声波处理可以大大地缩短陈化时间，对很多品种的酒来说，应用超声波处理，能把长达几年、十几年的陈化时间缩短为几分钟到几十分钟。这对于供应量很大的这种商品而言，其意义是很大的。此外，啤酒生产采用超声处理，可以节约原料，据报道，在 50℃条件下，使用频率 175kHz 的超声波处理酒花 30min，可节约三分之一的酒花用量。

2. 加速香料的陈化

香料在化妆品、医药以及食品工业中使用量很大，但是香料的来源却比较困难。天然香料来自含有芳香类化学成分的植物，如从茉莉花、玉兰花、玫瑰花、薰衣草、香茅草等中提取的芳香油，这种天然芳香油价格十分昂贵，在国际市场是以"一两黄金、一两油"作基准确定价格的。因此，人们不得不开展合成香料的生产，合成香料是用芳香族化合物以及少许天然香料配制而成的，这种混合后的香料彼此之间的化学作用进行得很缓慢，混合后的香料一般要放置几个月后才能得到较好的反应效果，现在西欧各国以及日本已比较普遍地采用超声波处理香料，有效地缩短了合成香料的生产周期。

15.9.4 超声提取生物中的有效成分

利用超声的空化效应以及其他的非线性效应，可以加速生物中有效成分的提取。用频率为 20kHz 的超声波从甜菜中提取糖，可以使提取时间缩短一半以上，产量提高 20%左右。从葵花籽中提取油，可以使产量提高 30%左右。利用超声提取花生油，可以使产量提高两倍以上。另外，利用超声提取鱼肝油，除了能够提高产量、缩短提取时间以外，对所含的维生素不破坏。除此以外，超声还用于中草药有效成分的提取、咖啡的提取等。超声提取的最大优点就是提取时间短，提取率高，但超声波提取的经济性尚需提高。

15.10 超声在农业上的应用

近年来，各种新兴技术不断地被应用到农业方面，使农业科研和农业技术有了不少突破，诸如放射性同位素、红外线、微波、激光、超声波之类的应用。农业新技术是国际上研究的重要课题，进展很快。超声波在农业上主要有以下应用。

15.10.1　农作物种子处理和诱变

超声波对农作物种子的作用机制，目前还没有完全搞清楚，一般认为：超声波的频率很高，能够进入种子的内部，把种子中储存的养分分解成便于吸收的简单结构，使这些养分得到更有效的利用；此外，超声波还能改变种子外皮的渗透性，使种子在萌发期间能更快地吸收外界的养分，从而加速发芽速度并提高发芽率；超声波还能引起种子基因的变异，应用这个性质可进行诱变育种。超声能诱变育种和增产的机理，至今还是个值得探讨的问题。从以往的研究报道看，认为是从直接效应转变成间接效应，即从超声的物理效应、机械效应、热效应、空化效应转化为物理化学的氧化、还原、聚合、分解、合成等间接因素。但也有人认为，小剂量超声能刺激发芽速度和提高产量的原因，与超声作用使种子中真菌及细菌死亡有密切关系。目前的研究还发现超声的作用能导致生物体中自由基的改变和产生，引起单态氧等，这些因素的变化会造成生物体性质及结构的变化，具体机制有待研究。

根据有关资料报道：应用超声波处理番茄种子，在 24～26℃ 的温度条件下，照射 20～40min，可使番茄早熟并增产 15.6%～37.6%；处理甜菜种子，在水浸条件下，使用频率 425kHz 的超声波进行处理，根重增加 50%；超声波处理豌豆种子，照射 3～4min 即可增产三倍；超声波处理小麦、大麦种子，报道的材料不一，但均认为有 10%～15% 的增产效果。

15.10.2　在植物保护方面的应用

法国、罗马尼亚等国家研究出一种能接收农业害虫发出的超声的装置，用来侦测搜寻害虫；此外还能模拟害虫发出的超声，来诱捕害虫。法国使用声强 118dB、频率 10kHz 的装置驱赶农田的害鸟，每个发射器的作用范围为 1km²；还有的国家使用超声微音接收器，测听谷物仓库中的害虫以及建筑物中的白蚁等。我国的科技工作者也将声波防虫技术应用于茶叶的种植中，并进行了规模化推广。

15.10.3　在农业工程和农田水利方面的应用

声波探测技术在工程勘测、岩土力学等方面有重要应用。为了提高探测灵敏度，一般使用压电式发射源。它是向工程地基 (如水土基础) 发出波束，根据在地基中的声强衰减、速度变化以及反射等情况，来了解地基的内部情况。这种测试方法简易经济，避免了花费较大的钻探打井采样等操作。这种声波探测技术已用于水利工程、农田灌溉工程的地基基础的探测。

超声波还用于河水、灌渠的流速和流量的测量。通常用的是超声波传播时间差法，即根据超声波顺流传播时间与逆流传播时间的差，计算河水的流速；此外，还有一种根据超声波多普勒效应来测定河水流速的，它是把超声波发射至流动的河水,比较发射波和反射波的频率差异来确定河水的流速。前一种设备比较简易,但机动性差,要固定在河岸上使用,移动装置比较不便;后一种从原理上讲可随时随地进行测量。测量出了流速,再测出河道的断面即可算出流量。有的仪器还能随时测出任一河道灌渠的断面面积,可同时给出数字式的流速和流量的读数。

15.10.4 在其他方面的应用

超声波测厚的原理可应用于积雪量测量,使用超声测厚仪对大范围积雪的抽样测量,可对覆盖不均的积雪层做出准确的测量。气象上还应用超声波测风向、风速,能够进行连续的自动记录,超声风向风速仪在日本等国家的气象部门已有使用。

15.11 超声在石油工业中的应用

15.11.1 超声在石油开采中的应用

随着石油以及天然气的不断开采,许多油田的油气储量不断减少,油井下的压力越来越低,油井的自喷现象越来越弱。另外,在石油的开采过程中,由于杂质堵塞岩孔以及原油和地下水等在地层和采油设备中结垢和结蜡等,油层的渗透率降低,产量下降,部分油井成为低产井或死井。为了提高原油的采收率,必须采用物理或化学的方法对油井进行处理。所谓原油的采收率,是指一口油井所能产出的石油总量占该油井中总储油量的比例。目前,由于采油设备以及其他方面的原因,原油的采收率是比较低的,发达国家可以达到30%左右,而我国目前大部分原油采收率仅在15%左右。超声波采油技术是物理法采油技术中的一种。超声技术在石油开采中的应用包括超声振动采油、超声解堵、超声防垢和除垢、超声防蜡及除蜡、超声降黏以及超声破乳脱水等。

超声采油技术的机理主要在于超声的空化、声冲流,以及超声所产生的机械和化学效应。大功率的超声波在油层中可以产生强烈的振动作用,能使堵塞颗粒剥落从而达到超声解堵的作用。另外,振动作用还会使岩层中的毛细管孔径发生变化,毛细管的不断收缩有利于原油从空隙中排出。超声的空化作用在原油中产生极高的温度和压力,它可使岩层产生许多微裂缝,从而增加了出油通道。同时超声的热和化学效应又使原油的表面张力降低,从而降低了原油的黏度,有助于原油的流动。这些因素共同作用就会使原油的流动性增大,提高原油的自喷能力,从而起到提高原油采收率的作用。关于超声采油的研究,美国、俄罗斯以及许多产油大国都进行过。实验表明,利用高强度超声进行处理,可以使原油的渗透率提高300%以上,黏度降低30%左右,原油流过岩孔的流速增加2~9倍。20世纪70~80年代,美国和苏联曾研制出超声采油装置:使用时,将大功率超声波发生器下到油层底部,当

强大的超声波发射到油层时，油层中的毛细管直径就会随着声波的作用而时大时小
地变化；当毛细管直径变大时，表面张力减少，毛细管中的原油就会流向井中，再
被深井泵抽出。我国也在大庆、玉门以及胜利油田进行了多次现场处理，并且取得
了良好的效果。据不完全统计，超声处理提高原油产量的总有效率可达 90% 以上，
有的情况下，经超声处理后的油井重新获得了自喷能力。

15.11.2　超声除蜡

当原油的温度和压力减小时，溶解于原油中的液状石蜡会形成结晶，油井结蜡
会堵塞油流通道，降低油井产量。超声除蜡的原理是利用超声的空化作用，使石蜡
在未凝结成固相时就被分散成极细的颗粒而悬浮于原油中，以至于无法形成固相石
蜡结晶。国际上从 20 世纪 60 年代就开始超声波防止结蜡的研究。实验表明，在超
声场内，在很低的温度下，就可以使石蜡溶解于原油中；如果不加超声，当温度提
高到 55～60℃时，石蜡才能溶于原油中。

15.11.3　超声原油脱水

从油井中采出的绝大部分原油是油水乳状液。因此，原油的破乳脱水成为采油
工艺的重要研究课题之一。美国曾在一个 $80m^3$ 的原油罐中安装了一个功率为
1900W 的超声发生器，工作频率是 22kHz。正常工作情况下，这台机器可以从乳化
油中脱去 99.7% 以上的水。

15.11.4　超声乳化

超声乳化是指在超声能量的作用下，使两种 (或两种以上) 不相溶液体均匀混
合形成分散物系的一种过程。超声乳化相比于一般的乳化工艺和乳化设备，具有乳
化质量好、乳化液稳定、耗能小、生产效率高以及成本低等优点。

15.12　超声在环保业中的应用

15.12.1　超声除尘和净化水质

气体中的悬浮物，当受到适当的超声作用时会凝聚成球状并且下降，从而达到
超声除尘的目的。超声除尘中的凝聚过程是比较复杂的。气体经过超声辐照以后，
会产生振动，振动的气体会促使尘埃微粒共同振动，使大小不同的尘埃微粒相互接
近，形成较大尺寸的尘埃颗粒，并在重力的作用下下降，从而达到超声除尘的目的。

与超声除尘相似，超声消雾也是利用这一原理。在雾天，飞机的起飞和降落比
较危险。利用超声可以在局部实现消雾。

超声波在环保方面的另一个应用是废水处理。将废水通过超声和臭氧的联合处

理，能净化水质。实验表明，1min 的超声处理可以破坏水中的百分之百的大肠杆菌和病毒，以及磷酸盐和氮化物。另外，超声波还用于处理放射性污染物，主要用于医院中多种放射性同位素废水的处理。超声波还可以提高过滤速度。据报道，如果将超声加到过滤膜上，可以将过滤速度提高五倍以上；如果将超声波加在待过滤的液体中，可以将过滤速度提高 300 倍。

15.12.2　超声防止锅垢

对于一些锅炉、加热设备以及冷却设备等，在使用一段时间以后，水中的钙镁离子等会形成坚实的沉淀而沉积于锅炉等设备的内壁，形成一层厚厚的水垢，导致锅炉的导热系数及热效率下降。同时这种水垢对于人体也是一种有害物质。如果是在管道中，则易发生堵塞。利用超声波，就可以防止锅炉结垢的发生。此时，碳酸钙等不再沉积在锅壁上，而是成为容易排出的渣滓沉降到锅底，而且水质的结构也不会发生变化。

15.13　超声在日常生活中的应用

随着科学技术的发展，超声已经逐步渗透到人们的日常生活中，并被人们所接受。目前利用超声技术的日常生活用品逐渐增加，主要有以下几种。

15.13.1　超声波加湿器

在北方的大部分地区，冬季都利用暖气采暖。由于房间内的空气比较干燥，人们普遍感到嗓子不舒服，严重的甚至会发生流鼻血的情况。利用超声波加湿器就可以解决这个问题。超声波加湿器实际上就是一个超声雾化器，利用超声使液体雾化，可以使房间里的空气得到湿润。由于超声的频率很高 (超声波加湿器的工作频率基本上处于 3MHz)，因此利用超声雾化得到的液体粒径很小，大概在微米量级。处于这一量级的液体颗粒是不会下降的，它们悬浮于空气中，使人们的呼吸系统得到湿润。目前超声波加湿器已经商品化，而且得到了大部分市民的认可。

15.13.2　超声波洗衣机

据报道，日本曾研制成功一种超声波洗衣机。它不同于传统的洗衣机，既不需要旋转马达，也不需要洗涤剂，衣服上的污垢是通过清洗槽内的气泡和超声波的共同作用而去除的。超声波洗衣机主要是由洗涤槽、超声发生器、气泡供给器等组成的。超声波洗衣机的最大特点是不用搅拌、不用洗衣粉，因此不损坏衣服。缺点是由于衣服对超声的吸收作用，超声的作用距离减小，而且超声的洗涤效果取决于超声功率的大小。另外，超声波洗衣机的成本较高，因此，超声波洗衣机目前仍未得到应用。

15.13.3　超声波沐浴器

据国外报道，在一些发达国家，目前流行一种称为按摩式的浴缸。它通过浴缸中不同角度和不同流速的喷头，对人体进行各种姿态和部位的热水按摩。在一些高级的浴缸中，也常常装有超声辐射器，超声空化产生的无数个小气泡对人体肌肤进行轻微的撞击和摩擦，使肌肉松弛，令人轻松，感到愉快。同时超声可以深入毛细孔，清除身上汗腺毛孔的污垢，并且超声波还有消除疲劳的功能。

15.13.4　超声波牙刷

超声波牙刷是美国的超声技术在家庭和治疗上的最新技术产品。它的外表与普通的牙刷基本相似，其供电方式是利用电池或感应式充电。其基本工作原理是：超声发生器通过压电晶片发出工作频率为 1.6MHz 的低强度高频超声波，一般感觉不到有声音和振动。但当超声波通过牙刷头传到牙刷毛时，在牙膏的配合下，将超声波引入牙体，并深入牙缝中，将牙缝中的杂物清除干净。当超声波穿透入牙龈和软组织以后，对牙病有较好的治疗效果。实验表明，使用超声波牙刷 30 天左右时，齿龈的黑斑和黄斑会减少 97%左右，牙龈出血减少 60%，牙龈炎减少 28%。

15.13.5　超声波洗碗机

20 世纪 80 年代中期，国外研制成功了超声波洗碗机，并使其商品化。超声波洗碗机实际上就是一台超声波清洗机，其作用机理还是利用超声波作用于水中，产生无数气泡的空化现象。当超声空化产生时，瞬间产生上千个大气压的压力和上千摄氏度的局部高温。污物在超声的搅拌、分散以及乳化等作用下脱落，从而快速清除餐具上的污物和油腻。除了超声清洗的作用，超声波洗碗机还具有杀菌和消毒的作用。

15.14　超声在医学中的应用

医学超声 (medical ultrasound)，又称为超声医学 (ultrasound medicine)，是研究超声在医学中的应用的一门学科，是声学、医学、光学及电子学相结合的交叉学科。医学超声包括超声诊断学、超声治疗学和生物医学超声工程，所以超声医学具有理、工、医三结合的特点，涉及的内容广泛，对于疾病的预防、诊断、治疗具有很高的价值。

超声用于医疗诊断大约是在 20 世纪 40 年代提出来的，但作为实际应用是在1950 年之后。目前，欧洲各国、美国、日本等医用超声技术发展很快，已成为医学上的一个重要的分支，内容十分丰富，受到各国医学界的普遍重视。医用超声技术，包括超声诊断和超声治疗两部分内容，其区别是：①频率范围不同，超声诊断为 1～

50MHz, 超声治疗为 40kHz~1MHz; ②超声功率 (声强度) 不同, 超声诊断为每平方厘米几十毫瓦, 超声治疗为每平方厘米几十毫瓦到几千瓦。

15.14.1 超声诊断

超声诊断 (ultrasonic diagnosis) 是将超声检测技术应用于人体, 通过测量了解人体生理结构的数据和形态, 发现疾病, 做出提示的一种诊断方法。超声诊断是一种无创、无痛、方便、直观的检查手段, 尤其是 B 超, 应用广泛, 影响很大, 与 X 射线成像、计算机断层扫描 (CT) 成像、磁共振成像并称为四大医学影像技术。超声诊断主要研究如何利用人体各种组织声学特性的差异来区分不同组织, 特别是区分正常和病变组织。超声波在生物组织中的传播规律 (即生物组织与声波之间的相互作用) 及组织诊断信息提取方法是超声诊断的物理基础。

医学超声诊断的物理原理主要是利用超声在人体中传播时产生的反射、折射、散射或透射现象。超声通过声阻抗不同的两种介质, 在其分界面上将产生反射和散射。反射能量与入射能量的比值叫反射系数。例如从软组织到骨骼的分界面上, 有 50%~70%的能量反射回去。除反射外, 还有一部分能量从界面上透射通过。透过的超声能量与入射的超声能量的比值叫透射系数。两种介质的声阻抗愈相近, 透过的超声能量也愈多。超声诊断中的基本声成像系统, 就是利用其反射回声或透射声构成不同的声像来检查病变的。

目前应用最广泛的超声波诊断设备是基于声脉冲反射式的超声诊断仪。根据显示和探查方法的不同, 超声诊断仪又分为许多类型。A 型为调幅式, 显像屏幕上, 纵轴显示反射波的幅度, 横轴显示时间, 也就是脏器反射面与体表的距离, 可探查点的断层声像。B 型即 B 超, 其探头呈直线扫查运动, 采用灰阶显示, 能获得脏器的切面声像图。还有 P 型诊断仪, 使超声束围绕一点在平面内摆动, 扫描范围呈一扇形, 所以也叫扇形诊断仪。

人体内某些脏器的活动, 如心脏及瓣膜的运动、血液的流动, 则利用超声的多普勒效应来显示。当某一波长的超声到达运动的脏器时, 其反射回声的波长将发生改变。两者波长之差随脏器运动速度的大小而异。通过这种波长差或相位信息的显示, 即可判明脏器的动态情况。

目前超声诊断仪大多采用灰阶显示、实时扫描与动态聚焦等手段, 因而声像图的质量显著提高, 直观、逼真、清晰而富有层次。对人体心、肝、胆、肾、颅脑、眼球、子宫、乳房及盆腔等部位, 都有很好的诊断价值。应用这种声像图, 不仅能显示脏器的外形, 而且能深入观察其内部结构, 以及能定位指导穿刺。从妊娠 5 周到分娩前胎儿的生长发育过程都能从声像图中显示出来, 这对于计划生育、胎儿畸形检查、性别鉴别都很有意义。诊断时射入人体的超声能量很小, 一般为 10mW/cm^2

左右，无致伤作用，因此超声波诊断已成为一种常规检查法。

将电子计算机技术引入超声诊断，产生了超声 CT (ultrasonic computerized tomography) 技术。它是指将获取的超声通过脏器的传播时间及幅度或衰减随波长的变化数据，输入电子计算机里，经过信号数字处理和综合后再给出组织的切面图像，这种技术的特点是能得到活体组织内部超声参量的空间分布。

超声诊断的研究始于 20 世纪 40 年代。到 50 年代，A 型超声诊断仪在临床得到广泛应用，对于脑中线检查以及心、肝、胆囊和眼睛某些疾病的诊断取得了成功。60 年代，超声诊断由 A 型 (一维回波振幅显示) 向 B 型过渡。70 年代，随着灰阶显示和快速实时动态图像的实现，超声诊断的发展极为迅速，应用十分广泛，除了充气部位 (如肺脏) 和骨骼结构，几乎人体内每个脏器都可用超声进行诊断，如颅脑、眼、心、肝、胆、肾、乳房等。特别是对于发现肿瘤和结石等占位性病变并确定其尺寸和位置，监视病情发展等，超声诊断更是具有其独到之处。

彩色多普勒超声 (即彩超) 一般是用自相关技术进行多普勒信号处理，把自相关技术获得的血流信号经彩色编码后实时地叠加在二维图像上，即形成彩色多普勒超声血流图像。由此可见，彩色多普勒超声既具有二维超声结构图像的优点，又同时提供了血流动力学的丰富信息，受到了广泛的重视和欢迎，在临床上被誉为"非创伤性血管造影"。

彩色多普勒血流显像 (CDFI) 或彩色多普勒显像 (CDI) 主要是利用血液中运动的红细胞对声波的散射，产生多普勒效应，经伪彩色编码技术，在二维图像上显示彩色血流影像。不同方向的血流以不同的颜色表示。彩色多普勒超声诊断仪同时具备频谱多普勒功能，可在彩色图像上定点取样，显示多普勒频谱图，并听取多普勒信号音。经颅多普勒超声 (TCD) 又称脑彩，用较低频率的多普勒超声探查颅内动脉，显示为多普勒频谱图，用来诊断各种脑血管疾病，如脑血管畸形、脑动脉瘤、脑血管痉挛等。

三维彩超属于彩超的一种，属于近年来发展起来的医学影像技术，能显示立体的图像，可提供比二维超声更为丰富的信息，主要用于心脏疾病的研究与临床诊治，在妇产科、眼科、腹部及周围血管成像等方面有一定的应用。三维彩超在产科的应用为临床超声诊断提供了丰富的影像信息，胎儿在羊膜腔内被液体包绕，是三维超声良好的成像条件，图像立体、形象直观，可任意调整角度，通过三个切面的旋转可观察到胎儿大体结构，对胎儿大体结构的畸形一目了然，不仅可观察到胎儿成长的过程，而且可以检查胎盘、羊水及脐带的变化，更重要的是可作为诊断胎儿畸形的主要手段。一般在孕 22～26 周做三维彩超检查胎儿的发育情况排除畸形是比较理想的时间。

四维彩色超声诊断仪是世界上先进的彩色超声设备。4D 是"四维" (four dimension) 的缩写，第四维就是指时间。对于超声学来说，四维超声技术是新近发展的技术，是加拿大优胜公司的独家技术。四维超声技术就是采用三维超声图像加上时间维度参数。该革命性的技术能够实时获取三维图像，超越了传统超声的限制。它提供了包括腹部、血管、小器官、产科、妇科、泌尿科、儿科等多领域的多方面的应用，能够显示胎儿的实时动态活动图像，或者人体内脏器官的实时活动图像。

相对于其他影像检测方法，超声诊断具有一些明显优势：①检测过程无创或微创，且价格低廉，可适用于各种年龄和人群的疾病诊断与健康普查；②超声成像的信息丰富、层次清楚、图像清晰，且能够进行实时显示与动态观察；③彩超能够精确判定血流动力学变化情况，尤其适用于心脏与血管病变的检查。

超声诊断也存在一定的局限性，例如对肺等含气器官以及骨骼等高密度组织的显示效果较差，且当病变组织与正常组织界面之间的声阻抗差异较小时，在图像上难以显示出其差异性，此时超声诊断的优势就不明显。

超声诊断的实现是通过各种形式的超声诊断设备来进行的。而各种超声诊断设备的关键部件就是超声换能器，也称为探头。大多数超声诊断仪中所用的探头既作为发射器件，又作为接收器件，即既向体内发射超声波，又接收经体内组织调制的回声信号。超声换能器的性能对诊断仪的质量有着决定性的影响。对于超声诊断来讲，超声波仅作为信息载体，不希望其对生物组织产生任何作用或效应，因而要求入射到人体内的声波强度要尽可能地低，但又要能够从噪声中鉴别出比较大的有用信号，也就是说，要求超声换能器有较高的灵敏度和信噪比。此外，为了对病变进行早期的诊断，超声诊断必须能够检测到比较小的病变组织，这就要求超声换能器能有较高的纵向和横向分辨率。为此，除了对超声换能器的性能进行严格的要求以外，对于超声诊断仪器的发射电源和声信号接收电路也必须提出比较苛刻的要求。

超声诊断设备主要是由超声电源、超声诊断探头、超声耦合剂、数字及图像处理设备以及图像显示设备组成。

另外，目前超声检测操作大都是人工进行的，操作流程不一，对超声图像进行采集时经验成分较多，经验成熟的医师与新手的操作结果具有一定差异，因此图像采集标准有待进一步细化完善。

超声生物效应的研究表明，超声可能引起生物组织的变化，不管是由于哪一种效应，都与声强及作用时间有关，有些效应与超声频率有着不同的关系。尽管对超声生物效应的研究还不够充分，特别是超声对胎儿发育的潜在影响的研究还不足，医学界对于超声波用于胎儿监护常规检查有争论，但多年的实验研究和临床经验表明，只要超声波的强度和作用时间满足一定的安全阈值，在安全区工作，对人体及胎儿均是无害的。研究表明，当声强低于每平方厘米数十毫瓦时，即使声照射时间很长，也不会对人体有害。然而，如果声强过高，其危害是不可忽略的。

超声诊断原理和工业中的超声探伤是一样的。使用超声技术与电子技术相配合的设备，能够进行多种性能的诊断，所用的仪器也有很多类型，如脉冲反射型、透射型、多普勒型以及超声成像型等。目前，超声诊断已经广泛应用于脑、心脏、肝、腹腔、乳房等部位疾患的诊断以及妇科检查等。下面介绍几种比较重要和新的超声诊断技术。

1. 高速断层摄影仪

超声诊断的显示和雷达的显示差不多，一个超声脉冲的回波，在荧光屏上即有一个对应的辉点。如果将探头沿所检查的断面做连续移动扫描，那么在荧光屏上即显示出许多对应的亮暗不同的辉点所构成的图像，给出断面上的情况，这种方法称为超声断面图像法，它分为直线扫描和回转扫描两种形式，所得的图像是很直观的，这种断层图像在医学诊断上很有价值，因为一般 X 射线只能看到平面图像，不能看到和扫描 X 射线方向一致的断面图像，用超声波做出的断层像用于肝癌、心脏病、乳腺癌等的检查时准确率是很高的，据报道这类断层摄影检查方法能够发现 3～5mm 的早期癌变。

但是，在技术上实现这种扫描方法，还存在着有待解决的问题，即在一般的示波器上，当扫描到后面部分时，前面的荧光辉点已经消失了，无法看到完整图像，为了解决这个问题，就要使用长余辉的显像管。事实上长余辉是有限制的，因此还要加快扫描速度。近年来，国外使用一种高速断层自动摄影仪，它配有一个自动控制的旋转装置和往复装置，能快速地给出断层像并自动地拍摄下来。

2. 眼科超声诊断

超声用于眼科诊断时分辨率很高，可以说在诊断上有非常高的准确性，因此，一些欧美国家及日本，已开始在眼科使用超声诊断技术。

超声波在眼组织中的衰减量很小，例如，4MHz 的超声波，在玻璃体中的衰减为 3.7dB/cm，在晶状体中的衰减为 5.5dB/cm(而 3.5MHz 的超声波通过约 1cm 长的骨骼，超声波的衰减量达 68dB/cm)，由于超声波在眼组织中衰减小，故可以以小功率和高频率来做眼的诊断，既可获得很强的分辨能力，又可保证检查的安全，现在使用的眼科诊断超声设备，工作频率一般为 3.5MHz 或更高一些。

3. 多普勒超声诊断仪

一般的超声诊断仪都是使用脉冲波，给出的图像是静态图像，观察不到器官的机械运动情况。而多普勒超声诊断仪使用连续波，根据波束的多普勒效应，可以观察器官的动态情况，这对于某些疾病，如心脏病等循环系统疾患的检查的参考价值很大。

多普勒效应是奥地利科学家多普勒在 1842 年发现的。作用于运动物体上的波束，其回波的频率有变化，变化的大小同物体的运动速度成比例。用连续的超声波照射心脏、血管或体内其他活动器官，反射的回波发生频率变化，这样由反射波和基波的合成音情况反映了器官的运动状态，如心动情况等，可用于诊断大动脉闭锁不全、心室狭窄、冠心病等。美国国家航空航天局和华盛顿大学等单位还研究出了用连续超声波监视血栓出现的装置。

4. 超声血液流速测定仪

测血流速度以往是很复杂的，其设备往往笨重，需要把电线插入血管，患者不仅感到痛苦，还有污染血液的风险。超声血流测定仪是应用多普勒效应的原理，根据基波和反射波频率的差得出血液的流动速度。据报道，美国斯坦福大学研制了一种小型血速仪，可以封装在一块小的环氧树脂里，包括一只 1.3V 的电池、一个微型的压电晶体、一只转换开关和四片集成电路。通过从血液中红细胞反射回来的脉冲信号，能够自动计算出血液的流动速度。此外，此类装置还可测血管、眼球角膜等的脉动。

5. 超声激光全息成像

全息成像和普通的光学成像是完全不同的。普通成像是利用简单的针孔或光学透镜聚焦成像，它忽略了物体的相位关系，得到的是没有立体感的平面像。而全息成像，是利用两个相干波前的干涉原理，其成像进程分为两步：①波前信息记录，来自物体的波与参考波相互作用产生干涉效应，把物体波前的振幅和相位的信息以干涉条纹的形式记录在感光底片上，称为全息照片；②波前再现，用参考波前重照全息照片，即再现出真实感极好的立体图像。

全息照相必须有相干性好的光源，在 20 世纪 60 年代初出现了相干性强的激光之后，全息照相才发展起来，开始在探伤、医学等方面得到应用。

在 1973 年于荷兰召开的世界超声医学会议上，美国旧金山儿童医院表演了一种医用超声激光全息成像诊断装置，应用这种装置能在显示屏幕上看到被检部位的血管、肌腱、神经等的立体图像，能清晰地看到肌肉的运动情况和大小。它的原理是，应用穿透性强的超声波透过浸于水中的被检肢体，使其在液面上同作为参考波前的激光发生相干作用，把所产生的信息通过激光电子的方法在电视屏幕上转换为图像。超声激光全息成像在诊断上的准确性是显而易见的，很直观，有非常好的逼真感，用于拍摄动脉、静脉、肌腱、神经、儿童软骨以及肿瘤病变等效果是很好的，这种设备的特点是能连续地显示出器官组织的活动情况，还可以通过录像设备把图像记录在磁带上。

6. 图像处理技术

图像处理技术对于超声诊断意义重大。其主要作用是增强图像反差，能将模糊不清的图像加工处理为清晰的图像，此外，还能对各种特征图像进行识别。它的原理大体上是：将诊断中获得的超声模拟信号转换为电的模拟信号，再将电的模拟信号转换为二进制数字信号进行加工处理，滤去噪声，将有用信号提取出来，再转换为模拟信号显示成图像，这些转换处理过程是由电子计算机进行的。有的还可以通过不同的软件设计给出数字式定量的诊断结果。

7. 超声弹性成像

超声弹性成像是一种新型的超声诊断技术，能够对传统超声无法探测的肿瘤及扩散疾病成像，目前处于观察研究阶段，可应用于乳腺、甲状腺、前列腺等方面。组织的弹性依赖于其分子和微观结构，临床医生通过触诊定性评价和诊断乳腺肿块，其基础是组织硬度或弹性与病变的组织病理密切相关。新的弹性成像技术提供了组织硬度的图像，也就是关于病变的组织特征的信息。不同组织间弹性系数不同，则在受到外力压迫后组织发生变形的程度不同。据此将受压前后回声信号移动幅度的变化转化为实时彩色图像，弹性系数小、受压后位移变化大的组织显示为红色；弹性系数大、受压后位移变化小的组织显示为蓝色；弹性系数中等的组织显示为绿色，借图像色彩反映组织的硬度。弹性成像技术拓宽了超声图像，弥补了常规超声的不足，能更生动地显示及定位病变。

超声弹性成像是利用生物组织的弹性信息帮助诊断疾病的。其基本原理为：根据各种不同组织 (正常及病变) 的弹性系数不同，在加外力或交变振动后其应变 (主要为形态改变) 亦不同。收集被测肌体的某时间段内的各个片段信号，用自相关法综合分析，再以灰阶或彩色编码成像。在相同的外力作用下，弹性系数大的，引起的应变比较小；反之，弹性系数较小的，相应的应变比较大。也就是比较柔软的正常组织其变形超过坚硬的肿瘤组织。超声弹性成像即利用肿瘤或其他病变区域与周围正常组织间弹性系数的不同，产生应变大小的不同，以彩色编码显示，来判别病变组织的弹性大小，从而推断某些病变的可能性。

超声弹性成像可大致分为血管内超声弹性成像及组织超声弹性成像两大类。血管内超声弹性成像是利用气囊、血压变化或者外部挤压来激励血管，估计血管的运动，即位移 (一般为纵向)，得到血管的应变分布，从而表征血管的弹性。它是一种对血管壁动脉硬化斑局部力学特性进行成像的技术。我国研究人员完成的血管壁弹性显微成像实验在世界上首次获得了实际血管壁真正意义上的横断面弹性显微图像。血管弹性成像可用于估计粥样斑块的组成成分、评价粥样斑块的易损性、估计血栓的硬度和形成时间，甚至是观察介入治疗和药物治疗的效果，具有重要的临床价值。

组织超声弹性成像多采用静态/准静态的组织激励方法。利用探头或者一个探头-挤压板装置，沿着探头的纵向 (轴向) 压缩组织，给组织施加一个微小的应变。根据各种不同组织 (包括正常和病理组织) 的弹性系数 (应力/应变) 不同，施加外力或交变振动后其应变 (主要为形态改变) 也不同，收集被测体某时间段内的各个信号片段, 利用复合互相关 (CAM) 方法对压迫前后反射的回波信号进行分析, 估计组织内部不同位置的位移, 从而计算出变形程度, 再以灰阶或彩色编码成像。

生物组织的弹性 (或硬度) 与病灶的生物学特性紧密相关, 对于疾病的诊断具有重要的参考价值。超声弹性成像成为临床研究的热点。作为一种全新的成像技术, 它扩展了超声诊断理论的内涵和超声诊断范围, 弥补了常规超声的不足, 能更生动地显示、定位病变及鉴别病变性质, 使现代超声技术更为完善, 被称为继 A 型、B 型、D 型、M 型之后的 E 型超声模式。

在 2008 年的第 59 届中国国际医疗器械春季博览会 "超声弹性成像技术论坛" 上, 专家一致表示, 超声弹性成像技术尽管起步伊始, 但该技术提供了与传统影像学不同的、有助于临床诊断的新信息。"相信随着弹性成像设备的不断完善及临床应用技能的不断成熟, 超声弹性成像将在临床工作中发挥更加重要的辅助作用。"

15.14.2　超声治疗

1. 超声治疗概述

超声生物效应研究的重要应用是利用超声波的能量改变生物组织的结构、状态或功能, 从而治疗某些疾病, 这一过程称为超声治疗。利用较低强度的超声波的温和的生物效应, 来治疗某些疾病, 称为超声理疗; 反之, 利用较强的超声波的剧烈作用, 来切断、破坏某些组织, 则称为超声手术。

一定剂量的超声波作用于人体组织, 会产生一定的生物效应、热效应、机械效应以及空化效应等, 如果利用这些效应达到某种医疗目的便构成了超声治疗, 因此超声治疗的物理机制就在于超声的各种不同的效应。

应用超声对人体组织的相关效应, 引起病变组织的改变, 从而达到治疗的目的。这些效应主要是热效应、机械效应和空化效应。超声在传播过程中, 声强随传播距离的增大而发生衰减。其原因之一是, 介质的黏滞性、导热性等引起部分声能被介质所吸收, 转化为热能, 并导致局部温度上升。组织受到这种热效应后, 产生了某些反应, 例如, 血管扩张、血液循环加快、组织代谢增高, 从而促进病理产物的吸收消散。超声传播时, 介质中质点机械波的机械效应引起某些细微组织的加速度、旋转、冲流等现象, 从而起到按摩的作用, 并增强了半透膜的弥散 (即增强了通透性)、细胞的代谢功能和细胞的活力, 对细胞的物质交换、组织营养也产生了较良好的影响。足够的超声强度遇到人体中某些液性组织时, 将产生空化, 空化气泡崩溃时能产生强度很高的微冲击波, 可以改变或者破坏病变组织, 达到治疗目的。

值得注意的是, 超声治疗过程中必须对超声强度或剂量进行严格选择和控制, 否则过高的超声强度会对机体造成严重损害。在超声治疗采用的连续波辐射和脉冲波辐射两种方式中, 较多的是采用脉冲波辐射, 脉冲重复频率为 $50 \sim 150 \text{Hz}$。这样, 减少了超声辐射在组织中的积累效应, 例如热积累导致温度升高过快。至于超声强度或剂量，尚缺乏统一的标准。一般分为三级，即低强度 (小剂量)、中强度 (中剂量)、高强度 (大剂量)。近年来，根据大量实践和分析，趋向于使用小剂量治疗，不仅安全，而且疗效也有所提高。多数人认为移动式声辐射法的最大剂量不要超过 $1.5\sim2W/cm^2$，固定式声辐射法的最大剂量不要超过 $0.5\sim0.6W/cm^2$。当然人体每次承受的总超声剂量还与治疗的时间有关。随着医学超声的迅速发展，对超声安全剂量 (超声剂量学) 的深入探讨也日趋重要。

超声除直接用于人体治疗外，还可以间接地以超声为手段配合药物进行治疗，如超声透入疗法。这种方法具有选择性强、药物集中、局部浓度大以及不损伤肌体的优点。现在透入的药物有激素、维生素、抗生素、组胺等。还有通过超声把药物雾化成微粒，通过患者的呼吸进入呼吸道，达到吸入治疗的目的，药物微粒的直径为 $2\sim20\mu m$，可深达微小支气管甚至肺泡中，故比一般的吸入疗法效果好。

由于待治疗的病变组织基本上位于体内某一区域，在治疗中常希望声能集中于该病变区域，即采用聚焦声波来进行超声治疗。用聚焦声波时，总能量消耗小，非病变区域不受损害，治疗效果较好，而且可以采用非介入性治疗。因此，聚焦超声是超声治疗技术中一种极为有用的声波形式。早期的超声聚焦换能器采用声透镜聚焦，后来，发展为利用压电陶瓷球面换能器聚焦，这样可避免由声透镜造成的声能损耗。近年来，用环状换能器进行电子聚焦的相控阵聚焦方法发展较快，因为这种聚焦方式便于用电子学方法进行孔径加权，可以根据需要较灵活地调整聚焦特性，包括聚焦声束的横向分布和焦点位置等。

与超声诊断相比，治疗用的超声波的频率较低，而声功率则要大若干个数量级，加上人们希望仅病变部位受局部照射，要求声束的聚焦尖锐，焦点较小而焦区较短，因而常采用孔径较大的聚焦换能器。

截至目前，超声治疗的应用范围包括呼吸系统、消化系统、循环系统、神经系统的疾病，肌肉损伤、劳损，肩、颈、腰、腿痛，以及腱鞘疾病和骨关节等疾病。超声的作用主要是消炎、止痛、解痉及活血化瘀等。这些应用基本上属于超声理疗的范围。除此以外，超声外科也得到了很大发展，如超声外科手术、超声治疗癌症、超声溶血栓、超声粉碎结石、超声针灸、超声粉碎脂肪减肥、超声穴位治疗以及超声洁牙等。

影响超声治疗的因素很多，其中包括超声剂量、超声治疗方法等。比较重要的超声剂量有超声频率、超声强度、超声波形、超声作用时间、超声耦合剂、超声换能器接触方式及声波入射方式等。常用的超声治疗方法及方式包括局部治疗、穴位治疗，以及接触法和液体耦合法等。

尽管目前超声诊断的应用范围比超声治疗宽得多，但超声在医学中的应用最早是从超声治疗开始的。超声治疗开始于超声理疗，出现在 20 世纪 30 年代。到 70 年代以后，超声治疗技术取得了长足的发展，不仅传统的超声理疗有了新发展，而且又涌现出一系列新的超声治疗技术，如超声外科、超声治癌及超声碎石等，从而使超声治疗技术进入到一个新的历史发展时期。

2. 超声治疗的机理

超声治疗的理论基础是超声波的生物效应。超声生物效应研究的是超声在人体中的传播特性和超声与人体组织的相互作用规律。传播特性包括超声的传播速度、反射、透射、吸收衰减、干涉、衍射等。超声与人体的相互作用，例如超声所引起的组织大分子结构的变化、组织的电离、细胞原浆的微流、细胞内容物的转移、酶的加速活化等都随着所用超声波的不同、超声强度的不同而产生不同的效果。有的是有益的，有的则能造成损害。例如对初生小鼠在其脊椎神经施加波长为 $340\mu m$ 的超声辐照，在强度达到 $1W/cm^2$，作用 2 小时，或 $300W/cm^2$ 作用 0.2s 后，它的后肢即发生瘫痪。用电子显微镜可以观察到损伤组织的细胞核、线粒体及细胞内的网状蛋白都已发生形态上的变化。

超声治疗的生物物理基础包括机械作用、热作用、物理效应、化学效应、生物效应以及空化效应等。超声的机械效应是原发效应，热效应属于一种次级效应，源于介质对声波的吸收，但热效应对超声治疗来说是不可忽略的重要机制之一。

超声波是机械振动能量的一种传播形式，当它在生物介质中传播且辐照剂量 (由辐照声强和辐照时间两个因素决定) 超过一定阈值时，就会对生物介质产生功能或 (和) 结构上的影响 (效应)，这便是超声生物效应。超声生物效应是超声治疗的生物物理基础。研究超声声场参数与其所产生的生物效应之间的定量关系，即所谓的医学超声剂量学。对于超声治疗，其疗效与超声剂量的选取关系甚大；而对于超声诊断而言，医学超声剂量学的一个重要任务是建立安全诊断的阈值剂量标准。

超声的生物效应早已为人们所注意，1920 年，朗之万在研究声呐时，将高强度超声射入水中，杀死了许多小鱼，就是超声生物效应的早期例证。此后，超声生物效应的研究曾十分活跃，但由于技术上和理论基础上的种种原因，这项研究工作曾一度出现低潮，然而，随着医学超声技术的迅速发展，近几十年来又恢复了生机。超声的生物效应与声强、频率及生物组织本身的性质有很大关系，且有可逆效应和不可逆效应两种。可逆效应发生在声强比较低的情况下；而当声强超过一定阈值后则会产生不可逆效应。超声生物效应按作用机理可分为热效应、机械效应、声流效应、空化效应和触变效应等。

超声的热效应是指超声波在生物组织中传播时，其振动能量不断地被介质吸收转变成热能而温度升高的过程。如果同时导致生物体系的某种效应，而且倘若用其他加热办法获得同样温升并重现同样效应时，我们就有理由说，产生该生物效应的原因是热机制。由于生物组织的声吸收特性，入射到人体组织的部分超声能量将会变成热能，并使其温度升高。组织的温度升高与声波的强度、频率及作用时间等有直接的关系，这种现象是由热传导引起的。当介质局部受到声的照射 (例如用聚焦声照射时)，或当介质的声吸收特性不均匀时，会造成温度分布的非均匀性，温度梯度越大，热传导的作用也就越明显，直至最后整个介质温度相同，达到热平衡状态。对于热传导效应的严格分析是困难的，然而有一点可以肯定，即超声的热效应是与频率密切相关的。当声强一定时，对某一种组织，温度的升高是随着声波照射时间的上升而升高的。在开始阶段，温度的升高是与时间成正比的；当温度升到一定程度后 (与声强度有关)，就不再随时间直线上升，而是上升速率逐渐变慢，直至趋于平衡，最后不再上升。

　　超声的机械效应是指超声波在介质中传播时产生的与力学相关的各种效应。超声是机械振动能量的传播，描述其波动过程可以使用多种力学参数，如质点位移、振动速度 (或加速度) 及声压等。当声强较低时，生物组织产生弹性振动，其位移幅度与声强的平方根成比例，但在声强足够高时，组织的机械振动则超过其弹性极限，而造成组织的断裂或粉碎，这种效应称为超声的机械效应。超声手术刀和超声碎石等都利用了这一效应。

　　倘若生物效应的发生与一个或多个上述的力学参数有关，我们便可把产生这种生物效应的物理机制归结为机械 (力学) 机制，机械机制属初始机制。例如，当频率为 1MHz、声强为 $100W/cm^2$ 的平面声波在密度为 $1000kg/m^3$、声速为 1500m/s 的介质中传播时，声场中的介质质点位移为 0.18μm，振动速度为 120cm/s，加速度为 $7400m/s^2$，声压约为 1.7MPa。可以设想生物体系中的生物大分子、细胞及组织结构处在这样激烈变化的机械运动场中时，其功能、生理过程乃至结构都可能会受到影响。

　　尤其重要的是，当辐射声强较高时，声场中的一些二阶声学参量会变得明显起来，从而可能出现各种非线性现象，从而对超声的生物效应做出贡献。这些二阶声学参量主要是辐射压力、辐射扭力以及声冲流等。当超声入射于两种不同声阻抗率的介质界面时，动量发生变化，产生辐射压力。当两介质阻抗相差很大，且界面为平面时，辐射压力基本上正比于超声束的作用面积以及声波的平均声强度。辐射压力对组织可产生撕力和引起声冲流，即引起组织分子的移动或转动，当这种运动的幅度足够大时，会引起组织的损伤。

　　超声波的作用还会引起生物组织结合状态的改变，例如引起黏滞性降低，造成血浆变稀、血球沉淀等，超声波的这种效应称为触变效应。

　　在声强较低时，触变效应可能是可逆的，即在停止声照射后，组织的黏滞性、结合状态可以恢复。然而，在声强过高时，组织将会出现不可逆变化。

3. 超声治疗的类型

1) 超声理疗

超声波对人体各部分的作用，到目前为止，还没有完全搞清楚。但是，有几点是可以肯定的：①热作用，超声波通过机体、组织，就要被组织吸收，将声能转化为热能，产生一种高度发热现象；②按摩作用，振动频率很高的超声波通过人体时，机体将受到振荡和刺激，起到特殊的按摩作用。这种热作用和机械作用，能够增加各种酶的活性，使血管扩张，促进新陈代谢，增加自然的治愈力。现在超声理疗已成为物理疗法中重要的一种，超声治疗几乎可以应用于各种疾病，常用的包括下列病症。

神经痛：坐骨神经痛、周围神经痛、三叉神经痛经超声治疗后，均有明显效果。

关节炎：超声治疗慢性关节炎效果好，它能改善关节的活动能力，止痛，强直性椎关节炎经超声治疗后，失掉弹性的结缔组织恢复松弛，改善了活动能力。

支气管炎：超声对于由气管炎引起的气喘很有疗效，据报道，经一、二次治疗后症状即有明显减轻。

胃病：超声的作用可加强胃和肠的活动能力，并能调节胃的酸碱度，此外还有镇痛解痉的作用。

炎症：超声对于脓肿及外伤炎症等，都有一定的消炎作用。

偏瘫：超声有很强的穿透能力，它可穿透颅骨作用于脑组织，起着改善循环、解除血管痉挛、改善脑细胞缺血缺氧状态、促进新陈代谢等作用。据有关资料报道，其治疗率达到 90%。

2) 超声药物透入疗法

这是一种将药物加入耦合剂中，通过超声作用，使药物经皮肤或黏膜组织透入人体内的治疗方法。其作用机理有以下两点。①超声在组织中传播时，产生的机械振动使人体组织中的各质点受到交替变化的压力，引起组织细胞内的物质运动，对细胞膜产生微细的按摩作用，提高其通透性，加强弥散过程，有利于药物进入体内。②超声的机械和热效应，引起药物大分子之间的摩擦，导致分子的化学键断裂，使药物发生解聚作用，从而有利于药物进入体内。超声药物透入疗法可以用于治疗硬皮病、慢性结节性红斑等许多皮肤病等。

3) 超声雾化吸入疗法

利用超声的空化作用，使液体在气相中分散，将药物变成微细的雾状颗粒 (气溶胶)，通过呼吸进入呼吸道，而直接作用于病灶局部的一种方法。这种方法主要适应于各种急慢性呼吸道疾病、鼻炎、哮喘以及慢性阻塞性肺部疾病等。

4) 超声手术刀

超声手术刀出现于 20 世纪 50 年代末，在国外的发展较快，已有各种型号的超声手术设备作为商品推向市场。利用超声手术刀进行手术时，可以做到对血管少损伤或无损伤，大大减少或避免出血，因此，超声外科手术在国外曾被誉为"无血无感染手术"。目前在临床上常利用超声手术刀来摘除白内障，实际上是利用超声将白内障粉碎，并将碎屑析出。其特点是手术进行快，创伤小，恢复期短。除了眼睛手术以外，超声手术刀还用于骨外科、矫形外科以及脑垂体外科等。关于超声手术刀的研究，目前国内外都处于一个快速上升的阶段，但超声手术刀市场大部分是以西方国家产品为主，如美国强生公司的超声手术刀产品。

5) 超声美容

超声美容是 20 世纪 80 年代医学美容的最新方法之一，它主要是利用超声波对人的面部皮肤及浅表组织的按摩和摩擦作用以及温热作用，完美地发挥洗脸、按摩和面膜三重功效，从而达到美容效果。超声作用的结果是可以改变细胞膜的通透性、改善血液循环、促进新陈代谢、增强药物透入，同时超声美容能够清除香皂不能去除的多余脂肪和死皮，使肌肤保持清洁。近年来，超声美容已被许多较大的美容院所采用，在治疗酒渣鼻、暗疮后留下的瘢痕、色素沉着斑迹，改善眼袋以及消除皱纹等方面具有较好的疗效。目前家用的袖珍型超声美容仪已经问世。

6) 超声减肥手术

超声减肥手术也就是超声去脂手术，是 20 世纪 90 年代才出现的一种全新的减肥技术。超声减肥手术一般包括三个步骤。①皮下注入特制的溶液，其目的是局部麻醉，以及使组织的质量密度减少、体积增大，从而有利于超声空化的产生。②超声作用。把特制的超声减肥探头插入皮下，在超声的作用下使脂肪中的溶液产生声空化，导致脂肪细胞破裂，油脂外流。③手工排挤与整形。经超声处理以后，多余的脂肪变成了一种混浊液，可以通过手工排挤及吸附技术将其析出，从而得到理想的体型。

7) 超声波洁牙机

用于牙科的超声器械有两种：一种用于清除牙垢，称为超声波洁牙机；另一种用于扩大牙根管，称为超声牙钻。目前，超声牙科设备的应用已经比较广泛。

8) 超声无血手术

超声无血手术也就是聚焦超声治疗技术。超声无血手术是一种非介入性的治疗技术。这种手术方法不需要开刀，皮肤不受损伤。它的手术进程为：先用扫描超声波诊断仪确定手术部位，然后使用聚焦的波束破坏组织，手术中使用观察仪进行监视控制。此种手术已用于破坏结石、治疗肿瘤、溶血栓以及实施脑手术等方面。

关于使用超声波聚焦体外手术的安全问题，主要是功率大小的控制以及严格操作等，关于超声无血手术的优点，目前国外有"三无手术"之说 (指无痛、无血、无感染)。美国已使用 10cm 的声透镜聚焦超声波束，功率达千瓦，但尚未应用于临床。在这一方面，国内是处于国际领先水平的，我国的重庆医科大学研制成功的聚焦超声治疗肿瘤的设备已实现商品化, 并应用于临床。另外我国的上海交通大学和北京医科大学 (现北京大学医学部) 也在进行这一方面的工作。尽管如此, 超声无血手术还有许多待解决问题, 与临床上的广泛应用还有一定的距离。

9) 超声波浴

超声波浴是指洗浴用水经超声波处理, 使其形成很多的小气泡群。它是使用一种特制的超声波喷头进行的。超声波浴具有很突出的渗透效果, 使热作用渗透至人体组织的深部; 小气泡破裂时的瞬时压力很大, 有按摩效果, 刺激细胞的生长和新陈代谢。此外还具有良好的洗净作用和杀菌效果。对于治疗关节炎、风湿病等有很好的治疗作用, 用于一般洗浴也是合适的, 设备的价格比较便宜。

10) 声动力疗法

血卟啉是从血清中提取的一种光敏物质, 如把血卟啉注入生物组织中且被光激活, 它就对组织具有杀伤作用。20 世纪 70 年代以来, 国际上采用激光激活血卟啉治疗皮肤癌取得成功, 已推广到临床应用, 该方法可以简称为光动力疗法 (photodynamic therapy, PDT)。但由于激光对人体组织穿透力极差, 故该疗法很难进一步推广。

光动力疗法是用光敏药物和激光活化治疗肿瘤疾病的一种新方法。用特定波长照射肿瘤部位, 能使选择性聚集在肿瘤组织的光敏药物活化, 引发光化学反应而破坏肿瘤。新一代光动力疗法中的光敏药物会将能量传递给周围的氧, 生成活性很强的单态氧。单态氧能与附近的生物大分子发生氧化反应, 产生细胞毒性进而杀伤肿瘤细胞。但由于光的穿透深度有限, 给药后的光敏剂不能在肿瘤部位有效激发产生单线态氧抑制肿瘤生长。

20 世纪 80 年代末, 人们发现用超声可以代替激光激活血卟啉, 从而为利用该法治疗人体深部肿瘤带来了曙光, 该方法已经逐渐发展成一种新的超声波治疗方法, 即声动力学疗法 (sonodynamic therapy, SDT)。超声激发的声动力疗法可以显著解决光动力疗法过程中由于光穿透深度不足而长期困扰临床医生的问题。目前有关超声激活血卟啉的机理及其临床应用治疗人体深部肿瘤的研究工作仍在进行中。

声动力疗法是一种无创而精准的新的肿瘤治疗方法, 声动力疗法是利用声敏剂高浓度聚集于肿瘤细胞及肿瘤新生血管内皮细胞的 "靶向" 特性, 在无创条件下经影像学精准定位后用特殊超声激活声敏剂, 使其发生超声化学反应产生单线态氧, 从肿瘤细胞夺取电子, 破坏肿瘤细胞的细胞壁而造成肿瘤细胞的死亡, 同时破坏肿瘤血管上皮细胞使之释放血栓素, 在肿瘤血管内形成血栓而造成肿瘤组织的缺血性坏死, 从而达到准确、彻底杀灭肿瘤的目的, 而不损伤正常细胞。

声动力治疗的三要素是超声、氧气和声敏剂。声动力疗法杀伤肿瘤的作用机制包括如下三点。

(1) 声动力疗法对肿瘤细胞的影响：主要攻击肿瘤细胞的亚细胞 (如线粒体、粗面内质网及滑面内质网) 从而破坏细胞内代谢，直接杀伤肿瘤细胞。

(2) 声动力疗法对肿瘤微血管的影响：可造成肿瘤滋养血管的内皮损伤，释放血栓素，产生血栓而造成肿瘤组织局部微循环障碍，进一步导致病变组织的缺血性坏死。

(3) 声动力疗法对机体免疫的影响：声动力疗法后肿瘤细胞坏死过程中，能使机体产生大量抗原，刺激机体抗肿瘤免疫。

声动力疗法治疗肿瘤的优点如下所述。

(1) 无创：利用超声的良好穿透性，仅需在病灶对应的体表位置搁置治疗头即能达到治疗效果。

(2) 靶向性：声敏剂有高浓度聚集于肿瘤细胞及肿瘤新生血管内皮细胞的"靶向"特性，声动力疗法仅针对治疗区的病变组织，对病灶周边的正常组织几乎没有损伤。

(3) 精准性：声敏剂能选择性聚集于肿瘤细胞，治疗前可借助影像学精准定位。

(4) 安全性：除可预防的光过敏反应外，声敏剂对机体的造血、免疫和各脏器功能没有影响。

(5) 高效性：声动力疗法产生的声化学反应，在破坏病变组织时能激发机体的免疫功能，提高治疗有效率，降低复发率。

(6) 可重复性：患者不会产生"耐药性"，可重复治疗。

(7) 协同治疗：手术切除肿瘤后的患者，用声动力治疗能更彻底地消灭残留的肿瘤细胞，减少复发，且不影响同时进行的放化疗等治疗。

11) 超声波微泡造影剂诊疗技术

一般情况下，血细胞的散射回声强度比软组织低几个数量级，在二维图表现为"无回声"。对于心腔内膜或大血管的边界通常容易识别，但由于混响存在以及分辨力的限制，有时心内膜显示模糊，无法显示小血管。

超声造影 (ultrasonic contrast) 又称声学造影 (acoustic contrast)，是利用造影剂使后散射回声增强，明显提高超声诊断的分辨力、敏感性和特异性的技术。随着仪器性能的改进和新型声学造影剂的出现，超声造影已能有效地增强心肌、肝、肾、脑等实质性器官的二维超声影像和血流多普勒信号，反映和观察正常组织和病变组织的血流灌注情况，已成为超声诊断的一个十分重要和很有前途的发展方向。

超声造影是通过造影剂来增强血液的背向散射，使血流清楚显示，从而达到对某些疾病进行鉴别诊断的一种技术。由于在血液中的造影剂回声比心壁更均匀，而且造影剂是随血液流动的，所以不易产生伪像。

对于不同的应用，需要选用不同的造影剂。最受关注的是用来观察组织灌注状态的微泡造影剂。通常把直径小于 $10\mu m$ 的小气泡称为微气泡。

微泡直径一般为 $1\sim10\mu m$，外壳通常为脂质、蛋白质或聚合物，内核气体常采用空气、氧气、全氟化碳 (perfluorocarbon，PFC) 或六氟化硫 (sulfur hexafluoride，SF_6)。外壳和内核气体的成分决定了微气泡的物理化学性质，磷脂是目前使用最广泛的外壳材料，已应用于商用微气泡。

微泡作为超声造影剂应用已有几十年，其安全性和有效性在长期临床诊断中已得到证实，主要原理是使后散射回声增强以提高超声诊断的分辨力、敏感性和特异性。近年来研究热点集中于作为药物载体实现靶向递送以实现诊疗一体化 (theranostics)。

氧气微泡在超声作用下于体内成像，可实现图像引导治疗。同时，氧气微泡能为低氧性肿瘤提供氧气，增加放射敏感性，降低肿瘤转移的风险，实现真正的微创治疗。增加氧气微泡脂质壳的磷脂酰基链长度，可使氧气微泡造影持久性和造影强度增强，体内循环时间延长。

传统的微泡制备方法是简单的机械搅拌和超声分散制备。

机械搅拌是在振荡器中加入聚合物溶液，从顶部灌注气体，然后以每分钟几千次的振荡速度机械搅拌，使外壳材料及时包裹所需的内核气体。机械搅拌是一种适用于工业化生产的微泡制备方法，尤其适于脂质微泡的制备。

超声分散制备微泡主要是基于液体暴露于超声中产生的空化作用。高强度超声引起液体压缩和扩张，导致溶液中出现微小气泡，加热使脂质达到玻璃化转变温度或使蛋白质变性，以形成坚固外壳。主要步骤包括预处理 (加热) 和超声两个过程。通过低强度搅拌乳化流经样品溶液的气体，再采用高强度超声产生空腔，将乳化气体包封于壳膜中也可制备微泡。

高质量的新型声学造影剂微泡应具有如下特点：①高安全性、低副作用；②微泡大小均匀，直径小于 $10\mu m$ 并能控制，可自由通过毛细血管，有类似红细胞的血流动力学特征；③能产生丰富的谐波；④稳定性好。

具有良好的散射性、能产生丰富的谐波以及受声压作用下具有破裂效应等，这是微泡的三个重要特性。用于组织显像的声学造影剂发展迅速，此外，具有诊断和治疗双重作用的靶向声学造影剂也在研究中。

超声造影剂能携带治疗药物和基因进行治疗等。微泡作为一种超声造影剂，在超声作用下，能产生空化效应增强药物穿透血脑屏障 (BBB) 的效率。近年来微泡联合聚焦超声用于脑靶向递送成为研究热点。优化超声参数和微泡设计，提高其安全性，以期在提高血脑屏障通透性的同时将组织损伤程度降到最低，这是其临床转化和应用的关键。

利用微泡在超声介导下的空化效应，可实现微泡表面连接药物或治疗性基因的定向释放，达到治疗疾病的目的。

靶向微泡分子靶向诊断和空化治疗将极大地拓展超声造影剂的应用领域,并可能引领临床超声应用的变革,建立一种高效敏感、安全无创的诊断和治疗手段。然而,作为超声造影剂在诊疗中应用的微泡必须具备以下条件。

(1) 无毒性,最终可降解或排出体外。

(2) 具有很强的散射特性。

(3) 其直径应足够小,小于红细胞的直径 (7μm),确保能通过肺毛细血管,进入动脉循环,从而达到造影效果而不会造成栓塞。

(4) 具有足够的稳定性,在血液内保留的时间允许超声成像显示其在组织内的灌注 (增强) 和廓清 (消退) 过程。

(5) 有明确的破坏阈值,具有可预测性及可重复性,能够被较快地清除。

(6) 易于生产,便于储存,价格适宜。

基于超声微泡造影剂技术,一种将超声与靶向肿瘤治疗的微泡相结合新技术应运而生。发表在《美国国家科学院院刊》(PNAS) 上的一项研究中,以色列特拉维夫大学生物医学工程系的一个国际研究团队,经过了两年多的研究,开发出一种将基因导入乳腺癌细胞的无创技术平台。该技术将超声与靶向肿瘤的微泡结合在一起。一旦超声波被激活,微泡就会像智能的目标弹头一样爆炸,在癌细胞的细胞膜上形成小孔,从而使基因及药物传递成为可能。该技术利用低频超声 (250kHz) 引爆微观的肿瘤靶向微气泡。在体内,细胞破坏达到肿瘤细胞的 80%。另外,超声联合微泡增强细胞内药物递送,是通过微泡的声空化与细胞的相互作用而实现的。作为一种非侵入式的、非病毒的、具有靶向性的、可在成像技术引导下的药物递送技术,超声联合微泡在临床应用上具有独特的优势。

细胞是最小的生命单元。将功能性的生物分子或者材料递送到目标细胞内,是解码细胞功能、改变细胞命运以及重新编码细胞行为的重要一步。正是由于细胞内递送在基础科学研究和临床治疗上的重要价值,为了实现这一过程,众多的物理、化学和生物方法被开发出来。

超声和微泡联合使用,通过微泡的声空化与细胞膜的相互作用,实现靶向的细胞内药物递送。超声是一种体外施加的、具有良好的组织穿透深度、时空变化高度可控的物理能量。而作为超声造影剂的微泡已经在临床上得到广泛应用,因此超声联合微泡的细胞内药物递送技术在临床应用方面具有独特的优势。

1997 年,Miller 教授的研究组首次报道了超声和超声造影剂微泡联合使用显著增加了质粒 DNA 对细胞的转染效率,从而开启了超声联合微泡增强药物靶向递送的研究方向。

在 20 余年的发展进程中,现象发现和机理阐释贯穿始终。从研究对象来说,从体外细胞试验逐渐进入动物实验,并于 2013 年首次进入了临床试验;从技术发展的角度来说,不断丰富微泡的功能性以及提高超声对微泡声学响应的可控性是近年来的研究重点。

其主要的机理在于微泡在细胞周围发生的声空化是增强细胞内药物递送的物理基础。超快速照相机的直接观测，清晰地展示了单个微泡在稳态空化时发生的微泡壁的周期性振动，以及其对细胞膜周期性的挤压；在瞬态空化时微泡壁剧烈振动甚至破碎、崩塌或形成高速微流体喷流，这些剧烈的冲击会使细胞膜局部下凹、形成小孔甚至死亡。微泡空化时在周围空间会形成微流体流，从而对附近的细胞膜施加剪切力。当有多个微泡比邻时，在次级声辐射力的驱动下，微泡会聚集，甚至融合为更大的微泡，可能进一步降低周围细胞的存活率。

微泡给药的应用领域包括以下几个潜在的应用方向。

(1) 肿瘤治疗。

癌症组织一般具有致密的结缔组织基质，不仅压迫血管减少了血液灌流 (从而减少了药物输送)，而且使得药物难以穿透基质抵达癌细胞。此外由于癌细胞的无限增殖，癌组织内部的渗透压升高，进一步抑制了基于扩散的药物递送。癌组织的这些病理特点严重降低了化疗药物的递送效率。化疗药物主要的作用机制是抑制细胞生长、诱导细胞凋亡，因此对正常细胞具有较大的副作用。靶向给药技术与化疗药物的联合使用，能够增强癌组织对化疗药物的摄取，同时降低化疗药物对全身健康细胞的副作用，因此靶向给药技术对于基于化疗的癌症治疗具有重要的临床应用价值。

2013 年，Kotopoulis 等报道了超声、微泡、吉西他滨针对胰腺癌的联合使用，结果显示该疗法增加了患者耐受化疗的周期数，延长了患者的生存期。2016 年，Dimcevski 等开展了超声、微泡、吉西他滨联合使用治疗胰腺癌的临床试验，评估了治疗的安全性、潜在毒性以及患者的中位生存期，证实了该疗法不会引起额外的毒性或增加化疗药物原有的副作用，延长了患者的寿命。2018 年，文献报道了一项在我国开展的针对胰腺癌肝转移患者，采用超声、微泡和化疗药物联合使用的临床研究，未引发患者产生其他毒副作用，表明该疗法具有良好的安全性。目前，更大规模的临床试验正在我国开展中。

(2) 脑血管疾病治疗。

在进行脑部疾病的药物治疗时，血脑屏障的存在是药物进入脑部患处的巨大障碍。血脑屏障是指在脑微血管系统里，由脑微血管内皮细胞 (brain microvascular endothelial cell)、星形胶质细胞足端 (astrocytes)、周细胞 (pericyte) 及脑血管内皮细胞间的紧密连接 (tight junction) 和基膜 (basal membrane) 共同构成的特殊结构。血脑屏障严格控制血液和脑内物质交换，保护中枢神经系统 (central nervous system，CNS) 免受循环毒素和感染细胞的侵袭，维持大脑微环境稳态。但其不易渗透性也成为中枢神经系统药物脑靶向递送的主要障碍。

超声联合微泡技术凭借其可实现声空化的特点能够短暂和局部打开血脑屏障，

为解决这一问题提供了新的选择。同时，也为靶向输送化疗药物到脑部肿瘤处提供了新的途径。

声微流也被认为是血脑屏障内皮细胞可逆开放的机制之一。气泡振荡带动周围的气体运动，显著增强药物从血液进入组织的对流，具有增强药物递送的协同作用，这对于那些在靶组织不足以产生治疗药物浓度的实体瘤和血凝块治疗尤为重要。

总之，超声和微泡的联合使用是一项具有广泛应用性的靶向给药技术，除了用于增强化疗药物的靶向提送、提高癌症治疗效果以外，其他活跃的研究领域还包括：用于增加血脑屏障的通透性，提高针对神经和精神类疾病药物在大脑的富集；促进针对心血管疾病药物的靶向递送；增加血管-脊髓屏障的渗透性，提高药物进入脊髓的效率；增加药物的经皮给药效率等。

在聚焦超声联合微泡开放血脑屏障的安全性方面，相关研究均表明，血脑屏障通透性增加后会引发炎症反应，这是超声的主要不良反应之一。

临床应用聚焦超声联合微泡时应综合考虑超声介导血脑屏障开放后潜在激活炎症反应，优化聚焦超声联合微泡治疗的各项参数以减轻对脑组织的伤害；通过比较不同超声方案，采用较低微泡剂量结合超声的声反馈控制，可降低炎症反应。

未来研究方向应着重于通过控制超声参数 (声压、频率、辐照模式、最佳辐照时间、超声仪器类型等)、优化微泡类型、剂量和注射方式等实现高效药物递送。

聚焦超声联合微泡可能是增强血脑屏障通透性、改善药物脑靶向递送的有效策略，具有广阔临床应用前景。

15.15　超声在生物学中的应用

超声在生物学中的应用始于 1927 年，这是一个偶然的发现。当时，一些美国的声学工作者正在进行水下声传播试验，结果发现在声波辐射器的周围，一些小鱼和小虾莫名其妙地死掉了。后来他们又进行了一些同样的试验，结果是相同的。于是他们得出结论，声波对小生物具有杀伤作用。随后的研究表明，超声的生物效应是比较广泛的。

15.15.1　超声对细菌的作用

20 世纪 50 年代就有利用超声杀死伤寒病菌、葡萄球菌以及部分链球菌的报道，并且提出了超声对细菌影响的衡量标准。多年的研究发现，超声可以提高细菌的凝聚作用，使细菌的能力丧失。但是同时发现，短时间的超声辐照，也有可能产生相反的结果，从而使富有生命力的细菌个体数目有所增加，这主要是因为短时间的超声辐照会使细菌细胞的聚集体发生机械分离。进一步的研究表明，超声波对细菌的作用与超声波的强度、作用时间、频率以及波形等有关系。至于如何选择超声的各个参量，目前仍在研究之中。另外，最近的研究已经发现，超声波对于致癌菌之一的黄曲霉菌也有明显的杀伤作用。

15.15.2 超声对小动物的作用

超声对一些小动物，如鱼、虾、蛙、桑蚕等的作用，具有两重效应。在低声强短时间的情况下，超声会对小动物起到刺激和加速生长的作用。例如实验发现，利用超声处理桑蚕，在适当的剂量和超声频率下，可使桑蚕的制种量平均提高16.24%。另一方面，当超声的声强比较大，处理时间比较长时，就会导致动物死亡。超声致死的主要原因是超声对动物神经系统的作用结果。高强度超声作用可导致较大动物肌肉组织的断裂。空气中传播的超声，也可能引起动物损伤和死亡。试验表明，在频率为20kHz，声波强度为$1\sim3W/cm^2$的情况下，超声可使小动物麻痹乃至死亡，其原因主要是体温剧烈的升高。利用超声能致死小动物的特点，已经研制成功了超声灭蚊器和灭鼠器。此类仪器的基本原理可分为两类，一类是利用超声振动的频率与蚊蝇所固有的频率产生共振，引起大振幅振动，使蚊蝇受到大的张力和压力作用，导致死亡；另一类是利用低频及高强度的超声作用，使蚊蝇体温剧烈升高而造成死亡。

15.15.3 超声破坏细胞

破坏细胞壁并释放出细胞内含物供基础研究和产品开发，是功率超声在生物学中的另一项重要应用。超声破坏细胞的机理也可以归结为超声的空化以及其他的非线性效应。超声的细胞破坏作用可用于超声提取，如中草药有效成分的提取等。

15.16 超声在化学工业中的应用——声化学

所谓声化学，是指利用超声来加速化学反应，提高化学反应产率的一门新兴的交叉学科。声化学反应是通过声空化过程来实现的。超声空化能够把声场的能量集中，然后伴随着空化气泡的崩溃而在极小空间以及极短的时间内将能量释放，从而可以在正常温度与压力的液体环境中产生异乎寻常的高温与高压，形成所谓的热点。空化时产生的高温可达到5000℃以上，压力可达到上万个大气压以上。利用这一现象，可以广泛开辟化学反应新通道，骤增化学反应速度。

超声化学是声学与化学相互交叉渗透而发展起来的一门新兴的边缘交叉学科，是声学和化学的前沿学科之一。超声化学的主要研究领域包括利用超声加速和控制化学反应、提高反应产量、降低反应条件以及引发新的化学反应等。

目前，声化学已经成为化学研究的前沿课题之一，它与热化学、光化学以及电化学一样成为化学研究领域的新的分支。声化学的发展正在世界范围内引起化学学术界的关注与重视。专家预言, 声化学技术可望首先为农药、合成药物、有机塑料和微电子器件等工业带来重要变革。当前, 国际化学界普遍认为, 化学研究应该首先注意的尖端项目之一就是物质在超高温和超高压的极端条件下的化学行为, 而声空化正是产生这种环境的一种比较容易的物理手段, 因此, 可以肯定, 声化学科学的发展是大有前途的。

声化学的研究已涉及化学及化工的各个领域, 如有机合成、电化学、光化学、分析化学、无机化学、高分子材料、环境保护、生物化学等。近年来, 声化学在物质合成、催化反应、水处理、废物降解、纳米材料制备等方面的研究已成为声化学研究的重要应用领域。

影响声化学的主要因素包括: 声化学反应器以及声学参数的选择等, 如声化学反应器的结构及形状; 超声场的特性, 如驻波场、混响场、自由场等; 超声波的特性, 如频率、声强、波形、声功率等; 反应介质的性质, 如表面张力、蒸气压、黏度、杂质的含量、酸碱度; 环境的特性, 如温度、大气压等。

声化学研究中需要重点关注的一些关键问题及其解决方案的初步设想如下所述。

(1) 声化学反应的理论、机理及声化学反应动力学的研究。

(2) 高效专用的声化学反应器的研究。除了传统的清洗槽式、喇叭式以及金属簧片式的以外, 可否有新的更好的声波发生器, 如弯曲圆筒等。如何产生一个高效经济的混响声场 (均匀声场), 采取什么措施等。

(3) 声化学反应产量的测量及评价。

(4) 声化学反应器的测量与评价。包括声功率、声波强度、声场的均匀程度的测量。除了传统的声学方法以外, 可否利用其他的方法, 例如声学量的非声学测量等。

(5) 声化学反应器中声学参数的优化设计。

(6) 声化学反应器中化学参数的优化设计。

(7) 声化学反应中化学参数与声学参数的最佳匹配。

(8) 声化学从实验室走向工厂应用需要解决的关键问题是什么, 能否解决这一问题。

(9) 在声化学研究领域, 声学和化学工作者各自的任务是什么, 相互关系如何明确。

本章对超声技术的应用进行了简要的介绍。可以看出超声技术的应用几乎遍及工农业生产、医疗卫生、科学研究以及国防建设等各方面。尽管这些介绍仅是一个粗略的概括。但是也显示出了超声技术在国民经济各部门中应用的重要意义。超声技术的发展只有 100 多年的历史, 但其发展速度令人刮目相看。可以预见, 随着科学技术的发展, 超声技术的研究和应用潜力很大, 前景广阔。

第 16 章　空　　化

之所以对空化重点讲述，是因为在超声的各种与液体相关的应用技术中 (尤其是大功率高强度超声波的应用)，超声空化起到了举足轻重的决定性作用。在功率超声技术中，所有与液体介质相关的超声应用技术几乎都与超声空化相关，其应用机理皆可以通过超声波的空化效应加以解释。

一般来说，空化过程都与介质中的压力变化有关。根据压力降低的原因，空化可分为两大类[381-388]：局部速度增大导致压力降低到临界压力以下而发生的空化称为流体动力空化 (hydrodynamic cavitation)；液体中声波的出现导致压力波动而发生的空化称为声空化 (acoustic cavitation)。

从广义的角度讲，空化是一种与液体介质相关的非线性过程。流体动力空化是指当液体内局部压力降低时，液体内部或液固交界面上蒸气或气泡的形成、振荡、发展和溃灭的过程。声空化则是声波因素导致液体内部压力变化而出现的气泡产生、振荡和溃灭的非线性过程。

在液体或软组织中，存在一些小气泡 (或受声波照射时形成小气泡)。在超声波的作用下，当声压与静压力之和很小时，气泡会生长，反之则会缩小，故引起气泡呼吸式的振动或脉动。在超声强度比较低时，这种振动不很剧烈，通常不产生破坏力，称为稳态空化。这些气泡在振动的过程中，伴随着一系列二阶声学现象发生。首先是辐射力作用，其次伴随气泡脉动而发生的微声冲流，它可使脉动气泡表面处存在很高的速度梯度和黏滞应力，足以对该处的细胞和生物大分子产生生物效应。因此，即使在稳态空化的情况下，由于声冲流的存在，气泡周围的应力增加，可能会造成某些生物细胞功能的改变。当声强超过某一阈值 (称为空化阈值) 时，气泡的振动十分剧烈。在膨胀期，即声压与静压力的合力趋近于零时，气泡直径迅速增大；然后，在压缩期，气泡猛烈收缩，以致破裂成许多小气泡，产生强烈的冲击波和局部的高温高压，这种现象称为瞬态空化。发生瞬态空化时，在强度较高的声场中气泡的动力学过程变得更为复杂和激烈。

在声场负压相时，存在于液体中的空化核迅速膨胀，随即又在正压相下突然收缩以至于崩溃。当气泡体积收缩到极小时，它可能延续零点几个纳秒 (ns)，气体的温度可高达数千摄氏度。气泡中的水蒸气在这样的高温下分解为 H 与 OH 自由基，它们又迅速与其他组分相互作用而发生化学反应。此外，在空化泡崩溃时还常常有声致发光、冲击波及高速射流等现象。因此处在空化中心附近的细胞等生物体都会受到严重的损伤乃至破坏。热效应与空化效应属于产生超声生物效应的次级机制。

空化阈值与超声波的频率有关,也与生物组织的状态有关。在本来含有气泡 (如一些多孔性的膜等) 的情况下,空化阈值要低得多,液体和生物组织中,空化核的状态是决定空化效应强弱的主要因素。由于瞬态空化的强烈破坏性,在超声诊断中必须防范。实验表明,在超声诊断频段,各种生物组织的空化阈值均高于仪器的最高声强度。而一般超声诊断仪所用的声强度通常为数十毫瓦,因而通常不必担心瞬态空化发生。

16.1　流体动力空化

流体动力空化,又称为水力空化,是指在液体经过的管道或区域由于结构或形状的变化而出现的低压强、高流速的状态。当液体压强小于饱和蒸气压时,液体中的气泡就会不断膨胀,体积变大。而随着流体运动,气泡到达高压强、低流速区域之后,气泡就会塌缩、爆裂,产生流体动力空化。从流体动力学的角度来讲,作为高速水动力学研究领域的核心问题,空化是指在一定条件下,液相介质中发生的一种相变现象。当水流中的压力降低到饱和蒸气压时,将产生充满气体和蒸汽的空穴,这时,水中发生了空化。这些空穴是一些单个的球形空泡形成的空泡群或外形不规则的空腔。从力学的角度看,空化是液体在足够大的应力作用下发生的一种断裂现象。因此空化亦可被认为是液体的一种力学破坏形式。

空化包含了几乎所有复杂的液体流动现象:湍流、多相流、相变、可压缩和非定常特性等。空化现象涉及水力机械、水中兵器、水下发射、航空航天等多个工业领域面临的核心关键技术问题。在水力机械领域,空蚀以及空化引起的振动是影响水电机组和大型排灌泵站安全运行的主要问题。在水中兵器领域,空泡噪声是新型潜艇和鱼雷研制需要解决的关键技术。在水下发射领域,潜射导弹在出水过程中,导弹的运动速度和所处水深不断变化,决定空化区域产生的物理量不断变化,并且受到水下复杂海流环境的影响,弹体表面形成的空穴表现出很强的非定常特性,会经历空穴的发展、断裂和空泡脱落等复杂的物理过程,导弹所受载荷变得更为复杂。

16.1.1　流体动力空化的发展历史及分类

流体动力空化的研究可以追溯到一个世纪以前。1873 年,雷诺从理论上预言,轮船的螺旋桨和水之间的高速相对运动会产生影响螺旋桨性能的真空腔。1897 年,巴纳比和帕森斯在 "果敢号" 鱼雷艇和几艘蒸汽机轮船相继发生推进器效率严重下降事件以后,提出了 "空化" 的概念,并指出,在液体和物体内如存在高速相对运动的场合就可能出现空化。第二次世界大战后,有关流体动力空化研究的国际学术活动相当频繁。国际船模试验协会 (ITTC)、国际水力学研究协会 (IAHR) 和船舶水动力学协会都把空化研究列为重要议题；此外，还经常举办空化专题讨论会。

根据空化产生的主要因素，可以将空化分为水力空化、振荡性空化、声致空化、光致空化及非相变型空化等。水力空化是日常生活中最为广泛、流动机理最为复杂的一种空化类型。一般可以将流体动力空化理解为水力空化。振荡型空化是指由持续的高频高幅压力脉动引起的空化，如柴油机汽缸冷却套管的水中空化；声致空化指的是由声波发生器发出的高强度声波而导致液体中出现气泡及其非线性过程，如超声空化；光致空化与声致空化类似，是由于激光能量集中而激发的空化现象；非相变空化本质上并不是空化现象，该流动中的气泡长大、缩小主要是由于外界压力的变化导致其内部不可凝结气体的膨胀、收缩，或者是由于水中游离气体的扩散溶解，在气泡的长大缩小过程中，存在少量的相变过程，但并不是主导因素，因此也称为伪空化，如通气空化等。

按照空化流动性质，可以将空化分为游移空化、固定空化、旋涡空化和振荡空化。游移空化主要是由单个小空泡构成，会随着液体一起向下游运动，在运动的过程中，往往伴随着空泡的扩展、收缩、溃灭等过程。固定空化的位置则比较确定，一般会依附于绕流固体表面，其长度与局部的压力关系较为紧密，压力越小，长度越大。旋涡空化主要发生在旋涡内部的强剪切区域，如螺旋桨的梢涡。由于旋涡结构的离心作用，会在涡心处形成低压区域，当其压力低于饱和蒸气压时，即会诱发旋涡空化。这类空化可以发生于任何具有足够强的剪切力使得当地压力降至饱和蒸气压的区域。

按空化的发展阶段，空化还可以分为初生空化、片空化、云空化、超空化。初生空化是指水中的微小气核在流场中低压的作用下出现的爆发性生长现象。初生的空化因周围压力与饱和蒸气压比较接近，空化程度较轻，多为单个或多个的气泡。影响初生空化的因素繁多，一般认为，初生空化与局部压力、湍流强度、气核分布及流动结构等密切相关，且各因素之间也会存在一定的相互影响，这使得人们对于初生空化的认识依然比较有限。进一步降低空化数，空泡的数量逐渐增加并相互融合，形成片状结构，即为片空化。片空化具有较为明显的不稳定性，尾部会产生准周期性的生长脱落过程。这一不稳定性随着空化数的降低会进一步得到加强，尾部的空泡脱落现象更为剧烈，形成云空化。与片空化较为清晰的气液交界面不同，在云空化流动中，由于流动的不稳定性，其内部为含有大量微小液滴的气液混合物，气液交界面也变得十分模糊。云空化的发生使得伴随其发生的片空化行为更加具有准周期性，会经历完整的空泡生长、脱落、溃灭过程，并会导致整个流场的流动结构也呈现出一定的准周期性，如压力脉动等，因而一直受到研究人员的关注。目前，对于其准周期性的行为，尤其是尾部脱落，主要有两种解释：反向射流理论和激波理论。云空化的长度会随着空化数的降低而生长，当空化数足够低时，云空化的尾部，即空化的闭合区将移至绕流固体的下游，即绕流物体的尾部完全包裹在空泡内，这种空化称为超空化。超空化可将绕流物体完全包裹在气泡内部，隔绝了与外界液体的接触，因而可以显著减小绕流物体所受到的阻力，在军事、民用领域均具有很好的应用前景。片空化及其向下游发展形成的云空化一般统称为附着型空化。附着型空化演变规律非常复杂，且其在工程实际中最为常见，与工程实践联系最为紧密，相关研究成果可以直接产生工程应用价值，相关的研究最为活跃。

另外，固体与水流做相对运动时，水的内部或水固交界面上的空化状态可分为四种：亚空化状态 (没有空化的状态)、临界空化状态 (开始出现空化的状态)、局部空化状态 (水固交界面或邻近水体内部出现空化的状态) 和超空化状态 (固体整个边界面上和靠近固体的尾端都出现空化的状态)。

16.1.2　流体动力空化理论、危害及应用

研究水中运动物体在其表面上形成空泡并产生空化情形下，绕流流场和水动力特性的理论，简称为空泡流理论。空泡流有两种类型：①超空泡流，是指空化充分发展，空泡从物体表面延伸到尾部后面的流动；②局部空泡流，空化区域仅覆盖物体部分表面而不超出物体尾部的流动。为了利用数学方法对空泡流进行计算，必须建立空泡流模型，如映像模型、回射流模型、开放尾流模型、螺旋涡模型等。

流体动力空化的机理是指空泡形成、发展和溃灭过程的物理本质。影响上述过程的主要因素有：液体本身的特性 (表面张力、抗拉强度、温度、总空气含量、自由气体浓度、核谱 (即空化核的大小和尺度分布)、黏性、压缩性、密度、饱和蒸气压等)，液体的流体动力特性 (湍流度、流场中的压力梯度、压力随时间的变化过程、热传导、气体扩散效应等) 和沉浸物体表面的物化特性 (表面浸润性、多孔性、粗糙度等)。其中空化核的存在是液体空化的先决条件；压力场的作用是液体空化的外部原因，压力幅值和施加时间决定了液体空化状态。

任意液体在恒定压力下，当液体的温度高于其沸点时，液体开始气化形成气泡蒸发，称为沸腾；而空化则是当温度一定时，液体压力降低到某一临界压力值时，液体发生气化或溶解于液体中的空气发育成空穴的现象。空化在水中形成的空洞称为空穴，球形空穴常被称为空泡，较大的空穴称为空腔，带有空穴的水流常称为空穴流。除了水这一常见的液体之外，其他液体如原子能电站中常用的传热介质液态金属钾、钠、铋，以及飞行器中的液氢，还有液压系统中的液压油等中也常会发现空化现象。

空化现象包括空泡的产生、发育和溃灭，是一个非恒定的过程。低压区发生空化的液体携带着大量的空泡，形成了两相流运动，破坏了液体宏观上的连续性。空泡在流经高压区时发生溃灭，溃灭时会产生很大的瞬时压强，当溃灭发生在固体表面附近时，空泡溃灭产生持续的高温高压作用，会破坏固体表面，此现象称为空蚀。需要指出的是，空化现象不仅发生在液体内部，也会出现在固体边界上。空蚀却是

空泡的溃灭所引起的过流表面材料的损坏，即其发生在固体边界处。其中空泡在溃灭过程中伴随着机械作用、电化学作用、热力学作用和化学腐蚀作用等过程。虽然目前空蚀发生的机理众说纷纭，但专家学者比较公认发生空蚀的主要原因是空泡溃灭所产生的机械作用，机械作用中大家又都比较认可冲击波模式和射流模式两种模式作用理论。

根据不同的空穴外观，按照空穴发生的条件和其主要的物理特性将空化现象分为以下四类：①游移型空化，即单个的随水流一起运动的不稳定的空泡或空穴；②固定型空化，即游移型空泡沿固定型空穴内表面移动直至溃灭的周期性循环过程，发生在边壁上压强近于临界压力处；③旋涡型空化，主要见于船舶工程中的螺旋桨叶梢附近的梢涡中，在螺旋桨的毂涡 (毂涡空化) 中，中心压强最低，首先发生空化；④振荡型空化，即一些传感器表面的高频振动，在不流动水体中 (一般是在不流动水体中) 造成的空化。发生在水力机械内部的空化空蚀问题有其自身的特点，以水轮机为例，根据其发生的部位不同，习惯上又定义了四种空化空蚀类型：翼型空化空蚀、间隙空化空蚀、局部空化空蚀和空腔空化空蚀。

纵观前人的研究成果，影响空化空蚀的主要因素如下所述。①液体内部的含气量及气核量。Kawakami 等专门针对水内气体含量对空化的影响做了实验探究，发现水质对空化有显著影响。众所周知，纯水 (不含任何异相介质的水) 是不会发生空化的，而天然水含有其他杂质，这些杂质的表面会附着一些粒径很小的气核。当流体中含有较多气体及气核，液体流经低于临界压力区时，这些气体会发育成空穴，含气量和气核量越多，空化就越严重。②液流性质及其速度。这是由于，液体的种类不同，其发生空化的临界压力值也随之改变，且其自身的黏性会影响空化初生的位置。另外液体速度的不同，会影响压力分布及其紊动程度，只要使压强低于液体临界气化压力即发生空蚀。③过流部件的参数及其表面粗糙度。过流部件中，叶片的进口厚度、水力机械的进口流道相关参数需要根据自身运行情况合理设置，不同的参数会影响来流的速度分布，从而影响机组的空化性能。④过流部件表面材料。在易发生空化空蚀的关键部位采用高耐磨的材料，不失为减轻空化空蚀危害的一种好办法。日本的三菱 (Mitsubishi) 重工集团就曾专门对 13 种涂层等材料做了实验研究，分析其耐腐蚀性能。从 20 世纪 60 年代发展起来的抗空蚀性能高于传统碳钢的 Cr-Ni-Mo 系不锈钢，到硬度更高的 Fe-Mn-Al 合金，到有极高的硬度从而比一般的碳钢和合金钢具有高的抗空蚀性能的金属陶瓷硬质合金 Wc-Co，再到 Ti-Al 系合金、新型的 Cr-Mn-N 不锈钢、具有超弹性可以吸收空泡溃灭产生的强大冲击波的 Ti-Ni 合金，抗空蚀材料的抗空蚀性能大大提高。由于空蚀仅发生在金属构件的表面，为提高性能和降低成本，抗空蚀金属涂层及相关的与金属基体的结合工艺成为具有实用价值的科研热点。

另外，为了减轻水力空蚀的影响，可从设计、运行、制造三方面下手。具体如下所述。

(1) 改善水力机械的设计。针对不同形式的机组设备，相应地改善其易于发生磨蚀的设计条件，有目的地结合应用装置，根据液流实际情况做出更有利于机组的设计参数，从而改善其运行条件。不过，一般来讲都是从优化水力机械叶片结构等方面入手，目前已有新型叶片研发及应用且取得很好效果，如某型水轮机叶片以及一些超空化水力机械。

(2) 直接采用更耐磨蚀的水机材料。把易发生磨蚀的部位或部件的材料替换成耐磨性更好的材料是最直接的一种做法，但不会根除或减轻磨蚀的程度，仅是降低了机体的受损伤程度。例如在水电站中普遍使用抗蚀材料涂层，以减少机体受到的磨蚀损害。材料技术的不断进步，尤其是纳米技术的发展，也为水机涂层材料提供了一个新方向。

(3) 提高加工工艺水平。很多磨蚀往往是由过流表面不平整而产生的水力突变引起。故提高加工工艺水平，更大限度地与设计保持一致，会更多地减轻机体发生磨蚀的条件，大大提高机组运行效率。

(4) 改善运行工况。即采用合理的运行工况。在设计的最优工况下空化与空蚀的程度要小很多，那么就要减少机组在非最优工况下的运行时间。此外，汛期含沙量大，尽量减少汛期或含沙量大时段的运行时间，也十分有利于延长设备的使用寿命。

空化过程中空泡急速产生、扩张和溃灭，在液体中形成激波或高速微射流。金属材料受到冲击后，表面晶体结构被扭曲，出现化学不稳定性，使邻近晶粒具有不同的电势，从而加速电化学腐蚀过程。剥蚀区域材料的机械性能显著恶化，导致空蚀量剧增。在有关的工程设计中，须预先进行模型试验，采取措施，尽量避免发生空蚀；为尽量避免空蚀，也可在会发生空蚀的部位涂上或包上弹性强的抗空蚀材料，或注入气体以吸收空泡溃灭所辐射的能量。空蚀是局部空化 (局部边界面上出现空泡) 的后果，故有时可利用超空化状态 (固体整个边界面上的空泡发展延伸到固体尾端的液体中) 来避免空化，例如设计高转速的超空化螺旋桨和超空化水泵等。

船用螺旋桨、舵、永翼、水中兵器、水泵、水轮机、高速涵洞、闸门槽、液体火箭泵、柴油机气缸套等都会遇到空化问题，造成机器效率降低，材料剥蚀，并产生振动和噪声。

研究空化的主要实验设备是空化水洞，除此以外还有减压箱、真空拖曳水池、文丘里空化发生器、磁致伸缩仪、转盘空蚀装置、空化射流枪、单气泡空化发生器等。有关空化的基础研究包括空化机理、空蚀、空泡流理论、空化噪声和不定常空化等课题。另外，应用光、声也能使液体产生空泡而发生空化。

16.1.3 超空泡技术及其应用

上面提到，流体动力空化对水下航行器的影响是很大的。空蚀会导致螺旋桨等水下高速运动部件受损，影响航行器的寿命。但是，空化并不完全是有害的，在进行水流状态显示、水力钻孔和工业清洗、化学工程、医药工程、空间工程和核工程方面还是有应用价值的。另外，空泡大部分是局部空化 (局部边界面上出现空泡) 的后果，故有时可利用超空化状态 (固体整个边界面上的空泡发展延伸到固体尾端的液体中) 来避免空化，如设计高转速的超空化螺旋桨、超空化水泵以及超空泡鱼雷等。

水下航行器在水下航行过程中，航行体固液界面阻力不仅严重影响航行速度，还可引发航行体迎、背水面侧向力不平衡。两侧受力不均会使航行体质心之上产生侧向合力并形成纵倾力矩，从而导致航行体失稳。此外，在复杂来流环境下的固液界面绕流流场变化剧烈，导致流体动力及载荷产生强烈变化，极易引起航行体结构破坏或姿态失稳。因此，减小航行体表面阻力干扰以及绕流流场优化是保障水下航行器高速稳定航行的关键。研究表明，一些减阻技术对于减小阻力及缓解航行体失稳具有明显作用，而深入研究水下固液界面减阻技术对于提高水下航行体航行速度和稳定性具有重要意义。

超空泡减阻是基于流体动力空化技术而发展起来的一种减阻新技术。超空泡减阻是指水下航行体表面形成空气包覆层，将固液界面转化为固气界面，使表面张力大幅度减小，达到超高速航行的目的。为保证低表面摩擦阻力和低压力阻力，须同时考虑壳体形状和空化器的形状。超空化一般可分为自然超空化和通气超空化。自然超空化是指自然气化形成的超空化现象，一般需要物体具有足够大的运动速度 (大于 50m/s) 或来流具有足够小的静水压力，从而使得物体的空化数小于航行体物面最大压力系数的绝对值，便会发生自然超空化现象。自然超空泡物理实验多以小型子弹为实验对象，虽然小型子弹实验的设备要求相对较低，但在全尺寸水下潜射航行体上实现超空化和维护是相当困难的。因此这种方法在实际中很少使用。

通气超空化是指通过通气注入形成超空化，由于实现超空泡所需的速度要小得多，因此研究范围很广。通气超空化的制备方法可分为三种。第一种方法是利用空气喷射装置将气体从物体头部向液体流动方向喷射。在这种情况下，气体压力必须大于物体头部静止点处的液体压力，气体速度必须大于液体流速的 28 倍。第二种方法是利用液体喷射装置将液体从物体头部向流动方向喷射，同时向滞止区注入气体。该方法是基于尾压完全恢复产生推力的理想条件，将物体头部的静力点转移到流体中。第三种方法是在物体高速运动时，当空化发生在空化发生器的锋利边缘时，向被分离部分注入空气，产生稳定、平滑的空化现象。当超空泡完全形成时，可以在物体的任何部位补充空气，这是目前实现超空泡最常见的方式。

1. 超空泡减阻技术机理

超空泡减阻的主要机理是将固液界面转变为固气界面，从而使黏度降低，摩擦阻力也随之大幅减小。并且，气相速度梯度越小，切应力也越小。与此同时，随着空化数值的降低，空腔内分散液滴体积比逐渐变小，空泡厚度变薄，导致切向动量进一步减小。超空泡具有优异的减阻性能，减阻率为 90% 以上。对于圆锥体空泡发生器，当空化数等于 0.01 时，减阻率可达 95%；当空化数等于 0.0001 时，减阻率可达 99.9%。

2. 超空泡装置结构

超空泡武器指的是利用超空泡减阻技术发展的一类新型水下超高速武器。以超空泡鱼雷为例，俄罗斯研制的具有导航制导系统的第二代超空泡鱼雷，其超空泡装置主要包括以下几部分。空化器：内部装有传感器，空化器的主要功能是诱导生成空泡，提供升力和姿态控制，可影响航行体的阻力，海水可以通过空化器上的孔道进入航行体内部。通气管口：通过通气使空泡伸长并覆盖航行体表面以降低阻力。导引系统：安装有微型传感器，可以进行先进的信号处理、波形优化，收发声呐信号。推进及通气系统：可能采用水反应推进系统，对航行体进行推力矢量控制，利用喷嘴喷射气体以稳定空泡的形态。控制尾翼：大部分表面穿过空泡壁面，提供航行体尾部升力、滚转及姿态控制，尾翼处还可能有海水入口以及制导导线的连接出口。

3. 超空泡技术研究进展

超空泡技术研究的主要试验手段为水洞试验、约束飞行试验、高速射弹试验以及自由航行试验等。乌克兰、俄罗斯、德国、美国等都投入了大量的试验资源进行超空泡问题的基础研究。在苏联时期，俄罗斯和乌克兰的超空泡研究工作实为一体，多数超空泡试验都在乌克兰进行。莫斯科大学数学与力学系流体力学教研室、莫斯科大学力学研究所、中央空气、水动力学研究院，以及乌克兰科学院流体力学研究所等部门开展了超空泡问题的试验研究。

莫斯科大学的主要试验设备是大型高速水洞，乌克兰科学院流体力学研究所具有多个大型超空泡试验设备，其中一个多功能的水利试验台，主要进行小模型的约束模弹射或自推力飞行试验，在 1986 年建成的高速开路型水洞，最大水流速度 32m/s，是其最主要的试验装置。乌克兰/俄罗斯的研究人员通过大量的试验，获得了不同模型和空化器下超空泡的形态、通气及稳定性规律，设计出一系列可以调节升力和阻力系数值的不同类型的空化器；试验还得到了 30～140m/s 速度下自然及通气超空泡的试验数据，并通过 40～1300m/s 速度下的高速射弹实验总结出轴对称超空泡形态和尺寸的计算公式等。

美国从 20 世纪 50 年代开始高速推进器和水翼方面的超空泡研究,目前主要致力于发展超空泡高速射弹和超空泡鱼雷两类超空泡武器,其中机载快速灭雷系统已于 1995 年研制成功,该系统用 20mm 的超空泡射弹,可穿透水下 15m 处的水雷。在超空泡技术的基础研究上,美国水下武器作战中心、宾夕法尼亚大学、佛罗里达大学等开展了大量的试验研究。美国水下武器作战中心进行了系列的通气超空泡的流场特性试验研究,试验以水洞试验和约束飞行试验为主,约束飞行试验在大型拖曳水池中进行,拖曳水池长 878m、宽 7.3m、深 3.7m,最大拖曳速度可达 21m/s,主要使用了 3 个不同特点的模型进行试验,测量了空泡振荡的频率和幅值,得出了空泡变化频率与空泡长度和拖曳速度相关等结论。

与约束飞行试验相比,自由航行试验可以更好地研究有关超空泡航行体的运动控制以及空泡和航行体的相互作用等方面的问题。美国陆军研究实验室 (ARL) 和宾夕法尼亚大学研制了超空泡射弹模型,美国水下武器作战中心研制开发了自由航行的高速水下武器系统 (AHSUM)。从射弹试验照片中可以清晰地观察到超声速飞行的武器模型所产生的清晰的激波和空泡。为了测试 AHSUM 的性能,美国水下武器作战中心在 ARL 位于马里兰州阿伯丁市的特大试验水池中进行了自由射击试验。试验采集了射弹经过几个测试点时的速度值,借此绘制出射弹的弹道曲线,并与基于弹道学方程以及射弹的阻力系数最优估计得到的弹道理论曲线进行了对比,一致性较好。

20 世纪 70 年代后,德国主要进行了超空泡射弹和火箭的研究,获得了火箭稳定的水下弹道,对多种不同的气体发生器进行了试验,并开发了适于超空泡航行体的固体火箭发动机等,目前正在致力于超空泡火箭的制导、控制及发射等方面的研究。

国内从 20 世纪 60~70 年代开始了空化与空蚀问题的研究,当时以研究水翼、螺旋桨等水下物体的空化噪声和空蚀等为主,20 世纪 80~90 年代,开始研究水下物体局部空泡的稳定性和升力、阻力特性,空泡对水下兵器的水动力特性影响,带空泡航行体的水下弹道以及出水冲击等问题。对超空泡技术的研究最近几年刚刚起步,目前主要在空泡水洞、拖曳水池和射弹实验水槽中进行模型试验,侧重于低速通气超空泡的生成与发展、稳定性和通气规律、升力和阻力特性等超空泡基础问题的研究。

4. 超空泡技术应用及展望

运动体在水中的阻力约为在空气中阻力的 850 倍,因此,常规水下武器的速度难以超过 35m/s。超空泡技术的出现可使运动体在水中的阻力减少 90% 左右,再辅以先进的推进技术,运动体在水中将可以实现超高速的“飞行”。目前,俄罗斯“暴风”超空泡鱼雷的速度已达 100m/s,而速度达到 200m/s 的第二代鱼雷正在研制过程中。

对于火箭推进的传统鱼雷来说，最困难的问题不是动力，而是如何减少海水的阻力，最好的方法就是创造一个气泡包裹在鱼雷外部，这就是超空化技术。气体从鱼雷头部均匀地喷出，其力量足以在鱼雷周围形成一个气泡群，根据超空化理论，躲在这个大气泡中的鱼雷，行进速度越高，受到海水的阻力越小。这种鱼雷的射程与传统鱼雷相近，约为 9km。超空泡鱼雷是一种靠火箭推动，可以包裹在一个几乎不存在摩擦力的气泡群中高速潜行的鱼雷。这种新式鱼雷更加灵活机动，噪声也更低，更不容易被敌人发现。它可以配备常规弹头，也可以配备核弹头，甚至还可以不装弹头，因为 370km 的时速使它本身就可以造成足够大的破坏。超空泡鱼雷最大的困难就是自导引技术。如果要让鱼雷拐弯，原本对称的气泡群也将变形，就需要想办法控制气泡，比如在一侧喷出更多的气流。美国海军认为，这种高速鱼雷将使敌人的潜艇或军舰来不及做出反应。

超空泡减阻技术已经对海战武器的研制产生了巨大的影响，目前，美、德、英、法等国都在进行超空泡减阻技术的基础与应用研究，我国也于近年开展了超空泡技术的基础研究。可以预见，随着超空泡技术的不断发展完善以及水下推进、制导与控制等相关技术的进步，各种新型超空泡武器将取代传统的水下武器，将未来海战带入海、空一体的超高速时代。

16.2　超　声　空　化

超声空化 (ultrasonic cavitation) 是高强度声波在液体相关介质中传播时产生的一种非线性效应。存在于液体中的微气核空化泡在声波的作用下振动，当声压达到一定值时 (空化阈值)，气泡迅速膨胀，然后突然闭合，在气泡闭合时产生高温高压以及冲击波，这种膨胀、闭合、振荡等一系列动力学过程称超声波空化。超声作用于液体时可产生大量小气泡。其原因之一是液体内局部出现拉应力而形成负压，压强的降低使原来溶于液体的气体过饱和，而从液体逸出，成为小气泡。另一原因是强大的拉应力把液体"撕开"成一空洞。空化气泡的溃灭寿命约 0.1µm，它在急剧崩溃时可释放出巨大的能量，并产生速度为几百米每秒、有强大冲击力的微射流，碰撞力密度高达 $1.5kg/cm^2$。空化气泡在急剧崩溃的瞬间产生局部高温高压 (5000K，1800atm[①])，冷却速度可达 $10^9K/s$。对超声空化的研究是从气泡的振动及其动力学研究而开始的。

空化作用一般包括三个阶段，即空化泡的形成、长大和剧烈的崩溃。当盛满液体的容器通入超声波后，由于液体振动而产生数以万计的微小气泡，即空化泡。这

---

① 　1atm=1.01325×10⁵Pa。

些气泡在超声波纵向传播形成的负压区生长, 而在正压区迅速闭合, 从而在交替正负压强下受到压缩和拉伸。在气泡被压缩直至崩溃的一瞬间, 会产生巨大的瞬时压力, 一般可高达几十兆帕至上百兆帕。空化气泡在超声场的作用下会发生振动, 但并不一定就发生溃陷, 只有当超声波的频率小于空化气泡振动频率时才会使空化气泡溃陷; 反之, 当超声波的频率超过空化气泡的振动频率时, 空化气泡会进行更为复杂的振动, 而不会发生溃陷。

超声空化可分为稳态空化和瞬态空化两个过程, 稳态空化指气泡的振荡及生长过程, 瞬态空化是气泡的压缩及崩溃过程。稳态空化和瞬态空化的区分不是十分明显, 两者的应用也不同。稳态空化可以用于超声凝聚等, 而瞬态空化可用于超声分散以及超声乳化等。

瞬态空化产生时, 形成局部热点, 其温度可达 5000K 以上, 温度的变化率达 $10^9 K/s$。压力高达数百标准大气压乃至上千个标准大气压。并且, 气泡中的水蒸气被分解为 H 和 OH 自由基, 自由基又迅速地与其他成分发生各种反应, 此外在空化泡崩溃时还伴随有声致发光、冲击波及高速射流等现象发生。这也就是超声的化学及生物等各种效应的物理基础。

16.2.1 超声空化的发展史

1917 年, 瑞利 (Rayleigh) 首次建立了无限大不可压缩液体中空化泡的运动方程, 并发表了题为《液体中球形空穴崩溃时产生的压力》的著名论文, 紧接着 Gilmore、Cole 以及 Plesset 等多名科学家从不同方面修正该方程, 推导出了在考虑诸多因素影响下空化泡的运动方程, 得到了经典的 R-P 方程, 这一方程描述了不同状态下单一气泡的半径随时间变化的规律。1950 年, Noltingk 和 Neppiras 对空化气泡第一次使用计算机进行了计算。1954 年, Plesset 首次推导了单气泡的形状稳定性方程, 研究了单个气泡的不稳定性。1964 年, Flynn 提出了"瞬态空化"和"稳态空化"的概念。1995 年, Brenner 等讨论了引起非球形扰动的两种不稳定机制。2003 年, Wang 和 Chen 引入非球对称的驱动声场, 成功地解释了单个气泡的稳定非球形脉动。近几年来对双空化泡以及泡群的研究越来越热, 但分析理论基本上都是近似的。多气泡动力学理论可分为两类, 一是将空化场看作气泡液体构成的连续介质分析气泡群的整体变化; 二是分析气泡群内每个气泡的运动情况, 前者通常分析线性或弱非线性环境下气泡群的动力学行为, 后者重点考虑气泡群内气泡间的相互作用。

超声空化时, 空泡内为液体蒸气或溶于液体的另一种气体, 甚至可能是真空。因空化作用形成的小气泡会随周围介质的振动而不断运动、长大或突然破灭。破灭时周围液体突然冲入气泡而产生高温、高压, 同时产生激波 (冲击波)。与空化作用相伴随的内摩擦可形成电荷, 并在气泡内因放电而产生发光现象 (声致发光)。

　　超声空化的研究历史比较长，发展过程也是几起几落。然而，由于超声空化是一种强非线性过程，而且影响超声空化的因素繁多，因此，截至目前，有关超声空化的理论研究尚处于探索阶段，描述空化过程的理论也没有建立起来。尽管如此，有关超声空化的应用技术研究却非常多，而且许多已经得到了广泛的应用，如超声清洗、超声乳化以及超声提取等。这种应用研究超前于理论研究的现象在功率超声以及超声空化领域得到了淋漓尽致的体现。由于超声空化技术的应用广泛性及其重要性，与其相关的应用及其关注度越来越多。可以预见，随着超声空化应用技术的不断发展，有关超声空化的理论及机理研究也必将获得新的突破。

16.2.2　影响超声空化的因素

1. 空化阈

　　空化阈是使液体介质产生空化作用的最低声强或声压振幅。只有当交变声压幅值大于静压力时，才出现负压。而只有当负压超过液体介质的黏度时，才会产生空化作用。空化阈随不同的液体介质而不同，对于同一液体介质，不同的温度、压力、空化核的半径以及含气量下其空化阈值也不同。一般来说，液体介质含气量越少，空化阈就越高。空化阈还与液体介质的黏滞性有关，液体介质的黏度越大，空化阈也越高。空化阈与超声波的频率有着十分密切的关系，超声波的频率越高，空化阈也越高。超声波的频率越高，越难空化，要产生空化作用，就必须增加超声波的强度。

2. 超声波强度

　　超声波强度指单位面积上的超声功率，空化作用的产生与超声波强度有关。对于一般液体，超声波强度增加时，空化强度增大，但达到一定值后，空化趋于饱和，此时再增加超声波强度则会产生大量无用气泡，从而增加了散射衰减，降低了空化强度。

3. 超声波频率

　　超声波频率越低，在液体中产生空化越容易。也就是说要引起空化，频率愈高，所需要的声强愈大。例如，要在水中产生空化，超声波频率在 400kHz 时所需要的功率要比在 10kHz 时大 10 倍，即空化是随着频率的升高而降低的。一般的功率超声技术中采用的频率范围为 20～80kHz。

4. 空化介质的表面张力与黏滞系数

　　液体的表面张力越大，空化强度越高，越不易于产生空化。黏滞系数大的液体难以产生空化泡，而且传播过程中损失也大，因此同样不易产生空化。

5. 介质的温度

　　液体温度越高，对空化的产生越有利，但是温度过高时，气泡中蒸气压增大，因此气泡闭合时增强了缓冲作用而使空化减弱。

16.2.3 超声空化的主要研究内容

超声空化现象是一种比较强烈的非线性过程，涉及的领域很多，包括超声学、非线性声学、流体动力学、相变，以及多相流理论、发光学等。目前，有关超声空化的研究内容主要集中在以下方面。

(1) 单一气泡的动力学振动特性研究。

(2) 气泡云的振动、耦合及分布特性研究。

(3) 单一气泡的发光特性研究。

(4) 气泡云的发光特性研究。

(5) 空化气泡产生的高温及高压研究。

(6) 空化介质中的声传播研究，包括声的散射及吸收等。

(7) 空化介质的声阻抗研究。

(8) 空化产生的声冲流研究。

(9) 空化的测试，包括压力、温度以及声致发光等。

(10) 空化的新应用拓展。

16.2.4 超声空化的研究进展

超声空化的研究可以追溯到 18～19 世纪。然而，由于超声空化现象非常复杂，研究内容涉及声学、流体力学、光学、电学以及等离子体等多学科知识，而且在实际中不可能把空化效应同其他效应，如机械效应、光电效应和热效应等分离开来，因此，时至今日，人们对超声空化这一重要现象仍然不甚了解。然而由超声空化引发的许多物理、化学、生物效应等具有极为特异的性质，而且这些效应具有重要的理论价值和巨大的应用潜力，因此，超声空化成为近十几年来超声物理及超声技术中的一个新的研究热点，吸引了众多的物理、化学及生物科技工作者。

有关超声空化的研究成果比较多，比较成熟的如下所述。

(1) 空化过程可近似分为两个阶段，一个是稳态空化，另一个是瞬态空化。

(2) 空化必须在一定的条件下才能发生，即存在空化阈值。然而从实验上确定空化阈的数值是很复杂的。

(3) 稳态空化和瞬态空化存在不同的阈值。

(4) 当空化发生时，声波辐射器的辐射阻抗降低，从而影响超声换能器的性能。

(5) 影响超声空化及其效应的因素很多。对不同性质的液体，与其表面张力系数、密度、饱和蒸气压、黏滞性有关；对同一种液体，与其温度、静压力、含气量、含杂质程度等有密切关系；另外，在液体状况均相同的情况下，空化阈值随辐射声波的频率、波型 (连续波或脉冲波)、波型参数 (脉宽及重复频率)、声强度及声场的性质而变化。

(6) 研究发现，在固液多相介质中发生的空化现象与纯液体中的空化现象有很大的不同。在固液的交界面观察不到像纯液体中那种对称球状的空泡爆破，并发现空泡爆破时向固体表面喷出速度达 100m/s 的微射流，而这正是固体表面受腐蚀以及超声清洗的主要原因。

超声空化的研究取得了一定的成果，但缺乏重大的突破。关于超声空化的一些关键的问题，如空化理论的建立，多泡空化动力学，空化的物理、化学及光学机理，空化产生的高温和高压如何计算等，需要进一步从理论和实验两个方面加以探讨。总的说来，超声空化的应用研究超前于基础研究。为了弄清楚声空化的本质，必须首先对以下问题加以研究。

(1) 描述空化的量，如空化强度等如何定义，如何测量。

(2) 空化产生的高温及高压如何准确计算，如何测量。

(3) 声致发光的机理是什么，发光的强度和光谱都与什么有关，如何测量和控制声致发光及其强度和光谱。

(4) 空化阈值的全面定义、影响因素及测量方法。

(5) 空化产生的电场如何描述，与什么参数有关。

(6) 空化发生后，液体介质的状态参数 (包括宏观及微观性质) 有什么变化，其力学性质、声学性质、热学性质、光学性质及电学性质如何，等等。

总之，关于超声空化的理论及实验研究，还存在许多问题急需解决，它不但需要声学工作者，而且需要物理、化学、力学、电学、光学等领域的科技工作者的共同努力。因此，这也是一个多学科的交叉研究课题。除了超声空化以外，功率超声的其他效应也值得更加深入的探讨，因为超声空化与其他非线性效应是分不开的，而所有这些效应都影响超声的处理效果，例如声化学的产量等。

目前超声空化研究的热点方向为：①生物组织中的超声空化，包括空化的安全性、空化及生物效应的机理 (冲击波、高速射流、自由基)、连续及脉冲波空化理论等；②非线性气泡动力学研究，以及声波衰减的机理、空化噪声与气泡的关系、声波混沌现象；③空化场的研究，包括气泡的相互作用，单气泡与多气泡的空化规律是否相同，多气泡声场中的声传播规律，等等。

16.2.5 超声空化的应用

超声在液体以及固液混合物中的广泛应用就是基于其空化作用以及伴随的机械效应、热效应、化学效应、生物效应等。机械效应和化学效应的应用主要表现在非均相反应界面的增大，以及空化过程中产生的高温高压导致的高分子分解、化学键断裂和自由基产生等。利用机械效应的过程包括粉碎、乳化、分散、吸附、结晶、电化学、非均相化学反应、过滤以及超声清洗等，利用化学效应的过程主要包括机物降解、高分子化学反应以及其他自由基反应等。

在液体以及固液混合物中涉及的所有超声应用技术,其机理基本上都可归结于超声空化。超声空化技术应用主要体现在医学超声治疗以及功率超声领域。与超声空化相关的超声应用数不胜数,除了传统的超声波应用,如超声清洗、超声雾化、超声乳化、超声提取、超声波粉碎和分散、超声化学、超声细胞破碎、超声采油、超声生物柴油制备、超声废水降解处理、超声防垢除垢、超声消毒杀菌、超声沉淀、超声治疗、超声过滤、超声纳米材料制备等,一些新的与空化相关的超声应用技术也相继出现,并得到了比较广泛的应用。

1. 超声空化技术在废水处理中的应用

超声波对废水的处理主要是利用空化作用以及由此引发的物理和化学变化。在超声空化产生的局部高温、高压环境下,水被分解,产生 H 和 OH 自由基 (OH 自由基的氧化能力仅次于元素 F)。另外,溶解在溶液中的空气 (N_2 和 O_2) 也可以发生自由基裂解反应,产生 N 和 O 自由基,这些自由基会进一步引发有机分子的断链、自由基的转移和氧化还原反应,从而对废水进行有效的处理。

2. 超声空化技术在造纸工业中的应用

超声空化技术在造纸工业中具有很好的应用前景,特别是在废纸的回收利用和废水处理方面。研究发现,超声波的主要作用是提高了酶对纤维素表面碳水化合物的水解速度,因而有利于油墨的脱除等。

3. 超声空化技术在防垢除垢中的应用

超声防垢主要是利用超声强声场处理流体,在超声空化作用下,流体中成垢物质的物理形态和化学性能发生一系列变化,使之分散、粉碎、松散、松脱而不易附着管壁形成积垢。超声波防垢具有在线连续工作、自动化程度高、工作性质可靠、无环境污染和运行费用低等特点,被大量应用在管道的防垢除垢中。

4. 超声空化技术在生活及服务业中的应用

超声在生活及服务业中主要用于清洗和消毒。日常生活中,眼镜、首饰都可以用超声进行清洗,且速度快、无损伤;大型的宾馆、饭店用超声波清洗餐具,不仅清洗效果好,而且还具有杀灭病毒的作用。这主要是利用了超声波的空化效应。

5. 超声空化技术在电镀工业中的应用

超声技术在电镀工业中主要是利用超声波的空化作用。首先,空化产生的冲击波对电极表面进行彻底清洗;其次,超声空化使氢气形成空化泡,从而加快了氢气的析出;另外,超声空化所产生的高速微射流强化了溶液的搅拌作用,加强了离子的运输能力，减小了分散层厚度和浓度梯度，降低了溶液极化，加快了电极过程，优化了电镀操作条件。超声空化不仅提高了镀覆速度和效率，同时也提高了镀层的质量，在工业生产中发挥着越来越大的作用。

6. 超声空化技术在纳米材料制备中的应用

纳米材料是纳米科学中一个重要的研究发展方向，在众多的领域中受到重视，成为材料科学研究的热点。近年来，声空化作用引起的特殊物理和化学环境为科学家制备纳米材料提供了新的途径，声空化方法正成为制备具有特殊性能材料的一种新技术，其中包括超声化学法、超声雾化法等。

7. 超声采油技术

超声采油技术就是用声波处理油层，将声波作用于固体和液体，即作用于多孔介质岩石骨架和孔隙中的饱和流体 (石油、水和天然气)，使多孔介质在超声波作用下发生某些有利于流体在其中流动的变化，从而达到提高油井产量和油层原油采收率的目的。

超声采油技术的机理主要包括三个方面。首先是超声的机械作用，声波能迫使介质做激烈的机械振动，并产生强大的单向力作用。其次是空化作用，当在声波作用下，液体发生共振时，在声波稀疏阶段，小泡迅速涨大；在声波压缩阶段，小泡又很快地湮灭，在湮灭瞬间，泡内产生高温高压，从而导致流体的一些性质发生变化。再次就是声波的热作用，传声介质吸收一定的声能，引起局部高温，这对于降低黏度有一定的作用。声波的这些特点为声波采油技术提供了理论依据。

8. 几种典型的基于空化的超声应用技术

1) 超声清洗

强超声波在液体中传播时，由于非线性作用，会产生声空化。在空化气泡突然闭合时发出的冲击波可在其周围产生高温高压，对污物层进行直接反复冲击，一方面破坏污物与清洗件表面的吸附，另一方面也会引起污物层的破坏而脱离清洗件表面，并使污物分散到清洗液中。气泡的振动也能对固体表面进行擦洗。气泡还能"钻入"裂缝中做振动，使污物脱落。对于油脂性污物，由于超声空化作用，两种液体在界面迅速分散而乳化，当固体粒子被油污裹着而黏附在清洗件表面时，油被乳化，固体粒子即脱落，这就是超声清洗。

超声清洗就是基于空化作用，即在清洗液中无数气泡快速形成并迅速内爆，由此产生的冲击波将浸没在清洗液中的工件内外表面的污物剥落下来。从理论上分析，爆裂的空化泡会产生超过 10000Pa 的压力和 20000℃的高温，在爆裂的瞬间冲击波会迅速向外辐射。超声清洗的机理主要就是超声波的空化作用。空化气泡在振动过程中会使液体本身产生环流，即所谓的声冲流，可使振动气泡表面存在很高的速度梯度和黏滞应力，导致清洗件表面污物的破坏和脱落，超声空化在固体和液体表面上所产生的高速微射流能够除去或削弱边界污物层，腐蚀固体表面，增加搅拌作用，加速可溶性污物的溶解，强化化学清洗剂的清洗作用。此外，超声振动在清洗液中引起质点很大的振动速度和加速度，亦使清洗件表面的污物受到频繁而激烈的冲击。

影响超声清洗效果的因素有很多，主要的有以下几种。清洗介质：采用超声清洗，一般有两类清洗剂，即化学溶剂和水基清洗剂。清洗介质的化学作用可以加速超声波清洗效果，超声清洗是物理作用，两种作用相结合，可以对物件进行充分、彻底的清洗。超声功率密度：超声波的功率密度越高，空化效果越强，清洗速度越快，清洗效果越好，但对于精密的、表面光洁度甚高的物件，长时间的高功率密度清洗会对物件表面产生空化、腐蚀。超声频率：低频超声适用于工件的粗、脏、初洗；高频超声方向性强，适合于精细的物件清洗。清洗温度：一般来说，超声波在50～60℃时的空化效果最好。但清洗剂也不是温度越高，清洗作用越显著，有可能会高温失效，通常超声波在超过85℃时，清洗效果已变差。所以实际应用超声波清洗时，一般采用50～70℃的工作温度。

为了取得最佳清洗效果，必须根据清洗部件的具体情况，合理选择适当的声学参数和清洗剂，即对声学参数和化学参数进行统一的集中优化。值得指出的是，清洗剂的性质对清洗效果影响极大，已经引起人们的重视。

影响超声波清洗的超声学因素包括超声频率、超声强度、声场的分布、声波的波形、超声的功率以及清洗槽的形状等。而影响超声波清洗的化学及其他因素包括清洗剂的性质，如温度、表面张力、含气量、酸碱度、溶解度以及吸声性能等。环境的影响包括大气压和环境温度等。另外，污染物的性质也影响超声波清洗的效果，例如污物的性质：有机和无机，可溶与不可溶等。

超声清洗的发展趋势主要包括如下几个方面。①清洗频率逐渐提高。从20kHz左右提高到30～40kHz，并且发展了适用于集成电路硅片的高频清洗，清洗频率达到兆赫兹量级。②清洗槽中的声强度逐渐提高，由传统的0.5W/cm^{2}左右发展到1～2W/cm^2，甚至更高。③清洗设备从单缸机向多缸机发展，清洗设备逐渐自动化，且带有自动恒温等装置。除了超声清洗外，还增加了预处理和后处理设备，其中包括浸泡、蒸汽漂洗和烘干设备等。同时，复频超声清洗以及扫频清洗、小型及家用清洗设备也得到了一定的发展。

2) 超声化学

声化学是功率超声的重要应用之一。超声化学是声学与化学相互交叉渗透而发展起来的一门新兴的边缘交叉学科，是声学和化学的前沿学科之一。超声化学的主要研究领域包括利用超声加速和控制化学反应，提高反应产量，降低反应条件以及引发新的化学反应等。

声化学的作用机理主要是声空化，即利用较大的超声能量和较高的超声强度来加速、控制、诱发和改变相关的化学反应、提高反应速率、增加反应产率等。声化学和声空化密不可分，声空化是声化学反应的主动力，声化学是声空化场中声波能量与物质相互作用的一种形式，声化学的研究内容极为丰富，涉及的面也非常广。

声化学快速发展的原因有两方面。①科学技术尤其是超声工程技术、材料科学以及电子技术的飞速发展使得大功率、高效率及高可靠性的经济型超声波发生器的大规模生产成为可能，从而基本上解决了大功率超声源的问题。②材料及生命科学等尖端技术的发展，对能量的作用形式提出了新的要求，而声能量恰好是人们所追求的理想能量形式之一。

声化学的主要研究领域涉及化学及化工的各个领域，如有机合成、电化学、光化学、分析化学、无机化学、高分子材料、环境保护、生物化学等。近年来，物质合成、催化反应、水处理、废物降解、纳米材料制备等已成为声化学研究重要的应用领域。理论和实验都证明，声化学在合成化学 (包括有机合成化学、金属有机合成化学及无机合成化学等)、聚合物化学 (包括聚合、解聚及共聚)、催化化学、电化学、材料科学、生物和化工中都具有重要的作用，并取得了明显的实验室效果。在所有的实验室声化学应用中，超声波都可以加速化学反应，提高反应产率，改变反应途径，降低反应条件，避免副反应产生，诱发新的化学反应，合成新的功能材料等。

声化学反应器是声化学的关键部分。目前基本上采用传统的超声清洗及处理设备，尚未脱离超声的模式 (仅考虑声学因素)，如超声清洗槽以及插入式超声变幅杆辐射器等。针对声化学反应这一特殊的应用，需要设计既符合化学要求又满足声学要求的新一代的反应设备，这是推进实验室声化学向规模化工业化声化学转换的重要因素，而其中最关键的因素就是经济效益问题。

目前，国内外在声化学方面的研究主要集中在四个方面。①声化学反应机理及反应动力学的研究。②声化学新应用领域的开拓，如超声制备纳米材料、超声在电化学研究中的应用、超声在催化化学中的应用、超声在水处理过程的应用等。③声化学产额的标定及检测方法研究。④声化学反应器以及声学参数对声化学反应的影响研究，包括声化学反应器的结构及形状，超声场的特性-驻波场、混响场、自由场，超声波的特性-频率、声强、波形、声功率，反应介质的性质-表面张力、蒸气压、黏度、杂质的含量、酸碱度以及环境的特性 (如温度、大气压等)。

3) 超声波提取

超声波提取的机理是利用超声波具有的机械效应、空化效应和热效应，通过增大介质分子的运动速度、增大介质的穿透力以提取生物有效成分。机械效应：超声波在介质中产生一种定向辐射力，沿声波方向传播，对物料有很强的破坏作用，可使细胞组织变形，植物蛋白质变性；同时，它还可以给予介质和悬浮体以不同的加速度，且介质分子的运动速度远大于悬浮体分子的运动速度，从而在两者间产生摩擦及剪切力，这种摩擦力可使生物分子解聚，使细胞壁上的有效成分更快地溶解于溶剂之中。空化效应：空化气泡闭合时在其周围产生几千个标准大气压的压力，形成微激波，它可造成植物细胞壁及整个生物体破裂，而且整个破裂过程在瞬间完成，有利于有效成分的溶出。热效应：超声波在介质中的传播过程也是一个能量的传播和扩散过程，即超声波在介质中传播时，其声能不断被介质的质点吸收，介质将所吸收的能量全部或大部分转变成热能，从而导致介质本身和药材组织温度的升高，增大了药物有效成分的溶解速度。由于这种升温是瞬间完成的，因此可以使被提取的成分的生物活性保持不变。

　　超声波提取的优点如下所述。①提取效率高。超声波能促使植物细胞组织破壁或变形，使中药有效成分提取更充分，提取率比传统工艺显著提高达 50%～500%。②提取时间短：超声波强化中药提取通常在 24～40min 即可获得最佳提取率，提取时间较传统方法缩短 2/3 以上，药材原材料处理量大。③提取温度低：超声提取中药材的最佳温度在 40～60℃，对遇热不稳定、易水解或氧化的药材有效成分具有保护作用，同时大大节省能耗。④适应性广：超声波提取不受药材成分极性、分子量大小的限制，适用于绝大多数种类中药材和各类成分的提取。提取药液杂质少，有效成分易于分离、纯化。

参 考 文 献

[1] 何祚镛, 赵玉芳. 声学理论基础. 北京: 国防工业出版社, 1981.

[2] 杜功焕, 朱哲民, 龚秀芬. 声学基础. 上海: 上海科学技术出版社, 1981.

[3] Singiresu S R. Vibration of Continuous Systems. New York: John Wiley & Sons, 2007.

[4] Lawrence E K, Austin R F, Alan B C, et al. Fundamentals of Acoustics. New York: John Wiley & Sons, 1982.

[5] 冯若. 超声手册. 南京: 南京大学出版社, 1999.

[6] 应崇福. 超声学. 北京: 科学出版社, 1993.

[7] 程存弟. 超声技术——功率超声及其应用. 西安: 陕西师范大学出版社, 1993.

[8] 袁易全. 近代超声原理及应用. 南京: 南京大学出版社, 1996.

[9] 冯若. 超声诊断设备原理与设计. 北京: 中国医药科技出版社, 1993.

[10] 万明习, 卞正中, 程敬之. 医学超声学——原理与技术. 西安: 西安交通大学出版社, 1992.

[11] 周永昌, 郭万学. 超声医学. 2 版 (增订本) 北京: 科学技术文献出版社, 1994.

[12] 冯若, 汪荫棠. 超声治疗学. 北京: 中国医药科技出版社, 1994.

[13] 尚志远. 检测声学原理及应用. 西安: 西北大学出版社, 1996.

[14] 周洪福. 水声换能器及基阵. 北京: 国防工业出版社, 1984.

[15] 路德明. 水声换能器原理. 青岛: 青岛海洋大学出版社, 2001.

[16] 张沛霖, 张仲渊. 压电测量. 北京: 国防工业出版社, 1983.

[17] 栾桂冬, 张金铎, 王仁乾. 压电换能器和换能器阵. 北京: 北京大学出版社, 1990.

[18] 王矜奉, 姜祖桐, 石瑞大. 压电振动. 北京: 科学出版社, 1989.

[19] 张福学, 孙慷. 压电学 (下册). 北京: 国防工业出版社, 1984.

[20] 张福学. 现代压电学 (下册). 北京: 科学出版社, 2002.

[21] 李远, 秦自楷, 周志刚. 压电与铁电材料的测量. 北京: 科学出版社, 1984.

[22] 陈桂生. 超声换能器设计. 北京: 海洋出版社, 1984.

[23] 袁易全. 超声换能器. 南京: 南京大学出版社, 1992.

[24] 林仲茂. 超声变幅杆的原理和设计. 北京: 科学出版社, 1987.

[25] 林书玉. 超声换能器的原理及设计. 北京: 科学出版社, 2004.

[26] 上羽贞行, 富川义郎. 超声波马达理论与应用. 杨志刚, 郑学伦, 译. 上海: 上海科学技术出版社, 1998.

[27] Yao Y, Pan Y, Liu S. Power ultrasound and its applications: A state-of-the-art review. Ultrasonics Sonochemistry, 2020, 62: 104722.

[28] Wang Z, Xu Y. The development of recent high-power ultrasonic transducers for Near-well ultrasonic processing technology. Ultrasonics Sonochemistry, 2017, 37: 536-541.

[29] Singh R, Khambab J S. Ultrasonic machining of titanium and its alloys: A review. Journal of Materials Processing Technology, 2006, 173: 125-135.

[30] Gallego-Juarez J A, Graff K F. Power Ultrasonics: Applications of High-intensity Ultrasound. Amsterdam: Woodhead Publishing, Elsevier, 2014.

[31] Bejaoui M A, Beltran G, Aguilera M P, et al. Continuous conditioning of olive paste by high power ultrasounds: Response surface methodology to predict temperature and its effect on oil yield and virgin olive oil characteristics. LWT-Food Science and Technology, 2016, 69: 175-184.

[32] Park S E, Hackenberger W. High performance single crystal piezoelectrics: applications and issues. Current Opinion in Solid State and Materials Science, 2002, 6: 11-18.

[33] 曾海泉, 曾庚鑫, 曾建斌. 超磁致伸缩功率超声换能器热分析. 中国电机工程学报, 2011, 31(6): 116-120.

[34] 陈思, 蓝宇, 顾郑强. 压电单晶弯张换能器研究. 哈尔滨工程大学学报, 2010, 31(9): 1167-1171.

[35] Li G, Tian F H, Gao X Y, et al. Investigation of high-power properties of PIN-PMN-PT relaxor-based ferroelectric single crystals and PZT-4 piezoelectric ceramics. IEEE Transactions on Ultrasonics, Ferroelectrics and Frequency Control, 2020, 67(8): 1641-1646.

[36] Lin Y. Radiation impedance and equivalent circuit for piezoelectric ultrasonic composite transducers of vibrational mode-conversion. IEEE Transactions on UFFC, 2012, 59(1): 139-149.

[37] Peshkovsky S L, Peshkovsky A S. Matching a transducer to water at cavitation: Acoustic horn design principles. Ultrasonics Sonochemistry, 2007, 14: 314-322.

[38] Piazza T W, Phaneuf E, Johnson B R, et al. High power ultrasonic transducer with broadband frequency characteristics at all overtones and harmonics: United States Patent US7019439, B2, 2006.

[39] Lin J, Lin S, Xu J. Analysis and experimental validation of longitudinally composite ultrasonic transducers. J. Acoust. Soc. Am., 2019, 145(1): 263-271.

[40] Meng S, Lin S. Analysis of a cascaded piezoelectric ultrasonic transducer with three sets of piezoelectric ceramic stacks. Sensors, 2019, 19(3), doi:10.3390/s19030580.

[41] 林书玉. 一种新型级联式高强度功率超声压电陶瓷换能器. 陕西师范大学学报 (自然科学版), 2017, 45(6): 22-28.

[42] Lin S, Xu L, Hu W. A new type of high power composite ultrasonic transducer. Journal of Sound and Vibration, 2011, 330(7): 1419-1431.

[43] Lin S, Fu Z, Zhang X, et al. Radially sandwiched cylindrical piezoelectric transducer. Smart Mater. Struct., 2013, 22(1): 015005.

[44] Lin S, Fu Z, Zhang X. Radial vibration and ultrasonic field of a long tubular ultrasonic radiator. Ultrasonics Sonochemistry, 2013, 20(5): 1161-1167.

[45] Hu J, Lin S, Zhang X. Radially sandwiched composite transducers composed of the radially polarized piezoelectric ceramic circular ring and metal rings. Acta Acustica United with Acustica, 2014, 100(3): 418-426.

[46] Lin S, Wang S, Fu Z. Electro-mechanical equivalent circuit for the radial vibration of the radially poled piezoelectric ceramic long tubes with arbitrary wall thickness. Sensors and Actuators A: Physical, 2012, 180: 87-96.

[47] 周光平, 梁召峰, 李正中, 等. 超声管形聚焦式声化学反应器. 科学通报, 2007, 52(6): 626-628.

[48] Liang Z, Zhou G, Zhang Y, et al. Vibration analysis and sound field characteristics of a tubular ultrasonic radiator. Ultrasonics, 2006, 45: 146-151.

[49] Fu Z, Xian X, Lin S. Investigations of the barbell ultrasonic transducer operated in the full-wave vibrational mode. Ultrasonics, 2012, 52(5): 578-586.

[50] 周光平, 梁召峰, 李正中. 棒形超声辐射器的特性. 声学技术, 2008, 27(1): 138-140.

[51] Lee Y, Heo P, Lim E. Power ultrasonic transducer: United States Patent US6218768, B1, 2001.

[52] 俞宏沛, 仲林建, 孙好广, 等. 圆柱大功率换能器的应用与发展. 声学与电子工程, 2007, 4: 1-4.

[53] Karafi M, Kamali S. A continuum electro-mechanical model of ultrasonic Langevin transducers to study its frequency response. Applied Mathematical Modelling, 2021, 92: 44-62.

[54] Gudra T. Analysis of a resonator with a directional ultrasonic vibration converter of R-L type using the finite elements method. Archives of Acoustics, 2000, 25(2): 157-174.

[55] Meng X, Lin S. Analysis on coupled vibration of piezoelectric ceramic stack with two piezoelectric ceramic elements. J. Acoust. Soc. Am., 2019, 146(4): 2170-2178.

[56] Aronov B S, Bachand C L, Brown D A. Analytical modeling of piezoelectric ceramic transducers based on coupled vibration analysis with application to rectangular thickness poled plates. J. Acoust. Soc. Am., 2009, 126(6): 2983-2990.

[57] Kim S, Lee J, Yoo C, et al. Design of highly uniform spool and bar horns for ultrasonic bonding. IEEE Transactions on Ultrasonics, Ferroelectrics, and Frequency Control, 2011, 58(10): 2194-2201.

[58] Cardoni A, Lucas M. Enhanced vibration performance of ultrasonic block horns.

Ultrasonics, 2002, 40: 365-369.

[59] Adachi K, Ueha S. Modal vibration control of large ultrasonic tools in high amplitude operation. Jpn. J. Appl. Phys., 1989, 28(2): 279-286.

[60] Martin M. Sound and heat revolutions in phononics. Nature, 2013, 503: 209-217.

[61] Ronda S, Aragón J L, Iglesias E, et al. The use of phononic crystals to design piezoelectric power transducers. Sensors, 2017, 17: 729.

[62] Aragón J L, Quintero-Torres R, Domínguez-Juárez J L. Planar modes free piezoelectric resonators using a phononic crystal with holes. Ultrasonics, 2016, 71: 177-182.

[63] Wang S, Lin S. Optimization on ultrasonic plastic welding systems based on two dimensional phononic crystal. Ultrasonics, 2019, 99(6): 105954.

[64] 王莎, 林书玉. 基于二维声子晶体的大尺寸夹心式换能器的优化设计. 物理学报, 2019, 68(2): 024303.

[65] Zhao T, Lin S. Suppression of lateral vibration in rectangular ultrasonic plastic soldering tool based on phononic crystal structure. Acta Acustica United with Acustica, 2019, 105: 953-959.

[66] Lin J, Lin S. Study on a large-scale three-dimensional ultrasonic plastic welding vibration system based on a quasi-periodic phononic crystal structure. Crystals, 2020, 10(1): doi:10.3390/cryst10010021.

[67] 林基艳, 林书玉. 基于声子晶体位错理论的二维超声塑料焊接系统. 物理学报, 2020, 69(18): 184302.

[68] 林基艳, 林书玉, 王升, 等. 点缺陷正方晶格声子晶体的大尺寸压电陶瓷复合换能器. 中国科学: 物理学 力学 天文学, 2021, 51(9): 094311.

[69] Hu L, Wang S, Lin S. Analysis on vibration characteristics of large-size rectangular piezoelectric composite plate based on quasi-periodic phononic crystal structure. Chin. Phys. B, 2022, 31, 054302.

[70] 林基艳, 林书玉. 管柱型近周期声子晶体点缺陷结构的大尺寸压电超声换能器. 物理学报, 2023, 72(9): 094301.

[71] 马大猷. 现代声学理论基础. 北京: 科学出版社, 2004.

[72] Lawrence E K, Austin R F, Alan B C, et al. Fundamentals of Acoustics. New York: John Wiley & Sons, 1982.

[73] 赵淳生. 超声电机技术与应用. 北京: 科学出版社, 2007.

[74] Rao S. Vibration of Continuous Systems. New Jersey: John Wiley & Sons, 2007.

[75] 刘志东. 特种加工. 北京: 北京大学出版社, 2017.

[76] 徐芝纶. 弹性力学. 北京: 人民教育出版社, 1982.

[77] 林书玉, 张福成. 超声频圆柱体耦合振动等效线路及其应用. 陕西师范大学学报 (自然科学

版), 1989, 17(2): 33-37.

[78] 林书玉, 张福成. 纵向激发圆柱体超声频耦合振动的等效线路及其分析. 声学学报, 1990, 15(1): 60-66.

[79] 林书玉, 张福成, 郭孝武, 等. 变幅杆横向振动的频率修正. 陕西师范大学学报 (自然科学版), 1990, 18(3): 31-34.

[80] 林书玉, 张福成, 郭孝武. 一种新型的功率超声辐射器研究. 陕西师范大学学报 (自然科学版), 1993, 21(1): 83-85.

[81] 林书玉, 张福成, 郭孝武. 超声频矩形六面体的三维耦合振动. 声学学报, 1991, 16(2): 91-97.

[82] Lin S. Vibration analysis and frequency equation for an ultrasonic transducer consisting of a longitudinal vibrator and a flexural circular plate. Acustica, 1995, 81(1): 53-57.

[83] Lin S. Study on the flexural vibration of rectangular thin plates with free boundary conditions. Journal of Sound and Vibration, 2001, 239(5): 1063-1071.

[84] Lin S. Equivalent circuits and directivity patterns of air-coupled ultrasonic transducers. J. Acoust. Soc. Am., 2001, 109(3): 949-957.

[85] Lin S. Radiation impedance and equivalent circuit for piezoelectric ultrasonic composite transducers of vibrational mode-conversion. IEEE Transactions on Ultrasonics, Ferroelectrics, and Frequency Control, 2012, 59(1): 139-149.

[86] 林书玉. 弹性薄圆环的超声频径向振动及其等效电路研究. 声学学报, 2003, 28(2): 102-106.

[87] 林书玉. 各向同性弹性薄圆盘的径向振动及其等效电路. 陕西师范大学学报 (自然科学版), 2001, 29(4): 31-35.

[88] 波蒙. 机电耦合系统和压电系统动力学. 李琳, 范雨, 刘学编, 译. 北京: 北京航空航天大学出版社, 2014.

[89] 陈毅, 赵涵, 袁文俊. 水下电声参数测量. 北京: 兵器工业出版社, 2017.

[90] 刘晓宙. 固体中非线性声波. 北京: 科学出版社, 2021.

[91] 田坦, 刘国枝, 孙大军. 声呐技术. 哈尔滨: 哈尔滨工程大学出版社, 2000.

[92] 王仲茂. 振动采油技术. 北京: 石油工业出版社, 2000.

[93] Singh R, Khambab J S. Ultrasonic machining of titanium and its alloys: A review. Journal of Materials Processing Technology, 2006, 173: 125-135.

[94] 林书玉, 张福成. 大截面超声变幅杆的近似设计理论. 应用声学, 1991, 10(4): 10-13.

[95] 林书玉, 张福成. 大尺寸矩形截面超声变幅杆固有频率的研究. 声学学报, 1992, 17(6): 451-455.

[96] 林书玉, 张福成. 大尺寸矩形截面复合变幅杆的研究. 应用声学, 1992, 11(5): 34-38.

[97] 贺玲凤, 刘军. 声弹性技术. 北京: 科学出版社, 2002.

[98] Zhou M, Wang X J, Ngoi B, et al. Brittle-ductile transition in the diamond cutting of glasses with the aid of ultrasonic vibration. Journal of Materials Processing Technology, 2002, 121:

243-251.

[99] Kim S, Lee J, Yoo C, et al. Design of highly uniform spool and bar horns for ultrasonic bonding. IEEE Trans. Ultrason. Ferroelectr. Freq. Control, 2011, 58: 2194-2201.

[100] Tsai S, Song Y, Tseng T, et al. High-frequency, silicon-based ultrasonic nozzles using multiple Fourier horns. IEEE Trans. Ultrason. Ferroelectr. Freq. Control, 2004, 51: 277-285.

[101] Nad M. Ultrasonic horn design for ultrasonic machining technologies. Applied and Computational Mechanics, 2010, 4: 79-88.

[102] 李邓化, 居伟骏, 贾美娟, 等. 新型压电复合换能器及其应用. 北京: 科学出版社, 2007.

[103] Bangviwat A, Ponnekanti H, Finch R. Optimizing the performance of piezoelectric drivers that use stepped horns. The Journal of the Acoustical Society of America, 1991, 90: 1223-1229.

[104] Nagarkar B, Finch R. Sinusoidal horns. The Journal of the Acoustical Society of America, 1971, 50: 23-31.

[105] Abramov O V. High-intensity Ultrasonics: Theory and Industrial Applications. The Netherlands: Gordon and Breach Science Publisher, 1998.

[106] Amza G, Drimer D. The design and construction of solid concentrators for ultrasonic energy. Ultrasonics, 1976, 14(5): 223-226.

[107] Wang D, Chuang W, Hsu K, et al. Design of a Bézier-profile horn for high displacement amplification. Ultrasonics, 2011, 51: 148-156.

[108] Nguyen H, Nguyen H, Uan J, et al. A nonrational B-spline profiled horn with high displacement amplification for ultrasonic welding. Ultrasonics, 2014, 54: 2063-2071.

[109] Hunter G, Lucas M, Watson I, et al. A radial mode ultrasonic horn for the inactivation of Escherichia coli K12. Ultrasonics Sonochemistry, 2008, 15: 101-109.

[110] Iula A, Parenti L, Fabrizi F, et al. A high displacement ultrasonic actuator based on a flexural mechanical amplifier. Sensor and Actuators. A., 2006, 125: 118-123.

[111] Grabalosa J, Ferrer I, Martínez-Romero O, et al. Assessing a stepped sonotrode in ultrasonic molding technology. Journal of Materials Processing Technology, 2016, 229: 687-696.

[112] Rani M, Rudramoorthy R. Computational modeling and experimental studies of the dynamic performance of ultrasonic horn profiles used in plastic welding. Ultrasonics, 2013, 53: 763-772.

[113] Lin S. Study on the longitudinal-torsional composite mode exponential ultrasonic horns. Ultrasonics, 1996, 34: 757-762.

[114] Lin S. Study on the longitudinal-torsional composite vibration of a sectional exponential

horn. J. Acoust. Soc. Am., 1997, 102(3): 1388-1393.

[115] Gourley B, Rushton A. Solve ultrasonic horn problems with finite element analysis. Plastics Technology, 2006, 52 (11): 49-50.

[116] 汪承灏, 赵哲英. 可调频率压电换能器原理. 声学学报, 1982, 7(6): 354-371.

[117] 汪承灏, 赵哲英, 马玉龙. 电负载对压电振动系统特性的影响. 声学学报, 1981, 6(2): 92-102.

[118] 汪承灏, 赵哲英. 在电负载下压电板的厚度振动. 声学学报, 1981, 6(4): 263-267.

[119] Lin S, Guo H, Xu J. Actively adjustable step-type ultrasonic horns in longitudinal vibration. Journal of Sound and Vibration, 2018, 419: 367-379.

[120] Tian H, Lin S, Xu J. Longitudinally composite ultrasonic solid conical horns with adjustable vibrational performance. Acta Acustica United With Acustica, 2018, 104(1): 54-63.

[121] Robert W. Solid torsional horns. J. Acoust. Soc. Am., 1967, 41(4): 1147-1156.

[122] Bangviwat A, Ponnekanti H, Finch R. Optimizing the performance of piezoelectric drivers that use stepped horns. J. Acoust. Sos, Am., 1991, 90: 1223-1229.

[123] Dubus B, Debus J, Decarpigny J, et al. Analysis of mechanical limitations of high power piezoelectric transducers using finite element modelling. Ultrasonics, 1991, 29: 201-207.

[124] Ando E, Kagawa Y. Finite-element simulation of transient heat response in ultrasonic transducers. IEEE Trans Ultrasonics, Ferroelectrics and Frequency Control, 1992, 39: 432-440.

[125] Eisner E. Design of sonic amplitude transformers for high magnification. J. Acoust. Soc. Am., 1963, 35: 1367-1377.

[126] Rozenberg L. Sources of High-Intensity Ultrasound. New York: Plenum Press, 1969.

[127] Tomoikawa Y, Adachi K Aoyagi M, et al. Some constructions and characteristics of rod-type piezoelectric ultrasonic motors using longitudinal and torsional vibrators. IEEE Trans Ultrasonics, Ferroelectrics and Frequency Control, 1992, 39: 600-608.

[128] Nakamura K, Kurosawa M, Ueha S. Characteristics of a hybrid transducer-type ultrasonic motor. IEEE Trans Ultrasonics, Ferroelectrics and Frequency Control, 1991, 38: 188-193.

[129] Lin S. Study on the sandwiched piezoelectric ultrasonic torsional transducer. Ultrasonics, 1994, 32: 461-465.

[130] 程建春, 田静. 创新与和谐: 中国声学进展. 北京: 科学出版社, 2008.

[131] 施克仁, 郭寓岷. 相控阵超声成像检测. 北京: 高等教育出版社, 2010.

[132] 上羽贞行, 富川义郎. 超声波马达理论与应用. 杨志刚, 郑学伦, 译. 上海: 上海科学技术出版社, 1998.

[133] 陈桂生. 超声换能器设计. 北京: 海洋出版社, 1984.

[134] 张福学. 现代压电学 (下册). 北京: 科学出版社, 2002.

[135] 张福学. 现代压电学 (上册). 北京: 科学出版社, 2002.

[136] 张福学. 现代压电学 (中册). 北京: 科学出版社, 2002.

[137] 颜允祥. 声学成像技术及工程应用. 李平等译. 北京: 机械工业出版社, 2014.

[138] 林书玉, 张福成, 赵恒元. 夹心换能器效率与结构关系. 陕西师范大学学报 (自然科学版), 1988, 16(2): 27-31.

[139] 林书玉, 张福成. 夹心式压电换能器频率方程的矩阵表示. 应用声学, 1989, 8(1): 18-20.

[140] 林书玉, 张福成. 夹心式换能器损耗与工艺及结构关系研究. 陕西师范大学学报 (自然科学版), 1989, 17(1): 32-36.

[141] Lin S, Zhang F. Study of vibrational characteristics for piezoelectric sandwich ultrasonic transducers. Ultrasonics, 1994, 32(1): 39-42.

[142] 张福学. 现代压电学 (上中下三册). 北京: 科学出版社, 2002.

[143] 袁易全. 超声换能器. 南京: 南京大学出版社, 1992.

[144] Lin S. Torsional vibration of coaxially segmented, tangentially polarized piezoelectric ceramic tubes. J. Acoust. Soc. Am., 1996, 99(6): 3476-3480.

[145] Tsujino J, Suzuki R, Takeuchi M. Load characteristics of ultrasonic rotary motor using a longitudinal-torsional vibration converter with diagonal slits. Large Torque Ultrasonic Rotary Motor. Ultrasonics, 1996, 34(2-5): 265-269.

[146] 林书玉. 复合模式超声换能器. 西安: 陕西师范大学出版社, 2003.

[147] Rozenberg L. Sources of High-intensity Ultrasound. New York: Plenum Press, 1969.

[148] Ueha S, Nagashima H, Masuda M. Longitudinal-torsional composite transducer and its application. Japanese Journal of Applied Physics, 1987, 26(2): 188-190.

[149] 林书玉. 夹心式压电超声扭转振动换能器的设计. 压电与声光, 1994, 16(1): 24-28.

[150] 林书玉. 压电陶瓷薄圆片振子的厚度剪切振动. 压电与声光, 1994, 16(2): 33-41.

[151] 林书玉. 扭转振动压电超声换能器的研究. 声学技术, 1995, 14(3): 135-138.

[152] 林书玉. 扭转振动超声变幅杆计算及其等效电路. 声学与电子工程, 1995, (4): 19-23.

[153] Lin S. Study on the longitudinal-torsional composite mode exponential ultrasonic horns. Ultrasonics, 1996, 34: 757-762.

[154] 林书玉. 夹心式纵-扭复合模式压电超声换能器的共振频率. 应用声学, 1996, 15(5): 27-30.

[155] 林书玉. 纵-扭复合振动模式超声变幅杆研究. 声学与电子工程, 1996, 4: 14-18.

[156] 林书玉. 指数型纵-扭复合模式超声换能器的研究. 声学与电子工程, 1996, 1: 18-22.

[157] 林书玉, 张福成, 郭孝武. 夹心式压电超声扭转换能器的研制. 声学技术, 1996, 15(4): 159-161.

[158] Lin S. Study on the longitudinal-torsional composite vibration of a sectional exponential horn. J. Acoust. Soc. Am., 1997, 102(3): 1388-1393.

[159] Lin S. Sandwiched piezoelectric ultrasonic transducers of longitudinal-torsional compound vibrational modes. IEEE Transactions on Ultrasonics, Ferroelectrics and Frequency Control, 1997, 44(6): 1189-1197.

[160] 林书玉. 纵-扭复合模式夹心式功率超声压电换能器的研究. 声学学报, 1997, 22(4): 289-296.

[161] 林书玉. 纵-扭复合振动模式指数型复合超声变幅杆的研究. 应用声学, 1997, 16(5): 42-46.

[162] 林书玉. 切向极化压电陶瓷晶堆中扭转振动的传播速度研究. 科学通报, 1996, 41(4): 307-311.

[163] Lin S. Study on the longitudinal-torsional compound transducer with slanting slots. J. Acoust. Soc. Am., 1999, 105(3): 1643-1650.

[164] 林书玉. 斜槽式纵-扭复合模式压电超声换能器的研究. 声学学报, 1999, 24(1): 59-65.

[165] 林书玉. 夹心式弯曲振动压电超声换能器的研究. 声学技术, 1993, 12(4): 26-30.

[166] 林书玉. 纵向振子与圆盘组成的弯曲振动超声换能器的研究. 声学与电子工程, 1993, 3: 21-25.

[167] 林书玉, 张福成. 模式转换弯曲振动超声换能器的研究. 应用声学, 1994, 13(1): 37-39.

[168] 林书玉. 弯曲振动压电陶瓷换能器. 压电与声光, 1994, 16(5): 27-40.

[169] 林书玉. 纵-弯复合模式超声换能器的研究. 声学与电子工程, 1994, 4: 11-14.

[170] 林书玉, 张明铎. 纵-弯复合系统的振动特性研究. 声学技术, 1996, 15(2): 85-90.

[171] 韩庆帮, 林书玉. 弯曲振动变幅杆的设计. 声学技术, 1996, 15(4): 156-159.

[172] 林书玉. 大功率纵-弯超声振动系统的研究. 声学技术, 1997, 16(4): 205-208.

[173] 林书玉. 夹心式复频功率超声压电换能器及其电端匹配电路的研究. 声学与电子工程, 1997, 3: 24-28.

[174] 林书玉. 压电陶瓷矩形薄板振子的弯曲振动研究. 陕西师范大学学报 (自然科学版), 1997, 25(1): 39-43.

[175] 林书玉. 夹心式扭转-弯曲复合模式压电超声换能器的研究. 陕西师范大学学报 (自然科学版), 1998, 26(3): 31-36.

[176] 谭军安, 林书玉. 夹心式纵-弯复合振动模式超声换能器的研制. 陕西师范大学学报 (自然科学版), 1998, 26(3): 37-40.

[177] 韩庆帮, 林书玉. 夹心式弯曲振动换能器的精确设计. 压电与声光, 1998, 20(3): 170-174.

[178] 张光斌, 林书玉. 气介式弯曲振动换能器的辐射声压及其指向特性. 陕西师范大学学报 (自然科学版), 1999, 27(3): 45-49.

[179] Lin S. Acoustic field of flexural circular plates for air-coupled ultrasonic transducers. Acustica, 2000, 86(2): 388-391.

[180] 林书玉. 矩形薄板超声辐射器弯曲振动模式及本征频率研究. 陕西师范大学学报 (自然科学版), 2000, 28(3): 40-46.

[181] 林书玉. 弯曲振动矩形薄板的辐射声场研究. 声学与电子工程, 2000, 3: 13-18.

[182] Lin S. Study on the flexural vibration of rectangular thin plates with free boundary conditions. Journal of Sound and Vibration, 2001, 239(5): 1063-1071.

[183] Lin S. Equivalent circuits and directivity patterns of air-coupled ultrasonic transducers. J. Acoust. Soc. Am., 2001, 109(3): 949-957.

[184] 林书玉, 张光斌. 气介式功率超声复合换能器的声辐射特性研究. 声学技术, 2001, 20(1): 13-17.

[185] 林书玉. 弯曲振动超声换能器的振动特性及辐射声场研究. 陕西师范大学学报 (自然科学版), 2003, 31(3): 32-39.

[186] Lin S. Composite mode ultrasonic transducers. 西安: 陕西师范大学出版社, 2003.

[187] Lin S. Piezoelectric ceramic rectangular transducers in flexural vibration. IEEE Transactions on Ultrasonics, Ferroelectrics and Frequency Control, 2004, 51(7): 864-869.

[188] 林书玉. 夹心式纵弯复合模式压电陶瓷超声换能器的研究. 压电与声光, 2005, 27(6): 620-623.

[189] Lin S. Study on the Langevin piezoelectric ceramic ultrasonic transducer of longitudinal-flexural composite vibrational mode. Ultrasonics, 2006, 44(1): 109-114.

[190] 梁家宁, 莫喜平, 柴勇, 等. 弛豫铁电单晶/压电陶瓷混合激励换能器. 声学学报, 2022, 47(6): 757-764.

[191] 李宁, 陈建峰, 黄建国, 等. 各种水下声源的发声机理及其特性. 应用声学, 2009, 28(4): 241-248.

[192] 曾海泉, 曾庚鑫, 曾建斌, 等. 超磁致伸缩功率超声换能器热分析. 中国电机工程学报, 2011, 31(6): 116-120.

[193] 柴勇, 莫喜平, 刘永平, 等. 磁致伸缩-压电联合激励凹筒型发射换能器. 声学学报, 2006, 31(6): 523-526.

[194] 曾庚鑫, 曹彪, 曾海泉. 超磁致伸缩功率超声换能器的振动分析. 振动 测试与诊断, 2011, 31(5): 614-617.

[195] 陈思, 蓝宇, 顾郑强. 压电单晶弯张换能器研究. 哈尔滨工程大学学报, 2010, 31(9): 1167-1171.

[196] 尹义龙, 李俊宝, 莫喜平. 弛豫铁电单晶压差水听器有限元设计. 声学与电子工程, 2012, (3): 32-34.

[197] Lin S. Radiation impedance and equivalent circuit for piezoelectric ultrasonic composite transducers of vibrational mode-conversion. IEEE Transactions on UFFC, 2012, 59(1): 139-149.

[198] Asakura Y, Yasuda K, Kato D, et al. Development of a large sonochemical reactor at a high frequency. Chemical Engineering Journal, 2008, 139(2): 339-343.

[199] Sergei L, Peshkovsky A, Peshkovsky S. Matching a transducer to water at cavitation: Acoustic horn design principles. Ultrasonics Sonochemistry, 2007, 14(3): 314-322.

[200] Heikkola E, Miettinen K, Nieminen P. Multiobjective optimization of an ultrasonic transducer using NIMBUS. Ultrasonics, 2006, 44(4): 368-380.

[201] Heikkola E, Laitinen M. Model-based optimization of ultrasonic transducers. Ultrasonics Sonochemistry, 2005, 12: 53-57.

[202] Piazza T W, Phaneuf E, Johnson B R, et al. High power ultrasonic transducer with broadband frequency characteristics at all overtones and harmonics: United States Patent US7019439, B2, 2006.

[203] Gachagan A, McNab A, Blindt R, et al. A high power ultrasonic array based test cell. Ultrasonics, 2004, 42: 57-68.

[204] Lin S. Optimization of the performance of the sandwich piezoelectric ultrasonic transducer. J. Acoust. Soc. Am., 2004, 115(1): 182-186.

[205] Lin S. Analysis of the sandwich piezoelectric ultrasonic transducer in coupled vibration. J. Acoust. Soc. Am., 2005, 117(2): 653-661.

[206] 周光平, 梁召峰, 李正中, 等. 超声管形聚焦式声化学反应器. 科学通报, 2007, 52(6): 626-628.

[207] 陈鑫宏, 俞宏沛, 严伟. 径向复合型大功率超声换能器的设计. 声学与电子工程, 2009, 2: 13-16.

[208] Lee Y L, Heo P W, Lim E S. Power ultrasonic transducer: United States Patent US 6218768, B1, 2001.

[209] 俞宏沛, 仲林建, 孙好广, 等. 圆柱大功率换能器的应用与发展. 声学与电子工程, 2007, 4: 1-4.

[210] 尹文波, 王平, 董怀荣, 等. 大功率超声波采油成套装备的研制及应用. 石油机械, 2007, 35(5): 1-4.

[211] Fu Z, Xian X, Lin S, et al. Investigations of the barbell ultrasonic transducer operated in the full-wave vibrational mode. Ultrasonics, 2012, 52(5): 578-586.

[212] 林书玉. 各向同性弹性薄圆盘的径向振动及其等效电路. 陕西师范大学学报 (自然科学版), 29(4), 2001: 31-35.

[213] 林书玉. 弹性薄圆环的超声频径向振动及其等效电路研究. 声学学报, 2003, 28(2): 102-106.

[214] Lin S. Study on the equivalent circuit and coupled vibration for the longitudinally polarized piezoelectric ceramic hollow cylinders. Journal of Sound and Vibration, 2004, 275(3-5): 859-875.

[215] 林书玉. 压电陶瓷薄圆环振子径向振动的机电等效电路及其分析. 应用声学, 2005, 24(3): 140-146.

[216] 刘世清, 林书玉, 王成会. 锥形剖面环形聚能器径向振动等效电路研究. 陕西师范大学学报 (自然科学版), 2005, 33(3): 31-34.

[217] Lin S. Study on the radial vibration of a piezoelectric ceramic thin ring with an inner metal disc. Journal of Physics D: Applied Physics, 2006, 39(21): 4673-4680.

[218] Lin S. Study on a new type of radial composite piezoelectric ultrasonic transducers in radial vibration. IEEE Transactions on Ultrasonics, Ferroelectrics and Frequency Control, 2006, 53(9): 1671-1678.

[219] 林书玉. 径向振动压电陶瓷薄圆盘振子的机电等效电路与共振频率研究. 陕西师范大学学报 (自然科学版), 2006, 34(1): 27-31.

[220] Lin S. Radial vibration of the combination of a piezoelectric ceramic disk and a circular metal ring. Smart Mater. Struct., 2007, 16(2): 469-476.

[221] Lin S. Study on the radial composite piezoelectric ceramic transducer in radial vibration. Ultrasonics, 2007, 46(1): 51-59.

[222] Lin S. Electro-mechanical equivalent circuit of a piezoelectric ceramic thin circular ring in radial vibration. Sensors & Actuators: A. Physical, 2007, 134(2): 505-512.

[223] Lin S. Radial vibration of the composite ultrasonic transducer of piezoelectric and metal rings. IEEE Transactions on Ultrasonics, Ferroelectrics and Frequency Control, 2007, 54(6): 1276-1280.

[224] Lin S. Study on the radial vibration of a new type of composite piezoelectric transducer. Journal of Sound and Vibration, 2007, 306: 192-202.

[225] Lin S. Analysis on the resonance frequency of a radial composite piezoelectric ceramic ultrasonic transducer with step metal ring. Acta Acustica united with Acustica, 2007, 93(5): 730-737.

[226] 林书玉, 桑永杰, 田华. 径向复合压电陶瓷超声换能器的径向振动特性研究. 声学学报, 2007, 32: 310-315.

[227] 林书玉, 桑永杰. 阶梯型径向振动环形变幅器的振动特性. 声学技术, 2007, 26(4): 756-760.

[228] 林书玉. 一种新型的径向复合压电陶瓷超声换能器的径向振动特性研究. 陕西师范大学学报 (自然科学版), 2007, 35(1): 34-39.

[229] 林书玉, 曹辉. 一种新型的径向振动高频压电陶瓷复合超声换能器. 电子学报, 2008, 36(5): 1004-1008.

[230] Lin S. The radial composite piezoelectric ceramic transducer. Sensors and Actuators A, 2008, 141(1): 136-143.

[231] Lin S. Study on the step-type circular ring ultrasonic concentrator in radial vibration. Ultrasonics, 2009, 49(2): 206-211.

[232] Fu Z, Lin S, Xian X. Vibration of annular plate concentrators with conical cross-section.

Journal of Sound and Vibration, 2009, 321: 1026-1035.

[233] Lin S. An improved cymbal transducer with combined piezoelectric ceramic ring and metal ring. Sensors and Actuators A: Physical, 2010, 163(1): 266-276.

[234] Xu L, Lin S, Hu W. Optimization design of high power ultrasonic circular ring radiator in coupled vibration. Ultrasonics, 2011, 51(7): 815-823.

[235] Lin S, Xu L, Hu W. A new type of high power composite ultrasonic transducer. Journal of Sound and Vibration, 2011, 330: 1419-1431.

[236] Lin S, Hua T, Hu J, et al. High power ultrasonic radiator in liquid. Acta Acustica United with Acustica, 2011, 97(4): 544-552.

[237] Lin S, Wang S. Radially composite piezoelectric ceramic tubular transducer in radial vibration. IEEE Transactions on Ultrasonics, Ferroelectrics, and Frequency Control, 2011, 58(11): 2492-2498.

[238] Lin S, Xu L. Study on the radial vibration and acoustic field of an isotropic circular ring radiator. Ultrasonics, 2012, 2(1): 103-119.

[239] Lin S, Wang S, Fu Z. Electro-mechanical equivalent circuit for the radial vibration of the radially poled piezoelectric ceramic long tubes with arbitrary wall thickness. Sensors and Actuators A: Physical, 2012, 180: 87-96.

[240] Guo J, Lin S, Wang C, et al. Radially composite ultrasonic transducers of piezoelectric ceramic and metal circular rings. Acta Acustica United With Acustica, 2012, 98: 555-566.

[241] Lin S, Fu Z, Zhang X, et al. Radially sandwiched cylindrical piezoelectric transducer. Smart Mater. Struct., 2013, 22(1): 015005.

[242] Lin S, Hu J, Fu Z. Electromechanical characteristics of piezoelectric ceramic transformers in radial vibration composed of concentric piezoelectric ceramic disk and ring. Smart Mater. Struct., 2013, 22 (4): 045018.

[243] Lin S, Fu Z, Zhang X, et al. Radial vibration and ultrasonic field of along tubular ultrasonic radiator. Ultrasonics Sonochemistry, 2013, 20(5): 1161-1167.

[244] Hu J, Lin S, Zhang X, et al. Radially sandwiched composite transducers composed of the radially polarized piezoelectric ceramic circular ring and metal rings. Acta Acustica United with Acustica, 2014, 100(3): 418-426.

[245] Cao H, Lin S, Xu J. Optimization design and load characteristics of the ring-type piezoelectric ceramic transformer. Acta Acustica United with Acustica, 2016, 102(1): 8-15.

[246] Lin S, Xu J, Cao H. Analysis on the ring-type piezoelectric ceramic transformer in radial vibration. IEEE Transactions on Power Electronics, 2016, 31(7): 5079-5088.

[247] Xu J, Lin S. Electromechanical equivalent circuit of the radially polarized cylindrical piezoelectric transducer in coupled vibration. J. Acoust. Soc. Am., 2019, 145 (3):

1303-1312.

[248] Gallego-Juarez J A, Graff K F. Power Ultrasonics: Applications of High-intensity Ultrasound. Amsterdam: Woodhead Publishing, Elsevier, 2014.

[249] Abramov O. High-Intensity Ultrasonics: Theory and Industrial Applications. The Netherlands, Amsterdam: Gorden and Breach Science Publishers, 1998.

[250] Wang Z, Xu Y. Review on application of the recent new high-power ultrasonic transducers in enhanced oil recovery field in China. Energy, 2015, 89: 259-267.

[251] Bejaovi M A, Beltran G, Aguilera M P, et al. Continuous conditioning of olive paste by high power ultrasounds: Response surface methodology to predict temperature and its effect on oil yield and virgin olive oil characteristics. LWT-Food Science and Technology, 2016, 69: 175-184.

[252] Nakamura K. Ultrasonic Transducers: Materials and Design for Sensors, Actuators and Medical Applications. Amsterdam: Woodhead Publishing, Elsevier, 2012.

[253] DeAngelis D, Schulze G. Performance of PIN-PMN-PT single crystal piezoelectric versus PZT8 piezoceramic materials in ultrasonic transducers. Physics Procedia, 2015, 63: 21-27.

[254] Sangawar S, Praveenkumar B, Divya P, et al. Fe doped hard PZT ceramics for high power SONAR transducers. Materials Today: Proceedings, 2015, 2: 2789-2794.

[255] Park S E E, Hackenberger W. High performance single crystal piezoelectrics: Applications and issues. Current Opinion in Solid State and Materials Science, 2002, 6: 11-18.

[256] 刘文静, 周利生, 夏铁坚, 等. 稀土超声换能器特性研究. 声学与电子工程, 2005, 4: 28-31.

[257] 柴勇, 莫喜平, 刘永平, 等. 磁致伸缩一压电联合激励凹筒型发射换能器. 声学学报, 2006, 31(6): 523-526.

[258] 徐家跃. 弛豫铁电晶体 PZNT 生长的几个关键问题. 硅酸盐学报, 2004, 32(3): 378-383.

[259] 宋昭海, 束理. 稀土超磁致伸缩材料及其在换能器上的应用. 水雷战与舰船防护, 2007, 15(2): 16-19.

[260] 陈瑞, 杨忱. 4.5kW 超声波换能器电源系统. 电气时代, 2008, 1: 108-109.

[261] Tsujino J, Ueoka T. Characteristics of large capacity ultrasonic complex vibration sources with stepped complex transverse vibration rods. Ultrasonics, 2004, 42: 93-97.

[262] Gachagan A, Speirs D, McNab A. The design of a high power ultrasonic test cell using finite element modelling techniques. Ultrasonics, 2003, 41: 283-288.

[263] Asakura Y, Yasuda K, Kato D, et al. Development of a large sonochemical reactor at a high frequency. Chemical Engineering Journal, 2008, 139: 339-343.

[264] Peshkovsky S L, Peshkovsky A S. Matching a transducer to water at cavitation: Acoustic horn design principles. Ultrasonics Sonochemistry, 2007, 14: 314-322.

[265] Chacon D, Rodrıguez-Corral G, Gaete-Garreton L, et al. A procedure for the efficient

selection of piezoelectric ceramics constituting high-power ultrasonic transducers. Ultrasonics, 2006, 44: e517-e521.

[266] Kuang Y, Jin Y, Cochran S, et al. Resonance tracking and vibration stablilization for high power ultrasonic transducers. Ultrasonics, 2014, 54: 187-194.

[267] Liu Y, Ozaki R, Morita T. Investigation of nonlinearity in piezoelectric transducers. Sensors and Actuators A, 2015, 227: 31-38.

[268] DeAngelis D, Schulze G, Wong K. Optimizing piezoelectric stack preload bolts in ultrasonic transducers. Physics Procedia, 2015 , 63: 11-20.

[269] Heikkola E, Miettinen K, Nieminen P. Multiobjective optimization of an ultrasonic transducer using NIMBUS. Ultrasonics, 2006, 44: 368-380.

[270] Heikkola E, Laitinen M. Model-based optimization of ultrasonic transducers. Ultrasonics Sonochemistry, 2005, 12: 53-57.

[271] Parrini L. New technology for the design of advanced ultrasonic transducers for high-power applications. Ultrasonics, 2003, 41: 261-269.

[272] Gachagan A, McNab A, Blindt R, et al. A high power ultrasonic array based test cell. Ultrasonics, 2004, 42: 57-68.

[273] 周光平, 梁召峰, 李正中, 等. 超声管形聚焦式声化学反应器. 科学通报, 2007, 52(6): 626-628.

[274] 周光平, 梁召峰, 李正中. 棒形超声辐射器的特性. 声学技术, 2008, 27(1): 138-140.

[275] Lee Y, Heo P, Lim E. Power ultrasonic transducer: United States Patent US6218768, B1, 2001.

[276] 俞宏沛, 仲林建, 孙好广, 等. 圆柱大功率换能器的应用与发展. 声学与电子工程, 2007, 4: 1-4.

[277] Lin Y, Fu Z, Zhang X, et al. Radially sandwiched cylindrical piezoelectric transducer. Smart Mater. Struct., 2013, 22(1): 015005.

[278] Zhang X, Lin S, Fu Z, et al. Coupled vibration analysis for a composite cylindrical piezoelectric ultrasonic transducer. Acta Acustica United With Acustica, 2013, 99(2): 201-207.

[279] Lin S, Fu Z, Zhang X, et al, Radial vibration and ultrasonic field of a long tubular ultrasonic radiator. Ultrasonics Sonochemistry, 2013, 20(5): 1161-1167.

[280] Fu Z, Xian X, Lin S, et al. Investigations of the barbell ultrasonic transducer operated in the full-wave vibrational mode. Ultrasonics, 2012, 52: 578-586.

[281] 林书玉. 双激励源压电陶瓷超声换能器的共振频率特性分析. 电子学报, 2009, 37(11): 2504-2509.

[282] 林书玉, 鲜小军. 功率超声换能振动系统的优化设计及其研究进展. 陕西师范大学学报 (自

然科学版), 2014, 42(6): 31-39.

[283] 林书玉. 一种新型级联式高强度功率超声压电陶瓷换能器. 陕西师范大学学报 (自然科学版), 2017, 45(6): 22-28.

[284] Lin S, Xu J. Analysis on the cascade high power piezoelectric ultrasonic transducer. Smart Structures and Systems, 2018, 21(2): 151-161.

[285] Lin J, Lin S, Xu J. Analysis and experimental validation of longitudinally composite ultrasonic transducers. J. Acoust. Soc. Am., 2019, 145(1): 263-271.

[286] Meng X, Lin S. Analysis of a cascaded piezoelectric ultrasonic transducer with three sets of piezoelectric ceramic stacks. Sensors, 2019, 19(3): s19030580.

[287] Wang X, Yu Z, Hu J, et al. Theoretical analysis and experimental validation of radial cascaded composite ultrasonic transducer. Chin. Phys. B, 2021, 30(4): 040701.

[288] Tang Y, Lin S. Systematic design and experimental realization of a radially cascaded spherical piezoelectric transducer. J. Acoust. Soc. Am., 2023, 154(3): 1838-1849.

[289] Yao Y, Pan Y, Liu S. Power ultrasound and its applications: A state-of-the-art review. Ultrasonics Sonochemistry, 2020, 62: 104722.

[290] Wang Z, Xu Y. The development of recent high-power ultrasonic transducers for Nearwell ultrasonic processing technology. Ultrasonics Sonochemistry, 2017, 37: 536-541.

[291] Rupinder S, Khambab J. Ultrasonic machining of titanium and its alloys: A review. Journal of Materials Processing Technology, 2006, 173: 125-135.

[292] Gallego-Juarez J A, Graff K F. Power Ultrasonics: Applications of High-intensity Ultrasound. Amsterdam: Woodhead Publishing, Elsevier, 2014.

[293] Bejaoui M A , Beltran G, Aguilera M P, et al. Continuous conditioning of olive paste by high power ultrasounds: Response surface methodology to predict temperature and its effect on oil yield and virgin olive oil characteristics. LWT-Food Science and Technology, 2016, 69: 175-184.

[294] Park S E, Hackenberger W. High performance single crystal piezoelectrics: Applications and issues. Current Opinion in Solid State and Materials, Science, 2002, 6: 11-18.

[295] 曾海泉, 曾庚鑫, 曾建斌, 等. 超磁致伸缩功率超声换能器热分析. 中国电机工程学报, 2011, 31(6): 116-120.

[296] 陈思, 蓝宇, 顾郑强. 压电单晶弯张换能器研究. 哈尔滨工程大学学报, 2010, 31(9): 1167-1171.

[297] Li G, Tian F, Gao X, et al. Investigation of high-power properties of PIN-PMN-PT Relaxor-based ferroelectric single crystals and PZT-4 piezoelectric ceramics. IEEE Transactions on Ultrasonics, Ferroelectrics and Frequency control, 2020, 67(8): 1641-1646.

[298] Lin S. Radiation impedance and equivalent circuit for piezoelectric ultrasonic composite

transducers of vibrational mode-conversion, IEEE Transactions on UFFC, 2012, 59(1): 139-149.

[299] Peshkovsky S L, Peshkovsky A S. Matching a transducer to water at cavitation: Acoustic horn design principles. Ultrasonics Sonochemistry, 2007, 14: 314-322.

[300] Piazza T W, Phaneuf E, Johnson B R, et al. High power ultrasonic transducer with broadband frequency characteristics at all overtones and harmonics: United States Patent US7019439, B2, 2006.

[301] Lin J, Lin S, Xu J. Analysis and experimental validation of longitudinally composite ultrasonic transducers. J. Acoust. Soc. Am., 2019, 145 (1): 263-271.

[302] Meng X, Lin S. Analysis of a cascaded piezoelectric ultrasonic transducer with three sets of piezoelectric ceramic stacks. Sensors, 2019, 19(3): s19030580.

[303] 林书玉. 一种新型级联式高强度功率超声压电陶瓷换能器. 陕西师范大学学报 (自然科学版), 2017, 45(6): 22-28.

[304] Lin S, Xu L, Hu W. A new type of high power composite ultrasonic transducer. Journal of Sound and Vibration, 2011, 330(7): 1419-1431.

[305] Lin S, Fu Z, Zhang X, et al. Radially sandwiched cylindrical piezoelectric transducer. Smart Mater. Struct., 2013, 22(1): 015005.

[306] Lin S, Fu Z, Zhang X. Radial vibration and ultrasonic field of a long tubular ultrasonic radiator. Ultrasonics Sonochemistry, 2013, 20(5): 1161-1167.

[307] Hu J, Lin S, Zhang X, et al. Radially sandwiched composite transducers composed of the radially polarized piezoelectric ceramic circular ring and metal rings. Acta Acustica united with Acustica, 2014, 100(3): 418-426.

[308] Lin S, Wang S, Fu Z. Electro-mechanical equivalent circuit for the radial vibration of the radially poled piezoelectric ceramic long tubes with arbitrary wall thickness. Sensors and Actuators A: Physical, 2012, 180: 87-96.

[309] 周光平, 梁召峰, 李正中, 等. 超声管形聚焦式声化学反应器. 科学通报, 2007, 52(6): 626-628.

[310] Liang Z, Zhou G, Zhang Y. Vibration analysis and sound field characteristics of a tubular ultrasonic radiator. Ultrasonics, 2006, 45: 146-151.

[311] Fu Z, Xian X, Lin S. Investigations of the barbell ultrasonic transducer operated in the full-wave vibrational mode. Ultrasonics, 2012, 52(5): 578-586.

[312] 周光平, 梁召峰, 李正中. 棒形超声辐射器的特性. 声学技术, 2008, 27(1): 138-140.

[313] Lee Y, Heo P, Lim E. Power ultrasonic transducer: United States Patent US6218768, B1, 2001.

[314] 俞宏沛, 仲林建, 孙好广, 等. 圆柱大功率换能器的应用与发展. 声学与电子工程, 2007, 4: 1-4.

[315] Karafi M, Kamali S. A continuum electro-mechanical model of ultrasonic Langevin transducers to study its frequency response. Applied Mathematical Modelling, 2021, 92: 44-62.

[316] Gudra T. Analysis of a resonator with a directional ultrasonic vibration converter of R-L type using the finite elements method. Archives of Acoustics, 2000, 25(2): 157-174.

[317] Meng X, Lin S. Analysis on coupled vibration of piezoelectric ceramic stack with two piezoelectric ceramic elements. J. Acoust. Soc. Am., 2019, 146 (4): 2170-2178.

[318] Aronov B S, Bachand C L, Brown D A. Analytical modeling of piezoelectric ceramic transducers based on coupled vibration analysis with application to rectangular thickness poled plates. J. Acoust. Soc. Am., 2009, 126(6): 2983-2990.

[319] Kim S, Lee J, Yoo C, et al. Design of highly uniform spool and bar horns for ultrasonic bonding. IEEE Transactions on Ultrasonics, Ferroelectrics, and Frequency Control, 2011, 58(10): 2194-2201.

[320] Cardoni A, Lucas M. Enhanced vibration performance of ultrasonic block horns. Ultrasonics, 2002, 40: 365-369.

[321] Adachi K, Ueha S. Modal vibration control of large ultrasonic tools in high amplitude operation. Jpn. J. Appl. Phys., 1989, 28(2): 279-286.

[322] Maldovan M. Sound and heat revolutions in phononics. Nature, 2013, 503: 209-217.

[323] Ronda S, Aragón J L, Iglesias E. The use of phononic crystals to design piezoelectric power transducers. Sensors, 2017, 17: 729.

[324] Aragón J L. Quintero-Torres R, Domínguez-Juárez J L. Planar modes free piezoelectric resonators using a phononic crystal with holes. Ultrasonics, 2016, 71: 177-182.

[325] 林书玉. 超声换能器的原理及设计. 北京: 科学出版社, 2004.

[326] 张沛霖, 张仲渊. 压电测量. 北京: 国防工业出版社, 1983.

[327] 栾桂冬, 张金铎, 王仁乾. 压电换能器和换能器阵. 北京: 北京大学出版社, 1990.

[328] 周福洪. 水声换能器及基阵. 北京: 国防工业出版社, 1984.

[329] 李远, 秦自楷, 周志刚. 压电与铁电材料的测量. 北京: 科学出版社, 1984.

[330] 林书玉, 张福成. 压电超声换能器的电端匹配电路及其分析. 压电与声光, 1992, 14(4): 29-32.

[331] 林书玉. 匹配电路对压电陶瓷超声换能器振动性能的影响. 压电与声光, 1995, 17(3): 27-30.

[332] 韩庆帮, 林书玉, 鲍善惠. 一种简易的 T 型匹配网络的设计. 压电与声光, 1996, 18(5): 319-321.

[333] 韩庆帮, 林书玉, 鲍善惠, 等. 超声换能器电匹配特性研究. 陕西师范大学学报 (自然科学版), 1996, 24(4): 114-115.

[334] 林书玉. 夹心式复频功率超声压电换能器及其电端匹配电路的研究. 声学与电子工程,

1997, 3: 24-28.

[335] 徐春龙, 林书玉. 压电换能器匹配问题及最大传输频率的研究. 声学技术, 2002, 21: 169-172.

[336] 郭建中, 林书玉, 郭勇亮. 压电换能器电端匹配电路的优化. 测控技术, 2004, 23(8): 73-75.

[337] 郭建中, 林书玉, 高伟. 超声换能器电感电容匹配电路的改进. 压电与声光, 2005, 27(3): 257-259.

[338] Lin S, Xu J. Effect of the matching circuit on the electromechanical characteristics of sandwiched piezoelectric transducers. Sensors, 2017, 17(2): s17020329.

[339] Lin S. Study on the parallel electric matching of high power piezoelectric transducers. Acta Acustica United with Acustica, 2017, 103(3): 385-391.

[340] 唐一璠, 林书玉. 声子晶体结构在换能器匹配层中的应用. 陕西师范大学学报 (自然科学版), 2016, 44(2): 37-42.

[341] 冯若. 超声诊断设备原理与设计. 北京: 中国医药科技出版社, 1993.

[342] 万明习, 卞正中, 程敬之. 医学超声学——原理与技术. 西安: 西安交通大学出版社, 1992.

[343] 周永昌, 郭万学. 超声医学. 北京: 科学技术文献出版社, 1994.

[344] 陈桂生. 超声换能器设计. 北京: 海洋出版社, 1984.

[345] 尚志远. 检测声学原理及应用. 西安: 西北大学出版社, 1996.

[346] 冯若. 超声手册. 南京: 南京大学出版社, 1999.

[347] 周福洪. 水声换能器及基阵. 北京: 国防工业出版社, 1984.

[348] 冯若, 汪荫堂. 超声治疗学. 北京: 中国医药科技出版社, 1994.

[349] 腾舵, 杨虎, 李道江. 水声换能器基础. 西安: 西北工业大学出版社, 2016.

[350] 袁易全. 超声换能器. 南京: 南京大学出版社, 1992.

[351] 曹凤国. 现代机械制造技术丛书: 超声加工. 北京: 化学工业出版社, 2014.

[352] 李远, 秦自楷, 周志刚. 压电与铁电材料的测量. 北京: 科学出版社, 1984.

[353] 林仲茂. 决定超声换能器最大效率的参数 N_{eff}. 声学学报, 1982, 7(4): 267-270.

[354] 林仲茂. 功率超声换能器的小讯号测量方法. 中国科学院声学研究所会议报告, 1983.

[355] 查济璇. 测定换能器特性的脉冲方法. 声学技术, 1988, 7(4): 60-61.

[356] 林书玉, 张福成, 周光平, 等. 一种近似测量换能器效率及其等效电参数的简易方法. 应用声学, 1990, 9(5): 29-32.

[357] 林仲茂, 房福全, 苏郭珍. 大功率工作状态下压电换能器效率的实验研究. 应用声学, 1985, 4(4): 14-16.

[358] 董彦武, 赵恒元. 功率换能器电声效率测量的初步研究. 应用声学, 1982, 1(1): 24-26.

[359] 栾桂冬, 张金铎, 王仁乾. 压电换能器和换能器阵. 北京: 北京大学出版社, 1990.

[360] Romdhane M, Gourdon C. Development of a thermoelectric sensor for ultrasonic intensity measurement. Ultrasonics, 1995, 33(2): 139-145.

[361] Fry W J, Fry R B. Determination of absolute sound level and absorption coefficients by thermocouple probes theory. J. Acoust. Soc. Am., 1954, 26: 294-310.

[362] 郑进宏, 邱永德. 液体中空化声场的统计测量及其在评估空化设备性能中的应用. 应用声学, 1991, 10(1): 18-23.

[363] 林书玉, 张福成, 周光平, 等. 一种近似测量换能器效率及其等效电路参数的简易方法. 应用声学, 1990, 9(5): 29-32.

[364] 张福成, 林书玉, 郭孝武, 等. 压电换能器输出声功率的电测法. 陕西师范大学学报 (自然科学版), 1990, 18(1): 77-80.

[365] 林书玉. 超声换能器的高功率性能测试. 物理, 1992, 21(4): 234.

[366] 林书玉, 张福成. 功率超声换能器电声效率及辐射声功率的测量. 声学技术, 1999, 18(4): 152-157.

[367] 林书玉. 一种测量功率超声振动系统振速比的简单方法. 应用声学, 2000, 19(4): 31-34.

[368] Lin S, Zhang F. Measurement of ultrasonic power and electro-acoustic efficiency of high power transducers. Ultrasonics, 2000, 37(8): 549-554.

[369] Mori E, Ito K. Measurement of the acoustical output power of ultrasonic high power transducer using electrical high frequency wattmeter. Proc. Ultrasonics Intern., 1981, Brightton, 307-312.

[370] Kikuchi Y. Ultrasonic Transducers. Tokyo: Corona Publishing Company, Ltd, 1969.

[371] 曹福成. 隐形杀手——声波武器. 北京: 解放军出版社, 2001.

[372] 应崇福. 我们身边的超声世界. 北京: 清华大学出版社, 2002.

[373] 关定华, 张仁和. 奇妙的声音世界. 桂林: 广西师范大学出版社, 1999.

[374] 胡爱民. 微声电子器件. 北京: 国防工业出版社, 2008.

[375] 田坦. 声呐技术. 哈尔滨: 哈尔滨工程大学出版社, 2000.

[376] 刘晓宙. 固体中非线性声波. 北京: 科学出版社, 2021.

[377] Ensminger D, Stulen F B. Ultrasonics: Data, Equations and Their Practical Uses. New York: CRC Press, 1988.

[378] 谢倍珍, 刘红, 闫怡新, 等. 低强度超声波强化污水生物处理理论和技术. 北京: 科学出版社, 2013.

[379] 李邓化. 新型压电复合换能器及其应用. 北京: 科学出版社, 2007.

[380] 冯若, 汪荫棠. 超声治疗学. 北京: 中国医药科技出版社, 1994.

[381] 陈伟中. 声空化物理. 北京: 科学出版社, 2014.

[382] 应崇福. 超声学. 北京: 科学出版社, 1990.

[383] 张德俊. 超声空化及其生物医学效应. 中国超声医学杂志, 1995, 11(7): 510-512.

[384] 冯若, 李化茂. 声化学及其应用. 合肥: 安徽科学技术出版社, 1992.

[385] 崔乃刚, 陈亮, 曹伽牧, 等. 水下航行体减阻技术综述. 宇航总体技术, 2023, 7(1): 1-13.

[386] 计志也. 空蚀研究现状. 力学进展, 1992, 22(1): 58-63.

[387] 季斌, 程怀玉, 黄彪, 等. 空化水动力学非定常特性研究进展及展望. 力学进展, 2019, 49: 201606.

[388] 李晓超, 谢威威, 张浩, 等. 水力机械磨蚀研究综述. 人民珠江, 2021, 42(11): 99-105.

"现代声学科学与技术丛书"已出版书目

（按出版时间排序）